코퍼스기술을 활용한

생명과학 전공영어

코퍼스기술을 활용한

생명과학 전공영어

김 연 웅

저자 약력

KAIST (한국과학기술원) 생명과학과 석사 및 박사

독일 막스프랑크 생화학연구소, 악셀울리히 분자생물학 연구실, 연구원 및 연구교수

경상대학교 의학전문대학원 생화학교실 주임교수 (현)

저서:

생명과학문서작성기술 (2009) 경상대학교출판부

건강의 비밀 (2011) 지앤유 출판

코퍼스기술을 활용한 생명과학 전공영어 (2012) 월드사이언스

코퍼스기술을 활용한
생명과학 전공영어

인쇄 2012년 2월 25일
발행 2012년 3월 5일
저 자 김 연 웅
발행인 박 선 진
발행처 도서출판 월드사이언스
주소 서울시 서초구 방배4동 864-31 월드빌딩 1층
등록일자 1988년 2월 12일
등록번호 제 16-1601호
대표전화 (02) 581-5811~3
팩스 (02) 521-6418
E-mail worldscience@hanmail.net
URL http://www.worldscience.co.kr

정가 45,000원

ISBN 978-89-5881-192-3

「이 도서의 국립중앙도서관 출판시도서목록(CIP)은 e-CIP홈페이지(http://www.nl.go.kr/ecip)와 국가자료공동목록시스템(http://www.nl.go.kr/kolisnet)에서 이용하실 수 있습니다.(CIP제어번호: CIP2012000872)」

◆ 책머리에

『생명과학 전공영어』라 제목을 붙인 이 책은 생명과학 관련 영어논문들에 사용된 단어들의 빈도수를 조사하여 분석한 결과를 기반으로 저술되었다. 사전에 의하면 intercourse라는 단어는 도로의 사거리 등의 의미를 가지고 있지만, 이 단어는 현재 남녀 간의 성행위를 표현하는데 주로 사용된다고 한다. 이처럼 실제적으로 우리는 영어문장을 쓰면서 단어를 선택하는데 사전에 의존하는 경우가 많으며, 실제 사용과 다른 잘못된 의미를 가진 단어를 선택하는 우를 범하기도 한다. 더욱이 논문을 쓸 때, 유사한 내용을 가진 몇 편의 논문을 외우다시피하여 여기서 적당한 단어와 문장을 차용하여 쓰기도 한다.

Richard Nisbett는 'The Geography of Thought'라는 책에서 동양인과 서양인은 사고하는 방식이 근본적으로 다르고 이러한 사실은 사용하는 언어에도 반영되었다고 하였다. 예를 들면 서양인들은 명사에 바탕을 두고 표현하는 경향이 있고 반면에 동양인들은 사물 사이의 관계를 표현하는 동사를 주로 사용한다고 하였다. 이러한 원초적인 언어상의 어려움을 극복하고 고급 영어를 습득하기 위하여 우리는 부단히 노력하여야 할 것이다. 더욱이 전 세계가 글로벌화되어 영어의 필요성이 증가되고 있으며, 이제 국내에서 발행되는 생명과학 관련 저널조차도 모두 영어원고를 요구하고 있는 실정이 되었다. 이와 병행하여 인터넷의 발전으로 정보의 홍수 속에서 필요한 정보들을 얻기 위해서도 영어의 사용은 필수적이라 하겠다.

최근 언어학 분야에서 계산코퍼스언어학 (computational corpus linguistics)이 시작되어 여러 분야에서 응용되고 있다. 여기서 코퍼스 (Corpus)란 일상생활의 대화나 글로 쓴 서책, 다양한 매체 등에서 사용되고 있는 단어들을 문장 속인 쓰인 상태로 정리하여 데이터베이스로 조직화한 것이다. 이들을 활용하여 각 단어의 의미를 분석한다면 문장 속에서 사용된 단어의 실제적 의미를 파악할 수 있고, 또한 이 정보는 언어현상의 막연한 경험적인 것이 아니고 근거나 증거가 있는 과학적인 것이 된다.

코퍼스는 1960년대 미국 브라운대학에서 인간행동심리학을 연구하기 위한 자료로 활용하기 위하여 책 20권 분량에 해당하는 약 100만개 정도의 텍스트들을 모아 구축된 것이 효시였다고 알려져 있다. 1980년대 말 이 코퍼스 기술이 전체 언어학에 일대 충격을 주었는데, 처음으로 코퍼스 데이터베이스을 분석하여 만든 COBUILD (Collins-Birmingham University International Database) 영영사전의 출간이었다. 이것이 발간되기 이전에 존재하던 사전들은 직관에 의해 의미를 정의하고 제한적인 수작업을 통하여 얻은 용례들을 보여준 것이라면, 코빌드 사전은 실제 문장에서 사용되고 있는 단어의 가장 적합한 의미를 제시하고 그 의미를 표현하는 문장들을 예로 보여주었다. 이 코퍼스의 활용기술은 언어가 어떻게 사용되어야하는지가 아니라 실제 어떻게 사용되고 있는지를 보여주는 혁신적인 것이었다. 이 사전에 대한 시장의 반응은 엄청나 영어사전의 지존으로 대우받고 있던 옥스포드, 웹스터, 롱맨 등을 누르고 베스트셀러를 차지하였으며, 특히 영어를 공부하는 외국인을 위한 영어사전 시장을 석권하였다고 한다.

본 저자는 30여 년간 생명과학분야에서 영어논문을 읽고 쓰고, 영어전공서적으로 강의하고, 국제적인 세미나에 참석하여 발표하고 경청하는 생활을 하면서, 비영어권 영어 사용자로써 언어의 장벽을 느껴왔다. 이제 개인용 컴퓨터의 계산능력의 발전으로 영어논문들의 분석이 혼자의 힘으로 가능하게 되어 평소에 생각하던 계획을 행동으로 옮길 수 있게 되었다. 생명과학분야는 생화학, 미생물, 조직학, 약물학, 생리학, 의학 등으로 그 범위가 매우 넓고, 매년 수많은 논문과 서책들이 발간되고 있다. 그러나 각 분야에서 다양한 결과들이 발표되지만 사용되는 실험방법과 재료 및 기기들은 공통적으로 사용되는 경우가 허다하여, 실험 결과를 기술하고 토의하기 위해 유사한 단어들이 사용될 것으로 예측할 수 있다. 실제적으로 조사한 이번의 결과에서도 일정한 단어들이 반복되어 사용됨을 확인할 수 있었다. 따라서 생명과학 관련 논문들로부터 앞에서 언급한 코퍼스를 구축하여 분석한다면 과학적으로 각 단어가 사용되는 빈도와 공통된 단어의 의미를 찾아 낼 수 있을 것으로 기대하였다. 이 작업을 위하여 과학저널 Cell, Journal of Biological Chemistry, Cancer Research에 수록된 PDF 형식의 최신논문 300편으로부터 모은 약 백만 개의 단어들을 분석하였다.

PDF 파일의 논문들을 자동으로 분석할 수 있도록 마이크로소프트 오피스 워드와 엑셀을 VBA와 Xml를 접목시켜 프로그램밍하였다. 각 분야에서 사용되는 질병이나 실험용 기기, 재료, 화학반응 등의 전문용어를 제외하고 논문 내용을 표현하는데 100회 이상 (즉, 3편의 논문에서 한번 이상) 사용된 동사 400여개와 그 이외의 명사, 부사 등의 단어들 1000여개, 그리고 앞에서 선별된 단어의 다른 품사의 파생어들도 함께 선택하였다. 그리고 난 후 실제로 이들 단어가 문장에서 사용되는 의미를 분석하고 각 단어의 의미를 대표할 수 있는 적절한 예문들을 모아 이 책을 저술하였다. 이 책의 예문들은 논문, 생명과학 관련 교재와 임상교재들로부터 발췌하였고, 특히 논문에서 선택한 경우는 교신저자의 소속기관이 영어권에 속하는 것을 기준으로 삼았다. 또한 선별한 단어를 알파벳 순서로 정렬하면 선택된 단어의 파생어들을 볼 수 있는데, 이들 파생어들은 사용빈도수가 높지 않더라도 선택하여 범위를 넓혔다. 왜냐하면 부사적 용법은 부사자체로도 그리고 '전치사 + 명사'로도 쓸 수 있는 것과 같이 활용도를 높일 수 있으며, 그리고 형용사인 'alternating' 번갈아 하고 있는, 'alternative' 대체가능한, 그리고 'alternate' 번갈아 하는 등과 같은 유사한 단어들은 가까운 위치에서 의미를 쉽게 구별할 수 있기 때문이다.

PDF 전자문서로된 논문을 모아 분석이 가능하도록 변환하고, 컴퓨터를 이용하여 단어들의 사용빈도수를 분석하고, 빈도수가 높은 단어들을 선택하고, 이 단어를 포함하고 있는 적당한 예문을 찾아 책을 집필한지 2년이란 시간이 흘렀다. 티끌 모아 태산이라더니, 약 4천여 예문들을 담은 이 책을 드디어 완결할 수 있게 되어, 홀가분하기도 하고 한편으로 걱정이 앞서기도 한다. 이 책은 생화학, 분자생물학, 미생물, 약리, 유전학, 조직학, 면역학, 의학 등의 생명과학 관련 논문이나 전공서적을 읽고자 하는 분, 영어논문을 작성하고자 하는 분, 생명과학 관련 영어강의를 준비하는 분, 의예과, 의과대학과 의학전문대학원에서의 공부를 준비하고 있는 학생들에게 권하고 싶다. 이 책이 많은 생명과학도들의 영어공부와 활용에 도움이 되었으면 한다.

새로운 출발을 위해

2012년 2월

책에 사용된 표시의 설명

선택된 단어별 구성은 한 단어에 대하여 사용빈도수, 영어예문, 관련어 설명, 해석, 참고사항으로 배치하였다. 그리고 각 항목에서 사용된 기호는 아래에 정리하여 설명하였다.

- 숫자: 단어 아래에 적혀있는 숫자는 300편의 논문에서 사용된 빈도수를 표시, 단어 품사 다음에 표시된 1, 2, 등의 번호는 한 단어에서 서로 다른 의미를 나열하거나 혹은 같은 의미로 사용된 다른 예문을 표시.
- 해석: 해 예문의 해석, 선택된 단어는 문장에서 굵은 글씨체로 표시, 그리고 파생어는 이탤릭체로, 선택된 단어가 포함된 숙어는 밑줄로 지적.
- 관련어: 관 예문 속에 포함된 단어나 숙어의 의미, 문법사항을 간단히 설명.
- 참고: 참 영어예문의 내용을 이해하는데 도움이 되는 실험 방법이나 원리 그리고 예문의 내용을 보충하는 설명과 문법사항.
- 품사: 명 명사, 형 형용사, 부 부사, 자 자동사, 타 타동사, 조 조동사, 접 접속사, 수 수사, 한 한정사, 대 대명사
- 생략: '~' 기호로 나타낸다. 예를 들면 'go on'에서 단어 go가 생략되면 '~ on'으로 표시, 단어의 해석에서 우리말이 생략된 경우는 '....'로 표시.
- 기타: 반대말은 '≠'로 표시, '='은 해당 영어단어의 동의어나 설명 등의 내용을 표시.

문장을 쓸 때 동사는 매우 중요하다. 이 책에서 동사는 타동사와 자동사로 구분하여 표시하였다. 일반적으로 타동사와 자동사의 차이는 이들 각각이 목적어를 가지거나 혹은 가지지 않는 사실로부터 구별된다. 그러나 이 사실은 겉으로 나타나는 현상에 불과하고 근본적인 차이는 동사의 동작을 유발한 행위자의 영향이 목적어에 영향을 미치는 여부이다. 예를 들면 'She *slept* only few hours last night.'에서 동사 slept은 주어 자신이외에 다른 어떤 것에는 영향을 미치지 않기 때문에 자동사라 한다. 반면에 'She *loves* him so much.'의 문장에서 사랑하다 (love)라는 동사는 다른 사람에게 심리적으로 육체적으로 영향을 줄 수 있어서 타동사가 된다. 따라서 타동사인지의 여부를 감별하는 방법은 동사를 수동형의 문장으로 바꿔보는 것이다. 어떤 타동사가 자동사로 바뀌어 사용되는 경우도 있는데, 이때 자동사는 주로 피동의 의미를 가지게 된다. 예를 들면 'I *drank* a bottle of wine. (나는 한 병의 와인을 마셨다.)'와 'This wine *drinks* well. (이 와인은 마시기 좋다.)'에서 앞 문장의 drank는 타동사이며, 다음 문장에서 drink는 자동사로 사용되었고, 피동의 의미를 가지고 있음을 볼 수 있다.

abbreviated 타 약어로 표기되다

6

The calorie, **abbreviated** cal, and kilocalorie (kcal), have been traditional choices of chemists and biochemists, but the SI unit, the joule, is now recommended.

관 abbreviated 약어로 표기된, be recommended 권장되다

해 칼로리, cal **약어로 표기**와 킬로칼로리 (kcal)는 화학자와 생화학자들의 전통적인 선택사항이 되어 왔지만, 그러나 지금은 SI 단위인 joule이 권장된다.

abbreviation 명 약어

101

Three-letter **abbreviations** are generally used. One letter **abbreviations** are used mainly to list the amino acid sequences of long protein chains.

관 be used 사용되다, list(타) 나열하다

해 세 문자 **약어**들이 일반적으로 사용된다. 한 문자 **약어**는 주로 긴 단백질사슬의 아미노산서열을 나열하는데 사용된다.

aberrant 형 변형된

32

Phosphorylation of target proteins by **aberrant** *Src* oncoproteins contributes to abnormal proliferation of many types of cells.

관 contribute to 기여하다=(share in bringing about, help to cause)

해 **변형된** *Src* 발암단백질에 의한 표적단백질의 인산화는 많은 종류의 세포들의 비정상적인 증식에 기여한다.

aberration 명 변형, 이상

18

If a single abnormal cell is to give rise to a tumor, it must pass on its abnormality to its progeny: the **aberration** has to be heritable.

관 give rise to=(bring about, cause, lead to), must 틀림없이 ....하다, pass on=(transfer, bestow), heritable 유전성인

해 단 하나의 비정상 세포가 종양의 결과를 만들려면, 자신의 비정상을 자손들에게 틀림없이 전달하여야 한다: 그 **변형**이 유전성이어야 한다.

ability 명 능력

686

The **ability** of agarose to assemble in complex bundles to form gels in aqueous solution makes it useful in numerous chromatographic procedures, including gel exclusion chromatography and electrophoresis.

해 수용액에서 헝클어진 뭉치로 조립되어 겔을 형성할 수 있는 아가로즈의 **능력**은 gel exclusion 크로마토그라피와 전기영동을 포함하는 여러 크로마토그라피 작업에서 아가로오즈를 유용하게 만든다.

able 형 할 수 있는

306

Only when a protein is in its correct three-dimensional structure, or conformation, is it **able** to function efficiently.

해 어떤 단백질이 정확한 3차원구조나 혹은 입체구조conformation으로 존재할 때만, 능률적으로 기능할 수 있다.

참 conformation와 configuration : specific, predict 참조

abnormal 형 비정상적인

59

Comparison of normal and **abnormal** cDNA libraries, in conjunction with two dimensional gel electrophoretic analysis of the proteins produced in normal and **abnormal** cells, is a promising new strategy in clinical medicine to understand disease mechanisms.

관 in conjunction with ....와 연결되어=(connected to, joined with), promising 유망한=bright

해 정상과 **비정상** cDNA 라이브러리의 비교는 정상 및 비정상세포에서 생산되는 단백질의 2차원 겔 전기영동의 분석과 연관되어, 임상의학에서 질병의 발병기전을 이해하기 위한 유망한 새로운 전략이 된다.

abnormality 명 기형, 이상증세, 비정상

28

Victims of Duchenne dystrophy show early **abnormalities** in walking and running.

관 dystrophy 퇴행성위축증=condition characterized by muscular degeneration

해 뒤센형 퇴행성위축증 환자는 걷기와 달리는데서 이른 **이상증세**를 보인다.

참 Duchenne dystrophy : 근섬유의 파괴로 인한 점차적으로 나타나는 근육의 위축으로 허약함을 특징으로 하는 선천적인 유전자 이상에 의한 질환이다. 성염색체 열성유전을 하며, 대개 4세 이내에 발병해 청년기 이전에 죽는다.

abnormally 부 비정상적으로

9

Many of these cells were **abnormally** shaped.

관 be shaped .... 모양을 하다=have the form of

해 이 세포들 중의 많은 것이 **비정상적인** 모양을 하고 있다.

abolish 타 폐지하다, 완전히 없애다, 무력화하다

14

The specificity of transport proteins was first indicated in the mid-1950s by studies in which single gene mutations were found to **abolish** the ability of bacteria to transport specific sugars across their plasma membrane.

관 be first indicated 처음으로 나타나다=be first shown, abolish(타) 완전히 무력화하다=destroy completely

해 수송단백질의 특이성은 1950년대 중반 단 하나의 유전자의 돌연변이가 세포막을 가로질러 특이 탄수화물을 수송하는 박테리아의 능력을 **완전히 무력화한** 것으로 밝혀진 연구에 의하여 처음으로 나타났다.

abolished 타 be ~ 없어지다

127

The amino-terminal 19 amino acid residues of such a protein are involved in rapid channel inactivation. If this region is altered, the kinetics of channel inactivation are changed, and if the region is entirely removed, inactivation is **abolished**.

관 be involved in 연루되다, be altered=be changed, channel 통로, kinetics 반응속도론

해 그러한 단백질의 아미노말단의 19개의 아미노산잔기들이 통로의 신속한 불활성화반응에 연루되어있다. 만약 이 영역에서 변화가 일어나면, 통로의 불활성화 반응속도론이 변하게 되며, 그리고 그 영역이 전체적으로 제거되면, 불활성화반응도 **없어진다**.

참 통로단백질의 불활성화 channel inactivation : 전형적인 전압에 의해 개폐되는 통로단백질은 탈분극화될depolarized 때 열리고, 재분극화되면repolarized 닫힐 수 있으며 또한 탈분극화된 상태에서 천천히 닫히기도 한다. 후자와 같이 통로단백질이 기능 후 천천히 닫히게 되는 것을 불활성화inactivation이라 한다.

about 부 약, 대략, 거의

307

The smooth outer membrane is **about** 30 to 40% lipid and 60 to 70% protein, and has a relatively high concentration of phosphatidylinositol.

관 be 30 to 40% lipid 30에서 40%의 지질로 구성되다

해 면이 고른 외막은 **대략** 30에서 40%의 지질과 60에서 70%의 단백질로 구성되어있으며, 그리고 비교적 높은 농도의 phosphatidylinositol를 가지고 있다.

형 be ~ to 막 ....하려고 하다

FIGURE 11 The fission yeast *S. pombe*. (a) Scanning electron micrograph of *S. pombe* cells at various stages of the cell cycle. Long cells are **about** to enter mitosis; short cells have just passed through cytokinesis.

관 be about to 막 ....하려고 하다=(intend to, be on the point of)

해 그림 11 분열효모 *S. pombe*. (a) 세포주기의 여러 단계에서의 *S. pombe* 세포의 주사전자현미경사진. 긴 세포들은 **막** 유사분열로 **들어가려고 하며**; 짧은 세포들은 세포질 분열을 금방 통과하였다.

전 대하여

From this you may begin to infer something **about** how prostaglandins (and aspirin) function.

관 begin to ....하기 시작하다, infer(타) .... from 유추하다, something(명) 중요한 것=important thing

해 이 사실로부터, 여러분은 어떻게 프로스타그란딘(과 아스피린)이 기능하는가에 **대한** 중요한 어떤 것을 유추하기 시작할 수도 있을 것이다.

above

779

전 .... 이상으로

The pyrophosphate moiety possesses three negative charges at pH values **above** 7.5 or so

관 .... or so 대략=approximately

해 Pyrophosphate 부분은 대략 7.5 **이상**의 pH 값에서 3개의 음전하를 가진다.

부 위로

As previously mentioned, the residues of a β-sheet extend alternately **above** and below the plane of the sheet.

관 extend(자) 뻗어있다=become long, alternately 교대로=in an alternating sequence or position

해 이전에 언급되었던 것처럼, β-시트의 잔기들은 시트의 평면 **위로** 그리고 아래로 교대로 뻗어있다.

abrupt

1

형 돌연한, 갑작스러운

A 23-year-old girl was brought to the hospital emergency room complaining of the **abrupt** onset of fever, chills, and severe pain in the right upper quadrant of her abdomen.

관 be brought to ....로 보내지다, emergency room 응급실, complain of ....을 불평하다, onset of fever 열발생, quadrant 사분면

해 23살의 여성이 **갑작스런** 발열, 한기, 및 복부의 오른쪽 상부 사분면에서 심한 복부통증을 호소하여 병원응급실로 보내졌다.

absence

976

명 1 없음, 결여, 부재

There are two possible causes of an **absence** of LDL receptors.

관 possible causes 가능성 있는 원인들

해 LDL 수용체의 **부재**에 대한 2가지의 가능성 있는 원인이 존재한다.

2 in ~ 부재 시에

Figure 15-3. Oxygen-binding curves of blood and of hemoglobin <u>in the **absence**</u> and presence of CO_2 and BPG.

관 in the absence of≠in the presence of

해 그림 15-3. CO_2와 BPG가 **없을 때**와 존재 할 때에서 혈액과 헤모글로빈의 산소결합곡선들.

absent

119

형 없는, 결여된

These enzymes are largely **absent** in muscle.

해 이들 효소는 주로 근육에 **없다**.

absolute

49

형 1 절대적인

Oxygen kills some cells but is an **absolute** requirement for others.

해 산소는 일부 세포를 죽이기도 하지만, 그러나 나머지 세포에게는 **절대적인** 필수품이 되기도 한

다.

absolute configuration, absolute temperature, absolute specificity

해 절대구조, 절대온도, (효소의) 절대특이성

absorb
10

타 흡수하다

Fetal Hemoglobin (Hb) should be able to **absorb** O_2 better than maternal Hb so that an effective transfer of oxygen can occur.

관 be able to .... 할 수 있다, so that .... can .... 할 수 있도록

해 태아의 헤모글로빈 (Hb)은 엄마의 Hb보다 효과적인 산소의 수송이 일어날 수 있도록 하기 위하여 O_2를 더 잘 **흡수**할 수 있어야 한다.

absorbing

형 흡수하는

This reversible hydration gives cartilage its flexible, shock-**absorbing** qualities and cushions the joints during physical activities that might otherwise injure the involved tissues.

관 hydration 수하, quality 특성=(characteristic, attribute), injure(타) 손상시키다=damage, cushion (타) 충격으로부터 보호하다=protect from impact

해 이 가역적인 수화반응은 연골에 유연하고, 충격을 **흡수하는** 특성을 주어, 그래서 그렇지 않았다면 포함된 조직을 상하게 했을 수도 있을 물리적인 활동을 하는 동안에 관절을 충격으로부터 보호한다.

absorbed
8

타 흡수되다

the unsaturated sterol sitosterol is poorly **absorbed** in the human intestine, whereas sitostanol, the saturated analog, is almost totally unabsorbable.

해 불포화된 스테롤인 sitosterol은 사람의 소장에서 약간 **흡수되지**만, 반면에 포화된 유사물인 sitostanol은 거의 전혀 흡수되지 못한다.

absorbance
139

명 흡수, 흡광도

This **absorbance** increase, or hyperchromic shift, is due to the fact that the aromatic bases in DNA interact via their π electron clouds when stacked together in the double helix.

관 hyperchromic shift 농색전이현상, increase(명), be due to ....의 때문에 일어나다=happens as a direct result of, be stacked together 함께 포개어지다

해 **흡광도**의 증가나 혹은 농색전이현상은 DNA에 존재하는 방향성 염기들이 2중 나선체에서 함께 포개어 질 때, 자신의 π 전자구름을 통하여 상호반응한다는 사실 때문에 일어난다.

absorbent
1

형 흡수하는

Absorbent paper

해 **흡수**지

absorber
1

명 흡수물

Chlorophylls are excellent light **absorbers** because of their aromaticity.

관 chlorophyll 엽록소because of 때문에=due to, aromaticity 방향성구조

해 엽록소는 자신의 방향성구조 때문에 우수한 광**흡수체**가 된다.

absorption
46

명 흡수

If a decrease in serum calcium occurs, vitamin D is converted to its active form, which acts in the intestine to increase calcium **absorption**.

관 act(자) 활동하다=(work, function)

해 혈청의 칼슘에서 감소가 일어나면, 비타민 D는 자신의 활성형으로 전환되어, 소장에서 칼슘의 **흡수**를 증가시키기 위하여 작용한다.

absorptivity
1

명 흡광도

Molar absorptivity

해 몰 **흡광도**

abstract
103

타 빼앗다. 추출하다

To participate in general acid-base catalysis, the amino acid side chain must be able to **abstract** a proton at one stage of the reaction, and donate it back at another.

관 general acid-base catalysis 일반 산염기촉매반응, participate in 참여하다, one .... another 하나 .... 또 하나, donate back 돌려주다

해 일반 산염기촉매반응에 참여하기 위해서, 아미노산 측쇄기는 반응의 어느 한 단계에서 양성자를 **빼앗을** 수 있어야 하고, 그리고 다른 단계에서 양성자를 돌려줄 수 있어야 한다.

명 초록

Does the **abstract** include all the necessary information? Yes the reader can identify objective, methods, results, and conclusions.

관 identify(타)=discover or notice its existence, the reader 독자들 <대표단수>

해 논문의 **초록**은 모든 필요한 정보를 포함해야 할까요? 예, 그러면 독자들이 목적, 방법, 결과 및 결론을 알아차릴 수 있게 된다.

abstracted
3

타 be ~ 추출되다

Both protons and electrons <u>are **abstracted**</u> from these water molecules.

해 양성자와 전자 모두가 이 물 분자로부터 **추출된다**.

abstracting
1

타 추출하다, 뽑아내다

An orderly mechanism for **abstracting** energy from the environment must also exist in order to obtain the energy needed to drive these processes.

관 orderly(형) 체계화된 방식의=in a well-organized and controlled way, drive(타) 추진하다=supply power to

해 그 환경으로부터 에너지를 **뽑아내기** 위한 순서에 따르는 어떤 기전이 이들 과정을 추진하는데 필요한 에너지를 얻기 위하여 또한 존재하여야 한다.

abstraction
7

명 추출(반응)

The third step involves **abstraction** of a proton from the C-3 of pyruvate, forming a carbanion which can attack the carbon of N-carboxybiotin to form oxaloacetate.

해 세 번째 단계는 oxaloacetate를 형성하기 위하여 N-carboxybiotin의 탄소를 공격할 수 있는 탄소음이온carbanion을 형성하여 pyruvate의 C-3로부터 양성자의 **추출반응**을 포함한다.

참 탄소음이온carbanion : 외톨이 전자를 가지고 있는 음이온형 탄소분자이며, 전자가 부족한 핵에 대한 친핵공격체nucleophile로 기능한다.

abundance
86

명 1 풍부함의 수준, 풍부한 양

Modulation of RNA stability can have a significant impact on mRNA **abundance** and subsequent protein expression

관 have an impact on 영향을 주다, subsequent 이후의=following, abundance 풍부함의 수준=the amount of something present in a particular sample

해 RNA 안정성의 조절은 mRNA의 **풍부함의 수준**과 그 후에 일어나는 단백질의 발현에 상당한 영향을 줄 수 있다.

2 많은 양

Other proteins also show unusual **abundances** of various amino acids. For example, histones are rich in positively charged amino acids such as arginine and lysine.

관 abundances 풍부한 것들, A is rich in B=A에는 B가 많다

해 다른 단백질 또한 여러 아미노산 중에서 특별하게 **풍부한 것**을 보여주기도 한다. 예를 들면, histone에는 arginine과 lysine 같은 양으로 하전된 아미노산이 많다.

3 in ~ 풍부하게, 많은 양으로

The remarkable properties of water render it particularly suitable to its unique role in living processes and the environment, and its presence in **abundance** favors the existence of life.

관 remarkable 놀라만한, render(타) it suitable to ....에 그것을 적합하도록 하다, favor(타) 유리하게 하다=(facilitate, support)

해 물의 놀랄만한 행동특성은 살아가는 과정과 환경에서 자신만의 독특한 역할에 특별히 적합하도록 해 주기 때문에, 그것이 **풍부하게** 있다는 것은 생명의 존재를 유리하게 한다.

abundant

95

형 풍부한, 많은

Astrocytes are the most **abundant** glial cell and are believed to play a primary role in the formation of the blood brain barrier.

관 astrocyte 별아교세포, glial cell 아교세포, be believed to 믿어지다, play a role 역할을 하다, blood brain barrier 혈뇌장벽

해 별아교세포는 가장 **많은** 아교세포이며 또한 혈뇌장벽의 형성에 중심적인 역할을 한다고 믿어지고 있다.

참 별아교세포astrocyte : 아교세포glial cell 가운데 특징적인 별 모양을 하고 있는 세포로 뇌와 척수에 존재하며, 혈뇌장벽blood-brain barrier을 형성하는 내피세포를 보조하며, 신경조직에 영양분들을 공급하고, 뇌나 척수의 손상을 복구하는 역할을 한다.

abundantly

부 풍부하게, 풍족하게

For many genes, especially those encoding **abundantly** expressed proteins, a TATA box located approximately 25–35 base pairs upstream from the start site directs RNA polymerase II to begin transcription at the proper nucleotide.

관 be located 위치하다, approximately 대략, upstream 윗방향으로≠downstream, direct(타) .... to ....하도록 안내하다=guide .... to

해 많은 유전자, 특히 **풍부하게** 발현되는 단백질을 인코딩하는 그러한 유전자를 위하여, 개시 부위로부터 윗방향으로 대략 25-35 염기쌍의 거리에 위치하는 TATA상자는 RNA polymerase II가 적당한 뉴크레오티드에서 전사반응을 시작하도록 안내한다.

abuse

1

명 남용, 오용

Hepatic fibrosis occurs as a wound-healing process after many forms of chronic liver injury, including virus infection, autoimmune liver diseases, and sustained alcohol **abuse**

관 drug abuse 약물남용, occur, fibrosis 섬유화, wound-healing 상처아물기, chronic 만성의≠acute, sustain(타) 지속시키다

해 간의 섬유화는 바이러스의 감염, 자가면역성 간질환 및 지속적인 **폭음**을 포함하는 많은 종류의 만성적인 간손상 후의 상처아무기 과정으로써 일어난다.

참 섬유화fibrosis : 간이나 폐와 같은 장기나 조직에서 정상적인 구성성분 대신에 섬유상의 결체조직이 과도하게 형성되는 것을 섬유화라고 한다. 이러한 섬유화는 실질조직을 대체하여 형성되기 때문에 조직이 경화되고 아울러 기능도 저하된다.

accelerate

11

타 **1** 가속화하다

Interestingly, PDZ-RGS3 contains a regulator of heterotrimeric G protein signaling (RGS) domain, which **accelerates** the G protein catalytic cycle and thus inhibits the signaling transduced by G protein-coupled receptor.

해 흥미롭게도, PDZ-RGS3은 이종삼량체인 G단백질신호전달의 조절자 (RGS)도메인을 가지고 있어서, G 단백질에 의한 촉매순환과정을 **가속화하여** 그래서 G 단백질과 짝지은 수용체에 의해 전달되는 신호전달을 저해하게 된다.

참 Regulator of G protein signalling (RGS) : 이 단백질은 이종3량체인 G단백질의 α-아단위체의 GTPase 활성을 촉진하여, GTP가 GDP로 신속한 분해가 일어나도록 만든다. 그 결과 GDP결합형 G단백질로 불활성화되어, G protein coupled receptor에 의한 신호전달의 중계가 중단된다.

accelerated

15

타 be ~ 가속화되다

Conversion of the active into the inactive form by hydrolysis of the bound GTP is **accelerated** by GAPs (GTPase-accelerating proteins) and inhibited by GDIs (guanine nucleotide dissociation inhibitors). Reactivation is promoted by GEFs (guanine nucleotide–exchange factors).

관 GTPase-accelerating protein(GAP) GTPase 가속화 단백질, guanine nucleotide dissociation inhibitor(GDI) 구아닌 뉴크레오티드 해리저해제, guanine nucleotide–exchange factor(GEF) 구아닌 뉴크레오티드 상호교환인자

해 결합된 GTP의 가수분해에 의한 활성형이 불활성형으로의 전환은 GAP에 의하여 **가속화되고** 그리고 GDI에 의하여 저해되기도 한다. 재활성화는 GEF에 의하여 촉진된다.

acceleration

14

명 가속화

Thus, the enzymatic rate **acceleration** is approximately equal to the ratio of the dissociation constants of the enzyme–substrate and enzyme–transition-state complexes, at least when E is saturated with S.

관 be approximately equal to ....와 같다, the ratio of A and B A와 B의 비, dissociation constant 해리상수, at least 적어도

해 그래서 효소에 의한 속도의 **가속화**는 적어도 E가 S로 포화되어있을 때, 효소-기질과 효소-전이상태 복합체의 해리상수의 비와 대략 같다.

참 효소와 기질 사이의 촉매반응은 에너지 상태가 가장 높은 전이상태transition state을 통과하여야만 진행될 수 있다. 그러므로 전이상태에서 존재하는 효소와 전이상태 복합체의 양이 많을수록 촉매반응은 가속화된다.

accept

17

타 ....를 받다, ...를 수용하다

In both organic and inorganic forms, the characteristic pK_2 of H_3PO_4 means that the ionic species present at physiological pH are sufficient to donate or **accept** hydrogen ions to buffer any changes in pH, as the titration curve for H_3PO_4 in Figure 2 reveals.

관 donate(타) 공여하다≠accept 받다, buffer(타) 완충효과를 내다

해 유기와 무기형태 모두에서, 그림 2에서 H_3PO_4에 대한 적정곡선이 보여 주듯이, H_3PO_4의 특징적인 pK_2란 생리적 pH에서 존재하는 이온 종이 pH에서의 어떠한 변화에도 완충효과를 낼 수 있는 수소이온을 주거나 **받기에** 충분하다는 것을 의미한다.

accepted

116

타 be ~ 받아들여지다, 인정되다

It is generally **accepted** that metastatic breast cancer cells reach the brain primarily from the blood stream.

관 It is generally accepted that .... 일반적으로 인정되다

해 전이성 유방암세포들이 주로 혈액의 흐름을 타고 뇌에 도달한다는 사실은 일반적으로 **인정된다**.

acceptable

7

형 수용가능한, 받아들일 수 있는

Oxidative/electrophilic stress-mediated phosphorylation of Nrf2 at serine 40 by PKC is a very well studied and **acceptable** model for activation mechanism of Nrf2.

해 PKC에 의한 산화적/전자친화적 스트레스에 의해 매개되는 Nrf2의 40번 serine에서의 인산화는 잘 연구되어있으며 Nrf2의 활성기전으로 **받아들일 수 있는** 모델이다.

참 NF-E2-related factor 2 (Nfr2) : 활성산소와 같은 산화적인 손상으로부터 세포를 보호하는 역할을 하는 여러 유전자의 발현에 관여하는 전사인자이다. 염기성인 leucine zipper 모티브를 가지고 있는 전사인자의 한 종류로 원래 β-globin 유전자의 발현을 조절하는 인자로부터 발견되었다.

acceptance

3

명 수용반응, 받아들임

The **acceptance** of a phosphoryl group by an NMP or an NDP gives an NDP or an NTP.

해 NMP나 NDP에 의한 인산기의 **수용반응**은 NDP나 NTP를 주게 된다.

참 NMP (nucleotidyl monophosphate), NDP (nucleodidyl diphosphate)

acceptor 명 수용체, 인수체

65

Transport vesicles are formed from the donor compartment and are targeted to **acceptor** organelles, where they deliver cargo molecules through membrane fusion.

관 target(타) .... to ....를 ....로 표적화되다; ....를 표적으로하여 보내다

해 수송용 소포들이 공여체의 구획으로부터 생성되어 **인수체인** 소기관을 표적으로 보내고, 그곳에서 막의 융합을 통하여 화물분자들을 전달한다.

access 명 1 접근, 접촉

62

Conformational changes induced by phosphorylation leads to the opening of the A-loop, allowing **access** of ATP and substrates **to** the active site.

관 lead to 그 결과 ....이 되다=(cause, result in), allow(타) .... to ....를 가능하게 하다

해 인산화에 의하여 유도되는 입체구조의 변화가 궁극적으로 A-loop의 펼침을 일으켜, ATP와 기질의 활성부위로의 **접근**을 가능하도록 한다.

참 분사구문을 이용한 문장의 간결화 : .... A-loop, allowing access of....에서 쉼표 다음의 분사구문은 A-loop, which can allow access...와 같이 관계대명사 계속적 용법으로 쓸 수 있다. 계속적 용법은 A-loop, as a result it can allow access ....로 표현되는 것을 줄여서 표현한 것이다.

2 gain ~ to (점진적으로) ....에 접근하다, ...에 도달하다

Compounds in the blood cannot freely pass into the brain; they must traverse the endothelial cells, basement membrane, and astrocytes, by use of specific carriers to gain **access** to the brain.

관 pass into 통과하여 들어가다, traverse(타)=cross, astrocyte 별아교세포, gain access to ....에 접근하다 <gain 참조>

해 혈액 속의 화합물들은 뇌**에 점진적으로 도달하기** 위하여 특이 전송체를 이용하여 상피세포, 기저막 및 별아교세포를 지나가야 하며, 자유롭게 통과하여 뇌로 들어갈 수는 없다.

3 have ~ to ....에 접촉하다

Reduced ascorbate can regenerate the reduced form of vitamin E through donating electrons in a redox cycle. It is water-soluble and circulates unbound in blood and extracellular fluid, where it has **access** to the lipid-soluble vitamin E present in membranes and lipoprotein particles.

관 circulate(자) unbound 결합되지 않은 상태로 순환하다, water-soluble 수용성, lipid-soluble 지용성, extracelluar fluid 세포외액

해 환원된 아스코르빈산은 산화환원 순환반응에서 전자를 공여함을 통하여 비타민 E의 환원형을 다시 생성할 수 있다. 그것은 물에 용해되며 혈액과 세포외액에서 결합되지 않은 상태로 순환하여, 세포외액에서 막과 지단백질 알갱이에 존재하는 지용성 비타민 E**와 접촉하게 된다**.

accessed 타 be ~ 접속되다

1

The amino acid sequence of this protein can be **accessed** through NCBI Protein Database under NCBI accession numbers 179950, 1078837, and 115709.

해 이 단백질의 아미노산 서열은 179950, 1078837, 및 115709의 NCBI 접속번호로 NCBI 단백질 데이터베이스를 통하여 **접속될** 수 있다.

accessible 형 접촉할 수 있는

52

The Tyr-15 phosphate moiety remains solvent exposed and is readily **accessible** to both Wee1/Myt1 kinases and Cdc25 phosphatases.

관 be accessible to ....와 접속할 수 있다

해 Tyr-15의 인산기 부위는 용매에 노출된 상태로 남아있어서, Wee1/Myt1 인산화효소와 Cdc25 탈인산화효소 모두와 쉽게 **접촉할 수 있다**.

accessibility 명 접근능력

34

These structural rearrangements can significantly change the diameter of the peptide tunnel of the 50S ribosomal subunit, affecting macrolide **accessibility** to the peptidyltransferase center in domain V and preventing the macrolide from inhibiting protein synthesis.

관 affect(타) 영향을 미치다, accessibility to ...에의 접근능력

해 이러한 구조적 재배열이 50S 리보솜 아단위체의 펩티드 통로의 직경을 상당히 변화시킬 수 있으며, 그 결과 도메인V에 있는 펩티드전달효소의 중앙으로 macrolide의 **접근능력**에 영향을 미칠 수 있게 되어 macrolide가 단백질의 합성을 저해하는 것을 방해한다.

참 macrolide계열 항생제 : 전형적으로 한 개 이상의 deoxy 탄수화물이 붙어있는 큰 macrocyclic lactone 고리구조를 가지고 있는 항생물질이다. 이 약물은50S 리보솜 아단위체의 peptidyltransferase활성이 peptidyl기를 다음 아미노산의 N-말단에 연결하는 것을 억제하여 단백질합성을 저해한다.

accession 명 접속

54 Identities of putative open reading frames (ORF) were confirmed using the BLASTP tool, and e-values and GenBank™ **accession** numbers of best hits were determined.

해 가상의 단백질 오픈리딩프레임 (ORF)의 정체는 BLASTP 툴을 사용하여 확인되었고, 그리고 가장 좋은 적중치의 e-값과 GenBank™의 **접속**번호가 결정되었다.

참 BLAST프로그램 : 단백질의 아미노산서열이나 DNA, RNA의 핵산서열들을 데이터베이스에 저장된 서열들과 비교하는데 사용되는 컴퓨터용 소프트웨어이다. 특히 이들 가운데BLASTP는 단백질의 서열을 검색하여 유사서열을 찾아낼 수 있는 프로그램이다.

accessory 형 보조적

17 The activity of many G proteins is regulated by **accessory** proteins, which may, in turn, be regulated by allosteric effectors. GAPs (GTPase activating proteins) increase the rate of GTP hydrolysis by the G protein, and therefore the rate of dissociation of the G protein-target protein complex.

관 in turn 순차적으로, therefore=as a consequence, dissociation 해리

해 많은 G단백질의 활성은 **보조**단백질에 의하여 조절되며, 보조단백질은 다시 알로스테릭 효과제에 의하여 조절된다. GAP (GTPase activating protein)은 G단백질에 의한 GTP의 가수분해속도를 증가시키고, 그 결과로 G단백질-표적단백질 복합체가 해리하는 속도를 증가시키게 된다.

참 G 단백질 : Ras, Rho 등을 포함하는 Guanine 뉴크레오티드와 결합하는 단백질 부류로 신호전달 과정에서 신호의 전달과 중단을 조절하는 분자스위치 역할을 한다. 이 단백질은 결합된 GTP를 분해하는 내재성 GTPase활성을 가지고 있다. 신호의 전달이 시작되어 GTP가 결합된 활성형이 되면 Gα-GTP아단위체가 떨어져 나와 표적단백질과 복합체를 형성할 수 있게 되는데, 고에너지를 가진 GTP가 GDP와 Pi로 분해되면서 유리되는 에너지에 의해 표적단백질을 활성화할 수 있게 된다. 이러한 활성효과가 종료되면 Gα-GDP로 되어 활성화능력이 사라진다. 이 GTP의 분해는 Gα-아단위체 자체가 가지고 있는 내재성활성에 의해 수행된다.

accommodate 타 수용하다, 담다, ...의 수용력이 있다

10 The central cavity is large enough to **accommodate** water molecules.

관 be .... enough to ....하기에 충분하다, accommodate(타) 담다=hold comfortably without crowding

해 중앙의 빈 공간은 물 분자를 **수용할** 수 있을 정도로 충분히 크다.

accommodated 타 be ~ 수용되다, 담겨있다

3 The conformational changes in the Hemoglobin molecule that accompany O_2-binding perturb the BPG-binding site so that BPG can no longer **be accommodated.**

관 accompany(타) 동반하다=(be with, go along with, join), perturb(타) 방해하다, no longer 더 이상 ....가 아닌

해 O_2의 결합하기를 동반하는 헤모글로빈 분자에서 입체구조의 변화는 BPG결합부위를 방해하여 BPG가 더 이상 **속에 담겨있지** 못하도록 한다.

accompany 타 1 ....와 함께 일어나다

8 The rigid cell walls synthesized by bacteria maintain cell shape and size and prevent swelling or shrinkage that would inevitably **accompany** variations in solution osmotic strength.

관 accompany(타) ....와 함께 일어나다=(occur with, along with), inevitably 불가피하게, variation 회복될 수 있는 변동이나 변화, would 불규칙적인 습관

해 박테리아에 의해 합성된 견고한 세포벽은 세포의 모양과 크기를 유지하도록 하여 용액의 삼투압의 강도에서의 변화와 **함께** 불가피하게 **일어나**기도 하는 부풀기 혹은 쭈그러짐을 방지한다.

2 수반하다, 동반하다,

NMR spectroscopy analyzes proteins in aqueous solution, obviating the need to form crystals. It thus is possible to observe changes in conformation that **accompany** ligand binding or catalysis using NMR spectroscopy.

관 analyze(타) 분석하다, obviate(타) 불필요하게 하다=make unnecessary, form(타)=give shape to

해 NMR 분광법은 용액상태의 단백질을 분석하기 때문에, 결정을 만들어야할 필요성을 피할 수 있다. 그래서 NMR분광기술을 사용하면 리간드가 결합하거나 혹은 촉매반응에서 **수반되는** 입체구조에서의 변화를 관찰하는 것이 가능하다.

accompanying 타 동반하는

9

The symptoms of abetalipoproteinemia include lipid malabsorption (and its **accompanying** symptoms, such as steatorrhea and vomiting), which can result in caloric deficiencies and weight loss.

관 abetalipoproteinemia 무베타지방단백질혈증, accompanying paper 동일한 논문이 책으로 발표된 논문, accompanying figure 같은 곳에 있는 그림

해 무베타지방단백혈증의 증상은 열량결핍과 체중감소의 결과를 만들 수 있는 지질의 흡수장해 (그리고 지방변과 구토와 같은 **동반** 증상)를 포함한다.

참 무베타지방단백혈증abetalipoproteinemia : 일종의 상염색체 열성유전병이다. 베타지방단백질은 카이로마이클론 등의 지질단백질의 외피를 구성하는 성분이므로 이것의 결손은 체내로 흡수된 지방의 수송과 저장에 관련된 대사에 문제가 발생한다. 따라서 에너지의 부족과 체중의 감소 그리고 체내의 저장지방의 감소와 지방과 함께 흡수되는 지용성 비타민의 흡수장해 등이 나타나게 된다.

accompanied 타 be ~ 동반되다, ...와 함께 발생되다

71

Platelet activation is **accompanied** by a remarkable increase in tyrosine phosphorylation of a variety of signaling proteins.

관 remarkable 상당한=significant

해 혈소판의 활성화는 다양한 신호전달단백질의 티로신인산화에서의 상당한 증가와 **함께 발생된다**.

accomplishment 명 달성, 업적

2

In 1953, Frederick Sanger determined the amino acid sequence of insulin, a protein hormone. This **accomplishment** stimulated other scientists to carry out sequence studies of a wide variety of proteins.

해 1953년에, Frederick Sanger가 단백질 호르몬인 인슐린의 아미노산서열을 결정하였다. 이 **업적**은 다른 과학자들이 매우 다양한 단백질들의 서열연구를 수행하는 것을 자극하였다.

accord be in ~ with ....와 완전히 일치하다, ...와 잘 맞다

10

This behavior of solutes is in **accord** with the second law of thermodynamics.

관 in accord with 완전히 일치하여=in complete agreement

해 용질의 이 행동은 열역학 제2법칙과 **완전히 일치한다**.

accordance 명 1 in ~ with ....에 맞추어

175

The maintenance of constant blood glucose levels (glucose homeostasis) requires insulin and glucagon to regulate carbohydrate, lipid, and amino acid metabolism in **accordance** with the needs and capacities of individual tissues.

해 일정한 혈당의 수준 (포도당 항상성)의 유지를 위하여 개별 조직의 요구와 용량에 **맞추어** 탄수화물, 지질, 아미노산 대사를 조절할 목적으로 insulin과 glucagon을 필요로 한다.

참 insulin과 glucagon은 서로 반대기능을 한다.

2 in ~ with ....에 따라서, ...에 맞추어

The costs of publication of this article were defrayed in part by the payment of page charges. This article must therefore be hereby marked "advertisement" in **accordance** with 18 U.S.C. Section 1734 solely to indicate this fact.

관 defray(타) 지불하다=cover the expense of, in part=(partly, to some extent), solely=only

해 이 논문의 발행 비용은 쪽 당 요금 지불규정에 의해 일부 지불되었다. 이 논문은 단지 이 사실을 나타내기 위하여 18 U.S.C. 섹션 1734의 조항에 **따라서** "advertisement"라고 가까운 곳에 표기되어야 한다.

according

571

1 ~ to .... 따라서

The proteins are electrophoresed into the SDS polyacrylamide gel, where they are separated **according** to size

관 be electrophoresed 전기영동되다, be separated 분리되다

해 단백질은 SDS polyacrylamide겔 안으로 전기영동되어, 그 곳에서 크기에 **따라** 분리된다.

2 ~ to .... 따라서

Cells were processed **according** to the instructions provided by the manufacturer.

해 세포들은 제조업자에 의해 제공되는 지시사항**에 따라서** 처리되었다.

accordingly

53

부 (앞의 상황에) 따라서

A living cell continuously monitors its surroundings and adjusts its own activities and composition **accordingly**.

관 monitor(타) 모니터링하다=keep close watch over, adjust(타) 조정하다, composition 성분

해 살아있는 세포는 계속하여 주위환경을 모니터링하여, 자신의 활동과 성분을 **상황에 따라서** 조정한다.

account

121

명 take into ~ 고려하다

The average molecular weight of amino acids in proteins is 113, taking into **account** their average relative abundance.

관 take into account 고려하다=consider as well

해 단백질의 구성성분인 아미노산의 평균 분자량은 평균적인 상대적 풍부함을 **고려하여**, 113이 된다.

자 1 ~ for ....비율을 구성하다, 차지하다

Glial-derived neoplasma (gliomas) are the most aggressive brain tumor type and **account** for 44% of all primary brain tumors

관 aggressive 공격적인, account for 44% 를 차지한다

해 아교세포에서 유래된 종양 (신경아교종)은 가장 공격적인 뇌암의 형태이며 또한 모든 주요한 뇌종양의 44%를 **차지한다**.

참 - If a particular thing *accounts for* a part or proportion of something, that part or proportion *consists of* that thing, or is used or produced by it.
- account for의 의미
  1. (...의 이유를) 밝히다, 설명하다; (...에 관해서) 해명하다, 보고하다; 회계 보고를 하다[for].
  2. 원인이 되다 [for].
  3. ...의 비율을 점하다, 차지하다 [for].
  4. 책임을 지다.
  5. (시합에서) 득점하다[for].

2 ~ for ....비율을 점하다, 차지하다

Fat intake should be reduced. For those at risk of heart attacks or strokes, fat should **account** for no more than 30% of total dietary calories, and saturated fatty acids should **account for** 10% or less. Foods high in saturated fat include cheese, whole milk, butter, regular ice cream, and many cuts of beef. Trans fatty acids, such as the partially hydrogenated vegetable oils used in margarine, should also be avoided.

관 at risk of 위험한, no more than ....보다 결코 많지 않은, or less ... 이하, hydrogenated 수소화된

해 지방섭취는 감소되어야 한다. 심장마비와 뇌졸증의 위험성 때문에, 지방은 전체 음식물 열량의 30%보다 결코 높지 않은 **비율을 차지하여야** 하며, 포화지방산은 10% 이하로 **구성되어야** 한다. 포화지방산을 많이 함유하고 있는 음식물은 치즈, 우유, 버터와 아이스크림 및 육우절편을 포함한다. 또한 마가린에서 사용되는 부분적으로 수소화된 식물유와 같은 트란스지방산도 금해야 한다.

참 트란스지방 : 식물성 식용유들은 주로 상온에서 액체이다. 그래서 상업적으로 마가린과 같은 가공식품이나 수송을 편리하게 하기 위하여 유동성이 큰 불포화지방산들을 환원시켜 고체인 포화지방산으로 만들 수 있다. 이 포화지방으로의 변환과정에서 불완전한 포화반응이 일어나면 일부는 트란스형의 불포화지방 (트란스지방이라 함)이 되며, 이것은 동맥경화의 원인물질로 알려져 있다.

3 ~ for ....의 이유가 되다, ... 때문에 나타나다, ...에 책임이 있다

Alcohol dehydrogenase (ADH) 2 and ADH 3 are present as functional polymorphisms that differ in their properties. Genetic polymorphisms for ADH partially **account for** the observed differences in ethanol elimination rates among various individuals or populations.

관 functional polymorphism 기능면에서의 다형성체, differ in ....에서 다르다, elimination rate 제거속도, account for ....의 이유가 되다=(be the reason for, cause)

해 Alcohol dehydrogenase (ADH) 2형과 3형은 행동특성에서 서로 다른 기능성의 다형태로써 존재한다. ADH의 유전적 다형태란 부분적으로 여러 개인이나 혹은 집단 중에서 에탄올 제거속도에서의 관찰되는 차이**의 이유가 된다**.

참 If something *accounts for* a particular fact or situation, it **causes** or **explains** it

4 ~ for ....를 설명하다

The glutamyl carboxylase is essential for the formation of γcarboxyglutamyl residues in several proteins of the blood-clotting cascade, **accounting for** the vitamin K dependence of coagulation

관 account for ....을 설명하다=provide an explanation, cascade 단단계증폭과정

해 Glutamyl carboxylase는 혈액을 응고하는 다단계증폭과정의 여러 단백질에 존재하는 γ-carboxyglutamyl 잔기의 생성에 필수적인데, 이 사실은 혈액응고의 비타민 K 의존성을 **설명하고 있다**.

참 glutamyl carboxylase의 촉매활성을 위하여 보조인자로 비타민 K가 필요하다.

accounted

15

타 1 be ~ for 설명되다

The ability of chemical and physical carcinogens to induce cancer can **be accounted for** by the DNA damage that they cause and by the errors introduced into DNA during the cells' efforts to repair this damage.

관 induce(타) 일으키도록 자극하다=(cause, stimulate the occurrence), cause(타) 일으키다=(bring about, result in), introduce(타) 도입하다, repair(타) 수리하다

해 물리화학적 발암성 물질들이 암을 일으키도록 자극하는 능력은 그들이 일으키는 DNA 손상과 그리고 이 손상을 수리하려고 세포들이 노력하고 있는 동안에 DNA에 도입되는 오류에 의한 것이라고 **설명될** 수 있다.

2 be ~ for 원인이 되다, 책임이 있다

Failure to detect SHP-1 co-precipitation cannot **be accounted for** an insufficient sensitivity of Western blotting because traces of SHP-1 could be seen on overexposed films.

관 traces of ....의 극소량=small amount of, be accounted for 원인이 되다

해 SHP-1의 공통침강을 감지하지 못함은 웨스턴블로팅의 불충분한 민감도가 **원인이 않을 수 있다**, 왜냐하면 SHP-1의 극소량이 과다 노출된 필름 상에서 보일 수 있었기 때문이다.

accumulate 자 축적되다, 쌓이다, 모이다

110

Toxic levels of galactose **accumulate** in afflicted individuals, causing cataracts and permanent neurological disorders.

관 accumulate(자) 증가되다=increaseafflicted 고통 받는, neurological disorders 신경성 장해

해 갈락토오즈의 독성을 보이는 수준이 영향을 받은 개인에서 지속적으로 **축적되면**, 백내장과 영원한 신경성 장해를 초래할 수 있다.

참 갈락토오즈혈증성 백내장galactosemic cataract : 백내장cataract은 물 커텐 curtain of water라는 말에서 유래되었는데, 이 물은 galactose대사의 결함에 의하여 고농도의 galactitol이 형성되고 그 결과 발생한 삼투압의 변화에 의해 수정체 속에 차게 된 것이다. Galactose의 대사는 인산화된 galactose-1-phosphate를 경유하여 glucose로 전환되어 해당과정으로 들어간다. 그러나 수정체 상피세포에는 galactose를 인산화하는 속도가 다른 조직에 비하여 현저히 늦기 때문에 galactose의 농도가 높아져 polyol 경로를 통하여 환원된 후 galactitol로 전환된다.

accumulated 타 1 have ~ 축적하다, 모으다

Introns have **accumulated** mutations rapidly during evolution, and it is often possible to alter most of an intron's nucleotide sequence without greatly affecting gene function.

관 have accumulated 현재완료 계속, alter(타) 변경하다=(change, modify)

해 인트론은 진화과정 동안 빠른 속도로 돌연변이를 **축적해 왔으며**, 더욱이 가끔 유전자의 기능에 큰 영향을 주지 않으면서 인트론의 뉴크레오티드 서열의 대부분을 변경시키는 것 또한 가능하다.

2 be ~ 축적되다

Absorption of iron is strictly regulated. Inorganic iron is **accumulated** in intestinal mucosal cells bound to an intracellular protein, ferritin.

관 bound to ....에 결합된 채로 <보어>, mucosal cell 점액세포

해 철의 흡수는 엄격하게 조절된다. 무기 철은 세포내 단백질인 ferritin에 결합된 채로 소장의 점액세포에 **축적된다**.

참 Fe (철) : 철 분자는 단백질에 결합되지 않은 상태로 존재하면, 비효소적 반응으로 다른 화합물을 산화시켜 해로운 자유라디칼로 만들 수 있어서 매우 독성이 크다. 그러므로 생체에서는 transferin 단백질을 이용하여 수송하고 저장에도 ferritin단백질을 사용한다. 철 분자는 헤모글로빈, 사이토크롬 등의 단백질에서 산소와의 결합을 매개하는 기능에 필수적이다.

accumulation 명 축적, 쌓임

257

In EC (endothelial cell), phosphorylation of caveolin-1 on tyrosine 14 is required for caveolin-1 **accumulation** in the leading extension of transmigrating EC, a process essential for the initiation of angiogenesis

관 leading extension 돌기부의 앞쪽, angiogenesis 혈관신생성, endothelial cell 내피세포

해 EC (내피세포)에서, caveolin-1의 티로신14의 인산화는 혈관신생성의 시작에 필수적 과정인 이동하고 있는 EC의 앞쪽 돌기부에서 caveolin-1의 **축적**에 필요하다.

참 영어 논문에서 약어 (여기서는 EC)를 자주 쓴다. 이때 앞에서 먼저 (괄호)속에 원어를 밝힌 후 뒤쪽에서는 그 약어를 계속하여 사용한다.

accuracy 명 1 정확도, 정확성

33

If the **accuracy** of self-replication were significantly greater, the evolution of organisms would be hampered

관 hamper(타) 지연시키다=(delay, hinder), if .... were .... would <가정법 과거> 현재사실의 반대

해 만약 자기복제의 **정확도**가 너무 높다면, 생명체의 진화가 지연될 수도 있을 것이다.

2 with ~ 정확하게, 정확도를 가지고

Base excision repair, mismatch repair, and nucleotide excision repair operate with high **accuracy** and generally do not introduce errors.

관 excision 절단, operate(자) 작동하다, introduce(타) 삽입하다=(insert, place)

해 염기절단수리, 비일치수리 및 뉴크레오티드 절단수리는 **높은 정확도를 가지고** 작동하므로 일반적으로 오류를 삽입하지 않는다.

accurate | 형 정확한

29

By measuring the ratio of fluorescence intensity at two excitation wavelengths, the concentration ratio of the Ca^{2+}-bound indicator to the Ca^{2+}-free indicator can be determined; this provides an **accurate** measurement of the free Ca^{2+} concentration.

관 excitation wavelength 여기파장, indicator 지시약, provide a measurement of 측정을 제공하다

해 2가지의 여기파장에서 형광 강도의 비를 측정함으로써, Ca^{2+}이 결합된 지시약과 자유형 Ca^{2+} 지시약의 농도비가 결정될 수 있다; 이것은 자유형 Ca^{2+}농도의 **정확한** 측정을 제공한다.

accurately | 부 정확하게

18

The common advantage of these plots is that they allow both Km and Vmax to be **accurately** estimated by extrapolation of straight lines rather than asymptotes.

관 extrapolation 외삽, asymptote 접선

해 이들 그래프의 공통된 이점은 접선이 아니고 직선의 외삽에 의해 Km와 Vmax 모두가 **정확하게** 평가되는 것을 가능하게 한다는 것이다.

achieve | 타 (일, 목적을)달성하다, 이루다

197

A centrifuge speeds sedimentation by subjecting particles in suspension to centrifugal forces as great as 1,000,000 times the force of gravity g, which can sediment particles as small as 10 kDa. Modern ultracentrifuges **achieve** these forces by reaching speeds of 150,000 revolutions per minute (rpm) or greater.

관 speed(타) 속도를 올리다=increase the speed or rate of, subject(타) .... to ....에 ....를 노출시키다, sediment(타) 침전시키다, revolution per minute (RPM) 분당회전수

해 원심분리란 현탁액 상태에 있는 알갱이들을 10 kDa 정도의 작은 알갱이들을 침강시킬 수 있는 중력 g의 1,000,000배나 되는 큰 원심력에 노출시킴에 의해 침강의 속도를 높인다. 최신 초원심분리기는 1분에 150,000 회전 (rpm) 이상의 속도에 도달하도록 하여 이 힘을 **달성한다**.

achievement | 명 위업, 업적

2

The English biochemist Frederick Sanger, after many years of work, announced the complete sequence of amino acids in the protein insulin. Sanger's **achievement** was extremely significant because it demonstrated for the first time that proteins consisted of definable sequences of amino acids.

관 announce 발표하다, demonstrate (증거나 예를 가지고) 확실하게 보여주다, for the first time 처음으로, definable 규명 가능한

해 영국의 생화학자 Frederik Sanger는 다년간의 작업 후 단백질 인슐린에서 완전한 아미노산 서열을 발표하였다. Sanger의 **위업**은 단백질이 규명 가능한 아미노산의 서열로 구성되었다는 것을 처음으로 보여주었기 때문에, 매우 위대한 것이었다.

acid | 명 산

2266

Phosphorus commonly forms five covalent bonds, as in phosphoric **acid** (H_3PO_4) and its phosphate derivatives, which form the backbone of nucleic **acids**. Phosphate groups attached to proteins play a key role in regulating the activity of many proteins.

해 인은 일반적으로 인**산** (H_3PO_4)과 핵**산**의 골격을 형성하는 인산유도체에서처럼 5개의 공유결합을 형성한다. 단백질에 부착된 인산기들은 많은 단백질의 활성을 조절하는데 있어서 핵심적인 역할을 한다.

acidic | 형 산의, 산성의

259

On the pH scale, 7.0 is considered neutral: pH values below 7.0 indicate **acidic** solutions (higher $[H^+]$), and values above 7.0 indicate basic (alkaline) solutions.

관 be considered + 보어 ....로 간주되다, indicate(타) 표시하다=(serve as a sign, symptom, signify)

해 pH의 척도에서, 7.0은 중성으로 간주되며; 7.0 이하의 pH 값은 **산성**용액 (더 높은 $[H^+]$) 을 표시하고, 그리고 7.0 이상의 값은 염기성 (알카리) 용액을 표시한다.

참 용액의 산도는 pH로 표시한다. 산성은 H^+이온 양이 많은 상태로 7.0보다 작은 값으로 표현된다. 낮은 pH값일수록 많은 $[H^+]$로 존재하므로 모든 생체물질이 수소이온을 함유할 확률이 높아진다. 즉, 카르복실기는 -COOH 형태로 아미노기 $-NH_3^+$로 전환된다. 그러나 pH 값이 증가되면서 용액 속의 $[H^+]$는 낮아지면서, H^+이온가 유리될 가능성이 높아져 $-COO^-$ 그리고 $-NH_2$로 된다.

acidify 타 산성화하다

3 The overall process by which parietal cells **acidify** the stomach lumen is illustrated in Figure 7.

관 parietal cell 위벽세포, overall 전반적인, illustrate(타) 그림으로그려 보여주다

해 벽세포들이 위내강을 **산성화하는** 전체적인 과정이 그림 7에 그려져 있다.

참 위벽세포parietal cell : 위벽세포에서 위액을 산성화시키기 위하여 H_2O의 해리산물인 H^+를 위로 수송하면, 그 결과로 남게 된 OH^-이온에 의하여 세포질의 pH가 올라가게 된다. 이 pH의 증가는 Cl^-/HCO_3^- 역수송체에 의하여 조절된다. 특히 이 역수송체는 높은 세포질 pH에서 활성화되는 것이 특징이다.

acidified 타 be ~ 산성화되다

22 When his urine was **acidified** with acetic acid, clusters of flat hexagonal transparent crystals of cystine were noted. An x-ray of his abdomen showed radiopaque calculi (stones) in both kidneys.

관 be noted관찰되다=be observed, abdomen 복부, calculus 결석

해 그의 소변이 초산으로 **산성화되**었을 때, 평면육각의 투명한 cystine 결정 덩어리가 관찰되었다. 그의 복부 x-선 결과는 양쪽 신장에서 방사선에 불투과성인 돌을 보여주었다.

acidification 명 산성화

106 Parietal cells avoid this rise in cytosolic pH in conjunction with **acidification** of the stomach lumen by using Cl^-/HCO_3^+ antiporters in the basolateral membrane to export the excess OH^- ions in the cytosol into the blood.

관 parietal cell 위벽세포, in conjunction with ....와 관련되어=(connected to, joined with), avoid(타) 일어나지 않도록 막다=keep from happening

해 위벽세포들은 세포질 속에 존재하는 과도한 OH^- 이온을 혈액으로 내보내기 위하여 세포막 기저부의 측면에 있는 Cl^-/HCO_3^+ 역수송체를 사용하여 위내강의 **산성화**와 관련된 세포질 pH의 상승이 일어나지 않도록 막는다.

acidity 명 산도, 산성도

2 The activities of many proteins are modulated by shifts in environmental **acidity** through protonation of histidine side chains.

관 modulate(타) 조정하다=(regulate, control), protonation 양성자화

해 많은 단백질의 활성은 histidine 측쇄기의 양성자화를 통한 주변 환경의 **산성도**에 따르는 전이반응에 의하여 조정된다.

참 Histidine 아미노산 측쇄기는 질소를 함유한 imidazole인데, 생리적 pH근처에서 이온화상태가 달라질 수 있다. H^+이온이 많은 상태인 낮은 pH 5.8 근처에서는 양성자화되어 양전하를 띠게 되고 반면에 높은 7.5 근처의 용액에 pH에서는 H^+이온을 잃어 전하를 가지지 않는다. 이와 같이 주위의 산도acidity에 따라 양성자화 여부가 바뀔 수 있으며 아울러 기능도 변한다.

acidosis 명 산증

7 Too much HCO_3^- or too little CO_2 in the blood will cause alkalosis. This condition is less common than **acidosis**. CO_2 can be lowered by hyperventilation.

관 cause(타) 초래하다=bring about, hyperventilation 과다호흡, acidosis 산증, alkalosis 알카리증

해 혈액에서 너무 많은 HCO_3^-나 혹은 너무 적은 CO_2는 알카리증을 초래할 것이다. 이 알칼리 상태는 **산증**보다 덜 흔하다. 과다호흡으로 CO_2는 낮아질 수 있다.

참 산증과 알칼리증 : 생체에서의 모든 대사반응은 효소에 의하여 매개되며, 효소의 활성은 주변 환

경의 pH에 의하여 결정된다. 그러므로 pH가 정상보다 낮은 상태 산증 acidosis이나 높은 상태 알카리증 alkalosis에서는 효소활성이 저해를 받을 수 있으므로 병적상태로 빠지게 된다.

acquire [타] 습득하다, 획득하다, 얻다

37

It remains possible that some brain cancer stem cells arise from differentiated cells, like glia, which **acquire** stem cell properties as a result of mutation.

[관] remain possible 가능하다, arise from ....로부터 발생하다, as a result of ....의 결과로=(as a consequence, consequently, therefore)

[해] 일부의 뇌암 줄기세포들이 신경아교세포와 같은 분화된 세포로부터도 발생한다는 것은 돌연변이의 결과로 줄기세포의 행동특성을 **획득하였기** 때문에 가능하다.

[참] properties : 행동특성이라 표현한다. 사전에 보면 다음과 같이 정의되어있다. The ways in which it behaves in particular conditions. 어떤 특정한 조건에서 행동하는 방식을 properties라 한다.

acquired [타] 획득되다, 얻다

136

Fatty acids <u>are **acquired**</u> readily in the diet and can also be made from carbohydrates and the carbon skeletons of amino acids.

[해] 지방산은 음식물에서 쉽게 **얻어지고**, 또한 탄수화물과 아미노산의 탄소골격으로부터 만들어 질 수도 있다.

acquisition [명] 취득, 획득

61

This suggests that the cancer may be caused by loss of a tumor suppressor gene rather than **acquisition** of an oncogene.

[관] be caused by ....에 의하여 초래되다, tumor suppressor gene 종양억제유전자, oncogene 발암유전자

[해] 이 사실은 그 암이 어떤 발암유전자의 **획득**보다는 오히려 어떤 종양억제유전자의 소실에 의하여 초래되었을 수도 있다는 것을 암시한다.

[참] 발암유전자oncogene 와 종양억제유전자tumor suppressor gene : 발암유전자는 자신의 산물에 의해 암을 일으키도록 하는 유전자이고 종양억제유전자는 종양의 발생을 억제하는 유전자이다. 전자의 종양유전자들은 원래 세포의 성장, 증식, 혹은 분화과정들의 조절을 담당하던 역할을 하였었는데, 돌연변이가 일어나 앞에서 언급한 여러 과정의 조절이 불가능하게 되어 암으로 발생되었다. 반면에 후자의 돌연변이는 종양억제기능이 상실되어 암이 일어난다. moved 참조

across [전] 1 망라하여

151

The comparison of the primary structure of synapsins **across** species from human to Drosophila demonstrates that the Src-phosphorylated tyrosine residue (Tyr301) is evolutionarily highly conserved

[관] demonstrate(타)=show clearly, be highly conserved 높게 보전되어있다

[해] 사람에서부터 초파리까지의 종을 **망라한** synapsin의 일차구조의 비교는 Src에 의해 인산화되는 티로신잔기 (Tyr301)가 진화과정에서 높게 보존되어있음을 보여주고 있다.

2 가로질러

All cells maintain concentration gradients of various metabolites **across** their plasma membranes.

[해] 모든 세포들은 세포막을 **가로지르는** 여러 대사산물들의 농도경사를 유지하고 있다.

act [명] 행위, 소행

394

The egg is activated to begin development by the **act** of pricking with the fine pipette used to inject the transplanted nucleus.

[관] prick(타) 쿡쿡 찌르다=stab with a sharp object, inject(타) 주사하다

[해] 난자는 이식된 핵을 주입하기 위하여 사용되었던 미세 피펫으로 쿡쿡 찌르는 **행동**에 의하여 발생의 시작이 활성화된다.

[참] 핵치환기술nuclear transfer : 세포를 클로닝하는 방법으로 미수정란으로부터 일배체 DNA를 제거

하고 이배체의 DNA를 포함하는 세포의 핵을 주입하는 기술이다. 핵의 이전이 완료되면 수정란으로부터 개체가 새로 만들어지도록 이배체 DNA가 이식된 알에 적절한 자극을 가하여 세포가 분열하도록 만든다.

자 1 작동하다, 활동을 하다

Focal adhesion kinase (FAK) and SHP-2 **act** in concert to regulate the turnover of focal adhesion complexes

관 in concert 일제히; 협동하여, turnover 대사순환, SHP-2 티로신탈인산화효소, focal adhesion 초점연접

해 Focal adhesion kinase (FAK)와 SHP-2는 협동하여 세포의 초점연접 복합체의 대사순환을 조절하는 **활동을 한다**.

2 ~ on ....에 작용하다

In endocrine signaling, hormones **act** on target cells distant from their site of synthesis by cells of the various endocrine organs

관 be distant from ....로부터 멀리 있다, endocrine organ 내분비기관

해 내분비 신호전달과정에서, 호르몬은 여러 내분비기관의 세포들에 의해 호르몬이 합성되는 장소로부터 멀리 떨어져 있는 표적세포들**에 작용한다**.

3 ~ as ....로 기능하다, 작용하다

High concentrations of alanine **act** as a gluconeogenic signal by inhibiting glycolysis at the pyruvate kinase step.

관 gluconeogenic signal 당신생성신호

해 Alanine의 고농도는 pyruvate kinase 단계에서 해당과정을 저해함에 의한 당신생성의 신호**로써 작용한다**.

참 Pyruvate kinase : 이 효소는 phosphoenolpyruvate에서 pyruvate로의 단계를 촉매하며, glucagon에 의해 활성화되는 protein kinase A에 의해 인산화되어 저해되거나 혹은 아미노산 alanine이 고농도로 존재하면 저해된다. 이 효소의 저해로 포도당이 분해되는 해당과정이 중단되고 반대로 alanine이나 lactate, glycerol 등을 원료로 하는 당신생성과정 gluconeogenesis이 촉진된다.

acted

18

타 be ~ 작용을 받다

Glycogen synthase has multiple phosphorylation sites and is **acted** on by up to 10 different protein kinases.

관 up to ....까지, act on ....에 작용하다

해 Glycogen synthase는 여러 인산화자리를 가지고 있으며 그래서 10여종에 달하는 여러 단백질인산화효소들에 의하여 **작용을 받는다**.

참 glycogen synthase : 포도당 저장형인 glycogen의 합성을 촉매하는 효소로, 다양한 생체신호들의 효과를 매개하는 다양한 인산화효소들에 의하여 인산화되어 조절된다.

action

200

명 활동, 행동

The PKC-δ tyrosine phosphorylation state depends not only on tyrosine kinase activity but also on the combined **action** of tyrosine kinases and tyrosine phosphatases

해 PKC-δ의 티로신인산화된 상태는 티로신인산화효소의 활성뿐만 아니라 티로신인산화효소와 티로신탈인산화효소의 통합된 **작용**combined action에 의해서도 결정되기도 한다.

activate

469

타 1 활성화하다

Other transforming viruses have been shown to **activate** STAT3 in cooperation with other kinases

관 in cooperation with ....와 협동하여

해 다른 형질변환을 일으키는 바이러스도 다른 인산화효소들과 협동하여 STAT3를 **활성화하는** 것으로 알려져 왔다.

2 촉진하다

These proteins characteristically act by binding to DNA sequences that are adjacent to coding regions of genes, either **activating** or inhibiting the transcription of genetic information into RNA.

관 characteristically 특징적으로, adjacent to ....근처에=next to,

해 이들 단백질은 RNA로의 유전정보의 전사반응을 **촉진하거**나 혹은 저해할 수 있는 유전자의 코딩 영역 근처에 있는 DNA서열에 결합함에 의하여 특징적으로 작용한다.

activated

842

타 be ~ 활성화되다

Pregnenolone synthesis in the adrenal cortex is **activated** by adrenocorticotropic hormone (ACTH), a peptide of 39 amino acid residues secreted by the anterior pituitary gland.

관 adrenal cortex 부산피질, adrenocorticotropic hormone (ACTH) 부신피질자극호르몬, anterior pituitary gland 뇌하수체 전엽

해 Pregnenolone의 부신피질에서의 합성은 뇌하수체 전엽에서 분비되는 39개의 아미노산 잔기로 된 펩티드 부신피질자극호르몬 (ACTH)에 의해 **활성화된다**.

activation

2719

명 활성화

These signal molecules bind to receptors on the plasma membrane of adipose cells and lead to the **activation** of adenylyl cyclase, which forms cyclic AMP from ATP.

관 lead to=result in, form A from B=B로부터 A를 만들다

해 이 신호전달분자는 지방세포의 세포막에 있는 수용체에 결합하고, 그 결과 ATP로부터 cyclic AMP를 만드는 adenylyl cyclase의 **활성화**를 일으키게 된다.

activator

82

명 활성제

This form of control is termed allosteric regulation, because the **activator** or inhibitor binds to the enzyme at a site other than (allo means "other") the active site.

관 be termed ....로 불린다=(be called, be referred to as), bind to ....와 결합하다

해 이 형태의 조절방식은 **활성제**나 혹은 저해제가 활성화자리가 아닌 다른 곳에서 효소와 결합하기 때문에 알로스테릭 조절이라는 용어를 사용한다.

참 알로스테릭 효소allosteric enzyme : 이 효소들에는 촉매반응을 수행하는 활성화자리active site와 효소의 활성을 조절하는 또 다른 자리allosteric site가 분리되어 위치하고 있다. Allosteric은 other site의 의미이고, 반면에 기질과 효과제effector가 모두 활성화자리에 작용하는 효소를 isosteric이라 한다.

active

995

형 1 <한정적> 활성화된, 활성을 가지는

The **active** site of liver alcohol dehydrogenase contains a bound zinc atom, and a serine side chain –OH and a histidine nitrogen that participate in the reaction.

해 간의 알코올탈수소효소의 **활성화**자리는 하나의 결합된 아연 원자와, 그리고 반응에 참여하는 세린측쇄기의 -OH와 히스티딘의 질소를 함유하고 있다.

2 <서술적> 활성화된, 활성을 가지는

Most lysosomal enzymes are **active** at the acidic pH of the lysosome and inactive if accidentally released into the cytosol.

해 대부분의 라이소솜의 효소들은 라이소솜의 산성 pH에서 **활성을 가지며** 그리고 비록 우연히 세포질로 방출되더라도 불활성화된다.

activity

5529

명 활동, 활성

That is, ATP, NADPH, and related compounds are the power sources that drive the energy requiring **activities** of the cell, including biosynthesis, movement, osmotic work against concentration gradients, and, in special instances, light emission (bioluminescence).

관 drive(타) 추진하다=(guide, direct), bioluminescence 생체발광, power source 동력의 근원

해 즉 ATP, NADPH와 관련 화합물들은 생합성, 운동, 농도구배에 역행하는 삼투적인 일과 특별한

사례에서는, 빛의 발산 (생체발광)을 포함하는 에너지를 필요로 하는 세포의 **활동**을 추진하는 동력의 근원이 된다.

actual
40

형 실제적인

The **actual** cortactin binding region may lie within that region or within in a portion of the C terminus between aa 413 and 445.

관 lie(자) 위치하다=(be placed, exist, reside)

해 **실제적인** contactin의 결합영역은 아마 그 영역 안이나 혹은 아미노산 413과 445 사이의 C말단의 어떤 부분 안에 위치하고 있을 것이다.

actuality
3

명 in ~ 실제로

In **actuality**, the negative supercoils cause a torsional stress on the molecule so that T tends to decrease.

관 in actuality 실제로=actually, torsional stress 뒤틀리는 힘, tend to ....하는 경향이 있다, so that <결과>, decrease(자) 감소하다

해 **실제로** 음의 방향으로의 초꼬임현상 (꼬인 후 또 꼬임현상)은 그 분자에 뒤틀리는 힘을 일으키도록 하여 그 결과 T값이 감소되는 경향이 있다.

actually
44

부 실제적으로, 사실

Honey **actually** consists of an emulsion of microscopic glucose hydrate and fructose hydrate crystals in a thick syrup.

관 emulsion 유상액, thick 뻑뻑한=dense

해 꿀은 **실제적으로** 미세한 포도당의 수화물과 과당의 수화물 결정들이 뻑뻑한 시럽상태로 된 유상액으로 구성되어있다.

acute
73

형 1 날카로운, 예리한, 급성의

Colchicine has been used for hundreds of years to alleviate some of the **acute** pain of gout and rheumatism.

관 has been used <현재완료 계속>, alleviate(타) 완화시키다=relieve, gout 통풍, rheumatism 류마티스

해 콜히친은 수백 년 동안 통풍과 류마티스의 일부 **격통**을 완화시키는데 사용되어왔다.

2 급성의

The alarm signal of epinephrine stimulates liver glycogen breakdown, making glucose available as fuel to combat the **acute** stress.

해 Epinephrine을 이용한 경고성 신호는 포도당을 **급성** 스트레스에 대항하기 위한 연료로 이용할 수 있도록 간의 글리코겐의 분해를 촉진한다.

adapt
7

자 ~ to ....에 순응하다, 대처하다

Both prokaryotic and eukaryotic cells **adapt** to changes in their environment by turning the expression of genes on and off.

관 adapt to ....에 순응하다, turn .... off 끄다≠turn .... on 켜다

해 원핵세포와 진핵세포 모두는 유전자들의 발현을 켜거나 끔으로써 자신의 환경에서의 변화에 **순응한다**.

타 적응하도록 하다

Isozymes may exhibit subtle differences in properties such as sensitivity to particular regulatory factors or substrate affinity (eg, hexokinase and glucokinase) that **adapt** them to specific tissues or circumstances.

관 Isozyme 동종효소, exhibit=show, sensitivity to ....에 대한 민감도, adapt(타) .... to ....를 ....에 적응하도록 하다

해 동종효소들은 특이한 조직이나 환경**에 적응하도록 하는** 특정 조절인자이나 기질의 친화력 (예,

hexokinase 와 glucokinase)에 대한 민감도와 같은 행동특성에서 미묘한 차이점을 보일 수도 있다.

참 동종효소isozyme : 한 종류의 기질에 대한 촉매활성을 보이는 서로 다른 서열로 된 효소들을 isozyme이라 한다. 이것들을 코딩하는 유전자들이 서로 다르며, 따라서 기질에 대한 친화력, 촉매 속도, 조절되는 방법 등도 서로 달라서 여러 조직에서 차이가 나는 기능을 수행하게 된다.

adapted

27

타 1 be ~ 개조되다, 적응되다

More recently, the microelectrode technique has been **adapted** to study the movement of ions through specialized channel proteins (called ion channels) contained in a small patch of plasma membrane.

관 specialize 전문화된, be adapted 적응되다=conformed to

해 더욱 최근에, 미세전극기술은 세포막의 작은 조각 속에 포함된 (이온통로라 불리는) 전문화된 통로단백질을 통한 이온의 운동을 연구할 수 있도록 **개조되어**왔다.

참 If you *adapt* something, you *change* it to *make* it suitable for a new purpose or situation.

2 개작되다

FIGURE 6 Relative frequencies of occurrence of amino acid residues in α-helices, β-sheets, and β-turns in proteins of known structure. *(**Adapted from** Bell, J. E., and Bell, E. T., 1988, Proteins and Enzymes, Englewood Cliffs, NJ: Prentice-Hall.)*

관 frequencies of occurrence 나타남의 빈도수들

해 그림 6 알려진 구조를 가진 단백질에 존재하는 α-나선체와, β-시트체, 및 β-회전체에서 아미노산 잔기들의 나타남의 상대적인 빈도수. *(Bell, J. E., and Bell, E. T., 1988, Proteins and Enzymes, Englewood Cliffs, NJ: Prentice-Hall로부터 **개작됨**)*

adaptability

1

명 적응력

These provide a means of ensuring **adaptability** and diversity for the organism but, when these processes go awry, can also result in disease.

관 ensure(타) 보장하다=make sure, go awry 잘못되다=go wrong, result in ....의 결과가 되다

해 이러한 것들은 생명체를 위한 **적응력**과 다양성을 보장하는 하나의 수단을 제공하지만, 그러나 이 과정들이 잘못될 때는 질병의 결과를 만들 수도 있다.

참 생명체의 적응력과 다양성을 위한 DNA의 역할 : 염색체의 DNA 서열에 담긴 유전정보들은 정확한 복제반응에 의하여 다음 세대로 전달되며 아울러 염색체교차crossover, 재조합 recombination, 위치이동transposition, 그리고 전환conversion 등의 여러 과정들에 의하여 서열들이 서로 교환될 수도 있다. 이러한 수단들은 해당 생명체의 환경에 대한 적응력을 높이고 각 개체들의 다양성을 촉진시킬 수 있는 확실한 방법이 된다.

adaptation

22

명 적응

Environmental conditions regulate the amount of thermogenin in brown-fat mitochondria. For instance, during the **adaptation** of rats to cold, the ability of their tissues to generate heat is increased by the induction of thermogenin synthesis.

해 환경적 조건이 갈색지방조직의 미토콘드리아에서 thermogenin의 양을 조절하도록 만든다. 예를 들면, 쥐가 추위에 **적응**하는 동안, 열을 발생하는 그 조직의 능력은 thermogenin 합성의 유도에 의하여 증가된다.

참 - thermogenin : 갈색지방세포 (brown fat)에서 ATP를 생산하지 않고 대신에 에너지를 열을 발생시키도록 에너지 전환과정을 분리하는 uncoupling protein이다.
- 갈색지방세포 : toward 참조

adaptable

1

형 적응할 수 있는, 융통성 있는

Extrahepatic tissues also can adjust their metabolism to prevailing conditions, but none is as **adaptable** as the liver, and none is so central to the organism's overall metabolism.

관 adjust .... to ....에 맞추다=change so as to match or fit, prevailing 현재 우세한=(predominant, current)

해 간 이외의 조직 또한 대사를 현재의 우세한 환경에 맞출 수 있지만, 그러나 아무것도 간과 같이 **적응할 수** 없을 뿐만 아니라 아무것도 생명체의 전반적인 대사에 그렇게 중심적으로 될 수 없다.

참 간의 대사적응력 : 생체의 전반적인 대사의 변화에 대하여 간만큼 적응이 빠른 장기는 없다. 고단백질 음식을 섭취한 경우 간세포들은 아미노산 대사와 당신생성과정에 필요한 효소들을 다량으로 합성하여 공급하며, 다시 고탄수화물 다이어트로 전환되더라도 몇 시간 이내에 이전 대사에 사용되었던 효소들의 수준은 신속하게 줄이고 탄수화물 대사와 지방합성에 필요한 효소들의 합성이 증가된다.

adaptive

형 적응하는, 적응을 돕는, 적응용의

22

The **adaptive** immune response mounted by vertebrates, involving antibodies and T cells, is directed against specific pathogens but is slower to develop than the innate, nonspecific response.

관 mount(타) 작동되도록 준비하다=prepare and set in motion, be directed against ....에 대항하여 작용하다; 대항하여 만들어지다

해 척추동물에 의하여 작동이 준비되어있는 항체과 T세포를 포함하는 **적응성** 면역반응은 특이 병원체들에 대항하여 작용하지만, 그러나 내재적인 비특이적인 반응보다 더 천천히 발생된다.

add

타 1 첨가하다

125

The reaction was stopped by **adding** 5 ml of DMEM, 10% FCS.

해 그 반응은 DMEM 5 ml와 10% FCS를 **첨가하여서** 중단되었다.

2 추가하다

PCR can amplify specific sequences or **add** sequences (such as endonuclease recognition sequences) as primers to cloned DNA.

관 add(타) .... to ....에 ....를 추가하다

해 PCR은 특이한 서열을 증폭할 수 있고 혹은 클로닝된 DNA에 프라이머로써 서열 (endonuclease의 인식서열과 같은)을 **추가**할 수도 있다.

자 1 ~ to ....더 크게 만들다

For this reason, chemotherapy directed toward a single gene or even a group of genes is likely to be ineffective in wiping out all malignant cells. This problem **adds to** the interest in therapies that interfere with the blood supply to tumors or in other ways act upon multiple types of tumor cells.

관 chemotherapy 화학요법, be directed toward ....를 표적으로 하는, be likely to ....인 것 같다, wipe out 완전히 제거하다=(eliminate, get rid of), add to ....을 더 크게 만들다 <아래 참조>, interfere with 방해하다

해 이러한 이유 때문에, 단 하나의 유전자나 혹은 심지어 어떤 유전자의 집단을 표적으로 하는 화학치료법은 모든 악성세포를 완전히 쓸어버리기에는 비효율적인 것 같다. 이 문제점은 종양에 혈액공급을 방해하는 치료법이나 혹은 여러 유형의 종양세포들에 효과를 발휘하는 다른 방법에 흥미를 **더 크게 만들었다**.

참 If A *adds to* B, A *makes* B *greater* in degree or amount.

2 ~ up to 합해져 .....가 되다, ...으로 합해지다

Individually quite weak, van der Waal's forces can **add up to** a strong attraction when many of them come into play, like the combined strength of hundreds of hooks and loops on a strip of Velcro.

관 add up to 합해서 ....이 되다=(make a total of, add up in number), come into play 효과를 내다=(affect, influence), Velcro찍찍이

해 개별적으로는 비교적 약한 반델발스의 힘은 찍찍이 띠 위의 수백 개의 고리와 루프들의 통합된 강도와 같이, 그들 가운데 많은 것이 함께 효과를 낼 때 강한 인력**으로 합해진다**.

참 quite weak와 같이 quite는 very 보다 정도가 약한 수식어

added
923

[타] 첨가되다

Water is **added** to give a final volume of 1 L.

[해] 물이 전체 부피 1 L가 될 수 있도록 **첨가되었다**.

addition
1482

[명] 1 첨가

The **addition** of 1 μg/ml Herceptin in the culture medium resulted in a 73.4% inhibition of wound closure.

[관] result in ....의 결과가 되다, wound closure 상처아물기=wound healing

[해] 세포배양액에 1 μg/ml 의 Herceptin의 **첨가**는 상처의 아무는 정도의 73.4%를 저해하는 결과를 보였다.

[관] Herceptin : Trastuzumab의 상품명으로 HER2/neu 수용체에 대한 단일클론항체로 결합하여 이 수용체의 세포신호전달 기능을 저해한다. 특히 HER2가 과발현되어있는 유방암의 치료에 효과가 좋다.

2 in ~ to 게다가, 그 위에 더

The ability to close gap junctions provides the tissue with an important intercellular regulation mechanism. In **addition**, gap junctions provide a means to protect adjacent cells if one or more cells are damaged or stressed.

[관] provide .... with ....에게 ....를 제공하다; 수단이 되다, means 수단 <단수취급>, be damaged 손상되거나, be stressed 스트레스를 받다

[해] 교통연접을 닫는 능력은 조직에게 세포 사이의 중요한 조절기전을 제공한다. **게다가**, 교통연접은 하나 이상의 세포들이 손상되거나 스트레스를 받게 되면, 주위의 세포를 보호하기 위한 하나의 수단이 되기도 한다.

additional
605

[형] 추가적인

However, it was equally clear from previous studies that **additional** tyrosine phosphorylation sites outside of the PH domain exist.

[해] 그러나 **추가적인** 티로신인산화 부위들이 PH도메인의 외부에 존재하고 있다는 사실은 이전 연구로부터 이미 명백한 것이었다.

[참] PH (Pleckstrin homology) 도메인 : 이 도메인은 생체막의 구성성분인 phosphatidylinositol 인지질, G 단백질의 βγ-아단위체들과 protein kinase C와 같은 단백질과 결합할 수 있어서, 세포의 신호전달과정에서 중요한 역할을 한다.

additionally
90

[부] 추가적으로, 또한

As seen in Chapter 25, the human body cannot synthesize linoleic and linolenic acids, so these must be acquired in the diet. **Additionally**, arachidonic acid can be synthesized in humans only from linoleic acid, so it too is classified as essential.

[관] be classified as ....로 분류되다

[해] 25장에서 보이는 것처럼, 인체는 리놀레인산 및 리놀렌산을 합성할 수 없으며, 그래서 음식물로 섭취되어야만 한다. **또한**, 사람에서 아라키돈산은 리놀레인산으로부터만 합성될 수 있어서, 그래서 linoleic산 또한 필수로 분류된다.

address
118

[타] 1 (문제를) 이해하려고 노력하다, 답하다

However, more studies are clearly needed to **address** whether the level of activated Stat3 protein in primary melanomas predicts brain metastasis.

[관] predict(타) 예측하다, address(타)=try to understand, metastasis 전이

[해] 그러나 일차 흑색종에서 활성화된 Stat3 단백질의 수준이 뇌의 전이를 예측하도록 하는지의 여부를 **이해하려고 노력하는** 더 많은 연구들이 명백하게 필요하다.

[참] If you *address* a problem or task or if you address yourself to it, you *try to understand* it or *deal with* it.

2 다루다

A problem at the end of the chapter **addresses** this case.

관 address(타)=deal with

해 이 장의 마지막에 있는 문제가 이 증례를 **다루고 있다**.

addressed
144

타 1 be ~ 밝혀지다

Some general points about membrane assembly remain to be **addressed**.

관 remain to be addressed 알려지지 않은 채로 있다=(remain to be understand, remain unknown)

해 막의 조립반응에 대한 일부 일반적인 사항들이 **밝혀져야 할** 상태로 남아있다.

2 be ~ 다루어지다

As listed in Table 5, glycoproteins have many different functions; some have already been **addressed** in this chapter and others are described elsewhere in this book.

관 some .... others 일부 .... 나머지, have many functions 많은 기능을 하다, address(타)=deal with

해 표 5에 나열된 것처럼, 당단백질은 많은 다른 기능을 가지고 있다; 일부는 이 장에서 이미 **다루어졌으며** 나머지는 이 책의 다른 곳에 서술되어있다.

adduct
60

명 생성물

Intracellular **adducts** of elongation factor 5 can be detected using monoclonal antibodies and fluorescence immunohistochemical techniques.

관 detect .... using ....를 사용하여 검출하다, immunohistochemical technique 면역조직화학적 기술, adduct 생성물

해 세포내의 연장인자5의 **생성물**은 단일클론항체와 형광면역 조직화학적 기술을 사용하여 검출될 수 있다.

adequate
17

형 1 충분한, 적당한

If fat and carbohydrate are already **adequate** for the energy needs of the organism, then both kinds of glucogenic and ketogenic amino acids will be converted to triacylglycerol and stored in adipose tissue.

관 be adequate 충분하다=be sufficient, needs 필요량=requirements, triacylglycerol 중성지방

해 지방과 탄수화물이 그 생명체의 에너지의 요구량에 이미 **충분한** 상태라면, 포도당 생성용과 케톤체 생성용 아미노산 모두가 중성지방으로 전환되어 지방조직에 저장될 것이다.

참 아미노산들은 대사되어 2가지 방식으로 전환이 가능하다. 당신생성gluconeogenesis 과정을 경유하여 glucose로 전환되거나 케톤체들로 바뀔 수 있다. 전자를 glucogenic 후자를 ketogenic 아미노산이라 한다.

2 적절한

Angiogenesis, the branching growth of the vasculature, is stimulated by hypoxia, thus ensuring that all cells are in **adequate** proximity to the oxygenated blood supply.

관 angiogenesis혈관신생성, vasculature 혈관구조, ensure(타) 보장하다=(make certain, sure), adequate=suitable, be in proximity to ....에 가깝게 접근한 상태이다

해 혈관구조가 가지 형태로 성장하는 혈관신생성은 저산소 상태에 의하여 촉진되어, 그래서 모든 세포들이 산소로 가득 찬 혈액의 공급에 **적절한** 접근상태로 되는 것을 보장한다.

adhere
111

자 1 ~ to ....에 부착하다

L cells express no cadherins and **adhere** poorly to themselves or to other types of cultured cells.

관 adhere to ....에 부착하다=stick fast to, poorly 약하게

해 L세포는 cadherin을 전혀 발현하지 않아서 자신 끼리나 혹은 배양된 세포의 다른 종과도 약하게 **부착한다.**

참 cadherin 단백질 : stabilization 참조

2 엉겨 붙다

The aqueous fractions were removed carefully, and the fluffy top layer and materials **adhering** to the tube walls were recovered.

해 용액부분이 조심스럽게 제거되었고, 솜털 같은(fluffy) 위층과 튜브벽에 **엉겨 붙어있는** 물질이 회수되었다.

3 ~ to ....를 고수하다

She still weighed 76.7 Kg, despite her insistence that she had **adhered** strictly to her diet.

관 despite ....에도 불구하고, weigh(타) ....의 무게가 나가다=have a weight of, insistence 주장, adhere to=be faithful to ....에 충실하다

해 그녀가 엄격하게 자신의 다이어트를 **고수해 왔었다는** 주장에도 불구하고, 아직 76.7 Kg의 체중이었다.

adherence 명 점착, 접착

22

L-selectins mediate weaker **adherence** of the leukocyte to the vascular wall and promote faster rolling along the wall. P-selectins conversely promote stronger **adherence** and slower rolling.

해 L-셀렉틴은 혈관벽에 백혈구의 더 약한 **접착**을 매개하여 벽을 따라 더 빠르게 구르는 것을 촉진한다. 반대로, P-셀렉틴은 더 강한 **접착**으로 인해 더 천천히 구르는 것을 촉진한다.

참 Selectin 단백질 : 세포접착분자cell adhesion molecules(CAM) 그룹에 속하는 단백질로 하나의 사슬로 되어있으며 세포막을 관통하는 당단백질의 일종이다. 염증반응에서 히스타민과 트롬빈 등은 내피세포들에 저장되어있던 P-selectin의 동원화를 촉진하고, 반면에 TNF-α와 같은cytokine들은 E-selectin의 발현을 촉진한다.

adherent 형 부착한, 붙은

157

Adherent cells were fixed in 3.7% formaldehyde for 1 h at 4 °C and stained with 0.05% crystal violet for 30 min at room temperature.

해 **부착한** 세포들은 4°C 1시간 동안 3.7 % 포름알데이드 속에서 고정되었고, 0.05% crystal violet로 상온에서 30분간 염색되었다.

adhesion 명 부착, 점착

564

During hemostasis or thrombosis, platelets become activated and help form hemostatic plugs or thrombi. Three major steps are involved: (1) **adhesion** to exposed collagen in blood vessels, (2) release of the contents of their granules, and (3) aggregation.

관 hemostasis 지혈반응, platelet 혈소판, thrombosis 혈전형성

해 지혈이나 혈전 형성 동안에, 혈소판들은 활성화되어 지혈용 딱지나 혹은 혈전을 형성하는 것을 돕는다. 3가지의 주된 단계가 관여하고 있다: (1) 혈관에서 노출된 콜라겐**에 접착하기**, (2) 혈소판의 과립을 구성하는 내용물의 방출하기, 그리고 (3) 응집하기.

adhesive 형 점착성의, 떨어지지 않는

60

Adhesion of neutrophils to endothelial cells employs specific **adhesive** proteins such as integrins located on their surface and also specific receptor proteins in the endothelial cells.

관 adhesion .... to와의 부착, employ(타) <방법, 물질, 표현>을 이용하다=use

해 중성구세포가 내피세포와의 부착은 표면에 위치한 인테그린과 같은 특이 **점착성** 단백질과 또한 내피세포에 있는 특이 수용체단백질을 이용한다.

adjacent 형 1 인접한, 접근한

117

All of the aggregating agents, including thrombin, collagen, ADP, and others such as platelet-activating factor, modify the platelet surface so that fibrinogen can bind to a glycoprotein complex, GPIIb–IIIa, on the activated platelet surface. Molecules of divalent fibrinogen then link **adjacent** activated platelets to each other, forming a platelet aggregate.

관 modify(타), link(타) .... to each other ....를 ....에 연결하다, platelet aggregate 혈소판응집체

해 Thrombin, collagen, ADP, 및 혈소판활성화인자와 같은 것을 포함하는 응집을 촉진하는 모든 물

질은 혈소판 표면을 변형시켜 fibrinogen이 활성화된 혈소판의 표면 위에 있는 당단백질의 복합체인 GPIIb-IIIa와 결합하도록 할 수 있다. 그러면 2개의 결합부위를 가진 fibrinogen 분자가 **인접해 있는** 활성화된 혈소판을 서로 연결시켜서, 혈소판응집체를 형성할 수 있다.

2 ~ to ....에 인접한, 바로 다음의

The orientation of the -H and -OH groups around the carbon atom **adjacent** to the terminal primary alcohol carbon (carbon 5 in glucose) determines whether the sugar belongs to the D or L series.

관 adjacent to ....에 인접한=(next to, close to), determine whether .... or ....의 여부를 결정하다, belong to ....에 속하다

해 일차 알코올기가 붙은 최말단의 탄소 (포도당에서 5번 탄소) **바로 다음의** 탄소원자 주위의 -H 와 -OH기의 방향이 탄수화물이 D 계열에 속하는지 혹은 L 계열에 속하는지를 결정한다.

adjoining 형 이웃하는, 연속되는

3

The segment of pGEX-Bdp1 **adjoining** and encompassing the Bdp1 fragment was sequenced in both directions to verify that the PCR product was subcloned in frame and faithfully.

관 adjoining 이웃하고 있는=neighboring, encompass(타) 포함하다=include, be sequenced 서열이 결정되다, in frame 프레임에 맞게≠out of frame, verify(타) 확인하다=(confirm, prove)

해 Bdp1조각에 **이웃하고** 있으면서 이것을 포함하는 pGEX-Bdp1의 일부분의 서열이 양방향 모두에서 결정되어, 그 PCR 산물이 프레임이 유지된 상태로 충실하게 서브크로닝이 된 것을 확증하도록 하였다.

adjust 타 조정하도록 하다, 조절하다

6

Endocrine hormones **adjust** the rate of various metabolic pathways to meet the changing conditions at their target tissues.

관 meet(타) 맞추다=(face, deal with)

해 내분비호르몬은 자신의 표적조직에서의 변화하는 조건을 맞추기 위하여 여러 대사경로의 속도를 **조정하도록 한다**.

자 ~ to ....에 적응하다

If the plasma membrane is relatively impermeable, how do most molecules enter a cell? How is selectivity of this movement established? Answers to such questions are important in understanding how cells **adjust** to a constantly changing extracellular environment.

관 establish(타)=set up, adjust to ....에 적응하다=conform to

해 만약 세포막이 비교적 비투과적이라면, 대부분의 분자들은 어떻게 세포로 들어갈까? 이 운동의 선택성은 어떻게 형성되는가? 그러한 의문점에 대한 답은 세포들이 일정하게 바뀌고 있는 세포외부의 환경에 어떻게 적응하는가를 이해하는데 있어서 중요하다

adjusted 타 be ~ 조정되다

76

Concentrated solutions of XA were prepared in water and then **adjusted** to pH 7.4 with 0.5 N NaOH before addition of PBS.

해 농축된 XA 용액이 물로써 조제되고, 그리고 난 후 PBS를 첨가하기 전에 0.5 N NaOH를 사용하여 pH 7.4로 **조정되었다**.

adjustment 명 조정

7

The availability of glucose for cellular metabolism is regulated during periods of abundance (following a meal) or scarcity (following fasting) by the **adjustment** of insulin and glucagon concentrations in the blood.

관 abundance 풍부≠scarcity 부족

해 세포의 대사를 위한 포도당의 이용 능력은 (식사 후) 풍부하거나 혹은 (단식 후) 부족한 기간에도 혈액에서의 인슐린과 글루카곤 농도의 **조정**에 의하여 조절된다.

administer	타 (약물을) 투여하다
2	After her blood pressure was well controlled, a decision was made to **administer** intravenous tissue plasminogen activator (TPA) in an attempt to break up any intracoronary artery blood clots in vessels supplying the ischemic myocardium.

관 administer(타) 투여하다, in an attempt to ....시도로, break up 용해하다=dissolve, intravenous 정맥내의

해 그녀의 혈압이 잘 조절된 후, 허혈상태인 심근에 공급하는 혈관 속의 어떤 관상동맥내의 혈전이라도 파괴하려는 시도로 정맥주사용 조직형 프라스미노겐활성제 (TPA)를 **투여하기**로 결정되었다.

참 허혈ischemia : 혈액을 통한 산소나 영양분들의 공급이 줄어들어 국소적으로 조직이 빈혈상태가 된 것을 허혈이라고 한다. 이런 질환은 혈관의 수축, 혈전, 혹은 색전에 의해 혈관이 막히게 되어 발생한다.

administered	타 be ~ (약물이) 투여되다
100	Owing to its ability to stimulate breakdown of blood clots, TPA (Tissue Plasminogen Activator) can minimize the harmful consequences of a heart attack, if **administered** to a patient within 30 minutes of onset.

관 owing to ....때문에=(because of, due to, through)

해 혈전의 분해를 촉진할 수 있는 능력 때문에, TPA (조직형 플라스미노겐활성제)가 발병 후 30분 이내에 환자에게 **투여되면**, 심장마비의 유해한 결과를 최소화 할 수 있다.

administration	명 투약, 투여(하기)
276	Sampling of PTP1B was also performed in skeletal muscle from mice prior to and following **administration** of insulin *in vivo*.

관 be performed 수행되다, prior to ....하기 전, following(전) ....후에=later than

해 인슐린을 생체에 **투여하기** 전과 후에, 생쥐의 골격근에서 PTP1B의 시료 채취 또한 수행되었다.

admitted	타 1 be ~ 인정되다
1	Although the exact stoichiometric composition or the number of different configurations of the NMDA receptors is not yet known, it is widely **admitted** that NMDA receptors comprise mixtures of NR1 and NR2 subunits

관 stoichiometric 정량적인, is not yet known 아직 알려져 있지 않다, comprise(타) 구성되다 =(include, be composed of), configuration 배열구조

해 비록 NMDA수용체의 정확한 정량적인 조성이나 혹은 서로 다른 배열구조의 수가 아직 알려져 있지 않지만, NMDA수용체들이 NR1과 NR2 아단위체의 혼성체로 구성되어있다는 사실은 널리 **인정되고** 있다.

참 NMDA (N-methyl D-aspartate) 수용체 : 리간드에 의해 개폐되는 이온통로ligand-gated ion channel 한 종류이다. 여러 종류의 glutamate 수용체들 가운데 이 수용체에만 활성제인 N-methyl D-aspartate (NMDA)가 선택적으로 결합하기 때문에 붙여진 이름이다. 시냅스의 plasticity (영구히 변형하는 성질, 가소성)와 기억과 관련된 기능을 한다.

2 ~ to 이송되다

Sepsis, a life-threatening disorder that arises through a dysregulated systemic host inflammatory response to infection, is the most common cause of morbidity and mortality for critically ill patients **admitted** to an intensive care unit.

관 sepsis 폐혈증, arise(자) 발생하다, through=because of, systemic 전신적인, intensive care unit 집중치료실, morbidity 이환, mortality 사망

해 폐혈증은 감염에 대한 조절이 불가능해진 전신적인 개체의 염증반응 때문에 발생하는 생명을 위협하는 질병으로, 집중치료실로 **이송된** 중병환자들의 이환율과 사망률의 가장 흔한 원인이 된다.

참 morbidity and mortality : 이환율 (병에 걸리는 비율)과 사망률

adopt	타 가지기 시작하다, 새로 채택하다, 취하다
16	When either Ser180 or Ser204 is dephosphorylated, the C terminus of PTPα is free to **adopt** a

β-hairpin conformation and bind the Grb2 SH2 domain

관 adopt(타) ....를 취하다=begin to have, either .... or 둘 중 어느 하나, bind(타) ...와 결합하다

해 Ser180이나 혹은 Ser204 어느 것이라도 탈인산화될 때, PTPα의 C말단부가 β-머리핀 입체구조를 **새로 채택하기**가 자유롭게 되어 Grb2의 SH2도메인과 결합한다.

adopted
16

타 be ~ (새로이) 채택되다

Cluster of differentiation (CD) refers to a uniform system of nomenclature that has been **adopted** to name surface markers of leukocytes.

관 refer to 언급하다; ....이다=(make mention, concern), name(타) 이름을 붙이다, nomenclature 명명법, surface marker 표면식별자

해 Cluster of differentiation (CD)란 백혈구의 표면식별자의 이름을 붙이기 위하여 **채택되어 온** 명명법의 일관성있는 시스템이다.

adoption
2

명 채택, 취함, 가짐

Emphysema arising in individuals carrying the Z-variant of α_1-antitrypsin is due to the slow folding kinetics of the protein rather than the **adoption** of an altered three-dimensional structure.

관 emphysema 폐기종, be due to .... 때문이다

해 α_1-antitrypsin의 Z-변이형을 가지고 있는 개인에서 일어나는 폐기종은 어떤 변형된 3차원 구조의 **채택** 때문이라기보다는 오히려 그 단백질이 천천히 접히는 반응속도론적인 원인 때문에 나타난다.

참 폐기종emphysema : 담배연기 속의 해로운 성분이 폐에서 공기를 흡수하는 폐포들alveoli에 들어오면 화학적 염증반응이 일어나고, 그 결과 손상된 세포로부터 다량의 단백질 분해효소인 elastase들이 분비된다. 이때 이 효소의 활성을 저해할 수 있는 α_1-antitrypsin 단백질의 돌연변이형을 분비하는 환자는 elastase의 활성을 저해하지 못하여 폐조직의 손상을 유발하게 되는데, 이것이 폐기종이다. 담배연기 성분에 의해 이 효소의 methione이 sulfoxide형으로 산화되어도 활성을 잃게 된다.

adult
244

명 성인

The average **adult** in the United States consumes far more protein than required for synthesis of essential proteins.

해 미국에서 평균 **성인**은 필수단백질을 합성하는데 필요한 양보다 훨씬 더 많은 단백질을 섭취한다.

참 adult human beings, adult patients, adult humans, male adult

adulthood
3

명 성장이 중단된 후의 시기, 성인기

The rat growth hormone gene has been cloned and transferred into mouse embryos, creating transgenic mice that at **adulthood** are twice normal size.

관 growth hormone 성장호르몬, be *twice* normal size ....의 두 배가 되다

해 쥐의 성장호르몬 유전자가 클론닝되고 생쥐의 배아에 이전되었으며, 그 결과 **다 자란 성인기**에서 정상 크기의 2배나 되는 유전자변형 생쥐를 탄생시킬 수 있었다.

advance
27

명 1 진전, 발전 (복수가능)

Recent **advances** in bioinformatics permit researchers to compare amino acid sequences to discover clues to potential properties, physiologic roles, and mechanisms of action of proteins.

관 bioinformatics 생명정보학, permit(타) .... to 가능하게 하다=enable .... to, clue to ....에 대한 단서

해 생명정보학에서의 최근의 **발전**은 연구자들이 아미노산서열을 비교하여 단백질의 잠재적인 행동특성, 생리적 역할과 작용기전에 대한 단서를 발견하는 것을 가능하도록 한다.

2 in ~ 미리

Unlike the hormones described above, the eicosanoid hormones are not synthesized in **advance** and stored; they are produced, when needed, from arachidonate enzymatically released from membrane phospholipids by phospholipase A2.

관 eicosanoid hormones 아이코사노이드류 호르몬, unlike ....와 달리, in advance 미리=earlier than expected

해 위에서 언급한 호르몬과 달리, 아이코사노이드류 호르몬은 **미리** 합성되어 저장되지 않는다; 그들은 phospholipase A2에 의해 막의 인지질로부터 효소적으로 유리된 아라키돈산으로부터, 필요할 때 생산된다.

참 eicosanoid류 : 20개의 탄소로 구성된 지방산인 arachinonic acid로부터 생성된 생리활성물질들, third 참조

자 전진하다, 나아가다

Although fat is distributed throughout our bodies, it tends to increase in quantity in our hips and thighs and in our abdomens as we **advance** into middle age.

관 be distributed 분포되다, tend to ....하는 경향이 있다, middle age 중년

해 비록 지방이 우리 몸 전체에 분포되어있지만, 우리가 중년의 나이로 **나아감**에 따라서, 지방은 허벅지나 사타구니에서 그리고 우리의 복부에서 양적으로 증가하는 경향이 있다.

타 발전시키다

This study **advances** the importance of Tyr446 in the regulation of cortactin and provides a potential mechanism to explain the effects of PTP1B on processes including cell adhesion, migration, and tumorigenesis

관 advance(타) 발전시키다, tumorigenesis 종양발생, provide a mechanism 기전을 제공하다

해 이 연구는 cortactin 단백질의 조절반응에 Tyr446의 중요성을 **한층 더 발전시키고**, 또한 세포의 접착, 이동 및 종양발생을 포함하는 과정에 대한 PTP1B의 효과를 설명하기 위한 가능성이 있는 기전을 제공하기도 한다.

advanced

29

타 be ~ 발전되다, 고급화되다

Many models were proposed to account for the coupling of electron transport and ATP synthesis. A persuasive model, **advanced** by E. C. Slater in 1953, proposed that energy derived from electron transport was stored in a high-energy intermediate (symbolized as X~P).

관 account for 설명하다=explain, be symbolized as ....로써 표시되다

해 많은 모델이 전자수송과 ATP 합성의 짝지음을 설명하기 위하여 제안되었다. 하나의 설득력 있는 모델은 1953년에 E. C. Slater에 의해 **발전된** 것으로, 전자의 수송과정으로부터 유래된 에너지가 고에너지 중간체 (X~P로 표시되어짐)로 저장되었음을 제안하였다.

참 전자전달계electron transport system : 에너지 대사과정에서 환원반응을 통하여 전자를 획득하게 된 NADH, $FADH_2$ 등은 수소이온들과 전자를 함께 가지고 있는 에너지 물질이다. 이들이 미토콘드리아 내의 전자전달계로 들어가 연속적으로 전달되면서 전자와 수소이온이 분리되어, 막을 사이에 두고 수소이온의 농도경사를 만들어 proton motive force가 생성되며 이를 활용하여 ATP와 같은 전기화학적인 힘electrochemical potential을 생산한다.

advantage

107

명 1 이점, 유리한 점

The common **advantage** of these plots is that they allow both Km and Vmax to be accurately estimated by extrapolation of straight lines rather than asymptotes

관 allow .... to, estimate(타) 추정하다, extrapolation 연장선; 외삽, asymptote 접선

해 이들 그래프의 공통적인 **유리한** 점은 접선이 아닌 직선의 연장선으로 Km과 Vmax 값을 정확하게 추정할 수 있다는 것이다.

참 Lineweaver-Burk 그래프 : 일정한 농도의 효소에서 기질농도 [S]를 바꾸면서 측정한 촉매초기속도 v를 플롯하면 포물선형의hyperbolic 곡선이 나타난다. 그러나 각 측정치들을 1/v와 1/[S]의 2중역수값으로 플롯 (double reciprocal plot)하면 직선형의 그래프로 변환될 수 있다. 이 그래프에서 그려진 직선의 절편과 기울기로부터 촉매상수 Km과 최대촉매속도 Vmax을 계산할 수 있다. 이 그래프를 Lineweaver-Burk 플롯이라 한다.

2 take ~ of 이용하다, 활용하다

DNase I footprinting takes **advantage** of the fact that when a protein is bound to a region of DNA, it protects that DNA sequence from digestion by nucleases.

관 footprinting 지문법, take advantage of 활용하다=(use to advantage, profit by), nuclease 핵산분해효소=DNase I

해 DNAase I 지문법이란 어떤 단백질이 DNA의 어떤 영역에 결합될 때, 핵산분해효소에 의한 분해로부터 그 DNA 서열을 보호한다는 사실을 **활용한 것이다**.

참 DNase I 지문법footprinting : 이 기술을 사용하면, 어떤 단백질이 DNA의 특정 서열에 결합한 상태에서, 이 결합부위는 결합된 단백질에 의해 보호되어 DNase I이라는 분해효소에 의해 소화되는 것을 막을 수 있다. 이러한 실험 후 이 분해되지 않고 남아있는 DNA의 서열을 조사하면 특정 단백질이 인식하는 서열을 밝힐 수 있게 된다.

3 to ~ 유리하게

Unlike atropine, scopolamine exerts a calming and amnesiogenic action that can be used **to advantage** in anesthetic premedication.

관 unlike ...와는 달리, exert(타) a action 행동을 발휘하다, amnesiogenic 기억을 지우는

해 아트로핀과 달리, scopolamine은 진정과 기억을 지우는 효과를 발휘하기 때문에 마취하기 전의 투약에서 **유리하게** 사용될 수 있다.

참 premedication (전투약, 예비투약) : 수술이나 검사하기 전에 투약하는 것.

advantageous
5

형 1 유리한, 이점이 있는

RNA is less stable than DNA because its vicinal 2'-OH group makes the 3'-phosphodiester bond susceptible to nucleophilic cleavage. For just this reason, it is selectively **advantageous** for the heritable form of genetic information to be DNA rather than RNA.

관 susceptible to ....에 민감한, for this reason 이러한 이유로=(accordingly, therefore), nucleophilic 친핵성의

해 RNA가 DNA보다 덜 안정하다, 왜냐하면 주위의 2'-OH기가 친핵성 절단반응에서 3'-phosphodiester 결합을 민감하게 만들기 때문이다. 단지 이러한 이유만으로도 유전정보의 상속가능한 형이 RNA이기보다는 오히려 DNA인 것이 선택적으로 **유리하다**.

2 ~ to ....에 유리한

Cholesterol synthesis is a complex and energy expensive process, so it is clearly **advantageous** to an organism to regulate the biosynthesis of cholesterol to complement dietary intake.

관 complement(타) ....에 상보적으로 맞추다=be complementary to, be advantageous to ....에게 유리하다

해 콜레스테롤의 합성은 복잡하고 에너지가 많이 드는 과정이며, 그래서 음식물의 섭취에 상보적으로 맞추어 콜레스테롤의 생합성을 조절하는 것은 한 생명체에게 분명하게 **유리한** 것이다.

advent
3

명 출현, 도래

The **advent** of recombinant DNA technology has made it possible to clone genes, manipulate them in vitro, and express them in a variety of cell types under various conditions.

해 재조합DNA기술의 **출현**은 유전자를 클로닝하고, 시험관 상에서 조작하여 그래서 다양한 세포유형들에서 유전자를 여러 조건 하에서 발현시키는 것을 가능하도록 하였다.

참 가목적어 'It'이 가리키는 'to 부정사'는 3개인데 맨 처음 것에만 'to'를 붙이고 나머지들은 반복되지 않도록 붙이지 않았다. to clone .... manipulate .... and express

adversely
3

부 불리하게, 길항적으로

An ideal drug must strongly inhibit the HIV-1 protease, must be delivered effectively to the lymphocytes where the protease must be blocked, and should not **adversely** affect the activities of the essential human aspartic proteases.

관 be delivered to ....로 전달되다, affect(타) 영향을 주다, adversely=antagonistically 길항적으로

해 이상적인 약물은 HIV-1 단백질분해효소를 강력하게 저해해야 하는데, 그 단백질분해효소가 차단되어야 하는 임파구들에 효과적으로 전달되어야 하고, 그리고 사람의 필수적인 aspartic 단백질분

해효소들의 활성에는 **길항적으로** 영향을 끼치지 않아야 한다.

참 HIV-1 protease : 이 효소는 아미노산 aspartate가 촉매에 관여하는 aspartic protease로 HIV 바이러스의 생명주기에 필수적이다. 이 바이러스의 코트단백질들은 여러 단백질들이 한 개의 단백질로 합쳐진 상태인 중합단백질polyprotein로 합성 된 후 이 HIV protease에 의해 소화된 후 바이러스의 외피코트를 만드는데 사용된다. 따라서 이 효소의 활성을 차단할 수 있는 약물은 바이러스의 증식을 막을 수 있다.

affect 타 1 (악)영향을 미치다

357

Although brain tumor blood vessel development is rapid in rats compared with humans, this variable should not **affect** our findings or conclusions to vasomodulators.

관 compared with ....에 비해, should <추측> ....아마 그럴 것이다 <아래 참조>

해 비록 뇌종양 혈관의 발생이 사람에 비해 쥐에서 빠르다고 하지만, 이 변수는 아마도 혈관 변형제에 대한 우리의 발견과 결론에 **영향을 주지** 않을 것이다.

참 should의 용법 : 어떤 사실이 진실이지만 그러나 확신하지 못하는 경우 사용한다. 예) I *should* think it's going to rain soon. 나는 비가 곧 올 것이라고 믿지만 와 봐야 안다.

2 영향을 주다

Thus, we used an electrophoretic mobility shift assay to ascertain whether loss of these acetylation sites **affects** sequence-specific DNA binding by p53.

관 electrophoretic mobility shift assay 전기영동상의 이동거리의 차이분석, ascertain(타) 확인하다 =confirm

해 그래서 우리는 전기영동상의 이동거리의 차이분석을 사용하여, 아세틸화되는 부위의 상실이 p53에 의한 서열특이 DNA의 결합에 **영향을 줄** 것인지의 여부를 다시 확인하였다.

참 타동사 affect와 effect의 차이점 : affect는 단순히 '영향을 주다'라는 의미로 사용된다. 예) The weather *affected* everyone's mood. 반면에 effect는 '영향을 미쳐서 어떤 결과에 이르게 한다'는 결과를 포함하여 사용된다. 예) The new administration hopes to *effect* a peace settlement. 새로운 행정이 영향을 미쳐 평화를 정착하도록 하기를 원한다.

affecting 타 아프게 만드는, 병에 걸리게 하는

56

Duchenne muscular dystrophy is a degenerative and fatal disorder of muscle **affecting** approximately 1 in 3500 boys.

관 approximately=nearly, affect(타) 병에 걸리게 하다=make .... ill, affecting ....는 <형용사구>로 길이가 길어 문장 뒤에서 disorder of muscle를 수식

해 뒤센형 근위축증은 약 3500명의 소년 중 1명의 비율로 **걸리는** 퇴행성이고 치명적인 근육의 질병이다.

참 affect와 develop : '병에 걸리다'라는 것을 표현할 때 사용한다. AIDS seems to *affect* men and women. 병명이 <주어> 사람이 <목적어>. Smokers are most prone to *develop* lung cancer. 사람이 <주어> 병명이 <목적어>이다.

affected 타 1 be ~ 영향을 받다

192

Interestingly, phosphorylation of Tyr-373/376 was dramatically reduced in the presence of PP1, whereas phosphorylation on Tyr-9 was not significantly **affected.**

해 흥미롭게도, PP1의 존재상태에서 Tyr-373/375의 인산화는 대단히 감소되었지만, 반면에 Tyr-9의 인산화는 심하게 **영향을 받지** 않았다.

2 영향을 받은

The expression of mRNA in both normal and **affected** individuals generally is determined by Northern blotting or in situ hybridization of labeled DNA or RNA to tissue sections.

해 정상인과 **영향을 받은** 사람 모두에서 mRNA의 발현은 일반적으로 Northern 블롯이나 혹은 조직절편에 대하여 표지된 DNA나 RNA의 in situ hybridization 기법에 의하여 결정된다.

affective 형 정신과 관련된, 정서적인

2 **affective** disorders such as schizophrenia

해 정신분열증과 같은 **정신과 관련된** 질환들

affinity 명 친화력

706 More than 80% of acetaldehyde oxidation in the human liver is normally catalyzed by mitochondrial acetaldehyde dehydrogenase (ALDH2), which has a high **affinity** for acetaldehyde and is highly specific.

관 high affinity 높은 친화성, highly specific 매우 특이성이 높은

해 사람 간에서 아세트알데히드 산화의 80% 이상은 정상적으로 아세트알데히드에 대한 높은 **친화력**을 가지고 있으며 특이성도 높은 미토콘드리아의 아세트알데히드탈수소효소 (ADH2)에 의하여 촉매된다.

afflict 타 (병이) 괴롭히다

1 Diabetes **afflicts** millions of people worldwide. Diabetic individuals typically exhibit high levels of glucose in the blood, but insulin injection therapy allows diabetic individuals to maintain normal levels of blood glucose.

해 당뇨병은 전 세계적으로 수백만 명의 사람을 **괴롭히고 있다**. 당뇨환자들은 전형적으로 혈액에서 높은 수준의 포도당을 나타내지만, 그러나 인슐린 주사요법은 당뇨환자들이 정상 수준의 혈당을 유지하는 것을 가능하게 한다.

afflicted 타 (고통, 통증, 재앙)으로부터 영향을 받은

3 Senescence is therefore a first-line defense against potentially dangerous mutations, locking the **afflicted** cells into a permanent state of arrest. Progression to malignancy would correlate with escape from or impairment of senescence.

관 senescence 노화, progression to ....로의 발전, correlate with ....와 연관되다, escape from ....로부터 탈출하다, would 결과

해 그러므로 노화란 잠재적으로 위험한 돌연변이에 대항하는 어떤 일차 방어선이기 때문에, 그 **영향을 받은** 세포들을 영원한 정지상태로 고정할 수 있다. 악성으로의 발전은 노화로부터의 탈출이나 혹은 기능부전과 결과적으로 연관되어있다.

afford 타 ~ to ....할 정도로 충분하다. 제공하다

3 An individual cannot usually **afford to** part with enough tissue to provide the amount of DNA required for clinical testing. Therefore, the available quantity of DNA has to be amplified.

관 afford to ....할 정도로 충분하다, part with 주다=give

해 개인은 일반적으로 임상검사에 필요한 DNA의 양을 제공할 충분한 조직을 **줄 정도로 충분할** 수 없다. 그러므로 이용가능한 양의 DNA가 증폭되어야 한다.

afforded 타 be ~충분히 주어지다, 충분히 제공되다

9 On the basis of the above, the rate acceleration **afforded** by lysozyme appears to be due to general acid catalysis by Glu35.

관 be afforded 충분히 주어지다, on the basis of ....의 결과를 기초로 하여, be due to ....때문이다

해 위의 결과를 기초로 하여 설명하면, lysozyme에 의하여 **충분히 주어지는** 속도의 가속화는 Glu35에 의한 일반산촉매기전 때문인 것처럼 보인다.

after 전 1 (시간 경과) 후에....

4568 Proteins synthesized on ribosomes attached to the ER travel in vesicles to the *cis*-face of the Golgi complex. **After** the membranes fuse, the proteins enter the Golgi complex.

해 ER에 부착된 리보솜에서 합성된 단백질은 소낭 속에서 골기체의 *cis*-면으로 이동한다. 그 막이 융합된 **후** 단백질들은 골기복합체로 들어간다.

2 (시간 경과) 후에....

The presence of a poly (A) tail on eukaryotic mRNA allows this form of RNA to be easily separated from the more abundant rRNA. **After** extracting all of the RNA from a cell, the total RNA is applied to a column of beads to which oligo-dT has been covalently attached.

관 be applied to ....에 적용되다=(be loaded onto, be placed on), oligodT *has been* covalently *attached* <현재분사> 시제는 사용하는 시점보다 먼저 준비되었음을 표현

해 진핵세포의 mRNA상에서의 poly (A) 꼬리구조의 존재는 이 형태의 RNA가 더 많은 양으로 존재하는 rRNA로부터 쉽게 분리되는 것을 가능하게 한다. 어떤 세포로부터 모든 RNA을 추출하고 난 **후**, 전체 RNA는 oligo-dT가 공유결합으로 붙어있는 충진제로 채운 칼럼에 적용된다.

again 부 1 다시

159

Many of the realignments are imperfect, and thus the strands must dissociate **again** to allow for proper pairings to be formed.

관 realignment (핵산 가닥들의 해리 후) 재배열

해 재배열한 것 가운데 많은 것이 불완전하여, 그래서 그 가닥이 적절한 짝이 형성되는 것을 가능하도록 하기 위하여 **다시** 해리되어야만 한다.

2 ~ and ~ 되풀이해서, 반복해서 (계속)

If the remaining cells are harvested, diluted, and replated into dishes **again and again**, the cell strain continues to divide at a constant rate for about 50 cell generations, after which the growth rate falls rapidly.

관 again and again 반복해서, be replated into ....에 다시 뿌려지다, continue to=keep doing ....계속하여 ....하다, fall(자) 갑자기 떨어지다

해 남아있는 세포들이 모아져, 희석되고, 그래서 배양접시로 **반복해서 계속** 다시 뿌려지면, 그 세포주는 약 50회의 세대 동안 일정한 속도로 분열을 계속하지만, 그 후에 성장속도는 신속하게 떨어진다.

3 once ~ 다시 한 번

Most cell-surface receptors that undergo endocytosis will repeatedly deposit their ligands within the cell and then recycle to the plasma membrane, once **again** to mediate internalization of ligand molecules.

관 undergo(타) 겪다=experience(타), endocytosis 세포내이입반응, deposit(타) 모아두다=lay down, internalization 내부이입, recycle to ....로 재순환되다

해 세포내이입반응를 수행하는 대부분의 세포표면 수용체들은 반복적으로 리간드를 세포 안에서 모아두고, 곧 **다시 한 번** 리간드 분자의 내부이입을 매개하기 위해서 세포막으로 재순환된다.

참 예를 들면, LDL수용체는 세포 안으로 들어가서 다시 나오는 왕복여행을 매 10-20분마다 반복하며, 이 단백질의 수명인 20 시간인 기간 동안 모두 수백 회의 왕복여행을 하게 된다.

4 but ~ (앞의 경우와) 달리, 반대로

The experimental analysis of oncogene action has been taken a step further by mating a pair of transgenic mice - one carrying a *myc* oncogene, the other carrying a *ras* oncogene - so as to obtain progeny that carry both oncogenes together. These offspring develop cancers at a much higher rate than either parental strain, but **again** the cancers originate as scattered isolated tumors among noncancerous cells.

관 originate(자) 시작하다=(begin, develop, be created), one .... the other 둘 중 한 마리 .... 나머지 한 마리, so as to .... 하기 위하여, 사람 develop 질병=사람에서 질병이 발병하다

해 두 발암유전자 모두를 함께 가지는 새끼를 얻을 목적으로 *myc* 발암유전자를 가지고 있는 한 마리와 *ras* 발암유전자를 가진 나머지 한 마리의 유전자변형 생쥐 한 쌍을 교배함에 의해, 발암유전자의 기능에 관한 실험적인 분석은 한 단계 더 앞으로 나가게 되었다. 이 후손들이 양부모 혈통 어느 쪽 보다도 훨씬 더 높은 속도로 암을 발병시켰지만, 그러나 **앞의 경우와는 달리**, 이 암은 암세포가 아닌 세포 사이에서 흩어져 떨어진 상태의 종양으로써 시작하였다.

참 앞에서 언급한 상황에 반대되거나 약화시킬 수 있는 말을 할 때 but again, then again 및 there again을 사용한다.

against 전 1 ....에 대항하는, ...에 반하는

1274

We treated cardiomyocytes from mice that express an inhibitory peptide **against** CaMKII with 100 nM angiotensin II for 24 hr in parallel with isolated cardiomyocytes from WT mice.

관 cardiomyocyte 심근세포, in parallel with ....와 병행하여

해 우리는 CaMKII에 **대항하는** 저해용 펩티드를 발현하는 생쥐로부터 얻은 심근세포를 야생형 생쥐로부터 분리한 심근세포와 병행하여, 100 nM의 angiotensin II로 24시간 동안 처리하였다.

참 angiotensin II : 혈관을 수축시키는 단백질이며, 또한 혈압을 증가시킨다. 그리고 고혈압, 동맥경화 그리고 혈관내피세포가 손상될 때 활성화되어 심장근육세포 및 혈관평활근세포의 성장을 촉진하여 근육의 비대 (hypertrophy)를 유발하기도 한다.

2 ....에 대항하여, 대응하여

Each normal B lymphocyte in a mammal is capable of producing a single type of antibody directed **against** an epitope on an antigen molecule.

관 antibodies raised against ....에 대항하여 생산된 항체=(directed against, elicited against)

해 포유동물에 존재하는 각 정상 B임파구세포는 항원분자 위의 하나의 항원결정기에 **대응하여** 만들어지는 오직 한 종류의 항체만을 생산할 수 있다.

참 epitope : 항원결정자antigenic determinant라고 하는 항원분자 상의 특이한 구조를 한 부위로 항체를 생산하도록 하는 능력을 가지고 있다. 단백질 항원인 경우 연속적인 아미노산 4-7개의 잔기의 크기이지만, 일반적으로 비연속적인 서열이 에피토프를 구성하는 경우가 95% 이상이다.

age 명 1 나이, 연령

97

Hematopoietic stem cells differ in their properties depending on their location (fetal liver, bone marrow, placenta) and on the **age** of the organism.

관 hematopoietic stem cell 조혈줄기세포, differ(자) in ....에서 다르다=(be not like each other, be distinct in nature)

해 조혈줄기세포들은 존재하는 위치 (태아의 간, 골수, 태반)와 그 생명체의 **나이**에 따라 행동특성이 다르다.

2 (나이) 세

Since there is a high probability that one or more of these polyps will progress to malignancy, such individuals have a greatly increased risk for developing colon cancer before the **age** of 50.

관 since=because, progress(자) to malignancy 악성으로 발전되다, have a risk for ....에 대한 위험성을 가지다

해 한 개 이상의 용종들이 악성종양으로 발전될 높은 확률이 있기 때문에, 그러한 사람들은 50**세** 이전에 대장암이 발병할 매우 증가된 위험성을 가지게 된다.

3 with ~ 노화되면서

As the data in Figure 5 show, the incidence of many types of human cancer does indeed increase drastically with **age**.

관 incidence 발병률=(frequency, rate of occurrence), drastically 급격하게

해 그림 5의 데이터가 보여주듯, 많은 종류의 사람 암의 발생률은 **노화되면서** 정말로 급격하게 증가한다.

자 나이가 들다, 늙다, 오래되다

As mRNA **ages**, its poly(A) tail becomes shorter.

해 mRNA가 **오래되어가면서**, poly(A)꼬리는 더 짧아진다.

aged 형 매우 오래된, 매우 늙은

5

The process by which an **aged** organelle is degraded in a lysosome is called autophagy.

관 be called ....라 한다=(be referred to as, be named), be degraded by ....에 의해 분해되다

해 **매우 오래된** 소기관이 라이소솜에서 분해되는 과정을 autophagy라 한다..

aging 명 노화과정, 늙어 가면서

3 The loss of flexibility of joints with **aging** is probably due in part to increased cross-linking of collagen.

관 with aging 늙어 가면서, flexibility of joints 관절의 유연성, be due to .... 때문이다, in part 부분적으로

해 **늙어가면서** 관절의 유연성의 소실은 아마도 부분적으로 콜라겐의 증가된 교차연결 때문일 수도 있다.

agent

명 1 인자, 약물, ...제

454 Treating the animal with an **agent** that stimulates motion, such as amphetamines or opioids, results in a characteristic unilateral turning behavior that can be readily quantified

관 unilateral 한 방향으로=affecting only one side, be quantified정량화되다

해 암페타민이나 혹은 아편류와 같은 운동을 촉진하는 어떤 **약물**로 동물을 처치하면, 쉽게 정량화될 수 있는 한 방향으로 회전하는 특징적인 행동을 하는 결과가 일어난다.

2 인자, 병원체, 요인물질

The ability of proteins to distinguish different molecules is perhaps most highly developed in the blood proteins called antibodies, which animals produce in response to antigens, such as infectious **agents** (e.g., a bacterium or a virus), and certain foreign substances (e.g., proteins or polysaccharides in pollens).

관 distinguish(타) 구별하다, in response to ....에 반응하여

해 서로 다른 분자를 구별하는 단백질의 능력은 항체라고 하는 혈액단백질에서 아마도 가장 높게 발생되어있는데, 이 항체는 동물이 감염성 **인자** (어떤 박테리아나 혹은 바이러스)와 외부물질 (단백질이나 혹은 꽃가루 속의 다당류들)과 같은 항원에 반응하여 생산된다.

참 항체와 epitope : against 참조

aggregate

명 응집체

53 Endoplasmic reticulum (ER) stress is characterized by the accumulation of toxic misfolded protein **aggregates** in the ER lumen

관 be characterized by ....에 의해 특징지어지다, aggregate 응집체

해 소포체(ER) 스트레스란 ER의 내부공간에 독성을 띤 잘못된 구조로 접힌 단백질 **응집체**들이 쌓이는 것으로 특징지어진다.

타 응집시키다

Platelet activating factor (PAF) displays a dramatic ability to dilate blood vessels and to **aggregate** platelets.

관 display(타)=(show, exhibit; reveal), dilate(타)=become wide, aggregate(타) 응집시키다

해 혈소판활성화인자 (PAF)는 혈관을 확장시키고 혈소판들을 **응집시키는** 놀라운 능력을 보인다.

참 혈소판platelet : 혈액응고과정에서 상처 부위에 노출된 결체조직의 성분이나, 분비하는 인자들 그리고 ADP 등에 의하여 활성화되어 혈전을 유발하는 역할을 매개하는 혈구세포이며 10일 정도 산다.

aggregated

타 be ~ 응집되다

9 As shown in Figure 2, triacylglycerols which are **aggregated** to form large globules, occupy most of the volume of adipose cells.

해 그림 2에서 보이듯이, **서로 응집되어** 큰 알갱이를 형성하는 중성지방은 지방세포의 대부분의 체적을 차지한다.

aggregation

명 응집(반응)

42 Platelet activating factor (PAF) was first identified by its ability (at low levels) to cause platelet **aggregation** and dilation of blood vessels.

관 be identified by .... 에 의해 발견되다, dilation 확장

해 혈소판 활성화인자 (PAF)는 (아주 낮은 수준에서) 혈소판의 **응집**과 혈관의 확장을 유발하는 능력

에 의해 최초로 발견되었다.

ago
4

부 .... 이전에

Drugs that disturb the assembly and disassembly of microtubules have been widely used to treat various diseases. Indeed, more than 2500 years **ago**, the ancient Egyptians treated heart problems with colchicine.

해 미세소관들의 조립과 해체를 방해하는 약물이 여러 질병을 치료하는데 널리 사용되어왔다. 정말로, 2500년 이상 **이전에**, 고대 이집트인들은 심장질환을 콜히친으로 치료하였었다.

agreement
133

명 1 일치

Excellent **agreement** with experimental data is obtained with L=200 and c=0.1.

해 실험 데이터와의 훌륭한 **일치**는 L=200과 c=0.1일 때 얻어진다.

2 in ~ with ....와 일치하는

Our immunostaining results were generally in **agreement** with the luciferase data.

관 be in agreement with ....와 일치하다

해 우리의 면역염색의 결과는 전반적으로 luciferase (형광효소로 측정한) 데이터와 **일치**하였다.

agree
24

자 1 일치하다

When a protein structure has been determined by both x-ray crystallography and NMR, the structures generally **agree** well.

관 agree(자) 일치하다=(be similar, correspond), x-ray crystallography x-선 결정법

해 어떤 단백질의 구조가 x-선 결정법과 NMR 모두에 의해서 결정될 때, 그 구조들은 일반적으로 잘 **일치**한다.

2 ~ with ....와 일치되다

This **agrees** with data demonstrating that the liver has a 25-fold increased EPO expression in the mutant animals.

해 이 것은 간이 유전자 변이된 동물에서 25배 증가된 EPO 발현을 가진다는 것을 보여주는 데이터와 **일치**한다.

agreed
7

타 be ~ 인정되다

In an effort to define obesity, it has been **agreed** internationally that the ratio of the patient's body weight in kilograms and their height in meters squared (W/H^2) is the most useful and reproducible measure. This ratio is referred to as the body mass index or BMI. Normal men and women fall into the range of 20 to 25.

관 body weight in kilogram 킬로그람으로 계산된 체중, height in meters squared 미터로 표시한 신장이 제곱된 값, measure(명) 측정치, is referred to as=be called, body mass index 체질량지수

해 비만을 규정하려는 노력에서, 킬로그람으로 계산된 환자의 체중과 미터로 표시한 신장이 제곱된 값의 비가 가장 유용하고 재현성이 있는 측정치라는 사실이 국제적으로 **인정된다**. 이 비율이 체질량지수나 혹은 BMI라고 한다. 정상 남성과 여성은 20에서 25의 영역 안에 속한다.

aid
50

명 도움, 보조물, 원조

With the **aid** of the genetic code, the amino acid sequences of proteins can be deduced from the corresponding gene sequences.

관 with the aid of ....의 도움으로, be deduced from ...로부터 유추되다, corresponding 해당하는

해 유전부호의 **도움**으로, 단백질의 아미노산서열이 해당 유전자서열로부터 유추될 수 있다.

참 aid와 help의 차이점 : aid는 돈, 기구, 서비스 등을 제공하여 도우는 행위, help는 어떤 일의 일부를 담당하여 도움을 주는 것

자 도움이 되다

The subtractive proteomics approach can **aid in** distinguishing genuine mitochondrial proteins from contaminants.

관 subtractive proteomics 제외단백질체학, aid in 도움이 되다, distinguish(타) .... from ....로부터 구별해내다

해 제외단백질체학적인 방법은 오염된 것들로부터 진정한 미토콘드라아만의 단백질들을 구별해 내는데 **도움이 될** 수 있다.

타 (돈, 기구, 서비스를 제공하여) 돕다, 보조하다

To avoid the problems associated with viral vectors, researchers are employing treatment with DNA alone or with DNA coated with a layer of lipid (i.e., in liposomes). Adding a ligand for a receptor located on the target cells could **aid** delivery of the liposomes to the appropriate host cells.

관 avoid=keep from happening, employ(타) 이용하다, locate(타) 위치하도록 만들다

해 바이러스의 벡터와 관련된 문제점이 일어나는 것을 방지하기 위하여, 연구자들은 DNA만으로나 혹은 지질층으로 덮인 DNA (즉, 리포솜)으로의 치료법을 이용하고 있다. 표적세포에 위치한 어떤 수용체에 대한 리간드를 첨가한다면 것은 적당한 숙주세포에게 리포좀의 전달을 **도울 수** 있을 것이다.

참 유전자 치료를 위한 adenovirus 벡터 : 사람의 병원성 바이러스인 adenovirus을 유전자 치료제의 벡터로 사용할 경우의 문제점은 치료용 유전자가 유전체에 영구적으로 삽입되지 않기 때문에, 주기적으로 다시 투여해야만 한다는 점과 면역계를 자극하여 합병증을 유발할 가능성이 있다는 점이다.

aided

5

타 be ~ 보조를 받다, 도움을 받다

Although the final shape of the folded protein is dictated by its amino acid sequence, the folding process **is aided** by "molecular chaperones," which catalyze the process by discouraging incorrect folding.

관 be dictated by ....에 의해 지시를 받다, discourage(타) 방해하다=try to prevent, incorrect

해 비록 접힌 단백질의 최종 모양이 아미노산서열에 의하여 지시되지만, 접히는 과정은 부정확한 접힘을 방해함에 의해 그 과정을 촉매하는 "분자 chaperone"들에 의하여 **도움을 받는다**.

참 Chaperone : 생체 단백질의 거대분자들의 접힘이나 조립과정에서 정확한 구조를 가지도록 보조하는 단백질이다. 주로 열충격단백질 heat shock protein들로 알려져 있다.

aim

24

타 ....를 목표로 하다, 겨냥하다

In the future, researchers **aim to** predict the structures of proteins only on the basis of amino acid sequences deduced from gene sequences.

관 aim to + 부정사 ....하는 것을 목적으로 하다=aim at ....ing

해 미래에 연구자들은 유전자의 서열로부터 유도해 낸 아미노산서열만을 기반으로 하여 단백질의 구조를 예측하는 것을 **목표로 한다**.

명 목표

The **aim** at this step is to produce fragments useful for sequence analysis. The cleavage methods employed are usually enzymatic.

관 be useful for ....에 유용하다, employ(타) 사용하다=put to use, enzymatic 효소를 이용한

해 이 단계에서의 **목표**는 서열분석에 유용한 단백질의 조각들을 생산하는 것이다. 사용하게 된 절단 방법은 일반적으로 효소를 이용한 것이다.

aimed

19

타 be ~ at ... ing ....에 목적이 맞추어지다

A major public health goal has been to lower LDL and raise HDL cholesterol levels. The most successful drug interventions to date have been **aimed** at reducing plasma LDL.

관 lower(타) 낮추다≠raise, to date 현재까지=until the present time

해 주된 공공건강의 목표는 LDL을 낮추고 HDL 콜레스테롤을 상승시키는 것이다. 현재까지 가장 성공적인 약물투여는 혈장 LDL를 감소시키는 것에 **목적이 맞추어져 왔다**.

참 LDL콜레스테롤은 나쁜 콜레스테롤이고 HDL콜레스테롤은 좋은 콜레스테롤이기 때문이다. process 항 참조

align
3

자 나란히 배열되다, 일렬로 배열되다

Recombination takes place before the first meiotic cell division in germ cells when the replicated chromosomes of each homologous pair **align** with each other, an act called synapsis

관 take place 일어나다, align with ....와 나란히 배열하다, each other 서로, synapsis 염색체 연접

해 재조합반응은 생식세포에서 첫 번째 감수분열 이전에 일어나는데, 이 때가 각 상동성인 짝으로 된 복제된 염색체들이 서로 **나란히 배열되는** 염색체 연접이 일어나는 때이다.

타 나란히 배열하여 비교하다

To isolate a cDNA encoding a CDK in maize, investigators **aligned** the predicted amino acid sequences of human cdc2, *S. pombe* cdc2, and *S. cerevisiae* cdc28 genes

해 옥수수에서 CDK를 인코딩하는 cDNA를 분리하기 위하여, 연구자들은 사람의 cdc2, *S. pombe*의 cdc2, 및 *S. cerevisiae*의 cdc28유전자들의 추론된 아미노산서열들을 **나란히 배열하여 비교하였다**.

aligned
58

타 be ~ 나란히 배열되어 비교되다

The nucleotide sequences upstream of the start site in 900 different eukaryotic protein-coding genes were **aligned** to maximize homology in the region from -35 to -26.

관 upstream (부) 위쪽방향에, homology 상동성

해 900개의 서로 다른 진핵세포의 단백질을 코딩하는 유전자의 개시부위의 위쪽에 있는 뉴크레오티드서열이 -35부터 -26까지의 영역에 있어서 상동성을 최대화하기 위하여 **나란히 배열되어 비교되었다**.

alignment
202

명 1 배열

But CO only binds 250 times more tightly than O_2 to the heme of myoglobin, because His E7 forces the CO molecule to tilt away from a preferred perpendicular **alignment** with the plane of the heme

관 bind to....와 결합하다, force(타) .... to 강제로 ....하게 하다, preferred 선호적으로 만들어지는 =favored

해 일산화탄소는 산소보다 미오글로빈의 heme에 250배 더 단단하게 결합한다, 왜냐하면 E7의 히스티딘이 강제로 일산화탄소 분자가 heme 평면과의 선호적으로 만들어지는 수직형 **배열**을 기울어지도록 강제하기 때문이다.

2 비교배열(법)

Identifying DNA and protein patterns with statistically significant **alignments** of multiple sequences

관 statistically significant 통계적으로 유의한

해 많은 서열의 통계학적으로 유의한 **비교배열**을 이용한 DNA와 단백질 패턴들의 확인

alive
9

형 살아있는 (서술형)

Living cells and organisms must perform work to stay **alive** and to reproduce themselves. The synthetic reactions that occur within cells, like the synthetic processes in any factory, require the input of energy.

관 stay alive 살아서 남아있다, like(부) ....와 같이

해 살아있는 세포와 생명체들은 계속 **살아서** 남아있기 위하여 그리고 자신들을 복제하기 위하여 일을 수행하여야 한다. 어느 공장에서의 합성과정처럼, 세포 안에서 일어나는 합성반응도 에너지의 투입이 필요하다.

all
2309

형 1 모든

All cells are thought to have evolved from a common progenitor because the structures and molecules in **all** cells have so many similarities.

관 be thought to....로 생각되다, have evolved <현재분사> 계속, similarity 유사성

해 **모든** 세포는 공통조상으로부터 진화되어왔다고 생각된다, 왜냐하면, **모든** 세포 속의 구조체와 분자들은 매우 많은 유사성을 가지고 있기 때문이다.

참 - all은 개체의 총합을 강조, every는 집합체의 개체를 강조, each는 every 보다 더 구체적으로 개체를 강조, whole=entire은 부족함이 없는 것을 강조한다.
- structures (구조체들) : 리보좀, 소포체 등과 같이 세포에서 기능을 하는 생체거대분자들의 복합체를 말한다.

2 ....정도만큼의, 모든

Even simple unicellular organisms exhibit **all the** hallmark properties of life, indicating that the cell is the fundamental unit of life.

관 indicate(타) 나타내다=(show, demonstrate, state), all the=as much of .... as ....와 같은 정도의, hallmark(명) 구별되는 특성=a distinguishing characteristic

해 심지어 단순한 단세포 생명체조차도 세포가 생명현상의 기본적인 단위임을 나타내는 **모든** 생명의 구별되는 행동특성을 나타내고 있다.

참 all은 the, 소유격, 대명사, 앞에 위치함. all the 비교급=even

대 1 모든 것, 모두

Bacterial, plant, and animal cells can **all** make ATP by this process. In addition, plants and a few other organisms can harvest energy from sunlight to form ATP in photosynthesis.

해 세균, 식물, 및 동물세포 **모두**는 이 과정으로 ATP를 만들 수 있다. 추가적으로, 식물과 몇 가지 다른 생명체들은 광합성에서 ATP를 만들기 위하여 태양광선으로부터 에너지를 모을 수 있다.

2 ~ at once 한(꺼)번에, 당장

The skeleton, despite constant remodeling, provides a rigid framework whose dimensions scarcely change. This is partly because the parts of a bone are renewed not **all at once** but little by little, rather like a building whose bricks are replaced one at a time.

관 despite ....에도 불구하고, scarcely 거의 ....하지 않는, be replaced one at a time 한 번에 하나씩 교체되다, rigid framework 견고한 틀; 하부구조

해 골격은 지속적으로 리모델링이 계속됨에도 불구하고, 그 규모가 거의 변하지 않는 견고한 틀을 제공한다. 이것은 부분적으로, 어떤 빌딩의 벽돌이 한 번에 한 개씩 교체되는 것처럼, 어떤 뼈의 부속품이 **한꺼번에** 아니고 조금씩 새롭게 되기 때문이다.

3 after ~ 결국

The discovery of oncogenes and, more recently, of tumor suppressor genes has marked the end of an era of groping in the dark for clues to the biochemical basis of cancer. It has been encouraging to find that there are, **after all**, some general principles and that some key genetic abnormalities are shared by many forms of the disease. But we are still far from fully understanding the common human cancers.

관 mark(타) 기록하다=record, grope(타) in the dark for .... 시행착오를 겪으면서 찾다=grope by trial and error, far from ...ing 이기는 커녕; 조금도 .... 않다

해 발암유전자와, 더 최근에 종양억제유전자의 발견은 암의 생화학적 기초에 대한 단서를 시행착오를 거치면서 찾던 시대의 끝을 기록하게 되었다. 이 사실은 **결국** 어떤 일반적인 원리가 존재하고 그리고 일부 주요한 유전적 이상현상들이 많은 종류의 질환에 의해 공유되어있다는 사실을 알아내는 것을 촉진해왔다. 그렇지만 우리는 아직도 그 흔한 사람 암조차도 완전히 이해하지 못하고 있다.

4 ~ but ....를 제외한 모든

When functionally intact, these glomerular tissues are impermeable to **all but** the smallest of proteins. When acutely inflamed, however, this barrier function is lost, and albumin and other proteins may appear in the urine.

관 intact 완벽한=entire, impermeable to ....에 불투과적인, be inflamed 염증이 발생되다

해 기능적으로 완벽하면, 이들 사구체의 조직은 단백질 중의 가장 작은 것을 **제외한 모든 것**에 대하여 불투과적이다. 그러나 급성으로 염증이 발생되면, 이 장벽기능이 잃게 되어 알부민과 다른 단백질들이 소변에 나타날 수도 있게 된다.

5 ~ in ~ 대체로

All in all, more is known about the membrane of the red blood cell than about any other membrane of human cells.

관 all in all 대체로=(overall, in summary)

해 **대체로,** 사람 세포의 어느 다른 막에 대해서보다도 적혈구세포의 막에 대해서 더 많은 것이 알려져 있다.

참 Music is his *all in all.* 음악은 그가 가장 사랑하는 것이다. All in all (명사구)

6 ~ too 너무나도, 정말로

Regulation of the cell cycle is critical for the normal development of multicellular organisms, and loss of control ultimately leads to cancer, an **all** too familiar disease that kills one in every six people in the developed world.

관 one in every six 매 6명당 1명

해 세포주기의 조절은 다세포생명체의 정상적인 발생에 매우 중요하여, 그래서 조절기능의 상실은 궁극적으로 선진국에서 6명당 1명을 치사케 하는 **너무나** 잘 알려진 질병인 암을 유발한다.

7 not ~ (부분부정) 모두는 아니고

A pluripotent (or multipotent) stem cell has the capability of generating a number of different cell types, but not **all**.

관 pluripotent 만능의, multipotent 다능의, a number of 많은=many, all의 부정은 <부분부정>

해 다능 (혹은 만능) 줄기세포는 많은 다른 세포유형들을 생성하는 능력을 가지고 있지만, 그러나 **모든** 세포유형은 아니다.

8 above ~ 특히, 다른 무엇보다도

A neuron is extraordinary above **all** for its enormously extended shape, with a long axon and dendrites connecting it through synapses to other cells.

관 be extraordinary for ....로/때문에 특별하다, above all 무엇보다도, connect(타) .... to ....와 연결하다,

해 신경세포는 시냅스를 통하여 다른 세포들과 연결되는 하나의 긴 축삭과 수상돌기들을 가지고 있어, **다른 무엇보다**도 대단히 길어진 모양으로 특별하다.

alleviate
6

타 (고통 따위를)덜다, 경감하다

Colchicine has been used for hundreds of years to **alleviate** some of the acute pain of gout and rheumatism.

해 콜히친은 수백 년 동안 통풍과 류마티스의 급성통증의 일부를 **경감시키는데** 사용되어왔다.

alleviation
2

명 경감, 줄임

The mechanism of pain **alleviation** by colchicine is not known for certain, but appears to involve inhibition of white cell movement in tissues.

관 for certain 확실하게=(for sure, without doubt), appear to ....인 것 같아 보이다=seem to

해 콜히친에 의한 통증**경감**기전은 확실히 알려져 있지 않은 상태이지만, 그러나 조직에서 백혈구세포의 운동을 저해하는 것을 포함하고 있는 것 같다.

allow
303

타 (~ to) 하도록 하다, 허락하다, 가능하게 하다

The pores in the glomerular membrane are large enough to **allow** molecules up to about 8 nm to pass through.

관 be large enough to ....하기에 충분히 크다, up to ....까지, pass through 통과해 가다

해 사구체의 막에 있는 구멍은 약 8 nm까지의 분자가 통과하여 지나가는 것이 **가능할** 정도로 충분

히 크다.

참 사구체의 여과glomerular filtration : 신장의 사구체막에 존재하는 물질의 통로구멍의 크기는 상당히 커서 인슐린 (5,2 KDa)조차도 물이 통과하는 속도로 지나 갈 수 있다. 그러나 알부민 (69 KDa)과 같은 큰 단백질들은 거의 통과가 불가능하다. 그 이유는 주위에 있는 세포외기질의 성분 heparan sulfate, sialic acid 등이 음전하를 띠고 있어서 정전기적으로 반발하기 때문이다.

allowed
206

타 be ~ .... 허용되다, ...하도록 되다

The egg was **allowed** to divide several times in culture, then the embryo was transferred to a surrogate mother who gave birth to Dolly

관 divide(자) 분열하다, surrogate mother 대리모, give birth to 낳다=produce

해 난자는 배양하여 수회에 걸쳐 분열**하도록 허용되었고**, 그리고 난 후 그 배아는 돌리를 낳을 대리모에 이식되었다.

참 1997년에 돌리 양이 체세포의 핵이전기술에 의하여 복제되어 탄생하였다. 성체의 유선세포(mammary cell)로부터 추출한 핵을 자체의 핵을 제거한 미수정란 속에 삽입한 후, 배양하여 기른 배아를 대리모의 자궁 속에 이식하여 착상 후 정상적으로 태어나도록 하였다.

allowing
88

타 허용하다, ...하도록 하다

Anti-diuretic hormone causes the insertion of water channel proteins into the membranes of cells lining the collecting ducts, **allowing** water reabsorption to occur.

관 anti-diuretic hormone 항이뇨호르몬, cause(타) 유발하다, collecting duct 집합관

해 항이뇨호르몬은 집합관을 피복하고 있는 세포의 막으로 물통로단백질들이 삽입되도록 하며, 그 결과 물의 재흡수가 일어날 수 있**도록 한다**.

almost
185

부 거의

Collagen fibers exist **almost** everywhere in the body; they are the most prevalent type of fiber in connective tissue (collagen type I).

관 prevalent 흔한=common, almost는 100% 일치하지 않지만 거의

해 콜라겐 섬유는 결체조직에서 가장 흔한 종류의 섬유로 (콜라겐 유형 I) 신체에서 **거의** 모든 곳에 존재하고 있다.

alone
719

부 ....만으로

Hereditary cancers constitute about 10 percent of human cancers. It is important to remember, however, that the inherited, germ-line mutation **alone** is not sufficient to cause tumor development.

관 constitute(타) ....를 차지하다=(account for, comprise, make up for), cause(타) ....의 원인이 되다 =(be the cause of, bring about)

해 유전성인 암은 사람 암의 약 10%을 차지한다. 그러나 유전성인 생식세포의 돌연변이**만으로는** 종양발생의 원인이 되기에 충분하지 못하다는 것을 기억하는 것이 중요하다.

along
212

전 1 ....를 따라서

Following peptide bond synthesis, the ribosome is translocated **along** the mRNA a distance equal to one codon.

관 following (전)=after, translocate(타) 이동시키다, be equal to ....와 같다, a distance equal to one codon <부사구> 한 개의 유전부호와 같은 거리로

해 펩티드결합의 합성 이후에, 그 리보솜은 mRNA를 **따라서** 한 개의 유전부호와 같은 거리로 이동된다.

2 ~ with ....와 함께

Fatty acids are also components of phospholipids, which **along** with cholesterol are the major lipids present in membranes.

관 be present in ....에 존재하다, along with ....와 함께

해 지방산은 또한 콜레스테롤**과 함께** 막에 존재하는 주된 지질인 인지질의 구성요소이다.

already | 부 1 이미, 벌써, 이 전에

58

Apart from their possible benefit in treating disease, embryo stem (ES) cells have **already** proven invaluable for producing mouse mutants useful in studying a wide range of diseases, developmental mechanisms, behavior, and physiology.

관 apart from ....이외에=(besides, except for, in addition to), prove(자) + 보어 ....한 것으로 입증되다

해 질병을 치료하는데 있어서의 가능한 혜택 이외에도, 배아줄기 (ES)세포는 넓은 범위의 질병, 발생기전, 행동 및 생리를 연구하는데 유용한 생쥐의 돌연변이체를 생산하는데 매우 귀중한 것으로 **이미** 입증되었다.

2 as ~ 이미 .... 했듯이

As **already** discussed, the placental alkaline phosphatase (PLAP) is concentrated in lipid rafts, the more ordered bilayer microdomains that are enriched in sphingolipids and cholesterol.

관 be concentrated in ....에 집중되다, lipid raft 지질반(盤), A be enriched in B =B가 A에 풍부하다

해 **이미 설명했듯이**, 태반의 알칼리탈인산화수소 (PLAP)가 스핑고지질과 콜레스테롤이 풍부한 가장 질서 정련한 이중층의 미세도메인인 지질반에 모여 있다.

참 as already의 사용 예 : as already noted, as already mentioned, as already pointed out, as already described, as already discussed.

also | 부 역시, 또한

3632

Cells **also** may die when they fail to receive a life-maintaining signal or when they receive a death signal. In this type of programmed cell death, called apoptosis, a dying cell actually produces proteins necessary for self-destruction.

관 die(자) 죽다, fail to ....하지 못하다, is called ....라 불리다=(be named, be referred to as), be necessary for ....에 필요한, death signal 죽으라는 신호

해 세포는 생명을 유지하라는 신호를 받지 못할 때나 혹은 죽으라는 신호를 받을 때, **역시** 죽을 수도 있다. 압폽토시스라고 하는 이런 종류의 프로그램화된 세포의 죽음에서, 죽어가는 세포는 자신의 파괴에 필요한 단백질들을 실제로 생산한다.

참 프로그램화된 세포의 죽음 (계획된 세포사, programmed cell death, apoptosis) : 조직의 외상이나 혈액 공급의 부족에 의해 일어나는 세포의 괴사 (necrosis)와는 달리, 발생이나 성장과정 중에 생명의 유지와 관련되어 계획적으로 세포가 죽어 사라지는 사건이다. 예를 들면 조직을 이루는 세포들이 각각 수명을 가지고 있는 것은 바로 이 계획된 세포사 (apoptosis)에 의한 것이다.

alter | 타 변형시키다, 변화를 주다

229

However, acetylation within the coiled-coil domain did not seem to be involved in this regulatory interaction since a K→R substitution of the four acetylated sites within this domain did not **alter** the STAT2: IRF9 interaction

관 coiled-coil 꼬인 것이 다시 꼬인, seem to ....처럼 보이다, be involved in ....에 연루되다, since 왜냐하면, alter(타) 변화를 일으키다=(change in appearance, composition)

해 그러나 꼬인 것이 다시 꼬인 도메인 안에서의 아세틸화가 이 조절상호반응에 연루되어있는 것처럼 보이지는 않았다, 이유는 4개의 아세틸화된 부위의 K→R로의 치환이 STAT2와 IRF9의 결합반응의 **변화를 일으키지** 않았기 때문이다.

altered | 타 be ~ 바뀌다, 변형되다

204

Gene mutations lead to mutant forms of the protein in which the amino acid sequence is **altered** at one or more positions.

관 lead to 결과적으로 ....이 되다=(cause, result in, bring about)

해 유전자의 돌연변이는 한 곳 이상의 위치에서 아미노산 서열이 **바뀐** 단백질의 변이형을 결과적으로 만들게 된다.

alteration

210

명 변화(의 과정), 변동

To test this hypothesis, we developed an assay to observe how wild-type cells respond at the subcellular level to **alterations** that affect intercellular signals transmitted by adjacent mutant cells.

관 respond to ....에 반응하다, at the subcellular level 세포내부의 수준에서, adjacent 직접 면한 =next to

해 이 가설을 테스트하기 위하여, 우리는 주변의 돌연변이된 세포에 의해 전달된 세포 간의 신호에 영향을 주는 **변화과정**에 야생형 세포가 어떻게 세포내부의 수준에서 반응하는가를 관찰할 수 있는 어떤 분석방법을 개발하였다.

참 alteration은 변화 (change)에서의 과정을 의미하고, change는 두 물체가 서로 변해서 바뀐 것을 표현한다.

alternate

27

자 번갈아 발생하다, 교대로 하다

Like all channels, K^+ chanels **alternate** between an open and a closed state.

해 모든 통로와 같이, K^+ 통로도 열리고 닫힌 상태 사이가 **번갈아 발생한다**.

타 번갈아 일으키다, 왕복하도록 하다

Some cargoes, such as pigment granules, can **alternate** their direction of movement along a single microtubule. In this case, both anterograde and retrograde microtubule motor proteins must
associate with the same cargo.

관 alternate(타) 앞뒤로 왕복하다=pass back and forth from one place to another, anterograde 앞방향≠retrograde 역방향

해 일부 화물, 예를 들면 색소과립들은 단 한 개의 미세소관을 따라 이동방향을 **앞뒤로 왕복하도록** 할 수 있다. 이러한 경우에, 앞방향과 역방향의 미세소관의 운동단백질들은 동일한 화물과 결합하여야 한다.

형 번갈아 존재하는, 번갈아 일어나는

This requires an alternation of hydrophilic and hydrophobic residues in the primary structure of peptides involved in antiparallel β-sheets because alternate side chains project to the same side of the sheet.

관 alternation 번갈아 일어남, primary structure 일차구조, project(자) to ....로 튀어나오다

해 이것은 역평행 β-시트구조에 포함되어있는 펩티드의 일차구조에서 친수성과 소수성의 잔기들의 번갈아 일어남을 필요로 한다, 왜냐하면 **번갈아 일어나는** 측쇄기들이 그 시트구조의 같은 면으로 돌출되기 때문이다.

alternating

11

형 교호하는, 규칙적으로 번갈아 나타나는

In the electron microscope, collagen fibers exhibit **alternating** light and dark bands.

해 전자현미경에서, 콜라겐섬유들은 **규칙적으로 번갈아 나타나는** 밝은 띠와 어두운 띠들을 보여준다.

참 When one thing *alternates* with another, the first regularly occurs after the other.

alternately

8

부 (규칙적으로) 번갈아 ....을 반복하여

The PCR depends on the ability to **alternately** denature (melt) double-stranded DNA molecules and renature (anneal) complementary single strands in a controlled fashion.

해 PCR이란 **번갈아 반복하여** 두 가닥으로 된 DNA분자를 변성(용해)시키고 그리고 어떤 조절된 방식으로 상보적인 단일가닥을 다시 두 가닥으로 복원 (anneal) 시킬 수 있는 능력에 의존하고 있다.

참 PCR (polymerase chain reaction) : 생체에서 일어나는 DNA복제반응을 시험관 상에서 수십 차례 반복하여 일어날 수 있도록 하여 DNA의 양을 증폭시킬 수 있는 기술이다. 한 회당 2배씩 양이 증가됨으로 10회만 반복해도 2^{10}=1024배의 DNA가 증폭되는데 일반적으로 30회 정도 이하로 한다.

alternative

139

형 대체하는, 대체가능한

In higher eukaryotes, **alternative** splicing is an important mechanism for production of different forms of a protein, called isoforms, by different types of cells.

관 alternative 이것 아니면 저것으로 대체가능한 예) alternative medicine 대체의학, isoform 동종형

해 고등진핵세포에서, **대체** 스프라이싱은 세포의 서로 다른 유형들에 의하여 한 단백질의 여러 형태인 동종형을 생산하기 위한 중요한 기전이다.

참 대체 스프라이싱alternative splicing : 진핵세포의 유전자들은 발현되는 부위 (exon) 와 발현되지 않는 부위 (intron)들이 혼합되어있는 모자익형 유전자이다. 세포의 종류에 따라 목적에 맞는 기능을 할 수 있도록 여러 개의 발현부위들을 적절히 조합하여 발현시킴으로써 한 종류의 유전자로 다양한 단백질들을 발현시킬 수 있으며, 이 방식을 대체 스프라이싱이라 한다.

명 대체물, 대안

Because of the enormous naturally occurring allelic variation that exists in human populations, the term wild type usually denotes an allele that is present at a much higher frequency than any of the other possible **alternatives**.

관 denote(타)=(mark, indicate), be present=(occur, exist), at high frequency 높은 빈도로

해 사람의 집단에서 존재하는 자연적으로 발생하는 대립유전자의 수많은 변이 때문에, 야생형이라는 용어는 일반적으로 나머지의 가능한 **대체물** 어느 것보다도 훨씬 높은 빈도로 존재하는 한 대립유전자를 지칭한다.

alternatively

98

부 대체방법으로, 양자택일을 하여

More than 20 different isoforms of fibronectin have been identified, each encoded by a different, **alternatively** spliced mRNA composed of a unique combination of fibronectin gene exons.

관 be identified 새로 발견되다, be composed of ....로 구성되다, exon 엑손

해 20여종 이상의 서로 다른 fibronectin 동종체들이 발견되었는데, 이들 각각은 서로 다른 **대체방법으로** 스프라이싱된 fibronectin 유전자 엑손들의 특유의 조합으로 구성된 mRNA의하여 인코딩되었다.

although

1142

접 비록 .... 하지만

Although NMR does not require the crystallization of a protein, a definite advantage, this technique is limited to proteins smaller than about 20 kDa.

관 definite 분명한=(clear, decisive), require(타)를 필요로 하다, be limited to ....에 제한되다

해 **비록** NMR은 단백질의 결정화를 필요로 **하지 않는 것이** 분명한 장점이지만, 이 기술은 약 20 KDa보다 더 작은 단백질들에 제한된다.

altogether

14

부 종합하여보면

Altogether, there is sufficient evidence to implicate oxidative damage as one probable cause of ageing.

관 implicate(타) .... as 로써 연관시키다, probable cause 가능한 원인, oxidative damage 산화반응에 의한 손상 (활성산소에 의한 손상)

해 **종합하여보면**, 산화반응에 의한 손상을 노화의 가능성이 있는 한 원인으로써 관련지을 수 있는 충분한 증거가 있다.

always

49

부 항상, 늘

By convention, a polynucleotide sequence is **always** written in the 5′ → 3′ direction (left to right) unless otherwise indicated.

관 by convention 합의에 의해, unless otherwise indicated 달리 지적이 없으면

해 합의에 의하여, 만약 별다른 지적이 없다면, 하나의 다중뉴크레오티드 서열은 **항상** 5′ → 3′ 방향 (왼쪽에서 오른쪽)으로 기술된다.

amazing 3

형 놀랄만한, 굉장한

This steroid family, whose members effect an **amazing** array of cellular functions, is based on a common structural motif of three six-membered rings and one five-membered ring all fused together.

관 array 많은 수=large number, effect (타) 영향을 주다, be based on ....를 기반으로 하다, fuse together 함께 융합되다

해 그 구성원들이 **놀랄만한** 많은 세포의 기능에 영향을 주는 이 스테로이류는 3개의 육각 환과 1개의 오각 환 모두가 함께 융합된 하나의 공통 구조모티브를 기반으로 한다.

참 effect와 affect : 유사한 스펠링으로 가끔 혼동되어 사용되기도 한다. affect(타)는 'to have an effect or influence'의 의미로 사용되지만 effect (타)는 단순한 영향 이상의 더 상세한 효과를 달성하는 수준을 표현할 때 사용한다. affect 참조

ambient 10

형 주변의

The character of many differentiated cells can be strongly influenced by the environment. Liver cells, for example, adjust their synthesis of specific enzymes through changes in specific mRNA levels according to the **ambient** concentrations of the steroid hormone hydrocortisone.

관 character 특성, be influenced 영향을 받다, adjust(타) 조절하다, according to ....를 따라서, ambient 주변의=encompassing on all sides

해 많은 분화된 세포들의 특성은 환경에 의하여 강하게 영향을 받을 수 있다. 예를 들면, 간세포는 hydrocortinsone스테로이드 호르몬의 **주변** 농도에 따르는 특이 mRNA의 수준에서의 변화를 통하여 특이 효소들의 합성을 조절한다.

ambiguous 5

형 애매한, 불명료한

In the case of complex synthetic pathways, however, phenotypic analysis of mutants defective in a single step may give **ambiguous** results that do not permit conclusive ordering of the steps. Double mutants defective in two steps in the pathway are particularly useful in ordering such pathways.

관 defective in에서 결함이 있는, phenotypic analysis 표현형의 분석, genotypic 유전형의, give a result 결과를 주다, conclusive 단정적인=definitely true, order(타) 순서를 매기다,

해 그러나 복잡한 합성경로인 경우, 단 하나의 단계에서 결함이 있는 돌연변이체들의 표현형 분석은 그 단계의 정확한 순서매김을 허용하지 않는 **애매한** 결과를 줄 수도 있다. 그 경로의 두 단계에서 결함을 보이는 이중돌연변이체들은 그러한 경로의 순서를 매기는데 있어서 특별히 유용하다.

among 336

전 1 ....사이에, ...중에, ...가운데

Prominent **among** the protective proteins are the immunoglobulins or antibodies produced by the lymphocytes of vertebrates.

관 prominent 중요한=(noticeable, important)

해 방어용 단백질 **중에서** 중요한 것은 척추동물의 임파구세포에 의해 생산되는 면역글로브린 혹은 항체이다.

2 ....사이에서

This phylogenetic tree depicts the evolutionary relationships **among** organisms as determined by the similarity of their cytochrome c amino acid sequences.

관 phylogenetic tree 계통수, depict(타) 그림으로 보여주다=represent in a picture, similarity 유사도

해 이 계통수는 개체들의 cytochrome c 아미노산서열의 유사도에 의해 결정된 것으로써 생명체 **사이에서** 진화상의 관계를 그림으로 보여주고 있다.

참 계통수phylogenetic tree : 여러 생명체 사이의 진화상의 관계를 나타내는 그림으로 여러 가지 방법으로 표시된다. 최근에는 분자생물학의 발전으로 많은 종들의 특정 단백질서열들이 결정할 수 있어, 이것들 사이의 관계를 규명하는 것이 가능하게 되었다. 최근에 이런 계통수 연구의 일환으로 microRNA분석을 통하여 거북이가 악어보다는 도마뱀lizard에 더 가깝다는 것을 밝히게 되었다.

amount

958

명 1 양

Various defenses against reactive oxygen species (ROS) are found in the different subcellular compartments of the cell. The location of free radical defense enzymes matches the type and **amount** of ROS generated in each subcellular compartment.

관 be found in에서 발견되다, match(타) ....와 일치하다=(be in agreement with, agree)

해 반응성 산소종 (ROS)에 대항하는 여러 방어기전이 여러 세포내의 구획에서 발견된다. 자유라디칼 방어용 효소의 존재위치는 각 세포내의 구획에서 발생되는 ROS의 종류와 **양**과 일치한다.

참 ROS (reactive oxygen species)와 방어기전 : peroxisome에서 H_2O_2가 생성되는데, 이에 대한 방어용 효소로 superoxide dismutase (SOD)와 catalase가 있으며, 미토콘드리아에서 singlet oxygen O_2^-가 생성되는데 이에 대한 방어용 효소는 SOD와 glutathione peroxidase가 그리고 환원형 glutathione (GSH)이 존재하면서 소기관들의 손상을 방지한다.

2 양

Cells can become different, depending on the **amount** of a signal, with a larger **amount** giving rise to one cell fate and a smaller **amount** to another.

관 become different 달라지다, one .... another 하나 .... 또 다른 하나, give rise to ....의 원인이 되다=(cause, bring about), with=as a consequence of

해 세포들은 더 많은 **양**은 어떤 세포 운명을 그리고 더 적은 **양**은 또 다른 운명을 만드는 방식으로 어떤 신호의 **양**에 따라 달라질 수 있다.

자 ~ to (합이) ....에 달하다, ...이 되다

The major form of storage polysaccharide in animals is glycogen. Glycogen may **amount to** as much as 10% of liver mass in liver and accounts for 1 to 2% of muscle mass in skeletal muscle.

관 as much as .... 정도의, account for ....를 차지하다=(constitute, comprise), amount to ....에 달하다=(number, total)

해 동물에서 저장용 다당류의 주된 형태는 글리코겐이다. 글리코겐은 간에서 그 무게의 10% 정도**가 될** 수도 있으며 그리고 골격근에서는 근육량의 1에서 2%을 차지한다.

참 as much as 거의 ....만큼, ...에 해당하는 만큼 almost 양을 강조함

amplify

76

타 증폭하다, 증폭시키다

A PCR reaction that cycles 20 times will **amplify** the specific target sequence 1-million-fold.

관 cycle(자) 순환을 반복하다, amplify(타) .... 5- fold .....를 5배 증폭하다

해 20회의 순환을 반복하는 PCR 반응은 특이 표적서열을 100만 배 **증폭하게 될** 것이다.

참 PCR : alternately 참조

amplified

440

타 be ~ 증폭되다

The polymerase chain reaction (PCR) allows the DNA from a selected region of a genome to **be amplified** billion-fold.

관 polymerase chain reaction (PCR) 중합효소연쇄반응, allow .... to ....하는 것을 가능하게 하다

해 중합효소연쇄반응 (PCR)은 유전체의 어떤 선택된 영역의 DNA를 10억 배 **증폭되는** 것을 가능하게 한다.

amplification

273

명 증폭 (반응)

The formation of blood clots is the result of a series of zymogen activations. The **amplification** achieved by this cascade of enzymatic activations allows blood clotting to occur rapidly in response to injury.

관 a series of 일련의, cascade 다단계 증폭반응, in response to ....에 반응하여

해 혈전의 형성은 일련의 연속적인 zymogen의 활성화의 결과이다. 효소촉매에 의해 활성화되는, 이러한 연쇄반응에 의해 달성되는 **증폭반응**은 혈액응고가 상처에 반응하여 신속하게 일어나도록 한다.

참 혈액응고반응은 단백질효소들이 관여하는 다단계증폭반응cascade으로 일어난다. 이런 방식으로

수행되는 목적은 작은 신호를 단계적으로 증폭하여 궁극적으로는 매우 큰 신호로 만들 수 있으며, 반면에 필요한 단계에서 혈전의 형성 및 분해조절이 전체적으로 쉽게 될 수 있다는 장점이 있다.

anabolic 형 합성을 촉진하는, 동화(합성)반응성의

16 **Anabolic** steroids have been used illegally to enhance athletic performance.

관 have been used <현재완료> 계속, enhance(타) 향상시키다=promote

해 **합성을 촉진하는** 스테로이드류는 운동 경기력을 향상시키기 위하여 불법적으로 사용되어왔다.

참 아나볼릭 스테로이드제재Anabolic steroids : 남성 성호르몬 testosterone의 유도체들로 세포에서 유전자발현을 높여 단백질 합성을 증가시키는 기능을 하며, 이 합성호르몬들은 의학적으로 조직의 성장을 증진시키는 목적으로 사용되는 약물이다. 그러나 근육의 크기나 강도를 높여 운동효율을 향상시키기 위해 운동선수들에 의하여 오용되는 경우가 자주 있다.

anabolism 명 동화(합성)대사

29 **Anabolism** and catabolism are not mutually exclusive.

관 anabolism 동화 합성대사, catabolism 이화 분해대사, mutually exclusive 상호배타적; 서로가 연관되어 함께 조절된다는 의미

해 **합성대사**와 분해대사과정은 상호배타적이지 않다.

참 Anabolism : 생체 거대분자 (단백질, 핵산, 다당류 및 지방)들이 각 성분들의 작은 구축단위체로부터 합성되는 과정이며, 이때 ATP 에너지가 사용된다.

analog/analogue 명 유사물

118 The plasmid expression vector contains a fragment of the *E. coli* chromosome containing the lac promoter and the neighboring lacZ gene. In the presence of the lactose **analog** IPTG, RNA polymerase normally transcribes the lacZ gene, producing lacZ mRNA, which is translated into the encoded protein, β-galactosidase.

관 neighboring 인접하고 있는=are near to, transcribe 전사하다, be translated into ....로 번역되다

해 플라스미드 발현벡터는 lac 프로모터와 이웃하는 lacZ 유전자를 함유하고 있는 *E. coli* 염색체 조각을 가지고 있다. lactose **유사물**인 IPTG가 존재할 경우에, RNA polymerase는 정상적으로 lacZ 유전자를 전사하여 β-galactosidase라는 단백질로 번역되는 lacZ mRNA를 생산한다.

analogous 형 유사한, 서로 닮은

37 This phenomenon is **analogous** to the c-myc translocation in Burkitt's lymphoma cells.

관 be analogous to ....와 유사하다=be similar to

해 이 현상은 Burkitt 임파종 세포에서의 c-myc 전위와 **유사하다**

참 c-myc은 발암유전자의 한 종류이며, 다른 염색체의 일부와 전위translocation되어 융합단백질을 형성하여 발암작용을 한다.

analogy 명 1 by ~ to ....에 유사하게

15 Untranscribed sequences to the left of the startpoint are numbered −1, −2, etc., starting with the nucleotide (−1) immediately to the left of the startpoint (+1) and moving from right to left. By **analogy** to a river, the sequences to the left of the startpoint are said to be upstream from the startpoint and those to the right are said to be downstream.

관 be numbered -1 로 번호가 붙여지다, start with ....로 시작되다, be said to be ....로 말하여지다 =(be called as, be referred to as), upstream 윗방향에≠downstream

해 시작점의 왼쪽에 있는 전사되지 않는 서열들은 -1, -2 등으로 번호가 붙여지기 때문에, 시작점(+1)의 바로 왼쪽에 있는 nucleotide (-1)에서 시작하여 오른쪽에서 왼쪽으로 이동한다. 강의 흐름**과 유사하게**, 시작점의 왼쪽에 있는 서열은 시작점으로부터 upstream에 있다고 말하여지고 오른쪽에 있는 것은 downstream에 있다고 한다.

2 by ~ with ....와 유사하게

This reaction is called thiolysis, **by analogy with** the process of hydrolysis, because the β

-ketoacyl-CoA is cleaved by reaction with the thiol (-SH) group of coenzyme A.

해 가수분해라는 과정**과 유사하게**, 이 반응을 thiolysis라 부른다, 왜냐하면 coenzyme A의 thio (-SH)기와의 반응에 의하여 β-ketoacyl-CoA가 절단되기 때문이다.

analysis

3164

명 분석

Although cells use the 20 amino acids to synthesize proteins, **analysis** of cellular proteins reveals that they contain upward of 100 different amino acids. Chemical modifications after synthesis account for this difference.

관 reveal(타) 밝혀내다=(show, disclose), account for ....의 원인이 되다= be the reason or explanation for, upward of 이상의=(more than, greater than)

해 비록 세포는 단백질을 합성하기 위하여 20종의 아미노산을 사용하지만, 세포의 단백질들을 **분석**한 결과는 100종 이상의 서로 다른 아미노산을 함유하고 있음을 밝혀주었다. 이 차이는 합성 후의 화학적 변형 때문에 발생하였다.

analytical

28

형 분석의, 분석용의

The extraordinary binding affinity and specificity of antibodies make them valuable **analytical** reagents. Two types of antibody preparations are in use: polyclonal and monoclonal.

관 extraordinary 놀라운=unusual, valuable=important, be in use 사용중에 있다=being used

해 항체의 놀라운 결합친화력과 특이성 때문에 항체는 귀중한 **분석용** 시약이 되었다. 다클론과 단일클론 두 종류의 항체로 된 제제들이 현재 사용 중에 있다.

analyze

432

타 분석하다

Computers are used to **analyze** the fluorescent spots on the DNA chips and to compare the levels of fluorescent intensity from one chip to another.

해 DNA칩 상의 형광 스폿들을 **분석하고** 그리고 어떤 칩과 또 다른 칩으로부터의 형광세기의 수준을 비교하기 위하여 컴퓨터가 사용된다.

참 DNA 칩 : compare 참조

analyzed

1703

타 be ~ 분석되다

Genomics studies coupled with functional expression assays are now being used to identify genes for previously unknown receptors. In this approach, stored DNA sequences <u>are **analyzed**</u> for similarities with sequences known to encode receptor proteins.

관 functional expression assay 기능발현조사, identify(타)=(determine, recognize, pinpoint), be analyzed for similarities with ....와의 상동성을 위하여 분석되다

해 기능성 발현조사와 함께 수행하는 유전체학 연구들이 이전에는 알려져 있지 않았던 수용체 유전자를 찾기 위하여 현재 사용되고 있다. 이 방법에서, 저장된 DNA 서열들은 수용체단백질을 인코딩하는 것으로 알려져 있는 서열과의 상동성을 위하여 **분석된다**.

참 기능발현조사functional expression assay : 어떤 수용체에 대한 신호전달을 연구할 때 수용체의 기능을 확인하고자 functional expression assay를 실시한다. 기능을 확인하고자 하는 수용체만이 발현되어있지 않고 관련된 모든 신호전달요소들이 존재하는 세포를 선택하여 해당 수용체를 발현시켜 연구하는 방법이다.

anchor

78

명 고정

The inductive signal secreted by the **anchor** cell is LIN-3, which is similar to vertebrate epidermal growth factor (EGF). Like the EGF receptor, the receptor for LIN-3 is a receptor tyrosine kinase, called LET-23, that acts through a Ras–MAP kinase pathway.

관 be similar to ....와 유사하다, like ....와 같이, act through ....를 통하여 활동하다

해 **고정**세포에 의하여 분비된 유도신호가 척추동물의 상피세포성자인자 (EGF)와 유사한 LIN-3이다. EGF수용체와 같이, LIN-3의 수용체도 수용체형 티로신인산화효소인데, LET-23으로 불리며 Ras-MAP kinase경로를 통하여 작용한다.

참 선충 *C. elegance*의 발생단계에서 작용하는 LIN-3 상피세포성장인자의 분비와 기능에 대한 설명이다. 이러한 선충들을 이용한 연구는 인간세포들에서 일어나는 과정들을 유추하는데 사용될 수

있다. 그러므로 인간유전체프로젝트에서 사람뿐만 아니라 생쥐, 초파리, 선충, 닭, 식물 등의 연구가 병행되고 있는 것이다. 사람을 제외한 나머지 생명체들을 모델생명체model organism라 한다.

[타] ~ ..... to ....에 고정하다, 단단히 매다

In eukaryotic cells, several types of covalently attached lipids **anchor** some proteins to one or the other leaflet of the plasma membrane and certain other cellular membranes. In these lipid-**anchored** proteins, the lipid hydrocarbon chains are embedded in the bilayer, but the protein itself does not enter the bilayer.

[관] anchor .... to ....에 고정시키다, embed(타) 깊숙이 박다=fix deeply, enter(타) ....에 들어가다

[해] 진핵세포에서, 공유결합으로 부착된 몇 종의 지질이 세포막의 한쪽 면이나 혹은 다른 쪽 면에 그리고 어떤 다른 세포막**에** 일부의 단백질을 **단단하게 고정시킨다**. 이 지질에 의해 **고정된** 단백질에서, 지질의 탄화수소 사슬이 이중층에 깊숙이 박혀있지만, 단백질 자체는 이중층 속으로 들어가지 않는다.

[참] 단백질의 prenylation : 소수성의 탄화수소사슬인 farnesyl기나 혹은 geranyl-geranyl 기가 표적단백질들의 C-말단에 추가되는 반응이다. 이 반응을 받은 단백질들은 소수성 부분을 획득하게 되어 세포막이나 세포내의 소기관들의 막에 잘 부착할 수 있게 된다.

anchored

47

[타] be ~ to ....에 고정되다

The binding of Ras-GTP, which is **anchored** to the membrane, to the N-terminal domain of Raf relieves the inhibition of Raf's kinase activity.

[관] bind to ....와 결합하다, relieve(타) 경감시키다=alleviate

[해] 막에 **고정되어**있는 Ras-GTP의 Raf의 N-말단 도메인의 결합은 Raf의 인산화효소활성의 저해를 감소시킨다.

[참] 활성형인 Ras-GTP가 세포막에 단단히 고정되면 Raf와 결합하여 Raf를 활성화한다. 즉, Raf의 N-말단의 조절용 도메인을 통하여 단백질 14-3-3가 결합하면 Raf가 저해되는데, 이 결합은 serine기의 인산화에 의하여 매개된다. 탈인산화효소에 의해 이 인산기가 제거되면 Raf가 Ras-GTP와 결합할 수 있게 되어 활성화될 수 있다.

anesthesia

26

[명] 마취(법)

Significant progress has been made in understanding the molecular basis of malignant hyperthermia, a serious complication for some patients undergoing certain types of **anesthesia**.

[관] significant progress 상당한 진전, hyperthermia 악성고열증, complication 합병증, undergo(타) ....을 겪다

[해] 어떤 종류의 **마취법**을 시술받은 일부 환자들에서 나타나는 심각한 합병증인 악성 고열증세의 분자수준에서의 기초를 이해하는데 상당한 진전이 있었다.

[참] 마취후 악성고열증hyperthermia : 이 환자의 근육세포의 세포질에서 고농도의 Ca^{2+} 이온들이 존재함이 발견되었다. 이 사실은 Ca^{2+}에 의해 지속적인 근육수축이 유발되고 또한 glycogen의 분해, 해당작용 및 유산소대사가 촉진되기 때문에 과도한 열이 발생됨을 암시한다.

anesthetic

3

[명] 마취제

Appropriate treatment is to stop the **anesthetic** and administer the drug dantrolene intravenously.

[관] administer(타) 투여하다=give (i.e. drugs, medication, etc.)

[해] 적절한 치료법은 **마취제**를 중단하고 약물 dantrolene을 정맥주사로 투여하는 것이다.

[참] dantrolene : 근이완제로 근소포체로부터 세포질로의 Ca^{2+}의 분비를 저해하여 더 이상의 근육들의 수축을 저해한다. 즉, 마취후의 악성고열증이 일어날 경우에 이 약물은 세포질 Ca^{2+}의 증가를 방지하여 근육수축을 저해하는 것이다.

anesthetized

89

[타] be ~ 마취되다

Rats were **anesthetized** with pentobarbital and epitrochlearis muscles were dissected free and incubated for insulin signaling and glucose transport.

[관] epitrochlearis muscle 상활차주근육, be dissected 절개되다, free(부) 떨어져

해 쥐가 pentobarbital로 **마취되고** 그리고 상활차주근육이 절단 분리되어, 인슐린의 신호전달과 포도당 수송실험을 위해 반응되었다.

참 상활차근육epitrochlearis muscle : 쥐나 햄스터의 근육으로 근육의 대사 혹은 생리적 실험을 할 때 주로 사용된다. 사람에게는 없는 근육이다.

anneal

49

자 (가열한 후 식혀) 재결합되다, ...와 다시 짝짓기를 하다

The single-stranded probe DNA **anneals** with the single-stranded target DNA bound to the nitrocellulose through specific base pairing to form a DNA duplex.

관 probe 탐침자, anneal(자) 재결합되다=recombine (DNA) in the double-stranded form, through ....를 통하여=by means of

해 단일가닥으로 된 탐침자 DNA는 특이성이 높은 짝짓기를 통하여 nitrocellulose에 결합된 단일가닥의 표적 DNA와 **재결합되어** DNA 이중가닥을 형성한다.

타 (가열한 후 식혀) 결합시키다

This ligation is facilitated if the ends of the plasmid and the insert have complementary, single-stranded overhangs. Then these ends can base-pair with one another, **annealing** the two molecules together.

관 ligation 잇기반응, be facilitated 촉진되다, complementary 상보적인, overhang 돌출서열, one another 서로=each other, base-pair with ....와 염기쌍을 만들다

해 플라스미드와 삽입체의 말단이 상보적인 단일가닥으로 된 돌출서열을 가지고 있다면, 이 잇기반응은 촉진된다. 그러면 이 말단들은 서로 짝짓기를 할 수 있게 되어, 두 분자를 함께 **결합시킬** 수 있다.

annealed

4

타 be ~ (가열한 후 식혀) 재결합되다, 결합되다

A short synthetic DNA strand with a specific base change <u>is **annealed**</u> to a single-stranded copy of the cloned gene within a suitable vector.

관 a specific base change 염기의 교체, suitable 적절한=appropriate

해 하나의 특이 염기의 교체를 포함하는 짧은 합성된 DNA가닥은 적절한 벡터의 속에서 클로닝된 유전자 중의 한 가닥의 복사서열에 **결합된다**.

참 부위지정돌연변이site directed mutagenesis : 어떤 유전자 상의 일정한 염기를 지정하여 다른 염기로 교체하는 기술이다.

another

375

형 또 다른 (하나)의

Another group of intracellular switch proteins constitutes the GTPase superfamily. These proteins include monomeric Ras protein and the Gα subunit of the trimeric G proteins.

관 constitute ....구성하다=(comprise, account for, are the parts of)

해 세포내부의 스위치단백질의 **또 다른** 그룹이 GTPase 슈퍼패밀리를 구성하고 있다. 이들 단백질은 단량체인 Ras 단백질과 3량체 G단백질의 Gα 아단위체이다.

참 분자스위치 : 신호전달과정에서의 분자스위치, 즉 신호의 전달이 유지하도록 하거나 혹은 중단시킬 수 있는 기능을 하는 단백질이다. Ca^{2+}이온과 결합하는 calmodulin과 GTP와 결합하는 G단백질들이 분자스위치 역할을 한다.

대 1 또 다른 것

A tissue transplanted from one person to **another** or from one mouse to **another** is usually rejected by the immune system.

관 be transplanted from ....로부터 이식되다, be rejected 거부되다

해 한 사람으로부터 **다른** 사람에게 혹은 한 마리의 생쥐로부터 **또 다른** 생쥐로 이식된 조직은 보통 면역계통에 의하여 거부된다.

2 one ~ 서로

All of the above lipids can be separated from <u>one **another**</u> by techniques such as column, thin layer, and gas-liquid chromatography and their structures established by mass spectrometry.

관 be separated from ....로부터 분리되다, be established 확립되다; 밝혀지다=(be recognized, be discovered)

해 위의 지질 가운데 모두가 칼럼, 박층 및 기체-액체 크로마토그라피와 같은 기술에 의하여 **서로**로부터 분리될 수 있으며, 그리고 그들의 구조는 질량분광법에 의하여 밝혀질 수 있다.

참 An autopsy was being done to *establish* the cause of death.=An autopsy was being done to *discover* the cause of death.

any 형 1 (긍정문) 어떤, 어느

553

Many of the differences among differentiated cells are due to production of specific sets of proteins needed to carry out the unique functions of each cell type. That is, only a subset of an organism's genes is transcribed at **any** given time or in **any** given cell.

관 be due to ....때문이다=be because of, carry out 수행하다=perform, subset 전체의 일부분

해 분화된 세포 사이에서의 차이점 중 많은 것이 각 세포 종이 특유한 기능을 수행하는데 필요한 단백질들의 특이한 세트를 생산하기 때문에 나타난다. 즉, 어떤 생명체의 유전자의 단지 일부만이 **어떤** 주어진 시간에서 혹은 **어떤** 주어진 세포에서 전사된다.

2 (부정문) 어떤 .... 도, 조금 ....도

Images restored by deconvolution display impressive detail without **any** blurring. Astronomers use deconvolution algorithms to sharpen images of distant stars.

관 deconvolution역회선, be restored 복원되다, sharpen(타) 또렷하게 하다, distant 멀리 떨어진

해 역회선법에 의하여 복원된 이미지들은 **어떤** 흐려짐**도** 없는 인상적인 자세함을 표현한다. 천문학자들은 멀리 떨어진 별의 이미지를 선명하게 하기 위하여 어긋난 역회선 알고리즘을 사용한다.

참 some과 any : 모두 약간의, 조금의 뜻을 가지고 있는데, some은 무언가 있을 때, any는 없을 때 혹은 있는지 없는지 모를 때 사용한다. 추가적으로 any는 '어떤, 어느'의 뜻도 있다. Would you like some more meat? '고기가 더 있으니 좀 더 먹을래?' 반면에 Is there any milk? '우유가 좀 남아 있나 몰라?' 와 같은 의미이다.

대 1 어떤 것들

The computer program used for this purpose is known as BLAST (basic local alignment search tool). The BLAST algorithm divides the new protein sequence (known as the query sequence) into shorter segments and then searches the database for significant matches to **any** of the stored sequences.

관 divide(타) .... into ...로 나누다, query sequence 문의서열, matches(명) to ....와 일치된 서열들 =similar sequences to

해 이 목적에 사용되는 컴퓨터용 프로그램은 BLAST (basic local alignment search tool)로써 알려져 있다. BLAST 알고리즘은 새로운 단백질서열 (query sequence로 알려진)을 더 짧은 조각서열로 나누고, 그리고 난 후 저장된 서열 중에서 **어떤 것**에 대한 상당한 일치서열들을 찾기 위하여 데이터베이스를 검색한다.

참 BLAST 프로그램 : 단백질의 아미노산서열이나 DNA, RNA의 핵산서열을 데이터베이스에 저장된 서열들과 비교하는데 사용되는 컴퓨터용 프로그램이다. NCBI 홈페이지를 통하여 이 프로그램들을 사용할 수 있다.

2 not A ~ more than B B가 아닌 것처럼 A도 아니다

Producing different kinds of cells is not enough to make an organism, **any** more than collecting all the parts of a truck in one pile gives you a truck.

관 not A any more than B=B가 아닌 것처럼 A도 아니다, be enough to ...하기에 충분하다

해 어떤 트럭의 모든 부속품을 하나의 더미로 모으는 것만이 한 대의 완성된 트럭을 주지 **않는 것처럼**, 서로 다른 종류의 세포를 생산하는 것만으로도 하나의 생명체를 만들기에 충분**하지 않다**

apart 부 1 떨어져

19

Objects about 0.2 μm **apart** can be discerned in these compound microscopes.

관 discern(타) 식별하다=perceive differences

해 약 0.2 μm **떨어져** 있는 물체들이 이 복합현미경에서 식별될 수 있다.

2 take ~ 분해하다, 떼어내다

As cells take **apart** the carbon molecules from glucose, these get released as carbon dioxide. Each body cell releases carbon dioxide into nearby capillaries by diffusion, because the level of carbon dioxide is higher in the body cells than in the blood.

관 get released 방출되다, take apart 분해하다=disassemble, nearby 근처의=close at hand

해 세포가 포도당으로부터 탄소분자를 **분해할** 때, 탄소분자는 이산화탄소로써 방출된다. 각 신체의 세포는 이산화탄소의 수준이 혈액에서보다 신체세포에서 더 높기 때문에, 이산화탄소를 확산에 의하여 근처의 모세혈관으로 방출시키게 된다.

3 ~ from ....뿐만 아니라, ...은 그렇다고 치고

Glutathione has other important functions in human cells **apart** from its role in xenobiotic metabolism.

관 apart from 뿐만 아니라=(besides, except for, in addition to, as well as)

해 Glutathione은 생체이물질의 대사에서의 역할**뿐만 아니라** 사람세포에서도 다른 중요한 기능을 가지고 있다.

참 xenobiotics (생체이물질) : spectrum 참조

apparent
275

형 (눈에) 뚜렷이 보이는

In this view, the complementarity of the antigen and antibody is especially **apparent** where fingers extending from the antigen surface are opposed to clefts in the antibody surface.

관 complementarity 상보성, extend from ...로부터 연장되다, be opposed to ....와 마주보다, cleft 홈; 틈새

해 이 그림에서, 항원과 항체의 상보성은 항원 표면으로부터 튀어나온 손가락 구조들이 항체 표면에 있는 홈과 마주보고 있는 곳에서 특별히 **뚜렷이 보인다**.

참 상보성complementarity : 상보성이란 두 물체가 서로 결합하여 완벽한 하나가 될 때 두 물체는 서로 상보적이라 한다. 예를 들면, 열쇠와 자물쇠와 같은 관계

appear
626

자 1 나타나다, 출현하다

Duplicated genes encode closely related proteins and generally **appear** as a cluster in a particular region of DNA. The proteins encoded by a gene family have homologous but nonidentical amino acid sequences and exhibit similar but slightly different properties.

관 duplicated gene 복제에 의해 탄생한 유전자, homologous 상동성이 있는, exhibit(타) 보이다 =(show, demonstrate), cluster 집단형

해 복제에 의해 탄생된 유전자들은 매우 관련성이 높은 단백질을 인코딩하며 또한 일반적으로 DNA의 특정 영역에서 하나의 집단형태로 **나타난다**. 한 유전자 부류에 의하여 인코딩된 단백질들은 상동성은 있지만 그러나 같지 않은 아미노산서열을 가지고 있어서, 유사하지만 약간 다른 행동특성을 보인다.

2 출현하다

When these dark lipofuscin pigments **appear** on the skin of the hands in aged individuals, they are referred to as "liver spots," a traditional hallmark of aging.

관 be referred to as=be called, hallmark 보증표시; 특징

해 이 짙은 lipofuscin색소가 나이든 사람들의 손의 피부에 **출현할** 때, 노화의 전통적인 보증표시인 "liver spot"이라고 한다.

참 lipofusin색소 : 검버섯 혹은 노인성 반점의 원인물질이다. 노화현상으로 주로 피부에 나타나지만, 실제적으로 간, 신장, 심장, 신경세포 등에도 존재한다. 주로 지질과산화물과 단백질의 아미노산 사이에서 교차연결되어 생긴 산물로 lysosome에 의하여 흡수되었지만 분해되지 않고 남아 나타나게 된다.

3 ~ to be ..../ ~ that ....로 보이다, ...로 생각되다

Evidence suggests that if a statin is regularly taken with grapefruit juice, its level in the blood may increase as much as 15-fold. This marked increase in plasma concentration could increase the muscle and liver toxicity of the statin in question. because side effects of the statins **appear to be** dose-related.

관 be taken with ....로 복용되다, as much as ....만큼이나, marked(형) 놀라운=(noticeable, significant), in question 문제가 되는=under discussion

해 증거는 어떤 statin약물이 규칙적으로 포도주스로 복용된다면, 혈액에서의 그 수준이 15배 만큼이나 증가될 수도 있음을 제시하고 있다. 혈장농도에서 이 놀라운 증가는 문제가 된 statin의 근육과 간 독성을 증가시킬 수 있다, 왜냐하면 statin류의 부작용은 복용량과 관련된 **것으로 보이기** 때문이다.

참 포도주스와 고지혈증 치료제 : 고지혈증치료제로 사용되는 statin류 약물은 주스에 포함되어있는 furanocoumarin에 의해 약물의 대사를 촉매하는 cytochrome P450의 일종인 CYP3A4 효소를 저해하기 때문이며, 그 결과로 statin의 체내의 대사가 감소되면서 혈중농도가 15배 까지나 증가될 수 있다. 따라서 약물을 복용할 때 물 이외의 다른 음료수와 함께 먹지 않는 것이 좋다.

appearance 명 1 출현, 나타남

76

First identified by their rapid **appearance** after a cell has been stressed by heat shock, Hsp70 and its homologs are the major chaperones in all organisms.

관 이 예문은 <현재 구문>으로 주어 'Hsp70 and its homologs'가 생략되었다, be stressed by .... 에 의한 스트레스를 받다, homolog(명) 상동체

해 Hsp70과 상동체들이 어떤 세포가 열 충격에 의한 스트레스를 받은 후 신속한 **출현**에 의해 최초로 확인되었기 때문에, 모든 생명체에서 주된 chaperone이 되었다.

참 Chaperone : 생체거대분자들의 접힘이나 조립과정에서 정확한 구조를 만들도록 도와주는 단백질 부류로 주로 열충격단백질 (heat shock protein)들로 알려져 있다. wide 참조

2 외관, 모습

Figure 5 Electron micrograph of a thin section through an erythrocyte membrane stained with osmium tetroxide. The characteristic "railroad track" **appearance** of the membrane indicates the presence of two polar layers, consistent with the bilayer structure for phospholipid membranes

관 consistent with ....와 일치하는=in agreement with, indicate(타) 나타내다=(reveal, suggest)

해 그림 5 Osmium tetroxide로 염색된 적혈구의 막을 통과하는 얇은 절단면의 전자현미경사진. 그 막의 특징적인 "철도선로" **모습**은 인지질 막의 2중층구조와 일치하는 2개의 극성층의 존재를 나타낸다.

applicability 명 응용가능성

4

The principles of cell-fate determination and tissue patterning learned from *Drosophila* have proved to have broad **applicability** to animal development.

관 be learned from ....로부터 알아내다, prove(타) 입증되다, have applicability to ....에 응용가능성이 있다

해 초파리에서 알아낸 세포운명의 결정과 조직의 형태 만들기에 관한 원리는 동물의 발생에도 광범위한 **응용가능성**이 있음이 입증되었다.

applicable 형 ~ to 적용할 수 있는, 응용할 수 있는

17

The conventional methods used to purify proteins and enzymes are also **applicable to** the purification of glycoproteins.

관 conventional method 전통적인 방법, be applicable to ....에 응용될 수 있다

해 단백질과 효소를 정제하는데 사용되는 전통적인 방법은 당단백질의 정제에도 또한 **응용될** 수 있다.

application 명 응용, 적용

144

The PCR allows the DNA in a single cell, hair follicle, or spermatozoon to be amplified and analyzed. Thus, the **applications** of PCR **to** forensic medicine are obvious.

관 allow .... to=enable .... to, forensic medicine 법의학, spermatozoon 정자

해 PCR은 단 하나의 세포, 모낭 혹은 정자 속의 DNA가 증폭되어 분석되는 것을 가능하게 한다. 그래서 PCR의 법의학에의 **응용**은 확실하다.

apply
15

자 응용되다, 적용되다

If a cell is to be stably transformed by a virus, a stable parasitic association must be established. This **applies** equally to DNA viruses and retroviruses, but the two classes of virus differ fundamentally in the nature of the viral genes that cause neoplastic transformation.

관 apply to ....에 적용되다, differ(자) in 와는 다르다=be different from, cause(타) 유발하다=(bring about, result in)

해 어떤 세포가 한 바이러스에 의해 안정적으로 형질변환되려면, 안정한 기생체와 같은 결합이 성립되어야만 한다. 이것은 DNA 바이러스와 레트로바이러스에 똑 같이 **적용되지**만, 그러나 이 두 부류의 바이러스는 암 발생의 형질변환을 유발하는 바이러스 유전자의 성질에서 근본적으로 서로 다르다.

참 - but *the* two classes of virus의 문장에서 정관사 the는 앞에서 미리 언급한 DNA viruses and retroviruses을 한정하기 때문에 붙인 것이다.
- adenovirus는 DNA를 유전물질로 그리고 retrovirus는 RNA를 유전물질로 가지고 있다.

타 올려놓다, 두다

A robotic device is used to **apply** each amplified DNA sample to the surface of a glass microscope slide, which then is chemically processed to permanently attach the DNA sequences to the glass surface and to denature them.

관 robotic device 로봇장치, apply(타) ..... to ....를 .....에 올려놓다=(place, lay)

해 로봇장치가 사용되어 각각의 증폭된 DNA시료를 현미경용 유리슬라이드의 표면에 **올려놓고**, 그 후 DNA 서열을 유리표면에 영원히 붙이고 DNA서열을 변성시키기 위하여 화학적으로 처리된다.

applied
237

타 1 be ~ 놓이다, 적용되다

When a mixture of proteins is **applied** to a gel and an electric current is **applied**, smaller proteins migrate faster through the gel than do larger proteins.

관 be applied to ....에 놓이다=(be placed in, be loaded onto)

해 단백질혼합물이 겔에 **놓이고** 전류가 **적용될** 때, 더 작은 단백질일 수록 더 큰 단백질이 이동하는 것보다 더 빨리 겔을 통과하여 이동한다.

2 be ~ 응용되다

NMR analysis can also be **applied** to protein domains, which tend to be small enough for this technique and can often be obtained as stable structures.

관 tend to ....인 경향이 있다=(be apt to, be likely to), stable structure 안정한 구조체

해 NMR분석법도 역시 단백질의 도메인들에 **응용될** 수 있다, 왜냐하면 도메인들이 이 기술에 적합하도록 충분히 작은 경향을 보이고 그리고 자주 안정한 구조체로써 얻어질 수 있기 때문이다.

appreciable
18

형 측정하기 충분한, 상당한

Ion channels can be highly selective for particular ions. For example, some channels allow the flow of K^+ very effectively but do not allow **appreciable** levels of Na^+ to cross the membrane.

관 selective for ....에 선택적인, cross(타) 관통하다, appreciable 측정하기 충분한=enough to be measured

해 이온통로는 특정한 이온에 매우 선택적이 될 수 있다. 예를 들면, 일부의 통로는 K^+의 흐름을 매우 효과적으로 허용하지만, 그러나 **측정하기 충분한** 수준의 Na^+가 막을 관통하는 것은 허용하지 않는다.

appreciate
9

타 (진가를 알고) 이해하다, 인정하다

Students must have at least a general understanding of recombinant DNA techniques to **appreciate** their current use and the promise they hold for the future.

관 have an understanding of ....을 이해하다, hold the promise 성공할 것 같다; 가능성을 가지다 =be likely to succeed

해 학생들은 재조합DNA기술의 현재의 이용과 미래를 위해 이 기술이 지니고 있는 가능성을 **인정하려**면 적어도 재조합DNA기술에 대하여 전반적으로 이해하고 있어야 한다.

참 The new drug *holds promise* for helping to control addiction. 그 새로운 약물은 중독증을 치료하는 것을 돕는 것을 성공할 것 같다. hold promise=be likely succeed

appreciated

4

타 be ~ 알려지다, 이해되다

It is well **appreciated** that alterations to the chromatin structure in the vicinity of double-strand DNA breaks provide access for the machinery that mediates DNA repair and activation of the DNA damage checkpoint.

관 be appreciated 잘 알려지다=be fully understood or grasped, in the vicinity 근처에서=(near, in the area), provide access 접근을 허용하다; 접근을 가능하게 하다, mediate(타) 매개하다, checkpoint 점검점

해 두 가닥 DNA의 절단장소 근처에서 염색질의 구조를 바뀌게 함은 DNA 수리와 DNA 손상의 점검점의 활성화를 매개하는 기계류를 위한 접근을 가능하게 한다는 사실은 잘 **알려져 있다**.

appreciation

3

명 (진가의) 인정, 이해, 평가

The growing **appreciation** of the importance of oligosaccharide structure in biological recognition has been the driving force behind the development of methods for analyzing the structure and stereochemistry of complex oligosaccharides.

관 driving force behind .... 를 지원하는 추진력, biological recognition 생물학적 인식반응

해 생물학적 인식반응에서 올리고당의 구조의 중요성에 대한 커져가는 **평가**는 복합올리고당들의 구조와 입체화학을 분석하기 위한 방법의 개발을 지원하는 추진력이 되어왔다

approach

232

명 방법, 다루는 방법, 생각하는 방법

Plasmids can be introduced into bacterial cells by a process called transformation. Cells incubated with the plasmid DNA are subjected to a high-voltage pulse. This **approach**, called electroporation, transiently renders the bacterial membrane permeable to large molecules.

관 introduce(타) .... into ....에 도입하다, transformation 형질변환, be subjected to ....에 노출되다 =under the influence of, render(타)+O+OC ....를 .....하도록 만들다, electroporation 전기천공법

해 플라스미드는 형질변환이라는 과정에 의하여 박테리아 세포 안으로 도입될 수 있다. 플라스미드 DNA와 함께 반응시킨 세포들이 고압의 전기펄스에 노출되기도 한다. 이 **방법**은 전기천공법이라고 하는데, 일시적으로 박테리아의 막을 큰 분자들이 투과할 수 있도록 만든다.

참 Transformation (형질변환) : 분자생물학에서 주로 대장균(*E. coli*) 속으로 plasmid DNA를 주입시켜 형질변환과정이 진행될 때 $CaCl_2$와 열 충격을 사용한다. 그리고 대체방법으로 고압의 전기충격을 주는 전기천공법electrophoration을 쓰기도 한다. 후자의 방법은 박테리아, 효모, 식물 등 다양한 종에게 사용할 수 있는 장점이 있다.

타 1 ....에 접근하다, ...에 도달하다

Glycogen phosphorylase acts repetitively until it **approaches** an (α1→6) branch point, where its action stops.

관 act repetitively 반복적으로 활동하다, approach(타) 접근하다=(reach, go near to), stop(자) 중단하다

해 Glycogen phosphorylase는 어떤 (α1→6)의 분기점에 **접근할** 때까지 반복하여 활동하고, 그곳에서 효소의 활동이 중단된다.

참 Glycogen phosphorylase : 글리코겐은 glucose의 저장용 중합체로 간과 근육에서 저장되는데, 에너지가 필요한 경우 glucose로 분해된다. 이때 phsophorylase라는 효소는 물 대신에 인산을 사용하여 인산분해를 촉매하는 특성을 가지고 있다.

2 다루다, 해결하다

How efficient can an enzyme be? We can **approach** this question by determining whether there are any physical limits on the value of k_{cat}/K_M.

관 efficient 능률적인, approach(타) 다루다 시작하다=begin to deal with

해 효소가 얼마나 능률적일 수 있는가? 우리는 k_{cat}/K_M 값에 대한 어떤 물리적인 제한사항이 있는가를 결정함으로써 이 문제를 **다루기 시작 할** 수 있다.

3 거의 도달하다

Catalytic antibodies generally do not **approach** the catalytic efficiency of enzymes, but medical and industrial uses for them are nevertheless emerging.

관 approach(타) ....수준에 도달하다=almost reach, emerge(자) 나타나다=appear

해 촉매항체는 일반적으로 효소의 촉매효율에까지는 **도달하지** 않지만, 그러나 그럼에도 불구하고 촉매항체에 대한 의료와 산업적 용도들이 서서히 나타나고 있다.

참 - 촉매항체catlytic antibody : 항체를 효소활성을 가지도록 인공적으로 만든 항체이며 abzyme이라고도 한다, dependency참조
- If something *approaches* a particular level or state, it almost *reaches* that level or state.

approached

6

타 be ~ 해결되다, 다루어지다

Until the early 1970s DNA was the most difficult cellular molecule for the biochemist to analyze. Enormously long and chemically monotonous, the nucleotide sequence of DNA could be **approached** only by indirect means, such as by protein or RNA sequencing or by genetic analysis.

해 1970년대 초까지, DNA는 생화학자들이 분석하기에 가장 어려운 세포의 분자였었다. 매우 길고 화학적으로 단순한 DNA의 핵산서열은 단백질이나 혹은 RNA 서열결정하기에 의해서나 혹은 유전자분석에 의해서와 같은 간접적인 수단으로만 **해결될** 수 있었다.

appropriate

214

형 적합한, 수용할 수 있는

Appropriate treatment is to stop the anesthetic and administer the drug dantrolene intravenously.

관 suitable 적합한=acceptable, intravenously 정맥주사로, administer(타) 투여하다, anesthetic 마취제

해 **적합한** 처치는 마취제를 중단하고 정맥으로 dantrolene 약물을 투여하는 것이다.

appropriately

14

부 적절하게

An **appropriately** labeled oligo- or polynucleotide, referred to as a probe, is constructed so that its sequence is complementary to a target gene.

관 be referred to as ....로 말하여지다=be called, be constructed 구축되다, so that ....하도록, be complementary to ....에 상보적이 되다

해 **적절하게** 표지된 올리고나 폴리뉴크레오티드는 탐침자라고 하며, 그 서열은 어떤 표적유전자에 상보적이 되도록 만들어진다.

approval

6

명 공인

Many gene therapies have received **approval** from the National Institutes of Health for trials in human patients, including the introduction of gene constructs into patients.

관 introduction ....into ....로의 주입방법, construct(명) 구축체, National Institutes of Health 국립보건원

해 유전자 구축체의 환자로의 주입을 포함하여, 많은 유전자치료법들이 환자에 시도될 목적으로 국립보건원으로부터 **공인**을 받아왔다.

approved

45

타 be ~ 공인되다

After clinical trials showing STI-571 (Gleevec) is remarkably effective in treating CML despite some side effects, it was **approved** by the FDA in 2001, the first cancer drug targeted to a signal-transduction protein unique to tumor cells.

관 remarkably effective 놀랄만한 효과가 있는, despite ....에도 불구하고, be targeted to ....가 표적으로 되다, be unique to ....에 특유한

해 비록 약간의 부작용이 있음에도 불구하고, STI-571 (그리벡)이 CML을 치료하는데 놀랄만한 효과가 있음을 보여준 임상시도 후에, 그것은 2001년에 FDA에 의하여, 종양세포에 특유한 신호전달 단백질이 표적으로 된 첫 번째 암치료제로 **공인되었다**.

참 만성골수성백혈병 Chronic Myelogenous Leukemia(CML) : 염색체 전위translocation에 의하여 philadelphia 염색체가 형성되는 백혈병이다. 이 전위의 결과로 염색체 9번의 ABL유전자와 염색체 22번의 BCR유전자가 융합되어 발암유전자 BCR-AML이 탄생된다. 이것은 활성의 조절 능력이 비정상적으로 확대된 Abl tyrosine kinase를 인코딩하여 암을 발생시키게 되는데, 그리벡은 바로 이 효소의 활성을 저해하여 치료효과를 나타낸다.

approximate
27

형 가까운

Phosphate is an excellent buffer at pH values around 7.2, the **approximate** pH of the cytoplasm of cells, and at pH 7.4, the pH of human blood.

해 인산은 세포질에 **가까운** pH인 약 7.2 근처와 그리고 사람혈액의 pH인 pH 7.4에서 우수한 완충제가 된다.

타 (수량이) ....에 가까워지다, 대략 ....의 수준이 되다

In utero, the fetus receives a relatively constant supply of glucose from the maternal circulation through the placenta, producing a level of glucose in the fetus that **approximates** 75% of maternal blood levels.

관 utero 자궁, relatively 비교적, circulation 순환, approximate(타) ....에 가까워지다

해 자궁에서 태아는 산모의 혈액순환으로부터 태반을 통하여 비교적 일정한 양의 포도당을 공급받으며, 그래서 태아에서 포도당의 수준은 **대략** 산모의 혈액 수준의 75%**가 된다**.

approximated
4

타 be ~ 추정치로 얻어지다

V_{max} can **be approximated** experimentally from a substrate saturation curve, and K_m can be derived from $V_{max}/2$, so the two constants of the Michaelis–Menten equation can be obtained from plots of v versus [S].

관 substrate saturation curve 기질 포화곡선, Michaelis–Menten equation 기질포화곡선을 수학적으로 표현하는 식

해 V_{max}은 기질 포화곡선으로부터 실험적으로 **추정치로 얻어질** 수 있으며, K_m은 $V_{max}/2$로부터 유도될 수 있다. 그래서 Michaelis-Menten 식의 두 상수는 v와 [S]의 그래프로부터 구할 수 있다.

approximately
145

부 대략, 대강

The average adult human, with a typical weight of 70 kg or so, thus consumes **approximately** 65 kilograms of ATP per day, an amount nearly equal to his/her own body weight!

관 or so 약=approximately, consume(타) 소비하다, be equal to ....와 같다

해 전형적인 체중 약 70 Kg이 나가는 평균성인은 **대략** 거의 자신의 체중과 같은 양인 65 Kg의 ATP를 하루에 소비한다.

approximation
4

명 비슷한 것, 근사값

Nonpolar regions of biological macromolecules are often buried in the molecule's interior to exclude them from the aqueous milieu. The formation of oil droplets as hydrophobic nonpolar lipid molecules coalesce in the presence of water is an **approximation** of this phenomenon.

관 be buried in ....속에 묻히다, exclude(타) ....을 배제하다=keep out, coalesce(자) 응집되다, in the presence of 존재할 때, phenomenon 현상

해 생물학적 거대분자 중에서 비극성 영역들은 수용액 환경으로부터 자신을 배제하기 위하여 분자의 내부에 자주 묻히게 된다. 물이 존재할 때 소수성의 비극성 지질분자들이 응집되는 것처럼 기름방울의 형성과 이 현상은 거의 **비슷한 것**이다.

arbitrarily
9

부 임의적으로

The individual P450s are **arbitrarily** assigned Arabic numerals. Thus, CYP1A1 denotes a cytochrome P450 that is a member of family 1 and subfamily A and is the first individual member of that subfamily.

관 denote(타) 나타내다=(indicate, designate, mark, symbolize), family 부류, subfamily 하위부류

해 개별 P450에게 아라비아 숫자들이 **임의적으로** 할당된다. 그래서 CYP1A1라는 것은 부류 1과 하위부류 A의 구성원이고, 그 하위부류의 첫 번째 개별구성원인 어떤 cytochrome P450임을 나타낸다.

참 cytochorme P450 : 간에서 약물들을 대사하는 효소의 부류. spectral 참조

arbitrary
15

형 임의적인, 제멋대로의

Our representation of the extramembrane domains is **arbitrary** and not necessarily to scale.

관 representation 그림=(depiction, image, picture, figure), to scale 비율에 맞는=in the same proportions as in the true size

해 외부세포막의 도메인들에 대한 우리의 그림은 **임의적**이어서 실제 크기에 대한 비율과 반드시 같지는 않다.

architectural
1

형 구조상의, 구조를 형성하는

The family of connective-tissue cell includes fibroblasts, cartilage cells, and bone cells, all of which are specialized for secretion of collagenous extracellular matrix and are jointly responsible for the **architectural** framework of the body, as well as fat cells and smooth muscle cells, which appear to have a common origin with them.

관 be specialized for ....에 전문화되다, be responsible for ....를 책임지다, jointly 함께하여=together, as well as 뿐만 아니라, appear to ....인 것처럼 보이다, origin 기원=(birth, source), architectural framework 구조의 틀

해 결체조직세포의 패밀리는 콜라겐 유사 세포외기질물질의 분비에 전문화되어있으며 모두 함께하여 신체의 **구조의 틀**에 책임을 지고 있는 섬유모세포, 관절세포 그리고 골세포뿐만 아니라 이들 세포와 공통된 기원을 가지고 있는 것처럼 보이는 지방세포와 평활근세포들도 포함한다.

architecture
12

명 구조물, 구조

Although noncovalent forces are weak (less than 40 kJ/mol), they are numerous in these assemblies and thus can collectively maintain the essential **architecture** of the supramolecular complex under conditions of temperature, pH, and ionic strength that are consistent with cell life.

관 numerous 많은 수의=existing in large numbers, collectively 함께 모여서=as a group, under conditions of 조건들 아래에서, consistent with ....와 일치하다

해 비록 비공유결합의 힘이 (40 kJ/mol 이하로) 약할지 몰라도, 이들 조립체에서 매우 수가 많기 때문에 세포의 생명과 일치하는 온도, pH 및 이온강도의 조건 아래에서 함께 모여 초분자복합체라는 필수적인 **구조체**를 유지할 수 있다.

arguably
4

부 (비교급 최상급과) 아마 .... 틀림없이

Chromosomes are **arguably** the most difficult structures a cell has to maintain over a lifetime.

관 arguably비교급이나 최상급의 형용사 앞에서 사용

해 염색체은 **아마** 세포가 일생에 걸쳐 유지해야만 하는 가장 어려운 구조체임이 **틀림없을** 것이다.

argue
42

타; 1 주장하다

Contrarily, some medical researchers in the field **argue** that it is necessary to pursue embryonic stem cell research because the resultant technologies are expected to have significant medical potential.

관 pursue an activity or plan 수행하며 따라가다=carry it out or follow it, resultant 결과로부터 나타나는=(resulting from, arising from), have medical potential 의학적 잠재력을 가지다

해 반대로, 이 분야에 종사하는 의학 관련 연구자들의 일부는 배아줄기세포의 연구를 수행하여 따라가는 것이 필요하다고 **주장한다**, 왜냐하면 그 연구결과로부터 나타나는 기술이 상당한 의학적 잠재력을 가질 것으로 예상되기 때문이다.

참 배아줄기세포embryonic stem cell : 사람의 수정란이 분열하여 세포 덩어리인 포배 blastocyst가

되면, 이들로부터 어떤 종류의 세포로도 분화될 수 있는 만능의pluripotent 배아줄기세포를 얻을 수 있다. 이 줄기세포들은 다른 개체의 생성이나 질병을 치료하는 목적으로 이용될 수 있어서 매우 기대가 크다.

2 (진실에 대하여) 이유나 증거를 주다, 증거를 대다, 입증하다

This result **argues** strongly that chromosome 12 has existed in Africa far longer than among non-African humans, strongly supporting an African origin of *H. sapiens*.

해 이 결과는 12번 염색체가 비아프리카인들 사이에서보다 아프리카에서 훨씬 더 오래 존재하여 왔다는 것에 대한 **증거를 주고 있기** 때문에, 호모사피엔스가 아프리카인으로부터 유래되었음을 강하게 뒷받침할 수 있다.

참 인간의 진화를 연구하는데 미토콘드리아 DNA가 사용되지만, 염색체 서열 가운데 개체 간의 변화가 큰 영역의 서열들을 이용하면 더 정확한 결과를 얻을 수 있다. 특히 염색체 12번에 존재하는 CD4 유전자의 서열이 (AIDS를 유발하는 HIV바이러스를 인식하는 백혈구의 표면수용체) 이러한 목적으로 이용되고 있다.

3 ~ against ....에 반대되는 것에 대해 이유를 말하다

This result **argued** against conservative replication, an alternative hypothesis in which one progeny DNA molecule would consist of two newly synthesized DNA strands and the other would contain the two parent strands; this would not yield hybrid DNA molecules in the Meselson-Stahl experiment.

관 argue against ....에 반대되는 이유를 설명하다=state the reason why you oppose, consist of ....를 구성하다, one .... the other 하나.... 나머지, would 실험결과, argue against≠argue for

해 이 결과는 하나의 자손 DNA분자는 새로 합성된 2개의 DNA 가닥으로 구성되고, 나머지는 2개의 부모의 가닥을 함유한다는 대체가설인 보존적 복제반응**에 반대되는 이유를 주장하였다**; 보존적 복제이론은 Meselson-Stahl의 실험에서의 잡종DNA분자를 결코 만들지 않는다.

참 보존적conservative와 반보전적semiconservative hypothesis 가설 : Meselson-Stahl의 실험을 통하여 DNA복제는 반보전적인 방식으로 일어남이 증명되었다. 즉, 원래 부모 DNA의 두 가닥이 분리된 후 주형으로 사용되어 각각 새로운 가닥이 만들어져 자손 DNA가 된다. 그렇게 되면 자손 DNA는 원래 부모DNA 한 가닥과 새로 합성된 DNA 한 가닥의 잡종이 형성되는데 이 현상을 반보전적semiconservative이라고 한다.

4 ~ for ....에 (찬성하는) 이유를 말하다

Your lab partner decides to perform a series of enzyme assays at substrate concentrations of 1, 2, 4, and 8 μM. You **argue** for doing the experiments at [S] = 1, 4, 16, and 100 μM.

관 argue for ....ing ....를 해야 하는 이유를 말하다=state the reason why you are doing ....

해 당신의 실험실 파트너는 기질농도가 1, 2, 4와 8 μM에서 일련의 효소활성검사를 수행하기로 결정하였다. 당신은 [S] = 1, 4, 16과 100 μM에서 그 실험을 하려는 **이유를 말하였다**.

argued

8

타 be ~ 논쟁거리가 되다, 토의되다

Until recently, It was **argued** that meticulous control of blood glucose levels in a diabetic patient would necessarily prevent or even slow these complications of chronic hyperglycemia.

관 meticulous 세심한=careful, argue(타) 논쟁거리로 생각하다=consider the pros and cons of

해 최근까지도, 당뇨환자에서 세심한 혈중의 포도당 수준을 조절하는 것이 만성 당뇨합병증에 걸리는 것을 반듯이 예방하고 심지어 속도도 줄인다는 사실은 **논쟁거리였었다.**

argument

8

명 1 (논쟁거리가 되는) 사실, 이론적 설명 (for 찬성, aginst 반대)

What are the consequences of these two differences and do they hold any significance in common? An **argument** can be made that, because of these differences, DNA is a more stable polymeric form than RNA.

관 argument 이론적 설명=(statement, rationale), in common 공통적으로=(shared, by all)

해 이 두 가지의 차이점의 결과는 무엇이며 그리고 공통적으로 어떤 중요성을 지니고 있는가? 이들 차이점 때문에, DNA가 RNA보다 더 안정한 중합체형이 된다는 하나의 **이론적 설명**이 만들어질 수 있다.

참 DNA와 RNA의 차이점 : DNA는 deoxyribose를 RNA는 ribose를 가지고 있다. 그리고 DNA는 thymine을 RNA는 uracil기를 가지고 있다. 이 2가지의 차이점 때문에 DNA는 구조적으로 RNA보다 안정하여서, DNA가 다음 세대로 전달되는 유전정보를 담을 수 있는 유전물질로 진화과정에서 채택된 것이다.

2 논쟁 (with)

After a heated **argument** with a neighbor, she experienced a "tight pressure-like band of pain" across her chest, associated with shortness of breath, sweating, and a sense of light-headedness.

관 heated argument 열띤 논쟁, shortness of breath 가쁜 호흡

해 이웃사람과의 열띤 **논쟁** 후에, 그녀는 가쁜 호흡, 발한 및 경미한 두통이 결합된 가슴을 가로질러 "한 부분을 꽉 누르는 것 같은 통증"을 경험하였다.

arise

79

자 ~ from ....로부터 일어나다, 발생하다, 생기다

Since all the cells in a colony **arise** from a single transformed parental cell, they constitute a clone of cells.

관 arise from ....으로부터 생기다=come into being from, constitute(타) ....를 구성하다=make up

해 하나의 콜로니 속의 모든 세포는 단 하나의 형질변환된 부모 세포로부터 **생겼기** 때문에, 그들은 세포로 이루어진 클론을 구성한다.

arising

52

자 발생하다

Tumors **arising** from cells in connective tissue, bone, or muscle are known as sarcomas, while those that originate in epithelial tissue such as skin are called carcinomas.

관 be known as ....로 알려지다, originate in에서 유래되다=arise from, sarcoma 육종, carcinoma 암종

해 결체조직, 골, 혹은 근육의 세포로부터 **발생한** 종양은 육종으로 알려져 있고, 반면에 피부와 같은 상피조직에서 유래된 것은 암종이라고 한다.

around

144

전 1 근처의, 부근의

The oxidized form of the isoalloxazine structure absorbs light **around** 450 nm (in the visible region) and also at 350 to 380 nm.

해 Isoalloxazine 구조의 산화된 형은 450 nm **근처의** 빛을 흡수하며 또한 350에서 380 nm에서도 흡수한다.

2 부근의

The conformation of penicillin **around** its reactive peptide bond resembles the transition state of the normal glycoprotein peptidase substrate.

해 페니실린의 반응성이 높은 펩티드결합 **부근의** 입체구조는 정상 당단백질 펩티드분해효소의 기질의 전이상태와 닮았다.

참 기질의 전이상태의 구조와 유사한 화합물 : 효소와 기질 사이의 친화력은 기질의 전이상태의 구조에서 가장 크다. 기질의 전이상태란 반응과정에서 생기는 가장 반응성이 큰 상태의 물질이지만 실제적으로 매우 불안정하여 분리가 불가능하다. 그러나 이 전이상태와 유사한 구조를 한 화합물을 합성하여 이용하면 해당 기질의 효소를 저해하는 약물로 사용할 수 있다. 이러한 자연에서 알려진 예가 항생제 페니실린이다.

부 주위로

Unlike the other common amino acids, the side chain of proline bends **around** to form a ring by covalently bonding to the nitrogen atom (amino group) attached to the C_α. As a result, proline is very rigid and creates a fixed kink in a protein chain, limiting how a protein can fold in the region of proline residues.

관 bend(자) around 주위로 굽다, as a result ....의 결과로, limit(타) 제한하다

해 다른 일반 아미노산과 달리, proline의 측쇄기는 **주위로** 굽어 C_α에 부착된 질소원자 (아미노기)와

공유결합적으로 결합되어 고리구조를 형성한다. 그 결과로 proline은 매우 딱딱하여 단백질사슬에서 고정된 꺽임구조를 만들어, 그래서 어떤 단백질이 proline 잔기의 영역에서 접힐 수 있는 방법을 제한하게 된다.

arrange | 타 1 배열하도록 하다, 배열시키다

7

Two structural motifs that **arrange** the primary structure of proteins into a higher level of organization predominate in proteins: the α-helix and the β-pleated strand.

관 predominate(자) 많이 나타나다=(be widespread, hold advantage in numbers or quantity)

해 단백질의 일차구조를 더 높은 수준의 조직화된 구조로 **배열시키는** α-나선과 β-병풍형 가닥구조와 같은 두 종류의 구조모티브가 단백질에서 많이 나타난다.

2 ~ oneself 자기들끼리 배열하다

Their polar head groups favor contact with water, whereas their hydrocarbon tails interact with one another, in preference to water. How can molecules with these preferences **arrange** themselves in aqueous solutions?

관 favor(타) 하는 것을 더 좋아하다=prefer .... to, in preference to 보다 선호적으로=rather than

해 그들의 극성기들은 물과의 접촉을 더 좋아하며, 반면에 탄화수소꼬리는 물보다 선호적으로 자기들끼리 서로 결합한다. 이 선호성을 가진 분자들이 수용액 속에서 어떤 방식으로 **자기들끼리 배열할까**?

참 생체물질의 유유상종 : 생체물질은 일반적으로 성질이 같은 분자들끼리 함께 모여 어떤 구조를 형성한다. 소수성 결합과 친수성 결합이 한 예가 될 수 있다. 기름과 물 분자가 함께 존재하면, 유유상종이 일어나 기름은 물 분자를 싫어하여 (소수성, hydrophobic) 자기들끼리 뭉치게 되고, 세포막은 이 힘이 작용하여 형성된다.

arranged | 타 be ~ 배열되다

12

From a topological viewpoint, all globular proteins must have an "inside" where the hydrophobic core can be **arranged** and an "outside" toward which the hydrophilic groups must be directed.

관 hydrophobic 소수성의, hydrophilic 친수성의, be directed toward ...로 향하도록 하여지다

해 위상학적 관점에서 보면, 모든 구형의 단백질은 소수성 중심부가 **배열될** 수 있는 곳에서 "내부"를 그리고 친수성 기능기들은 틀림없이 바깥쪽으로 향하여진 "외부"를 가져야 한다.

arrangement | 명 배열(상태)

31

One of the chemiosmotic theory is that energy from the oxidation - reduction reactions of the electron transport chain is used to transport protons from the matrix to the intermembrane space. This proton pumping is generally facilitated by the vectorial **arrangement** of the membrane spanning complexes.

관 transport(타) .... from .... to ....를 수송하다, facilitate(타) 촉진하다, vectorial 방향성이 있는

해 화학적 삼투압이론 중의 하나는 전자전달사슬의 산화환원반응으로부터 생긴 에너지가 (미토콘드리아) 기질로부터 막 사이의 공간으로 양성자의 수송에 사용된다는 것이다. 이 양성자의 펌핑작용은 일반적으로 막을 관통하는 복합체들의 방향성있는 **배열상태**에 의하여 촉진된다.

참 미토콘드리아 내막에서 기능하고 있는 전자전달계 (electron transport system)는 일련의 연쇄반응을 수행하는 여러 전자 및 수소이온의 수송단백질로 구성되어있다. 특히 이 단백질들이 전자를 전달하면서 수소이온은 내막 밖으로, 한쪽 방향으로만 (vectorial) 방출하여 농도경사를 만들게 되어 양성자추진력proton motive force을 형성한다.

array | 명 정렬, 배열

100

Saturated fatty acid chains can pack closely together to form ordered, rigid **arrays** under certain conditions, but unsaturated fatty acids prevent such close packing and produce flexible, fluid aggregates.

관 pack(자) together to 함께 채워지다, flexible 유동성있는, aggregate 응집체

해 포화된 지방산사슬들은 어떤 조건 하에서 빽빽하게 함께 채워질 수 있어서 정렬된 단단한 **배열**을 형성하지만, 그러나 불포화된 지방산들은 그러한 빽빽하게 채워지는 것을 방해하여 유동성있

는 액체성 응집체를 만든다.

타 정렬시키다

When viewed with a light microscope, the chromosomes appear to **array** themselves in a circle along the inner circumference of the cell, as the equator girdles the earth.

관 view(타) 자세히 보다=look at .... very carefully, in a circle 원모양으로, circumference 원주

해 광학현미경으로 봤을 때, 마치 적도가 중간에서 지구를 띠로 두르고 있는 것처럼, 염색체들도 세포의 내부의 원주를 따라 원모양으로 **정렬되어**있는 것처럼 보인다.

arrayed
2

타 be ~ 정렬되다

The distribution of intermediate filaments in an epithelial cell in culture is radically altered if the microtubules are depolymerized by drug treatment: the intermediate filaments, which are normally **arrayed** throughout the cytoplasm, pull back to a region close to the nucleus.

관 distribution 분포, pull(자) back to .... 다시 끌려가다, intermediate filament 중간크기의 필라멘트

해 배양 중인 상피세포에 있는 중간 필라멘트의 분포는 만약 약물처리에 의하여 미세소관의 다중체가 해체되면, 급진적으로 변형된다: 즉 정상상태에서는 세포질의 도처에 퍼져 **정렬되어**있던 중간 필라멘트들이 핵에 가까운 어떤 영역으로 다시 끌려간다.

arrow
250

명 화살표

The position of the clot is marked by the **arrow** in part A.

관 be marked by ....로 의해 표시되다

해 부위A에서 혈전의 위치는 **화살표**로 표시되어있다.

article
272

명 논문

A group of **articles** about obesity and regulation of body weight appeared in Science 1998;280:1363–1390.

해 비만과 체중조절에 대한 부류의 논문들이 Science 1998;280:1363–1390에 나와 있었다.

참 article은 개별논문을 의미하고 literature는 논문, 저서 등 종합적인 전문문헌들이다.

artificial
25

형 인공의, 사람이 만든

Olestra is an **artificial** fat substitute designed to allow individuals to obtain the taste and food consistency of fat, without the calories from fat.

관 fat substitute 지방대체물, be designed to ....로 고안되다, consistency of fat 지방의 동질성 =material coherence of fat

해 Olestra는 지방과 같은 열량은 없으면서도, 지방의 맛과 음식의 동질성을 얻는 것이 가능하도록 고안된 **사람이 만든** 지방대체물이다.

참 Olestra : 지방의 맛을 가지고 있지만 체내에서 지방분해효소인 리파아제에 의해 소화되지 않기 때문에, 흡수될 수 없는 지방대체물이다. 지방은 3가알코올인 glycerol에 지방산들이 붙어있는 구조이지만, olestra는 이당류인 설탕sucrose에 6-8개의 지방산을 붙여 합성한 것이다.

artificially
3

부 인공적으로

Experiments using gene chips are helping us to understand differentiation and may open the opportunity to **artificially** induce differentiation and tissue regeneration in the treatment of disease.

관 gene chip 유전자 칩, open the opportunity to ....를 할 기회를 열다, tissue regeneration 조직재생, differentiation 분화

해 유전자 칩을 이용하는 실험은 우리가 분화과정을 이해하는 것을 돕와주고 있기 때문에, 질병의 치료에서 분화와 조직재생을 **인공적으로** 유발할 수 있는 기회를 열어줄 수도 있을지 모른다.

참 유전자 칩 : 수천에서 수만 종의 유전자들을 공유결합으로 유리나 실리콘의 표면에 붙여 만든 것으로 반도체 집적회로에 비유하여 유전자 칩gene chip이라고 한다. 이 칩을 사용하면 어떤 환경에서 발현되는 수천수만 가지 유전자의 발현양상을 쉽게 분석해 낼 수 있다. 이 칩은 DNA microarry이라는 분석법에 사용된다.

as	접 때
13951	

As the Ser^{195} oxygen attacks the carbonyl group of the substrate, a very short-lived tetrahedral intermediate is formed in which the carbonyl oxygen acquires a negative charge.

관 attack(타) 공격하다, short-lived 짧은 수명의, tetrahedral 사면체형의

해 Ser^{195}의 산소가 기질의 카르보닐기를 공격할 **때**, 카르보닐 산소가 음전하를 획득한 매우 짧은 수명의 사면체형의 중간체가 형성된다.

2 ....하면서, 함에 따라서

ATP provides the energy that drives most of the energy-consuming processes in the cell, including biosynthetic reactions, muscle contraction, and active transport across membranes. **As** these processes use energy, ATP is converted back to adenosine diphosphate (ADP) and inorganic phosphate (Pi).

관 drive(타) 추진하다=urge forward, active transport 능동수송, be converted to ....로 전환되다

해 ATP는 생합성반응, 근육수축 및 막을 통과하는 능동수송을 포함하는 세포에서 에너지를 소비하는 대부분의 과정을 추진하도록 하는 에너지를 공급한다. 이들 과정이 에너지를 사용**하면서**, ATP는 아데노신이인산 (ADP)과 무기인산 (Pi)로 다시 전환된다.

참 ATP는 화학적 고에너지 물질로 ADP + Pi로 분해될 때 에너지가 유리된다. 이 유리되는 에너지를 이용하여 생합성, 운동 및 막에서의 농도구배에 역행하여 이온 등을 수송 (능동적 수송, active transport라함) 할 수 있다.

3 ....로써 (자격)

Any dietary fuel that exceeds the body's immediate energy needs is stored, mainly **as** triacylglycerol in adipose tissue, **as** glycogen in muscle, liver, and other cells, and, to some extent, **as** protein in muscle

관 exceed(타) 초과하다, to some extent 어떤 정도로

해 신체에서 당장의 에너지 요구량을 초과하는 음식물 속의 연료물질은 지방조직에서 주로 중성지방으**로써**, 근육, 간과 다른 세포에서 글리코겐**으로써** 그리고 어떤 정도로 근육에서 단백질**로써** 저장된다.

참 저장용 에너지물질은 중성지방 (triacylglycrol), 탄수화물 (glycogen) 및 단백질 (근육단백질, 알부민)이다.

4 ~ 형용사 ~ 강조

Incubation times **as** short **as** 1 min and as long as 30 min had similar activating effects on phosphorylation of p80 protein.

관 have similar effect on ....에 유사한 영향을 주다

해 1분 정도의 짧은 그리고 30분 정도의 긴 배양시간은 p80 단백질의 인산화에 유사한 활성효과를 주었다.

참 as .... as : 동등비교와 강조의 용법

5 ~ a result 그 결과로

When a compound is oxidized, it loses electrons. **As** a result, the oxidized carbon has fewer H atoms or gains an O atom. The reduction of a compound is the gain of electrons, which shows in its structure *as* the gain of H, or loss of O.

관 lose(타) 잃다, gain(타) 획득하다; (명) 획득 얻음, show(자) 나타나다=be or come in view

해 화합물이 산화될 때, 전자를 잃는다. **그 결과로** 산화된 탄소는 더 적어진 수의 H 원자를 가지게 되거나 혹은 하나의 O원자를 획득한다. 화합물의 환원반응은 전자를 얻는 것으로, 그 구조에서 H의 획득이거나, 혹은 O의 소실의 *결과로써* 나타난다.

참 산화환원 반응 : 두 반응은 함께 일어나는 짝 (coupled) 반응이다. 산화되는 쪽은 전자를 잃게 되고 (H의 소실, O의 획득) 환원되는 쪽은 전자를 얻게 (H의 획득, O의 소실) 된다.

6 ~ a consequence (앞의 사실의) 결과로써

In Rous sarcoma virus, for instance, the src gene has suffered a deletion that eliminates the C-terminal 18 amino acids of c-Src; as a **consequence** the v-Src kinase is constitutively active.

관 for instance, suffer(타) 겪다=undergo, deletion 삭제 돌연변이, constitutively 구성형으로 <예> A *constitutively* active protein is a protein whose activity is constant and active.

해 예를 들면 라우스 육종바이러스에서, src 유전자는 c-Src의 C-말단의 18개 아미노산을 제거하는 삭제 돌연변이를 겪었고; **그 결과로** v-Src 단백질인산화효소는 항상 구성형 상태로 활성을 띠게 된다.

참 src 유전자 : 최초로 발견된 발암유전자이며 tyrosine kinase을 발현한다. Francis Peyton Rous가 1911년 닭의 육종암을 유발하는 sarcoma 바이러스에서 최초로 발견하였고, 그 이후에 이 종양의 원인유전자로 확인되었다.

7 ~ if 마치 ....인 것처럼

When an overweight person goes on a diet, and consumes less calories, their body will respond **as** if they are starving, and try to save energy where it can to make up for the decrease in received calories.

관 go on a diet 다이어트를 하다, make up for 보충하다=compensate for, try to 애쓰다=attempt to

해 과체중인 사람이 다이어트를 계속하여 더 적은 열량을 소비하면, 몸은 **마치** 기아상태에 있는 **것처럼** 반응할 것이며, 받아들인 열량에서의 감소분을 보충하기 위하여 (절약)할 수 있는 곳에서 에너지를 절약하려고 애쓸 것이다.

8 ~ is the case with (for) ....의 경우와 마찬가지로

As peroxisomes are enlarged by addition of protein (and lipid), they eventually divide, forming new ones, **as** is the case with mitochondria and chloroplasts.

관 be enlarged 커지다, divide(자) 분열하다, as is the case with ....의 경우와 마찬가지로

해 Peroxisome이 단백질(과 지질)의 추가에 의하여 커지게 되면서, 미토콘드리아와 엽록체**의 경우와 마찬가지로**, 궁극적으로 분활되어 새로운 것을 형성한다.

9 ~ much ~ ....양 만큼이나

The most common storage carbohydrate in animal cells is glycogen, a very long, highly branched polymer of glucose. **As** much **as** 10 percent by weight of the liver can be glycogen.

관 10 percent by wight 무게로 10퍼센트

해 동물세포에서 가장 흔한 저장용 탄수화물은 매우 길고, 가지를 많이 친 포도당의 중합체인 글리코겐이다. 간 무게의 10%의 양 만큼이나 글리코겐이 될 수 있다.

10 such ~ ....와 같은

The foods in our diet are the fuels that supply us with energy in the form of calories. This energy is used for carrying out diverse functions such **as** moving, thinking, and reproducing.

관 supply(타) .... with ....를 공급하다, carry out 수행하다, in the form of ....의 형태로

해 우리가 먹는 음식은 열량형태로 에너지를 공급하는 연료물질이다. 이 에너지는 운동, 사고 및 생식활동**과 같은** 다양한 기능을 수행하는 용도로 사용된다.

11 ~ well 역시

The primary stimulus for aldosterone production is the octapeptide angiotensin II, although hyperkalemia or hyponatremia may directly stimulate aldosterone synthesis **as** well.

관 hyperkalemia 고칼륨 상태, hyponatremia 고나트륨 상태, as well 역시=(also, too)

해 비록 고칼륨이나 저나트륨 상태도 **역시** aldosterone 합성을 직접 자극하기도 하지만, aldosterone 생산을 위한 일차 자극제는 8개의 아미노산으로 구성된 angiotensin II이다.

12 ~ well ~ 또한 .... 도, 뿐만 아니라

Gene-sequence changes that are harmful will be lost from a population of organisms because the affected individuals cannot survive **as well as** their relatives.

관 harmful 해로운, be lost from ....로부터 소실되다, affected 영향을 받은, survive(자) 생존하다

해 해로운 유전자서열의 변화는 영향을 받은 개체**뿐만 아니라** 친척들**도 또한** 생존할 수 없기 때문에 생명체의 한 집단으로부터 없어지게 될 것이다.

aspect

47

명 1 특성 중의 한 단면(점), 모습

One of the major functions of the Urinary system is the process of excretion. Other **aspects** of its function include regulating the concentrations of various electrolytes in the body fluids and maintaining normal pH of the blood.

해 비뇨기계통의 주된 기능 중의 하나가 배뇨과정이다. 그 기능의 다른 **면**은 체액 속의 여러 전해질(electrolyte)의 농도를 조절하여 혈액의 정상 pH를 유지하는 것도 포함한다.

2 특성

What **aspects** of cholesterol and its metabolism lead to the conclusion that cholesterol is a multifunctional membrane lipid?

관 aspect 특성=(feature, nature), lead to conclusion 결론에 도달하다, mutifunctional 다기능성의

해 콜레스테롤과 그 대사의 어떤 **특성**들이 콜레스테롤이 다기능성 막지질이라는 결론에 도달하게 하였는가?

assay

1838

명 분석법, 검사

PCR can reveal the presence of human immunodeficiency virus in people who have not mounted an immune response to this pathogen and would therefore be missed with an antibody **assay**.

관 reveal 밝혀내다=(show, disclose), mount(타) 준비하다=(prepare, raise), would 결과, be missed 빠지다; 놓치다

해 PCR은 사람의 면역결핍바이러스 병원체 대한 면역반응이 준비된 적이 없어서 항체**검사**로는 놓칠 수 있는 사람에서 그 바이러스의 존재를 밝혀낼 수 있다.

타 분석하다

When fully oxidized, the flavin has maxima at 370 and 440 nm. The intermediate radical form, reduced by one electron, has absorption maxima at 380, 480, 580, and 625 nm. These changes can be used to **assay** reactions involving a flavoprotein.

관 oxidized 산화된≠reduced 환원된, have maxima at ....에서 최대값을 가지다

해 완전히 산화되었을 때, flavin은 370과 440 nm에서 최대치를 가진다. 중간의 라디칼형은 한 개의 전자에 의하여 환원되어, 380, 480, 580 및 625 nm에서 흡광 최대값을 가진다. 이 변화는 flavoprotein이 포함되는 반응을 **분석하는**데 사용될 수 있다.

자 ~ for 분석을 하다

Such culture systems, developed in the mid-1960s, provide a way to **assay** for the factors that support hemopoiesis and hence to purify them and explore their actions.

관 hemopoiesis 조혈, hence=therefore, explore(타) 탐구하다=investigate

해 그러한 배양장치는 1960년대 중반에 개발되었는데, 혈구세포생성을 보조하는 인자들을 **분석하고** 그래서 그들을 정제하여 기능을 탐구할 수 있는 방법이 된다.

assayed

271

타 be ~ 분석되다

Mouse liver cells were homogenized and the homogenate subjected to equilibrium density-gradient centrifugation with sucrose gradients. Fractions obtained from these gradients were **assayed** for marker molecules.

관 be subjected to ....의 실험이 수행되다, homogenize(타) 균질화하다, homogenate 균질액, equilibrium density-gradient centrifugation 밀도경사평형 원심분리

해 생쥐의 간세포들이 균질화되었고, 그 균질액으로 슈크로즈 농도경사를 이용하는 equilibrium density-gradient 원심분리가 수행되었다. 이 농도경사로부터 회수된 분획들이 표식자 분자를 확인하기 위하여 **분석되었다**.

참 marker protein (표식자 단백질) : 어떤 특이한 세포나 분획, 소기관 등에만 특징적으로 발현되어 있는 단백질로, 세포인 경우 혼합 세포로부터 원하는 세포를 확인하거나 세포의 활성의 정도를 확인하는 목적으로 사용될 수 있다.

assemble
17

자 (목적을 가지고) 그룹으로 합해지다, 조립되다

In general, these mutations result in structurally abnormal proα chains that **assemble** into abnormal fibrils, weakening the overall structure of bone.

관 result in ....결과로 ....초래되다, assemble into ....로 조립되다, abnormal≠normal, overall structure 전반적인 구조, fibril 소섬유

해 일반적으로, 이들 돌연변이는 비정상적인 소섬유**로 조립되는** 구조적으로 비정상적인 proα 사슬을 만드는 결과를 초래하기 때문에, 뼈의 전반적인 구조를 약화시킬 수 있다.

타 조립하다

Abetalipoproteinemia results in an inability to **assemble** both chylomicrons in the intestine and VLDL particles in the liver.

관 abetalipoproteinemia 무베타지단백질혈증, result in 초래하다=cause, inability 능력의 상실, assemble(타) 조립하다

해 무베타지단백질혈증은 소장에서 chylomicron과 간에서 VLDL 알갱이 모두를 **조립할** 수 있는 능력을 상실하게 되는 결과를 낳는다.

참 무베타지단백질혈증abetalipoproteinemia : 중성지방 전달단백질이 결여되어 음식으로 섭취된 중성지방들이 chylomicron 알갱이 속으로 들어가지 못하고 소장의 상피세포에 축적되어 지방공포들을 만들게 된다. 이 형태의 흡수장해 질환는 상염색체 열성유전에 의해 상속되는 가족성이다.

assembled
47

타 be ~ 조립되다, 합하여지다

A typical biomembrane is **assembled** from phosphoglycerides, sphingolipids, and steroids. All three classes of lipids are amphipathic molecules having a polar (hydrophilic) head group and hydrophobic tail.

관 amphipathic molecule 양성분자, hydrophilic 친수성의≠hydorphobic 소수성의

해 전형적인 생체막은 phosphoglyceride류, sphingolipid류 및 steroid류로부터 **조립된다**. 세 부류의 모든 지질은 극성 (친수성)인 머리부와 소수성인 꼬리를 가진 양성의 분자이다.

assembly
172

명 조립, 회합, 뭉침

The **assembly** process of an N-linked oligosaccharide precursor on dolichol phosphate proceeds in three stages.

관 proceed(자) 진행되다=progress, in three stages 3단계로, process 과정

해 Dolichol phosphate의 N에 연결된 올리고당 전구체의 **조립과정**은 3단계로 진행된다.

참 dolichol phosphate : isoprene 단위가 여러 개 연결되어 형성된 긴 사슬형의 불포화 유기화합물이다. 질소에 당을 첨가하는 N-glycosylation (당화)반응에 참여하여 당단백질들의 번역후변형반응에서 올리고당의 전달체로 기능한다.

assess
178

타 가치를 평가하다, ...의 수준(가치, 중요성)을 결정하다

In order to **assess** the adequacy of diets, it is necessary to set a reference level of intake high enough to ensure that no one will either suffer from deficiency or be at risk of toxicity.

관 assess(타) 가치를 평가하다=estimate the value of, set a reference level 기준이 되는 수준을 정하다, ensure(타) 확신하다; 보장하다, suffer from ....로 고생하다, be at risk of 위험에 있다

해 섭취음식의 적합성의 수준을 **결정하기** 위하여, 아무도 결핍증 때문에 고통을 받거나 혹은 독성의 위험성에 있지 않음을 충분하게 보장할 수 있는 섭취의 기준이 되는 수준을 설정하는 것이 필요하다.

assessed
259

타 be ~ 수준(정도)이 결정되다

Down Syndrome Cell Adhesion Molecule (Dscam) protein binding was **assessed** with the ELISA-based binding assay as previously described.

[관] as previously described 이전에 설명된 것처럼

[해] 다운증후군 세포접착분자 (Dscam) 단백질의 결합은 이전에 설명한 것처럼 ELISA를 기반으로 하는 결합측정법으로 그 **수준이 결정되었다.**

assign
10

[타] 배당하다, 할당하다, 부여하다

> The first step is to **assign** a value known as the hydropathic index to each amino acid in the protein. By convention, hydrophobic amino acids *are assigned* positive values, and hydrophilic amino acids negative values.

[관] assign(타) .... to ....에게 ....를 할당하다, A be assigned B=A에게 B가 할당되다, hydropathic index 소수성계수, by convention 협약에 의해

[해] 첫 번째 단계는 소수성 계수라고 알려진 값을 단백질을 구성하고 있는 각각의 아미노산에 **부여하는** 것이다. 협약에 의해, 소수성 아미노산에게는 양의 값이 그리고 친수성 아미노산에게는 음의 값이 *할당된다*.

assigned
63

[타] be ~ to 할당되다

> Cells need to break down worn-out or obsolete parts into small molecules that can be discarded or recycled. This house keeping task is **assigned** largely to lysosomes, organelles crammed with degradative enzymes.

[관] obsolete 쓸모가 없는=useless, worn-out 닳은, break down .... into ....로 분해하다, discard(타) 버리다, recycle(타) 재활용하다

[해] 세포는 닳았거나 쓸모가 없어진 부속물을 버릴 수 있거나 재활용될 수 있는 작은 분자들로 분해할 필요가 있다. 이 일상을 유지하는 세포의 업무는 주로 분해효소로 가득 차 있는 소기관인 라이소솜**에 할당된다**.

[참] lysosome의 내부는 주위의 세포질 보다 100배의 더 산성인 약 pH 5.0이다. 이 낮은 pH의 환경은 lysosome의 효소들이 물질들을 분해하는데 도움이 될 뿐만 아니라 세포자신을 보호할 수도 있다. Peroxisome은 막의 지방성분들을 분해하고 독성물질을 해롭지 않도록 변형하는 전문화된 소기관으로 lysosome의 역할을 보조한다.

assignment
18

[명] 할당(하는 것)

> The nomenclature for the prostaglandins (PGs) involves the **assignment** of a capital letter (PGE), an Arabic numeral subscript (PGE_1), and, for the PGF family, a Greek letter subscript (e.g., $PGF_{2\alpha}$).

[해] Prostaglandin류 (PGs)을 위한 명명법은 대문자 (PGE), 아라비아 숫자로 쓴 아래첨자 (PGE_1) 그리고 PGF패밀리에 대해서는 그리스문자로 된 아래첨자 (예, $PGF_{2\alpha}$)의 **할당**을 포함한다.

[참] PG는 prostaglandin의 준말이고 E는 종류 그리고 아라비아 숫자로 된 아래첨자는 2중결합의 수를 표시한다.

assist
11

[자] 보조하다, 돕다

> The bile acids (including cholic and deoxycholic acid) are detergent molecules secreted in bile from the gallbladder that **assist** in the absorption of dietary lipids in the intestine.

[해] 담즙산 (콜린산과 데옥시콜린산을 포함하는)은 소장에서 음식물속에 포함된 지질의 흡수를 **보조하는** 계면활성제 분자로 담낭으로부터 분비된다.

[참] 담즙산은 간에서 생산되어 담낭에 저장되어있다가 음식물을 소화하기 위해 장으로 분비된다. 담즙은 계면활성제 역할을 하기 때문에 지방 덩어리를 미세한 방울로 쪼개어 지방분해효소의 작용이 가능하도록 한다.

[타] 보조하다

> Most vitamins are used for the synthesis of coenzymes, complex organic molecules that **assist** enzymes in catalyzing biochemical reactions, and the deficiency symptoms reflect an inability of cells to carry out certain reactions.

[관] be used for ....용으로 사용되다, assist(타) .... in ...하는데 ....를 보조하다, deficiency symptom 결핍증세, reflect(타) ....의 결과로써 일어나다=bring about as a consequence

[해] 대부분의 비타민은 생화학 반응을 촉매하는데 있어서 효소를 **보조하는** 복잡한 유기분자인 보조

효소의 합성용으로 사용되며, 그리고 그 결핍증세는 어떤 반응을 수행할 수 없는 세포의 무능력의 결과로써 일어난다.

assisted 타 be ~ in ....하는데 도움을 받다

29 Lysosomes are **assisted** in the cell's cleanup work by peroxisomes. These small organelles are specialized for breaking down the lipid components of membranes and rendering various toxins harmless.

관 cleanup work 청소작업, be specialized for ....에 전문화되다, break down 분해하다, render+O+OC ....를 .....하게 만들다

해 라이소솜은 세포의 청소작업에서 peroxisome에 의하여 **도움을 받는다**. 이 작은 소기관들은 세포막의 지질성분을 분해하며 그리고 여러 독소를 해롭지 않게 만드는데 전문화되어있다.

assistance 명 도움, 보조

58 Many proteins fold into their proper three-dimensional structures with the **assistance** of Hsp70-like proteins

관 fold into ....로 접히다, with the assistance of ....의 도움으로=with the help of

해 많은 단백질은 Hsp70과 같은 단백질의 **도움**으로 자신의 적당한 3차원구조로 접힌다.

참 Hsp70 단백질은 열충격단백질의 하나로 단백질이 정확한 3차원구조를 가지도록 보조하는 chaperonin의 일종이다.

associate 자 1 결합하다

224 After transport to the cytoplasm, ribosomal subunits **associate** with an mRNA and carry out protein synthesis with the help of transfer RNAs (tRNAs) and various translation factors.

관 with the help of ....의 도움으로=with the assistance of

해 세포질로의 수송 후, 리보솜의 아단위체들은 하나의 mRNA와 **결합하여**, 전령RNA (tRNA)와 여러 번역인자의 도움으로 단백질합성을 수행한다.

2 결합하다

The F1α and β subunits **associate** in alternating order to form a hexamer, αβαβαβ, or (αβ)3, which rests atop the single long γ subunit.

관 in alternating order 교호하는 순서로, rest(자) 위치하다=be placed, atop(전) 맨 위에=on the top

해 F1α와 β 아단위체들이 교호하는 순서로 **결합되어** 6량체 αβαβαβ나 혹은 (αβ)3를 형성하며, 그런데 이것은 하나의 긴 γ 아단위체의 맨 위에 위치한다.

타 ~ ... with ....와 ....를 연결시키다, 관련지우다

In the coming decades, detailed genomic sequence data will be available from hundreds, eventually thousands, of organisms. The ability to rapidly **associate** proteins with genes using mass spectrometry will greatly facilitate the exploitation of this extraordinary information resource.

관 in 이내에, detailed(형) 자세한, exploitation 이용=utilization

해 도래하는 수십 년 이내에, 자세한 유전체서열 데이터는 수백 종에서, 궁극적으로 수천 종의 생명체로부터 이용가능하게 될 것이다. 질량분광법을 사용하여 단백질**과** 유전자**를 관련 지울 수 있는** 능력은 이 놀라운 정보원의 이용을 대단히 촉진하게 될 것이다.

참 질량분광법mass spectrometry : 유전자서열이 알려져 있다면, 비록 짧은 단백질의 서열이라도 유전자와의 관련성을 밝혀내기에 충분하다. 예를 들면, 긴 폴리펩티드의 서열을 결정하기 위하여 Edman 분석법이 사용된다. 그러나 단백질체학proteomics 분야에서, 2차원전기영동으로 분리된 수백 종의 단백질들을 구별하여 분류할 목적이라면, 서열을 길게 분석할 필요가 없기 때문에, 질량분광법에 의한 짧은 펩티드의 서열결정이 매우 유용하다.

associated 타 be ~ 관련되다, 연관되다

1102 Incorrectly folded proteins usually lack biological activity and, in some cases, may actually be

associated with disease.

관 lack(타)=(be without, be deficient in), may 추측=be possible

해 부정확하게 접혀진 단백질은 일반적으로 생물학적 활성이 부족하여, 어떤 경우에 있어서 실제적으로 질병**과 연관될 수도** 있다.

association 명 1 결합, 관련, 연관

703

In condensed chromatin, the DNA is largely inaccessible to DNase I because of its close **association** with histones and other less abundant chromatin proteins.

해 응축된 염색질에서, DNA는 히스톤과 다른 덜 풍부한 염색질을 구성하는 단백질들과의 촘촘한 **결합** 때문에 대개 DNase I에의 접근이 불가능하다.

참 염색질의 DNA의 전사반응의 속도는 염색질 DNA의 응축된 정도나 풀어진 정도에 따라 달라진다. 이런 상태를 알아보기 위하여 DNase I을 사용하여 DNA을 절단해 보는데, 전사가 잘 일어나는 영역은 염색질 DNA들이 풀려있어 DNase I의 분해작용을 잘 받는다.

2 (수소결합과 같은 약한 힘에 의한) 결합

The membrane proteins considered thus far associate with the membrane through surfaces generated by hydrophobic amino acid side chains. However, even otherwise soluble proteins can associate with membranes if the **association** is mediated by hydrophobic groups attached to the proteins.

관 associate with ....와 결합하다, be mediated by ....에 의해 매개되다, otherwise(형) 다른 =(different, other than supposed)

해 현재까지 고려된 세포막단백질들은 소수성의 아미노산사슬에 의하여 생성된 표면을 통하여 막과 결합하였다. 그러나 만약 그 **결합**이 단백질에 부착된 소수성 작용기들에 의하여 매개된다면, 심지어 다른 용해성 단백질들까지도 막과 결합할 수 있게 된다.

assume 타 1 (모습, 구조를) 취하다,

56

When bound to ATP, Hsp70-like proteins **assume** an open form.

해 ATP와 결합될 때, Hsp70과 같은 단백질은 열린 형태를 **취한다**.

2 (방향을) 취하다

Unlike type I proteins, type II and type III proteins have opposite orientations in the membrane, this difference depends on the orientation that their respective signal-anchor sequences **assume** within the translocon.

관 have opposite orientation 반대방향을 취하다=assume the orientation

해 제1형 단백질과 달리, 제2 및 제3형 단백질은 막에서 서로 반대의 방향을 하고 있는데, 이러한 차이는 translocon 내에서 각각의 신호고정서열이 **취하는** 방향에 달려있다.

참 Protein targeting : 막단백질이나 분비단백질이 소포체에 부착된 리보솜에서 합성될 때, 이 합성된 단백질 상의 신호서열signal sequence에 의하여 세포막에 삽입되는 방향이 결정된다. 이 과정을 protein targeting 표적화반응이라 한다.

3 ....를 가정하다

This cell, roughly a cube 15 μm (0.0015 cm) on a side, has a volume of 3.4 x 10^{-9} cm^3 (or milliliters). **Assuming** a cell density of 1.03 g/ml, the cell would weigh 3.5 x 10^{-9} g.

관 has a volume of .... 부피가 .....이다, weigh(타) .... g 무게가 ....g이 되다

해 이 세포는 한 면이 약 15 μm (0.0015 cm) 입방체로, 3.4 x 10^{-9} cm^3 (혹은 milliliter)의 부피를 가진다. 세포의 밀도를 1.03 g/ml**로 가정하면**, 그 세포는 3.5 x 10^{-9} g의 무게가 나가게 될 것이다.

assumed 타 be ~ 가정되다

44

This association/dissociation is **assumed** to be a rapid equilibrium, and Ks is the enzyme : substrate dissociation constant.

해 이 결합/해리반응은 신속한 평형이 되는 것**으로 가정되고**, 그러면 Ks는 효소와 기질의 해리 상수가 된다.

assumption | 명 가정

37

This **assumption** was accepted almost universally by scientific society.

해 이 **가정**은 거의 전 세계적으로 과학단체에 의해 인정을 받았다.

astounding | 형 놀라운

5

Mobile DNA elements account for an **astounding** 45 percent of the human genome.

관 account for ....를 차지하다=(constitute, make up)

해 이동성 DNA 요소들이 **놀랍게도** 사람유전체의 45%를 차지하고 있다.

asymmetric | 형 비대칭인

14

Many molecules in cells contain at least one **asymmetric** carbon atom, often called a chiral carbon atom.

해 세포 속의 많은 분자들은 자주 부재탄소원자라고 불리는 적어도 하나의 **비대칭인** 탄소원자를 함유하고 있다.

asymmetrical | 형 비대칭적인

6

Because all oligosaccharide chains are added on the luminal side of the ER and Golgi apparatus, the distribution of carbohydrate on membrane proteins and lipids is **asymmetrical**.

관 luminal side 내부 공간 쪽, distribution 분포

해 모든 올리고탄수화물 사슬은 ER과 골기체의 내부 공간 쪽에서 부가되기 때문에, 막단백질과 지질 위의 탄수화물의 분포는 **비대칭**이 된다.

asymmetrically | 부 비대칭적으로

7

In many cell types, proteins are **asymmetrically** distributed over the cell surface, which creates separate apical and basolateral membrane domains that uniquely contribute to cell and tissue function.

관 be distributed 분포되다, over 위에 흩어져, contribute to ...에 기여하다

해 많은 세포유형에서, 단백질들은 세포표면 위에 흩어져 **비대칭적으로** 분포되어, 그 결과로 세포와 조직의 기능에 특이적으로 기여하는 분리된 정상부와 기저옆면으로 구성된 막의 도메인들을 만들도록 한다.

asymmetry | 명 비대칭(성)

15

Although the mechanisms employed to generate and maintain membrane phospholipid **asymmetry** are not well understood, it is clear that flippases play a key role.

관 be employed 채택되다, play a role 역할을 하다

해 비록 막 인지질의 **비대칭**을 형성하여 유지하기 위하여 채택된 기전이 아직 잘 알려져 있지 않지만, flippase가 어떤 핵심적인 역할을 하는 것은 명백하다.

attach | 자 ~ to 붙다, 부착되다

15

The osteoclast **attaches to** the bone in the manner of a cup turned upside down on a saucer, leaving an extracellular space between the bone surface and the cell.

관 in the manner of ....의 방식으로, upside down 거꾸로

해 파골세포는 컵이 받침접시 위에 거꾸로 돌려진 방식으로 뼈와 **붙어있어서**, 뼈의 표면과 세포 사이에 세포외부공간을 남길 수 있게 된다.

타 부착하도록 만들다

Like cell–matrix anchoring junctions in epithelial cells, the various adhesive structures **attach** nonepithelial cells to the extracellular matrix.

관 attach(타) .... to ....를 ....에 붙착하도록 만들다

해 상피세포에 존재하는 세포와 기질의 고정용 연접과 같이, 여러 접착성 구조체들이 비상피세포를

세포외기질**에 부착하도록 만든다**.

attached

48

타 be ~ 부착되다, 붙게 되다

In this affinity chromatography technique, ligand molecules that bind to the protein of interest are covalently **attached** to the beads used to form the column.

관 bind to ....와 결합하다, ligand 리간드, be attached to ....에 부착되다, form(타) 구성하다 =constitute, bead 충진제

해 이 친화력 크로마토그라피 기술에서, 분리하길 원하는 단백질에 결합하는 리간드분자들이 칼럼을 채우는데 사용되는 충진제**에** 공유결합으로 **부착된다**.

attachment

104

명 접착(성), 부착

Cancer cells often change their **attachment** to surrounding cells or the extracellular matrix, breaking loose to divide more rapidly.

관 break(자) 떨어져 나오다=(scatter, disperse), extracellular matrix 세포외기질

해 암세포들은 자주 주위를 둘러싸고 있는 세포나 세포외기질에 자신의 **부착성**을 변화시켜서, 그 결과 느슨하게 떨어져 더욱 빠르게 분열할 수 있게 된다.

attack

33

명 발작, 발병

She was discharged on a low-fat diet and was asked to participate in the hospital patient exercise program for patients recovering from a recent heart **attack**.

관 be discharged 퇴원하다=be sent home (from the hospital, etc.), be asked to 요청되다, recover from ....로부터 회복하다, heart attack 심장마비

해 그녀는 저지방 다이어트를 하기로 하고 퇴원이 허락되었으며, 최근의 **심장마비**에서 회복된 환자들을 위한 병원의 환자 운동프로그램에 참여하도록 요청되었다.

타 공격하다

White blood cells naturally secrete elastase - a serine protease - which can **attack** and break down the elastin of the alveolar walls.

해 백혈구세포는 자연적으로 폐포벽의 엘라스틴을 **공격**하여 파괴시킬 수 있는 serine형 단백질분해효소인 elastase를 분비한다.

참 Elastin과 elastase : Elastin은 결체조직인 인대ligament에서 탄력성을 나타내는 단백질이고, elastase는 이 단백질을 특이적으로 분해할 수 있는 효소인데, 활성화자리에 serine기가 단백분해작용에 결정적인 역할을 하므로 serine protease류에 속한다.

attacked

6

타 be ~ 공격을 받다

The smaller peptides formed by the action of trypsin, chymotrypsin, and elastase are **attacked** by exopeptidases, which are proteases that cleave one amino acid at a time from the end of the chain.

해 트립신, 카이모트립신 및 에라스타제에 의해 형성된 더 작은 펩티드들은 사슬의 말단으로부터 한 번에 한 개의 아미노산을 절단하는 단백질분해효소인 exopeptidase에 의해 **공격을 받는다**.

참 소화과정에서 단백질 음식물들은 trypsin, chymotrypsin 및 elastase등의 endopeptidase (내부절단효소)에 의하여 소화되어 먼저 더 작은 펩티드로 된다. 다시 exopetidase (외부절단효소)에 의하여 양쪽 말단으로부터 아미노산이 한 개씩 소화가 더 진행된다.

attain

5

타 (위치에)이르다, 도달하다, (목적을) 달성하다

In this example, blood **attains** an oxygen concentration of 85%.

관 attain(타) ....에 도달하다=reach (age, size or amount)

해 이 예에서, 혈액은 85%의 산소농도에 **도달하였다**.

attained

15

타 be ~ 달성되다, 도달되다

In neurons and muscle cells, the channels for Na^+ and K^+ have gates that are closed at the resting membrane potential but open when a threshold level of depolarization is **attained**.

관 the gate is closed.≠the gate opens. attain(타) 달성하다=(achieve, arrive at)

해 신경세포와 근육세포에서, Na^+와 K^+을 위한 통로는 휴식기의 막전위에서 닫히지만, 그러나 탈분극의 문턱값 수준에 **도달되면** 열리는 문을 가지고 있다.

attempt
80

명 in an ~ to 시도로

More CO_2 is exhaled in an **attempt** to reduce the amount of acid in the body: $H^+ + HCO_3^- \rightarrow H_2CO_3 \rightarrow H_2O + CO_2$ (exhaled).

관 in an attempt to ....의 시도로

해 더 많은 CO_2가 몸에서 산의 양을 감소시키려는 **시도로** 배출된다: $H^+ + HCO_3^- \rightarrow H_2CO_3 \rightarrow H_2O + CO_2$ (내쉼).

타 시도하다,

Hypoxia in any tissue increases lactate production as cells **attempt** to compensate for a lack of O_2 for oxidative phosphorylation.

관 hypoxia 저산소상태, increase(타) 증가시키다, attempt to ....하려고 시도하다, compensate for ....를 보상하다, oxidative phosphorylation 산화적 인산화 (산소를 이용한 대사)

해 어느 조직에서나 저산소 상태는 세포들이 산화적 인산화에 필요한 산소의 부족을 보상하려고 **시도할** 때, 젖산의 생산을 증가시키게 된다.

attempted
29

타 be ~ 시도되다

Nuclear transplant experiments were **attempted** without success by many investigators.

관 be attempted without success 시도되었지만 성공을 하지 못하다

해 핵이식실험들이 많은 연구자들에 의하여 **시도되었지만** 성공을 하지 못하였다.

attract
6

타 끌어당기다

Resins containing positive charges **attract** negatively charged solutes and are referred to as anion exchangers.

해 양전하를 함유하고 있는 수지가 음으로 하전된 용질을 **끌어당기기** 때문에 음이온 교환체라고 말하여진다.

attracted
2

타 be ~ 끌리다, 당겨지다

Detergents are amphipathic molecules that disrupt membranes by intercalating into phospholipid bilayers and solubilizing lipids and proteins. The hydrophobic part of a detergent molecule is **attracted** to hydrocarbons and mingles with them readily.

관 intercalate into ....에 끼이다, solubilize(타) 용해시키다, mingle(자) with ....와 혼합되다=mix with

해 계면활성제는 인지질의 2중층 사이에 끼여 지질과 단백질을 용해시켜 막을 파괴하는 양성의 분자이다. 계면활성제 분자의 소수성 부분은 탄화수소로 **끌리어** 그들과 쉽게 혼합된다.

참 계면활성제는 비누와 같은 성질을 가진 물질로 작은 규모로는 세척용으로 사용되고 대규모로는 바다에 오염된 다량의 기름을 제거할 목적으로 투입된다. 생명과학에서 많이 사용되는 계면활성제는 SDS, Tween 20, Laurylsulfate, Triton X-100 등이 있으며, 생체의 자연의 계면활성제는 소화반응에서 지질을 용해시키는 담즙산이 이에 해당된다.

attraction
16

명 끌어당김

These leukotrienes together with leukotriene B4 also cause vascular permeability and **attraction** and activation of leukocytes and are important regulators in many diseases involving inflammatory or immediate hypersensitivity reactions, such as asthma.

관 cause(타) 일으키다=bring about, permeability 투과능, hypersensitivity 과민성, asthma 천식

해 이들 leukotriene류는 leukotriene B4와 함께 결과적으로 혈관의 투과능을 높여 백혈구들을 **끌어들여** 활성화를 유발하므로, 염증성이나 천식과 같은 급성 과민성 반응을 포함하는 많은 질병에서 중요한 조절자가 되기도 한다.

참 Leukotriene류 : 천식이나 기관지염과 같은 염증성 질환을 유발하는 arachidonic acid를 포함하는 다중불포화 지방산의 유도체들이다.

attractive
37

형 인력의, 끌어당기는

When any two atoms approach each other closely, they create a weak, nonspecific **attractive** force called a van der Waals interaction.

관 approach(타) ....에 접근하다, each other서로, attractive force 인력

해 어느 두 원자라도 서로 가깝게 접근해 갈 때, 반델발스 인력이라고 하는 약하고 비특이적인 **당기는** 힘을 새로 만든다.

attributable
68

형 ~ to ....때문에 발생한, ...탓인, ...가 원인인

Sickle cell disease is **attributable** to a single nucleotide substitution in the hemoglobin gene, which encodes the protein that carries oxygen in red blood cells

관 is attributable to .... 때문에 발생한 것이다=be probably caused by

해 낫형세포성 질환은 적혈구세포에서 산소를 전달하는 단백질을 인코딩하는 헤모글로빈 유전자에서 단 하나의 뉴크레오티드의 치환 **때문에 발생한** 것이다.

attribute
8

명 속성, 특성

The cell is characterized as the unit of life, the smallest entity capable of displaying the **attributes** associated uniquely with the living state: growth, metabolism, stimulus response, and replication.

관 be characterized as ....로 특징지어지다, be capable of ....할 수 있다, be associated with ....와 연관되다, attribute 속성=quality or feature

해 세포란 성장, 대사, 자극반응 및 복제와 같은 살아있는 상태와 유일하게 연관된 **속성**을 나타낼 수 있는 가장 작은 실체, 즉 생명의 단위로써 특징지어진다.

타 ~ .... to ....의 결과라고 믿다, 말하다, ...에 의해 초래되었다고 생각하다

Some scientists **attribute** these extinctions to climate change.

관 attribute .... to ....의 결과라고 믿다=believe that .... is the result of ....

해 일부 과학자들은 이들의 멸종은 기후의 변화**에 의해 초래되었다고 생각한다**.

참 If you *attribute* something *to* an event or situation, you think that it was caused by that event or situation.

attributed
74

타 be ~ ....가 원인으로 간주되다

This phenomenon, the salting-in of proteins, is **attributed** to the diminishment by the salt ions of electrostatic attractions between the protein molecules.

관 diminishment 감소, electrostatic attraction 정전기적 결합, salting-in 염의 농도의 증가에 의해 물질의 농도가 증가되는 현상

해 단백질의 salting-in이라는 이 현상은 염 이온에 의한 단백질분자 사이의 정전기적 인력의 감소**가 원인으로 간주된다**.

augment
17

타 (추가하여) 더 ....하게 만들다

The proteins of the complement system can **augment** the effects of other body defenses.

관 body defense 신체방어기전, complement system 보체계

해 보체계의 단백질은 다른 신체의 방어기전의 효과를 **더 강하게 할** 수 있다.

참 - To *augment* something means to *make* it larger, *stronger,* or more effective by adding something to it.
- complement system (보체계) : 자신에 침입한 병원체들을 제거하기 위하여 항체나 세포의 포식반응을 보조할 수 있는 면역계의 한 기능이다.

augmented
23

타 be ~ 한층 강화되다, 추가되다

The release of epinephrine and norepinephrine and the increase of glucagon and fall of insulin during her exercise provide coordinated and **augmented** signals that stimulate the release of fuels above the fasting levels.

관 coordinated 협동하는=worked together efficiently, above 이상으로=greater in level, augmented 한층 강화된

해 그녀의 운동기간 동안 epinephrine과 norepinephrine의 분비와 glucagon의 증가 그리고 insulin의 감소는 공복수준 이상으로 연료물질의 유리를 자극하는 협동적이고 **한층 강화된** 신호를 제공하게 된다.

autonomously 부 자치적으로, 독립적으로

4 Genes do not function **autonomously**; their replication and function are controlled by various gene products, often in collaboration with components of various signal transduction pathways.

관 function(자) 기능을 하다; (명) 기능, autonomously 독립적으로=independently, in collaboration with ....와 협동하여

해 유전자는 **독립적으로** 기능을 하지 않는다; 즉 유전자의 복제와 기능은 자주 여러 신호전달경로들의 구성요소들과 협동하여 여러 유전자산물들에 의하여 조절된다.

autoradiograph 명 방사능사진

autoradiogram

If the probe has a radioactive label such as ^{32}P, it can be detected by autoradiography. An **autoradiogram** is produced by covering the material containing the probe with a sheet of x-ray film.

24 관 autoradiography 방사능사진기술, autoradiogram 방사능사진, cover(타) .... with ....를 ....로 덮다

해 만약 탐침자가 ^{32}P와 같은 방사성 동위원소의 표지물을 가지고 있다면, 그것은 방사능 사진기술에 의하여 감지될 수 있다. **방사능사진**은 탐침자를 함유하고 있는 물질을 한 장의 x-선용 필름으로 덮음으로써 만들어진다.

autoradiographic 형 방사능 사진용, 방사능 사진 기술의

14 The gels were exposed to **autoradiographic** film; the results are presented in the figure below.

관 be exposed to ....에 노출되다, be presented 제시되다

해 그 겔은 **방사능사진용** 필름에 노출되었다; 그 결과들이 아래에 있는 그림에 제시되어있다.

autoradiography 명 방사능사진기법, 기술

204 The filter then is exposed to a labeled DNA probe that is complementary to the gene of interest; finally, the labeled filter is subjected to **autoradiography**.

관 be exposed to ....에 노출되다, be subjected to 실험B=실험B가 수행되다, be complementary to ....에 상보적인

해 그 필터는 그 후 관심이 가는 유전자에 상보적인 표지된 DNA 탐침자에 노출되고; 최종적으로 표지된 필터로 **방사능사진기법**이 수행되었다.

availability 명 이용 가능성

28 In the pancreas, the glucose 6-phosphate formed by glucokinase signals increased glucose **availability** and leads to the secretion of insulin.

관 signal(타) ....을 신호로 알리다, lead to 그 결과 ....을 일으키다=(result in, bring about), secretion 분비

해 췌장에서, glucokinase에 의해 형성된 glucose 6-phosphate는 증가된 포도당 **이용능력**을 신호로 알려서 그 결과 인슐린의 분비를 일으킨다.

available 형 1 (서술형) 이용 가능한

229 It is hoped that the knowledge derived from Human Genome Project will be used wisely and fairly and that the benefits that will ensue regarding health, disease, and other matters will be made **available** to all people everywhere.

관 it is hoped that ....되기를 희망하다, be derived from 도출되다, fairly 공평하게, benefit(명), ensue(자) 결과로써 따라오다=follow as a result of, Human Genome Project 인간유전체프로젝트, be made available 이용하게 되다

해 인간유전체프로젝트로부터 도출된 정보가 널리 공평하게 사용되어 질 것과 건강, 질병 및 기타의

일에 대하여 결과로써 따라올 혜택이 모든 곳의 모든 사람에게 **이용하게** 될 것을 희망한다.

참 인간유전체프로젝트 : comparative 참조

2 make ~ 이용 가능하도록 하다, 얻을 수 있도록 하다

As discussed above, cloning techniques have made **available** therapeutic amounts of erythropoietin and other growth factors.

관 available 구할 수 있는=(obtainable, ready for immediate use), make .... available ....를 얻을 수 있도록 하다, erythropoietin 적혈구생성촉진인자

해 위에서 토의되었듯이, 클로닝기술은 적혈구생성촉진인자와 다른 성장인자들의 치료에 충분한 양을 **이용 가능하도록** 하였다.

3 (한정형) 즉시 사용할 수 있는, 이용가능한

Several hormones are synthesized as parts of large precursor molecules, not because of some special structural requirement but rather as a mechanism for controlling the **available** amount of the active hormone.

관 not .... but 가 아니고 ....다, part 부분, precursor 전구물질, available 즉시 사용할 수 있는 =(obtainable, ready for immediate use),

해 몇 종의 호르몬들은 특별한 구조적 필요성 때문이라기보다는 오히려 활성형 호르몬의 **즉시 사용할 수 있는** 양의 조절을 목적으로 하는 기전으로써 큰 전구체분자의 일부로 합성된다.

average

190

형/명 평균(의)

For most enzymes, the **average** intracellular concentration of their substrate tends to be close to the Km value, so that changes in substrate concentration generate corresponding changes in metabolite flux.

관 tend to ....하는 경향이 있다=(be apt to, be likely to), corresponding ....에 해당하는

해 대부분의 효소에 대하여, 기질의 세포내의 **평균** 농도가 Km 값에 가까운 경향을 보인다, 그래서 기질농도에서의 변화는 대사물 유동량에서 이에 해당하는 변화를 생성하게 된다.

참 효소와 Km과의 관계 : 최대속도로 촉매를 수행하고 있는 효소는 기질이 더 증가되더라도 촉매속도가 더 증가하지 않는다. 이유는 이미 효소가 기질로 포화되었기 때문이다. 반면에 촉매속도의 조절은 단지 기질의 농도가 Km 값 근처의 값일 경우에만 가능하다.

타 평균하다

In a sense, each neuron is a tiny computer that **averages** all the receptor activations and electric disturbances on its membrane and makes a decision whether to trigger an action potential and conduct it down the axon.

관 in a sense 어떤 어미에서, make a decision 결정을 내리다, trigger(타) 촉발하다=(start, initiate), conduct(타) 전달하다=(transfer, transmit), disturbance 방해

해 어떤 의미에서, 각각의 신경세포는 막 위의 모든 수용체의 활성화와 전기적 방해를 **평균하여**, 활동전위를 촉발하여 그것을 축삭 아랫방향으로 전달할 것인지의 여부를 결정하는 작은 컴퓨터와 닮았다.

참 'Your daughter is you.' 는 '당신의 딸은 당신을 닮았군요.'라는 의미이다.

자 1 평균하여 ....이 되다

The molecular weight of an aggrecan monomer **averages** 2 x 10^6. The entire aggregate, which may contain upward of 100 aggrecan monomers, has a molecular weight in excess of 2 x 10^8.

관 upward of 이상의=(more than, in excess of), aggregate 응집체

해 Aggrecan 단량체의 분자량은 **평균하여** 2 x 10^6**이다**. 전체 응집체는 100개 이상의 aggrecan 단량체를 포함할 수도 있어서, 2 x 10^8 이상의 분자량을 가진다.

2 on (the) .... 평균적으로

On **average**, 40% or more of the daily energy requirement of humans in highly industrialized countries is supplied by dietary triacylglycerols.

관 on average 평균적으로, or more ....의 이상의, industrialized countries 산업화된 국가; 선진국들

해 **평균적으로**, 고도의 선진국들에 사는 사람들의 매일에너지요구량의 40% 이상이 음식물의 중성지방에 의하여 공급된다.

참 대부분의 영양 가이드라인은 지방으로부터 일일열량섭취가 30% 넘지 않는 것을 추천하고 있다. Most nutritional guidelines recommend no more than 30% of daily caloric intake from fats. no more than=not greater than

averaged
66

타 be ~ 평균되다

> The resulting particles were frozen, and electron micrographs of a large number of particles were generated, stored in a computer, and then **averaged** to produce a single image.

해 그 결과로 만들어진 알갱이들이 냉동되고, 많은 수의 알갱이에 대한 전자현미경사진이 작성되어, 컴퓨터에 저장되었고, 그리고 난 후 하나의 영상을 만들기 위하여 **평균되었다**.

avoid
41

타 1 (일어나는 것을) 피하도록 하다, 방지하다

> More specific bronchodilators, such as albuterol, act more selectively on the lungs and **avoid** the undesirable side effects of epinephrine on the heart.

관 undesirable 원하지 않은, side effect 부작용, avoid(타) something unpleasant ....를 방지하기 위하여 작용하다=take action in order to prevent it from happening

해 Albuterol과 같은 특이성이 더 높아진 기관지 확장제는 폐에 더욱 선택적으로 작용하여 심장에 대한 epinephrine의 원하지 않은 부작용을 **피하도록 한다**.

참 bronchodilator 기관지확장제 : 호르몬 epinephreine과 관련 약물들은 평활근의 수축반응을 저해하여 근육을 이완시킨다. 그래서 기관지의 평활근의 과도한 수축으로 발생하는 천식이나 여러 알레르기 등의 호흡과 관련된 질환의 치료에 사용된다. 특히 Albuterol은 호흡용 흡입제의 성분으로 사용되어 Myosin Light Chain Kinase를 저해하여 기관지근육을 이완시킨다.

2 ~ ....ing 피하다, 방지하다

> To **avoid** being degraded by nuclear exonucleases, nascent transcripts, pre-mRNA processing intermediates, and mature mRNAs in the nucleus must have their ends protected. The 5′ end of a nascent transcript is protected by addition of the 5′ cap structure as soon as the 5′ end emerges from the polymerase.

관 avoid ....ing, have(사) .... protected ....하도록 만들다, as soon as ....하자마자

해 핵의 외부핵산분해효소에 의해 분해되는 것을 **피하기** 위하여, 핵 속에 존재하는 방금 만들어진 전사물, mRNA 전구체의 처리 중간체와 완성된 mRNA는 말단부들이 보호되어야만 한다. 합성된 그대로 전사물의 5' 말단은 polymerase로부터 나오자 말자 곧 cap구조의 부착에 의해 보호된다.

참 mRNA의 생성과정 : 진핵세포에서 DNA로부터 RNA polymerase II에 의해 최초로 일차 전사물 primary transcript이 합성된 후 여러 단계의 처리과정을 거쳐 mRNA가 완성된다. 처리과정에서 일어나는 3가지 중요한 반응은 5' capping, 3' cleavage/polyadenylation 및 RNA splicing반응이다

avoided
9

타 be ~ 피하다, 극복되다

> For certain genes, the difficulties in producing homozygous knockout mutants can be **avoided** by use of an allele carrying a dominant-negative mutation.

관 homozygous 동종접합형의, knockout 녹아웃; 완전제거, dominant-negative mutation 저해형이 우성이 되는 돌연변이

해 어떤 유전자에 대하여, 동종접합형인 녹아웃 돌연변이체를 생산하는데 있어서의 어려운 점은 저해형이 우성이 되는 돌연변이를 가지고 있는 대립유전자의 사용으로 **극복될** 수 있다.

참 저해형이 우성이 되는 돌연변이 dominant-negative mutant : 원하는 유전자가 정상적으로 발현하고 있는 야생형 세포에서 해당 유전자의 돌연변이형 (negative mutant)을 야생형보다 과발현 (dominant)시켜 야생형 유전자의 기능을 저해할 수 있는 실험기법이다.

away
43

부 1 ~ from ....로부터 (위치, 이동) 떨어져서

> The affinity of free heme in solution for carbon monoxide (CO) is 25,000 times greater than its affinity for O_2. But CO only binds 250 times more tightly than O_2 to the heme of myoglobin,

because His E7 forces the CO molecule to tilt **away** from a preferred perpendicular alignment with the plane of the heme.

관 force(타).... to tilt away from ....로부터 강제로 떨어져 기울게 하다, preferred 선호적인, perpendicular alignment 직각의 배열

해 용액 속에서 자유형 heme의 일산화탄소 (CO)에 대한 친화력은 산소에 대한 친화력보다 25,000 배 더 크다. 그러나 CO는 myoglobin에 결합된 heme에 대한 O_2보다 단지 250배만 더 강하게 결합한다, 왜냐하면 His E7이 CO분자를 heme의 평면과 더 선호적인 직각의 배열**로부터** 강제적으로 **떨어져** 기울게 하기 때문이다.

참 CO (일산화탄소) : 냄새, 색깔, 맛이 없는 위험한 연탄가스의 주성분으로 연료의 불완전 연소에 의해 생성된다. 생체에서도 heme이 분해되는 과정에서 방출되어 혈압을 낮추는 역할을 하기도 한다. CO는 -C≡O 와 같이 직선형이므로 heme 평면에 수직으로 결합하는 것이 가장 안정된 구조를 만들 수 있다. 그런데 Hb (혹은 Mb)의 heme 주위에는 나선구조 상의 His잔기의 측쇄기가 돌출되어있어 이 수직형의 결합이 기울어지도록 입체장해steric hinderance를 주게 된다. 그 결과 불안정한 상태가 됨으로 친화력도 100배 정도 더 감소한다.

2 멀어지는 방향으로

When the regulatory domain is phosphorylated by a kinase, its conformation changes and it moves **away** from the ATP binding domains.

해 그 조절도메인이 kinase에 의하여 인산화되면, 그것의 입체구조가 변하며 그리고 그것은 ATP 결합도메인으로부터 **멀어지는 방향으로** 이동한다.

3 뻗어나간

The mechanisms of intracellular, microtubule-based transport of organelles and vesicles were first elucidated in studies of axons, the long projections of neurons that extend great distances **away** from the body of the cell.

관 elucidate(타) 규명하다, long projection 긴 돌출부, extend(자) great distances 대단히 먼 거리로 뻗다

해 세포내의 미세소관에 기반을 두고 있는 소기관과 낭포들의 수송에 대한 기전은 세포의 몸체로부터 매우 먼 거리까지 **뻗어나간** 신경세포의 긴 돌출부인 축삭의 연구에서 최초로 규명되었다.

4 far ~ from ....로부터 멀리 떨어진

Enhancers may be either upstream or downstream and as far **away** as 50 kb from the transcription start site.

관 upstream(부) 위쪽 방향에≠downstream, as far *away* as 50 kb=50 kb나 멀리 떨어진

해 Enhancer는 위쪽 방향에 있기도 하고 아래쪽 방향에 있을 수 있으며 또한 전사개시자리로**부터** 50 kb 만큼이나 **멀리 떨어져** 있기도 한다.

5 right ~ 당장, 즉시

Carbon Monoxide forms with hemoglobin faster than oxygen and stays formed for several hours, making hemoglobin unavailable for oxygen transport right **away**.

관 stay(자)+C ....한 채로 머물다, right away 당장=immediately

해 일산화탄소는 산소보다 더 빠르게 hemoglobin과 결합하여 수 시간 동안 결합된 채로 머물러 있으며, 그 결과 산소의 수송에 **당장** hemoglobin이 이용되지 못하도록 만든다.

B

background | 형 배경의, 표면에 나타나지 않는

146

As humans at the top of the food chain, we have acquired our **background** levels of dioxins principally through the consumption of food, primarily meat, dairy products,

관 acquire(타) 획득하다=get by one's own efforts, through the consumption of ....의 소비를 통하여

해 먹이사슬의 최상층에 위치한 사람으로서, 우리는 주로 육류, 낙농생산물로 이루어진 음식물의 섭취를 통하여 **표면에 나타나지 않는** 수준의 dioxin류를 섭취하여왔다.

참 Dioxine (다이옥신) : 친지질성 (소수성)을 띠고 있는 다염소고리구조의 유기화학물로 지질과 함께 모유를 경유하여 태아의 기형유발물질teratogen로 작용한다. 이 물질은 5-15년 정도의 평균반감기를 가지고 있고, 사람의 몸속의 지방과 지방조직 속에 저류되며, 거의 분해되지 않으며, 더욱이 수용성인 화합물로도 변형되기 어려워 소변으로 배설되지 않고, 주로 천천히 담즙과 대변으로 배설된다.

balance | 명 1 균형

56

Water constitutes one half to four fifths of the weight of the human body. The intake of water required per day depends on the **balance** between the amount produced by body metabolism and the amount lost through the skin, through expired air, and in the urine and feces.

관 constitute(타) 차지하다=comprise, expired 숨을 내쉰=exhaled

해 물은 사람 체중의 반에서 4/5까지를 차지하고 있다. 하루에 필요한 물의 섭취량은 신체대사에 의하여 생산되는 양과 피부를 통하여, 내쉰 공기를 통하여 그리고 소변과 대변에서 소실되는 양 사이의 **균형**에 달려있다.

2 균형을 유지하는 능력

The medicines you are currently taking could be affecting your **balance**.

관 take a medicine 치료약을 복용하다, affect(타) 영향을 미치다=produce an effect upon, balance (명) 감정의 안정성=(emotional stability, the ability to maintain bodily equilibrium)

해 당신이 현재 복용하고 있는 치료약물이 당신의 **균형을 유지하는 능력**에 영향을 주고 있을 수 있었다.

3 저울

Quartz crystal micro-**balance** is a very sensitive mass deposition sensor based on the piezoelectric properties of the quartz crystal. The micro-balance is capable of measuring mass deposition down to 0.1 ng.

해 액정 미세**저울**은 액정의 압력의 영향에 반응하는 행동특성에 기초를 둔 매우 민감한 질량을 측정하는 센서이다. 이 미세저울은 0.1 ng까지의 질량을 측정할 수 있다.

타 균형을 맞추다

As water is passed from the blood into the urine to **balance** the excretion of ions, the blood volume is repleted with water from interstitial fluid.

관 as ....와 동시에=at the same time that, replete(타) 다시 채우다=fill, interstitial fluid 간액

해 이온의 배설에 대한 **균형을 맞추기** 위하여, 물이 혈액으로부터 소변으로 나가는 것과 동시에, 혈액의 부피는 간액으로부터 유래된 물로 다시 채워진다.

참 삼투압osmolarity에 의한 물의 이동 : 혈액과 세포간액의 삼투압 농도가 너무 높을 때, 물은 세포로부터 나와 혈액이나 세포간액으로 이동한다. 예를 들면, hyperglycemia인 경우에는 혈액 내의 포도당이 높은 농도로 존재하므로, 삼투압농도가 높아지게 된다. 그래서 주위의 세포로부터 물이 나와서 혈액으로 들어가게 된다.

balanced | 타 be ~ 균형이 이루어지다

23 In the signal integration phase, these pro-apoptotic signals are **balanced** against anti-apoptotic cell survival signals by several pathways, including members of the Bcl-2 family of proteins. The execution phase is carried out by proteolytic enzymes called caspases.

해 신호 통합기에서, 이 압폽토시스 원신호는 Bcl-2 패밀리 단백질의 구성원을 포함하는 몇 가지 경로에 의한 압폽토시스에 저항하는 세포의 생존신호에 대항하여 **균형이 이루어진다**. 실행기는 caspase라는 단백질분해효소에 의하여 수행된다.

참 apoptosis (계획된 세포의 죽음) : fragmentation, member 참조

band

명 띠 모양, 띠 형태

786 SDS-polyacrylamide gel electrophoresis (SDS-PAGE) is rapid, sensitive, and capable of a high degree of resolution. As little as 0.1 μg (~2 pmol) of a protein gives a distinct **band** when stained with Coomassie blue, and even less (~0.02 μg) can be detected with a silver stain. Proteins that differ in mass by about 2% (e.g., 40 and 41 kd, arising from a difference of about 10 residues) can usually be distinguished.

관 as little as ....만큼이나 적은, distinct 서로 다른=(different, separate), differ in ....와 다르다=be different from, arise from ....의 결과로 나타나다=result from, distinguish(타) 구별하다

해 SDS-polyacrylamide겔 전기영동 (SDS-PAGE)은 빠르고, 민감하며 그리고 높은 정도의 해상도가 가능하다. Coomassie blue로 염색되었을 때, 0.1 μg (~2 pmol) 정도의 적은 양인 단백질도 분리된 **띠 형태**로 나타나며, 그리고 더 적은 양 (~0.02 μg)은 은염색법으로 감지될 수 있다. 질량에서 약 2%가 서로 다른 단백질이 (예를 들면, 아미노산 약 10개의 잔기들 차이로 나타나는 40과 41 kd의 단백질)일반적으로 구별될 수 있다.

banded

형 띠 모양으로 된

5 This arrangement is responsible for the **banded** appearance of these fibers in connective tissues.

관 be responsible for ....에 책임이 있다=be the cause of

해 이 배열이 결체조직에서 섬유의 **띠 모양으로 된** 겉모습에 책임이 있다.

참 콜라겐 섬유 : 섬유상의 콜라겐 단위체는 길이의 1/4 씩 서로 중첩되면서 긴 섬유를 형성한다. 그래서 이 섬유조직에는 규칙적인 세로 줄무늬가 나타낸다. 콜라겐은 결체조직의 주성분으로 전체 몸을 구성하는 단백질의 25-35%을 차지하며, 강한 힘줄의 주성분이고, 이외에도 피부, 뼈, 혈관, 연골, 세포의 기저막 등을 구성하고 있다.

banding

형 띠 모양을 하는

11 The distinctiveness of these **banding** patterns permits cytologists to identify specific parts of a chromosome and to locate the sites of chromosomal breaks and translocations.

관 distinctiveness 서로 구별됨=uniqueness, identify(타) 찾아내다=(find, discover), locate the site 부위의 위치를 찾다=determine the site

해 이 **띠 모양을 하는** 패턴들의 서로 구별됨은 세포학자들이 염색체의 특이한 부분을 찾아내는 것과 그리고 염색체의 끊긴 곳과 전위현상이 일어난 부위의 위치를 밝혀내는 것을 가능하게 하였다.

bar

명 1 막대

247 Figure 3. Electron micrograph of nucleosomes attached by strands of nucleic acid. (The **bar** at the bottom of the micrograph represents a length of 2.5 μm.)

관 represent(타) (기호로) 표시하다=serve as a sign or symbol, by 곁에=(in proximity to, near)

해 그림 3. 핵산가닥 곁에 부착된 뉴크레오솜의 전자현미경사진. (현미경사진 아래에 있는 **막대**는 2.5 μm의 길이를 표시한다.)

2 막대

The **bar** graph depicts β-neurexin phosphorylation levels in active and silenced neurons. Radioactivity incorporated was calculated by relating the β counts in a band to its phosphorimager quantification and protein content. Data shown are means ± standard errors of the means (SEMs) (n = 3; p = 0.0128).

관 depict(타) 그림으로 그려 나타내다=represent, silence(타) 침묵시키다, incorporated 삽입된,

relate(타).... to ....를 ....와 관련짓다

해 **막대**그래프는 활성형과 정적인 신경세포에서 β-neurexin의 인산화수준을 그림으로 그려 나타낸다. 삽입된 방사능은 하나의 띠 속의 β선의 측정수를 인광형광영상분석기를 이용한 정량화 및 단백질 양과 관련하여 계산되었다. 보이는 데이터는 평균값 ± 평균의 표준편차이다 (n = 3; p = 0.0128).

참 인광형광영상분석기phosphoimager : 약한 방사능신호를 인지하여 정량적으로 저장하기 위하여 인광판을 사용한다. 방사능에 의해 인광은 형광으로 전환되고 형광은 인광형광분석기를 사용하여 해당 위치를 알아내어 정량할 수 있다. 이 기법을 쓰면 X-선용 필름을 사용하는 방사능사진측정법autoradiography보다 단시간에 결과를 볼 수 있다.

basal

331

형 1 기초의

Your **basal** metabolic rate, or BMR, is the minimum calorific requirement needed to sustain life in a resting individual.

해 **기초**대사율, 혹은 BMR이란 휴식 중인 사람에서 생명을 지탱하는데 필요로 하는 열량의 최소 필요량이다.

2 본의, 기본적인

Under these carefully controlled circumstances, if both the **basal** and post-suppression serum levels of the suspect hormone are elevated, one can conclude that autonomous hypersecretion is probably present. At this point, localization procedures are performed to further confirm the diagnosis.

관 suspect(형) 의심스러운=(doubtful, suspicious), autonomous 독립적인=independent, localization procedure 위치결정절차법, hypersecretion 고분비상태

해 이렇게 섬세하게 조절되는 환경 하에서, 그 의심스러운 호르몬의 **기본**수준과 그리고 억제조절 후의 혈청의 수준 모두가 상승되면, 아마도 독립적 고분비상태가 존재한다고 결론을 내릴 수 있다. 이 시점에서, 진단을 더 확신하기 위하여 위치결정절차법들이 수행된다.

참 localization procedure (위치결정절차) : 유방이나 혹은 폐의 종양덩어리 등과 같은 특별한 손상부위의 위치를 확인하려는 목적으로 사용되는 MRI와 같은 영상기술을 활용하는 진단법

base

309

명 염기

An amino acid such as glycine contains two ionizable groups: an α-carboxyl group and a protonated α-amino group. As **base** is added, these two groups are titrated.

관 ionizable 이온화될 수 있는, be added 첨가되다, be titrated 적정되다

해 Glycine과 같은 아미노산은 α-카르복실기와 양성자화된 α-아미노기인 2개의 이온화가 가능한 작용기를 함유하고 있다. **염기**가 첨가되면서, 이 2개의 작용기들이 적정된다.

타 ~ .... on ....에 ....의 기반(기초)을 두다

This may suggest that a personalized molecular oncology approach, **basing** chemotherapy on relative gene expression in the tumors, holds a promise even for patients with incurable cancer.

관 personalized=tailored 맞춤의, hold a promise=be likely to succeed

해 이 사실은 어떤 개인화된 분자종양학적 방법이 종양에서의 상대적인 유전자 발현**에** 화학요법의 **기반을 두고 있어서,** 심지어 치료가 불가능한 암을 앓는 환자들에서도 성공할 것임을 암시하고 있다.

참 personalized therapy 개인화된 맞춤치료법, tailored drugs 맞춤약물들

based

839

타 1 be ~ on ....에 기초를 두다

The cluster diagram shown here is **based** on a computer algorithm that groups genes showing similar changes in expression compared with a starved control sample over time.

관 cluster diagram 군집화 도표, group(타) 분류하다=(divide into, place in or form a group), compared with ....와 비교하여, starve(타) 굶기다

해 여기에서 보이는 군집화 도표는 어떤 시간에 걸쳐 굶긴 표준시료와 비교하여 발현에서 유사한 변화를 보이고 있는 유전자를 분류하는 컴퓨터 알고리즘에 **기초를 두고 있다**.

2 ....에 기초를 두다

Charge-**based** separations such as electrophoresis and ion exchange chromatography also are best understood in terms of the dissociation behavior of functional groups.

관 in terms of ....와 관련하여=in connection with,

해 전기영동과 이온교환 크로마토그라피와 같이 하전**에 기초를 둔** 분리법은 기능기의 해리행동과 관련하여 가장 잘 이해된다.

basic

202

형 기초적인

The biochemical similarities among organisms also extend to the organelles found in eukaryotic cells. The **basic** structures and functions of these subcellular components are largely conserved in all eukaryotes.

관 extend to ....에까지 확장되다=widen the range of applications to, be conserved 보존되다

해 생명체 사이의 생화학적 유사성은 또한 진핵세포에서 발견되는 소기관에까지 확장된다. 이들 세포내의 구성요소의 **기본적인** 구조와 기능은 주로 모든 진핵세포에서 보존되어있다.

basically

4

부 기본적으로, 근본적으로

Despite the complexity of cellular effects induced by various members of the TGFβ superfamily, the signaling pathway is **basically** a simple one.

관 despite ....에도 불구하고=in spite of, various 다양한=(several, different)

해 TGFβ 초부류에 속하는 여러 구성원들에 의하여 유도된 세포에 대한 효과의 복잡성에도 불구하고, 그 신호전달경로는 **근본적으로** 단순한 경로이다.

basis

177

명 기초, 토대, 기반

And, as we discuss below, phospholipids assemble noncovalently to form a two-layered (bilayer) structure that is the **basis** of all cellular membranes.

관 assemble(자) 조립되다=put together

해 그리고 우리가 아래에서 토의한 것처럼, 인지질은 비공유결합방식으로 조립되어 모든 세포막의 **기반**이 되는 두 층으로 된 (bilayer) 구조를 형성한다.

bath

39

명 실험용 수조

Oocytes were injected with either water or CALHM1 cRNA, and conductance was recorded 24–72 hr later in a normal Na^+-containing **bath**.

해 난모세포oocyte에 물 혹은 CALHM1 cRNA가 주입되었고, 그리고 정상수준의 Na^+를 함유하는 **실험용 수조**에서 24-72시간 후에 전기전도도가 기록되었다.

bathe

1

타 담그다

For instance, if the concentration of Na^+ ions in the solution **bathing** the squid axon is reduced to one-third of normal, the magnitude of the depolarization is reduced by 40 mV, nearly as predicted.

관 bathe(타) 담그다, be reduced *to* ....까지 감소되다, magnitude 규모, be reduced *by* .... 감소되다 by=to the extent of <예> shorter by two inches 2인치 더 짧은

해 예를 들면, 오징어 축삭을 **담그고 있는** 용액 속의 Na^+이온의 농도가 정상의 1/3까지 감소되면, 거의 예측된 것처럼 탈분극의 크기는 40 mV 정도 감소된다.

bathed

3

타 be ~ 담기다

The adhesiveness of cadherins depends on the presence of extracellular Ca^{2+}, the property that gave rise to their name (calcium adhering). For example, the adhesion of engineered L cells expressing E-cadherin is prevented when the cells are **bathed** in growth medium that is low in Ca^{2+}.

관 adhesiveness 점착력=quality of being adhesive, adhesion 점착활성, give rise to ....의 이유가 되다=(bring about, result in, be the reason for, cause)

해 Cadherin의 점착력은 그 이름 (calcium adhering)의 이유가 되는 행동특성인 세포외부 Ca^{2+}의 존재에 달려있다. 예를 들면, 유전공학적으로 조작된 E-cadherin를 발현하는 L 세포의 점착활성이 그 세포가 Ca^{2+}이 낮은 배양액에 **담길 때** 저해된다.

참 cadherin 단백질 : stabilization 참조

bear

15

타 1 가지다

Glycoproteins are not the only cellular components that **bear** complex oligosaccharide chains; some lipids, too, have covalently bound oligosaccharides.

관 bear(타) 가지다=have, the only 유일한=single

해 당단백질이 복합올리고당사슬을 **가지는** 유일한 세포의 구성성분이 아니고; 일부 지질도 역시 공유결합으로 결합된 올리고당을 가지고 있다.

2 ~ resemblance to ....와 닮다, 유사하다

Cancer cells usually arise from stem cells and other proliferating cells and **bear** more resemblance to these cells than to more mature differentiated cell types.

관 arise from 발생하다=come into being

해 암세포들은 일반적으로 줄기세포와 그리고 다른 증식하고 있는 세포로부터 발생하며, 그리고 더 성숙한 분화된 세포 유형들보다는 이들 세포와 더 **닮았다**.

참 bear : bear resemblance to, bear similarities to, bear relationship to, bear the responsibility for

bearing

318

타 1 견디다

These proteoglycan aggregates give cartilage its unique gel-like properties and its resistance to deformation, essential for distributing the load in weight-**bearing** joints.

관 cartilage 연골조직, bear(타) 견디다=endure, deformation 변형, distribute(타) 분배시키다=scatter

해 이 proteoglycan 응집체는 체중을 **견디는** 관절에서 하중을 분배시키는데 필수적인 특유의 겔과 유사한 행동특성과 변형에 대한 저항력을 연골조직에 준다.

2 나르다

The red blood cells are oxygen-**bearing** erythrocytes and the white blood cells (leukocytes) are part of the immune system and fight infection.

관 bear(타) 나르다=(carry, transport)

해 적혈구세포는 산소를 **나르는** erythrocyte이고 백혈구세포 (leukocyte)는 면역계의 일부로 감염과 싸운다.

명 have ~ on 관련성을 가지다

Other than its hydrophobicity, the specific amino acid sequence of a particular α-helix has little **bearing** on its function.

관 other than ....를 제외하고=(with the exception of, besides), bearing 관련성=(relevant relation, interconnection), of 구성하는

해 자신의 소수성 특성을 제외하고, 특정한 α-나선구조를 구성하는 특이한 아미노산 서열은 그 기능과 거의 **관련성이** 없다.

because

1537

접 1 때문에

Because viruses cannot grow or reproduce on their own, they are not considered to be alive.

관 on one's own 스스로=by one's own efforts

해 바이러스는 스스로 자라거나 번식할 수 없기 **때문에**, 살아있다고 간주되지 않는다.

2 왜냐하면 .... 때문이다

Cows and termites can break down cellulose **because** they harbor cellulose-degrading bacteria in their gut.

관 harbor(타) 품다=(hold on, give shelter to),

해 소와 흰개미는 셀룰로오스를 소화시킬 수 있다, **왜냐하면** 셀룰로오스를 분해하는 박테리아를 내장에 품고 있기 **때문이다**.

참 - because : 이유, 원인의 표현으로 '....이므로, ...인 까닭에'로 표현
- for: 판단의 근거로 '....한 점을 보니, ...한 점을 생각하면'의 뜻을 나타내는 상황에서 사용

3 This is ~ 이것은 .... 때문이다

Although there is a 300-fold difference in the sizes of the genes on genomes, the mRNA sizes vary only about 20-fold. This is **because** most of the DNA in genes is present as introns, and introns tend to be much larger than exons.

관 vary(자) 크기가 다르다=differ in size, be present as ....로써 존재하다, tend to ....의 경향이 있다 =have a tendency to

해 비록 유전체에 존재하는 유전자의 크기에서 300배의 차이가 있지만, mRNA크기는 단지 약 20배 정도만 다를 뿐이다. 이것은 유전자 DNA의 대부분이 intron으로 존재하며, 또한 intron이 exon보다 훨씬 더 큰 경향이 있기 **때문이다**.

참 intron과 exon : variation 참조

4 ~ of 때문에

Because of their limited life span, primary cultures of normal B lymphocytes are of limited usefulness for the production of monoclonal antibody. Thus the first step in producing a monoclonal antibody is to generate immortal, antibody-producing cells.

관 life span 수명, of usefulness 유용한=useful, primary culture 일차배양물, monoclonal antibody 단일클론항체

해 정상 B임파구의 일차배양물은 제한된 수명 **때문에** 단일클론항체의 생산용으로 제한적으로만 유용하다. 그래서 단일클론항체를 생산하기에 있어서의 첫 번째 단계가 죽지도 않으면서 항체를 생산하는 세포를 만드는 것이다.

참 단일클론항체monoclonal antibody : 한무리항체라고도 한다. fused, screen 참조

5 only ~ 단지 (오로지) .... 이기 때문에

Genetic information can be stored stably in DNA sequences only **because** a large variety of DNA repair enzymes continuously scan the DNA and replace the damaged nucleotides.

관 continuously 끊임없이=without stopping, replace(타) 교체하다

해 **단지** 매우 다양한 DNA수리효소들이 끊임없이 DNA을 세밀하게 점검하여 손상된 뉴크레오티드들을 교체하기 **때문에**, 유전정보가 DNA 서열에 안전하게 저장될 수 있다.

become

214

자 1 ....이 되다

Under optimal conditions bacteria can divide to form two daughter cells once every 30 minutes. At this rate, in an hour one cell **becomes** four; in a day one cell **becomes** more than 10^{14}, which if dried would weigh about 25 grams.

관 divide (자), once every 30 minutes, at this rate, weigh (자), would (결과)

해 최적조건 하에서, 박테리아는 매 30분에 한 번씩 2개의 딸세포를 형성하도록 분열할 수 있다. 이 속도라면, 1시간 이내에 한 개의 세포는 4개가 **되며**; 하루 만에 한 개의 세포는 10^{14}개 이상이 되고, 이것이 건조된다면 약 25 g의 무게가 **된다**.

2 ....이 되다

Because of the specificity of RNA interference in targeting mRNAs for destruction, it has **become** a powerful experimental tool for studying gene function.

관 RNA interference RNA간섭반응, target(타) .... for=....를 ....하는 것의 표적으로 하다

해 mRNA를 분해하도록 표적화하는 RNA간섭반응의 특이성 때문에, 유전자 기능을 연구하기 위한 강력한 실험도구가 **되어왔다**.

참 RNA interference : RNA간섭반응 further 참조

before 부 (위치) 앞에서, 이전

713

The parts of the cell exposed by this etching process are then shadowed as **before** to make a platinum replica. This technique exposes structures in the interior of the cell and can reveal their three-dimensional organization with exceptional clarity

관 expose=uncover, as before 이 전처럼, shadow(타) 본을 뜨다=cast a shadow over, with clarity 선명하게

해 이 에칭과정에 의하여 노출된 세포의 일부분은 이후에 백금복제물을 만들기 위하여 **앞에서**처럼 본이 뜨인다. 이 기술은 세포내부의 구조체들을 외부로 노출시켜, 3차원으로 조직화된 모습을 놀라울 정도로 선명하게 밝혀낼 수 있다.

참 세포의 구조체 (cellular structure) 와 소기관 : 세포 속에는 세포질이 있고 세포질에는 미토콘드리아, lysosome, 핵과 같이 생체막으로 둘러싸인 세포의 구조체들이 존재하는데 소기관organelle 이라 한다.

접 ....하기 전에, ...에 앞서, 보다 먼저

This cascade amplifies the hormonal signal because a single hormone-receptor complex can activate many G proteins **before** the hormone dissociates from the receptor, and because the G_{α}-activated adenylyl cyclase can synthesize many cAMP molecules **before** bound GTP is hydrolyzed by G_{α}.

관 cascade 다단계증폭반응, amplify(타) 증폭하다=increase, dissociate(자) 해리되다

해 이 다단계반응이 호르몬의 신호를 증폭하도록 한다, 왜냐하면 그 호르몬이 수용체로부터 해리되기 **전에**, 단 하나의 호르몬과 수용체의 복합체가 많은 G 단백질을 활성화할 수 있기 때문이고, 그리고 G_{α}에 의해 활성화된 adenylyl cyclase는 결합된 GTP가 G_{α}에 의해 가수분해되기**보다 먼저** 많은 cAMP 분자를 합성할 수 있기 때문이다.

참 다단계증폭기전cascade mechanism : 생체에서 작은 신호를 증폭시키거나 그 신호의 조절을 효율적으로 하기 위하여 모든 신호전달경로는 여러 종류의 중계신호전달체로 구성된 일련의 다단계과정으로 진행된다. 이전 단계에서 다음 단계로의 활성은 주로 효소가 활성화하는 방식으로 진행되며, 다음 단계에서 더 많은 수의 2차전령 (cAMP, cGMP 등) 중계전달체들이 더 많은 중계단백질들을 활성화할 수 있어서 신호가 순식간에 증폭된다.

전 1 (때, 시간) 이전에

Before about 1985, biologists commonly used the Edman chemical procedure for determining protein sequences. Now, however, protein sequences are determined primarily by analysis of genome sequences.

관 commonly 흔히=prevalently, primarily 주로=(chiefly, principally, mainly)

해 대략 1985년 **이전에**, 생물학자들은 단백질서열을 결정할 목적으로 Edman 화학 절차법을 흔히 사용하였다. 그러나 이제는 단백질서열은 주로 유전체서열의 분석에 의하여 결정된다.

2 long ~ ....하기 오래전에

Any human with a serious defect in an essential process, such as DNA replication, would die long **before** birth.

관 long before 오래 전에=long ago, would <가정법> 과거

해 DNA복제와 같은 어떤 필수적인 과정에 심각한 결함을 가지고 있는 사람이라면, 누구나 태어나기 오래 **전에** 죽게 된다.

begin 타 1 ~ to 부정사 ....하는 것을 시작하다, ...하기 시작하다

82

When conditions change - a fire, a flood, loss of preferred food supply, climate shift - variants that are better able to adapt will survive, and those less suited to the new conditions will **begin** to die out.

관 change(자) 바뀌다, be suited to ....에 적합하게 되다=be appropriate for, die out 소멸하다 =(disappear, become extinct), begin(타) 부정사 'to die out'가 목적어

해 화재, 홍수, 선호되는 음식공급의 중단, 기후의 변천 등의 환경이 바뀌면, 더 효율적으로 적응할 수 있는 변이체들은 생존할 것이고, 새로운 환경에 덜 적합하게 되는 변이체는 소멸되기 **시작할** 것이다.

2 ....를 시작하다

The soil bacterium *Bacillus subtilis*, for example, **begins** the process of sporulation when one or more nutrients are depleted. The end product is a small, metabolically dormant structure that can survive almost indefinitely with no detectable metabolism.

해 한 가지 혹은 그 이상의 영양분이 고갈될 때, 토양 박테리아인 *Bacillus subtilis*는 예를 들면 포자형성sporulation과정을 **시작한다**. 그 최종산물은 감지할 수 없는 대사로 거의 무한하게 생존할 수 있는 작으며, 대사적으로 휴면상태인 구조체이다.

명 초, 처음

Pioneering studies by Peyton Rous **beginning** in 1911 led to the initial recognition that a virus could cause cancer when injected into a suitable host animal.

관 lead to ....가 되다=(go to, arrive to), recognition 인정; 발견=identification, cause 유발하다=(bring about, be the cause of)

해 1911년 **초** Peyton Rous에 의한 선구적인 연구는 어떤 바이러스가 적절한 숙주동물에 주입될 때, 암을 초래할 수 있다는 사실을 최초로 확인한 것이 되었다.

자 1 시작되다

The *cro* gene is now expressed, and the repressor gene is fully turned off. This event is irreversible, and the expression of other lambda genes **begins** as part of the lytic cycle.

관 repressor 억제자, turn off 끄다, irreversible 비가역적인

해 *cro* 유전자가 이제 발현되자, 억제자 유전자의 발현이 완전히 중단된다. 이 사건은 비가역적이며, 그리고 다른 람다 유전자의 발현이 용해주기의 일부분으로써 **시작된다**.

2 ~ with ....로 시작되다

The blood-brain barrier **begins** with the endothelial cells that form the inner lining of the vessels supplying blood to the CNS.

해 혈뇌장벽은 혈액을 중추신경계로 공급하는 혈관 내부의 피복을 형성하는 내피세포**로 시작된다**.

3 to ~ (with) 우선

Several physical and biochemical properties distinguish intermediate filaments from microfilaments and microtubules. **To begin with**, intermediate filaments are extremely stable.

관 distinguish(타) .... from ....와 구별할 수 있도록 하다=(differentiate .... from, discriminate between), to begin (with) 우선

해 몇 가지의 물리적인 그리고 생화학적 행동특성들이 중간필라멘트를 미세필라멘트와 미소세관과 구별할 수 있도록 한다. **우선**, 중간필라멘트는 대단히 안정하다.

behave

15

자 행동하다

Conversely, genes whose protein products stimulate apoptosis **behave** as tumor suppressors. An example is the PTEN gene discussed previously.

관 apoptosis 계획된 세포사, tumor suppressor 종양억제자

해 역으로, 압폽토시스를 촉진시키는 단백질 산물의 유전자는 종양억제자**처럼 행동한다**. 하나의 예가 앞에서 토의되었던 PTEN 유전자이다.

참 PTEN phsophatase : 탈인산화효소 longer 참조

behavior

66

명 행동

The results clearly demonstrate that changes in expression of only a small fraction of the genome can significantly alter the **behavior** and properties of cells.

관 demonstrate(타)=show clearly, alter(타) 변경시키다=(change, modify)

해 그 결과는 유전체의 단지 작은 부분의 발현에서의 변화일지라도 세포의 **행동**과 행동특성을 상당히 변경시킬 수 있다는 것을 명확하게 보여주고 있다.

behind	전 1 배경이 되는
14	His increasing adipose mass has also contributed to his development of type 2 diabetes mellitus. The mechanism **behind** this breakdown in his ability to maintain normal levels of blood glucose is, at least in part, a resistance by his triacylglycerol-rich adipose cells to the action of insulin.

관 contribute to 이바지하다=(help to cause, bring about), breakdown 고장=(collapse, spoilage)

해 증가하고 있는 지방의 질량 또한 제2형 당뇨병의 발병원인이 된다. 혈당을 정상수준으로 유지할 수 있는 그의 능력에서 고장의 **배경이 되는** 기전은 적어도 부분적으로 중성지방이 풍부한 지방세포에 의한 인슐린작용에 대한 저항성이다.

2 이후에서, 후에

As is true of most inborn errors, the signs and symptoms of porphyria result from either a deficiency of metabolic products beyond the enzymatic block or an accumulation of metabolites **behind** the block.

관 as is true of ....가 사실인 것처럼, beyond the block 차단된 곳 이후의, behind the block=in the place of the block 차단된 장소에서

해 대부분의 선천성 질병이 사실인 것처럼, 폴피린증의 증세와 증후는 효소의 차단된 곳 이후에서 대사산물의 부족이나 차단된 **후에** 대사물의 축적의 결과로부터 발생한다.

부 1 (장소) 뒤에

As a result, a moving RNA polymerase generates waves of positive supercoils ahead of the transcription bubble and negative supercoils **behind**.

해 그 결과로서, 이동 중인 RNA polymerase는 전사반응으로 풀어진 가닥 bubble 앞에는 양의 방향의 초꼬임의 파동을 그리고 **뒤에는** 음의 방향의 초꼬임체의 파동을 생성하게 된다.

2 leave ~ ....를 남겨놓다

All known transposable elements cause a short "target-site duplication" because of their mechanism of insertion; when they exit, they generally leave **behind** part of this duplication - often with other local sequence changes as well.

관 transposable element 전치요소, cause=(result in, lead to), local sequence 어떤 지역에 존재하는 서열; 지역서열

해 알려진 모든 전치요소들은 삽입기전의 특성 때문에 짧은 "표적부위의 복사"을 유발하며; 그들이 빠져 나갈 때, 또한 자주 다른 지역서열의 변화와 함께 일반적으로 이 복사서열의 일부분을 **남겨 놓기**도 한다.

참 전치요소transposable element : 유전체에서 핵산서열의 위치이동transposition 과정에서 여러 위치로 옮겨 다닐 수 있는 DNA서열이다. 이 요소의 삽입과 탈출반응이 반복되면서 유전체 DNA 서열의 돌연변이나 양의 변화를 일으키게 된다.

believe	타 믿다
24	Many researchers **believe** that telomerase expression is essential for a tumor cell to become immortal, and specific inhibitors of telomerase have been suggested as cancer therapeutic agents.

관 immortal 죽지 않는, be suggested as ....로써 제안되다=be recommended as

해 많은 연구자들은 telomerase 발현이 어떤 종양세포가 죽지 않도록 되기 위해 필수적이라는 것을 **믿고 있으며**, 그래서 telomerase의 특이 저해제들이 암 치료제로써 제안되어 왔다.

believed	타 be 믿어지다
54	Although chemical carcinogens are **believed** to be risk factors for many human cancers, a direct linkage to specific cancers has been established only in a few cases, the most important being lung cancer.

관 carcinogen 발암물질, risk factor 위험인자, linkage to ....와의 연관성

해 비록 화학발암물질들이 많은 사람 암의 위험인자라고 **믿어지고 있지만**, 특이한 암과의 직접적인

연관성은 단만 몇 가지 사례에서만 확립되어있으며, 가장 중요한 것이 폐암이다.

belong 자 .... to (분류, 소유) ....에 속하다

91 Because the eukaryotic protein kinases **belong to** a common superfamily, the structure of the active site and mechanism of phosphorylation are very similar in all of them.

관 belong to ....에 속하다

해 진핵세포의 단백질인산화효소들은 공통의 슈퍼패밀리**에 속하기** 때문에, 활성화자리의 구조와 인산화기전은 모두에서 매우 유사하다.

참 단백질인산화효소protein kinase : 단백질의 구성아미노산인 세린, 트레오닌 및 티로신기의 -OH기에 인산화를 촉매하는 효소의 총칭이다. 세포의 신호전달과정에서 중요한 역할을 한다. 세린과 트레오닌의 인산화에 특이성이 있는 Ser/The protein kinase, 티로신에 특이성을 보이는 tyrosine protein kinase 으로 구분되며, 또한 이 세 아미노산 모두를 인산화할 수 있는 dual specific protein kinase도 있다.

below 전 ....의 아래에

184 FIGURE 3 Structure of a β strand. The side chains (green) are alternately above and **below** the plane of the strand.

관 be alternatively above and below 교대로 위와 아래에 존재하다

해 그림 3 β가닥의 구조. 측쇄기들 (초록색)은 교대로 가닥구조가 만드는 평면의 위와 아래에 있다.

부 아래에

The general structures of the four classes of ATP-powered pumps are depicted in Figure 7, with specific examples in each class listed **below**.

관 be depicted 삽화로 그려 보이다=be illustrated

해 ATP을 동력으로 하는 펌프 네 부류의 일반적인 구조가 **아래에** 나열되어있는 각 부류의 특이한 예와 함께 그림 7에 그려져 있다.

beneficial 형 1 유익한, 이익을 주는

14 Diets with a high P:S (polyunsaturated: saturated fatty acid) ratio reduce serum cholesterol levels and are considered to be **beneficial** in terms of the risk of development of coronary heart disease.

관 be considered ....로 생각되다, in terms of ....와 연관되어=(in connection with, regard, in the sense of), coronary heart disease 관상동맥심장병

해 높은 P:S (다중불포화:포화지방산) 비율을 가진 음식의 섭취는 혈청콜레스테롤의 수준을 감소시키기 때문에, 관상동맥 심장질환의 발병 위험성과 연관되어 **유익한** 것으로 생각된다.

참 필수지방산essential fatty acids : arachidonic acid와 일부 다른 C_{20} 다중불포화지방산들은 생리적으로나 혹은 약리적으로 활성을 띠는 prostaglandin류, thromboxane류, leukotrien류, lipoxin류로 구성되는 eicosanoid류의 합성을 위한 원료로 사용된다. 따라서 이 필수지방산들의 결핍은 eicosanoid류의 생리적 활성을 줄이거나 나타나지 않게 함으로써 발생하게 된다.

2 ~ to ....에 유익하다

Nicotinic acid, which **is beneficial to** humans and animals, is structurally related to nicotine, a highly toxic tobacco alkaloid. In order to avoid confusion of nicotinic acid and nicotinamide with nicotine itself, niacin was adopted as a common name for nicotinic acid.

관 be related to ....와 관련되다=be similar to, be adopted as ....로써 채택되다=be chosen as

해 니코틴산은 사람과 동물**에 유익한데**, 매우 독성이 높은 담배의 알카로이드인 nicotine과 구조적으로 유사하다. 니코틴산 및 nicotinamide와 nicotine 자체와의 혼동을 피하기 위하여, 니코틴산의 일반명common name으로 niacin이 채택되었다.

benefit 명 1 혜택, 이득

18 Apart from their possible **benefit** in treating disease, ES cells have already proven invaluable for producing mouse mutants useful in studying a wide range of diseases, developmental

mechanisms, behavior, and physiology.

관 apart from ....이외에=(besides, in addition to), A prove(자) invaluable=A가 매우 소중하다는 것이 입증되었다, invaluable 매우 소중한=very valuable

해 ES 세포는 질병을 치료하는데 있어서의 가능한 **이득**이외에도, 넓은 영역의 질병, 분화기전, 행동 및 생리학을 연구하는데 유용한 생쥐의 변이체들을 생산하기 위하여 매우 소중하다는 것이 이미 입증되었다.

2 be of ~ to ....에게 유익하다

Repeat sequences probably account for at least half of the genome. It is speculated that Alu elements, the most prominent members (about 10% of the total genome) of the short interspersed elements (SINEs), may be present in GC-rich areas because of positive selection, implying that they are of **benefit** to the host.

관 account for 차지하다=constitute, at least 적어도, speculate(타) 추측하다=(guess about, consider), positive selection 유리한 선택, short interspersed element (SINE) 짧은 산재된 요소

해 아마 반복서열은 적어도 유전체의 반을 차지한다. Alu요소는 짧은 산재된 요소 (SINE) 가운데 가장 양이 많은 구성원 (전체 유전체의 약 10%)으로 유리한 선택 때문에 GC가 풍부한 영역에 존재하고 있을 수도 있는데, 이 사실은 Alu서열이 숙주**에게 유익하다는** 것을 암시하는 것으로 추측된다.

참 Alu서열 : 제한효소Alu의 절단서열에 의해 인식되는 짧은 길이의 DNA서열이다. 사람 유전체에서 약 백만 번 이상의 반복되어 나타나고, 약 300 bp 길이의 short interspersed element (SINE) 패밀리에 속한다. 암을 포함하는 여러 질병을 유발하는 유전자에서 Alu 서열이 삽입되어있는 것이 알려져 있다.

3 for the ~ of ....의 이익을 위하여

Why was multicellularity so slow to evolve? Although the answer cannot be known, it seems likely to be related to the need in a multicellular organism for elaborate signaling mechanisms that enable its cells to communicate with one another so as to coordinate their behavior for the **benefit** of the organism as a whole.

관 evolve(자) 진화하다, enable .... to, communicate with, so as to ....할 수 있도록=(in order to, for the purpose), elaborate 정교한, for the benefit of ....의 이익을 위하여=(for the good of, for the sake of), coordinate(타) 적당한 순서로 정열하다=arrange in proper order

해 다세포성이 이렇게 천천히 진화하게 된 이유는 무엇일까? 비록 그 해답이 알려질 수는 없겠지만, 그것은 아마도 다세포 생명체에서 전체로써 생명체**의 이익을 위하여** 세포들의 행동을 적절한 순서로 정렬할 목적으로 서로 교신하는 것을 가능하게 하는 정교한 신호전달기전의 필요성과 관련되어있는 것 같다.

타 ....에게 유용하다, 득이되다

The only rational treatment of patients having pellagra-like symptoms is the administration of niacin. In addition to niacin, a high-protein diet may **benefit** some patients.

관 rational 합리적인=reasonable, administration 투여, benefit(타) ....에게 유용하다=be useful or profitable to

해 Pellagra유사 증상을 가지고 있는 환자의 유일한 합리적인 치료법은 niacin의 투여이다. Niacin 이외에도, 고단백질 식이요법도 일부 환자**에게 유용할 수도 있다**.

better

97

부 good의 비교급

The four specific steps at which the monitering of DNA integrity and chromosomal integrity occurs have been termed checkpoint controls. The molecular mechanisms underlying detection of DNA damage during the G1 and G2 phases of the cycle are understood **better** than those operative during S and M phases.

관 integrity 무결성, be termed ....라는 용어로 불리다, underlying 바탕이 되는=forming the foundation of, be operative 작동하다=(be operating, be in effect), checkpoint 점검점

해 DNA 무결성과 염색체의 무결성의 모니터링이 일어나는 4개의 특이단계들이 점검점 조절이라는 용어로 불리어왔다. 세포주기 G1과 G2기 동안 DNA 손상감지의 기반이 되는 분자수준의 기전이

S와 M기 동안에 작동하는 것보다 **더 잘** 알려져 있다.

between | 전 ....사이에서

2105

Interactions between biological molecules are almost invariably stereospecific: they require a complementary match **between** the interacting molecules.

관 complementary match 상보적인 일치함

해 생체분자 사이의 상호반응은 거의 변함없이 입체 특이적이다: 즉 그들은 상호결합하는 분자 **사이에서** 상보적인 일치함을 필요로 한다.

부 in ~ ....사이에, 짬짬이

Hair cells tuned to low frequency (≈50 Hz) are found at one end of the tubular cochlea that makes up the inner ear; cells responding to high frequency (≈5000 Hz) are found at the other end. Cells in **between** respond to a gradient of frequencies between these extremes.

관 tune to ....에 조음하다, make up 구성하다=(constitute, construct), extreme(명) 극단

해 저주파수 (≈50 Hz)에 조음하는 털세포들은 속귀를 구성하는 관모양의 와우 한 쪽 끝에서 발견되며; 고주파 (≈5000 Hz)에 반응하고 있는 세포들은 다른 끝에서 발견된다. 그 사이에 있는 세포들은 양 극단 **사이의** 단계적인 주파수에 반응한다.

참 hair cell 털세포, 유모세포과 hairy cell 털모양세포, 모발세포

bind | 타 1 ....와 결합하다, ...와 합체하다

1038

Hemoglobins **bind** four molecules of O_2 per molecule.

해 헤모글로빈은 한 분자 당 산소 4분자와 **결합한다**.

2 ....와 결합하다, ...와 합체하다

Metallothioneins have a high content of cysteine and can **bind** copper, zinc, cadmium, and mercury.

관 high content 높은 함량

해 Metallothionein은 높은 함량의 cysteine을 가지고 있어서 구리, 아연, 카드늄 및 수은과 **결합할** 수 있다.

참 Metallothionein : 분자량이 6.5 kDa정도의 작은 단백질로 cysteine기의 함량이 30%에 이르며, 특히 간, 신장 및 소장세포들의 세포질에서 발견된다. 역할은 중금속에 의한 독성과 산화스트레스에 대한 방어기능을 한다.

자 ~to ....에(와) 결합하다, ...에(와) 부착하다

All of the aggregating agents, including thrombin, collagen, ADP, and others such as platelet-activating factor, modify the platelet surface so that fibrinogen can **bind** to a glycoprotein complex, GPIIb–IIIa on the activated platelet surface.

관 aggregating agent 응집촉진제, platelet-activating factor(PAF) 혈소판활성인자, so that .... can .... 할 수 있도록, modify(타) 변형시키다

해 Thrombin, collagen, ADP 및 기타 혈소판활성화인자를 포함하는 모든 응집촉진제들은 혈소판 표면을 변형시켜서, fibrinogen이 활성화된 혈소판의 표면 위에 있는 당단백질복합체인 GPIIb-IIIa**에 결합할 수** 있도록 한다.

참 혈소판과 지혈작용 : ADP, thrombin 등은 출혈 시에 혈소판의 응집을 촉진하여 지혈과정을 수행하는데 중요한 역할을 한다. 이런 물질에 의하여 활성화된 혈소판세포의 표면에는 GPIIb-IIIa와 같은 수용체들이 새로이 발현된다. 이 단백질을 경유하여 형성된 혈액응고체와 피브린에 혈소판들이 달라붙어 지혈작용이 국소적으로만 일어나도록 한다.

binding | 명 1 ~ to ....에의 결합하기

2730

Salt bridges are comparable in strength to hydrogen bonds but act over larger distances. They thus often facilitate the **binding** of charged molecules and ions to proteins and nucleic acids.

관 Salt bridge 염다리결합; 정전기적 결합, A is comparable to B=be roughly similar in amount or importance 대략 비슷하다, act(자) over distance 먼 거리에 걸쳐

해 염다리결합은 수소결합과 강도에서 유사하지만 그러나 더 긴 거리에 걸쳐 작동한다. 그래서 이 결합은 전하를 띤 분자와 이온들이 단백질과 핵산**에 결합하는 것**을 촉진한다.

참 정전기적 결합electrostatic interaction : 양이나 음전하를 띠고 있는 분자들 사이의 결합이다. 하나의 생체분자 내에서 혹은 다른 분자들 사이에서 반대 전하 사이의 인력으로 형성되며, 염다리결합salt bridge이라고도 한다.

2 결합하기

Many proteins contain amino acids that have been modified for a specific function such as **binding** calcium.

해 많은 단백질은 칼슘과 **결합하**는 것과 같은 특이기능을 위하여 변형되어온 아미노산을 함유하고 있다.

참 γ-carboxylglutamate : 이 아미노산유도체는 glutamic acid의 측쇄기에 -COOH기가 추가되어 변형된 아미노산으로, 혈액응고 단백질에서 Ca^{2+}과의 결합에 사용된다. 이 카르복실화반응에 Vitamin K가 필요하다.

block

261

명 1 블록, 덩어리

To embed the tissue for sectioning, the tissue is placed in liquid paraffin for light microscopy; after the **block** containing the specimen has hardened, it is mounted on the arm of a microtome and slices are cut with a knive.

관 section=cut into, embed(타) 검체를 준비하다=prepare (a microscopy specimen), harden(자) 경화되다, be mounted on 에 고정되다, cut(타) 절단하다

해 절편 만들기 용도의 조직을 준비하기 위하여, 그 조직이 광학현미경용으로 액체 파라핀 속에 놓인다; 검체를 포함하고 있는 **블록**이 굳어진 후에, 마이크로톰의 절단대 위에 고정되고, 얇은 조각들이 칼로 절단된다.

2 막힌 것, 방해된 것

Such thrombi may cause sudden total occlusion of the vascular lumen, causing acute ischemic damage to tissues distal to the **block**.

관 cause(타) 초래하다; 유발하다, total occlusion 완전한 폐색, acute ischemic damage to ....에의 급성 허혈성 손상, distal to ....에서 먼 쪽의=away from the center

해 그러한 혈전은 **막힌 곳**에서 먼 쪽의 조직에 급성 허혈성 손상을 유발할 수 있는 혈관내강의 갑작스런 완전한 폐색을 초래할 수도 있다.

타 1 막다, 방해하다

Alternatively, binding of pro-apoptotic or anti-apoptotic members of the Bcl-2 family may change the permeability of the outer membrane so as to either favor or **block** events leading to programmed cell death (apoptosis).

관 so as to=in order to, change(타) 바꾸다, favor(타) 유리하게 하다, lead to 궁극적으로 ....에 이르다

해 또 다른 방식으로, 압폽토시스로 가도록하거나 혹은 압폽토시스에 저항하는 Bcl-2부류의 구성원들은 외막의 투과성을 바꿀 수도 있어서, 궁극적으로 프로그램화된 세포의 죽음 (apoptosis)에 이르게 하는 사건을 유리하게 하거나 **방해할** 수도 있다.

2 ~ out 완전히 차단하다

The first filter is selected so that it passes only the wavelengths that excite the particular fluorescent dye, while the second filter **blocks** out this light and passes only those wavelengths emitted when the dye fluoresces.

관 so that ....하도록, excite(타) 발광시키다, pass(타) 통과시키다, fluoresce(자) 형광을 발산하다

해 첫 번째 필터는 특정 형광염료를 발광시킬 파장만을 통과시키도록 선택되고, 반면에 두 번째 필터는 이 광선을 **완전히 차단하고** 염료가 형광을 발산할 때 방출되는 그 파장만을 통과시킨다.

참 형광fluorescence : 어떤 형광염료에 광선을 쬐면 광선을 흡수한 염료는 주사한 광선보다 더 긴 파장의 가시광선을 방출하는데 이 빛을 형광이라 하며 형광현미경, 형광흡광기 등에 응용된다.

앞의 예문에서처럼 조사한 광선의 반사광은 필터로 차단하고 특정파장의 광선만을 선택적으로 이용한다.

blocked 타 be ~ 저해되다, 차단되다

386 Slow Ca^{2+} channels are regulated by cAMP-dependent protein kinases (stimulatory) and cGMP-protein kinases (inhibitory) and are **blocked** by so-called calcium channel blockers such as verapamil.

관 channel blocker 통로차단제, so-called 소위, stimulatory촉진적≠inhibitory 저해적

해 늦은 Ca^{2+}통로는 cAMP-dependent protein kinase (촉진적)와 cGMP-protein kinase (저해적)에 의하여 조절되며 그리고 verapamil과 같은 소위 칼슘통로 차단제에 의하여 **차단된다**.

참 심근에서의 Ca^{2+} 이온의 수준조절 : 세포외부의 Ca^{2+}은 심장근육세포의 수축에 중요한 역할을 한다. 심장근육에서 Ca^{2+}은 칼슘통로를 경유하여 심근세포myocyte로 들어가서 Na^{+}-Ca^{2+} exchanger와 Ca^{2+} ATPase를 통하여 다시 나올 수 있다.

blocking 형 막고 있는

203 SHP1 tyrosine phosphatase has two SH2 domains. When cells are not stimulated by a cytokine, one of the SH2 domains physically binds to and inactivates the catalytic site in SHP1. In the stimulated state, however, this **blocking** SH2 domain binds to a specific phosphotyrosine residue in the activated receptor.

해 SHP1 티로신탈인산화효소는 2개의 SH2도메인을 가지고 있다. 세포들이 어떤 cytokine에 의하여 자극되지 않으면, SH2도메인 중 하나가 물리적으로 SHP1의 촉매자리에 결합하여 그것을 불활성화시킨다. 그러나 자극된 상태에서는, **막고 있던** SH2도메인이 활성화된 수용체에 있는 특이 phosphotyrosine기와 결합한다.

참 SH2도메인 : src homology 2 도메인, figure 참고

blot 명 블롯흡수법, 흡수

1239 The Flag-p53 proteins enriched from Tet-off-p53 and Tet-off-p53-8KR cells by immunoprecipitation were subjected to western **blot** analysis using acetylation- and phosphorylation-specific antibodies, as indicated, and anti-p53 (1801) to determine the levels of total p53.

관 <시료> be subjected to <실험방법> ....에 노출되다=<시료> undergo(타) <실험방법> ....이 수행되다

해 Tet-off-p53과 Tet-off-p53-8KR세포로부터 면역침강법에 의하여 농축된 flag-p53 단백질이 지적된 것처럼, 아세틸화 및 인산화에 특이한 항체와 그리고 전체 p53의 수준을 결정하기 위하여 항p53 (1801)항체를 사용한 웨스턴 **블롯흡수법**이 수행되었다.

참 - Flag-p53 : 유전공학적 방법으로 p53단백질에 DYKDDDDK의 아미노산 서열의 flag-tag (부착서열)가 추가된 것으로 p53의 N- 혹은 C-말단에 추가될 수 있다.
- Tet-off 세포 : tetracycline항생제의 존재 여부에 따라 유전자의 발현이 조절될 수 있도록 조작한 세포주이다.

blotted 타 1 be ~ for ....를 위하여 블롯흡수되다

194 Membrane and cytosolic fractions from Cos7 cells were **blotted** for the indicated proteins.

해 Cos 7세포로부터 유래된 막과 세포질 분획이 지적된 단백질을 확인하기 위하여 **블롯흡수되었다**.

2 be ~ with ~로 블롯흡수되다

Cells treated with a Arp3 control siRNA and ARPC siRNAs were **blotted** with antibodies to Arp3, and ARPC, plus actin and α-tubulin as loading controls.

관 control(명) 표준물질, antibody to/against ....에 대한 항체, plus (부)=and more, loading control 비교표준물질

해 Arp3 표준물질용 siRNA와 ARPC siRNA로 처리된 세포들은 Arp3와 ARPC 그리고 추가하여 비교표준물질로써 actin 및 α-tubulin에 대한 항체로 **블롯흡수되었다**.

참 siRNA (small interfering RNA) : RNA 간섭반응에 작용하는 짧은 두 가닥으로 된 RNA로 RNAi 간섭경로를 통하여 원하는 특정 유전자의 단백질로의 번역과정을 저해한다.

blotting 명 블롯흡수하기

404

Cell extracts used for nucleosome assembly in (A) were analyzed by western **blotting** using antibodies against the proteins indicated on the right.

관 antibody against/to ....에 대한 항체, on the right 오른쪽에

해 (A)에서 nucleosome 조립실험에 사용된 세포추출물들이 오른 쪽에 표시된 단백질에 대한 항체를 사용하여 웨스턴 **블롯흡수**에 의하여 분석되었다.

both 대 1 (두 가지) 모두, 둘 다

2655

Unlike type I proteins, type II and type III proteins lack a cleavable N-terminal ER signal sequence. Instead, **both** possess a single internal hydrophobic signal-anchor sequence that functions as **both** an ER signal sequence and membrane-anchor sequence.

관 lack(타) ....가 없다=be without, signal sequence 신호서열, signal-anchor sequence 신호고정서열, function(자) as ....로 기능하다

해 제1형 단백질과 달리, 2형 및 3형 단백질들은 절단될 수 있는 N-말단의 EF신호서열을 가지고 있지 않다. 대신에, **두** 가지 형 **모두**는 ER신호서열과 막고정 서열 **모두**로써 기능하는 단 하나의 내부의 소수성 신호고정서열을 소유하고 있다.

참 막관통단백질transmembrane protein의 합성 : 생체막에서 단백질이 존재하는 방향이나 방식에 따라 type I, II, 및 III으로 나눈다. 제1형은 N-말단에 절단되어 제거되는 신호서열이 세포질 쪽에 있고 그리고 C-말단은 세포외부에 존재하는 막단백질로, LDL수용체, insulin 수용체들이 있다. 제2형과 3형은 신호서열이 단백질의 중앙부에 위치하고 있어서 단백질의 존재 방향과 방식이 제1형과 다르다. 제2형에는 transferrin수용체, 제 3형에는 cytochrome p450이 각각 포함된다.

2 not ~ 부분 부정

Because ion channels generally allow passage of either anions or cations but not **both**, ion flux through a channel causes a redistribution of charge on the two sides of the membrane.

관 cause(타) 결과적으로 ....를 일으키다=(bring about, result in), redistribution 재분포, anion 음이온≠cation 양이온

해 이온통로가 음이온이나 혹은 양이온 중에 어느 한 가지의 통과를 허용하지만 그러나 두 가지 **모두는 아니기** 때문에, 어떤 통로를 통과하는 이온의 흐름은 막의 양쪽 면에서의 전하의 재분포를 일으키는 결과를 만든다.

형 두 가지의, 둘 모두의

The type III secretion apparatus, used by pathogenic bacteria to inject proteins into eukaryotic cells, consists of a basal portion that spans **both** membranes and an extracellular needlelike structure that can penetrate the plasma membrane of a target cell.

관 inject(타) .... into ....속으로 ....를 주입하다, consist of 구성되다, penetrate(타) 뚫다

해 제3형의 분비용 기구는 병원성 세균들에 의하여 단백질을 진핵세포 안으로 주입하기 위하여 사용되는데, **두 개의** 막을 지나는 기저부와 표적세포의 세포막을 뚫을 수 있는 세포외부의 바늘 같은 구조체로 구성되어있다.

부 ~ A and B A와 B 모두

Cooperativity maximizes the ability of hemoglobin **both** *to load* O_2 at the PO_2 of the lungs and *to deliver* O_2 at the PO_2 of the tissues.

해 협동성이란 폐의 산소분압 PO_2에서 산소를 적재하고 조직의 PO_2에서 산소를 전달하기도 하는 헤모글로빈의 능력 **모두**를 최대화한다.

참 both .... and 문장에서 and 전과 후의 문장구조는 예문에서 'both *to load* .... and *to deliver*'와 같이 동일하여야 한다.

branch 명 가지부위, 분지, 분파

23

The transferase activity of the enzyme shifts a block of three glucose residues from the **branch** to a nearby nonreducing end, to which they are reattached in (α1→4) linkage.

관 shift (타) .... to ....로 이동시키다, nearby 근처의=next to, nonreducing end 비환원말단

해 그 효소의 transferase 활성은 3개의 glucose잔기들로 된 한 뭉치를 **가지부위**로부터 근처의 비환원말단으로 이동시키고, 그 후 (α1→4) 연결로 비환원말단에 부착된다.

자 1 가지를 내다

Although neurons also contain just one axon, most axons **branch** extensively and distribute information to multiple targets.

관 distribute(타).... to 전파하다=deliver .... to, branch(타) 가지를 내다=separate .... into, extensively 광범위하게=covering a large area

해 비록 신경세포 역시 단 하나의 축삭을 가지고 있지만, 대부분의 축삭은 광범위하게 **가지를 내어** 정보를 여러 표적으로 전파한다.

2 ~ out 다양화되다, 확대되다, ...로 가지를 내다

Most of the early efforts have been focused on species commonly used in laboratories. However, genome sequencing is destined to **branch** out to many other species as experience grows and technology improves.

관 branch out 확장되다=(expand, extend, open new locations), be destined to 일어나는 것이 확실하다=be certain to happen, grow(자) 많아지다, improve(자) 향상되다

해 대부분의 초기의 노력은 실험실에서 흔히 사용되었던 종에 집중되어 왔다. 그러나 경험이 많아지고 기술이 향상됨에 따라서, 유전체의 서열결정은 많은 다른 종들로 **다양화되는** 것이 확실해졌다.

branched

10

타 be ~ 분기되다

Amylopectin also has a high molecular weight (up to 100 million) but unlike amylose is highly **branched**.

해 Amylopectin도 또한 큰 분자량 (1억에 달하는)을 가지고 있지만 그러나 amylose와 달리 매우 **분기되어있는** 상태이다.

참 녹말starch는 식물의 저장탄수화물로, 많은 가지를 친 구조로 된 amylopectin과 일직선 형인 amylose로 구성되어있다. 동물세포의 저장탄수화물인 glycogen은 amylopectin처럼 분기된 형태이지만 amylopectin보다 가지의 수가 훨씬 많으며 전체적으로 볼 때 더 빽빽한 구조를 하고 있다.

branching

17

명 분기만들기, 가지만들기

Branching of glycogen serves two major roles; increased sites for synthesis and degradation, and enhancing the solubility of the molecule.

관 serve two roles 역할을 하다=play two roles

해 Glycogen의 **분기만들기**는 합성과 분해될 부위의 증가와 그 분자의 용해도의 증진과 같은 2가지 주요한 역할을 한다.

break

36

명 절단(부), 파괴

If a double-stranded **break** is not repaired, the broken distal portion of the damaged chromosome is not properly segregated because it is not physically linked to a centromere, which is pulled toward a spindle pole during anaphase.

관 be segregated 분리되다=be separated, be linked to ....에 연결되다, anaphase 분열후기

해 이중가닥으로 된 **절단부**가 수리되지 않는다면, 그 손상된 염색체의 말단 쪽의 끊어진 부분은 적절하게 분리되지 않는다, 왜냐하면 그것은 물리적으로 분열후기에 방추체의 극을 향하여 끌려가는 동원체에 연결되어있지 않은 상태이기 때문이다 .

참 동원체centromere : 동원체란 세포분열 시 방추사가 붙는 염색체의 자리.

타 ~ .... down 파괴하다, 분해하다

The free carotenoids and retinyl esters aggregate in fatty globules that enter the duodenum. The detergent actions of bile salts **break** these globules down into small aggregates that can be digested by several enzymes.

관 globule 소구체, break(타) .... down ....를 분해하다, aggregate 응집체, duodenum 십이지장,

해 자유형 carotenoid류와 retinyl ester는 십이지장으로 들어간 지방의 소구체에서 응집된다. 담즙염의 계면활성제와 같은 활동이 소구체를 여러 효소에 의하여 소화될 수 있는 작은 응집체들로 **분해한다**.

자 절단되다, 끊어지다

Translocations occur when chromosomes **break** and portions randomly become joined to other chromosomes, producing gross changes that can be observed under the light microscope.

관 translocation 전위반응, break(자) 절단되다, portion 일부분, be observed 자세히 보이다=be viewed, be joined to ....에 연결되다,

해 전위반응은 염색체가 **절단되어** 일부분이 임의적으로 다른 염색체에 연결될 때 일어나며, 그 결과 광학현미경 하에서 관찰되어 질 수 있는 큰 변화들 만들게 된다.

breakage

6

명 파괴, 파손

The removal of the terminal phosphoryl group of ATP, by **breakage** of a phosphoanhydride bond, is highly exergonic, and this reaction is coupled to many endergonic reactions in the cell.

관 be coupled to ....와 연결되다=be linked to, exergonic 발열의 (에너지발생)≠endergonic 흡열의 (에너지이용)

해 ATP의 말단 인산기의 제거, 즉 phosphoanhydride 결합의 **파괴**에 의한 제거는 대단한 발열반응이어서, 그래서 이 반응은 세포내의 많은 흡열반응과 연결되어있다.

breakdown

46

명 분해

On the other hand, heterotrophic organisms obtain free energy by coupling their metabolism to the **breakdown** of complex organic molecules in their environment.

관 on the other hand 반면에, heterotrophic 종속영양의, breakdown=degradation

해 반면에, 종속영양생명체는 자신의 대사를 환경에 존재하는 복잡한 구조의 유기분자들의 **분해**에 연결시켜 자유에너지를 얻는다.

bridge

50

명 다리

This interaction locks the side chain of histidine β146 in a position where it can participate in a salt **bridge** with negatively charged aspartate 94 in the same chain, provided that the imidazole group of the histidine residue is protonated.

관 lock .... in a position 위치에 ....를 고정시키다, provided that 조건에서=(only if, on the condition that)

해 이 상호결합은 histidine 잔기의 imidazole기가 양이온화되는 조건에서 histidine β146의 측쇄기를 동일한 사슬에 있는 음으로 하전된 aspartate 94와의 염**다리**결합에 참여할 수 있는 위치에 고정시키게 된다.

타 (다리로) 연결하다, 다리를 놓다

If the bone is broken, the cells in the connective tissue of the neighborhood of the fracture will carry out a repair by a rough-and-ready recapitulation of the original embryonic process, in which cartilage is first laid down to **bridge** the gap and is then replaced by bone.

관 rough-and-ready 정교하지 않지만 효과적인=(rough or crude but effective for a purpose or use), recapitulation 응급처치반응, be laid down 아래에 놓이다, bridge(타) 연결하다=(connect, join)

해 뼈가 부러지면, 골절 부근의 결체조직에 있는 세포들이 원래의 배아시절의 처리과정인 정교하지 않지만 효과적인 응급처치반응으로 수리작업을 수행할 것이며, 이 과정에서 처음엔 연골이 형성되어 틈을 **연결하고** 그리고 곧 뼈로 대체된다.

bridging

20

형 연결하는, 잇는

Glycogen, starch, and cellulose are composed of pyranoside subunits (having six-membered rings). Such molecules can be represented as a series of rigid pyranose rings connected by an oxygen atom **bridging** two carbon atoms (the glycosidic bond).

해 Glycogen, 전분 및 셀룰로오스는 pyranoside 아단위체 (6각환을 가진)들로 구성되어있다. 그런 분자들은 2개의 탄소원소를 **잇는** 산소원자 (배당결합)에 의하여 연결된 일련의 단단한 pyranose 환으로써 그려질 수 있다.

brief

40

형 1 (시간) 짧은

Catecholamines have a relatively low affinity for both α- and β-receptors. After binding, the catecholamine disassociates from its receptor quickly, causing the duration of the biologic response to be **brief**.

관 have an affinity for ....에 대한 친화력을 가지다, cause .... to ....가 되는 결과를 만들다, brief 짧은=short

해 Catecholamine류는 α- 와 β-수용체 모두에 대하여 비교적 낮은 친화력을 가지고 있다. 결합 후에 catecholamine이 자신의 수용체로부터 신속하게 해리되기 때문에, 생물학적 반응의 기간이 **짧아지**는 결과를 만든다.

참 catecholamine류 : duration 참조

2 (시간) 짧은

Hence, the ion channel opens for only a **brief** interval before it undergoes inactivation by occlusion. Shortening the chain speeds inactivation because the ball finds its target more quickly.

관 brief 짧은=short, open(자) 열리다, speed(타) 빠르게 하다, occlusion 막힘

해 그러므로 그 이온통로는 막힘에 의한 불활성화가 일어나기 전 **짧은** 간격의 시간 동안만 열린다. 이 사슬을 짧게 하면 공이 표적을 더 신속하게 찾기 때문에 불활성화가 빨리 일어나게 된다.

참 brief의 예 : a brief period of time, a brief instant, a brief time, one brief moment, brief inactivation, a brief electric shock

briefly

195

부 1 짧게, 짧은 시간동안

G bands are produced when metaphase chromosomes are subjected **briefly** to mild heat or proteolysis and then stained with Giemsa reagent, a permanent DNA dye.

해 중기의 염색체들이 약한 열 혹은 단백질 분해에 **짧게** 노출되고, 곧 DNA 염색염료인 Giemsa 시약으로 염색될 때 G band들이 나타난다.

2 간결하게, 간단하게

To understand the challenge of generating monoclonal antibodies, we need to **briefly** review how antibodies are produced by mammals.

관 challenge 어려운 과제=difficult task,

해 단일클론항체를 생성하는 어려운 과제를 이해하기 위하여, 우리는 포유동물에 의하여 항체가 생산되는 방법을 **간단하게** 리뷰하는 것이 필요하다.

bring

42

타 1 가져다주다, 나르다

A human sperm **brings** to the egg that it fertilizes just one molecule of DNA in each of its 23 different chromosomes, to combine with just one DNA molecule in each corresponding chromosome in the egg.

관 bring A B=bring B to A=A에게 B를 나르다, fertilize(타) 수정시키다, combine(자) with 합치다

해 사람의 정자는 자신이 수정시킬 난자에게 자신의 23개의 서로 다른 염색체 각각에서 꼭 한 분자의 DNA을 **주어** 난자에 존재하는 각각에 해당하는 염색체에 단 하나의 DNA 분자와 합쳐지도록 만든다.

참 수여동사 : "....에게 ....를 주다"라는 의미를 가진 것을 S+V+ID+DO 4형식의 문장을 만드는 동사이다. 이 문장을 S+V+DO+ to [for, of]+IO의 3형식의 문장으로 바꿀 수 있다. to를 사용하는 동사로 sell, show, tell, send, give, bring, write, offer 등이 있다.

2 ~..... back to(into) 다시 돌리다

The immediate increased transport of glucose into peripheral tissues, and storage of blood glucose as glycogen, helps to **bring** circulating blood glucose levels back to the normal 80- to 100-mg/dL range of the fasted state.

관 bring .... back to ....를 ....로 다시 돌리다, fasted state 공복상태

해 말초조직으로 포도당의 순간적으로 증가되는 수송과 글리코겐으로써 혈당의 저장은 순환 중인 혈당의 수준을 공복상태인 80에서 100 mg/dL 의 정상범위로 **다시 돌리는데** 도움을 준다.

3 ~ about 일으키다, 생산하다

Enzymes are extraordinary catalysts. The rate enhancements they **bring** about are in the range of 5 to 17 orders of magnitude.

관 bring about 유발하다=(produce, cause, lead to), order of magnitude 10의 배수의

해 효소는 특별한 촉매이다. 효소가 **일으키는** 속도의 향상은 10^5에서 10^{17}배의 범위에 있다.

broad

84

형 1 폭이 넓은, 광의의

Most receptors fall into two **broad** categories: intracellular receptors or plasma membrane receptors. Messengers using intracellular receptors must be hydrophobic molecules able to diffuse through the plasma membrane into cells.

관 fall into ....로 분류되다=be classified as, diffuse(자) through .... into .....를 쭉 지나 .... 안으로 확산되다

해 대부분의 수용체는 2종의 **광의의** 범주로 분류된다; 즉 세포내의 수용체이거나 혹은 세포막의 수용체이다. 세포내의 수용체를 사용하는 전령물질은 세포막을 쭉 지나 세포 안으로 확산될 수 있는 소수성 분자임이 틀림없다.

참 세포내수용체intracellular receptor : 핵수용체nuclear receptor이라고도 한다. 세포질이나 핵 속에 존재하는 수용체로 주로 스테로이드호르몬, 갑상선호르몬 및 retinoic acid 수용체이다. 리간드들은 소수성을 가지고 있어서 세포막을 쉽게 확산하여 통과할 수 있다.

2 더 넓은

In the **broader** physiological or macroscopic sense, respiration refers to a multicellular organism's uptake of O_2 and release of CO_2. Biochemists and cell biologists, however, use the term in a narrower sense to refer to the molecular processes by which cells consume O_2 and produce CO_2-processes more precisely termed cellular respiration.

관 in a sense, refer to 언급하다=(mention, speak about)

해 **더 넓은** 생리적 혹은 거시적 의미에서, 호흡이란 다세포 생명체의 O_2 흡입과 CO_2의 방출을 말한다. 그러나 생화학자와 세포생물학자들은 이 용어를 더 좁은 의미로 사용하여, 세포들이 O_2를 소비하여 CO_2를 생산하는, 더 정확하게 세포호흡이라는 용어로 불리는 분자수준에서의 과정을 말한다.

broad spectrum antibiotics, broad substrate specificity, broad range of, broad class, borad peak

해 광범위 항생제, 광범위한 기질 특이성, 넓은 범위의, 넓은 클래스, 완만한 최고점

broadly

8

부 넓은 의미로

Broadly speaking, allostery refers to any change in a protein's tertiary or quaternary structure or both induced by the binding of a ligand, which may be an activator, inhibitor, substrate, or all three.

관 refer to 말하다=(mention, speak about), may 추축

해 **넓은 의미로 말하자면**, allostery란 활성제, 저해제, 기질 혹은 3가지 모두일 수도 있는 어떤 리간드의 결합에 의하여 유도되는 단백질의 3차 혹은 4차구조, 혹은 두 구조 모두에서 일어나는 어떤 변화를 말한다.

참 Allostery : allos=other, stereos=solid (object)의 그리스어에서 유래되었으며, 활성을 조절하는 자리와 활성이 나타나는 자리가 서로 분리되어있는 효소나 혹은 단백질에서의 조절기전을 의미한다.

buffer [명] 완충액, 버퍼

1782

Two **buffer** systems act to maintain intracellular pH essentially constant- the phosphate ($HPO_4^{2-}/H_2PO_4^-$) system and the histidine system.

[관] act to ....하는 활동을 하다, maintain(타) *pH<O> constant <OC>*....를 .... 상태로 유지하다

[해] 인산계 ($HPO_4^{2-}/H_2PO_4^-$) 와 히스티딘계 2종의 **완충**계는 세포내의 pH를 반듯이 일정하게 유지하는 활동을 한다.

[참] histidine 완충제 : histidine 아미노산의 측쇄기인 imidazole기는 pKa=6.99로 생리적 pH인 6.9-7.4 사이에서 수소이온을 주거나 받을 수 있어 완충제나 생체효소의 촉매작용에 널리 이용되고 있다

[타] 완충작용을 하다

The phosphate system serves to **buffer** the intracellular fluid of cells at physiological pH because pK_2 lies near this pH value. The intracellular pH of most cells is maintained in the range between 6.9 and 7.4.

[관] serve to 역할을 하다, lie near 근처에 있다, in the range 영역에서

[해] 인산계는 pK_2가 이 (생리적) pH 값 근처에 있기 때문에, 생리적 pH에서 세포들의 내부용액의 **완충작용을 한다**. 대부분의 세포의 내부 pH는 6.9에서 7.4 사이의 영역에서 유지된다.

[참] 인산의 완충작용 : $H_2PO_4^- \leftrightarrows H^+ + HPO_4^{2}$ 로 해리되는 pKa_2=6.8로 생리적 pH와 비슷하여 pH가 5.9~7.9사이에서 우수한 완충제의 역할을 할 수 있다.

buffered [타] be ~ 완충작용을 받다

310

An average rate of metabolic activity produces roughly 22,000 mEq acid per day. If all of this acid were dissolved at one time in unbuffered body fluids, their pH would be less than 1. Thus, until the acid produced from metabolism can be excreted as CO_2 in expired air and as ions in the urine, it needs to be **buffered** in the body fluids.

[해] 대사활성의 평균속도는 대략 22,000 mEq의 산을 매일 생산한다. 이 모든 산이 완충작용이 없는 몸속에서 한 번에 녹는다면, pH는 아마 1 보다 작게 될 것이다. 그래서 대사로부터 생산된 산이 내쉬는 공기 속에서 CO_2로 그리고 소변 속의 이온으로써 배출될 수 있을 때까지, 체액 속에서 **완충작용을 받을** 필요가 있다.

[참] bicarbonate/carbonic acid 완충계 : 동물세포와 조직들이 담겨져 있는 세포외액의 pH는 중탄산염계 bicarbonate/carbonic acid (HCO_3^-/H_2CO_3)에 의하여 유지된다. 체내에서 대사의 결과로 생성된 산은 TCA 회로로부터 산화과정에서 생산된 CO_2가스이다. 이 가스는 carbonic anhydrase의 도움으로 물에 용해되어 H_2CO_3 (carbonic acid)로 전환된다. 또한 이 반대과정이 폐에서 진행되어 다시 CO_2 기체상태로도 배출될 수 있다.

buffering [형] 완충작용을 하는

20

Blood differs from interstitial fluid in that the blood contains a high content of extracellular proteins, such as albumin, which contribute to its **buffering** capacity through amino acid side chains that are able to accept and release protons.

[관] differ from 다르다=be different from, contribute to 도움이 되다=help to cause, interstitial fluid 세포간액

[해] 혈액은 양성자 이온을 수용하거나 유리할 수 있는 아미노산 잔기사슬을 통하여 **완충능력에 기여하는** 알부민과 같은 세포외부 단백질의 높은 함량을 가지고 있다는 점에서 세포간액과 다르다.

build [타] [1] (점차적으로) 구축하다, 만들다

54

Amino acids **build** proteins by connecting the α-carboxyl C atom of one amino acid to the α-amino N atom of the next amino acid in line.

[관] build(타) 점차적으로 만들다, connect(타) .... to ....에 연결하다, in line 일렬로; 연속적으로 =(being an integral part of a successive sequence of operations)

[해] 아미노산들은 한 아미노산의 α-carboxyl C 원자와 연속적으로 다음 아미노산의 α-amino N 원자를 연결하여 단백질을 **점차적으로 만든다**.

[참] *build* an organization, a society, or a relationship=*gradually form* it.

2 be built on 점진적으로 첨가되다, 구축하다

As purines are **built on** a ribose base, an activated form of ribose is used to initiate the purine biosynthetic pathway. 5-Phosphoribosyl-1-pyrophosphate (PRPP) is the activated source of the ribose moiety.

관 build on 점진적으로 구축되다=(gradually add to, expand gradually), activated form 활성화된 형

해 퓨린들이 리보오스의 기반에 **점진적으로 구축될** 때, 활성화된 형태의 리보오스가 사용되어 퓨린의 생합성경로를 시작한다. 5-Phosphoribosyl-1-pyrophosphate (PRPP)가 리보오스 부분의 활성화된 재료이다.

자 1 ~ up 점진적으로 만들다, 구축하다

Before the condensation reactions that **build up** the fatty acid chain can begin, the two thiol groups on the enzyme complex must be charged with the correct acyl groups.

관 condensation 응축반응, build up 점진적으로 구축되다=(form or accumulate steadily), be charged with ....로 채워지다

해 지방산사슬을 **점진적으로 만드는** 응축반응이 시작될 수 있기 전에, 효소복합체 상의 2개의 thiol 기가 acyl기로 채워져야만 한다.

2 축적되다, 쌓이다

Because of the poor pumping action of the heart, fluid can **build up** in the lungs.

관 build(자) up 쌓이다=(accumulate, develop appreciably)

해 심장의 약한 펌핑작용 때문에, 액체가 폐 속에 **쌓일 수** 있다.

명 점진적인 쌓임, 구축

If we rest, the rate of ATP utilization decreases, and proton "backpressure" decreases the rate of the electron transport chain. NADH and FAD(2H) cannot be oxidized as rapidly in the electron transport chain, and consequently, their **build-up** inhibits the enzymes that generate them.

관 decrease(자, 타), consequently 결과적으로=as a result, build-up(명) 점차적인 축적=(gradual increase, increasing accumulation)

해 우리가 일을 하지 않으면, ATP 사용속도가 감소되고, 그래서 양성자 "역압력"이 전자전달계의 속도를 감소시키게 된다. NADH와 FAD(2H)들이 전자전달계에서처럼 신속하게 산화될 수 없게 되고, 그래서 결과적으로 그들의 **점차적인 축적**은 자신을 생성하는 효소들을 저해하게 된다.

참 build와 construct의 차이점 : build up 점진적으로 이루어지는 구축을, construct는 머리를 써서 구축하는 것이다.

but

2293

접 1 그러나

The food "calories" used in everyday speech are really "Calories", which=kilocalories. "Calorie", meaning kilocalorie, was originally spelled with a capital C, **but** the capitalization was dropped as the term became popular. Thus, a 1-calorie soft drink actually has 1 Cal (1 kcal) of energy.

관 be spelled with ....로 쓰인다

해 늘 하는 말에서 사용되는 음식의 "칼로리"는 실제적으로 "Calorie"로 kilocalorie와 같다. Kilocalorie을 의미하는 "Calorie"는 원래 대문자 C로 쓰였지만, **그러나** 이 용어가 널리 보급되면서, 대문자화는 급격히 줄어들었다. 그래서 1칼로리의 음료수는 실제적으로 1 Cal (1 kcal)의 에너지를 가진다.

참 not only .... but also : only 참조

2 all ~ ....를 제외한 모든 것

Mitochondria encode the rRNAs that form mitochondrial ribosomes, although **all but** one or two of the ribosomal proteins (depending on the species) are imported from the cytosol. In most eukaryotes, all the tRNAs used for protein synthesis in mitochondria are encoded by mtDNAs.

해 미토콘드리아는 미토콘드리아의 리보솜을 형성하는 rRNA를 인코딩하는데, 하나 혹은 2종의 리보솜단백질을 **제외한 모든** 단백질은 세포질로부터 들어온다. 대부분의 진핵세포에서, 미토콘드리아에서의 단백질합성에 사용되는 모든 tRNA는 mtDNA에 의하여 인코딩된다.

3 nothing ~ 단지, ...만

In the finest branches of the vascular tree - the capillaries and sinusoids - the walls consist of nothing **but** endothelial cells and a basal lamina.

해 모세혈관과 굴모양혈관과 같은 나무모양을 한 혈관의 가장 미세한 가지혈관에서, 그 벽은 **단지** 내피세포와 기저막**으로만** 구성되어있다.

C

calculate | 타 계산하다

32

We can **calculate** the approximate number of amino acid residues in a simple protein containing no other chemical constituents by dividing its molecular weight by 110.

해 분자량을 110으로 나눔으로써, 다른 화학적 구성요소를 결코 함유하지 않은 단순 단백질에 있는 아미노산 잔기의 대략적인 수를 **계산할** 수 있다.

calculated | 타 1 be ~ 계산되다

354

From these values, her LDL cholesterol level was **calculated** to be 356 mg/dL.

관 be calculated to be ....로 계산되다

해 이들 값으로부터, 그녀의 LDL콜레스테롤 수준은 356 mg/dL로 **계산되었다**.

2 be ~ 계산되다

The anion gap is **calculated** by subtracting the sum of the value for serum chloride and for the serum HCO_3^- content from the serum sodium concentration.

관 subtract(타) A from B=B에서 A를 빼다

해 음이온간격이란 혈청의 염소와 HCO_3^- 용량치의 합을 혈청의 sodium의 농도로부터 뺄셈을 하여 **계산된다**.

참 혈청의 음이온간격anion gap : 대사산증의 진단을 위하여 사용된다. 이 간격이 정상보다 크면 케톤체 acetoacetate나 β-hydroxybutyrate들이 혈액에 증가되어있음을 의미한다.

calculation | 명 1 계산

52

The **calculation** of hydropathy index is made for segments of a fixed size (usually around 10 amino acid residues), beginning with each successive amino acid in the chain.

관 hydropathy index 소수성계수, a fixed size 고정된 크기, begin(자) with ....로 시작하다, successive 연속하는=continuous

해 소수성 계수의 **계산**은 그 사슬에서 각각의 연속하는 아미노산으로 시작하여, 어떤 고정된 크기의 구획 (일반적으로 대략 10개의 아미노산 잔기로 구성)에 대하여 만들어진다.

참 소수성 계수hydopathy index : 단백질의 일부 서열들이 세포막을 관통하고 있는 단백질을 막관통단백질transmembrane protein이라고 한다. 세포막은 소수성이 큰 지질 이중층으로 되어있으므로 이 막을 관통하는 아미노산서열도 소수성이 큰 아미노산들로 구성되어야만 한다. 그러므로 각 아미노산의 소수성 값을 사용하여 막 관통부위의 아미노산의 수만큼을 연속하여 합산한 값을 시작 아미노산의 위치에 따라 그래프로 표시하여 소수성이 큰 부분을 찾아낸다.

2 make a ~ 계산하다

As an example, let's make a simple **calculation** of the standard free-energy change of the reaction catalyzed by the enzyme phosphoglucomutase.

관 standard free-energy change 표준자유에너지의 변화량

해 한 예로써, 효소 phosphoglucomutase에 의하여 촉매되는 반응의 표준 자유에너지 변화량을 간단히 **계산해보자**.

call | 타 ....라고 부르다

3

Tumors arise with great frequency, especially in older individuals, but most pose little risk to their host because they are localized and of small size. We **call** such tumors benign.

관 arise 발생하다=(occur, develope), with great frequency 매우 높은 빈도로, pose(타) risk to ....에 위험성을 주다, be localized 편중되어 위치하다

해 종양은 특별하게 노인들에서 높은 빈도로 발생하지만, 그러나 대부분의 종양은 자신의 숙주에 거의 위험을 주지 않는다, 왜냐하면 종양은 편중되어 위치하고 있으며 또한 크기가 작기 때문이다.

우리는 그러한 종양을 양성이라고 **부른다**.

called

62

타 1 be ~ ....라고 불리다

The Bradford assay is a rapid and reliable technique that uses a dye **called** Coomassie Brilliant Blue G-250, which undergoes a change in its color upon noncovalent binding to proteins.

관 A undergo(타) B=B가 A에서 일어나다, upon ....ing ....하자마자

해 Bradford 측정법은 신속하고 믿을 수 있는 기술로 단백질과의 비공유결합을 하자마자 색상에서 어떤 변화가 일어나는 Coomassie Brilliant Blue G-250이라 **불리는** 염색약을 사용한다.

2 so ~ 소위

The activation of a certain gene can be easily identified by "tagging" the particular gene with a so-**called** reporter gene.

관 tag(타) .... with ....로 ....를 표지하다

해 어떤 유전자의 활성화는 **소위** 리포터유전자라는 것으로 그 특정 유전자를 "표지하여" 쉽게 확인될 수 있다.

capability

33

명 가능성, 능력, 역량

Each cell in an eight-cell-stage mouse embryo has the potential to give rise to any part of the entire animal. Cells with this **capability** are referred to as embryonic stem (ES) cells.

관 give rise to 생성하다=create, be referred to as ...라고 불리다=be called,

해 생쥐 배아의 8세포기에 있는 각 세포들은 전체동물의 어떤 부분이라도 새로 만들 수 있는 잠재력을 가지고 있다. 이 **능력**을 가진 세포들은 배아줄기(ES)세포라 불린다.

capable

147

형 ....할 수 있는

Cultured embryonic stem cells (ES cells) are **capable** of giving rise to many kinds of differentiated cell types.

관 capable of=able to, give rise to 생성하다=(create, generate)

해 배양된 배아줄기세포 (ES 세포)는 많은 종류의 분화된 세포 유형을 만들 **수 있다**.

capacity

243

명 수용량, 능력

For instance, the proliferation of red blood cells increases substantially when a person ascends to a higher altitude and needs more **capacity** to capture oxygen.

관 substantially 상당히=(considerably, significantly), ascend to ....까지 오르다

해 예를 들면, 어떤 사람이 더 높은 고도로 올라가 산소를 잡을 수 있을 더 많은 **능력**을 필요로 할 때, 적혈구세포의 증식은 상당히 증가된다.

capture

64

명 포획

The **capture** of solar energy by photosynthetic organisms and its conversion to the chemical energy of reduced organic compounds is the ultimate source of nearly all biological energy.

해 광합성을 하는 생명체에 의한 태양에너지의 **포획**과 환원된 유기합성물의 화학 에너지로의 변환이 거의 모든 생물학적 에너지의 최종근원이다.

타 붙잡다, 포획하다

The mitotic apparatus is designed to attach and **capture** chromosomes, align the chromosomes, and then separate them so that the genetic material is evenly partitioned to each daughter cell.

관 be designed to ....하기로 고안되다, align(타) 배열시키다=arrange in a line, so that .... 할 수 있도록, is partitioned to ..로 분배되다

해 유사분열기구는 염색체에 부착하여 **붙잡고**, 그 염색체들을 한 줄로 배열시키고 그리고 난 후 그들을 분리시켜 유전물질이 공평하게 각각의 딸세포로 분배되도록 고안되어있다.

captured

타 1 be ~ 포획되다

54 The remaining free energy that is not **captured** as high-energy phosphate is liberated as heat.

관 be liberated 방출되다=be released

해 고에너지 인산으로써 **포획되지** 않고 남는 자유에너지는 열로써 방출된다.

2 be ~ (이미지가) 캡쳐되다

Structurally, a domain is a compactly folded region of polypeptide. For large proteins, domains can be recognized in structures determined by x-ray crystallography or in images **captured** by electron microscopy.

관 be recognized 확인되다=be identified

해 구조적으로, 도메인이란 폴리펩티드의 빽빽하게 접혀 겹쳐진 영역이다. 큰 단백질에서, 도메인들은 x-선 결정학에 의하여 규명된 구조나 전자현미경기술에 의하여 **캡쳐된** 이미지에서 확인될 수 있다.

참 단백질의 도메인 : 전체 단백질 서열 가운데 작은 부분으로 나머지 단백질사슬에 독립적으로 진화하며, 기능하고 그리고 존재할 수 있다. 이들은 안정적인 3차원 입체구조로 접힐 수 있으며 그래서 모듈형으로 독자적인 기능을 수행하게 된다. 즉, DNA와 결합하는 zinc finger도메인, phosphotyrosine기에 특이적으로 결합하는 SH2도메인 등을 예로 들 수 있다.

care

명 1 주의, 관심

54 These reactions can be used to identify functional amino acids at the active sites of enzymes or to label proteins with appropriate reagents for further study. It is important to realize that few if any of these reactions are truly specific for one functional group; consequently, **care** must be exercised in their use.

관 label(타) .... with ....로 ....에 표시를 달다, realize(타) 이해하다=understand, consequently 결과적으로; 따라서=(as a result, therefore), care must be exercised 주의가 기울려져야 하다

해 이들 반응은 더 자세한 연구를 위해 효소의 활성화자리에서 기능을 하고 있는 아미노산들을 찾아내거나 혹은 적당한 시약으로 단백질을 표지하기 위하여도 사용될 수 있다. 특이하다고 하드라도 이들 반응 중의 극소수만이 한 개의 기능기에 대하여 진실로 특이하다는 것을 이해하는 것이 중요하다; 따라서, 그들의 사용에 **주의**가 기울어져야 한다.

2 take ~ of 보호하다

The symbiotic relationship between leguminous plants and the nitrogen-fixing bacteria in their root nodules takes **care** of both the energy requirements and the oxygen lability of the nitrogenase complex.

관 take care of=(look after, organize, deal with), lability 불안정성=instability

해 콩과식물의 뿌리혹에서 이 식물과 질소고정세균 사이의 공생관계는 에너지의 필요성과 nitrogenase 복합체의 산소에 대한 불안정성 모두를 **보호한다**.

참 질소고정 nitrogen fixation : 질소고정 반응은 많은 에너지가 필요하며 또한 산소는 이 반응을 저해하므로 이 두 문제를 해결해야만 가능하다. 식물의 뿌리혹은 탄소동화작용으로부터 합성된 많은 탄수화물을 에너지로 사용하며 또한 산소와 결합할 수 있는 단백질인 leghemoglobin이 많아 방해하는 산소와 결합하게 하여 질소고정 반응을 저해하는 것을 방지한다.

careful

형 신중한, 꼼꼼한, 애쓴

6 **Careful** analysis showed that this protein, named cyclin B, is synthesized continuously during the embryonic cell cycles but is abruptly destroyed following anaphase.

관 careful 신중한=(painstaking, meticulous), continuously 계속하여=(without stopping), following (전)=after

해 **신중한** 분석의 결과는 cyclin B라 불리는 이 단백질이 배아세포의 주기에서 계속하여 합성되지만, 그러나 후기를 지나서 갑자기 파괴되는 것을 보여주었다.

carefully

부 면밀히, 주의하여

15 Bone resorption by osteoclasts is **carefully** regulated by cell-cell interactions with neighboring osteoblasts.

관 osteoclast 파골세포, neighboring 이웃하는=close to

해 파골세포에 의한 뼈의 재흡수반응은 인접한 파골세포와의 세포 사이의 상호반응에 의하여 **면밀히** 조절된다.

carry

98

타 1 가지고 있다, 함유하다

Ceruloplasmin (about 160 kDa) is an α_2-globulin. It has a blue color because of its high copper content and **carries** 90% of the copper present in plasma.

해 Ceruloplasmin은 α_2-globulin류에 속한다. 높은 구리 함유량 때문에 푸른색을 가지며, 혈장에 존재하는 구리의 90%을 **함유한다**.

2 나르다, 수송하다

Red blood cells **carry** O_2 from the lungs to the tissues. Without red blood cells, most of the tissues of the body would suffer from a lack of energy because they require O_2 to completely convert their fuels to CO_2 and H_2O.

관 carry(타) .... from .... to 나르다, suffer from ....의 고초를 겪다; 아프다

해 적혈구세포는 폐로부터 조직으로 O_2를 **나른다**. 적혈구세포들이 없다면, 신체조직의 대부분은 연료물질을 CO_2와 H_2O로 완전하게 전환하는데 O_2를 필요로 하기 때문에, 에너지 부족으로 고초를 겪게 될 것이다.

3 감염되다, 보균하다

The test could be used to screen healthy people to see if they are **carrying** the virus.

해 이 검사는 건강한 사람을 스크리닝하여 바이러스에 **감염되었**는지를 알아보기 위하여 사용될 수 있다.

참 If a person or animal *is carrying* a disease, they *are infected with* it and can pass it on to other people or animals

4 ~ on ....ing 계속하여 .... 하다

Cells lacking the p53 gene **carry** on dividing, plunging into DNA replication without pausing to repair the breaks and other DNA lesions caused by the damaging radiation.

관 plunge into 매진하다=throw oneself in with enthusiasm, pause to ....하기 위해 중단하다=stop to

해 p53 유전자가 없는 세포들은 분열을 **계속하여**, 해로운 광선에 의해 야기된 절단과 다른 DNA 결함들을 수리하기 위해 DNA 복제반응을 중단하지도 않고 계속 매진하는 결과를 만든다.

참 p53유전자는 DNA 상의 오류를 찾아 DNA의 복제가 일어나지 않도록 하는 기전으로 종양의 생성을 억제하는 역할을 한다. 따라서 이 유전자에 결함이 생기면 DNA상의 어떤 오류가 있더라도 수리하지 못하고 세포가 계속 분열하여 결과적으로 암세포로 된다.

5 ~ out 수행하다

The hormones of metabolic homeostasis each use one of these mechanisms to **carry** out their physiologic effect.

해 대사 항상성homeostasis에 관련된 호르몬 각각은 자신의 생리적 효과를 **수행하기** 위하여 이들 기전 가운데 한 가지를 사용한다.

참 항상성homeostasis : 생물체가 끊임없이 외적 및 내적 환경의 변화를 받으면서도 개체로서의 생리적 상태를 안정하게 유지할 수 있는 기능을 말하며 동적평형이라고도 한다.

carried

365

타 be ~ 수송되다

Other proteins destined for secretion are **carried** in secretory vesicles.

관 be destined for ....로 운명이 결정되다=be intended for

해 분비용으로 운명이 결정된 다른 단백질들은 분비용 소포 속에서 **수송된다**.

case

540

명 1 (병에) 감염되 증례, 경우

V. cholerae grow well under the alkaline conditions found in seawater and attach to chitin in shellfish. Thus, sporadic **cases** occur in the southeast parts associated with the ingestion of contaminated shellfish.

관 sporadic 산발성의=(infrequent, irregular)

해 *V. cholerae*는 해수에서 발견되는 알카리성 환경에서 잘 자라며 또한 조개의 chitin질에도 부착한다. 그래서 산발성인 **증례**들이 오염된 조개의 섭취와 연관되어있는 남동부지역에서 발생한다.

참 *Vibrio cholerae* : 수인성 점염병인 콜레라의 원인균. 콜레라의 주 증상은 탈수인데, 이 세균이 분비하는 독소에 의해 소장의 내피세포에 존재하는 G 단백질의 변형으로 탈수현상이 발생한다.

2 ~ in point 이러한 점에서 적절한 예

Endocytosis provides a mechanism for regulating the content of certain membrane components, hormone receptors being a **case** in point.

해 세포내이입은 어떤 세포막 구성성분의 내용물을 조절하기 위한 하나의 기전을 제공하는데, 호르몬 수용체가 이러한 점에서 **적절한 예**가 될 수 있다.

catalysis

47

명 촉매, 촉매반응

Thus at low concentrations, ATP binds to the catalytic but not to the inhibitory allosteric site, and enzymatic **catalysis** proceeds at near maximal rates.

관 proceed(자) 진행되다=(continue, progress), near 거의

해 그래서 낮은 농도에서, ATP가 촉매용 알로스테릭 자리에 결합하지만 그러나 저해용 알로스테릭 부위에는 결합하지 않아, 효소의 **촉매반응**이 거의 최대속도에서 진행된다.

catalyst

19

명 촉매

Cytochrome P450 is considered the most versatile bio-**catalyst** known.

관 versatile 다양한=multi-purpose

해 Cytochrome P450은 알려진 가장 다양한 생체**촉매**로 간주된다.

관 cytochrome P450 : 생체 내부의 스테로이드, 콜레스테롤, 지방산과, 외부의 약물을 포함하는 대사반응에 참여하여, 소수성인 물질들을 체내에서 물에 잘 녹는 형태로 전환하는데 작용하는 monooxygenase의 일종이다. 사람에서 약 57종류로 분류되어있으며, 미생물을 위시하여 거의 모든 생명체에 존재하고 있는 효소군이다.

catalytic

574

형 촉매용의, 촉매의

Each R subunit has two distinct cAMP-binding sites; binding of cAMP to both sites in an R subunit leads to release of the associated C subunit, unmasking its **catalytic** site and activating its kinase activity.

관 distinct 서로 다른=separate, bind (타) to ....에 결합하다, lead to=result in, unmask(타) 숨겨진 것을 드러나게 하다=(expose, uncover)

해 각각의 R 아단위체는 2개의 분리된 cAMP 결합자리를 가지고 있다, 하나의 R 아단위체에 존재하는 2개의 결합자리에 cAMP의 결합은 그 결과 결합되어있던 C 아단위체의 유리를 일으켜, 숨겨져 있던 **촉매용** 자리를 노출시킬 수 있어서 인산화활성을 촉진한다.

참 protein kinase A (PKA) : cAMP-dependent protein kinase라 부르며, 2개의 촉매용 C 아단위와 2개의 조절용 R 아단위체로 구성된 4량체 단백질이다. cAMP가 존재하면 R 아단위체의 결합자리에 결합하여 R를 단백질로부터 유리시켜 C 아단위체에 있는 촉매부위를 노출하도록 만든다.

catalytically

93

부 촉매적으로

In the absence of hormone stimulation, protein kinase C is present as a soluble cytosolic protein that is **catalytically** inactive.

해 호르몬 자극이 없을 때, protein kinase C는 **촉매적으로** 불활성인 세포질의 용해성 단백질로 존재한다.

참 protein kinase C (PKC) : 원래 Ca^{2+}-phospholipid-dependent protein kinase라 하였던 효소인데, 이 이름이 의미하듯이 Ca^{2+} 이온이 존재할 때 PKC가 세포질 쪽의 세포막에 부착될 수 있게 되어 세포막 성분인 phospholipid diacylglycerol과 phosphadidylserine등에 의하여 활성화된다.

catalyze

타 촉매하다

74 NO synthase **catalyzes** formation of NO from O_2 and the amino acid arginine.

해 NO synthase는 O_2와 아미노산 arginine으로부터 NO의 형성을 **촉매한다**.

catalyzed 타 be ~ 촉매되다

61 Movement of this phosphoglyceride and perhaps others from one leaflet to the other in some natural membranes is **catalyzed** by certain ATP-powered transport proteins called flippases.

관 powered 동력이 제공되는=propelled by means of power

해 일부 자연산 생체막의 한 쪽 면에서 다른 쪽 면으로 phosphoglyceride와 아마도 다른 부류의 이동은 flippase라 하는 ATP에 의해 동력이 제공되는 수송단백질에 의하여 **촉매된다**.

categorized 타 be ~ into 분류되다, 종류별로 나누어지다

6 RNA molecules are **categorized** into several major types: messenger RNA, ribosomal RNA, and transfer RNA.

관 are categorized into ....로 분류되다=be classified into

해 RNA 분자는 mRNA, rRNA 및 tRNA와 같이 몇 가지의 중요한 종류**로 나누어진다**.

참 If you *categorize* people or things, you *divide* them *into* sets or you say which set they belong to

category 명 범주

25 In epithelial cells and fibroblasts, TGFβ induces expression not only of extracellular-matrix proteins (e.g., collagens) but also of proteins that inhibit serum proteases, which otherwise would degrade the matrix. The latter **category** includes plasminogen activator inhibitor 1 (PAI-1).

해 상피세포와 섬유모세포에서, TGFβ는 세포외기질단백질 (예, collagens)의 발현뿐만 아니라 그렇지 않는다면 세포외기질을 분해할 수도 있을 혈청의 단백질분해효소를 저해하는 단백질의 발현을 유도한다. 후자의 **범주**에는 plasminogen활성제의 저해제 1 (PAI-1)을 포함한다.

참 Transforming Growth Factor (TGF)β 는 여러 세포에서 apoptosis을 촉진하는 단백질이다.

causative 형 원인인, 어떤 일의 원인에 책임이 있는

21 Recent research on acquired immune deficiency syndrome (AIDS) and its **causative** viral agent, the human immunodeficiency virus (HIV-1), has brought a new aspartic protease to light.

관 acquired immune deficiency syndrome (AIDS) 후천성면역결핍증, bring .... to ligt 새로 찾다 =(reveal, expose, discover something hidden)

해 후천성면역결핍증 (AIDS)과 그 **원인인** 바이러스개체인 사람의 면역결핍바이러스 (HIV-1)에 대한 최근 연구는 새로운 aspartate형 단백질분해효소를 찾도록 하였다.

참 HIV-1 protease : HIV 바이러스의 생명주기에 필수적이며 aspartate계열 단백질분해효소이다. 이 바이러스의 코트 단백질은 여러 종류의 단백질들이 합쳐진 한 개의 중합단백질polyprotein로 합성된 후, HIV protease에 의해 절단되어 바이러스개체 virion을 만든다.

cause 명 원인, 유발인자

269 The typical first step in deciphering the underlying **cause** for any inherited human disease is to identify the affected gene and its encoded protein.

관 underlying 근본적인=be the cause or basis of, affected gene 영향을 받은 유전자, identify(타) 밝혀내다=(find, discover)

해 사람의 어떤 유전병이라도 근본적인 **원인**을 밝혀내는데 있어서 전형이 되는 첫 번째 단계는 영향을 받은 유전자와 이 유전자가 인코딩하는 단백질을 밝혀내는 것이다.

참 reason:과 cause : reason은 어떤 사건이 왜 일어났는지 혹은 무엇이 일어나게 만들었는지를 설명하는 사실이나 상황을 의미하고, cause는 어떤 사건을 일어나게 하는 요인이며 또한 주로 나쁜 사건에 대한 원인을 말한다.

타 일어나게 만들다, 유발하다, 초래하다

As the oligonucleotides are separated and pass to the bottom of the gel, each is illuminated by a low-power argon laser beam that **causes** the dye attached to the primer to fluoresce.

관 be separated 분리되다, pass(자) 지나가다, illuminate(타) 빛을 조사하다=light up, fluoresce(자) 형광을 내다, cause(타) .... to 하는 것을 일어나게 하다

해 올리고 뉴크레오티드들이 분리되어 겔의 바닥까지 지나갈 때, 각각은 primer에 부착된 염료가 형광을 발산하도록 **만드는** 약한 힘의 아르곤 레이저광선에 의하여 조사된다.

참 DNA 서열결정의 자동화 : 컴퓨터화된 자동화서열결정기로 DNA의 서열이 결정될 때 형광염료를 붙인 primer들이 사용된다. 전기영동이 진행되면서 분리되고 있던 올리고 뉴크레오티드들이 레이저 광선이 조사되고 있는 일정한 부위를 통과할 때, 부착된 염료가 형광을 발하게 되고, 이 형광빛의 색상으로 염기의 종류가 판명된다.

caused 타 be ~ 원인이 되다, 유발되다

313 The visible symptoms of such an allergic response are **caused** by the release of histamine by mast cells, a type of cell found in loose connective tissue.

해 그러한 알레르기반응의 눈에 보이는 증상은 성긴 결체조직에서 발견되는 종류의 세포인 비만세포에 의한 히스타민의 유리에 의해서 **유발된다**.

참 히스타민 : 히스타민은 지역적인 면역반응과 위장의 기능에 영향을 주는 신경전달물질로 작용한다. 이 물질은 면역반응에 관여 하는 임파구 및 단백질에 대한 말초조직에서의 투과도를 증가시켜, 피부의 가려움증과 위장에서의 위산의 분비를 촉진한다.

causing 형 유발하는, 원인이 되는

50 The normal, wild-type forms of such "cancer-**causing**" genes generally encode proteins that help regulate cell proliferation or death

관 help(타) 촉진하다=improve, wild-type 야생형, cancer-causing gene=oncogene 발암유전자, proliferation 증식

해 그러한 "암**의 원인이 되는**" 유전자들의 정상인 야생형은 일반적으로 세포의 증식이나 혹은 죽음을 조절하는 것을 촉진하는 단백질을 인코딩한다.

caution 명 1 조심, 신중

4 The protein can then be purified by chromatography on columns with immobilized nickel. These procedures are convenient but require **caution**, because the additional amino acid residues in an epitope or His tag can affect protein activity.

해 다음에, 그 단백질은 고정화된 니켈로 채워진 칼럼형 크로마토그라피에 의하여 정제될 수 있다. 이 조작은 편리하지만 **주의**를 요한다. 왜냐하면 항원결정기eipitope나 혹은 His 태그에서 추가된 아미노산 잔기들이 단백질활성에 영향을 줄 수 있기 때문이다.

참 His tag : poly-histidine 태그로 적어도 히스티딘 5개 이상으로 구성된 모티브로 금속 니켈과 특이적으로 결합하는 능력을 가지고 있다. 유전공학적으로 발현하고자 하는 단백질의 N-이나 C-말단부에 이 서열의 태그를 붙여 발현시킨 후, 니켈을 고정상으로 하는 친화력 크로마토그라피로 쉽게 분리할 수 있다.

2 with ~ 신중하게

These findings must be interpreted with **caution** because most of the free amino acid pool in humans is found in the intracellular space. Therefore, changes seen in their plasma concentrations do not necessarily reflect their general metabolic fate.

관 be interpreted 해석되다, be found in ....에서 발견되다, reflect(타) 반영하다

해 이러한 발견은 **신중하게** 해석되어야 하는데, 이유는 사람에서 대부분의 자유형 아미노산 저장소가 세포내의 공간에서도 발견되기 때문이다. 그러므로 혈장농도에서 보이는 변화는 사람의 전반적인 대사의 결과를 반드시 반영하지는 않는다.

타 주의를 주다, ...에게 조심시키다

His doctor **cautioned** him that exogenous obesity (caused by overeating) represents a risk factor for atherosclerotic vascular disease, particularly when the distribution of fat is primarily "central" or in the abdominal region

관 represent(타) 나타네디=(symbol, express), atherosclerotic vascular disease 죽상경화성 혈관질환, abdominal 복부의,

해 그의 주치의는 (과식으로 인한) 외인성 비만은 특히 지방의 분포가 주로 "신체의 중앙부"나 혹은 복부영역에 있을 때, 죽상경화성 혈관질환의 위험인자를 나타낸다고 **주의를 주었다**.

참 Atherosclerosis (죽상동맥경화증) : 주로 중성지방과 콜레스테롤로 구성된 죽상의 덩어리 (atheromatous deposit)가 동맥 속에 쌓여 혈류를 막거나 동맥의 유연성을 떨어뜨리게 되는 질병이다.

center

212

타 중앙에 세우다, 중심을 두다

Particularly interesting questions concern the tension-sensing mechanisms that **center** chromosomes at the metaphase plate and translocate chromosomes at anaphase.

관 concern(타) ....에 관한 것이다=be about, center(타) 중앙에 세우다, translocate(타) 이동시키다 =move .... from one place to another, metaphase중기, anaphase 후기

해 특별히 흥미 있는 문제는 중기에 형성된 판에 염색체들을 **중앙에 세우고** 그리고 후기에 염색체를 이동시키도록 하는 장력을 감지하는 기전에 관한 것이다.

명 중심, 중앙

Another membrane structure, the transverse tubules (T-tubules), are thousands of invaginations of the sarcolemma that tunnel from the surface toward the **center** of the muscle fiber to make contact with the terminal cisterns of the sarcoplasmic reticulum.

관 tunnel(자) from .... toward ....로부터 ....로 향하는 굴 형태의 연결을 만들다, make contact with .... 와 접촉하다, sarcoplasmic reticulum 근소포체, cistern 수조

해 또 다른 막 구조인 가로소관 (T-tubule)은 근소포체의 말단의 수조들과 접촉하도록 표면으로부터 근섬유의 **중심**을 향하여 굴 모양의 연결을 만드는 근육 세포막의 수천 개의 함입부들이다.

참 외부자극의 활동전위신호가 T-tubule을 통하여 근소포체 (SR)에 전달되면, SR에 저장되어있던 Ca^{2+} 이온들이 신속하게 동원된다. T-tubule은 근육세포막과 연결되어있다.

centered

14

타 1 be ~ ....에 중심을 두다

A consensus sequence is the sequence most commonly found in a given region when many genes are examined. In the prokaryote *E. coli*, the consensus sequence is TATAAT, which is known as the TATA or Pribnow box. It is **centered** about –10 and is recognized by the sigma factor.

관 be known as ....로 알려져 있다, be recognized 인식되다

해 공통서열이란 많은 유전자가 조사될 때 어떤 주어진 영역에서 대부분 공통적으로 발견되는 서열이다. 원핵세포 *E. coli*에서 공통서열은 TATAAT인데, TATA나 Pribnow상자로 알려져 있다. 이 서열은 약 -10 bp 근처에 **중심을 두고 있으며** 시그마인자에 의하여 인식된다.

참 유전자나 단백질에서 일정한 역할을 하는 부위들은 기능에 따라 일정한 핵산 혹은 아미노산 서열로 구성되어있는데 consensus sequence (공통서열)이라 한다.

2 ~ on ....에 주된 관심이 주어지다

Much current research is **centered** on the roles of various animal lectins (eg, the selectins) in cell-cell interactions that occur in pathologic conditions such as inflammation and cancer metastasis.

관 be centered 주된 관심이 주어지다=be a major concern or theme, inflammation 염증, metastasis 전이

해 많은 작금의 연구는 염증과 암의 전이와 같은 병리적 환경에서 발생하는 세포와 세포 사이의 상호 결합에서 다양한 동물성 lectin (즉, selectin들)의 역할에 **주된 관심이 주어져있다**.

참 Selectin 단백질 : 세포접착분자cell adhesion molecule (CAM) 패밀리 에 속하는 단백질로 한 개의 사슬로 된 세포막을 관통하는 당단백질이다. 염증반응에서 히스타민과 트롬빈은 내피세포에 저장되어있던 P-selectin을 동원시키고, 이에 반해 TNF-α와 같은 cytokine은 E-selectin의 발현을 촉진한다.

central

203

형 중심의, 중앙의

The binding of 2,3-bisphosphoglycerate (BPG) to Hemoglobin(Hb) promotes the release of O_2. The tetrameric Hb molecule has but one binding site for BPG. This site is situated within the

central cavity formed by the association of the four subunits.

구 be situated 위치하다=be located, has but one 오직 하나만을 가지다=has only one

해 2,3-BPG의 헤모글로빈 (Hb)과의 결합은 O_2의 유리를 증진시킨다. 4량체 Hb분자는 단지 한 개의 BPG 결합자리를 가지고 있다. 이 자리는 4개의 아단위체의 결합에 의해 형성된 **중앙의** 빈 공간 안에 위치하고 있다.

참 2,3-bisphospoglycerate (BPG)는 헤모글로빈의 산소에 대한 친화력을 조절할 수 있는 포도당의 대사 중간물질이다.

centrifugation

355

명 원심분리

Subsequent **centrifugation** in the ultracentrifuge at 100,000g for 60 minutes results in deposition of the plasma membrane, fragments of the endoplasmic reticulum, and large polyribosomes.

해 뒤따르는 100,000g에서 60분간의 초원심분리기에서의 **원심분리**는 원형질막, 소포체의 조각 및 큰 다중리보솜의 침전의 결과를 만든다.

centrifuged

267

타 be ~ 원심분리되다

A cell extract is mixed with a solution of CsCl to a final density of about 1.7 g/cm^3 and **centrifuged** at 40,000 rpm(giving relative *centrifugal* forces of about 200,000 g). The biological macromolecules in the extract will move to equilibrium positions in the CsCl gradient that reflect their buoyant densities.(isopycnic centrifugation)

구 cell extract 세포추출물, move(자) to ....까지 이동하다, reflect (타) 반영하다, buoyant densities 부유밀도

해 어떤 세포추출물이 CsCl 용액과 혼합되어 최종밀도가 약 1.7g/cm^3가 되도록 하고 40,000 rpm (상대*원심력*이 약 200,000g을 주는)에서 **원심분리된다**. 추출물 속의 생체거대분자들은 자신의 부유밀도를 반영하는 CsCl 농도구배에서의 평형위치까지 이동하게 될 것이다.

참 원심분리 실험법 : 일반 원심분리와 초원심분리 방법이 있다. 생체거대분자들을 분리하려면 큰 원심력이 필요하기 때문에 회전속도가 1분에 40,000회 이상이 되는 초원심분리법이 사용된다. 이때 CsCl은 용액상태에서 원심력과 확산력에 의하여 일련의 농도구배를 만들게 된다. 그래서 각 분자는 자신의 밀도와 일치하는 곳 (부유밀도buoyant density)에서 이동을 멈추게 된다.

certain

107

형 1 어떤

Each chromosome contains a single linear DNA molecule associated with **certain** proteins. In prokaryotic cells, most or all of the genetic information resides in a single circular DNA molecule about a millimeter in length; this molecule lies, folded back on itself many times, in the central region of the cell

구 reside in 존재하다=be present in, mm in length 밀리미터 길이로, lie in ....에 놓여있다

해 각 염색체는 **어떤** 단백질들과 결합된 하나의 직선형 DNA분자를 함유하고 있다. 원핵세포에서, 대부분의 유전정보는 약 1 mm 길이의 단 하나의 원형 DNA분자 안에 존재하고 있다; 이 분자는 자신의 분자 위에 몇 번이나 반복적으로 접힌 상태로, 세포의 중앙부에 놓여있다

참 원핵세포 (박테리아)의 염색체 DNA는 원형으로 닫힌 상태로 되어 세포질 속에 있지만 진핵세포의 각 염색체는 한 개의 직선형의 열린형 DNA구조로 핵막으로 둘러싸여 있어서 세포질과 분리된 상태로 존재한다.

2 (많지 않은 양이나 수준) 어느

Bilirubin accumulates in the blood, and when it reaches a **certain** concentration (approximately 2–2.5 mg/dL), it diffuses into the tissues, which then become yellow. That condition is called jaundice or icterus.

구 reach(타) a certain concentration ....에 이르다, diffuse into ....속으로 확산하다, jaundice 황달, icterus 신생아황달

해 Bilirubin이 혈액에 축적되어 **어떤 농도** (약 2-2.5 mg/dL)에 이르게 되면, 조직으로 확산되어나가서, 그 조직은 노랗게 된다. 그 상태가 황달 혹은 신생아황달이라 한다.

3 확신하는, 자신하는

At present, NMR spectroscopy can determine the structures of only relatively small proteins (>40 kd), but its revolving power is **certain** to increase.

구 at present 현재에, resolving power 해상력, be to+부정사 예정

해 현재, NMR분광법은 비교적 작은 단백질 (40 kd 이하)만의 구조를 결정할 수 있지만, 그 해상력이 증가될 것은 **확실하다**.

4 for ~ 확실하게

The mechanism by which cytotoxic T cells kill their targets is not known for **certain**.

구 for certain 확실하게=without any doubt

해 세포독성T세포가 자신의 표적을 죽이는 기전은 **확실하게** 알려져 있지 않은 상태이다.

certainty 명 확신을 가지고, 확실히

3

The enzyme complex called ATP synthase is normally driven by the large electrochemical proton gradient maintained by the respiratory chain to make most of the cell's ATP. The exact number of protons needed to make each ATP molecule is not known with **certainty**.

구 be driven 추진되다, be maintained 유지되다, respiratory chain 호흡연쇄반응

해 ATP synthase라 하는 효소복합체는 세포의 대부분의 ATP를 만드는 호흡연쇄반응에 의해 유지되는 큰 전기화학적 양전자의 농도경사에 의하여 정상적으로 추진된다. 각 ATP분자를 만드는데 필요한 정확한 양성자의 수는 **확실하게** 알려져 있지 않다.

chain 명 사슬, 연쇄반응

514

Vitamin E is an efficient antioxidant and nonenzymatic terminator of free radical **chain** reactions, and has little pro-oxidant activity.

해 비타민 E는 효율이 좋은 항산화제이고, 자유라디칼 **연쇄**반응의 비효소적 종결제이며, 그리고 pro-oxidant 활성은 거의 가지고 있지 않다.

참 pro-oxidant (산화활성제) : 산화제의 전구체 즉 산화제가 될 수 있는 능력을 가진 화합물.

challenge 명 1 도전

69

The complex pathogenesis of atherosclerosis presents a daunting **challenge** to modern molecular medicine. However, as our understanding of the cell biology underlying this complexity has advanced, many opportunities for intervening in the disease process by modulating cellular pathways have arisen.

구 pathogenesis 발병원인, atherosclerosis 죽상동맥경화증, daunting 기를 꺾는, present a challenge to ....에 대한 도전을 제시하다, underlying 기반이 되는=being the cause or base of, advance(자) 발전하다, intervene(자) in 억제하다=come between so as to prevent something, modulate(타) 조절하다, arise(자) 나타나다

해 죽상동맥경화증의 복잡한 발병원인은 현대의 분자의학에 대한 **도전**을 머뭇거리게 하였다. 그러나 이 복잡성의 기반이 되는 세포생물학에 대한 우리의 이해가 발전함에 따라, 세포의 경로를 조정하여 질병의 과정을 억제할 수 있는 많은 기회가 나타나게 되었다.

2 (노력과 결단력을 필요로 하는) 새롭고 어려운 방법

To understand the **challenge** of generating monoclonal antibodies, we need to briefly review how antibodies are produced by mammals.

구 review 자세히 다시 보다=(inspect agin, look at closely)

해 한무리 항체를 만드는 **방법**을 이해하기 위하여, 우리는 포유동물에 의하여 항체가 생산되는 방법을 간단하게 리뷰(복습)할 필요가 있다.

참 A *challenge* is something new and difficult which requires great effort and determination.

타 자극하다, 도전하다

This variation of variable regions in immunoglobulins accounts for antibody diversity and the ability of antibodies to recognize and bind a virtually limitless range of antigens. This full

potential of antibody-antigen recognition enables organisms to mount immunologic responses to almost any antigen that might **challenge** the organism.

관 account for=be responsible for ....를 책임지고 있다, variation 변이, diversity 다양성, mount(타) 준비하다=initiate (a course of action), challenge(타) 자극하다=(summon to action, effort; stimulate)

해 면역글로브린에서 변이영역의 다양화는 항체의 다양성과 실제적으로 무제한 범위의 항원들을 인식하여 결합할 수 있는 항체의 능력을 책임지고 있다. 이 항원항체 인식반응의 완벽한 잠재력이 그 생명체를 **자극할** 수도 있는 어느 항원에 대해서라도 생명체들이 면역반응을 준비하는 것을 가능하도록 한다.

challenged
45

타 be ~ 도전을 받다

More recently, this view has <u>been **challenged**</u> by evidence that genomes are in fact reservoirs of adaptive phenotypic plasticity.

관 view 견해, adaptive 적응할 수 있는, adaptive phenotypic plasticity 적응을 위한 표현유연성

해 더욱 최근에, 이 견해는 유전체들이 실제로 적응을 위한 표현유연성의 저장소라는 증거에 의하여 **도전을 받아왔다**.

참 adaptive phenotypic plasticity (적응을 위한 표현유연성): 유전체 DNA서열의 변화는 임의적으로 발생하는 것이 아니고, 어떤 변화에 적응하면서 획득한 혜택이 적용된 결과로 DNA서열의 변화가 일어나기 때문에, 임의적인 속도보다 더 빠르게 일어날 것이라고 주장하는 이론.

change
1004

명 변화, 바뀜

Genetic **change** is produced by unrepaired mutations and by a mechanism known as recombination in which portions of chromosomes are exchanged.

해 유전적 **변화**는 수리되지 않은 돌연변이들에 의하여도 만들어지고 그리고 염색체의 일부분이 상호 교환되는 재조합반응으로 알려진 어떤 기전에 의하여도 만들어진다.

타 변화시키다, 바꾸다

Proteins can serve as structural components of a cell by forming an internal skeleton. They can be sensors that **change** shape as temperature, ion concentrations, or other properties of the cell **change**.

관 serve as ....로 사용되다=be of use (in achieving something), change(자, 타)

해 단백질은 내부골격구조를 형성하여 세포의 구조용 구성요소로써 사용될 수 있다. 그들은 온도, 이온농도 혹은 세포의 다른 행동특성이 **변화함**에 따라서, 모양을 **바꾸는** 센서가 될 수 있다.

참 change, vary, alter의 차이점 : change는 영원한 변화를 의미하고 vary는 일시적인 변화를 나타낸다. 예) you can *change* your sex (via an operation), but you can not *vary* your sex. 또한 change는 다른 것으로 바꾸는 것을 의미하고 alter는 어떤 것들에 대해 맞추어 변화시키는 것을 표현한다. 예) I don't really like this dress, let's *change* it for another one. 옷을 좋아하지 않아서, 다른 옷으로 바꿔 입는다. To *alter* clothes means to make the sleeves shorter. 그러나 실제적으로 큰 차이가 없이 사용된다고 한다.

자 변화되다. 변화하다, 바뀌다

Transcription can **change** within one cell type in response to an external signal or in accordance with a biological clock; some genes, for instance, undergo a daily cycle between low and high transcription rates.

관 in accordance with (rule) ....와 동조하여=in a manner conforming with, undergo(타) 수행하다

해 전사반응은 어떤 종류의 세포 안에서 외부신호에 반응하여 혹은 생체시계에 동조하여 **변화될** 수 있다; 예를 들면, 일부 유전자들은 낮고 높은 전사속도 사이에서 일주기성 순환을 수행한다.

changed
79

타 be ~ 변화되다

One type of thalassemia is caused by a nonsense mutation. Codon 17 of the β-globin chain <u>is **changed**</u> from UGG to UGA. This **change** results in the conversion of a codon for a tryptophan residue to a stop codon.

해 한 종류의 thalassemia는 nonsense 돌연변이에 의하여 초래된다. β-globin의 17번 유전부호가

UGG에서 UGA로 **변화된다**. 이 변화는 결과적으로 트립토판 잔기의 부호를 종결코돈으로 전환시킨다.

참 탈라세미아 : 헤모글로빈 유전자의 어떤 유전부호가 종결코돈으로 변이되어 그 이후의 펩티드들이 발현되지 않게 되는 (nonsense변이) 유전성 질환이다. 이에 비해 sickle cell (낫형 세포) 빈혈 헤모글로빈은 점돌연변이에 의해 glutamic acid가 valine으로 치환되지만 전체 단백질이 발현된다.

channel 명 채널, 통로단백질

886

These pumps, transporters, and ion **channels** move nearly all small molecules and ions into or out of the cell and its organelles.

해 이들 펌프, 수송체 및 이온**채널**은 세포 및 소기관의 안으로나 밖으로 거의 모든 작은 분자와 이온들을 이동시킨다.

참 통로단백질 channel과 펌프단백질 : 통로단백질을 통하여 이온이나 작은 분자들이 농도구배에 의한 수동적인 확산의 힘으로 이동되지만, 특히 특정한 이온에 대하여 특이성을 띠고 있다. 이에 반해, 펌프는 에너지를 사용하여 농도구배에 역행하여 이온들을 능동적으로 수송한다.

channeled 타 be ~ to ....로 통로를 통하여 전달되다

2

Polypeptides with different catalytic activities cluster closely together as subunits of a multimeric enzyme or assemble on a common "scaffold". This arrangement allows the products of one reaction to be **channeled** directly to the next enzyme in the pathway.

관 cluster(자) 집단적으로 모이다, be channeled to .....통로를 통하여 전달되다, scaffold 받침대

해 서로 다른 촉매활성을 가진 폴리펩티드들이 다중체 효소의 아단위체로써 가까이 집단적으로 모이거나 혹은 공통의 "받침대" 위에서 조립된다. 이러한 배열은 그 경로에서 하나의 반응산물이 다음 효소로 **통로를 통하여** 직접 **전달되는 것**을 가능하게 한다.

character 명 1 (사물을 구별하는데 필요한 기본적인 성질) 특성

11

The spontaneous assembly of membranes in the aqueous environment where life arose and exists is the natural result of the hydrophobic ("water-fearing") **character** of their lipids and proteins.

관 spontaneous assembly 자발적인 조립, arise(자) 발생하다=appear

해 생명이 발생해서 존재하고 있는 곳인 수용성 환경에서, 생체막의 자발적인 조립은 지질과 단백질의 소수성 ("물을 무서워하는") **특성**의 자연적인 결과이다.

참 소수성과 친수성 : 소수성hydrophobicity이란 물을 싫어하는 성질을 말하며 반대 개념으로 친수성 hydrophilicity이 있다. 물은 인체의 약 70%을 차지하고 있어서, 모든 생화학적 반응은 물과 반응하여 일어나기 때문에 물의 특성을 이해하는 것이 중요하다.

2 (사물을 구별하는 기본적인) 성질, 성격

The solubility and melting points of amino acids reflect their ionic **character**.

해 아미노산의 용해도와 녹는점은 이온성의 **성질**을 반영한다.

characteristic 형 특징적인, 특색이 있는, 독자적인

230

Hydrogen, oxygen, carbon, nitrogen, phosphorus, and sulfur are the most abundant elements found in biological molecules. As a rule, each type of atom forms a **characteristic** number of covalent bonds with other atoms,

관 as a rule 보통; 법칙에 따라=usually, characteristic 특징적인=(typical, distinctive)

해 수소, 산소, 탄소, 질소, 인 및 황은 생체분자에서 발견되는 가장 풍부한 원소들이다. 법칙에 따라 각 유형의 원자들은 다른 원자들과 어떤 **특징적인** 수의 공유결합을 형성한다.

명 특성 (어떤 사물이 소유하고 있어서 다른 것과 구별할 수 있게 하는 기본 성격)

The unique **characteristics** of a protein are dictated by its linear sequence of amino acids, termed its primary structure. The primary structure of a protein determines how it can fold and how it interacts with other molecules in the cell to perform its function.

관 dictate(타) 결정적으로 영향을 주다=(decisively affect, determine), perform its function 기능을 수

행하다, primary structure 일차구조, fold(자) 접히다

해 어떤 단백질의 고유한 **특성**은 단백질의 일차구조라는 용어로 불리는 직선형으로 나열된 아미노산 서열에 의하여 결정된다. 이 일차구조는 단백질의 기능을 수행하기 위하여 단백질이 어떻게 접히며 그리고 세포에서 다른 분자들과 어떻게 상호반응을 하는가를 결정한다.

참 단백질은 1, 2, 3 및 4차구조로 단계적으로 형성된다. 단백질이 기능을 나타내기 위해서는 3차 이상의 구조로 형성되어야 한다. 즉 기능을 할 수 있는 단 한 개의 아단위체로 되어있으면 3차구조를 하고 있다고 말하고 3차구조의 아단위체가 2개 이상으로 결합된 단백질들은 4차구조를 형성하고 있다고 한다. 이런 의미로 단량체인 myoglobin는 3차구조를 반면에 4량체인 헤모글로빈은 4차구조를 하고 있다고 표현할 수 있다.

characteristical-ly
7

부 특징적으로

Membrane proteins **characteristically** have fewer hydrophilic amino acids than cytosolic proteins.

해 막 단백질은 **특징적으로** 세포질의 단백질보다 더 적은 친수성의 아미노산들을 가지고 있다.

참 세포막은 지질이중층으로 되어있으므로 지질층을 관통하는 부위는 주로 소수성 아미노산들로 구성되어있다. 반면에 세포질 단백질은 수용액에 노출되어있으므로 물과 친화력을 보이는 친수성 아미노산들이 표면에 분포되어있는 것이 특징이다.

characterization
197

명 특성의 결정

Subsequent studies led to the isolation and **characterization** of four different but related genes that can convert C3H 10T1/2 cells into muscle.

해 차후의 연구들이 C3H 10T1/2세포를 근육으로 전환할 수 있는 4종의 서로 다르지만 연관이 되는 유전자를 분리하여 **특성을 결정하기**에 이르렀다.

참 C3H 10T1/2세포주는 생쥐 배아의 섬유모세포에서 유래된 줄기세포이며, 세포의 분화의 연구에 많이 이용되고 있다.

characterize
83

타 1 특성을 결정하다

Two properties of a protein, specificity and affinity, **characterize** its interaction with ligands.

해 어떤 단백질의 2가지 행동특성인 특이성과 친화력은 리간드와 자신의 상호결합의 **특성을 결정한다**.

참 ligand리간드 : 수용체와 특징적으로 결합할 수 있는 생체분자이다. 예를 들면 인슐린이 수용체에 결합하여 세포에서 작용할 때 인슐린을 리간드라 한다.

2 특성을 밝히다

One of the most basic ways to **characterize** a cloned gene is to determine when and where in an organism the gene is expressed. Expression of a particular gene can be followed by assaying for the corresponding mRNA by Northern blotting, named, in a play on words, after the related method of Southern blotting.

관 be followed 추적되다, corresponding 해당하는, name(타) .... after ....따라 ....의 이름을 부르다

해 클로닝된 유전자의 **특성을 밝히는** 가장 기본적인 방법 중 하나는 어떤 생명체에서 언제 어느 곳에서 그 유전자가 발현되는가를 결정하는 것이다. 어떤 특정 유전자의 발현은 단어놀이를 하듯이 Southern blotting이라는 연관된 방법의 이름을 따서 명명한 노던 블롯팅에 의해 해당 mRNA를 조사하여 추적할 수 있다.

참 Southern blotting은 DNA와 DNA의 짝짓기원리를 이용하는 실험방법인데 이 기술을 고안한 과학자의 이름을 따서 붙인 것이며, 이와 관련된 Northern blotting은 RNA와 DNA사이의 짝짓기원리를 이용하여 mRNA 의 발현을 조사하는데 사용된다.

characterized
329

타 be ~ 특성이 규명되다, 알려지다, 특징지어지다

An important mechanism of arachidonate release and eicosanoid synthesis involves tissue injury and inflammation. Examples of tissue injury in which eicosanoid synthesis has been **characterized** include heart attack (myocardial infarction), rheumatoid arthritis, and ulcerative colitis.

관 heart attack 심장마비, myocardial infarction 심근경색, rheumatoid arthritis 류마티스성 관절염, ulcerative colitis 궤양성대장염

해 Arachidonate가 유리되어 eicosanoid류로 합성되는 중요한 기전은 조직의 손상과 염증에서 일어난

다. 현재까지 eicosanoid류의 합성의 **특성이 알려져 있는** 조직 손상의 예는 심장마비 (심근경색), 류마티스관절염 및 궤양성대장염을 포함한다.

참 조직의 손상 혹은 염증반응은 아라키돈산을 원료로 하여 prostaglandin류, 류코트리엔 등의 icosanoid류를 합성하여 반응하게 된다. 염증 전문세포인 단핵구monocyte 와 중성구neutrophile 등은 손상된 부위를 침범하여 들어가 조직의 근육 및 섬유모세포들과 상호반응을 하게 된다. 이 반응에서 아라키돈산이 유리되고 그 결과 eicosanoid류의 합성이 촉진된다.

charge 명 1 전하

198

SDS denatures proteins, causing multimeric proteins to dissociate into their subunits, and all polypeptide chains are forced into extended conformations with similar **charge**:mass ratios. SDS treatment thus eliminates the effect of differences in shape, and so chain length, which corresponds to mass, is the sole determinant of the migration rate of proteins in SDS-polyacrylamide electrophoresis.

괄 denature(타), cause .... to 그 결과 ....하도록 만들다, be forced into ....가 되게 만들다, correspond(자) to 일치하다=match almost exactly with

해 SDS는 단백질을 변성시키고, 그 결과 다중체 단백질을 자신의 아단위체로 분해시켜서, 모든 폴리펩티드사슬들이 비슷한 **전하**:질량비를 가지는 풀어진 입체구조로 되게 만든다. 그래서 SDS의 처리는 모양의 차이에서 오는 효과를 제거하므로, 질량에 해당하는 사슬의 길이가 SDS-polyacrylamide 전기영동법에서 단백질의 이동속도를 결정하는 유일한 요인이 된다.

참 SDS (sodium dodecylsulfate) : 음전하를 띠고 있는 계면활성제로 단백질의 분자량을 서로 비교하는 SDS-polyacrylamide gel 전기영동법에서 사용된다. 일반 생활용품에서는 치약에서 세정효과를 주는 계면활성제로 쓰인다.

2 in ~ ....의 지배하에 있는, 책임을 지는

Because hypothalamic hormones control the secretions of the anterior pituitary gland, and the anterior pituitary hormones control the secretions of some other endocrine glands, it may seem that the hypothalamus is <u>in **charge**</u> of hormonal secretion for the whole body.

괄 hypothalamic hormone 시상하부호로몬, be in charge ....의 책임을 지다=be responsible for, anterior pituitary hormone 뇌하수체후엽호르몬

해 시상하부 호르몬은 뇌하수체 전엽의 분비를 조절하고, 그리고 뇌하수체전엽 호르몬은 일부 다른 내분비샘의 분비를 조절하기 때문에, 시상하부는 몸 전체를 위한 호르몬의 분비를 **지배하고 있는** 것 같다.

타 충진하다, 채우다, 담는다

The **charging** of the tRNA molecule <u>with</u> the aminoacyl moiety requires the hydrolysis of an ATP to an AMP.

괄 charge A with B=A를 B로 충진하다, moiety 부분=(functional group, part of molecule)

해 tRNA분자를 aminoacyl작용기로의 **채움**반응은 ATP의 AMP로의 가수분해를 필요로 한다.

charged 타 1 be ~ 전하를 띠다

96

Nitrogen is an electronegative atom with two unshared electrons in its outer valence shell. At neutral pH, the nitrogen in amino groups is usually bonded to four other atoms and carries a positive charge. However, the presence of nitrogen atom in an organic compound will increase its solubility in water, whether the nitrogen <u>is **charged**</u> or uncharged.

괄 carry(타) a positive charge 양의 전하를 띠다, valence shell 원자가껍질, solubility 용해도

해 질소는 전자가를 결정하는 외곽껍질에서 공유되지 않은 2개의 전자를 가지고 있는 전기적으로 음전하를 띠는 원소이다. 중성 pH에서 아미노기에 있는 질소는 일반적으로 4개의 다른 원자와 결합하여 양전하를 가진다. 그러나 어떤 유기화합물 속의 질소원자의 존재는 질소가 **전하를 띠거나** 띠지 않거나 상관없이 물속에서 용해도를 증가시킬 것이다.

참 전기음성도electronegativity : 전자를 끌어당기는 힘의 정도를 말한다. 생체원자 중에서 O가 가장 크고 N, P, S 등의 순서로 작아진다. 따라서 이러한 원자를 함유하고 있는 분자들은 이 원자로 전자가 쏠리게 되어 전자분포의 불균형이 만들어지고 따라서 극성을 띠게 된다.

2 be ~ 채워지다

Before the condensation reactions that build up the fatty acid chain can begin, the two thiol groups on the enzyme complex must be **charged** with the correct acyl groups

구 condensation 응축, build up 점진적으로 만들다=gradually increase, begin(자) 시작하다

해 지방산 사슬을 점진적으로 만드는 응축반응이 시작될 수 있기 전에, 효소복합체 상의 2개의 thiol기가 올바른 acyl기로 **채워져**야 한다.

chimeric

61

형 혼성의, 잡종의

Recombinant plasmids are hybrid DNA molecules consisting of plasmid DNA sequences plus inserted DNA elements called inserts. Such hybrid molecules are also called **chimeric** constructs or **chimeric** plasmids.

해 재조합 플라스미드란 plasmid DNA서열과 insert라 불리는 삽입된 DNA요소와 함께 구성된 **잡종** DNA분자이다. 그러한 잡종분자는 또한 잡종구축체*chimeric* construct나 잡종플라스미드*chimeric* plasmid라고도 불린다.

choice

13

명 선택

An early embryonic stem cell can form every type of cell, an ectodermal cell has a **choice** between neural and epidermal fates, while a keratinocyte precursor can form skin but not neurons.

구 every <단수> type of cell, form(타) 형성하다, have a choice between .... 사이의 선택을 하다, ectodermal celld외배엽세포, keratinocyte 각질세포

해 초기의 배아줄기세포는 모든 종류의 세포를 형성할 수 있고, 외배엽세포는 신경세포와 표피세포로의 운명 사이에서 **선택**을 하고, 반면에 각질세포의 전구체는 피부세포를 형성할 수 있지만 신경세포는 형성할 수 없다.

choose

19

타 선택하다

How do aminoacyl tRNA synthetases **choose** their tRNA partners? Their precise recognition of tRNAs is as important for high-fidelity protein synthesis as is the accurate selection of amino acids.

구 precise recognition 정확한 인식, as .... as <동등비교> ....한 만큼이나, high-fidelity 높은 정확도

해 Aminoacyl tRNA synthetase는 자신의 tRNA 파트너를 어떻게 **선택할까**? 그 tRNA에 대한 정확한 인식반응은 아미노산의 정확한 선택만큼이나 높은 정확도의 단백질합성을 위하여 중요하다

chosen

63

타 be ~ 선택되다

We present here the mechanisms for four enzymes: chymotrypsin, hexokinase, enolase, and lysozyme. They are **chosen** in part because they are among the best understood enzymes, and in part because they clearly illustrate some general principles outlined in this chapter.

구 present(타) 보여주다=(display, demonstrate), be among ....에 속하다, illustrate(타) 명확하게 보여주다, outline(타) 개략적으로 설명하다, in part 부분적으로

해 여기서 chymotrypsin, hexokinase, enolase, 및 lysozyme 4가지 효소에 대한 기전을 보여주고자 한다. 이들은 한편으로 가장 잘 알려진 효소에 속하기 때문에, 또한 또 다른 이유로는 이 장에서 개략적으로 설명된 일반적인 원리를 명확하게 보여주기 때문에 **선택되었다.**

circle

29

명 원모양, 원형

Figure 10. The DNA-binding helix-turn-helix motif. The motif is shown in (A), where each white **circle** denotes the central carbon of an amino acid.

구 denote(타) 표시하다=(indicate, designate, mark, symbolize)

해 그림 10. DNA와 결합하는 helix-turn-helix 모티브. 이 모티브가 (A)에서 보이고 있으며, 여기서 각각의 흰색 **원모양**은 아미노산의 중심탄소를 표시한다.

circular

18

형 원형의, 순환의

The DNA molecules in human chromosomes are linear. However, electron microscopic and other studies have shown that intact DNA molecules from some other organisms are **circular**.

관 linear 직선형의≠circular, intact 온전한=(entire, unbroken)

해 사람 염색체에 있는 DNA 분자는 직선형이다. 그러나 전자현미경과 다른 연구들은 일부 다른 생명체의 온전한 DNA 분자가 **원형**임을 보여주었다.

circulate 자 순환하다, 돌아다니다

48 Such regulated adhesion presumably allows blood cells to **circulate** unimpeded in bloodstream until they are activated by an appropriate stimulus

관 adhesion 부착반응, circulate(자) 순환하다, unimpeded 방해받지 않으면서 <보어>=unhindered

해 그렇게 조절되는 부착반응이 아마도 혈구세포들이 적절한 자극에 의하여 활성화될 때까지, 혈류 속에서 방해를 받지 않고 **순환하는** 것을 가능하게 하는 것 같다.

circulation 명 순환

30 When the infection has been cured, damaged tissue is repaired and the remaining macrophages and other leukocytes move out of the artery wall and reenter the **circulation**.

해 감염이 치료되면, 손상된 조직이 수리되고 남아있던 대식세포와 다른 백혈구들이 동맥의 벽으로부터 나와서 **순환**으로 다시 들어간다.

circulatory 형 순환성의, 순환의

5 **Circulatory** monocytes are the precursors of tissue macrophages. Macrophages are phagocytic cells that enter inflammatory sites and consume microorganisms and necrotic host cell debris left behind by granulocyte attack of the foreign material.

관 monocyte 단핵구, tissue macrophage 조직 속의 대식세포, consume(타) 과식하다=eat excessively, be left behind 뒤에 남다, granulocyte 과립구세포

해 **순환성의** 단핵구세포는 조직 속의 대식세포의 전구체이다. 대식세포는 염증부위로 들어가 미생물과 외부물질에 대한 과립구세포의 공격의 결과로 남게 된 괴사된 숙주세포의 찌꺼기를 즉시 먹어치우는 포식세포이다.

clarification 명 규명, 해명, 설명

5 **Clarification** of how the information in DNA is converted into functional proteins came with the discovery of both messenger RNA and transfer RNA and with the deciphering of the genetic code.

관 come with ....와 함께 오다=accompany, decipher(타) 해독하다=(decode, interpret), genetic code 유전암호

해 DNA 속의 정보가 기능을 하는 단백질로 어떻게 전환되는가의 **규명**은 전령RNA와 수송RNA 모두의 발견과 유전암호의 해독하는 것과 함께 왔다.

clarify 타 (의견, 견해)을 분명히 하다, 규명하다

16 Future research will likely reveal additional activities of hnRNP and nuclear mRNP proteins and **clarify** their mechanisms of action.

관 reveal(타) 밝혀내다=disclose (previously unknown or secret information), clarify(타) 규명하다

해 앞으로의 연구가 hnRNP와 핵의 mRNP 단백질의 추가적인 활성을 밝혀낼 것이며 또한 작동기전도 **규명할** 것이다.

clarified 타 be ~ 밝혀지다, 명확하게 되다

41 Recombinant DNA technology has had a major impact on many aspects of hematology. The bases of the thalassemias and of many disorders of coagulation have been greatly **clarified** by investigations using cloning and sequencing.

관 have a impact on 큰 영향을 주다, aspect 특정분야=a particular part of feature, investigation 조사연구

해 재조합DNA기술은 혈액학의 많은 특정분야에 중요한 영향을 끼쳐왔다. 클로닝과 서열결정기술을 사용한 조사연구에 의하여 thalassemia와 많은 혈전성 질환의 기초가 상당히 **밝혀져 왔다**.

[참] thalassemia : 헤모글로빈유전자의 돌연변이에 의하여 나타나는 질병으로 주로 지중해 연안에 분포하고 있다. changed 참조

class | [명] 과, 그룹, 부류

254 | Scientists initially approached structure-function relationships in proteins by separating them into **classes** based upon properties such as solubility, shape, or the presence of nonprotein groups.

[구] initially 초기에=at the beginning, approach(타) 다루기 시작하다=begin to deal with, separate(타) .... into classes ....를 그룹들로 분류하다

[해] 과학자들은 초기에 용해도, 모양 혹은 비단백질성 작용기의 존재와 같은 행동특성에 기초를 두고 단백질을 **그룹**으로 나누어서 단백질에서 구조와 기능의 관계를 다루기 시작하였다.

classed | [타] be ~ ....로 분류되다

1 | Transport proteins are all **classed** as integral membrane proteins, ranging in size from small peptides to large, multisubunit protein complexes.

[구] be classed as ....로 분류되다, range in .... from .... to=vary between

[해] 수송단백질은 모두 크기에 있어서 작은 펩티드로부터 큰 다중단위체로 된 단백질 복합체에 이르는 통합막단백질로 **분류된다**.

classification | [명] 분류

58 | **Classification** based on energy sources gives two groups: phototrophs and chemotrophs.

[구] Classification *gives* two groups 분류는 2그룹으로 나뉘다, phototroph 광합성영양체, chemotroph 화학합성영양체

[해] 에너지 근원에 기반을 둔 **분류**는 2개의 그룹인 광합성영양체와 화학합성영양체들로 나뉜다.

classify | [타] 분류하다

11 | It is useful to **classify** membrane proteins into two types: integral and peripheral.

[구] classify .... into ....를 ....로 분류하다, integral 통합형, peripheral 말초형

[해] 막단백질을 통합형과 말초형의 2종류로 **분류하는** 것이 유용하다.

classified | [타] be ~ into ....로 분류되다

36 | Glycosaminoglycans are **classified** into several major types based on the nature of the repeating disaccharide unit: heparan sulfate, chondroitin sulfate, dermatan sulfate, keratan sulfate, and hyaluronan.

[구] be based on ....에 기반을 두고, repeating unit 반복단위

[해] Glycosaminoglycan은 반복되는 이당류 단위체의 성질에 기반을 두고 몇몇의 주된 종류인 heparan sulfate, chondroitin sulfate, dermatan sulfate, keratan sulfate, 및 hyaluronan로 **분류된다**.

clear | [형] 명확한, 뚜렷한

199 | It is **clear** that the signals in DNA which control transcription in eukaryotic cells are of several types.

[구] it is .... that <가주어>, be of several types 몇 종류가 되다; of+명사=형용사

[해] 진핵세포에서 전사반응을 조절하는 DNA 속의 신호가 여러 종류로 되어있잔 것은 **명확하다**.

[타] 제거하다

Sulfation is used by the liver to **clear** steroid hormones from the circulation. The sulfate used for this purpose can be obtained from the degradation of cysteine or methionine.

[구] sulfation 황산화, sulfate 황산기, clear(타) 제거하다=remove, for this purpose 이 목적으로

[해] 황산화반응은 간에 의하여 순환 중인 스테로이드호르몬을 **제거하기** 위하여 사용된다. 이 목적으로 사용되는 황산기는 cysteine이나 methionine의 분해로부터 얻어진다.

cleared | [타] be ~ 제거되다

52 | Because the metabolic clearance rates of these steroids are inversely related to the affinity of their binding to sex hormone-binding globulin (SHBG), estrone is **cleared** more rapidly than estradiol, which in turn is **cleared** more rapidly than testosterone or DHT.

관 clearance rate 제거율; 크리어런스율, be inversely related to 반대의 관계가 있다, in turn 다시

해 이들 스테로이드의 대사 제거율은 성호르몬 결합글로브린 (SHBG)과의 결합친화력과 반대의 관계가 있기 때문에, estrone은 estradiol보다 더 신속하게 **제거되며**, estradiol은 다시 testosterone이나 DHT보다 더 빠르게 **제거된다**.

참 sex hormone-binding globulin (SHBG) : 성호르몬 결합글로브린은 testosterone과 estradiol등의 성호르몬에 특이적으로 결합하는 당단백질로 혈액에서 거의 모두 결합된 상태로 존재하며 일부는 자유형으로 있으면서 세포 안으로 들어갈 수 있는 활성형이 된다. SHBG의 친화력은 DHT, testosterone 의 순서로 작아진다.

clearly 부 명확하게

222 | The presence of the same motif in different proteins with similar functions **clearly** indicates that these useful combinations of secondary structures have been conserved in evolution.

관 indicate(타) 강하게 암시하다=(strongly imply, be a sign), be conserved in evolution 진화상에서 보존되다, combination 결합=(joining, union)

해 유사한 기능을 가진 서로 다른 단백질에서 동일한 모티브의 존재는 이들 2차구조의 유용한 결합이 진화과정에서 보존되어 왔음을 **명확하게** 암시하고 있다.

cleavage 명 절단

794 | This downstream signal is not a specific sequence but rather a GU-rich or simply a U-rich region within ≈50 nucleotides of the **cleavage** site.

관 downstream 아랫방향의, not .... but ....이 아니고 ....이다, rather(부) 오히려

해 이 아랫방향에 있는 신호서열은 특이한 서열이 아니고 단지 **절단**부위의 약 50개의 염기 안에 존재하는 GU가 많거나 혹은 단순하게 U가 많은 영역이다.

cleave 타 쪼개다, 절단하다

99 | The glycosaminoglycan chains of proteoglycans are degraded by lysosomal enzymes that **cleave** one sugar at a time from the nonreducing end of the chain.

해 Proteoglycan의 glycosaminoglycan사슬은 비환원말단으로부터 한 번에 한 개의 탄수화물을 **절단하는** 라이소솜의 효소에 의하여 분해된다.

cleaved 타 be ~ 절단되다

131 | Proinsulin is **cleaved** into mature insulin and C-peptide in vesicles and precipitated with Zn^{2+}.

해 Proinsulin은 낭포 속에서 완성된 인슐린과 C-펩티드로 **절단되고** 그리고 Zn^{2+}으로 침전된다.

clone 명 클론

806 | In classical biology, a **clone** is a population of identical organisms derived from a single parental organism.

해 고전생물학에서, **클론**이란 단 하나의 부모생명체로부터 유래된 동일한 생명체들의 집단이다.

타 클론을 만들다, 클로닝을 하다

An alternative way to **clone** animals is to replace the nuclei of multiple single-celled embryos with donor nuclei from cells of an adult sheep. Each embryo will be genetically identical to the adult from which the nucleus was obtained.

관 replace(타) .... with ....로 교체하다, be identical to ....와 동일하다

해 동물의 **클론을 만들** 수 있는 대체방법은 다중의 단일세포로 된 배아의 핵을 성체인 양의 세포로부터 얻은 공여체의 핵으로 치환하는 것이다. 각 배아들은 핵이 채취되었던 성체와 유전적으로 동일하게 될 것이다.

참 체세포의 핵을 치환하는 기술을 활용한 복제기술에 의해 수정과정을 거치지 않고 돌리 양이 탄생되었다.

cloned
395

타 be ~ 클로닝되다

In engineered baculovirus vectors, the foreign gene is **cloned** downstream of the promoter for polyhedron and the recombinant vector is incorporated into insect cells grown in culture.

관 downstream(명, 부), be incorporated into 삽입되다=be taken into, polyhedron 다면체의

해 유전공학적으로 변형된 baculovirus 벡터에서, 외부유전자는 다면체 단백질의 프로모터 아랫방향에 **클로닝되고**, 그리고 그 재조합벡터는 배양된 곤충세포 안으로 삽입된다.

cloning
180

형 클로닝하는

Cloning sites are located where the insertion of foreign DNA neither disrupts the plasmid's ability to replicate nor inactivates essential markers.

관 be located ....에 위치하다, neither .... nor, inactivate(타) 불활성화시키다

해 **클로닝하는** 부위는 외부DNA가 삽입되어도 플라스미드의 복제능력을 방해하지 않고 또한 필요한 표식자도 불활성화시키지 않는 곳에 위치하고 있다.

명 클로닝

A major objective of DNA **cloning** is to obtain discrete, small regions of an organism's DNA that constitute specific genes.

관 objective 목적=(goal, aim), constitute(타) 구성하다; 차지하다

해 DNA**클로닝**의 주된 목적은 특이한 유전자를 차지하고 있는 생명체의 DNA 중에서 분리된 작은 영역들을 얻기 위한 것이다.

close
121

형 1 밀접한, 가까운

Although some unicellular organisms live in isolation, others form colonies or live in **close** association with other types of organisms, such as the bacteria that help plants to extract nitrogen from the air or the bacteria that live in our intestines and help us digest food.

관 live in isolation 외톨이로 살다, extract .... from, help<사역동사> .... digest food

해 비록 일부 단세포 생명체는 외톨이로 살지만, 나머지는 콜로니를 형성하거나, 식물들이 공기로부터 질소를 추출하는 것을 돕는 박테리아나 소장에서 살고 있으면서 음식을 소화하는 것을 돕는 박테리아와 같이 다른 종류의 생명체와 **밀접한** 연관을 맺고 살기도 한다.

2 ~ to ....에 가까운

The overall conversion of pyruvate to PEP by pyruvate carboxylase and PEP carboxykinase has a $\Delta G^{\circ\prime}$ **close** to zero.

관 overall 전반적인, conversion .... to ....로의 전환, be close to ....에 가깝다, $\Delta G^{\circ\prime}$ 생체 표준상태에서의 자유에너지

해 Pyruvate carboxylase와 PEP carboxykinase에 의한 pyruvate로부터 PEP로의 전반적인 변환 반응은 0에 **가까운** $\Delta G^{\circ\prime}$ 값을 가진다.

타 (문을) 닫게 만들다, (눈을 감다) 종결하다

The binding of ATP to ATP-sensitive K^+ channels **closes** these channels

해 ATP민감성 K^+ 통로에 ATP의 결합은 이 통로를 **닫게 만든다**.

자 가까워지다, 접근하다

The two domains **close** together, creating the catalytic site

관 close(자) 점점 가까워지다=come nearer and nearer

해 2개의 도메인이 함께 점점 **가까워지면서**, 촉매부위를 새로 형성하게 된다.

closed
47

타 be ~ 닫히다

The ends of this linearized plasmid are joined to the ends of the fragment so that the circle is **closed** again, creating a recombinant plasmid.

관 be joined to ....와 연결되다, so that (결과, 목적)

해 직선화된 plasmid의 말단이 그 조각의 말단과 연결되어, 원호가 다시 **닫히고**, 그래서 재조합 plasmid를 새로 만들게 된다.

closely 154 — 부 밀접하게, 가깝게

In the late 1970s, scientists were surprised to find that normal cells from chickens and other species contain a gene that is **closely** related to the RSV *v-src* gene.

관 be surprised to ....해서 놀라다, find(타) 우연히 발견하다=discover by chance, be related to ....와 관련되다

해 1970년대 후반에, 과학자들은 닭과 다른 종의 정상세포들이 RSV *v-src* 유전자와 **밀접하게** 연관되어있는 어떤 유전자를 함유하고 있다는 사실을 우연히 발견하고 매우 놀랐다.

참 v-src과 c-src : v-src의 v는 바이러스를 의미하여 바이러스에 존재하는 src 유전자이고 c-src는 세포에 존재하는 src 유전자를 의미한다. 원래 세포에 있던 c-src 유전자가 retrovirus의 감염에 의하여 바이러스로 들어가 순환주기 과정에서 변형되어 v-src가 된 것으로 밝혀졌다.

closure 20 — 명 닫힘

The **closure** of the cleft when glucose binds to hexokinase is one of the largest "induced fits" known.

해 포도당이 hexokinase에 결합할 때, 작은 틈이 **닫히는 현상**은 알려진 가장 움직임이 큰 "유도된 맞춤 현상" 중의 하나이다.

clot 10 — 명 혈전, 응어리

Thrombin is a major target for the pharmacological prevention of **clot** formation in coronary thrombosis.

관 thrombosis 혈전증, target for ....의 표적, prevention 예방

해 Thrombin은 관상동맥의 혈전증에서 약물에 의한 **혈전**형성의 예방을 위한 주요한 표적이 된다.

참 관상동맥 혈전증coronary thrombosis : 심장근육에 혈액을 전달하는 동맥 (관상동맥)에서 혈전이 만들어져 혈관을 막게 되는 질병이다. Thrombin은 피브리노겐을 피브린으로 전환케 하여 혈전형성을 촉진하는 활성효소이다. 그러므로 thrombin의 활성을 저해하면 혈전형성이 억제된다.

자 응고되다

Serum is the blood-derived fluid that remains after blood has **clotted**.

해 혈청이란 혈액이 **응고된** 후에 남게 되는 혈액에서 유래된 액체이다.

clotting 24 — 명 혈전형성

Fibronectin proteins are also important for wound healing because they promote blood **clotting** and facilitate the migration of macrophages and other immune cells into the affected area

관 wound healing 상처아물기, promote(타) 촉진하다=facilitate, affected area 영향을 받은 영역

해 Fibronectin 단백질 또한 상처 아물기에 중요한데, 왜냐하면 **혈전형성**을 촉진하고 또한 영향을 받은 영역으로 대식세포와 다른 면역세포들의 이동을 용이하게 하기 때문이다.

clue 17 — 명 실마리, 단서

Analysis of the effects caused by deleting or modifying a gene in this way often provides **clues** about the normal function of the gene and its encoded protein.

관 be caused by ....에 의해 초래되다, in this way 이 방식으로, provide clue 단서를 제공하다

해 이러한 방법으로 어떤 유전자를 제거하거나 혹은 변형시켜서 초래된 효과의 분석은 그 유전자와 코딩된 단백질의 정상적인 기능에 대한 **단서**를 자주 제공한다.

cluster 260 — 명 집단, 클러스터

An iron-sulfur **cluster** is bound to Aconitase via three cysteine groups from the protein.

관 be bound to ....와 결합되다, via ....를 통하여=(by way of, through, by means of)

해 철-황 **클러스터**가 단백질로부터 유래된 3개의 시스테인잔기들을 통하여 aconitase에 결합되어있다.

자 집단적으로 모이다, 집단화되다

Amino acids with hydrophobic side chains tend to **cluster** in the interior of proteins away from the surrounding aqueous environment.

관 tend to 경향이 있다, be away from ....로부터 멀어지다, surrounding 주위의

해 소수성 측쇄기를 가진 아미노산들은 주위의 수용성 환경으로부터 멀어져 단백질의 내부에 **집단적으로 모이는** 경향이 있다.

타 집단으로 만들다, 집단별로 분류하다

A computer program can organize these data and **cluster** genes that show similar expression over the time course after serum addition.

해 어떤 컴퓨터 프로그램은 이들 데이터를 체계화하여 혈청을 첨가한 후 얼마의 시간의 과정에 걸쳐 유사한 발현을 보이는 유전자들을 **집단별로 분류할** 수 있다.

clustered

35

타 be ~ 집단화되어있다

Mutations in human tumors that inactivate the function of p53 protein are highly **clustered** in conserved regions.

관 be clustered in ....에 집단화되다, conserved region 보존된 영역

해 p53단백질의 기능을 불활성화시키는 사람의 종양에서 돌연변이는 보존된 영역에서 높은 정도로 **집단화되어있다**.

clustering

54

명 집단화(하기), 군집화(하기)

Many receptors and signal-transduction proteins *cluster* in caveolin-containing lipid rafts. Such **clustering** may facilitate interaction between signaling proteins, thus enhancing signal transduction.

관 cluster(자) 집단적으로 모이다, facilitate(타) 촉진하다=enhance. signal-transduction 신호전달

해 많은 수용체와 신호전달단백질들이 caveolin을 함유하는 지질반에 *집단적으로 모여 있다*. 그러한 **집단화**는 아마 신호전달단백질 사이의 상호결합을 촉진할 것이고, 그 결과 신호전달과정을 증진시키게 된다.

coat

26

명 덮개, 외투

A virus is typically composed of a protein **coat** that encloses a core containing the genetic material, which carries the information for producing more viruses

관 enclose(타) 에워싸다, carry(타) 담고 있다=have (as a feature or consequence)

해 바이러스는 전형적으로 더 많은 바이러스를 생산하기 위한 정보를 담고 있는 유전물질을 함유하는 핵심부를 에워싸는 단백질 **덮개**로 구성된다.

타 덮다, 가리다

The plant cell wall is ≈0.2 μm thick and completely **coats** the outside of the plant cell's plasma membrane.

관 be 2 μm thick=2 μm의 두께이다

해 식물의 세포벽은 약 0.2 μm 두께이며 식물세포의 원형질막의 외부를 완전히 **덮고 있다**.

coated

307

타 be ~ with ....로 코팅되다, 덮이다

Most cultured vertebrate cells will grow only when attached to a negatively charged substratum that is **coated** with components of the extracellular matrix.

관 grow(자), be attached to ....에 붙게 되다, extracellular matrix 세포외기질, substratum 바탕기질

해 대부분의 배양된 척추동물세포는 세포외기질의 구성물질로 **덮인** 음으로 하전된 바탕기질에 붙게 되었을 때만 자라게 될 것이다.

coating 타 에워싸다, 덮다

9

At concentrations below the CMC (critical micelle concentration), nonionic detergents (e.g., octylglucoside, Triton X-100) can dissolve membrane proteins without forming micelles by **coating** the membrane-spanning regions.

구 below(전) 이하, dissolve(타) 용해시키다, membrane-spanning 막관통. micelle 마이셀

해 CMC (임계마이셀농도) 이하의 농도에서, 비이온성 계면활성제들 (예, octylglucoside, Triton X-100)은 세포막관통영역을 **덮게 됨으로써**, 마이셀을 형성하지 않고서도 세포막단백질들을 용해할 수 있다.

coil 명 코일형 구조, 꼬인 구조

71

α-Keratin consists of four helical strands arranged as twisted pairs of two-stranded coiled **coils**.

구 be arranged as ....로써 배열되다, coiled coil 꼬인 것이 또 꼬인 구조

해 α-Keratin은 2가닥으로 된 꼬인 것이 또 **꼬인 구조**의 감긴 쌍으로써 배열된 4개의 나선형 가닥으로 구성되어있다.

자 (코일형으로) 꼬이다

Each nucleosome associates with one histone H1 molecule, and the fiber **coils** into a solenoid structure with a diameter of 30 nm.

구 associate with ....와 결합하다

해 각각의 nucleosome은 한 개의 히스톤 H1 분자와 결합하고 있으며, 그 섬유는 직경이 30 nm인 소레노이드 구조로 **꼬인다**.

참 nucleosome : 염색질 chromatin을 구성하는 최소 단위체로, 8개의 히스톤 단백질 혼합체를 DNA가 둘러싸고 있다. 이런 모양은 목걸이와 같이 줄에 구슬이 달려있는 형태와 비슷하다.

coiled 타 be ~ 꼬이다

33

The 19-residue sequence is just the right length to span the cell membrane if it is **coiled** in the shape of an α-helix.

구 be just the right length 꼭 맞는 길이, span(타) 가로지르다, in the shape of ....의 모양으로

해 19개의 잔기로 된 서열이 α-나선모양으로 **꼬이게** 된다면, 세포막을 가로 지르는 길이에 꼭 맞는다.

참 세포막관통단백질transmembrane protein : 세포막을 관통하는 단백질들에서 막관통부위는 주로 α-나선구조를 하고 있으며, 또한 주로 소수성 아미노산들로 구성되어있다. 그리고 그 간격은 19개의 아미노산들로 이루어진 나선형의 길이의 크기이다.

coincide 자 ~ with ....와 일치하다, ...와 동시에 일어나다, ...와 같은 자리를 취하다

28

A J gene segment encodes the carboxyl-terminal 15 or so amino acids of the V region, and the V-J segment junction **coincides with** the third hypervariable region of the light chain.

구 coincides with ....와 일치하다, or so ....등등, hypervariable region 초변이영역

해 하나의 J 유전자 조각은 V영역의 C-말단 15개 정도의 아미노산을 인코딩하며, V-J 조각의 이음부는 경쇄의 3번째 초변이 영역**과 일치한다**.

참 항체분자는 경쇄light chain와 중쇄heavy chain로 구성되어있는데, 경쇄는 V(ariable), J(oining), C(onstant) 3종류의 유전자로 그리고 중쇄는 V, D(iversity), J, C 4종류 유전자의 재조합으로부터 생성된다.

collaboration 명 협동, 합작

7

The synergistic action of two or more specific oncogenes to make cells cancerous is known as oncogene **collaboration**, and it can be demonstrated *in vitro* as well as *in vivo*.

구 synergistic action 상승작용, demonstrate 명확하게 보여주다=make it clear to people, as well as 뿐만 아니라

해 2종 이상의 특이 발암유전자가 세포를 암세포화하는 상승작용은 발암유전자의 **협동현상**으로 알려져 있으며, 시험관상의 실험에서 뿐만 아니라 생체실험에서도 명확하게 나타날 수 있다.

참 oncogene collaboration : 정상 쥐의 배아섬유모세포에 발암유전자 *ras*와 *myc*를 각각 발현시키면 계속하여 정상세포로 생존하지만 두 발암유전자들을 함께 발현시키면 형질변환된다.

collaborative 형 협동적인, 합작의, 공동제작의

6 The body of an animal can be viewed as a society or ecosystem whose individual members are cells, reproducing by cell division and organized into **collaborative** assemblies or tissues.

관 be viewed as 간주되다=be regarded as, be organized into ....로 조직화되다; 체계화되다

해 동물의 몸통이란 세포분열에 의하여 번식하여 **합작으로 만들어진** 조립체나 조직으로 체계화되는 그 개별 구성원이 세포들인 사회나 생태계로써 간주될 수 있다.

collect 자 모이다

25 A cell homogenate is poured into a tube and spun at a rotor speed and for a period of time that forces cell organelles such as nuclei to **collect** as a pellet at the bottom; the soluble proteins remain in the supernatant

관 pour(타) 붓다, spin(타) 돌리다, force(타) .... to 강제로 ....하게 하다, remain(자) 남아있다, supernatant 상층액, rotor speed 원심분리용 로터회전속도

해 세포의 균질액이 시험관 속으로 부어져, 핵과 같은 세포의 소기관들이 하나의 침전물로 바닥에 **모이도록** 만들 수 있는 어떤 rotor 속도와 어떤 시간 동안에 회전된다; 용해성인 단백질들은 상층액에 남아있다.

타 모으다

The complete oxidation of the acetyl group to CO_2 occurs in the tricarboxylic acid (TCA) cycle, which **collects** the energy mostly as NADH and FAD(2H).

해 acetyl기의 CO_2로의 완전한 산화가 TCA 회로에서 일어나는데, 이 회로는 에너지를 대부분 NADH와 FAD(2H)로써 **모은다**.

참 TCA회로에서 아세틸기가 CO_2로 산화되는 과정에서 환원물질인 NADH와 FAD(H2)가 생성되고 이들이 전자전달계로 들어가 에너지를 만드는데 이용된다.

collected 타 be ~ 모이게 되다, 모이다

417 In other instances, the enzymes of a pathway <u>are **collected**</u> to form a discrete multienzyme complex, and the substrate is sequentially modified as it is passed along from enzyme to enzyme.

관 discrete 별개의, sequentially 순차적으로, modify(타) 변형하다, be passed along ....를 따라 넘겨지다

해 또 다른 예에서, 어떤 경로의 효소들이 **모여** 별개의 다중효소복합체를 형성하며, 그래서 그 기질이 한 효소에서 다른 효소를 따라 넘겨지면서 순차적으로 변형된다.

참 생체물질의 분해 및 합성대사과정들은 순차적인 여러 효소들이 관여하는 다단계반응으로 구성되어있다. 각 경로의 여러 효소들은 다양한 방식으로 조직화되어있다. 일반적으로는 각각의 효소가 분리된 채로 존재하지만, 특별한 경우 여러 효소들이 모여 복합체를 이루어, 순차적으로 기질을 전달하기도 하여 대사의 효율성을 증대시킬 수 있다. 지방산의 반복적인 베타산화과정의 효소들이 다중복합체를 형성하는 것을 예로 들 수 있다.

collection 명 모음, 수집, 채집

74 In patients suspected of having a pheochromocytoma, either the catecholamines themselves or their metabolites may be measured in a 24-hour urine **collection**, or the level of catecholamines in the blood may be measured.

해 크롬친화성 세포종양을 가진 것으로 의심되는 환자에서, catecholamine 자체나 대사물은 24시간 **채집한** 소변에서 측정되거나, 혹은 혈액의 catecholamine의 수준이 측정될 수도 있다.

참 크롬친화성 세포종양pheochromocytoma : 이 종양은 chromaffin 세포에서 유래된 종양으로 부신수질에서 분비되는 호르몬인 catecholamine류를 다량으로 분비한다. 따라서 고혈압, 심한 두통 등의 증상이 동반된다.

collectively 부 1 일반적으로, 종합적으로

67 In chemiosmosis, a proton (H^+) concentration gradient and an electric potential (voltage gradient) across the membrane, **collectively** termed the proton-motive force, drive an energy-requiring

process such as ATP synthesis.

구 concentration gradient 농도구배, across membrane 막을 가로질러, drive(타) 추진하다=force .... to act in a particular way, proton-motive force 양성자구동력

해 화학적 삼투압에서, 막을 가로지르는 양성자 (H^+)의 농도경사와 전기적 포텐셜 (전압경사)은 **일반적으로** 양성자 구동력이라는 용어로 불리는데, ATP 합성과 같은 에너지를 필요로 하는 과정을 추진한다.

참 양성자구동력proton-motive force : 미토콘드리아, 엽록체 및 박테리아에서 환원성 물질을 산화하는 과정에서 생성되는 수소이온과 전자를 분리하여 전달함으로써 수소이온 (양성자)의 농도구배를 형성할 수 있다. 이 농도구배를 양성자구동력이라 하며, ADP와 Pi로부터 ATP를 생산하는데 사용된다.

2 모두 함께

The nervous system consists of neurons, the cells that transmit signals, and supporting cells, the neuroglia. The neuroglia consists of oligodendrocytes and astrocytes (**collectively** known as glial cells), microglial cells, ependymal cells, and Schwann cells.

구 transmit signals 신호들을 전달하다, neuroglia 신경아교세포, glial cell 아교세포, oligodendrocyte 희소돌기아교세포, astrocyte 별아교세포, microglial cell 미세아교세포, ependymal cell 뇌실막세포, Schwann cell 신경집세포

해 신경계는 신호를 전달하는 신경세포와 그 세포를 보조하는 신경아교세포로 구성되어있다. 신경아교세포는 희소돌기아교세포와 별아교세포 (**모두 함께** 아교세포로 알려져 있다), 미세아교세포, 뇌실막세포 및 신경집세포로 구성되어있다.

collision 명 충돌

20

Ionizing radiation has a high enough energy level that it can split water into the hydroxyl and hydrogen radicals through direct **collision** with water, thus leading to radiation damage to the skin, mutations, cancer, and cell death.

구 enough .... that .... can ....할 정도로 충분한, split(타) .... into ....를 .....로 쪼개다, lead to=(cause, result in)

해 이온화 광선은 물과 직접적인 **충돌**을 통하여 물을 hydroxyl과 수소 라디칼로 쪼갤 수 있을 정도의 충분히 높은 에너지를 가지고 있어서, 그래서 피부의 광선에 의한 손상, 돌연변이, 암 및 세포의 죽음의 결과를 유발할 수 있다.

참 우주방사선cosmic radiation, 방사성 화합물 및 X 선은 모두 이온화광선 형태로 높은 에너지를 가지고 있기 때문에 직접적인 노출은 매우 위험하다.

colonize 타 입식하다, 거점을 마련하다

8

As the basal lamina disintegrates, some tumor cells will enter the blood, but fewer than 1 in 10,000 cells that escape the primary tumor survive to **colonize** another tissue and form a secondary, metastatic tumor

구 disintegrate(자) 허물어지다, enter(타) ....로 들어가다, escape(타) ....를 탈출하다, survive to .... 살아남아 .....하다

해 기저층이 허물어지면서, 일부 종양세포들이 혈액 속으로 들어가게 될 것이지만, 그러나 일차 종양을 탈출한 만개의 세포 중 1개보다 적은 세포들이 살아남아 다른 조직에 **거점을 마련하여** 2차의 전이성 종양을 형성한다.

참 암세포의 전이 : 정상세포들은 장기나 조직에서 기저판basal lamina과 같은 물리적인 장벽에 의하여 일정한 구역을 떠나지 못하도록 제한된다. 이 기저판을 뚫고 혈액으로 들어가는 종양세포는 신체의 여러 부위로 전이metastasis될 수 있는 능력을 획득하게 된다.

colony 명 콜로니

103

All the cells in a **colony** are progeny of a single precursor cell and thus genetically identical.

해 하나의 **콜로니**에 있는 모든 세포들은 단 하나의 전구세포의 자손이므로, 유전적으로 동일하다.

color 명 색상, 색

63

A recently developed method for visualizing each of the human chromosomes in distinct, bright

colors, called chromosome painting, greatly simplifies differentiating chromosomes of similar size and shape.

관 visualize(타) 시각화하다, in distinct colors 구별되는 색상으로, simplify(타) 단순화하다, differentiate(타) 차별화하다=(distinguish, discriminate), chromosome painting 염색체 페인팅

해 사람 염색체 각각을 구별되는 밝은 **색상**으로 시각화하기 위하여 최근에 개발된 방법이 염색체 페인팅이라 하는데, 유사한 크기와 모양을 한 염색체들을 차별화하는 것을 크게 단순화하였다.

참 chromosome painting : 염색체 상에 특이한 DNA서열의 존재유무를 보여주기 위하여 형광물질을 붙인 탐침자probe를 사용하여 염색하는 기법이다. FISH, fluorescence in situ hybridization 기술이 이에 속한다.

colored 타 be ~ 착색되다

20

Regions in the PDZ domain that bind the COO^- group and side chain of the C-terminal residue are **colored** yellow and blue, respectively.

관 respectively 각각, be colored green 초록으로 착색되다=be shaded green

해 COO^-기 및 C-말단 잔기의 측쇄기와 결합하는 PDZ 도메인 속의 영역들은 노란색과 파란색**으로** 각각 **착색되어있다**.

참 PDZ도메인 : 신호전달단백질에 존재하는 80-90개의 아미노산으로 구성된 도메인으로, C-말단 서열이나 SH3 도메인과 결합할 수 있는 특성을 가지고 있으며, 막관통단백질들이 세포골격의 구성단백질인 actin에 결합하는 것을 매개한다.

형 착색된

The width of the **colored** bands is approximately proportional to the protein kinase activity of the indicated complexes.

관 be (directly/inversely) proportional to ....에 비례하다, indicated 지적된

해 **착색된** 띠의 넓이는 지적된 복합체의 protein kinase 활성에 대략적으로 비례한다.

colorless 형 무색의

2

X-gal is a chromogenic substrate, a **colorless** substance that upon enzymatic reaction yields a colored product.

해 X-gal은 효소반응으로 착색된 산물을 생산하게 되는 **무색의** 물질인 색을 생성하는chromogenic 기질이다.

combination 명 1 조합

312

More than 20 different isoforms of fibronectin have been identified, each encoded by a different, alternatively spliced mRNA composed of a unique **combination** of fibronectin gene exons.

해 20종 이상의 다른 동종형의 fibronectin들이 현재까지 확인되어있는 상태이며, 각각은 하나의 다른, 대체방식으로 스프라이싱된 fibronectin 유전자 엑손들의 특유의 **조합**으로 구성된 mRNA에 의해 인코딩된다.

참 Fibronectin : 세포외기질extracellular matrix을 구성하는 한 종류의 단백질인데 약 20종 이상의 동종형이 발견되었으며, 모두 1개의 유전자로부터 대체 스프라이싱alternative splicing으로 인트론이 제거되면서 발현되었다.

2 결합반응

A cell typically receives more than one signal at a time: for example, a **combination** of transforming growth factor β (TGFβ) and fibroblast growth factor (FGF). The response to each signal is often influenced by another one.

관 at a time 한 번에, transforming growth factor 형질변환성장인자, fibroblast growth factor 섬유모세포성장인자

해 세포는 예를 들면 형질변환성장인자 β (TGFβ)와 섬유모세포성장인자 (FGF)의 **결합반응**과 같이, 전형적으로 한 번에 한 가지 이상의 신호를 받아들인다. 각 신호에 대한 반응은 또 다른 하나에 의하여 자주 영향을 받게 된다.

combinatorial 형 조합형의, 결합의

9

This is an example of **combinatorial** control, in which combinations of proteins, rather than individual proteins, control a cellular process. It is one of the most important mechanisms used by eucaryotic cells to control gene expression.

해 이것은 개별 단백질보다는 단백질의 여러 조합들이 세포의 과정을 조절하는 **조합형** 조절의 한 예이다. 그것은 진핵세포에 의하여 유전자발현을 조절하기 위하여 사용되는 가장 중요한 기전 가운데 하나이다.

combine 자 1 합체되다, 화합하다

33

The subunits of a particular protein always **combine** in the same number and in the same way, because the binding between the subunits is dictated by the tertiary structure, which is dictated by the primary structure, which is determined by the genetic code.

관 in a way 어떤 방식으로, be dictated 결정되다=(be influenced, be determined)

해 어떤 특별한 단백질의 아단위체는 항상 같은 수로 그리고 같은 방식으로 **합체된다**, 왜냐하면 아단위체 사이의 결합은 3차구조에 의하여 결정되며, 이 3차구조는 유전암호에 의하여 결정되는 1차구조에 의하여 영향을 받기 때문이다.

참 단백질은 4차구조까지 정립되어있다. 1차구조는 유전자서열에 의해 결정되는 단순한 아미노산들의 나열로 표시하며, 2차구조는 아미노산들 사이의 상호반응으로부터 형성된 α-나선형, β-병풍형구조가 있고, 3차구조는 1개의 단량체구조(subunit라고 함), 4차구조는 여러 개의 단량체들이 결합되어 형성된 구조를 말한다. 단량체인 myoglobin은 3차구조의 단백질이고 $\alpha_2\beta_2$ 4량체의 hemoglobin은 4차구조를 한 단백질이다.

2 ~ with 와 합체되다

A single type of immunoglobulin light chain can <u>**combine** with</u> an antigen-specific μ chain to generate a specific IgM molecule.

해 한 종류의 면역글로부린 경사슬은 항원특이 μ사슬**과 합체되어** 특이 IgM분자를 생성할 수 있다

타 합하다, 합체하다

Larger fragments of DNA can be cloned in cosmids, which **combine** the best features of plasmids and phages. Cosmids are plasmids that contain the DNA sequences, so-called cos sites, required for packaging lambda DNA into the phage particle

관 combine A and B=A와 B를 합체하다, package(타) .... into=속으로 ....를 채워 넣다

해 큰 조각의 DNA는 cosmid에 클로닝될 수 있는데, 이 cosmid는 plasmid와 파이지의 가장 좋은 특성을 **합친 것이다**. Cosmid란 람다DNA를 파아지 알갱이 속에 채워 넣을 때 필요한 소위 cos부위라고 하는 DNA 서열을 포함하고 있는 plasmid이다.

combined 타 be ~ 합쳐지다

203

Four reactions are set up, one for each base, and the primer in each is end-labeled with one of four different fluorescent dyes. The four reaction mixtures <u>are</u> then <u>**combined**</u> and run in one lane on the DNA sequencing gel.

관 be set up 준비되다=be built, be run in one lane 하나의 선에서 수행되다

해 4종의 반응이 각 염기에 하나씩 준비되었으며, 각 반응에 사용되는 primer는 4종의 서로 다른 형광염료로 말단에 표지된다. 그 후에 4종의 반응혼합물이 **합쳐지고** DNA 서열결정용 겔 위의 하나의 줄에서 분리된다.

참 자동화된 DNA서열결정automated DNA sequencing : 각각의 염기A에 적색, T에 파랑, G에 녹색, 및 C에 황색의 형광염료를 표지하여 자동화된 분석기기에서 감지할 수 있도록 하였다. 현재는 기계 한 대당 하루에 약 10^4개의 속도로 염기의 서열을 결정할 수 있다. 이 자동화된 기계를 이용하여 인간게놈프로젝트human genome project를 성공적으로 마칠 수 있었으며, 앞으로는 개인의 유전자분석에도 응용되어 의학 분야에서 질병의 진단에서도 이용하게 될 것으로 기대된다.

형 합쳐진, 결합된, 복합된

The neonate must rapidly adapt to an intermittent fuel supply after birth. Once the supply of glucose from the maternal circulation is interrupted. The **combined** effect of epinephrine and glucagon on the liver glycogen stores of the neonate rapidly restore glucose levels to normal.

귀 adapt to ....에 적응하다, intermittent 연속적이지 못한, interrupt(타) 중단하다, restore(타) .... to normal 정상으로 복구시키다

해 신생아들은 출생 후 연속적이지 못한 연료의 공급에 신속하게 적응하여야 한다. 일단 산모의 혈액 순환으로부터 포도당의 공급이 중단되는 상태일 때, 신생아 간의 글리코겐 저장소에 대한 epinephrine과 glucagon의 **복합된** 효과는 포도당 수준을 정상으로 신속하게 복구시키게 된다.

참 insulin에 길항하는 호르몬이 glucagon이다. 그러나 stress 상태나 연료가 많이 소비되는 운동 등의 응급상태가 되면 epinephrine이 분비되어 glucagon과 함께 상승된 효과를 낸다.

come

45

자 1 오다, 나타나다

Mutations **come** in various forms.

해 돌연변이들은 여러 형태로 **온다**.

참 - 돌연변이의 형태는 다양하다. 유전자의 단 하나의 염기가 다른 것으로 치환되거나, 한 개 혹은 그 이상의 염기서열들이 삭제되거나, 삽입되거나, 혹은 도치 (inversion)될 수도 있다. 그리고 일부 DNA 조각이 하나의 염색체에서 다른 염색체로 이동하여 융합되는 전위반응 (translocation)도 일어 날 수 있다.

- If a type of thing *comes in* a particular range of colors, *forms*, styles, or sizes, it can *have* any of those colors, forms, styles, or sizes.

2 가지다

Tyrosine phosphatases are found in both soluble and membrane-bound forms and **come** in many more varieties than do serine/threonine phosphatases.

귀 in a soluble form 용해형으로, do(대)=come, in more varieties 더 다양하게

해 티로신탈인산화효소는 용해형과 막결합형 모두로 발견되며, 그리고 serine/threonine 탈인산화효소가 그러한 것보다 훨씬 더 다양한 형태를 **가진다**.

참 단백질탈인산화효소protein phosphatase : 이 효소는 protein kinase에 의하여 인산화된 tyrosine, serine 및 threonine들로부터 인산기를 제거하는 효소이다.

3 ~ into contact with ....와 접촉하게 되다

The continuous recirculation not only ensures that the appropriate lymphocytes will **come** into contact with antigen, it also ensures that appropriate lymphocytes encounter one another: interactions between specific lymphocytes are a crucial part of most immune responses.

귀 continuous 끊임없는=uninterrupted, ensure(타) 보장하다=(make certain, make sure), one another 서로=each other, encounter(타) 우연히 만나다=meet by chance

해 끊임없는 재순환은 적절한 임파구들이 항원**과 접촉할** 것을 보장할 뿐만 아니라, 또한 적절한 임파구들이 서로 우연히 만나는 것도 확실하게 한다. 즉, 특이 임파구 사이의 상호반응은 대부분의 면역반응 중의 중요한 부분이다.

참 *come into* contact, *come into* focus, *come into* a proximity, *come into* play, *come into* action

4 ~ into being 태어나다

How did the citric acid cycle **come** into being?

귀 citric acid 구연산, come into being 태어나다=be born or come into existence

해 구연산회로는 어떻게 **태어나게** 되었을까?

5 ~ to (긴 과정의 끝에서) ....을 하게 되다.

This chapter describes the structures and chemical functions of molecular motor proteins and some of the experiments by which we have **come** to understand them.

귀 describe(타) 서술하다=(represent by a figure, model or picture)

해 이 장은 분자수준에서 작동하는 운동 단백질들의 구조와 화학적 기능과 우리가 그들을 이해**하게 된** 실험 중 일부에 대하여도 서술한다.

6 ~ together 함께 오다

Since the antigen-binding site is formed where V_L and V_H **come together** in the final antibody, the heavy and light chains can pair to form antibodies with millions of different antigen binding sites.

해 항원결합자리는 최종의 항체에서 V_L과 V_H가 **함께 오는** 곳에서 형성되기 때문에, 중사슬과 경사슬이 쌍을 이루어 수백만의 서로 다른 항원결합자리를 가진 항체들을 형성할 수 있다.

참 항체antibody : immunoglobulin이라고도 하는 항체분자는 중사슬과 경사슬 각각 2개로 이루어져 있으며, N-말단에 있는 2개의 항원결합부위는 경사슬과 중사슬의 가변영역 (variable region)들이 모여 함께 형성된다.

commercially 부 상업적으로

42

Hundreds of biological compounds (e.g., amino acids, nucleosides, and numerous metabolic intermediates) labeled with various radioisotopes are **commercially** available.

해 여러 가지 방사성 동위원소로 표지된 수백 종의 생체화합물 (아미노산, 핵산류 및 다양한 대사중간산물)이 **상업적으로** 이용가능한 상태에 있다.

common 형 1 흔한

219

For almost every cancer that **is common** in one country, there is another country where the incidence is several times lower.

관 be common 흔하다, incidence 발병률=the extent to which something happens

해 한 나라에서 **흔한** 거의 모든 암에 대하여, 그 발병률이 수배나 더 낮은 다른 나라도 있다.

참 이 예문은 암의 발생은 환경적 요인이 더 크게 영향을 준다는 것을 표현하고 있다. 연구결과에 의하면 암의 발병은 일반적으로 유전이라기보다는 환경적 요인이 더 큰 것으로 알려져 있다. 즉 한 나라에서 흔한 암이 다른 나라에서는 매우 낮을 수도 있으며, 더욱이, 어떤 나라에서 이민 온 사람들이 모국에서 보다 현재 살고 있는 나라의 암 발생패턴을 따르는 경향이 많다고 알려져 있다.

2 많은

Indirect carcinogens, the most **common** type, must be activated before they can damage DNA.

관 damage(타) 손상을 주다

해 간접 발암물질이란 가장 **많은** 유형으로, DNA을 손상시킬 수 있기 전에 반드시 활성화되어야 한다.

참 사람세포에서 이러한 발암물질의 활성화는 cytochrome p450 계열에 속하는 효소에 의해서 일어난다. 이 cytochrome P450군은 생체분자의 대사에도 작용하지만 외부에서 유입된 지질 친화성 약물이나 독성물질들을 수용성으로 전환하여 제거할 수 있는 효소로 간세포에 의해 주로 발현된다.

3 공통의, 공유의

Despite there are some differences between phototrophic and chemotrophic organisms, both types of organisms share **common** mechanisms for generating a useful form of chemical energy.

관 despite=in spite of, share(타) 공유하다, phototrophic organism 광합성영양형 생명체

해 광합성영양형 및 화학영양형 생명체 사이에 약간의 차이점이 있음에도 불구하고, 두 종류의 생명체는 유용한 형태의 화학적 에너지를 생산하기 위한 **공통된** 기전을 공유하고 있다.

참 chemotroph : 화학영양체는 광합성영양체들이 만든 화합물을 음식으로 이용하는 생명체들이다.

4 in ~ 공통된

The pathways for oxidizing glucose, fatty acids, and amino acids have many features **in common**.

관 features *in common* 공통된 흥미로운 특성

해 포도당, 지방산과 아미노산의 산화를 위한 경로들은 많은 **공통된** 흥미로운 특성을 가지고 있다.

5 in ~ 공통적으로

Many neurodegenerative diseases, such as Alzheimer disease, Parkinson disease, and Lou Gehrig disease, have **in common** increased oxidative stress.

관 neurodegenerative disease 신경퇴해성 질환, oxidative stress 산화스트레스

해 알쯔하이머, 파킨슨 그리고 루게릭 병과 같은 많은 신경퇴행성 질환들은 **공통적으로** 증가된 산화스트레스 반응을 받는다.

참 산화스트레스oxidative stress : 생체의 산화와 항산화 균형이 깨어져 제거되지 못하고 초과된 활성(반응성) 산소나 질소 종에 의해 단백질, 지질 및 핵산과 같은 생체물질이 변형되어 기능이 손상되는 현상이다.

commonly 부 흔하게, 흔히

53

Regions within a protein chain or in separate chains sometimes are cross-linked through disulfide bonds. Disulfide bonds are **commonly** found in extracellular proteins, where they help stabilize the folded structure.

관 cross-link(타) through ....를 통하여 교차연결하다, stabilize(타) 안정화하다, disulfide bond 이황화결합

해 어떤 단백질사슬 안의 영역 혹은 분리된 사슬에서의 영역들은 때때로 이황화결합을 통하여 교차연결된다. 이황화결합은 세포외부단백질에서 **흔히** 발견되며, 이곳에서 접힌 구조를 안정화하는데 도움을 준다.

참 이황화disulfide 결합 : 두 개의 아미노산 cysteine의 측쇄기 -SH기 사이에서 산화반응으로 -S-S- 이황화결합이 생성된다. 다른 단위체 사이에서나 혹은 하나의 단백질 사슬에서 멀리 떨어져 있는 cysteine잔기와 형성되어 단백질의 구조를 안정화시키는 역할을 한다.

comparable 형 1 거의 같은, 유사한, 비교가능한

178

Although the amino acid sequences of the P segment in Na^+ and K^+ channels differ somewhat, they are similar enough to suggest that the general structure of the ion selectivity filters are **comparable** in both types of channels.

관 differ(자) 다르다=be different, somewhat(부) 다소, be similar enough to ....할 정도로 충분히 유사하다, comparable 거의 같은=(similar, equal to)

해 비록 Na^+와 K^+ 통로에서 P세그먼트의 아미노산서열이 약간 다르지만, 그들은 이온선택용 필터의 일반적인 구조가 두 종류의 통로단백질에서 **거의 같다는** 것을 암시할 정도로 충분히 유사하다.

참 - Na^+와 K^+을 수송하는 채널은 해당 이온에 대한 특이성을 가지고 있다. 즉 Na^+ 이온은 K^+ 채널을 통하여 수송될 수 없으며 반대의 경우도 같다. 그러나 두 채널 사이의 구조의 유사성을 보인다. 두 이온은 크기나 물과의 친화력이 다르기 때문에, 이 특성과 각 채널의 구조와의 상호반응으로 각 이온에 대한 특이성을 보이게 된다.
- If two or more things are *comparable*, they are *of the same kind or are in the same situation*, and so they can reasonably be compared.

2 be ~ to ....와 동등한, ...와 필적하는, ...와 유사한

As just noted, small changes in extracellular osmotic strength cause most animal cells to swell or shrink rapidly. In contrast, frog oocytes do not swell when placed in pond water of very low osmotic strength even though their internal salt (mainly KCl) concentration is **comparable** to that of other cells (≈150 mM KCl).

관 as just noted 방금 언급되었듯이, cause(타) .... to ....하는 결과를 일으키다, swell(자) 팽창하다≠shrink, in contrast 이에 반해, even though 비록 ....할지라도, be comparable to ....와 동등하다=(be similar to, be equal to)

해 앞에서 방금 언급하였듯이, 세포외부의 삼투압 세기에서 작은 변화는 대부분 동물세포들이 신속하게 팽창하거나 혹은 찌그러지도록 하는 원인이 된다. 이에 반해서, 개구리 난자세포는 삼투압 세기가 매우 낮은 연못물에 놓일 때, 비록 내부의 염 농도 (주로 KCl)가 다른 세포의 염 농도 (≈150 mM KCl)와 **동등할**지라도 팽창하지 않는다.

comparative 형 비교의, 비교상의, 비교되는

40

Ancillary part of the human genome project is sequencing the genomes of other species (such as yeast, Drosophila melanogaster, mice, and *Arabidopsis thaliana*) to reveal **comparative** aspects of genetic and sequence organization.

관 ancillary 보조의=(auxiliary, providing necessary support to ....), part(명)=(role, duty, portion), aspect 양상, comparative(형) 조직적인 비교에 의해 특성이 결정되는=characterized by systematic comparison especially of likenesses and dissimilarities

해 인간유전체프로젝트의 보조역할은 다른 종 (효모, 초파리, 생쥐 그리고 애기장대와 같은)의 유전체

들의 서열들도 결정하여 유전자와 서열의 체계화에 대한 **비교되는** 양상들을 밝히는 것이다.

참 인간유전체프로젝트human genome project : 사람유전체의 모든 핵산서열을 결정하고, 모든 유전자를 찾아내어 유전자 지도를 작성하는 국제협력프로젝트이다. 1990년에 시작되어 2003년도에 완성을 선언하였지만, 아직도 마무리 작업이 계속되고 있다. 인간유전체와 함께 다른 동식물의 유전체들의 서열도 결정되며 그리고 서로 비교하여 인간유전체의 체계화된 구조를 이해하는데 도움이 되도록 한다.

comparatively 부 비교적으로, 꽤, 상당히

18

Microtubules are composed of 13 stacks of tubulin protein subunits arranged side by side to form a tube. Microtubules are **comparatively** stiff cytoskeletal elements that serve to organize metabolism and intracellular transport in the nondividing cell.

관 be arranged side by side 나란히 배열되다, serve to 역할을 하다=play a role to

해 미세소관은 막대형으로 나란히 배열되어 하나의 관을 만드는 13개의 tubulin 단백질 아단위체들로 구성되어있다. 미세소관은 분열하지 않고 있는 세포에서 대사와 세포내의 수송을 조직화하는 역할을 하는 **비교적** 뻣뻣한 세포골격 요소이다.

참 comparative : 이전 혹은 다른 상황에 대해 어떤 것을 비교하여 판단하려고 할 때 comparative를 사용한다. 예) a comparatively small size는 '비교해 보니 작은 크기'라는 의미

compare 타 1 비교하다

156

Computers are used to analyze the fluorescent spots on the chips and to **compare** the levels of fluorescent intensity from one chip to another.

해 컴퓨터가 칩 위의 형광스폿들을 분석하고 그리고 여러 칩끼리 서로 형광 강도의 수준을 **비교하는데** 사용된다.

참 DNA칩은 수천에서 수만 종류의 유전자를 일시에 담을 수 있어서, 한 번의 실험으로 많은 수의 유전자 발현을 동시에 조사할 수 있다. 이와 같이 다량의 데이터를 분석하기 위하여 컴퓨터가 사용되어야 한다. 이와 같이 다량의 데이터를 분석하여 어떤 의미 있는 정보를 생산해 낼 수 있는 새로운 분야를 data mining이라한다.

2 ~ .... with ....와 비교하다

A particularly powerful method for identifying human genes is to **compare** the human genomic sequence with that of the mouse.

관 identify(타) 확인하다=(find, discover), compare(타) .... with ....와 비교하다

해 사람 유전자를 새로 찾기 위한 특별히 강력한 방법이 인간유전체서열을 생쥐의 서열과 **비교하는** 것이다.

참 인간과 생쥐는 대부분의 유전자를 서로가 공통적으로 가지고 있어서 충분히 연관을 지워 분석하는 것이 가능하다. 그러나 유전자로 발현되지 않는 비기능성 서열들은 매우 다른 경향을 보이는데, 이 이유는 이런 서열에게 진화과정에서 강력한 선택적 압력이 부여되지 않았기 때문인 것으로 생각된다.

compared 타 1 be ~ to ....와 비교되다

1485

A large (aggrecan) and a small (decorin) proteoglycan found in the extracellular matrix are **compared** to a typical secreted glycoprotein molecule (pancreatic ribonuclease B).

해 세포외기질에서 발견되는 큰 proteoglycan (aggrecan)과 작은 proteoglycan (decorin)이 전형적인 분비된 당단백질 분자 (췌장의 ribonuclease B)**와 비교되었다.**

참 decorin의 분자량은 40,000, aggrecan은 3 x 10^6이고 ribonuclease B는 15,000 Da이다.

2 ~ with ....와 비교되다

Expression profiles of carcinomas induced by PhIP and DMBA were **compared** with each other.

해 PhIP와 DMBA에 의해 유도된 carcinoma의 발현프로필이 서로 **비교되었다**.

참 2-Amino-1-methyl-6-phenylimidazo [4,5-b] pyridine (PhIP)는 육류를 고온에서 요리할 때 형성되는 아민류로 발암물질이며, 7,12-Dimethylbenz(a)anthracene (DMBA)는 종양개시물질이다.

3 ~ to ....에 비해, ...와 비교해서

These pK_a values are directly related to the dissociation constants of these substances, or, viewed the other way, to the relative affinities of the conjugate bases for protons. NH_3 has a high affinity for protons **compared to** Ac^-; NH_4^+ is a poor acid **compared to** HAc.

관 be related to ....와 연관되다, affinity for ....에 대한 친화력, compared to ....에 비해

해 pK_a값은 물질의 해리상수와 직접적으로 관련이 있거나, 혹은 다른 방향을 보면, 짝염기들의 양성자에 대한 상대적인 친화력과 관련되어있다. NH_3는 Ac^-**에 비해** 양성자들에 높은 친화력을 가지고 있다; 따라서 NH_4^+가 HAc**에 비해** 약산이 된다.

참 $pH = pKa + \log[A^-]/[HA]$ 에서 pKa값은 HA ⇆ H^+ + A^- 반응에서 해리상수에서 유도된 값이다.

comparison

416

명 1 비교

Comparison of the cDNA sequences with genomic DNA sequence shows the locations of exons and introns in genomic DNA.

해 cDNA서열과 유전체 DNA서열의 **비교**는 유전체 DNA에서 액손과 인트론들의 위치를 알려준다.

참 cDNA는 인트론이 모두 제거된 mRNA의 역전사반응을 통하여 합성된다.

2 in ~ to ....와 비교하여 (보면)

In **comparison** to prokaryotic cells, eukaryotic cells are much greater in size, typically having cell volumes 10^3 to 10^4 times larger. Also, they are much more complex.

해 원핵세포와 **비교하여 보면**, 진핵세포는 크기에서 훨씬 더 크기 때문에, 전형적으로 10^3-10^4배 더 큰 세포 부피를 가진다. 또한, 훨씬 더 복잡하기도 하다.

compartment

264

명 구획, 격실

In the cell, *compartmentation* of enzymes into multienzyme complexes or organelles provides a means of regulation, either because the **compartment** provides unique conditions or because it limits or channels access of the enzymes to substrates.

관 limit(타) 제한하다, channel(타), 통로를 만들다, access .... to ....와의 접근

해 세포에서, 효소를 다중효소복합체 속으로 혹은 소기관 속으로의 *구획만들기*는 그 **구획이** 특정한 환경을 제공하기 때문이거나 혹은 효소의 기질에 대한 접근을 제한하거나 연결통로를 만들기 때문에, 어떤 조절 수단을 제공한다.

compartmenta-tion

3

명 구획, 격실만들기

Biosynthetic and degradative pathways are controlled through different but complementary regulation. Pathways are also regulated through **compartmentation** of enzymes.

관 be controlled through ....를 통하여 조절되다=be regulated throgh, degradative 분해의

해 생합성과 분해경로는 서로 다르지만 상보적인 조절을 통하여 통제된다. 경로는 또한 효소의 **구획만들기**를 통하여 조절되기도 한다.

compartmental-ized

9

형 be ~ 구획화되다

The thalamus is a complex, highly organized and **compartmentalized** relay station for ascending tracts, situated centrally in the cerebrum, and plays an important part in the integration of somatic and visceral function.

관 thalamus 시상, ascend(자) 올라가다, be situated=be located 위치하다, cerebrum 대뇌, integration 통합, visceral 내장의

해 시상은 복잡하고, 고도로 조직화된 그리고 (뇌 쪽으로) 올라오는 신경의 **구획화된** 중계 경유지이며, 대뇌의 중앙에 자리를 잡고 있어서 신체와 내장의 기능을 통합하는 중요한 역할을 한다.

참 시상thalamus : 대뇌의 제3뇌실 주위에 존재하는 큰 계란형의 신경세포 집단으로 이루어진 회색질이다. 후각을 제외한 모든 감각 즉 체성감각, 시각, 청각, 미각 등이 대뇌피질에 도달하기 전에 거쳐 가는 중간경유지이다. 따라서 이 곳이 파괴되면 그 이후로의 감각이 전해지지 않는다.

compartmental-ization

명 구획화하기

Cells protect themselves against damage by ROS and other radicals through repair processes, compartmentalization of free radical production, defense enzymes, and endogenous and exogenous antioxidants

10

관 protect(타) .... against ....에 대항하여 ....를 보호하다, antioxidant 항산화제, endogenous 내인성의≠exogenous외인성의

해 세포는 ROS와 다른 라디칼에 의한 손상에 대항하여 수리과정, 자유라디칼 생산의 **구획화하기**, 방어효소, 그리고 내인성 및 외인성의 항산화제를 통하여 자신을 보호한다.

참 산화스트레스oxidative stress : ROS (reactive oxygen species)의 생산량이 제거하는 능력을 초과할 경우에 일어난다. 방어용 효소들은 superoxide 라디칼을 제거하는 superoxide dismutase (SOD), 과산화수소와 지질과산화물을 제거하는 catalase와 glutathion peroxidase 등이 있으며, 항산화제로는 vitamine E, C와 식물의 flavonoid 등이 여기에 속한다.

compensate | 자 ~ for 보상하다, 보충하다

12

Because more glucose must be oxidized to **compensate** for the decreased ability of fatty acids to serve as fuel, blood glucose levels may fall to extremely low levels.

관 compensate for 보충하다, serve as ....로 사용되다, fall(자) to ....로 떨어지다

해 연료물질로 사용될 수 있는 지방산의 감소된 능력을 **보충하기** 위하여 더 많은 포도당이 연료로 산화되어야 하기 때문에, 혈당수준이 극도로 낮은 수준으로 떨어질 수도 있다.

compensated | 타 be ~ 보상되다

3

If hepatocyte proliferation is transiently increased by drug treatment, the increase in cell numbers is soon **compensated** for by an increase in cell death, returning cell numbers to normal.

관 proliferation 증식, transiently 일시적으로, return(타) .... to ....로 회복하다

해 약물처리에 의한 간세포의 증식이 일시적으로 증가된다면, 세포 수에서의 증가는 곧 세포의 죽음에서의 증가에 의하여 **보상되며**, 그 결과 세포의 수를 정상상태로 회복할 수 있게 된다.

참 포유동물에서 완전히 분화된 대부분의 세포집단은 세포의 죽음 (apoptosis)과 세포의 분열 (division)을 통하여 일정한 수의 세포를 유지한다.

compete | 자 ~ with 경쟁하다

34

The secreted protein encoded by the Drosophila argos gene **competes** with signals that activate the EGF receptor (EGFR), a receptor tyrosine kinase.

해 초파리의 argos 유전자에 의해 인코딩된 분비된 단백질은 수용체형 티로신인산화효소인 EGF 수용체를 활성화하는 신호와 **경쟁한다**.

참 세포들이 신호전달을 변형시키는 한 가지 방법으로 길항단백질 (antagonist protein)을 유도 발현시키는 것이다. 이런 부류의 조절방식은 Hedgehog, Wnt, TGFβ, RTK 및 cytokine 수용체 신호전달 과정에서 채택되어있다.

competence | 명 (받아들일) 능력

3

A fragment of animal pole epithelium is taken from an early gastrula and grafted over the eye rudiment of a later embryo. If it is cultured *in vitro* for a longer period still, it loses **competence** to respond to the inductive influence from the eye rudiment.

관 still(부) 그 상태로, be taken from 채취되다, gastrula 창자배, graft(타) 이식하다, inductive 유도성의, influence 효과=effect, rudiment 흔적

해 동물극의 상피조직 조각이 초기의 창자배로부터 채취되어 후기 배아의 눈 흔적 위로 이식된다. 만약 그것이 시험관에서 그 상태로 더 오랜 기간 배양된다면, 그것은 눈의 흔적으로부터 오는 유도성 영향력에 반응**하는 능력**을 상실하게 된다.

competent | 형 (받아들일) 능력이 있는, 능력을 가지는

31

In some cases, the reception of one signal may make cells **competent** to receive another

해 일부 경우에서, 한 가지 신호의 수신은 세포가 또 다른 신호를 받아들일 수 있는 **능력을 가지도록** 만들 수도 있다.

참 If you are *competent* to do something, you *have the* skills, *abilities*, or experience necessary to do it well.

competition 명 경쟁

93

Important extracellular cues for cell proliferation are provided by protein growth factors. These are present at very low concentrations, and **competition** for them appears to limit cell population densities.

관 cue 신호, proliferation 증식, limit(타) 제한하다

해 세포증식에 대한 중요한 세포외부신호는 단백질 성장인자에 의해 제공된다. 성장인자들은 매우 낮은 농도로 존재하여, 그래서 그들을 향한 **경쟁**이 세포집단의 밀도를 제한할 수 있는 것처럼 보인다.

참 성장인자growth factor : 세포의 성장, 증식 및 분화를 촉진할 수 있는 단백질이다. EGF, PDGF, FGF, IGF, cytokines, EPO 등이 있다.

competitive 형 경쟁의, 경쟁적인

36

The neurologic sequelae may result in part from the **competitive** interaction of phenylalanine with brain amino acid transport systems and inhibition of neurotransmitter synthesis.

관 sequelae 후유증, in part 부분적으로, neurotransmitter 신경전달물질

해 신경학적 질환은 부분적으로 뇌의 아미노산 수송계와의 phenylalanine의 **경쟁적인** 상호반응과 신경전달물질 합성의 저해의 결과로부터 왔을 수도 있다.

참 Phenylketonuria (PKU) : 만 명당 1명의 비율로 태어나는 유전질환으로, 혈액에 phenylalanine의 수준이 상승한 결과로 나타나는 질병으로, 정신지체 등의 신경학적 증상을 보인다. 이것은 뇌의 아미노산 대사 장해로 인해 수초myelin의 합성이 손상되어 신경의 발달이 지연되어 일어나는 것으로 알려져 있다.

competitively 부 경쟁적으로

8

The enzyme succinate dehydrogenase (SDH) is **competitively** inhibited by malonate.

해 효소 succinate dehydrogenase (SDH)는 malonate에 의해 **경쟁적으로** 저해된다.

참 Succinate와 malonate는 모두 2개의 carboxy기를 가졌지만, malonate 탄소골격의 CH_2가 1개 더 짧다. 그러나 두 화합물의 전체적인 구조는 거의 비슷하므로 SHD 효소의 활성화자리를 두고 경쟁적으로 작용한다.

complement 타 1 잘 어울리다, 완전하게 하다

61

Natural membranes from different cell types exhibit a variety of shapes, which **complement** a cell's function. The smooth flexible surface of the erythrocyte plasma membrane allows the cell to squeeze through narrow blood capillaries.

관 exhibit(타) 나타내다=(show, display), allow(타) .... to=enable .... to, squeeze(자) 압착되다, complement(타) 잘 어울리다=(harmonize with, goes well with, complete)

해 여러 세포종의 자연산 세포막은 세포의 기능**과 잘 어울리는** 다양한 모양을 보여준다. 적혈구 세포막의 매끈하면서 유연한 표면은 세포가 압착되어 좁은 모세혈관을 통과하는 것을 가능하게 해준다.

참 If one thing *complements* another, it *goes well with* the other thing and makes its good qualities more noticeable.

2 ....보완하다, 균형을 맞추다, 비기게 하다

In contrast, if mutation *a* and *b* are in *separate* genes, then heterozygotes carrying a single copy of each mutant allele will not exhibit the mutant phenotype because a wild-type allele of each gene will also be present. In this case, the mutations are said to **complement** each other. (genetic complementation test)

관 in contrast 대조적으로, exhibit(타) 보여주다, complement(타) 비기게 하다; 균형을 맞추다=(offset, set off, balance)

해 이와는 대조적으로, 돌연변이 *a*와 *b*가 서로 *분리된* 유전자에서 존재하면, 각각의 변이된 대립유전자들의 단 하나의 복사물을 함유하고 있는 이형접합체는 돌연변이의 표현형을 나타내지 않을 것이다, 왜냐하면 각 유전자의 야생형 대립유전자가 또한 존재할 것이기 때문이다. 이러한 경우, 돌연변이들이 서로를 **보완한다고** 말하여진다. (유전자보완 실험)

타 (....와) 상보적이다, 상보적인 같은 관계를 하다

ATP-binding site in the catalytic kinase core **complements** the structure of the nucleotide substrate.

해 촉매하는 kinase의 중심에 있는 ATP 결합부위는 nucleotide기질의 구조와 **상보적이다**.

참 protein kinase (단백질 인산화효소) : 세포의 신호전달과정에서 ATP를 기질로 하여 기질 단백질을 인산화하는 효소이다. 주로 아미노산 serine, threonine 및 tyrosine기의 -OH기를 인산화한다.

명 1 (면역)보체, 상호보완물

DNA microarray analysis allows the full **complement** of genes to be examined for transcriptional changes that occur in response to environmental changes or extracellular signals.

관 full complement 상호보완물 전체

해 DNA microarray분석은 환경의 변화나 혹은 세포외부신호에 반응하여 일어나는 전사반응의 변화를 알기 위하여 유전자들의 **상호보완물** 전체가 조사되는 것을 가능하도록 한다.

참 The *complement* of things that something has is the number of things that it normally has, which enable it to function properly.

2 (두 물체가 합쳐 완벽한 하나가 되는 관계의) 상호보완물

It is thought that the proteins that bind to the mismatched segment of DNA distinguish the template and daughter strands; then the mispaired segment of the daughter strand—the one with the replication error—is excised and repaired to become an exact **complement** of the template strand.

해 DNA의 잘못 짝지은 조각에 결합하는 단백질들이 주형과 딸 가닥을 구별한다고 생각된다; 그러면 딸 가닥의 잘못 짝지어진 부위, 즉 복제오류를 포함하고 있는 가닥이 절단된 후 수리되어 그 주형 가닥의 정확한 **상호보완체**가 될 수 있다.

complementarity
16

명 상보성 (상호보완하는 특성)

Because deviations from molecular **complementarity** substantially weaken binding, any given biomolecule usually can bind tightly to only one or a very limited number of other molecules.

관 substantially 상당히=significantly, weaken(타) 약화시키다, a very limited number of 매우 제한된 수의

해 분자의 **상보성**으로부터 벗어남은 결합을 상당히 약하게 만들기 때문에, 어떤 주어진 생체분자는 일반적으로 오직 하나 혹은 매우 제한된 수의 다른 분자들과 단단하게 결합할 수 있다.

complementary
39

형 상보적인

The **complementary** shapes, charges, polarity, and hydrophobicity of two protein surfaces permit multiple weak interactions, which in combination produce a strong interaction and tight binding.

관 polarity 극성, hydrophobicity 소소성, in combination 조화되어서; 협동하여

해 두 단백질 표면의 **상보적인** 모양, 전하, 극성 및 소수성 성질은 합동하여 강한 상호작용과 견고한 결합을 만들어 내는 많은 약한 상호작용들을 가능하게 한다.

complete
353

형 1 완전한

Analysis of the **complete** genome sequences for several different organisms indicates that biological complexity is not directly related to the number of protein-coding genes.

관 be directly related to ....와 직접적으로 관련되다

해 몇 가지 다른 생명체들을 위한 **완전한** 유전체서열의 분석은 생물학적 복잡성이 단백질을 코딩하는 유전자의 수와는 직접적으로 관계가 없음을 보여주었다.

참 사람과 선충 *C. elegans*의 유전자 수의 비교 : 생물학적 복장섭이 가장 클 것 같은 사람과 사람보다 훨씬 간단할 것 같은 선충의 단백질을 코딩하는 유전자들 수의 차이는 놀랍게도 그리 크지 않다.

2 be ~ 완료되다, 완성되다

	In prokaryotic DNA, several protein-coding genes commonly are clustered into a functional region, an operon, which is transcribed from a single promoter into one mRNA encoding multiple proteins with related functions. Translation of a bacterial mRNA can begin before synthesis of the mRNA is **complete**.

관 be clustered into ....로 군집화되다, operon (유전자의) 전사단위, related function 연관된 기능들, be complete 완료되다=be completed

해 원핵세포의 DNA에서, 몇 개의 단백질을 코딩하는 유전자들은 하나의 promoter로부터 연관된 기능을 하는 여러 개의 단백질을 인코딩하는 한 개의 mRNA로 전사되는 흔히 전사단위라는 기능적 영역으로 군집화되어있다. 박테리아 mRNA의 번역반응은 mRNA의 합성이 **완료되기** 이전에도 시작될 수 있다.

3 완결된

Transcription initiation is considered **complete** when the first two ribonucleotides of an RNA chain are linked by a phosphodiester bond.

해 전사반응의 개시반응은 RNA사슬의 최초 2개의 ribonucleotide가 phosphodiester결합으로 연결된 때에 **완결**된 것으로 간주된다.

타 완성하다, 완전한 것으로 만들다, 완전히 채우다

Radicals are highly reactive and initiate chain reactions by extracting an electron from a neighboring molecule to **complete** their own orbitals

관 initiate(타) 개시하다, extract(타) .... from 빼앗다, neighboring 이웃하고 있는=(close to, in the vicinity of)

해 라디칼은 대단히 반응성이 커서, 자신의 궤도를 **완전히 채우기** 위하여 이웃하고 있는 분자로부터 하나의 전자를 빼앗음으로써, 연쇄반응을 개시한다.

참 Octet 법칙 : 원자들은 자신의 원자가껍질valence shell에 모두 8개의 전자를 채워 서로 결합한다는 법칙이다. 이 법칙은 탄소, 질소, 산소 및 할로겐 원소에 특별히 적용된다.

completed — 타 be ~ 완성되다

27

Genome sequencing is **completed** for many viruses and bacterial species, the yeast *Saccharomyces cerevisiae*, the roundworm *C. elegans*, the fruit fly *D. melanogaster*, humans, and the plant *Arabidopsis thaliana*. It is mostly **completed** for mice and in progress for zebrafish.

관 be in progress 진행 중이다=currently being conducted

해 유전체 서열결정 작업은 많은 종류의 바이러스와 박테리아 종, 효모 *Saccharomyces cerevisiae*, 선충 *C. elegans*, 초파리 *D. melanogaster*, 사람 및 식물인 *Arabidopsis thaliana*에서 **완성된 상태이다**. 이것은 생쥐에서는 대부분 **완성된 상태이고** zebrafish에서는 진행 중에 있다.

completely — 부 완벽하게, 완전하게

308

The extent of histone acetylation can be demonstrated by digesting isolated nuclei with DNase I. Following digestion, the DNA is **completely** separated from chromatin protein, digested to *completion* with a restriction enzyme, and analyzed by Southern blotting.

관 extent 정도, be demonstrated by 명확하게 보이다, be separated from ....와 분리되다, to completion 완전히=completely, following(전) .... 후에=later than

해 히스톤의 에세틸화의 정도는 분리된 핵을 DNase I으로 소화시켜서 명확하게 보일 수 있다. 소화반응 후, 그 DNA를 염색질의 단백질로부터 **완벽하게** 분리해 내어, 제한효소로 완전히 소화되도록 하고, 그리고 Southern브롯으로 분석한다.

completion — 명 1 완결, 완성, 달성

25

With the **completion** of the human genome project, we are positioned to learn the sequences of all human membrane transport proteins.

관 be positioned to ....하는 위치에 있다, learn(타) 발견하다=discover

해 인간유전체프로젝트의 **완성**의 결과로, 우리는 사람의 막수송단백질의 모든 서열을 발견할 수 있는 위치에 있게 되었다.

2 to ~ 완전히, 완성될 때까지

Subsequent hydrolysis of PP_i to two molecules of phosphate (Pi) drives this reaction to **completion**.

해 PP_i의 인산 (P_i) 두 분자로 차후의 가수분해는 이 반응이 **완전히** 진행하도록 추진한다.

참 be digested *to completion*. go *to completion*.

complex

1376

형 복잡한

The digestion of fats is more **complex** than that of carbohydrates or proteins because they are not very soluble in water.

해 지방의 소화는 지방이 물에 매우 잘 용해되지 않기 때문에 탄수화물이나 혹은 단백질의 소화보다 더 **복잡하다**.

명 복합체

The K_d of antibodies for their specific antigens is extremely small and varies from approximately 10^7 to 10^{11} M. The antigen thus binds very tightly with almost no tendency to dissociate and can be removed from circulation as the antigen–antibody **complex** is ingested by macrophages.

관 vary(자) from .... to ....범위에서 다양하다, with almost no tendency to 거의 ....할 경향이 거의 없는

해 자신의 특이 항원에 대한 항체의 K_d가 극히 작으며, 대략 10^{-7}에서 10^{-11}M까지 다양하다. 그래서 항원은 해리될 경향이 거의 없이 매우 단단하게 결합하므로, 항원항체 **복합체**가 거대식세포에 의해 섭취될 때 순환으로부터 제거될 수 있다.

자 ~with ....와 복합체를 만들다

The ability of large T antigen to **complex with** p53 is necessary for partial transformation of human cells by simian virus 40.

해 큰 T 항원이 p53**과 복합체를 만드는** 능력이 원숭이바이러스simian virus 40에 의한 사람 세포의 부분적인 형질변환에 필요하다.

참 원숭이바이러스 simian virus 40 : polyoma virus에 속하는 DNA 바이러스로 원숭이나 사람, 특히 면역기능이 약해진 사람에 감염되어 다양한 암을 유발한다. 이 바이러스가 만드는 큰 (large) T 항원은 발암억제유전자인 p53의 기능을 억제하여, 세포가 정상적으로 죽지 못하게 함으로써 암이 발생한다.

complexed

22

타 be ~ ....와 복합체가 만들어지다

Heme is the most common porphyrin found in the body. It **is complexed** with proteins to form hemoglobin, myoglobin, and the cytochromes including cytochrome P450.

해 Heme은 몸에서 발견되는 가장 흔한 porphyrin이다. 이것은 단백질**과 복합체가 만들어져** 헤모글로빈, 미오글로빈과 사이토크롬 P450을 포함하는 사이토크롬류를 만든다.

complexity

25

명 복잡성, 복잡한 것

For years, the chemical and structural **complexity** of proteoglycans posed a daunting barrier to an analysis of their structures and an understanding of their many diverse functions.

관 pose a barrier to ....에 대한 장벽이 되다, daunting 방해하는=discouraging

해 오랜 기간 동안, proteoglycan의 화학적 구조적 **복잡성**은 그 구조의 분석과 많은 다양한 기능을 이해하는 것을 방해하는 장벽이 되었다.

complicated

15

타 1 be ~ 더 어려워지다

Electrostatic interactions between charged groups on a protein surface **are** often **complicated** by the presence of salts in the solution. For example, the ability of a positively charged lysine to attract a nearby negative glutamate may be weakened by dissolved NaCl.

관 be complicated 어려워지다=be difficult

해 단백질표면 상의 하전된 작용기 사이의 정전기적 결합은 용액에 염이 존재함에 의하여 자주 **어려워진다**. 예를 들면, 양으로 하전된 lysine이 바로 옆의 음의 glutamate를 끌어당기는 능력은 용해되

어있는 NaCl에 의해 약해질 수도 있다.

참 To *complicate* something means to make it *more difficult to understand* or deal with.

2 be ~ 복잡해지다

For an uncharged molecule, passive diffusion is an entropic process, in which movement of molecules across the membrane proceeds until the concentration of the substance on both sides of the membrane is the same. For a charged species, the situation is slightly more **complicated**.

관 proceed(자) 계속되다=(continue, carry on), passive diffusion 수동확산, situation 상황

해 전하를 띠지 않는 분자에 대하여, 수동확산이란 엔트로피가 관여하는 과정으로 막의 양측에 존재하는 물질의 농도가 같아 질 때까지 막을 통한 분자들의 이동이 계속된다. 전하를 띤 분자종에 대해서는 상황이 조금 더 **복잡해진다**.

complication 명 1 추가되는 어려움, 복합된 어려움

12

A major **complication** in the operation of a DNA replication fork arises from two properties: the two strands of the parental DNA duplex are antiparallel, and DNA polymerases can add nucleotides to the growing new strands only in the 5′ → 3′ direction.

관 arise from ....로부터 발생하다, be antiparallel 역방향으로 나란히 배얄되다, add(타) .... to ....에 추가하다, replication fork 복제점

해 DNA 복제점의 작동에 있어서의 주된 **복합된 어려움**은 두 가지의 행동특성 때문에 발생한다. 즉 부모 DNA복제물의 두 가닥이 서로 역방향으로 나란히 배열되어있는 것과 그리고 DNA중합효소가 5′ → 3′ 방향으로만 뉴클레오티드를 합성 중인 새 가닥에 추가할 수 있는 것이다.

2 합병증

She was told that the use of aspirin in her case was not to alleviate pain but to reduce the risk of a second heart attack and that she should continue to take this drug for the remainder of her life unless a **complication**, such as gastrointestinal bleeding, occurred as a result of its use.

관 in one's case 증례에서, alleviate(타) 완화시키다=(relieve, lessen, make more bearable), reduce the risk of ....의 위험성을 줄이다, continue to take the drug 계속하여 그 약물을 복용하다

해 그녀의 증례에서 아스피린의 용도는 통증을 완화시키는 것이 아니고, 두 번째인 심장마비의 위험성을 줄이기 위한 것이며, 그리고 만약 그 사용 결과로써 위출혈과 같은 **합병증**이 발생하지 않으면, 그녀는 남은 일생 동안 이 약을 계속하여 복용해야한다는 말을 들었다.

component 명 구성 요소

326

Cholesterol is a principal **component** of animal cell plasma membranes, and much smaller amounts of cholesterol are found in the membranes of intracellular organelles.

해 콜레스테롤은 동물세포의 원형질막의 주된 **구성요소**이며, 세포내 소기관들의 막에서는 훨씬 더 적은 양의 콜레스테롤이 발견된다.

형 구성하는

For the most part, nucleosides have *no* biological role *other than* to serve as **component** parts of nucleotides. Adenosine is an exception. In mammals, adenosine functions as an autocoid, or "local hormone."

관 no A other than B=B의 기능을 제외한 다른 A기능이 없다, function(자) as ....로 기능하다

해 대부분, 뉴크레오사이드들은 뉴크레이티드를 **구성하는** 부품으로 기능하는 것을 *제외한 다른* 생물학적 역할을 전혀 *가지고 있지 않다*. Adenosine은 예외이다. 포유동물에서, adenosine은 autocoid 나 혹은 "지역호르몬"으로써 기능을 한다.

compose 타 구성하다, 조립하다

11

Amino acids differing only in their side chains **compose** proteins.

관 compose(타) 구성하다=(constitute, make up)

해 측쇄기에서만 서로 다른 아마노산들이 단백질을 **구성하고 있다**.

composed | 타 1 be ~ of 구성되다

71

Proteins <u>are **composed** of</u> amino acids differing only in their side chains.

해 단백질은 측쇄기만 다른 아미노산들로 **구성되어있다**.

2 be ~ of 구성되다

Alzheimer's disease is characterized by the formation of insoluble plaques which <u>are **composed** of</u> amyloid protein.

관 A be characterized by B=A는 B가 특징이다, amyloid protein 아밀로이드 단백질

해 알츠하이머 질환은 아밀로이드 단백질로 **구성된** 불용성 프라그들이 형성되는 것이 특징이다

composite | 형 1 혼성의, 합성의

6

The binding sites for WT1 do not overlap the binding sites for the activator AP1 or the **composite** binding site for the activators SRF and TCF.

관 overlap(타) 중복되다

해 WT1에 대한 결합자리는 활성제 AP1의 결합자리나 혹은 활성제 SRF와 TCF에 대한 **혼성** 결합자리와는 중복되지 않는다.

2 혼성된, 혼성의

Treatment of the resulting **composite** cells with red- and green fluorescent-labeled antibodies revealed a rapid mixing of the membrane antigens in the **composite** membrane.

관 resulting 결과로 생긴, reveal(타) 밝혀주다=(discover, disclose)

해 결과로 생긴 **혼성된** 세포를 적색과 녹색형광으로 표지된 항체들로의 처리는 **혼성된** 막에서 막 항원들의 신속한 혼합됨을 밝혀 주었다.

composition | 명 조성

81

The membranes of organelles, such as nuclei, mitochondria, and chloroplasts, differ from one another, with each having a characteristic protein and lipid **composition** suited to the organelle's function.

관 differ from ....와 다르다=be different from, be suited to 적합하다=(be right or appropriate for, be adapted to, be suitable for), with 현재의 상황을 소개

해 핵, 미토콘드리아 및 엽록체와 같은 소기관들의 막은 각각 그 소기관의 기능에 적합한 특징적인 단백질과 지질의 **조성**을 가지고 있기 때문에, 서로 다르다.

compound | 명 화합물

315

The **compound** illustrated here is aflatoxin B1, a toxin from a mold (*Aspergillus flavus oryzae*) that grows on grain and peanuts when they are stored under humid tropical conditions.

관 illustrate(타) 그림으로 그려 보여주다=(use picture, diagram etc in a book), grow(자) 자라다

해 여기 그림에서 보이는 **화합물**은 aflatoxin B1으로, 곡류나 땅콩이 습한 열대환경에서 저장될 때, 그 위에서 자라는 곰팡이 (*Aspergillus flavus oryzae*)로부터 유리되는 독소이다.

참 Aflatoxin : 이것은 곰팡이 독소로 몸속에서 대사된 이 독소의 대사물은 발암물질로 작용하는 것으로 알려져 있으며, 특히 p53 암억제유전자를 돌연변이 시키는 기전으로 간암을 유발한다.

comprise | 타 1 ....를 포함하다, 구성하다

110

Only 60% of the total number of cells in the liver are hepatocytes, also known as the hepatic parenchymal cells. The other 40% of the cells are the nonparenchymal cells, which constitute the lining cells of the walls of the sinusoids. The lining cells **comprise** the endothelial cells, Kupffer cells, and hepatic stellate cells.

관 A comprise(타) B=A is comprised of B, sinusoid 굴모양혈관, parenchymal cell 실질세포, stellate cell 성상세포, sinusoid 굴모양혈관

해 간에서 전체 세포 수의 60%만이 간세포이며, 또한 간의 실질세포로 알려져 있다. 그들 세포의 나머지 40%가 굴모양혈관의 벽을 피복하고 있는 세포의 일부를 차지하는 비실질세포이다. 이 피복하고 있는 세포들은 내피세포, 쿠퍼세포 및 간의 성상세포들로 **구성되어있다**.

참 굴모양혈관sinusoid : 말초혈관과 같은 미세혈관으로 연결되지 않은 내피조직을 가지고 있으며 간, 임파조직, 내분비기관 등에 존재하고 있다. disruption 참조

2 ....를 차지하다, ...의 일부분이다

The amount of carbohydrate in a proteoglycan is usually much greater than is found in a glycoprotein and may **comprise** up to 95% of its weight.

관 comprise(타)=(account for, constitute), up to ....까지

해 Proteoglycan에서 탄수화물의 양은 보통 당단백질에서 발견되는 것보다 훨씬 더 많아서 무게의 95%까지 **차지하기**도 한다.

comprised

38

타 be ~ of 구성되다

Muscle is **comprised** of different types of contractile fibers that derive their energy from different sources. For example, the slow-twitch type I fibers use oxidative energy pathways, whereas the type II fast-twitch fibers use the glycolytic pathway for their energy requirements.

관 be comprised of=(consist of, constitute, comprise), derive(타) .... from, whereas

해 근육은 다른 원천으로부터 에너지를 끌어내는 여러 종류의 수축근육으로 **구성되어있다**. 예를 들면 제1형 서근은 산화적 에너지경로를 사용하고, 반면에 제2형 속근섬유는 필요한 에너지를 위하여 해당경로를 사용한다.

참 유산소와 무산소 반응 : 산화적 인산화경로는 해당작용을 이용하는 경로보다 더 많은 양의 에너지를 만들 수 있다 (유산소반응). 그러나 에너지의 공급 속도는 해당작용을 이용하는 것이 더 빠르다 (무산소반응).

compromise

7

타 (설정된 기준에 미치지 못하여) 나빠지게 하다, 손상을 일으키다

An acute hemorrhage from a previously diagnosed ulcer of the stomach has reduced her effective blood volume severely enough to **compromise** her ability to perfuse (deliver blood to) her tissues.

관 from ....때문에=the cause of ...., compromise(타)=(cause the impairment of, expediently accept standards that are lower than is desirable), perfuse(타) 관류하다=deliver blood to

해 이전에 진단을 받은 위궤양 때문에 일어난 급성출혈은 그녀의 조직에 관류할 수 있는 능력에 **손상을 일으킬** 정도로 충분하게 유효한 혈액의 부피를 상당히 감소시켰다.

참 compromised의 의미 : a *compromised* immune system 원래 수준의 기능에 미치지 못하게 되어 (손상되어) 이제 생명을 위협할 수준으로 된 면역계통, a seriously *compromised* patient 점차적으로 나빠져 심각한 수준으로 손상된 환자

compromised

35

타 1 be ~ (어떤 기준 이하로) 나빠지다, 손상되다

A small number of individuals who exhibit the usual symptoms associated with familial hypercholesterolemia produce normal LDL receptors. In these individuals, the gene encoding the AP2 subunit protein that binds the Asn-Pro-X-Tyr sorting signal is defective. As a result, LDL receptors are not incorporated into clathrin/AP2 vesicles and endocytosis of LDL particles is **compromised**.

관 exhibit symptoms 증세를 보이다, be associated with ....와 연관되다, as a result 결과로써

해 가족성 고콜레스테롤혈증과 연관된 보통의 증세를 보이는 사람 가운데 적은 수는 정상인 LDL수용체를 생산한다. 이 가운데, Asn-Pro-X-Tyr의 분류신호와 결합하는 AP2 아단위체 단백질을 인코딩하는 유전자가 결함인 경우가 있다. 그 결과로, LDL수용체가 clathrin/AP2 소낭으로 삽입되지 않아, LDL 알갱이들의 세포내이입반응이 **나빠지게 된다**.

참 일반적으로 가족성 고콜레스테롤혈증은 혈액에서 콜레스테롤의 수송을 담당하는 LDL이 자신의 수용체에 결합하지 못하여 세포내이입반응endocytosis이 진행될 수 없어 혈액으로부터 제거되지 않고 남아있게 된다. 그 결과 LDL 속의 콜레스테롤을 포함하는 지질들이 대사되어 분해될 수 없게 되므로 고콜레스테롤혈증이 나타난다.

2 be ~ (어떤 기준 이하로) 손상되다

Plasmalogen synthesis occurs within peroxisomes, and, in individuals with Zellweger's syndrome (a defect in peroxisome biogenesis), plasmalogen synthesis is **compromised**. If severe enough, this syndrome leads to death at an early age.

해 Plasmalogen의 합성은 peroxisome에서 일어나며, 그리고 Zellwegner증후군 (peroxisome의 생체에서의 생성에 결함이 있는 질환)를 가진 사람에서는, plasmalogen의 합성이 **손상되어있는** 상태이다. 만약 이 질병이 너무 심하면 이른 나이에 죽음에 이르게 된다.

참 Plasmalogen은 인지질의 일종으로 peroxisome에서 생산된다. Etanolamine-plasmalogen, choline-plasmalogen, Platelet-activating factor (PAF) 등이 이 부류에 속하며, 특히 PAF는 혈소판 응집, 부종 및 고혈압 그리고 알레르기 반응에 관여한다.

computation 명 계산

1 Whether a neuron generates an action potential in the axon hillock depends on the balance of the timing, amplitude, and localization of all the various inputs it receives; this signal **computation** differs for each type of neuron.

괸 differ(자) 다르다=be different from, axon hillock 축삭둔덕, action potential 활동전위

해 어떤 신경세포가 축삭둔덕에서 활동전위를 생성할 것인지의 여부는 받아들인 여러 입력 항목 전부의 타이밍, 크기, 및 국소화의 균형에 달려있다; 이 신호의 **계산**은 각 유형의 신경세포에서 서로 다르다.

computational 형 1 계산의

2 The deconvolution algorithm can sharpen an image by restoring out-of-focus photons to their origin—an example of a **computational** method that improves the quality of the image.

괸 deconvolution 역회선, sharpen(타) 선명하게 하다, restore(타) .... to ....로 회복하다, out-of-focus 초점이 어긋난

해 역회선 알고리즘은 이미지의 질을 향상시키는 **계산**방법으로 초점이 어긋난 광전자들을 원점으로 회복함으로써 이미지를 선명하게 한다.

참 역회선deconvolution 알고리즘 : 현미경사진과 같은 디지털이미지의 해상도를 증가시키는 방법이다. 이 방법은 어두운 조건에서도 선명한 영상을 얻을 수 있어서 빛에 민감한 살아있는 세포를 오랜 시간 동안 관찰할 수 있는 장점이 있다. 공초점confocal microscopy에 적용되어 기존의 방법보다 더 선명한 영상을 얻는다.

2 ~ biologist계산생물학자, ~ biology 계산생물학

Using these expressed sequence tag (EST) methods **computational** biologists have identified approximately 35,000 genes in the human genome, although for as many as 10,000 of these putative genes there is not yet conclusive evidence that they actually encode proteins or RNAs

괸 identify(타) 확인하다, not yet 아직은 아닌, conclusive 결정적인,

해 발현된 서열표지법 (EST)방법을 사용하여, **계산**생물학자들은 사람 유전체에서 대략 35,000종의 유전자를 발견하였지만, 10,000여종이나 되는 많은 가상유전자에 대해서 실제적으로 그들이 단백질이나 RNA을 인코딩한다는 결정적인 증거가 아직 없는 상태이다.

참 발현된 서열표지법Expressed Sequence Tag (EST) : 발현된 유전자의 mRNA로부터 구축된 cDNA를 poly(A^+) 서열을 재료로 사용하여 단 한 번의 서열결정실험을 통하여 읽어 낸 약 500-800개의 염기 길이의 읽은 서열을 말한다. 이들은 염색체 상의 유전자의 위치를 밝혀내는 유전자지도를 작성하는데 사용된다. EST의 확인이 신속하게 진행되어 공공의 데이터베이스에 약 6천만 종의 EST들이 이제 이용가능하게 되었다.

compute 타 계산하다

3 While the activation of muscle contraction by a motor neuron is complex, an even more sophisticated interplay of ion channels is required for a neuron to integrate a large number of input signals at synapses and **compute** an appropriate output.

괸 while 반면에=(whereas, although), even more 훨씬 더, be required 요구되다=(be needed, be necessary)

해 비록 운동신경에 의한 근수축의 활성화반응이 복잡하지만, 신경세포가 시냅스에서 다량의 입력신호를 통합하여 적절한 출력을 **계산하기** 위하여 이온통로들의 훨씬 더 정교한 상호역할이 요구된다.

computed

computerized

22

형 컴퓨터화된, 전산화된

Routine laboratory studies were ordered, and a **computed** tomogram (CT) of the upper abdomen was scheduled to be done immediately.

관 be ordered 주문되다, be scheduled to ....하도록 스케줄이 잡히다, upper abdomen 상복부

해 일반 실험실 검사가 주문되었고, 그리고 상복부의 **전산화된** 단층촬영술이 즉각 실행되도록 스케줄이 잡혀졌다.

computer

71

명 컴퓨터

In a sense, each neuron is a tiny **computer** that averages all the receptor activations and electric disturbances on its membrane and makes a decision whether to trigger an action potential and conduct it down the axon.

관 average(타) 평균을 내다, make a decision whether to ....할 것인지 결정하다, trigger(타) 촉발하다, conduct(타) .... down ....를 아래로 전달하다

해 어떤 의미에서, 각 신경세포는 수용체의 활성화와 세포막 상의 전기적 교란현상을 모두 평균하여, 활동전위를 촉발하게 할 것인지 축삭의 아래로 전달하도록 할 것인지에 대하여 결정을 내리는 작은 **컴퓨터**이다.

concentrate

2

타 농축하다, 밀도를 높게 하다

Binding to a proteoglycan could control the activity of a protein in the following way. It could **concentrate** the protein for more effective presentation to cell-surface receptors.

관 in the following way 다음의 방법으로, effective 효과적인=efficient, presentation 제시

해 Proteoglycan과의 결합은 다음의 방법으로 어떤 단백질의 활성을 조절할 수 있었다. 그 결합은 세포표면의 수용체들에게 더 효과적인 제시를 위하여 그 단백질의 **밀도를 높게 만들 수** 있었다.

concentrated

134

타 be ~ 농축되다

In most cases examined thus far, such mRNA localization is specified by sequences in the 3'-untranslated region of the mRNA. β-actin mRNA <u>is **concentrated**</u> in the leading edges of myoblasts, the region of the cell cytoplasm where the encoded protein is needed for motility.

관 thus far 지금까지=so far, localization 국소화; 편중화, be specified by ....에 의해 상세한 정보가 주어지다

해 지금까지 관찰된 대부분의 경우에 있어서, 그러한 mRNA의 편중화는 mRNA의 3'-비번역 영역에 존재하는 서열에 의해 상세한 정보가 주어진다. β-actin mRNA는 운동에 인코딩된 단백질이 필요한 곳인 근육모세포의 최말단의 가장자리에서 **농축된다**.

concept

32

명 개념, 컨셉

According to the "central dogma" proposed by Francis Crick, information flows from DNA to RNA to proteins. For the most part, this **concept** holds true.

관 according to ....에 의하면, flow(자) 흐르다, for the most part 대부분, hold true 유효하다=(be consistent, remain true)

해 Francis Crick에 의해 제안된 "중심이론"에 의하면, 정보는 DNA로부터 RNA로 단백질로 흐른다. 이 **개념**은 대부분의 경우에 계속 유효하다.

concern

22

명 1 ~ to ....에 대한 관심, 관심거리 (걱정거리로써의 관심)

Just as bacteria can become resistant to drugs, so can HIV. A great <u>**concern** to</u> physicians treating patients with AIDS is the appearance of resistant strains of HIV-1 in patients taking a single drug, such as ZDV (zidovudine), for 6 months or more. Therefore, multidrug regimens are used.

관 just as ....처럼, be resistant to ....에 내성을 띠다, appearance, take a drug 약을 복용하다, multidrug regimen 다중약물 복용법

해 세균이 약물에 내성을 가질 수 있게 되는 것과 같이 HIV 바이러스도 그렇게 될 수 있다. AIDS 환자들을 치료하는 의사의 가장 큰 **관심거리**는 ZDV (zidovudine)와 같은 한 가지 약물을 6개월 동안 복용하고 있는 환자에서 HIV-1 내성을 보이는 종의 출현이다. 그러므로 다중약물 복용법이 사용된다.

참 ZDV (zidovudine) : 역전사효소reverse transcriptase을 저해할 수 있는 nucleoside thymidine 유도체이다. Retrovir나 Retrovis라는 약물명으로도 팔리고 있다. 1990년대에 AIDS의 치료에 획기적인 전환점이 된 약물인데, 이 약물에 내성을 가진 변종바이러스가 발생하므로 완전한 치료가 불가능하다.

2 관심거리, 걱정거리

His weight was not usually a **concern** for him, but in 2009 he had become concerned when it became difficult for him to take walks because of joint pain in his knees.

구 take walks 산보하다=go for a walk, become concerned 관심을 갖게 되다, A is a concern for 걱정거리이다

해 그의 체중은 일반적으로 **걱정거리**가 아니었지만, 2009년에 무릎에서의 관절통 때문에 산보하는 것이 어렵게 되자 관심거리가 되었다.

타 ....에 관한 것이다. ....에 대한 것이다

Perhaps the most difficult questions **concern** the formation of specific synapses within the nervous system; that is, how does a neuron "know" to synapse with one type of cell and not another?

구 concern(타) ....에 관한 것이다=be about, synapse with ....와 시냅스를 형성하다=form a synapse with, that is (to say) 즉

해 아마도 가장 어려운 문제는 신경계 안에서 특이한 시냅스의 형성에 **관한 것이다**; 즉 신경세포가 어떻게 또 다른 종류와는 아니고 한 종류의 세포와 시냅스를 만들 줄 "아는가"에 대한 것이다.

참 If something such as a book or a piece of information *concerns* a particular subject, it *is about* that subject.

concerned

3

타 be ~ ....와 관련되다, 연관되다

There are at least two functionally distinct subclasses of helper T cells that can be distinguished by the interleukins that they secrete. TH 1 cells secrete IL-2 and γ-interferon and are **concerned** mainly with helping cytotoxic T cells and macrophages. TH 2 cells secrete IL-4 and IL-5 and are **concerned** mainly with helping B cells and eosinophils.

구 distinct 서로 다른=different in kind, be distinguished by ....에 의해 구별되다, be concerned with ....와 관련되다=(be involved in, be associated with), eosinophils 호염기성구 세포

해 그들이 분비하는 인터류킨류에 의해 구별될 수 있는 적어도 기능적으로 다른 2종의 helper T세포의 하위클래스가 존재하고 있다. TH1 세포는 IL-2와 γ-interferon을 분비하며, 세포독성 T세포와 거대식세포를 보조하는 것과 **연관되어있다**. TH2세포는 IL-4와 IL-5을 분비하며, B세포와 호염기성구 세포를 보조하는 것과 주로 **관련되어있다**.

concerning

19

전 ....에 관하여, 대하여

These are just a few of the fascinating questions **concerning** RNA processing, post-transcriptional control, and nuclear transport that will challenge molecular cell biologists in the coming decades.

구 just 꼭=(exactly, indeed), fascinating 흥미를 가지게 하는=absorbing 열중케 하는, challenge(타) 도전하다=stimulate, concerning ....에 관하여=(about, regarding)

해 도래하는 수십 년 동안 분자세포생물학자들이 꼭 도전할 몇 가지의 흥미를 가지게 하는 문제가 RNA의 처리과정, 전사후조절반응 및 핵의 수송**에 관한** 것들이다.

conclude

81

타 결론을 내리다

James Watson and Francis Crick, working in the Cavendish Laboratory at Cambridge University in 1953, took advantage of Chargaff's results and the data obtained by Rosalind Franklin and Maurice Wilkins in X-ray diffraction studies on the structure of DNA to **conclude** that DNA was a complementary double helix.

구 take advantage of 활용하다=use, complementary double helix 상보적인 이중나선체, conclude (타) 결론을 내리다

해 1953년 캠브리지대학교의 Cavendish 연구소에서 일하고 있던 James Watson과 Francis Crick은 DNA의 구조에 대한 X-ray회절 연구에 관한 Chargaff의 결과와 Rosalind Franklin과 Maurice

Wilkins에 의해 얻어진 데이터를 활용하여, DNA가 상보적인 이중나선체라는 **결론을 내리게 되었다**.

concluded | 타 be ~ 결론이 내려지다
42

As **concluded** by Watson and Crick, the two complementary strands of DNA run in opposite directions. On one strand, the 5′-carbon of the sugar is above the 3′-carbon. This strand is said to run in a 5′ to 3′ direction. On the other strand, the 3′-carbon is above the 5′-carbon. This strand is said to run in a 3′ to 5′ direction.

구 run in opposite directions 반대방향으로 달리다, on *one* strand .... on *the other* strand 2개중 하나.... 나머지 하나, be said to ....한다고 하다

해 Watson과 Crick에 의해 **결론이 내려진** 것처럼, DNA의 2개의 상보적인 가닥들은 서로 역 방향으로 달린다. 한 쪽 가닥에서 탄수화물의 5'-탄소가 3'-탄소 위에 있다. 이 가닥은 5'에서 3' 방향으로 향하고 있다고 하며. 나머지 가닥에서는 3'-탄소가 5'-탄소 위에 존재한다. 이 가닥은 3'에서 5' 방향으로 향하고 있다고 한다.

conclusion | 명 결론
152

These observations made it clear that the lengths of both the thin and thick filaments were constant during muscle contraction. This **conclusion** was consistent with a sliding filament model.

구 be constant 길이가 일정하다, be consistent with 일치하다=(be in agreement with, not contradictory to)

해 이들 관찰 결과는 근육수축이 일어나는 동안 가는 필라멘트와 굵은 필라멘트 모두의 길이가 일정하였다는 사실을 명확하게 하였다. 이 **결론**은 슬라이딩 필라멘트 모델과 일치하였다.

참 contrary와 contradictory : contrary는 '반대되는' 그리고 contradictory는 '일치하지 않는'의 의미를 가진다.

conclusively | 부 확실하게, 결정적으로, 결론적으로
10

In 1952, Konrad Bloch and Robert Langdon showed **conclusively** that labeled squalene is synthesized rapidly from labeled acetate and also that cholesterol is derived from squalene.

해 1952년에, Konrad Bloch와 Robert Langdon은 표지를 붙인 acetate를 이용한 실험에서 acetate로부터 squalene이 신속하게 합성되며, 또한 콜레스테롤이 squalene으로부터 유래된다는 것을 **확실하게** 보여주었다.

참 콜레스테롤은 acetate를 시발물질로 하여 squalene이라는 중간체를 경유하여 합성된다.

concomitant | 형 동시에 일어나는, 동반하는
46

Many eukaryotes are obligate aerobes: they grow only in the presence of oxygen and metabolize glucose (or related sugars) completely to CO_2, with the **concomitant** production of a large amount of ATP.

구 obligate aerobes 절대요구호기성균, metabolize(타) .... to ....를 ....로 대사하다, concomitant 동반하는=accompanying

해 많은 진핵세포는 단지 산소의 존재 하에서 성장하며 포도당 (혹은 관련 탄수화물)을 CO_2로 완전하게 대사하면서, **동반하는** 많은 양의 ATP를 생산하는 절대요구호기성균이다.

condition | 명 1 조건, 병, 컨디션
1211

A much more prevalent clinical **condition** is jaundice, due to elevation of bilirubin in the plasma.

구 due to ....때문=because of, elevation(명) 상승=rise

해 훨씬 더 흔한 임상적인 **질병**은 혈장에서의 bilirubin의 증가 때문인 황달이다.

2 in ~ that ....의 조건에서

In **conditions** that favor growth, the total protein content of a typical cell increases more or less continuously throughout the cycle.

구 favor(타) 유리하게 하다=be in the support of, more or less 다소, increase(자) 증가하다

해 성장을 유리하게 **하는 조건에서**, 어떤 전형적인 세포의 전체 단백질 함량은 세포주기 동안 쭉 계

속하여 다소 증가한다.

타 ....의 조건에 맞추다

The **conditioned** stimulus is an applied stimulus, and might be auditory (e.g. a voice or a ringing bell) or visual (e.g. a light flash). The unconditioned stimulus is one that was not devised by the experimenter.

관 conditioned 조건에 맞추어진≠unconditioned 비조건적, auditory 음성과 관련된, be devised (장비를 사용하여 실험하는 것이) 계획되다=be planned

해 **조건에 맞추어진** 자극이란 어떤 적용된 자극으로 음성과 관련되거나 (예, 목소리나 혹은 벨소리) 혹은 시각적 (예, 섬광)일 수 있을 것이다. 비조건적인 자극은 실험하는 사람에 의하여 장비의 사용이 계획되지 않은 자극이다.

참 To *condition* means to *cause* an organism *to respond in a specific manner* to a conditioned stimulus in the absence of an unconditioned stimulus.

conduct

2

타 전도하다, 수송하다, 전달하다

An inactive translocator can no longer **conduct** ions across the membrane but is open to the lipid bilayer, allowing the hydrophobic signal peptide to diffuse out into the bilayer, where it is rapidly degraded.

관 no longer 더 이상 ....가 아닌, conduct(타) 전달하다, signal peptide 신호서열펩티드

해 불활성 전송체는 막을 관통하여 이온을 더 이상 **전달할** 수 없지만, 그러나 지질이중층에서 열린 채로 있어서, 소수성 신호펩티드가 자신이 신속하게 분해되는 지질이중층 속으로 확산되어 나가는 것을 가능하도록 한다.

참 단백질합성 후의 분비 : 세포 밖으로 분비되는 단백질들이 ER에 붙어있는 리보솜 (rough ribosome이라 함)에서 합성된 후 세포 밖으로 분비되는 과정을 설명한 문장이다. 이 과정에서 합성 중인 단백질이 세포막에 고정되기 위해 사용되는 신호서열signal sequence이 분비되는 과정에서 매우 중요한 역할을 한다.

conducted

88

타 1 be ~ 전도되다, 전파되다

Action potentials arise in the axon hillock and <u>are **conducted**</u> toward the axon terminus.

관 arise(자) 발생하다, action potential 활동전위, axon hillock 축삭둔덕

해 활동전위는 축삭의 둔덕에서 일어나서, 축삭말단을 향하여 **전도된다**.

참 If something *conducts* heat or electricity, it allows heat or electricity to pass through it or along it.

2 be ~ 수행되다

Definitive evidence that duplex DNA is replicated by a semiconservative mechanism came from a classic experiment **conducted** by M. Meselson and W. F. Stahl, outlined in Figure 5.

관 definitive evidence 결정적인 증거, semiconservative 반보전적인 (argue 참조), be outlined in 개략적으로 도시되다

해 2가닥의 DNA가 반보전적인 기전에 의하여 복제된다는 결정적인 증거는 그림 5에 개략적으로 도시된 Meselson과 Stahl에 의해 **수행된** 고전적 실험으로부터 나왔다.

참 When you *conduct* an activity or task, you *organize* it and *do* it.

conductivity

4

명 전도도(율)

Water shows a small but finite tendency to form ions. This tendency is demonstrated by the electrical **conductivity** of pure water, a property that clearly establishes the presence of charged species (ions). Water ionizes because the larger, strongly electronegative oxygen atom strips the electron from one of its hydrogen atoms, leaving the proton to dissociate.

관 finite 한정된, be demonstrated by ....에 의해 표시되다, ionize(자) 이온화하다, stripe(타) ....from 빼앗다, leave(타) .... to dissociate ....가 떨어져 나와 해리되도록 하다

해 물은 이온을 형성하려는 작지만 한정된 성향을 보인다. 이러한 성향은 하전된 종(이온)이 생성되도록 명백하게 하는 행동특성인 순수한 물의 전기**전도도**에 의해 나타난다. 물은 이온화한다, 왜냐하

면 더 크고 강력한 전기음성도를 가진 산소원자가 수소원자 중의 하나로부터 전자를 빼앗아, 그 결과로 양성자가 떨어져 나와 해리되도록 할 수 있기 때문이다.

참 물의 극성 : 물이 극성분자인 이유는 물의 구조가 대칭을 이루고 있는 것처럼 보이지만, 산소원자의 전자를 당기는 힘 즉 전기음성도가 커서 주위의 수소로부터 전자를 끌어당겨 전자의 불균형을 일으키기 때문이다.

confer

66

타 1 배풀다, 주다, 부여하다

Some of these mutations appear to **confer** growth advantages at an early stage of tumor development, whereas other mutations promote the later stages, including invasion and metastasis, which are required for the malignant phenotype.

구 whereas(접) 반면에, confer(타) 부여하다=give, invasion 침투, metastasis 전이, malignant phenotype 악성의 표현형

해 이러한 돌연변이 가운데 일부는 종양발생의 초기 단계에서 성장에 유리함을 **부여하는** 것처럼 보이고, 반면에 다른 돌연변이들은 악성의 표현형에 필요한 침투와 전이과정을 포함하는 늦은 단계를 증진시킨다.

2 ~ on ....에게 (특성)을 부여하다

Elastin **confers** extensibility on tissues.

구 confer(타)+DO+on +IO ....에게 ....를 부여하다, extensibility 탄력성

해 엘라스틴은 조직**에게** 탄력성을 **부여한다**.

3 ....에게 (특성)을 부여하다 (....on)

These barriers prevent molecules generated inside the cell from leaking out and unwanted molecules from diffusing in; yet they also contain transport systems that allow specific molecules to be taken up and unwanted compounds to be removed from the cell. Such transport systems **confer** on membranes the important property of selective permeability.

구 prevent(타) ....from ....ing ....하는 것을 방지하다, leak out 누출되다, property 행동특성, selective permeability 선택적 투과능, yet 추가적으로

해 이들 장벽은 세포의 내부에서 생성된 분자들이 밖으로 누출되는 것과 원하지 않은 분자들이 확산되어 들어오는 것을 방지한다; 추가적으로 또한 특이 분자들이 흡수되도록 하고, 원하지 않는 화합물은 세포로부터 제거하는 것을 가능하게 하는 수송계도 함유하고 있다. 그러한 수송계 때문에 막에게 선택적인 투과능과 같은 중요한 행동특성을 **부여할** 수 있다.

참 간접목적어의 위치 변화 : 이 문장에서 "confer +DO + on + IO"의 순서를 confer on IO + DO의 순서로 변경하였다. 이유는 DO의 문장길이가 길기 때문이다.

conferred

18

타 be ~ 부여되다, 주어지다

Susceptibility to type 1 diabetes mellitus is, in part, **conferred** by a genetic defect in the human leukocyte antigen (HLA) region of β cells which codes for the major histocompatibility complex II (MHC II).

구 in part 부분적으로=partly, susceptibility to ...에 대한 감수성, code for ....를 코딩하다; 부호화하다

해 제1형 당뇨병에 대한 감수성은 부분적으로 주조직적합성 복합체 II (MHC II)를 코딩하는 사람의 β 세포의 백혈구항원 (HLA) 영역에서 발생한 어떤 유전적 결함에 의해 **부여된다**.

참 제1형 당뇨병 : 인슐린을 생산하는 췌장의 β-세포의 손상으로 인슐린이 정상적인 양으로 합성되지 않는 당뇨병이다. 주조직적합성 복합체 (MHC) II는 세포성 면역반응에서 숙주에게 자신의 것임을 알리는 단백질인데, 이 단백질의 결함이 있어 이러한 인식작용이 불가능하게 되면 자가면역반응(autoimmune)이 일어난다.

confidence

14

명 (통계) 신뢰도

The original alignment should have a score significantly higher than any of those within the distribution of scores generated by the random alignments; this increases the **confidence** that the sequence alignment has identified a pair of homologs.

구 score 점수, distribution 분포, alignment 비교정렬, identify(타) 발견하다=(discover, find), homolog 상동서열; 상동체

해 오리지널 서열비교정렬이 임의적인 비교정렬에 의하여 생성된 점수의 분포 내의 어떤 점수보다도 훨씬 더 높은 점수를 가져야 한다; 이 사실은 서열의 비교정렬이 한 쌍의 상동서열을 찾도록 한다는 **신뢰도**를 높인다.

참 핵산이나 아미노산 서열을 비교하여 상동서열을 찾는 작업이 컴퓨터나 웹 페이지를 통하여 가능하다. 이때 검색한 상동서열들은 임의적으로 선택되지 않고, 실제적인 상동서열임을 보여주기 위하여 통계적으로 계산된 신뢰도 값을 함께 표시하여 보여준다.

confident 형 확신하는, 자신하는

2

We are **confident** that this technology will help to elucidate disease processes and guide novel therapies.

구 be confident that .... 인 것을 확신하다=be sure that, elucidate(타) 규명하다=clarify, guide(타) 찾도록 하다=(direct, instruct)

해 우리는 이 기술이 질병의 발전과정을 규명하여 새로운 치료법을 찾도록 하는데 도움이 될 것임을 **확신한다**.

confidently 부 확신을 가지고, 자신있게

3

Over 400 mature miRNAs have been **confidently** identified in the human, but only a minority of the primary transcripts have been identified and annotated.

구 over 이상=more than, identify(타)=(find, discover), annotate(타) 주석/설명을 붙이다=add notes, primary transcript 일차전사물

해 400종 이상의 완성된 miRNA가 사람에서 **자신 있게** 확인되어왔지만, 그러나 그 일차전사물 가운데 단지 소수만이 확인된 후 설명이 붙여진 상태이다.

참 MicroRNA (miRNA) : 21-23개 길이의 핵산염기로 구성된 한 가닥의 RNA 분자로 모든 진핵세포에서 발견된다. MicroRNA는 자신의 표적mRNA와 짝짓기로 결합하여 번역단계에서 유전자의 발현을 저해할 수 있다. 사람유전체는 1000종 이상의 miRNA를 인코딩하며, 이 수는 포유동물의 유전자의 약 60%을 조절할 수 있는 규모가 된다.

configuration 명 배열구조

27

In D-mannose and D-galactose, the configuration of the H and OH bound to one carbon atom differs from that in glucose. These sugars, like glucose, exist primarily as pyranoses.

구 differ from ....와 다르다=be different from, configuration 배열구조, that in glucose에서 that은 configuration의 대명사

해 D-mannose와 D-galactose에서, 한 개의 탄소원자에 붙어 있는 H와 OH의 **배열구조**가 glucose의 그것과는 다르다. 이들 탄수화물도 glucose와 같이 주로 pyranose (6각환 구조)로써 존재한다.

참 배열구조configuration은 여러 원자의 배열된 서로 다른 상태를 보여주는 구조. conformation과 비교하여 이해할 것. confused 예문참조, conformation, specific 참조

confine 타 ~ ..... to 제한하다, 가두다

4

Adjacent cells are connected by impermeable junctions (called tight junctions). They serve as diffusion barriers within the plasma membrane, which help **confine** the various carrier proteins to their respective membrane domains.

구 adjacent (연결된) 바로 옆=be connected by, serve as ....로 작용하다; 봉사하다, confine(타) .... to ....에 머물도록 제한하다=restrict .... to, tight junction 치밀연접

해 바로 옆 세포들은 불침투성의 연접들 (치밀연접이라함)에 의해 연결되어있다. 그들은 세포막 안에서 여러 수송체 단백질이 각각의 막 영역에 **머물도록 제한하는** 것을 도와 확산을 차단하는 장해로써 작용한다.

confined 타 be ~ 제한되다, 국한하다

33

Although the bacterium causing his infection was sensitive to streptomycin, this drug was not used to treat him because it can cause permanent hearing loss. Its use is, therefore, **confined** mainly to the treatment of tuberculosis or other infections that do not respond adequately to other antibiotics.

구 be sensitive to ....에 반응하다=respond to, cause(타) hearing loss 청력소실의 원인이 되다

해 비록 그의 감염원인인 박테리아는 streptomycin에 감수성이 있었다 할지라도, 이 약은 영원한 청력소실의 원인이 될 수 있기 때문에, 치료하는데 사용되지 않았다. 그러므로 그것의 사용은 다른 항생제들에 적절하게 반응하지 않는 다른 감염증이나 결핵의 치료에 주로 **제한된다**.

참 스트렙토마이신 : 아미노글리코사이드류로 결핵균을 치료하는 최초의 항생제로 발견되었으며, 경구용으로 사용할 수 없고 근육주사로 투여된다. 작용기전은 박테리아 리보솜의 30S아단위체에 결합하여 formyl-methionyl tRNA의 단백질합성에 참여하는 것을 저해한다. 위 예문에서 지적한 것과 같이 청력소실을 유발하는 부작용이 있으며, 이 부작용은 이 부류의 항생제들이 달팽이관의 NMDA수용체에 결합하여 신경세포의 기능을 저해하는 이론과 반응성 산소종을 생산하여 귀 신경세포에 손상을 주어 일어나는 것으로 알려져 있다. 이때 항산화제인 N-acetylcysteine을 함께 투여하면 이러한 독성을 줄일 수 있다.

confirm 타 1 ....가 진실임을 보여주다

281 What hypothesis explains the observations that incidence of human cancers increases exponentially with age? Give an example of data that **confirm** the hypothesis.

구 incidence 발병률=rate of occurrence, confirm(타) 진실임을 보여주다=show that it is definitely true

해 어떤 가설이 사람의 암발생률이 나이에 따라 기하급수적으로 증가한다는 관측결과를 설명하는가? 이 가설이 **진실임을 보여주는** 데이터의 예를 들어 보세요.

2 확신하다, 추인하다

A culture of her sputum was taken to **confirm** the diagnosis.

해 그 진단을 **확신하기** 위하여, 그녀의 타액의 배양이 시도되었다.

참 방법이나 수단을 사용 혹은 시도하다고 표현할 때 take를 사용. 예) take a different approach

confirmed 타 be ~ 확인되다, 확신되다

501 This hypothesis has been **confirmed** by many lines of evidence, including x-ray crystallography and site-directed mutagenesis, demonstrating the existence of spatially distinct active and allosteric sites on a variety of enzymes.

구 distinct 분리된; 다른=(different, separate), demonstrate(타) 명료하게 보여주다=show clearly, x-ray crystallography x선결정학, site-directed mutagenesis 부위지정돌연변이

해 이 가설은 x-선결정법과 부위지정돌연변이를 포함하는 많은 일련의 증거에 의하여 **확인되었으며**, 그 결과 다양한 여러 효소에서 공간적으로 분리된 활성화자리와 알로스테릭 자리의 존재를 명료하게 보여줄 수 있다.

참 알로스테릭allosteric 효소 : 이 효소에는 촉매반응을 수행하는 활성화자리active site와 효소의 활성을 조절하는 자리 (allosteric site)가 분리되어있다. Allosteric은 other site의 의미이다.

conform 자 1 ~ to (법칙, 반응)에 순응하다, 잘 맞다

18 The chemistry of the living cell resembles the chemistry of organic reactions. Indeed, cellular constituents or biomolecules must **conform** to the chemical and physical principles that govern all matter.

구 resemble(타) ....와 유사하다=be similar to, indeed=(actually, really), govern(타) 지배하다, conform to ....에 순응하다

해 살아있는 세포에서 일어나는 화학반응은 유기화학반응과 유사하다. 정말로 세포의 구성성분이나 혹은 생체분자는 만물을 지배하는 화학적 물리적 원리에 **순응하여야** 한다.

2 ~ to (구조에) 맞다

The discrimination of serine from threonine is relatively easy because threonine contains an extra methyl group; a site that **conforms** to the structure of serine will sterically exclude threonine.

구 discrimination of .... from ....와의 구별, sterically 입체적으로, exclude(타) 제외하다=prevent something from entering a place

해 세린과 트레오닌의 구별은 트레오닌이 한 개의 methyl기를 더 함유하고 있기 때문에 비교적 쉽다; 그래서 세린의 구조**에 맞는** 부위는 트레오닌이 들어가는 것을 입체적으로 제외할 것이다.

conformation — 명 구조 (유연성있는 구조, 기능과 관련된 구조)

130

> The folded, three-dimensional structure, or **conformation**, of a protein is vital to its function. To understand the relation between the function of a protein and its form, we need to know both what it does and its detailed **structure**.

관 detailed structure 상세한 구조, what it does 그것의 기능,

해 단백질의 접힌 3차원구조나 **입체구조**는 기능에 매우 중요하다. 어떤 단백질의 기능과 형태 사이의 관련성을 이해하기 위해서, 우리는 그것이 무슨 기능을 하는지와 자세한 구조 모두를 알아야 할 필요가 있다.

참 입체구조conformation : 여러 아미노산 단위의 연결에 의해서 생성된 단백질을 예로 설명하면, 구성분자를 연결하는 결합을 절단하지 않고 공유결합을 회전시켜서 수많은 종류의 다양한 구조를 형성하게 할 수 있다. 이와 같이 한 단백질 분자가 만들 수 있는 모든 종류의 구조들을 conformation이라 한다. 생체분자의 conformation은 역동적으로 변할 수 있지만, 그 단백질에 맞는 기능을 수행하려면 수많은 구조들 가운데 오직 하나의 특이한 구조로 되어야만 한다. 'conform'이란 단어의 뜻이 '순응하다'라는 의미인데, 환경의 조건에 맞게 순응하는 구조라고 말할 수 있겠다. 또 다른 구조를 표현하는 말로 배열구조configuration이 있다.

conformational — 형 입체구조의

134

> At low concentrations of cAMP, the PKA is an inactive tetramer. Binding of cAMP to the regulatory (R) subunits causes a **conformational** change in these subunits that permits release of the active, monomeric catalytic (C) subunits.

관 cause(타) ....의 결과를 만든다=(result in,bring about), permit(타) 가능하게 하다=(enable, allow)

해 cAMP의 저농도에서, PKA는 불활성인 4량체가 된다. cAMP의 조절용 (R) 아단위체들과의 결합은 이들 아단위체에서의 어떤 **입체구조의** 변화를 일으키는 결과를 만들어, 활성형 단량체인 촉매작용이 가능한 (C) 아단위체들의 유리가 가능하도록 한다.

conformational-ly — 부 입체구조적으로, 입체구조에서 보면

> Proline markedly influences protein architecture because its ring structure makes it more **conformationally** restricted than the other amino acids.

4

관 architecture 배열구조=(building style, arrangement), markedly 현저하게=noticeably

해 Proline은 그 고리구조가 다른 아미노산들보다 자신을 **입체적으로** 더욱 제한되도록 만들기 때문에 단백질의 구조에 현저한 영향을 끼친다.

confused — 타 be ~ with ....와 혼동되다

2

> The overall three-dimensional architecture of a protein is generally referred to as its conformation. This term is not to <u>be **confused** with</u> configuration, which denotes the geometric possibilities for a particular set of atoms. In going from one configuration to another, covalent bonds must be broken and rearranged. In contrast, the conformational possibilities of a molecule are achieved without breaking any covalent bonds.

관 be referred to as ....라고 언급되다=(be called, be mentioned), be not to be confused with <be to부정사 의무> 혼동되지 않아야 한다, in contrast 대조적으로, conformation 입체구조, configuration 배열구조

해 어떤 단백질의 전반적인 3차원 구조가 일반적으로 conformation이라고 언급된다. 이 용어는 configuration**과 혼동되지** 않아야 하다, 왜냐하면 특정한 한 조의 원자들에 대한 기하학적으로 가능한 구조를 나타내기 때문이다. 한 configuration에서 다른 configuration으로 가려면, 공유결합이 파괴되어 재배열되어야 한다. 이와는 대조적으로, 어떤 분자의 형성가능한 conformation은 어떤 공유결합도 절단되지 않고 달성된다.

참 be to부정사 용법 : 의무, 예정, 의도, 운명, 가능의 뜻을 표현할 수 있다. We are to make more profits next year. 우리는 내년에 더 많은 이익을 낼 것이다<예정>. , You are to obey your parents. 자신의 부모님들에게 복종하여야 한다<의무>. 고교시절 to 부정사를 배울 때를 회상하면서... No one is to blame. 누구도 비난 받지 않아야 해. to blame에서 보통 타동사로 쓰이지만 수동적의미를 가짐 (외우3 ^..^*)

형 당황한, 혼동되는, 헷갈리는

The terms configuration and conformation are often **confused**. Configuration refers to the geometric relationship between a given set of atoms, for example, those that distinguish L- from D-amino acids. Interconversion of configurational alternatives requires breaking covalent bonds. Conformation refers to the spatial relationship of every atom in a molecule.

괸 refer to ....언급하다=(mention, indicate), required(타) 반드시 필요하다=made obligatory, conformation 입체구조, configurational alternative 그 입체구조를 취할 수 있는 다른 대체물

해 용어 configuration과 conformation은 자주 **혼동된다**. Configuration은 어떤 주어진 세트의 원자들 사이의 기하학적 관계를 말한다, 예를 들면, D체-아미노산으로부터 L체-를 구별하도록 하는 것이다. Configuration을 취할 수 있는 다른 물질 사이의 상호 전환은 공유결합의 파괴가 반드시 필요하다. Conformation이란 한 분자에 존재하고 있는 모든 원자의 공간적 관계를 말한다.

congenital

9

형 태생적인

Congenital methemoglobinemia, the presence of excess methemoglobin, is found in people with an enzymatic deficiency in cytochrome b5 reductase or in people who have inherited hemoglobin M. In hemoglobin M, a single amino acid substitution in the heme-binding pocket stabilizes the ferric (Fe^{+3}) oxygen.

괸 congenital 선천적인=(inborn, innate), methemoglobinemia 메트헤모글로빈혈증, inherited 유전된, stabilize(타) 안정화하다

해 과다한 양의 methemoglobin이 존재하는 **태생적인** 메트헤모글로빈혈증은 cytochrome b5 reductase 효소의 결핍을 가진 사람 혹은 유전성 hemoglobin M을 가진 사람에서 발견된다. Hemoglobin M에서, heme 결합주머니에 존재하는 단지 하나의 아미노산 치환이 산화철 (Fe^{3+}) 산소를 안정화시키게 된다.

conjugate

107

타 ....를 결합체로 만들다

If large quantities of bilirubin are presented to the liver as a consequence of acute hemolysis, the capacity of the liver to **conjugate** it, that is, convert it to the water-soluble bilirubin diglucuronide, can be overwhelmed.

괸 as a consequence of ....의 결과로써=as a result of, be presented 주어지다=be given, be overwhelmed (과도한 양으로) 힘을 잃게 되다=be rendered powerless especially by an excessive amount of something, that is 즉

해 만약 급성 용혈작용의 결과로 많은 양의 bilirubin이 간에 주어지면, 그것을 **결합체로 만들 수 있는**, 즉 물에 용해될 수 있는 bilirubin diglucuronide로 전환할 수 있는 간의 능력은 힘을 잃게 될 수 있다.

명 결합체, 포합체

If the **conjugate** is covalently joined to the protein, it may be necessary to carry out acid hydrolysis of the protein into its component amino acids in order to release it.

해 그 **포합체**가 단백질에 공유결합으로 연결되어있으면, 그것을 유리시키기 위하여 단백질의 구성 아미노산으로의 산가수분해를 수행하는 것이 필요할 수도 있을 것이다.

conjugate acid, conjugate base

해 **짝**산, **짝**염기

참 산 (수소이온 공여체)과 염 (수소이온 수용체)은 하나의 짝으로 작용하여 용액의 pH를 조절한다. 이때 한 조의 산과 염을 각각 짝산conjugate acid과 짝염기conjugate base라 한다.

conjugated

434

형 짝지은, 결합된, 포합된

Many proteins consist of only amino acids and contain no other chemical groups. Some proteins contain various chemical constituents as an integral part of their structure. These proteins are termed **conjugated** proteins.

괸 be termed ....라고 한다=(be called, be referred to as), conjugated protein 포합된 단백질

해 많은 단백질은 아미노산으로만 구성되어있고, 다른 화학작용기를 가지고 있지 않다. 일부 단백질은

자신의 구조에 통합된 한 부분으로 여러 화학적 구성성분을 함유하기도 한다. 이들 단백질이 **포합된** 단백질이라고 한다.

conjugation 명 접합체, 포합체형성

29

Many xenobiotics, drugs, steroids, and other compounds with hydroxyl groups and a low solubility in water are converted to glucuronides in a similar fashion by glucuronyltransferases present in the endoplasmic reticulum and cytoplasm of the liver and kidney. This is one of the major **conjugation** pathways for excretion of these compounds.

관 xenobiotics 생체이물질, in similar fashion 유사한 방식으로=in similar way

해 많은 생체이물질, 약물, 스테로이드류와 OH기와 물에 낮은 용해도를 가지고 있는 다른 화합물들은 간과 신장의 소포체와 세포질에 존재하고 있는 glucuronyltransferase에 의해서 유사한 방식으로 glucuronide류로 전환된다. 이것이 이들 화합물의 배출을 위한 주된 **포합체형성** 반응경로 중의 하나이다.

conjunction 명 in ~ with ....와 관련하여, ...와 함께

34

Vibrio cholerae secrete an A toxin that is processed and transported in the cell in **conjunction** with the monomeric G protein Arf (ADP-ribosylation factor). The A toxin ADP-ribosylates the Gα subunit of a heterotrimeric G protein. The net result is activation of protein kinase A, which then phosphorylates the CFTR chloride channel so that it remains permanently open.

관 be processed 처리되다, remain open 열린 상태로 있다, so that 결과나 목적=(so, so as), CFTR (cystic fibrosis transmembrane conductance regulator) 염소통로

해 콜레라균은 단량체 G단백질인 Arf (ADP-ribosylation factor)**와 함께** 처리되어 세포 안으로 수송되는 독소A를 분비한다. 독소A는 이종3량체인 G단백질의 Gα 아단위체를 ADP-ribosyl화한다. 이 실제적인 반응결과는 CFTR 염소이온통로를 인산화하여 영구히 열린 상태로 있도록 만드는 protein kinase A의 활성화이다.

참 *Vibrio cholerae* : 수인성 점염병인 콜레라를 일으키는 원인균. 콜레라의 주 증상은 탈수증상이다. 이 세균이 분비하는 독소에 의해 소장의 내피세포에 존재하는 G 단백질이 ADP-ribosyl화되고, 그 결과로 adenylate cyclase가 항상 활성화된 상태가 되어 cAMP의 합성이 계속적으로 일어나 탈수증상을 유발시킨다.

connect 타 ~ .... to ....을 ....에 연결하다

28

Tendons **connect** muscles to bones and must withstand enormous forces. Because type I collagen fibers have great tensile strength, tendons can be stretched without being broken.

관 stretch(타) 늘어나게 하다, be stretched 늘어나다, withstand(타) 견디다

해 힘줄은 근육을 뼈에 **연결하여** 매우 큰 힘에 견딜 수 있어야 한다. 제1형 콜라겐섬유는 큰 인장력을 가지고 있기 때문에 힘줄은 끊어지지 않고 늘어날 수 있다.

connected 타 be ~ ....에 연결되다

22

Band 3 is **connected** to spectrin filaments via the protein ankyrin.

해 Band 3는 ankyrin 단백질을 경유하여 spectrin 필라멘트와 **연결된다**.

connection 명 연결, 연관성

16

The **connection** between histone deacetylation and repression of transcription at nearby yeast promoters became clearer when the cDNA encoding a human histone deacetylase was found to have high homology to the yeast RPD3 gene, known to be required for the normal repression of a number of yeast genes.

관 have high homology to ....와 높은 상동성이 있다, repression of transcription 전사의 억제반응

해 효모의 promoter 근처에서 histone의 탈아세틸화와 전사의 억제반응과의 **연관성**은 사람의 histone deacetylase를 인코딩하는 cDNA가 많은 효모유전자의 정상 저해반응에 필요한 것으로 알려진 효모의 RPD3 유전자와 높은 상동성을 가졌다는 사실이 밝혀졌을 때, 더욱 명확하게 되었다.

참 histone H4의 N-말단 꼬리는 매우 많은 염기성 아미노산으로 이루어진 영역을 가지고 있다. 이 부분은 histone H2A-H2B 이량체의 음으로 하전된 영역과 상호결합을 형성하여, 고도로 정렬된

nucleosome 구조를 만드는 기반이 된다. 따라서 H4의 꼬리부분의 양전하를 띠고 있는 lysine 잔기들이 acetyl화되면 이 전하가 사라져 nucleosome 구조가 파괴되어, 결과적으로 전사가 촉진된다.

consecutive 형 연속적인

26

As the sequence of this RNA is read as groups of three **consecutive** nucleotides by the protein synthesis machinery, it is translated into the sequence of amino acids in a protein.

해 그 RNA서열이 단백질 합성용 기계류에 의해 3개의 **연속적인** 뉴크레오티드의 그룹으로 읽히면서, 단백질에서 아미노산의 서열로 번역된다.

consecutively 부 연속적으로

5

More and more of the so-called soluble enzyme systems are found to be physically united into functional complexes. Thus, in many (perhaps all) metabolic pathways, the **consecutively** acting enzymes are associated into stable multienzyme complexes.

관 be associated into

해 소위 용해성 효소계 가운데 점점 더 많은 효소들이 물리적으로 합쳐져서 기능성 복합체로 되는 것이 발견된다. 그래서 많은 (아마도 모든) 대사경로에서, **연속적으로** 작동하고 있는 효소들은 안정한 다중효소복합체로 결합된 상태이다.

참 다중효소복합체multienzyme complex : 대사는 주로 연속적인 다단계반응으로 진행된다. 따라서 한 효소의 반응산물은 다음 효소의 기질로 사용된다. 이때 연속적으로 생성되는 각 단계의 반응산물이 주위로 확산되지 않고 다음 단계의 효소에 의하여 기질로 사용된다면, 대사반응의 효율과 속도가 증가될 것이다. 이러한 목적으로 연속적으로 작동하는 여러 효소들의 복합체가 대사과정에서 자주 발견된다.

consensus 명 공통, 일치

154

The C_2H_2 zinc finger is the most common DNA-binding motif. This motif has a 23- to 26-residue **consensus** sequence containing two conserved cysteine (C) and two conserved histidine (H) residues, whose side chains bind one Zn^{2+} ion.

관 conserved (진화과정 중에 변하지 않고) 보존된, consensus sequence 공통일치서열

해 C_2H_2 zinc finger는 가장 흔한 DNA 결합용 모티브이다. 이 모티브는 보존된 2개의 cysteine (C)과 2개의 histidine (H) 잔기를 함유하고 있는 23-26개의 잔기로 된 **공통일치**서열을 가지며, 그 측쇄기들은 한 개의 Zn^{2+}이온과 결합한다.

참 공통일치서열consensus sequence : 단백질과 핵산의 일부서열은 여러 단백질이나 핵산에서 각각 특정의 공통된 기능을 담당하게 된다. 그러므로 유사한 기능을 담당하는 서열 사이에는 공통일치서열이 존재하는데, 단백질의 모티브, DNA의 TATA box 서열 등이 여기에 속한다.

consequence 명 1 결과물

100

These lipid levels clearly indicate that he has a hyperlipidemia (high level of lipoproteins in the blood) and therefore is at risk for the future development of atherosclerosis and its **consequences**, such as heart attacks and strokes.

관 clearly indicate 명백하게 나타내다=(show, mark), hyperlipidemia 고지혈증, development 질병의 발생, atherosclerosis 죽상동맥경화증, heart attacks 심장마비, strokes 뇌졸증

해 이들 지질의 수준은 그가 고지혈증 (혈액에 지단백질의 높은 수준)을 가지고 있어서, 그러므로 죽상동맥경화증과 **그것의 결과물들**인 심장마비와 뇌졸중의 앞으로 발병 위험상태에 있음을 명백하게 보여준다.

참 The *consequences* of something are the results or effects of it.

2 as a ~ (앞에서 서술한 사실)의 결과로써

As a **consequence**, liver glycogen stores are depleted more rapidly, and hypoglycemia results.

관 be depleted 고갈되다, result(자) 결과로 일어나다

해 **앞의 결과로써**, 간의 glycogen 저장물이 더 빨리 고갈되어, 저혈당이 결과적으로 일어난다.

3 in ~ 그 결과로

The chromosome translocation responsible joins the bcr gene on chromosome 22 to the abl gene from chromosome 9, thereby generating a Philadelphia chromosome. The resulting fusion protein has the amino terminus of the Bcr protein joined to the carboxyl terminus of the Abl tyrosine protein kinase. In **consequence**, the Abl kinase domain presumably becomes inappropriately active, driving excessive proliferation of a clone of hemopoietic cells in the bone marrow.

관 joins(타) .... to ....에 연결하다, thereby 그것으로 인해, resulting 그 결과로 생긴, drive(타) ....하도록 촉진하다

해 이 질병에 책임이 있는 염색체 전위반응은 22번 염색체 상의 bcr유전자와 9번 염색체 상의 abl유전자를 연결하여, 그로 인해 필라델피아 염색체를 형성한다. 그 결과로 생긴 융합단백질은 N 말단의 Bcr단백질이, 그리고 C말단에 Abl 티로신인산화효소가 연결된 형태를 가진다. **그 결과로**, Abl kinase 영역이 아마도 부적절하게 활성화되며, 그 결과 골수에서 조혈세포로된 어떤 클론의 과도한 증식을 촉진하게 된다.

참 philadelphia chromosome : CML 백혈병에서 나타나는 필라델피아 염색체는 Bcr-Abl 융합단백질을 생성하는 원인이 된다. 이 융합단백질의 Abl 티로신인산화효소활성은 증가되고 또한 다양한 조절 도메인이 추가되어 다양한 신호에도 영향을 받을 수 있어서, 골수로부터 백혈구의 증식을 촉진하게 된다. 새로운 신호전달치료제인 Greevec은 바로 높아진 이 Abl 티로신인산화효소의 활성을 직접적으로 저해하여 치료효과를 나타낸다.

consequent 형 결과로 나타나는, 결과의

24

β-adrenergic receptor kinase (BARK) phosphorylates ligand-bound β-adrenergic receptors, leading to the binding of β-arrestin and endocytosis of the receptors. The **consequent** reduction in cell surface-receptor numbers renders the cell less sensitive to additional hormone.

관 lead to 결과적으로 ....이 되다=result in, render+O+C ....를 ....하게 만들다, endocytosis 세포내이입, sensitive to ....에 잘 반응하는

해 β-아드레날린수용체 인산화효소(BARK)는 리간드가 결합된 β-아드레날린수용체를 인산화하여, β-arrestin의 결합과 수용체의 세포내이입을 일으킨다. 그 **결과로 나타나는** 세포 표면수용체 수에서의 감소는 세포를 이 후에 추가되는 호르몬에 덜 반응하도록 만든다.

consequently 부 결과적으로

53

Leucin zipper proteins bind to DNA as dimers and mutagenesis of the leucines showed that they were required for dimerization. **Consequently**, the name leucine zipper was coined to denote this structural motif.

관 be required for ....에 필수적이다, coin(타) 새로 짓다=invent a new word or phrase, denote(명) 표시하다=(represent, indicate)

해 Leucine zipper를 함유하고 있는 단백질은 이량체로써 DNA에 결합하며 그리고 그 leucine의 돌연변이는 이중체형성에 필수적이었음을 보여 주었다. **결과적으로**, leucine zipper라는 이름이 이 구조의 모티브를 표시하기 위하여 새로 지어졌다.

conservation 명 보존

58

Insects and mammals are estimated to have had a common ancestor about half a billion years *ago*. They share genes that control similar processes, such as growth of heart and eyes and organization of the body plan, indicating **conservation** of function from ancient times.

관 be estimated 추정되다, share(타) 공통으로 가지다=have .... in common, indicate(타) 암시하다=suggest

해 곤충과 포유동물은 약 5억 년 전 공동조상을 가지고 있었다고 추정된다. 그들은 심장과 눈의 성장과 신체형성계획의 체계화와 같은 유사한 과정을 조절하는 유전자들을 공통으로 가지고 있다, 이 사실은 오랜 옛날부터 기능의 **보존**을 암시한다.

참 ago는 '과거'를 표현함으로 현재완료와 사용할 수 없다. 여기서 'to have had'라고 표현된 것은 완료부정사라고 하는데 과거와 과거분사 시제를 표현하는 방법이며, 위 예문에서는 과거를 나타낸다. 유사단어 before는 현재분사로 사용할 수 있다. 이전에 해본 경험을 표현할 때와 같이 I have been München once *before*.

conserved 타 be ~ 보존되다

564 Insulin is one of the hormones that are highly **conserved** between species, with very few amino acid substitutions and none in the regions that affect activity.

관 affect(타) (나쁜 영향)을 미치다, with=as a consequence of ....의 결과로, substitution 치환, with 때문에=due to

해 인슐린은 매우 적은 아미노산의 치환을 가지고 있으며 더욱이 활성에 영향을 미치는 영역에서는 어떤 치환도 없기 때문에 종들 사이에서 매우 높게 **보존된** 호르몬 중의 하나이다.

형 보존된

Such analysis of a large number of different mRNAs revealed moderately **conserved**, short consensus sequences at the splice sites flanking introns in eukaryotic pre-mRNAs.

관 reveal(타) 밝혀주다=disclose, moderately conserved 중간 정도로 보전된, flanking ....의 양쪽 측면에 위치한=being placed at the side of

해 많은 수의 여러 mRNA에 대한 그러한 분석은 진핵세포 mRNA 전구체에서 인트론의 양쪽 측면에 위치한 스프라이싱되는 부위에 존재하는 중간정도로 **보존된** 짧은 공통일치서열을 새로 밝혀주었다.

conservative

형 (semiconservertive 와의 관계에서) 보존형의, 변화를 거부하는

Among these three proteins, only 15 invariant (identical) residues are present, but many of the other amino acid residues are **conservative** substitutions.

해 이들 세 단백질 사이에서, 단지 15종의 불변의 (동일한) 잔기들이 존재하고 있었지만, 그러나 다른 아미노산잔기들 중의 많은 것들이 **보존형** 치환이었다.

참 보전형 치환conservative substitution : 어떤 아미노산이 다른 아미노산으로 치환되었지만 특성이 유사한 아미노산으로 치환되는 현상을 말한다. 예를 들면 음전하를 띤 Asp가 Glu으로 혹은 소수성은 또 다른 소수성을 띤 아미노산으로 치환되는 것이다.

semi-conservative

형 반보존형의, 반보존적인

Each daughter chromosome contains one of the parental DNA strands and one newly synthesized, complementary strand. Therefore, replication is said to be **semiconservative**; i.e. the parental strands are conserved but are no longer together.

관 be said to ....라 말하여지다, be no longer 더 이상 ....이 아니다, complementary strand 상보적인 가닥, are together 함께 있다

해 각각의 딸 염색체는 두 가닥의 부모 DNA 중의 한 가닥과 새로 합성된 상보적인 한 가닥을 함유하게 된다. 즉 그 부모가닥은 보존되지만 그러나 더 이상 함께 존재하지 않으므로, 복제는 **반보존적**이라 말하여 진다.

consider

57

타 1 고려하다, 조심스레 생각하다

We also explain why some inherited mutations increase the risk for particular cancers and **consider** the relation between cancer and developmentally important genes.

관 increase(타) the risk 위험성을 높이다, relation between ....사이의 관련성

해 우리는 또한, 왜 일부 유전된 돌연변이들이 특정한 암에 대한 위험성을 높이는가에 대한 이유를 설명하고, 그리고 암과 발생과정에서 중요한 유전자들 사이에서의 관련성에 대하여도 **고려해 본다**.

참 If you *consider* something, you *think about* it *carefully*.

2 ~ as ....로써 생각해보다

Allosteric regulation acts to modulate enzymes situated at key steps in metabolic pathways. **Consider** as an illustration the following pathway, where A is the precursor for formation of an end product, F, in a sequence of five enzyme-catalyzed reactions:

관 consider as A B=A로써 B를 고려하다, illustration 그림으로 된 예, precursor 전구체

해 알로스테릭 조절은 대사과정에서 중요한 단계에 위치되어있는 효소를 조절하는 작용을 한다. 5종의 효소에 의해 촉매되는 반응들의 한 서열에서 A가 최종산물 F의 형성을 위한 전구체가 되는 다음의 경로를 그림으로 된 예로써 생각**해보라**.

considered 타 1 be ~ 간주되다

190

Because viruses cannot grow or reproduce on their own, they are not **considered** to be alive.

관 grow(자), reproduce(자), be alive 살아있다, on one's own 스스로=without help

해 바이러스는 스스로 자랄 수도 번식할 수도 없기 때문에, 살아있는 것으로 **간주되지** 않는다.

2 be ~ as ....로써 간주되다

A p-value less than about 10^{-3} usually is considered as significant evidence that two proteins share a common ancestor.

관 be considered as ....로써 간주되다, common ancestor 공통조상

해 약 10^{-3} 이하의 p-값은 일반적으로 두 단백질이 공통 조상을 공유하고 있다는 상당한 증거**로써 간주된다**.

3 be ~ 다루어지다

Mechanisms that regulate protein synthesis are **considered** further in Chapter 12.

관 consider(명) 세심하게 다루다=regard or treat with consideration

해 단백질합성을 조절하는 기전들이 12장에서 좀 더 **다루어진다**.

considerable 형 상당한

55

Given a large population of individuals, a **considerable** number of sequence variants can be found for a protein.

관 a considerable number of 상당한 많은 수의=(several, many), sequence variant 서열변이체

해 사람의 큰 집단이라면, 어떤 단백질에 대한 **상당한** 많은 수의 서열 변이체들이 발견될 수 있다

considerably 부 상당하게

44

Most eukaryotic cells take **considerably** longer than bacterial cells to grow and divide.

관 take longer than .... 보다 긴 시간이 걸리다

해 대부분의 진핵세포는 세균세포보다 성장하여 분열하는데 **상당하게** 더 긴 시간이 걸린다.

consideration 명 고려대상, 고려할 것, 고려

23

A number of methods exist for cleaving disulfides. An important **consideration** is to carry out these cleavages so that the original or even new S-S links do not form.

해 이황화결합을 분해하는 몇 가지 방법이 있다. 중요한 **고려할 사항**은 원래의 혹은 심지어 새로운 S-S 연결조차도 다시 형성되지 않도록 절단반응을 수행하는 것이다.

consist 자 1 ~ of 구성되다

228

Hyaluronate molecules may **consist of** as many as 25,000 disaccharide units, with molecular weights of up to 10^7

관 as many as .... 개나 되는 많은, consist of 구성되다, up to....까지=(to the point of, as high as)

해 히아루론산 분자는 25,000개 정도의 많은 이당류 단위체들로 **구성될** 수도 있어, 그 결과 분자량 10^7에 이르게 된다.

2 구성되다

A variety of protein toxins, such as the bacterial toxin Pseudomonas and Shiga toxin and the plant toxin ricin, are heteromeric proteins **consisting** of A and B subunits.

관 a variety of 많은=a number of, heteromeric protein 이종체형의 단백질

해 세균독소인 Pseudomonas와 Shiga독소 그리고 식물독소인 ricin과 같은 다양한 단백질 독소들은 A와 B 아단위체로 **구성된** 이종체 단백질이다.

consistent 형 1 일관성 있는

730

In most cells, microtubules are oriented with their minus ends toward the centrosome and their plus ends (growing end) toward the cell periphery. This **consistent** orientation is important for mechanisms of intracellular transport.

관 be oriented toward ....을 향하여 방향을 잡다, orientation 방향잡기

해 대부분의 세포에서, 미세소관은 (-) 끝은 중심체를 향하고 그리고 (+) 끝 (길어지고 있는 끝)은 세포의 말단를 향하도록 방향을 잡고 있다. 이 **일관성 있는** 방향잡기는 세포내의 수송기전에 중요하다.

참 중심체centrosome : 살아있는 세포의 핵 바로 옆에 위치하고 있는 특별한 영역으로, 세포분열이 일어나는 동안에 미세소관microtubule이 조립되고 분해되는 곳이다. 세포분열 중기에 중심체는 2개의 영역으로 분리되어 각각 중심소체centriole을 가지게 된다.

2 ~ with 일치하는

These findings are **consistent** with studies showing that addition of FGF to fibroblasts leads to a rapid increase in the proportion of Ras present in the GTP-bound active form.

관 proportion 비율=(ratio, portion), be consistent with ....와 일치하다=be in agreement with

해 이들 발견은 섬유모세포에 FGF의 첨가는 GTP가 결합된 활성형으로 존재하는 Ras의 비율에서 신속한 증가를 일으키는 결과를 보여주는 연구들**과 일치한다**.

consistently

86

부 일관성 있게

A patient who has **consistently** elevated levels of epinephrine or norepinephrine in the blood or urine should be considered to have a pheochromocytoma, particularly if the patient has signs and symptoms of catecholamine excess, such as excessive sweating, palpitations, tremulousness, and hypertension.

관 sign 증후, symptom 증상, pheochromocytoma 갈색세포종양, palpitation 심계항진, tremulousness 수족떨림

해 혈액이나 소변에서 **일관성 있게** 증가된 수준의 epinephrine나 norepinephrine을 가진 환자가 특별히 다한증, 심계항진, 수족떨림 및 고혈압과 같은 catecholamine 과다증후와 같은 증상을 가지고 있다면, 갈색세포종양을 가진 것으로 간주되어야 한다.

constant

211

형 변하지 않는, 일정한

When the rate of formation of a substance is equal to the rate of its consumption, the concentration of the substance remains **constant**, and the system of linked reactions for producing and consuming that substance is said to be in a steady state

관 is equal to .... 와 같다, steady state 항정상태

해 어떤 물질의 형성속도가 소비속도와 같을 때, 그 물질의 농도는 **일정하게** 남아있게 되며, 그리고 그 물질을 생산하고 소비하는 연결된 반응시스템은 항정상태에 있다고 말하여진다.

참 항정상태steady state : A ⇆ B →C 와 같이 A와 B 반응 사이는 가역반응이 일어나지만 B는 C로 한쪽으로 진행되는 반응만 일어나는 경우, B의 양이 일정하게 존재하게 되는 경우가 발생할 수 있는데, 이를 항정상태라 한다. 효소반응에서 흔히 나타난다.

명 상수

dielectric constant, equilibrium constant, dissociation constant

해 유전상수, 평형상수, 해리상수

constantly

3

부 끊임없이, 변함없이, 일정하게

A protein extract from the nuclei of cultured eukaryotic cells is passed through a DEAE Sephadex column and adsorbed protein eluted with a solution of **constantly** increasing NaCl concentration.

관 is passed through 통과하여 지나가다, is elute with ....로 용출되다

해 배양된 진핵세포의 핵으로부터 얻은 어떤 단백질 추출물이 하나의 DEAE Sephadex 칼럼을 통과하여 지나가고 그리고 흡착된 단백질은 **일정하게** 증가하는 NaCl 농도의 용액을 사용하여 용출된다.

constituent

28

명 구성물, 요소, 성분

Collagen is a rigid, inextensible fibrous protein that is a principal **constituent** of connective tissue in animals, including tendons, cartilage, bones, teeth, skin, and blood vessels.

해 콜라겐은 힘줄, 관절, 뼈, 치아, 피부 및 혈관을 포함하는 동물의 결체조직의 주된 **구성성분**인 단단하고, 늘어나지 않은 섬유형 단백질이다.

형 구성하는

Detailed knowledge of the signaling pathways involved and the structure of their **constituent** proteins will continue to provide important molecular clues for the design of specific therapies.

해 관련된 신호전달경로와 이를 **구성하는** 단백질들의 구조에 대한 상세한 정보는 특이 치료법의 고안을 위한 분자수준의 중요한 단서를 계속하여 제공할 것이다.

constitute

54

타 1 형성하다

Membranes **constitute** the boundaries of cells and intracellular organelles, and they provide a surface where many important biological reactions and processes occur.

관 constitute(타) 형성하다=(form, set 설정하다), set or constitute the boundary of cell 경계를 정하다=define cell <define 참조>, boundary 경계면

해 막이라는 것은 세포나 세포내의 소기관들의 경계면을 **형성하며**, 그리고 많은 중요한 생물학적 반응과 과정이 일어나는 장소인 어떤 표면을 제공한다.

참 12 months *constitute* a year. 12달이 1년을 형성한다.

2 (일부분을) 구성하다, 구성성분이다

Histones **constitute** the building blocks of a protein core, around which DNA is wrapped to form a nucleosome, the fundamental packing unit of chromatin.

관 constitute(타) 구성하다=(comprise, consist of, be the parts of), wrap(타) 둘러싸다

해 히스톤들은 주위를 DNA가 둘러싸서 염색질의 기본적인 채움단위인 nucleosome을 형성하는 단백질 핵심체의 구축단위소의 **구성성분이다**.

참 Copper and tin *constitute* bronze. 구리와 주석은 청동의 *구성성분이다.*

3 차지하다

Cysteine, tryptophan, and methionine are rare amino acids; together they **constitute** approximately 5 percent of the amino acids in a protein.

관 constitute(타) 차지하다=account for

해 Cysteine, tryptophan, 및 methionine은 모두 합쳐 단백질에서 아미노산 중의 약 5 % 정도를 **차지하는** 희소 아미노산들이다.

참 compose, comprise, consist, constitute의 예

- The water molecule *is composed of* 2 hydrogen atoms and one oxygen atom.
- Two hydrogen atoms and one oxygen atom *comprise* the water molecule.
- The water *consists of* two hydrogen atoms and one oxygen atom.
- Two hydrogen atoms and one oxygen atom *constitute* the water molecule.

constituted

6

타 be ~ 구성되다

Typically, organisms are **constituted** of 70 to 90% water. Indeed, normal metabolic activity can occur only when cells are at least 65% H_2O.

관 be constituted of ....로 구성되다=be composed of, at least 적어도=at minimum

해 전형적으로, 생명체는 70에서 90%의 물로 **구성되어있다**. 세포는 적어도 65%의 H_2O가 되는 상태일 때만, 확실하게 정상적인 대사활성이 일어날 수 있다.

constitution

4

명 구성

Recombinant DNA technology now verges on the ability to engineer at will the genetic **constitution** of organisms for desired ends.

관 verge on 유사한 상태에 있다=be very close or similar to, engineer(타) 조작하다, at will 마음대로=(as you like, as you please), for desired ends 원하는 목적으로

해 재조합DNA기술은 이제 생명체의 유전적 **구성**을 원하는 목적으로 거의 마음대로 조작할 수 있는 상태가 되었다.

constrained 　 타 be ~ 속박하다, 구속하다, 제한하다

4

Fractionated cell homogenates makes it possible to study other biological processes free from all of the complex side reactions that occur in a cell and without being **constrained** by the need to keep the cell as a whole alive.

관 fractionate(타) 분획으로 나누다, free from/of ....이 없는 , keep .... alive 살아있도록 유지하다, as a whole=generally, without ....ing ....하지 않고

해 분획화된 세포 균질액은 세포에서 일어나는 모든 복잡한 부반응이 없이, 그리고 일반적으로 세포를 살아있도록 유지해야하는 필요성에 **제한되지** 않으면서 다른 생물학적 과정를 연구하는 것을 가능하게 한다.

constraint 　 명 장해, 제한(성), 강제

17

Owing to steric **constraints** the fully extended conformation is the most stable for saturated fatty acids.

관 owing to ....때문에=(due to, because of), fully extended 완전히 펴진, steric constraint=steric hinderance 입체장해

해 입체**장해현상** 때문에, 완전히 펴진 입체구조가 포화지방산에게는 가장 안정하다.

construct 　 명 구축물

679

Gene-targeted knockout mice are generated by a two stage procedure. In the first stage, a DNA **construct** containing a disrupted allele of a particular target gene is introduced into embryonic stem (ES) cells.

관 be generated 생성되다, be introduced into 도입되다

해 유전자를 표적으로 한 녹아웃생쥐들은 두 단계의 조작에 의해 생성된다. 첫 번째 단계에서, 어떤 특정 표적유전자의 파괴된 대립유전자를 가지고 있는 DNA**구축물**이 배아줄기(ES)세포 안으로 도입된다.

타 구축하다, 조립하다, 세우다, 만들다

A growing higher eucaryotic cell must synthesize 10 million copies of each type of ribosomal RNA molecule in each cell generation in order to **construct** its 10 million ribosomes.

해 성장 중인 고등진핵세포는 천만 개의 리보솜을 **구축**하기 위하여, 세포의 각 세대마다 각 종류의 리보솜을 구성하는 RNA분자 각각 천만 개의 복사물을 합성하여야 한다.

constructed 　 타 1 be ~ 구축되다, 이루어지다

128

Although the basic architecture of all eukaryotic cells is **constructed** from membranes, organelles, and the cytosol, each type of cell exhibits a distinctive design defined by the shape of the cell and the location of its organelles.

관 be constructed 구축되다, be defined by ....에 의해 정해지다, distinctive 구별되는=(characteristic, distinguishing)

해 비록 모든 진핵세포의 기본적인 구조는 막, 소기관 및 세포질로부터 **구축되지만**, 각 유형의 세포는 세포의 모습과 그것의 소기관들의 존재위치에 의해서 정해지는 구별되는 디자인을 나타낸다.

2 be ~ (재조합유전자가) 구축되다

Once the defect is localized to a region of DNA that has the characteristic structure of a gene, a synthetic gene can be **constructed** and expressed in an appropriate vector and its function can be assessed.

관 localize(타) 위치를 확인하다=identify the location or place of, be assessed 분석되다

해 일단 그 결함이 한 유전자의 특징적인 구조를 가지고 있는 DNA의 어떤 영역으로 위치가 확인되면, 하나의 합성유전자가 **구축되어** 적당한 벡터에서 발현될 수 있게 되어, 기능이 분석될 수 있다.

construction 　 명 축조과정, 축조방식, 축조물

74

For instance, the fibers of the cytoskeleton are composed of many repeating protein molecules.

A repeating theme in biology is the **construction** of large molecules and structures by the covalent or noncovalent association of many similar or identical smaller molecules.

관 be composed of, repeating theme 반복하는 중심주제

해 예를 들면, 세포골격을 구성하는 섬유체들은 수없이 반복하는 단백질분자들로 구성되어있다. 생물학에서 어떤 반복하는 중심주제는 많은 유사하거나 동일한 더 작은 분자들의 공유나 비공유결합에 의한 큰 분자와 구조체의 **축조방식**이다.

참 세포막cell membrane은 여러 종류의 인지질이 모여서 지질 2중층을 형성한다. 이는 인지질이라는 작고 유사한 구조를 가진 많은 분자들이 모여 형성된 것이다.

consume 타 초과하여 먹다, 소비하다

17 If we **consume** more food than required for the energy we expend, our body's fuel stores enlarge, and we gain weight.

관 consume(타) 과식하다=eat excessively, expend(타)=spend, enlarge(자) 확대되다, gain weight 체중이 늘다

해 만약 우리가 소비하는 에너지를 만들기 위해 필요로 하는 것보다 더 많은 음식물을 **초과하여 먹는다면**, 우리 몸의 연료저장소가 확대되어 체중은 늘어나게 된다.

consumed 타 be ~ 섭취되다, 소비되다

10 Highly glycemic carbohydrates can **be consumed** before and after exercise, as their metabolism results in a rapid entry of glucose into the blood, where it is then immediately available for muscle use.

관 glycermic carborhydrate 포도당으로 흡수되는 양이 많은 탄수화물이다.

해 포도당으로 흡수되는 양이 많은 탄소화물이 운동 전과 후에 **섭취될 수 있으면**, 그것의 대사는 즉시 근육에서의 사용이 가능한 포도당의 혈액으로 신속한 유입의 결과를 만든다.

참 당지수glycemic index : fluctuation 참조

consumption 명 소비량, 사용

25 Our total energy expenditure is equivalent to our oxygen **consumption**. The resting metabolic rate accounts for approximately 60 to 70% of our total energy expenditure and O_2 consumption, and physical exercise accounts for the remainder.

관 be equivalent to ....와 당량이다, account for 차지하다=constitute, energy expenditure 에너지 이용률

해 우리의 전체 이너지 이용률은 산소의 **소비량**과 동량이 된다. 휴식기의 대사율은 우리의 전체 에너지 이용량과 O_2 소비량의 대략 60-70%을 차지하며, 물리적 운동량이 나머지를 차지한다.

contact 명 1 접촉

118 Neurotransmitters, small water-soluble molecules (e.g., acetylcholine, dopamine) are released at chemical synapses, specialized sites of **contact** between a signaling neuron and a receiving cell.

관 be released 유리되다, signaling 신호를 보내는

해 수용성인 작은 분자인 (예, 아세틸콜린, 도파민) 신경전달물질은 신호를 보내는 신경세포와 받는 세포 사이에서 전문화된 **접촉**부위인 화학적 시냅스에서 유리된다.

참 signal의 타동사, 자동사, 명사의 표현 : someone *signals* something 어떤 신호를 보내다. someone *signals to* someone ....에게 신호를 보내다. something *signals* a situation=something is a signal of a situation

2 in ~ with 접촉하는

Tight junctions are composed of thin bands of plasma membrane proteins that completely encircle a polarized cell and are **in contact with** similar thin bands on adjacent cells.

관 tight junction 치밀연접, encircle(타)=(surround, enclose), adjacent 옆의=next to each other

해 치밀연접은 세포막 단백질들로 이루어진 얇은 띠로 구성되어있는데, 이 띠는 어떤 분극화된 세포를 완전히 둘러싸고 있으며 그리고 바로 옆 세포들 위에 있는 유사한 얇은 띠와 **접촉되어**있다.

참 치밀연접tight junction : 2개의 세포들이 밀접하게 접촉되어있는 부위를 말한다. 두 세포의 막이

함께 연결되어 실제적으로 용액조차도 투과될 수 없는 치밀한 장벽을 형성한다. 이 구조는 세포를 함께 고정시키고, 세포막관통단백질들의 확산을 방지하여 세포표면에 분포되어있는 단백질들이 한 곳에 편중화(분극화)되도록 하는 역할을 하며, 또한 세포 사이의 공간으로 이온이나 작은 분자의 이동을 저해하기도 한다.

숙 make ~ with 접촉하다, 접촉을 만들다

Carbonyl oxygen atoms in the backbone of the selectivity filter replace the water molecules in the hydration sphere, forming a series of perfect coordination shells through which the K^+ moves. This favorable interaction with the filter is not possible for Na^+, which is too small to make **contact** with all the potential oxygen ligands.

관 selectivity filter 선택용 필터, replace(타)=to take the place of especially as a substitute, move through, too .... to=so .... that .... can not, coordination 협동성

해 선택용 필터의 골격에 있는 카르보닐의 산소원자들이 수화된 구형의 구조에서 물 분자를 교체하고, 그 결과 K^+가 쭉 지나 이동할 일련의 완벽한 협동성 껍질을 형성할 수 있다. 이와 같은 필터와의 선호적인 상호반응은 Na^+와는 불가능하다, 왜냐하면 그것이 너무 작기 때문에 모든 가능성 있는 산소 리간드와의 **접촉을 만들** 수 없기 때문이다.

참 K^+이온통로의 특이성 : K^+이온은 Na^+보다 크기가 크며 물 속에서 수화된 상태로 존재한다. K^+이온이 통로를 지나가면서 물을 떼어버리고, 통로의 구멍을 구성하고 있는 산소원자들과 상호반응하면서 통과하게 된다. 그러나 Na^+의 수화물은 K^+에 비해 크기가 작아 필터의 골격인 카르보닐기의 산소원자와의 상호반응이 불가능하고 물과의 친화력이 더 크기 때문에 물을 제거할 수 없어 통과가 불가능하다.

타 ....와 접촉하다

Because 3T3 cells stop growing when they **contact** other cells, they eventually form a monolayer of well-ordered cells that have stopped proliferating and are in the quiescent G_0 phase of the cell cycle.

관 stop ....ing ....하다가 중단하다, stop to ....하기 위해 중지하다, well-ordered 잘 정돈된

해 3T3세포는 다른 세포들과 **접촉하면** 자라다가 중단하기 때문에, 궁극적으로 증식하다가 멈추고 세포주기 중의 정지상태인 G_0기에 있게 되는 단일 층의 질서 정연한 세포들을 형성하게 된다.

contagious

형 전염성의

The Diphtheria is a highly contagious disease caused by a toxin secreted by the bacterium *Corynebacterium diphtheriae*.

해 디프테리아는 *Corynebacterium diphtheriae*라는 세균에 의해 분비되는 독소에 의해 발생되는 높은 **전염성** 질병이다.

contain

698

타 함유하다, 포함하다

All organisms have ways to control when and where their genes can be transcribed. For instance, nearly all the cells in our bodies **contain** the full set of human genes, but in each cell type only some of these genes are active, or turned on, and used to make proteins.

관 have ways to ...하는 방법들을 가지다=have manners or methods of ....ing, turn on 발현하다=activate or cause to

해 모든 생명체는 유전자들이 언제 어느 곳에서 전사될 수 있는지를 조절할 수 있는 방법을 가지고 있다. 예를 들면, 우리 몸의 거의 모든 세포들은 완전한 세트의 사람유전자들을 **함유하지만**, 그러나 각 세포 종에서 일부 유전자들만이 활성화되거나 혹은 발현되어 단백질을 만드는데 사용된다.

containing

2533

타 함유하다, 포함하다

Organic acids **containing** carboxylic acid groups (e.g., the ketone bodies acetoacetic acid and β-hydroxybutyric acid) are weak acids that dissociate only to a limited extent in water.

관 to a limited extent 제한된 정도로, dissociate(자) 해리하다

해 카르복시산의 기능기를 **포함하고** 있는 유기산 (예, 케톤체들인 acetoacetic acid, β-hydoxybutyric acid)은 물속에서 제한된 수준으로만 해리되는 약산이다

참 to some extent, to such an extent, to a certain extent

예) He had changed to such an extent (=so much) that I no longer recognize him. 그는 내가 더 이상 알아보지 못할 정도로 그렇게 많이 변했다.

contained 타 be ~ 포함되다, 함유되다

374

Fats contain much less oxygen than is **contained** in carbohydrates or proteins. Therefore, fats are more reduced and yield more energy when oxidized.

해 지방은 탄수화물이나 단백질에서 **함유되어**있는 것보다 훨씬 적은 산소를 함유하고 있다. 그러므로 지방이 더 환원되어있고, 산화될 때 더 많은 에너지를 생산한다..

contaminant 명 오염물질

13

Xenobiotics, which can be harmful if consumed in excessive amounts occur naturally in foods, can enter the food chain as **contaminants**, or can be deliberately introduced as food additives.

관 xenobiotics 생체이물질, in excessive amounts 과량으로, deliberately 의도적으로=(intentionally, purposefully), occur=(be found, come into existence)

해 생체이물질은 과량으로 섭취되면 해로울 수 있는데 음식물 속에도 자연적으로 존재하고, **오염물질**로써 먹이사슬로 들어갈 수도 있고, 혹은 음식물 첨가제들로 의도적으로 도입될 수도 있다.

contaminated 타 be ~ 오염되다

9

Although DDT has not been used in this country since 1972, the chlorinated benzene rings are resistant to biodegradation, and U.S. soil and water are still **contaminated** with small amounts.

해 비록 DDT가 1972년이래로 사용되지 않았지만, 염소화된 벤젠고리는 생물학적 분해반응에 내성이 있기 때문에, 미국의 토양과 물이 작은 양으로 아직 **오염되어있는** 상태이다.

contaminating 타 오염시키다

29

To purify a particular protein of interest, a purification scheme is designed so that each step yields a preparation with fewer and fewer **contaminating** proteins, until finally only the protein of interest remains.

해 특정한 관심이 있는 단백질을 정제하기 위하여, 각각의 단계가 최종적으로 관심이 있는 단백질만 남을 때까지 점점 더 적은 **오염시키는** 단백질들로 된 제재를 생산하도록, 정제계획이 디자인된다.

contamination 명 오염, 오염물

45

For example, the protein cytochrome c is present only in mitochondria; so the presence of this protein in a fraction of lysosomes would indicate its **contamination** by mitochondria.

관 indicate(타) 나타내다=show, would 가정

해 예를 들면, 단백질 cytochrome c는 미토콘드리아에서만 존재하고 있다; 그래서 lysosome 분획에서 이 단백질이 존재한다는 것은 미토콘드리아에 의한 **오염**을 나타낸다.

content 명 함유량

228

The plasmalogens are a group of phosphoglycerides that contain one fatty acyl chain, attached to glycerol by an ester linkage. These molecules constitute about 20 percent of the total phosphoglyceride **content** in humans.

관 constitute(타) 차지하다=(comprise, account for)

해 Plasmalogen은 에스테르 결합으로 glycerol에 부착되어있는 한 개의 지방산 acyl사슬을 함유하고 있는 phosphoglyceride의 한 부류이다. 이들 분자는 사람에서, 전체 phosphoglyceride **함유량**의 약 20 %를 차지하고 있다.

참 인지질 plasmalogen : 첫 번째 glycerol기에 alkenyl기가 에스테르 결합으로 연결되어있는 인지질의 한 종류이다. 그래서 이 인지질을 함유한 세포막을 가진 세포들은 반응성 산소종(ROS)의 손상으로부터 보호될 수 있다. 이것은 대부분의 조직에 소량으로 존재하고 있지만, 심장에서는 50% 이상이며, 그리고 신경, 전립선 및 신장조직도 상당한 양을 함유하고 있다.

context 명 전후관계, 문맥

109

In discussions of metabolism and nutrition, energy is often expressed in units of calories.

"Calorie" in this **context** really means kilocalorie (kcal). Energy is also expressed in joules. One kilocalorie equals 4.18 kilojoules (kJ).

구 be expressed in units of .... 단위로 표시되다, equal(타) ....와 같다=be identical in value to

해 대사와 영양에 관한 토의에서, 에너지는 자주 calories 단위로 표현된다. 이 **문맥**에서 "Calrorie"는 사실 kilocalrorie (kcal)를 의미한다. 에너지는 joule로 또한 표시되기도 한다. 1 kcal은 4.18 Kj이 된다.

contiguous 형 접촉하는 (연결되지는 않은 상태), 곁에 있는

22

The sequence shown is the cloning site for the vectors M13mp7 and pUC7; the colored amino acid residues are **contiguous** with the coding sequence of the lacZ gene carried by this vector.

해 보이는 서열은 M13mp7과 pUC7 벡터의 클로닝 부위이다; 칼라로 표시된 아미노산잔기들은 이 벡터에 의하여 전달된 lacZ 유전자의 코딩서열 **곁에 있다**.

참 Things that are *contiguous* are next to each other or touch each other, but not united.

continual 형 중단됨이 없이 연속적인, 규칙적으로 반복되는

2

A cell can become desensitized to a **continual** high level of hormone due to the endocytosis of the hormone-bound receptors and, after hormone removal, reestablish its initial level of cell-surface receptors, thereby becoming sensitive again to a low level of hormone after more than a day.

구 desensitize(타) 탈감작하다=make less sensitive 덜 민감하게 만들다, be sensitive to ....에 반응하다, endocytosis 세포내이입

해 세포는 호르몬과 결합된 수용체들의 세포내이입반응 때문에, **중단 없이 계속되는** 높은 농도의 호르몬에 탈감작될 수 있고, 그리고 호르몬의 제거 후에 세포표면수용체의 초기수준을 재설정할 수 있으며, 이것으로 인해 하루 정도 더 지난 후 다시 어떤 낮은 수준의 호르몬에 반응할 수 있게 된다.

참 - A *continual* process or situation happens or exists without stopping.
- continual, continuous, contiguous, contagious를 비교하여 익히세요.

continually 부 중단됨이 없이 연속적으로, 규칙적으로 반복하여

3

When the behavior of actin filaments at the leading edge is studied by labeling a small patch of actin and following its movement, it is seen that actin is **continually** moving back toward the cell body at a speed of about 1 μm/minute, suggesting that actin is *continuously* polymerizing near the tip of the leading edge and *continuously* depolymerizing at more internal sites.

구 leading edge 최고 앞의 가장자리, continually 규칙적으로 반복하여, cell body 세포몸체, continuously 중단됨이 없이, at more internal site 더 안쪽의 부위들에서

해 최고 앞 가장자리에서 액틴 필라멘트의 행동이 액틴의 작은 부분을 표지하여 그것의 이동을 추적하여 연구될 때, 액틴이 **규칙적으로 반복하여** 약 1 μm/분의 속도로 세포의 몸통을 향하여 다시 이동하는 것이 보인다, 이것은 액틴이 최고 앞 가장자리의 끝 근처에서 *중단됨이 없이* 중합되고 있고 그리고 더 안쪽 부위에서 *연속적으로* 중합체의 해체가 진행되고 있음을 암시하고 있다.

continue 타 1 ~ to ....하는 것을 계속하다

22

Interestingly, cancer cells appear "immortal" because they **continue** to reproduce indefinitely

해 흥미롭게도, 암세포는 무한하게 번식을 **계속하기** 때문에, "죽지 않는" 것처럼 보인다.

2 ....를 계속하게 하다

Much lactate is metabolized to CO_2 by the heart, which is highly perfused by blood and can **continue** aerobic metabolism at times when exercising skeletal muscles secrete lactate.

구 at times .... 할 때마다=(sometimes, from time to time, now and then), is highly perfused 다량으로 관류되다

해 많은 젖산이 심장에 의하여 CO_2로 대사되며, 이 심장은 혈액에 의해 다량으로 관류되므로 운동 중인 골격근이 젖산을 방출할 때마다 유산소내사를 **계속할 수 있다**.

자 1 계속되다

For aerobic oxidation to **continue**, the NADH produced during glycolysis in the cytosol must be oxidized to NAD^+.

해 유산소 산화반응이 **계속되기** 위하여, 세포질에서 해당과정 동안에 생산된 NADH는 NAD^+로 산화되어야 한다.

2 계속되다

A considerable number of receptors for neurotransmitters are already known and new ones are **continuing** to be discovered.

구 be already known, be discovered

해 신경전달물질의 상당히 많은 수용체들이 이미 알려져 있으며 그리고 새로운 수용체들도 **계속하여** 발견**되고 있다.**

continued
57

타 be ~ 계속되다

The antibiotic administration must be **continued** for three to four weeks

해 항생제의 투여는 3에서 4주 동안 **계속되어야** 한다.

continuity
2

명 연속성

The exact replication of the information on DNA in any species assures its genetic **continuity** from generation to generation and is critical to the normal development of an individual.

구 assure(타) 약속하다=promise, from generation to generation 세대를 거치는 동안

해 어떤 종에서든 DNA상의 정보를 정확하게 복제하는 것은 세대를 거치는 동안 유전적 **연속성**을 약속하는 것이므로, 개체의 정상적인 발생에 필수적이다.

continuous
67

형 1 연결된

The ER membrane is **continuous** with the outer membrane of the nuclear envelope.

구 continuous 연결된=connected

해 ER 막은 핵막의 바깥쪽 막과 **연결되어**있다.

2 끊임없이 계속되는

Continuous exposure of a Gs protein–coupled receptor to its ligand leads to a phenomenon known as desensitization.

구 lead to 결과적으로 ....이 되다=arrive to, continuous 끊임없이 계속되는=(without break, non-stop), desensitization 탈감작, exposure of .... to

해 Gs단백질과 짝지은 수용체가 리간드에 **끊임없이 계속되는** 노출은 결과적으로 탈감작이라고 알려진 어떤 현상에 도달하게 된다.

continuously
39

부 끊임없이 계속적으로

Slow-acting retroviruses can cause cancer by integrating near a proto-oncogene in such a way that transcription of the cellular gene is activated **continuously** and inappropriately.

구 cause(타) 유발하다=bring about, integrate(타) 통합하다, in such a way 그러한 방식으로

해 천천히 활동하는 레트로바이러스는 세포유전자의 전사가 **끊임없이 계속적으로** 부적절하게 활성화되는 그러한 방식으로 원발암유전자 근처에 통합되어 암을 유발할 수 있다.

참 원발암유전자proto-oncogene : 세포에 존재하는 정상유전자인데, 바이러스나 발암물질 등에 의하여 암유전자oncogene로 변환된다. 이 유전자들은 주로 세포의 성장, 분화 및 노화, 계획사의 조절과정에 중요한 기능을 하는 단백질을 인코딩한다.

contract
20

자 수축하다

Elastic fibers allow tissues to expand and **contract**; this is of particular importance to blood vessels, which must deform and reform repeatedly in response to the changes in intravascular pressure that occur with the contraction of the left ventricle of the heart.

관 expand(자) 늘어나다≠contract, be of importance=be important, occur with ....와 함께 일어나다, left ventricle of the heart 심장의 좌심실, intravascular pressure 혈관 내의 압력

해 탄력성이 있는 섬유는 조직이 늘어나고 **수축하는** 것을 가능하게 한다; 이것은 혈관에서 특별히 중요하다, 왜냐하면 심장 좌심실의 수축과 함께 발생하는 혈관 내의 압력의 변화에 반응하여 반복적으로 변형되고 재변형되어야만 하기 때문이다.

타 (병, 나쁜 습관)에 걸리다, 들다

Each year, more than 250,000 people **contract** hepatitis B (HBV) in the United States.

관 each year 매년, more than ....이상의, contract(타) ....병에 걸리다=become affected by a disease or disorder, contagious 점염성의<참고>

해 매년, 미국에서 250,000명 이상의 사람들이 B형 간염 (HBV)에 **걸린다**.

contractile

10

형 줄어드는, 수축성이 있는

During cytokinesis, the final step in cell division, the actin and myosin filaments composing the **contractile** ring slide past each other to form a cleavage furrow of steadily decreasing diameter.

관 compose(타) 새로 만들다=create, slide(자) past each other 서로 미끄러져 지나가다, cleavage furrow 분할구

해 세포분열의 최종 단계인 세포질 분열이 일어나는 동안, **수축성이 있는** 환을 만들고 있는 액틴과 미오신 필라멘트들이 서로 미끄러져 지나가서 지속적으로 작아지는 직경을 가진 분할구(고랑)를 형성한다.

contraction

23

명 수축

As O_2 is used in the muscle cell for generation of ATP during **contraction**, it is released from myoglobin and picked up by cytochrome oxidase, a heme-containing enzyme in the electron transport chain that has an even higher affinity for oxygen than myoglobin.

해 O_2가 근육세포에서 **수축**하는 동안 ATP의 생성을 위하여 사용될 때, 그것은 myoglobin으로부터 유리되고, myoglobin보다 산소에 대한 훨씬 더 높은 친화력을 가졌으며 전자수송사슬에 존재하는 heme 함유한 효소인 cytochrome oxidase에 의하여 포획된다.

contrast

1009

타 1 차이점을 비교하다

Contrast how selection of the translational start site occurs on bacterial, eukaryotic, and poliovirus mRNAs.

관 contrast(타) 차이점을 비교하다=(compare, point out or consider the differences)

해 박테리아, 진핵세포 및 폴리오바이러스의 mRNA 상에서, 번역의 시작부위의 선택이 어떻게 일어나는지의 **차이점을 비교하시오**.

참 compare와 contrast : compare는 유사함과 다른 점들 모두 비교하는 어느 쪽에도 쓰이나, contrast는 다른 점만을 비교하는 표현에 쓰인다.

2 ~ .... with ....와 차이점을 비교하다

Antoine Lavoisier (1743–1794) noted the relative chemical simplicity of the "mineral world" and **contrasted** it with the complexity of the "plant and animal worlds"; the latter, he knew, were composed of compounds rich in the elements carbon, oxygen, nitrogen, and phosphorus.

관 note(타) 알리다=indicate in writing, contrast(타) .... with 다른 점을 비교하다

해 Antoine Lavoisier (1743–1794)는 "무기물 세계"의 상대적인 화학적 단순성을 지적하였고, 또한 그것과 "동식물 세계"의 복잡성**과의 차이점을 비교하였다**; 후자가 탄소, 산소, 질소 및 인이 풍부한 합성물로 구성되었음을 그는 알고 있었다.

참 - contrast가 명사로 사용될 때는 between, with 혹은 to와 함께 사용된다. in contrast with (혹은 더 낮은 빈도로 to)
- contrast가 타동사로 사용될 때도 with나 to가 온다.

자 ~ with ....와 매우 다르다

This spontaneous movement toward equilibrium **contrasts with** active transport, which requires energy because it constitutes movement against an electrochemical gradient.

관 contrast with ....와 다르다=be very different from, constitute(타) 구성하다

해 평형을 향하는 이 자발적인 이동현상은 전기화학적 농도경사에 역행하는 이동으로 구성되어있어서 에너지를 필요로 하는 능동수송과 **매우 다르다**.

명 1 현저한 차이, 대비

We examine both the **contrasts** and the similarities with animals.

관 contrast 차이점≠similarity 유사점

해 우리는 동물과의 **차이점**과 유사점 모두를 조사하고 있다.

2 by ~ (with) ....에 반해, ...에 대조적으로

Globally, undernutrition is widespread, leading to impaired growth, defective immune systems, and reduced work capacity. By **contrast**, in developed countries, there is often excessive consumption (especially of fat), leading to obesity and to the development of cardiovascular disease and some forms of cancer.

관 undernutrition 영영부족, lead to 초래하다=(cause, result in), by contrast 대조적으로=in contrast, obesity 비만, development of cardiovascular disease 심혈관계 질환의 발병, consumption 음식물의 섭취

해 전 세계적으로, 성장부전, 결함이 있는 면역계, 그리고 줄어든 노동능력을 초래하게 되는 영양부족 현상이 만연해 있다. **이에 반해**, 선진국가에서는 비만을 일으키고 더욱이 심혈관계 질환과 몇 가지 형태의 암의 발병을 유발할 수 있는 과도한 음식물 (특히 지방)을 섭취하는 일이 자주 발생한다.

3 in ~ to/with ....와 달리, ...와 대조적으로

In **contrast** to bacterial and archaeal genes, the vast majority of genes in higher, multicellular eukaryotes contain multiple introns.

관 vast큰=large, archaeal gene 고세균의 유전자

해 박테리아와 고세균의 유전자들**과 달리**, 더 고등한 다세포형 진핵세포에서의 유전자들의 대부분은 많은 수의 인트론을 함유하고 있다.

참 archaeal bacteria 고세균: 원래 원핵세포로 분류되었는데 진화의 과정이나 생화학적 반응이 많이 달라 새로운 군으로 분류되었다. 세포의 크기나 모양은 박테리아와 유사하지만 유전자나 대사과정이 진핵세포에 더 가까운 것이 특징이다.

4 be in ~ to ....와 매우 대조적이다, 현저히 다르다

In plant genomes, rRNA genes may be repeated several hundred to several thousand times. This is in **contrast** to animal cells, where only 100 to 200 rRNA genes are normally present.

관 be in contrast to 매우 대조저이다=be very different from

해 식물의 유전체에 있어서, rRNA 유전자들은 수백에서 수천 회 반복될 수도 있다. 이것은 정상적으로 단지 100에서 200개의 rRNA 유전자들이 존재하는 동물세포**와는 매우 대조적이다**.

5 in ~ 대조적으로

Brown-fat tissue, whose color is due to the presence of abundant mitochondria, is specialized for the generation of heat. In **contrast**, white-fat tissue is specialized for the storage of fat and contains relatively few mitochondria.

관 in contrast 대조적으로=by contrast, due to=because of, be specialized for ....에 전문화되어있다

해 그 색상이 풍부한 미토콘드리아의 존재 때문인 갈색 지방조직은 열의 생성에 전문화되어있다. **대조적으로**, 백색인 지방조직은 지방의 저장에 전문화되어있기 때문에, 상대적으로 미토콘드리아를 거의 함유하지 않는다.

contrasted

3 타 be ~ ....의 차이점이 비교되다, 다른 점이 비교되다

The distinctive ways that endocrine cells and nerve cells coordinate cell behavior in animals are **contrasted** in Figure 4.

관 distinctive 서로 구별되는=(different, characteristic), coordinate(타) 서로 조정하다=(adjust, arrange in proper order)

해 동물에서 내분비세포와 신경세포들이 세포의 행동을 서로 조정하는 서로 구별되는 방법들의 **차이점이** 그림 4에 **비교되어있다**.

contrasting

5

형 반대되는

Their behavior in aqueous solution reflects the combination of the **contrasting** polar and nonpolar nature of these substances.

관 contrasting 반대되는=opposing, reflect(타) 반영하다, combination=(union, coordinated sequence) 통합

해 수용액에서 그들의 행동은 이들 물질의 **반대되는** 극성과 비극성 성질의 통합을 반영하고 있다.

contribute

309

자 ~ to ....의 원인이 되다, ...의 역할을 하다, ...에 이바지하다

Loss of an anti-oncogene (a tumor-suppressor gene) can also **contribute to** tumor initiation.

관 contribute(타) to 원인이 되다; 이바지 하다=(cause, contribute to some cause)

해 어떤 항발암유전자 (종양억제유전자)의 소실도 또한 종양 개시**의 원인이 될 수 있다**.

타 ~ .... to .....를 .....에게 공급하다

In addition to hemoglobin, other heme proteins (myoglobin, cytochromes, catalases, and peroxidases) also supply heme groups that are degraded via the same pathway. However, these **contribute** only about 10–15% to a total of ca. 250 mg of bile pigment formed per day.

관 in addition to ....이외에, contribute(타) .... to=(donate, provide, give)

해 헤모글로빈 이외에, 다른 heme 단백질 (myoglobin, cytochromes, catalases 및 peroxidases)도 역시 동일한 경로를 경유하여 분해되는 heme 기능기를 공급한다. 그러나 이들은 하루에 생성되는 담즙색소 전체량인 대략 250 mg의 약 10-15%만을 **공급한다**.

contribution

112

명 1 공헌, 기여

A fundamental goal of molecular cell biologists is to understand how cells carry out various processes essential for life. A major **contribution** toward achieving this goal is the identification of all of an organism's proteins-that is, a list of the parts that compose the cellular machinery.

관 contribution toward ....을 위한 기여함, identification 찾아냄, compose(타) 구성하다, achieve the goal 목적을 달성하다

해 분자세포생물학자들의 기본적인 목표는 세포들이 생명에 필수적인 여러 과정을 어떻게 수행하는가를 이해하는 것이다. 이 목표의 달성을 위한 주된 **공헌**은 즉 세포의 기계류를 구성하는 부속품들의 목록인 어떤 생명체의 모든 단백질들을 찾아내는 것이다.

참 If scientists *identify* something, they *discover* or *notice* its existence.

2 make ~ to ....에 기여하다

Dietary fiber makes a positive **contribution to** digestion as a ballast material by binding water and promoting intestinal peristalsis.

관 make a contribution to ....에 기여하다, intestinal peristalsis 소장의 연동운동, ballast 바닥

해 음식의 섬유질은 물을 결합시켜 내장의 연동운동을 증진시키는 바탕물질로써, 소화에 긍정적인 **기여**를 한다.

참 식물성 섬유 : 식물성 섬유는 사람의 소화계에서는 소화될 수 없는 cellulose와 같은 다당류로 구성되어있다. 이들 섬유은 -OH (hydroxy)기를 다량으로 함유하고 있어서 물과 친화력이 크며, 또한 섬유질 사이에 많은 물 분자들을 머금을 수 있는 공간이 많다. 종이는 cellulose로 만들어져 있는데 물에 잘 젖는 것도 이와 같은 이유에서이다.

control

2397

명 조절, 통제, 지배

Reversible lipid anchoring is one factor in the **control** of signal transduction pathways in eukaryotic cells

관 anchor(타) 고정화하다=fasten tightly, factor 인자

해 지질을 사용하는 가역적인 고정화반응은 진핵세포에서 신호전달경로의 **조절**에 관여하는 하나의 인

자이다.

참 지질에 의해 고정되는 단백질 lipid-anchored protein : 공유결합을 통하여 부착된 지방산 palmitate나 혹은 myristate 등을 이용하여 해당 단백질을 세포막의 안쪽 표면에 고정시키게 된다. 신호전달과정에 포함된 G단백질과 어떤 kinase 단백질의 N-말단이나 cysteine 측쇄기를 주로 변형시켜 결합된다.

타 (어떤 힘으로) 통제하다

The genes that carry instructions for making proteins commonly contain two parts: a coding region that specifies the amino acid sequence of a protein and a regulatory region that **controls** when and in which cells the protein is made.

관 carry(타) 담다=(bear, contain), specify(타) 자세하게 지정하다, coding region 코딩영역, regulatory region 조절영역

해 단백질을 만들라는 지시사항을 담고 있는 유전자는 흔히 두 가지의 부위를 함유한다; 어떤 단백질의 아미노산서열을 지정하는 코딩영역과 언제 어느 세포에서 단백질이 만들어지는지를 **통제하는** 조절영역이다.

참 regulate와 control의 차이점 : regulate는 교통정리와 같이 법칙에 의해 조절하고 control은 통솔력과 같은 힘으로 조절하거나 지배한다는 의미를 가진다.

controlled 82

타 be ~ 통제되다, 조절되다

Glucokinase is an inducible enzyme - the amount present in the liver is **controlled** by insulin (secreted by the pancreas).

해 Glucokinase는 유도성 효소인데, - 간에서 존재하는 양은 (췌장에 의해서 분비되는) 인슐린에 의하여 **통제된다**.

convenient 9

형 편리한

Because its longer half-life and lower energy make it more **convenient** to handle, ^{35}S is replacing ^{32}P as the radioactive tracer of choice in DNA sequencing by the Sanger method.

해 Sanger 방법에 의한 DNA서열결정 실험에서 선택된 방사능 추적자로써, ^{35}S가 ^{32}P를 교체하고 있다 왜냐하면 더 긴 반감기와 더 낮은 에너지가 그것을 다루기 더 **편리하게** 만들기 때문이다.

conveniently 3

부 편리하게

Bacteria are **conveniently** classified as either Gram-positive or Gram-negative depending on their response to the so-called Gram stain.

관 be classified as either A or B ....로써 분류되다

해 박테리아는 소위 그람 염색에 대한 반응결과에 따라 그람 양성과 음성으로써 **편리하게** 분류된다.

convention 19

명 관습, 협정

By **convention**, the amino acid sequence is read from the N-terminal end of the polypeptide chain through to the C-terminal end.

관 by convention 협정에 따라, be read 읽히다

해 **협정**에 따라, 아미노산서열은 폴리펩티드 사슬의 N-말단으로부터 C 말단까지 쭉 읽힌다.

conventional 64

형 통상적으로, 흔히 사용하는

The cell-surface receptors for many signaling molecules are present in such small amounts that they cannot be purified by affinity chromatography and other **conventional** biochemical techniques.

해 많은 신호를 전달하는 분자에 반응하는 세포의 표면 수용체단백질들은 친화력 크로마토그라피와 다른 **통상적인** 생화학 기술로도 정제될 수 없을 정도의 그렇게 적은 양으로 존재하고 있다.

converge 14

자 1 한 점에서 만나다, 수렴되다

Many growth-stimulatory pathways involving proto-oncogenes, and growth inhibitory controls involving a variety of tumor suppressor genes, **converge** to regulate the activity of some key protein kinases, the cyclin-dependent kinases.

관 regulate(타) 어떤 법칙에 따라 ....를 조절하다, proto-oncogene, tumor supressor gene, converge (자)=meet

해 원발암유전자를 포함하는 많은 성장자극경로와 다양한 종양억제유전자를 포함하는 성장저해조절은 cyclin-dependent kinase라는 몇 종의 중요한 protein kinase의 활성을 조절하기 위하여 **수렴된다**.

2 한 점에서 만나다, (의견이) 모이다

The pathways for the oxidation of most fuels (glucose, fatty acids, ketone bodies, and many amino acids) **converge** in the generation of the activated 2-carbon acetyl group in acetyl CoA.

해 대부분의 연료 (포도당, 지방산, 케톤체 및 많은 아미노산)의 산화를 위한 경로는 acetyl CoA에 포함된 활성화된 2탄소 acetyl기를 생성하는 곳에서 **모인다**.

convergent | 형 가까워지는, 수렴형의, 수렴하는

These two different NAD^+ binding folds arise from different ancestral lines and have different structures, but have similar properties and function. They are believed to be the product of **convergent** evolution.

관 fold 접힌구조=domain, arise from ....로부터 발생되다, be believed 믿어지다, convergent evolution 수렴형 진화

해 이들 두 서로 다른 NAD^+ 결합도메인은 다른 조상계열로부터 발생되어 다른 구조를 가지지만, 그러나 유사한 행동특성과 기능을 가지고 있다. 그들은 **수렴형** 진화의 산물이라고 믿어진다.

conversely | 부 거꾸로 말하면, 반대로

64

If we do not consume enough food each day to supply that much energy, the body's fuel stores supply the remainder, and we lose weight. **Conversely**, if we consume more food than required for the energy we expend, our body's fuel stores enlarge, and we gain weight.

관 consume(타) enough food 충분한 음식을 먹다, that much 그 만큼의 양, remainder 모자라는 것, lose weight≠gain weight, expend(타) 소비하다=(make use of, spend), enlarge(자) 커지다,

해 우리가 날마다 그 만큼 되는 양의 에너지를 공급하기 위하여 충분한 음식을 먹지 않으면, 신체의 연료 저장소가 모자라는 것을 공급하게 되어, 체중을 잃게 된다. **반대로**, 우리가 사용하는 에너지를 만드는데 필요한 것보다 더 많은 음식을 먹으면, 우리 몸의 연료 저장소는 커지고, 체중이 늘어난다.

conversion | 명 전환, 변환

102

Because C in one DNA strand pairs with G in the other strand, whereas U would pair with A, **conversion** of a C to a U could potentially result in a heritable change of a CG pair to a UA pair.

관 pair with ....와 쌍을 만들다, whereas 반면에, potentially 잠재적으로

해 하나의 DNA가닥에 있는 C염기는 다른 가닥의 G와 쌍을 만들고, 반면에 U는 A와 짝을 만들 것이기 때문에, C가 U로의 **변환**이 일어나면 잠재적으로 CG쌍이 UA쌍으로 유전될 수 있는 변화의 결과가 된다.

convert | 타 전환하다, 변환하다

79

The liver can **convert** all of the amino acids found in proteins into glucose, fatty acids, or ketone bodies.

해 간은 단백질에서 발견되는 모든 아미노산들을 포도당, 지방산, 혹은 케톤체로 **전환**할 수 있다.

converted | 타 be ~ 전환되다, 변환되다

76

As the plasma membrane of the glial cell is **converted** into myelin, the lipid composition of the brain changes.

해 아교세포의 원형질막이 myelin으로 **전환될** 때, 뇌의 지질조성이 변한다.

convertible | 형 전환할 수 있는, 개조할 수 있는

1 Proteins yield up their 20 component amino acids, polysaccharides give rise to carbohydrate units that are **convertible** to glucose, and lipids are broken down into glycerol and fatty acids

관 yield up 분해되다=(surrender, be broken down into)

해 단백질은 20개의 구성 아미노산으로 완전히 분해되며 다당류는 포도당으로 **전환될 수 있는** 탄수화물 단위들로 분해되고, 그리고 지질은 글리세롤과 지방산으로 분해된다.

cool 형 서늘한, 식은

12 When **cool** fall temperatures cause leaves to cease manufacturing chlorophyll, the chlorophyll is no longer present to reflect green light, and the leaves reflect the orange and yellow light that carotenoids and other pigments do not absorb

관 cause .... to do ....하게 하다=force .... to do, no longer 더 이상 ....이 아닌, reflect(타) 반사하다≠absorb

해 **서늘한** 가을의 기온이 나뭇잎이 엽록소를 제조하는 것을 중단하도록 할 때, 녹색 빛을 반사하는 엽록소는 더 이상 존재하지 않게 되고, 그래서 나뭇잎은 카로테노이드류와 다른 색소들이 흡수하지 않은 오렌지색이나 노란색의 빛을 반사한다.

자 식다, 냉각되다

When water **cools** below 0°C, it forms beautiful crystals, familiar to us as snow and ice.

해 물이 0°C 이하로 **냉각될** 때, 눈과 얼음과 같이 우리에게 친숙한 아름다운 결정을 형성한다.

타 냉각하다, 차갑게 하다, 식힌다

Evaporation of water **cools** body surfaces

해 물의 발산은 신체의 표면을 **식힌다**.

cooled 타 be ~ 냉각되다

34 As the solution is **cooled**, the oligonucleotides form base pairs with the DNA and serve as primers for the synthesis of DNA strands by the heat-stable DNA polymerase.

관 serve as ....로써 기능하다=function as

해 그 용액이 **냉각되어가면서**, 올리고 뉴크레오티드들은 DNA와 염기쌍을 형성하여 열에 안정한 DNA 중합효소에 의한 DNA가닥들의 합성용인 primer로써 기능한다.

cooperate 자 협력하다, 협동하다

4 All types of cells have their distinctive metabolic traits and **cooperate** extensively in the normal state as well as in response to stress and starvation.

관 distinctive 서로 구별되는=(different, characteristic), extensively 광범위하게, cooperate(타) 협력하다=work together

해 모든 종류의 세포들은 서로 구별되는 대사의 특성을 가지고 있어서 정상상태에서 뿐만 아니라 스트레스 및 기아상태에서의 반응에서도 광범위하게 **협력한다**.

cooperation 명 협력, 협동, 제휴

12 Another vivid example of gap junction-mediated transport is the phenomenon of metabolic coupling, or metabolic **cooperation**, in which a cell transfers nutrients or intermediary metabolites to a neighboring cell that is itself unable to synthesize them.

관 gap junction 교통연접, transfer(타) .... to 수송하다, neighboring 이웃하고 있는=(next to, adjacent)

해 교통연접에 의해 매개되는 수송의 또 다른 생생한 예가 대사의 짝짓기 혹은 대사의 **협동성**이라는 현상인데, 이 현상으로 세포는 영양물질이나 혹은 중간대사물질을 스스로 합성할 수 없는 이웃하고 있는 세포에게 그들을 수송한다.

cooperative 형 협력적인, 협동성의

14 Most of the cells in multicellular organisms are organized into **cooperative** assemblies called tissues, which in turn are associated in various combinations to form larger functional units called

organs.

관 be organized into ....로 체계화되다, in turn 다시=(one by one, in order), in combination (2가지 이상의) 조합으로

해 다세포생명체를 이루는 대부분의 세포는 조직이라는 **협동성의** 조립체로 체계화되고, 다시 여러 조합으로 결합되어 기관이라고 하는 더 큰 기능성 단위체를 형성한다.

cooperatively 부 협동하여

2

Sets of actin-binding proteins are thought to act **cooperatively** in generating the movements of the cell surface, including cytokinesis, phagocytosis, and cell locomotion.

해 액틴과 결합하는 단백질의 집합이 세포분열, 포식작용 및 세포의 이동을 포함하는 세포표면의 움직임을 만들어내는데 있어서 **협동적으로** 작용하는 것으로 생각된다.

cooperativity 명 협동성

19

The **cooperativity** in oxygen binding in hemoglobin comes from conformational changes in tertiary structure that takes place when O_2 binds.

해 헤모글로빈과 산소의 결합에서 **협동성**이란 O_2가 결합할 때 일어나는 3차구조에서 입체구조의 변화로부터 유래된다.

coordinate 타 1 조화시키다

70

The pancreatic islets are innervated by the autonomic nervous system, including a branch of the vagus nerve. These neural signals help to **coordinate** insulin release with the secretory signals initiated by the ingestion of fuels.

관 islet 섬세포, vagus nerve 미주신경, coordinate(타) 조화시키다=harmonize in a common action or effort, be innervated 자극되다

해 췌장의 섬세포는 미주신경의 곁가지를 포함하는 자율신경계에 의하여 자극된다. 이러한 신경신호는 연료물질의 섭취에 의하여 개시되는 분비신호들과 인슐린의 분비를 **조화시키는** 것을 도와준다.

2 ....와 복합체 형성을 위해 부착하다, ...를 질서있게 정렬하다

The hyaluronate chains can be as long as 4 μm and can **coordinate** 100 or more proteoglycan units.

관 as long as ....의 길이로 , coordinate(타) ....와 복합체 형성을 위해 부착하다=attach so as to form a coordination complex, hyaluronate 히아루로산

해 히아루론산 사슬은 4 μm의 길이까지나 될 수 있으며 그래서 100개 이상의 proteoglycan 단위체들과 **복합체를 형성하기 위하여 결합할** 수 있다.

참 proteoglycan aggrecan (응집체) : 히아루론산 핵심사슬의 골격에 ketratn sulfate, chondroitin sulfate등의 아단위체들이 연결단백질을 통하여 결합하여 proteoglycan 집합체를 형성한다. 이 물질은 물과 이온을 다량으로 함유할 수 있어서 관절에서 충격을 흡수하거나 윤활작용을 한다. 현재 무릅관절염osteoorthritis) 통증의 치료에 hyaluronic acid (Hylan GF-20)주사요법이 시행되고 있다.

coordinated 타 be ~ 대등하게 조절되다, 조화롭게 조절되다

23

The pathways of nitrogen metabolism are **coordinated** with fat and carbohydrate metabolism.

해 질소대사경로는 지방과 탄수화물 대사와 **대등하게 조절된다**.

coordination 명 배위결합, 통합

25

Coordination of an atom of ferrous iron (Fe^{2+}) by the four pyrrole nitrogen atoms yields heme.

관 yield(타) 만들다=(produce, give, form)

해 한 개의 제1철 원자 (Fe^{2+})와 4개의 pyrrole의 질소원자에 의한 **배위결합**이 heme을 만든다.

copy 명 복사물, 복제물

180

The genes for the large rRNA and the tRNA precursors occur in multiple **copies** that are clustered in the genome.

관 occur(자) 발견되다=be found to exist or appear, be clustered 군집화되다

해 큰 rRNA와 tRNA 전구체의 유전자들은 유전체에서 군집화된 많은 수의 **복제물**로 발견된다.

타 복사물을 만들다, 복사하다

The reverse transcriptase that **copies** the viral genome has a high error rate because it does not have proofreading capability.

관 reverse transcriptase 역전사효소, error rate 오류발생률, proofreading 교정능력

해 바이러스 유전체를 **복사하는** 역전사효소는 교정능력을 가지고 있지 않기 때문에 높은 오류 발생률을 가진다.

copied

4

타 be ~ 복사되다

The DNA template is **copied** in the 3′ to 5′ direction, and the RNA transcript is synthesized in the 5′ to 3′ direction.

관 in the 3′ to 5′ direction 3′에서 5′의 방향으로

해 DNA주형은 3'에서 5' 방향으로 **복사되고**, 그리고 RNA전사물은 5'에서 3' 방향으로 합성된다.

correlate

66

타 ~ .... with 서로 관련시키다

No simple generalizations **correlate** the size of proteins with their functions.

관 no+ 명사 결코 ....이 아니다, correlate(타) .... with 서로 관련시키다

해 단백질의 크기와 기능을 서로 **관련시키는** 간단한 일반화된 방법이란 결코 없다.

자 ~ with 서로 관련이 있다

There are reports that high concentrations of lipoprotein(a) **correlate** with an increased risk of coronary artery disease, even in patients in whom the lipid profile is otherwise normal.

관 correlate with, coronary artery 심장의 관상동맥, otherwise 이것(=lipoprotein(a))만을 제외한

해 지단백질(a)의 높은 농도는 심지어 이것을 제외한 지질의 프로파일은 정상인 환자들에 있어서 조차도, 관상동맥질환의 증가된 위험성**과 관련이 있다는** 보고들이 있다.

참 lipoprotein(a)는 apoprotein(a)에 공유결합되어있는 LDL알갱이의 구성단백질인데, HDL에서 발견되는 apoprotein A와 혼동되어 사용되는 것을 방지하기 위하여 lipoprotein little a라 부른다.

correlated

186

타 be ~ ....와 연관되다

Moderate consumption of ethanol (alcohol) has also been **correlated** with increased HDL levels.

해 적당한 음주 또한 증가된 HDL수준**과 연관되어**왔다.

참 이 예문에서 적당한 음주는 HDL의 양을 증가시키기 때문에 좋다고 하였지만, 그 양은 약 포도주 2잔 정도밖에 되지 않는다. 더욱이 최근의 연구에 의하면, 건강과 관련된 음주의 좋은 효과는 알코올 자체라기보다는 술이 함유하고 있는 다른 성분 때문인 것이라고 알려져 있다. 예를 들면 포도주 속에서 항산화제의 작용을 하는 색소성분이다. 색을 띤 모든 과일성분은 다 항산화 역할을 한다고 생각해도 무방하며, 이런 이유에서 과일의 껍질이 좋다고 하겠다.

correlation

219

명 상호관련성

Epidemiologic studies have shown a **correlation** between diets high in fruits and vegetables and health benefits, leading to the hypothesis that carotenoids might slow the progression of cancer, atherosclerosis, and other degenerative diseases by acting as chain-breaking antioxidants.

관 epidemiologic study 역학연구, correlation between 사이의 상호관련성, lead to ....의 결론에 도달하다=arrive to, slow(타) 지연시키다, health benefit 건강의 혜택

해 역학연구는 과일과 야채의 양이 많은 식이요법과 건강의 혜택 사이의 어떤 **상호관련성**을 보여 왔으며, 그 결과 carotenoid류가 연쇄반응을 중단시키는 항산화제로써 활동하여 암, 죽상동맥경화증, 및 다른 퇴행성 질환의 진행을 지연시킬 수도 있다는 가설에 도달하게 되었다.

correspond

176

자 1 ~ to ....에 해당하다, ...와 관련되다, 대응하다,

Many hypersensitive sites for DNase I **correspond** to binding sites for known regulatory proteins, and the relative absence of nucleosomes in these regions may allow the binding of these proteins.

관 hypersensitive 고민간성의, regulatory protein 조절용 단백질, correspond to 일치하다; 해당되다 =(match, fit to)

해 DNase I에 대한 많은 고민감성 부위는 알려진 조절 단백질의 결합자리에 **해당되기** 때문에, 이들 영역에서 nucleosome의 상대적인 부재현상은 이들 단백질의 결합을 가능하게 할 수도 있을 것이다.

참 one thing *corresponds to* another=two things correspond : 두 물체사이에서의 유사성이나 관련성이 있다.

2 ~ with ....와 대응시키다, 관계를 짓다

The helices are colored to **correspond** with the hydropathy plot in Figure 11.

관 color(타) 착색하다, correspond with ....와 대응되다

해 나선구조들이 그림 11에서 소수성 지수 그래프**와 대응되도록** 착색되었다.

참 hydropathy polt (수소성 지수 그래프) : 단백질을 구성하는 20종의 아미노산의 소수성 성질을 수치화하여, 연속된 20개의 아미노산 (세포막을 통과하는데 필요한 아미노산의 수)의 소수성 값을 모두 합계하여 플롯하여 세포막관통부위를 예측하는데 사용된다.

correspondence 명 부합, 일치(함), 유사성

17 When the sequences of membrane proteins of known three dimensional structure are scanned in this way, we find a reasonably good **correspondence** between predicted and known membrane-spanning segments.

관 in this way 이 방법으로, reasonably 합리적으로, predicted 예측된

해 알려진 3차원구조를 가진 막단백질의 서열이 이 방법으로 스캔될 때, 우리는 예측된 부위와 알려진 막을 관통하는 부위 사이에서 합리적으로 우수한 **일치함**을 발견하였다.

corresponding 형 1 해당하는, 대응하는

549 The function of nearly all proteins depends on their ability to bind other molecules (ligands). Ligand-binding sites on proteins and the **corresponding** ligands are chemically and topologically complementary.

해 거의 모든 단백질의 기능은 다른 분자 (리간드)에 결합하는 능력에 달려있다. 단백질 위의 리간드 결합부위와 **해당하는** 리간드는 화학적으로 그리고 위상학적으로 상보적이다.

2 ~ author 교신저자

The **corresponding** author submits the paper for publication, makes any revisions, and reviews and releases the author proofs.

해 **교신**저자는 발간용 논문을 제출하고, 어떤 교정본들도 작성하고, 저자의 시험인쇄본들도 재검토하여 발행한다.

3 ~ to 해당하는 (뒤에서 수식할 경우 사용)

RNA polymerase II initiates transcription at DNA sequences **corresponding** to the 5′ Cap of mRNAs.

해 RNA polymerase II는 mRNA의 5′ 모자구조에 **해당하는** DNA서열에서 전사를 시작한다.

참 mRNA는 5'쪽에 Cap 구조가 있고 3'쪽에는 poly (A^{+}) 꼬리서열을 가지고 있는데, 이 구조들은 RNA exoculcease (외부분해효소)들의 작용을 저해할 뿐만 아니라 단백질로의 번역활성의 조절과 수명에 중요한 역할을 한다.

correspondingly 부 따라서, 이에 부합하여

10 Under normal circumstances, thyroxine-binding globulin (TBG) binds nearly all of the T4 and T3 in plasma, and it binds T4 with greater affinity than T3. The plasma half-life of T4 is **correspondingly** four to five times that of T3.

관 with greater affinity 더 큰 친화력으로, be five times that of ....의 것의 5배이다

해 정상적인 환경 하에서, thyroxine-binding globulin (TBG)은 혈장의 거의 모든 T4와 T3와 결합하며, T3보다 T4와 더 큰 친화력으로 결합한다. **이에 부합하여** 혈장의 T4 반감기는 T3의 반감기의 4-5배

가 된다.

참 갑상선호르몬thyroid hormone : 갑상선호르몬 T3와 T4들은 물에 잘 녹지 않는 성질을 가지고 있어서 혈액 내에서는 thyroxine-binding globulin (TBG)에 결합되어 존재하며 이 당단백질과 결합하지 않은 자유형 호르몬만이 활성을 가진다.

cost

124

명 1 원가, 비용

The most useful way of expressing the energy **cost** of physical activities is as a multiple of BMR.

해 신체활동의 에너지 **비용**을 표현하는 가장 유용한 방법이 BMR의 배수로써 나타내는 것이다.

참 BMR (basal metabolic rate) : 기초대사량은 휴식상태 (잠자는 상태는 아님)에서 우리 몸이 사용하는 에너지의 양을 말하며, 체중, 나이, 성별에 따라서 다르다. 앉아서 하는 활동에 필요한 에너지는 1.1-1.2 x BMR , 계단을 오르거나, 오르막을 걷는 경우에는 6-8 x BMR로 계산된다.

2 ~ effective 비용 효율성이 높은

Screening newborns for genetic diseases can be highly **cost**-effective, especially in the case of Phenylketonuria.

귀 screening 사전검사=examination done especially to detect an unwanted disease, can 추측, case 증례

해 유전질환에 대한 신생아의 사전검사는 특히 phenylketonuria의 증례에서는, 매우 **비용**-효율성이 높을 수 있다.

참 phenylketonuria : 아미노산 phenylalanine을 tyrosine으로 전환하는 효소인 phenylalanine hydroxylase의 결핍에 의하여 혈액 내에 phenylalanine이 축적되는 대사성 질환이다. 다량의 Phenylalanine은 뇌혈류장벽을 통하여 뇌로 들어가야 하는 다른 아미노산의 수송을 방해하여 뇌의 손상을 초래한다.

타 ....값을 하다, 비용이 들다

Each ATP molecule in our bodies must be recycled nearly 1300 times each day. Were it not for this fact, at current commercial prices of about $10 per gram, our ATP "habit" would **cost** approximately $650,000 per day!

귀 were it not for ....이 없다면=(가정법 if it were not for, without), at price of ....의 가격으로

해 우리의 몸에서, 각각의 ATP분자는 하루에 거의 1,300회나 재활용되어야 한다. 만약 이것이 일어나지 않는다면, 상업적으로 그람 당 약 10달러의 현 가격으로 계산하면, 우리의 ATP 의 "규칙적인 사용"은 결과적으로 하루에 대략 650,000 달러의 **비용이 들** 것이다.

참 ATP의 놀라운 사용량 : 평균 체중 70 Kg인 성인이 하루에 약 65 Kg의 ATP를 소비한다고 한다. 우리 몸속에 있는 ATP의 양은 약 50 g 정도로 측정되었는데, ATP + H_2O⇆ADP + Pi 의 가역반응으로 ATP와 ADP는 1300회 정도로 재활용될 수 있다.

counterpart

78

명 짝의 한 쪽, 상대물, 대응체

Immunoglobulin-like proteins can undergo either homophilic interactions with their identical **counterparts** on another cell or heterophilic interactions with an integrin on a neighboring cell.

귀 undergo 수행하다; 참여하다=(engage in, involve in), homophilic 동종친화성의, heterophilic 이종친화성의, counterpart 다른 짝

해 면역글로브린 유사단백질은 또 다른 세포 위에 있는 자신과 똑 같은 **다른 짝**과 동종친화성 결합이나 혹은 이웃하고 있는 세포 위의 integrin과 이종친화성 결합을 수행할 수 있다.

count

181

명 셈, 총수

Palmitate uniformly labeled with tritium (^3H) to a specific activity of 2.48 x 10^8 **counts** per minute (cpm) per micromole of palmitate is added to a mitochondrial preparation that oxidizes it to acetyl-CoA.

귀 be uniformly labeled with 균일하게 표지되다, counts per minute 분당 측정수, specific activity 특이활성, oxidize(타) ....to ....를 ....로 산화시키다

해 특이활성도가 micromole 당 2.48 x 10^8 분당 **측정수** (cpm)정도가 되도록 tritium으로 균일하게 표지된 팔미틴산이 acetyl-CoA로 산화시키는 미토콘드리아 제제에 첨가되었다.

참 cpm (counts per minute) : 방사능의 분당 측정수를 표시하며 방사능의 세기를 측정하는 단위이다. 동위원소는 불안정한 원소이므로 붕괴되어 안정한 원소로 전환되면서 방사능을 방사한다. 방사능은 일정한 양의 동위원소가 1분 동안 붕괴되는 원자들의 수로 표시한다. DPM (disintegration per min) 단위로도 표시된다. 1큐리 (Ci)는 3.7 x 10 10 Bq (베크렐) 혹은 dps이며 또한 2.22 x 10^{12} dpm의 양에 해당한다.

타 수를 세다, 계산하다, 계수하다

In a scintillation counter, a radiolabeled sample is mixed with a liquid containing a fluorescent compound that emits a flash of light when it absorbs the energy of the β particles or γ rays released in the decay of the radioisotope; a phototube in the instrument detects and **counts** these light flashes.

관 scintillation counter 섬광계수기, emit 발산하다≠absorb(타), decay of the radioisotope 방사성 동위원소의 붕괴, phototube 광측정기

해 방사능 섬광계수기에서, 방사성으로 표지된 시료가 방사성 동위원소의 붕괴 시에 유리되는 β 입자와 γ 선의 에너지를 흡수할 때, 섬광을 발산하는 형광 합성물을 함유하는 용액과 혼합된다; 그 기기의 광측정기가 섬광을 감지하여 **수를 계산한다**.

자 수를 세다, 계산하다

Various conventions use Δ for indicating the number and position of the double bonds in fatty acids; eg, Δ^9 indicates a double bond between carbons 9 and 10 of the fatty acid; ω^9 indicates a double bond on the ninth carbon **counting** from the ω-carbon.

관 e.g. (exempli gratia) 예를 들면=for example, indicate(타) 표시하다=denote

해 여러 규칙은 지방산에서 이중결합의 수와 위치를 표시하기 위하여 Δ를 사용한다. 예를 들면, Δ^9는 탄소 9와 10 사이의 이중결합을 표시하며; ω^9는 ω-탄소로부터 **계산하여** 9번째 탄소 위의 이중결합을 표시한다.

참 오메가ω-탄소 : 지방산들의 이중결합의 위치를 표시할 때 최종 말단의 탄소(CH_3-)를 오메가ω 탄소라고 한다. 오메가 3 지방산이란 끝에서 3번째 이후의 탄소에 이중결합들을 가진 지방산을 지칭한다.

counted

180

타 1 be ~ as ....로 간주되다

A tumor <u>is **counted** as</u> a cancer only if it is malignant, that is, only if its cells have the ability to invade surrounding tissue.

관 malignant 악성의≠benign 양성의, have the ability to, invade(타), be counted as ....로 간주되다 =be regarded as

해 종양은 악성일 때만, 즉 자신의 세포들이 주위를 둘러싸고 있는 조직을 침범할 수 있는 능력을 가질 경우에만, 암으로 **간주된다**.

참 If something *counts* or *is* ***counted*** *as* a particular thing, it *is regarded as* being that thing, especially in particular circumstances or under particular rules.

2 be ~ 세어지다, 계산되다

After each bud breaks free, a scar is left at the budding site on yeasts so the number of previous buds can <u>be **counted**</u> using electron microscope.

해 각각의 발아가 떨어져 자유롭게 된 후, 흔적이 효모의 발아한 자리에 남게 되어, 이전 발아들의 수가 전자현미경을 사용하여 **세어질 수** 있다.

couple

68

타 ~ .... to ....를 ....에 연결하다, 결합시키다

These small SH adaptor proteins have no intrinsic catalytic function and serve to <u>**couple**</u> tyrosine-phosphorylated proteins such as activated receptor tyrosine kinases <u>to</u> other proteins that do not have their own SH2 or SH3 domains.

관 intrinsic 내재성의, serve(타) 역할을 하다=work for, couple(타) .... to=(link .... to, tie .... to)

해 이들 작은 SH어댑터 단백질은 내재성 촉매기능을 가지고 있지 않으며, 활성화된 수용체형 티로신 인산화효소와 같은 티로신인산화된 단백질을 SH2나 SH3도메인을 가지고 있지 않은 다른 단백질에 **연결시키는** 역할을 한다.

참 SH adaptor proteins : 예를 들면 Grb2는 하나의 SH2도메인과 N-과 C-말단에 각각 SH3도메인을 가지고 있는 단백질이다. SH2는 티로신인산화된 단백질과의 결합에 그리고 SH3도메인은 proline-rich도메인을 가진 단백질과의 결합을 매개한다.

coupled

222

타 1 be ~ 연결되다, 동시에 일어나다

If the high levels of ketone bodies are **coupled** with elevated levels of blood glucose, the problem is most likely a deficiency of insulin; that is, the patient probably has type 1, formerly called insulin-dependent, diabetes mellitus.

관 ketone bodies 케톤체, be coupled with 동시에 일어나다=occur simultaneously, deficiency of insulin 인슐린결핍증, most likely=probably, diabetes mellitus 당뇨병

해 케톤체의 고농도와 혈당의 상승된 수준이 **동시에 일어나면**, 문제는 인슐린의 결핍일 가능성이 가장 높을 것이다; 즉 환자는 아마도 이전에 인슐린 의존성 당뇨라고 불리던 제1형 당뇨병을 앓고 있을 것이다.

2 결합하는, 짝을 이루는

Five somatostatin receptors have been identified and characterized, all of which are members of the G protein–**coupled** receptor superfamily.

관 be identified 발견되다=(be found, be characterized), be members of 포함되다=(be included in, be among), superfamily 초부류

해 현재까지 5종의 somatostatin 수용체들이 발견되어 특성이 알려졌는데, 이들 모두가 G 단백질과 **짝을 이루는** 수용체의 초부류의 구성원이다.

course

230

명 1 과정, 코스

Dr. Kim teaches undergraduate and graduate **courses** in cell biology.

해 닥터 김은 세포생물학에서, 학부 및 대학원**과정**을 가르친다.

2 in the ~ of ....의 과정에서

Signaling through the RTK-Ras-MAP kinase pathway is used repeatedly in the **course** of development, yet the outcome in regard to cell-fate specification varies in different tissues.

관 repeatedly 반복하여=again and again, specification 상세항목=item or detail included in a description of cell-fate reactions, in regard to ....와 연관된=(in connection with, about, regarding), vary(자) 차이가 있다=be different

해 RTK-Ras-MAP kinase경로를 통한 신호전달은 발생 **과정에서** 반복적으로 사용되지만, 그렇지만 세포의 운명에 중효한 반응들을 설명하는데 포함된 상세항목과 관련된 결과는 여러 조직에서 다르다.

3 of ~ 물론

The major source of carbon for gluconeogenesis during exercise is, of **course**, lactate, produced by the exercising muscle, but amino acids and glycerol are also used.

해 운동을 하는 동안 당신생성을 위한 탄소의 주된 원료는 **물론** 운동 중인 근육에 의하여 생성되는 젖산이지만, 아미노산과 glycerol도 또한 사용된다.

cover

34

타 1 덮다, 걸치다, 포함하다

The high concentration of actin compared with other cell proteins is a common feature of all cytoskeletal proteins. Because they form structures that **cover** large parts of the cell interior, these proteins are among the most abundant proteins in a cell.

관 cover(타) 덮다, be among ....에 속하다; 중의 하나이다=(be in the group or members)

해 세포의 다른 단백질과 비교하여 actin의 고농도는 모든 세포골격단백질의 공통된 특성이다. 왜냐하면 그들이 세포 내부의 넓은 부분을 **덮는** 구조체를 형성하기 때문에, 이 단백질은 한 세포에서 가장 풍부한 단백질들 중의 하나가 된다.

2 다루다

At least 30 different enzymes catalyze reactions involved in xenobiotic metabolism; however, this chapter will only **cover** a selected group of them.

관 at least 적어도, cover(타) 다루다=deal with

해 적어도 30종의 서로 다른 효소들이 생체이물질의 대사에 포함된 반응을 촉매한다; 그러나 이 장은 이들 가운데 단지 선택된 부류를 **다룰** 것이다.

참 xenobiotics (생체이물질) : spectrum 참조

covered 타 be ~ with ....로 덮이다

25

3T3 cells transformed by an oncogene encoded by Rous sarcoma virus are rounded and **covered with** small hairlike processes and bulbous projections.

관 round(타) ....를 둥글게 만들다, be covered with ....로 덮이다, process 돌기=an outgrowth of tissue. Projection 융기=projecting part

해 Rous 육종바이러스에 의하여 인코딩된 발암유전자에 의하여 형질변환된 3T3 세포는 둥근 모양으로 되고, 그리고 작은 머리털과 같은 미세한 돌기와 둥근 모양의 융기들로 **덮이게 된다**.

create 타 1 새로 만들다

77

In some organisms such as bacteria, bacteriophages, and many DNA-containing animal viruses, the ends of the DNA molecules are joined to **create** a closed circle with no covalently free ends.

관 be joined to ....와 연결되다, create(타) 새로 만들다=(give rise to, produce), closed circle 닫힌 원호형

해 세균, 박테리오파아지와 DNA를 가지고 있는 많은 동물의 바이러스와 같은 일부 생명체에서, DNA 분자의 말단은 연결되어 결코 공유결합적으로 자유로운 말단을 결코 가지지 없는 닫힌 원호형을 **새로 만든다**.

2 새로 만들다, 생성하다

Gene knockout animals (usually mice) are made by **creating** a mutation that totally disrupts the function of a gene.

관 gene knockout 유전자 녹아웃, create(타) 새로 생성하다=(make, produce)

해 유전자 녹아웃동물 (보통 생쥐)은 어떤 유전자의 기능을 완전하게 파괴하는 돌연변이를 **새로 생성함으로써** 만들어진다.

참 녹아웃동물 (knock-out animal) : 먼저 2개의 대립유전자 가운데 하나에서 선택적으로 유전자를 파괴하여 이종접합heterozygous 유전자변형동물을 만든다. 그 후 이들 유전자변형동물 끼리의 교배를 통하여 25% 확률로 생성되는 동종접합homozyous 동물을 생성한다. 이와 같이 2개의 대립유전자 모두를 돌연변이시켜 기능을 하지 못하도록 하여야 해당 유전자가 완전히 녹아웃된 것으로 간주된다.

created 타 be ~ 새로 만들어지다

43

New kinds of proteins can **be created** by altering genes in specific ways. Site-specific mutagenesis opens the door to understanding how proteins fold, recognize other molecules, catalyze reactions, and process information.

관 alter(타) 다르게 하다=make different, in specific way 특이한 방법으로, site-specific mutagenesis 부위지정돌연변이=site-directed mutagenesis, open the door to 기회를 주다=(allow more action or discussion, give a chance)

해 특이한 방법으로 유전자를 변형하여 새로운 종류의 단백질들이 **새로 만들어질** 수 있다. 부위지정돌연변이기술은 어떻게 단백질이 접히고, 다른 분자들을 인식하고, 반응을 촉매하고, 그리고 정보를 처리하는가를 이해할 수 있는 기회를 만들어 준다.

참 부위지정 돌연변이site directed mutagenesis : DNA의 서열 가운데 지정된 염기에 특이적으로 점돌연변이나 삭제 돌연변이 등을 발생시키는 기술이다.

creation 명 창조, 새로 만드는 것

10

Agriculture, too, is benefiting from advances in biochemistry with the development of more effective, environmentally safer herbicides and pesticides and the **creation** of genetically engineered plants that are, for example, more resistant to insects.

관 benefit(자) from ....로부터 혜택을 받다, advance(명) 발전의 결과, be more resistant to ....에 더 내성이 있다, herbicide 잡초제, pesticide 살충제

해 농업도 역시 더 효과적이고 환경적으로 더 안전한 잡초제와 살충제의 개발과 예를 들면 곤충에 더욱 저항성이 있는 유전공학적으로 조작된 식물을 **새로 만드는 것**과 같은 생화학에서의 발전의 결과로부터 혜택을 받고 있다.

criterion

55

명 (판단) 기준, 표준, 요인

What are the **criteria** that distinguish transformed cells from normal cells in culture?

관 distinguish(타) A from B=A와 B를 구별하다, criterion 판단기준

해 세포배양에서 형질변환된 세포와 정상세포를 구별하는 **판단기준**은 무엇인가?

critical

318

형 1 ~ for 중요한, 결정적인

Protein kinase A and other protein kinases, which add a phosphate group to serine, threonine, or tyrosine residues in proteins, are **critical** for regulating the activity of many cellular proteins, often in response to external signals.

해 단백질의 serine, threonine 혹은 tyrosine 잔기에게 인산기를 부가하는 Protein kinase A와 다른 단백질인산화효소들은 자주 외부신호에 반응하여 많은 세포의 단백질 활성을 조절하는데 **중요하다**.

2 ~ to ....에 중요한

For this transport function, glutamate, **critical** to intracellular amino group metabolism, is supplanted by L-glutamine. The free ammonia produced in tissues is combined with glutamate to yield glutamine by the action of glutamine synthetase.

관 is supplanted 교체되다=be replaced, be combined with ....와 결합하다

해 이 수송기능을 위하여, 세포내 아미노기의 대사에 **중요한** glutamate는 L-glutamine에 의하여 교체된다. 조직에서 생산된 자유형 암모니아는 glutamine synthetase의 작용에 의하여 glutamate와 결합되어 glutamine을 생성한다.

참 암모니아의 대사 : 암모니아는 매우 독성이 강하기 때문에, 동물세포들에서 혈중농도가 조절되어야 한다. 뇌를 포함하는 많은 조직에서 핵산대사를 포함하는 많은 대사에서 자유형 암모니아가 생성되지만, 이는 혈액을 경유하여 간과 신장으로 수송되기 전에 간외조직에서 미리 독성이 없는 물질로 변환되어야 한다.

critically

28

형 결정적으로

For example, the thyroid hormone receptor is **critically** dependent on the concentration of the retinoid receptor to provide a dimer partner.

해 예를 들면, 갑상선호르몬 수용체는 이량체 파트너가 되기 위하여 **결정적으로** retinoid수용체의 농도에 결정적으로 의존하고 있다.

참 유전자의 발현은 여러 전사인자들의 상호작용에 의하여 활성이 증가될 수도 있고 길항될 수도 있다. 갑상선호로몬 수용체와 retinoid수용체는 이종형 이량체를 형성한 후 전사인자의 활성을 띠게 된다.

cross

383

형 가로지르는, 교차된

The sliding filament **cross**-bridge model is the foundation of current thinking about muscle contraction.

관 be the foundation of ....의 기초가 되다=be the idea based on current thinking, cross-bridge 교차연결

해 미끄러지는 필라멘트와 같은 **교차**연결모델은 근수축에 대한 현대 개념의 기초가 된다.

타 가로지르다 ....로 들어가다, 건너다

Because of its hydrophobicity, only unconjugated bilirubin can **cross** the blood-brain barrier into the central nervous system; thus, encephalopathy due to hyperbilirubinemia can occur only in connection with unconjugated bilirubin.

관 blood-brain barrier 뇌혈류장벽, encephalopathy 뇌질환=brain disease, occur in connection with

....와 관련되어서 일어나다, unconjugated bilirubin 비접합형 빌리루빈

해 그 소수성 때문에, 비포합형 bilirubin만이 혈뇌장벽을 **가로질러** 중추신경계로 **들어갈 수** 있다; 그래서 고빌리루빈혈증 때문에 발생한 뇌질환은 비포합형 bilirubin과 관련되어서만이 일어날 수 있다.

참 heme의 분해산물인 bilirubin은 비포합형unconjugated으로 물에 불용성이다. 그러나 간에서 glucuronic acid가 부가되어 포합형conjugated이 되면 물에 녹을 수 있다. 소수성인 물질이 뇌혈류장벽을 잘 통과할 수 있다.

crucial 형 결정적인, 중요한

124 The expression of genes is regulated at many levels. A **crucial** factor governing a gene's expression is the cellular concentration of its associated mRNA.

해 유전자의 발현은 많은 단계들에서 조절된다. 어떤 유전자의 발현을 지배하는 **결정적인** 요인은 그것과 연관된 mRNA의 세포에서의 농도이다.

culture 명 배양

1480 The B cells are mixed with mouse myeloma cells and exposed to polyethylene glycol, which causes cell fusion. Under the conditions used, only the hybridoma cells multiply in cell **culture**.

해 B세포는 생쥐의 myeloma세포와 혼합되고 그리고 polyethylene glycol에 노출되고, 그 결과 세포융합을 일으킨다. 사용된 조건 아래에서는 hybridoma 세포들만 세포**배양**으로 증식하게 된다.

참 한무리항체 (monoclonal antibody) : fused, screen 참조

타 배양하다

The possibility of using stem cells therapeutically to restore or replace damaged tissue is fueling much research on how to recognize and **culture** these remarkable cells from embryos and from various tissues in postnatal (adult) animals.

관 stem cell 줄기세포, restore(타) 복구하다, fuel(타) 활성을 지원하거나 혹은 촉진하다=to support or stimulate the activity of

해 손상된 조직을 치료 목적으로 복구하거나 교체하기 위하여 줄기세포를 사용할 가능성은 배아와 출생 후 (성체) 동물의 여러 조직으로부터 이 놀랄만한 세포를 인지하여 **배양**하는 방법에 대한 많은 연구활동을 촉진하고 있다.

cultured 타 be ~ 배양되다

561 In contrast with most bacterial cells, which can **be cultured** quite easily, animal cells require many specialized nutrients and often specially coated dishes for successful culturing.

관 in contrast with ....와는 다르게=as opposed to

해 아주 쉽게 **배양될** 수 있는 대부분의 박테리아 세포와는 달리, 동물세포는 성공적인 배양을 위하여 다양한 전문화된 영양소와 특별하게 코팅된 접시를 필요로 한다.

cumulative 형 누적하는

26 Macromolecules such as proteins, DNA, and RNA contain so many sites of potential hydrogen bonding or ionic, van der Waals, or hydrophobic interactions that the **cumulative** effect of the many small binding forces can be enormous.

관 macromolecule 거대분자, cumulative effect 누적된 효과, enormous 매우 크다=(very great in size, extent, number, or degree)

해 단백질, DNA 및 RNA와 같은 거대분자들은 많은 약한 결합력의 **누적된** 효과가 매우 대단해질 수 있는 가능한 수소결합이나 이온결합, 반델발스, 혹은 소수성 상호결합들의 매우 많은 부위들을 가지고 있다.

참 생물학적 결합력 (biological forces) : 생체거대분자인 단백질, DNA, RNA뿐만 아니라 장기, 소기관 및 조직들을 결속하는 힘은 수소결합, 이온결합, 소수성 결합과 같은 아주 약한 종류의 힘이 많이 모여 만들어 내는 결합력이다. 좋은 예로 옷의 지퍼나 찍찍이 천 (벨크로)을 보면 이해가 될 것이다.

cumulatively 부 누적되는 방식으로

3

Glutamine synthetase is **cumulatively** inhibited by each of these final products of glutamine metabolism, as well as by alanine and glycine.

해 Glutamine synthetase는 glutamine 대사의 개별적인 최종 산물뿐만 아니라 alanine과 glycine에 의하여 **누적되는 방식으로** 저해된다.

참 glutamine synthetase는 glutamate, NH_4^+ 및 ATP로부터 glutamine을 합성한다. 또한 이 효소는 질소원의 흐름을 조절하기도 한다. 예를 들면 glutamine의 아마이드기는 tryptophan, histidine, 핵산 등의 합성에서 질소원으로 사용된다. 따라서 이 효소의 활성은 이들 모든 화합물의 조절을 받는다.

current 명 전류

136

Glass microelectrodes, besides being indispensable for studying the electrical potentials and ionic **currents** across the plasma membrane, provide an alternative way of measuring the concentrations of specific intracellular ions.

관 microelectrode 미세전극, besides 이외에도=in addition to, alternative 대체의

해 유리로 된 미세전극은 세포막을 가로지르는 전기적 전위차와 이온의 **전류량**을 연구하는데 필수적인 것 이외에도, 특이한 세포내의 이온 농도를 측정하는 대체 방법이 되기도 한다.

형 널리 행해지고 있는, 현재의

Much of **current** biological research is focused on discovering how molecular interactions endow cells with decision-making capacity and their special properties.

관 be focused on ....에 초점이 맞추어지다, discover(타) 알려고 하다=learn something about, endow A with B 부여하다=provide A with B

해 **현재의** 생물학적 연구의 많은 것이 분자의 상호작용이 어떻게 세포에게 결론을 내리는 능력과 특별한 행동특성을 부여하는지를 알려고 하는 것에 초점이 맞추어져 있다

currently 부 현재, 지금, 널리

260

The statins inhibit HMG-CoA reductase, thus up-regulating LDL receptors. Statins **currently** in use include atorvastatin, simvastatin, and pravastatin.

관 in use 사용 중=being used,

해 Statin류는 HMG-CoA reductase를 저해하여 LDL수용체의 농도를 상향조절할 수 있다. **현재** 사용 중인 statin류는 atorvastatin, simvastatin 및 pravastatin을 포함한다.

참 고지혈증치료제 : depleted 참조

curve 명 곡선그래프

155

The **curves** shown here represent typical results from experiments at 37°C with cells from a normal person and from a person homozygous for familial hypercholesterolemia.

관 represent(타) 그림과 같이 간접적인 방법으로 보여주다=(express indirectly by an image, depict), familial hypercholesterolemia 가족성 고콜레스테롤혈증, homozygous 동종접합형의

해 여기서 보이는 **곡선그래프**들은 정상인과 가족성 고콜레스테롤혈증의 동종접합형인 어떤 사람으로부터 채취한 세포를 37°C에서 수행한 실험으로부터 얻은 전형적인 결과를 그려서 보여준다.

자 굽어들다, 만곡하다, 활모양으로 굽다

Caveolin binds cholesterol in the membrane, and the presence of caveolin forces the associated lipid bilayer to **curve** inward, forming caveolae ("little caves") in the surface of the cell.

관 force(타) .... to 강제로 ....하게 만들다, curve(자) 만곡하다

해 Caveolin은 생체막에서 콜레스테롤과 결합하기 때문에, caveolin의 존재는 결합된 지질 이중층을 안쪽 방향으로 **만곡하도록** 강제하여, 세포의 표면에서 caveolae ("작은 동굴구조")을 형성하도록 한다.

curved 타 1 be ~ 곡선형으로 되다

2

Why is one plot linear and the other plot **curved**?

해 왜 한 그래프는 직선형이고, 나머지 하나는 **곡선형으로 되는**가?

참 2개는 one .... the other, 3개는 one .... another .... the other, 4개 이상은 one .... the others로 표현함.

2 곡선형으로 된

The **curved** blue arrows represent the movement of bonding electrons from nucleophile (pink) to electrophile (blue).

관 represent(타) 간접적으로 나타내다=(express indirectly by an image, depict)

해 **곡선형으로 된** 파란색 화살표들은 결합에 참여하는 전자들이 친핵체 (분홍색)로부터 친전자체 (파란색)로의 이동을 나타낸다.

cut

128

타 절단하다, 자르다

How is it that a bacterium that produces a restriction enzyme does not **cut** its own DNA?

관 how is it that ....=(for what reason or purpose, why) .... that 이하는 무슨 이유일까요?

해 어떤 제한효소를 생산하는 박테리아가 자신의 DNA를 **절단하지** 않는 것은 무슨 이유일까?

타 be ~ 절단되다

Some ribozymes can catalyze splicing, a remarkable process in which an internal RNA sequence is **cut** and removed, and the two resulting chains then ligated.

관 remarkable 놀라운=striking, resulting 그 결과로 만들어진

해 일부 ribozyme은 내부 RNA서열이 **절단되어** 제거되고, 그리고 그 결과로 만들어진 두 개의 사슬들이 차후에 이어지는 놀라운 과정인 스프라이싱을 촉매할 수 있다.

명 절단된 곳

The two **cuts** are 9 bp apart.

관 be .... apart 떨어져 있다

해 두 개의 **절단된 곳**은 9 bp 떨어져 있다.

cycle

534

명 주기

cell cycle, life cycle, PCR cycle, urea cycle, TCA cycle,

해 세포주기, 생명주기, PCR 주기, urea 주기, TCA 주기

자 순환하다

Finally, cell-fusion experiments have shown that some hnRNP proteins remain localized in the nucleus, whereas others **cycle** in and out of the cytoplasm, suggesting that they function in the transport of mRNA.

관 remain localized 모인 채로 남아있다, some .... others 일부는 .... 나머지는

해 마지막으로, 세포융합실험들은 일부 hnRNP단백질이 핵 속에 모인 채로 남아있고, 반면에 나머지는 세포질의 안과 밖으로 **순환하고 있음**을 보여주었다, 이 사실은 그들이 mRNA의 수송에서 기능하고 있음을 암시하는 것이다.

타 순환시키다

For example, noncovalent binding of ATP (or of GTP), followed by its hydrolysis to ADP (or GDP) and Pi, can provide the energy to **cycle** some proteins between two conformations, producing mechanical motion.

해 예를 들면, ATP (혹은 GTP)의 비공유성 결합과 그 후에 ADP (혹은 GDP)와 Pi로의 가수분해는 두 종류의 입체구조 사이에서 일부 단백질들을 **순환시키기** 위하여 있는 에너지를 공급할 수 있어서, 그 결과 기계적 움직임을 만들 수 있다.

참 ATP에 의한 에너지 공급방법 : 일반적으로 생화학 교과서에 ATP → ADP + Pi로 표시하여 가수분해에 의하여 유리된 에너지가 합성이나 기계적인 운동에 사용된다고 표현한다. 에너지를 사용하는 방법은 두 가지로 설명할 수 있는데, 첫 번째 단백질인산화반응과 같이 ATP분자가 가수분해되면서 기질에 공유결합적으로 결합하는 것과, ATP분자 자체가 비공유결합으로 결합하여 단백질의 구조적

변화를 유발하는 에너지를 공급하는 것이다. 후자는 근육의 수축이나 G단백질에 의한 신호전달과정에서 주로 사용된다.

cycled — 타 be ~ 순환되다

7

Each day the small pool of bile acids (about 3–5 g) is **cycled** through the intestine six to ten times and an amount of bile acid equivalent to that lost in the feces is synthesized from cholesterol, so that a pool of bile acids of constant size is maintained.

관 be equivalent to ....와 같다=(equal to, corresponding)

해 날마다, 담즙산 가운데 작은 양 (약 3-5 g)은 소장을 통하여 6-10회 **순환되고** 그리고 대변에서 소실되는 양에 해당하는 담즙산은 콜레스테롤로부터 합성된다, 그래서 담즙산의 저장량의 일정한 규모가 유지된다.

cyclic — 형 1 고리형의, 환형의

89

The unsaturated carbons of the squalene 2, 3-epoxide are aligned in a way that allows conversion of the linear squalene epoxide into a **cyclic** structure.

관 be aligned in a way that .... 라는 방식으로 일렬로 세워진다, cyclic=cyclical

해 Squalene 2, 3-epoxide의 불포화된 탄소는 직선형인 squalene epoxide가 **고리형** 구조로의 전환을 가능하도록 하는 방식으로 일렬로 세워진다.

참 squalene은 콜레스테롤 합성반응의 중간산물이며, 막걸리 속에 포함되어있다고 알려진 파네졸(farnesol)도 콜레스테롤 합성의 중간산물이기도 하다.

2 순환형인, 주기적인

A myosin motor domain moves along actin filaments in a **cyclic** manner.

관 move along ....따라 움직이다, in a manner 어떤 방식으로=in a way

해 마이오신의 운동 도메인은 **순환** 방식으로 액틴 필라멘트를 따라 이동한다.

cyclical — 형 순환하는, 주기적인

2

DNA helicases were first isolated as proteins that hydrolyze ATP when they are bound to single strands of DNA. The hydrolysis of ATP can change the shape of a protein molecule in a **cyclical** manner that allows the protein to perform mechanical work.

해 DNA helicase는 DNA의 단일가닥에 결합하여 ATP를 가수분해하는 단백질로써 최초로 분리되었다. ATP의 가수분해는 그 단백질이 기계적인 일을 수행하는 것을 가능하게 하는 **순환하는** 방식으로 어떤 단백질분자의 모양을 변화시킬 수 있다.

cyclically — 부 순환하는 방식으로, 반복되는 방식으로

1

Initiation of formation of the RNA molecule at its 5′ end then follows, while elongation of the RNA molecule from the 5′ to its 3′ end continues **cyclically**, antiparallel to its template.

관 follow(자) 뒤를 따르다, continue(자) 계속되다, antiparallel to=....에 대하여 반대방향으로 평행하게, elongation 연장반응

해 5′ 말단에서 RNA 분자의 생성의 시작이 곧 뒤 따라오고, 반면에 5′에서 3′ 말단 방향으로의 RNA 분자의 연장반응은 그 주형에 역방향으로 평행하게 **반복적으로** 계속된다.

cyclization — 명 환형화, 고리화반응

9

Cyclooxygenase catalyzes simultaneous oxidation and **cyclization** of arachidonic acid to give rise to prostaglandins.

관 simultaneous 동시의=concurrent, give rise to 생산하다=(bring about, produce)

해 Cyclooxygenase는 prostaglandin류를 생산하기 위하여 아라키돈산의 산화와 **고리화반응**을 동시에 촉매한다.

cyclize — 자 환형으로 되다

3

Six isoprenoid units condense to form squalene. Squalene **cyclizes** to give rise to the parent steroid, lanosterol. Cholesterol is formed from lanosterol.

해 6개의 isoprenoid 단위체들이 응집되어 squalene을 만든다. Squalene은 **환형으로 되어** steroid 모체 분자인 lanosterol를 생성한다. 콜레스테롤은 lanostrol로부터 형성된다.

cyclized	타 be ~ 환형으로 되다
2	S-Adenosylmethionine is also the precursor of ethylene, a gaseous plant hormone that induces the ripening of fruit. S-Adenosylmethionine is **cyclized** to a cyclopropane derivative that is then oxidized to form ethylene.

귀 induce(타) 유도하다=(cause, bring about), ripen(타) 익게 만들다, derivative 유도체

해 S-Adenosylmethionine은 또한 과일의 익음을 유도하는 기체형 식물호르몬인 ethylene의 전구물질이기도 하다. S-Adenosylmethionine은 **환형으로 되어** 그 후에 산화되어 ethylene를 형성하는 cyclopropane 유도체로 된다.

참 S-Adenosylmethionine : methyl기를 전달하는 생체반응은 엽산 tetrahydrofoate과 S-Adenosylmethionine을 이용하는데, 전자보다 후자가 더 높은 에너지를 필요로 하는 변형반응에 사용된다.

daily	형/부 매일의, 일일, 상시의/ 매일, 상시로
53	The **daily** glucose requirement of the brain in a typical adult human being is about 120 g, which accounts for most of the 160 g of glucose needed **daily** by the whole body.

관 daily (앞; 형용사, 뒤; 부사), account for 차지하다=comprise

해 전형적인 성인에서 뇌의 **일일** 포도당 요구량은 약 120 g인데, 이것은 전신에서 **매일** 필요로 하는 포도당 160 g의 대부분을 차지한다.

damage	명 ~ to (....에 대한) 손상
114	Mucus lining the surface of the lungs traps bacteria. In healthy lungs, these bacteria are killed and swept away by the action of cilia. In cystic fibrosis, the bactericidal activity is impaired, resulting in recurring infections and progressive **damage** to the lungs.

관 trap(타) 포획하다, sweep away 씻어 없애다, recurring 반복되는=repeating, progressive 진행성의=becoming more severe

해 폐의 표면을 싸고 있는 점액층은 세균을 포획한다. 건강한 폐에서는 세균들이 섬모의 활동에 의하여 죽게 되고 그리고 씻겨 없어진다. 낭포성 섬유증 환자에서, 세균사멸활성이 손상되어, 반복되는 감염과 폐에 대한 진행성 **손상**의 결과가 일어난다.

타 손상시키다

The accumulated iron **damages** organs and tissues such as the liver, pancreatic islets, and heart, perhaps in part due to effects on free radical production.

관 in part 부분적으로=(to some extent, partly), due to=because of, free radical 자유라디칼

해 축적된 철은 아마도 부분적으로 자유라디칼의 생산에 대한 효과 때문에 간, 췌장의 섬세포 및 심장과 같은 기관과 조직들을 **손상시킨다**.

damaged	타 be ~ 손상되다
6	After a part of the liver is **damaged** or removed surgically, increased amounts of two signals, tumor necrosis factor (TNF) and interleukin-6 (IL-6), are produced as part of the response to liver **damage**.

관 as a part 일부분으로써, tumor necrosis factor 종양괴사인자,

해 간의 한 부분이 **손상되거나** 혹은 외과적 수술로 제거된 후에, 종양괴사인자 (TNF)와 인터류킨-6 (IL-6)와 같은 두 가지 신호물질들의 증가된 양은 간 손상에 대한 반응의 일부분으로써 생산된다.

dash	명 (-) 기호
3	*__Dash__ indicates role uncertain.

관 indicate(타) 나타내다=signify

해 **(-)기호**는 역할이 확실하지 않음을 나타낸다.

달리기, 돌진

In one second, a motile bacterium can move approximately 25 μm, or about 10 body lengths. A human being sprinting at a proportional rate would complete the 100-meter **dash** in slightly more than 5 seconds.

관 in .... 이내의 시간에, complete(타) 완료하다=(perfect, finish), would 가정법

해 1초에, 이동성 박테리아는 대략 25 μm, 혹은 신체 길이의 약 10배를 이동할 수 있다. 이 비례하는 속도로 단거리를 역주하는 사람이라면, 5초를 약간 넘어서는 시간 내에 100미터 **달리기**를 완료하게 될 것이다.

dashed	형 dash (---)로 표시된

29 The **dashed** lines indicate alternative pathways to the major pathways indicated.

관 indicate(타) 나타내다=(show, point out), alternative 둘 중의 하나; 대체의

해 ----**으로 표시된** 선들은 표시된 주된 경로로 가는 대체경로를 나타낸다.

date 명 to ~ 현재까지

95 To **date**, hundreds of motifs have been cataloged and proteins are now classified according to their motifs.

관 to date 현재까지=up to now, be cataloged 목록으로 작성되다, be classified 분류되다

해 **현재까지**, 수백 종의 모티브들이 밝혀져 목록으로 작성되어 왔으며, 단백질들은 이제 모티브들에 의하여 분류된다.

참 단백질 motif : motif항 참조

decline 명 (점진적) 감소

64 The **decline** of ATP concentration in the cell and consequent increase of AMP in the cytosol stimulates glycolysis.

관 decline(명) 점진적 감소=gradual deterioration, consequent 그 결과로 나타나는=(resulting, following as a result of)

해 세포에서 ATP 농도의 **점진적 감소**와 그 결과로 나타나는 세포질에서의 AMP의 증가는 해당과정을 촉진한다.

자 퇴화하다, 줄어들다, 감소하다

By the fourth generation, the reproductive potential of these knockout mice **declines**, and they cannot produce offspring after the sixth generation.

관 by 까지, offspring 자손, generation 세대

해 4번째 세대까지, 이들 녹아웃생쥐의 생식기능이 점진적으로 **퇴화되어**, 그래서 6번째 세대 이후에는 새끼를 낳을 수 없게 된다.

decrease 명 감소

464 In adipose tissue, the effect of the **decrease** in insulin and increase in glucagon results in inhibition of lipogenesis.

관 decrease≠increase(명), lipogenesis 지질합성

해 지방조직에서, insulin의 **감소**와 glucagon의 증가에 대한 효과는 결과적으로 지질합성을 저해한다.

자 감소하다

During metabolic acidosis, the uptake of glutamine by the kidney is increased, and blood glutamine levels **decrease**. As a consequence, the gut takes up less glutamine.

관 metabolic acidosis 대사성 산증, as a consequence 그 결과로=(in consequence, as a result, consequently), take up 흡수하다=uptake

해 대사성 산증이 진행되는 동안, 신장에 의한 glutamine의 흡수가 증가되어, 혈액의 glutamine 수준은 **감소된다**. 그 결과로 내장은 더 적은 glutamine을 흡수하게 된다.

참 glutamine 의 완충작용 : glutamine은 신장에서 glutamic acid로 되면서 아미노기를 유리하며 수소이온 (H^+)과 결합하여 ammonium이온 (NH_4^+)으로 전환될 수 있어서, 소변의 pH를 조절하는 완충작용이 가능하다.

타 감소시키다

Insulin or thyroid hormone increases HMG-CoA reductase activity, whereas glucagon or glucocorticoids **decrease** it.

해 인슐린 혹은 갑상선 호르몬은 HMG-CoA reductase 활성을 증가시키고, 반면에 글루카곤이나 glucorticoid류는 그것을 **감소시킨다**.

decreased 타 be ~ 감소되다

433 An increased dopamine (DA)response in the limbic system results in schizophrenia. Symptoms are **decreased** by drugs which block DA receptors.

관 result in=(cause, bring about), schizophrenia 정신분열증, symptom 증상, block(타) 차단하다

해 림빅계에서 증가된 dopamine (DA)의 결과로 정신분열증이 나타난다. 증상은 DA 수용체를 차단하는 약물에 의하여 **감소된다**.

참 자동사 decrease와 수동형 be decreased는 '감소되다'로 해석된다. 그러나 후자인 수동형은 감소시키는 주체가 정확하게 표현되어있을 때 사용한다. 따라서 이 문장에서 약물 drugs에 의하여 증상이 감소되기 때문에 수동형이 사용되었다.

dedicated 타 1 be ~ to ....에 전념하도록 되다

5 Several kinds, such as mitochondria and chloroplasts, evolved from bacteria that gained entry to the cytoplasm of early eukaryotic cells. Organelles share two attributes: they are cellular inclusions, usually membrane bounded, and are **dedicated** to important cellular tasks.

관 gain entry to ....의 속으로 들어감을 획득하다, inclusion 함유물, bound(타) 경계를 두다 =(define, function as a border)

해 미토콘드리아와 엽록체와 같은 몇 가지 종류는 초기 진핵세포의 세포질 속에 출입을 획득한 박테리아로부터 진화되었다. 소기관들은 일반적으로 막으로 경계가 정해진 세포의 함유물이며 그리고 중요한 세포의 직무**에 전념하도록 되어있는** 두 가지 속성을 공유하고 있다.

2 에 전념하도록 되다

In the human genome, more than 130 genes encode proteins **dedicated** to the repair of DNA. In many cases, the loss of function of one of these proteins results in genomic instability and an increased occurrence of oncogenesis.

해 사람의 유전체에는 130종 이상의 유전자들이 DNA의 수리**에 전념하도록 된** 단백질을 인코딩한다. 많은 경우에, 이들 단백질의 기능소실은 유전체의 불안정과 암의 발생이 증가되는 결과를 낳는다.

deduce 타 추론하다, 계통을 찾다

90 On the basis of the hydropathy profile, we can **deduce**, correctly, that the human growth hormone receptor is a type I integral membrane protein.

관 on the basis of ....을 근거로=based upon, hydropathy 소수성 계수

해 소수성 계수의 변화를 표시한 그래프에 근거를 두고, 우리는 사람의 성장호르몬의 수용체가 제1형 통합막단백질임을 정확하게 **추론할** 수 있다.

deduced 타 be ~ 유추되다, 유도되다

With the aid of the genetic code, the amino acid sequences of proteins can be **deduced** from the corresponding gene sequences.

관 with the aid of ....의 도움으로=with the help of, corresponding 해당하는

해 유전부호의 도움으로, 단백질의 아미노산서열이 해당 유전자서열로부터 **유도될** 수 있게 되었다.

deep 부 (위치) 깊숙이, 깊숙하게

24 The cells of the intestinal epithelium continuously regenerate from a stem-cell population located **deep** in the intestinal wall in pits called crypts.

관 continuously 끊임없이, regenerate(자) from ....로부터 재생되다, be located in ....에 위치한, deep(부) 깊숙이, pit 움푹 들어간 곳, crypt 낭

해 내장상피의 세포들은 낭이라고 불리는 움푹 들어 간 곳에 있는 내장의 벽 속에 **깊숙이** 위치한 줄기세포 집단으로부터 끊임없이 재생된다.

참 부사 deep과 deeply의 구별 : 위 예문에서 is located deep in 에서와 같이 위치를 표현할 때 '깊게, 깊숙이'의 의미이고, deeply는 '심하게, 극단적으로, 철저하게'의 뜻으로 사용된다. I miss you so *deeply* and you will be always in my mind. 당신을 너무나 그리워하고 있기 때문에 당신은 항상 제 마음 속에 있을 겁니다.

형 1 깊은, 진한

This second antibody is covalently linked to alkaline phosphatase, which catalyzes a chromogenic reaction. Thus the substrate is added and a **deep** purple precipitate forms, marking the band containing the desired protein.

관 be linked to ....와 연결되다, precipitate(명) 침점물, mark the band 띠를 표나게 만들다

해 이 2차 항체는 색깔반응을 촉매하는 alkaline phosphatase와 공유결합으로 연결되어있다. 그래서 기질이 첨가되면 **진한** 자주색의 침전물이 형성되어, 원하는 단백질을 포함하는 띠를 표시가 나도록 할 수 있다.

2 ....의 깊이

Prokaryotic cells have been found 7 miles **deep** in the ocean and 40 miles up in the atmosphere; they are quite adaptable!

해 원핵세포는 바다 속 7마일의 **깊이에서**도 그리고 대기의 40마일 위에서도 발견되어왔다; 그들의 적응성은 놀랍기만 하다!

deeply
4

부 깊이, 깊숙이

Elevated levels of ketone bodies had produced a ketoacidosis, and he was exhaling increased amounts of CO_2 by breathing **deeply** and frequently to compensate.

관 ketoacidosis 케톤성 산증, exhale(타) 내쉬다, breath(자) deeply 심호흡을 하다, compensate(타) 보상하다=(adjust, make up for)

해 케톤체들의 상승된 수준이 케톤성 산증을 이미 만들었으며, 그래서 그는 보상하기 위하여 **깊숙이** 그리고 잦은 호흡을 하여 증가된 양의 CO_2를 밖으로 내보내고 있었다.

참 주절의 had produced는 종속절의 was exhaling과거 시제보다 앞서서 발생하였으므로 과거분사로 표현된다.

defect
121

명 결함, 부족, 결손

Techniques for joining DNA sequences into new combinations (recombinant DNA) were originally developed as research tools to explore and manipulate genes but are now also being used to identify *defective* genes associated with disease and to correct genetic **defects**.

관 be developed as ....로써 개발되다, explore(타) 조사하다=(investigate systematically, examine), manipulate(타) 숙련된 방법으로 조작하다, identify(타) 새로 찾다=(find, discover) defective 결함이 있는

해 DNA 서열을 연결하여 새로운 조합체 (재조합 DNA)로 만드는 기술은 원래 유전자를 조사하고 다루기 위한 연구용 도구로써 개발되었지만, 이제 질병과 연관된 *결함이 있는* 유전자들을 새로 찾아내어 유전적 **결함**을 교정하기 위하여 사용된다.

defective
99

형 결함이 있는, 하자가 있는

The gene for Factor VIII, a protein involved in blood clotting, is **defective** in individuals with hemophilia.

해 혈액의 응고에 관여하고 있는 단백질인 인자VIII 의 유전자는 혈우병을 가진 사람들에서 **결함이 있다**.

defense
51

명 1 방어

On stimulation by immunomodulators, the Kupffer cells secrete potent mediators of the inflammatory response and play a role in liver immune **defense** through the release of cytokines that lead to the inactivation of substances considered foreign to the organism.

관 lead to 유발하다= bring about, be considered ....로 간주되다, foreign to .....에 대하여 외부의 것인

해 면역 변형제에 의한 자극이 있으면, Kupffer세포는 염증반응의 강력한 매개체들을 분비하여 그래서 그 생명체에 대하여 외부의 것이라고 간주되는 물질들의 불활성화를 유발하는 cytokine류의 유리를 통하여 간의 면역**방어반응**에서 어떤 역할을 한다.

참 Kupffer cell : 간의 굴모양혈관sinusoid 벽을 둘러싸고 있는 내피lining에 위치하는 전문화된

macrophage의 일종이다. 적혈구와 헤모글로빈의 분해작용을 도우며 또한 초기 에탄올 (술)에 의해 발생된 간 손상에 의하여 활성화되기도 한다.

2 ~ against ....에 대한 방어

The glutathione cycle is the red blood cell's chief **defense** against damage to proteins and lipids by reactive oxygen species.

관 damage to ....의 손상, reactive oxygen specie 반응성 산소종; 활성산소

해 Glutathione 회로는 활성 산소종에 의한 단백질과 지질의 손상**에 대항하는** 적혈구세포의 주된 **방어수단**이다.

defensive

6

형 방어의, 방어하는

p53 is the quintessential tumor suppressor, the activity of which is lost in nearly half of all human cancers. The best way to describe the function of this p53 protein is as a master integrator of cellular stress with the capacity to orchestrate a wide range of **defensive** responses.

관 quintessential=most important, be lost in half of ...., the best way to ...., capacity to

해 p53 단백질은 그 활성이 모든 사람 암의 거의 반 정도에서 소실되어있는 가장 중요한 종양억제자이다. 이 p53 단백질의 기능을 가장 잘 표현하는 말은 넓은 범위의 **방어**반응을 조화롭게 조절하는 능력을 가진 세포 스트레스의 주된 통합자로서이다.

참 종양억제유전자 (tumor suppressor genes) : multiple, dual 참조

deficiency

53

명 부족함, 결핍, 결함

In an uninfected person, helper T lymphocytes usually number approximately 1,000/mL. Infection with HIV causes the number of these cells to decrease, which results in a **deficiency** of the immune system.

관 deficiency 결함=(incompleteness, insufficiency), number(타) 전체 ....수에 이르다=total(타) in number or amount of, cause .... to decrease 감소의 원인이 되다=is the cause of

해 감염이 되지 않은 사람에서, helper T 임파구는 보통 대략 1000개/mL의 수에 이른다. HIV의 감염은 이들 세포의 수가 감소되는 원인이 되기 때문에, 그래서 면역계의 **결함**의 결과로 나타난다.

deficient

357

형 모자라는, 불충분한

Mutations in mitochondrial DNA or nuclear DNA result in **deficient** ATP generation from oxidative metabolism.

해 미토콘드리아 DNA나 혹은 핵 DNA의 돌연변이는 산화적 대사반응으로부터 **불충분한** ATP생성의 결과를 만든다.

define

105

타 1 규정하다, 한정하다

After an overnight fast, values for the fasting plasma glucose below 110 mg/dL are considered normal and above 126 mg/dL **define** diabetes mellitus.

관 overnight fast 하루밤의 공복, be considered <보어>로 간주되다, define(타) ....로 규정하다

해 하루 밤의 공복 후에, 110 mg/dL 이하인 공복상태의 혈장포도당의 값은 정상으로 간주되고 그리고 126 mg/dL 이상은 당뇨병이라고 **규정한다**.

2 경계를 설정하다

Membranes literally **define** what is a cell (the outer membrane and the contents within the membrane) and what is not (the extracellular space outside the membrane).

관 literally 글자 그대로, define(타) 경계를 설정하다=set boundaries

해 세포막은 글자 그대로 세포라는 것 (외부 막과 막 속의 내용물)과 세포가 아닌 것(세포막 외부의 세포외공간)의 **경계를 설정한다**.

3 경계를 설정하다

The nucleus is surrounded by two membranes. The inner nuclear membrane **defines** the nucleus itself. In most cells, the outer nuclear membrane is continuous with the rough endoplasmic reticulum.

관 nucleus 세포핵, be surrounded by ....에 의해 둘러싸이다=be bounded by, be continuous with ....와 연결되다= be connected with

해 핵은 두 개의 막으로 둘러싸여있다. 내부의 핵막은 핵 자체의 **경계를 설정한다**. 대부분의 세포에서, 외부의 핵막은 조면소포체와 연결되어있다.

참 세포핵은 동물세포에서 가장 큰 소기관organelle으로 2개의 생체막으로 구성되어있다. 많은 수의 막공 (nuclear pore)들이 두 개의 막을 관통하여 설치되어있으며, 이 구멍을 통하여 전사된 mRNA 전구체들이 세포질로 나올 수 있다.

4 (특성, 성질, 구조)을 결정하다

The alpha helices of cytochrome β **define** the transmembrane domain of the protein.

관 define(타) 결정하다=determine the essential quality of, alpha helices 알파나선구조들

해 cytochrome β의 알파 나선형구조가 그 단백질의 막관통도메인을 **결정한다**.

defining 형 규정하는, 정의하는

21 The **defining** characteristic of eukaryotic cells is segregation of the cellular DNA within a defined nucleus, which is bounded by a double membrane.

관 defined 경계가 정해진=(delineated, specified), segregation 격리=separation, characteristic(명) 구별하는 특성, be bounded 둘러싸이다=be surrounded

해 진핵세포를 **정의하는** 특성은 이중의 막으로 둘러싸여 경계가 정해진 핵 속에서 세포 DNA의 격리됨이다.

defined 타 be ~ as ....로 정의되다. 규정되다

224 The midpoint of the melting curve is **defined** as the melting temperature, Tm.

해 용융점의 곡선 그래프의 중간점이 녹는 온도인 Tm으로써 **정의된다**.

참 DNA의 열에 대한 변성온도를 계산할 때 사용

definite 형 일정한, 정해진, 변하지 않는

1 Although region II seems to have a fairly constant length, it contains no **definite** consensus sequence; however, it is rich in A and T residues.

관 definite 변하지 않는, A is rich in B B가 A에서 많다=(A contains a lot of B, A is a rich source of B), contain no 결코 가지고 있지 않다(강조)

해 비록 영역II가 거의 **일정한** 길이를 가지고 있는 것 같지만, 그것은 결코 **변하지 않는** 공통일치서열을 함유하지 않고 있다; 그렇지만, 그것에는 A와 T잔기들이 많다.

definitely 부 명확하게, 바뀌지 않을 정도로 확실하게

3 Most people would say that the heart or the brain is the most important organ in the body, completely overlooking the gastrointestinal tract . Though **definitely** not the most attractive organs in the body, they are certainly among the most important.

관 definitely 명확하게≠indefinitely, would 습관, overlook(타) 간과하다=neglect, gastrointestinal tract 위장관, be among ....에 속하다=(be a member of, share its characteristics)

해 대부분의 사람은 신체에서 심장이나 뇌가 가장 중요한 장기라고 말하곤 하면서, 그 때문에 위장관을 완전히 간과해 버린다. 비록 신체에서 **명확하게** 가장 주목받는 장기는 아니지만, 위장관이 가장 중요한 것 가운데 속하는 것은 확실하다.

definition 명 1 정의

11 The **definition** of senescence has since been broadened, and it is now accepted that other forms of DNA damage and cellular stress can all provoke a senescence phenotype irrespective of telomere status.

관 be broadened 확장되다, be accepted ....로 인정되다, irrespective of 상관없이=(regardless of, despite)

해 그 이래로 노화의 **정의**가 더 확장되어 왔으며, 다른 형태의 DNA손상 및 세포의 스트레스 모두가 텔로머의 상태와 상관없이 노화의 표현형을 유발할 수 있다는 사실이 이제 받아들여지게 되었다.

참 ‘....이 인정되다’라는 의미 : 예문이서와 같이 be accepted와 be admitted도 사용된다. 그러나 'be admitted'는 ‘병원에 입원되다’ 혹은 ‘입학이 허가되다’의 의미로 더 많이 사용된다.

2 by ~ 정의에 의하면, 당연히, 자명한 일로

Stem cells, by **definition**, are not terminally differentiated and have the ability to divide throughout the lifetime of the organism, yielding some progeny that differentiate and others that remain stem cells.

관 terminally 돌이킬 수 없이, ability to divide, differentiate(자) 분화하다, remain(자) 계속 .... 상태로 있다=continue to be, some .... others 여러 개체 중의 일부 .... 나머지들

해 **정의에 의하면**, 줄기세포란 돌이킬 수 없이 분화되지 않고 그리고 그 생명체의 일생동안 쭉 분열할 수 있는 능력을 가지고 있어서, 그 결과 분화하는 일부의 자손과 줄기세포로 남아있는 또 다른 자손들을 생성한다.

definitive 형 결정적인, 명확한, 명백한

9 **Definitive** evidence for the role of U1 snRNA in splicing came from experiments which indicated that base pairing between the 5′-splice site of a pre-mRNA and the 5′-region of U1 snRNA is required for RNA splicing.

관 come from 유래되다=originate(자) from <주의! ‘유래되다’를 표현할 때 be originated와 같이 타동사의 수동형은 사용하지 않고 originate(자)를 쓴다.>, indicate(타) 나타내다=(show, demonstrate), be required for ....에 필요하다

해 U1 snRNA의 스프라이싱 반응에서의 역할에 대한 **명확한** 증거는 pre-mRNA의 5'-스프라이싱 부위와 U1 snRNA의 5′-영역 사이에서의 염기짝짓기가 RNA스프라이싱에 필요하다는 것을 보여준 실험으로부터 나왔다.

degeneracy 명 퇴화, 퇴보

2 Because the genetic code is *degenerate*, probes designed by this approach are usually degenerate oligonucleotides about 17 to 50 residues long. The oligonucleotides are synthesized so that different bases are incorporated at sites where **degeneracies** occur in the codons.

관 degenerate 퇴화된, degeneracy(명) 퇴화현상, probe 탐침자, so that 결과

해 유전부호가 퇴화되어있기 때문에, 이 방법에 의하여 디자인되는 탐침자는 일반적으로 17-50개의 잔기 길이의 퇴화된 올리고뉴크레오티드들이다. 그 올리고뉴크레오티드들이 합성될 때 결과적으로 유전부호에서 **퇴화현상**이 일어난 부위들에 다른 염기들도 삽입된다.

참 퇴화된 탐침자degenerate probe : 어떤 단백질의 유전자서열이 아니고 일부의 아미노산 서열만을 알고 있을 때 해당 단백질의 유전자를 cDNA 라이브러리로부터 분리하려 한다면, degenerate oligonucleotide probe를 합성하여 사용한다. 예를 들면, threonine의 유전자 코돈은 ACT, ACA, ACG, ACC 4종류로 존재할 수 있으며, 실제 유전자도 어떤 코돈으로 되어있는지 알 수가 없다. 그러므로 AC다음에 (T,A,G,C) 모두가 오도록 degenerate probe을 합성하는 것이 해결책이다.

degenerate 형 (어떤 면에서)더 나빠진, 더 위험해진, 퇴화된

28 Most of the amino acids are represented by more than one codon and the genetic code is said to be **degenerate**.

관 be represented 표현되다=be expressed, be said to ....라고 말하여지다, codon 유전부호, degenerate 퇴화된

해 대부분의 아미노산은 하나 이상의 유전부호에 의하여 표현되므로, 유전부호는 **퇴화되**었다고 말하여진다.

참 분자생물학에서 degenerate라는 말은 한 개의 아미노산을 코딩하는 유전부호가 한 종류 이상으로 존재하고 있는 현상과 관련되어 사용된다. degeneracy 항목 참조. 예) degenerate codon, degenerate oligonucleotide probe 와 primer

degeneration	명 퇴보, 퇴행

6

The major clinical disturbances in Parkinson's disease are a result of dopamine depletion in the neostriatum, resulting from **degeneration** of dopaminergic neurons.

관 disturbance 장해증상, depletion 부족, neostriatum 신선조체, be a result of ....의 결과이다 =result from, neuron 신경세포

해 파킨슨병의 주된 임상적 장해증상은 도파민성 신경세포의 **퇴행성**의 결과로부터 생길 수 있는 뇌의 신선조체에서의 도파민의 부족의 결과 때문이다.

참 degeneration은 사전 상에는 degenerate의 명사형이나 실제적 사용면에서는 degenerative(아래 참조)의 명사의 의미로 사용된다.

degenerative	형 (시간이 경과되면서) 퇴화하는, 악화되는, 퇴행성의

3

Dietary guidelines or goals are recommendations for food choices that can reduce the risk of developing chronic or **degenerative** diseases while maintaining an adequate intake of nutrients. Many studies have shown an association between diet and exercise and decreased risk of certain diseases, including hypertension, atherosclerosis, stroke, diabetes, certain types of cancer, and osteoarthritis.

관 dietary guidelines 영양섭취권고안, develop(타) disease 발병하다, association 관련성, hypertension 고혈압, atherosclerosis 동맥경화, stroke 뇌졸증, diabetes 당뇨, osteoarthritis 골관절염

해 영양섭취 권고안이나 혹은 목적은 적당한 영양분의 섭취를 유지하는 동안, 만성병이나 혹은 **퇴행성** 질환을 일으킬 위험성을 감소시킬 수 있는 음식의 선택에 대한 추천항목들이다. 많은 연구는 영양의 섭취 및 운동과, 고혈압, 동맥경화, 뇌졸증, 당뇨, 일부의 암, 관절염을 포함하는 질병의 감소되는 위험성 사이에서 어떤 관련성이 있음을 보여 왔다.

참 degenerative는 시간이 경과하면서 질병이나 상황이 더 악화되는 상태를 표현한다. 알쯔하미머(치매)와 같은 병을 degenerative disease 퇴행성 질환이라 한다. 앞의 degenerate와는 다른 의미이다

degradation	명 분해, 분해작용

497

The recognition of improperly processed pre-mRNAs in the nucleus and their **degradation** is performed by the exosome.

해 부적절하게 처리된 pre-mRNA를 핵 속에서 인식하는 것과 **분해작용**은 exosome에 의해 수행된다.

참 exosome : 여러 개의 핵산외부분해효소 exonuclease들이 서로 결합되어 형성된 큰 복합체로 부적절하게 스프라이싱되었거나 polyadenyl화된 pre-mRNA 분자들을 분해하여 제거하는 기능을 한다.

degradative	형 분해하는, 분해의

9

Cells are systems that take in food, release waste, and carry out complex **degradative** and biosynthetic reactions essential to their survival.

관 take in 섭취하다≠release, carry out=perform, be essential to=be critical to

해 세포란 음식을 섭취하고, 쓰레기를 배출하고 그리고 생존에 필수적인 복잡한 **분해**반응과 생합성 반응을 수행하는 시스템이다.

degrade	타 (화학) 더 단순한 구조로 줄이다, 분해하다

69

Lysosomes contain hydrolytic enzymes that **degrade** proteins and other large molecules.

해 Lysosome은 단백질과 다른 큰 분자들을 **분해하는** 가수분해 효소들을 함유하고 있다.

degraded	타 be ~ 분해되다

60

The immune system also makes use of the ubiquitin-mediated pathway in the response to altered self-cells, particularly virus-infected cells. Viral proteins within the cytosol of infected cells are ubiquitinated and then **degraded** in proteasomes.

관 make use of 이용하다=(use, derive benefit from), be ubiquitinated 유비퀴틴화되다

해 면역계도 역시 변형된 자신의 세포에, 특히 바이러스에 감염된 세포에 반응하는데 있어서 유비퀴틴에 의해 매개되는 경로를 사용한다. 감염된 세포의 세포질 속의 바이러스의 단백질들은 유비퀴틴화되고 곧 프로테오솜에서 **분해된다**.

참 세포에서 필요 없는 단백질들을 분해하여 제거하는 곳은 lysosome과 proteosome이다. 전자는 세포외부로부터 들어온 단백질을 분해하지만, 반면에 후자인 proteosome은 세포질에 존재하던 단백질들을 분해한다.

degree 명 1 정도, 수준

138

Amino acid sequence analysis reveals that proteins with related functions often show a high **degree** of sequence similarity. Such findings suggest a common ancestry for these proteins.

관 reveal(타) 새로 밝히다=disclose, sequence similarity 서열상동성=sequence homolgy, common ancestry 공통조상

해 아미노산 서열분석은 관련된 기능을 가진 단백질들이 높은 **수준**의 서열상동성을 자주 보여주고 있다는 사실을 새로 밝혀주었다. 그러한 발견은 이러한 단백질들에 대해 하나의 공통조상이 있음을 시사하고 있다.

참 유사한 기능을 가진 단백질들의 서열 사이에는 아미노산서열의 상동성이 비교적 높다. 그러므로 이들은 공통조상의 유전자로부터 진화되어 온 것으로 간주될 수 있다.

2 to a ~ ....의 정도로

The amino acid residues that bind the substrate can come from very different parts of the linear amino acid sequence of the enzyme. The binding of compounds with a structure that differs from the substrate even to a small **degree** may be prevented by steric hindrance and charge-repulsion.

관 differ from 다르다=be different from, steric hindrance 입체장해, repulsion 반발력, to a degree ....어떤 정도로

해 기질과 결합하는 아미노산잔기들은 효소의 직선형 아미노산서열 가운데 매우 다른 부분들로부터 나올 수 있다. 그 기질과 심지어 **별 차이가 없을 정도로** 다른 구조를 한 화합물의 결합일지라도 입체장해와 전하의 반발력에 의해 방해될 수도 있다.

참 효소와 기질 사이의 결합은 활성화자리active site에서 일어난다. 많은 수의 촉매에 관여하는 촉매기catalytic group들와 기질과의 결합에 관여하는 결합기binding group들이 이 자리에 위치하면서 기질과의 촉매반응에 참여하고 있다.

3 온도, 도

Body temperature also affects the BMR, which increases by 12% with each **degree** centigrade increase in body temperature.

관 affect(타) 영향을 미치다, increase(자), with each degree 각각의 온도에, BMR (basal metabolic ratio) 기초대사량

해 체온 또한 BMR에 영향을 미쳐, 체온에서 섭씨 1**도**씩 증가함에 따라 BMR은 12%까지 증가된다.

delete 타 제거하다, 삭제하다

12

Plasmids used as cloning vectors are engineered to be small, 2.5 kbp to about 10 kbp in size, so that the size of the insert DNA can be maximized. Under selective pressure in a growing culture of bacteria, overly large plasmids are prone to **delete** any nonessential "genes," such as any foreign inserts. Such deletion would thwart the purpose of most cloning experiments. The useful upper limit on cloned inserts in plasmids is about 10 kbp.

관 be engineered to 공학적으로 조작되다, so that .... can (목적), be maximized 최대화되다, prone to ....하기 쉬운=having a tendency to, upper limit 최대한계, thwart(타) 방해하다 =prevent

해 클로닝벡터로 사용되는 plasmid들은 삽입 DNA의 크기가 최대화될 수 있도록 하기 위하여, 2.5에서 약 10 kbp 작은 크기로 공학적으로 조작되었다. 박테리아 배양 중의 자연도태의 영향으로, 과도하게 큰 plasmid는 어떤 외부 삽입서열과 같은 그러한 비필수적인 "유전자들"이라도 **제거하려는** 경향이 있다. 그러한 제거현상은 대부분의 클로닝 실험의 목적을 방해하곤 하였다. 클로닝되는 삽입체의 유용한 최대한계는 약 10 kbp이다.

참 박테리아 plasmid는 유전자의 클로닝에 주로 이용되어 원하는 핵산서열을 양적으로 증폭할 수 있다. 그러나 이 박테리아의 플라스미드가 수용할 수 있는 삽입된 DNA의 크기는 약 10 kbp 이하인 것으로 알려져 있다. 이 보다 크기가 더 커지면 일부 서열들이 소실될 가능성이 커진다.

deleted 타 be ~ 삭제되다, 제거되다

142

When genes encoding the most abundant HMG (high-mobility group) proteins are **deleted** from yeast cells, normal transcription is disturbed in most other genes examined.

해 가장 풍부한 HMG (고이동성 부류) 단백질을 인코딩하는 유전자들이 효모 세포로부터 **제거될** 때, 조사된 대부분의 다른 유전자들에서도 정상적인 전사반응이 방해를 받게 되었다.

참 HGM (high-mobility group) 단백질 : DNA는 비슷한 양의 히스톤 단백질과 결합한 상태로 세포 내에 존재하고 있다. 세포분열 과정에서 중기의 염색체와 간기의 염색질에는 히스톤과 다른 단백질들도 존재하는 것으로 알려져 있다. HMG 단백질도 그 중의 한 종류로 전사복합체를 안정화하는 작용을 한다.

deletion 명 삭제, 제거

302

Mutations come in various forms: a simple swap of one nucleotide for another; the **deletion**, insertion, or inversion of one to millions of nucleotides in the DNA of one chromosome; and translocation of a stretch of DNA from one chromosome to another.

관 swap(명) of A for B=A를 B로 바꿈, insertion 삽입, inversion 도치, deletion 삭제, translocation 전위

해 돌연변이는 여러 형태로 나타난다: 하나의 뉴크레오티드가 다른 것으로 단순히 바뀌는 형; 하나의 염색체에서 한 개에서 수백만 개의 뉴크레오티드들의 **삭제**, 삽입, 혹은 전도되는 형; 한 염색체에서 다른 염색체로 한 개의 연속된 DNA 조각이 전위되는 형태 등으로 나타난다.

참 세미콜론(;) : 문장을 쓰고 그것을 보조하는 문장을 바로 뒤에 쓸 때에 마침표(.) 대신에 세미콜론(;)을 넣어 관련된 사실을 삽입한다.

deleterious 형 심신에 해로운, 해가 되는

11

Certain mutations in the genes encoding collagen $\alpha 1(I)$ or $\alpha 2(I)$ chains, which form type I collagen, lead to *osteogenesis imperfecta*. Because every third position in a collagen α chain must be a glycine for the triple helix to form, mutations of glycine to almost any other amino acid are **deleterious to** collagens, resulting in poorly formed and unstable helices.

관 form(타) collagen 콜라겐을 형성하다, *osteogenesis imperfecta* 불완전골생성증, lead to=(cause, result in)

해 제1형 콜라겐을 형성하게 하는 $\alpha 1(I)$ 혹은 $\alpha 2(I)$ 콜라겐사슬을 코딩하는 유전자에서의 어떤 돌연변이는 불완전 골생성증을 유발하는 결과를 낳는다. 왜냐하면, 3중의 나선구조가 형성되기 위해서는 콜라겐 α사슬에서 3번째 위치마다 glycine이 있어야 하기 때문에, glycine이 다른 아미노산으로의 변경은 콜라겐에 **해가 되어**, 미완성으로 형성된 불안정한 나선체를 만드는 결과가 된다.

참 콜라겐 단백질 : 신체의 모든 결체조직의 주성분을 이루는 중요한 단백질이다. 각 폴리펩트드 사슬은 Gly-X-Pro이나 Gly-X-hydoxyPro의 서열이 규칙적으로 나타난다. 즉 3번째 잔기에 항상 glycine이 존재하기 때문에 이 곳이 가장 적은 공간을 차지하여 3개의 사슬이 서로 꼬이는 장소로 선택되었다.

delineate 타 윤곽을 뚜렷하게 하다, 경계를 뚜렷하게 하다

39

A fibrous capsule usually **delineates** the extent of a benign tumor and makes it an easy target for a surgeon.

관 extent 범위=(scope, range), benign 양성의≠malignant, delineate(타) 윤관을 뚜렷이 하다=mark the outline of

해 섬유상의 캡슐모양이 어떤 양성종양의 범위의 윤곽을 **뚜렷하게 하여** 그래서 외과의사에게 쉬운 표적이 된다.

delineated 타 be ~ 윤곽이 그려지다, 선으로 표시되다

8

The glucogenic and ketogenic amino acids are also **delineated** in the figure, by color shading.

관 delineate(타) 선으로 표시하다=(represent by drawn lines, describe)

해 Glucose로 전환되는glucogenic 그리고 케톤체로 변환되는ketogenic 아미노산들은 그림에서 색상의 구별에 의한 **선으로 표시되었다**.

deliver	타 배달하다, 가지고 가다
2426	VLDL secreted from hepatocytes is converted into IDL and eventually into LDL, which can then **deliver** its cholesterol to cells through LDL receptors. Similarly, chylomicrons carrying dietary lipids from the intestines are converted by lipase hydrolysis into chylomicron remnants, which eventually undergo endocytic uptake by the liver

관 deliver(타) .... to ....로 배달하다, be converted to ....로 변형되다, undergo(타) 수행되다

해 간세포로부터 분비된 VLDL은 IDL로 전환되고, 궁극적으로 LDL로 바뀐다. 그 후 LDL은 자신의 cholesterol을 LDL수용체를 통하여 세포로 **배달한다**. 이와 비슷하게, 음식으로부터 내장에서 흡수된 지질을 나르는 chylomicron은 lipase의 가수분해에 의해 chylomicron remnant로 변형되며, 이것은 궁극적으로 간에 의하여 세포내이입 방식으로 흡수가 진행된다.

참 VLDL은 간세포로부터 TG(중성지방)을 간 이외의 세포로 수송하고 LDL로 전환된다. LDL은 혈장의 콜레스테롤을 간과 다른 조직으로 수송한다. Chylomicron은 음식물로부터 콜레스테롤과 TG의 일부를 소장의 상피세포에서 흡수하여, 간 이외의 세포 (근육, 지방세포)로 수송하고, chylomicron remnant로 전환된다. 그리고 간 이외의 조직으로부터 콜레스테롤을 거두어 간, 스테로이드 생산조직과 다른 지단백질들에게로 전달하기도 한다.

delivered	타 배달되다
60	Worn-out organelles and bulk cytoplasm are **delivered** to lysosomes through the autophagic pathway.

관 worn-out 완전히 닳은, bulk 용적이 큰

해 완전히 닳은 소기관과 용적이 큰 세포질은 autophage 경로를 통하여 lysosome**으로 수송된다**.

참 autophage (self-eating) : autophagocytosis라고도 하며 세포 자신의 화합물을 lysosome 소기관에서 융합하여 분해시키는 과정이다.

delivery	명 1 분만
348	Respiratory Distress Syndrome (RDS) is a major cause of death in the newborn. Before **delivery**, the obstetrician must attempt to predict and possibly treat pulmonary prematurity in utero.

관 major cause of 주된 원인, attempt to ...하려고 시도하다=make an effort to, prematurity

해 호흡곤란증후군은 신생아 사망의 주된 원인이다. 따라서 **분만** 이전에 산부인과 의사는 자궁 내에서 폐의 미숙성을 예측하고, 가능한 치료를 하려는 시도를 의무적으로 하여야 한다.

참 호흡곤란증후군Respiratory Distress Syndrome (RDS) : 이 질환은 태아 폐의 미성숙이 원인으로 발생하는 질병이다. 신생아의 폐에서 충분한 양의 surfactant (표면활성제)가 생산되지 못하여, 호흡에 의하여 폐포 (alveola)가 건조되면서 위축되어 폐기능이 손상되는 질병이다.

2 배달, 수송

The production of red cells is regulated by the demands of oxygen **delivery** to the tissues. In response to reduced tissue oxygenation, the kidney releases the hormone erythropoietin, which stimulates the multiplication and maturation of erythroid progenitors.

해 적혈구의 생산량은 조직으로의 산소**수송**의 요구량에 의해 조절된다. 신장은 조직의 감소된 산소화 반응에 반응하여 적혈구전구세포의 증식과 성숙과정을 자극하는 적혈구생성촉진인자 호르몬을 분비한다.

참 erythropoietin : 적혈구생성촉진인자는 골수와 신장에서 생산되는 폴리펩티드 호르몬이다.

delocalization	명 탈국소화
4	Treatment of cultured myoblasts with cytochalasin D, which disrupts actin microfilaments, leads to rapid **delocalization** of actin mRNAs, indicating that cytoskeletal actin microfilaments participate in the localization process.

관 lead to 유발하다=bring about, indicate(타)=(show, imply), participate in 참여하다

해 배양된 근육모세포를 액틴 필라멘트를 파괴하는 cytochalasin D로의 처리는 액틴 mRNA의 신속

한 **탈국소화**를 유발하게 되는데, 이 사실은 세포골격의 액틴을 구성하는 미세 필라멘트들이 국소화과정에 참여함을 보여주는 것이다.

참 세포내의 특정 영역에 mRNA들이 축적되는 현상은 세포분열 시에 일어나며, 이 과정에 액틴 필라멘트들이 중요한 역할을 한다.

delocalized 타 be ~ 분산되다, 탈국소화되다

1 Because the heme ring in cytochromes consists of alternating double and single-bonded atoms, a large number of resonance forms exist, and the extra electron is **delocalized** to the heme carbon and nitrogen atoms as well as to the Fe ion.

관 alternating 교호하는, resonance 공명, as well as 뿐만 아니라=in addition to

해 cytochrome에서 heme의 고리는 교호하는 이중결합과 단일 결합으로 연결된 원자들로 구성되어 있기 때문에, 많은 수의 공명 형태들이 존재하며, 여분의 전자가 heme의 탄소와 질소 원자뿐만 아니라 철 이온으로도 **분산된다.**

demand 명 요구

11 The tandemly repeated rRNA, tRNA, and histone genes are needed to meet the great cellular **demand** for their transcripts.

관 meet(타) .... demand .... 요구에 맞추다, tandemly 앞뒤 일렬로 나란히=one after another, repeated 반복되는

해 앞뒤 일렬로 나란히 반복된 rRNA, tRNA 및 히스톤 유전자는 자신들의 전사물에 대한 세포의 큰 **수요**를 맞추기 위하여 필요하다.

참 rRNA, tRNA 및 히스톤 단백질은 세포분열 시에 다량으로 필요하기 때문에, 여러 개의 (거의) 동일한 유전자들이 일렬로 나란히 나열되어 존재하고 있다. 그래서 전사 중인 rRNA DNA의 전자 현미경사진을 보면, 한 개의 전사단위에는 많은 깃털 모양으로 모여 있는 배열을 볼 수 있다.

타 요구하다, 필요로 하다

A cure **demands** not only killing the bacteria with antibiotics, but also rehydration-replacement of the water that is lost from the blood and other tissues.

관 antibiotics 항생제, He visited not only France but (also) *Germany* <강조>=He visited *Germany*<강조> as well as France.

해 어떤 치료법은 항생제로 세균을 죽이는 것뿐만 아니라 혈액 및 다른 조직으로부터 소실된 물의 재수화와 교체를 **요구하기도 한다**.

참 rehydration-replacement of the water : 콜레라와 같은 수인성 전염병에 감염되면, 세균이 분비한 독소가 내장의 상피세포로부터 장의 내강으로 Cl^- 이온의 분비를 촉진시킨다. 그러면 삼투압 반응에 맞추어 물이 자발적으로 이동하게 되어 다량의 설사가 유발된다. 이때 물만 마시면 아무 도움이 되지 않는다. 왜냐하면 물이 들어가자마자 곧 위장관으로 소실되어 버리기 때문이다. 포도당과 Na^+이온과 함께 삼투압을 조절한 물을 함께 주입하여 상피세포로 물이 이동되도록 조절하는 치료법이다.

demonstrate 타 (예나 행동으로) 명확하게 하다, 확실하게 보여주다

677 The experimental results shown in Figure 7 **demonstrate** that the erythrocyte cell-surface protein known as aquaporin functions as a water channel.

관 demonstrate(타) 명확하게 보여주다=show clearly, function(자) 기능하다

해 그림 7에서 보이는 실험의 결과는 aquaporin으로 알려진 적혈구세포의 표면단백질이 물의 통로로써 기능함을 **명확하게 보여주었다**.

demonstrated 타 be ~ 명확하게 보이다, 나타나다

731 Transcriptional control of gene expression was first decisively **demonstrated** in the response of the gut bacterium *E. coli* to different sugar sources.

관 decisively 결정적으로=conclusively, gut bacterium 장내세균

해 유전자발현의 전사조절반응은 여러 탄수화물 재료에 대한 장내세균인 대장균의 반응에서 최초로 결정적으로 **나타났었다**.

demonstration 명 증거, 시범, 표현

42 A striking experimental **demonstration** of the importance of the flanking charge in determining membrane orientation is provided by neuraminidase, a type II protein in the surface coat of influenza virus.

관 flanking 양쪽에 위치되어있는=being situated on both sides of, orientation 방향잡기

해 세포막에서 방향잡기를 결정하는데 있어서 바로 곁에 부착되어있는 전하의 중요성에 대한 놀라운 실험적 **증거**가 독감바이러스의 표면 외피에 존재하는 제2형 단백질인 neuraminidase 에 의하여 제공되었다.

참 neuraminidase와 타미플루tamiflu : neuraminidase 효소는 기도의 점막세포의 당단백질 혹은 당지질로부터 neuramic acid를 절단하여 점액성을 낮출 수 있기 때문에, 쉽게 바이러스알갱이 virion가 감염되도록 하거나 혹은 세포내에서 증식된 virion들이 밖으로 나와 탈출하는 것을 가능하게 한다. 신종플루 등의 독감바이러스의 감염을 치료하는 약물 타미플루도 이 효소의 저해제의 역할을 하여 치료효과를 나타낸다.

denaturation 명 변성반응

38 The probes after heat **denaturation** were applied directly on the dried cells and incubated overnight at 37°C.

관 be applied 적용되다=(be placed, be loaded), probe 탐침자

해 탐침자가 열에 의한 **변성반응** 후 건조된 세포에 직접 적용되고 37°C에서 하루 밤 동안 결합반응이 진행되었다.

denature 타 변성시키다

43 Extremes of pH **denature** DNA at low temperature. At low (acid) pH, the bases become protonated and thus positively charged, repelling each other. At high (alkaline) pH, the bases lose protons and become negatively charged, again repelling each other because of the similar charge.

관 extreme(명) 정반대쪽 극한값, repel(타) each other 서로를 반발하다, become protonated 양성자화되다≠lose protons

해 정반대 극단의 pH는 낮은 온도에서 DNA를 **변성시킨다**. 낮은 (산성) pH에서, 염기들이 양성자화되어 양으로 하전되며, 그 결과 서로를 반발한다. 높은 (알칼리) pH에서는 염기들이 양성자를 잃고 음으로 하전되며, 다시 유사한 전하 때문에 서로를 밀치게 된다.

참 pH에 따른 용액 속 화합물의 하전상태 : pH가 낮은 산성에서는 용액에 양성자H^+들이 풍부하게 존재하며, 반면에 pH가 높은 염기성에서는 H^+의 농도가 낮다. 그러므로 각 pH 상태의 용액에 어떤 화합물 (여기서는 DNA)이 용해되면, 산성용액에서는 H^+가 풍부하여 화합물들이 양성자화 protonation되기 때문에, 양으로 하전될 것이다. 알카리성 용액에서는 용액 속에 H^+ 농도가 낮으므로 화합물로부터 H^+들이 떨어져 나와 용액으로 옮겨가게 되어 음으로 하전될 것이다.

denatured 타 be ~ 변성되다

65 when samples of a DNA fragment that is radio-labeled at one end are digested with DNase I in the presence and absence of a DNA-binding protein and then **denatured**, electrophoresed, and the resulting gel subjected to autoradiography, the region protected by the bound protein appears as a gap, or "footprint," in the array of bands resulting from digestion in the absence of protein.

관 in the presence and absence of 존재할 때와 않을 때에, A be subjected to 실험B=B실험이 A로 수행되다, appear as ....로 나타나다, autoradiography 방사능사진법

해 한 쪽의 말단에 방사성 동위원소로 표지된 DNA의 조각시료들이 DNA 결합단백질이 존재할 때와 않을 때에 DNase I으로 소화되고, 그 후 곧 **변성되어**, 전기영동되고, 그리고 그 결과로 얻은 겔로 방사능사진법이 수행될 때, 결합된 단백질에 의해 보호된 영역은 단백질이 없는 상태에서 소화의 결과로부터 나타난 띠의 배열 속에서 한 개의 빈틈이나 "발자국 형태"로써 나타난다.

참 DNase I footprinting기술 : DNase I은 비특이적으로 DNA 상의 아무 곳이나 자를 수 있는 효소이다. DNA에는 전사인자 등 여러 단백질들이 결합되어 유전자의 전사, 복제를 조절하고 있다.

이때 이러한 단백질이 결합하는 DNA 상의 위치를 규명하기 위하여 위 예문에서 원리를 설명한 footprinting기술이 사용된다.

denote 타 나타내다, ...의 표시이다, 표시하다

82 Dotted lines **denote** sites in the D loop and variable loop regions where varying numbers of nucleotides are found in different tRNAs.

관 denote(타) 표시하다=(indicate, represent), variable 변화하기 쉬운=likely to change or vary, varying 일정하지 않은

해 점선들은 여러 tRNA에서의 D루프와 일정하지 않은 수의 nucleotide들이 발견되는 변하기 쉬운 루프영역에서의 부위들을 **표시한다**.

denoted 타 1 be ~ 표시되다

In the D,L system of nomenclature, the (+) and (-) isomers of glyceraldehydes are **denoted** as D-glyceraldehyde and L-glyceraldehyde, respectively

관 be denoted as ....로써 표시되다, respectively 각각

해 D,L 시스템 명명법에서 glyceraldehyde류의 (+) 및 (-) 이성질체들은 D-glyceraldehyde와 L-glyceraldehyde로써 각각 **표시된다**.

2 표기되다

The nucleotide bases are **denoted** by their single-letter abbreviations.

해 핵산 염기들은 한 문자의 약어들에 의하여 **표기된다**.

densely 부 높은 밀도로, 짙게, 농후하게

17 When the cells are subsequently shifted to a permissive temperature, the VSVG-GFP can be seen to move first to the membranes of the Golgi apparatus, which are **densely** concentrated at the edge of the nucleus, and then to the cell surface.

관 be shifted to ....로 이동되다, move(자) first to 처음에 ....로 이동하다, be concentrated at ....에 국소화되다=be localized at

해 이 후에 세포들이 허용 온도로 이동될 때, VSVG-GFP는 초기에 핵의 가장자리에 **높은 밀도로** 국소화되어있는 골기체의 막으로 이동하고, 그리고 그 후에 세포표면으로 이동한다.

density 명 밀도

435 Mouse fibroblast 3T3 cells normally grow only when attached to the plastic surface of a culture dish and are maintained at a low cell **density**. Because 3T3 cells stop growing when they contact other cells, they eventually form a monolayer of well-ordered cells that have stopped proliferating and are in the quiescent G_0 phase of the cell cycle.

관 grow(자) 자라다, stop ....ing ....하다가 멈추다, form a monolayer of cells 단일층의 세포를 형성하다

해 생쥐의 3T3 섬유모세포는 배양접시의 플라스틱의 표면에 부착되어 낮은 세포**밀도**로 유지될 때만 정상적으로 자란다. 3T3세포는 다른 세포들과 접촉하게 되면 자라다가 멈추기 때문에, 증식하다가 미리 멈춰버려 세포주기의 휴지상태인 G_0기에서 있는 잘 정렬된 한 층의 세포를 형성한다.

참 .... they eventually form a monolayer of well-ordered cells that *have stopped* proliferating and *are* in the quiescent G_0 phase of the cell cycled. 문장에서 현재분사형 have stopped와 and 다음 문장에서 현재시제 are를 쓴 것은 증식을 멈춘 것이 G_0기에 들어간 것보다 먼저 일어난 동작이기 때문이다

depend 자 의존하다, ...에 달려있다, 결정된다, 영향을 받는다

171 A cell's response to signals can include not only changes in gene expression, but also alterations in the modifications of proteins and the associations between proteins. The activities of many proteins **depend** on their association with other proteins or with small intracellular signaling molecules (e.g., cAMP or phosphoinositides).

관 not only A but also B=B as well as A <동사는 A에 맞춘다.>, alteration 변화=change, depend on 결정되다=(be determined, be conditioned)

해 신호에 대한 세포의 반응은 유전자 발현에서의 변화뿐만 아니라, 단백질의 변형반응 및 단백질 사이의 결합반응에서의 변경을 포함 할 수도 있다. 많은 단백질의 활성은 다른 단백질과의 결합반응과 세포내의 작은 신호전달분자들 (예, cAMP 혹은 phosphoinositides와 같은)**에 의해 결정된다.**

참 2차 전령분자 : cAMP는 cAMP dependent protein kinase (protein kinase A라함)을 활성화하고, 그리고 인지질 phsophoinositide류는 diacylglycerol (DG)과 inositol 1,4,5-triphosphate (IP_3)로 효소에 의해 분해되어 각각 DG는 protein kinase C를 활성화하고 IP_3는 소포체에 저장된 Ca^{2+}이온의 동원화를 유발하여 신호전달과정에 참여한다.

dependence 명 의존(성)

118

What are the criteria that distinguish transformed cells from normal cells in culture? The first is the requirement for serum in the cell culture medium to stimulate growth. The second is the ability to grow without attachment to a supporting matrix. Transformed cells have lost this anchorage **dependence** for growth.

관 distinguish(타) .... from 구별하다=discriminate .... from, anchorage dependence 고정의존성

해 배양에서 형질변환된 세포와 정상세포를 구별할 수 있는 기준은 무엇인가? 첫 번째는 성장을 촉진하기 위한 배양배지에서의 혈청의 필요성이다. 두 번째는 지지대에 붙지 않고 자랄 수 있는 능력이다. 형질변환된 세포들은 성장에 필요한 이 고정**의존성**을 소실해 버렸다.

참 정상세포가 암세포로 형질변환되면 혈청의 요구량은 약 10% 정도 줄어들고, 지지대에 고정되어서 자라는 고정의존성anchorage dependence이라는 특성이 사라진다. 이 특성의 소실은 어떤 환경에서도 살아갈 수 있는 능력을 획득한 것이다.

dependency 명 의존성 (마약, 술)

2

Cocain abzymes (catalytic antibodies) have been developed against analogs of the transition state complex of cocaine esterase. These abzymes have esterase activity, and monthly injections of the abzyme drug can be used to rapidly destroy cocaine in the blood, thereby decreasing the **dependency** of addicted individuals.

관 destroy(타) 분해하다=degrade, decrease(타), addicted (약물에) 중독된

해 코카인 abzyme(촉매항체)이 cocaine esterase 전이상태에서의 복합체 유사화합물에 반응하여 개발되었다. 이러한 촉매항체는 esterase활성을 가지고 있어서, 이 abzyme 약물의 월주기적인 주사가 혈액 내의 코카인을 신속하게 분해하는데 사용될 수 있으며, 그로인해 중독된 사람들의 약물**의존성**을 감소시킬 수 있다.

참 촉매항체 (abzyme, antibody enzyme) : 효소의 촉매기전을 적용하여 인위적으로 생산한 인공효소이다. 효소가 기질을 산물로 만들 때, 이 과정에서 나타나는 전이상태의 기질의 구조를 안정화하여 촉매한다. 그러나 실제적으로 전이상태는 매우 불안정하여 존재할 수 없으므로 이와 유사한 구조를 한 유사물에 반응하는 항체를 만들 수 있으며, 이 항체는 효소활성은 실제 효소만큼 높지 않지만 해당기질에 대한 촉매활성을 가지고 있어 의약품으로 사용될 수 있다.

dependent 형 1 의존하는, 의존성의

1385

Cells that expressed a fusion protein composed of β-galactosidase and just the glucocorticoid receptor ligand binding domain also exhibited hormone-**dependent** transport of the fusion protein to the nucleus.

관 exhibit(타) 보여주다=(show, indicate), express(타) 발현하다, nucleus 세포핵

해 β-galactosidase와 단지 glucocorticoid 수용체의 리간드 결합도메인만으로 구성된 어떤 융합단백질을 발현한 세포 또한 그 융합단백질을 핵으로 수송하는 호르몬 **의존성** 수송현상을 보여 주었다.

참 동일한 아단위체 2개로 구성된 homodimeric glucocorticoid 수용체 (GR)는 GR이 존재하지 않은 세포질에서는 저해제인 열충격단백질 90 (hsp90)과 결합되어있으면서 기능이 억제된다. 그러나 GR이 분비되어 세포질로 들어오면 결합되어있던 저해제를 유리시키고 교체되어 핵으로 이동할 수 있게 된다. 이 핵으로의 전위를 매개하는 신호가 리간드의 결합도메인에 위치하고 있다는 사실을 설명하고 있다.

2 ~ on ....에 의존하는

Because all viruses **are** heavily **dependent** on their host for the production of viral progeny, viruses must have arisen after cells were established in the course of evolution.

관 arise(자) 생겨나다=(come into being, originate at 시간), established 정립되다= created

해 모든 바이러스는 자손을 생산할 목적으로 숙주세포에 절대적으로 **의존하고 있기** 때문에, 바이러스는 진화의 과정에서 볼 때, 세포가 정립되고 난 후에 생겨났음이 틀림없다.

참 바이러스는 단백질과 유전정보 (DNA나 RNA)만으로 구성되어있기 때문에, 번식하려면 숙주세포의 복제유전시스템을 이용하여야 한다. 그러므로 바이러스를 기생체라고 한다.

depict
25

타 (그림으로) 그려서 보여주다, (말)로 묘사하다

Figure 14 **depicts** the scheme for this mechanism.

해 그림 14는 이 메커니즘에 대한 개략도를 **그려서 보여주고 있다**.

depicted
71

타 be ~ 그려져 설명되다.

The characteristic structural organization of a prokaryotic cell is **depicted** in Figure 21.

해 원핵세포의 특징적인 구조의 조직화가 그림 21에 **그려져 설명된다**.

depiction
1

명 묘사

FIGURE 3 Schematic **depictions** of the secondary structures of voltage-gated K^+ and Na^+ channels.

해 그림 3 전압에 의해 개폐되는 K^+ 및 Na^+통로의 2차구조의 개략적인 **묘사**.

deplete
8

타 고갈시키다, 소모시키다

Warfarin exerts its anticoagulant effect by inhibiting vitamin K epoxide reductase and possibly also vitamin K reductase. This inhibition **depletes** the reduced form of vitamin K and reduces the activity of the carboxylase.

관 exert(타) effects 효과를 발휘하다, warfarin 와파린, anticoagulant 항혈액응고제

해 와파린은 비타민 K epoxide reductase와 또한 비타민 K reductase도 저해함으로써 항응고효과를 발휘한다. 이 저해반응은 비타민 K의 환원형을 **고갈시켜** carboxylase 활성을 감소시킨다.

참 와파린 : 가장 흔히 사용되는 항혈액응고제이다. 비타민 K는 혈액응고단백질 (prothrombin, factor VII, factor IX, 및 factor X)의 Gla도메인에 존재하는 glutamate의 카르복실화을 촉진하여, γ-carboxylgluramate로 전환시켜 Ca^{2+}이온과 쉽게 결합할 수 있도록 하여 혈액응고 작용을 한다. 와파린은 비타민 K와 구조가 유사한 물질이므로 앞에서 언급한 효소에 경쟁적 저해제로 작용하여 비타민 K에 반대되는 기능을 하기 때문에 항응고활성을 가진다.

depleted
145

타 be ~ 고갈되다, 소모되다

When bile acid levels are high, the nuclear receptor FXR represses the expression of cholesterol 7α-hydroxylase activity. This repression is lifted as the bile acid pool is being **depleted** by the drug, leading to an increase in the conversion of cholesterol into bile acids.

관 repress(타) 억제하다=inhibit, the repression is lifted 해제되다=eliminated, lead to 결과로 ....를 유발하다=(result in, bring about)

해 담즙산의 수준이 높을 때, 핵수용체 FXR은 콜레스테롤 7α-hydroxylase 활성의 발현을 억제한다. 이 저해반응은 그 약물에 의하여 담즙산 저장소가 **고갈되어가면서** 해제되고, 그 결과 콜레스테롤의 담즙산으로의 전환에서 증가를 유발하게 된다.

참 고지혈증 치료제 : 고지혈증에는 2종류의 약물이 사용된다. 하나는 직접 콜레스테롤을 합성하는 효소 HMG-CoA reductase의 활성을 억제하여 간의 콜레스테롤 합성을 저해하거나 (statin류), 그리고 콜레스테롤의 담즙산으로의 전환을 촉진하여 간의 콜레스테롤을 감소시키는 약물들 (bile acid sequestrant)이 있다.

depletion
178

명 고갈, 소모

Thrombotic thrombocytopenic purpura (TTP) is a disease characterized by the formation in the circulation of microclots (microthrombi) consisting of aggregated platelets. The subsequent **depletion** of platelets thereby renders the patient susceptible to internal hemorrhage. Mortality in untreated TTP can approach 90%.

관 thrombotic thrombocytopenic purpura 혈전성 혈소판감소자반증, be characterized by ....로 특징지어지다, subsequent 그 결과로 발생하는=resulting, render+O+OC=(cause to become, make), mortality 사망률=death rate, approach(타) 육박하다=go nearer to

해 혈전성 혈소판감소자반증 (TTP)은 응집된 혈소판으로 구성된 미세혈액응고체(혈전)가 순환 중인 혈액에서 형성되는 것으로 특징지어지는 질병이다. 그 결과로 발생하는 혈소판의 **고갈**은 환자가 내부출혈에 민감하도록 만든다. 치료하지 않은 TTP에서의 사망률은 90%에 육박할 수 있다.

참 Thrombotic thrombocytopenic purpura (TTP) : 혈전성 혈소판감소자반증은 von Willebrand factor (vWF)의 거대 단백질을 분해하는 효소의 결핍이나 기능저하에 의하여 발생한다. vWF는 혈액의 응고과정에서 혈소판에 의해 형성된 혈전이나 혈관벽으로의 연결을 매개하는 단백질인데, 크기가 큰 vWF일수록 혈액응고를 잘 일어나게 한다. 그러므로 분해효소에 의해 vWF가 적당한 크기로 절단되지 않으면, 특히 vWF의 활성이 높은 말초혈관계통에서 높은 마찰력 때문에 혈액응고가 비정상적인 높은 속도로 일어난다.

depolarization 명 탈분극

36

The conduction of a nerve impulse along the axon depends on the passive flux of Na^+ ions through a voltage-gated channel that is opened by **depolarization** of the membrane.

관 conduction .... along ....따라가는 전도, be opened by ....에 의해 열리다 (open은 타동사, 자동사, 명사 및 형용사로 사용), voltage-gated 전압에 의해 개폐되는

해 축삭을 따라가는 신경자극(임펄스)의 전도는 막의 **탈분극**에 의해 열리는 전압에 의해 개폐되는 통로를 통한 Na^+이온의 수동적인 흐름에 의존하고 있다.

참 막의 분극화와 탈분극화 : 세포막은 안정된 (휴식) 상태에서는 분극화polarized되어있으며, 신경이 흥분되어 신경자극이 전달될 때, 신경세포는 Na^+ 이온의 유입에 의해 막을 사이에 두고 양쪽의 이온의 농도가 변화되는데, 이 상태를 탈분극화depolarized되었다고 한다.

depolarized 타 be ~ 탈분극화되다

2

An action potential is generated whenever the membrane at the axon hillock becomes **depolarized** to a certain voltage called the threshold potential.

관 whenever ...할 때마다=every time that, action potential 활동전위, axon hillock 축삭둔덕

해 축삭둔턱에서 막이 문턱값 전위라는 전압까지 **탈분극화될** 때마다 활동전위가 생성된다.

참 세포막에서 생성된 전압의 크기가 일정한 값 이하이면, 활동전위가 만들어지지 않고 소멸되는 것과 같이 all-or-nothing 방식으로 발생한다.

deposit 타 ....를 집어넣다, 침착시키다

3

Transport vesicles from the rough ER fuse with the *cis* region of the Golgi complex, where they **deposit** their protein contents. These proteins then progress from the *cis* to the medial to the *trans* region.

관 vesicle 소낭, deposit(타) 집어넣다, progress(자) 나아가다=(move forward, proceed), medial 중간의

해 조면소포체로부터 유래된 수송용 소낭들은 골기체의 *cis* 영역과 융합되며, 그곳에서 낭포들은 단백질 내용물을 **집어넣는다**. 이들 단백질은 그 후 *cis*형으로부터 중간형을 거쳐 *trans*형 영역으로 전진한다.

참 To *deposit* something somewhere means to *put* them or *leave* them there

deposition 명 침착

14

Upper body fat **deposition** tends to occur more by hypertrophy of the existing cells, whereas lower body fat **deposition** is by differentiation of new fat cells (hyperplasia). This may partly explain why many women with lower body obesity have difficulty losing weight.

관 tend to ....하는 경향이 있다=have a tendency to, hypertrophy 과영양, have difficulty ....ing .... 하는 어려움이 있다

해 상복부지방의 **침착**은 현재 세포들의 과영양 상태에 의하여 더 발생하는 경향이 있고, 반면에 하

복부지방의 **침착**은 새로 생긴 지방세포들의 분화 (세포분열증식)에 의하여 일어난다. 이 사실은 신체 하부비만을 가진 많은 여성이 체중을 줄이는데 어려움을 가지는 이유를 부분적으로 설명할 수도 있을 것이다.

참 하복부의 지방침착은 주로 내장지방visceral fat으로 인슐린 저항성 당뇨 및 고혈압 등의 성인병의 원인이 된다. 왜냐하면 최근에 알려진 사실로, 복부지방세포들이 성인병의 원인이 되는 adipokine류를 분비하는 내분비세포의 일종이기 때문이다.

deprivation 명 박탈, 제거, 방해

75 Two oxygen-sensing mechanisms help cells respond to oxygen **deprivation**: one mechanism activates transcription of hypoxia-induced factor 1 (HIF-1), and the other promotes stabilization of HIF-1 by inhibiting its proteasomal degradation.

관 help는 to가 있어도 없어도 상관없다, deprivation 부족=deficiency, promote(타) 높이다, hypoxia-induced factor 저산소증유도인자,

해 두 가지의 산소감지기전은 세포가 산소의 **부족**에 대응하는 것을 도와준다: 한 가지 기전은 저산소증유도인자 (HIF-1)의 전사를 촉진하는 것이고, 나머지 하나는 프로테오솜의 분해반응을 저해하여 HIF-1의 안정성을 높이는 것이다.

참 저산소증유도인자hypoxia-induced factor (HIF)-1 : 혈중 산소의 분압이 35 mmHg 이하로 될 때 유도되어 합성된다. 이 인자는 산소센서의 역할을 하여 전사활성제로 작용하며, 특히 신장세포는 저산소상태에서 이 인자에 반응하여 erythropoietin의 합성이 촉진된다.

deprive 타 1 ~ of .....를 박탈하다, 주지 않다

2 This **deprives** the downstream tissues of oxygen and causes ischemia and infarction.

관 downstream 아랫방향에 있는, cause=(bring about, be the cause of)

해 이것은 아랫방향에 있는 조직으로부터 산소를 **박탈하여** 허혈과 색전을 유발하도록 한다.

2 ~ of ....를 주지 않다

A myocardial infarction is caused by a lack of adequate blood flow to regions of the heart (ischemia), thereby **depriving** cardiomyocytes of oxygen and fuel.

관 be caused by ....에 의해 유발되다, thereby 그로인해=because of that, deprive(타) .... of ....에서 ....를 박탈하다, ischemia 허혈, cardiomyocyte 심장근육세포

해 심근경색은 심장의 영역으로 흐르는 적절한 혈류의 부족 (허혈)에 의하여 유발되며, 그로인해 심장근육세포에 산소와 연료를 **주지 않**을 수 있다.

deprived 타 be ~ 제거되다, ...에게 빼앗기다

30 When proliferating cells in culture are **deprived** of serum, they stop growing but continue to pass through the cell cycle until they reach the G_1 phase. On reaching this part of the cycle, they come to a halt in a specialized, nongrowing state - the G_0 resting state.

관 stop ....ing ....하다가 멈추다, on ....ing ....하자마자, come to a halt 멈추게 되다=stop completely

해 배양에서 증식하고 있는 세포로부터 혈청이 **제거되면**, 세포는 성장을 중단하지만, 그러나 세포주기가 G_1기에 이를 때까지 계속하여 지나간다. 이 세포주기에 도착하자마자 세포는 특이화된 자라지 않는 상태인 G_0 휴지기에서 완전히 멈춘다.

derive 자 유래하다 ~ from

24 The various types of blood cells all **derive** from a single type of pluripotent hematopoietic stem cell, which gives rise to the more-restricted myeloid and lymphoid stem cells.

관 derive(자) from ....로부터 유래되다=be derived from, pluripotent 전능성의 (아래 참조 multipotent), give rise to=(create, produce)

해 여러 종류의 혈구세포들은 모두 능력이 더욱 줄어든 골수와 임파성 줄기세포를 생성하는 한 종류의 전능성의 조혈줄기세포로부터 **유래한다**.

참 전능성과 다능성 줄기세포 : 전능성pluripotent 세포는 어떤 유형의 세포로도 분화가 가능한 능력을 가진 세포를 말하며, 다능성multipotent 세포는 일부 유형의 세포로의 분화가 불가능한 세

포이다.

타 ~ .... from 추출해내다, 끌어내다

Muscle, kidney, and certain other tissues **derive** energy from completely oxidizing ketone bodies in the tricarboxylic acid (TCA) cycle.

해 근육, 신장 및 어떤 다른 조직은 tricarboxylic acid (TCA) 회로에서 케톤체들을 완전히 산화하여 에너지를 **추출해낸다**.

derived 타 be ~유래되다

700

Animals can synthesize carbohydrate from lipid, glycerol and amino acids, but most animal carbohydrate is **derived** ultimately from plants.

해 동물은 지질, glycerol과 아미노산으로부터 탄수화물을 합성할 수 있지만 그러나 대부분의 동물의 탄수화물은 궁극적으로 식물로부터 **유래된다**.

derived 타 be ~ 유래되다

700

Asparagine was first found in asparagus, and glutamate in wheat gluten; tyrosine was first isolated from cheese (its name is **derived** from the Greek tyros, "cheese"); and glycine (Greek glykos, "sweet") was so named because of its sweet taste.

관 be found in ....에서 발견되다, be isolated from ....로부터 분리되다, be so named ....그렇게 불리다

해 Asparagine은 최초로 아스파라거스에서 발견되었고, glutamate는 맥아단백질 gluten에서, tyrosine은 치즈로부터 최초로 분리되었다. (그 이름은 "치즈"라는 그리스어 tyros로부터 **유래되었으며**), 그리고 glycine ("달다"라는 의미의 그리스어) 그것의 단맛 때문에 그렇게 불린다.

derivative 명 유도체

152

The nervous system secretes two types of messengers: small molecule neurotransmitters and neuropeptides. Small molecule neurotransmitters are nitrogen-containing molecules, which can be amino acids or are **derivatives** of amino acids (e.g., acetylcholine and γ-aminobutyrate).

해 신경계는 작은 분자의 신경전달물질과 신경펩티드와 같은 두 종류의 전령을 분비한다. 작은 분자의 신경전달물질은 아미노산일 수도 있으며 혹은 아미노산 **유도체** (예, acetylcholine과 γ-aminobutyrate)일 수도 있는 질소를 함유한 분자이다.

derivatize 타 유도체로 만들다

1

Phenylisothiocyanate **derivatizes** the amino-terminal residue of a peptide as a phenylthiohydantoic acid.

해 Phenylisothiocyanate는 어떤 펩티드의 아미노 말단의 잔기를 phenylthiohydantoic acid의 **유도체로 만든다**.

derivatized 타 be ~ 유도체로 만들어지다

10

Some lipids are naturally volatile, but most must first be **derivatized** to increase their volatility.

관 volatile(형) 휘발성의, volatility(명) 휘발성

해 일부 지질은 자연상태에서 휘발성이지만, 그러나 대부분은 휘발성을 증가시키기 위해서 우선 **유도체로 만들어져**야 한다.

참 Gas-liquid chromatography : 기체액체 크로마크그라피법은 분석시료를 휘발성 물질로 전환하여 분리하는 기기이다. 그러므로 지질을 분석하기 위해서는 우선 휘발성을 증가시키는 조작을 하여야 한다.

derivatization 명 유도체 전환반응

10

Successive rounds of **derivatization** with Edman's reagent can therefore be used to sequence many residues of a single sample of peptide.

관 successive 연속적인=(sequential, following one after another), sequence(타) 서열을 결정하다

해 Edman시약으로 **유도체 전환반응**의 연속적인 순환은 펩티드 단일시료의 많은 잔기들의 서열을

결정하기 위하여 사용될 수 있다.

참 Edman 서열결정 : Edman 시약 (phenylisothiocyanate)을 사용하면 펩티드의 N-말단으로부터 아미노산 유도체를 유리시켜 약 20-30 여개의 잔기의 서열을 연속적으로 결정할 수 있다.

describe 타 설명하다, 묘사하다

73

Here we shall mainly **describe** nuclear import of certain macromolecules. The general picture that has emerged is that proteins to be imported (cargo molecules) carry a nuclear localization signal (NLS).

관 describe(타) 설명하다=provide a detailed report of, general picture 일반적인 설명=summary or description of the situation as it is, emerge(자) 밝혀지다=be revealed, carry(타) 지니다 =(contain, hold)

해 여기서, 우리는 어떤 거대분자의 핵으로의 수송에 대하여 주로 **설명할** 것이다. 최근에 밝혀진 일반적인 설명은 안으로 수송될 예정인 단백질들 (화물분자)이 핵위치신호 (NLS)를 지니고 있다는 것이다.

described 타 be ~ 설명되다, 묘사되다, 표시되다

2681

Phosphoric acid (H_3PO_4) has three protons that are capable of dissociating, but they do not dissociate simultaneously. Loss of each proton can be **described** by a discrete dissociation reaction and pKa as shown in Figure 2.

관 discrete 연속적이지 않는=(separate, distinct, individual, discontinuous)≠simultaneous, dissociate(자) 해리하다

해 인산 (H_3PO_4)은 해리될 수 있는 3개의 양성자를 가지고 있지만, 그러나 동시에 해리되지 않는다. 각각의 양성자의 소실은 그림 2에서 보이는 것처럼 연속적이지 않은 해리반응과 pKa에 의하여 **표시될 수 있다**.

description 명 설명, 묘사

14

The first issue of the *Journal of Nucleic Acid Research* each year provides a **description** of currently available biologic databases. Their goal is to provide information that can relate a particular DNA sequence or mutation to the protein involved, to its function, and to the pathologic consequences of a particular amino acid substitution, by comparing proteins that have similar functional elements.

관 provide a description(/information) 설명을 제공하다, relate(타).... to ....와 관련지우다

해 매년 the *Journal of Nucleic Acid Research*의 첫 번째 발행본은 현재 이용가능한 생물학분야 데이터베이스들에 대한 **설명**을 제공한다. 그들의 목적은 유사한 기능성 요소를 가지고 있는 단백질들을 비교하여, 어떤 특별한 DNA서열이나 혹은 돌연변이를 그 관련된 단백질과 기능, 그리고 특정한 아미노산의 치환의 병리학적 결과에 관련지울 수 있는 정보를 제공하는 것이다.

design 명 고안, 디자인

68

Gleevec is a promising first step in designing drugs specifically targeted to tumor cells and is leading the way for rational drug **design** in the treatment of cancer.

관 promising 희망을 주는=hopeful, drug *targeted to* cancer 암에 표적화된 약물, drug design 약물디자인

해 Gleevec은 특이적으로 종양세포를 표적으로 하는 약물을 디자인하는데 있어서 희망을 준 첫 번째의 진전이며, 아울러 암치료에서 합리적인 약물의 **디자인**을 위한 길을 선도하고 있다.

타 디자인하다, 고안하다

The same principle is now used in the pharmaceutical industry to **design** new drugs.

해 그 동일한 원리가 이제 제약업계에서 새로운 약물들을 **디자인하기** 위하여 사용된다.

designed 타 be ~ 의도되다, 계획되다, 고안되다

128

Antithrombin limits the extent of clot formation, but what happens to the clots themselves? Clots are not permanent structures but are **designed** to be dissolved when the structural integrity of damaged areas is restored.

관 antithrombin 항트로빈, limit(타) 제한하다=(restrict, reduce), what happens to ....에서는 무슨 일이 일어날까, be restored 회복되다

해 항트롬빈은 혈전형성의 정도를 감소시키지만, 그러나 혈전 자체에서는 무슨 일이 일어날까? 혈전은 영원한 구조체가 아니고 손상된 장소의 구조적인 완전함이 회복되면 용해되도록 **의도되어 있다**.

designate 타 표시하다, 나타내다

10

For experimental organisms, the term wild type often is used to **designate** a standard genotype for use as a reference in breeding experiments.

관 wild type 야생형, standard genotype 표준유전형, reference 기준

해 실험동물에 대하여, 야생형이란 용어는 자주 교배실험에서 어떤 기준으로써의 사용을 위한 표준유전형을 **표시하는데** 사용된다.

designated 타 1 be ~ 표시되다

105

If a compound is **designated** as a radical in the medical literature, you can be certain that it is a reactive radical, and that its radical nature is important for the pathophysiology.

관 medical literature 의학문헌, you are certain that 믿어도 된다=you believe it is true that, pathophysiology 병태생리학

해 어떤 화합물이 의학문헌에서 라디칼로써 **표시되어있다**면, 여러분은 그것이 반응성이 높은 라디칼이며 그리고 라디칼 성질은 병태생리학에 중요하다고 믿어도 된다.

2 be ~ 표시되다

High-energy phosphates are **designated** by ~ⓟ.

해 고에너지인산들은 ~ⓟ로 **표시된다**.

designation 명 표시, 표기

6

The **designation** of a sugar isomer as the D form or of its mirror image as the L form is determined by its spatial relationship to the parent compound of the carbohydrates, the three-carbon sugar glyceraldehyde.

해 탄수화물 이성질체를 D형으로써 혹은 그것의 거울상인 L형으로써의 **표기**는 부모화합물인 3 탄소탄수화물인 glyceraldehyde와의 공간적 관계에 의하여 결정된다.

desirable 형 바람직한, 찾을 가치가 있는

6

The appearance of cells alone has limited information content, and better ways to discern the properties of cells are **desirable** both to understand tumorigenesis and to arrive at meaningful and accurate decisions about prognosis and therapy.

관 desirable 찾을 가치가 있는=worth having or seeking, discern(타) 구별하다=(distinguish, discriminate)

해 세포의 왜관만은 제한된 정보의 내용을 가지고 있어서, 그래서 종양의 발생을 이해하기 위해서나 그리고 예후와 치료에 대한 의미있는 정확한 결정에 도달하기 위하여 세포의 행동특성을 구별하기 위한 더 좋은 방법을 **찾을 가치가 있다**.

desired 형 원하는, 바라는

18

Expression of the plasmid containing the new TGT sequence will produce a protein with the **desired** substitution of serine for cysteine at a unique site.

관 the substitution of serine for cysteine=serine을 cysteine으로 치환

해 새로운 TGT서열을 함유하고 있는 plasmid의 발현은 어떤 특정자리에서 serine을 cysteine으로의 **원하는** 치환을 가진 단백질을 생산할 것이다.

despite 전 ....에도 불구하고

208

Despite these differences, both types of organisms share common mechanisms for generating a

useful form of chemical energy.

관 despite ....에도 불구하고=in spite of, share(타) 공유하다=have .... in common

해 이러한 차이점**에도 불구하고**, 두 종류의 생명체는 화학에너지의 유용한 형태를 생성하기 위한 공통된 기전을 공유하고 있다.

destination 명 목적지

16

Proteins whose final **destination** is the Golgi, lysosome, or cell surface are transported along the secretory pathway by small vesicles.

해 최종 **목적지**가 골기, 라이소솜 혹은 세포표면인 단백질들은 작은 낭포에 의한 분비경로를 따라 수송된다.

destined 타 1 be ~ to +동사 의도되다, 운명이 정해지다

10

Glycosylation, the addition of carbohydrate groups, is a common modification that occurs mainly on proteins that are **destined** to be secreted or incorporated into lysosomes or cellular membranes.

관 glycosylation 당화반응, be destined to ....하도록 운명이 정해지다=be intended, incorporate(타) 합체시키다=unite

해 탄수화물 작용기의 부가는 당화반응은 lysosome이나 세포막의 안으로 분비되거나 합체되도록 **운명이 정해진** 단백질에게서 주로 일어나는 흔한 변형반응이다.

참 당화반응 glycosylation과 glycation : 이 두 용어는 생체분자에 탄수화물 작용기를 부가하는 반응을 표현하는데 서로 약간의 차이가 있다. 전자는 효소에 의해 특이적으로 일어나는 반응이고 후자인 glycation은 비특이적으로 발생하는 반응이다. 예를 들면 당뇨환자들은 혈액에 포도당의 농도가 높기 때문에 생체의 모든 분자들이 비특이적으로 당화된다 (glycation). 그래서 모든 생체분자의 기능이 점진적으로 손상되어, 당뇨가 심해질수록 합병증이 나타나게 된다.

2 be ~ for+명사 의도되다, 운명이 정해지다

Another group of proteins are synthesized on ribosomes bound to the rough endoplasmic reticulum. These proteins are **destined** for secretion or for incorporation into various subcellular organelles or cellular membranes, including the plasma membrane.

해 또 다른 그룹의 단백질은 조면소포체에 결합된 리보솜에서 합성된다. 이 단백질은 분비나 혹은 여러 세포내의 소기관이나 원형질막을 포함하는 세포의 막으로 통합되는 것으로 **운명이 정해져 있다**.

참 세포의 막cellular membrane에는 세포막 plasma membrane을 위시하여 미토콘드리아, lysosome 등의 소기관들의 막도 포함된다.

detail 명 1 상세 항목, 상세한 것

97

See text for further **details** on the protein syntheis mechanism.

해 단백질합성기전에 대한 더 **자세한 것**을 위하여 교재를 보시오.

2 in ~ 자세하게, 상세하게

These examples are discussed in more **detail** below.

해 이들 예가 아래에서 **더 상세하게** 토의되어있다.

detailed 타 be ~ 자세하게 표시(설명)되다

98

The important role of fructose 2,6-bisphosphate in the regulation of this substrate cycle is **detailed** in subsequent figures.

관 subsequent 다음의=following, substrate cycle 기질회로

해 이 기질회로의 조절과정에서, fructose 2,6-bisphosphate의 중요한 역할이 다음의 그림에 **자세하게 표시된다**.

참 substrate cycle : 기질회로는 futile cycle (무익순환회로)이라고도 한다. time 참조

형 자세하게 표시된

Next slide shows a more **detailed** pathway of hormonal control of glucose metabolism in liver and muscle.

해 다음 슬라이드는 간과 근육에서 포도당대사의 호르몬에 의한 조절에 관하여 더 **자세하게 표시된** 경로를 보여준다.

detect 타 찾아내다, 감지하다

239

Detection of RFLPs involves cleavage of double-stranded DNA by restriction endonucleases, which can **detect** subtle alterations in DNA that affect their recognized sites.

관 subtle alteration 미세한 변화, affect(타) 영향을 주다, restriction endonuclease 제한효소

해 RFLP을 찾아내는데는 제한효소에 의한 이중가닥으로 된 DNA의 절단을 포함한다, 왜냐하면 이들 효소는 인식되는 부위에 영향을 주는 DNA에서 미세한 변이를 **찾아낼** 수 있기 때문이다.

참 RFLP (Restriction fragment length polymorphism) : test 참조

detected 타 be ~ 감지되다, 찾게 되다

1441

After transfection with a plasmid expression vector containing the fused cDNA, the expressed epitope-tagged form of the protein can be **detected** by immunofluorescence labeling of the cells with the monoclonal antibody specific for the epitope.

관 transfection 트란스펙션; 전달감염, expression vector 발현벡터, epitope-tagged form 항원결정기가 부착된 형, be specific for ....에 특이적이다

해 그 융합된 cDNA를 함유하고 있는 plasmid 발현벡터로의 전달감염 후에, 그 단백질의 항원결정기가 부착된 형은 그 항원결정기에 특이적인 한무리항체로 세포의 면역형광표지하기에 의하여 **감지될** 수 있다.

detectable 형 감지할 수 있는

243

In many cases, point mutations that give rise to disease causing alleles may result in no **detectable** change in the level of expression or electrophoretic mobility of mRNAs.

관 give rise to 생성하다=cause it to happen, point mutation 점돌연변이, electrophoretic mobility 전기영동의 이동도

해 많은 경우에 있어서, 질병의 원인이 되는 대립유전자를 생성하는 점돌연변이는 결과적으로 발현의 수준이나 혹은 mRNA의 전기영동의 이동도에서 **감지될 수 있는** 변화를 결코 만들지 못하는 결과를 낳는다.

detection 명 검출, 감지, 찾아냄

371

Detection of protein-protein interactions helps to define cellular and molecular function.

관 detection 찾아내기=(discovery, finding out), interaction 상호결합=association, define(타) 규명하다=(explain, clarify)

해 단백질과 단백질의 상호결합의 **검출**은 세포와 분자의 기능을 규명하는데 도움이 된다.

참 protein-protein interaction : 세포에서 다단계반응으로 진행되는 신호전달signal transduction 과정에서, 단백질의 일부 도메인 사이에서 특이적으로 서로 결합할 수 있는 능력은 매우 중요하다. 예를 들면, 수용체단백질에 리간드가 결합하면 수용체의 세포 내부에 위치한 부위의 티로신기가 자가인산화된다. 이때 SH2 도메인을 가진 단백질인 Grb2, SOS 등은 이 인산화된 티로신기를 인지하고 결합할 수 있게 되며, 따라서 신호를 다음 단계로 중계할 수 있게 된다.

determinant 명 결정자

75

Albumin, which is not glycosylated, is the major protein and is the principal **determinant** of intravascular osmotic pressure; it also binds many ligands, such as drugs and bilirubin.

관 glycosylated 당화된, osmotic pressure 삼투압, principal 주된=(main, primary), bind(타) ....와 결합하다

해 알부민은 당화되지 않으며, 주된 단백질이고 또한 혈관내의 삼투압의 주요한 **결정자**이기도 하다; 그것은 또한 약물과 빌리루빈과 같은 많은 리간드들과 결합하기도 한다.

determine 타 1 ....를 결정하다, ...를 밝히다

853

To **determine** whether claudin-3 are expressed after metastasis to the brain, immunohistochemical analysis was done on cases of human brain metastasis originating from five common sources, including breast carcinoma, lung carcinoma, colon carcinoma, renal cell carcinoma, and melanoma.

관 metastasis to ....로의 전이, do immunohistochemical analysis on ....에 대한 면역조직화학적 분석을 하다, originate(자) from ....로부터 유래되다 <수동형을 쓰지 않음>, carcinoma 암종

해 Claudin-3가 뇌로 전이된 후에도 발현되는지를 **결정하기** 위하여, 면역조직화학적 분석이 유방암종, 폐암종, 대장암종, 신장세포 암종과 흑색종을 포함하는 5종의 공통된 근원으로부터 유래한 사람 뇌로 전이된 증례에서 실시되었다.

참 암종carcinoma : 신체의 내부나 외부를 싸고 있는 조직인 상피세포의 증식으로 유발된 악성종양이다.

2 ....를 결정하다, ...를 밝히다

Phosphorylation of distinct tyrosine or serine/threonine residues within p120-catenin (p120ctn) **determines** whether it functions as a positive or negative regulator of cadherin-mediated adhesion

관 distinct 서로 다른=(separate, different), adhesion 접착반응

해 p120-catenin (p120ctn) 내의 서로 다른 tyrosine이나 혹은 serine/threonine 잔기들의 인산화반응은 그것이 cadherin에 의해 매개되는 접착반응의 활성형이나 저해형의 조절자로써 기능을 하는지의 여부를 **결정한다**.

determined 타 be ~ 측정되다, 결정되다

1355

The protein concentration was **determined** using the Bradford method (Protein Assay, Bio-Rad)

관 determine(타) 측정하다=measure

해 단백질농도는 Bradford방법 (Protein Assay, Bio-Rad 제품)을 사용하여 **측정**되었다.

determination 명 결정

135

The localization of a transcription factor in the cytoplasm provides a link between the asymmetry of the cytoplasm and subsequent cell-fate **determination**.

관 localization 편중화=concentration in a certain location, provide a link between ....사이의 연결고리를 제공하다, subsequent 그 결과로 일어나는=resulting

해 세포질에서, 어떤 전사인자의 일부지역의 편중화는 세포질의 비대칭성과 그 결과로 일어나는 세포운명의 **결정** 사이에서의 연결고리를 제공하고 있다.

참 초파리의 배아초기에, 외배엽세포는 표피세포와 신경줄기세포neuroblast로 된다. 또한 이 신경줄기세포는 비대칭분열을 하여 neuroblast세포와 GMC (ganglion mother cell)로 된다. 이와 같이 비대칭분열을 유발하는데 중요한 역할을 하는 것이 전사인자들의 편중화현상 localization이다.

develop 자 1 발생되다,

367

Many malarisa sporozoites migrate to the liver where they **develop** into merozoites, which are released into the blood

관 migrate to ....로 이동하다=move to, sporozoite 포자소체, merozoite 분열소체

해 많은 말라리아의 포자소체들은 간으로 이동하여 분열소체로 **발생되며**, 그 후에 혈액으로 유리된다.

참 말라리아는 모기로부터 감염되는 원충으로 혈액에서 여러 단계의 발생과정을 거친다. Merozoite가 적혈구에 침입하여 분열하는데, 이때 이 소체는 적혈구의 세포막과 혈관의 벽에 접착할 수 있는 단백질을 만들어 벽에 고정되어 존재하며 혈액을 따라 순환되는 것을 피할 수 있다. 이 고정반응으로 비장에서 기생충체에 감염된 적혈구들이 면역기전에 의해 파괴되는 것을 방지할 수 있게 된다.

2 발병하다

Amenorrhea (lack of menses) usually **develops** during anorexia nervosa and other conditions when a woman's body fat content falls to approximately 22% of her total body weight.

관 amenorrhea 무월경증, 병명+develop(자), fall(자) to ....로 감소하다, anorexia nervosa 식욕부진, condition 질병

해 무월경증 (월경없음)은 신경성 식욕부진이 일어나 여성의 체지방 함량이 대략 전체 체중의 22%로 떨어질 때 다른 질병이 일어나는 동안에 일반적으로 **발병한다**.

참 적절한 지방의 양은 임신에 필요하다 : 체지방함량이 낮은 여성이 불임이 될 확률이 높다. 예를 들면, 여자 육상선수와 같이 근육의 발달되어있고 반면에 체지방의 함량이 현저히 낮은 여성이 불임 가능성이 높다고 알려져 있다.

타 1 ....병에 걸리다, 개발하다

A patient who **developed** severe diarrhea was diagnosed with a *Clostridium* infection.

관 diarrhea 설사, be diagnosed with ....로 진단되다, 사람+develop(타)+병명= (질병+afflict+사람, 사람+have+질병)

해 심한 설사병에 **걸린** 어떤 환자가 *Clostridium*감염으로 진단되었다.

2 발생하도록 한다, 발병하도록 하다

Mice bearing mutations in the tubby gene **develop** adult-onset obesity, and certain aspects of their metabolism resemble that of obese humans.

관 bear(타) 지니다=carry, adult-onset 성체에서의 유발, aspect 양상, resemble(타) 닮다=be like or similar to

해 Tubby 유전자에 돌연변이를 가지고 있는 생쥐들은 성체에서 유발되는 비만을 **발병하도록** 하여, 그래서 대사의 어떤 양상이 비만인 사람의 양상과 유사하다.

참 tubby 유전자 : 뇌의 식습관을 조절하는 영역에서 주로 발현되는 유전자인데 비만과 관련되어있어서 관심을 끌고 있다.

3 개발하다

Such mathematical modeling will also help the pharmaceutical industry **develop** new drugs that might activate or inhibit specific pathways.

관 mathematical modeling 수학적 모델링, help(사) ....하도록 돕다, pharmaceutical industry 제약산업

해 그러한 수학적 모델링기법은 또한 제약산업이 특이한 경로들을 활성화하거나 혹은 저해할 수도 있는 새 약물들을 **개발하는** 것에 도움이 될 것이다.

4 개발하다

It may be possible to **develop** new treatments for osteoporosis based on altering the signaling system that controls bone resorption.

관 osteoporosis 골다공증, be based on ....에 기반을 두다, alter(타) 변형시키다, resorption 재흡수

해 뼈의 재흡수과정을 조절하는 신호전달계를 변형시키는 것에 기반을 둔 골다공증에 대한 새로운 치료법을 **개발하는** 것이 가능할 수도 있다.

참 파골세포osterclast와 골줄기세포osteoblast에서 일어나는 골재흡수과정에 대한 신호전달과정을 연구하면 새로운 골다공증치료제를 개발하는데 도움을 얻을 수 있을 것이다.

developed

타 be ~ 개발되다

Bcl-2 is also a multi-drug resistance protein and if over-expressed will block the induction of apoptosis by antitumor agents by rapidly removing them from the cell. Thus, strategies are being **developed** to reduce Bcl-2 levels in tumors over-expressing it before initiating drug or radiation treatment.

해 Bcl-2도 또한 하나의 다중약물내성 단백질이어서 과발현되면, 세포로부터 항암제들을 신속하게 제거함으로써 항암제에 의한 apoptosis의 유도반응을 저해할 것이다. 그래서 약물이나 방사선치료를 개시하기 전에 Bcl-2를 과발현하고 있는 종양에서 Bcl-2의 수준을 감소시키기 위한 전략들이 **개발되고** 있다.

참 bcl-2 (B-cell lymphoma 2) : 미토콘드리아 외부막의 투과성을 조절하여 항apoptosis 기능을 하는 단백질이다. Apoptosis는 미토콘드리아로부터 cytochrome c의 유출을 촉진하여, 미토콘드리아

의 에너지 공급을 불가능하게 만들어 세포를 죽게 만든다.

형 개발된

A recently **developed** test called "LDL direct" isolates LDL cholesterol by using a special immunoseparation reagent. Not only is this direct assay for LDL cholesterol more accurate than the indirect Friedewald calculation, it also is not affected by mildly to moderately elevated serum triacylglycerol levels and can be used for a patient who has not fasted.

해 최근에 **개발된** "LDL direct"라는 검사방법은 특수 면역분리시약을 사용하여 LDL콜레스테롤을 분리한다. LDL콜레스테롤을 직접 분석하는 이 방법은 간접적인 Friedewald 계산법보다 더 정확할 뿐만 아니라 적당하게 상승된 혈청의 중성지방의 양에도 영향을 받지 않아서 굶지 않은 환자에게도 사용될 수 있다.

참 LDL과 HDL콜레스테롤 : LDL은 나쁜 콜레스테롤로, HDL은 좋은 콜레스테롤으로 알려져 있다. LDL은 간에서부터 말초조직으로 콜레스테롤과 중성지방을 수송하기 때문에, 혈액의 LDL량이 높은 현상은 고지혈증 상태라는 것을 의미한다. HDL은 혈액의 콜레스테롤을 간으로 수송하여 혈액으로부터 콜레스테롤을 제거하는 과정에 있으므로 좋은 콜레스테롤이라 한다.

developing

66

형 발생중인

Neurons are produced in excess, and more than 50% of **developing** neurons are eliminated by programmed cell death. Those neurons that have made the correct connections survive by secreting growth factors that block apoptosis.

관 in excess (of) 과도하게=more than, eliminate(타) 제거하다, make connections 연결을 만들다, survive(자) 살아남다, programmed cell death계획된 세포의 죽음=apoptosis

해 신경세포들은 과도하게 생산되며, 그리고 **발생 중인** 신경세포의 50% 이상이 계획된 세포사에 의하여 제거된다. 정확한 연결을 만든 그런 신경세포들은 apoptosis를 차단하는 성장인자를 분비함으로써 살아남는다.

development

597

명 발육, 발생, 발병

Programmed cell death is critical to the proper **development** and functioning of our bodies. During fetal life, for instance, our hands initially *develop* with "webbing" between the fingers; the cells in the webbing subsequently die in an orderly and precise pattern that leaves the fingers and thumb free to play the piano.

관 be critical to ....에 중요하다, with ...한 상태로, in orderly pattern 순서있는 형태로, leave(타) .... free to 자유로운 상태로 남아있게 하다, programmed cell death계획된 세포의 죽음=apoptosis

해 계획된 세포의 죽음은 우리 신체의 적절한 **발생**과 기능에 중요하다. 예를 들면, 태아의 발생기간에, 우리의 손은 초기에 손가락 사이에 "물갈퀴를 가진 상태"로 *발생하는*데; 그 물갈퀴를 만드는 세포들은 손가락과 엄지가 자유롭게 피아노를 연주할 수 있도록 질서있고 정확한 형태로 차후에 죽는다.

developmental

99

형 발달상의, 진화의, 발생과정에서의

The primary purpose of gene control in multicellular organisms is the execution of precise **developmental** decisions so that the proper genes are expressed in the proper cells during development and cellular differentiation.

관 purpose 목적=(object, goal, aim), execution of a plan 수행=carrying out a plan, so that .... 하도록, development 발생, differentiation 분화

해 다세포 생명체의 유전자조절의 주된 목적은 발생과 세포의 분화과정 동안에 적절한 유전자들이 적절한 세포에서 발현되도록 **발생 과정에서** 정확한 결정사항을 집행하는 것이다.

developmentally

14

부 발생과정에서

The ability of cells to send and respond to signals is crucial to development. Many **developmentally** important signals are secreted proteins produced by specific cells at specific times and places in a developing organism.

관 be crucial to ....에 중요하다, specific 정해진=(precise, definite)

해 신호를 보내고 반응하는 세포의 능력은 발생과정에 중요하다. **발생과정에서** 많은 중요한 신호들

은 발생 중인 생명체에서 정해진 시간과 장소에서 정해진 세포들에 의하여 생산되는 분비된 단백질이다.

devoid 형 ....이 전혀 없는

33 An mRNA molecule **devoid of** a poly(A) tail is usually a much less effective template for protein synthesis than is one with a poly(A) tail.

관 devoid of ....이 전혀 없는=without, one(대)=mRNA molecule

해 Poly(A)꼬리가 **전혀 없는** 어떤 mRNA 분자는 일반적으로 poly(A) 꼬리를 가지고 있는 것보다 단백질합성을 위하여 훨씬 덜 효과적인 주형이 된다.

diagram 명 (설명이 있는) 그림

34 **Diagram** of the RNA binding motif (RRM) domain showing the two α helices and four β strands that characterize this motif.

관 diagram(명) 설명을 곁들인 그림=drawing which accompanies an explanation, characterize(타) ....의 특성을 나타내다

해 이 모티브의 특성을 나타내는 2개의 α 나선구조와 4개의 β 가닥들을 보여주는 RNA결합모티브(RRM) 도메인의 설명을 곁들인 **그림**

dialysate 명 투석물

3 Four microliters (200 ng MrpC) of **dialysates** were preincubated with H-MazF (50 ng) in 20 μl of MazF buffer for 10 min at 30°C.

관 be preincubated with ....와 미리 반응되다

해 4 μl의 **투석물** (200 ng MrpC)이 H-MazF (50 ng)와 함께 MazF 완충액 20 μl로 30°C에서 10분간 미리 반응되었다.

참 MrpC 단백질은 전사인자이며 MazF 단백질은 mRNA interferase로 단백질합성을 저해하는 역할을 한다. 즉 두 단백질은 원핵세포의 프로그램화된 세포의 죽음에 관여하고 있다.

dialysis 명 투석법, 투석

20 Previously, we used overnight **dialysis** to slowly and efficiently promote self-assembly of the protein complex *in vitro*.

관 promote(타) 증진시키다, to slowly and efficiently promote <to 부정사에서의 부사 (slowly and efficiently)의 위치에 주목>, self-assembly 자가조립, *in vitro* 시험관 상에서

해 이전에 우리는 시험관 상에서 그 단백질 복합체의 자가조립을 천천히 그리고 효율적으로 증진시키기 위하여 하루 밤 동안의 **투석**을 사용하였다.

dialyzed 타 be ~ 투석되다

101 The protein was refolded and purified in the presence of 25mM butanol, concentrated in an Amicon-stirred ultrafiltration cell and **dialyzed** exhaustively against 20 mM sodium phosphate (pH 6.5) to remove the alcohol.

관 exhaustively 철저히=thoroughly, ultrafiltration cell 초여과용 기구

해 그 단백질은 다시 자신의 구조로 접힌 다음, 25 mM의 butanol이 존재하는 조건에서 정제되고, Amicon의 초여과도구에서 농축된 다음 그리고 알코올을 제거하기 위하여 20 mM sodium phosphate (pH 6.5)로 철저히 **투석되었다**.

diameter 명 직경

89 Gap junctions between mammalian cells permit the passage of molecules as large as 1.2 nm in **diameter**.

관 gap junction 교통연접, molecules *as* large *as* 1.2 nm ....정도 크기의 분자들

해 포유동물세포들 사이의 교통연접들은 **직경**이 1.2 nm 정도 크기의 분자들의 통과를 허용한다.

diet 명 1 음식물

85 The nature of the **diet** sets the basic pattern of metabolism. There is a need to process the

products of digestion of *dietary* carbohydrate, lipid, and protein. These are mainly glucose, fatty acids and glycerol, and amino acids, respectively.

관 set(타) 미리 결정하다=determined in advance, process(타) 처리하다

해 **섭취한 음식물**의 본질이 대사의 기본형태를 미리 결정한다. 음식물 속의 탄수화물, 지질 및 단백질의 소화산물을 처리할 필요가 있다. 이들은 각각 주로 포도당, 지방산과 glycerol, 및 아미노산이다.

2 식이요법, 규정식

The lipogenesis is depressed under conditions of restricted caloric intake, on a fat **diet**, or when there is a deficiency of insulin, as in diabetes mellitus.

관 lipogenesis 지질생합성 ,on a diet 식이요법 중, restricted 줄어든=reduced, diabetes mellitus 당뇨병

해 지질생합성은 지방 **식이요법** 중이거나 혹은 당뇨병에서와 같이 인슐린의 부족현상이 있을 때, 즉 줄어든 열량의 섭취의 조건 하에서 억제된다.

자 식이요법을 하다

I've been **dieting** ever since the birth of my fourth child.

관 ever(부)=(continually, constantly)

해 나는 네 번째 아이의 출생이래로 쭉 **식이요법을 해오고** 있는 중이다.

dietary

29

형 음식물 속의

Amino acids derived from **dietary** or body proteins are also potential fuels that can be oxidized to acetyl CoA, or converted to glucose and then oxidized.

관 potential 잠재적인=possible, be oxidized to ....로 산화되다

해 **음식물 속의** 혹은 신체의 단백질로부터 유래된 아미노산들도 또한 acetyl CoA로 산화되거나 혹은 포도당으로 전환되고 난 다음 산화될 수 있는 잠재적인 연료물질이다.

differ

134

자 1 ~ by ....만큼 다르다, 틀리다

The specificity of antibodies is so precise that they can distinguish between the cells of individual members of a species and in some cases can distinguish between proteins that **differ** by only a single amino acid.

관 so .... that .... can 이유, distinguish(타) between A and B 사이를 구별하다=discriminate between A and B, differ(자) *by* only a single amino acid 단지 단 하나의 아민노산만 다르다, by(전) 차이 정도를 표현 예) shorter *by* two inches

해 항체의 특이성은 매우 정확하기 때문에 하나의 종으로 구성된 개별구성원들인 세포들 사이를 구별할 수 있으며, 그리고 일부의 경우에서 단지 하나의 아미노산**만 다른** 단백질 사이를 구별하는 것도 가능하다.

참 - A differs from B in C. A는 C라는 점에서 B와 다르다
- A and B differ in C (from each other). A와 B는 C라는 점에서 서로 다르다
- C differs between A and B. C라는 점이 A와 B 사이에서 서로 다르다

2 ~ in ....에 있어서 서로 다르다

The various intracellular pathways that transduce signals downstream from activated cell-surface receptors **differ** in their complexity and in the way they transduce signals.

관 various 여러=several, downstream(부) 아랫방향으로, transduce(타) signals 신호를 전달하다

해 활성화된 세포의 표면에 있는 수용체로부터 아랫방향으로 신호를 전달하는 여러 세포 내의 경로는 복잡성에서 그리고 신호를 전달하는 방식**에 있어서 서로 다르다**.

3 ~ from ....와 다르다

The dihydrofolate reductases of some bacteria and parasites **differ** from the human enzyme; inhibitors of these enzymes can be used as antibacterial drugs, eg, trimethoprim, and antimalarial drugs, eg, pyrimethamine.

관 **differ** from=be different from, eg 예를 들면=(for example, like, such as)

해 일부 박테리아와 기생충의 dihydrofolate reductase는 사람의 **효소와 다르다**; 이들 효소의 저해제들은 trimethoprim과 같은 항박테리아 약물과 pyrimethamine과 같은 항말라리아 약물로써 사용될 수 있다.

difference 명 1 차이, 차이점

806 The routes and rates of ethanol oxidation vary from individual to individual. **Differences** in ethanol metabolism may influence whether an individual becomes a chronic alcoholic, develops alcohol-induced liver disease, or develops other diseases associated with increased alcohol consumption (such as hepatocarcinogenesis, lung cancer, or breast cancer).

관 vary(자) from individual to individual 개인마다 차이가 있다=be different, develop(타) disease 발병하다, be associated with 연관되다=(be related with, be connected with), hepatocarcinogenesis 간암의 생성, alcohol consumption 음주

해 에탄올의 산화경로와 속도는 개인마다 차이가 있다. 에탄올대사에서의 **차이점**이 어떤 사람이 만성알코올중독증이 될 것인지, 알코올유발성 간질환을 발병하는지, 혹은 증가된 음주와 연관된 다른 질병들 (간암의 생성, 폐암 혹은 유방암과 같은)을 발병할 것인지에 대하여 영향을 줄 수도 있다.

2 make ~ 차이를 낳다, 차이를 만들다

On either side of the optimum pH their catalytic activity often declines sharply. Thus, a small change in pH can make a large **difference** in the rate of some crucial enzyme-catalyzed reactions.

관 optimum pH 최적pH, decline(자) 감소하다=(fall, slope downward)

해 최적 pH점을 중심으로 어느 쪽이라도, 촉매활성은 자주 가파르게 감소한다. 그래서 pH에서의 어떤 작은 변화일지라도 일부 중요한 효소에 의해 촉매되는 반응의 속도에서 큰 **차이를 만들** 수 있다.

참 효소 활성의 pH에 따른 변화 : 효소의 촉매반응은 활성자리active site에 존재하는 촉매기들에 의하여 수행된다. 따라서 반응이 진행되는 용액의 pH에 따라 촉매기들의 수소이온에 대한 영향을 받게 된다. 일반적으로 효소활성은 최적 pH에서 최고점이 되며, pH가 낮아지거나 높아지면, 활성이 급격하게 감소되어 종모양 (bell-shape)의 변화곡선을 나타낸다.

different 형 1 여러, 여러 가지

1736 To examine whether exposure to GDNF changes Tyrosine hydroxylase protein levels, BE(2)-C cell extracts were prepared at **different** time points following serum deprivation and GDNF exposure.

관 change(타) 바꾸다, following(전) ....후에=(later than, after), serum deprivation 혈청의 제거, be prepared 준비되다; 마련되다

해 GDNF에의 노출이 Tyrosine hydroxylase단백질의 수준을 변화시키는지의 여부를 조사하기 위하여, 혈청을 제거하고 GDNF에 노출시킨 후에 **여러** 정해진 시간에서 BE(2)-C 세포추출물이 마련되었다.

참 GDNF (Glial cell line-derived neurotrophic factor) : 아교세포신경자극인자는 다양한 종류의 신경세포의 생존력을 강력하게 촉진시키는 작은 단백질이다.

2 be ~ from 다른

When extracts of cells treated with AngII and forskolin were analyzed for Ser40 kinase activity, the activity was not significantly **different** from that in extracts of cells treated with forskolin alone.

해 AngII와 forskolin으로 처리된 세포추출물이 Ser40 kinase 활성을 측정하기 위하여 분석되었을 때, 그 활성은 forskolin만으로 처리된 세포의 추출물에 있어서의 그것과 많이 **다르지** 않았었다.

참 forskolin : Indian Coleus식물의 성분으로 세포실험에서 adenylate cyclase를 활성화하여 cAMP의 농도를 증가시킨다. 그리고 angiotensin II와 forskolin은 catecholamine류를 만드는데 관여하는 효소 tyrosine hydroxylase를 ser40 kinase를 통하여 인산화한다.

differential 형 1 차이가 나는, 구별되는

185

> Regulation at any one of the various steps in gene expression could lead to **differential** production of proteins in different cell types or developmental stages or in response to external conditions.

관 lead to 결과적으로 유발하다=(cause, result in, bring about)

해 유전자발현의 여러 단계 중의 어느 하나에서의 조절반응도 여러 세포의 종류나 혹은 발생단계에서, 혹은 외부조건에 반응하는데 있어서 결과적으로 단백질의 **차이가 나는** 생산을 유발할 수 있었다.

2 차이가 나는, 구별되는

> Only a subset of an organism's genes is transcribed at any given time or in any given cell. Such **differential** gene expression at different times or in different cell types occurs in bacteria, fungi, plants, animals, and even viruses.

해 단지 생명체의 유전자 중의 일부분만이 어떤 주어진 시간이나 혹은 주어진 세포에서 전사된다. 여러 다른 시간에서나 혹은 여러 세포 유형에서 그러한 **차이가 나는** 유전자의 발현은 박테리아, 곰팡이, 식물, 동물 및 심지어 바이러스에서도 일어난다.

differentially 부 차이가 있게, 구별되게

141

> The composition of the hemoglobin also changes with development, because both the α-globin locus and the β-globin locus have multiple genes that are **differentially** expressed during development

관 change(자) with ....하면서 바뀌다, be differentially expressed

해 헤모글로빈의 조성은 발생과 더불어 바뀐다, 왜냐하면 α-globin 부위와 β-globin 부위 모두가 발생기간 동안 **차이가 있게** 발현되는 다중유전자를 가지고 있기 때문이다.

참 사람의 헤모글로빈 (Hb)은 성인기에는 $\alpha_2\beta_2$의 조성을 가지지만, 태어나기 전 태아에서는 $\alpha_2\gamma_2$의 조성을 가지고 있었다. 태아의 Hb의 산소에 대한 친화력은 산모(성인형)의 것보다 크기 때문에 외부의 산소를 직접 흡입하지 않더라도 산모로부터 산소를 얻어 살아갈 수 있다.

differentiate 자 분화되다

49

> Granulocyte colony stimulating factor (G-CSF) induces a particular type of progenitor cell in the bone marrow to divide several times and then **differentiate** into granulocytes.

관 induce(타) .... to ....하도록 유도하다, differentiate into ....로 분화하다, granulocyte 과립구세포

해 과립구 콜로니자극인자 (G-CSF)는 골수에 존재하는 특별한 종류의 전구세포가 여러 번 분열하도록 한 다음 과립구 세포로 **분화하도록** 유도한다.

참 과립구세포granulocyte : 백혈구의 60%를 차지하며, 세포 속에 특이한 알갱이들을 가지고 있는 세포로 박테리아나 병원체를 불활성화하는 면역에 관련된 기능을 한다. 이 세포는 주로 호염기구basophil, 호산구eosinophil, 호중구neutrophil 등의 3 종류의 세포로 구성되어있다.

타 ~ A from B 구별하다, 구별하게 하다

> The major characteristics that **differentiate** metastatic (or malignant) tumors from benign ones are their invasiveness and spread.

관 characteristics(명) 특성, differentiate A from B=A와 B를 구별하게 하다, malignant 악성의≠ benign, invasiveness 침투성

해 양성종양과 전이성 (악성)종양을 **구별하게 하는** 주요한 특성은 침투성과 퍼짐성이다.

differentiated 타 be ~ 구별되다

99

> Because most cell types cannot be **differentiated** so easily, other techniques such as flow cytometry must be used to separate them.

관 be differentiated 구별되다, separate(타) 분리하다=(isolate, be taken apart), flow cytometry 유세포분석법

해 대부분의 세포 유형은 쉽게 **구별될** 수 없기 때문에, 그들을 분리하기 위하여 유세포분석법과 같은 기술이 사용되어야한다.

참 flow cytometry : 유세포분석법이라 하며, 기본적으로 종류가 다른 세포들은 이 기기로 구별할 수 있을 정도로 서로 밀도가 충분히 다르기 때문에 이 물리적인 특성을 이용하여 동일한 종류끼리 구별하여 분리할 수 있다. 이러한 물리적 특성이외에도 단백질 발현의 차이 등의 다른 특성을 이용하여 연속적으로 흘러가는 세포의 혼합물로부터 세포를 구별하여 동일한 종류별로 모을 수 있다.

형 분화된

The cells that initiate the tumors are not the **differentiated** cells, but rather their precursor cells. Fully **differentiated** cells usually do not divide.

관 initiate(타) 시작하다, not .... but ....이 아니고 ....이다, fully 완전히=(totally, completely), divide (자) 분열하다

해 종양으로 되기 시작하는 세포는 **분화된** 세포들이 아니고 오히려 전구세포이다. 완전히 **분화된** 세포는 일반적으로 분열하지 않는다.

differently

24

부 서로 다르게, 차이 나게

Most of proteins involved in the response to hormones are present as several tissue-specific isoforms that help different tissues respond **differently** to the same hormone.

관 involve(타) 복잡한 일에 연루된 (예, 호르몬의 작용경로), isoform 동종형; 같은 기능을 하지만 서로 다른 단백질들

해 호르몬에 대한 반응에 연루되어있는 대부분의 단백질들은 서로 다른 조직이 동일한 호르몬에 **차이 나게** 반응하는 것을 지원하는 몇 종의 조직특이 동종형들로써 존재한다.

difficulty

34

명 어려움

All of these factors suggest that individuals who become obese, particularly those who do so early in life, will have **difficulty** losing weight and maintaining a lower body adipose mass.

관 early in life 인생의 초기에, have difficulty ....ing 어려움이 있다, lose(타) weight 감량하다

해 이 모든 요인은 비만이 된 사람, 특히 일생에서 매우 이른 시기에 그렇게 된 사람들이 체중감소와 낮은 하복부지방의 중량을 유지하기에 **어려움**이 있을 것임을 암시한다.

참 지방세포의 증식은 생명탄생의 초기, 즉 임신 3번째 석달기trimester에 시작하여 사춘기 이전에 중단된다. 이후에는 주로 지방세포의 수의 변화는 없고 크기의 변화가 일어난다. 그러므로 증식에 의한 지방세포의 수가 증가하는 시기에서의 비만은 고도비만이 되며 체중 감소에 어려움이 많아진다.

diffuse

79

자 확산되다

Typically, carbon dioxide is collected by red cells in respiring tissues by means of $Cl^- \leftrightarrows HCO_3^-$ exchange and is then carried in the blood to the lungs, where bicarbonate **diffuses** out of the erythrocytes in exchange for Cl^- ions.

관 by means of 방식으로=(via, by the use of, with the help of), be carried .... to ....로 수송되다

해 전형적으로, 이산화탄소는 호흡 중인 조직에서 적혈구세포에 의해 $Cl^- \leftrightarrows HCO_3^-$의 상호교환 방식으로 채집된 다음, 곧 혈액에서 폐로 전달되며 그 곳에서 중탄산염은 Cl^- 이온과의 상호 교환으로 적혈구로부터 **확산되어** 나온다.

참 음이온 Cl^-와 HCO_3^- 이온들이 세포의 안과 밖으로 상호교환됨으로써 세포막전위, pH 및 삼투압 등의 변화를 유발하지 않으면서도 CO_2를 제거할 수 있다.

형 광범위(하게) 퍼진, 번진

Individuals who inherit a mutation in E cadherin are sharply predisposed to developing **diffuse** type gastric cancer.

관 inherit(타) 물려받다; 유전하다, be predisposed to develop 병에 걸리기 쉽게 되다, sharply 높은 정도로=to a great degree, diffuse 광범위하게 퍼진, gastric cancer 위암

해 E cadherin에서 어떤 돌연변이를 유전한 사람들은 **광범위하게 퍼진**형 위암이 높은 정도로 걸리기 쉽게 된다.

참 Cadherin (Calcium dependant adhesion molecules) : 세포막관통단백질로 세포 사이의 접착 반

응에 관여하며, 이 반응에 Ca^{2+}이온이 중요한 역할을 한다. 상피세포형인 E-cadherin (epithelial), 신경세포형인 N-cadherin (neural)과 같이 조직의 첫 이니셜을 추가하여 명명한다.

diffusible 형 확산 가능한

9 A magnetic stirrer gently mixes the mixed solution to facilitate equilibrium of **diffusible** solutes between the dialysate and the solution contained in the semi-permeable membrane bag.

관 magnetic stirrer 자석식 혼탕기, mix(타) 혼합하다, facilitate(타) 촉진하다=(promote, help, aid)

해 자석식 혼탕기로, 반투과성 막으로 된 주머니 속에 들어있는 투석할 물질과 용액 사이에서 **확산 가능한** 용질의 평형을 촉진하기 위하여 혼합된 용액을 조용히 혼합하였다.

참 반투과성막semi-permeable membrane : 선택적 투과성막selectively permeable membrane이라고도 한다. 어떤 특정한 크기 이하의 분자들만을 통과하게 하거나 특정 이온들만이 통과할 수 있도록 고안된 막이다.

diffusion 명 확산

129 Although the molecule being transported must bind to the protein transporter, the mechanism is passive **diffusion**, and the molecule moves from a region of high concentration to one of low concentration.

관 bind(자) to ....와 결합하다, move(자) from .... to 이동하다, transporter 수송체

해 비록 수송되고 있는 분자들이 단백질수송체와 결합해야만 하지만, 이 기전은 수동적인 **확산**과정으로 분자들이 높은 농도의 영역으로부터 낮은 농도의 영역으로 이동한다.

참 확산diffusion : 농도가 높은 곳으로부터 낮은 곳으로 물질이 이동하는 현상이다. 수송체가 매개하는 확산을 촉진확산facilitated diffusion이라 하며, 단백질에 의한 수송물질의 특이성이 있으므로 포도당, 이온 등과 같이 특정물질의 이동에 관여하고 있다.

digest 타 소화하다, 소하시키다

87 Golgi vesicles process and modify proteins, mitochondria generate energy and lysosomes **digest** cell materials to recycle them.

관 process(타) 처리하다, recycle(타) 재활용하다

해 골기체는 단백질을 처리하여 변형시키며, 미토콘드리아는 에너지를 생성하고 그리고 lysosome은 세포물질을 재활용하기 위하여 그들을 **소화시킨다**.

digested 타 be ~ 소화되다, 분해되다

331 Worn-out erythrocytes are phagocytosed and **digested** by macrophages in the liver and spleen, which remove more than 10^{11} senescent erythrocytes in each of us each day.

해 닳아 못쓰게 된 적혈구들은 간과 비장에서 거대포식세포에 의해 포식되어 **분해되는데**, 그 결과 매일 한 사람에게서 10^{11}개 이상의 노화된 적혈구를 제거한다.

참 적혈구erythrocyte : 이 세포의 수명은 120일 정도인데 돌아다니면서 혈관 벽과의 물리적인 마찰에 의해 세포막이 닳아 손상된다. 또한 핵이 없으므로 세포분열도 불가능하고 미토콘드리아도 없어서 전자전달계를 이용하여 에너지를 만들 수도 없으며 무산소 해당과정을 이용하여 에너지를 생산한다.

digestible 형 소화할 수 있는

1 In this regard, the proteins in foods of animal origin are more **digestible** than are those derived from plants.

관 in this regard 이러한 관점에서=(in this aspect, in this respect), be derived from ....로부터 유래되다=originate from

해 이러한 관점에서, 동물성 식품 속의 단백질이 식물에서 유래된 그런 식품보다 더 잘 **소화될 수** 있다.

참 음식물 속의 단백질의 질은 필수아미노산의 함유량뿐만 아니라 소화되는 속도, 그리고 유아의 성장에 이바지 하는 능력 등으로 결정된다. 단백질의 소화율은 계란의 단백질이 대략 97%, 가금류나 생선고기는 85-100% 이며, 통밀, 대두콩과 다른 콩과류의 식물성 음식은 75-90% 정도이다.

digestion	명 소화, 분해반응
277	These results indicate that the chromatin structure of non-transcribed DNA is more condensed, and therefore more protected from DNase **digestion**, than that of transcribed DNA.

관 indicate(타) 보여주다=show, ... *is* more condensed, and therefore *(is)* more protected에서 therefore 다음에서 (*is*)의 생략

해 이들 결과는 전사되지 않은 DNA의 염색질구조가 전사되는 DNA의 그것보다 더 응집되어있기 때문에, 그러므로 DNase의 **분해반응**으로부터 더욱 보호된다는 것을 보여준다.

참 염색질chromatin은 단백질 histone과 DNA로 구성된 단위체인 nucleosome이 규칙적인 구조체로 뭉쳐져 있다. 이 구조에서 DNA 주형에서 RNA가 전사될 때는 염색질 속에서 주형으로 사용되는 DNA 영역은 빽빽한 상태에서 풀어져 전사에 필요한 단백질의 접근을 허용한다.

digestive	형 소화를 돕는, 소화의
52	Human **digestive** enzymes can hydrolyze the α-glycosidic bonds in starch, but not the β-glycosidic bonds in cellulose.

해 사람의 **소화**효소는 녹말에 있는 α-해당결합을 가수분해시킬 수 있지만, 셀룰로오스의 β-해당결합은 분해할 수 없다.

참 탄수화물 소화효소는 amylase인데, 녹말은 소화할 수 있지만, 셀룰로오스가 주 성분인 풀이나 종이성분은 소화할 수 없다. 그러나 초식동물인 소를 포함하는 반추동물이 셀룰로오스를 소화할 수 있는 것은 위 속에는 공생하고 있는 박테리아들이 분비하는 cellulase라는 효소 때문이다.

dilute	형 희석된, 묽은
12	Consider osmosis, the bulk movement of water in the direction from a **dilute** aqueous solution to a more concentrated one across a semipermeable boundary.

관 in the direction from .... to ....의 방향으로, dilute≠concentrated, semipermeable 반투과성인

해 어떤 반투과성인 경계면을 가로질러 **묽은** 수용액으로부터 더 농축된 수용액 방향으로 물의 대량 이동과정인 osmosis를 생각하시오.

타 희석하다

The osmotic diuresis resulted from increased urinary water volume to **dilute** the large amounts of glucose and ketone bodies excreted in the urine.

해 삼투성 이뇨는 소변에서 배설되는 많은 양의 포도당과 케톤체들을 **희석하기** 위하여 증가된 소변의 물 부피의 결과로부터 발생하였다.

diluted	타 be ~ 희석되다
221	If 150 mL of 0.2 M HAc had merely <u>been **diluted**</u> with 100 mL of water, this would leave 250 mL of a 0.12 M HAc solution.

해 0.2 M HAc 150 mL가 100 mL의 물로 **희석된다**면, 이것은 0.12 M HAc 용액 250 mL을 남기게 된다.

dilution	명 희석
129	In individuals with normal kidney function, dehydration can occur as a response to water **dilution** of the high concentrations of ketone bodies, glucose, and other solutes excreted in the urine (osmotic diuresis).

해 정상적인 신장기능을 가진 사람에 있어서도, 소변에서 배출되는 고농도의 케톤체, 포도당 및 다른 용질들을 물로 **희석**하는데 대한 반응으로써, 탈수현상이 일어날 수 있다 (삼투성 이뇨).

참 당뇨환자의 갈증 : 당뇨환자들은 다량의 포도당이 소변으로 소실되는데, 이 때 삼투성 이뇨반응이 일어난다. 그러므로 당뇨환자에서 다량의 물이 소실되고, 그 결과로 갈증증세가 나타난다.

dimensional	형 차원의, 규모의
164	Three-dimensional structures of several common classes of DNA binding proteins have been determined.

해 DNA 결합단백질들의 몇 가지 공통된 부류들의 **3차원** 구조들이 결정되어왔다.

참 DNA에는 두 개의 나선형 가닥이 만드는 2종류의 major groove (큰 움푹 파인 구조)와 minor groove (작은 구조)가 한 번씩 반복되어 나타난다. 그러므로 DNA에 결합하는 단백질은 각각의 구조에 맞는 상보적인 구조를 가지게 되는데, 이 groove는 주로 α-나선형의 구조를 가지고 있는 단백질과 잘 일치된다.

dimension 명 1 규모 크기

31

The beads are composed of dextran polymers (Sephadex), agarose (Sepharose), or polyacrylamide (Sephacryl or BioGel P). The pore sizes of these beads approximate the **dimensions** of macromolecules.

관 bead (크로마토그라피용) 미세알갱이, be composed of ....로 구성되다, approximate(타) ....와 비슷하다=(be close or similar to)

해 미세알갱이들은 dextran 중합체 (Sepadex), agarose (Sepharose)나 혹은 polyacrylamide (Sephacryl 혹은 BioGel P)로 구성되어있다. 이들 미세알갱이 속의 구멍의 크기는 거대분자의 **규모**와 대략 비슷하다.

2 3차원, 입체

Factor XIIIa catalyzes a transamidation reaction between Gln and Lys side chains on adjacent fibrin monomers. The covalent cross-linking takes place in three **dimensions**, creating a strong network of fibers resistant to mechanical and proteolytic damage.

관 transamidation 아미노기전이반응, adjacent 바로 옆의, covalent cross-linking 공유결합성 교차연결, be resistant to ....에 견디다

해 활성화된 인자 XIIIa는 인접한 피브린의 단량체 상의 Gln과 Lys 측쇄기 사이의 아미노기 전이반응을 촉매한다. 그 공유결합성 교차연결이 **3차원적**으로 일어나서, 그 결과 기계적 손상과 단백질분해에 의한 손상에 견디는 섬유의 강력한 그물구조를 새로 만들 수 있다.

참 Factor XIII은 thrombin에 의해 활성형 XIIIa로 전환되면, 아미노기 전이반응을 촉매하는 활성을 가지게 된다. 그리고 thrombin은 혈전을 형성하는 섬유상의 단백질 전구체인 fibrinogen을 분해하여 fibrin으로 만들면, 이들 분자가 서로 연결되어 중합체를 형성하여 fibrin섬유를 만든다. 이 fibrin으로 된 섬유들은 XIIIa에 의해 교차연결로 안정화되며, 그 결과 혈액의 누출을 막을 수 있는 완벽한 그물망구조로 되어 혈전을 형성한다.

dimer 명 이량체

67

Most kinesins are **dimers** with a head domain that binds microtubules and ATP and a tail domain that binds vesicles or other cargo. The flexible neck region determines the direction of kinesin movement, and the tail domain determines cargo specificity.

해 대부분의 kinesin 단백질은 미세소관 및 ATP와 결합하는 머리 도메인과 소낭 혹은 다른 화물(cargo)과 결합하는 꼬리 도메인을 가진 **이중체**이다. 유연성있는 목 영역이 kinesin 움직임의 방향을 결정하며, 그리고 꼬리도메인은 수송체의 특이성을 결정한다.

참 kinesin : 진핵세포에서 발견되는 운동단백질이다. 이 단백질은 세포의 분열과정에서 ATP 에너지를 사용하여 미세소관 필라멘트를 따라 특정물질을 수송하는 역할을 한다.

dimerization 명 이량체의 형성

37

BMP proteins, which also belong to the TGFβ superfamily, bind to and activate a different set of receptors, leading to phosphorylation of Smad1, its **dimerization** with Smad4, and activation of specific transcriptional responses by Smad1/Smad4.

관 belong to ....에 속하다=be a member of, bind to ....와 결합하다, lead to=(result in, cause)

해 BMP단백질 또한 TGFβ 수퍼패밀리에 속하며, 여러 조의 수용체와 결합하여 활성화하며, 그 결과 Smad1의 인산화, Smad4와의 **이량체의 형성**, 그리고 Smad1/Smad4에 의한 특이적인 전사반응의 활성화를 유발할 수 있다.

참 BMP (Bone morphorgenetic protein) : 골형성단백질은 처음에는 뼈의 형성을 유도하는 능력 때문에 발견되었으나, 생체에서의 기능은 발생과정에서 중배엽과 이른 초기에서 조혈세포의 생성을 포함하는 여러 괴정에시 역할을 한다.

dimerize

10

자 1 이량체가 형성되다

Receptor tyrosine kinases (RTKs), which bind to peptide and protein hormones, may **dimerize** during binding to ligands.

해 펩티드와 단백질호르몬과 결합하는 수용체형 tyrosine kinase (RTK)는 리간드와 결합하고 있는 동안 **이량체를 형성할** 수도 있다.

2 ~ with ....와 이량체를 형성하다

MyoD and its relatives belong to the helix-loop-helix superfamily, whose members **dimerize** with one another in order to bind to DNA and activate gene expression.

관 belong to ....에 속하다, dimerize with ....와 이량체를 형성하다

해 MyoD와 이와 연관된 단백질은 helix-loop-helix 슈퍼패밀리에 속하며, 그 구성원들은 DNA와 결합하여 유전자발현을 활성화하기 위하여 서로 **이량체를 형성한다**.

참 MyoD : 근육의 분화를 조절하는 helix-loop-helix 도메인을 가진 전사인자단백질이다. 발육 중에 중배엽세포가 골격근세포로 전환하도록 결정하는데 중요한 역할을 한다. 전사인자와 같이 DNA에 결합하는 단백질은 특징적으로 Helix-loop-helix 도메인을 가지고 있다.

diminish

14

자 1 감소되다, 작아지다

Wee1 activity **diminishes** and Cdc25 activity increases so that mitotic cyclin-CDK complex is converted into its active form.

관 diminish(자) 감소되다=decrease≠increase, so that 결과, be converted into 전환되다

해 Wee1활성이 **감소되고** Cdc25활성이 증가되어, 그 결과로 유사분열에서 나타나는 cyclin-CDK 복합체는 활성형으로 전환된다.

참 Wee1은 tyroine kinase이고 Cdc25는 phosphatase 활성을 가지고 있다.

2 감소되다, 작아지다

The amount of chondroitin sulfate in cartilage **diminishes** with age, whereas the amounts of keratan sulfate and hyaluronic acid **increase**. These changes may contribute to the development of osteoarthritis.

관 diminish(자) with age 나이가 들면서 감소되다, increase(자) 증가되다, contribute to ....의 원인이 되다=help to cause, development of osteoarthritis 골관절염의 발병

해 연골조직의 chondroitin sulfate의 양은 나이가 들면서 **감소되고**, 반면에 keratan sulfate와 hyaluronic acid의 양은 증가한다. 이들의 변화가 골관절염의 발병의 원인이 될 수도 있다.

타 감소시키다, 감소하게 하다

Structures at the 3' end, including the poly(A) tail, enhance or **diminish** the stability of specific mRNAs.

관 enhance(타) 향상시키다≠diminish 감소시키다

해 poly(A)꼬리를 포함하는 3' 말단의 구조들이 특이 mRNA의 안정성을 향상시키거나 혹은 **감소시키기**도 한다.

diminished

63

타 be ~ 감소되다

Conjugation and excretion of the yellow pigment bilirubin is **diminished** (by hepatic cirrhosis), and bilirubin accumulates in the blood. It is deposited in many tissues, including the skin and sclerae of the eyes, causing the patient to become visibly yellow. Such a patient is said to be jaundiced.

관 be diminished by hepatic cirrhosis 간경화에 의해 감소되다<수동형>, accumulate(자) 축적되다, be deposited 침착되다, be jaundiced(형) 황달이 걸리다, be said to ....라고 말하다

해 노란색소인 bilirubin의 첨가반응과 배출작용이 (간의 경화에 의하여) **감소되어**, bilirubin이 혈액에 축적된다. 그것은 피부, 양쪽 눈의 흰자위막을 포함하는 많은 조직에 침착되며, 그 결과 환자들이 눈에 띠게 노랗게 되도록 하는 원인이 된다. 그러한 환자는 황달에 걸렸다고 한다.

참 황달jaundice : 산소수송체인 헤모글로빈의 비단백질 성분인 heme은 간에서 빌리루빈으로 분해되어 배출된다. 이 물질은 불용성이기 때문에, 분비과정에서 glucuronic acid가 첨가되어 용해도

가 증가된 후 담즙과 혼합되어 배설된다. 그러나 간 기능이 떨어지면 이들의 첨가반응과 배설이 감소되어 불용성 물질이 다량으로 축적되어 혈액과 피부로 스며들어 노랗게 표출되는 황달증상을 보이게 된다.

diminution 명 감소

2 The further **diminution** in α1-antitrypsin brought about by smoking results in increased proteolytic destruction of lung tissue, accelerating the development of emphysema.

관 diminution=(reduction, decrease), further=additional, bring about=cause, development of emphysema 폐기종의 발병

해 흡연에 의해 야기된 α1-antitrypsin의 추가적인 **감소**는 증가된 단백분해에 의한 폐조직의 파괴를 유발하게 되기 때문에, 폐기종의 발병을 가속화한다.

참 α1-antitrypsin은 elastase 단백분해효소의 제해제이다. 담배 연기성분은 이 효소의 methionine 잔기를 sulfoxide화로 변형하여elastase을 저해할 수 없도록 만든다. 그 결과 폐의 elastase의 활성을 조절할 수 없게 되어, 이 단백분해효소에 의해 폐 조직이 손상을 받아 폐기종emphysema을 유발된다.

diminutive 형 작은, 아주 작은

2 *Listeria monocytogenes* are **diminutive** Gram-positive rods and can be cultured aerobically on blood agar.

관 diminutive 작은=(tiny, small), aerobically 유산소상태에서

해 *Listeria monocytogenes*은 **아주 작은** 그람양성의 막대형 세균이며, 혈액 agar 위에서 유산소상태에서 배양될 수 있다.

참 리스테리아증listeriosis : 음식물에 오염된 listeria균에 의한 감염증으로, 신생아나 노인층에서 주로 발생한다. 날고기, 야채, 소프트치즈, 멸균하지 않은 우유 등으로 감염된다.

direct 형 직접적인

375 Some of the effects of alcohol ingestion, such as the psychotropic effects on the brain or inhibition of vitamin transport, are **direct** effects caused by ethanol itself.

관 psychotropic effect 향정신성 효과, be caused by ....에 의해 유발되다, ethanol ingestion 음주

해 음주의 효과 중의 일부분, 즉 뇌에 대한 향정신성 효과나 혹은 비타민수송의 저해작용은 ethanol 자체에 의해 유발된 **직접적인** 효과이다.

타 1 .... 일을 수행하다, 다루다

The efficiency of translation is greatly increased by the binding of the mRNA and the individual aminoacyl-tRNAs to the ribosome, which **directs** elongation of a polypeptide at a rate of three to five amino acids added per second.

관 direct(타) .... 일을 수행하다=(manage or conduct affair of), at the rate of ....의 속도로

해 번역반응의 효율성은 mRNA와 개별 aminoacyl-tRNA가 리보솜에 결합함으로써 크게 증가되며, 그 결과 초당 3-5개의 아미노산이 추가되는 속도로 폴리펩티드의 연장반응을 **수행한다**.

2 ....으로 가게 하다, ...로 향하게 하다

After synthesis of a secretory protein begins on free ribosomes in the cytosol, a 16- to 30-residue ER signal sequence in the nascent protein **directs** the ribosome to the ER membrane and initiates translocation of the growing polypeptide across the ER membrane.

관 nascent 태생의, initiate(타), direct(타) .... to ....으로 가게하다=cause (something) to move towards a certain goal

해 분비성 단백질의 합성이 세포질에 존재하는 자유형 리보솜에서 시작된 후, 금방 만들어진 단백질에 있는 16-30개 잔기 길이의 ER신호서열이 그 리보솜을 ER막**으로 가게 하여** 합성 중인 폴리펩티드의 ER막을 관통하는 전위반응을 개시하도록 한다.

참 자유형 리보솜free ribosome이 분비성 단백질이나 세포막 단백질을 합성할 때, ER 막으로 이동하여 고정되는데, 리보좀에 고정된 상태의 ER를 조면소포체 rough ER라 한다. 리보솜들이 ER

막에 고정되는 것은 길어지고 있는 펩티드에서 먼저 합성된 신호서열signal sequence에 의해 매개된 것이다.

directed

265

타 1 be ~ toward ....을 목적으로 하다, ...로 향하여지게 하다

Many of the drugs used to treat malignant tumors are **directed** toward inhibition of DNA replication.

관 be directed toward ....를 목적으로 하다=(be aimed toward, be pointed at), malignant≠benign

해 악성종양을 치료하기 위하여 사용되는 많은 약물은 DNA 복제의 저해를 **목적으로 한다**.

2 be ~ at/into/to/toward ....(의 쪽으)로 이동되다

If the acetyl-CoA is **directed** entirely to/into the TCA cycle in mitochondria, it can eventually generate approximately 10 high-energy phosphate bonds - that is, 10 molecules of ATP synthesized from ADP.

관 be directed to/into ....로 이동되다=be moved to, that is 즉

해 Acetyl-CoA가 전적으로 미토콘드리아에 있는 TCA회로**로 이동되면**, 그것은 궁극적으로 대충 10개의 고에너지인산결합을 - 즉 ADP로부터 합성된 ATP 10분자를 생성할 수 있다.

참 포도당의 해당작용이나 지방산의 β-산화반응으로 생성된 acetyl CoA는 TCA 회로로 들어가면 완전히 CO_2와 H_2O로 분해되면서 에너지를 생산한다. 이 회로와 전자전달계는 미토콘드리아 속에서 작동하고 있다.

3 be ~ at ....에 향하여지다, 조사되다

A high-energy beam of inert gas molecules (argon or xenon) is **directed** at a solid sample.

관 direct(타) .... at 직선코스를 따라가게 하다=cause .... to follow a straight course

해 불활성 기체분자 (argon 혹은 xenon)의 고에너지 광선이 고체시료**에 조사된다**.

4 be ~ against ....에 대(항)하여 만들어지다

The cause of multiple sclerosis has yet to be determined, although it is believed that an event occurs that triggers the formation of autoimmune antibodies **directed** against components of the nervous system.

관 multiple sclerosis 다발성 경화증, has *yet to be* determined결코 밝혀지지 않은 상태이다=has *never* be determined, trigger(타) 촉발시키다=(initiate, activate)

해 비록 신경계의 구성성분에 **대하여 만들어진** 자가면역항체의 형성을 촉발하는 어떤 사건이 일어난다는 것은 믿어지지만, 다발성경화증의 원인은 아직 밝혀지지 않은 상태이다.

참 여기서, 자가면역 항체의 생성을 촉발하는 사건이란 면역계를 자극하는 감염된 세균이나 바이러스일 수도 있다. 불행히도 이 자극에 의해 생성된 항체는 비정상적으로 신경섬유의 절연체의 역할을 하는 수초myelin을 파괴하는 자가면역 반응을 유발할 수도 있다는 것이다. 다발성경화증은 수초의 파괴에 의하여 발병하는 것으로 알려져 있다.

directly

458

부 1 직접적으로

Lactose cannot be absorbed **directly** into the bloodstream. It must first be broken down into galactose and glucose by lactase, an intestinal enzyme.

해 젖당은 **직접적으로** 혈류로 흡수될 수 없다. 그것은 우선 소장의 효소인 lactase에 의하여 galactose와 glucose로 분해되어야 한다.

2 당장, 즉시

The cholesteryl ester in HDL is taken up by the liver, either **directly** or after transfer to VLDL, IDL, or LDL via the cholesteryl ester transfer protein.

해 HDL에 있는 cholesteryl ester는 간에 의하여 **즉시** 혹은 cholesteryl ester 수송단백질을 경유하여 VLDL, IDL 혹은 LDL로 전달된 후 흡수된다.

direction

38

명 1 방향

In Brownian motion, for instance, thermal energy constantly buffets molecules and organelles in random **directions** and for very short distances. On the other hand, materials within a cell are transported in specific **directions** and for longer distances.

관 buffet(타) 충돌하게 만들다=(hit, strike), on the other hand 반면에, for a short distance 짧은 거리로, in random directions 임의의 방향들로

해 브라운운동에서, 예를 들면, 열에너지는 일정하게 분자와 소기관을 임의의 **방향**으로, 또한 매우 짧은 거리 내에서 충돌하게 만든다. 반면에, 어떤 세포내의 물질은 특이한 **방향**으로 그리고 더 먼 거리로 수송된다.

2 in the ~ of ....의 방향으로

The hydrophobic nonpolar tails of these molecules are oriented toward each other, in the **direction** of the center of the membrane.

관 be oriented 방향이 잡히다=(be positioned, be guided)

해 이들 분자의 혐기성인 비극성 꼬리는 서로 마주보도록, 즉 막의 중앙**의 방향으로** 향하도록 방향이 잡힌다.

3 in all ~s 모든 방향으로, 사방으로

Cytoplasmic microtubules in animal cells tend to radiate out in all **directions** from the centrosome, where their minus ends are anchored.

관 tend to 경향이 있는=(be inclined to, have a tendency to, be predisposed to 병이 걸리기 쉽다, radiate(자) out 방사형으로 퍼져나가다

해 동물세포에서 세포질의 미세소관은 음의 말단이 고정되어있는 곳인 중심체로부터 **모든 방향으로** 방사형으로 퍼져나가는 경향이 있다.

참 중심체centrosome : 미세소관microtubule이 조직화되는 곳이며 세포분열의 간기에 자주 핵막과 연결된 상태로 존재하어 염색체의 분리과정에 참여한다.

directionality 명 방향성, 지향성

2

Diffusion alone cannot account for the rate, **directionality**, and destinations of such transport processes. Findings from early experiments with fish-scale pigment cells and nerve cells first demonstrated that microtubules function as tracks in the intracellular transport of various types of "cargo."

관 account for ....를 책임지다=(explain, be responsible for), demonstrate(타) 증거 (여기서는 초기 실험들의 결과)를 제시하여 사실임을 보여주다=(show clearly, show to be true by reasoning evidence), function as ....로 기능하다, microtubule 미세소관

해 확산현상만이 그러한 수송과정의 속도, **방향성** 및 도착지를 책임질 수 없다. 어류의 비늘색소세포와 신경세포를 이용한 초기 실험으로부터의 발견은 여러 종류의 "화물"의 세포내의 수송에서, 미세소관이 수송로로써의 기능을 한다는 것을 처음으로 보여주었다.

directionally 부 방향에 맞게, 방향을 고려하여

1

PCR amplification of the tailed DNA was performed with restriction site-containing primers complementary to the poly-dC tail and to the unique tag upstream of the poly-dA stretch, and products were **directionally** cloned into pCDNA3.

관 be performed 수행되다=be carried out, complementary to ....에 상보적으로, upstream≠downstream, be cloned into ....속으로 클로닝되다, stretch 연속서열

해 꼬리가 붙은 DNA의 PCR 증폭은 poly-dC꼬리와 poly-dA 연속서열 윗방향에 있는 특유한 태그에 상보적인 제한효소자리를 포함하는 primer를 사용하여 수행되었고, 그리고 산물이 pCDNA3 속으로 **방향을 고려하여** 클로닝되었다.

directional 형 방향성이 있는, 지향성의

15

In active transport the pumping activity of the carrier protein is **directional** because it is tightly coupled to a source of metabolic energy, such as ATP hydrolysis or an ion gradient.

관 be tightly coupled to ....와 단단히 연결되다, be directional 빙향성이 있다

해 능동수송에서, 수송단백질의 퍼올리는 활성은 **방향성이 있다**, 왜냐하면 그것은 ATP의 가수분해

나 혹은 이온경사와 같은 대사 에너지의 공급원과 강하게 연결되어있기 때문이다.

참 능동수송 active transport : 어떤 물질의 농도경사에 역행하여 물질을 퍼 올려서 수송해야 하므로 에너지가 필요하다. 이 에너지는 ATP를 분해하여 얻거나 다른 이온의 농도의 차이로부터 형성된 삼투에너지를 이용하는 것이다.

discover 타 발견하다

4 Recent advances in bioinformatics permit researchers to compare amino acid sequences to **discover** clues to potential properties, physiologic roles, and mechanisms of action of proteins.

관 permit .... to ....을 허용하다=(allow .... to, afford .... opportunity to)

해 생명정보학에서의 최근의 발전은 단백질의 잠재적인 행동특성, 생리학적인 역할과 작동기전에 대한 단서를 **발견할 수 있도록**, 연구자들이 아미노산서열을 비교하는 것을 가능도록 한다.

discovered 타 be ~ 발견되다

35 Vitamin K was **discovered** as a result of investigations into the cause of a bleeding disorder of cattle, and of chickens fed on a fat-free diet.

관 investigation 조사; 규명=detailed inquiry, be fed on a .... diet ....로된 규정식이 주어지다

해 비타민 K는 가축과 무지방 규정식의 모이를 준 닭의 출혈장해의 원인을 규명한 연구 결과로써 **발견되었다**.

참 비타민 K : found, deplete 참조

discovery 명 발견

41 One of the most intriguing **discoveries** in modern medicine is that NO, a toxic gas found in car exhaust, is in fact a natural signaling molecule.

관 intriguing 호기심을 유발하는=rousing curiosity, NO 산화질소, car exhaust, 자동자배기가스

해 현대의학에서 가장 호기심을 자극하는 **발견** 중의 하나가 자동차 배기가스 속에서 발견되는 독가스 성분인 NO가 실제로 신호를 전달하는 자연산 분자라는 것이다.

discrete 형 구별된, 분리된, 따로따로의

28 Before mitosis, the DNA is replicated, resulting in two identical chromosomes called sister chromatids. During metaphase in mitosis, these condense into **discrete**, visible chromosomes.

관 discrete 구별되는=(separate, distinct), metaphase in mitosis 체세포분열의 중기, condense(자) into ....로 응축되다

해 체세포분열 전에 DNA가 복제되며, 그 결과 딸염색분체라고 하는 두 개의 동일한 염색체들이 생성된다. 체세포분열의 중기 동안 이들은 **따로따로** 볼 수 있는 염색체로 응축된다.

discuss 타 토의하다, 상세히 쓰다

17 In this section, we first examine the components of the kinase cascade downstream from Ras in RTK-Ras signaling pathways in mammalian cells. Then we **discuss** the linkage of other signaling pathways to similar kinase cascades.

관 examine(타) 검토하다=observe carefully, discuss something 상세하게 쓰다=write or talk about it in detail

해 이 섹션에서, 먼저 우리는 포유동물세포의 RTK-Ras신호전달경로에서, Ras로부터 아랫방향에 있는 인산화효소 다단계반응의 구성요소들을 설명한다. 그 다음에, 다른 신호전달경로와 유사한 인산화효소 다단계반응과의 관련성에 대하여 **상세히 쓸** 것이다.

참 RTK-ras signaling pathway : 이 신호전달경로는 RTK (receptor tyrosine kinase)가 활성화된 후 Ras 단백질을 경유하여 신호가 전달되는 경로를 말한다. Ras는 G단백질의 일종으로 신호전달경로에서 조절용 스위치역할을 한다.

discussed 타 1 be ~ 토의되다

37 All microarray data **discussed** herein are available at ArrayExpress under the accession designation E-TABM-277.

관 be available 사용할 준비가 되다=be ready for use

해 여기에서 **토의된** 모든 microarray 데이터는 접속허용번호 E-TABM-277로 ArrayExpress에서 이용 가능하다.

참 ArrayExpress : 독일의 EMBL-EBI에서 관리하는 기능유전체학functional genomics과 관련된 유전자발현에 관한 정보를 담아두는 온라인 공익archive이다.
접속주소: http://www.ebi.ac.uk/microarray-as/ae/

2 be ~ 토의되다

There are various different structural levels in proteins, and these can be briefly **discussed** again here using the example of insulin.

관 discuss(타) .... using 사용하여 ....를 토의하다, structural levels 구조적 수준들 예) 1차-4차구조

해 단백질에서 몇 가지 서로 다른 구조적 수준이 있으며, 이들은 여기서 다시 insulin의 예를 이용하여 간단하게 **토의될 수** 있다.

discussion
17

명 토론, 검토

To best understand how the erythrocyte can carry out its major function, a **discussion** of erythrocyte metabolism is required.

관 be required 필수적이다=(be obligatory, be essential), discussion 검토=formal discourse on a topic

해 적혈구가 어떻게 주된 기능을 수행할 수 있는지를 가장 잘 이해하기 위해서, 적혈구대사의 **검토**가 필수적이다.

참 under discussion (심의중), further discussion, detailed discussion, expanded discussion, brief discussion, preceding discussion

disease
268

명 병, 질환

The major factors responsible for causing **diseases** in animals and humans are listed in Table 1-2.

관 be responsible for ....에 책임이 있다=be the cause of, be listed in ....목록으로 나열되다

해 동물과 사람에서 **질병**을 일으키는데 책임이 있는 주된 인자들이 표 1-2에 목록으로 나열되어있다.

diseased
5

형 병든

As more patterns of gene expression characteristic of various **diseased** tissues are recognized, the diagnostic use of DNA microarrays will be extended to other diseases.

관 be extended to=be expanded to ....로 확장되다, be characteristic of ....의 특성이 되다

해 다양한 **병든** 조직에서 특징적인 유전자발현의 더 많은 형태가 알려짐에 따라서, DNA microarray의 진단용으로의 사용이 다른 질병으로 확장될 것이다.

참 - DNA microarray : hybridization, ratio, sense, transcribed 참조
- expend와 expand : expend는 길이로 확장되는 것이고 (lengthen, stretch), 반면에 expand는 넓이로 확장되는 것을 의미한다 (widen, enlarge). 사용이나 쓰임이 확장된다고 표현할 때는 be extended to와 be expanded to 모두 사용될 수 있다.

disorder
19

명 병, 무질서

The importance of the ratio of thrombin to antithrombin is illustrated in the case in which a 14-year-old boy died of a bleeding **disorder** because of a mutation in his α_1-antitrypsin.

관 be illustrated 그림으로 그린 듯이 보이다, die(자) of ....의 원인으로 죽다

해 Thrombin과 antithrombin의 비율의 중요성은 α_1-antitrypsin의 어떤 돌연변이 때문에 출혈성 **질환**으로 죽은 14세 소년의 증례에서 확실하게 보인다.

타 무질서하게 만들다

Because it takes less thermal energy to **disorder** these poorly ordered arrays of unsaturated fatty acids, they have markedly lower melting points than saturated fatty acids of the same chain length.

관 it takes + (시간, 양) to=....하는데 ....이 들다, disorder(타) 무질서하게 만들다=disturb

해 불포화지방산의 성기게 정렬된 배열을 **무질서하게 만드는** 것에 더 적은 열에너지가 들기 때문에, 그들은 동일한 사슬길이의 포화지방산보다 현저하게 더 낮은 녹는점을 가진다.

disordered 형 무질서하게 된

4

When IPTG is bound and DNA is not bound, the repressor's DNA-binding domains are too **disordered** to be defined in the crystal structure.

관 too .... to=so .... that .... can not, be defined 규정되다=(specified, determined)

해 IPTG가 결합되고 DNA가 결합되지 않을 때, 그 억제제의 DNA결합도메인은 너무 **무질서하게 되어** 결정구조에서 규정되는 것이 불가능하다.

참 IPTG (Isopropyl β-D-1-thiogalactopyranoside) : lactose의 유사체로써 β-galactosidase을 코딩하는 유전자의 발현을 유도할 수 있다. 이 물질은 대장균에서 대사되지 않기 때문에, 유전공학에서 plasmid의 일부 서열인 β-galactosidase와 융합된 유전자의 발현량을 증폭시키는데 사용된다.

displace 타 1 ~ ..... from ....로부터 ....를 교체시키다

4

A number of compounds such as antibiotics and other drugs compete with bilirubin for the high-affinity binding site on albumin. Thus, these compounds can **displace** bilirubin from albumin and have significant clinical effects.

관 A displace B= A가 B를 교체하다, compete(자) with ....와 경쟁하다, have an effect 효과가 있다

해 항생제나 다른 약물과 같은 많은 종류의 화합물이 알부민의 고친화성 결합자리에 대하여 bilirubin과 경쟁한다. 그래서 이들 화합물은 알부민으로부터 bilirubin을 **교체시킬 수 있으며**, 그래서 상당한 임상적인 효과가 있을 수 있다.

참 알부민 albumin 단백질 : 이 단백질은 소수성 화합물을 포함한 다양한 물질과 결합하는 능력이 있다. Bilirubin에 대해서는 고친화도 및 저친화성의 결합자리를 가지고 있어서, 혈중농도 25 mg/dL의 양으로 결합할 수 있다. 이 양을 초과하는 bilirubin은 혈액으로부터 유출되어 조직으로 스며 나와 황달증상이 발생한다.

2 ....의 위치를 바꾸게 하다, 흩트리다

Chromatin remodeling also requires protein complexes that actively move or **displace** nucleosomes, hydrolyzing ATP in the process.

관 displace(타) 배열이나 정돈을 흩트리다=disarrange

해 염색질의 리모델링은 또한 그 과정에서 ATP를 가수분해하여 nucleosome을 활발하게 이동시키거나 혹은 배열을 **흩트리는** 단백질복합체을 필요로 한다.

참 염색질chromatin : organization 참조

displaced 타 be ~ ....로 위치가 바뀌다

3

When all the BPG is carefully removed from samples of HbA and HbF, the measured O_2-saturation curves and consequently the O_2 affinities are **displaced** to the left.

관 consequently 그 결과로=in (as a) consequence, be displaced to the left ....왼쪽으로 위치를 바꾸다

해 모든 BPG가 HbA와 HbF의 시료로부터 조심스럽게 제거되면, 측정된 O_2 포화곡선과 그 결과로 나타나는 O_2 친화도는 왼쪽으로 **위치를 바꾸게 된다**.

참 BPG (2,3-bisphosphoglycerate) : 이 화합물은 포도당의 해당과정에서 생성되며 헤모글로빈 (Hb)의 산소에 대한 친화력affinity를 감소시키는 역할을 한다. 적혈구는 폐로부터 멀리 떨어진 곳 까지 이동하면서 에너지로 포도당을 사용하므로, 그 시간 동안 많은 BPG가 생성되고 그 결과로 산소의 해리가 촉진되며 말초조직에 산소의 공급이 용이해진다.

displacement 명 1 배열의 흩트림, 이동

17

The remodeling of chromatin generally refers to **displacement** of the nucleosome from specific DNA sequences so that transcription of the genes in that sequence can be initiated.

관 remodeling of chromatin 염색질의 리모델링, refer to ....를 말하다=assign to as ground of explanation, so that .... can 목적, initiate(타) 개시하다

해 염색질의 리모델링이란 일반적으로 그 서열에 존재하는 유전자의 전사가 개시될 수 있도록 특이 DNA서열로부터 유래된 nucleosome을 **흩트리는 반응**을 말한다.

2 교체, 치환

The pertussis toxin, produced by *Bordetella pertussis*, catalyzes ADP-ribosylation of Gi, preventing **displacement** of GDP by GTP and blocking inhibition of adenylyl cyclase by Gi.

관 pertussis toxin 백일해균 독소, displacement of A by B=B로 A의 교체, block(타) 차단하다

해 백일해균 독소는 *Bordetella pertussis*에 의해 생산되는데, Gi의 ADP-ribosylation을 촉매하며, 그 결과 GTP에 의한 GDP의 **교체**를 저해하여 Gi에 의한 adenylate cyclase의 저해를 차단한다.

display

162

명 표시, 표명, 전시, 보여줌

Two-dimensional gel electrophoresis allows the separation and **display** of up to 1,000 different proteins on a single gel.

관 two-dimensional gel electrophoresis 2차원겔전기영동, up to .... 까지=as many as

해 2차원 겔전기영동은 단 하나의 겔 위에서 1,000개에 달하는 서로 다른 단백질을 분리하여 **보여주는 것**을 가능하게 한다.

타 1 볼 수 있도록 내어놓다, 제시하다

Class I MHC proteins bind and **display** peptides derived from the proteolytic degradation and turnover of proteins that occurs randomly within the cell.

관 display(타) 볼 수 있도록 제시하다=(put out for others to see, present), bind(타) ....와 결합하다

해 제 I 부류의 MHC단백질은 세포 속에서 임의적으로 일어난 단백질의 분해작용과 대사회전으로부터 유래된 펩티드와 결합하여 그들을 **볼 수 있도록 제시한다**.

2 ....를 보여주다

We can examine the efficacy of our purification scheme by analyzing a part of each fraction by SDS-PAGE. The initial fractions will **display** dozens to hundreds of proteins. As the purification progresses, the number of bands will diminish, and the prominence of one of the bands should increase. This band will correspond to the protein of interest.

관 purification scheme 정제계획안, progress(자) 진행되다, diminish(자) 감소되다=decrease, prominence 뚜렷해짐, correspond to ....에 해당하다=match

해 우리는 정제계획안의 효율을 각 분획의 일부분을 SDS-PAGE로 분석함으로써 조사할 수 있다. 초기의 분획은 수십에서 수백 종의 단백질을 **보여줄** 것이다. 그 정제가 진행되면서, 띠의 수는 감소될 것이며, 띠 가운데 한 개의 뚜렷해짐이 증가되어야 한다. 이 띠가 관심을 둔 그 단백질에 해당하게 될 것이다.

3 (특성, 확인할 수 있는 형태)을 부여받다

Multimeric proteins with more than one kind of subunit often **display** different affinities between different pairs of subunits.

관 display(타) 특성을 부여받다=(be endowed with), affinity 친화력, multimeric protein 다중체단백질

해 한 종류 이상의 아단위체를 가지고 있는 다중체단백질은 아단위체의 서로 다른 짝 사이에서 서로 다른 친화력을 자주 **부여받는다**.

4 (성향을) 보이다, 나타내다

The integration of the animal virus DNA into the animal genome generally is not "site-specific" but does **display** site preferences.

관 integration 통합, not .... but ....가 아니고 ....이다, site preference 부위에 대한 선호성

해 동물 바이러스의 DNA가 동물의 유전체 속으로 통합되는 반응은 일반적으로 "부위에 특이적"이지 않지만, 부위에 대한 선호적인 **성향을 보이고 있다**.

displayed 타 be ~ (특정한 장소에)제시되다

209

Peptide fragments from foreign proteins that are **displayed** by MHC proteins are the antigens the immune system recognizes as nonself.

관 recognize(타) .... as ....를 ....로 인식하다, MHC protein 주조직적합성 복합체단백질

해 MHC단백질에 의해 (세포표면에) **제시되는** 외부의 단백질로부터 유래된 펩티드조각은 면역계가 자기 자신의 것이 아닌 것으로써 인식하는 항원이다.

참 MHC (Major histocompatibility complex) : 주조직적합성 복합체, 대부분의 포유동물에서 발견되는 큰 유전체 영역으로 구성된 유전자 패밀리로써, 면역계의 자기면역반응에서 중요한 역할을 한다. MHC 계열 유전자들에 의해 인코딩되는 단백질들은 발현되어 세포의 표면에 제시된다. 그러면 면역 T세포에 의해, 자신의 것이지 외부에서 침입한 것인지를 판명될 수 있다.

disrupt 타 중단시키다, 방해하다

99

Mitochondrial matrix-targeting sequences are thought to assume an α-helical conformation in which positively charged amino acids predominate on one side of the helix and hydrophobic amino acids predominate on the other side. Mutations that **disrupt** this amphipathic character usually **disrupt** targeting to the matrix, although many other amino acid substitutions do not.

관 assume(타) 취하다=take on a position, predominate(자) 월등히 많이 위치하다=have greater quantity, target to ....로 표적화하다=intend (something) to move towards a certain goal

해 미토콘드리아의 매트릭스로 표적화시키는 서열은 양으로 하전된 아미노산들이 나선구조의 한쪽 면에서 그리고 소수성 아미노산들은 다른 쪽에 월등하게 많이 위치하는 α-나선형 입체구조를 취하는 것으로 생각된다. 이 양성의 특성을 **방해하는** 돌연변이들은 일반적으로 매트릭스로의 표적화되는 것를 **중단시켰지**만, 많은 다른 아미노산의 치환은 그렇지 않았다.

참 단백질의 표적화protein targeting : 단백질 분류화protein sorting라고도 한다. 세포 내에서 합성된 단백질은 세포 속의 소기관이나 세포 밖으로 분비되도록 수송되어, 적절한 위치에 도착하게 되는데, 이 것을 표적화targeting라 한다. 합성된 단백질이 어떤 특별한 장소로 수송되기 위해서는 이에 대한 정보를 담고 있는 표적화서열targeting sequence을 가지고 있어야 한다.

disrupted 타 be ~ 망가지다, 파괴되다

84

In contrast, peripheral membrane proteins are bound to membranes primarily by electrostatic and hydrogen-bond interactions with the head groups of lipids. These polar interactions can **be disrupted** by adding salts or by changing the pH.

관 in contrast 대조적으로, peripheral 말초의≠integral 통합의, be bound to ....와 결합되다

해 대조적으로, 말초형 막단백질은 지질의 머리작용기들과 정전기적 결합과 수소결합 상호반응에 의하여 막에 결합된다. 이러한 극성결합은 염을 첨가하거나 혹은 pH를 변경함으로써 **파괴될 수 있다**.

참 세포막단백질 : 세포막에서 이온통로, 수용체 등의 특정한 기능을 수행하는 것은 단백질이다. 이 단백질들은 세포막을 관통하면서 존재할 수도 있고 세포막 표면에 떠 있는 형태로 있을 수도 있는데, 전자를 막관통단백질integral protein, 후자를 말초형 단백질periperal protein이라 한다.

disruption 명 파손, 손상

234

In liver fibrosis, **disruption** of the normal liver architecture, including sinusoids, impairs blood from the portal vein.

관 fibrosis 섬유화, impair(타) 손상시키다=(weaken, damage), sinusoid 굴모양혈관

해 간의 섬유화에 있어서, 굴모양혈관을 포함하는 정상의 간 구조물의 **파손**은 간 문맥정맥으로부터 유래되는 혈액을 손상시킨다.

참 간 굴모양혈관sinusoid : 동굴모양의 혈관의 한 종류로 풍부한 산소 (간 동맥으로부터)와 영양분을 함유한 혈액 (간 문맥 정맥으로부터)이 함께 머무는 공간을 제공하고 있다. 간세포 hepatocyte와 sinusoid 사이에는 공간이 존재하며 이 공간에는 혈장이 들어있다.

disruptive 형 파괴적인, 손상이 큰

1

Maintenance of pH is vital to all cells. Cellular processes such as metabolism are dependent on the activities of enzymes, and in turn, enzyme activity is markedly influenced by pH, as the graphs in Figure 16 show. Consequently, changes in pH would **be** very **disruptive** to metabolism.

관 vital to 중요한=critical to, in turn 다시 말하면, would 가정법

해 pH의 유지는 모든 세포에 매우 중요하다. 대사와 같은 세포의 과정은 효소의 활성에 의존하며, 다시 말하면 그림 16에서의 그래프들이 보여주듯이, 효소의 활성은 pH에 의하여 현저하게 영향을 받는다. 결과적으로, pH에서의 변화가 일어난다면 대사에 **손상이** 매우 **클** 것이다.

dissect 타 (자세히) 자세히 조사하다, 해부하다

11 Researchers identified the transcription factors downstream from TGFβ receptors in *Drosophila* from genetic studies similar to those used to **dissect** receptor tyrosine kinase pathways.

관 dissect(타) 조사하다=example carefully, identify(타) 찾아내다=discover

해 연구자들은 수용체형 티로신인산화효소의 경로를 **조사하는**데 사용된 것과 유사한 유전자 연구로부터, *Drosophila*에서 TGFβ 수용체로부터 아랫방향에 있는 전사인자들을 찾아내었다.

dissected 타 be ~ (자세히) 조사되다, 해부되다

56 The chemist John Dalton *proposed* that after his death, his eyes *should* **be dissected** and the color of the vitreous humor determined.

관 vitreous humor 눈 수정체액, 동사 propose의 종속절에 should를 사용한다. 예) suppgest, insist, recommend 등에서도

해 화학자 John Dalton은 사후에 그의 눈이 **해부되어**, 눈 수정체액의 색깔이 결정될 것을 제안하였다.

참 원자이론을 주창한 화학자 John Dalton은 색맹color-blind 이었다. 그래서 자기 눈의 수정체액의 색이 정상인과 달리 약간 푸른색을 띠고 있을 것으로 생각하여, 사후에 원인을 밝히는데 사용되기를 제안하였다.

dissection 명 자세한 조사

15 Cell-free assays for intercompartmental protein transport have allowed the biochemical **dissection** of individual steps of the secretory pathway.

관 cell free assay 세포균질액분석법, intercompartmental 분획상호간의

해 세포내의 분획 상호간의 단백질수송에 대한 세포균질액 분석법은 그 분비경로의 각 개별단계의 **자세한** 생화학적 **조사**를 가능하게 하였다.

dissipate 자 흩어져 없어지다, 풀어지다

2 Smooth muscle relaxation occurs through the action of myosin light chain phosphatase, which dephosphorylates LC2. This reaction is relatively slow, and smooth muscle contractions are typically more sustained and **dissipate** more slowly than those of striated muscle.

관 relaxation 이완≠contraction 수축, light chain phosphatase 경사슬 탈인산화효소, smooth muscle 평활근육, striated muscle 가로무늬근

해 평활근의 이완반응은 LC2를 탈인산화하는 myosin 경사슬 탈인산화효소의 활동을 통하여 일어난다. 이 반응은 비교적 천천히 일어나기 때문에, 가로무늬근의 수축보다 평활근의 수축이 전형적으로 더 지속되어 더 늦게 **풀어지게 된다**.

참 골격근과 평활근 : 골격근skelectal muscle은 가로무늬근육으로 의도적으로 사용할 수 있어 운동에서 중요한 역할을 하고, 반면에 평활근은 가로무늬striated가 없는 민무늬근 smooth muscle으로 심장이나 내장에서 자율적으로 수축과 이완을 하며 또한 골격근과 다르게 방추형의 세포들이 집단적으로 모여 있다.

dissipated 타 be ~ 흩어져 없어지다

2 Because of this tight coupling between ATP hydrolysis and transport, the energy stored in the phosphoanhydride bond **is** not **dissipated** but rather used to move ions or other molecules uphill against an electrochemical gradient.

관 because of 때문에=due to, move(타) .... uphill ....의 윗방향으로 이동시키다

해 ATP의 가수분해와 수송 사이의 밀접한 짝짓기 때문에, 이 phosphoanhydride 결합에 저장되어

있는 에너지는 **흩어져 없어지지 않고** 오히려 이온이나 다른 분자들을 전기화학적 경사에 역행하는 윗방향으로 이동시키는데 사용된다.

dissipation 명 발산, 소산, 소실

13

The thermal conductivity of water is also high, thereby facilitating heat **dissipation** from high energy-using areas such as the brain into the blood and the total body water pool.

관 thermal conductivity 열전도도, heat dissipation 열의 발산

해 물의 열전도 또한 높으며, 그것 때문에 뇌와 같이 많은 에너지를 사용하는 영역으로부터 혈액으로 그리고 신체의 전체 물 저장소로의 열의 **발산**을 촉진할 수 있게 된다.

dissolve 타 용해하다, 녹이다

11

His dentist explained that bacteria in his dental plaque could convert all the sugar in his candy into acid in less than 20 minutes. The acid is buffered by bicarbonate and other buffers in saliva, but saliva production decreases in the evening. Thus, the acid could **dissolve** the hydroxyapatite in his tooth enamel during the night.

관 convert(타) .... into ....로 전환하다, dental plaque 치석, be buffered 완충되다, saliva 타액, in less than ....이내에, bicarbonate 중탄산이온, could 가정법, 'The acid is ..... in the evening.'가 현재시제를 사용한 것은 과학적 진리를 표현했기 때문

해 그의 치과 주치의는 그의 치석에 있는 박테리아들이 사탕 속의 모든 탄수화물을 20분이 되지 않는 시간에 산으로 변환할 수 있다고 설명하였다. 그 산은 타액속의 중탄산과 다른 완충제에 의하여 완충되지만, 그러나 타액의 생산은 저녁에 감소한다. 그래서 그 산이라면 야간에 치아의 에나멜질의 hydroxyapatite를 **녹일 수 있**을 것이다.

참 중탄산염bicarbonate : 화학식 HCO_3^-로 표시되는 무기물질로 생체에서는 염기성으로 작용하여 산을 중화시키는 역할을 한다. $HCO_3^- + H^+ \rightarrow H_2CO_3 \rightarrow H_2O + CO_2$ 이 반응은 carbonic anhydrase라는 효소에 의하여 수행된다.

자 용해되다

Dietary fiber is the portion of the diet resistant to digestion by human digestive enzymes. It consists principally of plant materials that are polysaccharide derivatives and lignan. The components of fiber are often divided into the categories of soluble and insoluble fiber, according to their ability to **dissolve** in water.

관 be resistant to digestion=be incapable of being digested, consist of 구성되다, be divided into the categories of .... 의 범주로 분류되다, according to ....에 따라, derivative 유도체

해 음식물의 섬유소는 사람의 소화효소에 의하여 소화될 수 없는 음식물의 일부분이다. 그것은 주로 다당류 유도체와 lignan이라는 식물성 물질로 구성되어있다. 섬유소의 구성인자는 물에 **용해되는** 능력에 따라, 용해성과 비용해성 섬유소의 범주로 자주 분류된다.

참 음식물섬유소 dietary fiber : 다당류의 유도체로 수많은 -OH기를 가지고 있기 때문에 극성분자가 된다. 그 결과 다량의 물을 머금을 수 있어서 대변을 연화시켜 대장벽에 대한 압력을 줄일 수 있어 변비증상을 완화시킬 수 있다. 용해성 섬유소인 pectin류는 담즙산과 결합할 수 있어서, 소장에서의 담즙산의 재흡수를 방해하여 혈액의 콜레스테롤 양의 증가를 막을 수 있다. 또한 단당류의 소장에서의 흡수속도를 느리게 하여 혈당의 빠른 증가를 막아주기도 한다.

dissolved 타 1 be ~ 용해되다

96

Fibrin is **dissolved** by plasmin. Plasmin exists as an inactive precursor, plasminogen, which can be activated by tissue plasminogen activator (t-PA).

해 Fibrin은 plasmin에 의하여 **용해된다**. Plasmin은 불활성 전구체인 plasminogen으로 존재하는데, 이것이 조직형 plasminogen활성제 (tPA)에 의해 활성화될 수 있다.

참 조직형 tissue plasminogen activator (tPA) : 유전공학적으로 생산한 재조합 tPA은 폐색전증, 심근경색 및 뇌졸증과 같은 혈전성 질환의 치료에 사용된다. 질병이 발생하고 난 후 3시간 이내에 tPA는 정맥주사로 주입되어야 한다.

2 be ~ away 녹아 없어지다

The large empty spaces in the light micrograph of a stained section correspond to fat cells, whose fatty contents have been **dissolved** away during specimen preparation.

관 specimen preparation 표본의 제작, correspond(자) to ....에 해당하다=match(타)

해 염색된 단면의 광학현미경 사진에서, 비어있는 큰 공간들은 지방산 내용물이 표본을 준비하는 동안에 **녹아 없어져버린** 지방세포에 해당한다.

distal 형 1 (기준점으로부터) 멀리 떨어진

83

Thus, the *proximal* end of the transcribed gene has short transcripts attached to it, while much longer transcripts are attached to the **distal** end of the gene.

관 proximal(형) 시작부위에서 가까운≠distal 기준점으로부터 먼, it=the *proximal* end, while 반면에

해 그래서 전사된 유전자의 *시작부위에서 가까운* 말단부는 그것에 부착된 짧은 전사물을 가지며, 반면에 훨씬 더 긴 전사물들이 그 유전자의 **시작 부위로부터 먼** 말단에 부착되어있다.

2 ~ to ....에서 멀어지는 (쪽의)

The deletion mutation of a single nucleotide from the coding strand of a gene results in an altered reading frame in the mRNA. Altering the reading frame results in a garbled translation of the mRNA **distal** to the single nucleotide deletion.

관 coding strand 단백질로 번역되는 DNA가닥, reading frame 번역되는 프레임, distal to ....에서 멀어지는 쪽의, garbled 틀린; 왜곡된=distorted

해 어떤 유전자의 코딩 가닥으로부터 단 하나의 뉴크레오티드 삭제형 돌연변이는 그 mRNA에서 변경된 리딩 프레임의 결과를 만든다. 리딩 프레임을 변경한다는 것은 단일 뉴크레오티드의 삭제**에서 멀어지는 쪽의** mRNA를 잘못된 번역의 결과를 만들게 한다.

distance 명 (복수가능) 거리

83

A phospholipid molecule takes about 10^9 times as long to flip-flop across a membrane as it takes to diffuse a **distance** of 50 Å in the lateral direction.

관 it take +시간 ....이 걸리다, diffuse(자) 확산되다, as long .... as 동등비교, in the lateral direction 측면 방향으로, flip-flop 공중제비돌기(지질이중층 막의 한쪽 면에서 다른 면으로)

해 하나의 인지질분자가 막을 가로질러 공중제비돌기를 하는 시간은 측면 방향으로 50 Å의 **거리**를 확산되는데 걸리는 시간에 비해서 약 10^9배 더 걸린다.

참 생체막은 인지질 2중층으로 되어있어서 극성분자의 통과는 극히 어렵고 비극성 물질의 이동은 매우 쉽다. 인지질은 극성과 비극성을 모두 가지고 있는 양성분자이다.

distant 형 1 멀리 떨어진

34

Metazoan organisms also must have means of communicating between adjacent and **distant** cells, so that complex biologic processes can be coordinated.

관 means(명) 방법=(method, way), adjacent 가까운=next to, distant 멀리 떨어진=far away, so that 결과, be coordinated 통합되다=operating as a unit

해 동물도 또한 바로 곁에 있는 세포와 **멀리 떨어져 있는** 세포 사이에서 교신하는 수단을 가져야 하는데, 그래야 복잡한 생리적 과정들이 잘 통합될 수 있다.

2 ~from ....로부터 멀리 떨어진

The binding of proteins to sequences both near to and **distant** from the promoter can also affect levels of gene expression.

관 near to 가까운≠distant from 멀리 떨어진, affect(타) 영향을 미치다=have an effect or influence on

해 Promoter로부터 가까이 혹은 **멀리 떨어져있는** 서열 모두에서 단백질들의 결합은 유전자발현 수준에 영향을 미칠 수 있다.

참 RNA polymerase에 의한 RNA 합성의 효율성은 전사인자, 활성제의 결합과 증진서열 enhancer에 의해 영향을 받을 수 있다. 이들 분자가 결합하는 DNA 상의 부위는 promoter 근처에 있기도 하고 혹은 수십 Kbp 정도 멀리 떨어진 곳에 존재할 수도 있다.

distinct 형 1 분리된

432 Now that many thousands of proteins have been sequenced, it has become obvious that certain protein sequences that give rise to **distinct** structural domains are used over and over again in molecular fashion.

관 distinct 분리된=(separate, clear, plain), now that ....이기 때문에=(inasmuch as, since, because), give rise to....가 생기도록 하다=cause to happen, in molecular fashion 분자수준의 방식에서, over and over again 반복적으로=(repeatedly, again and again)

해 많은 종류의 단백질서열들이 결정되어온 결과, **분리된** 구조도메인을 형성하는 어떤 단백질서열이 분자수준의 방식으로 몇 번이고 반복적으로 사용되고 있다는 사실이 이제는 분명해졌다.

참 - In mathematics, two things are called *distinct* if they are *not equal.*
- distinct와 distinctive의 용법 : distinctive 참조

2 서로 다른, 구별되는

An effective way to isolate these fragments is through diagonal electrophoresis. Peptides that were originally linked by disulfides now migrate as **distinct** species following disulfide cleavage and are obvious by their location off the diagonal.

관 distinct 서로 다른=(separate, different), migrate as ....로써 이동하다, now 이때, off the diagonal 대각선을 벗어 난, following(전) ....후에, disulfide 이황화결합, be obvious 분명하다

해 이들 조각을 분리하는 어떤 효과적인 방법은 대각선 전기영동을 이용하는 것이다. 원래 이황화결합에 의해 연결된 펩티드들은 이황화결합의 절단 후, 이때 **서로 다른** 종으로 이동하기 때문에, 그 대각선으로부터 벗어나는 그들의 위치에 의하여 분명해 진다.

참 대각선 전기영동diagonal electrophoresis : disulfide 결합으로 연결된 펩티드들을 1차 전기영동으로 분리한 후, performic acid로 처리한 다음 2차 전기영동을 한 번 더 수행한다. 그러면 disulfide결합을 포함하지 않은 펩티드들은 대각선상에 위치하지만, 이 결합으로 연결되어있던 펩티드는 첨가된 산에 의하여 분해되어 대각선으로부터 벗어나off the diagonal 동일한 위치에서 한 개 이상의 스폿을 만들게 된다.

3 별개의

A resonable explanation is that the inhibitor is binding at a site **distinct** from the active site, *yet* is influencing the binding of substrate at the active site.

관 resonable explanation 합리적인 설명, yet=(still, in spite of) 그럼에도 불구하고 놀랍게도

해 하나의 합리적인 설명은 저해제가 활성화자리와는 **별개의** 자리에 결합하고 있지만, 그럼에도 불구하고 놀랍게도 활성화자리에서 일어나는 기질의 결합에 영향을 여전히 주고 있다는 것이다.

참 You can use *yet* to introduce a fact that is rather surprising after the previous fact you have just mentioned. 미리 언급한 사실보다 좀 더 놀라운 사실을 소개할 때 yet를 사용한다.

distinctly 부 별개의, 뚜렷하게, 명백하게

15 When mutations in two different genes affect the same cellular process but have **distinctly** different phenotypes, the phenotype of the double mutant can often reveal the order in which the two genes must function.

관 reveal(타) 밝히다=disclose, function(자) 기능하다, phenotype 표현형 예) genotype 유전형

해 두 개의 서로 다른 유전자에서 발생한 돌연변이들이 세포의 동일한 과정에 영향을 주지만 **뚜렷하게** 다른 표현형을 나타낼 때, 2중 돌연변이체의 표현형은 두 종의 유전자들이 기능을 해야 하는 순서를 가끔 밝혀주기도 한다.

distinction 명 (비슷한 것들 사이의) 차이점

10 What is the structural **distinction** between the proteins encoded by c-src and v-src?

관 distinction 거의 유사한 차이점=(difference, uniqueness)

해 c-src와 v-src에 의해 인코딩되는 단백질 사이의 구조적 **차이점**은 무엇일까?

참 c-src는 세포의 src 유전자이고 v-src는 바이러스의 src 유전자로 각각 src 단백질을 코딩하지만, v-src가 변형된 단백질을 인코딩하므로 암을 일으킬 수 있다.

make a ~ 구별하다

We begin by noting that the laws of thermodynamics make a **distinction** between a system and its surroundings.

관 begin by ....ing 우선 ....로 시작하다, make a distinction between ....사이를 구별하다

해 우리는 우선, 열역학법칙은 시스템과 주위환경 사이를 **구별한다는** 것을 지적하는 것으로 시작한다.

distinctive 형 구별할 수 있게 하는, 차이가 나는

18 Because each human inherits mitochondrial DNA only from his or her mother (it comes with the egg but not the sperm), the **distinctive** features of a particular mitochondrial DNA can be used to trace maternal history.

관 distinctive 차이가 나는=(special, unique, different), inherit(타) ....를 유전상속받다, trace(타) 추적하다, feature 흥미를 주는 부분적인 성질

해 각각의 사람은 미토콘드리아의 DNA를 어머니로부터만 유전상속하기 때문에 (그것은 정자가 아닌, 난자와 함께 온다), 특별한 미토콘드리아 DNA를 **구별할 수 있게 하는** 성질은 모계의 역사를 추적하는데 사용될 수 있다.

참 distinct와 distinctive의 사용법 : 'A thing is *distinct*.'에서 distinct는 '다른 것들과 뚜렷하게 구별되는 혹은 다른'의 의미이고, 'A property or attribute is *distinctive*.'에서와 같이 '다른 것들과 차이를 알 수 있게 해주는'이라는 의미로 사용된다. The warbler is not a *distinct* species. 개개비(warbler)라는 새는 명확하게 정해진 종의 새가 아니다. The pine warbler has a *distinctive* song. pine warbler라는 새의 노래 소리는 우리가 그것을 다른 새들과 구별할 수 있게 해준다.

distinguish 타 1 ~ A from B ....와 다르다, 차이가 난다,

80 A number of features of lipid synthesis and degradation in the nervous system **distinguish** it from most other tissues.

관 distinguish(타) A from B=A와 B가 서로 다르다; distinguish between A and B

해 지질의 합성과 분해의 많은 흥미로운 특성은 신경계와 대부분의 다른 조직과 **서로 다르다**.

참 A feature or quality that *distinguishes* one thing from another causes the two things to *be regarded as different*, because only the first thing has the feature or quality.

2 ~ A over B B에 대해 A를 구별해내다

All K^+ channels are thought to use the same mechanism to **distinguish** K^+ over other ions.

해 모든 K^+통로단백질들은 다른 이온에 대하여 K^+을 **구별해내기** 위하여 동일한 기전을 사용하는 것으로 생각된다.

distinguishable 형 구별할 수 있는

8 T and B cells become morphologically **distinguishable** only after they have been stimulated by antigen.

관 morphologically 형태학적으로, have been stimulated 현재분사의 경험을 표현하며 주절의 사건보다 먼저 일어났기 때문에 완료형이 사용됨

해 T와 B세포는 항원에 의해 자극된 적이 있은 후라야만, 형태학적으로 **구별될 수 있다**.

참 T와 B세포의 구별 : 휴식기에는 전자현미경으로도 이 두 세포를 구별하기 어렵다. 그러나 항원에 의해 활성화되면 B세포는 형질plasma세포로 분화하여 항체를 생산하게 된다. 그러므로 이 세포에서 ER이 다량으로 형성되며, 그 속은 발현된 항체단백질로 가득 차게 되기 때문에 T세포와 형태학적으로 구별이 가능해진다.

distinguished 타 be ~ 구별되다

31 The various collagens are **distinguished** by the ability of their helical and nonhelical regions to associate into fibrils, to form sheets, or to cross-link other collagen types.

해 다양한 콜라겐들은 자신의 나선형과 비나선형 영역이 원섬유fibril로 결합되어 시트구조를 형성하거나 혹은 다른 종류의 콜라겐들과 교차연결을 만들 수 있는 능력에 의하여 **구별된다**.

참 원섬유fibril : 세포질 안에 있는 미세한 실 모양의 조직으로, 근육에서 볼 수 있으며 근원섬유, 신경원섬유 등이 있다. 콜라겐 단위체들이 연결되어 섬유상의 구조체를 형성한다.

distort | 타 비틀다, 찌그러뜨리다, 변형시키다

4

Cells use nucleotide excision repair to fix DNA regions containing chemically modified bases that **distort** the normal shape of DNA locally.

관 excision repair 절단수리법, fix(타) 수리하다=repair, distort(타) 변형시키다=(twist, deform)

해 세포들은 국소적으로 DNA의 정상적인 모양을 **변형시키는** 화학적으로 변형된 염기들을 함유하고 있는 DNA영역들을 수리하기 위하여 뉴크레오티드 절단수리법을 사용한다.

distorted | 형 비틀어진, 찌그러진. 변형된

5

In heterozygous individuals, HbS in infected cells aggregates into long fibers that cause the cell to become **distorted**. These **distorted** cells containing the malaria parasite are preferentially recognized by the spleen and are rapidly destroyed, thus ending the life of the parasite.

관 heterozygous 대립유전자가 이종접합형인, aggregate(자) into ....로 응집되다, cause(타) .... to .... 하게 만들다, end(타) 끝내다=(cease, finish, complete)

해 이종접합형 사람에서, 감염된 세포 속에 있는 HbS는 그 세포를 **변형하도록** 만드는 긴 섬유로 응집된다. 말라리아 기생충을 함유하고 있는 이 **변형된** 세포들은 비장에 의해 우선적으로 인식되어 신속하게 파괴되며, 그 결과 그 기생충의 생명을 끝내게 만들 수 있다.

참 낫형세포 헤모글로빈 HbS : 하나의 핵산염기가 점돌연변이된 헤모글로빈으로, 말라리아가 창궐하고 있는 아프리카의 지역에서는 정상 헤모글로빈을 가진 사람에 비해 말라리아에 저항할 수 있는 능력을 주어 말라리아로부터 보호될 수 있는 이점이 있다.

distortion | 명 변형, 찌그러짐

3

The resulting **distortion** of the artery's wall can lead, either alone or in combination with a blood clot, to major blockage of blood flow.

관 lead to 유발하다=(cause, bring about, be the cause of), in combination with ....와 함께

해 그 결과로 발생한 동맥벽의 **변형**은 독자적으로나 혹은 혈전과 합동으로 혈류의 주된 차단을 유발할 수 있다.

참 죽상동맥경화증atherosclerosis : 정상적으로 제거 될 수 있는 한계를 초과한 콜레스테롤은 비특이적으로 macrophage들이 포식한 후, 동맥의 세포외기질 속으로 들어가 포말세포foam cell로 된다. 그 결과, 동맥의 혈관벽 내층에 콜레스테롤이 침착되면서 진행된다.

distribute | 타 퍼트리다, 살포하다, 분포시키다

5

Some tumor cells spread into blood vessels that will **distribute** them to other sites in the body.

관 distribute(타) .... to 퍼트리다=spread evenly

해 일부 종양세포는 자신을 몸의 다른 부위로 **퍼트리게 할** 혈관 속으로 퍼져나간다.

distributed | 타 be ~ 분포되다

66

Although fat <u>is **distributed**</u> throughout our bodies, it tends to increase in quantity in our hips and thighs and in our abdomens as we advance into middle age.

관 tend to ....하는 경향이 있다=(be inclined, be disposed), increase(자), advance(자) into middle age 중년으로 들어가다, thigh 사타구니, abdomen 복부

해 비록 지방이 우리 몸 전체에 **분포되어**있지만, 우리가 중년의 나이로 들어가면서 엉덩이, 사타구니 및 복부에서 양적으로 증가되는 경향이 있다.

distribution | 명 1 분포의 정도

519

This GFP-tagging technique, for example, has been used to visualize the expression and **distribution** of specific proteins that mediate cell–cell adhesion.

관 GFP Green Fluorescent Protein 녹색형광단백질, visualize(타) 보이게 하다; 시각화하다, mediate (타) 매개하다

해 GFP-표지를 붙이는 기술은 예를 들면, 세포와 세포의 접착을 매개하는 특이 단백질의 발현과 **분포의 정도**를 시각화하는데 사용되어왔다.

2 분포

This abnormal **distribution** of fat in the visceral adipocytes is associated with reduced sensitivity of fat cells, muscle cells, and liver cells to the actions of insulin.

관 visceral 내장의, adipocyte 지방세포, be associated with 서로 관련이 있다

해 내장의 지방세포에서의 지방의 비정상적인 **분포**와 지방세포, 근육세포 및 간세포들의 인슐린의 작용에 대한 감소된 민감도와는 서로 관련이 있다.

참 인슐린저항성 당뇨병 : 내장지방세포는 피하지방세포와 달리 인슐린의 작용을 방해하는 resistin를 비롯한 여러 호르몬들을 분비하는 내분비세포의 일종으로 알려져 있다. 이들 세포에서 분비되는 호르몬의 영향으로 인슐린이 정상적인 수준으로 존재하더라도 근육이나 지방세포들이 인슐린에 대한 작용을 덜 받게 되어 포도당의 흡수나 지방의 대사기능이 감소하게 된다. 이런 증상을 인슐린저항성 당뇨라 한다.

disturbance

3

명 1 (순서에 따라 진행되던 일의 순서를 변경시켜서) 방해, 교란시키는 것

Disturbances in signal transduction through the Wnt pathway and many other developmentally important signaling pathways are associated with various human cancers.

해 Wnt 경로와 많은 다른 분화과정들에서 중요한 신호전달경로를 통과하는 신호전달에서의 **교란현상**들은 여러 사람의 암과 연관되어있다.

참 Wnt 신호전달경로 : 여러 단백질이 참여하고 있는 잘 알려진 경로 가운데 하나로, 태아의 발생과 암의 발생에 중요한 역할을 한다. Wg (Wingless) + Int의 합성어로 Wnt라 하였다. 원래 초파리의 날개형성과 연관되어있는 Wingless 유전자와 이 유전자의 척추동물 상동체인 Int 유전자가 참여하는 신호전달경로라는 의미이다.

2 (의학) 장해

Ingestion of methanol results in visual **disturbances**, bradycardia, coma, and seizures.

해 메탄올의 섭취는 시력**장해**, 서맥, 혼수상태 및 발작의 결과를 초래한다.

참 메탄올 : 메탄올은 에탄올 (주로 음료수, 술)과 달리, 독성이 강하여 독성물질로 등록되어있다. 에탄올분해에 관여하는 동일한 효소에 의하여 산화되어 포름알데히드(포르말린), 포름산이 형성되어 산증을 유발하거나 시력의 소실을 초래한다.

disturb

2

타 (수행 중인 것을) 중단시키다

Drugs that **disturb** the assembly and disassembly of microtubules have been widely used to treat various diseases.

해 미세소관microtubule의 조립과 해체과정을 **중단시키는** 약물은 여러 질병을 치료하는데 널리 사용되어왔다.

참 Microtubule의 합성을 저해하는 약물로는 colchicine과 taxol 등이 있으며, 전자는 통풍과 관절염, 피부 관련 질환을, 후자는 종양 특히 난소암을 치료하는데 사용되고 있다.

diverge

14

자 분기하다, 갈라지다, 다양화되다

In contrast to catabolism - which <u>**converges** to</u> the common intermediate, acetyl-CoA - the pathways of anabolism **diverge** from a small group of simple metabolic intermediates to yield a spectacular variety of cellular constituents.

관 in contrast to ....와는 대조적으로; ....와 달리, catabolism 분해대사, anabolism 합성대사, converge(자) to ....로 수렴하다≠diverge to 다양화되다, yield(타)=produce, constituent 구성성분 =component

해 공통의 중간산물인 acetyl-CoA로 수렴하는 분해대사와 달리, 합성대사의 경로는 단순한 대사중간산물로부터 **다양화되어** 세포의 매우 많은 종류의 구성성분들을 생산한다.

divergence

16

명 분기, 상이함

Duplication of certain protein-coding genes and subsequent **divergence** in the course of evolution have given rise to gene families.

관 duplication 복제, give rise to 생기게 하다=cause it to happen

해 어떤 단백질을 코딩하는 유전자가 중복화되고 그 이후에 진화과정에서의 **분기현상**은 유전자의 부류들을 생기게 하였다.

divergent | 형 분기된, 갈라진, 달라진

40

Whereas the globins provide an example of gene duplication giving rise to a set of proteins in which the biological function has been highly conserved, other sets of proteins united by strong sequence homology show more **divergent** biological functions.

관 give rise to 생기게 하다, be conserved 보존되다=be maintained constant during a process of evolutionary change, divergent 분기된≠convergent 수렴하는

해 그 globin 단백질은 생물학적 기능이 높게 보존되어온 한 조의 단백질을 생기게 하는 유전자의 중복화의 한 예를 제공하고 있지만, 반면에 높은 서열상동성에 의해 합해진 다른 조의 단백질은 **더욱 분기된** 생물학적 기능을 보이고 있다.

참 진화과정에서, 헤모글로빈의 α와 β아단위체와 마이오글로빈은 한 종류의 유전체가 복사된 후, 돌연변이들이 일어났기 때문에, 이들 단백질 사이의 아미노산서열의 상동성은 별로 크지 않지만, 기능적으로 보존된 산소와 결합하는 행동특성을 보유하고 있다. 반면에 trypsin, chymotrypsin, elastase, thrombin과 같은 serine형 단백질분해효소들은 서로 다른 유전자들이 서로 높은 서열 상동성을 가지도록 진화되어 왔지만 기능적으로는 더 다양하게 되었다.

diverse | 형 다양한, 다방면의

56

The lipid-soluble vitamins have **diverse** functions, eg, vitamin A, vision; vitamin D, calcium and phosphate metabolism; vitamin E, antioxidant; vitamin K, blood clotting.

관 have diverse functions 다양한 기능을 가지다

해 지용성 비타민은 예를 들면, 비타민 A는 시력; 비타민 D는 칼슘과 인산의 대사; 비타민 E는 항산화제; 비타민 K는 혈액응고와 같이 **다양한** 기능을 가지고 있다.

diversity | 명 다양성

22

T-cell receptors resemble the antigen-binding domains of antibodies in structure, and **diversity** in T-cell-receptor sequence is generated by V(D)J gene rearrangements.

관 resemble(타) ....와 닮다=(be similar to, be alike), gene rearrangement 유전자 재배열

해 T세포수용체들은 구조적으로 항체의 항원과의 결합도메인을 닮고 있으며, 또한 T세포 수용체 서열에서 **다양성**은 V(D)J유전자 재배열에 의하여 생성된다.

참 T세포수용체 : T임파구의 세포표면에 존재하는 단백질로 주조직접합성복합체major histocompatibility complex (MHC)에 결합되어 나타난 항원조각을 인식하는 기능을 하며, 항원의 수만큼이나 다양성을 보인다. 이 다양성은 V(변이성) D(다양성), J(연결) 유전자들의 재조합반응을 통하여 생성된다.

divide | 자 분열되다

38

Often connective tissue fibroblasts **divide** in culture more rapidly than other cells in a tissue, eventually becoming the predominant type of cells in the primary culture, unless special precautions are taken to remove them when isolating other types of cells.

관 divide(자) 분열하다, predominant 가장 많은=(primary, prevalent), precaution 예방책=an action taken in advance to protect against possible danger, take precautions 예방책을 시도하다

해 자주 결체조직의 섬유모세포들은 세포배양에서 조직의 다른 세포들보다 더 신속하게 **분열되며**, 그래서 다른 종류의 세포를 분리할 때, 만약 그들을 제거하기 위하여 특별한 예방책이 시도되지 않는다면, 궁극적으로 일차배양에서 세포들 가운데 가장 많은 종이 될 것이다.

타 나누다, 분할하다, 쪼개다

Biological membranes define cellular boundaries, **divide** cells into discrete compartments, organize complex reaction sequences, and act in signal reception and energy transformations.

관 define(타) 경계를 만들다=set boundaries, discrete 분리된=separate

해 생체막은 세포의 경계를 만들어 세포를 분리된 격실로 **분할하고**, 복잡한 반응의 순서를 체계화하여 신호의 수용과 에너지의 변형반응에서 활동한다.

명 분열

The protein ErbB is essentially identical to the normal receptor for epidermal growth factor (EGF), except that ErbB lacks the amino-terminal domain that normally binds EGF and as a result sends the "**divide**" signal whether EGF is present or not.

관 essentially 본질적으로=(basically, by one's (or its) very nature), be identical to ....와 동일하다, epidermal growth factor(EGF) 상피세포성장인자, lack(타)=be without,

해 단백질 ErbB는 EGF와 정상적으로 결합하는 아미노말단의 도메인이 결여되어, 그 결과로 EGF가 존재하던 하지 않던 상관없이 "**분열**"신호를 보낸다는 사실을 제외하고, 상피세포성장인자 (EGF)의 정상적인 수용체와 본질적으로 동일하다

참 EGF 수용체와 ErbB 암화단백질 : 레트로바이러스의 ErbB 암화유전자가 만드는 ErbB 단백질은 정상의 EGF수용체의 N-말단부위가 소실된 돌연변이체로써, EGF의 결합과 상관없이 항상 활성신호를 보낼 수 있게 되었다.

divided

69

타 be ~ 분리되다, 분류되다

Similar to transcription, the complex process of translation can be **divided** into three stages—initiation, elongation, and termination.

해 전사과정과 유사하게, 번역이라는 복잡한 과정은 개시, 연장 및 종결의 3가지 단계로 **분리될** 수 있다.

dominant

194

형 1 영향을 많이 주는, 우위를 차지하는

Fuel metabolism is often discussed as though the body consisted only of brain, skeletal and cardiac muscle, liver, adipose tissue, red blood cells, kidney, and intestinal epithelial cells ("the gut"). These are the **dominant** tissues in terms of overall fuel economy.

관 as though 마치 ...인 것처럼=as if, dominant 영향을 많이 주는, in terms of ....점에서

해 마치 신체가 뇌, 골격 및 심장근육, 간, 지방조직, 적혈구, 신장 및 소장상피세포 ("내장")로만 구성되어있는 것처럼 연료물질의 대사가 자주 토의된다. 이들이 전반적인 연료의 경제라는 점에서 **영향을 가장 많이 주는** 조직들이다.

2 (유전) 우성의

Chromosomal rearrangements, chemical agents, and radiation are among the factors that can cause oncogenic mutations. The mutations that produce oncogenes are genetically **dominant**.

관 be among ....의 예이다=be an example of, cause(타) ....의 원인이 되다=(bring about, be the cause of), dominant 우성의≠recessive 열성의

해 염색체의 재배열, 화학물질과 광선은 발암성 돌연변이의 원인이 되는 인자들의 예이다. 발암유전자를 생산하는 돌연변이는 유전적으로 **우성**이 된다.

참 한 쌍의 대립유전자 가운데 어느 쪽이라도 돌연변이되어 발암유전자가 된다면, 이 유전자가 발현되어 암화되는 표현형을 만들게 되었으므로 우성형질이 된다.

dominate

2

타 1 ....에서 월등하다

It should be emphasized, however, that in invertebrates and in plants other types of polysaccharides often **dominate** the structure of the extracellular matrix.

관 it should be emphasized that 강조되어야 한다, A dominate(타) B=A is larger in number in B

해 그러나 무척추동물과 식물에서 다른 종류의 다당류들이 세포외기질의 구조체**에서** 자주 **월등하게 많이 존재한다**는 사실은 강조되어야 한다.

참 사람을 포함한 척추동물의 세포외기질은 glucosaminoglycan이 주성분이지만 무척추동물 및 식물에서는 chitin과 cellulose가 각각 주된 성분이다.

2 가장 많다, 우세하다

Table 6 lists several proteins and their subunit compositions. Clearly, proteins with two to four subunits **dominate** the list, but many cases of higher numbers exist.

관 subunit 아단위체, composition 조성, A dominate(타) B=A가 B에서 가장 많다

해 표 6은 여러 단백질과 아단위체 조성들을 목록으로 나열하고 있다. 2개에서 4개의 아단위체를 가진 단백질들이 그 목록에서 **가장 많지만**, 그러나 더 많은 수로 된 예도 많다.

참 be동사와 exist : Two mechanisms exist=There exist two mechanisms=There are two mechanisms

dominated 타 be ~ 지배를 받다, 최고의 양에 이르다

8

PCR produces an amount of DNA that doubles in each cycle of DNA synthesis and includes a uniquely sized DNA species. After many cycles of reaction, the population of DNA molecules becomes **dominated** by a single DNA fragment.

관 double (자) 2배로 되다, unique 한 가지의=being the only one

해 PCR은 DNA 합성의 매 주기마다 2배로 되는 DNA의 양을 생산하며 그리고 한 가지 크기로 된 DNA 종을 포함시키게 된다. 많은 반응주기 후에, DNA 분자의 집단은 한 종류의 DNA조각이 **최고의 양에 이르게 된다**.

dot 명 도트, 점 모양의 기호

46

Amino acid numbers in the protein sequences are shown at the left and right ends of each row. **Dots** indicate "gaps" in the protein sequence inserted in order to maximize the alignment of homologous amino acids.

해 단백질서열에서 아미노산들의 번호가 각 행의 왼쪽과 오른쪽에 보이고 있다. **점 모양의 기호**는 상동성이 있는 아미노산들의 비교정렬을 최적화하기 위하여 삽입된 단백질 서열에서 "빈 서열"을 나타낸다.

dotted 형 점으로 찍힌

24

The **dotted** lines indicate the negative (-) regulation by repression.

관 dotted line 점선, indicate(타) 나타내다=(show, exhibit, mark), negative 저해의; 음의

해 **점**선은 억제에 의한 저해(-) 조절을 나타낸다.

타 be ~ 점으로 찍혀지다

The surface of a small chip is **dotted** with thousands of pieces of single-stranded DNA, each representing a different gene or segment of a gene.

관 represent(타) ....를 대표하다; ....와 같다=to be the equivalent of

해 작은 칩의 표면은 수천 종류의 단일가닥 DNA 조각들로 **점으로 찍혀 있으며**, 각각은 서로 다른 유전자들이거나 혹은 한 종류의 유전자의 일부분들이다.

double 자 두배로 되다

275

For two different molecules A and B, the frequency with which they collide will **double** if the concentration of either A or B is doubled.

해 두 종의 서로 다른 분자 A와 B에 대하여, 만약 A 혹은 B 가운데 어느 것의 농도가 **2배로 된다**면, 그들이 충돌할 빈도수는 2배로 될 것이다.

참 When something *doubles*(자) or when you *double*(타) it, it becomes twice as great in number, amount, or size.

타 두배로 만들다

During interphase, which consists of the G1, S, and G2 phases, the cell roughly **doubles** its mass.

관 interphase 세포분열(간기)

해 G1, S 및 G2 기로 구성되어있는 간기 동안에, 세포는 자신의 중량을 대략 **2배로 만든다**.

형 이중의

The highly ordered packing of fatty acid chains is disrupted by the presence of *cis* **double** bonds.

해 지방산사슬의 고도로 정렬된 꽉 찬 형태는 *cis* 형의 **2중**결합의 존재에 의하여 붕괴된다.

참 포화지방산은 직선형 구조를 하고 있어서, 차곡차곡 쌓여 분자 사이에 공간이 없는 꽉 찬 구조를 형성한다. 그러나 *cis*형의 **이중**결합을 가지고 있는 불포화지방산은 불포화가 일어난 곳에서 꺾인 구조를 하여, 다른 지방산과 겹쳐져 세포막을 만들 때 공간이 확보될 수 있어서 유동성이 커진다.

doubled
6

타 be ~ 두배로 되다

Doubling the enzyme concentration causes a proportional increase in the reaction rate, and so the maximal velocity Vmax is **doubled**; the Km, however, is unaltered.

관 cause(타) 유발하다=(bring about result in), maximal velocity 최대속도

해 효소의 농도를 2배로 만드는 것은 반응속도에서 비례적으로 증가를 유발하며, 그래서 최대 속도 Vmax이 **2배로 되지만**; 그러나 Km은 불변이다.

doubly
23

부 이중으로

In this fluorescent micrograph of a PtK2 cell **doubly** stained with anti-keratin and anti-lamin antibodies, a meshwork of lamin intermediate filaments (blue) can be seen underlying the nuclear membrane.

해 항keratin 및 항lamin 항체을 사용하여 **2중으로** 염색된 PtK2 세포의 형광현미경 사진에서, lamin 중간필라멘트로 구성된 그물형 구조 (푸른색)가 핵막 아래에 자리를 잡고 있는 것을 볼 수 있다.

down
403

전 (높은 곳에서) 아래로, 멀어지는 방향으로

Most body cells import glucose from the blood **down** its concentration gradient, utilizing one or another GLUT protein to facilitate this transport.

관 import(타) 들여오다=bring in, one or another 2가지 이상 중에 하나 그리고 또 다른 것 예) 2가지 중 '하나 .... 나머지 하나'를 'one .... the other'로 표현, utilize(타) 활용하다

해 대부분의 신체의 세포들은 이 수송반응을 촉진하기 위하여 한 종류나 혹은 또 다른 GLUT 단백질을 활용하여, 포도당을 혈액으로부터 농도경사의 **낮아지는 쪽으로** 들여온다.

참 GLUT (GLUcose Transporter) : 포도당은 극성분자이기 때문에 세포막을 통과할 수 없으므로 특별한 수송체가 필요하다. GLUT는 농도경사에 의해 작동하는 수동형 촉진수송체에 속하며, 대부분의 포유동물 세포에서 존재하고 있다.

부 1 ~ to 아래로 가서 ....까지

All or parts of the carbon skeletons of seven amino acids are ultimately broken **down** to acetyl-CoA.

해 7종의 아미노산의 탄소골격의 모두 혹은 일부분은 최종적으로 acetyl-CoA**까지** 분해된다.

2 아래 방향으로

Radioactive amino acids injected into these ganglia in experimental animals are incorporated into newly synthesized proteins, which are then transported **down** the axon to the synapse.

해 실험동물의 신경절에 주사된 방사성 아미노산이 새로이 합성되는 단백질에 합쳐지고, 그 후 축삭의 **아래 방향으로** 가서 시냅스까지 수송된다.

downstream
330

형 아래 방향의

By convention the sequences **downstream** of the site at which transcription termination occurs are termed 3'-flanking sequences.

관 by convention 관습적으로, be termed 용어로 불리다=(be called, be named), downstream≠upstream (형)

해 관습적으로, 전사반응의 종결이 일어난 부위의 **아랫방향에** 있는 서열은 3'-flanking 서열이라는 용어로 불린다.

부 아래 방향으로

The signaling processes continue **downstream** to activate gene expression, leading to the stimulation of cell growth and initiating further B-cell differentiation.

해 그 신호전달과정은 **아랫방향으로** 계속되어 유전자의 발현을 활성화하고, 결과적으로 세포의 성장을 촉진하여 더욱이 B세포의 분화를 개시하도록 한다.

dramatic 형 놀라운, 드라마와 같은

56

The **dramatic** effects of androgens on protein biosynthesis have led many athletes to the use of synthetic androgens.

관 dramatic 놀라운=striking, lead(타) someone to do ....하는 결과를 초래하다=cause someone to do

해 단백질의 생합성에 대한 androgen류의 **놀라운** 효과는 많은 육상선수들의 합성 androgen류의 사용을 초래하는 결과를 만들어왔다.

dramatically 부 놀라울 정도로, 드라마처럼

69

We see here a striking example of how a change of a single residue in a protein can **dramatically** alter specificity.

해 우리는 여기서 하나의 단백질에서 단 하나의 잔기의 변화가 어떻게 **놀라울 정도로** 특이성을 변하게 할 수 있는지에 대한 특별한 예를 본다.

draw 자 ~ on 이용하다, 활용하다

5

When we **draw on** our adipose tissue to meet our energy needs, we lose approximately 1 lb (0.45 Kg) whenever we expend approximately 3,500 calories more than we consume.

관 draw on 이용하다=take advantage of, meet(타) our needs 요구량을 맞추다, lose weight 체중을 줄이다=gain weight, expend(타) 사용하다=consume

해 우리가 에너지의 요구량을 맞추기 위하여 지방조직을 **이용할 경우**, 우리가 소비하는 것보다 대략 3,500 칼로리를 더 사용할 때 마다, 대략 1 파운드 (0.45 Kg)의 체중을 줄이게 된다.

타 1 채취하다, 빼앗다

The simplest test is to simultaneously **draw** blood for the measurement of both glucose and insulin at a time when the patient is spontaneously experiencing the characteristic adrenergic or neuroglycopenic symptoms of hypoglycemia.

관 draw(타) blood 혈액을 채취하다, simultaneously 동시에, neuroglycopenic symptom 신경성 당결핍증상

해 가장 간단한 검사법은 환자가 저혈당으로 인한 특징적인 아드레날린성 증상이나 혹은 신경성 당결핍 증상을 자발적으로 겪고 있을 시점에서, glucose와 insulin 모두 동시에 측정을 위하여 혈액을 **채취**하는 것이다.

참 췌장 β-세포종양은 과다한 인슐린의 분비가 일어나기 때문에, 저혈당hypoglycemia 상태가 유발된다. 호르몬의 분비신호가 억제된 상태에서도 불구하고 다량의 호르몬이 분비되는 상태를 자율성 고분비증autonomous hyper-secretion이라한다.

2 끌어당기다

Caveolin is phosphorylated on Tyr residues in response to insulin, and the phosphorylation may allow the now-activated EGF receptor to **draw** its binding partners into the lipid raft.

관 draw(타)=recruit 끌어당기다, lipid raft 지질반

해 Caveolin은 인슐린에 반응하여 Tyr잔기에 인산화되며, 그 인산화반응은 금방 활성화된 EGF 수용체가 자신의 결합파트너를 지질반으로 **끌어당길** 수 있도록 할 수도 있다.

참 지질반lipid raft : 콜레스테롤이 풍부한 세포막 상의 작은 지역으로 세포의 신호전달과정에 중요한 역할을 한다. Calveolae는 자극에 의해 lipid raft가 함몰형으로 변형된 형태이다.

3 결론을 도출하다

What conclusions can you **draw** from these experiments?

관 draw conclusions 결론을 도출하다

해 이 실험들로부터 어떤 결론을 **도출할** 수 있을까?

4 (....에 대여) 주목을 끌게 하다

These two observations drew **attention** to the potential pathogenicity of TRUC anaerobic microbes in the gut.

괄 draw one's attention to ....에 주목을 끌다

해 이 두 가지 관찰된 사실이 내장에 서식하고 있는 TRUC 혐기성 미생물들의 잠재성인 병원성에 대하여 주목을 **끌게 하였다**.

참 TRUC (T-bet, RAG, Ulcerative Colitis) mouse : 면역작용에 관여하는 자연살 (NK)세포와 수지상 세포dendritic cell에서 전사인자 T-bet와 rag-2 (recombinase 활성화유전자)들이 결여된 모델생쥐. 즉 이 생쥐를 이용한 실험에서 면역기전이 손상되면 대장의 상피세포들이 장내세균으로부터의 공격을 받아 궤양성 대장염증ulcerative colitis이 발병된다는 사실이 최근에 밝혀졌다.

drawing

14

명 그린 그림 (사진이 아닌)

Fig. 2 Schematic **drawings** illustrating the progression of morphologic changes observed in apoptotic cells.

괄 schematic drawing 도표 그림, illustrate(타) 그림으로 그린 듯이 자세히 보여주다

해 Fig 2 계획된 세포의 죽음을 진행하고 있는 세포에서 관찰되는 형태학적 변화의 진행과정을 자세히 보여주는 도표 **그림**들.

타 끌어당기다, 당겨오다

The long polysaccharide side chains of the proteoglycans in cartilage contain many anionic groups. This high concentration of negative charges attracts cations that create a high osmotic pressure within cartilage, **drawing** water into this specialized connective tissue and placing the collagen network under tension.

괄 cartilage 연골, anion (negative) 음이온≠cation (positive), osmotic pressure 삼투압, tension 팽팽함=the condition of so being stretched, draw(타) .... into ....안으로 끌어당기다

해 연골에 있는 proteoglycan의 긴 다당류 측쇄기들은 많은 음이온의 기능기를 함유하고 있다. 이 고농도의 음전하들은 연골 내에서 높은 삼투압을 새로 만들게 하는 양이온들을 끌어당기게 되며, 그 결과 이 전문화된 결체조직 안으로 물을 **끌어당겨서** collagen 그물조직을 팽팽한 상태에 있도록 한다.

참 Proteoglycan : 당의 양이 단백질보다 훨씬 많은 당단백질 복합체이다. 특히 다량의 sulfate 등의 음전하를 띤 이온을 함유하는 glycosaminoglycan으로 구성되어있어서, 물과의 친화성이 크기 때문에 연골조직을 물로 꽉 차게 할 수 있다. 그 결과 충격을 흡수하고 또한 윤활작용도 할 수 있게 된다.

drawn

30

타 1 be ~ 끌려 들어오다

Once translation is complete, the ribosome is released, the remainder of the protein is **drawn** into the ER lumen, the translocon closes, and the protein assumes its native folded conformation.

괄 be complete 완결되다=be completed, close(자) 닫히다, assume(타) a conformation 구조를 취하다

해 일단 단백질의 번역반응이 완결되면, 리보솜은 유리되고, 잔존물인 단백질은 ER 안쪽 공간으로 **끌려 들어오고**, translocon은 닫히며, 그 단백질은 태생의 접힌 입체구조를 취하게 된다.

참 분비용 단백질secretory protein이 리보솜에서 합성되면서 ER 안쪽으로 들어가게 되는 과정을 설명한 것이다. 여기서 native folded conformation이란 일반적으로 단백질은 합성 후 당화나 인산화되는 등의 번역후변형반응을 받는데, 이러한 반응이 일어나기 전의 합성된 그대로의 상태, 즉 태생적 단백질이 가지고 있는 구조라는 의미이다.

2 be ~ 그려지다

In this diagram, introns (black lines) are not **drawn** to scale; most of them are much longer than any of the exons.

괄 to scale 실제 규모의 비율에 맞게=in proportion to the actual dimensions, much longer 훨씬 더 긴

해 이 도표 그림에서, intron (흑색 선)은 실제 규모의 비율에 맞게 **그려지지** 않았다; 인트론의 대부

분은 어느 exon보다 훨씬 더 길다.

drive 타 1 ....일어나도록 (강제)하다, 추진하다

76

The primary source of energy for life is the sun. Photoautotrophs utilize light energy to **drive** the synthesis of carbohydrates from atmospheric CO_2 and water.

해 생명을 위한 주된 에너지의 근원은 태양이다. 광영양생명체는 대기의 CO_2와 물로부터 탄수화물의 합성을 **추진하기** 위하여 빛 에너지를 이용한다.

참 To *drive* someone into a particular state or situation means to *force* them into that state or situation.

2 ....일어나도록 (강제)하다

A basic strategy in human gene therapy involves incorporation of a functional gene into target cells. The gene is typically in the form of an expression cassette consisting of a cDNA version of the gene downstream from a promoter that **drives** expression of the gene.

관 incorporation 합체; ....의 일부가 됨, expression cassette 발현단위, cDNA version 버전

해 사람의 유전자치료법에서의 기본전략은 어떤 기능성 유전자를 표적세포 속으로의 합체를 포함한다. 그 유전자는 자신의 발현을 **일어나도록 하는** 어떤 프로모터로부터 아랫방향에 존재하는 그 유전자의 cDNA 버전으로 구성된 전형적으로 발현카세트 형태로 되어있다.

참 If someone or something *is incorporated* into a large group, system, or area, they *become a part of* it

3 ~ .... to ....가 일어나도록 하여 ....하다

The activation of the isoprene units **drives** their condensation to form geranyl pyrophosphate, farnesyl pyrophosphate, and squalene.

해 isoprene 단위체들의 활성화는 그것들의 응축이 geranyl pyrophosphate, farnesyl pyrophosphate와 squalene을 형성**하도록 만든다**.

참 콜레스테롤의 합성 : 탄수화물, 지방산 혹은 아미노산의 분해에 의해 생성된 acetyl CoA를 시발물질로 사용하여 isoprene 단위체, farnesyl pyrophosphate및 squalene 등의 중간물질을 거쳐 합성한다. 이 farnesyl pyrosphosphate가 막걸리 속의 항암성분으로 알려져 있는 farnesol로 변형가능한 물질이다.

driven 타 be ~ 강제된다, 추진되다

60

The direction of the export process across nuclear membrane is **driven** by this dissociation of the cargo from exportin 1 in the cytoplasm.

해 핵막을 통과하여 내보내는export 과정의 방향은 세포질에서 exportin 1 단백질로부터 화물 cargo의 해리에 의해 **추진된다**.

참 단백질, tRNA, 및 리보솜단위체가 핵으로부터 세포질로 수송되는 방법은 매우 유사하다. 이러한 수송에는 nuclear-export-signal (NES)를 가지고 있는 exportin 1과 같은 단백질이 참여하고 있다.

drop 자 떨어지다, 낙하하다

26

If our blood glucose **drops** much below normal levels, we become dizzy and light-headed. If blood glucose continues to **drop**, we become comatose and ultimately die.

관 comatose 혼수상태, light-headed 어지러움을 동반하는 불쾌한 상태

해 혈당이 정상수준보다 훨씬 이하로 **떨어지면**, 어지럽거나 경미한 두통을 느끼게 된다. 만약 혈당이 계속 **떨어지면**, 혼수상태가 되어 궁극적으로 죽게 된다.

명 감소, 떨어짐

Erythropoietin is synthesized by kidney cells that monitor the concentration of oxygen in the blood. A **drop** in blood oxygen signifies a lower than optimal level of erythrocytes.

관 erythropoietin 적혈구세포성장인자, monitor(타), signify(타) 신호를 보내다=make known as with a sign, a lower=a lower level

[해] 적혈구세포성장인자는 혈액내의 산소농도를 모니터링하는 신장세포에 의하여 합성된다. 혈중산소의 **떨어짐**은 적혈구세포의 최적 수준보다 더 낮은 수준이라는 신호를 보낸다.

[참] 혈중의 산소량을 모니터링하는 신장 : 신장은 혈액 속에 용해되어있는 산소의 농도를 감지하여, 산소의 양이 정상치보다 적을 경우 적혈구의 수를 증가시켜 더 많은 산소를 수송할 수 있게 한다. 이때 적혈구세포의 생산은 신장에서 생산되는 erythropoietin에 의해서 촉진된다.

droplet [명] 작은 방울, 비말

60 Fatty acids are stored as triacylglycerols, primarily as **droplets** in adipose cells.

[해] 지방산은 주로 지방세포에서 **작은 방울들**로써 즉, 중성지방으로써 저장된다.

dual [형] 이중의, 두 가지의

109 The **dual** role of p53 in both cell-cycle arrest and the induction of apoptosis may account for the observation that nearly all cancer cells have mutations in both alleles of the p53 gene or in the pathways that stabilize p53 in response to DNA damage.

[관] account for=(be the reason for ....때문이다, be the explanation for ....설명하다) nearly all ...., stabilize(타) 안정화시키다

[해] 세포주기 정지기와 압폽토시스의 유도작용에서 p53의 **두 가지** 역할은 거의 모든 암세포들이 p53 대립유전자 양쪽 모두에서 혹은 DNA 손상에 반응하여 p53을 안정화시키는 경로에서 돌연변이를 가지고 있다는 것을 관찰한 결과로 설명된다.

[참] p53 단백질 : 암억제단백질tumor suppressor protein로 알려져 있어서 이 단백질이 기능을 하지 못하면 암이 발생하게 된다. 이것은 p53이 앞의 문장에서 언급한 것처럼 세포주기 조절과 DNA 손상에 대한 역할을 하기 때문이다.

due [형] 1 ~ to ....의 결과에 의해

416 It takes longer than 1 minute for the blood supply to exercising muscle to increase significantly **due to** vasodilation, and therefore oxidative metabolism of blood-borne glucose and fatty acids cannot increase rapidly at the onset of exercise.

[관] it takes 시간 .... 걸리다, increase(자), vasodilation 혈관확장≠vasoconstriction, at the onset 시작 시에=at the beginning, due to=(because of, on account of, as a result of)

[해] 혈관확장의 **결과에 의해** 운동 중인 근육으로 혈액공급이 상당하게 증가되는 것은 1분 이상 걸리기 때문에, 그러므로 원래 혈액에 있던 포도당과 지방산의 산화적 대사과정은 운동의 시작 시에 신속하게 증가될 수 없다.

[참] 운동 할 때의 에너지 생산 : 운동을 시작하면 ATP의 요구가 갑자기 증가한다. 근육에 존재하던 ATP의 양은 1.2초, phosphocreatine 양은 9초간 운동을 지속할 수 있다. 따라서 운동 시작 후 몇 분간은 근육 속에 저장되어있는 glycogen이 분해되어 에너지를 생산하고 젖산을 생산하는 무산소운동 상태가 지속된다.

2 ~ to 때문인

The rate of deadenylation varies inversely with the frequency of translation initiation for an mRNA. This relation probably **is due to** the reciprocal interactions between initiation factors and poly (A)-binding protein I (PABPI) that stabilize the binding of PABPI to the poly(A) tail, thereby protecting it from the deadenylation exonuclease.

[관] deadenylation 탈아데닐기반응, vary(자) inversly with....와 반비례적으로 변하다, frequency 빈도수, protect(타) .... from 보호하다, reciprocal interaction 상호적인 결합

[해] 탈아데닐기반응의 속도는 mRNA에 대한 번역개시의 빈도수에 반비례적으로 변한다. 이러한 관계는 아마도 RABPI가 poly(A)꼬리에 결합하는 것을 안정화시키는 개시인자와 poly (A) 결합단백질 I (PABPI) 사이의 상호적인 결합 **때문인데**, 그것으로 인해 탈아데닐화 exonuclease로부터 poly(A)꼬리를 보호할 수 있다.

[참] mRNA의 농도는 합성속도와 분해속도 사이의 균형에 의하여 결정된다. mRNA는 5' 쪽에 cap구조가 있고 3 '쪽에 poly(A)꼬리가 부착되어있어서 앞쪽의 모자구조에는 개시인자가 붙고 뒤쪽의 poly(A)꼬리에는 PABPI이 붙어 RNA 분해효소들의 분해반응으로부터 보호된다.

duplex [명] 이중사슬체

27

This technique can separate heavy-heavy (H-H), light-light (L-L), and heavy-light (H-L) **duplexes** into distinct bands.

관 separate(타) .... into ....로 분리하도록 만들다, distinct 구별되는=separate

해 이 기술은 중쇄와 중쇄 (H-H), 경쇄와 경쇄 (L-L), 및 중쇄와 경쇄 (H-L)로 된 **이중사슬체**들을 구별되는 띠로 분리할 수 있도록 한다.

duplicate

명 1 두 번의 실험결과

101

Error bars represent the range of **duplicates**.

해 오류막대들은 **두 번의 실험결과**의 범위를 표시한다.

2 in ~ 이중으로, 2회로

Cytochrome c levels were measured in **duplicate** with an ELISA kit according to the manufacturer's protocol.

관 be measured in duplicate 이중으로 측정되다, manufacturer's protocol 제조사 사용설명서

해 Cytochrome c의 수준은 제조사의 사용설명서에 따라서 ELISA키트를 사용하여 **2회** 측정되었다.

형 이중의, 중복된, 2개의

Values represent the average of **duplicate** samples from microarrays.

해 값들은 microarray로부터 두 **개의** 시료의 평균값을 나타낸다.

자 복제되다, 이중으로 되다, 2개로 되다

In mitosis, the centrosome **duplicates** and migrates to new positions flanking the nucleus.

관 flanking 양쪽 측면에 위치한=placed at the side of

해 유사분열에서, 중심체는 **두개로 되어**, 핵의 양쪽 측면에 위치한 새로운 장소로 움직인다.

참 중심체centrosome : 미세소관microtubule의 구조화가 일어나는 중심으로 그리고 세포주기의 진행과정에서 조절작용을 하는 세포의 소기관이다. 중심체는 세포분열의 간기에 자주 핵막과 연결된 상태로 형성되어 염색체의 분리에 관여한다.

타 복제하다, 이중으로 만들다, 포개다

The vast majority of cells also double their mass and **duplicate** all their cytoplasmic organelles in each cell cycle.

관 double(타) 2배의 양으로 만들다=be twice as much as, duplicate(타) 정확하게 복사물을 만들다 =make an exact copy of

해 많은 세포들은 또한 각 세포주기에서 자신의 질량을 2배로 만들고 모든 세포질의 소기관을 **이중으로 만든다**.

duplicated

타 be ~ 중복화되다, 두 개로 되다

8

We have thus far considered how chromosomes are organized as very large DNA-protein complexes and how they are **duplicated** before a cell divides.

관 consider(타) 관심을 기울이다=(regard, take into account)

해 그래서 우리는 지금까지 어떻게 염색체들이 매우 큰 DNA와 단백질의 복합체로써 조직화되고, 그리고 한 세포가 분열하기 전에 그들이 **두 개로 되는** 방법에 대하여 관심을 기울여 왔다.

duration

명 지속기간

35

Catecholamines have a relatively low affinity for both α- and β-receptors. After binding, the catecholamine disassociates from its receptor quickly, causing the **duration** of the biologic response to be brief.

관 dissociate (자) 해리되다, cause .... to=be the cause of, brief 짧은=short

해 catecholamine류는 α- 및 β-수용체 모두에 대하여 비교적 낮은 친화력을 가지고 있다. 결합 후 catecholamine은 자신의 수용체로부터 신속하게 해리되며, 그 결과 생물학적 반응의 **지속기간**이 짧아지도록 만들 수 있다.

참 Catecholamine : 이 부류의 물질은 신체의 급성 혹은 만성적인 스트레스 상태에 적응하도록 분비되는 bioamine류이다. 이들 가운데 epinephrine이 전체의 80-85%를 차지하고 있으며 부신 수질에서 합성된다. Norepinephrine (15-20%)은 부신수질 및 중추신경계나 신경말단부에서 합성되어 저장된다. 그리고 dopamine은 연료물질의 대사에는 작용하지 않은 신경전달물질이다.

during 전 ....기간 동안에

1029

Within the same individual, different isoforms or isozymes of a protein may be synthesized **during** different stages of fetal and embryonic development, may be present in different tissues, or may reside in different intracellular locations.

관 isoform 동종형, isozyme 동종효소, may 추측, be present in 존재하다=reside in

해 동일개체 안에서, 어떤 단백질의 여러 동종형들이나 혹은 동종효소들은 태아와 배아의 발생과정 중의 여러 단계의 **기간에** 합성될 수도 있으며, 다른 조직에서 존재할 수도 있고 혹은 세포내의 여러 부위에서도 존재할 수 있다.

참 동종형과 동종효소의 차이점 : cytochrome p450은 체내에 수십 여종으로 존재하는 monooxidase효소부류인데, 동일한 기질에 작용할 수 있는 서로 다른 효소들을 동종형의 관계라고 말한다. 반면에 동종효소는 한 기질에 대하여 여러 단백질이 촉매활성을 보일 때, 서로 동종효소의 관계라고 말한다. 예) Lactate dehydrogenase는 5종의 isoenzyme들이 존재한다.

dye 명 염료

196

G bands are produced when metaphase chromosomes are subjected briefly to mild heat or proteolysis and then stained with Giemsa reagent, a permanent DNA **dye**. G bands correspond to large regions of the human genome that have an unusually low GC content.

관 be subjected to ....의 작용을 받다, ...and then ....그리고 나서, correspond to ....에 해당되다

해 G형 띠들은 중기의 염색체들이 약한 열이나 단백질분해에 짧게 작용을 받은 후, 영구DNA **염료**인 Giemsa시약으로 염색될 때 만들어진다. G형 띠들은 특별히 낮은 GC함량을 가지고 있는 사람의 유전체의 넓은 영역에 해당된다.

참 G banding : 응축된 염색체를 규칙적인 띠 형태로 나타내도록 염색하는 기술. 중기의 응축된 염색체를 trypsin으로 처리한 후 Giemsa로 염색하면 AT쌍이 많은 (GC쌍이 적은) 부위가 강하게 염색되어 띠band형태로 나타난다. 세포유전학자들은 이들 띠 형태를 각각의 염색체를 구별하는 핵형karyotype으로 사용한다.

dynamic 형 역동적인, 활동성이 강한

83

Actin and tubulin, which are involved in cell movement, are **dynamic** structures composed of continuously associating and dissociating globular subunits.

관 be involved in (복잡한 사건)에 연루되어있다

해 Actin과 tubulin은 세포의 운동에 연루되어있는데, 연속적으로 결합하고 해리하는 공모양의 아단위체들로 구성된 **역동적인** 구조체들이다.

참 A *dynamic* process is one that *constantly changes* and progresses.

dynamics 명 역동적인 반응, 역동적인 상태

57

Phosphorylation of microtubule-associated proteins by MPF probably is required for the dramatic changes in microtubule **dynamics** that result in the formation of the mitotic spindle and asters.

해 MPF에 의한 미세소관과 연관된 단백질의 인산화반응은 유사분열에 필요한 방추체와 성상체를 형성하도록 하는 미세소관의 **역동적인 반응**에서의 놀라만한 변화에 아마도 필요될 것이다.

E

each
2143

대 1 (복수와 함께) 각각

Each of the two strands in a circular DNA molecule forms a closed structure without free ends.

해 원형 DNA 분자에서 두 가닥 중의 **각각**은 자유로운 끝이 없는 하나의 닫힌 구조체를 형성한다.

2 각각의 것

DNA and RNA **each** consist of only four different nucleotides.

관 consist of 구성되다=be composed of

해 DNA와 RNA **각각**은 단지 4개의 서로 다른 뉴크레오티드로 구성되어있다.

3 ~ other 서로, 자기들끼리

Hydrophobic interactions arise because water molecules prefer to interact with **each** other rather than with nonpolar substances.

관 arise(자) 일어나다=occur, prefer to ....하는 것을 선호하다

해 물 분자들이 비극성 물질보다는 **자기들끼리** 결합하는 것을 더 선호하기 때문에 소수성 상호결합이 일어나다.

부 1 각 ....마다

The repeat domain consists of 24 repeat units of approximately 109 residues **each**.

관 approximately 대략=nearly, repeat units 반복단뒤

해 그 반복도메인은 **각 단위마다** 대략 109개의 잔기들로 이루어진 24개의 반복단위들로 구성되어있다.

2 각 ....마다

Place blot transfer membrane(s) in a plastic box on an orbital shaker and wash in Tween 20 solution at 37°C three times for 30 min **each**.

관 place(타 .... on ....위에 놓다, blot transfer membrane 블롯 이전용 막

해 플라스틱 상자 속에 들어있는 블롯 이전용 막을 회전진탕기 위에 올려놓고, 37도의 Tween 20 용액 속에서 **각 회마다** 30분 동안 3회 세척하라.

참 Tween 20 : 독성이 없는 비이온성 계면활성제로 세포막 단백질을 녹여 낼 때나 세척용 등에 사용한다. 같은 계열로 흔히 사용되는 것으로 Triton X-100, Nonidet P-40 등이 있다.

형 (단수와 함께) 각각의

The typical 70-kg body contains only about 50 grams of ATP/ADP total. Therefore, **each** ATP molecule in our bodies must be recycled nearly 1300 times **each** day.

관 be recycled .... times ....회 재활용되다, each day 매일=(daily, without missing a day)

해 전형적인 70-Kg 체중의 신체는 단지 ATP/ADP 전체 약 50그람만을 함유하고 있다. 그러므로 우리 몸에서 **각각의** ATP 분자는 **매일** 거의 1300회나 재활용되어야 한다.

early
291

형 초기의, 처음의

Feedback regulation may involve inhibition of an **early** step in the pathway or regulation of gene transcription.

해 되먹임조절은 유전자 전사의 경로나 조절에서 어떤 **초기**단계의 저해를 포함할 수도 있다.

부 1 초기에

A severe form of the disease is often fatal **early** in life.

해 그 질병의 심각한 형태는 일생의 **초기에** 자주 치명적이 된다.

2 이른 시기에

Heilbron, Kamm, and Owens suggested as **early** as 1926 that squalene is a precursor of cholesterol. That same year, H. J. Channon demonstrated that animals fed squalene from shark oil produced more cholesterol in their tissues.

관 demonstrate(타) 확실히 보여주다=show clearly, feed(타) ....를 먹이다

해 Heilbron, Kamm과 Owens는 1926년과 같은 그렇게 **이른 시기에** Squalene이 콜레스테롤의 전구체임을 제안하였다. 같은 연도에, H. J. Channon도 상어 간의 기름으로부터 얻은 squalene를 섭취한 동물이 자신의 조직에서 더 많은 콜레스테롤을 생산한 것을 확실하게 보여주었다.

참 as .... as : 강조와 비교의 의미로 사용된다. as early as는 1926년이 빠른 시기임을 강조하여 '그렇게 이른 시기에'라고 표현

3 빠른 시간에

The phosphorylation by α-thrombin was detected as **early** as 5 min and reached a maximum at 15 min; however, low levels were present at 2 h.

관 reach (타) .... (값)에 도달하다

해 α-Thrombin에 의한 인산화는 5분 정도의 **빠른 시간에** 감지되었고, 그리고 15분에 최고에 도달하였다; 그러나 2시간 후에는 낮은 수준으로 존재하였다

earlier
171

부 1 앞에서, 일찍, 이전에

As stated **earlier**, each lipoprotein particle contains specific apoproteins on its surface that act as ligands for specific plasma membrane receptors on target tissues such as the liver, the adrenal cortex, the gonads, and other cells that require one or more of the components of the lipoproteins.

관 act as ....로써 활동하다, adrenal cortex 부신피질, gonad 생식선

해 **앞에서** 언급되었던 것처럼, 각각의 지단백질 알갱이들은 표면에 하나 이상의 지단백질 구성요소를 필요로 하는 간, 부신피질, 생식선 및 다른 세포와 같은 표적조직 위의 특이 세포막 수용체에 대한 리간드로써 작용하는 특이 apoprotein을 함유하고 있다.

참 지질수송용 지단백질lipoprotein : 여러 단백질로 구성된 껍질 속에 지질을 담을 수 있도록 만들어진 알갱이로, 혈액을 통하여 각 조직으로 지방을 수송하는 역할을 한다. 이 표면 단백질을 apolipoprotein이라하고, 대사와 관련된 세포를 인식할 수 있는 리간드로 기능한다.

2 이전에 일찍이

She is a 20-year-old exchange student from Nigeria and has noted gastrointestinal bloating, abdominal cramps, and intermittent diarrhea ever since arriving in Korea 6 months **earlier**.

관 note (타) 간단히 언급하다=make a comment, ever since=(since then, from the time when), gastrointestinal bloating 위장관 팽만감, abdominal cramps 복부경련, intermittent diarrhea 간헐적인 설사

해 그녀는 나이지리아로부터 온 20살의 교환학생이고, 한국에 도착하기 6개월 **이전**부터 위장관 팽만감, 복부경련 및 간헐적인 설사가 있었다고 간단히 언급하였다.

easily
38

부 쉽게

Microscopy is most powerful when particular components of the cell are stained or labeled specifically, enabling them to be **easily** seen and located within the cell.

관 enable .... to=(allow .... to, permit .... to), locate (타) 위치를 찾다

해 현미경기술은 세포의 특정한 구성요소들이 특이적으로 염색되거나 혹은 표지될 때 매우 강력하여, 그들이 **쉽게** 보이도록 할 수 있고 그리고 세포 속에서의 위치를 밝히는 것을 가능하게 한다.

easy
16

형 쉬운, 용이한

The resulting strain of cells from the cell cloning is genetically homogeneous. This simple technique, which is commonly used with many bacteria, yeasts, and mammalian cell types, makes it **easy** to isolate genetically distinct clones of cells.

관 be used with ....에 사용되다, make it easy to .... 목적어 to.... 이하 가목적어 it, distinct 상이한

=(separate, different)

해 세포 클로닝의 결과로 얻은 세포의 종은 유전적으로 균일하다. 이 간단한 기술은 그래서 많은 박테리아, 효모 및 포유동물세포 유형에 흔히 사용되어, 유전적으로 상이한 세포들의 클론을 분리하는 것을 **쉽도록 만든**다.

effect

2759

명 1 효과

The **effect** of dielectric constant on pKa may be observed by adding ethanol to water. The pKa of a carboxylic acid increases, whereas that of an amine decreases because ethanol decreases the ability of water to solvate a charged species.

관 dielectric constant 유전상수, add(타) A to B=A를 B에 첨가하다, solvate(타) 용매화하다

해 유전상수의 pKa에 대한 **효과**는 에탄올을 물에 첨가함으로써 관찰될 수 있다. 에탄올이 하전된 종들을 용매화하는 물의 능력을 감소시키기 때문에, 카르복실산의 pKa는 증가되지만, 반면에 amine의 그 값은 감소된다.

참 dielectric constant (유전상수) : enhance 참조

2 in ~ 사실, 본질적으로

For a biochemist, antibodies are near-perfect tools for isolating larger amounts of a protein of interest for further analysis. In **effect**, antibodies can purify the protein they specifically recognize and bind from a semipure sample containing numerous different proteins.

관 recognize(타) 인식하다, bind(타) 결합하다, in effect 본질적으로=(in essence, to all purposes), numerous 많은 수의, of interest=interesting(형)

해 생화학자에게, 항체란 자세한 분석을 목적으로 관심거리인 어떤 단백질의 더 많은 양을 분리하기 위한 거의 완벽에 가까운 도구이다. **본질적으로**, 항체는 많은 수의 다른 단백질들을 함유하고 있는 반 정도 정제된 시료로부터 특이적으로 인식하여 결합하는 그 단백질을 정제할 수 있다.

3 take ~ 효과를 나타내기 시작하다, 발효하다

Some of these carcinogens act directly on the target cells; many others take **effect** only after they have been changed to a more reactive form by metabolic processes - notably by a set of intracellular enzymes known as the cytochrome P-450 oxidases.

관 act on ....에 작용하다, they have been changed to 효과를 나타내기 전에 먼저 변해야 하므로 현재분사로 표현, notably 특별하게=especially, take effect 효과가 일어나기 시작하다

해 이러한 발암물질 중의 일부는 표적세포에 직접적으로 작용한다; 많은 다른 발암물질들은 대사과정, 특히 cytochrome P-450 oxidase로 알려진 세포내 효소들의 한 세트에 의하여, 반응성이 더 커진 형태로 바뀐 후에만 **효과를 나타내기 시작한다**.

4 have an ~ on 영향을 미치다

Unlike epinephrine, glucagon does not have an **effect** on muscle phosphorylase.

해 Epinephrine과 달리, glucagon은 근육의 phosphorylase에 **영향을 미치지** 않는다.

타 1 (....가 일어나게 하는 것을) 성공하게 하다, 완수하다

It is important to note that animals are unable to **effect** the net synthesis of glucose from fatty acids. Specifically, acetyl CoA cannot be converted into pyruvate or oxaloacetate in animals.

관 note(타) 주목하다, effect(타) 성공시키다=(accomplish, execute, do)

해 동물이 지방산으로부터 포도당의 순합성을 **성공시킬** 수 없다는 것에 주목하는 것이 중요하다. 특이하게, 동물에서 acetyl CoA는 pyruvate나 혹은 oxaloacetate로 전환될 수 없다.

참 동물세포에서 지방산의 분해로부터 생성된 acetyl CoA는 서로 연결되어 케톤체 (acetoacetate, β-hydroxybutyrate, acetone)가 되어 뇌의 비상 에너지원으로 사용되지만, 포도당으로는 전환될 수 없다. 왜냐하면 TCA 회로로 들어가 전부 CO_2로 분해되기 때문이다.

2 결과적으로 ....를 만들다

There is evidence that the methylation of deoxycytidine residues (in the sequence 5'-mCpG-3') in DNA may **effect** gross changes in chromatin so as to preclude its active transcription.

관 so as to....하도록=(in order to, so that), effect(타) 결과로 ....를 만들다=produce .... as a result, preclude(타) 방해하다=(prevent, make impossible), gross 엄청난

해 DNA 내의 (5′-mCpG-3′로 된 서열에 있는) deoxycytidine 잔기들의 메틸화가 활발한 전사를 방해하기 위하여 염색질에서 큰 변화를 **결과적으로 만들 수도 있다**는 증거가 있다.

effected 타 be ~ 완성되다, 달성되다

8

Control of glycogen metabolism is **effected** via reciprocal regulation of glycogen phosphorylase and glycogen synthase. Thus, activation of glycogen phosphorylase is tightly linked to inhibition of glycogen synthase, and vice versa.

관 is effected 달성되다, reciprocal 상반된, be tightly linked to 밀접하게 연결되다=(be associated to, be coupled to)

해 Glycogen 대사의 조절은 glycogen 인산분해효소와 glycogen 합성효소의 상반된 조정반응으로 **달성된다**. 그래서 glycogen 인산분해효소의 활성화는 glycogen 합성효소의 저해와 그리고 그 반대의 경우와 밀접하게 연결되어있다.

effective 형 의도된 효과를 보는, 효과적인

201

This mechanism is suitable for replacement of a single base but is not **effective** at replacing regions of damaged DNA.

관 be suitable for ....에는 적당하다=be appropriate to, be effective 효과적이다=have an intended effect 의도된 효과를 보다

해 이 기전은 단 하나의 염기의 교체에는 적당하지만, 손상된 DNA의 영역을 교체하기에는 **효과적이**지 않다.

effectively 부 효과적으로

93

A solution of a weak acid and its conjugate base buffers most **effectively** in the pH range pKa ± 1.0 pH unit.

관 buffer(자) 완충작용을 하다, conjugate base 짝염기

해 약산과 그 짝염기를 포함한 용액은 pKa ± 1.0 pH 단위의 pH 영역에서 가장 **효과적으로** 완충작용을 한다.

effectiveness 명 유효, 유효성, 효능

31

Melatonin functions as a free radical scavenger that donates an electron (as hydrogen) to neutralize free radicals. Its **effectiveness** is related to both its lack of pro-oxidant activity and its joint hydrophilic/hydrophobic nature that allows it to pass through membranes and the blood-brain barrier.

관 function as ....로 기능하다, donate(타) 공여하다, joint 공동의, be related to 관련되다=be associated with

해 멜라토닌은 (수소로써) 전자를 주어 자유라디칼을 중화하는 자유라디칼의 제거제로써 기능한다. 멜라토닌의 **효능**은 pro-oxidant의 활성이 없는 것과 막과 혈뇌장벽을 통과하는 것을 가능하게 하는 멜라토닌의 친수성/소수성 공동 성질 두 가지 모두와 관련되어있다.

참 - Melatonin : 뇌의 송과선pineal gland에서 유리되는 신경호르몬의 일종으로 밤과 낮의 주기에 맞추어 생체리듬을 조절하며, 또한 수면 유도작용을 가지고 있으며, 항산화제이기도 하다.
- pro-oxidant : 반응산소종Reactive oxygen species (ROS)을 만들기도 하고 혹은 항산화제를 저해함으로써 산화스트레스를 유발할 수도 있는 양쪽 성질을 가지고 있는 화학물질이다.

efficacy 명 효능, 힘

113

Modeling can enable one to extrapolate the results of experiments on drugs on proteins in test tubes or on cultured cells in order to predict their **efficacy** and side effects in living organisms.

관 extrapolate(타) 예측하다=(guess, infer), efficacy 효능=ability to produce the desired result, side effects 부작용

해 모델링은 살아있는 생명체에서 약물의 **효능**과 부작용을 예측하기 위하여 시험관에서나 혹은 배양된 세포에서 단백질에 대한 약물실험의 결과를 예측하는 것을 가능하도록 할 수 있다.

efficiency | 명 (낭비가 없는) 능률, 능력

154

The **efficiency** of protein synthesis is increased by the simultaneous translation of a single mRNA by multiple ribosomes.

해 단백질합성의 **능률**은 다수의 리보솜들에 의한 단 하나의 mRNA의 동시다발적인 번역반응에 의하여 증가된다.

efficient | 형 능률적인, 효과적인, 효율적인

131

Proteins perform complex physical and catalytic functions by positioning specific chemical groups in a precise three-dimensional arrangement that is both functionally **efficient** and physically strong.

관 efficient 효율적인=prodictive of desired effects, perform(타) 수행하다, position(타) .... in ....를 ....에 위치하게 하다

해 단백질은 기능적으로 **효과적이고** 물리적으로 강한 정확한 3차원 배열구조로 특이 화학 작용기들을 위치하도록 함으로써 복잡한 물리적인 기능과 촉매하는 기능을 수행한다.

efficiently | 부 능률적으로

109

The hexokinase isoforms present in muscle, adipose tissue, and other tissues can convert fructose to fructose 6-phosphate, but react so much more **efficiently** with glucose. As a result, fructose phosphorylation is very slow in the presence of physiologic levels of intracellular glucose and glucose 6-phosphate.

관 in the presence of 존재 상태에서, react with ....와 반응하다, as a result=(as a consequence, due to that, accordingly)

해 근육, 지방조직과 다른 조직에 존재하는 hexokinase의 동종형들은 과당을 과당 6-인산으로 전환할 수도 있지만, 포도당과 훨씬 더 **능률적으로** 반응한다. 결과적으로, 세포내의 포도당과 포도당 6-인산이 생리적인 수준으로 존재 할 때 과당의 인산화는 매우 늦어진다.

effort | 명 1 노력

60

In an international cooperative research **effort**, the genomes of many organisms, including that of humans, have been sequenced in their entirety and are now available in public databases.

관 in one' effort ....의 노력으로, in one's entirety 전부; 모두, be available in 이용할 수 있다=be capable of being used in

해 국제 협력연구의 **노력**으로, 사람의 유전체도 포함하는 많은 생명체들의 유전체의 서열결정이 전부 완료되어서, 이제 공익용 데이터베이스에서 이용이 가능하게 되었다.

2 in an ~ ....의 노력의 일환으로

Other treatments, such as orlistat, a partial inhibitor of dietary fatty acid absorption from the gastrointestinal tract, are being tried in an **effort** to effect weight loss safely in patients.

관 treatment 의학적 치료=medical care, in an effort ....의 노력으로, effect(타) 달성하다=accomplish, weight loss 체중감소

해 위 장관으로부터 지방산 흡수의 부분적 저해제인 orlistat와 같은 다른 치료들이 환자에서 체중의 감소를 안전하게 달성하기 **위한 노력의 일환으로** 시도되고 있다

either | 형 1 ~ A or B 둘 중의 어느 하나

1887

Following the trajectory of recent advances, it seems quite likely that in the foreseeable future **either** RNAi or knockout methods will have been used to inactivate every gene in the principal model organisms, including the mouse.

관 advance(명, 복수) =a progressive step, trajectory 과정=course, in the foreseeable future 가까운 장래에=in the near future, every gene(단수)

해 최근의 발전단계의 과정을 따라 간다면, 가까운 장래에 RNAi와 녹아웃 방법 **중의 어느 하나**가 생쥐를 포함하는 주요한 모델생명체의 모든 유전자를 불활성화하는데 사용될 가능성이 매우 큰 것처럼 보인다.

참 - RNAi (RNA interference) : RNA 간섭, further 참조
- 모델 생명체model organism : model 참조

2 ~ A or B (구, 절) 둘 중의 어느 하나

Interacting β sheets can be arranged **either** to form a parallel β sheet, in which the adjacent segments of the polypeptide chain proceed in the same direction amino to carboxyl, or an antiparallel sheet, in which they proceed in opposite directions.

관 be arranged to form 배열되어 ....를 형성하다, proceed in opposite directions 반대방향들로 진행되다, adjacent 바로 옆의=(near, next to)

해 서로 결합하는 β 시트구조는 바로 옆의 폴리펩티드 사슬의 일부분이 아미노에서 카르복실의 동일한 방향으로 뻗어있는 평행형의 β 시트이거나 혹은 서로 반대방향으로 뻗어있는 역평행형의 시트 **중 어느 하나**를 형성하도록 배열될 수 있다.

3 둘 중의 어느

In **either** case, after the antibody binds to the protein of interest, substrates of the linked enzyme are added and the appearance of color or emitted light is monitored.

관 bind to ....에 결합하다, of interest=(interesting, worth looking into), monitor(타) 모니터링하다

해 **둘 중의 어느** 경우에서든, 항체가 관심을 두는 단백질에 결합한 후에, 연결된 효소의 기질이 첨가되고 그리고 나서 색상의 발색이나 혹은 방출된 빛이 모니터링된다.

대 1 (둘 중의) 어느 한 쪽

All phosphoglycerides are amphipathic, having a hydrophobic tail and a hydrophilic head in which glycerol is linked via a phosphate group to an alcohol. **Either** of or both the fatty acyl side chains in a phosphoglyceride may be saturated or unsaturated.

관 be linked via *a phosphate* to *an alcohol* 하나의 *phosphate*를 경유하여 어떤 *알코올*과 연결되다

해 소수성의 꼬리와 glycerol이 인산기를 통하여 알코올과 연결된 친수성인 머리부위를 가지고 있는 모든 phosphoglyceride류는 양쪽성이다. Phosphoglyceride에서 지방산 아실측쇄기 **중 어느 하나** 혹은 둘 모두가 포화되었거나 혹은 불포화된 상태일 수도 있다.

2 둘 중 어느 것

As a result, these antibodies may cause intravascular destruction of a large number of incompatible red blood cells given during a blood transfusion. Individuals with type AB blood have both A and B antigens and do not produce antibodies to **either**.

관 cause(타) 유발하게 하다=(be the cause of, bring about), intravascular destruction 혈관내에서의 용혈, blood transfusion 수혈,

해 그 결과 때문에, 이들 항체는 수혈하는 동안 혈관 내에서 주어지는 많은 수의 비호환성인 적혈구세포의 용혈을 일으킬 수도 있을 것이다. AB형의 혈액을 가진 사람은 A와 B 항원 모두를 가지고 있어서 **둘 중 어느 것**에 대해서도 항체를 생산하지 않는다.

elaborate
6

형 1 고심해서 만든, 섬세한, 정교한

Cells have an **elaborate** defense system to destroy reactive oxygen species, including enzymes such as catalase and superoxide dismutase that convert reactive oxygen species to harmless products.

관 defense system 방어계통, reactive oxygen species 반응성 산소종; 활성산소, convert(타) A to B=A를 B로 전환하다

해 세포들은 활성산소종을 무해한 산물로 전환하는 catalase와 superoxide dismutase와 같은 효소를 포함하는 활성산소종을 파괴하기 위한 **정교한** 방어계를 가지고 있다.

참 reactive oxygen species (반응성 산소종; 활성산소) : amount 참조

2 복잡한, 상세한

The interconnections are even more **elaborate** than the arrows suggest.

해 상호연결은 화살표들이 제시하는 것보다 훨씬 더 **복잡하다**.

타 힘들여 생산하다, 노력하여 생산하다

While proteins contain only L-α-amino acids, microorganisms **elaborate** peptides that contain both D- and L-α-amino acids.

관 while 반면에=(whereas, although), elaborate(타)=produce by effort 힘들여 생산하다

해 단백질은 단지 L-α-아미노산만을 함유하고 있지만 반면에, 미생물은 D- 와 L-α-아미노산을 모두 함유하는 펩티드들을 **생산한다**.

electrophoresed 타 be ~ 전기영동되다

50

After a protein mixture has been **electrophoresed** through an SDS gel, the separated bands are transferred (blotted) from the gel onto a porous nitrocellulose membrane.

관 be electrophoresed through ....를 통하여 전기영동되다

해 단백질 혼합물이 SDS 겔을 통하여 **전기영동된** 후 곧, 분리된 띠는 겔로부터 다공성의 nitrocellulose막으로 이전(흡수)된다.

electrophoresis 명 전기영동

202

The RNA, or Northern, blot is conceptually similar. RNA is subjected to **electrophoresis** before blot transfer.

관 be subjected to *electrophoresis* 전기영동이 수행되다

해 RNA블롯이나 혹은 Northern블롯은 개념적으로 비슷하다. RNA는 블롯으로의 이전 이전에, **전기영동**이 수행된다.

electrophoretic 형 전기영동에 의한

37

The **electrophoretic** mobility of a protein on an SDS polyacrylamide gel is related to its molecular weight.

관 be related to....와 관련되다=be associated with

해 단백질의 SDS polyacrylamide겔상에서의 **전기영동에 의한** 이동성은 분자량과 관련이 있다.

electrophoretically 부 전기영동 방법으로

Cellular proteins can be extracted, separated **electrophoretically**, and subjected to Western blotting.

11

관 extract(타) 추출하다, be separated 분리되다, be subjected to .... 실험이 수행되다

해 세포의 단백질이 추출되고, **전기영동으로** 분리되어, 그리고 Western blotting이 수행될 수 있다.

참 can be extracted, separated ...., and subjected.... 에서와 같이 be동사가 반복 사용되지 않고 생략되었다. 문장에서 동일한 단어를 반복하여 사용하지 않는다.

electrostatic 형 정전기의, 정전기적인

24

At the pH of isoelectric point, **electrostatic** repulsion between protein molecules is minimal and they are more likely to coalesce and precipitate out of solution.

관 be likely to ....하기 쉽다=be apt to, isoelectric point 등전점, electrostatic repulsion 정전기적 반발력, coalesce(자) 응집되다, precipitate(자) 침전되다

해 등전점 pH에서, 단백질 분자 사이의 **정전기적** 반발력이 최소상태가 되므로, 그것들은 더욱 잘 응집되어 용액으로부터 침전되기 쉽다.

참 등전점isoelectric point : 단백질과 같이 물에 녹아 양과 음전하를 함께 가지는 양성이온들은 모든 전하의 합이 즉 순 전하량이 0이 되는 상태가 만들어 질 수 있는데, 이 상태가 되는 pH 값을 등전점이라고 한다. 즉 전하가 중화되어 전하를 띠지 않은 상태인 것처럼 보이는 순간이다.

electrostatically 부 정전기적으로

2

The negatively charged phosphate groups are all situated on the exterior surface of the DNA helix in such a way that they have minimal effect on one another and are free to interact **electrostatically** with cations in solution such as Mg^{2+}.

관 in such a way that ....그러한 방법으로, have minimal effect on 최소의 영향을 주다, one another 서로=each other, be free to, be situated....에 위치하다=(be positioned, be placed, be located)

해 음으로 하전된 인산기들은 서로 최소의 영향을 주며 용액 속에서 Mg^{2+}와 같은 양이온과 **정전기적으로** 자유롭게 결합할 수 있는 그러한 방식으로, DNA 나선구조의 외부표면에 모두 위치하고 있다.

elevate 타 (높은, 많은 상태)로 상승시키다, 증가시티다

13 The anterior pituitary gland secretes hormones that tend to **elevate** the blood glucose and therefore antagonize the action of insulin.

관 anterior pituitary 뇌하수체 후엽, tend to 경향이 있다=be inclined to, elevate(타) 증가시키다 =(increase, raise)

해 뇌하수체 후엽은 혈당을 **증가시켜** 그 결과로 인슐린의 활동에 길항하는 경향이 있는 호르몬을 분비한다.

참 인슐린의 작용에 길항하는 호르몬은 glucagon, epinephrine, ACTH, growth factor등이 있는데, glucagon과 epinephrine은 췌장에서, ACTH는 뇌하수체 후엽에서 분비된다.

elevated 타 be ~ 상승되다, 증가되다

156 Her blood glucose level reflects the ability of the brain to use ketone bodies as a fuel when they <u>are **elevated**</u> in the blood, thereby decreasing the amount of glucose that must be synthesized from amino acids provided by protein degradation.

관 reflect(타) 반영하다; 결과로써 결정되다=be set as a consequence, ketone bodies 케톤체들, thereby=because of that, decrease(타) 감소시키다

해 그녀의 혈당수준은 혈액에서 케톤체들이 **상승될** 때, 연료물질로 케톤체들을 사용할 수 있는 뇌의 능력을 반영하므로, 그로인해 단백질분해에 의해서 제공되는 아미노산으로부터 합성되어야만 하는 포도당의 양을 감소시킬 수 있다.

elevation 명 상승, 증가

31 Nitric oxide is synthesized in endothelial cells in response to acetylcholine and the subsequent **elevation** in cytosolic Ca^{2+}.

해 산화질소는 acetylcholine과 이후의 세포질 Ca^{2+}의 **상승**에 반응하여 내피세포에서 합성된다.

elicit 타 (대응, 반응)을 일으키다, 이끌어 내다

36 Physiologically, eicosanoids are considered to act as local hormones functioning through G-protein-linked receptors to **elicit** their biochemical effects.

관 act as ....로 활동하다=function as, function through ....를 이용하여 기능하다, elicit(타) effect 효과를 일으키다

해 생리적으로, eicosanoid류는 생화학적 효과를 **일으키기** 위하여 G단백질과 짝지은 수용체들을 통하여 기능하는 국소호르몬들로써 작용하는 것으로 생각된다.

참 국소호르몬 (local hormone) : local 참조

elicited 타 be ~ 일어나다, 발생되다

53 The stages by which an initial mild lesion progresses to become a cancer can be most easily observed in the skin. Skin cancers can <u>be **elicited**</u> in mice, for example, by repeatedly painting the skin with a mutagenic chemical carcinogen such as benzo[a]pyrene.

관 progress(자)....로 발전하다=(advance, proceed), paint(타) .... with ....로 칠하다

해 초기의 심하지 않은 외상이 암으로 진행될 수 있는 단계는 피부에서 가장 쉽게 관찰될 수 있다. 예를 들면, 피부암은 생쥐에서 benzo[a]pyrene과 같은 돌연변이를 유발하는 화학발암제로 반복적으로 피부에 칠함으로써 **발생될 수 있다**.

eliminate 타 (원하지 않은 것)을 완전히 제거하다

59 Apoptosis is important to **eliminate** virus-infected cells, remove cells where they are not needed,

and to destroy immune system cells that would react with our own bodies.

해 압폽토시스는 바이러스에 감염된 세포를 **완전히 제거하기 위하여**, 세포들이 필요하지 않은 곳에서 그들을 제거하기 위하여, 그리고 우리 자신의 몸과 때때로 반응하기도 하는 면역계의 세포들을 파괴하기 위하여 중요하다.

eliminated 타 be ~ 제거되다

36 Cholesterol cannot be metabolized to CO_2 and water and is, therefore, principally **eliminated** from the body in the feces as unreabsorbed sterols and bile acids.

해 콜레스테롤은 CO_2와 물로 대사될 수 없으며, 그래서 주로 재흡수되지 않는 sterol과 담즙산으로써 대변에서 몸으로부터 **제거된다**.

elimination 명 제거반응

48 NADPH is also an essential cofactor in the detoxification and **elimination** of many drugs and other xenobiotics metabolized in the liver.

관 detoxification 제독반응, elimination 제거반응, enobiotics 생체이물질, cofactor 보조인자

해 NADPH 또한 간에서 대사되는 많은 약물과 다른 생체이물질들의 제독반응과 **제거반응**에 필수적인 보조인자이다.

elongate 자 길어지다

1 Unlike animal cells, plant cells can **elongate** extremely rapidly, at rates of 20–75 μm/h.

관 elongate(자) 길어지다=(extend, lengthen), unlike(전) ....와 달리=in contrast

해 동물세포와 달리, 식물세포는 20–75 μm/h의 속도로 대단히 빠르게 **길어질 수** 있다.

타 길게 만들다. 연장하다

Telomerase **elongates** this single-stranded end by a reiterative reverse-transcription mechanism.

관 reiterative되풀이되는=repetitive

해 Telomerase는 되풀이되는 역전사기전으로 단일가닥의 말단을 **연장한다**.

elongated 타 be ~ 길게 되다

11 At a replication fork, one daughter strand is **elongated** continuously. The other daughter strand is formed as a series of discontinuous Okazaki fragments from primers.

관 replication fork 복제점, a series of ....의 연속체, discontinuous≠continuous, one .... the other (둘 중에서)하나 .... 나머지 하나, Okazaki fragment 오가자키 조각

해 어떤 복제점에서, 하나의 딸가닥은 계속 **길어진다**. 나머지 딸가닥은 primer로부터 불연속적인 오카자키 조각들의 연속체로써 형성된다.

elongation 명 길어짐, 연장

24 Vacuole stores water, ions, and nutrients, degrades macromolecules, and functions in cell **elongation** during growth.

관 vacuole 액포, store(타), degrade(타), function(자)

해 액포는 물, 이온 및 영양분을 저장하고, 거대분자를 분해하며, 그리고 성장하는 동안에 세포의 **길어짐**에 기능한다.

elsewhere 부 (어딘가) 다른 곳에서

45 Remodeling permits the repair of damaged bones and can release calcium, phosphate, and other ions from mineralized bone into the blood for use **elsewhere** in the body.

관 remodeling (재생, 재형성반응), release(타) 유리시키다, elsewhere in the body 신체의 다른 곳에서

해 재형성반응은 손상된 뼈의 수리를 가능하게 하며 그리고 신체의 **어딘가 다른 곳에서**의 사용을 위하여 미네랄화된 뼈로부터 혈액내로 칼슘, 인산 및 다른 이온들을 혈액 속으로 유리하게 할 수도 있다.

elucidate 타 (명료하게) 설명하다, 밝히다

48

A knowledge of protein structure and function was necessary to **elucidate** the single biochemical difference between normal hemoglobin and sickle cell hemoglobin.

관 difference between 차이점, elucidate(타) 명료하게 설명하다=make clear especially by explanation

해 단백질구조와 기능에 대한 지식이 정상 헤모글로빈과 낫형세포 헤모글로빈 사이의 단 하나의 생화학적 차이점을 **명료하게 설명하는데** 필요하였다.

참 낫형 헤모글로빈sickle cell hemoglobin (HbS) : distorted 참조, 여기서 단 하나의 생화학적 차이란 헤모글로빈의 β-아단위체 유전자의 점돌연변이로 인해 6번째 아미노산 glutamate가 valine으로 돌연변이된 것을 말한다.

elucidated 타 be ~ (명료하게) 설명되다, 밝혀지다

42

Glycolysis was the first metabolic pathway to be **elucidated** and is probably the best understood.

해 해당반응은 **밝혀진** 첫 번째 대사경로이었으며, 아마도 현재 가장 잘 이해된 경로이기도 하다.

elucidation 명 설명, 해설, 명료화, 규명

14

Elucidation of the double helical structure of DNA represented one of the most significant events in the history of science. This discovery more than any other marked the beginning of molecular biology.

관 elucidation 규명=(explanation, clarification), represent(타) ....를 대표하다=serve as an example of 대표적인 예가 되다, mark(타) 기록하다=(record, indicate), more than any other=the most

해 DNA의 이중나선구조의 **규명**은 과학역사에서 가장 중대한 사건 중의 대표적인 사례였다. 이 발견이 어떤 다른 발견보다 분자생물학의 효시로 기록되었다.

eluate 명 용출물

44

Three fractions from the **eluate** subsequently showed RNA polymerase activity.

관 subsequently 나중에=afterwards

해 그 **용출물**로부터 얻은 3개의 분획들이 나중에 RNA polymerase활성을 보였다.

elute 자 용출되다

10

Proteins **elute** in inverse order of the strength of their interactions with the stationary phase.

관 in inverse order .... 역순으로, elute(자) 용출되다, stationary phase 고정상

해 단백질은 고정상과의 상호반응 강도의 역순으로 **용출된다**.

타 용출시키다

Sodium citrate solutions, at two different concentrations and three different values of pH, are used to **elute** the amino acids gradually from the column.

관 eluate(타) 용출시키다, gradually 점진적으로=progressively

해 두 종류의 다른 농도와 3개의 서로 다른 pH 값에서의 Sodium citrate 용액들이 칼럼으로부터 아미노산들을 점진적으로 **용출시키기** 위하여 사용된다.

eluted 타 be ~ 용출되다

282

At higher salt concentrations, negative salt ions bind to the positively charged beads, displacing the negatively charged proteins. In a gradient of increasing salt concentration, weakly charged proteins are **eluted** first and highly charged proteins are **eluted** last.

관 bind to ....에 결합하다, first(부) 먼저, last(부) 나중에=(at the end, finally)

해 더 높은 염 농도에서, 음의 염 이온들은 양으로 하전된 충진제와 결합하기 때문에, 음으로 하전된 단백질을 교체할 수 있다. 염의 농도구배를 점차적으로 증가하면, 약하게 하전된 단백질이 먼저 **용출되고** 그리고 강하게 하전된 단백질은 나중에 **용출된다**.

elution | 명 용출

70

Since the net charge on a protein is determined by the pH, sequential **elution** of proteins may be achieved by changing the pH of the mobile phase.

관 since=because, sequential 순차적인=(serial, successive), be achieved 달성되다

해 어떤 단백질의 순 전하량은 pH에 의하여 결정되므로, 단백질의 순차적인 **용출**은 이동상의 pH을 변경함에 의하여 달성될 수도 있다.

embed | 타 끼워 넣다, 깊숙이 고정시키다

14

The water-soluble catalytic domain of HMG-CoA reductase extends into the cytosol, but its eight transmembrane segments firmly **embed** the enzyme in the ER membrane and act as a regulatory domain.

관 extend(자) 길게 뻗다=stretch out over a distance, embed(타) 끼워 넣다=(insert, fix deeply), act as 작용하다=function as

해 HMG-CoA reductase의 물에 용해되는 촉매용 도메인은 세포질 속으로 길게 뻗어있지만, 그러나 그것의 8개의 막관통단편은 효소를 ER막 속에 단단하게 **끼워 넣어** 조절용 도메인으로써 작용한다.

embedded | 타 be ~ ....에 끼여 있다

97

Many of the cells in tissues are **embedded** in an extracellular matrix that fills the spaces between cells and binds cells and tissue together.

관 fill(타) 채우다, bind(타) .... together를 함께 결합하다

해 조직에 있는 세포 중의 많은 것이 세포 사이의 공간을 채우고 그리고 세포와 조직을 함께 결합하는 세포외기질 속에 **끼여 있다**.

emerge | 자 빠져 나오다, 출현하다

57

As the 5′ end of a nascent RNA chain **emerges** from the surface of RNA polymerase II, it is immediately acted on by several enzymes that together synthesize the 5′ cap, a 7-methylguanylate that is connected to the terminal nucleotide of the RNA by an unusual 5′,5′ triphosphate linkage

관 nascent 합성된 그대로의, emerge from ....로부터 출현하다, be connected to ....에 연결되다

해 합성된 그대로의 RNA 사슬의 5' 말단이 RNA polymerase II의 표면으로부터 **빠져 나오면서**, 5' 모자구조를 함께 합성하는 몇 종류의 효소에 의하여 즉시 작용을 받는다. 이 모자구조는 특별한 5',5' 삼인산의 연결에 의하여 RNA의 말단 뉴크레오티드에 연결되어있는 7-methylguanylate이다.

참 mRNA 모자구조 만들기 (Capping) : RNA 전구체가 합성되어 RNA polymerase II로부터 유리되어 나오는 것과 동시에 5' 말단에 7'-methylguanylate기가 첨가되어 만들어지는 구조이다. 이 모자구조는 핵 속에서 고도로 조절되면서 합성되어 RNA 분자의 핵으로부터의 방출을 조절하고, 핵산외부분해효소의 작용으로부터의 보호와 번역반응의 증진 등의 중요한 역할을 한다.

emergence | 명 출현

22

Infection by HIV was once considered a death sentence, but the **emergence** of a new family of drugs called protease inhibitors has made it possible for some AIDS patients to improve their overall health and extend their lives.

관 once 한때=in the past , be considered +보어 *a death sentence* 사망선고로 여기다, make it possible for 가주어 to improve, extend(타) life 수명(의 길이)를 연장하다, <비교> expand는 넓이를 확장하다

해 HIV에 의한 감염은 한때 사망선고로 여겨졌었다, 그러나 단백질 저해제라는 새로운 약물의 **출현**은 일부 AIDS 환자들이 전반적으로 건강을 증진시켜 생명을 연장하는 것을 가능하게 만들었다.

emergency | 명 응급

Epinephrine, which signals an increased utilization of blood glucose and other fuels for exercise or **emergency** situations, also activates liver glycogenolysis.

관 signal(타) ....하는 신호를 보내다, glycogenolysis 글리코겐 분해

해 Epinephrine은 운동 혹은 **응급**상황을 위하여 혈당과 다른 연료의 증가된 이용에 대하여 신호를 보내지만, 또한 간의 글리코겐의 분해를 활성화하기도 한다.

참 Epinephrine : norepineprine과 dopamine과 함께 카테콜아민류에 속하는 호르몬으로, 급성 스트레스에 반응하여 혈당을 증가시키는 작용을 한다.

emission 명 방출, 방사, 발광

108 In the presence of molecular oxygen and luciferase for bioluminescence in the firefly, the luciferin undergoes a multistep oxidative decarboxylation to oxyluciferin. This process is accompanied by **emission** of light.

관 undergo(타) ....에서 ....이 수행되다, be accompanied by ....와 동반되다, bioluminescence 생체발광

해 반딧불에서 생체발광을 위해 분자수준의 산소와 luciferase가 존재하면, luciferin에서 다단계의 산화적 카르복실기 제거반응이 수행되어 oxyluciferin으로 된다. 이 과정이 빛의 **방사**와 동반된다.

emit 타 (빛, 광선)을 방출하다

11 Fluorescent molecules absorb light at one wavelength and **emit** it at another, longer wavelength.

관 fluorescent 형광의, absorb(타) 흡수하다≠emit 방출하다

해 형광분자는 하나의 파장에서 빛을 흡수하여 다른, 즉 더 긴 파장에서 그것을 **방출한다**.

emitted 타 be ~ 방출되다

9 Energy of excitation reappears as fluorescence (light emission); a photon of fluorescence **is emitted** as the e^- returns to a lower orbital.

관 excitation 여기상태, return(자) to ....로 회귀하다, orbital 궤도, fluorescence 형광

해 여기상태의 에너지는 형광 (빛의 방출)으로써 다시 나타난다; 즉 e^-가 더 낮은 수준의 궤도로 회귀할 때 형광광자가 **방출된다**.

emphasize 타 강조하다, 눈에 띄게 하다

26 Such experiments **emphasize** the synergistic effects of multiple oncogenes.

관 synergistic effect 상승효과, oncogene 발암유전자

해 그러한 실험들은 여러 발암유전자들의 상승효과를 **강조하고 있다**.

참 일반적으로 발암유전자에 의한 암의 발생은 한 종류 이상의 발암유전자들이 천천히 축적되고 그들 사이의 상호반응으로부터 일어난다. 그래서 일반적으로 암은 주로 나이가 들어서 나타나게 된다.

employ 타 (고용하여) 사용하다, 채택하다

36 The mechanism by which cytotoxic T cells kill their targets is not known for certain. They seem to **employ** at least two strategies, both of which are thought to operate by inducing the target cell to undergo programmed cell death.

관 for certain 확실하게=(certainly, evidently, for sure), employ(타) 이용하다=use, operate(자) 작동하다, induce .... to, undergo(타) ....에서 ....가 일어나다

해 세포독성 T세포가 표적을 죽이는 기전은 확실하게 알려져 있지 않다. T세포는 표적세포에서 프로그램화된 세포의 죽음이 일어나도록 유도함에 의해 작동하는 것으로 생각되는 적어도 2가지 전략을 **사용하고** 있는 것 같다.

employed 타 be ~이용되다, 고용되다

106 The patch clamping technique can **be employed** on whole cells or isolated membrane patches to measure the effects of different substances and ion concentrations on ion flow.

관 patch clamping 패치크램프 기술, measure (타)

해 패치크램핑 기술은 전체 세포나 혹은 떼어낸 막의 조각 위에서, 이온의 흐름에 대한 여러 물질과 이온 농도의 효과를 측정하기 위하여 **이용될** 수 있다.

참 patch clamping technique : 전기생리학 분야에서 세포표면에 존재하는 여러 개의 채널뿐만 아니고 단 한 개의 이온채널의 행동까지도 모니터링할 수 있는 매우 정교한 기술이다. 1 μm 직경의

미세피펫으로 전극을 만들어 전체 세포나 물리적으로 떼어낸 막의 일부 (patch라 함) 의 이온흐름의 동향을 측정하는데 이용된다.

empty
133

자 비워지다

As the gastric contents **empty** into the intestine, they encounter the secretions from the exocrine pancreas.

관 empty(자) 비워지다=discharge its contents, encounter(타) 조우하다=meet by chance, exocrine 외분비≠endocrine 내분비

해 위의 내용물이 내장으로 **비워지면**서, 외분비성인 췌장으로부터 온 분비물과 조우하게 된다.

참 이 분비물 중의 하나가 약염기성인 중탄산염bicarbonate으로, 위산을 중화하여 췌장에서 분비되는 소화 효소들이 최적 pH에서 기능하도록 하는 역할을 한다.

형 빈, 텅 빈, 비어있는

Transmission of nerve impulses at chemical synapses depends on the exocytosis of neurotransmitter-filled synaptic vesicles and the regeneration of **empty** vesicles by endocytosis.

관 nerve impulse 신경임펄스; 충격, exocytosis 세포외유출≠endocytosis 세포내이입

해 화학적 시냅스에서 신경임펄스의 전달작용은 신경전달물질로 꽉 찬 시냅스 낭포들의 세포외유출과 세포내이입에 의한 **빈** 낭포의 재생성과정에 달려있다.

enable
82

타 ....을 가능하게 하다

Insulin also increases cellular utilization of glucose by inducing the synthesis of several important glycolytic enzymes. In addition, insulin acts to inhibit several enzymes of gluconeogenesis. These various actions **enable** the organism to respond quickly to increases in blood glucose levels.

관 increase (타, 명), in addition 뿐만 아니라=additionally, gluconeogenesis 당신생성

해 인슐린은 또한 몇 종의 중요한 당분해효소의 합성을 유도하여 포도당의 세포 이용도를 증가시킨다. 뿐만 아니라, 인슐린은 당신생성에 관여하는 몇 종의 효소를 저해하는 활동도 한다. 이들 여러 작용이 생명체가 혈당수준의 증가에 신속하게 대응하는 것**을 가능하도록 한다**.

참 인슐린은 일차적으로 혈중 포도당을 세포 안으로 유입시키는 것을 촉진하여 혈당을 낮춘다. 한편 지방세포에서는 포도당의 사용을 촉진하여 이때 생산된 ATP와 glycerol을 지방산 합성을 위한 에너지와 인지질 합성재료 물질로 각각 사용된다.

enabled
22

타 be ~ 가능하게 되다, 할 수 있게 되다

A cell may be released from the normal proliferation restraints and **enabled** to divide as a cancer cell if an antiproliferation gene undergoes a mutation that makes it inactive.

해 만약 증식억제유전자에서 자신을 불활성되도록 하는 어떤 돌연변이가 일어나면, 한 개의 세포는 정상적인 증식제한으로부터 풀릴 수도 있어서, 그 결과 암세포처럼 분열하도록 하는 것**이 가능해진다**.

참 항증식유전자 antiproliferation gene은 tumor suppressor gene 종양억제유전자이다.

encapsulated
42

타 be ~ 캡슐 속에 들어있다, 캡슐로 싸이다

Viruses are supramolecular complexes of nucleic acid, either DNA or RNA, which is **encapsulated** in a protein coat and, in some instances, surrounded by a membrane envelope.

관 in some instance 일부의 경우에, supramolecular complex 초분자복합체, envelope 외피막

해 바이러스란 DNA나 혹은 RNA 어느 하나의 핵산으로 구성된 초분자복합체인데, 그것들 중 하나는 단백질 코트라는 **캡슐 속에 들어있으며**, 일부의 경우에는 외피막에 의해 둘러싸여있다.

참 인플루엔자 독감바이러스는 유전물질 RNA가 코트단백질 속에 존재하고 그 외부를 생체막의 일부인 외피막envelope에 둘러싸여있다. 그러나 동물의 구제역바이러스foot and mouth disease virus는 RNA가 단백질코트 속에 들어가 있지만 외피막은 없다. 바이러스성 질병이 겨울철에 유행하는 것은 낮은 기온으로 인해 지질성분인 envelope이나 코트단백질이 딱딱해져 알갱이 상태로 잘 전파될 수 있기 때문이다. 이 딱딱해지는 임계온도는 약 섭씨 15.6 (화씨 60)도 인 것으로 알려져 있다. 이 이상의 온도에서 지질성분이 녹게 되면 접착성이 있어서 잘 전파되지 않는다.

encompass 타 1 망라하다, 포함하다

43

Position effects were first recognized in Drosophila, but they have now been observed in a number of other organisms and are thought to reflect the different states of chromatin present at different locations in the genome and the tendency of these states to spread to **encompass** nearby genes.

관 position effect 위치효과, have *now* been observed in .... 이제 관찰되는 상태가 되었다; now는 완료형이 가능하나 just now는 과거로 사용, reflect(타) 반영하다, spread(자) 퍼져나가다, nearby 바로 곁의=next to

해 위치효과는 초파리에서 처음으로 인지되었지만, 그러나 이제 많은 다른 생명체에서도 관찰되고 있으며 그리고 유전체에서 서로 다른 위치에서 존재하고 있는 염색질의 서로 다른 상태들과 이들 상태가 바로 곁의 유전자들을 **포함하기** 위하여 퍼져나갈 수 있는 성향을 반영하는 것으로 생각된다.

참 유전자 발현의 위치효과position effect : 어떤 유전자의 발현은 전사가 일어날 때의 유전자의 빽빽하게 접힌 정도에 따라 발현의 효율이 달라진다. 발현이 정상적으로 일어나는 유전자를 발현이 되지 않은 유전자 (빽빽하게 접혀있는)의 1000개의 염기쌍 이내로 옮기면, 이동된 위치에서 발현이 억제되는데, 이것을 위치효과라 한다.

2 포함하다, 망라하다

Amyloidosis is a term **encompassing** many diseases that share a common feature - the extracellular deposition of pathologic insoluble fibrillar proteins called amyloid in organs and tissues.

관 amyloidosis 아밀로이드증, encompass(타) 포함하다, 망라하다=(include, cover, comprehend), share(타) 공유하다=have in common, deposition 침착, fibrillar protein 소섬유형의 단백질

해 아밀로이드증이란 장기와 조직에서 amyloid라 불리는 비용해성의 소섬유형 단백질들이 세포외부에서 침착한 것이라는 어떤 공통된 특성을 가지는 많은 질병을 **망라하는** 용어이다.

encounter 타 ....와 (우연히) 만나다, 마주치다

32

Glucocorticoid hormones **encounter** their cognate receptor in the cytoplasm, where it exists in a complex with heat shock protein 90 (hsp).

관 encounter(타) 만나다=meet by chance, cognate같은 혈통의=similar in nature, it exist(자) in a complex 복합체로 존재하다

해 Glucocorticoid 호르몬은 세포질에서 열충격단백질 90 (hsp)과 결합체를 형성한 채로 존재하고 있는 자신의 수용체와 **만난다**.

참 Glucocorticoid 호르몬이 세포질에서 hsp90과 결합한 채로 존재하고 있던 자신의 수용체에 결합하게 되면, hsp90을 유리시키고 아울러 수용체의 구조도 변화시킨다. 이 호르몬이 결합된 수용체 복합체는 핵막을 가로질러 들어가 DNA상의 특이성이 높은 glucocorticoid 반응요소response element에 결합하여 전사반응을 촉진한다.

end 명 1 끝, 말단

534

Digestion with a restriction endonuclease can result in the formation of DNA fragments with sticky, or cohesive, **ends** or blunt **ends**.

관 restriction endonuclease 제한효소, sticky 끈적끈적한=(cohesive, adhering), cohesive 접착형, blunt 무딘형

해 제한효소로의 소화반응은 끈적끈적한 혹은 접착형 **말단**이나 혹은 무딘형 **말단**들을 가진 DNA 조각을 형성하는 결과를 만들 수 있다.

2 목적

Human gene therapy seeks to repair the damage caused by a genetic deficiency through introduction of a functional version of the defective gene. To achieve this **end**, a cloned variant of the gene must be incorporated into the organism in such a manner that it is expressed only at the proper time and only in appropriate cell types.

관 seek to=endeavor to ....하려고 노력하거나 시도하다, gene therapy 유전자치료, functional 기능을 하는≠defective 결함이 있는, achieve(타) the end 목적을 달성하다

해 사람의 유전자치료는 결함 유전자의 기능성 버전의 도입을 통하여, 유전적 결함에 의해 초래된 손상을 수리하려고 시도한다. 이 **목적**을 달성하기 위해서, 그 유전자의 클로닝된 변형체가 적절한 시기에만 그리고 적당한 세포의 유형에서만 발현되는 그러한 방식으로 생명체 속으로 도입되어야 한다.

3 in the ~ 마침내, 결국

These reactions result in chromatin-level structural changes that in the **end** increase DNA accessibility to other factors and the transcription machinery.

관 in the end=finally, result in ....하는 결과를 만들다, accessibility to ....에 대한 접근성

해 이들 반응은 **결국** 다른 인자들과 전사 기계류와의 DNA의 접근성을 증가시키는 염색질 수준의 구조의 변화를 일어나도록 하는 결과를 만든다.

4 come to an ~ 정지하다

The final phase of translation is termination. How does the synthesis of a polypeptide chain come to an **end** when a stop codon is encountered?

관 encounter(타) 우연히 만나다=meet by chance, come to an end 정지하다=(finish, end)

해 번역과정의 마지막 단계는 종결반응이다. 폴리펩티드사슬의 합성이 어떤 종결부호와 만나면, 어떻게 **정지하게 되는가**?

5 ~ to ~ 끝과 끝을 이어서

In fact, if the DNA from all 46 chromosomes in a diploid human cell were placed **end to end**, our total DNA would span a distance of about 2 m (over 6 feet). Our total DNA contains about 6×10^9 base pairs.

관 <가정법> 과거 if .... were .... would ...., span(타) a distance of 2 m ....의 길이가 되다

해 사실, 이배체인 사람세포에 존재하는 46개 염색체들의 DNA가 **끝과 끝을 이어서** 놓인다면 전체 DNA는 약 2 m (6 피트를 넘어)의 거리의 범위가 될 것이다. 전체 DNA는 약 6×10^9 염기쌍들을 가지고 있다.

자 1 종결되다, 끝나다

The synthesis of each Okazaki fragment **ends** when this DNA polymerase runs into the RNA primer attached to the 5' end of the previous fragment.

관 end(자) 종결되다=(finish, cease), run into 우연히 만나다=(encounter, meet by chance)

해 각 Okazaki 조각의 합성반응은 이 DNA polymerase가 이전 조각의 5'-말단에 붙어있는 RNA primer을 만나게 될 때 **종결된다**.

참 Okazaki fragment : DNA가 주형으로부터 복제될 때, 한쪽 가닥은 5'에서 3' 방향으로 계속 합성되지만 나머지 한 가닥은 3'에서 5' 방향으로 합성되어야만 한다. 그러나 동일한 종류의 복제효소들은 이 방향으로 DNA를 합성할 수 없기 때문에, 먼저 국소적으로 RNA primer를 사용하여 5'에서 3'으로 짧은 Okazaki 조각 형태로 합성한다. 그 후, 이들을 다시 연결하기 때문에 전체적으로는 3'에서 5'으로 합성되는 것처럼 보인다.

2 ~ in ....으로 끝나다, 결국 ....로 되다

Thus, saturated fatty acids **end** in -anoic, eg, octanoic acid, and unsaturated acids with double bonds **end** in -enoic, eg, octadecenoic acid (oleic acid).

해 그래서 포화된 지방산은 -anoic, 예, octanoic acid**로 끝나고** 그리고 이중결합을 가진 불포화된 산은 -enoic, 예, octadecenoic acid (oleic acid)**으로 끝난다**.

3 ~ up (우연히) 최종적으로 도착하다

Many proteins carry signals that direct them to their destination, thus ensuring that they will **end** up in the appropriate membrane or cell compartment.

관 carry(타) 담고 있다, direct(타) .... to ....로 가도록 하다, ensure(타) 보장하다=(guarantee, make certain), end up 최종적으로 도착하다=(finally reach, arrive)

해 많은 단백질들은 자신을 자신의 목적지로 가도록 하는 신호를 담고 있어서, 그래서 단백질이 적절한 막이나 혹은 세포의 구획**에 최종적으로 도착할** 것을 보장할 수 있다.

참 일반적으로 많은 단백질은 리보솜에서 합성된 후 특이 기능을 수행하기 위하여 세포내의 여러 부위로 이동한다. 이때 단백질분자에 담겨있는 분류신호가 세포내의 특정부위로의 수송에 중요한 역할을 한다.

4 ~ with ....로 끝나다

A protein that contains 9 lysine and 7 arginine residues will usually yield 17 peptides on digestion with trypsin. Each of these tryptic peptides will **end with** either arginine or lysine.

해 9개의 lysine과 7개의 arginine 잔기를 함유하고 있는 단백질은 trypsin으로의 소화에 일반적으로 17개의 펩티드를 생산할 것이다. 각각의 트립신 펩티드는 arginine 혹은 lysine**으로 끝나게 될 것이다.**

참 트립신trypsin : 소화효소 trypsin은 염기성 아미노산인 lysine과 arginine의 C말단 쪽의 펩티드 결합을 절단한다.

ended
8

형 ....로 끝이 난, ...로 끊어진

The T4 DNA ligase from T4 phage can form a covalent bond between blunt-**ended** (flush-ended) double-helical DNA molecules.

해 T4 phage로부터 온 T4 DNA ligase는 무딘형으로 **끊어진** 2중나선의 DNA 분자 사이에서 공유결합을 만들 수 있다.

endogenous
684

형 내재성의, 내부로부터 성장하는

Sequencing of the human genome has revealed that the most common LTR retrotransposon–related sequences in humans are derived from **endogenous** retroviruses (ERVs).

관 reveal(타) 밝혀주다=(disclose, show, exhibit), long terminal repeat (LTR) 긴말단반복서열, be derived from ....로부터 유래되다

해 사람 유전체서열의 결정은 사람에서 가장 흔한 LRT 레트로포존 관련 서열들이 **내재성의** retrovirus (ERV)로부터 유래된 것임을 밝혀주었다.

참 Retrotransposon : 자기 자신의 서열을 RNA로 복사한 후, 복사물의 양을 급격히 증가시키고 이들을 다시 DNA로 전환하여 유전체 속으로 들어가게 함으로써 유전체의 크기를 획기적으로 증가시킬 수 있는 DNA서열이다.

endow
12

타 ....에게 (능력, 자질)을 부여하다

Much of current biological research is focused on discovering how molecular interactions **endow** cells with decision-making capacity and their special properties.

관 be focused on ....에 집중되다, endow .... with=confer .... on, make a decision 결정을 내리다

해 현재의 생명과학의 연구 중 많은 것들은 어떻게 분자의 상호작용이 세포**에게** 최종판단을 내리는 능력과 특별한 행동특성을 **부여하는**지를 밝혀내는데 집중되어있다.

energetic
8

형 1 에너지의, 에너지로 채워진

AMP concentration is a much more sensitive indicator of a cell's **energetic** state than is ATP. Normally cells have a far higher concentration of ATP (5 to 10mM) than of AMP (< 0.1 mM).

관 far와 much + 비교급 <강조>

해 AMP농도가 ATP보다 세포의 **에너지의** 상태를 나타내는 훨씬 더 민감한 표시자가 된다. 정상적으로, 세포는 AMP (< 0.1 mM)의 농도보다 훨씬 더 높은 농도의 ATP (5에서 10mM)를 가지고 있다

2 활동적인, 운동성이 큰

Increasing the kinetic energy of molecules also increases their motion and therefore the frequency with which they collide. This combination of more frequent and more highly **energetic** and productive collisions increases the reaction rate.

관 collide(자) with the frequency ....의 빈도수로 충돌하다, combination 결합, reaction rate 반응속도

해 분자들의 운동에너지를 증가시킨다는 것은 또한 그것의 움직임과 그로 인한 충돌하는 빈도수를 증가시키게 된다. 더 높은 빈도의 충돌과 더 높은 **활동적이고** 생산적인 충돌의 이 결합이 반응속도를 증가시키게 된다.

energetically 부 에너지 측면에서

13 The high-energy phosphate bond of GTP is **energetically** equivalent to that of ATP, and can be used directly for energy-requiring reactions like protein synthesis.

관 be equivalent to ....와 동등하다=be equal to, be used for ....용으로 사용되다

해 GTP의 고에너지 인산결합은 **에너지 측면에서** ATP의 그것과 동등하기 때문에, 그래서 단백질합성과 같은 에너지를 필요로 하는 반응들에 직접 사용될 수 있다.

energize 타 에너지로 전환되다, 에너지를 공급하다

The proton-motive force in mitochondria **energizes** active transport.

관 proton-motive force 양이온추진력, energize(타) 에너지를 공급하다=(stimulate, supply with electrical power)

해 미토콘드리아에서 양이온 추진력은 능동수송**에 에너지를 공급한다**.

energized 타 be ~ 자극되다, 에너지가 주어지다, 활력이 주어지다

9 If mixtures of gases such as CO_2, CH_4, NH_3, and H_2 are heated with water and **energized** by electrical discharge or by ultraviolet radiation, they react to form small organic. Among these products are compounds, such as hydrogen cyanide (HCN) and formaldehyde (HCHO), that readily undergo further reactions in aqueous solution.

관 electrical discharge 방전, undergo(타) ....에서 ....가 일어나다

해 CO_2, CH_4, NH_3, 및 H_2와 같은 가스의 혼합물이 물과 함께 가열되면서, 방전이나 자외선에 의하여 **에너지가 주어지**면, 그들은 반응하여 작은 유기화합물을 형성한다. 이들 생산물 중에는 수용액 속에서 추가적인 반응이 쉽게 일어나는 시안화수소(HCN), 포름알데히드(HCHO)와 같은 합성물들이 포함되어있다.

참 최초의 생명물질인 유기물질의 생성과 관련된 실험을 설명한 내용이다, 즉 열, 번개, 태양광선에 의해서 제공되는 에너지를 가상적으로 사용한 실험이다.

engineer 타 조작하여 ....를 만들다

13 The recombinant DNA technology can **engineer** plants or animals to have traits that are useful in agriculture or medicine.

관 recombinant DNA technology 재조합DNA기술, engineer(타) .... to 조작하여 ....하도록 만들다 =manage .... to

해 재조합 DNA기술은 식물이나 혹은 동물을 **조작하여** 농업이나 혹은 의학에 유용한 성질을 가지도록 **만들 수 있다**.

engineered 타 be ~ 조작되어 만들어지다

50 The polylinker in cloning vector is **engineered** not only to have multiple restriction sites but also to have an uninterrupted sequence of codons, so this region of the vector has the potential for translation into protein.

관 polylinker 다중연결부, uninterrupted sequence 중단되지 않은 서열

해 클로닝 벡터에서 다중연결부라는 것은 여러 제한효소자리들을 가지도록 만들 뿐만 아니라 벡터의 이 영역은 단백질로 번역될 가능성을 가지기도 하여, 유전부호들이 중단되지 않는 서열을 가지도록 **조작된다**.

enhance 타 1 (질, 값)을 향상시키다, 높이다

239 Because of its very high dielectric constant, water is a medium for ionization. Ions enrich the living environment in that they **enhance** the variety of chemical species and introduce an

important class of chemical reactions. They provide electrical properties to solutions and therefore to organisms.

관 dielectric constant 유전상수, enrich(타) 풍부하게 하다, medium 배지

해 물의 매우 높은 유전상수 때문에, 물은 이온화를 위한 배지가 된다. 이온은 화학물질의 종의 다양성을 **높여서**, 그래서 화학반응의 중요한 부류를 도입하도록 하는 살아가는 환경을 풍부하게 한다. 이온은 전기적 행동특성을 용액에 주며 그러므로 생명체에게도 제공하게 된다.

참 유전상수dielectric constant : 용매가 극성화되려는 능력의 척도를 표시하는 값이다. 물은 극성이 높아서 이 값이 20°C에서 80.10이고 극성이 낮은 n-hexane은 1.89 밖에 되지 않는다.

2 증진하다, 촉진하다, 더 크게 하다

Prostaglandins are known to **enhance** inflammation in animal tissues.

관 be known to 알려져 있다, enhance(타) 촉진하다=(augment, make greater in effectiveness)

해 프로스타그란딘류는 동물조직에서 염증반응을 **촉진한다**고 알려져 있다.

enhanced 타 be ~ 향상되다. 강화되다

500

The inhibitory action of antithrombin III is **enhanced** by heparin.

해 Antithrombin III의 저해활동은 heparin에 의해 **강화된다**.

참 heparin : 헤파린은 혈관벽 근처의 mast cell과 내피세포에서 분비되는 음전하를 띤 다당류로 혈액응고를 억제한다. 헤파린은 antithrombin III과 결합하여 트롬빈의 혈액응고반응을 억제할 수 있다.

enhancement 명 향상, 강화, 증진

101

The mechanisms suggested for niacin's triacylglycerol-lowering action include **enhancement** of the action of lipoprotein lipase (LPL), inhibition of lipolysis in adipose tissue, and a decrease in esterification of triacylglycerols in the liver.

관 TG-lowering action 중성지방 감소활동. lipolysis 지질분해, adipose tissue 지방조직

해 Niacin의 중성지방 감소활성에 대한 제안된 기전은 지단백질지질분해효소 (LPL)의 활성의 **증진**, 지방조직에서 지방분해의 저해, 그리고 간에서 중성지방의 에스테로화 반응에서 감소를 포함한다.

참 Niacin : 속효성 nicotinic acid이다. NAD^+를 합성하는데 필요한 전구물질로 고지혈증 치료에 사용된다. 이 제제는 1.5-2 g의 많은 양에서 혈청의 중성지방을 낮추고 HDL 콜레스테롤 수준을 증가시키고 더욱이 혈청의 전체 콜레스테롤과 LDL 콜레스테롤의 양을 감소시키는 역할을 한다.

enlarge 자 커지다, 확대되다

1

If we consume more food than required for the energy we expend, our body's fuel stores **enlarge**, and we gain weight.

관 enlarge(자) 커지다=become bigger, consume(타) 초과하여 섭취하다=(ingest, eat up), gain weight≠lose weight

해 우리가 쓰는 에너지를 위해 필요로 하는 것보다 더 많은 음식을 섭취하면, 우리 몸의 연료 저장소들이 **커지면서** 체중이 늘어난다.

타 커지게 하다, 확대시키다

Some of the specific environmental risk factors certainly operate as mutagenic tumor initiators, directly provoking genetic change; others presumably serve as tumor promoters that help to **enlarge** the population of cells liable to progress, through further mutation, to full-blown cancer.

관 some .... others 여러 개 중의 일부.... 나머지, risk factor 위험인자, provoke(타) 일으키다=(evoke, elicit), liable to ....하기 쉬운=likely to, progress(자) to ....로 진행하다=(advance to, proceed to), full-blown 만개한, tumor initiator 종양개시제, tumor promoter 종양촉진제

해 특이 환경성 위험인자들 가운데 일부는 직접적으로 유전적 변화를 일으킬 수 있는 돌연변이성 종양개시제로 확실하게 작동하며; 나머지는 아마도 이미 일어난 것에 추가되어 발생하는 돌연변이를 통하여 완전한 암으로 발전하기 쉬운 세포들의 집단을 **확대시키**는 것을 보조하는 종양촉진제로써 기능한다.

enlarged | 타 be ~ 확대되다

33

The oval outlines the area **enlarged** in the lower part of the figure.

관 outline(타) 윤곽을 표시하다=(display, accentuate)

해 타원형은 그림의 아래 부분에서 **확대된** 영역의 윤곽을 표시한다.

enlargement | 명 확대, 커짐

6

Edgar von Gierke described the first glycogen-storage disease in 1929. A patient with this disease has a huge abdomen caused by a massive **enlargement** of the liver.

관 describe(타) 발견하다=(identify, discover), huge abdomen 큰 복부

해 Edgar von Gierke는 1929년에 최초의 글리코겐 저장질환을 발견하였다. 이 질병에 걸린 환자는 간의 거대한 **확대**에 의해 초래된 대단히 큰 복부를 가지게 있다.

참 von Gierke 질환 : 간의 글리코겐 분해과정의 맨 마지막 단계에서 작용하는 glucose 6-phosphatase라는 효소가 결여되어 분해되지 못한 다량의 글리코겐들이 간에 계속 쌓이게 되어 커지게 되는 질환이다.

enough | 부 충분히

30

The active site of aspartate protease is a deep and extended cleft, formed by the two juxtaposed domains and large **enough** to accommodate about seven amino acid residues.

관 extended(형) 길어진, be .... enough to ....할 정도로 충분히 ....한

해 Aspartate protease의 활성화자리는 깊고 길이가 긴 좁은 틈 모양이며, 2개의 양옆에 나란히 배치된 도메인에 의해 형성되었고 그리고 약 7개의 아미노산잔기들을 담을 수 있을 정도로 **충분히** 크다.

참 Aspartate proteinase : aspartate를 촉매용 잔기로 사용하는 단백질 분해효소이다. pepsin, renin, HIV-protease와chymosin 등이 이에 속한다.

형 충분한

If **enough** vitamin K is provided in the diet, it can be reduced to the active hydroquinone by the warfarin-insensitive enzyme, and carboxylation can continue.

해 **충분한** 비타민 K가 음식으로 제공되면, 그것은 와파린의 영향을 받지 않는 효소에 의하여 활성형 hydroquinone으로 환원될 수 있어서, 그래서 카르복실화가 계속될 수 있다.

참 warfarin과 vitamin K : found, deplete 참조

enrich | 타 1 풍부하게 만들다, 많게 만들다

6

Phospholipids are synthesized in the ER, whereas sphingolipids are synthesized in the Golgi. The translocation of membranes from one cellular compartment to another can selectively **enrich** membranes in certain lipids.

관 translocation 위치이동=(moving, change of place), enrich(타) 풍부하게 만들다, cellular compartment 세포의 구획

해 인지질은 ER에서 합성되고, 반면에 스핑고지질은 골기에서 합성된다. 한 세포 분획으로부터 다른 것으로 막의 위치이동은 선택적으로 막에 어떤 지질을 **풍부하게 만들** 수 있다.

2 ~ for ....를 농축하다, ...을 특히 많이 만들다

Because T and B lymphocytes are very closely related, most of the mRNAs will be common to both cell types; subtractive hybridization is thus a powerful way to **enrich** for those specialized molecules that distinguish the two cells.

관 be closely related 밀접하게 연관되다, be common to ....에 공통적이다, distinguish(타) 구별하게 만들다=(differentiate, discriminate), subtractive hybrization 공통유전자 혼성화제거법

해 T와 B 임파구는 매우 밀접하게 연관되어있기 때문에, 대부분의 mRNA는 두 세포 종에 공통적일 것이다; 그래서 공통유전자 혼성화제거법은 두 세포를 구별하도록 하는 그런 전문화된 분자들을 **농축하는** 강력한 방법이 된다.

참 공통유전자 혼성화제거법 subtractive hybridization : 아주 발현 빈도가 낮은 유전자를 골라내기

위하여 사용한다. 앞의 예문에서와 같이 성질이 유사한 세포 (T와 B임파구)에서 mRNA에 대한 cDNA들 만들고, 알칼리 상태에서 처리하여 남아있는 mRNA을 모두 제거한다. 참조하려는 세포에서 다량의 mRNA를 미리 준비한 cDNA와 혼합하여 subtractive hybridization를 한다. 그리고 이 혼합물을 Hydoxyapatite 칼럼을 통과시켜 cDNA-mRNA 2중 가닥과 cDNA 단일가닥을 분리해 낸다. 단일가닥의 cDNA가 원하는 유전자를 포함하고 있을 가능성이 큰 농축된 분획이다.

enriched

128

타 1 be ~ 농축되다, 많아지게 되어

Thus, xanthine dehydrogenase in fraction 5 versus fraction 1 is **enriched** more than 1400-fold by the purification procedure.

해 그래서 5번 분획의 xanthine dehydrogenase는 1번 분획에 비해 그 정제절차에 의해 1400배 이상으로 **농축되었다**.

2 A be ~ in B 'B가 A에 농축되다, A에는 B가 많다'

Each cell type, and the organelles of each cell type have a characteristic set of membrane lipids. Plasma membranes, for example, are **enriched** in cholesterol and contain no detectable cardiolipin.

관 no (강조) detectable 결코 찾아낼 수 없는, A be enriched in B=B는 A에 많다=A be rich in B

해 각 세포 유형과, 각 세포 유형의 소기관들은 막지질의 특징적인 세트를 가지고 있다. 예를 들면, 원형질막에는 cholesterol이 **많고** 그리고 결코 찾아낼 수 없을 정도의 cardiolipin를 함유하고 있다.

참 진핵세포의 세포막에는 cholesterol이 많고 원핵세포의 막에는 cardiolipin이 많은 것으로 알려져 있다. 그리고 미토콘드리아의 막에는 cardiolipin이 많고 cholesterol은 없으며, 이 사실로부터 미토콘드리아는 원핵세포로부터 유래되었음을 짐작할 수 있다.

3 be ~ with ....로 농축되다, ...가 풍부한

A bilayer **enriched** with phosphatidylcholine in the exoplasmic leaflet and with phosphatidylethanolamine in the cytosolic face would have a natural curvature in plasma membrane

관 exoplasmic leaflet세포막 바깥쪽 껍질, cytosolic face 세포질 쪽의 면, curvature 곡선구조=the state of being curved, would 결과

해 세포막 바깥쪽 껍질에 phosphatidylcholine으로 그리고 세포질 쪽의 면에 phosphatidyl-ethanolamine으로 **농축된** 어떤 이중층은 결과적으로 세포막에서 자연적인 곡선구조를 가지게 된다.

참 세포막인지질 : phosphatidylcholine (PC)은 기하학적으로 원통형 구조를 하지만, phosphatidyl-ethanolamine (PE)은 극성인 머리부위의 크기가 다른 인지질의 것에 비해 작은 쐐기형에 가깝다고 한다. 그래서 PE가 세포막의 안쪽 면에 다량 존재하면 굽은 형태가 된다는 이론이다.

enrichment

25

명 농축, 많이 모임, 풍부함

Besides their **enrichment** by cholesterol and sphingolipids, lipid rafts *are enriched for* many types of cell-surface receptor proteins, as well as many signaling proteins that bind to the receptors and are activated by them.

관 lipid raft 지질반, besides 이외에도=in addition to, as well as=not only .... but also, A be enriched for B; A에 B가 농축되어있다 혹은 A에 B가 많다

해 지질반에는 콜레스테롤과 sphingolipid들이 **풍부한 것** 이외에도, 다양한 종류의 세포 표면수용체 단백질과 또한 수용체와 결합하여 활성화되는 많은 신호전달단백질도 또한 많다.

참 lipid raft : possibly 참조

ensue

19

자 이어서 일어나다, 그 후에 일어나다

The DNA is heated to dissociate the DNA duplexes and then cooled so that primers bind to both the newly formed and the old strands. Another cycle of DNA synthesis **ensues**. (PCR에 관한 설명)

관 so that 목적, ensue(자) (그 결과) 잇따라 일어나다=occur afterwards or as a result

해 그 DNA가 가열되어 DNA 이중체를 해리시키고, 곧 primer들이 새로 형성된 가닥과 이전에 있던

가닥에 결합하도록 냉각된다. DNA합성의 또 다른 주기가 **이어서 일어난다**.

ensuing 형 잇달아 일어나는, 결과로써 일어나는

If a sample of λ phage is placed on a lawn of *E. coli* growing on a petri plate, each virion will infect a single cell. The **ensuing** rounds of phage growth will give rise to a visible cleared region, called a plaque, where the cells have been lysed and phage particles released

관 be placed on ....위에 올리다; 뿌려지다, give rise to 새로 만들다=(create, produce), ensuing 그 결과로 일어나는=(resultant, consequent)

해 λ 파아지 시료가 배양접시에서 자라고 있는 대장균의 균일층 위에 뿌려지면, 각각의 바이러스 알갱이들은 한 개의 세포에만 감염할 것이다. **그 결과로 일어나는** 파아지 성장의 계속된 순환은 plaque라고 하는 세포들이 분해되어 파아지 알갱이들이 유리된 곳으로 육안으로 깨끗해진 영역을 만들 것이다.

참 phage는 대장균과 같은 원핵세포에서 살아가는 바이러스를 지칭한다. 바이러스는 세포 속에 들어가 삶의 주기를 수행하는 기생체이며, 그것들이 세포 밖에서 생명이 없는 알갱이 상태로 존재할 때 virion이라는 용어로 불린다.

ensure 타 1 (성공을) 보장하다

79

If an ovum attaches, progesterone secretion continues to **ensure** the successful maintenance of a pregnancy.

관 ovum 난자; 난모세포, ensure(타) 확실하게 보장하다=(make certain, sure), continue(타) 계속하게 하다

해 하나의 난자가 붙게 되면, 프로게스테론의 분비가 임신의 성공적인 유지를 계속하여 **보장한다**.

2 (성공을) 확실하게 하다

The presence of the bacterial ribosome-binding site in the RNA transcript **ensures** that the RNA can be translated into protein by the ribosomes of the host bacteria.

해 RNA전사물에서 박테리아의 리보솜 결합부위의 존재는 숙주 박테리아의 리보솜에 의하여 그 RNA가 단백질로 번역될 수 있는 것을 **확실하게 한다**.

참 박테리아용 발현벡터에 진핵세포의 유전자가 삽입되어 발현될 수 있도록 유전공학적으로 조작된다. 이때 발현용 유전자를 삽입하는 링커서열 바로 앞에 promoter 서열뿐만 아니라 박테리아의 리보솜에도 결합할 수 있는 서열이 추가된다. 그렇게 되면 전사된 후 번역반응도 확실하게 수행될 수 있다.

enter 타 ....에 들어가다

82

Glucose must **enter** cells as the first step in energy utilization.

해 포도당은 에너지활용에서 첫 번째 단계로 세포**에 들어가야 한다**.

자 1 들어가다

In adipocytes and muscle, glucose **enters** by a specific transport system that is enhanced by insulin.

해 지방세포와 근육에서, 포도당은 인슐린에 의하여 상승되는 특이 수송계에 의하여 **들어간다**.

2 ~ into 참여하다

The 3' OH of the A ribose in tRNA is the point of attachment for the specific amino acid that is to **enter** into the polymerization reaction of protein synthesis.

관 enter into 참가하다=participate in, polymerization 중합반응

해 tRNA에서의 A ribose의 3' OH는 단백질합성의 중합반응에 **참여하기로** 되어있는 특이 아미노산을 위한 부착점이 된다.

entered 타 be ~ ....에 입력되다 (컴퓨터)

13

With regard to humans, many individual proteins will be identified and characterized; their interactions and levels will be determined in physiologic and pathologic states, and the resulting

information will be **entered** into appropriate databases. (proteomics)

관 with regard to ....에 관하여=(concerning, regarding), proteomics 단백질체학

해 사람에 관해, 많은 개인의 단백질들이 확인되어 특성이 결정될 것이다; 즉, 그들의 상호작용과 수준이 생리 및 병리적 상태에서 결정될 것이며, 그래서 그 결과 나타나는 정보가 적절한 데이터베이스 속으로 **입력될** 것이다. (단백질체학)

entire 형 전체의, 완전한

146

Thus, at any given time, a bacterial cell normally synthesizes only those proteins of its **entire** proteome required for survival under the particular conditions.

관 required for survival 생존에 필요한, proteome 단백질체=a set of proteins of organism

해 그래서 주어진 어느 시간에서라도, 박테리아 세포는 정상적으로 자신의 **전체** 단백질체 중에서 특정한 환경에서 생존에 필요한 그런 단백질만을 합성한다.

참 단백질체proteome : 사람의 염색체는 각각 모계와 부계로부터 유래된 23개의 쌍, 즉 총 46개의 염색체들로 되어있는데 이들 모두를 하나의 조로 지정하여 유전체genome라 부른다. 이와 같은 맥락에서 한 생명체, 혹은 세포, 조직을 한 단위로 하여 발현되는 모든 종류의 단백질들을 한 조로 지정하여 그 단위에서의 단백질체라 한다.

entirely 부 완전히

27

The triacylglycerol stores in adipose tissue are continually undergoing lipolysis and reesterification. These two processes are **entirely** different pathways involving different reactants and enzymes.

관 continually 계속적으로, A undergo(타) B=A에서B반응이 수행되다; 일어나다, lipolysis 지방분해, reesterification 재에스테르화; 지방합성

해 지방조직에 있는 중성지방의 저장소에서 지방분해와 재에스테르화가 계속하여 수행된다. 이들 두 과정은 서로 다른 반응물과 효소들을 포함하는 **완전히** 다른 경로이다.

entity 명 실체(물), 본체

16

These atoms, which rarely exist as isolated **entities**, readily form covalent bonds with other atoms, using electrons that reside in the outermost electron orbitals surrounding their nuclei.

관 exist as ....로 존재하다, reside in ....에 거주하다, surrounding 주위의=encircling

해 이들 원자는 비록 독립된 **실체들**로써 거의 존재하지 않지만, 자신의 핵 주위의 최외각 전자궤도에 있는 전자를 사용하여 다른 원자와 쉽게 공유결합을 형성한다.

entitled 타 be ~ ....의 제목을 달다

12

During this period, J. B. S. Haldane wrote a treatise **entitled** "Enzymes".

해 이 기간 동안, J.B.S. Haldane은 "Enzymes"이라는 **제목을 단** 논문을 썼다.

entrance 명 입구, 출입구

2

Figure 5. Top-down view looking into the synaptic **entrance** of the channel. The tunnel-like **entrance** narrows abruptly after a distance of about 6 nm.

관 top-down view 조감도, narrow(자) 좁아지다, after a distance of about .... 의 거리 이후에

해 그림 5. 그 통로의 시냅스 쪽 **입구**를 들여다보는 조감도. 굴 모양과 유사한 **입구**는 약 6 nm 길이 이후에 갑자기 좁아진다.

entry 명 들어감, 진입, 입장

137

The complex mechanisms for regulating the eukaryotic cell cycle are prime targets for oncogenic mutations. Both positive- and negative-acting proteins precisely control the **entry** of cells into and their progression through the cell cycle.

관 prime 주된=(principal, major), progression 진행과정=(continuous series, sequence)

해 진핵세포의 세포주기를 조정하기 위한 복잡한 기전은 발암유전자 생성을 위한 돌연변이의 주된 표적이 된다. 활성형으로 작동하는 단백질과 저해형으로 작동하는 단백질 모두가 세포주기로 세포의 **진입**과 지나가는 진행과정을 정확하게 조절하고 있다.

equal

359

형 1 ~ to .... 와 같은, 동등한

From the Henderson-Hasselbalch equation, it can be seen that the pKa of any acid is **equal** to the pH at which half the molecules are dissociated and half are neutral (undissociated).

해 Henderson-Hasselbalch 식으로부터, 어떤 산의 pKa는 분자들 반이 해리되고 그리고 반이 중성인 (해리되지 않은) 상태에서의 pH**와 같다는 사실**은 이해될 수 있다.

참 Henderson-Hasselbalch식은 어떤 pH를 가진 완충용액을 조제할 때나 완충용액이 어떤 pH상태가 되었을 때 완충용액에 함유된 어떤 pKa을 가진 화합물의 이온 종의 비를 계산하는데 사용된다.

2 동등한

Not all pathways are of **equal** importance in all cells.

관 of importance 중요한=important, not all 부분부정, be of equal ....와 같다

해 모든 경로가 모든 세포에서 **똑 같이** 중요하지는 않다.

참 not all, both, every는 부정어가 오면 부분부정이 표현한다.
<부분부정> Not everyone knows it. '모든 이들이 다 아는 것은 아니다.'
<완전부정> Everyone does not know It. '모든 이들은 다 그것을 모르고 있다.'

타 ....와 같다

Proteins **equal** or exceed the quantity of lipid in nearly all membranes. The outstanding exception is myelin, an electrical insulator found on many nerve fibers.

해 단백질은 거의 모든 생체막에서 지질의 양**과 같거나** 혹은 더 많다. 눈에 띄는 예외는 많은 신경 섬유에서 발견되는 전기적 절연체인 수초이다.

equaled

1

타 be ~ 동일하여지다, 같아지다

The pressure necessary to push water back through the membrane at a rate exactly **equaled** by the water influx is the osmotic pressure of the solution.

해 물의 유입에 의해 정확하게 **같아진** 어떤 속도로 막을 통하여 물에 역압력을 가하는데 필요한 압력이 그 용액의 삼투압이 된다.

참 삼투압osmotic pressure : 물은 자유롭게 통과하지만 어떤 용질solute은 통과할 수 없는 반투과성 semipermeable막으로 분리된 상태에서, 물이 자유롭게 용질의 농도가 높은 곳으로 흘러들어가 평형이 형성된다.

equally

58

부 동등하게

The genes on the X chromosome must, for the most part, be **equally** active in female cells (XX) and male cells (XY).

관 for the most part 대부분=(generally, mostly)

해 X 염색체상의 유전자들은 대부분 여성세포 (XX)와 남성세포 (XY)에서 **동등하게** 활성을 가져야 한다.

참 X 염색체 불활성화chromosome inactivation : 여성은 2개의 X 염색체를 가지고 반면에 남성은 1개의 X와 1개의 Y 염색체를 가지고 있다. Y 염색체 상의 유전자들은 X 염색체와는 다르다. 그러므로 여성의 경우 2개의 X염색체가 모두 발현되면 2배의 활성을 가지게 된다. 따라서 이들 사이의 균형을 맞추기 위하여 한 개의 X 염색체는 화학적으로 불활성화되어 (Bar body의 형성) 전사되지 않는 현상이다.

equated

5

타 1 be ~ with ....와 관련되다

Whereas rough microsomes can be **equated** with rough portions of ER, the origins of smooth microsomes cannot be so easily assigned.

관 be equated with 강하게 연관되다=be strongly connected with, microsome 과립체

해 조면 과립체들이 ER의 거친 부분**과 관련될** 수 있는 반면에, 활면 과립체들의 근원은 그렇게 쉽게 할당될 수 없다.

2 ....식으로 쓰이다

The expressions in Equations 12 and 13 can be **equated** for the steady state, giving $k_1([E_t] - [ES])[S] = k_{-1}[ES] + k_2[ES]$

해 식 12와 13에서의 표현은 $k_1([E_t] - [ES])[S] = k_{-1}[ES] + k_2[ES]$를 주는 항정상태에 대한 **식으로 쓰일** 수 있다.

equilibrate
7

자 평형을 이루다

Dietary cholesterol **equilibrates** with plasma cholesterol in days and with tissue cholesterol in weeks.

해 음식물의 콜레스테롤은 수일 내에 혈장 콜레스테롤과 그리고 수주일 내에 조직의 콜레스테롤과 **평형을 이룬다**.

타 평형을 만들다

An efficient glucose transporter in hepatocytes (GLUT2) rapidly **equilibrates** the glucose concentrations in cytosol and blood.

해 간세포에 있는 효율이 좋은 포도당수송체 (GLUT2)는 신속하게 세포질과 혈액에서 포도당 농도의 **평형을 만든다**.

equilibrated
58

타 be ~ 평형이 만들어지다

The complex was purified on Superdex 75 **equilibrated** with buffer A plus 100 mM NaCl and concentrated to 10 mg/ml.

관 be concentrated to ....의 농도로 농축되다

해 그 복합체는 100 mM NaCl이 추가된 완충액 A로 **평형이 만들어져 있던** Superdex 75에서 정제된 후 10 mg/ml로 농축되었다.

equilibration
15

명 평형화함, 평형화

Studies at 37°C were performed after 5 min **equilibration** of samples in the equipment.

해 37°C에서의 연구는 그 기구에서 시료들의 5분 **평형화** 후에 수행되었다.

equilibrium
85

명 평형

In living cells, overall Akt activity results from an **equilibrium** between its phosphorylation/activation and dephosphorylation/inactivation.

해 살아있는 세포에서, 전반적인 Akt 활성은 그것의 인산화/활성화와 탈인산화/불활성화 사이의 **평형**의 결과로부터 만들어진다.

equivalent
201

형 1 등가인, 대등한, 동등한

The increase in blood glucose after a test dose of a carbohydrate compared with that after an **equivalent** amount of glucose is known as the glycemic index.

해 어떤 탄수화물의 검사용 복용량 후 혈당에서의 증가는 **동등한** 양의 포도당 복용 후 그것과 비교되어 당지수glycemic index라고 알려져 있다.

참 당지수glycemic index : fluctuation 참조

명 등가치, 당량

6 μg of β-carotene is *equivalent* to 1 μg of preformed retinol. The total amount of vitamin A in foods is therefore expressed as micrograms of retinol **equivalents**.

관 be equivalent to ....와 동등하다, be expressed as ....로 표시되다

해 6 μg의 β-carotene은 미리 형성된 retinol 1 μg과 동등하다. 그러므로 음식 속의 비타민 A의 전체 양은 retinol **당량**에 해당하는 마이크로그람으로써 표시된다.

especially
92

부 특히

Very-long-chain fatty acid synthesis also occurs within the body, **especially** in cells of the brain and nervous system, which incorporate them into the sphingolipids of myelin.

관 incorporate(타) ....into 합체시키다=make ....into a whole

해 매우 긴 사슬로 된 지방산의 합성은 또한 체내에서, **특히** 그들을 수초의 sphingolipid 속으로 합체시키는 뇌와 신경계의 세포에서 일어나고 있다.

essential 형 필수의

519

A fundamental goal of molecular cell biologists is to understand how cells carry out various processes **essential** for life.

관 be essential for(to) ....에 필수적이다

해 분자세포생물학자들의 근본적인 목표는 세포가 생명현상에 **필수적인** 여러 과정을 수행하는 방법을 이해하는 것이다.

essentially 부 본질적으로

116

Pure phospholipid bilayers are **essentially** impermeable to water, but most cellular membranes contain water-channel proteins that facilitate the rapid movement of water in and out of cells.

관 impermeable to ....에 불투과성인, facilitate(타) 촉진하다=promote, water-channel 물통로

해 순수한 인지질 이중층은 **본질적으로** 물에 불투과성이지만, 그러나 대부분의 세포막은 세포 안으로 그리고 밖으로 물의 신속한 이동을 촉진하는 물통로단백질을 함유하고 있다.

establish 타 1 (원리, 법칙)을 확립하다

117

Analysis of the regulation of gene expression in prokaryotic cells helped **establish** the principle that information flows from the gene to a messenger RNA to a specific protein molecule.

해 원핵세포에서 유전자 발현조절의 분석은 정보가 유전자로부터 전령 RNA로 그리고 어떤 특이 단백질분자로 흐른다는 원리를 **확립하는** 것을 도와주었다.

2 시작하다, 발진시키다

The main function of vitamin E is as a chain-breaking, free radical trapping antioxidant in cell membranes and plasma lipoproteins. It reacts with the lipid peroxide radicals formed by peroxidation of polyunsaturated fatty acids before they can **establish** a chain reaction.

관 function is as .... 기능은 ....로써이다, chain reaction 연쇄반응=series of reactions in which each is directly caused by the one before it, establish(타) 시작하다=(launch, set up)

해 비타민 E의 주된 기능은 세포막과 혈장의 지질단백질에서 사슬을 절단하는 자유라디칼을 포획하는 항산화제로서이다. 그것은 다중불포화지방산이 연쇄반응을 **시작할** 수 있기 전에 자신의 과산화반응에 의해 형성된 지질과산화 라디칼과 반응한다.

3 (확실하게 맞는 사실)을 알아내다, 발견하다

The PCR is also used (1) to detect infectious agents, especially latent viruses; (2) to make prenatal genetic diagnoses; (3) to detect allelic polymorphisms; and (4) to **establish** precise tissue types for transplants.

관 establish(타) 알아내다=discover facts that show that it is definitely true, latent 잠복중인 =present but not visibly active or developed, allelic polymorphism 대립유전자의 다형현상

해 PCR은 또한 (1) 특별히 잠복 중인 바이러스와 같은 감염체를 찾기 위하여; (2) 태어나기 전의 유전적인 진단을 하기 위하여; (3) 대립유전자의 다형현상을 찾기 위하여; 그리고 (4) 이식을 위하여 정확한 조직유형의 일치여부를 **알아내기** 위하여 사용되기도 한다.

established 타 1 be ~ (조직, 활성, 법칙) 세워지다, 새로이 형성되다, 확립되다

284

Accordingly, the asymmetry of a transmembrane protein, which **is established** during its biosynthesis and insertion into a membrane, is maintained throughout the protein's lifetime.

해 따라서 생합성되어 어떤 막으로 삽입되는 동안 **새로이 형성되는** 막관통단백질의 비대칭성은 그 단백질의 일생 동안 쭉 유지된다.

2 be ~ 세워지다, 형성되다

Findings from studies with fluorescent dyes that act as internal Ca^{2+} sensors indicate that a cytosolic gradient of Ca^{2+} also is **established** in migrating cells, with the lowest concentration at the front of the cell and the highest concentration at the rear.

관 act as ....로 작용하다, indicate(타) 보여주다=(show, point out), at the front≠at the rear

해 내부 Ca^{2+} 센서로 작용하는 형광염료를 사용한 연구로부터 발견된 사실은 움직이고 있는 세포에서도 앞쪽에서 가장 낮은 농도이고 끝에서 가장 높은 농도를 한 Ca^{2+}의 세포질 농도경사가 역시 **형성되는** 것을 보여주었다.

establishment 명 확립과정, 정착, 토착

29

The standard assay for identification of oncogenes does not test their effects on normal human somatic cells but on a mouse-derived fibroblast cell line, and the cells of this line, through **establishment** in culture, have already undergone mutations that make them abnormally easy to transform by a single further genetic change.

관 not A but B=A가 아니고 B이다, A undergo(타) B=A에서 B가 수행되다=(experience, suffer)

해 발암유전자들을 새로 찾기 위한 표준검사는 사람의 정상 체세포에 대한 것이 아니고 생쥐로부터 유래된 섬유모세포주에 대한 그들의 효과를 검사하는 것이며, 그리고 이 세포주 세포에서 세포배양에서의 **확립과정**을 통하여, 단 하나의 추가적인 유전적 변화에 의해 그들을 비정상적으로 쉽게 형질변환될 수 있도록 만드는 돌연변이들이 이미 수행된 상태이다.

estimate 명 추정치, 추정결과

111

Recent **estimates** indicate that sporadically arising polyps have about 11,000 genetic alterations in each cell, though very likely only a few of these are relevant to oncogenesis.

관 sporadically 산발적으로=randomly, be relevant to 관련이 있는=be connected to

해 최근의 **추정결과**는 산발적으로 발생하는 용종들이 각 세포에서 약 11,000개의 유전적 변이들을 가지고 있음을 보여주고 있지만, 이들 가운데 단지 몇 종만이 암의 발생과 관련이 있는 것 같다.

타 어림하다, 추정하다, 통계적으로 예측하다

The average molecular weight of amino acids in proteins is 113, taking into account their average relative abundance. This value can be used to **estimate** the number of residues in a protein from its molecular weight or, conversely, its molecular weight from the number of residues.

관 molecular weight 분자량, take into account 고려하다=consider, conversely 역으로

해 단백질 속의 아미노산 한 개의 평균 분자량은 평균적인 상대적 존재량을 고려하여 113이 된다. 이 값은 분자량으로부터 단백질 속의 잔기의 수나 혹은 역으로, 잔기의 수로부터 분자량을 **어림하는데** 사용될 수 있다.

estimated 타 be ~ 어림되다

227

The total number of human protein-coding genes is **estimated** to be 30,000–35,000, but this number is based on current methods for identifying genes in the human genome sequence and may be an underestimate.

해 사람의 단백질을 코딩하는 유전자의 전체 수는 30,000-35,000으로 **어림되지만**, 그러나 이 수는 사람 유전체서열에서 유전자를 확인하는 현재의 방법에 기초를 두었으며 실제보다 적게 추정된 값일 수도 있다.

estimation 명 추정, 어림

37

For **estimation** of intracellular c-Myb levels as a measure of miR-150 function, whole-cell lysates from splenic CD3+ T cells before or after activation with PHA (4 mg/ml) for 48 hr were electrophoresed on 10% SDS-polyacrylamide gels (20 μg protein/ lane).

해 miR-150 기능의 척도로써 세포내의 c-Myb 수준의 **추정**을 위하여, PHA (4 mg/ml)로 활성화하기 전과 혹은 후 48시간 동안 비장의 CD3+ T세포로부터 추출한 전체 세포용해물이 10% SDS-겔 (한 줄에 20 μg단백질로)에서 전기영동되었다.

evaluate 타 평가하다

122 Serum creatine phosphokinase is measured to diagnose and **evaluate** patients who have had strokes and heart attacks.

관 be measured to 측정되다, stroke 뇌졸증, heart attack 심장마비, have had stroke 현재완료 경험

해 혈청의 creatine phosphokinase가 뇌졸증과 심장마비를 앓은 적이 있는 환자를 진단하여 **평가하기** 위하여 측정된다.

evaluated 타 1 be ~ (식의 값이) 구해지다

231 If the equation is **evaluated** at ratios of $[A^-]/[HA]$ ranging from 10^3 to 10^{-3} and the calculated pH values are plotted, the resulting graph describes the titration curve for a weak acid.

관 evaluate (수학) 계산하다=calculate the numerical value of, describe(타) 형태를 그리다

해 만약 그 식의 값이 10^3에서 10^{-3}까지 범위의 $[A^-]/[HA]$의 비에서 **구해지고** 그리고 계산된 pH값이 플롯되면, 그 결과로 만들어지는 그래프는 약산의 적정곡선을 그릴 것이다.

2 검사한 후 판정되다

In the Emergency Room, he was **evaluated** for head injuries.

관 evaluate(타) 검사 후 판정하다=examine and judge carefully

해 응급실에서, 그는 머리손상에 대하여 **검사 후 판정되었다**.

even 형 ~ number 짝수

383 Fatty acids that occur in natural fats are usually straight-chain derivatives containing an **even** number of carbon atoms

관 even number 짝수≠odd number

해 자연산 지방에서 존재하는 지방산들은 일반적으로 **짝수** 개의 탄소원소를 가지고 있는 직선사슬형의 유도체들이다.

부 1 심지어 .... 조차도

More accurate methods for calculating the BMR use empirically derived equations for different gender and age groups. **Even** these calculations do not take into account variation among individuals.

관 gender 성별=sex of animal, take into account 고려하다=consider as well

해 BMR을 계산하는 더 정확한 방법은 다른 성별 및 연령별 집단을 고려하여 실험적으로 유도된 식을 사용한다. **심지어** 이들 계산방법**조차도** 개인차를 고려하지 않고 있다.

참 BMR (기초대사량) : cost 참조

2 심지어

The binding of compounds with a structure that differs from the substrate **even** to a small degree may be prevented by steric hindrance and charge-repulsion.

관 differ from=be different from, to a small degree, steric hinderance 입체장해, charge repulsion 하전반발력

해 **심지어** 작은 정도로 기질과 다른 구조를 한 합성물의 결합조차도 입체장해 및 하전반발력에 의하여 방해될 수도 있다.

3 ~ 비교급 훨씬 더

The conformations of proline are **even** more restricted due to the absence of free rotation of the $N\text{-}C_\alpha$ bond.

관 conformation 입체구조, restricted 제한되다=(limited, confined, constrained), due to=because of

해 Proline의 입체구조는 $N\text{-}C_\alpha$ 결합의 자유로운 회전운동이 없기 때문에 **훨씬** 더 움직이기 힘들다.

4 ~ if (though) 비록 ....라 하드라도, 비록 ....이지만

Estimates of the protein concentration in the cytosol range from 200 to 400 mg/ml. Because of the high concentration of cytosolic proteins, complexes of proteins can form **even** if the energy that stabilizes them is weak.

관 estimate(명) 추정치, range(자) from .... to ....의 범위이다, stabilize(타) 안정화시키다

해 세포질에서 단백질 농도의 추정치는 200에서 400 mg/ml의 범위이다. 세포질 단백질의 높은 농도 때문에, **비록** 복합체를 안정화시키는 에너지가 약할**지라도** 단백질의 복합체들은 형성될 수 있다.

5 ~ so (이전사실과 관련되어 놀라움의 표시) 비록 그렇다고 하드라도

Furthermore, parkinsonism is mimicked by the compound 1-methyl-4-phenylpyridinium (MPP+), an inhibitor of NADH dehydrogenase that increases superoxide production in these neurons. **Even** so, it is not known whether oxidative stress makes a primary or secondary contribution to the disease process.

관 be mimicked by 모방되다, increase(타) 증가시키다, make a contribution to ...로써 작용하다 =act as a factor

해 더욱, 파킨슨병은 신경세포에서 superoxide의 생산을 증가시키는 NADH dehydrogenase 저해제인 1-methyl-4-phenylpyridinium (MPP+) 합성물에 의하여 모방된다. **비록 그렇다고 하드라도**, 산화스트레스가 이 질병의 과정에서 일차적이거나 혹은 이차적인 요인으로 작용하는지의 여부는 알려져 있지 않다.

참 산화스트레스oxidative stress : 반응성 (활성) 산소종 (Reactive oxygen species or radicals)들에 의하여 단백질, 지질, 핵산 등의 생체분자들이 산화되어 손상되는 반응이다.

6 ~ then 비록 그런 일이 일어나더라도

In the DNA of a differentiated immunoglobulin-producing (plasma) cell, the same V_L and C_L genes have been moved physically closer together in the genome and into the same transcription unit. However, **even** then, this rearrangement of DNA during differentiation does not bring the V_L and C_L genes into contiguity in the DNA.

관 plasma cell 형질세포, rearrangement 재배열과정, bring .... into contiguity 연결되도록 만들다, contiguity 연결; 연속=(being contiguous, proximity)

해 분화된 면역글로브린을 생산하는 (형질)세포에서, 같은 V_L과 C_L 유전자들은 그 유전체에서 동일한 전사단위 안에 물리적으로 함께 더 가깝게 이동되어있는 상태이다. 그러나 **비록 그런 일이 일어나더라도**, 분화과정 중에 이 DNA의 재배열반응은 V_L과 C_L 유전자를 DNA에서 바로 연결되도록 만들지는 않는다.

참 전사단위transcript unit : DNA로부터 RNA로 전사될 때 하나의 RNA polymerase에 의하여 전사되는 단위

evenly

4

부 평등하게, 공평하게, 평형하게

In the mitotic (M) phase, the chromosomes are **evenly** partitioned to two daughter cells, and the cytoplasm divides roughly in half in most cases.

관 be partitioned to 배분되다=be segregated to, evenly 균등하게=(fairly, equally), divide(자) in half 반으로 나누어지다

해 체세포의 분열 (M)기에서, 염색체들은 2개의 딸세포들에게 **균등하게** 배분되고 그리고 세포질은 대부분의 경우 대충 반으로 나누어진다.

ever

8

부 1 이제까지 항상, 언제든지

Liver glycogen stores are a rapidly rebuilt and degraded store of glucose, **ever** responsive to small and rapid changes of blood glucose levels.

관 ever언제든지=(happen more all the time, at any time), ever .... levels형용사구로 뒤쪽에서 수식한다

해 간의 글리코겐 저장소는 혈당수준의 작고 신속한 변화에도 **언제든지** 반응하는, 신속하게 재구축되고 분해되는 포도당의 저장소이다.

2 (부정문) 지금까지 결코 .... 아니다

Despite intense efforts by a large number of investigators, however, no such intermediate was

ever identified.

관 despite ....에도 불구하고=in spite of, not .... ever 결코 ....하지 않다=never

해 그러나 많은 연구자들에 의한 집중적인 노력에도 불구하고, 그런 중간체는 지금까지 **결코** 확인된 적이 **없다**.

3 ~ 비교급 훨씬 더

As research reveals the ultrastructural organization of the cell in **ever** greater detail, more and more of the so-called soluble enzyme systems are found to be physically united into functional complexes.

해 연구가 세포의 초구조적인 조직체계를 **훨씬** 더 상세하게 밝혀내면서, 점점 더 많은 소위 용해성 효소계들이 기능성 복합체로 물리적으로 연합된 것이 발견된다.

4 계속하여

In Edman degradation, the polypeptide is left one residue shorter, with a new amino acid at the N-terminus. The cycle is repeated on the **ever** shortening polypeptide until all the residues have been identified.

관 be left one residue shorter 하나의 잔기가 더 짧아진 남게 되다, with ....하면서=at the same time

해 Edman 분해반응으로, 폴리펩티드는 N-말단에서 새로운 아미노산이 나타나면서 한 개의 잔기가 더 짧아진 상태로 남게 된다. 이 순환반응은 **계속** 짧아지고 있는 폴리펩티드에서 모든 잔기들이 확인될 때까지 계속 반복된다.

5 ~ since ....이래로 쭉

She is a 20-year-old exchange student from China who has noted gastrointestinal bloating, abdominal cramps, and intermittent diarrhea **ever** since arriving in Korea 6 months earlier.

관 note(타)=take notice of 짧게 말하다, ever since ....이래로 쭉=(since then, from the time when), intermittent 간헐적인=(irregular, discontinuous, sporadic, occasional)

해 그녀는 한국에 도착하기 6개월 전 **이래로 쭉**, 위장관의 팽만, 복부경련 및 간헐적인 설사를 했다고 말하는 20살의 중국에서 온 교환학생이다.

every

116

형 1 모든 (단수)

Practically **every** area of medicine will be affected by the new information accruing from knowledge of the human genome. The tracking of disease genes will be enormously facilitated.

관 affect(타) 영향을 주다=(influence, attack), accrue(자) 축적되다=accumulate

해 실제적으로 의학의 **모든** 영역은 인간 유전체의 지식으로부터 축적된 새로운 정보에 의하여 영향을 받게 될 것이다. 질병 유전자들의 추적이 대단히 촉진될 것이다.

참 모두 라는 의미에서 every는 단수명사를 all은 복수명사를 사용함

2 not ~ (부분부정) 모두가 ....라고는 할 수 없다

Invariably the first step in colon carcinogenesis involves loss of a functional APC gene, resulting in formation of polyps (precancerous growths) on the inside of the colon wall. Not **every** colon cancer, however, acquires all the later mutations.

해 일정불변하게 대장암 발생의 첫 번째 단계는 기능성의 APC유전자의 소실과 연루되어있기 때문에, 그 결과 대장벽의 안쪽 면에서 용종 (암이 되기 전의 성장체)이 형성된다. 그러나 **모든** 대장암이 모든 이후의 돌연변이를 획득하지**는 않는다**.

참 대장암colon cancer : APC (adenomatosis polyposis coli) 유전자인 선종성 대장용종증 유전자는 암억제유전자의 일종이다. 암억제유전자인 APC가 소실되면 암 억제 능력이 없어진 대장세포에서 다양한 돌연변이들이 축적될 수 있게 되어 악성으로 발전할 가능성이 높아진다.

3 ~ other (second) day 하루걸러, 격일로

Her serum glucose levels are monitored in the hospital laboratory approximately **every** 2 weeks, and she self-monitors her blood glucose levels **every** other day.

해 그녀의 혈청 포도당의 수준은 병원 검사실에서 대략 **2주마다** 모니터링되고 있으며, 혈당 수준을 **이틀마다** 스스로 모니터링한다.

4 매 3번째, ...마다

Every third amino acid residue in collagen is a glycine residue.

해 콜라겐에서 **매 세 번째** 아미노산은 glycine잔기이다.

5 매, ...마다

Mutations are due to a change in the base sequence of DNA and may result from the faulty replication, movement, or repair of DNA and occur with a frequency of about one in **every** 10^6 cell divisions.

관 due to ....때문에=(because of, on account of), faulty 잘못된=(defective, damaged), with a frequency of ....의 빈도수로

해 돌연변이는 DNA 염기서열에서의 변화 때문인데, DNA의 잘못된 복제, 이동, 혹은 수리의 결과로부터 발생하며, 10^6회의 세포 분열**마다** 약 한 번의 빈도로 발생한다.

6 in ~ respect ....모든 점에서

Therefore, separation of the two strands and faithful replication of each, through a process in which base pairing specifies the nucleotide sequence in the newly synthesized strand, leads to two progeny molecules identical in **every** respect to the parental double helix.

관 specify(타) 지정하다=(determine, bring about a specific result), lead to 결과적으로 ....를 만들다 =(bring about, result in, cause), in respect to ....라는 점에서

해 그러므로 염기 짝짓기가 새로 합성된 가닥에서 뉴크레오티드 서열을 자세히 지정하는 과정을 통하여, 두 가닥을 분리하여 각각을 정확하게 복제하는 것은 **모든** 점에서 부모의 이중나선과 동일한 2개의 자손 분자들을 결과적으로 만들게 된다.

참 동서양의 언어의 차이점 : 서양은 명사로 반면에 동양은 동사로 세상을 본다 <Richard Nisbett의 Geography of Thoughts라는 책에서> 명사를 사용하여 문장을 표현하는 것은 명사중심 언어인 영어에서 흔히 볼 수 있다. 위의 문장에서 separation of .... and faithful replication를 주어로 사용한 문장도 한 예라고 할 수 있겠다. 이에 반해 한글을 포함하는 아시아 권 언어들은 동사를 사용하여 문장을 표현한다고 한다. 명사란 명료한 의미를 나타내며, 동사는 서로의 관계를 중요시하는 표현에서 사용된다고 한다.

evidence
508

명 증거

These important early experiments and many other lines of **evidence** have shown that DNA is the exclusive chromosomal component bearing the genetic information of living cells.

해 이 중요한 초기실험과 많은 다른 일련의 **증거**는 DNA가 살아있는 세포의 유전정보를 지니고 있는 독보적인 염색체의 구성요소임을 보여줘 왔다.

evidenced
48

타 be ~ 입증되다, 증거가 되다

His spleen is palpable, and jaundice **is evidenced** by yellowing of the whites of his eyes.

관 spleen 비장, palpable 손으로 만져지는, jaundice 황달, yellow(타) 노랗게 만들다, whites of his eyes 눈의 흰자위

해 그의 비장은 손으로 촉진될 수 있으며, 그리고 황달증상은 눈의 흰자위가 노랗게 되는 것에 의하여 **입증된다**.

evident
141

형 명백한, 뚜렷한

Arrays of parallel bundles **are evident** in cells stained with antibody specific for actin, a protein that polymerizes into filaments. Actin filaments are constituents of the cytoskeleton, the internal scaffolding of cells that controls their shape and movement.

관 be stained with ....로 염색되다, polymerize into ....로 중합되다, scaffolding 뼈대; (쉽게 조립할 수 있는) 지지대

해 필라멘트로 중합되는 단백질인 액틴에 대한 특이 항체로 염색된 세포에서, 평행형의 다발구조의

배열이 **뚜렷하다**. 액틴 필라멘트란 세포골격의 구성성분으로, 세포의 모양과 움직임을 조절하는 세포 내부의 지지대이다.

evolution 명 진화, 진화과정

28

The presence of the same motif in different proteins with similar functions clearly indicates that these useful combinations of secondary structures have been conserved in **evolution**. To date, hundreds of motifs have been cataloged and proteins are now classified according to their motifs.

관 indicate(타) 보여주다=(show, demonstrate), combination 조합=(joining, union), to date 현재=until the present time, catalog(타) 목록화하다=(make an itemized list, classify), be classified 분류되다=be grouped

해 유사한 기능을 하는 여러 단백질에서 동일한 모티브의 존재는 이차구조의 유용한 조합이 **진화과정**에서 보존되어 왔음을 보여주고 있다. 현재, 수백 종의 모티브들이 알려져 목록화되어있는 상태이며, 이제 단백질들도 모티브에 따라서 분류된다.

evolutionary 형 진화에서의, 진화론 상의

40

For various reasons, some organisms are more appropriate than others for answering particular questions. Because of the **evolutionary** conservation of genes, proteins, organelles, cell types, and so forth, discoveries about biological structures and functions obtained with one experimental organism often apply to others.

관 evolutionary 진화에서의, appropriate for 적합한=suitable for, apply to=put to practical use 적용되다, and so forth 등등=and so on

해 여러 이유로, 일부 생명체들이 특정 의문점에 관한 답을 찾는데 다른 생명체들보다 더 적합하다. 유전자, 단백질, 소기관, 세포의 유형 등의 **진화에서의** 보존성 때문에, 하나의 실험 생명체를 이용하여 얻어진 생물학적 구조체와 기능에 대한 발견된 사실은 다른 생명체들에도 자주 적용된다.

evolve 자 진화되다, 점진적으로 변화되다

32

At some positions in the primary structure, the need to maintain protein function may mean that only particular amino acid substitutions can be tolerated. Some proteins have more variable amino acid residues than others. For these and other reasons, proteins can **evolve** at different rates.

관 be tolerated변화에 견딜 수 있는, variable 변화기 쉬운=apt to vary, for these and other reasons 이런 저런 이유들로

해 단백질의 기능을 유지하기 위하여 필요한 것은 일차구조의 일부 위치에서 단지 특정 아미노산의 치환만이 변화에 견딜 수 있다는 것을 의미한다. 일부 단백질은 다른 단백질들보다 더 변하기 쉬운 아미노산 잔기들을 가지고 있다. 이런 저런 이유로, 단백질은 다양한 속도로 **점진적으로 변화할** 수 있다.

참 variable 변하기 쉬운, varying 일정하지 않는, various 여러 가지의, varied 다양한

타 1 진화시키다, 발전시키다

Normally, othologs retain the same function in the course of evolution, whereas paralogs **evolve** new functions that may, or may not, be related to the original one.

관 retain(타) 보유하다=(maintain possession of, keep), in the course of .... 과정에서, be related to 관련되다

해 정상적으로, ortholog들은 진화과정에서 동일한 기능을 보유하고 있지만, 반면에 paralog들은 원래의 기능과 관련될 수도 혹은 되지 않을 수도 있는 새로운 기능을 **진화시킨다.**

참 paralog와 ortholog : homolog 참조

2 방출하다

In 1939, Robert Hill discovered that chloroplasts **evolve** O_2 when they are illuminated in the presence of an artificial electron acceptor such as ferricyanide.

관 evolve(타) 방출하다=(give off, emit), be illuminated 빛이 쪼이다

해 1939년에 Robert Hill은 ferricyanide와 같은 인공의 전자수용체가 존재할 때 엽록체에 빛이 쪼이

면, 엽록체가 O_2를 **방출하는** 것을 발견하였다.

exact 형 정확한

59

If bacteria are growing on an agar plate, cells from each colony will adhere to a nitrocellulose sheet pressed against the agar, and an **exact** replica of the bacterial colonies can be transferred to the nitrocellulose paper.

관 adhere to ....에 달라붙다=(stick to, cling to), be transferred to ....로 이전되다

해 박테리아들이 agar판 위에서 자라고 있으면, 각 콜로니의 세포들이 agar를 누르는 nitrocellulose 종이에 달라붙을 것이며, 그래서 그 박테리아 콜로니들의 **정확한** 복제물이 nitrocellulose 종이로 이전될 수 있다.

exactly 부 정확하게

27

Many descriptions of cell division imply that the parental cell gives rise to two daughter cells that look and behave **exactly** like the parental cell. Differences among the cells can arise when two initially identical daughter cells diverge by receiving distinct developmental or environmental signals.

관 give rise to 새로 만들다, diverge(자) 분기되다=(separate, divide), distinct 다른=separate

해 세포분열의 많은 설명은 부모세포는 **정확하게** 그 부모세포와 정확하게 같게 보이고 행동하는 2개의 딸세포를 새로 만든다는 것을 암시한다. 그들 세포 사이에서의 차이점은 초기엔 동일하던 2개의 딸세포들이 서로 다른 분화나 혹은 환경의 신호를 받아들여 다른 세포로 분기될 때 발생할 수 있다.

examination 명 (정밀)검사

111

No cytologic changes of malignancy were seen on cytologic **examination** of the surgical specimen, and no gross evidence of malignant behavior by the tumor (such as local metastases) was found.

관 gross 전반적인=general, malignancy 악성=malignant behavior

해 악성이라는 세포의 변화가 수술한 시료의 세포의 **정밀검사**에서 결코 보이지 않았으며, (국소전이와 같은) 종양에 의한 악성행동에 대한 전반적인 증거도 결코 발견되지 않았다.

examine 타 1 검사하다, 검진하다

212

When a patient develops a metabolic problem, it is difficult to **examine** cells to determine the cause. To obtain tissue for metabolic studies, biopsies must be performed. These procedures can be difficult, dangerous, or even impossible, depending on the tissue.

관 사람+develop(타)+질병', 질병+develop(자), biopsy 생검

해 어떤 환자에서 대사성 질환이 발생하면, 그 원인을 결정하기 위하여 세포를 **검사하는** 것은 어렵다. 대사 연구용으로 조직을 채취하기 위하여, 생체조직검사가 수행되어야만 한다. 이 절차는 매우 어렵고, 위험하며 혹은 심지어 조직에 따라서 불가능하기까지 하다.

2 (환자를) 검진하다

As a third-year medical student, you **examine** your first patient.

해 한 3학년 의과 대학생으로써, 여러분은 첫 번째 환자를 **검진할** 것이다.

examined 타 1 be ~ 조사되다

714

The rate of ATP hydrolysis by myosin has been **examined** as a function of ATP concentration, as shown in graph A.

해 그래프 A에서 보이는 것처럼, myosin에 의한 ATP의 가수분해 속도는 ATP 농도의 함수로써 **조사되었다**.

2 be ~ 검사되다, 조사되다

DNA from human populations then could be **examined** to determine if particular alleles of the candidate genes show a tendency to be present in individuals affected with the disease but absent from unaffected individuals.

관 show a tendency to ....의 경향을 보여주다, be absent from ....로부터 없어지다

해 그 후에 사람 집단으로부터 채취한 DNA가 그 후보 유전자의 특정 대립유전자들이 질병을 앓았던 사람에서 존재하지만 그러나 앓지 않는 사람으로부터 없어진 경향을 보여주는지를 결정하기 위하여 **검사될** 수 있었다.

example 명 1 예, 실예

291

The prion protein, present in neuronal membranes, provides an **example** of a protein attached to the membrane through a GPI anchor. This is the protein that develops an altered pathogenic conformation in both mad cow disease and Creutzfeldt-Jakob disease.

관 prion 프리온; 광우병 단백질, mad cow disease 광우병, Creutzfeldt-Jakob disease 크로츠펠트야콥병, conformation 구조

해 신경세포막에 존재하는 프리온 단백질은 GPI 고정체를 통하여 막에 부착된 단백질의 한 **예**를 제공한다. 이것이 광우병과 크로츠펠트야콥병 모두에서 병원성인 변형된 입체구조를 발생시키는 그 단백질이다.

2 for ~ 예를 들면

Experiments are underway to develop clinical uses for liposomes. For **example**, liposomes containing drugs or DNA for gene-therapy experiments can be injected into patients. These liposomes fuse with the plasma membrane of many kinds of cells, introducing into the cells the molecules that they contain.

관 be underway to ....하는 중이다, develop=make something new, fuse with ....와 융합하다, introduce .... into 속으로 주입하다

해 리포좀의 임상적 용도를 개발하기 위하여 실험이 계속되는 중이다. **예를 들면**, 약물이나 혹은 유전자 치료용 DNA를 함유하고 있는 리포좀이 환자에게 주사될 수 있다. 이 리포좀이 많은 종류의 세포 원형질막과 융합되어, 그것들이 함유하고 있던 분자를 세포 속으로 주입할 수 있다.

exceed 타 (수량, 한도) 넘다, 초과하다

18

When serum urate levels **exceed** the solubility limit, sodium urate crystalizes in soft tissues and joints and causes an inflammatory reaction, gouty arthritis. However, most cases of gout reflect abnormalities in renal handling of uric acid.

관 solubility limit 용해한계, crystalizes(자) 결정화되다=cause to form into crystals, reflect(타) ....때문에 일어나다=(result in, end in, reveal, show, demonstrate), abnormality 이상

해 혈청의 요산 수준이 용해 한계를 **초과할** 때, sodium요산 염은 연성조직과 관절에서 결정화되어 통풍성 관절염과 같은 염증반응을 유발하게 된다, 그러나 통풍의 대부분의 경우는 요산을 처리하는 신장의 이상 때문에 일어난다.

exceedingly 부 매우, 대단히

4

The means of signal termination is an **exceedingly** important aspect of cell signaling, and failure to terminate a message contributes to a number of diseases, such as cancer.

관 exceedingly 대단히=(very, extremely), terminate(타) 종결하다, contribute to ....을 유발하도록 만들다=(donate to, help to cause)

해 신호종결의 수단은 세포신호전달과정의 **매우** 중요한 양상이며, 그래서 어떤 메시지를 종결할 수 없게 되는 것은 암과 같은 많은 질병을 유발하도록 만든다.

except 전 1 ....를 제외하고

144

All amino acids **except** lysine and threonine undergo transamination reactions.

관 undergo(타) ....이 수행되다=(be subjected to, suffer), transamination 아미노기 전이반응

해 Lysine과 threonine를 **제외한** 모든 아미노산에서 아미노기 전이반응이 수행된다.

2 ~ for ....를 제외하고

The sequence and predicted structure of the CFTR protein, based on analysis of the cloned gene, are very similar to those of MDR1 protein **except** for the presence of an additional domain, the regulatory (R) domain, on the cytosolic face.

관 be based on ....에 바탕을 두고, be similar to ....와 유사하다, on the cytosolic face ....세포질 쪽의 면에

해 클로닝된 유전자의 분석에 바탕을 둔 CFTR 단백질의 서열과 예측된 구조는 세포질과 면한 쪽에 있는 또 다른 도메인인 조절(R) 도메인의 존재를 **제외하고** MDR1 단백질의 그것과 매우 유사하다.

참 CFTR 통로단백질 : 염소이온의 통로로 낭포성 섬유증cystic fibrosis의 주된 원인 단백질이다. increase, viscous 참조

전 ~ that .... that 이하를 제외하고

The nomenclature for the genes encoding cytochrome P450s is identical to that described above **except** that italics are used; thus, the gene encoding CYP1A1 is *CYP1A1*.

관 nomenclature for ....의 명명법, be identical to ....와 동일하다

해 Cytochrome P450를 인코딩하는 유전자의 명명법은 이탤릭체가 사용되는 것을 **제외하고** 위에서 서술한 것과 같다; 그래서 CYP1A1를 인코딩하는 유전자는 *CYP1A1*이 된다.

참 cytochrome p450 : spectral 참고

exception 명 예외, 제외

58

Most animals including humans cannot digest cellulose to any significant degree. Ruminant animals, such as cattle, deer, giraffes, and camels, are an **exception** because bacteria that live in the rumen secrete the enzyme cellulase, a β-glucosidase effective in the hydrolysis of cellulose.

관 not .... to any significant degree 어느 상당한 수준까지는, ruminant animal 반추동물, rumen 혹위, effective 효과가 있는=operative

해 사람을 포함하는 대부분의 동물은 cellulose를 어느 상당한 수준까지 소화할 수 없다. 소, 사슴, 기린 및 낙타와 같은 반추동물은 **예외**인데, 왜냐하면 혹위 속에 살고 있는 박테리아가 cellulose의 가수분해에 효과가 있는 β-glucosidase인 cellulase 효소를 분비하기 때문이다.

exceptional 형 예외적인, 이례적인

3

Understanding the cell biology of cancer is a critical first step toward prevention and cure, but the next steps are hard. The success with Gleevec (STI-571) against leukemia is **exceptional**; many cancers remain difficult to treat and cause enormous suffering.

관 a first step toward ....을 향한 첫 번째 단계, remain ....인 상태로 남아있다=(stay, continue, go on), cause(타) ....의 원인이 되다=be the cause of

해 암의 세포생물학을 이해하는 것은 예방과 치료를 향한 중요한 첫 번째 단계이지만, 그러나 그 다음의 단계는 어렵다. 백혈병 치료제인 Gleevec (STI-571)의 성공은 **이례적이다**; 많은 암이 치료하기 매우 어려운 상태로 남아 있어서 많은 고통의 원인이 되고 있다.

exceptionally 부 예외적으로, 이례적으로

1

Hereditary cancers constitute about 10 percent of human cancers. In all cases, not only must the inherited normal tumor-suppressor allele be lost or inactivated, but mutations affecting other genes also are necessary for cancer to develop. Thus a person with a recessive tumor-suppressor-gene mutation can be **exceptionally** susceptible to environmental mutagens such as radiation.

관 constitute ....를 차지하다=(comprise, account for), tumor-suppressor 종양억제자, recessive 열성의, be susceptible to ....에 감수성이 있다

해 유전성인 암은 사람의 암 중에 약 10%를 차지한다. 모든 증례에 있어서, 암이 발생하기 위해서는 유전된 정상의 암 억제 대립유전자가 소실되어야 하고 뿐만 아니라 다른 유전자에게 영향을 주는 돌연변이도 필요하다. 그래서 열성의 암 억제유전자의 돌연변이를 가진 사람은 방사선과 같은 환경적 돌연변이원에 대하여 **이례적으로** 감수성이 있을 수 있다.

excess 형 제한 초과의, 과잉의, 잉여분의

137

Each day humans turn over 1–2% of their total body protein, principally muscle protein. Of the liberated amino acids, approximately 75% are reutilized. The **excess** nitrogen forms urea.

관 each day (빠지지 않고) 날마다, principally 주로=primarily, approximately 대략, excess 초과의 =(extra, leftover, superfluous), urea 요소

해 날마다 사람은 전체 신체의 단백질의 1-2%, 주로 근육단백질을 대사회전시킨다. 유리된 아미노산 가운데 대략 75%가 재활용된다. 그 **잉여분의** 질소는 요소를 형성한다.

명 1 과잉, 잉여

Growth hormone (somatotropin), a 21-kd protein, is normally synthesized by the pituitary gland. A deficiency of this hormone produces dwarfism, and an **excess** leads to gigantism.

관 dwarfism 난장이증≠gigantism 거인증, lead to=result in

해 21-kd 단백질인 성장호르몬 (somatotropin)은 정상적으로 뇌하수체에 의하여 합성된다. 이 호르몬의 부족은 난장이증을 만들고 그리고 **과잉**은 거인증을 초래한다.

2 in ~ of .... 이상의, ...보다 많은, ...보다 초과하여

The uptake of glucose into the liver is independent of insulin, but liver has an isoenzyme of hexokinase (glucokinase) with a high K_m, so that as the concentration of glucose entering the liver increases, so does the rate of synthesis of glucose 6-phosphate. This is in **excess** of the liver's requirement for energy and is used mainly for synthesis of glycogen.

관 be in excess of=be more than 초과되는 상태인, so that 결과, so does (대동사) the rate .... 그 속도 또한 그러하다

해 포도당의 간으로의 흡수는 인슐린에 영향을 받지 않지만, 그러나 간은 큰 K_m 값을 가진 hexokinase의 동종효소 (glucokinase)를 가지고 있기 때문에, 간으로 들어가는 포도당의 농도가 증가되면서, glucose 6-인산의 합성속도도 증가된다. 이것은 간의 에너지에 대한 요구량**보다 많은** 상태가 되어 주로 glycogen의 합성에 사용된다.

참 간의 glucokinase : 간세포는 인슐린이 존재하면, 가능한 한 많은 여분의 포도당을 흡수하여, 전신에 공급하기 위해 저장하는 glycogen을 합성한다. 이에 대조적으로 근육세포는 자신만이 쓸 glycogen을 합성한다. 이와 같이 조직 사이의 기능적 차이가 나타나는 이유는 바로 간세포만이 가지고 있는 K_m값이 큰 즉 포도당의 높은 농도에서 작동하는 glucokinase 때문이다.

3 to(/in) ~ 지나치게, 과도하게

AMP and GMP act synergistically in this concerted inhibition. Thus, whenever either AMP or GMP accumulates to **excess**, the first step in its biosynthesis from PRPP is partially inhibited.

관 synergistically 상승적으로, partially 부분적으로, accumulate(자) 축적되다, to excess 과도하게

해 AMP와 GMP는 조화된 저해반응에서 서로 상승적으로 작동한다. 그래서 AMP나 혹은 GMP 어느 하나라도 **과도하게** 축적될 때마다, PRPP로부터의 생합성에서 첫 번째 단계가 부분적으로 저해된다.

참 PRPP (**p**hosphoribosyl **p**yro**p**hosphate) : ribose 5-phosphate로부터 합성되는 반응성이 큰 분자이다. 아미노산 트립토판, 히스티딘, 퓨린 및 피리미딘염기 등의 합성과정에서 phospho-ribose기를 부가하는 반응에서 사용된다.

4 in ~ 지나치게, 과도하게

Somatostatin and its synthetic analogs are used clinically to treat a variety of secretory neoplasms such as GH-secreting tumors of the pituitary. Such tumors can cause gigantism if growth hormone is secreted in **excess** before the closure of the growth centers of the ends of long bones or acromegaly if excess growth hormone is chronically secreted after the closure of these centers.

관 neoplasm 종양, gigantism 거인증, acromegaly 말단비대증, growth center 생장센터

해 Somatostatin과 합성된 유사물들은 GH를 분비하는 뇌하수체 종양과 같은 다양한 분비성 암을 임상적으로 치료하기 위하여 사용된다. 그런 종양은 긴 뼈의 끝에 있는 생장센터가 닫히기 전에 성장호르몬이 **과도하게** 분비되면, 거인증을 유발할 수 있으며 혹은 이 생장센터가 닫힌 후 과도한 성장호르몬이 만성적으로 분비되면, 말단비대증을 초래할 수 있다

excessive 형 과도한

13 Adult females are more prone to states of iron deficiency because some may lose **excessive** blood during menstruation.

관 be prone to ....하기 쉽다=be apt to, excessive 과도한=(too much, too great)

해 일부의 성인 여성은 월경기간에 **과도한** 혈액을 잃어버릴 수도 있기 때문에 철 결핍 상태에 빠지기 더 쉽다.

참 형용사 excess과 excessive의 차이 : 전자는 초과한 잉여분 extra, leftover, superfluous, 후자는 과도한 too much, too great의 의미를 가지고 있다.

exchange 명 1 교환, 교체, 논쟁

171 Small GTPases are activated by their interaction with a guanine-nucleotide **exchange** factor, which catalyzes the **exchange** of GDP for GTP.

관 the exchange of A for B=A를 B로의 상호교환, exchange factor 교환인자

해 작은 GTPase들은 GDP를 GTP로의 **교체**를 촉매하는 guanine 뉴크레오티드 교환인자와의 상호결합에 의하여 활성화된다.

2 in ~ (for) ....과 상호교환으로

Typically, carbon dioxide is collected by red cells in respiring tissues (by means of $Cl^- \leftrightarrows HCO_3^+$ exchange) and is then carried in the blood to the lungs, where bicarbonate diffuses out of the erythrocytes in **exchange** for Cl^- ions.

관 carbon dioxide 이산화탄소, collect(타) 모으다, carry(타) .... to ....로 전달하다, in exchange for ....와 상호교환으로, bicarbonate 중탄산염

해 전형적으로, 이산화탄소는 호흡 중인 조직에서 적혈구세포에 의하여 ($Cl^- \leftrightarrows HCO_3^+$의 상호교환의 방법으로) 모이며, 그 후 혈액에서 폐로 전달되고, 그곳에서 중탄산염은 Cl^- 이온**과 상호교환으로** 적혈구로부터 확산되어 나온다.

타 ~ .... for ....로 교체하다, 상호 교환하다

Cells can regulate protein synthesis by phosphorylating a serine residue on the eIF2 bound to GDP; the phosphorylated complex is unable to **exchange** the bound GDP for GTP and cannot bind Met-tRNAi^{Met}, thus inhibiting protein synthesis.

관 exchange A for B=A를 B로 교환하다, bind(타) ....를 결합하게 하다

해 세포는 GDP에 결합된 eIF2 상의 serine잔기를 인산화함으로써 단백질 합성을 조절할 수 있다; 즉 인산화된 복합체는 결합된 GDP를 GTP로 **교체할 수** 없게 되어, Met-tRNAi^{Met}를 결합하도록 할 수 없고, 그래서 단백질합성을 저해할 수 있다.

참 진핵세포 단백질합성 개시인자 eIF2 (eukaryotic initiation factor 2) : 진핵세포에서 단백질 합성의 개시반응을 촉매한다. 에너지원으로 GTP를 사용하여 GTP가 GDP로 분해된 후 유리되어 나오고 다시 GTP가 결합해야 다음 주기의 반응이 촉매될 수 있게 되는데, 이 과정이 진행되지 않으면 단백질합성이 저해된다.

자 ~ for 상호교환되다

The protons **exchange** for the positively charged catecholamine via the transporter VMAT2. The influx of the catecholamine is thus driven by the H^+ gradient across the membrane.

관 exchange(자) for ....와 상호교환되다, be driven by ....에 의해 구동되다

해 양성자들은 VMAT2 수송체를 경유하여 양으로 하전된 catecholamine과 서로 **상호교환된다**. 그래서 catecholamine의 유입은 막을 가로지르는 H^+경사에 의하여 구동된다.

exchanged 타 be ~ for 교환되다

9 Various types of interconversions occur among these phospholipids. Phosphatidylserine is produced by a reaction in which the ethanolamine moiety of phosphatidylethanolamine is **exchanged** for serine.

해 여러 종류의 상호전환반응이 인지질 사이에서 일어난다. Phosphatidylserine은 phosphatidylethanolamine의 ethanolamine 부분이 serine으로 **교환되는** 반응에 의하여 생산된다.

excised	타 be ~ 절단되다, 자르다
133	In normal fibroblasts, half the pyrimidine dimers produced by ultraviolet radiation are **excised** in less than 24 hours. In contrast, almost no dimers are **excised** in this time interval in fibroblasts derived from patients with *xeroderma pigmentosum.*

관 excise(타) 절단하다=(cut out, cut off), in contrast 이에 반해, in 24 hours ....이내에

해 정상 섬유모세포에서, 자외선에 의하여 만들어진 pyrimidine이량체들의 반은 24시간 이전에 **절단된다**. 이에 반해, 색소성 건피증 환자로부터 유래된 섬유모세포에서는 이 시간 간격에서 이들 이량체는 거의 **절단되지** 않는다.

excitability	명 흥분성, 민감성
3	Ionized calcium is an important regulator of a variety of cellular processes, including muscle contraction, stimulus-secretion coupling, the blood clotting cascade, enzyme activity, and membrane **excitability**.

해 이온화된 칼슘은 근육수축, 자극분비의 연결반응, 혈액응고 연쇄반응, 효소활성 및 막의 **흥분성**을 포함하는 세포의 다양한 과정의 중요한 조절자이다.

excitable	형 쉽게 흥분하는, 자극에 반응할 수 있는
6	The sarcomere is surrounded by an **excitable** membrane (the T tubule system) composed of transverse (T) channels closely associated with the sarcoplasmic reticulum.

관 excitable 자극에 반응하는=(easily excited, responding to a stimulus), T tubule system 가로세관계, sarcoplasmic reticulum 근소포체, transverse channel 가로통로

해 근원섬유의 단위는 근소포체와 가깝게 결합되어있는 가로(T)통로로 구성된 **자극에 반응할 수 있는** 막 (가로세관계)으로 둘러싸여있다.

excitation	명 흥분(된 상태)
82	In GABAergic neurons, glutamate is decarboxylated to GABA, which is released during **excitation** of the neuron.

해 GABA자극성 신경세포에서, glutamate가 탈카르복실화되어 GABA로 되고, 그래서 이 GABA는 신경세포의 **흥분된 상태** 동안에 유리된다.

excitatory	형 흥분하는 경향이 있는, 흥분성의
2	These neurons use such neurotransmitters as dopamine, acetylcholine, serotonin and others. Each synapses can receive both **excitatory** and inhibitory signals and the outcome is determined by the adding up of summation.

해 이들 뉴런은 dopamine, acetylcholine, serotonin과 다른 신경전달물질들을 사용한다. 각각의 시냅스는 **흥분성** 및 억제성 신호 모두를 받을 수 있으며 그 결과는 모두를 합침으로써 결정된다.

excite	타 활성화시키다, 흥분시키다, 자극하다
6	Ultraviolet rays from the sun, which produce distortions in the DNA helix, **excite** adjacent pyrimidine bases on DNA strands, causing them to form covalent dimmers.

관 produce(타) 발생시키다=cause, distortion 뒤틀림, cause(타) .... to ....하게 만들다, adjacent 바로 옆의=(near, next to)

해 DNA 나선구조에서 뒤틀림을 발생시키는 태양으로부터 온 자외선은 DNA 가닥 위에서 바로 옆의 pyrimidine 염기를 **활성화시켜** 공유결합성 이량체를 형성하도록 한다.

excited	타 be ~ 흥분되다, 자극되다
19	When the sarcolemma is **excited** by a nerve impulse, the signal is transmitted into the T tubule system and a Ca^{2+} release channel in the nearby sarcoplasmic reticulum opens, releasing Ca^{2+} from the sarcoplasmic reticulum into the sarcoplasm.

관 sarcolemma 근세포막, nearby(형) 근처의=(close, accessible), open(자) 열리다, release(타) A from .... into ....로부터 ....안으로 A를 유리하다, T tubule system 가로세관, sarcoplasm 근세포질

해 근세포막이 신경충격에 의하여 **자극될** 때, 그 신호가 가로세관계 속으로 전달되어 근처의 근소포

체에 있는 Ca^{2+}유리통로가 열리며, 그래서 Ca^{2+}를 근소포체로부터 근세포질로 유리시키게 된다.

exclude 타 배제시키다, 제외하다, 배척하다

97

Aspartate and glutamate side chains at both ends of the M2 helices form two rings of negative charges that help **exclude** anions from and attract cations to the nicotinic acetylcholine receptor channel.

관 attract(타) A to B=A를 B로 끌어당기다, anion 음이온≠cation 양이온

해 M2나선구조의 양쪽 말단에 있는 Asp와 Glu의 측쇄기는 니코틴형 아세틸콜린수용체 통로로부터 음이온들을 **배제시키고** 그리고 양이온들을 끌어당기는 것을 보조하는 음전하로 구성된 2개의 환을 형성한다.

참 니코틴형 아세틸콜린수용체 통로 : 골격근 세포에 존재하는 이 수용체는 $\alpha_2\beta\gamma\delta$ 5량체의 단위체들로 구성되어있으며 Na^+와 K^+ 이온통로로 기능한다. 각 단위체는 M2 α 나선구조를 가지고 있으며 Asp와 Glu와 같이 음전하를 띤 아미노산 잔기들이 나선구조의 시작과 끝 부위에 위치하고 있어서 음이온들의 접근을 막고 양이온들만 끌어당긴다.

excluded 타 be ~ 제외되다, 배제되다

43

Axons and dendrites are different in many ways: mRNAs, ribosomes, and some kinds of ion channels, for example, are present in dendrites and the cell body but are **excluded** from axons

관 be different in many ways 많은 점에서 다르다, axon 축삭, dendrite 가지돌기

해 축삭과 가지돌기는 많은 점에서 서로 다르다: 예를 들면 mRNA, 리보솜 및 어떤 종류의 이온통로는 가지돌기와 세포 몸체에서 존재하지만 축삭으로부터는 **제외되어있다**.

exclusive 형 1 ~ of ....를 제외한, ...을 포함하지 않은

26

The cytosol is the internal aqueous medium of a cell **exclusive of** all organelles and the cytoskeleton. It contains numerous soluble enzymes responsible for much of the cell's metabolic activity.

해 세포질은 모든 소기관들과 세포골격**을 제외한** 세포의 내부 수용성 배지이다. 그것은 많은 세포의 대사활성을 책임지고 있는 여러 용해성 효소들을 함유하고 있다.

2 독점적인, 유일한

Because exceptions to this **exclusive** pairing of A only with T and G only with C are rare, these pairs are taken as the standard or accepted law.

관 be taken as ....로써 간주되다, be accepted 로 인정되다

해 A는 오직 T와 그리고 G는 오직 C와의 **독점적인** 짝짓기반응에 대한 예외가 거의 없기 때문에, 이들 짝은 표준으로 간주되고 혹은 법칙으로도 인정된다.

3 유일한

The maternal inheritance pattern reflects the **exclusive** transmission of mtDNA from the mother to her children.

관 reflect(타)=(make manifest or apparent, show)

해 모계유전 형태는 모친으로부터 자식으로 mtDNA의 **유일한** 전달에서 명확하다.

참 미토콘드리아의 모계유전 : 에너지를 만드는 소기관인 미토콘드리아는 모두 난자 속에 있던 (즉 모계로부터 상속된) 것으로부터 유래한다. 정자 속에는 약 30만개의 미토콘드리아 분자가 있지만 정자의 운동에 필요한 에너지를 만드는데 사용되고 수정 과정에서 난자 안으로 들어오지 못한다.

4 mutually ~ 상호 배타적인

An inhibitor I binds reversibly to the enzyme E at the same site as substrate S. S-binding and I-binding are **mutually exclusive**, competitive processes. Formation of the ternary complex, EIS, where both S and I are bound, is physically impossible.

관 reversibly 가역적으로, ternary complex 3종복합체

해 어떤 저해제 I는 기질 S가 결합하는 같은 자리에서 효소 E에 가역적으로 결합한다. S-결합과 I-결합은 **상호배타적인** 경쟁적 과정이다. S와 I 모두가 결합되는 자리에서 3종복합체 EIS의 형성은

물리적으로 불가능하다는 것이다

exclusively 부 오로지 .... 만

92

Before the advent of recombinant DNA technology, vaccines were made **exclusively** from infectious agents that had been either killed or attenuated so that they can no longer multiply in an inoculated individual.

관 advent 출현, infectious agent 감염성 물질, attenuated 약화된, no longer ....더 이상 ....이 아닌, inoculate(타) 접종하다

해 재조합DNA기술이 출현하기 전에, 백신은 **오로지** 접종된 개인에서 더 이상 증식될 수 없도록 미리 사멸시켰거나 혹은 약화된 감염성 물질로부터**만** 만들어졌었다.

참 예방용 백신 : 감염성 박테리아나 바이러스 등을 사멸시키거나 약화시켜 조제하였던 전통적인 백신은 극소수로 살아 남아있던 병원성 개체에 감염될 수도 있다. 그러나 재조합DNA기술을 이용하여 조제한 백신은 이런 위험성은 전혀 없다.

excrete 타 배설하다

1

Ultimately, respiratory mechanisms remove carbonic acid through the expiration of CO_2, and the kidneys **excrete** acid as ammonium ion (NH_4^+) and other ions.

해 궁극적으로 호흡기전은 CO_2의 내쉬기를 통하여 탄산을 제거하며, 그리고 신장은 암모니움 이온 (NH_4^+) 및 다른 이온들로써 산을 **배설한다**.

excreted 타 be ~ 배설되다

9

Compounds that cannot be oxidized as fuels in the human <u>are</u> often <u>**excreted**</u> in the urine. Chemical modifications often occur in the liver, kidney, or other tissues that inactivate or detoxify the chemicals, make them more water-soluble, or otherwise target such molecules for excretion.

관 detoxify(타) 제독작용을 하다, target(타) 표적화 과정을 수행하다=set as a goal, excretion 배설

해 사람에 있어서 연료물질로 산화될 수 없는 합성물들은 자주 소변으로 **배설된다**. 화학적 변형반응은 그 화합물들을 불활성화하거나 혹은 제독작용을 하는 간, 신장 혹은 다른 조직에서 자주 일어나서, 더욱 물에 잘 녹게 만들거나, 혹은 그렇게 하지 못하면 배설하도록 표적화 과정을 수행한다.

excretion 명 배설

4

Inactivating mutations in both alleles of the aquaporin 2 gene cause *diabetes insipidus*, a disease marked by **excretion** of large volumes of dilute urine.

관 cause(타) 일으키다=(give rise to, result in, bring about), be marked ....로 특징지어지다=(be characterized, be distinguished), *diabetes insipidus* 요붕증

해 Aquaporin 2 유전자의 대립유전자 모두에서 불활성화되는 돌연변이는 희석된 소변이 다량으로 **배설**되는 것이 특징인 요붕증을 일으킨다.

excretory 형 배설하는, 배설용의

9

The liver, along with the kidney and gut, is an **excretory** organ, equipped with a broad spectrum of detoxifying mechanisms.

관 along with ....와 함께=together with, broad spectrum 광범위, be equipped with ....로 갖추어지다

해 신장과 창자와 함께, 간은 광범위의 제독기전이 갖추어진 **배설용** 장기이다.

exemplified 타 be ~ 좋은 예가 되다

8

One type of transport <u>is **exemplified**</u> by the transport of oxygen from the lungs to the tissues by hemoglobin or by the transport of fatty acids from adipose tissue to various organs by the blood protein serum albumin.

해 수송의 한 형태는 hemoglobin에 의한 폐로부터 조직까지의 산소의 수송과 혹은 혈액 단백질인 혈청알부민에 의한 지방조직으로부터 여러 기관으로의 지방산의 수송의 좋은 **예가 된다**.

exert 타 (영향, 절대권, 압력, 효과)을 발휘하다,

68

In mammalian cells, SREBP-1a and SREBP-1c **exert** a greater influence on fatty acid metabolism than on cholesterol metabolism, whereas the reverse is the case for SREBP-2.

관 exert (influence, effect, attraction) on ....에 영향을 발휘하다, is the case for ....가 그 경우가 되다

해 포유동물의 세포에서, SREBP-1a와 SREBP-1c는 cholesterol 대사보다 지방산대사에 더 큰 영향을 **발휘하며**, 반면에 SREBP-2에 대해서는 그 반대이다.

참 SREBP (SRE-binding protein),과 SRE (Sterol Regulatory Element) : cholesterol의 농도에 따라 LDL수용체와 HMG-CoA reductase 유전자의 발현을 조절한다. SREBP는 전사인자이고 SRE는 전사인자들이 결합하는 DNA 상의 서열이다.

exerted 타 be ~ 발휘되다

24

Individual protein kinases serve as processing devices, or "microchips," in the signal integration process. An important part of the input to these proteins comes from the control that is **exerted** by phosphates added to them by other protein kinases in the signaling network.

관 serve as ....로 역할을 하다, processing device 처리장치

해 개별 단백질인산화효소들은 신호의 통합과정에서 신호처리장치나 혹은 "마이크로칩"으로써의 역할을 한다. 이들 단백질로의 중요한 입력부분은 신호전달 네트워크에 존재하는 다른 단백질인산화효소들에 의하여 단백질에 추가된 인산기에 의하여 **발휘된** 조절반응으로부터 나온다.

exhibit 타 1 나타내다, 보이다

269

Diabetic individuals typically **exhibit** high levels of glucose in the blood, but insulin injection therapy allows diabetic individuals to maintain normal levels of blood glucose.

관 exhibit(타) 보이다=(display, demonstrate, present)

해 당뇨환자들은 전형적으로 높은 포도당의 혈중농도를 **보이지**만, 그러나 인슐린 주사요법은 당뇨환자들이 혈당수준을 정상으로 유지하는 것을 가능하도록 한다.

2 명확하게 나타내다

Like most enzymes, nucleases **exhibit** selectivity or specificity for the nature of the substance on which they act. That is, some nucleases act only on DNA (DNases), while others are specific for RNA (the RNases).

관 exhibit(타) 명확하게 나타내다=demonstrate, selectivity 선택성, specificity 특이성

해 대부분의 효소와 마찬가지로, nuclease도 작용하는 기질의 성질에 대하여 선택성이나 혹은 특이성을 **명확하게 나타낸다**. 즉 일부의 nuclease는 DNA에만 작용하고 (DNase), 반면에 나머지는 RNA에 대하여 특이적이다 (RNase).

exhibited 타 be ~ 나타나다, 제시되다, 보여지다

260

Among the many movements **exhibited** by cells, vesicle translocation has been one of the most fascinating to cell biologists.

해 세포에 의해 **나타나는** 많은 운동 중에, 낭포의 위치이동이 세포생물학자들에게 가장 흥미를 주는 것 가운데 하나가 되어왔다.

exist 자 존재하다, 실재하다

176

The intravesicular concentration of catecholamines is approximately 0.5 M, roughly 100 times the cytosolic concentration. In the vesicles, the catecholamines **exist** in a complex with ATP and acidic proteins known as chromogranins.

관 intravesicular 낭포내의, approximately 대략=roughly, in a complex with ....와 하나의 복합체로

해 Catecholamine의 낭포내의 농도는 대략 0.5 M 정도로 세포질 농도의 대략 100배이다. 낭포 안에서 catecholamine은 ATP와 chromogranin이라 알려진 산성의 단백질과 복합체로 **존재하고 있다**.

existence 명 존재함, 정체

68 The great power of genetics is to reveal the **existence** and relevance of proteins without prior knowledge of their biochemical identity or molecular function.

관 reveal(타) 밝혀내다, relevance 관련성, prior knowledge 사전지식

해 유전학의 대단한 능력은 단백질의 생화학적 정체나 혹은 분자의 기능에 대한 사전지식이 없어도 단백질의 **존재**와 관련성을 밝혀낼 수 있다는 것이다.

exogenous 형 외인성의, 외부의 원인으로 생긴

184 Cells continually experience stress and damage from **exogenous** and endogenous sources.

관 continually 중단됨이 없이, experience(타) 겪다, exogenous 외인성의≠endogenous

해 세포들은 중단됨이 없이 **외인성**이나 내재성 출처로부터 유래된 스트레스나 손상을 겪고 있다.

expand 자 확장되다, 부피가 커지다

20 In passing through the kidney, red blood cells traverse hypertonic areas that are up to six times the normal isotonicity, and back again, causing the red cell to shrink and **expand** during its travels. The spleen is the organ responsible for determining the viability of the red blood cells.

관 traverse(타) 횡단하다, up to ....까지, shrink≠expand(자) 부피(넓이)가 커지다 예) expend 길이가 커지다, be responsible for ....에 책임이 있다

해 신장을 쭉 지나가는데 있어서, 적혈구세포는 이동하는 동안에 자신을 쪼그라들게 하고 **부피를 커지게 하는** 정상 등장도의 6배까지나 되는 고장성의 영역을 횡단하고 다시 돌아오게 된다. 비장은 적혈구세포들의 생존능을 결정하는데 책임이 있는 기관이다.

참 적혈구의 평균수명은 120일 : 적혈구는 핵과 미토콘드리아 등의 소기관이 없어 분열이 불가능하며 동시에 많은 ATP를 만들지도 못한다. 특히 7.5 μm크기의 적혈구가 3 μm 크기로 된 필터의 기능을 하는 비장에서 세포막이 손상된 적혈구들은 제거된다.

타 확장시키다

Polarized epithelial cells have distinct apical, basal, and lateral surfaces. Microvilli projecting from the apical surfaces of many epithelial cells considerably **expand** their surface areas.

관 polarized 분극화된, distinct 서로 다른=different, apical 상부의, basal 기저부의, lateral 측면의, project(자) from ....로부터 돌출되다

해 분극화된 상피세포는 서로 다른 상부, 기저부 및 측면의 표면을 가지고 있다. 많은 상피세포들의 상부의 표면으로부터 돌출되어 나온 미세융모들은 자신의 표면적을 상당하게 **확장시키게 된다**.

참 extend와 expand의 차이 : extend는 길이로 길어지는 것이고, expand는 넓이나 부피로 커지는 것이다.

expanded 타 be ~ 펴지다, 확장되다

18 Undifferentiated human embryonic stem (ES) cell colonies are replated as high-density monolayers, **expanded**, and then induced to differentiate by sequential treatment with activin A (day 0) and BMP4 (day 1)

해 사람의 미분화된 배아줄기(ES)세포의 콜로니들이 고밀도의 단일층으로 골고루 다시 깔려진 후, **확장되고**, 그리고 난 후 activin A (0일)와 BMP4 (1일)로의 연속적인 처리에 의하여 분화가 일어나도록 유도되었다.

expansion 명 확장, 커짐

17 The auxin-induced weakening of the cell wall permits the **expansion** of the intracellular vacuole by uptake of water, leading to elongation of the cell.

해 옥신에 의해 유도되는 세포벽의 약해짐은 물의 섭취에 의한 세포내 공포의 **커짐**을 가능하도록 하므로, 결과적으로 그 세포의 길어짐을 일으킨다.

expandable 형 팽창할 수 있는, 커질 수 있는

2 Blood from both the portal vein and hepatic artery empty into a common conduit, mixing their contents as they enter the liver sinusoids. The sinusoids are **expandable** vascular channels that run through the hepatic lobules.

[관] expandable 팽창할 수 있는=(enlargeable, stretchable), empty(자) into 흘러 보내다=discharge itself into

[해] 문맥정맥과 간 동맥으로부터 온 혈액은 공동도관으로 흘러들어가기 때문에, 간의 굴모양 혈관으로 들어가면서 내용물을 혼합하게 된다. 굴모양 혈관은 간 소엽을 관통하여 지나는 **팽창할 수 있는** 관모양의 통로이다

expansive [형] 확장된 경향이 있는, 광대한

5

Symptoms may appear after months or years when one or more cysts begin to disrupt organ functions due to their size, **expansive** growth, or localization

[관] symptom 증상, cyst 낭포, may 추측, appear(자) 나타나다, begin to disrupt 파괴하기 시작하다, due to .... 때문에, localization 한 지역에의 모임

[해] 증상은 한 개 이상의 낭포들이 크기나 **광대한** 성장 혹은 편중화와 때문에 장기의 기능을 방해하기 시작하는 때인 수개월 혹은 수년 후에 나타날 수도 있다.

expect [타] 기대하다

14

His blood glucose level is 72 mg/dL, close to the lower limit (80 mg/dL) of the normal range for a well-nourished, healthy person after a 12-hour fast. This is the finding you would **expect**; it reflects the liver's capacity to maintain adequate levels of blood glucose by means of gluconeogenesis. Amino acids from degradation of protein, principally in skeletal muscle, supply most of the precursors for gluconeogenesis.

[관] be close to ....에 근접한, reflect(타) 반영하다, gluconeogenesis 당신생성, would (근거가 있는) 추측, should 확실하지 않은 추측

[해] 그의 혈당수준은 12-시간 공복 후에 영양이 좋은 건강한 사람의 정상적인 최저 제한범위 (80 mg/dL)에 가까운 72 mg/dL였다. 이것은 보통 **기대하기**를 바라는 발견이다; 이것은 당신생성과정에 의하여 혈당의 적절한 수준을 유지하는 간의 능력을 반영하고 있다. 주로 골격근에서는 단백질의 분해로부터 생긴 아미노산들이 당신생성을 위한 대부분의 원료물질을 공급한다.

expected [타] 1 be ~ 예상되다

362

The magnitude of the membrane potential at the peak of depolarization in an action potential is very close to the Na^+ equilibrium potential E_{Na} given by the Nernst equation, as would be **expected** if opening of voltage gated Na^+ channels is responsible for generating action potentials.

[해] 활동전위에서 탈분극의 최고점에서의 막전위의 규모는 전압에 의해 개폐되는 Na^+통로의 열림이 활동전위의 생성에 책임이 있는지의 여부에 대해 **예상되었던** 결과와 같이 Nernst식에 의해 주어진 Na^+ 평형포텐셜인 E_{na}와 매우 비슷하였다.

2 be ~ 기대되다

The pyrimidine ring system is planar, while the purine system deviates somewhat from planarity in having a slight pucker between its imidazole and pyrimidine portions. Both are relatively insoluble in water, as might be **expected** from their pronounced aromatic character.

[관] deviate from ....로부터 벗어나다, pucker 꺾어짐, relatively 비교적, pronounced 명백한

[해] Pyrimidine환 계열은 평면이지만, 반면에 imidazole과 pyrimidine부위 사이에 약간의 꺾어짐을 가지고 있어서 퓨린 계열은 평면으로부터 어느 정도 벗어나있다. 두 계열 모두는 명백한 방향성의 특성으로부터 **기대될 수도** 있듯이, 비교적 물에 불용성이다.

experience [타] 경험하다, 겪다

17

In real life, organisms **experience** wide variations in their environments and must adapt or die.

[관] wide variations 광범위한 변화

[해] 실제 생활에서, 생명체는 자신이 속해있는 환경에서 광범위한 변화를 **경험하여** 적응하여야 하며 그렇지 않으면 틀림없이 죽게 된다.

experienced [타] be ~ 직접 만나게 되다, 참여하게 되다

10 The resonance structures **experienced** by a peptide bond constrain the oxygen, carbon, nitrogen, and hydrogen atoms of the peptide group, as well as the adjacent α-carbons, to all lie in a plane.

관 experience(타) 참여하다=participate in, constrain(타) .... to all lie in a plane ....하나의 평면에 있도록 제한하다, experience(타) 직접 만나게 되다=meet with directly (as through participation or observation)

해 펩티드결합에 의해 **참여하게 된** 공명구조들은 펩티드기의 산소, 탄소, 질소 및 수소원자뿐만 아니라 바로 옆의 α-탄소를 모두 하나의 평면에 있도록 제한한다.

explain 타 설명하다

100 Upper body fat deposition tends to occur more by hypertrophy of the existing cells, whereas lower body fat deposition is by differentiation of new fat cells (hyperplasia). This may partly **explain** why many women with lower body obesity have difficulty losing weight.

관 tend to 하는 경향이 있다, hypertrophy 과영양, hyperplasia 이상증식, lose(타) weight 체중을 감소시키다

해 상체지방의 침착은 미리 존재하고 있던 세포들의 과영양에 의해 발생하는 경향이 있고, 반면에 하체지방의 침착은 새로운 지방세포의 분화 (세포의 이상증식)에 의한 것이다. 이 사실은 왜 하체비만을 가진 많은 여성들이 체중감소에 어려움을 가지는지를 부분적으로 **설명할** 수도 있을 것이다.

참 하체비만의 원인 : 하체비만은 지방세포들의 분열에 의하여 지방세포 수의 이상적인 증가(hyperplasia)와 또한 이 증가된 세포의 과영양상태 (hypertrophy)가 추가되어 나타난다. 이러한 증상은 특히 내장지방 visceral fat의 증가에 기인하며 인슐린저항성 당뇨병의 원인이 된다.

explained 타 be ~ 설명되다

47 For instance, differences between membranes in the endoplasmic reticulum (ER) and the Golgi are largely **explained** by the fact that phospholipids are synthesized in the ER, whereas sphingolipids are synthesized in the Golgi.

해 예를 들면, 소포체 (ER)와 골기에서의 막 사이의 차이점은 주로 인지질은 ER에서 합성지만, 반면에 스핑고지질은 골기에서 합성된다는 사실에 의하여 **설명된다.**

참 세포에는 여러 종류의 막이 있는데 이들 막의 조성은 모두 다르다. 막은 주로 서로 다른 지질과 단백질의 복합체로 구성되어있으며, 각 세포나 소기관들을 구성하고 있는 막단백질들이 고유의 기능을 할 수 있도록 지질이 막의 환경을 만들어주고 있다.

explanation 명 설명

62 This inhibitory pattern is commonly encountered. A reasonable **explanation** is that the inhibitor is binding at a site distinct from the active site, yet is influencing the binding of S at the active site. Presumably, these effects are transmitted via alterations in the protein's conformation.

해 이 저해형태는 흔히 만나게 된다. 하나의 합리적인 **설명**은 저해제가 활성화자리가 아닌 다른 자리에 결합하고 있으면서도, 여전히 활성화자리에서 S의 결합에 영향을 미칠 수 있다는 것이다. 아마도 이 효과는 단백질의 입체구조에서의 변형을 통하여 전달될 것이다.

참 효소의 저해제 : 효소의 활성을 저해하는 저해제들은 기질의 접근을 막아 촉매반응을 방해한다. 기질이 결합하는 활성화자리에 경쟁적으로 결합할 수 있는 경쟁적competitive 저해제와 효소의 활성화 자리가 아닌 다른 장소에 결합하지만 활성화자리의 구조에 영향을 미칠 수 있어서 그 결과 기질이 들어가는 것을 방해하는 비경쟁적 noncompetitive 저해제가 있다.

exploit 타 이용하다, 활용하다

14 One of the great challenges facing geneticists in the twenty-first century will be to **exploit** the vast amount of available data on the function and regulation of individual genes to gain fundamental insights into the organization of complex biochemical pathways and regulatory networks

관 challenge 새로운 도전할만한 일, gain insights into ....에 대한 통찰을 얻다, exploit(타) 활용하다 =(utilize, take advantage of, make use of)

해 21세기에서 유전학자들이 직면하고 있는 새로운 큰 도전거리 중의 하나가 복잡한 생화학적 경로

와 조절망의 조직화에 대한 근본적인 통찰을 얻기 위하여 개별 유전자들의 기능과 조절에 관한 이용가능한 데이터들의 광대한 양을 **활용하는** 것이 될 것이다.

exploited 타 be ~ 활용되다, 이용되다

27

At high concentrations sodium dodecylsulfate (SDS) completely denatures proteins by binding to every side chain, a property that is **exploited** in SDS gel electrophoresis

해 높은 농도에서 sodium dodecylsulfate (SDS)는 SDS 겔전기영동에서 **활용되는** 행동특성으로 모든 측쇄기에 결합함으로써 단백질을 완전하게 변성시킨다.

exploitation 명 활용, 활용도, 이용률

4

The ability to rapidly associate proteins with genes using tandem mass spectrometry will greatly facilitate the **exploitation** of this extraordinary information resource.

관 tandem mass spectrometry 직렬형 질량분석기, associate (타) A with B=A와 B의 연관성을 찾다

해 직렬형 질량분석기를 사용하여 단백질과 유전자의 연관성을 신속하게 찾을 수 있는 능력은 이 놀랄만한 양의 정보자원의 **활용도**를 크게 촉진하게 될 것이다.

참 직렬형 질량분석기tandem mass spectrometry : 2차원전기영동에서 점으로 나타나는 소량의 단백질의 부분적인 아미노산 서열을 결정하는데 사용할 수 있으며, 이 서열을 이미 알려져 있는 유전자의 서열과 연관성을 찾아 단백질의 정체를 밝혀내는데 학문인 단백질체학proteomics분야에서 주로 사용되는 기기이다.

explore 타 1 (장소, 물건)를 조사하다

56

To **explore** further whether or not Shiga toxin transfer from the Golgi apparatus to the ER depends on COPI coat proteins, we prepared two different fluorescent dye-conjugated Shiga toxin B subunits and then assessed by fluorescence microscopy transport of the B subunits from the Golgi complex to the ER.

해 골기체에서 ER로의 Shiga독소의 이동이 COPI 코트단백질에 의존하는지의 여부를 더 **조사하기** 위하여, 2종의 서로 다른 형광염료를 붙인 Shiga 독소의 B 아단위체를 준비하여 그 후에 골기체로부터 ER로의 B 아단위체의 수송을 형광현미경으로 분석하였다.

참 Shiga 독소 : 대장균 O157균의 독소로 A와 B의 아단위체들로 구성되어있다. A 아단위체는 N-glycosidase 효소활성을 가지고 있어서 특이적으로 리보솜의 구성성분인 28S rRNA를 절단하여 단백질합성을 중단시키는 활성을 가지고 있다. 이때 B 아단위체는 A 아단위체를 골기체로 수송시키는 작용을 한다.

2 연구하다

Glycosidases hydrolyze specific linkages in oligosaccharides and are used to **explore** both the structures and functions of glycoproteins.

해 Glycosidase는 oligosaccharide류의 특이결합을 가수분해하기 때문에 당단백질들의 구조와 기능 모두를 **연구하는**데 사용된다.

참 Glycosidase를 이용한 만능혈액universal blood의 제조 : 혈액형의 개인차는 적혈구세포막에 존재하는 당류의 구성성분들이 다르기 때문이다. 최근에 glycosidase 효소들을 처리하여 적혈구세포막의 당류를 제거하여 어떤 혈액형에도 사용할 수 있는 만능혈액을 제조하는 방법이 연구되고 있다.

explored 타 be ~ 조사되다, 연구되다

62

Given appropriate conditions, most kinds of plant and animal cells will live, multiply, and even express differentiated properties in a tissue-culture dish. The cells can be watched under the microscope or analyzed biochemically, and the effects of adding or removing specific molecules, such as hormones or growth factors, can be **explored**.

관 Given .... 분사구문 <조건>, be watched under the microscope, watch=(view, look at)

해 적당한 조건이 주어진다면, 대부분의 식물 및 동물세포들이 조직용 배양접시에서 자라서 증식할 것이며, 그리고 심지어 분화된 행동특성도 발현할 것이다. 그들 세포는 현미경 하에서 관찰되고 생화학적으로 분석될 수도 있으며 그리고 호르몬, 성장인자들과 같은 특이한 분자를 추가하거나 제거한 효과도 **연구될** 수 있다.

참 분사구문 조건절 Given appropriate conditions=If most kinds of plant and animal cells were given appropriate conditions (by us)로 동사가 수동형이므로 과거분사 being이 생략되고 Given 만이 남게 됨.

exploration 명 조사, 탐색

8

However, if one were to wait for a polypeptide to find its native conformation by random **exploration** of all possible conformations, the process would require billions of years to complete.

해 그러나 하나의 폴리펩티드가 모든 가능한 입체구조들의 임의적인 **탐색**에 의하여 자신의 태생적 입체구조를 찾을 수 있도록 기다린다면, 그 과정이 완성되기 위하여 수십억 년이 필요할 것이다.

참 가정법 were to는 순수한 가정으로 실현될 가능성이 없는 경우에 사용된다.

exponentially 부 기하급수적으로, 급격하게

9

If an animal is injected once with antigen A, its immune response (either antibody or cell-mediated) will appear after a lag period of several days, rise rapidly and **exponentially**, and then, more gradually, fall again. This is the characteristic course of a primary immune response, occurring on an animal's first exposure to an antigen.

해 어떤 동물이 일단 항원 A로 주사되면, 그것의 면역반응 (항체형이든 세포 매개형이든)이 몇 일간의 지체된 기간 후에 나타나서, 신속하게 **기하급수적으로** 증가하고, 그리고 그 후 더욱 점진적으로 다시 감소된다. 이것이 일차 면역반응의 특징적인 과정으로, 항원에 처음 노출된 동물에서 일어난다.

참 면역반응 : 항원 (백신용 예방주사)을 주사하면 생체에서는 몇 일간의 지체 기간이 지난 후 일차 면역반응이 신속하고 기하급수적으로 일어나 IgM을 생성한다. 그리고 그 후에 점진적으로 감소하게 된다. 그러나 2회 이상의 추가면역을 주사booster injection하면 IgG로 구성된 대부분의 항체가 생산되어 실제적인 면역반응이 유지된다.

export 명 밖으로 보내기, 수출

107

Muscle glycogen is not used to maintain blood glucose levels; muscle cells lack glucose 6-phosphatase, so glucose cannot be produced from glucose 6-phosphate for **export**.

해 근육의 glycogen은 혈중 glucose 수준을 유지하는데 사용되지 않는다; 근육세포는 glucose 6-phosphatase를 가지고 있지 않아서, **밖으로 보내기** 위한 glucose가 glucose 6-phosphate로부터 생산될 수 없다.

참 glucose 6-phosphatase : 이 효소는 간과 신장에 존재하고 있으면서 글리코겐의 분해과정에서 생성되는 glucose 6-phosphate에서 인산기를 제거하여 자유형 glucose을 혈액으로 방출할 수 있도록 한다. 인산기와 같은 전하를 가지고 있는 분자들은 세포막을 통과하지 못하므로 세포 안에 갇히게 되지만, 효소에 의해 전하를 띤 기능기가 제거되면 세포 밖으로 나올 수 있다.

타 내보내다

Recall that the liver can **export** glucose because it is one of only two tissues that express glucose-6-phosphatase.

해 간은 Glucose 6-phosphatase을 발현하는 유일한 2종류의 조직 가운데 하나이기 때문에 glucose를 밖으로 **내보낼** 수 있다는 것을 상기하라.

exported 타 be ~ 밖으로 나가다, 밖으로 수송되다

31

As a result, fewer Ca^{2+} ions **are exported** and the cytosolic Ca^{2+} concentration increases, causing the muscle to contract more strongly. Because of their ability to increase the force of heart muscle contractions, inhibitors of the Na^{+}/K^{+} ATPase are widely used in the treatment of congestive heart failure.

관 increase(자, 타), inhibitor 저해제, congestive heart failure 울혈성 (혈액순환장애가 원인인) 심부전

해 그 결과로, 더 적은 Ca^{2+}이온들이 밖으로 **수송되어** 세포질 Ca^{2+} 농도가 증가되므로, 근육이 더욱 강하게 수축하도록 한다. 심근수축의 힘을 증가시키는 그들의 능력 때문에, Na^{+}/K^{+} ATPase의 저해제들이 울혈성 심부전을 치료하는데 널리 사용되고 있다.

참 강심제 : 강심제 Ouabain과 digitoxin은 Na^+/K^+ ATPase의 저해제로써 작용하여 심장근육의 수축을 증진시키게 된다. 이 효소가 저해되면 세포내의 Na^+농도가 증가되면서 세포막을 사이에 두고 세포의 안과 밖의 Na^+의 농도구배가 줄어들게 된다. 그 결과 Na^+/Ca^+ antiport 수송체의 기능이 저하되어 이 수송체에 의해 밖으로 수송되던 Ca^+이온이 세포내에 남아있게 되어 근육의 수축을 촉진한다.

expose 타 (빛)에 감광시키다

32

An autoradiogram is produced by covering the material containing the radioactively labeled probe with a sheet of x-ray film. Electrons (β particles) emitted by disintegration of the radioactive atoms **expose** the film in the region directly over the probe.

해 한 장의 X선용 필름으로 방사능으로 표지된 탐침자를 함유하고 있는 물질을 덮음으로써 방사능 사진이 만들어진다. 방사성 원자의 붕괴에 의해 방출되는 전자 (β 입자)는 탐침자 위쪽으로 직접 접촉하는 영역의 필름을 **감광시킨다**.

참 자가방사능 사진법autoradiography 기술은 방사성동위원소로 표지된 물질이 방출하는 에너지를 X선용 필름에 노출시켜 자가방사능사진autoradiogram을 만들어 볼 수 있는 방법이다.

exposed 타 be ~ 노출되다

408

Unfortunately, alcoholics who continue to drink while taking this drug (disulfiram) are **exposed** to the toxic effects of elevated acetaldehyde levels.

관 continue to.... 계속하여 ....하다, take a drug 약을 복용하다

해 불행하게도, 이 약물 (disulfiram)을 복용하고 있는 동안에도 계속하여 음주를 하는 알코올 중독자들은 높아진 acetaldehyde 수준 때문에 나타나는 독성효과에 **노출된다**.

참 disulfiram : 이 약물은 알코올중독 치료제로 사용되어, 알코올 분해과정 중의 효소인 acetaldehyde dehydrogenase의 Cys기에 결합하여 비가역적으로 활성을 저해한다. 따라서 이 약물을 복용하고 술을 마시면 반응성이 강한 acetaldehyde가 분해되지 못하고 축적되어 독작용을 일으켜, 메스꺼움nausea과 구토vomiting 및 심한 두통 증상 등이 동반된다.

exposure 명 피폭, 노출

413

While **exposure** to x-rays is infrequent, it is more difficult to avoid **exposure** to cigarette smoke and virtually impossible to avoid **exposure** to sunlight. Cigarette smoke contains carcinogens such as the aromatic polycyclic hydrocarbon benzo[a]pyrene.

해 x선의 **피폭**은 자주 있지 않지만, 반면에 담배연기의 **노출**을 피하기는 더 어렵고, 태양광선의 **노출**을 피하는 것은 실제적으로 불가능하다. 담배연기는 방향성의 다중환의 탄화수소물인 benzo[a]pyrene과 같은 발암물질을 함유하고 있다.

참 benzo[a]pyrene : 5개의 방향성 환으로 구성된 발암성이 큰 화합물이다. 19세기 영국에서 굴뚝 청소부들의 피부암을 높은 빈도로 발생하게 하는 원인물질로 밝혀졌다. 생체의 제독과정에서 생성된 diol유도체가 DNA 분자에 공유결합적으로 결합하여 암을 유발한다.

express 타 1 표현하다, 표시하다

347

we can **express** the equilibrium constant as the ratio of the rate constants $K_{eq}=k_f/k_r$

해 우리는 평형상수를 속도상수의 비 $K_{eq}=k_f/k_r$로써 **표시할** 수 있다.

2 발현하다

Cells containing the introduced gene will **express** GFP and thus emit a green fluorescence when irradiated; this GFP fluorescence can be used to localize the cells within a tissue.

관 emit(타) 방출하다, irradiate(타) 조사하다, localize(타) 위치를 찾다=(identify the location of; locate)

해 도입된 유전자를 함유하고 있는 세포들은 GFP를 **발현하여** 빛이 조사될 때 녹색형광을 방출할 것이다; 이 GFP형광은 조직 내에 있는 그 세포의 위치를 찾아내는데 사용될 수 있다.

참 GFP (green fluorescent protein) : 해파리에서 발견된 단백질로 빛을 조사하면 녹색형광을 발한다. 생명과학분야에서 GFP의 융합단백질 발현벡터로 개발되어 세포내에서 특정 단백질의 발현된 위치를 확인하는데 사용된다.

3 발현시키다

Eukaryotic expression vectors can be used to **express** cloned genes in yeast or mammalian cells. An important application of these methods is the tagging of proteins with an epitope for antibody detection.

관 tag(타) *proteins* with *an epitope* 단백질들을 항원결정기로 표지하다, epitope 항원결정기

해 진핵세포용 발현벡터는 클로닝된 유전자를 효모나 포유동물의 세포들에서 **발현시키기** 위하여 사용될 수 있다. 이들 방법 중 중요한 응용 예가 항체를 이용한 확인을 위하여 항원결정기로 단백질을 표지하는 것이다.

expressed

1859

타 1 be ~ 발현되다

COX-2 mRNA and protein levels are usually low in most healthy tissue, but are **expressed** at high levels in inflamed tissue.

관 inflamed tissue 염증이 일어난 조직

해 COX-2 mRNA와 단백질의 수준은 대부분의 건강한 조직에서 일반적으로 낮다. 그러나 염증이 생긴 조직에서 높은 수준으로 **발현된다**.

참 cycloxygenase (COX) : 2종류의 동종형isoform인 COX-1과 COX-2가 있다. COX-1은 항상 발현되어있지만, COX-2는 염증상태에서 다양한 cytokine이나 성장인자에 의하여 유도되어 발현된다.

2 be ~ 표현되다

In discussions of metabolism and nutrition, energy is often **expressed** in units of calories. "Calorie" in this context really means kilocalorie (kcal). Energy is also expressed in joules. One kilocalorie equals 4.18 kilojoules (kJ).

관 in this context ....와 같은 관계에서, A equals(타) B=(A is equal to B, A and B equal(자))

해 대사와 영양에 대하여 말할 때, 에너지는 calrorie 단위로 자주 **표현된다**. 이 같은 관계에서 "Calorie"는 진정으로 kilocalorie (kcal)를 의미한다. 에너지는 또한 joule로써 표시되는데, 1 Kcal가 4.18 KJ과 같다.

3 be ~ 표시되다

The relative abundance is **expressed** as a percentage of the total number of atoms present.

관 be expressed as .... 로 표시되다

해 상대적인 풍부함은 존재하는 원소들의 전체 수의 백분율로써 **표시된다**.

expression

4813

명 (유전자) 발현

In addition to antiviral effects, interferons have antitumor effects. The mechanisms of the antitumor effects are not well understood, but are probably likewise related to stimulation of specific gene **expression** by STAT proteins.

관 be related to ....와 관련되다=(be connected to, be identified with)

해 항바이러스 효과 이외에도 인터페론은 항종양 효과를 가지고 있다. 항종양 효과의 기전은 잘 알려져 있지 않지만, 아마도 STAT단백질에 의한 특이 유전자의 **발현**을 자극하는 것과 관련된 것 같다.

참 Interferon α : 재조합DNA기술에 의하여 생산된 Interferon α는 결절성nodular 임파종, 만성골수성 백혈병chronic myelogenous leukemia와 같은 혈액암을 치료하는 목적으로 사용되기도 한다.

extend

61

자 1 뻗어 나와 있다, 연장되다

Many cell-surface receptors are oriented in the plasma membrane such that the C-terminal signal-transducing domain **extends** into the cytosol and the N-terminal ligand-binding domain **extends** into the extracellular space.

관 extend(자) 길이로 길어지다; 연장되다=(stretch, pull out to its greatest possible length), orient(타) 방향을 잡다=locate

해 많은 세포의 표면수용체들은 C 말단의 신호전달 도메인이 세포질 안으로 연장되어있고 그리고 N 말단의 리간드 결합도메인이 세포외부의 공간으로 **뻗어 나와 있도록** 세포막에서 방향이 잡혀져 있다.

2 ~ to ....까지 연장되다, 확대되다

The eukaryotic RNA polymerases have extensive amino acid homologies with prokaryotic RNA polymerases. This homology has been shown recently to **extend to** the level of three-dimensional structures.

관 extensive 전반적인=spreading over a large area, extend to ....까지 확대되다=extend as far as

해 진핵세포의 RNA polymerase는 원핵세포의 RNA polymerase와 전체적인 아미노산 상동성을 가지고 있다. 이러한 상동성이 최근에 3차원입체구조의 수준까지로 **확대된** 것으로 보인다.

타 확장시키다, 확대시키다, 연장하다

These modifications **extend** the biologic diversity of proteins by altering their solubility, stability, and interaction with other proteins.

관 modification 변형반응, alter(타) 변경하다, solubility 용해도, stability 안정성

해 이러한 변형반응들이 단백질의 용해도, 안정성 및 다른 단백질과의 상호반응을 변경시킴에 의하여 생물학적 다양성을 **확장시킨다**.

참 post-translational modification : 단백질은 리보솜에서 합성된 후 인산화, 메틸화 혹은 prenylation 등의 다양한 번역후변형반응을 받게 되는데, 이러한 변형반응은 단백질의 용해도, 안정성, 구조의 변화을 유발하여 단백질의 기능을 더욱 다양하게 만드는 역할을 한다.

extended

72

타 1 be ~ to 길어지다, 확장되다, 확대되다

The β-sheet structures of proteins are quite flexible but cannot be stretched or **extended** to any appreciable degree.

해 단백질의 β-시트구조들은 아주 유연하지만, 어떤 감지할 수 있을 정도로 늘어나거나 혹은 **길어질** 수 없다.

참 타동사 수동형과 자동사 : 수동형은 의도 (위 문장에서는 의도된 힘이 관여함을 짐작할 수 있음)가 적용될 경우에 표현되지만, 반면에 자동사는 의도됨이 없는 경우에 사용된다.

2 be ~ to (의미가) 확장되다

Like most of the basic principles initially demonstrated in red blood cell membranes, these findings were later **extended to** the membranes of nucleated cells.

관 demonstrate(타) 명백하게 보여주다=show clearly

해 적혈구세포의 막에서 최초로 명백하게 보였던 대부분의 기본적인 원리와 같이, 이들 발견된 사실은 나중에 핵을 가진 세포들의 막에도 **확장되었다**.

extending

21

자 연장되어 나오다

The two-Na^+/glucose symporter is thought to contain 14 transmembrane α helices with both its N- and C-termini **extending** into the cytosol.

해 두 종류의 Na^+/glucose 공동수송체는 세포질로 **연장되어 나와 있는** N- 및 C-말단 모두를 가지고 있는 14개의 막관통 α 나선구조체를 포함하고 있는 것으로 생각된다.

extension

193

명 1 연장부위, 돌출부위

Some cells have a long, slender **extension** of the plasma membrane, called a cilium or flagellum, which beats in a whiplike manner.

해 일부 세포들은 섬모나 혹은 편모라고 하는 채찍의 움직임과 같은 방식으로 움직이는 원형질막의 길고 가는 **연장부위**를 가지고 있다.

2 by ~ 더 넓은 의미로, 확대 해석하면

This study provides new evidence of the importance of reward pathways in the brain in an animal's responses to social stress, and **by extension** to depression.

관 by extension 더 넓은 의미로, reward pathway 보상경로, depression 우울증

해 이 연구는 사회활동의 스트레스에 대한 동물의 반응과 **더 넓은 의미로** 우울증에 대한 반응에서, 뇌에서 보상경로의 중요성에 대한 새로운 증거를 제공하고 있다.

3 by ~ 부연하면

Karyotype is the chromosomal constitution of the cell nucleus; by **extension**, the photomicrograph of chromosomes arranged in numerical order.

관 karyotype 핵형, by extension 부연하면, in numerical order 번호순으로

해 핵형이란 세포핵의 염색체 구성이다; **부연하면**, 번호 순으로 배열된 염색체들의 사진이다.

extensive 형 널리 골고루 펴져있는, 광범위한

99

The **extensive** hydrogen bonding between water molecules accounts for many of the key properties of this compound, including its unusually high melting and boiling points and its ability to interact with many other molecules.

관 account for ....에 책임이 있다=(be responsible for, explain)

해 물 분자 사이의 **광범위한** 수소결합은 비정상적으로 높은 녹는점이나 비등점 그리고 많은 다른 분자들과 상호작용을 할 수 있는 능력을 포함하는 이 화합물의 중요한 행동특성 중 많은 것에 책임이 있다.

참 물은 알코올 등의 용매보다 훨씬 더 많은 수소결합을 형성하고 있으므로 알코올에 비해 비등점, 녹는점의 온도가 높다. 따라서 인체에서 체온이 높아지는 것을 방지하기 위하여 물(땀)이 사용되도록 진화되었다.

extensively 부 광범위하게, 넓게

72

Because amino acids are one of the components of human skin secretions, the ninhydrin reaction was once used **extensively** by law enforcement and forensic personnel for fingerprint detection.

해 아미노산은 사람의 피부분비물 중의 한 가지 성분이기 때문에, 한때 경찰과 법의학 검사관에 의한 지문검색에 닌하이드린 반응이 **광범위하게** 사용되었었다.

참 Ninhydrin은 아미노산을 특이적으로 염색하는 시약이다.

extent 명 1 정도

279

The term K_a is also called an ionization constant because it states the **extent** to which a substance forms ions in water

관 ionization constant 이온화상수, state(타) 정의하다; 말하다

해 K_a라는 용어는 또한 어떤 물질이 물에서 이온을 형성하는 **정도**를 정의하기 때문에 이온화상수라고도 불린다.

2 to ~s ....의 정도로

Some proteins associate with membranes via electrostatic interactions with polar groups on the membrane surface, whereas other proteins are embedded to various **extents** in the hydrophobic core of the membrane.

관 some .... others 여러 개 가운데 일부와 나머지, electrostatic interaction 정전기적 결합

해 일부 단백질은 막의 표면에 있는 극성작용기들과 정전기적 결합을 통하여 막에 부착하고 있기도 하고, 반면에 또 다른 단백질들은 막의 혐기성 중심에 다양한 **정도**로 삽입되어있기도 한다.

exterior 명 외부

4

The asymmetric distribution of glycolipids in the bilayer results from the addition of sugar groups to the lipid molecules in the lumen of the Golgi apparatus, which is topologically equivalent to the **exterior** of the cell.

관 be equivalent to....와 같다=correspond to, topologocally 위상학적으로

해 지질이중층에서 당지질의 비대칭분포는 위상학적으로 세포의 **외부**에 해당하는 골기체의 내강에서 탄수화물 작용기들의 지질분자에의 부가반응의 결과로부터 발생한 것이다.

external 형 외부의, 표면의

59

The presence of cholesterol and the *cis* unsaturated fatty acids in the membrane prevent the hydrophobic chains from packing too closely together. As a consequence, lipid and protein molecules that are not bound to **external** or internal structural proteins can rotate and move laterally in the plane of the leaflet.

관 A prevent B from ....ing=A는 B가 ....하는 것을 방해하다, leaflet 한 면의 작은 영역; 작은 잎모양

해 콜레스테롤과 *cis*형 불포화지방산이 세포막에 존재하면 소수성 사슬들이 너무 조밀하게 함께 차이는 것을 방지한다. 그 결과로, **외부**나 내부의 구조단백질에 결합되지 않은 상태인 지질과 단백질분자들이 이중층의 한 쪽의 작은 평면에서 회전하거나 수평으로 움직일 수 있게 된다.

extra 형 여분의, 임시의, 추가적인

24

When mitosis is blocked by colchicine, the treated cells may be left with an **extra** set of chromosomes. Plants with **extra** sets of chromosomes are typically larger and more vigorous than normal plants.

해 콜히친에 의해 유사분열이 저해될 때, 처리된 세포들은 염색체의 **추가적인** 세트를 가진 상태로 존재할 수도 있다. 염색체의 **추가적인** 세트를 가지고 있는 식물은 전형적으로 정상 식물보다 더 크고 더 잘 자란다.

extract 명 추출물

958

Separation of a complex mixture of proteins from a whole-cell **extract** by two-dimensional gel electrophoresis, followed by trypsin digest of a specific protein spot on the gel and injection of the digest into the HPLC/tandem MS, gives sequence information that can be used to identify specific proteins.

관 A is followed by B=A가 시행되고 난 후 B가 진행되다, trypsin digest 트립신 소화산물

해 전체 세포 **추출물**로부터 얻은 단백질 혼합물의 2차원 겔전기영동에 의한 분리와, 이후에 수행된 겔 상에 있는 어떤 특이 단백질 스폿의 트립신 소화 및 소화산물의 HPLC/직렬형 질량분광기로의 주입은 특이 단백질을 확인하는데 사용될 수 있는 서열정보를 준다.

타 빼앗아내어, 추출하다

Reactive free radicals **extract** electrons (usually as hydrogen atoms) from other compounds to complete their own orbitals, thereby initiating free radical chain reactions.

관 reactive free radicals 반응성 자유라디칼, complete(타) 완성하다; 채우다, initiate(타) 개시하다, chain reaction 연쇄반응

해 반응성 자유라디칼들은 다른 화합물로부터 전자를 (주로 수소원자로써) **빼앗아내어** 자신의 궤도를 채우기 때문에, 그로 인해 자유라디칼의 연쇄반응을 개시할 수 있다

extracted 타 be ~ 추출되다

254

When chromatin is **extracted** from cells, it has the appearance of beads on a string.

관 chromatin 염색질, have the appearance of ....의 모습을 하다

해 염색질이 세포로부터 **추출될** 때, 하나의 실에 연결된 구슬들의 모습을 하고 있다.

extraction 명 추출

127

Even after **extraction** with solutions containing detergents and high concentrations of salts, most intermediate filaments in a cell remain intact, whereas microfilaments and microtubules depolymerize into their soluble subunits.

해 심지어 계면활성제와 고농도의 염을 함유한 용액으로 **추출한** 후라 할지라도, 대부분의 중간필라멘트들은 세포 속에 그대로 남아있지만, 이에 반해 미세필라멘트와 미세소관들은 용해성 단위체로 해체된다.

extraordinarily 부 대단히, 특별히, 이례적으로

3

Ferritin is a protein with an **extraordinarily** high iron content.

해 Ferritin은 **이례적으로** 높은 철 함량을 가진 단백질이다.

extraordinary 형 대단한, 특별한

4

An **extraordinary** diversity of cellular activity is possible only because of the versatility inherent in proteins, each of which is specifically tailored to its biological role.

관 versatility 다양성=state of having many abilities or functions, be tailored to ....에 맞춤화되다

해 세포활성의 **대단한** 다양성이 가능한 것은 각각이 특이하게 생물학적 역할에 맞춤화되어있는 단백질의 본질적인 다능성 때문이다.

참 If you *tailor* something such as a plan or system *to* someone's needs or purposes, you *make it suitable for* them by changing the details of it.

extrapolated 타 be ~ 연장되다, 외삽되다

3

In pure noncompetitive inhibition, the inhibitor decreases the velocity even when [S] has been **extrapolated** to an infinite concentration.

해 순수한 비경쟁적 저해반응에서, 심지어 기질농도 [S]가 무한한 농도로 **연장되더**라도 저해제는 촉매속도를 감소시킨다.

extrapolation 명 확대적용

5

The role of these hormones has been best understood in mouse models; unfortunately, **extrapolation** to the human condition has been difficult.

해 이들 호르몬의 역할은 생쥐모델에서 가장 잘 이해되어 왔다; 불행히도, 사람 환경에 **확대 적용**됨은 어려운 상태이다.

extrapolating 타 연장하여 적용하다

However, a third study demonstrates the need for caution when **extrapolating** these results from mouse to human cells.

관 demonstrate(타) 확실하게 보여주다, the need for ....의 필요성, caution 조심

해 그러나 세 번째 연구는 생쥐로부터 얻은 이들 결과를 사람의 세포에 **연장하여 적용할** 때, 조심해야 할 필요성을 확실하게 보여주었다.

extreme 명 끝단, 양끝

25

Even though the human body can tolerate a wide range of fat intake levels, there are disadvantages in either **extreme**. (Excess fat, low fat)

관 tolerate(타) 견디다, disadvantage 불리한 점

해 비록 인체가 넓은 범위의 지방섭취의 수준에 견딜 수 있다고 하지만, 어느 **극단** (과도한 지방, 저지방)에서는 불리한 점이 있다.

형 1 최고의, 극도의, 매우 심한

The **extreme** pain was caused by the release of a leukotriene that stimulated pain receptors.

해 **매우 심한** 고통은 통증수용체를 자극한 어떤 leukotriene의 분비에 의해 초래되었다.

2 매우 큰

If we compare a mammalian neuron with a lymphocyte the differences are so **extreme** that it is difficult to imagine that the two cells contain the same genome.

해 포유동물의 신경세포와 임파구를 비교하면, 그 차이가 **매우 크기** 때문에서 그 두 세포가 똑 같은 유전체를 가지고 있다는 것을 상상하다는 것은 어렵다.

extremely 부 매우, 대단히, 극단적으로

35

Electrophoresis is a technique used to separate proteins on the basis of charge that has been **extremely** useful in medicine to identify proteins with different amino acid composition.

해 전기영동은 다른 아미노산 조성을 가진 단백질들을 찾아내기 위하여 의학에서 **매우** 유용한 것이 된 전하에 기초를 두고 단백질을 분리하는데 사용되는 기술이다.

extrinsic	형 외부의
8	They defined two classes of membrane proteins. The first, called peripheral proteins (or **extrinsic** proteins), includes those that do not penetrate the bilayer to any significant degree and are associated with the membrane by virtue of ionic interactions and hydrogen bonds between the membrane surface and the surface of the protein.

관 define(타) 정의하다, by/in virtue of ....의 덕분으로=(on the basis of, by reason of), not .... to any에서 any가 부정문에 사용되어 완전부정

해 그들은 두 부류의 막단백질을 정의하였다. 첫 번째 것은 말초단백질 (혹은 **외부**단백질)이라 불리며, 지질이중층을 상당한 수준으로 절대로 뚫고 들어가지 않으며, 세포막 표면과 단백질 표면 사이에서 이온 상호결합과 수소결합의 덕분으로 세포막과 결합되어있는 단백질을 포함한다.

extrude	타 밖으로 내보내다, 쫓아내다
8	All animal cells actively **extrude** Na^+ ions and accumulate K^+ ions.

해 모든 동물세포는 능동적으로 Na^+이온을 **밖으로 내보내고** K^+이온을 세포 안에 축적시킨다.

extruded	타 be ~ 밀려나다, 나오다
5	If the cell walls of bacteria such as *Escherichia coli* are partially digested and the cells are then osmotically shocked by dilution with water, the contents of the cells are **extruded** to the exterior.

해 대장균과 같은 박테리아의 세포벽이 부분적으로 분해되고, 그 후에 그 세포가 물의 희석에 의한 삼투적으로 충격이 가해지면, 그 세포들의 내용물은 외부로 **밀려나게 된다**.

face 타 1 면하다, 향하다

44

The carbohydrate groups of glycolipids (and of glycoproteins) always **face** the outside surface of plasma membranes where they participate in cell recognition phenomena.

해 당지질 (과 당단백질의)의 탄수화물 기능기들은 세포의 인식현상에 참여하고 있는 곳인 세포막의 바깥쪽을 항상 **향하고 있다**.

2 직면하다, 마주치다

As the twenty-first century opens, we **face** an explosion of new data about cell biology and biochemistry.

해 21세기가 시작되면서, 우리는 세포생물학과 생화학에 대한 새로운 데이터들의 폭발적인 증가**에 직면하고** 있다.

자 향하다

During this transport, the orientation of a membrane protein is preserved; that is, the same segments of the protein always face the cytosol, while other segments always **face** in the opposite direction.

관 be preserved 보존되다=be conserved, that is (to say)즉; 다시 말하면

해 이 수송기간 동안에, 어떤 막단백질의 방향잡기는 보존된다; 즉, 그 단백질의 같은 부위들은 세포질을 향하고 있고, 반면에 다른 부위들은 항상 반대방향으로 **향하고 있다**.

명 면, 쪽

The smooth endoplasmic reticulum is smooth because it lacks ribosomes. In contrast, the cytosolic **face** of the rough endoplasmic reticulum is studded with ribosomes.

관 smooth/rough endoplasmic reticulum 활면/조면소포체, lack(타) ....이 없다=be without, in contrast 이에 반해=contrastingly

해 활면소포체는 소포체에 리보솜들이 없기 때문에 표면이 매끄럽다. 이에 반해, 조면소포체의 세포질 쪽의 **면**은 리보솜으로 박혀있다.

facilitate 타 촉진하다

176

These integral membrane proteins **facilitate** the movement of phospholipid molecules from one leaflet to the other.

관 one .... the other (두 개 중의) 한 개 .... 나머지 하나

해 이들 통합단백질은 한 쪽 평면부위에서 다른 쪽으로 인지질분자들의 이동을 **촉진**한다.

facilitated 타 be ~ 촉진되다

29

This ligation is **facilitated** if the ends of the plasmid and the insert have complementary, single stranded overhangs.

관 ligation 연결반응, insert(명) 삽입체, complementary 두 개가 합쳐 완전한 하나가 되는 상보적인, overhang 돌출서열=접착형 (cohesive) 말단을 가진

해 플라스미드와 삽입체의 말단이 서로 상보적이고, 한 가닥으로 된 돌출서열을 가지고 있다면, 이 연결반응은 **촉진된다**.

fact 명 1 사실, 진상

368

The sigmoid character of this curve is diagnostic of the **fact** that the binding of O_2 to one site on Hb strongly enhances binding of additional O_2 molecules to the remaining vacant sites on the same Hb molecule, a phenomenon aptly termed cooperativity.

관 diagnostic(형) ...의 특성인=serving to distinguish or identify, additional 추가적인, be termed .... 용어로 불리다=(be called, be referred to as), cooperativity 협동성

해 이 곡선의 S자 모양의 특성은 Hb의 한 개의 부위에 O_2의 결합이 동일한 Hb분자 위에 남아있는 빈 자리들에 추가적인 O_2 분자의 결합을 강력하게 증진시킨다는 **사실**, 즉 협동성이라고 용어로 흔히 불리는 현상의 특성이다.

2 in ~ 실제로, 사실상

His initial efforts to lose weight had failed dismally. In **fact**, he now weighed 270 lb, an increase of 6 lb since his first visit 2 months ago

관 lose weight 체중을 줄이다, weigh(타) 체중이 나가다, had failed <과거완료> weighed 270 lb보다 앞선 시제

해 그의 체중을 줄이려는 초기의 노력은 처참하게 실패로 돌아갔다. **사실**, 지금 체중이 2개월 전 처음 방문한 이래 6 lb의 증가로 270 lb가 나간다.

factor
1271

명 인자, 요인

An additional and important **factor** contributing to the stability of subunit associations for some proteins is the formation of disulfide bonds between different subunits.

관 contribute(자) to 기여하다, disulfide bond 이황화결합

해 일부 단백질에서 아단위체 결합의 안정성에 기여하는 추가적인 중요한 **인자**는 다른 아단위체들 사이에서 이황화결합들의 형성이다.

fail
277

자 실패로 돌아가다

All attempts to trap or isolate a covalent intermediate **failed**.

해 공유결합으로 이루어진 반응중간물질을 포획하거나 분리하려는 모든 시도가 **실패로 돌아갔다**.

타 1 하지 못하다, 할 수 없다

Cancer cells **fail** to sense signals that restrict cell division and continue to live when they should die.

해 암세포들은 세포분열을 억제하는 신호를 감지하는 것을 **할 수 없어**, 죽어야 할 때도 계속 살아간다.

2 실패하다, 통과하지 못하다, 도움이 되지 못하다

Other drug candidates have been found *that* are even better inhibitors of HIV-1 protease in cell cultures, but many of these **fail** the test of bioavailability—the ability of a drug to be delivered to the desired site of action in the organism.

관 be delivered to ....로 전달되다=be transported to, bioavailability 생체이용도

해 세포배양 실험에서 HIV-1 protease의 훨씬 더 우수한 저해제인 다른 후보약물들도 발견되어왔지만, 이들 중의 많은 약물이 생명체에서 원하는 작용부위로 전달되는 약물의 능력인 생체이용도 검사를 **통과하지 못하였다**.

failure
57

명 실패, 기능부전

Cancer is due to **failures** of the mechanisms that usually control the growth and proliferation of cells.

관 due to=because of 는 be 동사와 함께 이유를 설명할 때 사용됨, growth 성장, proliferation 증식 (빠른 분영에 의한 세포 수의 증가)

해 암은 세포의 성장과 증식을 일반적으로 조절하는 기전의 **실패** 때문이다.

fall
30

명 떨어짐, 강하, 감소

The **fall** in pH causes muscle fatigue and pain.

관 cause(타) ....의 원인이 되다=(bring about, result in, lead to, be the cause of)

해 pH의 **떨어짐**은 근육의 피로와 통증의 원인이 된다.

자 1 ~ into 나누어지다, 분류되다

Neurotransmitter receptors **fall into** two broad classes: ligand-gated ion channels, which open immediately upon neurotransmitter binding, and G protein–coupled receptors.

관 ligand-gated 리간드에 의해 개폐되는, immediately upon ....ing ....하자마자 즉시

해 신경전달물질의 수용체들은 2종의 광범위한 부류로 **분류된다**; 즉 리간드에 의해 개폐되는, 즉 신경전달물질이 결합하면 즉시 열리는 이온통로와 그리고 G 단백질과 연결된 수용체들이다.

2 ~ to 까지 떨어지다, 하강하다

At the venous end of the capillaries, the hydrostatic pressure **falls to** approximately 17 mm Hg while the osmotic pressure and the tissue pressure remain constant, resulting in movement of fluid back from the extravascular (interstitial) spaces and into the blood.

해 말초혈관의 정맥 말단에서, 정수압은 대략 17 mmHg까지 **떨어지지만**, 반면에 삼투압과 조직의 압력은 일정한 상태로 남아있어서, 그 결과 혈관의 외부(틈새)공간으로부터 혈액으로 용액의 회귀 이동이 일어난다.

familiar

5

형 1 친숙한, 알려진

Muscle contraction is the most **familiar** and the best understood of all the kinds of movement of which animals are capable.

관 understood(형) 이해된, be capable of ....할 수 있는

해 근육의 수축은 동물이 할 수 있는 운동의 모든 종류 가운데 가장 **친숙하**며 또한 가장 잘 알려진 것이다.

2 ~ with 친밀한, 에 익숙한, 잘 아는

To understand the structures and functions of proteins, you must be **familiar** with some of the distinctive properties of the amino acids, which are determined by their side chains.

관 distinctive 차이가 나는, be familiar with 잘 알다, side chain of amino acid 아미노산의 측쇄기

해 단백질의 구조와 기능을 이해하기 위하여, 여러분은 단백질 측쇄기들에 의해 결정되는 아미노산의 차이가 나는 행동특성들을 어느 정도 **잘 알고** 있어야 한다.

참 distinct와 distinctive의 사용법 : distinctive 참조

family

1119

명 패밀리, 동족, 군

Groups of proteins with similar, but not identical, structure and function that have evolved from the same gene after the gene was duplicated are called paralogs and considered members of the same protein **family**.

관 evolve(자) from ....로부터 진화되다, be called ....라 불리다, be considered ....로 간주되다

해 그 유전자가 복제된 후 동일한 유전자로부터 진화되어 온 유사하지만 같지는 않은 구조와 기능을 가진 단백질들의 집단은 paralog라 불리며, 같은 단백질 **패밀리**의 구성원으로 간주된다.

far

116

부 1 멀리, 깊이

The superoxide anion is also highly reactive, but has limited lipid solubility and cannot diffuse **far**.

해 Superoxide 음이온은 대단히 반응성이 크지만, 그러나 제한된 지질용해도를 가지고 있어 **멀리** 확산될 수 없다.

2 so ~ 지금까지, 이점까지

All organisms studied so **far** use the same genetic code, with some rare exceptions. One exception occurs in human mitochondrial mRNA

해 **지금까지** 연구된 모든 생명체들은 일부 드문 예외도 있지만 동일한 유전부호를 사용한다. 한 가지 예외가 사람의 미토콘드리아 mRNA에서 일어나고 있다.

3 as ~ as (접속사적 용법) ....하는 한

As **far** as is known, all RNA transcripts of mtDNA and their translation products remain in the mitochondrion, and all mtDNA-encoded proteins are synthesized on mitochondrial ribosomes.

해 알려져 있는 **한**, mtRNA의 모든 RNA전사물과 번역산물들은 미토콘드리아에 남아있으며, 모든 mtDNA에 의해 인코딩된 단백질은 미토콘드리아 리보솜 상에서 합성된다.

4 ~ 비교급 훨씬

DNA fingerprinting represents an important advance in forensic medicine. Before development of this technique, identification of criminals was **far** less scientific.

해 DNA지문법은 법의학에서 중요한 발전을 대표한다. 이 기술이 개발되기 전에는 범인을 찾아내는 방법은 **훨씬** 덜 과학적이었다.

5 ~ from ....ing 결코 .... 아닌

For instance, we can enumerate the G proteins, kinases, phosphatases, arrestins, and other proteins that participate in signaling from β-adrenergic receptors in liver cells, but we are still **far** from being able to predict, quantitatively, how liver cells react over time to a given dose of adrenaline.

관 enumerate(타) 낱낱이 열거하다=(count, list), participate in 참가하다, be far from being able to 결코 ....할 수 없다, quantitatively 정량적으로, over time 그 시간 동안

해 예를 들면, 우리는 간 세포에서 β-아드레날린 수용체로부터의 신호전달과정에 참여하는 G단백질, 단백질인산화효소, 탈인산화효소, arrestin 및 다른 단백질들을 낱낱이 열거할 수는 있지만, 그러나 어떻게 간세포들이 주어진 아드레날린 투여량에 그 시간 동안 쭉 반응하는지를 아직도 **결코** 정량적으로 예측**할 수 없다**.

fascinating 형 매력적인, 황홀하게 하는, 흥미를 돋우는

3

These are just a few of the **fascinating** questions concerning RNA processing, post-transcriptional control, and nuclear transport that will challenge molecular cell biologists in the coming decades.

관 challenge(타)....에 도전하도록 하다=call to engage in, in the coming decades ....기간 이내에

해 이들이 앞으로 도래할 수십 년 이내에 분자세포생물학자들을 도전케 할 RNA처리과정, 전사후조절반응과 핵 수송에 관한 **매력적인** 의문점들 중의 단지 몇 가지이다.

fashion 명 1 in .... ~ 방식으로, 방법으로

81

The processes of glycolysis and gluconeogenesis must be regulated in a reciprocal **fashion** so that when glycolysis is active, gluconeogenesis is inhibited, and when gluconeogenesis is proceeding, glycolysis is turned off.

관 in a reciprocal fashion 상호 반대되는 방식으로=(in .... way, in .... manner), so that .... 목적, proceed(자) 진행되다=move on in an orderly manner, is turned of 중단되다

해 당분해와 당신생성은 당분해가 활성화되어있을 때 당신생성은 저해되고, 그리고 당신생성이 진행되고 있을 때, 당분해가 중단될 수 있도록 상호 반대되는 **방식**으로 조절되어야만 한다.

2 in .... ~ 방식으로

The backbone of the peptide substrate is hydrogen-bonded in antiparallel **fashion** to residues 215 to 219 and bent so that the peptide bond to be cleaved is bound close to His^{57} and Ser^{195}.

관 the peptide bond *to be cleaved* <예정> to부정사, in antiparallel **fashion** ....역평행하는 방식으로

해 펩티드 기질의 골격이 215에서 219번까지의 잔기들과 역평행하는 **방식으로** 수소결합되어 그래서 절단될 펩티드 결합이 His^{57} 과 Ser^{195}에 가까이 결합되도록 굽게 된다.

fashioned 타 be ~ (구성요소들)로 형태를 갖추다, 형성되다,

1

Carbohydrate units of glycoproteins are altered and elaborated in the Golgi complex. The O-linked sugar units are **fashioned** there, and the N-linked sugars, arriving from the ER as a component of a glycoprotein, are modified in many different ways.

관 fashion(타) 형태를 갖추게 하다=make out of components, in many different ways ....방식으로

해 당단백질을 구성하는 탄수화물 단위체는 골기체 속에서 변형되고 섬세하게 된다. O-연결된 탄수화물 단위체들은 그곳에서 **형태를 갖추며**, 그리고 당단백질의 구성성분으로써 ER로부터 도착한 N-연결된 탄수화물은 많은 다른 방법으로 변형된다.

참 당단백질의 당사슬은 Ser, Thr의 산소 O 원자를 통하여, 그리고 Asn의 질소 N 원자를 통하여 연결되는데, 전자를 O-linked 후자를 N-linked glycoprotein이라 한다. O에 연결된 단백질은 골기체 속에서 탄수화물이 하나하나 단백질에 직접 부가되어 형성되지만, 후자의 N-연결된 당단백질은 dolichol 전달체에서 미리 형성된 탄수화물 잔기들이 일시에 전달되어 부착된다.

fast
111

자 단식하다

When we **fast** for 3 or more days, we are in the starved state.

해 우리가 3일 이상 **단식을 할** 때, 기아상태에 있게 된다.

부 빠르게

The sign and value of ΔG do not allow us to determine how **fast** the process will go.

해 ΔG의 부호와 값은 우리가 그 과정이 얼마나 **빠르게** 갈 것인지를 결정하는 것을 가능하도록 하지 않는다.

형 1 빠른, 신속한

When myosin is complexed with actin, the rate of myosin ATPase activity is four to five times as **fast** as it is in the absence of actin.

해 미오신이 액틴과 복합체가 형성될 때, 미오신의 ATPase 활성의 속도는 액틴이 없을 때에 비해 4배에서 5배나 **빠르게** 된다.

2 더 빠른, 더 신속한

Acetaldehyde may be produced **faster** than it can be metabolized by acetaldehyde dehydrogenases, thereby increasing the risk of hepatic injury.

해 Acetaldehyde는 acetaldehyde dehydrogenases에 의해서 대사될 수 있는 것보다 **더 빨리** 생산될 수도 있어서, 그것으로 인해 간 손상의 위험성을 증가시킬 수 있다.

fasting
2

명 단식하기, 단식, 기아상태

Polar bears use triacylglycerols to survive long periods of **fasting**

해 북극곰은 장기간의 **단식 상태**로부터 살아남기 위하여 중성지방을 사용한다.

fatal
21

형 치명적인

Such drugs as the heparins, vitamin K antagonists, and specific inhibitors of thrombin are useful in cases in which patients develop spontaneous thrombi, which, if left untreated, would result in a **fatal** pulmonary embolism.

관 patients develop + 질병, spontaneous thrombi 자발성 혈전증, pulmonary embolism 폐색전증

해 비타민 K의 길항제인 heparin류와 같은 약물과 트롬빈의 특이 저해제들은 만약 치료하지 않은 채로 둔다면, **치명적**인 폐색전증이 일어나는 결과를 낳는 자발성 혈전증이 발병하는 환자들에서의 증례에 유용하다.

참 Thrombin은 fibrinogen을 절단하여 긴 섬유상의 fibrin으로 만들도록 하여 혈액응고를 촉진하는 효소이다. 비타민 K 길항제인 와파린과 glycosaminoglycan의 일종인 헤파린에 의해 활성이 저해된다.

fate
29

명 운명

Alternately, these intermediates can also be converted to glucose by gluconeogenesis. In other words, the **fate** of fructose parallels that of glucose.

관 in other words 다른 말로 하면=(that is to say, otherwise stated), parallel(타) 나란히 가다

해 다른 방법으로, 이들 중간산물 또한 당신생 과정에 의하여 포도당으로 전환될 수 있다. 다른 말로 하면, 과당의 **운명**이 포도당의 운명과 함께 나란히 간다는 것이다.

favor	명 in ~ of ....의 이익이 되도록, ...가 유리하도록

33

In addition to CO_2, $Cl^-$and BPG also bind better to deoxyhemoglobin than to oxyhemoglobin, causing a shift in equilibrium in **favor** of O_2 release.

관 bind better to A than to B=B에 결합하는 것보다A에 더 잘 결합하다, in favor of=(to the benefit of, in support of)

해 CO_2뿐만 아니라, Cl^-과 BPG 또한 oxyhemoglobin보다 deoxyhemoglobin에 더 잘 결합하기 때문에, O_2의 방출에 **유리한** 평형상태로의 이동을 일으킨다.

참 헤모글로빈은 적혈구 속에서 산소를 수송하는 단백질인데, 이 단백질의 산소와의 친화력은 CO_2, BPG 및 H^+ (pH)에 의하여 조절된다. 즉 대사가 활발히 일어나고 있는 조직에서는 대사의 최종산물로 CO_2가 발생하여 헤모글로빈과 산소와의 친화력을 감소시켜 필요한 산소가 해리되도록 한다.

타 유리하게 하다, 촉진하다

Although PrP^{Sc} and PrP^c have the same amino acid composition, the PrP^{Sc} conformer is substantially enriched in β-sheet structure compared with the normal PrP^c conformer, which has little or no β-sheet structure and is approximately 40% α-helix. This difference **favors** the aggregation of PrP^{Sc} into multimeric complexes.

관 A is enriched in B=B가 A에 풍부하다, favor(타) 촉진하다=(promote, facilitate, benefit, be to the advantage of)

해 비록 PrP^{Sc} 와 PrP^c는 동일한 아미노산 조성을 가지고 있지만, 정상 단백질인 PrP^c 입체구조체는 β-시트구조를 조금 가지거나 혹은 가지고 있지 않고 대략 40%의 α-나선구조로 되어있으며, 이 단백질에 비해 PrP^{Sc}구조체에는 β-시트구조가 상당히 더 많다. 이러한 차이가 PrP^{Sc}들의 다중복합체로의 응집을 **촉진하게 된다**.

참 광우병의 원인이 되는 비정상 구조의 프리온prion 단백질PrP^{Sc}은 정상 프리온 분자의 구조를 변형시키는 주형으로 작용하여 비정상의 PrP^{Sc}로 전환시킨다. 특히 이 변형체는 단백질분해효소에 의해 분해되지 않고 세포 내에서 서로 응집되어 다중복합체를 만들어, 세포의 구조를 변형시키고 기능을 방해하여 궁극적으로 세포를 죽게 한다.

favored	타 be ~ 촉진되다, 유리하다. 잘 일어나도록 한다

11

A protein domain can be viewed as the basic structural unit of a protein structure. The core of each domain is largely composed of a set of interconnected β sheets or α helices or both. These regular secondary structures are **favored** because they permit an extensive hydrogen bonding between the backbone atoms, which is essential for stabilizing the interior of the domain.

관 be viewed as ....로써 간주되다=be regarded as, be composed of ....로 구성되다, extensive 광범위한, essential for=necessary for

해 어떤 단백질의 도메인은 단백질구조의 기본적인 구조단위로서 간주될 수 있다. 각 도메인의 중심은 주로 상호연결된 β 시트나 α 나선구조 혹은 두 구조 모두가 하나의 조합으로 구성된다. 이러한 규칙적인 2차구조들이 그 도메인의 내부를 안정화하는데 꼭 필요한 광범위한 골격을 이루는 원자들 사이에서 수소결합을 가능하도록 하기 때문에 **유리하다**.

favorably	부 호의적으로

8

This odorant receptor responded to straight-chain aldehydes, most **favorably** to n-octanal and less strongly to n-heptanal and n-hexanal.

해 이 후각수용체는 n-octanal에 가장 **호의적으로** 그리고 n-heptanal과 n-nexanal에는 덜 강한 방식으로 직선사슬형의 알데히드류에 반응하였다.

favorable	형 가능한, 유리한, 양호한

22

The hydrophobic amino acids are buried in the central core of the bundle, and amino acids of opposite charge are aligned to form **favorable** electrostatic interactions between helices. As the four-helix bundles form, the vesicle and target membranes are drawn into close apposition by the embedded transmembrane domains of VAMP and syntaxin.

관 be aligned to form=배열되어 ....를 형성하다, be drawn into 당겨져 ....로 되다, apposition 나란

히 배열

해 소수성 아미노산들이 다발의 중심에 묻히고, 반대의 전하를 가진 아미노산들은 나선구조들 사이에서 **가능한** 정전기적 상호결합을 형성하도록 배열된다. 4개의 나선구조로 된 다발이 형성되면서, VAMP와 syntaxin의 삽입된 막관통도메인에 의하여 소낭과 표적 생체막이 가깝게 나란히 배열된 상태로 당겨진다.

참 분비와 세포내이입endocytosis 과정에서 작은 소낭포와 다른 소기관의 막 사이에서 융합이 일어난다. 이때 각각의 막에 존재하는 VAMP와 syntaxin단백질이 나선구조 다발을 만들어 융합에 중요한 역할을 한다.

feasible

18

형 실행 가능할 수 있는

Experiments with animals indicate that gene therapy in germ cells is **feasible**.

관 indicate(타) 보여주다=(show, exhibit, reveal), gene therapy 유전자치료, feasible=capable of being done, germ cell 생식세포

해 동물을 이용한 실험들은 생식세포에서 유전자치료가 **실행가능하다**는 것을 보여주었다.

참 체세포의 유전자치료는 전신적인 효과나 이 후 세대들에게 효과를 미치지 않는다. 그러나 수정란에서의 유전자치료를 실시하면 이러한 체세포에서의 유전자치료의 약점을 모두 해결할 수 있다.

feasibility

26

명 가능성

Many important questions must be answered before the **feasibility** of using stem cells therapeutically to restore or replace damaged tissue can be assessed adequately.

관 replace(타) 교체하다, assess(타) 분석하다, stem cell 줄기세포

해 손상된 조직을 회복시키거나 혹은 교체하기 위하여 줄기세포를 치료목적으로 사용하는 것에 대한 **가능성**을 적절하게 분석될 수 있기 전에, 많은 중요한 문제점들이 해결되어야만 한다.

feature

201

명 1 (전체 중에서) 흥미로운 특성

A important **feature** of brain lipid metabolism is that the blood-brain barrier restricts the entry of nonessential fatty acids such as palmitate, which are released from adipose tissue or present in the diet. Conversely, essential fatty acids are taken up by the brain.

관 feature 흥미로운 특성, blood-brain barrier 혈뇌장벽, restrict(타) 제한하다

해 뇌의 지방대사의 중요한 **흥미로운 특성**은 혈뇌장벽이 지방조직에서 유리되었거나 음식물 속에 함유되어있는 팔미틴산과 같은 비필수지방산의 진입을 제한하는 것이다. 반대로, 필수지방산들은 뇌에 의하여 흡수된다.

참 신경세포의 주위를 둘러싸고 있는 myelin sheath (수초, 말이집)는 지질로 구성되어있어서 절연체로써 기능한다. 그래서 신경세포에 의해 전달되는 전기신호의 누전을 방지할 수 있다. 이와 같이 뇌에서의 지질대사는 뇌의 전기적 신호전달 기능과 관련되어 매우 중요하다.

2 (전체 중에서) 흥미를 주는 특성

Refolding or misfolding of another protein endogenous to human brain tissue, β-amyloid, is also a prominent **feature** of Alzheimer's disease.

관 endogenous to ....에서 유래된=originating from within ....

해 사람의 뇌조직 내부에서 유래된 또 다른 단백질인 β-amyloid의 재접힘이나 혹은 잘못접힘은 또한 알쯔하이머 (치매)의 두드러진 **특성**이기도 하다.

feedback

41

명 되먹임

The regulation of individual amino acid biosynthesis can be quite complex, but the overriding feature is that the pathways are **feedback** regulated such that as the concentration of free amino acid increases, a key biosynthetic enzyme is allosterically or transcriptionally inhibited.

관 overriding 더 중요한=more important than all others feature, such that ....와 같은 그러한 방식으로

해 개별 아미노산 생합성의 조절이 꽤 복잡할 수 있지만, 그러나 더 중요한 특성은 그 경로들이 자유형 아미노산의 농도가 증가하면서, 주요한 생합성에 참여하는 어떤 효소가 알로스테릭하게 혹은 전사과정에서 저해되는 그러한 방식으로 **되먹임** 조절이 된다는 것이다.

참 되먹임조절반응feedback regulation : 여러 단계의 연속적인 반응으로 진행되는 생체의 대사경로에서 고농도의 최종산물에 의해 경로의 첫 번째 단계를 촉매하는 효소의 활성이 주로 조절되는 방식이다.

few 형 1 (수가) 적은

155 Within a **few** hours after a high-carbohydrate meal, glucagon levels begin to rise. Glucagon binds to cell surface receptors and activates adenylate cyclase, causing cAMP levels in liver cells to rise.

관 'a few'는 '있다'는 사실을 강조하지만 'few'는 '거의 없는'과 같이 부정적 의미를 강조함, cause(타)=(result in. lead to, bring about)

해 고탄수화물 식사 후 **몇** 시간 이내에 glucagon 수준이 상승하기 시작한다. Glucagon은 세포 표면의 수용체에 결합하여 간세포에서 cAMP의 수준을 증가하도록 하는 adenylate cyclase를 활성화 한다.

참 Glucagon에 의한 glycogen 합성의 감소기전 : cAMP의 농도가 증가되면 이 2차전령 분자가 protein kinase A(PKA)를 활성화한다. 활성화된 PKA는 glycogen합성효소를 인산화하여 저해시키며, 그 결과 glycogen합성이 감소한다. 생체의 많은 반응은 이와 같이 단백질인산화효소 protein kinase에 의한 인산화반응을 통하여 조절되는 경우가 허다하다.

2 (수가) 적은

Insulin is one of the hormones that are highly conserved between species, with very **few** amino acid substitutions and none in the regions that affect activity.

해 인슐린은 아미노산의 치환이 **거의 없으며** 특히 활성에 영향을 미치는 영역에서는 전혀 없으며 종간에 매우 높게 보존된 호르몬 가운데 하나이다.

참 few는 작은 수의 사람이나 물건들을 표현할 때 사용. 특히 so, too, very를 few 앞에 삽입하여 의미를 강조.

명 1 the ~ 얼마 되지 않은 것, 소수의

The liver is the only organ that can produce ketone bodies, yet it is one of the **few** that cannot use these molecules for energy production.

해 간이란 케톤체들을 생산할 수 있는 유일한 장기인데, 그렇다 하드라도 에너지생산을 위하여 이들 분자를 사용할 수 없는 **얼마 되지 않는 장기** 중의 하나이기도 하다.

2 as ~ as .... 정도 밖에 되지 않는 (강조)

Finding *Mycobacterium tuberculosis* bacilli in tissue specimens is slow and laborious. With PCR, as **few** as 10 tubercle bacilli per million human cells can be readily detected.

관 laborious 힘이 드는, be readily detected 쉽게 검출되다, tissue specimen 조직시료

해 *Mycobacterium tuberculosis* 간균을 조직시료에서 찾는다는 것은 느리고 힘이 든다. PCR를 쓰면, 백만 개의 사람 세포 당 10개 **밖에 되지 않는** 결핵 간균이 쉽게 검출될 수 있다.

3 ~ and far between ....매우 드문

These crucial cells are **few** and far between - less than 1 in 1000 of the cells in the bone marrow - and are difficult to identify unambiguously.

관 few and far between 매운 드문=(not many, rare, not often found), identify(타) 찾아내다 =discover, unambiguously 확실하게=(clearly, precisely)

해 이들 결정적인 세포는 골수에서 1000개의 세포들 가운데 1개 이하의 수로 **매우 드물어** 확실하게 찾아내기는 어렵다.

fewer 형 1 no ~ than ....보다 결코 더 적지 않은 (강조)

27 The active glycogen synthase a is a dephosphorylated form and may be inactivated to glycogen synthase b by phosphorylation on serine residues by no **fewer** than six different protein kinases.

관 no fewer than 수가 놀라울 정도로 많음을 강조, be inactivated to ....로 불활성화되다

해 활성형인 glycogen syntase a는 탈인산화된 형태이고 그리고 6종류**보다 결코 더 적지 않은** 수의

여러 단백질인산화효소들에 의한 serine기의 인산화에 의해 glycogen synthase b로 불활성화될 수도 있다.

2 no ~ than 결코 더 적지 않은 (강조)

The DNA incorporated into phage head must possess a 14-bp sequence known as *cos* at each of its ends, and these *cos* sequences must be separated by no **fewer** than 36 kbp and *no more than* 51 kbp of DNA.

관 be separated공간적으로 떨어져 있다=be spaced apart, no fewer than 결코 더 적지 않은 (강조), no more than .... 보다 결코 더 많지 않은

해 파아지의 머리 속으로 도입되는 DNA는 각 말단에 *cos*라고 알려진 14-bp서열을 보유하고 있어야 하고, 그리고 이 *cos*서열은 36 kbp**보다 결코 더 적지 않고** 51 kbp *보다는 결코 더 많지 않은* 염기수로 떨어져 있어야 한다.

fibrosis

6

명 섬유증, 섬유화

Diffuse damage to hepatocytes results in cirrhosis, characterized by **fibrosis** (scarring), disturbance of the normal architecture and blood flow, loss of liver function and, ultimately, hepatic failure.

관 diffuse 미만성의; 넓은 범위에 퍼져서 나타나는, damage to ....의 손상, cirrhosis 간경화, be characterized 특징지어지다, hepatic failure 간부전

해 간세포의 미만성 손상은 (상처의 흉터의) **섬유화로 인해** 정상의 구조와 혈류가 장해를 받아 간기능이 소실되고 궁극적으로 간부전이 되는 것으로 특징지어지는 간경화의 결과를 만들게 된다.

참 - 섬유화fibrosis : 기관이나 조직이 손상된 후 상처가 치유되는 과정에서 혹은 병적으로 해당 조직이나 기관에 과도한 섬유성의 결체조직들이 활발하게 형성되는 현상이다.
- 이 문장에서처럼 명사를 연결하여 순서적인 상황을 설명하는 것은 영어다운 표현법이라 하겠다. every 동서양 언어의 차이점 참고

fibrous

7

형 섬유형의 긴, 섬유모양의 긴

Basic components of the extracellular matrix include **fibrous** structural proteins, such as collagens, proteoglycans containing long glycosaminoglycan chains attached to a protein backbone, and adhesion proteins linking components of the matrix to each other and to cells.

관 extracellular matrix 세포외기질, link(타) A to B=A를 B에 연결하다

해 세포외기질의 기본 구성요소는 콜라겐과 단백질골격에 부착된 긴 glycosaminoglycan 사슬을 함유하고 있는 proteoglycan류, 그리고 기질의 구성요소들을 서로 연결하고 또는 세포와 연결하는 접착용 단백질과 같은 **섬유상의** 구조단백질들을 포함한다.

참 세포외기질extracellular matrix : 세포와 세포 사이나 세포와 결체조직 사이에서 세포를 고정하는 데 관여한다. 세포외기질의 구성성분인 Fibronectin은 콜라겐IV 결합자리, RGD 서열 등 다양한 결합도메인들을 가지고 있어서 결체조직과도 결합하고 세포막의 막관통단백질인 integrin과도 결합하여 세포뿐만 아니라 결체조직 끼리도 연결하기도 하며, 또한 신호전달과정에서 중요한 역할을 한다.

fidelity

17

명 1 충실도, 정확도

The **fidelity** of DNA replication is maintained by (1) base selection by the polymerase, (2) a 3′ → 5′ proofreading exonuclease activity that is part of most DNA polymerases, and (3) specific repair systems for mismatches left behind after replication.

해 DNA 복제의 **정확도**는 (1) polymerase에 의한 염기의 선택과, (2) 대부분의 DNA polymerase의 활성의 일부분인 3′ → 5′ 방향으로 검증하는 핵산외부분해효소exonulcease활성, 그리고 (3) 복제 후에 남게 되는 불일치 염기쌍을 위한 특이적인 수리장치에 의하여 유지된다.

2 with ~ 충실도로, 충실하게

The technology for chemical peptide synthesis is now automated. The chemistry has been optimized to permit the synthesis of proteins of 100-amino-acid residues in a few days in reasonable yield. The same 100-amino-acid protein would be synthesized with exquisite **fidelity** in about 5 seconds in a bacterial cell.

관 be optimized to ....하도록 최적화되다, The same .... would be synthesized에서 would <가정법 과거> 현재 사실에 대한 가정, exquisite 놀라운=(fine, excellent)

해 펩티드의 화학적 합성기술이 이제 자동화되었다. 이 화학적 방법은 최적화되어 100개의 아미노산 잔기로 된 단백질의 합성이 합리적인 수율로 수일 이내에 가능하게 되었다. 동일한 100개의 아미노산으로 된 단백질은 박테리아 세포에서라면 놀라운 **충실도**로 약 5초 이내에 합성될 것이다.

참 핵산 및 펩티드합성의 자동화 : 핵산과 펩티드는 분자생물학 연구에 널리 활용되고 있다. 전자는 짧은 유전자나 혹은 PCR primer 합성용으로, 후자는 단백질 도메인의 기능을 규명하거나 혹은 항체를 생산하기 위한 항원결정기epitope를 합성하기 위하여 이용된다.

field

156

명 1 분야

Archibald Garrod, a physician in England during the early 1900s, designated these conditions as inborn errors of metabolism. His insights provided a major foundation for the development of the **field** of human biochemical genetics.

관 designate(타) .... as 라고 부르다=(give a name to, characterize), inborn error 선천성 질환

해 1900년대 초 영국인 의사 Archibald Garrod는 이 상태를 선천성 대사질환이라 불렀다. 그의 통찰력은 사람의 생화학적 유전학**분야**의 발전을 위한 주요한 토대를 제공하였다.

명 2 (힘이 미치는) 범위, ...장

electric field, centrifugal field, magnetic field

해 전기장, 원심력이 미치는 범위, 자기장

figure

950

명 그림

As explained in the legend to **Figure** 14, a single H^+ moving into the matrix down an electrochemical gradient of 200 mV liberates 4.6 kcal/mole of free energy, while the movement of three protons liberates three times this much free energy -13.8 kcal/mole.

관 legend to figure 그림에 대한 해설, liberate(타) 방출하다, free energy 자유에너지, while

해 **그림** 14의 해설에 설명되어있는 것처럼, 그 매트릭스 안으로 200 mV의 전기화학적 구배의 아래 방향으로 이동하는 단 하나의 H^+는 4.6 kcal/mole의 자유에너지를 방출하고, 반면에 3개의 양성자의 이동은 이 자유에너지 크기의 3배인 -13.8 kcal/mole를 방출한다.

참 양성자 추진력proton motive force : 미토콘드리아의 내막inner membrane에서 전자전달계를 따라 전자와 양성자들이 함께 이동하는 과정에서 양성자와 전자의 분리반응이 발생한다. 그 결과로 미토콘드리아의 외부와 내부막 사이에 양성자들이 모이게 되어 proton motive force가 생성된다. 이 양성자들이 ATP-syntase을 경유하여 매트릭스 쪽으로 들어오게 되면서 전기화학적 농도구배에 의하여 ATP가 생성된다. 3개의 H^+ 당 1개의 ATP의 비율로 생성된다.

자 1 ~ in 어떤 역할을 하다

The acetylation and deacetylation of histones **figure** prominently in the processes that activate chromatin for transcription.

관 figure in ....에서 어떤 역할을 분담하다=be or play a part of or in

해 Histone의 아세틸화와 탈아세틸화는 전사반응을 위한 염색질을 활성화하는 과정에서 탁월하게 **어떤 역할을 한다**.

2 ~ in 어떤 역할을 담당하다

The P-Tyr residue is bound in a deep pocket in an SH2 domain, with each of its phosphate oxygens participating in hydrogen-bonding or electrostatic interactions; the positive charges on two Arg residues **figure** prominently in the binding.

관 with (방법)으로, electrostatic interaction 정전기적 결합, prominently 탁월하게

해 P-Tyr 잔기는 수소결합이나 정전기적 결합에 참여하고 있는 각각의 인산기의 산소를 이용하여 SH2도메인에 있는 깊은 주머니 속에서 결합되어있다; 즉 2개의 Arg잔기 위의 양전하들이 이 결합에서 탁월하게 어떤 **역할을 담당하고 있다**.

참 SH2 (Src Homology 2) 도메인 : Src 발암단백질 내에 존재하는 100여개의 아미노산으로 구성된 도메인으로 많은 신호전달용 단백질에 존재하고 있다. 이 도메인은 특이한 서열 속에 인산화된

tyrosine 잔기를 인식하여 결합하는데, 2개의 결합용 주머니를 가지고 있다. 한쪽에는 2개의 Arg 잔기가 존재하여 음전하를 띠는 phosphotyrosine기와 결합하고 다른 주머니에는 phosphotyrosine기의 C-말단 부위의 3-5개의 아미노산들과 결합하여 도메인의 특이성을 부여한다.

숙 ~ out 답을 찾다, 이해하다

We have emphasized that protein function is dependent on protein structure. Thus, to **figure out** how a protein works, its three-dimensional structure must be known.

관 figure out 답을 찾다=(find an answer by thinking about, solve)

해 우리는 단백질의 기능이 단백질의 구조에 의존하고 있음을 강조하여왔다. 그래서 어떤 단백질이 작동하는 방식에 대해 **이해하려면**, 3차원구조가 반드시 알려져야만 한다.

filament
61

명 필라멘트, 가는 선

The thin **filament** (about 7 nm in diameter) lies in the I band and extends into the A band but not into its H zone.

해 가는 **필라멘트** (직경이 약 7 nm)가 I 띠에 놓여있고 A띠 안으로 뻗어있지만 그러나 H영역까지는 아니다.

참 sarcomere : 근섬유를 구성하는 한 개의 수축단위로 서로 다른 Z선 사이에 A, I, H 띠들로 구성되어있다.

filamentous
8

형 실모양의 긴

Some neurodegenerative diseases, including Alzheimer's disease and Parkinson's disease in humans and transmissible spongiform encephalopathy ("mad cow" disease) in cows and sheep, are marked by the formation of tangled **filamentous** plaques in a deteriorating brain.

관 neurodegenerative disease 퇴행성 신경질환, be marked 특징지어지다=be characterized, encephalopathy 뇌병증, deteriorate(자) 악화되다=degenerate

해 사람에서 알츠하이머와 파킨슨병, 소와 양에서 전염가능한 해면상뇌병증 ("광우병")을 포함하는 일부 퇴행성 신경질환들은 악화되고 있는 뇌에서 엉킨 **실모양의 긴** 응집체들의 형성에 의해 특징지어진다.

filter
305

명 필터, 여과지

Bacteria are grown on colonies on an agar plate and overlaid with nitrocellulose **filter** paper.

해 박테리아가 agar접시 위에서 콜로니로 배양되고 그리고 나서 nitrocellulose **여과지**로 덮인다.

타 여과하다

This slows the formation of formaldehyde, lessening the danger while the kidneys **filter** out the methanol to be excreted harmlessly in the urine.

관 slow(타) 늦추다, lessen(타) 감소시키다=reduce, filter out 밖으로 여과해 내다

해 이것은 formaldehyde의 형성을 늦추며, 그 결과 신장이 methanol을 소변으로 해가 없이 배설되도록 밖으로 완전히 **여과하는** 동안 위험을 감소시킬 수 있다.

참 Methanol 섭취 시의 치료 : alcohol dehydrogenase의 경쟁적 저해제인 ethanol을 정맥주사로 수시간 동안 주입하여 methanol이 분해되지 않고 배설되도록 한다. 이 치료법은 효소의 경쟁적 저해제라는 특성을 이용하여 실명의 원인이 되는 methanol의 산화물인 formaldehyde의 형성을 저해하여 methanol상태로 배설시킨다.

filtered
44

타 be ~ 여과되다

As a result, creatinine, urea, and other circulating metabolites that **are filtered** into the urine at a normal rate in the absence of kidney disease now fail to reach the filters, and, therefore, they accumulate in the plasma.

해 그런 결과로써, 신장질환이 없을 때 정상속도로 소변으로 **여과되던** creatine, 요소 및 다른 순환 대사산물들이 이제 그 필터에 도달할 수 없게 되며, 따라서 그들은 혈장에 축적된다.

filtrate 명 여과액, 거른액

4

She has an osmotic diuresis. Because her blood levels of glucose and ketone bodies are so high, these compounds are passing from the blood into the glomerular **filtrate** in the kidneys and then into the urine.

관 osmotic diuresis 삼투성 배뇨과다증

해 그녀는 삼투성 배뇨과다증을 앓고 있다. 왜냐하면 그녀 혈액내의 포도당과 케톤체들의 수준이 매우 높아서, 이들 합성물들이 혈액으로부터 신장의 사구체 **여과액** 속으로 그리고 난 다음 소변으로 지나가기 때문이다.

참 삼투성 배뇨과다증osmotic diuresis : 혈액에 머무는 포도당이나 케톤체들과 같은 작은 분자량 화합물의 농도가 높아지면, 신장의 사구체에서도 이들 화합물의 농도가 높아져 아울러 삼투압도 증가된다. 따라서 신장에서의 물의 재흡수가 줄어들어, 배뇨량이 많아진다.

filtration 명 여과기능, 여과과정

75

As the mesangial tissue expands, the efficiency of glomerular **filtration** diminishes proportionately.

관 mesangial tissue 혈관사이조직, expand(자) 확장되다=be enlarged, diminish(자) 감소하다, proportionately 비례적으로

해 혈관사이조직이 확장되면서, 신장 사구체의 **여과기능**의 효율이 비례적으로 감소한다.

final 형 최종의, 마지막의

295

Although some early steps in the synthesis of membrane lipids take place in the cytoplasm, the **final** steps are catalyzed by enzymes bound to preexisting cellular membranes, and the products are incorporated into the membranes as they are generated.

관 take place 일어나다=occur, as(접) ....하면서 동시에=(at the same time that, while)

해 비록 막지질의 합성과정에서 일부 초기 단계들이 세포질에서 일어나지만, **마지막** 단계들은 이미 존재하고 있던 세포의 막에 부착되어있던 효소들에 의하여 촉매되어, 생산물들이 생성되면서 동시에 막 속으로 합체된다.

finally 부 최종적으로

207

To purify a particular protein of interest, a purification scheme is designed so that each step yields a preparation with fewer and fewer contaminating proteins, until **finally** only the protein of interest remains.

관 purification scheme 정제계획, be designed 고안되다, remain(자) 남게 되다=be left after removal of others

해 흥미를 두고 있는 단백질을 정제하기 위하여, 정제계획은 **최종적으로** 관심을 둔 단백질만 남을 때까지, 각각의 단계들이 점점 더 적게 오염되는 단백질을 함유한 제조물을 생산하도록 계획된다.

find 타 1 발견하다, 찾다

1403

Western blotting makes it possible to **find** a protein in a complex mixture, the proverbial needle in a haystack.

관 make it possible to .... 하는 것을 가능하게 만들다, proverbial needle in a haystack 건초더미 속에서 바늘 찾기라는 속담과 같이

해 웨스턴블롯팅은 건초더미 속에서 바늘찾기라는 속담처럼, 복잡한 혼합물 속에서 어떤 단백질을 **찾는 것**을 가능하게 한다.

참 Western blotting : 여러 단백질로 혼합되어있는 시료를 SDS-polyacrylamide 겔전기영동법으로 분리한 후 nitrocellulose 여과지로 이동시키고, 여기에서 찾고자 하는 단백질의 특이 항체를 이용한 면역화학적 염색을 한 후 나타나는 띠로 해당 단백질을 찾아내는 방법.

2 알게 되다, 발견하다 (3형식)

By performing Northern blots on different tissues from wild-type mice, we **find** that p24 is expressed in the liver but not in the lung, whereas p25 is expressed in the lung but not the liver.

관 find(타) 알게 되다=(become aware of, realize)

해 야생형 생쥐에서 얻은 여러 조직들로 Northern블롯을 수행하여, 우리는 p24가 간에서는 발현되지만 폐에서 되지 않고, 반면에 p25는 폐에서 발현되지만 간에서는 되지 않는다는 것을 **알게 되었다**.

참 Northen 블롯 : 조직으로부터 mRNA을 정제하여 전기영동이나 점으로 찍어 관심있는 발현된 유전자의 발현수준들을 서로 비교하거나 측정하는 방법.

3 알게 되다 (5형식)

At some later stage of evolution, unicellular organisms ***found** it advantageous* to cluster together, thereby acquiring greater motility, efficiency, or reproductive success than their free-living single-celled competitors.

해 진화과정의 후반기에서, 단세포생명체들은 함께 군집을 만드는 것이 유리하다는 것을 **알게 되었으며**, 그렇게 하여 홀로 살아가는 단일세포로 된 경쟁자들보다 더 높은 운동성, 효율성 혹은 생식의 성공을 획득할 수 있었다.

4 ~ out 밝혀내다

Cells are small and complex. It is hard to see their structure, hard to discover their molecular composition, and harder still to **find** out how their various components function.

관 find out 밝혀내다=(discover, get information about), harder still 강조=even harder

해 세포는 작고 복잡하다. 그 구조를 보는 것이 어렵고, 분자조성을 알아내는 것도 어렵고, 그리고 여러 구성성분들이 어떻게 기능하는지를 **밝혀내는** 것은 훨씬 더 어렵다.

참 still은 better나 more와 함께 사용되어 '훨씬 더 좋은 많은'의 의미로 사용된다. Pizza may be good for you, but spaghetti sauce is *better still*. 피자가 당신에게 더 좋은 수도 있지만, 스파게티 소스는 *훨씬 더 좋다*. better still=even better

5 ~ one's way ....에 가는 정확한 길을 찾다

Vigorously contracting skeletal muscles operate anaerobically, producing pyruvate and lactate from glycolysis as well as ammonia from protein breakdown. These products must **find** their way to the liver.

관 find one's way to=discover the right route to a place ....에 가는 정확한 길을 찾다

해 격렬하게 수축하는 골격근은 무산소 상태에서 작동하기 때문에, 해당작용으로부터 pyruvate와 lactate를 생산할 뿐만 아니라 단백질분해로부터 암모니아도 생산하게 된다. 이들 산물은 간으로 가는 **바른 경로를 찾아야** 한다.

참 Glucose-alanine 회로 : 간으로 온 lactate와 pyruvate는 다시 glucose로 전환되어 근육으로 돌려보내지며 암모니아는 요소urea로 바뀌어 소변으로 배출된다. 즉 근육의 단백질이 에너지로 사용될 때 발생하는 암모니아는 glucose분해로부터 생성된 pyruvate와 결합하여 alanine으로 바뀐 후 간으로 들어와 다시 puruvate로 전환되고 암모니아는 요소로 전환된다.

find practical application/ find new opportunities/ find an answer/ find explanation for/ find certain generalities/ find wide use in

해 실질적인 응용을 찾다/ 새로운 기회를 찾다/ 어떤 해답을 찾다/ ....에 대한 설명을 찾다/ 어떤 일반성을 찾다/ 광범위한 용도를 찾다

finding

647

명 1 발견한 것

Investigators reported **finding** antibodies against cardiac ATP-ADP translocase in an individual who died of a viral cardiomyopathy.

관 die(자) of 병명 ....병으로 죽다, cardiomyopathy 심근병증

해 연구자들은 어떤 바이러스 감염에 의한 심근병증으로 죽은 사람에서 심장의 ATP-ADP translocase에 대한 항체의 **발견**을 보고하였다.

2 발견

These **findings** form the basis of a diagnostic test for the sickle-cell gene.

관 form(타) the basis of ....의 기초를 형성하다

해 이 **발견들**은 낫형세포의 유전자를 위한 진단검사의 기반을 형성한다.

fine

25

형 1 미세한

A **fine** hand tremor is observed as he extends his arms in front of his chest. His thyroid gland appears to be diffusely enlarged and, on palpation, is approximately 3 times normal size.

관 fine tremor 미세떨림, extend(타), thyroid gland 갑상선, on palpation 촉진으로, be 3 times normal size 정상크기의 3배이다

해 그가 팔을 가슴 앞으로 뻗을 때 **미세한** 손 떨림이 관측되었다. 그의 갑상선은 넓은 범위로 확대된 것처럼 보이고, 촉진으로 판단컨대, 정상 크기의 대략 3배나 되었다.

2 가는

The collagen component forms a network of **fine** fibrils that give shape to the cartilage. The proteoglycans embedded in the cartilage are responsible for its compressibility and its deformability.

관 give shape to ....의 모양을 만들다, are responsible for ....을 맡다, compressibility 압축능력, deformability 가변능력

해 콜라겐의 구성원은 **가는** 섬유원들로 된 하나의 그물망 구조를 형성하여 연골의 모양을 만든다. 그 연골에 박혀있는 proteoglycan류가 압축능력과 가변능력에 책임이 있다.

참 proteoglycan : drawing, impact 참조

3 자세한

Atomic force microscopy of purified *E. coli* aquaporin shows the **fine** details of the protein's periplasmic domains.

관 aquaporin 물통로 단백질의 일종, fine details 자세한 세부모습들, periplasmic domain 막주변도메인

해 정제된 대장균의 aquaporin의 원자현미경 분석은 그 단백질의 막주변도메인들의 **자세한** 세부모습을 보여주었다.

참 원자현미경atomic force microscopy : 서로 떨어진 원자 사이에 형성되는 힘의 세기가 서로 다르다는 원리를 이용하여 이들 사이의 거리를 측정하는 현미경이다. nano (10억분의 1) 미터 수준에서 물체의 표면을 관찰할 수 있으며, 광학현미경, 전자현미경의 계보를 이을 3세대의 최첨단기기이다.

finely

4

부 정교하게

Research is gradually uncovering the **finely** coordinated cellular cooperation that guides each protein to its proper cellular location and selectively degrades it when it is no longer required.

해 연구는 각각의 단백질을 자신의 적절한 세포의 위치로 가도록 안내하고 그리고 더 이상 필요하지 않을 때 선택적으로 분해하는 **정교하게** 조절된 세포의 협동반응을 점진적으로 밝혀내고 있다.

first

1046

형 1 the ~ 첫 번째의 (서수)

The **first** step in producing a monoclonal antibody is to generate immortal, antibody-producing cells.

해 단일클론항체를 생산하는데 있어서 **첫 번째** 단계는 죽지 않고 항체를 생산하는 세포를 생성하는 것이다.

2 at ~ 처음에, 초기에

Type II diabetes is slow to develop typically in older or obese individuals, and the symptoms are milder and often go unrecognized at **first**.

관 병명+develop(자)+in 사람=사람+develop(타)+병명, go unrecognized 모르는 채로 지나다

해 제2형 당뇨병은 노인이나 비만인 사람에서 전형적으로 천천히 발병되고, 증세가 심하지 않아 **초기에는** 자주 인식되지 않고 지난다.

참 제1형 당뇨병은 췌장에서 인슐린을 생산하지 못하여 증상이 나타나는 당뇨이고, 제2형은 인슐린이 합성되지만 인슐린에 대한 민감성이 떨어져서 (혹은 저항성이 생겨서) 증상이 나타나는 경우의 질병이다. 후자인 경우는 주로 노화나 비만이 원인이다.

부 1 첫째, 둘째 ....

Cultured cells have several advantages over intact organisms for cell biology research. **First**, most animal tissues consist of a variety of different types of cells, whereas cells of a single specific type with homogeneous properties can be grown in culture. **Second**, experimental conditions........

관 have advantages over .... 보다 낫다=better or more successful than, homogeneous properties 균일한 행동특성, First, ... Second .... 첫째, ... 둘째, ...

해 배양된 세포는 세포생물학분야의 연구용으로 자연산 생명체보다 몇 가지의 유리한 점을 가지고 있다. **첫째**, 대부분의 동물조직은 다양한 서로 다른 종류의 세포들로 구성되어있지만, 반면에 균일한 행동특성을 가진 한 특이 종류로 구성된 세포들을 배양으로 기를 수 있다. **둘째**, 실험 조건들.......

참 Cell culture (세포배양) : 앞의 예문에서 언급한 사항 이외에도, 세포가 자라는 영양상태를 연구목적에 맞게 쉽게 조절할 수 있으며, 그리고 한 개의 세포로부터 분열되어 형성된 클론들로 구성된 콜로니를 형성하기 때문에, 유전적 성질이 균일하다는 장점도 있다.

2 최초로

To screen for conditional mutants, the researchers **first** identified mutagenized yeast cells that could grow normally at 23 °C but that could not form a colony when placed at 36 °C.

관 be placed at ....에 방치되다, identify(타) 새로 찾다=(discover, find)

해 조건형 돌연변이체를 찾기 위한 스크린닝을 하여, 연구자들은 **최초로** 23°C에서는 정상적으로 성장하지만 36°C에 방치될 때 어떤 콜로니를 형성할 수 없는 돌연변이된 효모 세포를 발견하였다

명 첫 번째의 것

If the pH is increased, the carboxyl group is <u>the **first**</u> to dissociate, yielding the neutral zwitterionic species.

해 pH가 증가되면, 그 carboxyl기가 해리하는 **첫 번째의 작용기**가 되어, 중성의 양쪽성을 띤 이온종을 생성하게 된다.

참 양성이온Zwitterion : pH의 변화에 따라 아미노산들은 용액 속에서 해리되는데, pH가 산성에서 증가되면서 최초로 carboxyl기가 H^+를 잃게 되어 $-COO^-$ 음전하로 되고, 아미노기는 $-NH_3^+$로인 상태로 양전하를 가지게 된다. 이러한 이온 종은 양과 음의 전하를 모두 띠고 있기 때문에 양성이온이라 한다.

fitness

명 접합성, 적응성

16 The anomalous expansion of water as it cools to temperatures near its freezing point is a unique attribute of great significance to its natural **fitness**.

관 freezing point 어는점, anomalous 비정상의=unusual, cool(자) to temperature ....의 온도로 냉각되다, of great significance=very significant

해 물이 어는점에 가까운 온도로 냉각되면서 비정상적으로 부피가 늘어나는 것은 자연적인 **적합성**에 대한 매우 중요한 특유의 속성이다.

참 물이 냉각되면서 수소결합이 증가된다. 왜냐하면 분자들의 열에 의한 운동성이 줄어들기 때문이다. 수소결합의 수가 증가되면 물 분자들이 안정화되어 얼음으로 고체화되고, 반면에 물의 밀도가 감소한다. 이러한 밀도의 변화는 4도 이하의 냉각수에서 증가하게 된다. 이런 이유로 나타나는 중요한 현상은 물의 표면에서 얼음이 얼게 되고, 이 얼음은 단열층을 만들어 그 아래에 있는 물이 액체상태로 있도록 보호할 수 있게 된다.

fit

자 ~ (in, into, with, whin, between) ....에 꼭 맞다

182 The nonpolar side chain of isoleucine, which matches Z in the consensus sequence, **fits** snugly in a hydrophobic groove formed by two leucine residues of the enzyme.

관 match(타) ....에 해당하다; 일치하다=correspond to, consensus sequence 공통서열, fit in ....에 들어맞다, snugly 꼭

해 Isoleucine의 비극성 측쇄기는 그 공통서열에서 Z에 해당하며, 효소의 2개의 leucine잔기들에 의해 형성된 소수성의 홈 구조에 꼭 **맞는다**.

참 PKA (cAMP dependent protein kinase)는 기질단백질 상의 인산화 공통서열인 Arg-Agr-X-Ser/Thr-Z을 인식하여 Ser이나 Thr기를 인산화한다. X는 어느 아미노산이나 올 수 있고, Z는 소수성 아미노산이어야 한다. 여기서는 Ile가 소수성 특성을 가지고 있기 때문에 Z와 잘 일치(match)한다고 표현하였다.

타 맞추다, 맞게 하다

In fact, a 1000-fold increase in binding affinity is seen in the course of a typical humoral immune response, arising from a process called affinity maturation. The generation of an expanded repertoire leads to the selection of antibodies that more precisely **fit** the antigen.

관 in the course of ....의 과정에서, humoral immune 체액성 면역, arise from 로부터 일어나다, repertoire 다양한 종류

해 사실, 친화력 성숙이라고 불리는 과정으로부터 일어나는 결합친화력에서 1000배의 증가는 전형적인 체액성 면역반응의 과정에서 보인다. 어떤 다양한 확장된 항체들의 종류의 생성은 더 정확하게 항원**에 맞는** 항체의 선택을 가능하도록 하는 결과를 만든다.

명 일치함, 맞춤, 꼭 맞는 결합(반응), 잘 짜인 결합

Glycation of the LDL receptor and of proteins in the LDL particle may interfere with the normal **fit** of LDL particles with their specific receptors.

관 glycation 비특이 당화반응, interfere with 방해하다, fit(명) 꼭 맞는 결합

해 LDL수용체와 LDL입자 속에 존재하는 단백질들의 비특이 당화반응은 LDL입자와 특이 수용체와의 정상적인 **일치함**을 방해할 수도 있다.

참 비특이 당화반응glycation : 당뇨환자들이 당의 양을 조절하지 않으면, 고지혈증을 포함하는 심혈관계 질환과 같은 다양한 합병증이 유발될 위험성이 커진다. 그 이유는 높은 농도의 혈당에 의해 생체의 모든 종류의 분자가 비특이적인 당화반응을 받게 되어 결과적으로 기능의 손상이 일어나기 때문이다.

형 꼭 맞는

The induced **fit** model for substrate binding recognizes that the substrate binding site is not a rigid "lock" but rather a dynamic surface created by the flexible overall three-dimensional structure of the enzyme.

관 induced fit model 유도맞춤모델, recognize(타) 이미 알고 있는 것임을 인정하다, not A but B=A가 아니고 B이다

해 기질결합을 위한 유도**맞춤**모델이란 기질의 결합자리가 견고한 "자물쇠"와 같은 것이 아니고 효소의 유연성있는 전반적인 3차원입체구조에 의해 탄생된 역동적인 표면이라는 것을 인정한다.

참 Induced fit model : 효소가 기질을 인식하는 기전에 대하여 주장된 이론이다. 효소는 접근하는 기질의 구조에 맞추어 그 구조가 변형되어 기질에 적합한 활성화자리를 만들게 된다는 이론이다. 이에 반하는 모델은 lock-and key 모델이다.

fix

12 타 고정시킨다, 고정한다

Glutamine synthase **fixes** ammonia as glutamine.

해 Glutamine synthase는 glutamine으로써 암모니아를 **고정시킨다**.

참 아미노산 분해대사에서 탈아미노산 반응으로부터 생성되는 암모니아는 독성이 매우 강하다. 이 암모니아 이온이 용액에 용해되면 pH에 영향을 미치기 때문에, 이 반응이 일어나는 장소는 간의 미토콘드리아 내부로 철저하게 구획화되어있으며, 자유로이 퍼져나가지 못하도록 고정하는데 glutamine이 이용된다.

fixed

440 형 (일정한 농도로) 고정된

The lines obtained for several **fixed**-substrate concentrations were plotted on the same graph.

해 몇 개의 **고정된** 기질농도에 대하여 얻어진 선들이 동일한 그래프 상에 프롯되었다.

타 1 be ~ (조직표본 상)에 고정되다

A slice of liver tissue was **fixed** with glutaraldehyde, sectioned, and then treated to localize catalase.

관 localize(타) 위치를 찾다, be sectioned 절단되다

해 간조직의 한 얇은 조각이 glutaraldehyde로 **고정되었고**, 절단되었으며, 그리고 곧 catalase의 위치를 찾기 위하여 처리되었다.

2 be ~ 수리되다, 고쳐지다

If the mutation is not **fixed** by the mismatch repair system, the resultant frameshift in the protein-coding sequence abolishes production of the normal receptor protein.

관 mismatch repair system 불일치수리장치, resultant 그 결과로 생긴=(resulting from, arising from, consequent), abolish(타) 완전히 파괴하다=destroy completely

해 그 돌연변이가 불일치 수리장치에 의하여 **고쳐지지** 않으면, 그 결과로 생긴 단백질의 코딩서열에서의 프레임이동으로 정상적인 수용체단백질의 생산이 완전히 불가능해 진다.

fixation

40

명 고정

Glutamine is synthesized from glutamate by the **fixation** of ammonia, requiring ATP energy and the enzyme glutamine synthetase, which is a cytoplasmic enzyme found in all cells.

해 Glutamine은 ATP 에너지와 모든 세포에서 발견되는 세포질 효소인 glutamine synthase를 필요로 하는 암모니아의 **고정**반응에 의해 glutamate로부터 합성된다.

flank

19

명 옆면, 옆구리, 측복부

He passed a renal stone shortly after admission to emergency room, with immediate relief of **flank** pain.

관 pass(타) 제거하다=emit or discharge from a bodily part and especially the bowels, admission to emergency room 응급실로의 이송, with 행위의 결과를 표현=as a consequence

해 그는 응급실에 들어온 후 곧 신장의 결석을 제거하였으며, 그 결과 **측복부** 통증이 즉시 경감되었다.

타 1 양옆에 위치하다

If appropriate restriction sites **flank** the sequence to be altered, researchers can simply remove the DNA segment and replace it with a synthetic one that is identical to the original except for the desired change.

관 A flank(타) B=A가 B의 양옆에 위치하다, replace(타) .... with ....로 치환하다, except for ....을 제외하고=(apart from, besides), changes 염기의 바뀐 것들

해 만약 적당한 제한효소자리들이 변경될 예정인 서열의 **양옆에 위치하**면, 연구자들은 그 DNA조각을 쉽게 제거하여 원하는 바뀐 것들을 제외한 원래의 것과 동일한 합성한 조각으로 그것을 치환할 수 있다.

2 양옆에 위치하다

Finally, a host-cell DNA polymerase fills in the single-stranded gaps, generating the short direct repeats that **flank** IS elements, and DNA ligase joins the free ends.

관 flank(타)=be situated on both sides of, fill in채우다=complete, join(타) 연결하다=(connect, unite, combine), direct repeat 직접반복서열

해 최종적으로, 숙주세포의 DNA polymerase는 단일가닥으로 된 빈틈을 채워, 그 결과 IS요소의 **양옆에 위치하는** 짧은 직접반복서열을 생성하며, 그리고 DNA ligase가 그 자유형 말단들을 잇는다.

참 - IS (insertion sequence) : 전위요소transposable element처럼 활동하는 짧은 DNA서열이다.
- direct repeat : 어떤 특이서열이 2회 이상으로 연속적으로 반복되어 나타나는 서열을 말한다.

flanked

26

타 be ~ (주어) 양옆에 위치되다

The biologically active region of the molecule is **flanked** by sequences not required for activity on target receptors.

관 A be flanked by B=B가 A의 양옆에 위치하다

해 그 분자의 생물학적으로 활성인 영역의 **양옆에** 표적수용체의 활성에 필요하지 않은 서열이 **위치하고 있다**.

flanking
44

형 양옆에 위치하는

Because each SH2 domain has distinct sites for recognizing phosphotyrosine and for recognizing a particular amino acid side chain, different SH2 domains recognize phosphotyrosine in the context of different **flanking** amino acid sequences.

해 각각의 SH2도메인은 phosphotyrosine을 인식하기 위한 부위와 특정 아미노산측쇄기를 인식하기 위한 서로 분리된 부위를 가지고 있기 때문에, 서로 다른 SH2도메인들은 여러 **양옆에 위치하고 있는** 아미노산서열들의 흐름 속에 존재하는 phosphotyrosine을 인식하게 된다.

참 SH2 도메인 : 세포의 신호전달과정은 단백질과 단백질 사이의 상호결합반응을 통하여 진행된다. 더욱이 단백질들 사이의 인식은 특유의 분자구조로 된 도메인이라는 부위에 의해서 수행되는데, SH2도메인은 신호전달의 결과로 형성된 단백질의 인산화된 tyrosine기를 인식하여 결합하는 특성을 가진 도메인이다.

flip
11

타 확 던지다, 뒤집다

Multidrug-resistance transport protein (MDR2) has been shown to **flip** phospholipids from the cytosolic-facing leaflet of the plasma membrane to the exoplasmic leaflet.

해 다약재내성 수송단백질 (MDR2)은 세포막의 세포질 쪽 면에서 세포의 바깥 쪽 면으로 인지질들을 **확 던지는** 것처럼 보인다.

flip-flop

자 공중제비 돌듯 이동하다

In pure bilayers, phospholipids do not spontaneously **flip-flop** from one leaflet to the other.

해 순수한 이중층에서, 인지질은 한쪽 면에서 다른 쪽으로 자발적으로 **공중제비 돌듯 이동**하지 않는다.

flow
410

명 1 흐름

RNA has three basic roles in the cell. First, it serves as the intermediate in the **flow** of information from DNA to protein.

관 serve as ....로서 역할을 하다=(have the function of, be used as), intermediate 중간체

해 RNA는 세포에서 3가지 기본적인 역할을 한다. 첫째, DNA로부터 단백질로 흐르는 정보의 **흐름**에서 중간체로서 역할을 한다.

참 RNA의 3가지 역할 : DNA로부터의 유전정보를 단백질로 이전하는 과정에서 전사되는 mRNA의 기능, 리보솜에서 mRNA 상의 정보를 단백질로 번역할 때 단백질의 구성성분인 아미노산을 운반하는 tRNA의 역할, 그리고 리보솜의 구성성분으로 사용되는 rRNA의 역할이다.

2 blood ~ 혈류

A myocardial infarction is caused by a lack of adequate blood **flow** to regions of the heart (ischemia), thereby depriving cardiomyocytes of oxygen and fuel.

관 myocardial infarction 심근경색, be caused 초래되다, ischemia 허혈성 심장병, deprive(타) A of B=A가 B를 소유하지 못하도록 하다=keep A from possessing B

해 심근경색이란 심장의 영역까지 적절한 **혈액의 흐름**의 부족 (허혈성 심장병)에 의해 초래되며, 그것으로 인해 심장근육세포들이 산소와 연료물질을 얻지 못 하도록 한다.

자 흐르다, 흘러가다

Like motor traffic, metabolic pathways **flow** more efficiently when regulated by signals.

해 자동차의 교통과 같이, 대사경로는 신호에 의하여 조절 될 때 더 효율적으로 **흐른다**.

fluctuate
1

자 (파동형으로) 변동하다

Normally, intracellular Ca^{2+} concentration is carefully regulated to **fluctuate** at low levels.

해 정상적으로 세포내의 Ca^{2+} 농도는 낮은 수준에서 **파동형으로 변동하도록** 세심하게 조절된다.

참 Ca^{2+}의 농도는 세포의 신호전달과정에 반응하여 세포에서 단시간에 반응하고 다시 순간적으로 제거되므로 항상 세포내의 농도는 10^{-7}M 이하의 수준이 유지된다.

fluctuation 명 변동

7

Foods that have a low glycemic index are considered to be more beneficial since they cause less **fluctuation** in insulin secretion.

관 be considered 간주되다=be thought, beneficial 유익하다=(producing a favorable result, advantageous), since 때문에=(Inasmuch as, because)

해 낮은 당지수를 가지고 있는 음식물들은 인슐린의 분비에서 더 작은 **변동**을 일으키기 때문에 더 유익하다고 생각된다.

참 Glycemic index (당지수) : 섭취한 음식이 흡수되는 속도를 포도당과 비교하여 표시하는 상대적인 수치이다. 포도당을 100으로 할 때 과당fructose은 19인데, 이것은 과당의 흡수가 포도당 보다 늦음을 의미하여, 마라톤이나 등산과 같은 지속적인 운동에는 과당이 포도당보다 에너지를 더 지속적으로 공급할 수 있어 더 유리하다고 할 수 있겠다.

fluid 명 용액, 액, 액체

91

The amount of glucose present in body **fluids** is about 20 g, and that readily available from glycogen is approximately 190 g.

해 체**액** 속에 존재하는 포도당의 양은 약 20 g이고, 글리코겐으로부터 쉽게 이용가능한 양은 대략 190 g 정도이다.

형 용액인, 용액성인, 유동성인

The **fluid** mosaic model of membrane structure was proposed by S. J. Singer and G. L. Nicolson.

해 세포막 구조의 **유동성** 모자익모델은 S. J. Singer와 G. L. Nicolson에 의하여 제안되었다.

참 Fluid mosaic 모델 : 1972년에 S. J. Singer와 G. L. Nicolson에 의해 제안된 생체막 구조를 대표하는 모델이다. 지질의 2개의 층으로 구성된 세포막 (lipid bilayer)은 유동성이 있으며 여기에 막단백질들이 여러 곳에 박혀서 존재하고 있다고 제안하였다.

fluidity 명 유동성

4

He has been drinking for 5 years and has begun to exhibit mental and systemic effects of chronic alcohol consumption. In his brain, ethanol has altered the **fluidity** of neuronal lipids, causing changes in their response to neurotransmitters released from exocytotic vesicles.

해 그는 5년 동안 술을 계속 마셔와 이제 만성 알콜중독의 정신적인 효과와 전신적인 효과를 보여주기 시작하였다. 그의 뇌에서, 에탄올은 신경세포의 지질의 **유동성**을 변화시켜왔으며, 그 결과 세포외유출용 소포들로부터 유리된 신경전달물질에 대한 신경세포의 지질반응에서 변화를 유발하게 되었다.

flux 명 동적인 흐름

107

The **flux** through the glycolytic pathway must be adjusted in response to conditions both inside and outside the cell.

해 당분해과정을 통한 **흐름**은 세포의 내부나 외부 모두의 조건에 반응하여 맞추어져야 한다.

자 흐르다

From the patch-clamp tracings, it is possible to determine the time that a channel is open and the ion **flux** through it.

해 Patch clamp을 이용한 기록기술로, 어떤 통로가 열려 이온들이 그것을 통과하여 **흐르는** 시간을 결정하는 것이 가능하다.

참 'the ion *flux* through it.'의 문장에서 the ion 다음의 자동사 *flux*가 fluxes가 아닌 복수형이 사용된 것은 the ion이 대표단수이기 때문이다. 대표단수란 the police (경찰들)이고 a police (경찰 한 사람)처럼 집합명사인 경우 복수형으로 쓰지 않고 'the + 단수형'으로 표현하여 복수로 취급한다.

focus 명 중점, 초점, 관심

72 Our **focus** is on lipids as membrane constituents.

해 우리의 **관심**은 막의 구성성분으로써 지질에 대한 것이다.

타 초점을 맞추다

The eye contains cells that transmit or **focus** light, and these cells cannot, therefore, be filled with opaque structures such as mitochondria, or densely packed capillary beds.

해 눈은 빛을 통과시켜 **초점을 맞추는** 세포들을 함유하고 있어서, 그러므로 이들 세포는 미토콘드리아나 혹은 빽빽하게 채워진 말초혈관과 같은 불투명한 구조체들로 채워질 수 없다.

참 눈의 조직의 세포들은 무산소 반응을 통하여 에너지를 생산하므로 미토콘드리아가 존재하지 않는다.

focused 타 be ~ 초점이 맞추어지다

58 Much health concern is **focused** on the negative effects of high levels of lipids in the blood circulatory system.

해 많은 건강에 대한 관심은 혈액순환계통에서 지질의 높은 수준 때문에 발생하는 나쁜 효과에 **초점이 맞추어져 있다**.

fold 명 1 ....배

768 A 10-**fold** change in $[H^+]$ changes the pH by 1 unit.

해 H^+의 농도에서 10**배**의 변화는 pH를 1 단위로 바꾼다.

2 접음, 도메인(폴더)

To provide an estimate of the amount of body fat, a standardized calipers is used to pinch a **fold** of the skin, usually at more than one site.

해 체지방량의 측정치를 결정하기 위하여, 피부의 한 번 **접음**을 보통 한 곳 이상에서 집기 위하여 표준화된 캘리퍼가 사용된다.

타 ~ into .... 로 접다, 접히도록 만들다

When the three dimensional structure was solved, it became clear that the binding of the Zn^{2+} ion by the two cysteine and two histidine residues **folds** the relatively short polypeptide sequence into a compact domain, which can insert its α helix into the major groove of DNA.

관 major groove 큰 홈, minor groove 작은 홈

해 3차원 입체구조가 알려졌을 때, 2개의 cysteine과 2개의 histidine 잔기에 의한 Zn^{2+}이온의 결합이 비교적 짧은 폴리펩티드 서열을 압축된 도메인으로 **접도록 하여**, 그 결과 그것의 α나선구조를 DNA의 큰 홈 속으로 삽입하도록 할 수 있다는 사실이 명확하게 되었다.

참 Zinc finger 도메인 : Zn^{2+}을 중심으로 cysteine과 histidine잔기들이 결합되어 특이적으로 형성된 도메인으로, DNA나 RNA에 결합하는 단백질들에 존재한다.

자 ~ into ....로 접히다

The mutation lowers the activation energy for refolding and the prion proteins **fold** into the PrP^{Sc} conformation more readily.

관 lower(타) 낮추다, conformation 입체구조, activation energy 활성에너지, refolding 재접힘

해 그 돌연변이는 재접힘에 사용되는 활성에너지를 낮추기 때문에, 프리온 단백질은 PrP^{sc}입체구조로 더욱 쉽게 **접힌다**.

참 광우병과 프리온 단백질 : 정상 프리온 prion 단백질에 돌연변이가 발생하면 PrP^{sc}로 입체구조가 전환되어 광우병을 유발할 수 있다. favor 참조

folded 타 be ~ 접히다

43 Each protein is **folded** compactly, and in each case the hydrophobic amino acid side chains are oriented toward the interior (away from water) and the hydrophilic side chains are on the surface.

관 be oriented toward .... 향하여 방향이 잡히다, be away from ....로부터 멀리 떨어지다

해 각각의 단백질은 빽빽하게 **접히며,** 각각의 경우에서 소수성 아미노산 측쇄기들은 (물로부터 멀어져) 내부를 향하여 방향이 잡히고 그리고 친수성 측쇄기들은 표면에 존재하게 된다.

folding

45

명 접음, 구조만들기

Cells employ auxiliary proteins to speed the process of protein **folding** and to guide it toward a productive conclusion.

관 employ(타) 사용하다=put to use, speed(타) 속도를 올리다, productive conclusion기능을 하는 최종결과물

해 세포들은 단백질 **구조만들기** 과정의 속도를 증진시키고 그것을 생산적인 결론으로 향하도록 안내하기 위하여 보조단백질들을 사용한다.

follow

207

타 1 동행하다, ...후에 따라오다, ...를 따라가다

Senescence derives from senex, a Latin word meaning old man or old age. In organismal biology, senescence describes deteriorative processes that **follow** development and maturation, and the term is used interchangeably with aging.

해 노화senescence란 노인 혹은 노년의 의미를 가진 라틴어 senex로부터 유래되었다. 개체생물학에서 노화는 발생과 성숙기 **후에 따라오는** 퇴화과정을 말하며, 그 용어는 aging과 상호교환되어 사용된다.

2 as ~s 다음과 같이 (소개할 때 리스트로 나열)

The results were as **follows**: the serum methionine level was 980 μM (reference range, < 30).

해 그 결과는 **다음과 같이** 혈청의 메티오닌 수준이 980 μM (기준범위, < 30) 이었다.

followed

1067

타 1 be ~ (주어) 다음에 ....가 따라오다

A fatty acid composed of an 18-carbon chain with no double bonds can be called by its systematic name (octadecanoic acid), its common name (stearic acid), or its shorthand notation, in which the number of carbons is **followed** by a colon and the number of double bonds in the molecule (18:0 for stearic acid).

관 A is followed by B=A 다음에 B가 따라오다, systematic name 계통명

해 이중결합이 없는 18개의 탄소사슬로 구성된 지방산은 계통명 (octadecanoic acid), 일반명 (stearic acid) 혹은 단축명으로 불리는데, 여기서는 탄소 수 **다음에** 콜론부호와 분자내의 이중결합의 수 (stearic acid에 대해 18:0)가 **따라온다**.

참 stearic acid는 18개의 탄소로 되어있는 이중결합이 없는 포화지방산이므로 (18:0)으로 표시한다.

2 be ~ (주어) 다음에 ....가 따라오다

The purification can be **followed** by gel electrophoresis of the starting protein mixture and the fractions obtained from each purification step.

해 그 정제과정 **다음에** 시작할 때의 단백질 혼합물과 각 정제단계에서 얻은 분획들의 겔전기영동이 **따라올** 수 있다.

following

933

형 1 ....에 따라 일어나는

Solutions of weak acids or bases and their conjugates exhibit buffering, the ability to resist a change in pH **following** addition of strong acid or base.

해 약산이나 혹은 약염기와 그 짝 이온들은 강산 혹은 강염기의 첨가**에 따라 일어나는** pH에서의 변화에 저항할 수 있는 능력인 완충작용을 나타낸다.

2 다음과 같은

In the respiratory chain, electrons move through the cytochromes in the **following** order: b, c1, c, a, and a3

해 호흡 연쇄반응에서, 전자는 **다음과 같은** b, c1, c, a와 a3의 순서로 사이토크롬들을 쭉 통과하며 이동한다.

전 ....에 이어, ...의 뒤 (후)에

Following phosphorylation of this critical tyrosine-185 on MAP kinase, MEK phosphorylates the neighboring threonine-183

관 following ....후에=(subsequent to, after), neighboring 이웃하고 있는=(close to, in the vicinity of)

해 MAP kinase 상의 이 중요한 tyrosine-185의 인산화 **후에,** MEK는 이웃하고 있는 threonine-183을 인산화한다.

참 MEK는 Map kinase을 인산화하는 이중특이성 티로신인산화효소로dual specific tyrosine kinase로 tyrosine기를 먼저 인산화하고 난 후 threonine기도 인산화한다.

force

118

명 힘

most of the **force** bringing water back from the tissues is the osmotic pressure mediated by the presence of proteins in the plasma.

관 bring(타) .... back 다시 돌아오게 하다, mediate(타) 매개하다, osmotic pressure 삼투압

해 조직으로부터 물을 다시 돌아오도록 하는 **힘**의 대부분은 혈장에서 단백질의 존재에 의해 매개되는 삼투압이다.

참 동맥의 혈액이 모세혈관으로 들어가면서 체액은 조직 사이의 공간interstitial space으로 흐른다. 왜냐하면 말초조직의 동맥말단부의 정수압hydrostatic pressure은 ~37mmHg로 조직의 ~1 mmHg과 혈장단백질의 삼투압 ~25mmHg의 합보다 크기 때문이다. 그리고 정맥말단부에서 정수압은 대략 17mmHg로 떨어지게 되므로 삼투압의 차이로 인해 자동으로 혈액은 다시 혈관으로 회귀할 수 있게 된다.

타 강제하다, 강제로 ....하게 하다

When S-phase cells are induced to enter mitosis by fusion to a cell in mitosis, the mitosis promoting factor (MPF) present in the mitotic cell **forces** the chromosomes of the S-phase cell to condense. However, since the replicating chromosomes are fragmented by the condensation process, such premature entry into mitosis is disastrous for a cell.

관 force(타) 강제하다=compel, disastrous 재앙인=(terrible, extremely bad), mitosis 유사분열

해 S기의 세포들이 분열 중인 세포와의 융합에 의하여 유사분열로 들어가도록 유도될 때, 유사분열을 하는 세포에 존재하는 분열촉진인자 (MPF)는 S기 세포의 염색체들이 응집하도록 **강제한다**. 그러나 복제가 진행 중인 염색체들은 응집반응에 의하여 조각이 나기 때문에, 그러한 성숙 이전의 상태에서 유사분열로의 진입은 세포에 재앙이 된다.

forced

11

타 be ~ 강제되다

The clustering of neighboring polar amino acid side chains can alter their reactivity. If a number of negatively charged side chains are **forced** together against their mutual repulsion by the way the protein folds, for example, the affinity of the site for a positively charged ion is greatly increased.

관 clustering 군집화, by the way (that) the protein folds 그 단백질이 접혀지는 (접혀져 어떤 구조를 형성하는) 방법으로, against ....을 극복하고; ....에 대항하여

해 인접한 극성 아미노산 측쇄기들의 군집화는 자신의 반응성을 변화시킬 수 있다. 예를 들면 그 단백질이 접혀지는 방법으로, 많은 음전하를 띤 측쇄기들이 자신의 상호 반발력을 극복하고 함께 **강제된다**면, 양으로 하전된 이온에 대한 그 부위의 친화력은 대단히 증가된다.

form

1253

명 형태, 모양

When amino acids are oxidized, their nitrogen atoms are excreted in the urine principally in the **form** of urea.

해 아미노산이 산화되면, 그들의 질소원자는 주로 요소urea **형태**로 소변으로 배설된다.

참 암모니아 : 암모니아는 이온이 아닌 기체형 NH_3와 이온인 암모니움 NH_4^+ 두 형태로 존재하는데 비이온성인 전자는 독성을 가지고 있다. 과도한 단백질이 분해되어 대사가 증가할 경우 혹은 세균감염에 의해 단백질들이 비특이적으로 분해되면서 혈액의 암모니아 농도가 증가하여 독작용을 나타낼 수 있다. NH_3는 물 분자로부터 H^+ 이온을 빼앗아와 NH_4^+로 되면서 용액의 pH를 염기성으로 변하게 한다.

타 형성하다, 만들다

The peptide specificity of protein kinase A is conferred by several glutamic acid residues in the catalytic domain, which **form** salt bridges with the two arginine residues in the target peptide.

해 Protein kinase A의 펩티드에 대한 특이성은 표적펩티드에 존재하는 2개의 arginine 잔기들과 염결합을 **형성하는** 촉매도메인에 있는 몇 개의 glutamic acid 잔기들에 의하여 주어진다.

참 Protein kinas A : 2차 전령물질인 cAMP에 의해 활성화되는 효소로 펩티드사슬에서 Arg-Arg-X-Ser/Thr-Y 서열 중의 Ser이나 혹은 Thr기를 인산화한다. X는 어떤 아미노산도 가능하나 Y에는 소수성 아미노산이 와야 한다. 이 인식서열 가운데 Arg기 (양전하)와 효소의 Glu (음전하) 사이의 염 (정전기) 결합이 촉매반응의 중요한 역할을 한다. catalytic, place 참조

자 형성되다, 만들어지다

The secondary structure refers to recurring structures such as the regular structure of the α-helix that **form** in short localized regions of the polypeptide chain.

관 recurring 반복되어 일어나는=(repeating, repetitive) , A refer to B=A란 B를 말한다=(denote, describe, mention)

해 2차구조란 폴리펩티드사슬의 짧은 지역화된 영역에서 **형성되는** α-나선의 규칙적인 구조와 같이 반복하여 일어나는 구조를 말한다.

formed
210

타 be ~ 형성되다, 만들어지게 된다.

Aldose reductase has a relatively high Km for galactose, approximately 12 to 20 mM, so that galactitol is **formed** only in galactosemic patients who have eaten galactose.

관 relatively 비교적, approximately 대략, so that 결과, galactosemic patient 고갈락토오즈혈증

해 Aldose reductase는 galactose에 대하여 대략 12-20 mM 정도의 비교적 큰 Km값을 가지기 때문에, galactitol은 galactose를 섭취한 갈락토오즈혈증 환자들에 있어서만 **형성된다**.

참
- Galactosemia : galactose 대사질환으로 유당불내증 (lactose intolerance)과는 다른 증상이다. 유당은 galactose와 glucose로 구성된 이당류이다. Galactose을 분해하는 효소들 중에 어떤 것이 결핍되면, galactose가 조직과 혈액에 다량 존재하게 된다. 그 결과 aldose reductase라는 효소에 의해 galactose는 환원되어 galactitol로 전환된다. 고농도의 galactitol은 천천히 눈의 수정체로 확산되어 들어가 백내장cataract과 유사한 질병을 유발하는 원인이 된다.
- 효소의 Km 값이 크다는 것은 기질에 대한 친화력이 작아서 기질이 고농도로 존재할 때만 촉매를 할 수 있다는 의미이다. 낮은 농도 12-20 mM 이하의 농도에서서는 촉매반응이 천천히 일어나거나 일어나지 않는다.

formal
5

형 공식적인

A prediction from this model is that stem cells will have the longest telomeres within a given tissue, although a **formal** demonstration of this is still pending.

관 demonstration 결정적인 증거=(conclusive evidence, proof), be still pending 아직 미결된 상태이다=be not yet settled, telomere 텔로머

해 이 모델로부터의 예측은 줄기세포가 어떤 주어진 조직내에서 가장 긴 텔로머를 가질 것이지만, 이것의 어떤 **공식적인** 결정적인 증거는 아직 미결 상태이다.

참 텔로머telomere : 진핵세포의 염색체는 원형인 원핵세포의 DNA와 달리, 하나의 긴 사슬형태이며, 이 염색체 사슬들의 양끝에는 반복서열로 이루어진 telomere라고 하는 특별한 영역이 존재하고 있다. 일반적으로 분화된 세포에서 세포분열 시에 염색체 DNA의 복제는 복제효소의 특성상의 한계로 최말단 서열까지 (즉 telomere까지) 완벽하게 일어나지 못하여, 세포의 분열주기마다 반복적으로 점점 짧아 질 수밖에 없다. 그래서 궁극적으로 유전체의 일부가 소실된다. 이 telomere들의 짧아지는 현상은 노화의 과정이고 유전적 나이로 간주된다.

formation
700

명 형성됨, 형성, 만듬

The **formation** of supramolecular complexes occurs because of recognition and interaction between their various macromolecular components, as governed by the weak forces formed between them.

관 supramolecular complex 초분자복합체, various 다양한, be governed by 조절되다=(be controled by, be influenced by), weak forces 약한 결합력

해 초분자복합체의 **형성**은 자신의 다양한 거대분자의 구성요소들 사이의 인식반응과 상호결합이 그들 사이에서 형성된 약한 결합력에 의하여 조절될 때 일어난다.

참 생명체 속의 DNA, 생체막, 리보솜, 미토콘드리아 등의 초분자복합체들은 모두 수많은 약한 결합력 (수소, 소수성, 반델발스, 이온결합 등)의 통합된 힘으로 구축된다.

former 형/대 전자 (후자)

30 A fundamental genetic difference between experimental organisms is whether their cells carry a single set of chromosomes or two copies of each chromosome. The **former** are referred to as haploid; the latter, as diploid.

관 carry(타) 가지다=have, be referred to as ....라고 말해지다=(be mentioned as, be indicated as), the former .... the latter 전자 .... 후자, haploid 일배체, dipolid 이배체

해 실험용 생명체 사이의 근본적인 유전적 차이점은 그 세포들이 한 조의 염색체를 가지고 있는지 혹은 각 염색체의 두 복사본을 가지고 있는지의 여부이다. **전자**는 일배체이고, 후자는 이배체라고 말하여진다.

formula 명 (수학, 화학 구조)식

33 All hexoses have the same chemical **formula** ($C_6H_{12}O_6$) and contain an aldehyde or keto group.

해 모든 6탄당들은 동일한 화학**식** ($C_6H_{12}O_6$)을 가지며 또한 알데하이드나 케톤기를 함유하고 있다.

formulated 타 be ~ 식으로 만들어지다, 정립되다

1 The emerging field of biological systems analysis attempts to develop an integrated view of a cell's response to external signals. Mathematical equations are **formulated** that incorporate rate constants for enzyme catalysis, formation of protein-protein complexes, and concentrations and diffusion rates of all the various signal-transduction proteins.

해 생체계 분석의 부상하고 있는 분야는 외부신호들에 대한 어떤 세포의 반응의 통합된 보기를 개발하려고 시도하고 있다. 효소촉매를 위한 속도상수, 단백질 사이의 복합체의 형성과 모든 다양한 신호전달용 단백질의 농도와 확산속도를 총합하는 수학식들이 **정립된다**.

참 가장 발전한 학문은 어떤 사실을 수학적 식으로 표시하여 정립된 식의 계산 결과로 예측할 수 있게 되는 분야라고 한다. 생명과학에서도 계산생물학 computaional biology, 효소반응속도론 enzyme kinetics, 생명정보학 bioinformatics 등에서 알려진 결과를 기반으로 하여 일어나는 현상들을 수식화하려는 시도가 진행되고 있다.

formulation 명 1 견해, 공식, 약물의 조성 (포뮬레이션)

10 How can the immune system produce such a diversity of specific antibodies? The answer began to emerge in the 1950s with the **formulation** of the clonal selection theory.

관 such(부) 그렇게=(to such a degree, so), begin to emerge with ....로 나타나기 시작하다, clonal selection theory 클론선택설

해 면역계는 어떻게 그렇게 다양한 특이 항체들을 생산할 수 있을까? 이 답은 1950년대에 클론선택이론이라는 **견해**로 나타나기 시작하였다.

참 A *formulation* is the way in which you express your thoughts and ideas.

2 (반응의) 과정

A general **formulation** for common inhibitor interactions in our simple enzyme kinetic model would include E + I ⇆ EI.

해 우리의 단순한 효소 반응속도론적 모델에서 공통의 저해제 상호반응들을 위한 일반적인 반응**과정**이라면 E + I ⇆ EI을 포함할 것이다.

forward 부 정방향으로, 앞 방향으로

136 The high-energy phosphate bonds of ATP can be used to drive a reaction **forward** that would otherwise be highly unfavorable energetically.

관 drive(타) .... forward 앞 방향으로 ....를 추진시키다, otherwise 그렇게 하지 않으면=*if* ATP can *not* be used

해 ATP의 고에너지인산결합은 그렇게 하지 않으면 에너지 측면에서 매우 불가능하였을 어떤 반응을 **정방향으로** 추진하는데 사용될 수 있다.

형 앞쪽의, 정방향의, 전진하는

It is often said that a reaction with a negative ΔG' proceeds spontaneously in the **forward** direction, meaning that products accumulate at the expense of reactants.

관 It is said that .... 자주 ....라고 말하여진다, proceed (자) in the direction ....방향으로 진행되다, accumulate(자) 축적되다, at the expense of ....를 소비하여

해 음의 값의 ΔG'를 가지는 반응은 자발적으로 **정**방향으로 진행된다고 자주 말하여지고, 반응물을 소비하여 산물이 축적되는 것을 의미한다.

참 ΔG'값은 반응의 자유에너지 값을 나타내는 것으로, 이 값이 음이면 자발적 반응이고 양이면 에너지의 유입이 필요하며, 0이면 평형상태가 이루어진 것을 나타낸다.

found

타 1 be ~ 발견되다

γ-Carboxyglutamic acid is **found** in several proteins involved in blood clotting.

해 γ-Carboxyglutamic acid는 혈액응고에 연루되어있는 여러 단백질에서 **발견된다**.

참 γ-Carboxyglutamic acid : 단백질을 구성하는 기본 20개의 아미노산에 포함되지 않은 특별한 아미노산이다. 비타민 K의 작용에 의해 혈액응고 단백질의 N-말단부위 (Gla 도메인이라 함)의 glutamic acid의 측쇄기의 γ 위치에 -COOH기가 부가되어 음전하를 띠게 된다. 이들 음전하와 양전하를 띤 Ca^{2+} 이온들이 결합하여 혈액응고과정이 촉진된다.

2 be ~ ....한 상태로 발견되다 (보어)

The human blood groups (O, A, B) are determined in part by the oligosaccharide head groups of these glycosphingolipids. The same three oligosaccharides are also **found** attached to certain blood proteins of individuals of blood types O, A, and B, respectively.

관 in part 부분적으로, be found attached to ....에 붙어있는 채로<보어> 발견되다, respectively 각각, blood type/group 혈액형

해 사람의 혈액형 (O, A, B)은 부분적으로 glycosphingolipid의 올리고당의 머리기능기들에 의하여 결정된다. 동일한 3종의 올리고당들 역시 사람의 혈액형 O, A 및 B의 혈액단백질에 각각 붙어있는 채로 **발견된다**.

참 혈액형 A, B, O : 적혈구세포막에서 존재하는 항원분자의 종류에 따라 혈액형이 결정되는데, 이들을 결정하는 인자는 올리고당oligosaccharide인 것으로 알려져 있다. 그래서 이 당기를 제거하는 효소를 처리하면 A, B 형의 혈액형이 모두 O형으로 전환될 수 있다.

fraction

1315

명 분획

Organelle-specific marker molecules can be quantified. For example, the protein cytochrome c is present only in mitochondria; so the presence of this protein in a **fraction** of lysosomes would indicate its contamination by mitochondria.

관 marker 표식자, quantify(타) 정량하다, indicate(타) 표시하다=(serve as a sign, signify), would 가정

해 소기관에 특이적인 표식자 분자들은 정량될 수 있다. 예를 들면, cytochrome c 단백질은 미토콘드리아에서만 존재한다; 그래서 lysosome의 어떤 **분획**에서 이 단백질의 존재한다는 것은 미토콘드리아에 의한 오염을 표시하는 것이 될 것이다.

참 세포내의 소기관들을 분리하여 연구하고자 할 때, 분리된 각 소기관들이 다른 소기관에 오염된 정도를 알기 위하여 해당 소기관에만 존재하는 단백질 표식자marker protein를 조사한다. cytochrome c는 미토콘드리아에서, catalase는 peroxisome에서, 그리고 acid phosphatase는 lysosome에서만 발견되는 marker protein들이다.

fractionated

78

타 be ~ (분획으로) 나누어지다

A complex mixture of proteins is **fractionated** into a series of discrete protein bands arranged in order of molecular weight on SDS-polyacrylamide gel.

관 a series of ....의 연속물, be arranged in order of ....의 순서로 정렬되다

해 단백질들로 구성된 복잡한 혼합물은 SDS-polyacrylamide 겔 상에서 분자량의 순서에 따라 일련의 정렬된 분명한 단백질 띠로써 **나누어진다**.

fractionation
73

명 분획나누기

Biochemists extract the contents of cells and separate the constituents based on differences in their chemical or physical properties, a process called **fractionation**.

해 생화학자들은 세포의 내용물을 추출하여, 화학적 혹은 물리적 행동특성의 차이점에 기초를 두고 구성요소들을 분리하는데, 이 과정을 fractionation (**분획나누기**)이라고 한다.

fragment
918

명 조각

To prepare tissue cells for a primary culture, the cell–cell and cell–matrix interactions must be broken. To do so, tissue **fragments** are treated with a combination of a protease and a divalent cation chelator (e.g., EDTA) that depletes the medium of usable Ca^{2+} or Mg^{2+}.

관 prepare(타) 제조하다, deplete(타) A of B=A에서 B를 제거하다, combination 통합

해 조직의 세포를 일차배양세포로 제조하기 위하여, 세포와 세포 그리고 세포와 기질 사이의 결합들은 파괴되어야 한다. 그렇게 하기 위하여, 조직의 **조각**들이 단백질분해효소와 사용가능한 Ca^{2+} 혹은 Mg^{2+}을 배양액에서 제거하는 2가 양이온 킬레이터 (예, EDTA)와 합쳐 처리된다.

자 조각으로 되다

Early in apoptosis, dense chromosome condensation occurs along the nuclear periphery. The cell body also shrinks, although most organelles remain intact. Later both the nucleus and cytoplasm **fragment**, forming apoptotic bodies, which are phagocytosed by surrounding cells.

관 condenstion 응축, occur(자) along ....를 따라 일어나다, periphery 주변, shrink(자) 위축되다, apoptotic bodies 압폽토시스소체들, are phagocytosed 포식되다

해 아폽토시스의 초기에, 밀도가 높은 염색체의 응축이 핵의 주변을 따라 일어난다. 비록 대부분의 소기관들은 현 상태로 남아있지만, 세포의 몸체는 위축된다. 나중에 핵과 세포질 모두가 **조각으로 되고**, 그 결과 압폽토시스 소체들을 형성하게 되며, 이들은 주위를 싸고 있는 세포들에 의하여 포식된다.

타 조각으로 만들다, 조각내다

Enzymes called restriction endonucleases enable molecular biologists to cleave segments of DNA from the genome of various types of cells or to **fragment** DNA obtained from other sources.

해 제한효소라는 효소는 분자생물학자들이 여러 종류의 세포의 유전체로부터 얻은 DNA 조각을 절단하거나 혹은 다른 근원으로부터 얻은 DNA를 **조각내는 것을** 가능하게 한다.

fragmentation
89

명 조각화

Following apoptosis induction, apoptosis-inducing factor (AIF) translocates to the nucleus where it activates a molecular complex that causes large-scale DNA **fragmentation**, presumably in a caspase independent fashion.

관 following(전) ....후에, translocate(자) to ....로 전위하다, cause(타) 유발하다=bring about, large-scale 대규모의, presumably 아마도, apoptosis-inducing factor (AIF) 유도인자

해 아폽토시스 유도반응 후에, 압폽토시스 유도인자 (AIF)는 핵으로 전위하여, 그곳에서 아마도 어떤 caspase와 무관한 방식으로 대규모의 DNA **조각화**를 유발하는 분자복합체를 활성화한다.

참 계획된 세포사apoptosis : 다세포 생명체에서 일어나는 계획된 세포사의 과정programmed cell death을 말한다. 이 과정이 진행 중인 세포에서는 특별한 생화학적 변화가 일어나는데, 여러 변화 중 대표적인 사건이 핵 속의 DNA의 조각화이다.

fragmented
14

타 be ~ 조각으로 되다

The cleavage methods employed are usually enzymatic, but proteins can also **be fragmented** by specific or nonspecific chemical means (such as partial acid hydrolysis).

관 employed 고용된=used, means(명) 방법 <복수형>, partial acid hydrolysis 부분적 산가수분해

해 사용된 절단방법은 일반적으로 효소를 이용하는 것이지만, 그러나 단백질은 또한 특이적이거나 (부분적인 산 가수분해와 같은) 비특이적인 화학적 방법에 의해 **조각으로 될 수도 있다.**

frame
249

명 1 프레임, 번역프레임

Observable phenotypic consequences due to changes in a protein's activity can arise from point mutations that result in substitution of one amino acid for another (missense mutation), introduction of a premature stop codon (nonsense mutation), or a change in the reading **frame** of a gene (frameshift mutation).

관 due to 때문에=because of, arise from ....의 결과로 일어나다=result from, substitution of A for B=A를 B로의 치환, reading frame 번역프레임

해 단백질 활성에서 변화의 원인으로 나타나는 표현형의 결과는 한 아미노산이 다른 것으로 치환된 결과 나타나는 점돌연변이 (missense 돌연변이), 때 이른 종결코돈의 삽입 (nonsense 돌연변이), 혹은 유전자의 **번역프레임**에서의 변화 (frameshift 돌연변이)로부터 일어날 수 있다.

참 Open reading frame : 유전체의 유전자 서열에서 하나의 번역프레임reading frame이 완전한 단백질을 인코딩할 때까지 종결코돈이 존재하지 않는 염기서열. 한 개의 유전자에는 6개의 reading frame이 있지만 오직 하나의 open reading frame이 존재한다.

2 in ~ 프레임이 유지되면서, 정확한 순서로

A cDNA sequence encoding a protein or protein domain of interest is fused in **frame** to the flexible linker region so that the vector will express a hybrid protein composed of the DNA-binding domain, linker region, and bait domain.

관 in frame 프레임을 유지하며≠out of frame 프레임을 벗어나, so that 목적

해 관심있는 어떤 단백질이나 혹은 단백질의 도메인을 인코딩하는 어떤 cDNA서열이 유연성 있는 링커영역에 대하여 **프레임이 유지되면서** 융합되면, 그 벡터는 DNA 결합도메인, 링커영역 그리고 미끼용 도메인으로 구성된 하나의 혼성단백질을 발현할 것이다.

참 효모 two-hybrid system : 생명체의 모든 신호전달과정은 단백질과 단백질 사이에서 인식되는 상호결합반응을 통하여 진행된다. 효모의 two-hybrid system을 이용하여 서로 인식되어 결합할 수 있는 한 쌍의 결합 파트너를 찾아낼 수 있다. 고안된 벡터에 결합 파트너를 찾을 cDNA를 클로닝하여 효모에서 발현시키면 GAL4 유전자의 DNA전사반응이 촉진되는 원리를 이용한 것이다.

framed
4

타 be ~ (상자로 그려져) 표시되다

Supplementary knowledge is **framed** in boxes interspersed throughout the main body of text.

해 보충하는 정보는 텍스트의 본문에 흩어져 있는 상자 속에 **그려져 표시되어**있다.

frameshift
6

명 프레임이동

If the mutation is not fixed by the mismatch repair system, the resultant **frameshift** in the protein-coding sequence abolishes production of the normal protein.

관 mismatch repair system 불일치수리장치, be fixed 수리되다=be repaired, resultant 그 결과로 나타나는=following as a consequence, abolish(타) 폐하다

해 그 돌연변이가 불일치수리장치에 의해 수리되지 않으면, 그 결과로 나타나는 단백질 코딩서열에서의 **프레임 이동현상**은 정상 단백질의 생산을 불가능하게 한다.

free
635

부 1 be ~ to ....자유롭게 ....하다

For the inflammation to occur, the neutrophils insert pseudopods into the junctions between endothelial cells, squeeze through these junctions, cross the basement membrane, and then are **free** to migrate in the extravascular space.

관 be free to+동사원형 ....자유롭게 ....하다, pseudopod 위족, cross(타) 가로질러가다=go from one side to the other, basement membrane 기저막, extravascular space 혈관외부의 공간

해 염증반응이 일어나기 위해서, 중성구세포들은 내피세포 사이의 연접 속으로 위족을 삽입시켜, 이들 연접을 비집고 통과하여 기저막을 가로질러 가서, 그 다음에 혈관 외부의 공간으로 **자유롭게** 이동**한다**.

참 백혈구의 염증지역으로의 접근방법 : 사람의 몸은 끊임없이 세균, 바이러스 및 염증성 물질에 노출되고 있다. 백혈구leukocyte는 이러한 염증과 면역반응에서 중요한 역할을 한다. 외부의 세균이

침범한 곳이나 염증이 발생한 부위에서 혈관내의 중성구백혈구가 selectin 단백질의 작용으로 혈관의 내피세포와 반응하면, 백혈구의 굴러가기 운동속도가 느려져 단단하게 접착할 수 있게 되며, 그 결과 세포층 사이로 이동하여 염증반응이 일어난 곳으로 들어갈 수 있게 된다.

2 set .... ~ ....을 자유롭게 만들다

As long as Rb protein is unphosphorylated, it binds strongly to certain gene regulatory proteins and in this way prevents them from acting in the nucleus to promote DNA replication. Loss of the gene sets the cell **free** from this restraint.

관 as long as .... 한, in this way 이 방법으로, prevent(타) .... from ....ing ....하는 것을 방해하다, set .... free 자유롭게 만들다

해 Rb 단백질이 인산화되지 않는 한, 그것은 어떤 유전자 조절단백질들과 강하게 결합하며, 이러한 방법으로 핵 속에서 조절단백질들이 DNA 복제를 증진시키는 활동을 방해한다. 그 유전자의 소실은 세포를 이 억제작용으로부터 **자유롭게 만든다**.

참 Rb (retinoblastoma) 단백질 : 종양억제 단백질의 일종이며, 즉 이 단백질의 발현에 문제가 생기면 암이 발생할 수 있음을 의미한다. 이 단백질은 인산화되지 않은 상태에서 세포주기의 진행을 억제할 수 있지만, 반면에 인산화가 되면 세포주기가 M기에서 G1기로 이동되면서 계속된다.

형 1 자유형의

Some proteins are made on ribosomes that are **free** in the cytosol. Proteins secreted from the cell and most membrane proteins, however, are made on ribosomes associated with the endoplasmic reticulum (ER).

해 일부 단백질은 세포질 속에서 **자유형** 리보솜에서 만들어진다. 그러나 세포로부터 분비되는 단백질과 대부분의 막단백질은 소포체 (ER)와 결합되어있는 리보솜에서 만들어진다.

참 소포체에 리보솜이 붙어 있으면 조면소포체rough ER 이라고 하고, 리보솜이 붙어 있지 않으면 활면소포체 smooth ER이라고 한다. Rough ER의 리보솜은 분비용이나 막단백질을 합성하는데 사용된다.

2 ....이 없는

Biodrugs including factor VIII for hemophilia treatment are **free** of contaminating viruses (eg, hepatitis A, B, C, or HIV-1) found in human plasma but are at present expensive; their use may increase if cost of production decreases.

관 biodrug 바이오의약품, hemophilia 혈우병, be free of....이 없다, at present 현재

해 혈우병 치료를 위한 인자 VIII를 포함하는 바이오의약물은 사람의 혈장에서 발견되는 오염될 수 있는 바이러스 (예, 간염바이러스 A, B, C, 혹은 HIV-1)**는 없지**만 현재 가격이 비싸다; 생산비가 감소되면 바이오약물들의 사용이 증가될 것이다.

참 바이오의약품biodrug : 혈액응고에 작용하는 인자, 성장인자, 인슐린 등과 같이 생물학적 기능을 가진 단백질을 재조합DNA기술을 활용하여 미생물이나 진핵세포에서 발현시킨 후 분리하여 제조한 의약품이다.

타 자유롭게 만들다, 떨어지게 하다

The proteolytic activation of prothrombin removes the calcium-binding domain and **frees** thrombin from the membrane so that it can cleave fibrinogen and other targets.

관 free(타) 자유롭게 하다=(cause to be free, remove obstructions from), so that .... can 할 수 있도록 하다 (목적)

해 단백질분해에 의한 prothrombin의 활성화는 칼슘 결합도메인을 제거하여, 그 세포막으로부터 thrombin을 **자유롭게 만들고**, 그 결과 fibrinogen과 다른 표적들을 절단할 수 있게 된다.

참 prothrombin : 단백질분해효소에 의하여 활성화되어 thrombin으로 전환된 후 혈액응고과정에 참여한다. 칼슘이온은 혈액의 응고반응에 필수적으로 작용하며, 특히 prothrombin N-말단의 γ-carboxylic acid를 함유하고 있는 Gla 도메인에 결합하여 전하를 중화함으로써 이 분자가 혈소판의 세포막에 결합하는 것을 쉽게 만든다.

freed

14

타 be ~ 자유롭게 되다

When a receptor-apotransferrin complex has returned to the neutral pH of the extracellular fluid, the apotransferrin dissociates from the receptor and is thereby **freed** to pick up more iron and begin the cycle again.

관 return(자) to ....로 돌아오다, dissociate(자) from 유리되다, be freed 자유롭게 되다, begin(타) .... 를 시작하다

해 수용체-apotransferrin 복합체가 중성 pH인 세포의 외부용액으로 돌아오자마자, apotransferrin이 수용체로부터 유리되고 그로인해 **자유롭게 되어** 더 많은 철과 결합할 수 있으며 그리고 순환을 다시 시작한다.

freely 부 자유롭게

14

Cells grown in culture grow **freely** until they make contact with one another, at which point growth stops, a phenomenon well known as contact inhibition.

관 grow(자) 자라다, make contact with 접촉하다, one another 서로=each other, contact inhibition 접촉저해

해 배양으로 길러진 세포들은 서로 접촉할 때까지 **자유롭게** 성장하여 그 곳에서 성장이 멈추는데, 접촉저해로써 잘 알려진 현상이다.

참 접촉저해contact inhibition : 정상세포는 분열하면서 하나의 층으로 증식하면서 주위로 퍼져 나갈 수 있으며, 이 과정 중에 또 다른 세포층과 접촉하게 되면 분열을 멈추게 된다. 그러나 암세포는 이런 특성을 상실하기 때문에 몇 개의 세포층으로 중첩되어 성장할 수 있어서 종양 덩어리를 만들 수 있다.

frequency 명 1 빈도수

102

Variants of an allele that occur with a significant **frequency** in the population are referred to as polymorphisms. Thus far in studies of the human genome, almost one third of the genetic loci appear to be polymorphic.

관 with frequency= ....의 빈도수로, be referred to as ....라고 말하여지다=(mentioned as, indicated as), thus far 현재까지=up to the present time, polymorphism 다형현상

해 집단에서 높은 **빈도수**로 일어나는 어떤 대립유전자의 변이체들은 다형현상이라고 말하여진다. 현재까지 사람유전체의 연구에서, 그 유전자 부위의 거의 3분의 1이 다형현상이 나타난 것으로 보인다.

2 진동수, 주파수

Cells tuned to low **frequency** (≈50 Hz) are found at one end of the tubular cochlea that makes up the inner ear; cells responding to high **frequency** (≈5000 Hz) are found at the other end.

관 tune(타) .... to=adjust .... to (a desired frequency) ....을 주파수에 맞추다, at *one* end .... at *the other* end (두 개 중) 하나 ..... 나머지 하나, make up 구성하다=constitute

해 낮은 **진동수** (≈50 Hz)에 동조되는 세포들은 내이 (속귀)를 구성하는 관모양의 달팽이관의 한쪽 끝에서 발견되고, 높은 진동수 (≈5000 Hz)에 반응하는 세포들은 다른 쪽 끝에서 발견된다.

참 소리를 감지하는 세포인 유모세포hair cell는 청각기관auditory system에서 청각수용체의 역할을 하며 달팽이관 속에 위치하고 있으면서 진동수에 따른 소리를 감지할 수 있다.

frequent 형 빈번한, 자주 일어나는

29

Lesch-Nyhan syndrome, an overproduction hyperuricemia characterized by **frequent** episodes of uric acid lithiasis and a bizarre syndrome of self-mutilation, reflects a defect in hypoxanthine-guanine phosphoribosyl transferase (HGPRT), an enzyme of purine salvage synthesis.

관 be characterized by 특징지어지다, episode of illness 발병=(period, attack), hyperuricemia 고요산혈증, reflect(타) 명확하게 하다=(make apparent, manifest), purine salvage synthesis 퓨린 재활용합성, lithiasis 결석, self-mutilation 저해

해 요산 결석과 자해증상의 **빈번한** 발병으로 특징지어지는 고요산혈증인 Lesch-Nyhan 증후군은 퓨린의 재활용 합성에 관여하는 효소인 hypoxanthine-guanine phosphoribosyl transferase (HGPRT) 에서의 결함인 것이 명확하게 되었다.

참 핵산의 구성성분인 퓨린 염기는 요산uric acid로 분해되어 배출된다. 이 물질은 혈액 속에 포화에 가까운 농도로 존재하면서 항산화제로 작용한다. 인간이 다른 영장류의 동물에 비해 훨씬 더 오

래 살 수 있는 것도 이 요산의 항산화제 역할 때문인 것으로 알려져 있다. 소와 같은 포유동물은 요산이 더욱 산화한 산물이며 항산화제의 역할을 할 수 없는 allantoin으로 배설한다.

frequently

70

부 자주, 높은 빈도로

The higher their concentration, the more **frequently** they will encounter one another and the greater will be the rate of their reaction.

관 encounter(타) one another 서로 (우연히) 만나 반응하다, greater 속도가 더 빠르게

해 그들의 농도가 더 높을수록 더 **빈번하게** 서로 만나 반응하게 될 것이고, 그래서 반응의 속도도 더 빠르게 될 것이다.

fuel

20

명 연료물질, 연료

Glycogne is especially important for the neurons of the brain, which cannot use fatty acids as **fuel**.

해 글리코겐은 특별히 **연료물질**로 지방산을 사용할 수 없는 뇌의 신경세포에 중요하다.

참 간의 글리코겐은 식간이나 공복상태에 포도당이 고갈될 때, 다른 조직에 포도당을 제공하기 위한 저장용 연료로서 사용된다.

타 연료로 사용되다, 활성을 촉진하다

When the demand for NADPH slows, the level of $NADP^+$ drops, the pentose phosphate pathway slows, and glucose 6-phosphate is instead used to **fuel** glycolysis.

관 demand 수요, slow(자) 늦어지다, drop(자) 떨어지다, fuel(타) ....의 연료로 사용되다=stimulate the activity of

해 NADPH의 수요가 늦어져, $NADP^+$의 수준이 떨어지면, pentose phosphate 경로의 속도는 느려지고, 그러면 glucose 6-phosphate가 해당작용의 **활성을 촉진하게 된다**.

fueled

1

타 be ~ 연료가 공급되다

Long-term, low intensity exercise (a 10-km run or a 42.2-km marathon) is **fueled** almost entirely by aerobic metabolism.

해 장시간의 낮은 강도의 운동 (10 km 달리기 혹은 42.2 km 마라톤)은 거의 전적으로 유산소대사에 의하여 **연료가 공급된다**.

full

474

형 1 완전한, 완벽한

Heparin is administered first, because of its prompt onset of action, whereas warfarin takes several days to reach **full** effect.

관 be administered (약물이) 투여되다, first(부) 먼저, reach(타) full effect 완전한 효과에 도달하다, S + takes time ....시간이 걸리다

해 헤파린이 신속한 활성 때문에 먼저 투여되지만, 반면에 와파린은 **완전한** 효과에 도달하려면 수일이 걸리기도 한다.

참 Heparin과 wafarin (coumarin)은 혈전증thrombosis이나 혈전색전증thromboembolism에 자주 사용되는데, heparin이 속효성을 가지고 있어서 먼저 투여된다.

2 be ~ of ....로 꽉 차다

Liver injury is irreversible at the stage that hepatic cirrhosis develops. Initially the liver may be enlarged, **full** of fat, crossed with collagen fibers (fibrosis), and have nodules of regenerating hepatocytes ballooning between the fibers.

관 hepatic cirrhosis 간경화증, initially 초기에, fibrosis 섬유화, nodule 소절

해 간의 손상은 간경화가 발생하는 단계에서 비가역적으로 된다. 초기에 간은 커지고 지방으로 꽉 **차고**, 콜라겐섬유들로 서로 얽히게 되며 (섬유화), 그리고 섬유 사이에서 풍선처럼 팽창하는 재생 중인 간세포들의 소절을 가질 수도 있다.

3 전체의

The first step in producing large amounts of a low abundance protein is to obtain a cDNA clone encoding the **full**-length protein by methods discussed previously.

해 양이 풍부하지 않은 단백질을 많은 양으로 생산하기 위한 첫 번째 단계는 앞에서 설명된 방법에 의하여 **전체**길이의 단백질을 인코딩하는 cDNA클론을 얻는 것이다.

fully
133

부 완벽하게, 완전하게

More than half the human odorant receptor (OR) genes appear to be pseudogenes; that is, they contain mutations that prevent the generation of a full-length, proper odorant receptor. In contrast, essentially all rodent OR genes are **fully** functional.

관 be functional 기능을 하다=function(자), pseudogene 유사유전자, odorant receptor(OR) 후각수용체, in contrast 대조적으로

해 사람의 후각수용체 (OR) 유전자들의 반 이상이 유사 유전자인 것 같다; 즉, 그들은 전체 길이로 된 적절한 후각수용체의 생성을 방해하는 돌연변이를 함유하고 있다. 이와 대조적으로, 모든 설치류의 OR 유전자들은 반드시 **완전하게** 기능을 한다.

참 생쥐와 같은 설치류는 후각수용체 유전자가 1000개 이상을 가지고 있음이 알려져 있다. 이에 반해 사람은 500-750개의 유전자를 가지고 있다. 그러나 대부분이 유사유전자pseudogene인 것으로 밝혀져 있다. 이런 이유에서 사람보다 동물의 후각이 발달되어있다고 봐야할 것이다.

function
1307

자 1 기능하다

EGF modules are also present in Notch protein, a receptor protein in the plasma membrane that **functions** in developmentally important signaling.

관 be present in ....에 존재하다, function(자) 기능하다

해 EGF모듈들은 발생과정에서 중요한 신호전달과정에서 **기능하는** 세포막에 있는 수용체인 Notch단백질에서도 역시 존재한다.

참 - Module (모듈) : 어떤 기계의 부속품이지만 그 자체로서 기능을 할 수 있는 단위체를 모듈이라 한다.
- EGF (epideraml growth factor) : 배아세포, 피부 및 결체조직의 세포에 결합하여 분열을 촉진하는 성장인자이다. EGF는 원래 세포막 단백질로부터 단백질분해효소의 작용을 받은 후 유리되어 나와 작용할 수 있다. 이 EGF와 유사한 서열을 하고 있는 도메인을 EGF모듈이라하며, Neu, EGF 전구체 분자, TPA, Notch 등의 단백질에 존재하고 있다.

2 ....로(써) 기능하다

Soluble proteins called antibodies (immunoglobulins) **function as** recognition elements that bind to foreign molecules and serve as markers signaling foreign invasion.

관 function as ....로 기능하다=(serve as, be of use as), recognition element 인식요소

해 항체 (면역글로부린)라고 하는 용해성 단백질은 외부의 분자와 결합하여 외부침입을 알리는 표식자로서 역할을 하는 인식요소**로 기능한다**.

명 기능

What is the **function** of the citric acid cycle in transforming fuel molecules into ATP?

해 연료분자들을 ATP로 전환하는데 있어서 구연산회로의 **기능**은 무엇인가?

functional
464

형 기능을 하는, 기능성의

Only one of the four subunits that constitute the **functional** channel is illustrated.

관 constitute(타) 구성하다=(comprise, consist of, be composed of), is illustrated 도시되다

해 **기능성** 통로를 구성하는 4개의 아단위체 가운데 오직 하나만 도시되어있다.

functionality
22

명 1 기능성

Deficiency in the amount or **functionality** of protein C or protein S increases the risk for venous thromboembolism.

해 단백질 C나 혹은 단백질 S의 양이나 **기능성**에서의 결함은 정맥의 혈전색전증의 위험성을 증가시킨다.

참 단백질 C와 S는 thrombin의 생성을 저해하여 혈액응고를 억제할 수 있는 단백질들이다. 그러므

로 이 단백질의 기능이나 양이 부족하게 되면 thrombin의 활성이 높아지게 되어 혈전이 잘 만들어지게 된다. 그러면 정맥에서 이러한 혈전이 축적되어 혈관을 막게 되는 혈전색전증 thromboembolism이 유발될 위험성이 높아진다.

functionally 부 기능적으로

111 The pituitary gland has two **functionally** distinct parts: the posterior- and the anterior-pituitary.

해 뇌하수체는 2개의 **기능적으로** 다른 부분 즉 뇌하수체 후엽과 전엽을 가지고 있다.

fundamental 형 1 근본적인

31 There is a **fundamental** distinction between NADPH and NADH in biochemistry: NADH is oxidized by the respiratory chain to generate ATP, whereas NADPH serves as a reductant in biosynthetic processes.

관 distinction between.... 두 물질 사이의 차이점, serve as ....로써 사용되다=(be of use as, function as), respiratory chain 호흡연쇄반응, reductant(명) 환원제

해 생화학적으로 NADPH와 NADH 사이에는 **근본적인** 차이점이 있다; NADH는 호흡연쇄과정에 의해 산화되어 ATP를 생성하고, 반면에 NADPH는 생합성과정에서 환원제로써 사용된다.

2 ~ to ....에 근본적인, ...에 근본이 되는

It has been known for decades that tumors display enhanced rates of glucose uptake and glycolysis. We now know that these enhanced rates of glucose processing are not **fundamental** to the development of cancer.

관 display(타) 구별할 수 있는 특성을 나타내다=be endowed with (an identifiable form or character)

해 수십 년 동안, 종양들이 포도당흡수와 당분해의 상승된 속도와 같은 구별할 수 있는 특성을 나타내는 것으로 알려져 왔다. 우리는 이제 포도당을 처리하는 이 상승된 속도가 암의 발생**에 근본적이지** 않는다는 것을 알게 되었다.

fundamentally 부 근본적으로

3 Metabolism serves two **fundamentally** different purposes: the generation of energy to drive vital functions and the synthesis of biological molecules.

해 대사란 생명과 관련된 기능을 추진하기 위한 에너지의 생성과 생체분자의 합성과 같은 **근본적으로** 서로 다른 2가지 목적을 위해 봉사한다.

further 부 1 (강조) 더, 더욱

1068 The peptide backbone of the α-helix is formed by strong hydrogen bonds between each carbonyl oxygen atom and the amide hydrogen (N-H) of an amino acid residue located four residues **further** down the chain

관 4 residues *further* down the chain 잔기 4개 더 아래에

해 α-나선구조로된 펩티드 골격은 각각의 carbonyl 산소원자와 그 사슬의 잔기 4개 **더** 아래에 위치된 아미노산 잔기의 amide수소 (N-H) 사이의 강한 수소결합들에 의하여 형성된다.

2 (강조) 더 이상은

The approach to the finite limit of Vmax is called saturation kinetics because velocity cannot increase any **further** once the enzyme is saturated with substrate.

해 Vmax의 유한 극한값으로 가까워짐은 일단 효소가 기질로 포화되어 속도가 **더 이상은** 증가할 수 없기 때문에, 포화 반응속도론이라 한다.

3 (강조) 더, 더욱

Recent studies indicate that double-stranded siRNAs and miRNAs are **further** processed into a multiprotein complex containing only one of the RNA strands.

해 최근의 연구들은 2가닥으로 된 siRNA와 miRNA들이 한 단계 **더** 처리되어 그 RNA가닥들 중의 하나만을 함유하는 다중단백질복합체 속으로 들어가는 것을 보여준다.

참 RNA간섭interference : RNAi라고도 표시하며, 세포내에서 dsRNA 분자 (siRNA와 miRNA)들이 RNA분해효소인 dicer와 여러 단백질의 작용으로 mRNA의 번역과정을 차단하여 유전자의 발현을 저해할 수 있는 방법이다.

형 이 후의, 그 이상의, 추가적인

Once mouse models of a human disease are available, **further** studies on the molecular defects causing the disease can be done and new treatments can be tested.

해 일단 사람 질병의 생쥐모델들이 이용 가능해지면, 그 질병의 원인이 되는 분자결함에 대한 **추가적인** 연구들이 수행될 수 있으며 또한 새로운 치료법도 테스트될 수 있을 것이다.

참 생쥐모델 : 생쥐는 다른 실험동물보다 유리한 점을 가지고 있다. 유전적인 실험이 가능한 어떤 동물 가운데 사람과 가장 가까운 동물일 뿐만 아니라, 더욱이 생쥐의 배아줄기세포embryonic stem cell (ES)을 사용하여 사람에서 발생한 결함유전자와 동일한 유전자를 발현하는 모델생쥐를 만들기가 매우 용이하다.

furthermore

442

부 그 위에, 게다가

No matter how well you have trained, you probably cannot do pushups for as long as 2 minutes. **Furthermore**, you will feel the pain as the muscle pH drops as lactate production continues.

관 no matter how ....와 상관없이, do pushups 팔굽혀펴기를 하다, as long as 2 min 2분이나 긴 시간, feel(타) the pain 통증을 느끼다, drop(자) 떨어지다

해 여러분이 얼마나 잘 훈련되었는가에 상관없이, 여러분은 아마도 2분이나 긴 시간 동안 팔굽혀펴기를 할 수 없을 것이다. **게다가**, 여러분은 젖산생산이 계속되면서 근육의 pH가 떨어질 때 통증을 느끼기도 할 것이다.

참 - Furthermore: 앞에서 언급한 사실에 추가하거나 혹은 지지할 사항을 소개할 때 사용
- 근육에서 저장 에너지인 글리코겐의 양은 몇 분 동안의 무산소운동으로 모두 소진될 정도로 양이 작으며, 또한 젖산으로 전환된다. 젖산은 산성물질이므로 근육의 pH를 7.1에서 6.5로 감소시키면서 신경말단을 자극하여 통증을 일으키기도 한다.

fuse

27

자 융합하다

If only a portion of the proto-oncogene is translocated, it may be expressed as a truncated protein with altered properties, or it may **fuse** with another gene and produce a fusion protein containing portions of what normally were two separate proteins.

관 what normally were two separate proteins <관계대명사> 정상적으로는 2개의 다른 단백질들이었던 것들; 예) 'I am not what I was.'에서 'what I was'는 '과거의 나'로 번역되고 what은 관계대명사

해 그 원발암유전자의 일부분만이 전위된다면, 변경된 행동특성을 가진 어떤 절단된 단백질로써 발현될 수도 있고, 혹은 다른 유전자와 **융합한** 후 정상적으로는 2개의 다른 단백질이었던 것의 일부분을 함유하는 융합단백질을 생산할 수도 있다.

참 필라델피아 염색체 : 만성골수성백혈병chronic myelocytic leukermia (CML)의 발병과 관련되어있으며 9번과 22번 염색체 사이에서 서로 전위된 후 융합되었다. 이 전위의 결과로 절단된 2개의 유전자들로부터 융합된 발암단백질이 생성된다.

fused

112

타 be ~ 융합되다

To generate and select hybridomas, normal B lymphocytes are **fused** with myeloma cells that cannot grow in HAT medium.

해 Hybridoma을 생성한 후 골라내기 위하여, 정상 B임파구들이 HAT배지에서 자랄 수 없는 골수종세포와 **융합된다**.

참 림프잡종세포종hybridoma : 한무리항체monoclonal antibody를 생산하기 위하여, 주입한 항원에 대한 항체를 만드는 B세포를 암세포의 일종인 골수종myeloma세포와 융합시켜 영원히 살 수 있도록 전환된 세포이다.

fusion

585

명 융합

The presynaptic membrane has voltage-gated Ca^{2+} channels that open when the action potential reaches them, resulting in an influx of Ca^{2+}. Ca^{2+} triggers **fusion** of the vesicles with (to) the plasma membrane, and acetylcholine is released into the synaptic cleft.

관 presynaptic membrane 시냅스 앞쪽 막, open(자) 열리다, reach(타) ....에 도착하다, trigger(타) 촉발하다=(initiate, set off), synaptic cleft 시냅스틈새

해 시냅스 앞쪽 막은 활동전위가 도착할 때 열리는 전압에 의해 개폐되는 Ca^{2+}통로들을 가지고 있으며, 그 결과로 Ca^{2+}의 유입이 일어난다. Ca^{2+}이 그 낭포들과(이) 세포막의 **융합**을 촉발하여 acetylcholine이 시냅스 틈새로 유리된다.

참 아세틸콜린acetylcholine : 근신경접합부에서 신경신호를 전달하는 신경전달물질이다. 근신경접합부는 운동신호를 전달하는 신경세포의 말단nerver ending과 근육세포가 붙어있는 부위로, 전기적 신경신호를 아세틸콜린이라는 화학물질의 신호로 전환하는 곳인데, 이 신호에 따라 근육의 수축이 일어난다.

G

gain 명 1 (점진적으로 만드는) 획득현상

88

In contrast, dominant mutations generally result in a **gain** in protein function, either because of overproduction or lack of regulation; in this case, the presence of only one mutant allele confers the mutant phenotype in diploid cells.

해 대조적으로, 우성 돌연변이들은 과생산이나 혹은 조절기능의 소실 때문에, 일반적으로 단백질 기능에서 어떤 **획득현상**을 결과적으로 만든다; 이러한 경우에, 단 하나의 돌연변이형의 대립유전자의 존재가 이배체 세포에서 돌연변이된 표현형의 특성을 부여하게 된다.

2 ~ access to ....에 접근하다

Steroid hormones readily **gain** access to the cytoplasmic compartment of target cells. Glucocorticoid hormones encounter their cognate receptor in the cytoplasm, where it exists in a complex with heat shock protein 90 (hsp).

해 스테로이드 호르몬들은 표적세포의 세포질 구획에 쉽게 **접근**한다. Glucocorticoid 호르몬은 세포질에서 고유의 수용체와 조우하며, 그래서 그곳에서 열충격단백질90 (hsp)과 복합체로 존재한다.

참 스테로이드 호르몬 및 갑상선 호르몬수용체 : modulation 참조

3 ~ of function 기능획득형

Some signal-transduction proteins were first identified when **gain**-of-function mutations in the genes encoding them or overexpression of the normal protein caused abnormal cell proliferation leading to malignancy.

해 일부 신호전달단백질들은 자신을 인코딩하는 유전자에서 **기능획득형** 돌연변이나 혹은 정상 단백질의 과발현이 악성으로 되는 비정상적인 세포의 증식을 유발하였을 때, 처음으로 확인되었다.

타 (점진적으로) 획득하다

The readiness with which an atom or a molecule **gains** an electron is its reduction potential. The tendency to lose electrons, the oxidation potential, has the same magnitude but opposite sign as the reduction potential for the reverse reaction.

관 opposite sign 반대부호, have the same .... as ....와 같은 ....를 가지다, reduction 환원, oxidation 산화

해 원자나 혹은 분자가 전자를 **획득하기** 쉬운 정도가 환원 포텐셜이다. 전자를 잃어버리려는 경향, 즉 산화 포텐셜은 역반응용인 환원 포텐셜과 같은 크기이지만 그러나 반대부호를 가진다.

gained 타 be ~ 얻다, 획득되다

13

The first law of thermodynamics states that the total energy of a system, including its surroundings, remains constant. It implies that within the total system, energy is neither lost nor **gained** during any change.

관 the first law of thermodynamics 열역학 제1법칙, state(타) 정의하다, remain(자) constant 일정하게 남는다, imply(타) 암시하다=(suggest, hint)

해 열역학 제1법칙은 환경을 포함하는 한 시스템의 전체 에너지는 일정하게 남아있다는 것을 정의한다. 그것은 전체 시스템 내에서 어떤 변화가 일어나는 동안 에너지가 소실되지도 **얻게 되지**도 않음을 의미한다.

general 형 1 일반적인

182

Transcription of most *E. coli* genes is regulated by processes similar to those described for the *lac* operon. The **general** mechanism involves a specific repressor that binds to the operator region of a gene or operon, thereby blocking transcription initiation.

해 대부분의 *E. coli* 유전자들의 전사과정은 *lac* operon에 대해 설명되는 과정과 유사한 것에 의하

여 조절된다. 그 **일반적인** 기전은 어떤 유전자나 혹은 오페론의 operator 영역에 결합하여, 전사과정의 개시를 차단할 수 있는 특이 저해제를 포함한다.

참 lac operon : 한 번의 전사반응으로 동시에 발현되는 전사단위를 말하며, lactose을 분해하는 3종의 유전자들이 포함되어있는 단위로 하나의 operator (RNA polymerase 결합자리)의 조절을 받는다.

2 전신의, 전체의

After a mixed or high-protein meal, the gut uses dietary aspartate, glutamate, and glutamine as a fuel. Thus, the ingested acidic amino acids do not enter the **general** circulation. The nitrogen from gut metabolism of these amino acids is passed to the liver as citrulline or ammonium ion via the portal vein.

관 enter(타) ....로 들어가다, be passed to ....로 전달되다=be transported to, general circulation 전신순환

해 어떤 혼식의 식사나 고단백질 식사 후, 내장은 음식 속의 aspartate, glutamate 및 glutamine을 연료로 사용한다. 그래서 그 섭취된 산성 아미노산은 **전신의** 순환으로 들어가지 않는다. 이들 아미노산의 내장대사로부터 유래된 질소는 citrulline이나 혹은 암모니아 이온으로 간문맥 정맥을 경유하여 간으로 전달된다.

3 in ~ 일반적으로, 전체적으로

In **general**, the mechanism for induction of cytochrome P450 enzymes by their substrates occurs through the binding of the substrate (or related compound) to an intracellular receptor protein, followed by binding of the activated receptor to a response element in the target gene.

관 in general 일반적으로, induction 유도생성, response element 반응요소서열

해 **일반적**으로, 기질에 의한 cytochrome P450 효소의 유도생성을 위한 기전은 기질 (혹은 관련된 화합물)이 세포내의 수용체 분자와 결합하고, 뒤이어 이 활성화된 수용체가 표적 유전자 속의 반응요소서열에 결합하는 것을 통하여 일어난다.

참 Cytochrome P450은 간에서 약물의 대사를 수행하는 효소군인데, 이 효소의 유전자들은 기질이나 관련 화합물이 간세포에 노출되면 유도되어 소포체에서 합성된다. 그래서 microsomal enzyme이라 한다.

generality

4

명 일반론, 원칙

The breakdown of glucose in yeast and muscle cells involved the same ten chemical intermediates. Subsequent studies of many other biochemical processes in many different organisms have confirmed the **generality** of this observation, neatly summarized by Jacques Monod: "What is true of *E. coli* is true of the elephant."

관 observation 관찰 결과, generality 일반론, be summarized 요약되다

해 효모와 근육세포에서 포도당의 분해는 동일한 10종의 화학 중간산물들을 포함하고 있었다. 많은 다양한 생명체들에서 많은 다른 생화학적인 과정들에 대한 추후의 연구는 이 관찰 결과에 대하여 Jacques Monod에 의해 "*E coli*에서 진실인 것은 코끼리에서도 진실이다"라는 말로 간결하게 요약되는 **일반론**을 확인하여 왔다.

generalization

2

명 일반화

The subunits of globular proteins are generally not held together by disulfide bonds, but regions of the same chain may be connected by disulfide bonds that form as the chain folds. Insulin actually fits this **generalization** because it is synthesized as a single polypeptide chain, which forms the disulfide bonds.

관 be held together 함께 연결되다=be associated, fold(자), fit(타) ...에 잘 맞다=(to be in agreement or accord with; 예) the theory fits all the facts.)

해 구형 단백질의 아단위체들은 일반적으로 이황화결합에 의하여 서로 연결되지 않지만, 그러나 같은 사슬의 영역들은 사슬이 접힐 때 형성되는 이황화결합에 의하여 연결될 수도 있다. 인슐린은 실제적으로 단일 폴리펩티드 사슬로써 합성되었고 또한 이황화결합을 형성하고 있기 때문에, 이 **일반화**에 잘 맞는다.

generalize	타 일반화하다, 보편화하다

1

However, it is not possible to **generalize** that methylated DNA is transcriptionally inactive, that all inactive chromatin is methylated, or that active DNA is not methylated.

해 그러나 메틸화된 DNA가 전사과정에서 불활성이고, 모든 불활성인 염색질은 메틸화되어있다거나 혹은 활성형인 DNA는 메틸화되어있지 않음을 **일반화하는 것**은 가능하지 않다.

generalized	형 1 전신으로 퍼진, 전신화된, 장기 전체로 퍼진

21

His growth and development were normal until age 5 months, when he began to exhibit mild, **generalized** muscle weakness.

관 exhibit(타) 보이다=show or display outwardly especially by visible signs, generalized 전신으로 퍼진=(spreaded or extended throughout the body)

해 그의 성장과 발육은 심하지 않은 **전신으로 퍼진** 근육의 약화증세를 보이기 시작한 때인 5개월이 될 때까지는 정상이었다.

2 전반적인, 일반화된

This **generalized** scheme shows conversion of the energy of an absorbed photon into separation of charges at the reaction center.

해 이 **일반화된** 도표는 반응센터에서 흡수된 광양자의 에너지를 전하의 분리로의 전환과정을 보여주고 있다.

generally	부 일반적으로

86

Nucleophilic attack by water **generally** results in the cleavage of the amide, glycoside, or ester bonds that hold biopolymers together. This process is termed hydrolysis.

관 nucleophilic attack 친핵성 공격, hold(타) .... together 함께 연결하다=associate, be termed .... 라는 용어로 불리다=(be called, be referred to as)

해 물에 의한 친핵성 공격은 **일반적으로** 생체 중합체을 함께 연결하고 있는 amide, glycoside 혹은 에스테르 결합을 절단하는 결과를 만든다. 이 과정이 가수분해라는 용어로 불린다.

참 진핵성 공격nucleophilic attack : 전자를 많이 가진 분자 (여기서는 물)가 전자가 부족한 화합물 (amide, glycoside 혹은 ester 분자) 에게 전자를 주면서 결합을 형성하는 반응이다.

generate	타 1 생성하도록 하다

286

Although the primary nucleotide sequences of these rRNAs vary considerably, the same parts of each type of rRNA theoretically can form base-paired stem-loops, which would **generate** a similar three-dimensional structure for each rRNA in all organisms.

관 vary(자) 다르다=be different, would 결과, generate(타) 생성하게 하다=(cause to arise, produce as a result of a chemical or physical process)

해 비록 rRNA의 일차 뉴크레오티드 서열이 상당히 다르지만, 각각의 rRNA 종류의 동일한 부분은 이론적으로 염기 짝짓기로 된 stem-loop을 형성할 수 있어서, 결과적으로 모든 생명체에 존재하는 각 rRNA을 위한 하나의 유사한 3차원구조를 **생성하도록 한다**.

2 생성하다, 생산하다

Subsequently, the same antigen-specific light chain combines with a γ chain with an identical V_H region to **generate** an IgG molecule with antigen specificity identical to that of the original IgM molecule.

관 combine(자) with ....와 합체되다=associate with, generate(타) 생성하다=(give rise to, produce), be identical to ....와 동일하다

해 추후에, 동일한 항원특이 경사슬은 원래의 IgM 분자의 항원 특이성과 똑 같은 IgG 분자를 **생성하기** 위하여, 동일한 V_H영역을 가지고 있는 γ 사슬과 합체된다.

generated	타 be ~ 생산되다, 생성되다

602

As many as 28 ATP molecules per glucose molecule are **generated** in mitochondria. Similarly, virtually all the ATP formed in the oxidation of fatty acids to CO_2 is generated in mitochondria. Thus mitochondria can be regarded as the "power plants" of the cell.

관 as many as ....와 동수의, be regarded as ....로 간주되다=be considered as

해 포도당 한 분자 당 28개나 되는 ATP 분자들이 미토콘드리아에서 **생산된다**. 유사하게, 실제적으로 지방산들이 CO_2로의 산화반응에서 형성된 모든 ATP들도 미토콘드리아에서 생산된다. 그래서 미토콘드리아는 세포의 "발전소"로 간주될 수 있다.

generating 타 생산하다

61

Fatty acid oxidation in mitochondria leads to the generation of large quantities of ATP by a process called β-oxidation that cleaves acetyl-CoA units sequentially from fatty acyl chains. The acetyl-CoA is oxidized in the citric acid cycle, **generating** further ATP.

해 미토콘드리아에서 지방산의 산화는 지방산 acyl 사슬로부터 연속적으로 acetyl-CoA 단위소를 절단하는 β-산화라고 불리는 과정에 의하여 다량의 ATP를 생성하는 결과를 만든다. 그 acetyl-CoA는 구연산회로에서 산화되어, 더욱 많은 ATP를 **생산할** 수 있다.

generation 명 1 생성, 생산, 발생

254

Each person is capable of generating antibodies directed against perhaps 1 million different antigens. The **generation** of such immense antibody diversity depends upon a number of factors including the existence of multiple gene segments (V, C, J, and D segments), their recombinations, the combinations of different L and H chains, a high frequency of somatic mutations in immunoglobulin genes, and junctional diversity.

관 be capable of 하는 능력이 있다=be able to, be directed against ....에 대항하여 만들어지다, a number of=many, antibody diversity 항체의 다양성, somatic mutations 체세포의 돌연변이, junctional diversity (유전자 조각들의) 연결부위의 다양화

해 각각의 사람은 아마도 백만 종의 서로 다른 항원에 대항하여 만들어지는 항체를 생성할 수 있는 능력이 있다. 그렇게 광대한 항체 다양성의 **생성**은 다중유전자 조각 (V, C, J 및 D 유전자조각)의 존재와, 이들 조각의 재조합반응, 여러 L 및 H 사슬의 합체, 면역글로부린 유전자에서 높은 빈도수로 일어나는 체세포의 돌연변이 및 연결부위의 다양화를 포함하는 많은 요인에 달려있다.

2 from ~ to ~ 대대로

What is the selective advantage of DNA over RNA as the genetic material? The genetic material must be extremely stable so that sequence information can be passed on from **generation** to **generation** without degradation.

관 *advantage* of DNA *over* RNA ....을 능가하는 유리한 점, be passed on 계속하여 전달되다=be transferred to

해 유전물질로써 RNA보다 DNA가 선택된 더 유리한 점은 무엇인가? 유전물질이란 서열의 정보가 파괴되지 않은 채로 **대대로** 전달될 수 있도록 매우 안정적이어야만 한다.

3 세대

The introduction of normal genes into somatic cells with defective genes corrects the defect only in the treated individuals, not in their offspring. To eliminate the defect for future **generations**, the normal genes must be introduced into the germ cell line.

관 correct(타) 교정히다=(remedy, fix, eliminate), eliminate(타) 제거하다, be introduced into ....속으로 도입되다, germ cell line 생식세포주

해 결함유전자를 가진 체세포 속으로, 그 정상유전자의 도입은 치료된 사람에서만 그 결함을 교정하고 자손들에서는 하지 않는다. 그 이후의 **세대**를 위하여 그 결함을 제거하려면, 정상유전자가 생식세포주 속으로 도입되어야 된다.

give 타 1 ....에게 ....를 주다

458

Future research should **give** us a far more sophisticated understanding of the roles of the three-dimensional organization of cells and ECM components in controlling the structures and activities of tissues.

관 should 미래의 불확실한 추측, give IO DO <4형식>....에게 ....를 주다=give DO to ID, extracellular matrix (ECM) 세포외기질

해 미래의 연구는 우리**에게** 조직의 구조와 활성을 조절하는데 있어서 세포와 ECM의 구성요소들로 이루어진 3차원의 조직화의 역할에 대하여 훨씬 더 상세한 이해**를 주게** 될 것이다

관 4형식을 취하는 수여동사 : whose 항목 중 provide참조

2 ~ a comprehensive view of 포괄적인 보기를 주다

Biochemistry and genetics generally focus on one gene and its encoded protein at a time. While powerful, these traditional approaches do not **give** a comprehensive view of the structure and activity of an organism's genome, its entire set of genes. The field of genomics does just that, encompassing the molecular characterization of whole genomes and the determination of global patterns of gene expression.

관 focus on ....에 초점을 맞추다, at a time 한번에, approach(명) 방법=the method used, encompass(타) =(include, constitute), genomics 유전체학

해 생화학과 유전학은 일반적으로 한 번에 하나의 유전자와 그것에 의해 인코딩되는 단백질에 연구의 초점을 맞춘다. 비록 이 전통적인 연구방법은 강력하지만, 한 생명체의 유전체, 즉 유전자들의 전체 집합의 구조와 활성에 대한 **포괄적인 보기를 주지** 않는다. 유전체학의 분야는 전체 유전체들의 분자수준에서의 특성규명과 유전자발현의 전반적인 패턴의 결정을 망라하여 바로 그런 포괄적인 보기를 주는 역할을 한다.

3 ~ up 내주다, 넘겨주다

Glutamate and glutamine play especially critical roles in nitrogen metabolism, acting as a kind of general collection point for amino groups. In the cytosol of hepatocytes, amino groups from most amino acids are transferred to α-ketoglutarate to form glutamate, which enters mitochondria and **gives** up its amino group to form NH_4^+.

해 Glutamate와 glutamine은 아미노기들을 위한 어떤 종류의 일반적인 집합점collection point으로써 기능하여, 질소대사에서 특별하게 중요한 역할을 한다. 간세포의 세포질에서, 대부분의 아미노산으로부터 온 아미노기들은 α-ketoglutarate로 전달되어 glutamate를 형성하고, 미토콘드리아로 들어가 아미노기를 **넘겨주어** NH_4^+로 된다.

4 ~ rise to ....을 일으키다, 생기게 하다, ...의 근원이 되다

Stem cells both perpetuate themselves and **give** rise to differentiating cells that can regenerate a particular tissue for the life of an organism.

관 stem cell 줄기세포, perpetuate(타) 영원히 살게 하다, give rise to 생기게 하다=(cause, lead to, bring about, result in), regenerate(타) 재생하다

해 줄기세포는 영원히 살기도 하고 그리고 생명체의 일생 동안 어떤 특정한 조직을 재생할 수 있는 분화하는 세포의 **근원이 되기**도 한다.

참 give rise to : rise 참조

globular

8

형 구형의, 구상의

Most enzymes are **globular** proteins, whose large internal volume provides ample space in which to construct cavities of the specific shape, charge, and hydrophobicity or hydrophilicity required to bind substrates and promote catalysis.

관 construct(타) 구축하다=build, cavity 구멍, be required 필요하다=(be needed, be essential), promote(타), space 공간

해 그런데 대부분의 효소들은 자신들의 큰 내부의 부피가 기질과 결합하는데 필요한 특이한 모양, 전하, 및 소수성 혹은 친수성으로 이루어진 구멍을 구축하는데 충분한 공간을 제공하여 촉매반응을 증진시키는 **구형의** 단백질들이다.

go

45

자 가다

To see the structures within cells, we must **go** farther down the size scale to 10–100 nanometers (1 nm=10^{-9} m).

해 세포 안의 구조를 보기 위하여, 우리는 크기 규모가 10-100나노미터 이하로 (1 nm=10^{-9} m)로

더 내려**가야** 한다.

good
70

명 이익, 혜택

Apoptosis is a controlled process by which cells die for the **good** of the organism, while the organism conserves the molecular components (amino acids, nucleotides, and so forth) of the dead cells.

관 die(자) 죽다, and so force등등=and so on

해 아폽토시스란 세포들이 생명체의 **이익**을 위하여 죽는 조절되는 과정이지만, 반면에 생명체는 죽은 세포들의 분자 구성성분들 (아미노산, 핵산 등)을 보존한다.

형 1 좋은, 양호한

The Body mass index (BMI) also shows a **good** correlation with independent measures of body fat

해 체질량지수 (BMI)는 역시 독립적인 체지방 측정치들과 **좋은** 관계를 보여주고 있다.

2 ~ for ....에게 유리한

Mutations can be good, bad, or indifferent. They can be **good** for you because their mutation can be better and stronger than the original. They can be bad because it might take away the survival of the organism.

관 indifferent 상관없는=no mattering one way or the other, be good for 유리하다≠be bad for

해 돌연변이는 좋을 수도, 나쁠 수도 혹은 아무 상관이 없을 수도 있다. 자신의 돌연변이가 원래의 것보다 더 좋고 더 강할 수도 있기 때문에, 그것들은 여러분들**에게 유리할** 수 있다. 생명체로부터 생존을 빼앗아 버릴 수도 있기 때문에, 해가 될 수도 있다.

3 as ~ as ....한 만큼

Is the synthetic vitamin as **good** as the natural one?

관 as good as ....와 같은=of the same quality

해 합성 비타민이 자연산 비타민**만큼** 좋은가?

4 as ~ as 매우 유사한

A deliciously sweet alternative to sugar for everyday use is derived entirely from xylitol, a naturally occurring substance found in strawberries, plums and pears. Whilst it looks and tastes just as **good** as sugar, it offers a much healthier alternative.

관 as good as=similar, alternative(명) 대체물, offer(타) 제공하다=present, taste(타) sugar 설탕맛을 느끼게 하다, whilst 그런데

해 매일 사용하는 설탕의 맛있는 단맛의 대체물은 전적으로 딸기, 자두 및 배에서 발견되는 자연산의 물질인 자일리톨로부터 유도되었다. 그것은 모양이나 맛이 설탕과 **매우 유사하지만**, 훨씬 더 건강에 좋은 대체물을 제공한다.

참 sugar alternative (설탕 대체물) : 설탕은 fructose와 glucose로 구성된 2당류이다. Glucose를 가지고 있어서 혈당에 직접적으로 영향을 주며 중성지방 및 에너지대사에 관여하고 있다. 그러므로 에너지가 낮고 단맛이 큰 대체물들을 새로 찾거나 합성하고 있다. 상대적 당도 relative sweetness는 설탕을 1로 하였을 때 과당은 1.73이며 포도당은 0.73이다. 자일리톨은 1.0, sucralose라는 합성물은 600이다. sucralose는 다이어트용 코카콜라 속에 들어있으며 에너지가 없는 합성감미료이다.

grade
451

명 1 도수, 급수, 수준

He had a low-**grade** fever and noted a persistent and increasing pain in the area of his liver.

관 note(타) 언급하다=(become aware of, mention, show, indicate), persistent 지속적인 =continual

해 그는 낮은 **도수**의 열을 가지고 있었으며 그리고 간 주위에서 지속적이고 점점 더 증가되는 통증을 언급하였다.

명 2 등급, 도수

> Gel pieces from SDS-PAGE were washed and treated with destaining solution. After reduction with 10 mM DTT, proteins were alkylated with 55 mM iodoacetamide and then digested for 16 hr at 37°C with sequence-**grade** trypsin (Promega).

해 SDS-PAGE로부터의 겔 조각들이 세척되고 탈염색용액으로 처리되었다. 10 mM DTT로의 환원 후, 단백질은 55 mM iodoacetamide로 알킬화되었으며, 곧 서열결정에 사용될 **등급**의 trypsin (Promega)으로 37도에서 16시간 동안 소화되었다.

graded

25

타 be ~ 등급이 매겨지다

> Instead, transmitter-gated channels produce local permeability changes, and hence changes of membrane potential, that are **graded** according to how much neuro-transmitter is released at the synapse and how long it persists there.

관 hence 그것 때문에=therefore, according to ....에 따라서, membrane potential 막전위, persist (자) 지속되다, be graded 등급이 매겨지다

해 대신, 전달물질에 의해 개폐되는 통로는 지역적인 투과능의 변화를 만들고, 그것으로 인해 얼마나 많은 신경전달물질이 시냅스에서 유리되고 그리고 그곳에서 얼마나 오랫동안 유지되는지에 따라서 **등급이 매겨지는** 막전위의 변화를 일으킨다.

gradual

13

형 점진적인, 단계적인

> Mutational loss of a particular chromosomal region results in the **gradual** loss of normal regulation and the consequent formation of a malignant carcinoma.

관 consequent 그 결과로 발생한=following as a result of, malignant carcinoma 악성암종

해 어떤 특정한 염색체 영역의 돌연변이에 의한 소실은 정상적인 조절과정의 **점진적인** 소실의 결과를 만들어 악성암종의 형성이 발생한다.

gradually

24

부 점진적으로

> In type 1 diabetes mellitus, the pancreatic β cells are **gradually** destroyed by antibodies directed at a variety of proteins within the β cells. As insulin secretory capacity by the β cells **gradually** diminishes below a critical level, the symptoms of chronic hyperglycemia develop rapidly.

관 병명 + develop(자)=사람 + develop(타) + 병명, diminish(자) 감소되다=(decrease, decline)

해 제1형 당뇨에 있어서, 췌장의 β 세포는 β 세포내의 다양한 단백질에 대해 형성된 항체에 의하여 **점진적으로** 파괴된다. β 세포에 의한 인슐린의 분비능력이 **점진적으로** 치명적인 수준 이하로 감소되면서, 만성고혈당 증상이 신속하게 발생한다.

grant

159

명 1 연구비

> This work is supported by MRC **grant** 0001 to G.W., and by NIH **grants** A111111, A111112, and A111113 to Y.W.K.

해 이 연구는 G.W.에게 주어진 MRC **연구비** 0001과 Y.W.K.에게 주어진 NIH **연구비** A111111, A111112, 및 A111113에 의해 지원되었다.

granted

2 take it for ~ (생각할 필요도 없이) 당연한 것으로 받아들이다

> Water is a major chemical component of the earth's surface. It is indispensable to life. Indeed, it is the only liquid that most organisms ever encounter. We alternately take it for **granted** because of its ubiquity and bland nature or marvel at its many unusual and fascinating properties.

관 encounter(타) 우연히 만나다=meet by chance, alternately 이래저래=with one and the other, ubiquity 도처에 존재함=presence everywhere at the same time, bland 무덤덤한

해 물은 지구표면의 주된 화학구성성분이다. 생명에 꼭 필요하다. 정말로, 대부분의 생명체들이 영원히 만나게 되는 유일한 액체이다. 그것의 도처에 있음과 무덤덤한 기본성질 혹은 많은 특별하고 흥미로운 행동특성들에 대한 경이로움 때문에 우리는 그것을 이래저래 **당연한 것으로 받아들인다**.

granular 8

형 과립상의, 과립의

As the megakaryocyte matures, it undergoes synchronous nuclear replication without cellular division, to form a cell with a multilobed nucleus and enlarged cytoplasm. At approximately the 8-nucleus stage, the cytoplasm becomes **granular**, and the platelets are budded off the cytoplasm.

관 megakaryocyte 거대핵세포, undergo(타) 계속하다=(go through, experience), be budded off 돋아나와 떨어지다

해 거대핵세포가 성숙해 가면서, 세포분열이 없이 동시에 일어나는 핵의 복제를 계속하여 여러 개의 핵과 커진 세포질을 가진 세포를 형성한다. 대략 8개의 핵을 가진 단계에서, 세포질은 **과립상**으로 되고 혈소판들이 세포질로부터 돋아 떨어져 나온다.

참 혈소판platelet의 분화 : 혈소판세포는 골수에 있는 megakaryocyte의 분화에 의해 생성된다. 한 개의 megakaryocyte로부터 약 4000개의 혈소판이 생성된다.

granule 151

명 그래뉼, 과립, 작은 알갱이

Adhesion sets off a series of reactions termed platelet activation, which leads to platelet aggregation and secretion of platelet **granule** contents.

관 set off 개시하다=(start, go on one's way), a series of 일련의, lead to 일으키는 결과를 만들다=(cause, result in, bring about)

해 접착반응은 혈소판의 활성이라는 일련의 반응을 개시하도록 하여, 그 결과 혈소판의 응집반응과 혈소판 **과립** 내용물의 분비가 일어나도록 한다.

graph 52

명 그래프

A **graph** of the fraction of single-stranded DNA reannealed (c/c_0) as a function of c_0t on a semilogarithmic plot is referred to as a c_0t (pronounced "cot") curve. The rate of reassociation can be followed spectrophotometrically by the UV absorbance decrease as duplex DNA is formed.

관 fraction 분량, as a function of ....의 함수로써, be referred to as ....하고 언급되다=(be mentioned as, be indicated as), UV absorbance 흡광도

해 가열 후 천천히 식힌 단일가닥으로 된 DNA의 분량 (c/c_0) (y축)을 c_0t의 함수로써 세미로그의 프롯에서 그린 **그래프**는 c_0t ("co"이라 발음) 곡선이라 언급된다. 재결합속도는 이중가닥의 DNA가 형성되면서 UV흡광도의 감소에 의해 분광학적으로 측정될 수 있다.

graphed 2

타 be ~ 그래프로 그려지다

In Figure 4, the pH of a solution of the weak acid acetic acid <u>is **graphed**</u> as a function of the amount of OH^- that has been added.

해 그림 4에 약산인 초산용액의 pH가 첨가되어 온 OH^-의 양의 함수로써 **그래프로 그려져 있다**.

graphing 1

타 그래프 그리기

Graphing [S]/v versus [S] yields a straight line where the slope is $1/V_{max}$, the y-intercept is K_m/V_{max}, and the x-intercept is $-K_m$, as shown in Figure 5.

해 그림 5에서 보이듯이, [S]/v와 [S]로 **그려진 그래프**는 기울기가 $1/V_{max}$, y축의 접선이 K_m/V_{max}, 그리고 x 축의 접선이 $-K_m$인 직선을 만든다.

graphical
graphic 15

형 그림으로 그린, 그래프의

FIGURE 3 Various **graphic** representations of the structure of Ras, a monomeric guanine nucleotide-binding protein.

해 그림 3 단량체인 구아닌 뉴크레오티드 결합단백질인 Ras 구조의 다양한 **그림으로 그린** 도시들.

graphically 3

부 그래프로 그려서

The acetylcholine receptor is the best-understood ligand-gated channel. The activity of a single such channel is **graphically** displayed in patch-clamp recordings of postsynaptic membranes of skeletal muscle.

해 아세틸콜린 수용체가 가장 잘 이해된 리간드에 의해 개폐되는 통로이다. 단 하나의 그러한 통로의 활성이라도 골격근의 시냅스후막의 patch-clamp 기록에서 **그래프로 그려져** 표시된다.

greater
218

형 점점더

The ***greater*** the similarities in these macromolecular sequences, *the more* closely related organisms are thought to be.

관 the 비교급 .... the 비교급=점점 더, similarities 상동성들, macromolecular 거대분자의

해 이들 거대분자의 서열들에서 상동성이 **더 클수록**, 더욱 가깝게 관련된 생명체라고 생각된다.

greatest
25

형 가장 높은

Most cells of the body have mRNA for IGF, but the liver has the **greatest** concentration of these messengers, followed by kidney and heart.

관 A is followed by B=A 다음에 B가 따라오다

해 신체의 대부분의 세포들은 IGF의 mRNA를 가지고 있지만, 간이 **가장 높은** 농도의 이들 전령을 가지고 있으며, 신장과 심장이 그 뒤를 따른다.

greatly
71

부 매우, 대단하게, 크게

The spherocytes are not as deformable as are normal red blood cells, and they are subject to destruction in the spleen, thus **greatly** shortening their life in the circulation.

관 spherocyte 구상적혈구, A is as .... as is B=동등비교, be subject to ....하기 쉽다=(be liable to, be prone to), shorten(타) 단축시키다

해 구상적혈구는 정상 적혈구세포 만큼 변형될 수 없어서 비장에서 파괴되기 쉬우며, 그래서 그 결과로 혈액순환에서 자신의 생명을 **크게** 단축시킨다.

group
1085

명 1 작용기, 기

Many membrane proteins contain a covalently attached lipid **group** that interacts hydrophobically with lipids in the membrane. Palmitoyl **groups** (C16) are often attached to plasma membrane proteins, and the myristoyl **group** (C14) is often attached to proteins in the lipid membranes of intracellular vesicles.

해 많은 막단백질은 막 속의 지질과 소수성의 힘으로 상호반응하는 공유결합적으로 부착된 지질 **작용기**를 함유하고 있다. Palmitoyl**기** (C16)는 자주 세포막단백질에 부착되어있고, 그리고 myristoyl**기** (C14)는 자주 세포내의 낭포의 지질막에 존재하는 단백질에 부착되어있다.

2 부류, 무리, 떼, 그룹

Type Ⅱ diabetes is slow to develop typically in older, obese individuals, and the symptoms are milder and often go unrecognized at first. This is really a **group** of diseases in which the regulatory activity of insulin is defective: insulin is produced, but some feature of the insulin-response system is defective.

관 be slow to develop 천천히 발생하다, go unrecognized 인식하지 못하며 지내다, at first 처음에는=in the beginning , some feature(단수) 어떤 특성

해 제2형 당뇨병은 전형적으로 늙고, 비만인 사람들에서 천천히 발생되며, 그리고 증상이 그렇게 심하지 않아 처음에는 모르고 자주 지난다. 이것은 인슐린의 조절활성에 결함이 있는 질병의 **한 부류**이다: 즉 인슐린은 생산되지만, 그러나 인슐린반응계통의 어떤 특성에 결함이 있다.

타 집단으로 묶다, 그룹으로 만들다

The "tree" diagram at the top shows how the expression patterns for individual genes can be organized in a hierarchical fashion to **group** together the genes with the greatest similarity in their patterns of expression over time.

관 tree diagram 계통수, in a hierarchical fashion 계층적 방식으로, group(타) 집단으로 묶다, similarity 유사성 예) homolgy 상동성, over time 시간이 지나면서

해 맨 위에 있는 "계통수"그림은 시간이 지나면서 유전자들의 발현패턴에서 가장 높은 유사성을

가진 유전자들을 **집단으로** 함께 **묶기** 위하여, 개별 유전자들에 대한 발현패턴이 계층적인 방식으로 조직화될 수 있는 방법을 보여주고 있다.

grouped
22

타 1 be ~ 분류되다

Proteins can be **grouped** into three large classes based on their structure and solubility: fibrous proteins, globular proteins, and membrane proteins.

관 be grouped into ....로 분류되다, be based on ....에 기반을 두다

해 단백질은 구조와 용해도에 기초를 두고 섬유상의 단백질, 구상단백질 그리고 막단백질 3가지 큰 부류로 **분류될 수** 있다:

2 be ~ 집단화되다, 집단적으로 모여 있다.

The λ genes encoding the head and tail proteins, as well as various proteins involved in phage DNA replication and cell lysis, are **grouped** in discrete regions of the ≈50-kb viral genome.

관 as well as 뿐만 아니라, various 여러=several, discrete 외진=(separate, distinct)

해 머리와 꼬리뿐만 아니라 phage DNA의 복제 및 세포의 용해작용과 관련되어있는 여러 단백질들을 인코딩하는 λ 유전자들은 ≈50-kb 길이의 바이러스 유전체 중 외진 구역에 **집단적으로 모여 있다**.

grow
102

자 1 자라다, 성장하다

Current research suggests that ingested aflatoxin B1 in contaminated food is directly involved in hepatocarcinogenesis in humans by introducing a G > T mutation into the p53 gene. This aflatoxin is produced by a fungus, *Aspergillus flavus* that **grows** on peanuts that may have been stored in damp conditions.

해 최신의 연구는 오염된 음식에서 섭취된 aflatoxin B1은 G > T 돌연변이를 p53유전자 속으로 도입하도록 하여 사람에서 간암의 발생에 직접적으로 연루되어있음을 제시하고 있다. 이 aflatoxin은 아마 습한 환경에서 저장되어온 땅콩에서 **성장하는** 곰팡이인 *Aspergillus flavus*에 의해 생산된다.

2 자라다, 성장하다

Host bacteria containing either a plasmid-based or bacteriophage-based library are plated out on a petri dish and allowed to **grow** overnight to form colonies (or in the case of phage libraries, plaques).

관 be plated out on ....위에 골고루 뿌려지다, out(부) 완전히, colony 박테리아 콜로니, plaque 파아지의 프라그, allow to grow ....자라도록 하다

해 플라스미드를 기반으로 하거나 혹은 파지를 기반으로 하는 라이브러리를 가지고 있는 숙주 박테리아들이 배양접시 위에 골고루 뿌려지고 그리고 콜로니 (혹은 파아지 라이브러리인 경우는 프라그)을 형성하도록 하루 밤 동안 **자라도록 하였다**.

growing
77

형 성장중인, 합성중인

Drugs currently used to treat AIDS act on the viral reverse transcriptase or the protease. The nucleoside analogs (e.g., ZDV) add to the 3′ end of the **growing** DNA transcript produced by reverse transcriptase and prevent further elongation.

해 현재 AIDS치료에 사용되는 약물들은 바이러스의 역전사효소나 혹은 단백질분해효소에 작용한다. 뉴크레오사이드 유사물 (예, ZDV)은 역전사효소에 의해 생산된 **합성 중인** DNA 전사물의 3′ 말단에 추가되어 더 이상의 연장반응을 억제한다.

grown
504

타 be ~ 자라게 되다, 성장되다

A single cell can be readily **grown** into a colony of many identical cells, a process called cell cloning, or simply cloning.

해 단 한 개의 세포라도 많은 동일한 세포들로 이루어진 하나의 콜로니로 쉽게 **자라게 될** 수 있으며, 이 과정을 세포클로닝이나, 혹은 간단하게 클로닝이라 한다.

growth | 명 성장

1572

During **growth**, eukaryotic cells continually progress through the four stages of the cell cycle, generating new daughter cells.

관 continually 규칙적으로 반복하여=recurring regularly, progress(자) through=....쭉 진행하다

해 **성장**을 하는 동안, 진핵세포는 4 단계로 구성된 세포주기를 규칙적으로 반복하여 쭉 진행하여 새로운 딸세포들을 생성한다.

guidance | 명 유도, 안내

8

Glial cells support and insulate neurons; they also provide **guidance** and contact surfaces for migrating neurons during development and send a signal to neurons that promotes formation of synapses.

해 아교세포는 신경세포를 지원하고 그리고 절연체의 역할도 한다; 그들은 또한 발생기 동안에 이동 중인 신경세포들을 위한 **유도**와 접촉용 표면을 제공하며 그리고 시냅스의 형성을 촉진하는 신호를 신경세포에게 보낸다.

guide | 명 안내자, 안내표시

11

The circled numbers serve as a **guide** indicating the approximate order in which the processes begin to occur.

해 원호로 그려진 숫자는 그 과정들이 일어나기 시작하는 대략적인 순서를 표시하는 **안내자**로써 기능한다.

타 안내하다, ...하도록 만들다, ...되도록 만들다

What **guides** proteins to their native folded state?

관 guide(타) ....하도록 만들다=exert control or influence over

해 무엇이 단백질을 태생의 접힌 상태로 **되도록 만드는가**?

guided | 타 be ~ 안내되다, ...하도록 되다

10

Under certain conditions, extracellular chemical cues *guide* the locomotion of a cell in a particular direction. In some cases, the movement is **guided** by insoluble molecules in the underlying substratum.

관 cue(명) 자극물=stimulus, guide(타) ....의 경로로 향하게 하다=direct the course of, underlying .... 의 아래에 깔려있는=lying under,

해 어떤 조건 하에서, 세포외부의 화학자극제들이 세포의 운동을 특정한 방향으로 향*하도록 한다*. 일부의 경우에, 그 이동은 아래에 깔려있는 기질층에 존재하는 불용성 분자들에 의하여 **안내된다**.

guideline | 명 지침, 가이드라인

28

Although most nutritional **guidelines** recommend no more than 30% of daily caloric intake from fats, on average, 40% or more of the daily energy requirement of humans in highly industrialized countries is supplied by dietary triacylglycerols

관 recommend(타) 권장하다, no more than 넘지 않는=(not above, not over), daily caloric intake 일일열량섭취량, on average 평균적으로

해 비록 대부분의 영양**지침**들이 지방으로부터 30%를 넘지 않은 일일열량섭취량을 권장하였지만, 평균적으로 선진국에 사는 사람의 일일에너지권장량의 40% 이상이 음식 속의 중성지방에 의하여 공급되고 있는 실정이다.

half 239

명 1 ~ of 절반, 반

The liver, which stores **half** of the body's folate, takes up much of the folate from the portal circulation; uptake may be through active transport or receptor-mediated endocytosis.

해 간은 전체 몸의 엽산의 **반**을 저장하고 있으며, 문맥의 순환 혈류로부터 엽산 중의 많은 것을 흡수한다; 흡수는 아마도 능동적 수송이나 혹은 수용체에 의해 매개되는 세포내이입을 통한다.

2 절반, 반

The pK_a for the dissociation of acetic acid to hydrogen and acetate ions is 4.75. At this pH, **half** the acid molecules are dissociated.

해 수소와 초산이온으로의 초산의 해리에 대한 pK_a는 4.75이다. 이 pH에서 그 산 분자의 **반**이 해리된다.

형 절반의, 1/2의

The outer membrane, composed of about **half** lipid and **half** protein, contains porins that render the membrane permeable to molecules having molecular weights as high as 10,000.

관 be composed of 구성되다=(consist of, constitute), render(타) .... permeable to ....하게 하다

해 외막은 약 **절반의** 지질과 **절반의** 단백질로 구성되어있으며, 분자량이 10,000이나 되는 분자들이 막을 통과할 수 있도록 해주는 porin을 함유하고 있다.

부 반 정도로

Reduction of CoQ to the fully reduced form, QH_2, occurs in two steps with a **half**-reduced free-radical intermediate, called semiquinone.

해 CoQ가 완전히 환원된 형인 QH_2로의 환원은 semiquinone이라고 불리는 **반 정도로** 환원된 자유라디칼 중간체와 함께 두 단계로 일어난다.

halves

명 (복수) 반쪽들

The first direct evidence that membrane proteins are able to move in the plane of the plasma membrane came from an experiment in which mouse cells and human cells were fused: although the mouse and human cell-surface proteins were initially confined to their own **halves** of the heterocaryon plasma membrane, they quickly diffused and mixed over the entire surface of the cell.

해 막 단백질들이 세포막 평면에서 움직일 수 있다는 최초의 직접적인 증거는 생쥐와 사람 세포들의 융합된 실험으로부터 나왔다. 비록 생쥐와 사람세포의 표면단백질들이 초기에 자신들의 이종핵접합체 세포막의 **반쪽에** 각각 국한되어있었지만, 재빠르게 확산하여 세포의 전체표면으로 퍼져 혼합되었다.

hand 203

명 1 on the other ~ 반면에

The ribosome directs elongation of a polypeptide at a rate of three to five amino acids added per second. Small proteins of 100–200 amino acids are therefore made in a minute or less. On the other **hand**, it takes 2–3 hours to make the largest known protein, titin, which is found in muscle and contains about 30,000 amino acid residues.

관 on the other hand 반면에=from another point of view, direct(타) 추진하다; 수행하다=(manage, conduct), be made *in* a minute 1분 이내에 만들어지다, i*t takes* 2 hours *to* 2시간이 걸리다

해 리보솜은 1초에 3-5개의 아미노산이 추가되는 속도로 폴리펩티드의 연장반응을 수행한다. 그러므로 100-200개의 아미노산으로 된 작은 단백질은 1분 이내에 만들어진다. **반면에** 근육에서 발견되며 약 30,000개의 아미노산잔기를 함유하고 있는, 가장 큰 단백질로 알려진 titin을 만드는 것은 2-3 시간이 걸린다.

2 in ~ 손에 넣고, 제어조작이 가능한 상태에 있는

With the isolated genes in **hand**, the encoded proteins could be produced in the test tube or in engineered bacteria or cultured cells. Then the biochemists could investigate whether the proteins associate with other proteins or DNA or catalyze particular chemical reactions during cell division

관 with .... <가정법 과거> 현재 사실과 반대되는 사실을 가정, be in hand 손에 들어오다=(be accessible, under control), associate with ....와 결합하다

해 분리된 유전자가 **손에 들어오**면, 인코딩된 단백질이 실험관이나, 유전공학적으로 변형된 박테리아 혹은 배양된 세포에서 생산될 수 있다. 그러면 생화학자들은 그 단백질이 다른 단백질들이나 혹은 DNA와 결합하는지 혹은 세포분열기에서 특정 화학반응을 촉매하는지의 여부를 조사할 수 있다.

handed

51

형 방향으로 도는

Most DNA in cells is a right-**handed** helix.

해 세포에 있는 대부분의 DNA는 오른쪽 **방향으로** 꼬여진 나선체이다

happen

7

자 1 일어나다, 생기다

The protective effect of antibodies is not due simply to their ability to bind antigen. Antibodies engage in a variety of activities that are mediated by the tail of the Y-shaped molecule. This part of the molecule determines what will **happen** to the antigen once it is bound to the antibody.

관 be due to .... 때문이다=be because of, be mediated by 에 의해 매개되다

해 항체의 방어효과는 단순히 항원과 결합하는 능력 때문만은 아니다. 항체는 Y-모양을 한 분자의 꼬리부위에 의해 매개되는 다양한 활성에 관여하고 있다. 항체분자의 이 부분은 일단 항원이 항체에 결합하면 항원에서 무슨 일이 **일어날** 것인가를 결정한다.

2 우연히 ....하다

The rate of double-helix formation during hybridization reactions is limited by the rate at which two complementary nucleic acid chains **happen** to collide.

관 hybridization 혼성체형성, collide(자) 충돌하다

해 혼성체 형성반응이 진행되는 동안 이중나선체의 형성속도는 두 개의 상보적인 핵산사슬들이 **우연히** 충돌**하는** 속도에 의해 제한된다.

harbor

22

타 피난처를 제공하다, 숨기다

Proteins produced by some Plasmodium species move to the surface of infected RBCs, causing the cells to adhere to the walls of blood vessels. This prevents infected RBC cells from circulating to the spleen where cells of the immune system would destroy the RBCs and the Plasmodium organisms they **harbor**.

관 plasmodium 말라리아원충, cause(타) .... to ....하도록 하다, prevent(타).... from ....ing 방해하다, harbor(타) 피난처을 제공하다=(give shelter to, hide)

해 일부 말라리아 원충의 종들에 의해 생산된 단백질들은 감염된 RBC의 표면으로 이동하며, 그 결과 세포들이 혈관의 벽에 부착하도록 한다. 이 사실은 감염된 RBC세포들이 면역계의 세포가 그 RBC와 **숨기고 있는** 말라리아원충을 파괴할 수 있는 곳인 비장으로 순환하는 것을 방해한다.

harboring

80

타 숨기다, 거주지를 제공하다

The two major classes of T cells have very different functions. Cytotoxic T cells kill cells **harboring** harmful microbes, while helper T cells help activate the responses of other white blood cells, mainly by secreting a variety of local mediators, collectively called lymphokines, interleukins, or cytokines .

관 harbor(타) 숨기다=(provide a place or habitant for, hide, conceal), cytotoxic T cell 세포독성T세포, helper T cell 보조T세포, local mediator 국소매개물

해 T세포의 두 가지의 주된 부류는 서로 매우 다른 기능을 가지고 있다. 세포독성T세포는 유해한

미생물을 **숨기고** 있는 세포를 죽이고, 반면에 보조T세포는 집약적으로 림포카인류, 인터류킨류 혹은 사이토카인류라 불리는 다양한 국소매개물을 분비함으로써 다른 백혈구세포들의 반응을 활성화하는 것을 보조한다.

hard

3

부 열심히

When muscles work **hard**, they release adenosine, causing the surrounding blood vessels to dilate, which in turn increases the flow of blood and its delivery of O_2 and nutrients to the muscles.

관 dilate(자) 확장되다, in turn차례로, increase(타), delivery .... to ....로의 전달

해 근육이 **열심히** 작동할 때, 아데노신을 유리하여 주위의 혈관들이 확장되도록 하고, 이것은 다시 혈액의 흐름과 근육으로 O_2와 영양분들의 수송을 증가시킨다.

형 단단한, 튼튼한

The transamidation reaction is catalyzed by Factor XIIIa, transglutaminase. This reaction cross-links fibrin monomers, allowing **hard** clots to form.

관 allow(타) .... to ....하게 하다=let .... do or happen, cross-link(타) 교차연결을 하다

해 아마이드기 전달반응은 transglutaminase인 인자XIIIa에 의해 촉매된다. 이 반응은 피브린 단량체들을 교차연결해 주어 **단단한** 혈전이 형성되는 것을 가능하도록 한다.

harmful

6

형 해로운

Owing to its ability to stimulate breakdown of blood clots, TPA (Tissue Plasminogen activator) can minimize the **harmful** consequences of a heart attack, if administered to a patient within 30 minutes of onset.

관 owing to ....때문에=(due to, because of), minimize(타) 최소화하다, heart attack 심장마비, be administered (타) to ....에게 투여되다, onset 발병

해 혈전의 분해를 촉진하는 능력 때문에, TPA (조직형 프라스미노겐 활성제)가 발병 후 30분 이내에 환자에게 투여된다면 심장마비의 **해로운** 결과를 최소화할 수 있다.

harvest

32

타 모으다, 수확하다, 거둬들이다

Plants and a few other organisms can **harvest** energy from sunlight to form ATP in photosynthesis.

해 식물과 몇 가지 다른 생명체들은 광합성에 필요한 ATP를 생성하기 위하여 태양빛으로부터 에너지를 **모을** 수 있다.

명 모음, 수확, 얻음

The **harvest** of cells from tissue for maintenance and propagation in vitro by tissue culture is a major tool in medical and biochemical research.

해 조직배양에 의해 시험관 실험에서 유지와 번식을 위하여 조직으로부터 추출한 세포들의 **모음**은 의학과 생화학 연구에서 주요한 도구가 된다.

headed

1

형 머리로 구성된

Like kinesin I, cytosolic dynein is a two-**headed** molecule, with two identical or nearly identical heavy chains forming the head domains.

해 kinesin I 과 같이, 세포질의 dynein은 머리 도메인을 형성하는 2개의 동일하거나 거의 동일한 중쇄를 가진 2개의 **머리로 구성된** 분자이다.

heart

55

명 핵심, 중심, 심장

Covalent and noncovalent interactions lie at the **heart** of all biomolecules, as when two proteins with complementary shapes come together to form a tightly bound complex.

관 covalent 공유결합을 하는, lie(자) at the heart of ....의 핵심이 되다=be at the heart of, complementary shape 상보적인 모양

해 상보적인 모양을 한 두 단백질들이 만나서 견고하게 결합된 복합체를 형성할 때와 같이, 공유

와 비공유 상호작용은 모든 생체분자의 **핵심**이 된다.

heat
104

명 열

As a consequence, ATP hydrolysis is energetically favorable and proceeds with release of energy as **heat**

관 energetically favorable 에너지측면에서 유리한, proceed(자) 진행되다

해 그 결과로, ATP의 가수분해는 에너지의 측면에서 유리하여 **열**로써 에너지의 방출과 동시에 진행된다.

타 ~ .... to ....를 ....까지 가열하다

The PCR protocol has been automated through the invention of thermal cyclers that alternately **heat** the reaction mixture to 95°C to dissociate the DNA, followed by cooling, annealing of primers, and another round of DNA synthesis.

해 PCR의 절차는 냉각하기, 프라이머의 재결합하기, 그리고 난 후 또 다른 순환의 DNA 합성이 뒤이어 오고, DNA를 해리시키기기 위하여 순환 반복적으로 반응혼합물을 95°C로 **가열**하는 온도조절순환기 thermal cycler의 발명을 통하여 자동화되었다.

heated
24

타 be ~ 가열되다

When DNA synthesis is complete, the whole mixture is then **heated** to 95 °C to melt the newly formed DNA duplexes.

해 DNA 합성이 완료되면, 전체 혼합물은 새로 형성된 DNA이중체를 녹이기 위하여 그 후 95°C까지 **가열된다**.

heavily
16

부 1 심하게, 빽빽하게

Some cell-surface proteins and **heavily** glycosylated proteoglycans of the extracellular matrix are bound to the exo-plasmic face of the plasma membrane by a third type of anchor group, glycosylphosphatidylinositol (GPI).

해 일부 세포의 표면단백질과 세포외기질을 구성하는 **심하게** 당화되어있는 proteoglycan은 세 번째 유형의 고정용 작용기인 glycosylphosphatidylinositol (GPI)에 의하여 원형질막의 바깥쪽 면에 결합되어있다.

2 다량으로

His wife stated that he had been drinking **heavily** for the past week.

해 그의 부인은 지난주에 그가 술을 계속 **다량으로** 마셔왔었다고 진술하였다.

heavy
98

형 무거운, 과한

heavy exercise, heavy drinking, heavy chain, heavy metal

해 과도한 운동, 과음, 중쇄, 중금속

help
53

명 도움

Patients with sickle cell anemia periodically experience sickle cell crises, and his physician urged him to seek medical **help** whenever symptoms reappeared.

관 sickle cell anemia 낫형세포성 빈혈, urge(타) 당부하다=demand earnestly

해 낫형세포성 빈혈환자들은 주기적으로 낫형세포의 위험성을 겪는다, 그래서 그의 주치의는 증상이 다시 나타날 때마다 언제든지 의학적 **도움**을 찾도록 그에게 당부하였다.

타 1 돕다. ....에 도움이 되다

The unique properties and actions of an inhibitory substance can often **help** to identify aspects of an enzyme mechanism.

해 저해물질의 특이한 행동특성이나 작용은 자주 효소기전의 양상들을 찾아내는데 **도움이 된다**.

2 되도록 하다

how does the enzyme **help** this reaction to proceed?

해 효소는 어떻게 이 반응이 계속 진행**되도록 하는가**?

helpful 형 도움이 되는, 유용한

30

Elevated levels of chylomicrons were measured in the blood of a patient. What dietary therapy would be most **helpful** in lowering chylomicron levels?

관 lower(타) 낮추다=(reduce in value or degree), would 결과; 추측

해 Chylomicron의 상승된 수준이 환자의 혈액에서 측정되었다. 어떤 음식물 치료법이 chylomicron의 수준을 낮추는데 가장 **도움이 될 수 있을**까?

참 chylomicron : 혈액 속에서 지질의 수송기능을 하는 지단백질의 일종으로 음식의 소화과정에서 소장에서 흡수된 지질을 림프액을 통하여 간, 지방조직, 심장, 근육 등에 공급한다.

hence 부 그런 이유로, 그러므로

74

A cloned cDNA can be modified by fusing it to a short DNA sequence encoding an amino acid sequence recognized by a known monoclonal antibody. Such a short peptide that is bound by an antibody is called an epitope; **hence** this method is known as epitope tagging.

관 fuse(타) .... to ....에 ....를 융합하다, be called ....로 불리다=be named, monoclonal antibody 단일클론항체, be known as ....로 알려져 있다, hence 이런 이유로=for this reason, epitope tagging 에피토프표지법

해 어떤 클로닝된 cDNA는 알려진 단일클론항체에 의해 인식되는 아미노산서열을 인코딩하는 짧은 DNA서열과 융합하여 변경될 수 있다. 항체에 의해 결합되는 그러한 짧은 펩티드는 항원결정기epitope라 불린다; **그런 이유로** 이 방법은 epitope tagging이라 알려져 있다.

here 부 여기서

444

Shown **here** is the ADP-bound conformation.

해 **여기서** ADP가 결합된 입체구조가 보인다.

heterogeneity 명 다른 성분의 혼합물, 이질성

45

The specificity of an antiserum for a particular antigen sometimes can be sharpened by removing the unwanted antibody molecules that bind to other molecules; Even so, the **heterogeneity** of such antisera sometimes limits their usefulness.

해 어떤 특정의 항원에 대한 항혈청의 특이성은 가끔 다른 분자에 결합하는 원하지 않는 항체분자를 제거함으로써 확 높아질 수 있다; 심지어 그렇게 하드라도, 그런 항혈청의 **이질성**은 때때로 그 유용성을 제한하기도 한다.

heterogeneous 형 다른 성분으로 된, 이질 성분의

34

The appearance of lipofuscin granules in many tissues increases during aging. The pigment lipofuscin consists of a **heterogeneous** mixture of cross-linked polymerized lipids and protein formed by reactions between amino acid residues and lipid peroxidation products.

해 많은 조직에서 lipofuscin과립의 출현이 노화과정 중에 증가한다. Lipofusin 색소는 아미노산과 지질과산화물 사이의 반응에 의하여 형성된 지질과 단백질의 교차연결로 중합된 **이질성분의** 복합물로 구성되어있다.

heterologous 형 다른 종으로부터 유래된

31

A piece of DNA from the corresponding gene in a related organism can also be used as a probe in screening a library for a particular gene. Such probes are termed **heterologous** probes because they are not derived from the homologous (same) organism.

해 어떤 연관된 생명체에 존재하는 해당하는 유전자로부터 얻은 DNA의 일부분도 역시 특정한 유전자를 찾기 위하여 라이브러리를 스크리닝하는데 탐침자로써 사용될 수 있다. 그러한 탐침자들은 **다른 종으로부터 유래된**heterologous 탐침자라고 한다, 왜냐하면 동일한homologous 생명체로부터 유래되지 않았기 때문이다.

heterotrophic 형 종속영양생명체의

7

Heterotrophic cells then use these organic products of photosynthetic cells both as fuels and as building blocks, or precursors, for the biosynthesis of their own unique complement of biomolecules.

관 use(타) .... as=....를 ....로 사용하다, complement 보충물 (광합성 세포의 유기산물을 재료로 하여 합성할 수 있는 생체분자들; 이 complement와 complement를 제외한 나머지 생체분자들이 합해서 생명체가 필요로 하는 모든 생체분자들이 된다)

해 **종속영양생명체의** 세포는 그 후에 광합성 세포들의 유기생산물을 연료물질로도 사용하고 그리고 생체분자 가운데서 자신의 고유한 보충물의 생합성을 위한 구축단위 혹은 전구체로도 사용한다.

heterotroph 명 종속영양생명체

5

Heterotrophs require an organic form of carbon, such as glucose, in order to synthesize other essential carbon compounds.

관 heterotroph 종속영양생명체, autotroph 독립영양생명체

해 **종속영양생명체**는 다른 필수탄소화합물들을 합성하기 위하여, 포도당과 같은 유기물 형태의 탄소를 필요로 한다.

참 독립영양생명체와 종속영양생명체 : 독립영양생명체는 간단한 구조의 무기물을 원료로 하여 광합성이나 화합적 합성법으로 탄수화물, 지방, 단백질 등의 복잡한 구조의 유기물질을 직접 만들 수 있는 생명체이다. 반면에 종속영양생명체는 이미 만들어져 있는 탄수화물, 지방, 단백질 등과 같은 유기물질을 섭취하여 살아가는 생명체들이다.

heterotropic 형 이종형 자극성인

13

Effectors that influence the binding of something other than themselves are termed **heterotropic** effectors.

관 other than ....와는 별도로=except for, homotropic 동종형 자극성인 ≠heterotropic 이종형 자극성인

해 자기 자신이 아닌 다른 것의 결합에 영향을 미치는 효과제는 **이종형 자극성** 효과제라는 용어로 불린다.

heterozygote 명 이형접합체, 이질접합체

3

In diploid organisms, as noted previously, the phenotypic effect of a recessive allele is expressed only in **homozygous** individuals, whereas dominant alleles are expressed in **heterozygotes**.

관 recessive 열성인≠dominant, as noted previously 이전에 간단히 언급하였듯이=as mentioned previously, phenotypic effect 표현형에 대한 효과

해 이전에 간단히 언급되었듯이, 이배체 생명체에서 열성 대립유전자의 표현형에 대한 효과는 동형 접합체인 개체에서만 발현되고, 반면에 우성 대립유전자는 **이형 접합체**에서 발현된다.

heterozygous 형 이형접합형의, 이질접합형의

18

Since diploid organisms carry two copies of each gene, they may carry identical alleles, that is, be homozygous for a gene, or carry different alleles, that is, be **heterozygous** for a gene.

관 carry(타) 지니다=(hold, have), that is=that is to say 즉, allele 대립유전자

해 이배체 생명체들은 유전자 마다 2개의 복사물 소유하고 있기 때문에, 동일한 대립유전자를 가질 수도 있으며, 즉, 어떤 유전자에 대해서 동형 접합형이 되며, 혹은 서로 다른 대립유전자를 가질 수도 있어서, 어떤 유전자에 대해서는 **이형 접합형**이 된다.

hierarchical 형 단계별, 계층적인

22

The "tree" diagram at the top shows how the expression patterns for individual genes can be organized in a **hierarchical** fashion to group together the genes with the greatest similarity in their patterns of expression over time.

해 맨 위에 있는 "계통수"그림tree diagram은 시간이 지나면서 유전자들의 발현패턴에서 가장 높은 유사성을 가진 유전자들을 집단으로 함께 묶기 위하여, 개별 유전자들에 대한 발현패턴들이 **계층적인** 방식으로 조직화될 수 있는 방법을 보여주고 있다.

hierarchy 명 계층, 계급화

12

The cyclic AMP and Ca^{2+} intracellular signaling pathways interact at several levels in the **hierarchy** of control.

해 cAMP와 Ca^{2+}의 세포내의 신호전달경로들은 **계층**형의 조절방식으로 여러 수준에서 상호반응을 한다.

참 세포질의 Ca^{2+}과 cAMP의 농도는 서로 영향을 줄 수 있고, 그리고 이 두 물질에 의해 직접 조절되는 효소들 또한 서로 영향을 미칠 수도 있다. 그리고 이들 효소 또한 공통의 표적분자들을 가질 수도 있어서 상호적으로 효과를 주기도 한다.

high 형 높은

1259

As a consequence, she was able to maintain hematocrit and hemoglobin levels that were on the **high** side of the normal range, and her tissues had an increased capacity for anaerobic glycolysis.

관 as a consequence=(consequently, therefore), be on the side ....의 쪽에 있다

해 그 결과로, 그녀는 정상 범위에서 **높은** 쪽에 속하는 헤마토크릿과 헤모글로빈 수준을 유지할 수 있었으며, 그래서 그녀의 조직들은 무산소 해당작용을 위한 증가된 능력을 가지게 되었다.

higher 형 더 높은

704

Not only the melting temperature of DNA but also its density in solution is dependent on relative G : C content. G : C-rich DNA has a significantly **higher** density than A : T-rich DNA.

해 DNA의 녹는 온도뿐만 아니라 용액에서의 밀도도 상대적인 G : C의 함량에 달려있다. G : C가 풍부한 DNA는 A : T가 풍부한 DNA보다 상당히 **더 높은** 밀도를 가진다.

highest 형 가장 높은

153

Transcription of a gene is **highest** when the associated histones are highly acetylated; histone deacetylation causes chromatin to assume a more condensed/ transcriptionally inactive form.

관 cause(타) .... to ....하게 하다=compel by force, deacetylation 탈아세틸화, assume(타) 취하다

해 유전자의 전사반응은 결합된 히스톤들이 높게 아세틸화되어있을 때 **가장 높다**; 히스톤의 탈아세틸화는 염색질이 더 응축된/ 전사반응으로는 불활성화된 형태를 취하도록 한다.

참 세미콜론과 콜론 : 세미콜론 (;)은 두 절 사이의 더 밀접한 관계를 나타내기 위하여 사용되며, 콜론 (:)은 인용, 설명, 혹은 예를 추가하기 위해서 사용한다.

highly 부 1 대단하게, 높게

468

Triacylglycerols are rich in **highly** reduced carbons and thus yield large amounts of energy in the oxidative reactions of metabolism.

해 중성지방에는 **높게** 환원된 탄소들이 많이 존재하고 있어서, 그래서 대사의 산화반응에서 다량의 에너지를 생산하게 된다.

2 매우

Moreover, most animal tissues upon dissection and homogenization rapidly synthesize and degrade a variety of these prostaglandins, so the amounts obtained in isolation procedures are extremely sensitive to the methods used and **highly** variable even when procedures are carefully controlled.

관 upon=immediately after ....하자말자 곧, variable 일정하지 않은=(likely to change, inconstant),

해 더욱이, 대부분의 동물조직은 잘라내어 균질화시키자말자 곧 다양한 prostaglandin류를 신속하게 합성하기도하고 분해하기도 한다, 그래서 분리절차에서 얻어진 양은 사용되는 방법에 극도로 민감하여, 심지어 절차가 주의하여 조절될 때라도 **매우** 일정하지 않다.

highlight | 타 강조하다, 눈에 띄게 하다

Unlike bacterial and yeast cells, which can be grown in suspension, most animal cells will grow only on a solid surface. This **highlights** the importance of cell adhesion molecules. Many types of cells can grow on glass or on specially treated plastics with negatively charged groups on the surface (e.g., SO_3^{2-}).

관 will 의지미래, highlight(타) 강조하다=emphasize, be grown(타) in suspension 용액에서 배양되다, adhesion molecule 접착용 분자, grow(자) only on ....위에서만 자라다

해 용액상태에서 자랄 수 있는 박테리아와 효모세포와는 달리, 대부분의 동물세포는 고체의 표면위에서만 자라려고 한다. 이 사실은 세포의 접착용 분자의 중요성을 **강조한다**. 많은 종류의 세포들은 유리 위에서 혹은 표면에 음으로 하전된 작용기 (예, SO_3^{2-})로 특별하게 처리된 플라스틱 용기 위에서 자랄 수 있다.

highlighted | 타 be ~ 강조되다, 눈에 띄게 되다

37

In this immunoelectron micrograph of a fibroblast cell, microtubules are **highlighted** in red; intermediate filaments, in blue; and the short connecting fibers between them, in green.

해 어떤 섬유모세포의 면역 전자현미경사진에서, 미세소관은 적색으로; 중간필라멘트는 푸른색으로; 그리고 그 사이의 짧은 연결용 섬유들은 녹색으로 **강조되어있다**.

homogenate | 명 균질액

41

They injected radioactive amino acids into rats and, at different time intervals after the injection, removed the liver, homogenized it, fractionated the **homogenate** by centrifugation, and examined the subcellular fractions for the presence of radioactive protein.

관 homogenize(타) 균질화하다, homogenate(명) 균질액, fractionate(타) 분획으로 나누다, subcellular fraction 세포내의

해 그들은 방사성 아미노산을 쥐에 주사하고, 주사 후 서로 다른 시간 간격에서 간을 꺼내어, 균질화하였고, 원심분리로 **균질액**을 분획으로 분리하였으며, 그리고 방사성 단백질의 존재를 찾기 위하여 세포내의 분획을 조사하였다.

참 이 문장은 주어 they (실험자들)는 4개의 동사 injected, removed, homogenized, examined들을 가지고 있는데, 각 동사를 포함한 문장은 쉼표(,)로 구분되었고, 마지막 절은 'and' examined로 받았다.

homogeneity | 명 동질성, 균질성

32

Once a protein has been purified to **homogeneity**, its biological activities can be examined in detail.

관 once .... 일단 ....이면, to homogeneity 순수하게, in detail 상세하게=thoroughly

해 일단 어떤 단백질이 **순수하게** 정제된 상태이면, 그것의 생물학적 활성이 상세하게 조사될 수 있다.

homogeneous | 형 동종의, 균질의, 동종 상태인

22

The resulting, relatively **homogenous** population of cells then can be analyzed either directly or after their number has been greatly increased by allowing them to proliferate in culture.

관 directly 곧바로=(at once, instantly), allow .... to proliferate 증식하도록 하여=let .... proliferate

해 그 결과로 생긴, 비교적 **동종 상태인** 세포들의 군집은 곧바로 혹은 배양하여 증식하도록 하여 그 수가 상당히 증가된 후에 분석될 수 있다.

homogenization | 명 균질화하기, 균질화, 분쇄

26

Disruption of cells by vigorous **homogenization**, sonication, or other techniques releases their organelles. Swelling of cells in a hypotonic solution weakens the plasma membrane, making it easier to rupture.

해 강력한 **균질화**하기, 초음파처리, 혹은 다른 기술에 의한 세포들의 파괴는 소기관들을 유리시킨다. 저장액 속에서 세포를 팽창하게 만드는 것은 세포막을 약화시키므로, 파쇄하는 것을 더 쉽게 만든다.

homogenized 타 be ~ 균질화되다, 파쇄되다

67

After tissue is **homogenized** in this solvent to extract all lipids, more water is added to the resulting extract and the mixture separates into two phases, methanol/water (top phase) and chloroform (bottom phase).

관 extract(타, 명) 추출(하다), separate(자) into ....로 분리되다

해 모든 지질을 추출하기 위하여 조직이 이 용매에서 **균질화된** 다음, 그 결과로 얻은 추출물에 물이 좀 더 첨가되니, 그 혼합물은 methanol/물 (상층)과 chloroform (하층)의 2개의 상으로 분리되었다.

homologous 형 ~ to ....와 상동성이 있는, 일치하는, 동종의

94

Proteins that share a large number of conserved residues are said to be **homologous** to one another.

해 많은 수의 보존된 잔기들을 공통적으로 가지고 있는 단백질들은 서로 **상동성이 있다**고 말하여진다.

homology 명 상동성, 상동

286

This evolutionary tree is inferred from the **homology** between the amino acid sequences of the α-globin, β–globin, and myoglobin chains.

해 이 진화계통수는 α-globin, β–globin, 및 myoglobin 사슬의 아미노산서열 사이의 **상동성**으로부터 유추되었다.

homolog 명 1 상동체

homologue

The hsp60 family of chaperones, sometimes called chaperonins, differ in sequence and structure from its **homolog** of hsp70.

173

해 hsp60 부류에 속하는 chaperone들은 가끔 chaperonin이라 불리며, **상동체**인 hsp70과는 서열과 구조에서 서로 다르다.

참 Homolog상동체에는 paralog와 ortholog 2가지 종류가 있다. Paralog는 동일한 개체에서 발견되는 상동체로 일반적으로 서로 다른 기능을 담당하고 있고, 반면에 ortholog는 다른 종의 개체에서 같거나 유사한 기능을 하는 상동체들이다.

2 유사물, 유사체

Homologs of the proteasome are found in prokaryotes, although the physiological roles of these **homolog**s have not been well established.

관 have not been well established <현재완료> 계속, establish(타)=prove the truth of

해 Proteosome의 **유사체**들이 원핵세포에서도 발견되지만, 그러하더라도 이들 유사체의 생리적 역할이 아직 잘 알려지지 않은 상태이다.

hold 타 1 계속 유지하다, 지탱하다

35

When she is asked to **hold** both arms straight out in front of her for as long as she is able, both arms begin to drift downward within minutes. Her physician suspects that she has myasthenia gravis.

관 be asked to ....하도록 요청을 받다, as long as ....하는 한 오랫동안, drift(자) downward 아랫방향으로 처지다, myasthenia gravis 중증 근무력증

해 그녀가 할 수 있는 한 오랫동안 양팔을 그녀의 앞으로 뻗은 상태를 **계속 유지하도록** 요청 받았을 때, 양쪽 팔이 수분 내에 아래를 향해 처지기 시작하였다. 그녀의 주치의는 그녀가 중증근무력증임을 의심하게 되었다.

참 중증근무력증myasthenia gravis : 활동을 시작한지 얼마 되지 않아 곧 사지의 힘이 없어지고 피로를 호소하다가 쉬게 되면 곧 회복되는 특징을 가진 질병으로, 근육과 신경접합부 사이의 연결부분에서의 결함으로 발생한다. 주로 근신경접합부에서 작용하는 신경전달물질인 아세틸콜린의 수용체에 대한 자가항체에 의해 유발되는 자가면역질환의 하나이다. 호흡과 관련된 신경접합부에서 발생하면 죽게 될 수도 있다.

2 (손에) 가지고 있다, 수용하다

As nascent polypeptide chains are being produced, they travel through a tunnel in the ribosome, which can **hold** roughly 30 amino acid residues.

해 태생의 폴리펩티드사슬이 생산되면서, 대략 30여개의 아미노산잔기들을 **수용할** 수 있는 리보솜에 존재하는 터널을 관통하여 이동한다.

참 태생의 폴리펩티드nascent polypeptide : 단백질이 리보솜에서 합성된 후 당화, 인산화, 지질분자의 추가, 아세틸화 등의 여러 변형반응을 받아 기능이 조절된다. 태생의 폴리펩티드란 이러한 변형반응이 일어나지 않은 리보솜에서 합성된 상태 그대로의 펩티드를 말한다.

3 ~ .... close to ....를 가까이 잡아당기다

The very stable coiled-coil SNARE complexes that are formed **hold** the vesicle close to the target membrane.

관 *the very*와 같이 'very'는 this, that, the 뒤에 와서 다음에 쓰인 명사를 강조 *바로 그*

해 형성된 바로 그 안정한 꼬여진 코일형의 SNARE 복합체들이 그 소포를 **잡아** 표적인 막 **가까이로 잡아당긴다**.

참 SNARE (Soluble NSF Attachemnt Protein REceptor) : 세포에서 생산된 물질이 분비되거나 혹은 안으로 도입될 때 소포vesicle들이 이용된다. 이때 소포와 또 다른 소포 혹은 세포막, 소기관의 막과의 융합이 일어나게 되는데, 이 융합반응이 SNARE류 단백질에 의하여 매개된다.

4 hold .... together 함께 붙들다, 함께 잡다, 결속하다

The cell-adhesion molecules that **hold** tissues together keep benign tumor cells, like normal cells, localized to the tissues where they originate.

관 hold(타) .... together ....를 함께 묶다, keep(타) .... localized to 계속하여 ....에 국소화되록 유지하다, originate(자) 시작되다 <주의!> 수동형으로 사용하지 않음

해 조직을 **결속하는** 세포의 접착용 분자들이 양성 종양세포를 정상세포와 같이 그들이 유래된 그 조직에 계속 국소화되도록 유지한다.

5 ~ promise 성공할 것 같다

The rapid advances in molecular cell biology in recent years **hold** promise that in the not too distant future we will understand how the regulation of specialized cell function, shape, and mobility coupled with regulated cell replication and cell death (apoptosis) lead to the growth of complex organisms like trees and human beings.

관 hold promise 성공할 것 같다=be likely to succeed, in the not too distant future 너무 멀지 않은 장래에, lead to ....의 결과를 만들다=(result in, cause, bring about)

해 최근 몇 년간 분자생물학에서의 신속한 발전은, 너무 멀지 않은 장래에 우리가 조절된 세포의 복제와 세포의 죽음 (압톱토시스)과 연결된 전문화된 세포의 기능, 모양 및 운동의 조절이 어떻게 수목들이나 사람과 같은 복잡한 생명체들의 성장의 결과를 만들게 하는지를 이해하는 것을 **성공하도록 할 것 같다**.

참 The new drug *holds promise* for helping to control addiction=The new drug is *likely to succeed in* helping to control addition

however 접 그러나, 그렇지만

1596

As the glycogen stores begin to fill, the liver also begins converting some of the excess glucose it receives to triacylglycerols. The liver does not store triacylglycerols, **however**, but packages them along with proteins, phospholipids, and cholesterol into the lipoprotein complexes known as very-low-density lipoproteins (VLDL).

관 fill(자) 차다, package(타) .... into ....속으로 채워 넣다, riacylglycerols 중성지방, along with ....와 함께, very-low-density lipoprotein 최저밀도지단백질

해 글리코겐 저장소가 차기 시작하면서, 간 또한 받아들인 과도한 포도당의 일부를 중성지방으로 전환하기 시작한다. **그러나** 간은 중성지방을 저장하지 않지만, 단백질, 인지질 및 콜레스테롤과 함께 최저밀도지단백질 (VLDL)이라고 알려진 지단백질복합체 속으로 채워 넣는다.

hundred 명 수백, 많음

31

Hundreds of biological compounds (e.g., amino acids, nucleosides, and numerous metabolic intermediates) labeled with various radioisotopes are commercially available.

해 다양한 방사성 동위원소로 표지된 **수백**의 생물학적 화합물들 (예, 아미노산, 뉴크레오사이드 및 여러 대사중간산물들)이 상업적으로 이용가능하게 되었다.

형 백의, 백개의

FIGURE 6. Gap junctions have a characteristic appearance in electron micrographs. In this thin section through a gap junction connecting two mouse liver cells, the two plasma membranes are closely associated for a distance of several **hundred** nanometers, separated by a "gap" of 2–3 nm.

관 gap junction 교통연접, for a distance of ....의 거리로, have a characteristic appearance 특징적인 모습을 하다

해 그림 6. 교통연접은 전자현미경 사진에서 특징적인 모습을 보인다. 생쥐의 두 간세포를 연결하고 있는 교통연접을 통과하는 이 얇은 절단면에서, 2-3 nm의 "빈 공간"으로 분리된 2개의 세포막은 **수백** 나노미터 길이로 가깝게 결합되어있다.

hybrid 형/명 잡종(의), 혼성(의)

72

The fusion of two cells that are genetically different can yield a **hybrid** cell with novel characteristics. For instance, the fusion of a myeloma cell with a normal antibody-producing cell from a mouse spleen yields a hybrid that proliferates into a clone called a hybridoma.

해 유전적으로 서로 다른 두 세포들의 융합은 새로운 특성을 가진 **잡종**세포를 탄생시킬 수도 있다. 예를 들면, 골수종myeloma 세포와 생쥐의 비장에서 채집한 정상의 항체를 생산하는 세포의 융합은 hybridoma라고 하는 클론으로 증식하는 **잡종세포**를 만든다.

hybridization 명 혼성체형성 (실험)

180

Hybridization of fluorescently labeled cDNA preparations to DNA microarrays provides a means for analyzing gene expression patterns on a genomic scale.

관 hybridization of .... to ....와의 혼성체형성, provide a means for 수단을 제공하다, on a scale ....의 규모에서

해 형광으로 표지된 cDNA 제조물의 DNA microarray와의 **혼성체형성**은 유전체 규모에서 유전자의 발현형태를 분석하기 위한 수단을 제공한다.

참 DNA mcroarray기술 : 유전체에 존재하는 수만 종에 이르는 전체 혹은 일부분의 유전자들의 발현형태를 한 번의 실험으로 분석할 수 있는 기술이다. Northern이나 Western 블롯팅과 같은 생화학적 방법으로는 한 번에 단지 몇 종의 유전자의 발현만을 분석할 수 있는데 비해 매우 강력한 기술이다.

hybridize 자 1 ~ to (....에) 결합되어 혼성체가 되다

11

The samples would be allowed to **hybridize** to the DNA chips.

해 그 시료는 DNA칩**에 결합되어 혼성체가 형성하도록** 허용되었다.

2 ~ with ....와 결합되어 혼성체가 되다

These specific oligonucleotides, which are at a very high concentration, will **hybridize** with their complementary sequences in the DNA sample, whereas the long strands of the sample DNA remain apart because of their low concentration.

해 이들 특이 olignucleotide가 매우 높은 농도로 존재하고 있어서, DNA 시료 속의 상보적인 서열**과 결합되어 혼성체를 형성할 것이지만**, 반면에 시료 DNA 중의 긴 가닥은 낮은 농도 때문에, 결합되지 않은 상태로 남아있다.

참 PCR (polymerease chain reaction) : PCR 실험에서 사용되는 짧은 프라이머는 높은 농도로 존재하기 때문에 상보적인 서열을 찾아 쉽게 혼성체를 형성할 수 있다. 반면에 시료 속의 원래의 DNA는 길이가 길고 농도가 낮아 이러한 프라이머와의 경쟁할 때 결합할 확률이 낮다. amplify 참조

타 .... 와 혼성체를 만들게 하다

Hybridize filter with radioactively labeled probe.

해 필터를 방사능으로 표지된 탐침자와 **혼성체를 만들**게 하시오.

hybridized

125

타 be ~ ....와 혼성체가 만들어지다

After the probes are **hybridized** to chromosomes and the excess removed, the sample is observed with a fluorescent microscope.

해 그 탐침자가 염색체**와 혼성체가 만들어지고** 그리고 여분의 탐침자는 제거된 후에, 그 시료는 형광현미경으로 관찰된다.

hydrated

8

타 be ~ 수화되다

Not all of the starch ingested as part of foods is normally digested in the small intestine. Starches high in amylose, or less well **hydrated** (e.g., starch in dried beans), are resistant to digestion and enter the colon.

관 Not all 부분부정, be resistant to ....가 잘되지 않다, enter(타) ....로 들어가다

해 음식의 일부로써 섭취된 모든 전분이 정상적으로 소장에서 소화되지는 않는다. Amylose의 함량이 높은 전분이나 혹은 잘 **수화되지** 않는 (예, 건조된 콩의) 전분은 소화가 잘되지 않아 대장으로 들어간다.

hydration

29

명 수화

Each lipoprotein particle is composed of a core of hydrophobic lipids such as cholesterol esters and triacylglycerols surrounded by a shell of polar lipids (the phospholipids), which allows a **hydration** shell to form around the lipoprotein.

관 hydration shell 수화껍질, allow .... to form 형성되는 것을 가능하게 하다=(make .... possible to form, enable .... to form)

해 각 지단백질 알갱이들은 극성 지질 (인지질)로 된 한 개의 껍질에 의하여 둘러싸인 콜레스테롤 에스테르와 중성지방과 같은 소수성 지질로 이루어진 핵으로 구성되어있는데, 그 극성 지질의 껍질은 **수화**껍질이 지단백질의 주위에 형성되는 것을 가능하도록 한다.

hydrolysate

7

명 가수분해산물

The complex amino acid mixture in the **hydrolysate** obtained after digestion of a protein in 6 N HCl can be separated into the component amino acids by reversed-phase high-pressure liquid chromatography (HPLC).

해 6N HCl에서 단백질의 분해 후 얻은 **가수분해 산물** 속의 복잡한 아미노산 혼합물은 역상고압액체크로마토그라피 (HPLC)에 의하여 구성아미노산들로 분리될 수 있다.

hydrolysis

110

명 가수분해

Hydrolysis of the bound GTP is thought to cause conformational changes in the GTPase itself or other associated proteins that are critical to various complex molecular processes.

해 결합된 GTP의 **가수분해반응**이 복잡한 여러 분자수준의 경로에 중요한 GTPase 자체나 혹은 다른 관련된 단백질에서 입체구조의 변화를 유발시킨다고 생각된다.

hydrolytic

9

형 가수분해하는

Within the acidic lumen of lysosomes, **hydrolytic** enzymes degrade proteins, nucleic acids, and other large molecules.

관 lumen 내부공간(강), degrade(타) 분해하다=break down

해 Lysosome의 산성인 내부공간에서, **가수분해하는** 효소들이 단백질, 핵산 및 다른 큰 분자들을 분해한다.

hydrolytically

2

부 가수분해방법으로

The special challenge faced by phosphorylase is to cleave glycogen phosphorolytically rather than **hydrolytically** to save the ATP required to phosphorylate free glucose.

관 challenge(명) 흥미로운 일= calling into question

해 Phosphorylase에 대한 흥미로운 일은 자유형 포도당을 인산화하는데 필요한 ATP를 절약하기 위하여 글리코겐을 **가수분해 방법으로**보다는 오히려 인산분해 방법으로 절단하는 것이다.

참 인산분해phosphorolytic cleavage : phosphorolytic 참조

hydrolyze 타 가수분해하다

27

This stimulates Ran to **hydrolyze** its bound GTP to GDP, causing it to convert to a conformation that has low affinity for the importin, so that the free importin is released into the cytoplasm, where it can participate in another cycle of import.

해 이것은 Ran이 자신과 결합된 GTP를 GDP로 **가수분해하는** 것을 촉진하여, importin에 대한 낮은 친화력을 가지는 입체구조로 전환되도록 하고, 그래서 자유롭게 된 importin이 세포질로 방출되어, 그곳에서 다른 주기의 내부로의 수송에 참여할 수 있게 된다.

참 Ran단백질은 G단백질의 일종으로 importin과 함께 핵의 지역화신호Nuclear-Localization Signal (NLS) 서열을 포함하고 있는 단백질을 핵으로 수송하는 역할을 한다.

hydrolyzed 타 be ~ 가수분해되다

19

Signaling by acetylcholine is terminated when it is **hydrolyzed** to acetate and choline by acetylcholinesterase, an enzyme localized to the synaptic cleft.

관 be terminated 종결되다=be ended, be localized to ....에 모여 있다=be concentrated in

해 Acetylcholine에 의한 신호전달반응은 그것이 시냅스의 틈새에 국소적으로 모여 있는 효소인 acetylcholinesterase에 의하여 acetate와 choline으로 **가수분해될** 때 종결된다.

hydrophobic 형 소수성의

146

Nonpolar molecules can also associate, albeit weakly, through van der Waals interactions. The net result of the **hydrophobic** and van der Waals interactions is a very powerful tendency for **hydrophobic** molecules to interact with one another, not with water.

관 albeit 비록=although, hydrophobic 소수성의 ≠hydrophilic, one another 서로=each other

해 비극성 분자 역시 비록 약하지만, 반델발스 상호반응을 통하여 결합할 수 있다. **소수성** 결합과 반델발스 결합의 순수한 결과는 **소수성인** 분자들이 물 분자와는 아니고, 서로 결합하려는 매우 강한 성향이 되는 것이다.

hydrophobicity 명 소수성

12

The relative diffusion rate of any substance across a pure phospholipid bilayer is proportional to its concentration gradient across the layer and to its **hydrophobicity** and size.

관 diffusion rate 확산속도, hydrophobicity 소수성≠hydrophilicity 친수성, be proportional to ....에 비례하다=(be proportionate to, be in proportion to)

해 순수한 인지질 이중층을 관통하는 어느 물질의 상대적인 확산속도는 이중층을 가로질러 형성된 그것의 농도경사에 비례하고 또한 **소수성**과 크기에 비례한다.

hyperbola 명 완만한 곡선형, 쌍곡선

5

In the absence of cooperative binding, a binding curve is a **hyperbola**, similar to the simple kinetic curves in Figure 1.

해 협동성 결합이 없는 상태에서, 결합곡선은 그림 1에서의 단순한 속도반응곡선과 유사한 **완만한 곡선형**이 된다.

hyperbolic 형 완만한 곡선형의, 쌍곡선의

7

A high concentration of ATP converts the **hyperbolic** binding curve of fructose 6-phosphate into a sigmoidal one.

해 ATP의 높은 농도는 fructose 6-phosphate의 **완만한 곡선형의** 결합곡선을 S자형으로 전환시킨다.

hypothesis 명 가설

208

We now test the **hypothesis** that cathepsin C, which are only present in a limited number of human cells, may play a critical role in the pathogenesis.

해 우리는 이제 일부의 사람세포에서만 존재하는 cathepsin C가 질병의 유발에 어떤 중요한 역할을 할 수도 있다는 **가설**을 테스트한다.

참 파피용-르페브르 증후군Papillon-Lefèvre Syndrome : dipeptidyl-peptidase 효소의 일종인 cathepsin C의 유전적 결함 때문에 발생하는 유전질환이다. 중성구 혈구세포에서 이 효소의 결핍으로 인해 감염균을 포식하여 제거할 수 없게 된다. 특히 잇몸틈새gingival crevice에 서식하는 치석균에 대한 방어작용이 불가능하여 치주염periodontitis이 발생하고, 그 결과 모든 치아가 빠지게 되는 질병으로, 주로 어린 시기에 발병된다.

hypothesize 타 1 ....의 가설을 세우다

88

These results prompted us to **hypothesize** that EGCG (Epigallocatechin Gallate) might block PDGF roles by interfering with PDGF signaling in culture-activated Hepatic stellate cells.

관 prompt(타) 재촉하다=motivate, interfere with ....를 방해하다, Hepatic stellate cell 간의 별세포

해 이들 결과는 EGCG (Epigallocatechin Gallate)가 배양으로 활성화된 간의 별세포에서 PDGF 신호전달과정을 방해함으로써 PDGF의 역할을 차단할 수도 있다는 **가설을** 우리가 **세우도록** 촉구하였다.

2 be ~ ....로 가정되다

Additionally, as **hypothesized** from the peptide data, AhRY9F was phosphorylated less efficiently as compared with wild type

관 accordingly 추가적으로, as compared with ....와 비교된 것에 비해

해 추가적으로, 펩티드 데이터로부터 **가정된 것**처럼, AhRY9F는 야생형에 비해 덜 효율적으로 인산화되었다.

hypothetical 형 가상의

18

The gene illustrated here codes for a **hypothetical** protein that is required in all cells.

관 illustrate(타) 그림으로 보여주다, code for=(be the genetic code for, specify the genetic code) ....의 유전자의 서열이다

해 여기에서 그림으로 표시된 유전자는 모든 세포에서 필요한 어떤 **가상**단백질 유전자의 서열이다.

I

idea | 명 생각, 아이디어

56

The basic **idea** behind the dideoxy chain-termination method is to synthesize from the DNA fragment to be sequenced a set of daughter strands that are labeled at one end and differ in length by one nucleotide.

관 didexoy chain-termination디데옥시 사슬합성 중단법, differ (자) in length by one nucleotide 한 개의 뉴크레오티드로 길이가 다르다

해 디데옥시 사슬합성중단법의 기반이 되는 기본 **아이디어**는 서열이 결정될 예정인 DNA 조각으로부터 한쪽 끝에 표지되면서 한 개의 뉴크레오티드로 길이가 달라진 딸 가닥들의 세트를 합성하는 것이다.

ideal | 형 이상적인

24

An **ideal** drug thus must strongly inhibit the HIV-1 protease and should not adversely affect the activities of the essential human aspartic proteases.

해 **이상적인** 약물은 HIV-1 단백질분해효소를 강력하게 저해하여야 하며 그리고 불리하게 사람의 필수 aspartic 단백질분해효소의 활성에 영향을 주지도 않아야 한다.

참 affect와 effect의 차이점 : affect는 'make a difference to 차이를 만들다, have an effect on 영향을 주다'의 의미이고, effect는 명사와 동사로 사용되며 'a result' 결과와 'bring about a result 어떤 결과를 야기하다'의 의미를 가지고 있다.

idealized | 형 이상적으로 형성된 이상화된

3

The base sequences of promoter sites are not all identical. However, they do possess common features, which can be represented by an **idealized** consensus sequence.

관 feature(명) 중요한 특성=important part or characteristic, represent(타) 대표하다, consensus sequence 공통서열, do possess <강조> 꼭 가지다

해 프로모터 부위의 염기서열들은 모두 동일하지는 않다. 그러나 그들은 공통된 흥미로운 특성을 꼭 가지고 있는데, 이 특성은 어떤 **이상적으로** 형성된 공통서열에 의하여 대표될 수 있다.

참 promoter : RNA polymerase가 결합하는 DNA상의 특이한 서열이며 동시에 RNA의 전사반응이 시작되는 곳이다.

ideally | 부 이상적으로

5

The fetus depends on its mother for an adequate supply of oxygen, but its circulatory system is entirely independent. Gas exchange takes place across the placenta. **Ideally** then, fetal Hb should be able to absorb O_2 better than maternal Hb so that an effective transfer of oxygen can occur.

관 fetus 태아, circulatory system 순환계통, take place 일어나다=occur

해 태아는 산소의 적절한 공급을 위하여 산모에 의존하고 있지만, 그러나 태아의 순환계는 전적으로 독립적이다. 가스의 교환은 태반을 통하여 일어난다. 그때 **이상적으로**, 태아의 Hb은 산소의 효율적인 수송이 일어날 수 있도록 산모의 Hb보다 O_2을 더 잘 흡수할 수 있어야 한다.

identical | 형 1 ~ with 동일한, 같은

244

Mannose is **identical** with glucose except that the orientation of the groups bonded to carbon 2 is reversed.

해 Mannose는 2번 탄소에 결합된 작용기들의 방향이 반대로 되어있다는 사실을 제외하면 포도당과 **동일하다.**

2 ~ to ....와 같은

The odorant receptor proteins are typically 20% **identical** in sequence to the β-adrenergic receptor and from 30 to 60% **identical** with each other.

해 후각수용체 단백질들은 β-아드레날린 수용체와 서열에서 전형적으로 20% 동일하고 또한 서로

30에서 60%까지 동일하다.

identically 부 똑 같이, 동일하게

10 The matching program BLAST assigns a high score to **identically** matched amino acids and a lower score to matches between amino acids that are related (e.g., hydrophobic, polar, positively charged, negatively charged).

관 assign(타) .... to=에 ....을 할당하다, match(타, 명) 일치(하다)

해 서열일치 프로그램인 BLAST는 **동일하게** 일치된 아미노산에 높은 점수를 그리고 관련된 (예, 소수성, 극성, 양전하를 띤, 음전하를 띤) 아미노산 사이에서 일치된 서열에게는 더 낮은 점수를 할당한다.

identifiable 형 확인할 수 있는, 식별할 수 있는

7 The information stored in DNA is arranged in hereditary units, now known as genes, that control **identifiable** traits of an organism.

관 identifiable 식별할 수 있는=recognizable, trait (주로 사람의)기질=a distinguishing feature or characteristic

해 DNA에 저장된 정보는 이제 유전자라고 알려져 있는 생명체의 **식별할 수 있는** 성질을 조절하는 유전상속단위 속에 정렬되어있다.

identification 명 확인, 발견, 찾아내는 방법

303 In this section, we discuss the **identification**, purification, and structures of these transcription factors, which function to activate or repress expression of eukaryotic protein-coding genes.

관 discuss(타) 토의하다; <주의>about를 가지지 않음, function(자) to 동사....하는 기능을 하다

해 이 섹션에서, 우리는 진핵세포의 단백질을 코딩하는 유전자들의 발현을 활성화하거나 억제하는 기능을 하는 전사인자들의 **새로 찾아내는 방법**과 정제 및 구조에 대하여 토의한다.

identify 타 1 찾아내다, 발견하다, 존재를 찾아내다

333 Linkage mapping often can locate a human disease gene to a chromosomal region that includes as many as 50 genes. To **identify** the gene of interest within this candidate region typically requires expression analysis and comparison of DNA sequences between wild-type and disease-affected individuals.

관 locate(타) .... to ....의 위치를 ....에 지정하다, wild-type 야생형

해 연관지도의 작성은 사람의 질병유전자의 위치를 50개 정도의 유전자를 포함하는 어떤 염색체의 영역에 지정할 수 있다. 이 후보영역 안에서 관심 있는 유전자의 **존재를 찾아내기 위해서**는 전형적으로 발현분석과 야생형과 질병을 앓고 있는 사람 사이의 DNA서열의 비교가 필수적이다.

참 If scientists *identify* something, they *discover* or *notice* its existence.

2 (미생물 주어) 쉽게 알아 낼 수 있도록 해주다

DNA microarray analysis can **identify** differences in gene expression between types of tumor cells that are indistinguishable by traditional criteria.

해 DNA microarray분석은 전통적인 기준으로 구별이 불가능한 종양세포유형들 사이의 유전자발현의 차이를 **쉽게 알아낼 수 있도록 해준다**.

참 If a particular thing (무생물 주어) *identifies* someone or something, it *makes* them *easy to recognize*, by making them different in some way.

identified 타 1 be ~ 확인되다

1113 Some proteins are similar to one another and therefore can be considered members of a protein family. A few hundred such families have been **identified**.

해 일부 단백질들이 서로 비슷하여, 그러므로 어떤 단백질 패밀리의 구성원으로 간주될 수 있다. 수백여 종의 그러한 패밀리들이 **확인되어있다**.

2 be ~ 밝혀지다

Xylose 5-phosphate has recently been **identified** as an activator of protein phosphatase 2A (PP2A). PP2A removes phosphates from PFK-2 and from a transcription factor that binds to carbohydrate response elements in promoters of genes such as pyruvate kinase.

관 be identified as ....로써 밝혀지다, response element 반응요소

해 최근에 xylose 5-phosphate는 protein phosphatase 2A (PP2A)의 활성제**로써 밝혀졌다**. PP2A는 PFK-2로부터 인산기를 제거하고 pyruvate kinase와 같은 유전자의 프로모터에 있는 탄수화물 반응요소에 결합하는 전사인사들로부터도 인산기를 제거한다.

identifying 타 확인하다

40

The analogous technique for **identifying** protein molecules is termed Western blotting.

관 is termed 용어로 불리다=be called <주의> as를 동반하지 않음

해 단백질분자를 **확인하기** 위한 유사한 기술이 웨스턴브로팅이라는 용어로 불린다.

identity 명 1 정체

226

The great power of genetics is to reveal the existence and relevance of proteins without prior knowledge of their biochemical **identity** or molecular function.

관 genetics 유전학, prior knowledge 사전지식

해 유전학의 위대한 힘이란 단백질의 생화학적 **정체**나 혹은 분자기능에 대한 사전지식이 없이도 단백질의 존재와 관련성을 밝혀낼 수 있는 것이다.

2 동일성, 일치도

The Ras protein of Drosophila exhibits 80 percent **identity** with its mammalian counterparts.

관 exhibit(타) 보이다=show, identity with=....와의 동일성

해 초파리의 Ras 단백질은 포유동물의 그 대응체들과 80%의 **동일성**을 보인다.

if 접 1 (가정조건) 만약 .... 이면

464

If receptors for prolactin or thrombopoietin, for example, are expressed experimentally in an erythroid progenitor cell, the cell *will* respond to these cytokines by dividing and differentiating into red blood cells, not into mammary cells or megakaryocytes.

관 if 동사현재형 .... will .... 가정법 현재; 현재나 미래에 대한 단순한 가정이나 불확실한 상상, erythroid progenitor cell 적혈구전구체세포, mammary cell 유선세포, megakaryocyte거대핵세포

해 **만약** prolactin 혹은 thrombopoietin의 수용체들이 실험적으로 적혈구의 전구체세포에서 발현**되면**, 그 세포들은 이들 cytokine에 반응하여 유선세포나 혹은 거대핵세포가 아닌 적혈구세포들로 분열하여 분화하게 될 것이다.

참 혈구세포는 주로 혈구줄기세포로부터 분화하여 형성된다. 여기서 erythroid progenitor cell이란 적혈구로 될 것이 이미 결정된 분화과정 중에 있는 세포이다.

2 ~ at all .... 한다고 해도

Some highly specialized cells in adult animals, such as nerve cells and striated muscle cells, rarely divide, **if** at all.

관 specialized cell 전문화된 세포, rarely .... at all 조금도 .... 아니다 <부정, 조건절에서>

해 성체인 동물에 있는 신경세포와 가로무늬 근육세포와 같은 고도로 전문화된 일부 세포들은 분열**한다고 해도** 거의 하지 않는다.

3 even ~ 심지어 ....라도

Such hybridization is extremely useful for detecting one strand using the other. For example, if one strand is purified and attached to a piece of paper, soaking the paper in a solution containing the other complementary strand will lead to zippering, even **if** the solution also contains many other DNA strands that do not match.

관 hybridization 혼성세형성, detect(타) A using B=B를 사용하여 A를 검출하다, lead to 그 결과 ....를 유발하다=bring about, match(자) 서로 일치하다, zippering 짝짓기

해 그러한 혼성체형성실험은 다른 가닥을 사용하여 이와 짝짓기를 하는 또 다른 한 쪽의 가닥을

찾는데 매우 유용하다. 예를 들면, 한 쪽 가닥이 정제되어, 한 장의 종이에 붙여지면, 그 종이를 다른 상보적인 가닥을 함유하고 있는 용액 속에 담그는 것은 **심지어** 일치하지 않는 많은 다른 DNA 가닥이 함께 존재하고 **있을지라도** 두 가닥이 만나 짝짓기가 이루어질 것이다

참 hybridization 방법은 Northern (DNA-DNA) 및 Southern (DNA-RNA), Western (단백질) 블로팅의 원리가 되는 기술로 두 분자 사이에서 서로 짝짓기의 원리를 통해 혼성체가 형성되는 실험을 말한다.

4 as ~ 마치 ....처럼

Ions, small metabolites, and globular proteins up to ≈60 kDa can diffuse through a water-filled channel in the nuclear pore complex; these channels behave as **if** they are ≈0.9 nm in diameter.

관 metabolite 대사물, diffuse(자) through ....를 통하여 확산되다, nuclear pore 핵구멍

해 이온, 작은 대사물 및 60 kDa 크기까지의 구상 단백질들은 핵구멍복합체 속의 물로 채워진 통로를 확산해 갈 수 있는데; 이 통로는 **마치** 직경이 ≈0.9 nm인 것**처럼** 행동한다.

5 ~ not all 비록 모두는 아니지만

This and other error-prone repair systems are thought to mediate much of **if** not all the carcinogenic effects of chemicals and radiation.

관 mediate(타) much of *if not all* effects *비록 모든* 효과는 아닐*지라도* 많은 효과들을 매개하다

해 이것과 다른 오류를 쉽게 발생하는 수리기구들이 화합물과 광선의 암 발생효과 가운데 **비록 모두는 아니지만** 많은 것을 매개하는 것으로 생각된다.

6 see ~ ....인지 어떤지 여부를 알다

Many environmental contaminants may be harming humans in addition to other species. Laws have been passed requiring the testing of thousands of chemicals to see **if** they have endocrine disrupting potential.

관 contaminant 오염물질, harm(타) ....을 해치다, in addition to, see=(come to know, discover)

해 많은 환경오염물질들은 다른 종뿐만 아니라 사람을 해칠 수도 있다. 수천의 화학제들이 내분비계를 파괴할 수 있는 가능성을 가졌는지 **여부**를 알아보기 위하여 그것들을 검사할 것을 요구하는 법률들이 통과되었다.

참 see, know, learn + if (whether) 명사절의 구문은 '....의 여부'

illuminate 타 밝혀주다, 명확하게 하다, 조사하다, 빛을 쪼이다

3

Determination of the structure of the first voltage-gated K^+ channel *should* **illuminate** the mechanisms of channel gating, opening, and inactivation that may also apply to other voltage-gated channels.

관 voltage-gated 전압에 의해 개폐되는, illuminate(타) 밝혀주다=make clear, apply to 적용되다

해 첫 번째의 전압에 의해 개폐되는 K^+통로의 구조의 결정은 다른 전압에 의해 개폐되는 통로들에도 또한 적용될 수도 있는 통로의 개폐, 열기 및 불활성화의 기전을 **밝혀줄** 것이다.

참 should 추측과 기대 : You use *should* when you are saying that something *is probably the case* or will probably happen in the way you are describing.

illuminated 타 be .... 광선이 쪼이다

10

The planar molecule of ethidium bromide binds to DNA by intercalating between the base pairs. As a result, when the gel is **illuminated** with ultraviolet light, the regions of the gel containing DNA fluoresce much more brightly than the regions of the gel without DNA.

관 intercalate(자) between 사이에 삽입되다, as a result=as a consequence, fluoresce(자) 형광을 발하다, ultraviolet 자외선

해 평면형 분자인 ethidium bromide는 염기쌍 사이에 삽입되어 DNA에 결합하다. 그 결과 겔이 자외선으로 **조사될** 때 DNA를 포함하고 있는 겔의 영역은 DNA가 없는 겔 영역보다 훨씬 더 밝게 형광을 발한다.

illumination 명 조도, 조명

33 Cone cells are insensitive to low levels of **illumination**, and the activity of rod cells is inhibited at high light levels. Thus when we move from daylight into a dimly lighted room, we are initially blinded.

관 cone cell 원추세포, rod cell 간상세포, be blinded 눈이 멀게 되다, blind(타)=make blind 눈을 멀게 하다

해 원추세포는 낮은 **조도**의 빛에 민감하지 않고, 간상세포의 활성은 매우 밝은 빛의 수준에서 저해된다. 그래서 우리가 밝은 빛에서 어두운 방으로 들어갈 때, 초기에 보이지 않는다.

illustrate 타 1 그림으로 자세히 보여주다

28 Fig. 2 **illustrates** the importance of this pathway in maintaining the membrane integrity of the red blood cell.

해 Fig 2는 적혈구세포의 세포막의 완전성을 유지하는데 있어서 이 경로의 중요성을 **그림으로 자세히 보여준다.**

2 (그림으로 그린 듯) 생생하게 보여주다

The complex life cycle of *Plasmodium* dramatically **illustrates** how a single cell can adapt to each new challenge it encounters

관 adapt(자) to 에 적응하다, encounter(타) 우연히 만나다=meet by chance

해 미생물 말라리아원충의 복잡한 삶의 주기는 단 하나의 세포가 우연히 마주치게 되는 새로운 도전에 어떻게 적응할 수 있는지를 **생생하게 보여준다.**

참 If you say that something *illustrates* a situation that you are drawing attention to, you mean that it *shows* that the situation exists.

illustrated 타 be ~ (그림으로 그려 보여주듯) 잘 설명되다

33 Another mechanism for generating an oncogenic receptor is **illustrated** by the human trk oncogene, which was isolated from a colon carcinoma.

해 어떤 발암성 수용체를 생성하는 또 다른 기전은 대장암으로부터 분리되었던 사람의 trk 발암유전자에 의하여 **생생하게 잘 설명된다.**

illustration 명 1 이야기, 예

7 Hemagglutinin (HA) is another multimeric protein that provides a good **illustration** of folding and subunit assembly. This trimeric protein forms the spikes that protrude from the surface of an influenza virus particle.

관 illustration 명료한 예, one .... another (두 개 중) 한 개 .... 나머지 한 개, protrude(자) 돌출되다=extend beyond or above a surface, folding (단백질구조로) 접힘, subunit assembly 아단위체 결합반응

해 헤마그루티닌 (HA)은 접힘과 아단위체 결합반응의 좋은 명료한 **예**가 되는 또 하나의 다중체 단백질이다. 이 삼량체 단백질은 인플루엔자바이러스 알갱이의 표면으로부터 돌출하는 뾰족한 돌기를 형성한다.

참 An *illustration* is an example or a story that is used to make a point clear.

2 그림, 삽화

FIGURE 9 An **illustration** of the gel-to-liquid crystalline phase transition, which occurs when a membrane is warmed through the transition temperature, Tm.

관 phase transition 상전이현상, be warmed(타) 가열되다

해 그림 9. 어떤 생체막이 전이온도인 Tm을 지나 가열되었을 때 일어나는 겔에서 액체로 결정상전이현상을 설명하는 **그림**.

illustrative 형 예를 들어 설명하는, 그림으로 그린

1 This chapter outlines the patterns by which metabolic processes are controlled and provides **illustrative** examples. Subsequent chapters provide additional examples.

관 outline(타) 요약하다=(summarize, give a summary of), subsequent 이후의=following

해 이 장은 대사과정이 조절되는 형태를 요약하고 그리고 **그림으로 표시된** 예를 제공한다. 이후의 장은 추가적인 예를 제공할 것이다.

image

954

명 상, 모습, 이미지

All microscopes produce a magnified **image** of a small object, but the nature of the **images** depends on the type of microscope employed and on the way in which the specimen is prepared.

관 be employed 사용되다, be prepared 준비되다

해 모든 현미경은 작은 개체의 확대된 **영상**을 만들지만, 그러나 그들 **영상**의 성질은 사용되는 현미경의 종류나 시료가 준비되는 방법에 달려있다.

타 영상을 찍다, 이미지를 담다

Samples for microscopy must be fixed, sectioned, and stained to **image** subcellular details.

해 현미경 검사를 위한 시료는 고정되고, 절단되고 그리고 세포 속의 상세한 것들의 **영상을 찍기** 위하여 염색되어야 한다.

imaged

44

타 be ~ 영상으로 만들어지다

A segment of an axon is **imaged** after GFP-labeled neurofilament protein is expressed in a cultured neuronal cell.

해 축삭의 한 세그먼트가 GFP로 표지된 신경필라멘트 단백질이 배양된 신경세포에서 발현된 후 **영상으로 만들어 졌다**.

참 GFP (Green fluorescence protein)는 빛을 쪼이면 초록형광을 발하는 단백질이다. 연구하고자 하는 단백질유전자에 GFP 유전자가 융합되어있는 발현벡터를 사용하여 세포내에서의 발현되는 위치를 추적할 수 있다. express 참조

imaging

503

타 1 영상만들기, 이미지, 영상기록

Time-lapse fluorescence **imaging** reveals rotation of the mitotic spindle in asymmetrically dividing neuroblasts.

관 imaging 영상기록 (여러 장의 연속적인 사진들), reveal(타) 밝히다=make something hidden generally known, rotation 회전운동

해 시간의 경과에 따른 형광**영상기록**은 비대칭으로 분열 중인 신경모세포에서 유사분열 시 나타나는 방추체의 회전운동에 대한 새로운 사실을 밝혀주었다.

2 이미지를 만드는

Two common methods for **imaging** live cells and unstained tissues generate contrast by taking advantage of differences in the refractive index and thickness of cellular materials. Thease methods are phase-contrast microscopy and differential interference contrast (DIC) microscopy.

관 live(형) cell 살아있는 세포, take advantage of 유리한 점을 이용하다, refractive index 굴절률, phase-contrast microscopy 위상차현미경법, microscope 현미경, microscopy 현미경사용법

해 살아있는 세포와 염색되지 않은 조직의 **이미지를 촬영하는** 2가지 흔한 방법은 굴절률과 세포물질의 두께에서의 차이를 이용하여 대조현상을 생성하는 것이다. 이들 방법이 바로 위상차현미경과 미분간섭현미경기술(DIC)이다.

immediately

176

부 1 곧, 바로, 즉시

On admission to the hospital, her MB fraction was 6.8% (reference range 5% or less of the total CK). Although these values are only slightly elevated, they are typical of the phase **immediately** following a myocardial infarction.

관 admission to the hospital 병원으로 이송, MB fraction=creatin kinase 동종체 가운데 심근에 존재하는 형, immediately following 이후 곧, myocardial infarction 심근경색

해 병원으로 이송된 후 곧, 그녀의 MB분획은 6.8% (기준범위 전체 CK 중의 5% 이하)이었다. 비록 이 값이 단지 조금 상승되었지만, 이것은 심근경색 후에 **곧** 따라오는 전형적인 단계이다.

참 당장 at once, 지체됨이 없이 instantly는 immediately보다는 강한 의미

2 곧, 바로, 즉시

Recombinant TPA (tissue plasminogen activator), produced in mammalian cell cultures, is frequently administered during or **immediately** after a heart attack to dissolve the thrombi that occlude coronary arteries and prevent oxygen from reaching the heart muscle.

관 be administered 투여되다, occlude(타) 막다=block, heart attack 심장마비, thrombus 혈전, coronary artery 관상동맥, prevent(타) .... from ....ing 방해하다

해 포유동물세포의 배양으로 생산되는 재조합 TPA (조직형 플라스미노겐활성제)는 관상동맥을 막고 있어서 심장근육에 산소가 도달하는 것을 방해하는 혈전덩어리를 녹이기 위하여 심장마비가 오고 있는 동안 혹은 온 후 **곧** 투여된다.

immobilize

1

타 고정화하다

Proteoglycans bind and regulate the activities of other types of secreted proteins. Binding to proteoglycan could **immobilize** the protein close to the site where it is produced, thereby restricting its range of action

해 Proteoglycan은 다른 종류의 분비된 단백질들과 결합하여 그들의 활성을 조절한다. Proteoglycan과의 결합은 그 단백질을 생산된 부위 가까이에 **고정화할** 수 있어서, 그로인해 그 단백질의 활동영역을 제한하게 된다.

immoblilzed

124

타 be ~ 고정화되다

In the sliding-filament assay, walking of the myosin head along an actin filament causes the filament to move because the myosin tail is **immobilized**.

관 assay 분석실험, walk along ....를 따라 걷다, cause(타) ....하는 결과를 만들다=(result in, lead to, be the cause of)

해 미끄럼 운동을 하는 필라멘트의 분석실험에서, 액틴 필라멘트를 따라 마이오신 머리부의 걷기 이동은 마이오신의 꼬리가 **고정화되어**있기 때문에, 필라멘트가 움직이는 결과를 만든다.

impact

55

명 1 충격

When cartilage is compressed (such as when joints absorb the **impact** of walking or running), water is briefly squeezed out of the cartilage tissue and then reabsorbed when the stress is diminished.

해 연골조직이 압축될 때 (관절이 걷기나 달리기의 **충격**을 흡수할 때와 같이), 물은 쉽게 연골조직으로부터 짓눌려 나왔다가, 그 후에 그 압박이 감소되면 재흡수된다.

참 연골조직은 proteoglycan이라는 다량의 음전하를 함유하는 당류와 단백질의 복합체로 구성되어 있다. 음전하를 띤 이들 당류는 물과 양이온과 쉽게 결합할 수 있는 능력이 있어서, 항상 물을 머금고 부풀어있다. drawing 참조

2 have an ~ on 영향을 주다

Although not directly influencing fuel metabolism, these gut hormones have a significant **impact** on how ingested nutrients are digested and prepared for absorption.

관 influence(타) 영향을 주다=have a impact on, gut hormone 내장호르몬

해 비록 연료물질의 대사에 직접적으로 영향을 끼치지 않을 지라도, 이들 내장호르몬은 섭취된 영양물질이 소화되어 흡수를 위해 준비되는 방법에 상당한 **영향**을 준다.

참 내장호르몬gut hormone : 인슐린과 인슐린 길항호르몬인 글루카곤 등의 호르몬 이외에 췌장, 내장의 신경세포, 위, 소장과 대장뿐만 아니라 중추신경 혹은 말초신경세포의 조직에 포함되어 있는 분비세포에 의하여 분비되는 다양한 호르몬들이다. 예를 들면 gastrin, motilin, 췌장펩티드, 펩티드YY 및 secretin은 인슐린이나 길항호르몬들의 합성과 분비에 간접적으로 영향을 주어 연료물질의 대사에 영향을 미친다.

impair

42

타 손상시키다, 상하게 하다

Defects in the synthesis or action of testosterone can **impair** the development of the male phenotype during embryogenesis and cause the disorders of human sexuality termed male pseudohermaphroditism.

해 테스토스테론의 합성 혹은 활성의 결함은 태아 생성기 동안 남성 표현형의 발생을 **손상시킬** 수 있어서, 남성가반음양증(假半陰陽症)이라는 전문용어로 명명된 사람의 성별과 관련된 질환의 원인이 된다.

impaired
101

타 be ~ 손상되다, 기능이 부전되다

In both type I and type II diabetes, the regulation of blood glucose is **impaired**, leading to persistent hyperglycemia and numerous other possible complications in untreated patients.

관 lead to 그 결과 ....을 일으키다, complication 합병증, hyperglycemia 고혈당

해 제1형과 제2형의 모든 당뇨병에서, 혈당의 조절이 **손상되어있으며**, 그 결과 치료받지 않은 환자에서 지속적인 고혈당과 많은 다른 가능한 합병증들을 일으키게 된다.

impairment
16

명 기능부전, 기능장애

Impairment of function of any one of five genes for vulval control by mutation has the same consequence - a vulvaless phenotype. Conversely, a genetic change causing excess of any of the gene products or excessive or unregulated activity - in other words, a gain of function - can have an opposite, multivulva effect.

해 암컷 생식기의 생성조절에 관련된 5개의 유전자 가운데 어느 한 개라도 돌연변이에 의해 **기능이 부전**되면 모두 생식기가 없어지는 동일한 결과를 보인다. 역으로, 어떤 유전자산물의 과도한 양이라도 혹은 과도하거나 조절되지 않는 활성을 초래하는 어떤 유전적 변화는 다른 말로 하면 기능의 획득은 반대인 다중생식기의 결과를 가질 수 있게 된다.

implicated
227

타 be ~ 관련되다

PI3-kinase/Akt activation, a general antiapoptotic signal has been **implicated** in up-regulation of survivin induced by granulocyte macrophage-colony stimulating factor (GM-CSF), CSF, Ang-1, and fibronectin-dependent cell adhesion.

관 up-regulation 상향조절=down-regulation 하향조절, granulocyte macrophage-colony stimulating factor (GM-CSF) 과립구거대세포 콜로니자극인자,

해 PI3-kinase/Akt의 활성화는 일반적인 항압폽토시스의 신호로 과립구거대세포 콜로니자극인자 (GM-CSF), CSF, Ang-1 및 파이브로넥틴 의존성 세포접착에 의해서 유도되는 survivin 농도의 상향조절과 **관련되어있다**.

implication
63

명 관련성, 관련

An observed overexpression of a gene in a human cancer is not always easy to interpret, since it can be difficult to test the functional **implications** of this overexpression.

해 사람의 암에서 유전자의 관측되는 과발현 현상은 항상 해석하기가 쉽지 않다, 왜냐하면 이 과발현의 기능과의 **관련성**을 검사하는 것이 어려울 수 있기 때문이다.

imply
125

타 암시하다

These data **imply** that the nucleus is not simply an unorganized container for chromatin and the proteins that carry out chromosome replication, transcription, and RNA processing. Rather, there is a highly organized underlying nuclear substructure.

해 이들 데이터는 핵이란 것이 염색질과 염색체의 복제, 전사와 RNA의 가공을 수행하는 단백질들의 조직화되지 않은 컨테이너가 아닌 것임을 **암시하고** 있다. 오히려 고도로 체계화된 기반을 이루는 핵의 하부구조가 존재한다.

importance
164

명 중요성

Because of the **importance** of prostaglandins in mediating the inflammatory response, drugs that block prostaglandin production should provide relief from pain.

관 should 기대, mediate(타) 매개하다, inflammatory response 염증반응, relief from pain 통증완화

해 염증반응을 매개하는데 있어서 prostaglandin류의 **중요성** 때문에, prostaglandin 생산을 차단하는 약물들은 틀림없이 통증의 완화를 제공할 것으로 개대된다.

important 형 중요한

838 Carboxylation of the γ carbon of glutamate in certain blood clotting proteins is **important** for attaching the clot to a surface of platelet. Calcium ions mediate this attachment by binding to the two negatively charged carboxyl groups of γ-glutamate and two additional negatively charged groups provided by phospholipids in the platelet membrane.

관 attach(타) .... to =....에 부착시키다, mediate (타) 매개하다

해 어떤 혈액응고단백질에 있는 glutamate의 γ 탄소의 카르복실화는 혈전을 혈소판의 표면에 부착시키기 위하여 **중요하다**. 칼슘이온들은 γ-glutamate의 2개의 음으로 하전된 카르복실기들과 혈소판 세포막 속의 인지질에 의하여 제공된 추가적인 2개의 음으로 하전된 기능기들과 결합함에 의하여, 이 부착반응을 매개한다.

참 혈액응고 단백질들의 N-말단에 존재하는 glutamate의 γ 탄소 상의 카르복실화는 음전하를 새로 추가하여 칼슘 이온과의 복합체형성을 가능하게 한다. 따라서 전기적으로 중화된 혈전 단백질이 혈소판 세포막에 결합할 수 있게 되다, 왜냐하면 생체막은 소수성을 가지고 있으므로 전하를 띤 단백질이 결합하기 어렵기 때문이다.

importantly 부 중요하게

100 Most **importantly**, selective proteolysis often results in conformational changes that "create" the catalytic site of an enzyme.

해 가장 **중요하게**, 선택적인 단백질분해는 자주 효소의 촉매자리를 "새로 만드는" 입체구조의 변화를 일으키는 결과를 만든다.

참 선택적 단백질분해반응selective proteolysis : 췌장의 소화효소들은 주로 전구단백질 상태로 분비되므로 태생적으로 효소활성이 없다. 십이지장으로 분비된 후 특이 단백질분해효소에 의하여 특정 아미노산 펩티드결합이 선택적으로 절단되고 난 후에 새로운 활성화자리active site가 만들어지게 되고 활성을 가진다. (예, trypsin, chymotyrpsin, elastase 등 소화효소들과 혈액응고과정에 참여하는 인자들이 이 부류에 속한다.)

impose 타 부과하다, 지우다

2 Mitochondria manipulated so as to **impose** a difference of proton concentration and a separation of charge across the inner membrane synthesize ATP in the absence of an oxidizable substrate; the proton-motive force alone suffices to drive ATP synthesis.

관 manipulate(타) 조작하다=(manage, handle), suffice(타) ....에 충분하다=be enough for, proton-motive force 양성자기전력

해 내막을 가로질러 양성자 농도의 차이와 전하의 분리를 **부과하도록** 조작된 미토콘드리아는 산화가 가능한 기질이 없는 상태에서도 ATP를 합성한다; 즉 양성자 기전력만으로도 ATP합성을 추진하기에 충분하다.

imposed 타 be ~ 부과되다, 주어지다

34 When an electric field is **imposed**, the proteins will migrate from the IEF gel into the SDS slab gel and then separate according to their masses.

관 IEF 등전점전기영동=isoelectric focusing, migrate(자) 이동하다 from ~ to, separate(자) 분리되다, according to 따라서

해 전기장이 **부과되면**, 단백질들은 IEF 겔로부터 SDS 판형 겔로 이동한 다음 그들의 질량에 따라 분리될 것이다.

참 2차원전기영동 (two dimensional SDS-polyacrylamide gel electrophoresis) : 1차는 등전점전기영동isoelectric focusing을 실시하여 단백질들의 등전점에 따라 분리한 겔을 평면형 SDS-polyacrylamide 겔 위에 심어 두 번째 전기영동을 수행하여 단백질의 크기에 따라 분리하여 분해능을 높이는 방법이다.

improve 타 증진시키다

54 Androstenedione can be purchased at health food stores under the name Andros. It is touted

to **improve** athletic performance through its ability to be converted to testosterone. Its use has been banned by most major sports, although in 1998 it was a legal supplement in baseball.

관 improve(타) 증진시키다=(make better, enhance), be touted 추천되다=be highly recommended, through 때문에=(by way of, because of)

해 Androstenedione은 Andros라는 이름으로 건강식품점에서 구입될 수 있다. 그것은 testosterone으로 변환될 수 있는 능력 때문에 운동의 수행능력을 **증진시키**는 것으로 강하게 추천되고 있다. 비록 1998년에 그것은 야구에서 합법적인 건강 보조제였었지만, 그것의 사용은 대부분의 주요 스포츠 분야에 의하여 금지된 상태이다.

improvement 명 증진, 개선, 향상

20

Colchicine inhibits phagocytosis, leukotriene B4 release, and recruitment and cell division of additional cells involved in inflammation. Colchicine also inhibits the tubulin-dependent release of histamine from mast cells. As a result, there was a rapid **improvement** in the pain and swelling in her great toe due to acute gout attack.

관 recruitment 참여요청, phagocytosis 포식작용, inflammation 염증반응, gout 통풍성 관절염

해 콜히친은 포식작용, leukotriene B4의 분비 및 염증반응에 참여하는 추가되는 세포의 참여요청이나 세포분열을 억제한다. 콜히친은 비만세포로부터 tubulin에 의존적인 histamine의 유리를 또한 저해하기도 한다. 그 결과로, 급성 통풍의 발병 때문인 그녀의 커진 엄지발가락에서 통증과 부종의 신속한 **개선**이 있게 되었다.

참 통풍gout : 급성 통풍에 의한 염증반응은 중성구와 거대식세포들이 요산 침전물을 섭취하면서 시작된다. 중성구세포에서 요산결정은 세포막의 인지질에 존재하고 있던 다중불포화지방산인 아라키돈산이 leukotriene B4로 전환되는 것을 활성화한다. 이 물질이 분비되면 통증이 일어난다.

incidence 명 발생률, 발병률

62

Among the binding sites recognized by *H. pylori* is the oligosaccharide Le^b when it is part of the type O blood group determinant. This observation helps to explain the several-fold greater **incidence** of gastric ulcers in people of blood type O than in those of type A or B.

관 incidence 발병률=rate of occurrence, be part of ....의 일부, observation 관측결과, gastric ulcer 위궤양, blood type 혈액형

해 올리고당 Le^b가 O형 혈액 결정인자의 일부분이 될 때 *H. pylori*에 의해 인식되는 결합자리에 포함된다. 이러한 관측 결과는 A형이나 B형보다 O형 혈액을 가진 사람들에서 몇 배나 더 높은 위궤양들의 **발병률**을 설명하는데 도움을 준다.

참 헬리코박터에 의한 위궤양 : 일부 병원성 미생물들은 숙주세포에 감염하기 위한 결합과 독소의 주입을 매개하기 위하여 당단백질인 lectin류를 가지고 있다. 위궤양의 원인균으로 알려져 있는 *Helicobacter pylori* 는 세포막의 렉틴과 위장내피세포의 세포막 당단백질의 구성성분인 특이 올리고당 Le^b기와 결합을 형성하여 위의 내피에 부착하는 것으로 알려져 있다.

incident 형 일어나기 쉬운, 투사되는

8

Approximately 8% of the **incident** light energy on a sugarcane field appears as chemical energy in the form of CO_2 fixed into carbohydrate.

관 approximately 대략=(nearly, close to), in the form of ....의 형태로, be fixed into ....에 고정되다

해 사탕수수의 경작지에 **투사된** 빛 에너지의 대략 8%가 탄수화물로 고정되는 CO_2의 형태인 화학에너지로써 나타난다.

명 사건, 부수적인 사건

In early 2003 came a setback. One of the original four patients who had received cells with the correct cytokine receptor gene developed a severe form of leukemia. The **incident** shows that early worries about the risk associated with retroviral vectors were well founded.

관 setback 불행한 일; 방해물=obstacle, 사람+develop+병명=병명+develop 발병하다, be well founded 좋은 이유의 근거에 바탕을 두다=be based on excellent reasoning

해 2003년 초에 불행한 일이 도래하였다. 수정된 cytokine 수용체의 유전자를 가진 세포들을 받아들였던 원래 4명의 환자 중 한 명에서 심한 형태의 백혈병이 발병되었다. 이 **부수적인 사건**은

레트로바이러스의 벡터와 관련된 위험성에 대한 초기의 두려움의 좋은 설명의 근거가 됨을 보여주었다.

include 타 포함하다

239

Symptoms of ammonia intoxication **include** tremor, slurred speech, blurred vision, coma, and ultimately death. Ammonia may be toxic to the brain in part because it reacts with α-ketoglutarate to form glutamate.

관 intoxication 중독증=poisoning by a drug or toxic substance, be toxic to ....에 독작용이 있다, in part 부분적으로=(partly, to some extent), include(타) (부속품으로) ....를 포함하다

해 암모니아 중독 증상은 떨림, 불명료한 언어, 흐린 시야, 혼수상태와 궁극적으로 사망을 **포함한다**. 암모니아는 α-ketoglutarate와 반응하여 glutamate를 형성하기 때문에 부분적으로 뇌세포에 독작용이 있다.

참 암모니아는 뇌신경세포의 주된 에너지 공급원인 TCA 회로의 진행을 방해하여 뇌의 손상을 유발한다. 앞의 예문에서 암모니아는 TCA회로의 구성성분인 α-ketoglutarate로부터 glutamate을 합성하도록 함으로써 이 성분을 고갈시켜 TCA회로의 진행을 중단시킴으로써 에너지대사를 차단한다.

included 타 1 be ~ 포함되다, 일부분이 되다

230

The sample in lane 3b is the same as that in lane 3a, except that α-amanitin, an inhibitor of RNA polymerase II, was **included** in the transcription mixture.

관 be the same as ....와 같다, except that=that 이하를 제외하고

해 RNA polymerase II의 저해제인 α-amanitin이 전사반응 혼합물에 **포함된** 것을 제외하면, lane 3b에 있는 시료는 lane 3a에 있는 시료와 동일하다.

including 2 포함하다

768

Cholesterol is an important component of membranes. It is the parent molecule from which all other steroids in the body, **including** major hormones such as the adrenocortical and sex hormones, D vitamins, and bile acids, are synthesized.

해 Cholesterol은 중요한 막의 구성성분이다. 그것은 부신피질 및 성호르몬과 같은 주된 호르몬들과, 비타민 D류 및 담즙산을 **포함하는** 체내에 존재하는 모든 다른 스테로이드류가 합성되는 부모분자이다.

inclusion 명 1 함유, 포함

47

A key feature of this detection system is the **inclusion** of a mammalian liver homogenate. Recall that some potential carcinogens such as aflatoxin are converted into their active forms by enzyme systems in the liver or other mammalian tissues. Bacteria lack these enzymes, and so the test plate requires a few milligrams of a liver homogenate to activate this group of mutagens.

관 lack(타) ....이 없다=(be without, be short of), liver homogenate 간균질액, carcinogen 발암물질, mutagen 돌연변이물질

해 이 검출시스템의 주된 중요한 특성은 포유동물의 간 균질액이 **포함**된 것이다. Aflatoxin과 같은 일부 잠재적인 발암물질들은 간이나 다른 포유동물 조직에 있는 효소계에 의하여 활성형으로 전환된다는 사실을 상기해보라. 박테리아가 이들 효소를 가지고 있지 않기 때문에, 검사용기는 이 그룹의 돌연변이물질을 활성화하기 위하여 간균질액 몇 밀리그람을 필요로 한다.

2 불용성 함유물, 이물질

As a result, undigested glycolipids and extracellular components that would normally be degraded by lysosomal enzymes accumulate in lysosomes as large **inclusions**.

관 accumulate(자), inclusion=a heterogeneous structure which is accidentally placed in another tissue, would 습관적으로 ....하곤 했다

해 그 결과로, lysosome 효소들에 의하여 정상적으로 분해되어졌지만 이제 소화되지 못한 당지질과 세포외부의 구성성분들은 큰 **불용성 함유물**로써 lysosome에 쌓인다.

incorporate 타 합체시키다, 합치다, 섞다

42

Monooxygenases, enzymes that **incorporate** one atom of oxygen into the substrate and the other into H_2O, are often named hydroxylases (e.g., phenylalanine hydroxylase, which adds a hydroxyl group to phenylalanine to form tyrosine) or mixed function oxidases.

관 one .... the other (두 개 중) 한 개 .... 나머지 한 개, incorporate(타) 합체시키다=(combine, blend), be named ....로 불리다=(be called, be termed, be referred to as), add(타) .... to

해 Monooxygenase는 산소 중의 한 원자는 기질에 그리고 나머지 하나는 H_2O에 **합체시키는** 효소이며, 가끔 hydroxylases (예, phenylalanine hydroxylase는 hydroxyl기를 phenylalanine에 부가하여 tyrosine을 형성)나 혹은 혼합기능성 oxidase라고도 불린다.

incorporated 타 be ~ 합체되다, 합쳐지다

97

There is interest in using liposomes to distribute drugs to certain tissues, and if components (eg, antibodies to certain cell surface molecules) could be **incorporated** into liposomes so that they would be targeted to specific tissues or tumors, the therapeutic impact would be considerable.

관 distribute(타) .... to전달하다=deliver ....to, be targeted to ....를 표적으로 찾아가다; 표적화되다, considerable 상당한=large in number or amount or extent or degree

해 약물을 어떤 조직에 전달하기 위하여 리포좀을 사용하는데 관심이 있으며, 그래서 만약 (예, 세포의 표면분자에 대한 항체와 같은) 구성요소들이 특이 조직이나 혹은 종양을 표적으로 찾아가도록 리포좀에 **합체될** 수 있다면, 치료효과는 상당하게 될 것이다.

참 Targeted therapy표적치료법 : 정상세포에 해를 주지 않고 특이한 암세포를 확인한 후 공격할 수 있도록 하는 치료법이다. 유방암 치료에 Her2의 한무리항체 (Herceptin)를 사용하는 것도 이러한 치료법의 한 예이다.

incorporation 명 합체

198

The reverse transcriptase that copies the viral genome has a high error rate because it does not have proofreading capability. Because **incorporation** of mismatched bases leads to evolution of the virus, new populations develop rapidly in response to changes in the environment.

관 high error rate 높은 오류발생률, proofreading 교정, lead to ....의 결과를 만들다=(cause, result in)

해 바이러스의 유전체를 복사하는 역전사효소는 높은 오류발생률을 가진다, 왜냐하면 점검 후 교정 능력을 가지고 있지 않기 때문이다. 잘못 일치된 염기들의 **합체**는 바이러스의 진화를 일으키는 결과를 만들기 때문에, 새로운 집단들이 환경에서 일어나는 변화에 반응하여 신속하게 생겨난다.

increase 명 증가

1859

An **increase** in cAMP causes phosphorylation of CFTR and stimulates Cl^- transport by such cells from normal individuals, but not from Cystic Fibrosis individuals who have a defective CFTR protein.

해 cAMP의 **증가**는 CFTR의 인산화를 유발하여, 정상 사람으로부터 유래된 그런 세포들에 의한 Cl^-의 수송을 자극하지만, 그러나 결함이 있는 CFTR 단백질을 가지고 있는 낭포성 섬유증 환자들로부터 유래된 세포들에 의해서는 그러하지 않다.

참 낭포성 섬유증Cystic Fibrosis : Cl^- 이온을 수송하는 수송체단백질인 CFTR (Cystic fibrosis transmembrane regulator) 유전자의 돌연변이로 인해 기능이 손상된 단백질이 생성되는 유전질환이다. viscous 참조

타 증가시키다

A high content of saturated fat in the diet tends to **increase** circulatory levels of LDL cholesterol and contributes to the development of atherosclerosis.

관 tend to 성향을 보이다=be inclined to, contribute to 돕다=help to cause or bring about, development 질병의 발병

해 음식물 속에서의 포화지방의 높은 함량은 순환하는 LDL 콜레스테롤의 수준을 **증가시키는** 성향을 보이며 그래서 동맥경화증의 발병을 일으키는 것을 촉진하게 된다.

참 콜레스테롤을 많이 함유하고 있는 지단백질이 LDL (low density lipoprotein) 이며 동맥경화증을 유발하는 주된 인자이므로 나쁜 지단백질이며, 반면에 HDL은 좋은 지단백질이라 한다. process 항 참조

자 1 증가하다

After glucose is transported into the erythrocyte, it is rapidly phosphorylated, forming glucose 6-phosphate, which cannot leave the cell. Because this reaction is rapid, the intracellular concentration of glucose does not **increase** as glucose is taken up by the cell.

해 Glucose가 적혈구 안으로 수송되고 난 후 신속하게 인산화되어 glucose 6-phosphate를 형성하므로 세포를 떠날 수 없게 된다. 이 반응은 신속하기 때문에 glucose의 세포내의 농도는 세포에 의해 glucose가 섭취될 때 **증가하지** 않는다.

참 Glucose는 세포막수송체 GLUT에 의해 세포 안으로 수송되면, 즉시 glucose 6-phosphate로 인산화되어 세포 밖으로 나갈 수 없도록 포획된다. 이 현상은 glucose의 인산화로 음전하를 띠게 되어 소수성의 세포막을 통과하기 어렵게 되었기 때문이다

2 증가하다

In the absence of some countervailing mechanism, the osmolarity of the cytosol would **increase** beyond that of the surrounding fluid, causing an osmotic influx of water and eventual cell lysis.

관 some <단수> 어떤, in the absence of ....의 부재상태에서, vail(타) 떨어뜨리다, would 결과, cause(타) ...의 결과를 만들다=(result in, bring about)

해 어떤 대응하여 낮추는 기전이 없다면, 세포질의 삼투압농도는 주위를 둘러싸고 있는 용액의 그것 이상으로 **증가할 것이**어서, 그 결과 삼투압에 의한 물의 유입으로 궁극적인 세포의 용해를 일으키게 된다.

참 비록 세포가 주위 환경과 삼투압농도에서 동일하다고 하드라도 세포들은 자신의 파괴를 방지하기 위하여 제한된 범위 내에서 부피를 유지하는데 항상 어려움에 직면하게 된다. 그 이유는 세포는 전하를 띠고 있는 생체거대분자들과 작은 크기의 대사성 분자들을 함유하고 있어서 세포 밖으로부터 반대 전하를 가진 이온들을 세포 안으로 끌어당기고 있을 뿐만 아니라 또한 특히 Na^+, Cl^- 이온들은 농도가 높은 세포 밖에서 안으로 천천히 스며들어오게 된다. 이러한 자연적인 현상에 의해 세포내의 삼투압이 항상 증가되고 있다.

increased 타 be ~ 증가되다

1282

The maximal capacity of MEOS (cytochrome P450-2E1) <u>is **increased**</u> in the liver with continued ingestion of ethanol through a mechanism involving induction of gene transcription.

관 MEOS microsomal ethanol-oxidizing system 마이크로솜의 에탄올산화계

해 MEOS (cytochrome P450-2E1)의 최대의 분해능력이 간에서 에탄올의 계속된 음주와 함께 유전자 전사반응의 유도를 포함하는 기전을 통하여 **증가된다**.

increasingly 부 점점, 증가하여

11

As fasting progresses, gluconeogenesis becomes **increasingly** more important as a source of blood glucose. After a day or so of fasting, liver glycogen stores are depleted and gluconeogenesis is the only source of blood glucose.

관 progress(자) 지속되다, be depleted 비워지다=be emptied, gluconeogenesis 당신생성

해 공복상태가 지속되면서, 당신생성 과정은 혈중 포도당의 근원으로써 **점점** 더 중요하게 된다. 공복기간이 하루 이상이 되면, 간의 글리코겐 저장물이 완전히 비워지고, 그래서 당신생성이 유일한 혈당의 근원이 된다.

참 포도당은 뇌와 적혈구의 에너지원으로 중요하다. 성인은 하루 200g의 포도당을 필요로 하는데 약 80%가 뇌와 적혈구에서 사용된다. 따라서 혈당이 45 mg/dL 이하 (정상은 80)이면 혼수상태에 빠진다.

increment 명 증가분, 증분

20

This step-by-step transfer of electrons via the respiratory electron-transport chain allows the free energy in NADH and $FADH_2$ to be released in small **increments** and stored as the proton-motive force.

해 호흡작용의 전자전달계를 경유하는 전자의 단계별 전송은 NADH와 $FADH_2$에 내포된 자유에너지가 작은 **증분**으로 나눠진 상태로 유리되도록 하고 또한 양성자 추진력으로써 저장되는 것을 가능하게 한다.

참 에너지 원료물질의 분해반응을 통하여 생산된 전자는 전자수용체인 NADH와 $FADH_2$ 안에 포함되어 미토콘드리아의 속으로 들어가 내막에 존재하는 전자전달계의 각 단계를 통과하면서 단계적으로 각각의 전자electron와 양성자proton으로 분리되며, 전자는 최종단계에서 산소와 만나 물로 환원되며 양성자들은 양성자추진력 proton-motive force을 형성하여 ADP를 ATP로 전환하는데 사용된다.

incremental 형 증분된

2 Thus increases in the cytosolic concentration of Ca^{2+} or of cAMP or of both induce **incremental** increases in the activity of glycogen phosphorylase kinase.

해 그래서 세포질의 Ca^{2+}의 농도 혹은 cAMP의 농도나 혹은 이들 모두는 glycogen phosphorylase kinase의 활성에서 각각의 **증분된** 증가를 유도한다.

참 저장용 연료인 글리코겐을 동원화mobilization하여 glucose로 분해를 조절하는 방법은 호르몬이나 신경자극에 의해 각각 일어날 수 있다. 호르몬은 cAMP 경로로 그리고 신경자극에 의한 자극은 Ca^{2+} 이온을 활용하여 진행한다.

incubate 타 함께 반응시키다, 배양하다

5 A common method for visualizing separated DNA bands on a gel is to **incubate** the gel in a solution containing the fluorescent dye ethidium bromide.

관 *visualize* (타) separated DNA band=*make* separated DNA bands *visible*

해 겔에서 분리된 DNA의 띠를 보이도록 하는 흔한 방법이 형광염료인 ethidium bromide를 함유하는 용액 속에서 겔을 **함께 반응시키는** 것이다.

incubated 타 be ~ 함께 반응되다

1926 The NC membrane is **incubated** with a second antibody that binds to the bound Ab1. This second antibody is covalently linked to alkaline phosphatase, which catalyzes a chromogenic reaction.

해 NC막이 결합된 Ab1과 결합하는 2차항체와 **함께 반응된다**. 이 2차항체는 색깔반응을 촉매하는 alkaline phosphatase에 공유결합으로 연결되어있다.

incubating 타 함께 반응하기, 배양

83 Determining the concentration of the hormone in the sample involves **incubating** the plasma or urine sample with the antibody and then quantifying the level of antigen–antibody complex formed during the *incubation* by highly sensitive techniques like radioimmunoassays (RIAs).

관 involve(타) ....ing (복잡한 반응들)을 포함하다, radioimmunoassay(RIA) 방사능면역측정법

해 시료 속의 호르몬 농도를 결정하는 방법은 혈장이나 소변 시료를 항체와 **함께 반응시키고**, 그 다음에 *함께 반응하는* 동안 형성된 항원-항체복합체의 수준을 방사능면역측정법 (RIA)과 같은 매우 예민한 기술로 정량하는 것을 포함한다.

incubation 명 반응, 배양

634 The ^{125}I-labeled TGFβ protein was incubated with cultured cells, and the **incubation** mixture then was treated with a chemical agent that covalently cross-linked the labeled TGFβ to its receptors on the cell surface.

해 ^{125}I로 표지된 TGFβ 단백질이 배양된 세포와 함께 반응되었고, 그리고 **반응**혼합물이 곧 표지된 TGFβ를 세포표면의 수용체와 공유결합으로 교차 연결시키려는 어떤 화학물질로 처리되었다.

indeed 부 1 (앞에서 언급한 것을 확인하거나 동의할 때) 실로, 참으로, 실제로

272 It has been shown that the half-lives of the lipids of the ER membranes of rat liver are generally shorter than those of its proteins, so that the turnover rates of lipids and proteins

are independent. **Indeed**, different lipids have been found to have different half-lives.

관 half-life 반감기, turnover rate 대사회전의 속도

해 쥐 간의 ER 막지질의 반감기가 일반적으로 단백질의 반감기보다 더 짧기 때문에, 지질과 단백질의 대사회전의 속도가 서로 상관없는 것으로 알려져 오고 있다. **실제로**, 여러 다른 지질들은 서로 다른 반감기를 가지고 있는 것으로 알려져 있다.

2 (문장 마지막에서) 특정한 말을 강조

Does chromatin structure play a role in the control of gene expression? Early observations suggested that it does **indeed**.

관 play a role ....어떤 역할을 하다, observation 관찰결과, suggest(타) 제안하다=propose

해 염색질구조가 유전자발현의 조절에 어떤 역할을 할 것인가? 초기의 관찰결과들은 그것이 **정말** 그러하다는 것을 암시하였다.

independence
4

명 독립, 독립할 수 있는 능력

Life originated, evolved, and thrives in the seas. Organisms invaded and occupied terrestrial and aerial niches, but none gained true **independence** from water.

관 originate(자) 유래되다, evolve(자) 진화하다, terrestrial 육지의

해 생명은 바다에서 유래되어 진화하였으며, 그리고 번창하고 있다. 생명체는 육지와 공기가 있는 서식지를 침범하여 차지하였지만, 그러나 물로부터의 진정한 **독립을** 얻은 생명체는 결코 없다.

independent
739

형 독립적인, 상관없는

Glucose uptake into muscle and adipose tissue is controlled by insulin. The uptake of glucose into the liver is **independent** of insulin.

관 independent of 상관이 없는=not requiring or relying on

해 근육과 지방조직으로 포도당의 흡수반응은 인슐린에 의해 조절된다. 간으로 포도당 흡수는 인슐린과 **상관이 없다**.

independently
82

부 ....와 상관없이, 독립적으로

Once cytochrome c is released into the cytosol, it binds to the adapter protein Apaf-1 (the mammalian homolog of CED-4) and promotes activation of a caspase cascade leading to cell death. Bax can cause cell death by a second pathway that triggers mitochondrial dysfunction **independently** of any caspase action, at least in part by stimulating mitochondrial depolarization.

관 trigger(타) 촉발하다=initiate, homolog 상동체, at least 적어도, second 다른=other, in part 부분적으로=(partly, to some extent), dysfunction 기능부전

해 일단 cytochrome c가 세포질로 방출되면, 어댑터 단백질인 Apaf-1 (포유동물의 상동체 CED-4)에 결합하여 세포의 죽음에 이르게 하는 caspase 다단계과정의 활성화를 촉진한다. Bax는 적어도 부분적으로 미토콘드리아의 탈분극화를 자극함에 의하여 어느 caspase의 작용**과도 상관이 없이** 미토콘드라이의 기능부전를 촉발하는 다른 경로에 의하여 세포의 죽음을 일으킬 수 있다.

참 cytochrome c와 세포의 죽음 : near, member 참조

indicate
1603

타 1 (사실임)을 보여주다, 표시하다

This finding **indicates** that activation of MAP kinase is sufficient to transmit a proliferation or differentiation signal normally initiated by ligand binding to a receptor tyrosine kinase.

관 indicate(타) 보여주다, finding(명) 발견, be sufficient to ....에 충분하다, initiate(타) 개시하다

해 이 발견은 MAP kinase의 활성화가 어떤 수용체형 티로신인산화효소에 결합하는 리간드에 의하여 정상적으로 개시되는 증식 혹은 분화신호를 전달하기에 충분함을 **보여주고** 있다.

참 If one thing *indicates* another, the first thing *shows that the second is true* or exists.

2 (측정값)을 보여주다.

Calculations **indicate** that the attractive van der Waals energy between the enzyme lysozyme and a sugar substrate that it binds is about 60 kJ/mol.

관 bind(타), be about ... 약 얼마이다=be approximately

해 계산은 효소 lysozyme과 이것이 결합하는 어떤 당 기질 사이에서 끌어당기는 반델발스 에너지가 약 60 Kj/mol임을 **보여준다**.

참 If a technical instrument *indicates* something, it *shows a measurement or reading*.

indicated

1519

타 be .... 표시되다

Note that in *S. cerevisiae* wild-type genes are **indicated** in italic capital letters (e.g., CDC28) and recessive mutant genes in italic lowercase letters (e.g., *cdc28*).

관 gene *is italicized in* lowercase letters=gene is indicated *in italic* lower case letters

해 *S. cerevisiae* 의 야생형 유전자는 이탤릭체 대문자 (예, *CDC28*)로 그리고 열성의 돌연변이 유전자는 이탤릭체 소문자 (예, *cdc28*)로 **표시되는 것**에 주목하시오.

indication

20

명 표시

This value gives an **indication** of the increase in purity attained during the course of the purification as the samples become enriched for a protein.

해 이 값은 그 시료가 어떤 단백질을 위하여 농축되면서 정제과정 동안에 얻어진 순도에서의 증가의 **표시**이다.

indicator

83

명 지시자, 척도, 지시약

The renaturation rate of DNA is an excellent **indicator** of the sequence complexity of DNA.

해 DNA가 변성된 후 복구되는 속도는 DNA서열의 복잡한 정도를 나타내는 우수한 **척도**가 된다.

indispensable

21

형 필요한, 긴요한, 필수적인

A detailed knowledge of the enzyme's kinetics is **indispensable** to rational drug design and successful pharmacological intervention.

관 enzyme's kinetics 효소의 반응속도론, detailed(형) 상세한; 세분화된, pharmacological intervention 약물학적 개입 (치료)

해 효소반응속도론에 대한 상세한 지식정보는 합리적인 약물의 디자인과 성공적인 약물치료에 **필수적**이다.

individual

377

명 개인, 개체, 사람

Pyrimidine dimers occur frequently in the skin. Usually repair mechanisms correct this damage, and cancer rarely occurs. However, in **individuals** with xeroderma pigmentosum, cancers are extremely common. These **individuals** have defects in their DNA repair systems.

관 pyrimidine dimer 피리미딘 이량체, occur(자) 발생하다, correct(타) 교정하다, defect 결함, xeroderma pigmentosum 색소건피증

해 피리미딘 이량체들이 피부에서 자주 발생한다. 일반적으로 수리기전이 이 손상을 교정하기 때문에, 암이 거의 발생하지 않는다. 그러나 색소성 건피증이라는 질병을 가진 **개인**에서는, 암이 매우 흔하다. 이들은 자신의 DNA 수리시스템에 결함을 가지고 있다.

형 개별의, 따로 떨어진

One goal of proteomics is the identification of proteins whose levels of expression correlate with medically significant events. Determination of the proteomes characteristic of each cell type requires the utmost efficiency in the isolation and identification of **individual** proteins.

관 proteomics 단백질체학, proteomes 단백질체, identification 새로 찾아냄, correlate with ....와 관련이 있다, require(타) 요구하다; 필요하다=(need, call for)

해 단백질체학의 하나의 목표는 단백질들의 발현수준이 의학적으로 의미가 있는 사건과 연관되어 있는 단백질을 찾아내는 것이다. 각 세포 유형들에 특징적인 단백질체들의 결정은 **개별** 단백질들의 분리와 확인과정에서 최고의 효율성을 필요로 한다.

참 단백질체proteome : 어떤 유전체, 세포, 조직 혹은 생명체에 의하여 발현된 모든 종류의 단백질들의 집합체이다. 다시 말하면, 각 조건의 시료가 규정된 조건하에서 주어진 시간에 발현하고 있는 모든 단백질들의 집합이라 할 수 있다.

individually 부 개별적으로, 하나하나

39

The early mouse embryo passes through an eight-cell stage in which each cell can give rise to any cell type of the embryo. If the eight cells are experimentally separated and **individually** implanted into a suitable foster mother, each can form a whole mouse with no parts missing.

관 early(형) 초기의, give rise to 생성하다, foster mother 대리모, whole 온전한=complete

해 초기의 생쥐 배아는 각각의 세포가 배아를 구성하는 어느 세포의 유형으로라도 될 수 있는 8세포 단계를 지나간다. 만약 그 8개의 세포들이 실험적으로 분리되어 **하나하나** 적절한 대리모 속에 이식 배양되면, 각각 결코 부속물들이 없어지지 않은 한 마리의 온전한 생쥐를 형성할 수 있다.

induce 타 유도하다, 촉진하다, 야기하다

718

Some extracellular hormonal signals **induce** the production or release of small intracellular signaling molecules called second messengers (e.g., cyclic AMP and Ca^{2+}) that regulate cellular metabolism.

해 일부 세포외부 호르몬의 신호는 세포의 대사를 조절하는 2차전령이라는 (예, cyclic AMP와 Ca^{2+}) 작은 세포내의 신호를 전달하는 분자의 생산이나 유리를 **유도한다**.

induced 타 be ~ 유도되다

2224

Susceptibility to atherosclerosis varies widely among species, and humans are one of the few in which the disease can be **induced** by diets high in cholesterol.

관 susceptibility to ....에 대한 감수성, atherosclerosis 죽상동맥경화증, vary(자) 서로 다르다=be different

해 죽상동맥경화증에 대한 감수성은 종 사이에서 널리 서로 다르며, 사람은 콜레스테롤이 높은 다이어트에 의하여 그 병이 **유도될** 수 있는 몇 되지 않는 종들 가운데 하나이다.

inducible 형 유도될 수 있는, 유도형의

171

COX-1 is regarded as a *constitutive* form of the enzyme, widely expressed in almost all tissues, and involved in the production of prostaglandins and thromboxanes for normal physiologic functions. COX-2 is an **inducible** form of the enzyme regulated by a variety of cytokines and growth factors.

관 inducible 유도성의≠constitutive 구성성의, almost all 거의 모두

해 COX-1은 *구성성* 효소로 간주되며, 거의 모든 조직에서 널리 발현되고 그리고 정상 생리적 기능을 위하여 prostaglandin류와 thromboxane류의 생산에 연루되어있다. COX-2는 다양한 cytokine류와 성장인자에 의해 조절되는 **유도성** 효소이다.

참 - constitutive(형) : 구성성의 생리적인 요구나 혹은 기질의 농도와는 상관없이 일정한 속도로 단백질이나 효소들이 항상 발현되어 존재하는 상태이다.
- COX (cyclooxygenase) : expressed 참조

induction 명 유도, 유도생성

381

More direct evidence that multiple mutations are required for tumor **induction** comes from transgenic mice carrying both the mutant ras^D oncogene and the *c-myc* protooncogene controlled by a mammary cell-specific promoter/ enhancer from a retrovirus.

해 다중돌연변이가 종양의 **유도생성**에 필요하다는 더 직접적인 증거가 어떤 레트로바이러스로부터 유래한 유선세포에 특이한 프로모터/촉진서열enhancer에 의하여 조절되는 돌연변이형 ras^D 발암유전자와 *c-myc* 원발암유전자 모두를 소유하고 있는 유전자변형 생쥐로부터 나왔다.

infect 타 감염하다

66

Many *Plasmodium* species are known, and they can **infect** a variety of animals, cycling between insect and vertebrate hosts.

관 *Plasmodium* 말라리아원충, cycle between 사이를 순환하다

해 많은 말라리아원충의 종들이 알려져 있으며, 또한 그들은 다양한 동물에 **감염할 수 있기 때문**

에, 곤충과 척추동물인 숙주들 사이를 순환할 수 있다.

infected 타 be ~ 감염되다

850 When cultured MDCK cells are **infected** simultaneously with vesicular stomatitis virus (VSV) and influenza virus, the VSV G glycoprotein is found only on the basolateral membrane, whereas the influenza HA glycoprotein is found only on the apical membrane.

관 vesicular stomatitis virus 물집입안염바이러스, basolateral membrane 기저측막, apical membrane 꼭대기쪽막

해 배양된 MDCK세포들이 물집입안염 바이러스(VSV)와 독감바이러스로 동시에 **감염될** 때, VSV의 G 당단백질은 단지 기저측막에서만 발견되고, 반면에 독감바이러스의 HA 당단백질은 꼭대기 쪽막 위에서만 발견된다.

infection 명 감염

520 Specific proteins can be detected by harnessing the binding specificity of antibodies, the proteins whose normal task is to help defend animals against **infection** and foreign substances. In general, each type of antibody binds to one protein or large polysaccharide and no other.

관 help (to) defend에서 help는 사역동사로 동사원형 defend를 사용, no (강조) other=does not bind to any other

해 특이 단백질은 항체의 결합 특이성을 이용함으로써 찾아낼 수 있는데, 항체의 정상적인 임무는 **감염**과 외부물질에 대항하여 동물을 방어하는 것을 돕는다. 일반적으로, 항체의 각 종류는 한 종류의 단백질이나 큰 다당류에 결합하고 다른 것에는 결코 결합하지 않는다.

infectious 형 감염하는 성질의, 감염성의

49 Of the experimental animal systems, mice (*Mus musculus*) are evolutionarily the closest to humans and have provided models for studying numerous human genetic and **infectious** diseases.

관 be the closest to ....에 가장 가까운 것이다, numerous 여러=(very many, multiple), provide(타) ....로 이용되다=make available

해 실험용 동물 중에서, 생쥐 (*Mus musculus*)는 진화론적으로 사람에 가장 가까운 것이어서 여러 인간의 유전성과 **감염성** 질병을 연구하기 위한 모델로 이용된다.

infective 형 감염능력을 가진

25 Fully **infective** virus particles can self-assemble in a test tube from purified RNA and protein molecules.

관 infective 감염능력을 가진, self-assemble(자) 스스로 조립되다

해 완벽하게 **감염 능력을 가진** 바이러스 알갱이들은 시험관 속에서 정제된 RNA와 단백질 분자로부터 스스로 조립될 수 있다.

infer 타 추리하다, 유추하다

3 Once the corresponding gene has been isolated from a DNA library, the gene can be altered and then reinserted into an organism. By observing the effects of the altered gene on the organism, researchers often can **infer** the function of the normal protein.

해 일단 그 해당하는 유전자가 어떤 DNA 라이브러리로부터 분리된 상태이면, 그 유전자는 변경된 후 어떤 생명체에 재삽입될 수 있다. 이 변경된 유전자의 생명체에 대한 효과를 관찰하여, 연구자들은 때때로 그 정상 단백질의 기능을 **유추할 수 있다**.

inferred 타 be ~ from ....로 부터 유추되다

11 The function of a protein whose structure has not been determined can often be **inferred** from its interactions with other proteins, from the effects resulting from genetically mutating it, from the biochemistry of the complex to which it belongs, or from all three.

관 result from ....의 결과로부터 일어나다, belong to ....에 속하다, mutate(타) 돌연변이시키다

해 구조가 아직 결정되어있지 않은 단백질의 기능은 때때로 다른 단백질과의 결합반응과, 유전적으

로 그것을 돌연변이시킨 결과로부터 생긴 효과와, 그것이 소속된 복합체의 생화학적 발견과 혹은 이 세 가지 모든 것들**로부터 유추될** 수 있다.

inflamed

타 be .... 염증이 만들어지다

1 Alcohol-induced hepatitis is a condition in which the liver is **inflamed** and cells become necrotic and die.

관 hepatitis 간염, become necrotic 괴사상태로 되다, die(자) 죽다

해 알코올 유도성 간염이란 간에 **염증이 생겨** 세포들이 괴사되어 죽게 되는 상태이다.

참 괴사necrosis : 병이나 손상 혹은 혈액의 공급이 되지 않아 조직이나 어떤 기관의 모든 세포나 거의 모든 세포들이 집단적으로 죽는 현상.

inflammation

명 염증, 염증반응

43 Explain how **inflammation**, cholesterol, and foam cells are involved in atherosclerosis.

관 be involved in 관여되다, atherosclerosis 죽상동맥경화증, foam cell 포말세포

해 **염증반응**, 콜레스테롤 및 포말세포들이 죽상동맥경화증에 어떻게 관여되어있는지를 설명하시오.

참 atherosclerosis : 죽상동맥경화증, distortion 참조

inflammatory

형 염증의

103 Glucocorticoid hormones are therapeutically useful agents for the treatment of a variety of **inflammatory** and immune diseases.

해 Glucocorticoid류 호르몬은 다양한 **염증성** 및 면역성 질환의 치료목적에 유용한 약물이다.

참 Glucocorticoid 호르몬 : 스테로이드 호르몬의 일종으로 항염증과 면역억제작용을 가지고 있다. Cortisol이 가장 중요한 glucocorticoid이다.

influence

명 1 영향

168 Although the regulation of growth hormone secretion is complex, the major **influence** is hormonal.

해 비록 성장호르몬의 분비의 조절과정은 복잡하지만, 주된 **영향**은 호르몬에 의한 것이다.

2 have an ~ on ....에 영향을 미치다

For many proteins, the identity of the first residue that remains after removal of the amino-terminal Met residue, and any other post-translational proteolytic processing of the amino-terminal end, has a profound **influence** on half-life.

관 identity 정체, have a profound influence on 상당한 영향을 미치다, post-translational proteolytic processing 번역반응 후의 단백질분해처리

해 많은 단백질에서, 아미노말단의 Met잔기의 제거 후 남아있는 그리고 아미노말단의 어떤 다른 번역반응 후의 단백질의 분해처리 후에 남아있는 첫 번째 잔기의 정체가 반감기에 상당한 **영향을 미친다**.

3 under the ~ of ....의 영향을 받아, 영향 하에서

The monocytic cells are transformed into macrophages that migrate through the spaces between endothelial cells. They enter the subintimal space under the **influence** of chemoattractant cytokines secreted by vascular cells in response to exposure to oxidatively modified fatty acids within the lipoproteins.

해 단핵구세포는 내피세포 사이의 공간을 지나서 이동하는 거대식세포로 형질전환된다. 그들은 지단백질 속에서 산화반응으로 변형된 지방산의 노출에 반응하여 혈관세포에 의해 분비된 화학성 유인물질인 cytokine류**의 영향을 받아** 혈관의 내막 아래의 공간으로 들어간다.

타 영향을 미치다

The lipid composition of a bilayer also **influences** its thickness, which in turn may play a role in localizing proteins to a particular membrane.

관 in turn=(차례로, 다시), localize(타) .... to=confine .... to 에 국소화되다

해 이중층 지질의 조성은 또한 막의 두께에 **영향을 미치며**, 그래서 그 두께는 다시 단백질들이 특정한 막에 국소화되도록 하는데 역할을 하기도 한다.

influenced | 타 be ~ 영향을 받다

34

Growth control and the cell cycle, the heart of cancer, are **influenced** by many types of signals, and the external inputs become integrated as the cell makes its decision about whether to divide or to continue dividing.

관 be integrated 통합되다, make a decision 결정을 내리다, whether .... or ....할지의 여부, input 입력신호; 입력된 것

해 성장조절과 세포주기는 암의 핵심이며, 많은 유형의 신호들에 의하여 **영향을 받기 때문에**, 그 외부의 입력신호들은 세포가 분열을 할지 혹은 분열하는 것을 계속 할지에 대한 결정을 내릴 때 통합된다.

influx | 명 유입

86

Functioning of the two antiporters together produces an **influx** of one ADP and one P_i and efflux of one ATP together with one OH^-.

관 antiporter 역수송체, influx 유입≠efflux 유출

해 두 종의 역수송체들이 함께 기능한다는 것은 하나의 ADP와 하나의 P_i의 **유입** 그리고 하나의 OH^-와 함께 하나의 ATP의 *유출*을 만든다.

information | 명 정보

125

The prognosis for many tumors could be determined, within certain limits, from their histology. However the appearance of cells alone has limited **information** content, and better ways to discern the properties of cells are desirable both to understand tumorigenesis and to arrive at meaningful and accurate decisions about prognosis and therapy.

관 limit 한계, alone(부) 만으로, discern(타) 식별하다=to see or understand the difference, prognosis 질병의 예후, tumorigenesis 종양의 생성, arrive at decisions ....의 결정에 도달하다

해 많은 종양의 예후는 어떤 제한상황 안에서, 조직검사로부터 결정될 수 있었다. 그러나 세포의 모양 하나만은 제한된 **정보**의 양을 가지고 있기 때문에, 종양의 생성을 이해하거나 그리고 예후와 치료에 대한 의미있고 정확한 결정에 도달하려면, 세포의 행동특성을 식별할 수 있는 더 나은 방법들이 필요하다

informational | 형 정보를 가지고 있는

3

DNA, RNA, and proteins are **informational** macromolecules.

해 DNA, RNA, 및 단백질은 **정보를 가지고 있는** 거대분자들이다.

informative | 형 지식을 주는, 유익한, 정보를 주는

13

Ras proteins and the proteins that regulate Ras activity have been highly conserved in evolution, and genetic analyses in *Drosophila* and *C. elegans* provided the first clues as to how receptor tyrosine kinases activate Ras. Genetic studies of photoreceptor cell development in the Drosophila eye have been particularly **informative**.

관 be conserved 보존되어있다, provide the clue 실마리를 제공하다, as to=concerning

해 Ras 단백질과 Ras 활성을 조절하는 단백질들은 진화과정에서 높게 보존되어왔기 때문에, 초파리와 선충*C. elegans*의 유전분석은 수용체형 티로신인산화효소들이 Ras를 어떻게 활성화하는가에 대한 최초의 실마리를 제공하게 되었다. 특별히 초파리 눈에 있는 광수용체세포의 발생에 대한 유전적 연구들이 **정보를 주어왔다**.

inform | 타 1 알려주다. 정보를 주다

11

The counselor **inform**ed them that, because they were both carriers of the sickle cell gene, their chance of having a child with sickle cell anemia was fairly high (approximately 1 in 4).

관 inform IO DO ....에게 ....를 알리다, sickle cell gene 낫형세포성 유전자, carrier 보유자

해 상담의사는 그들에게 그들 모두가 낫형세포성 유전자 보유자이기 때문에, 낫형세포성 빈혈에 걸

릴 아이를 가질 확률이 대략 4명중 1명으로 매우 높다는 것을 **알려주었다**.

2 be ~ 정보를 얻다

Human medicine is **informed** by research on other organisms.

해 인간의학은 다른 생명체에 대한 연구에 의하여 **정보를 얻는다.**

ingest 타 (음식, 약을) 섭취하다

5

The mushrooms picked by him contained α-amanitin, an inhibitor of eukaryotic RNA polymerases. Between 40 and 90% of the individuals who **ingest** α-amanitin die within a few days

해 그에 의하여 채취된 버섯은 진핵세포의 RNA polymerase의 저해제인 α-amanitin을 함유하고 있었다. α-amanitin를 **섭취한** 사람의 40%에서 90%가 몇 일내에 죽는다.

ingested 타 be ~ 섭취되다

13

The hyperlipidemia is greatly enhanced if fat is **ingested** with ethanol. Thus, "happy hour" foods (e.g., pizza, fried potato skins with sour cream) are exactly the wrong things to eat while drinking.

해 만약 지방이 에탄올과 함께 **섭취되**면, 고지혈증hyperlipidemia이 크게 증가된다. 그래서 (예, 피자, 크림을 올린 튀김감자 등의) "행복한 시간happy hour" 음식은 음주하면서 먹기엔 좋지 않은 것들이다.

ingestion 명 섭취

14

The patient develops vomiting and diarrhea after **ingestion** of milk. His blood is found to have a low concentration of glucose but a much higher than normal concentration of reducing sugars. The urine test for galactose is positive.

해 그 환자는 우유 **섭취** 후 구토와 설사가 발생하였다. 그의 혈액은 낮은 농도의 포도당을 가지고 있지만 정상적인 농도보다 훨씬 더 높은 환원당을 가지고 있는 것이 알려졌다. Galactose의 소변검사는 양성이다.

inherent 형 1 본래부터 가지고 있는, 고유한

18

An extraordinary diversity of cellular activity is possible only because of the versatility **inherent** in proteins, each of which is specifically tailored to its biological role.

관 versatility 다능성; 다양한 적응능력, be tailored to ....에 맞춤화되다

해 세포활성이 놀랄만하게 다양할 수 있는 것은 단지 특이적으로 생물학적 역할에 맞춤화되어있는 각각의 단백질**에 고유한** 다능성 때문이다.

2 타고난

Many copying errors that occur during DNA replication are corrected by the proofreading function of DNA polymerases that can recognize incorrect (mispaired) bases at the 3′ end of the growing strand and then remove them by an **inherent** 3′→5′ exonuclease activity,

해 DNA 복제가 진행되는 동안 발생하는 많은 복사오류는 길어지고 있는 가닥의 3' 말단에서 부정확한 (잘못 짝짓기 된) 염기들을 인식하고, 곧 **타고난** 3'→5' exonuclease 활성에 의해 잘못 짝지은 염기들을 제거할 수 있는 DNA polymerase의 확인기능에 의해 수정된다.

inherently 부 본질적으로

6

Even if DNA were not exposed to damaging chemicals, DNA is **inherently** unstable. For example, the bond connecting a purine base to deoxyribose is prone to hydrolysis, leaving a sugar without an attached base.

해 심지어 DNA가 해로운 화학물질에 노출되지 않더라도 DNA는 **본질적으로** 불안정하다. 예를 들면, purine 염기와 deoxyribose를 연결하는 결합은 가수분해에 약하여 붙어있던 염기가 없어진 당을 남기게 된다.

inherit 타 유전상속받다

Surprisingly, we **inherit** a small amount of genetic material entirely and uniquely from our mothers. This is the circular DNA present in mitochondria, the organelles in eukaryotic cells that synthesize ATP using the energy released by the breakdown of nutrients.

해 놀랍게도, 우리는 유전물질의 적은 양을 어머니로부터 모두 다 그리고 독특하게 **상속받는다**. 이것이 바로 영양물질을 분해하여 유리되는 에너지를 사용하여 ATP를 합성하는 진핵세포의 소기관인 미토콘드리아에 속에 있는 원호형 DNA이다.

inherited 타 be ~ 상속되다

5

For the most part, human chromosomes occur as homologous pairs, with each member of a pair containing the same genetic information. One member of the pair is **inherited** from the mother and one from the father.

관 for the most part 대부분, occur as ....로써 존재하다

해 대부분, 사람의 염색체는 동일한 유전정보를 함유하고 있는 한 쌍의 각 구성요소들로 이루어진 동종의 쌍으로 존재한다. 그 쌍 가운데 하나의 구성원은 어머니로부터, 그리고 또 하나는 아버지로부터 **상속된다**.

참 'is inherited' 동사가 이미 앞의 절에서 사용되었으므로, 뒤쪽의 단락에서는 생략되어 간단하게 'one from the father'로 씀

inhibit 타 저해하다

660

Two methods for functionally inactivating a gene without altering the gene sequence are by dominant negative mutations and RNA interference (RNAi). Describe how each method can **inhibit** expression of a gene.

해 유전자서열을 변경하지 않고 유전자를 기능적으로 불활성화하는 2가지 방법은 저해형이 우성이 되는 돌연변이dominant negative mutation와 RNA 간섭 (RNAi)에 의한 것이다. 각각의 방법이 어떻게 유전자의 발현을 **저해할** 수 있는지 기술하시오.

참 - dominant negative mutation : 저해형이 우성이 되는 돌연변이 negative 참조
- RNAi : blotted 참조

inhibited 타 be ~ 저해되다

571

Viral infection is **inhibited** by the addition of lipid-soluble bases, such as ammonia or trimethylamine, which raise the normally acidic pH of late endosomes. Also, a conformational change in the hemagglutinin protein that is critical for infectivity occurs over a very narrow range in pH (5.0–5.5).

관 (raise=elevate, lift)≠(lower=reduce), raise=increase the amount or level of, be critical for=be essential for ....에 중요한, over a narrow range 영역에 걸쳐서, also 또한=(besides, in addition)

해 바이러스의 감염은 후기의 endosome을 구성하는 정상적으로 산성인 pH를 상승시킬 수 있는 암모니아나 trimethylamine과 같은 지용성인 염기들의 첨가에 의하여 **저해된다**. 그 이외에도, 감염능력에 결정적인 hemagglutinin 단백질에서 입체구조의 변화가 매우 좁은 pH (5.0-5.5) 범위에서 일어난다.

참 자동사 rise와 increase의 차이점 : rise는 수직방향으로의 상승을 반면에 increase는 어느 방향으로든 증가할 수 있는 상태에 사용된다.

inhibition 명 저해, 저해작용

993

Allopurinol, a drug used to treat gout, decreases urate production by inhibiting xanthine oxidase. This **inhibition** provides an example of an enzyme that commits suicide by converting a drug to a transition state analog.

관 treat(타) gout 통풍을 치료하다, provide an example 예를 제공하다, commit suicide 자살하다

해 통풍을 치료하는 약물인 allopurinol은 xanthine oxidase를 저해하여 요산의 생산을 감소시킨다. 이 **저해반응**은 약물을 전이상태의 유사물로 변화시켜서 자살반응을 범하도록 하는 효소의 한 예가 된다.

참 타동사 reduce와 decrease의 차이점 : 일반적으로 같은 의미로 사용되지만, reduce는 어떤 결과

를 기대할 때 사용된다. 예) To reduce your risk of certain cancer, quit smoking. 어떤 암의 위험성을 줄이기를 기대한다면, 담배를 끊어라. 그리고 decrease는 어떤 행동의 결과로 decrease되는 상태를 표현할 때 사용한다. 예) If you quit smoking, your risk for cancer will decrease. 담배를 줄이면, 그 결과로 위험성이 줄어들 것이다.

inhibitor 명 저해제

1949

Some irreversible **inhibitors** are important drugs. Aspirin acts by covalently modifying the enzyme cyclooxygenase, reducing the synthesis of inflammatory signals.

해 일부 비가역적인 **저해제**들은 중요한 약물이다. 아스피린은 공유결합으로 효소 cyclooxygenase을 변형함으로써 작용하여, 염증신호물질드의 합성을 감소시킨다.

inhibitory 형 억제하는, 억제성의

294

A single neuron can be affected simultaneously by signals received at multiple excitatory and **inhibitory** synapses. The neuron continuously integrates these signals and determines whether or not to generate an action potential.

관 excitatory 흥분성의≠inhibitory 억제성의, integrate(타) 통합하다, determine(타) *whether or not* to generate ....를 생성할 것인지 아닌지를 결정하다

해 하나의 신경세포는 여러 개의 흥분성 및 **억제성** 시냅스에서 수신된 신호에 의하여 동시에 영향을 받을 수 있다. 그 신경세포는 계속적으로 이들 신호를 통합하여 활동전위를 생성할 것인지를 결정한다.

initial 형 초기의, 처음의

323

The primer must have a free 3′-OH end from which the new polynucleotide chain can grow as the first residue is added in the **initial** step of the polymerization process. DNA polymerases synthesize new strands by adding successive nucleotides in the 5′ → 3′ direction.

관 grow(자) 길어지다, in the 5' → 3' direction 5' → 3' 방향으로, successive 연속적인

해 프라이머는 비어있는 3'-OH 말단을 가지고 있어야 한다. 중합과정 **초기**단계에 첫 번째 잔기가 추가되면서 3'-OH기로부터 새로운 뉴크레오티드 중합체 사슬이 길어질 수 있게 된다. DNA polymerase는 5' → 3' 방향으로 연속적인 뉴크레오티드를 추가하여 새로운 가닥을 합성한다.

initially 부 초기에, 처음에

117

Initially, scientists speculated that DNA was a cellular storage form for inorganic phosphate, an important but unexciting function that did not spark widespread interest in determining its structure.

해 **처음에는**, 과학자들은 DNA가 그것의 구조를 결정하는데 있어서 광범위한 관심을 점화시키지 않았던 중요하지만 흥미를 유발하지 못한 기능인 무기인산기를 위한 세포의 어떤 저장형태라고 추측하였었다.

initiate 타 개시하도록 하다, 시작하다

94

Eukaryotic coding sequences are inserted at the restriction site just downstream from a promoter region of the expression-cloning vector where RNA polymerase binds and **initiates** transcription.

관 restriction site 제한효소로 절단되는 자리, just downstream from ....로부터의 바로 아랫방향에

해 진핵세포의 코딩서열은 RNA polymerase가 결합하여 전사를 **개시하도록 하는** 곳인 발현용 클로닝벡터의 프로모터 영역으로부터 바로 아랫방향에 있는 제한효소로 절단되는 자리에 삽입된다.

자 개시되다

The technique revealed that in this system the replication loops always **initiate** at a unique point, which was termed an origin.

관 reveal(타) 새로 밝히다=(expose, show), replication loop 복제루프, be termed ....라는 용어로 불리다=(be called ...., be referred to as)

해 그 기술은 이 시스템에서 복제루프들이 origin이라는 용어로 불리던 특유의 지점에서 항상 **개시**

된다는 것을 밝혀주었다.

initiated 타 be ~ 개시되다

123

Skeletal muscle contractions <u>are</u> **initiated** by nerve stimuli that act directly on the muscle. Nerve impulses produce an electrochemical signal called an action potential.

해 골격근 수축은 근육에 직접 작용하는 신경자극에 의하여 **개시된다**. 신경충격은 활동전위라 불리는 전기화학적 신호를 만들어낸다.

initiation 명 개시, 시작

82

Initiation of gluconeogenesis occurs in the pyruvate carboxylase reaction - the conversion of pyruvate to oxaloacetate.

해 당신생성의 **시작**은 pyruvate를 oxaloacetate로 전환하는 pyruvate carboxylase 반응에서 일어난다.

inject 타 주사하다

4

She contracted AIDS when she used needles contaminated with HIV to **inject** drugs intravenously. Intravenous drug abusers account for 15 to 20% of new AIDS cases in the United States.

관 contract(타) 병에 걸리다=(develop, catch), be contaminated(타) 오염되다, drug abuser 약물남용자, account for ....를 차지하다=(constitute, comprise, make up)

해 그녀는 정맥으로 약물을 **주사하기** 위하여 HIV에 오염된 주사바늘을 사용했을 때, AIDS에 걸리게 되었다. 미국에서 정맥주사로 투여하는 약물 남용자들은 새로운 AIDS 증례의 15에서 20%를 차지한다.

injected 타 be ~ 주사되다, 주입되다

372

An additional criterion used to demonstrate that cells in cell culture experiments are truly transformed is that they form tumors when **injected** into mice lacking an immune system.

관 demonstrate(타) 보여주다=show clearly, lack(타) ....이 없다=(be missing, be without)

해 세포배양 실험에서 세포들이 정말로 형질변환되었는가를 명확하게 보여주는데 사용되는 추가적인 기준은 세포들이 면역계가 없는 생쥐에 **주입되었**을 때 종양을 형성하는 것이다.

injection 명 주사

588

With lispro, an ultra–fast-acting bioengineered insulin analog, she will be able to time her **injections** minutes before her consumption of carbohydrate-containing meals, rather than having to remember to give herself an insulin injection 1 hour before a meal.

관 time(타) 시간을 정하다=(set the time of, determine the time of) lispro 속효성 인슐린의 약품명

해 초속효성의 생명공학적으로 변형된 인슐린 유사물인 lispro를 사용하다면, 그녀는 탄수화물을 함유하는 음식물을 먹기 1시간 전에 인슐린 주사를 주어야 한다는 것을 기억하는 것 보다는 오히려 식사 수분 전으로 **주사**시간을 결정할 수 있을 것이다.

injure 타 손상시키다

1

This reversible hydration gives cartilage its flexible, shock-absorbing qualities and cushions the joints during physical activities that might otherwise **injure** the involved tissues.

관 hydration 수화, cartilage 연골, joint 관절, cushion(타) ....의 충격을 완화시키다=(protect from impacts, absorb the shock of), otherwise 그렇지 않았으면

해 이 가역적인 수화반응은 연골조직에게 유연하고 충격을 흡수할 수 있는 재질을 주고 또한 그렇지 않았으면 포함된 조직들을 아마도 **손상시킬** 수도 있었던 물리적인 활동을 하는 동안, 관절의 충격을 완화시켜주기도 한다.

injured 타 be ~ 손상되다

3

Within 2 hours of the onset of an acute myocardial infarction, the MB form of CK (Creatine kinase) begins leaking from heart cells that were **injured** by the ischemic process.

관 onset 발병, begin .... ing ....하기 시작하다, ischemic 허혈성의

해 급성 심근경색의 발병 후 2 시간 이내에 CK (Creatine kinase)의 MB형이 허혈성 과정에 의해 **손상되었던** 심장세포로부터 누출되기 시작한다.

injury 명 상해, 손상

57

Blood clotting zymogens are cleaved to the active form by other proteases, which have been activated by their attachment to the site of **injury** in a blood vessel wall. Thus, clots form at the site of **injury** and not randomly in circulation.

해 혈액응고 전구효소 zymogen들은 혈관벽의 **손상**부위와 부착에 의해 활성화되는 단백질 분해효소들에 의하여 절단되어 활성형으로 된다. 그래서 혈전이 **손상**부위에만 형성되고 혈액순환 중에는 형성되지 않는다.

inner 형 내부의

38

The space between the **inner** and outer membranes is referred to as the intermembrane space.

관 be referred to as=(be described as, be mentioned as, be called)

해 **내부**와 외부의 막 사이의 공간은 막간공간이라고 언급된다.

input 명 입력, 유입

75

Growth control and the cell cycle, the heart of cancer, are influenced by many types of signals, and the external **inputs** become integrated as the cell makes its decision about whether to divide or to continue dividing.

해 성장조절과 세포주기는 암의 핵심이며 많은 유형의 신호에 의하여 영향을 받기 때문에, 세포가 분열을 해야 할 지 혹은 분열을 계속해야 할지에 대한 결정을 할 때, 외부의 **입력**신호들이 통합된다.

insert 명 삽입물, 삽입체, 삽입서열

153

Creation of chimeric plasmids requires joining the ends of the foreign DNA **insert** to the ends of a linearized plasmid.

해 직선화된 플라스미드의 끝에 외부의 DNA **삽입서열**의 말단을 연결하여 잡종 플라스미드를 새로 만든다.

참 plasmid : 염색체에서 분리되어 따로 존재하고 있는 원형의 염색체외성extrachromosomal DNA로, 염색체에 비해 크기가 매우 작으며 또한 독립적으로 복제가 가능하다. 이것은 세균의 항생물질의 내성이나, 독성물질을 만들기 위해 사용되며, 동일 개체 사이에서 유전요소를 전달하는 목적으로 사용되는데, 유전공학에서 원하는 유전자를 증폭하거나 발현시킬 목적으로 변형시켜 사용하고 있다.

자 삽입되다

The antiapoptotic Bcl-2–type proteins (including Bcl-2, Bcl-xL, Bcl-wL) have at least two ways of antagonizing death signals. They **insert** into the outer mitochondrial membrane to antagonize channel-forming pro-apoptotic factors, therby decreasing cytochrome c release.

관 anti-apoptotic 항압폽토시스의, antagonize(타) 길항하다=counteract, death signal 죽음신호

해 항압폽토시스 Bcl-2 유형의 단백질들 (Bcl-2, Bcl-xL, Bcl-wL을 포함하는)은 적어도 죽음신호에 길항할 수 있는 2가지 방법을 가지고 있다. 그들이 통로를 형성하는 압폽토시스 전구인자들에 길항할 목적으로 미토콘드리아 외막 속에 **삽입되고**, 그로 인해 cytochrom c의 유리를 감소시키게 된다.

타 삽입하다.

One way to **insert** DNA so that it will be properly oriented with respect to the promoter is to create DNA molecules whose ends have different overhangs.

관 be oriented(타) 방향이 잡히다, with respect to ....에 대하여=concerning, overhang 돌출서열

해 DNA가 프로모터에 대하여 적절하게 위치가 잡히도록, 그것을 **삽입하는** 한 가지 방법이 양쪽

끝이 서로 다른 돌출서열을 가지는 DNA 분자를 만드는 것이다.

inserted 101

타 be ~ 삽입되다

The vector containing the gene and promoter is **inserted** into the nucleus of a freshly fertilized egg, which is then implanted into a foster mother.

관 be implanted into ....에 이식되다, foster mother 대리모

해 그 유전자와 프로모터를 함유하고 있는 벡터가 금방 수정된 난자의 핵 속으로 **삽입되고**, 그 후 곧 대리모에 이식된다.

insertion 88

명 삽입

Integral proteins are also asymmetrically distributed across the membrane bilayer. This asymmetric orientation is conferred at the time of their **insertion** in the lipid bilayer.

관 Integral protein 통합단백질, asymmetrically 비대칭적으로, be distributed 분포되다=(be scattered, be dispersed), be conferred 부여되다=be given

해 통합단백질들 또한 막이중층을 가로질러 비대칭적으로 흩어져있다. 이 비대칭 방향잡기는 지질 이중층에 그들이 **삽입**될 때 주어진다.

inside 134

부/형 내부에서 (의)

Researchers can measure the **inside** pH by trapping fluorescent pH-sensitive dyes **inside** vesicles formed from the inner mitochondrial membrane.

해 연구자들은 미토콘드리아 내막으로부터 형성된 소낭의 **내부에** pH에 반응하는 형광염료를 포획시켜 **내부의** pH를 측정할 수 있다.

insight 78

명 ....에 대한 정확하고 깊은 이해 (복수 가능), 통찰력

For instance, genes initially identified because of their link to cancer in humans can be studied in the context of normal development in various model organisms, providing further **insight** about the functions of their protein products.

관 initially 처음으로, link to 과의 연관성, insight 통찰력=accurate and deep understanding of it.

해 예를 들면, 사람에서 암과의 연관성 때문에 처음으로 새로 찾게 된 유전자들이 정상 발생과정의 진행과정에서 여러 모델생명체에서 연구될 수 있기 때문에, 그들의 단백질산물의 기능에 대한 더 자세한 **통찰력**을 제공할 수 있다.

insoluble 93

형 불용성인, 녹지 않은

Membrane proteins are **insoluble** in aqueous solutions but can be solubilized in solutions of detergents.

해 막단백질들은 수용액에서는 **녹지 않지만** 계면활성제 용액에서는 용해될 수 있다.

instance 43

명 1 for ~ 예를 들면

For **instance**, hematopoietic cells require erythropoietin, and T lymphocytes require interleukin 2.

해 **예를** 들면, 조혈세포는 erythropoietin을 필요로 하고, T임파구들은 인터류킨 2를 요구한다.

2 예, 경우

In other rare **instances** a dominant mutation in one allele may lead to a structural change in the protein that interferes with the function of the wild-type protein encoded by the other allele. This type of mutation is referred to as a dominant negative.

관 one .... the other 둘 중 하나 .... 나머지 하나, interfere with ....를 방해하다, is referred to as ....하고 하다=(be mentioned as, be called), dominant 우성의, dominant negative 저해형이 우성이 되는

해 또 다른 매우 드문 **경우**로, 한 쪽의 대립유전자에 존재하는 우성인 돌연변이가 나머지 하나의 대립유전자에 의해 인코딩된 야생형 단백질의 기능을 방해하는 단백질에서 구조적 변화를 유발

하는 결과가 될 수도 있을 것이다. 이 형태의 돌연변이를 저해형이 우성이 되는dominant negative 돌연변이라 한다.

참 dominant negative mutant : 저해형이 우성이 되는 돌연변이체 inhibit, negative 참조

instant

3

명 for an ~ 순간적으로, 찰나적으로

In confocal scanning microscopy, exciting light from a focused laser beam illuminates only a single small part of a sample for an **instant** and then rapidly moves to different spots in the sample focal plane.

해 공초점주사현미경 confocal scanning microscopy에서, 초점이 맞추어진 레이저광선으로부터 나온 여기광선이 **찰나적으로** 시료의 단 한 곳의 작은 영역만을 조사하고 그리고 시료의 초점면에서 곧 다른 위치로 신속하게 이동한다.

참 An *instant* is an extremely short period of time.

형 순간의, 당장의

Instant access is available on the WWW.

해 **당장의** 접속이 WWW을 통하여 가능하다.

instantaneous

4

형 1 즉시의, 순간적으로 일어나는

Because most hydrogen atoms in liquid water are hydrogen-bonded to a neighboring water molecule, this protonic hydration is an **instantaneous** process and the ion products of water are H_3O^+ and OH^-.

해 수용액에 있는 대부분의 수소원자들은 이웃하고 있는 어떤 물 분자와 수소결합이 되어있기 때문에, 수소이온에 의한 수화반응이 **순간적으로 일어나는** 과정이 되어 물의 이온산물은 H_3O^+와 OH^-가 된다.

2 동시에 일어나는

Reversal of coumarin inhibition by vitamin K requires 12–24 hours, whereas reversal of the anticoagulant effects of heparin by protamine is almost **instantaneous**.

해 비타민 K에 의한 coumarin의 저해작용의 역전반응은 12-24 시간이나 필요하지만, 반면에 protamine에 의한 heparin의 항응고효과의 역전반응은 거의 **동시에 일어난다**.

참 Heparin과 wafarin (coumarin)은 혈전증thrombosis, 혈전색전증thromboembolism에 자주 사용되는데 과량으로 투여되면 혈전형성이 잘 되지 않으므로 이 과정은 조절되어야 한다.

instantaneously

2

부 순간적으로

Expel the two solutions from two paired syringes simultaneously and vigorously, *which* will cause a clot to be formed almost **instantaneously**.

관 which는 관계대명사로 앞 문장 전체를 선행사로 받음

해 짝으로 연결된 2개의 주사기로부터 두 용액을 동시에 그리고 강력하게 분출시키시오, 그러면 그것은 거의 **순간적으로** 덩어리가 형성되도록 할 것이다.

참 구와 절이 선행사가 될 때는 관계대명사 which로 받는다. 예) He left early, *which* was wise.=He left early, and it was wise. it는 'he left early'를 받는다.

Instead

125

부 1 그 대신에

Aspirin covalently modifies a residue in the active site, thus irreversibly inactivating both COX-1 and COX-2. Ibuprofen acts **instead** by competing in a reversible fashion for the substrate-binding site in the active site.

관 modify(타) 변형시키다, compete(자) for/with/against ....와 경쟁하다

해 아스피린은 활성화자리의 어떤 잔기를 공유결합으로 변형시키므로, 그 결과 비가역적으로 COX-1과 COX-2 모두를 불활성화할 수 있다. **그 대신에** 이부프로펜은 활성화자리에 있는 기질의 결합자리에 대하여 가역적인 방식으로 경쟁하면서 작용한다.

2 ~ of ...의 대신에

Electron microscopes use a focused beam of electrons **instead** of a beam of light.

해 전자현미경은 한 줄기의 광선 **대신에** 초점이 조정된 전자들의 줄기를 사용한다.

institute 명 연구소

133 Max Planck **institute** for biochemistry is located in Martinsrid by München

해 막스프랑크생화학**연구소**는 뮌헨 근교 마르틴스리드에 위치되어있다.

타 개시하도록 하다, 설립하다,

Enzymatic cascades are often employed in biochemical systems to achieve a rapid response. In a cascade, an initial signal **institutes** a series of steps, each of which is catalyzed by an enzyme. At each step, the signal is amplified. For instance, if a signal molecule activates an enzyme that in turn activates 10 enzymes and each of the 10 enzymes in turn activates 10 additional enzymes,

관 employ(타) 사용하다=put to use, institute(타) 개시하도록 하다=(initiate, organize, establish, found), cascade 다단계 증폭반응

해 효소가 촉매하는 다단계 증폭반응이 자주 생화학적 시스템에서 신속한 반응을 달성하기 위하여 자주 사용된다. 다단계반응에서, 초기신호는 각각의 단계가 효소에 의하여 촉매되는 일련의 단계를 **개시하도록 한다**. 각 단계에서 신호는 증폭된다. 예를 들면, 어떤 신호분자가 한 효소를 활성화하면, 이것은 다시 10개의 효소를 활성화하고, 10개의 효소 각각은 다시 10개의 추가적인 효소들을 활성화한다.

instituted 타 be ~ 개시되다

5 If they decide to conceive, the fetus can be tested for the genetic defect. In some cases, if the fetus has the defect, treatment can **be instituted** at an early stage, even in utero.

관 decide(타) 불확실 한 것을 해결하다, conceive(자) 임신이 되다=become pregnant, in utero 태어나지 않아도=not yet born, be instituted=be initiated

해 만약 그들이 임신된 것으로 결정하면, 태아는 유전적 결함을 위한 검사가 수행될 수 있다. 일부의 증례에서 만약 태아가 결함을 가지고 있으면, 치료는 이른 단계에서 심지어 태어나지 않아도 **개시될 수 있다**.

institution 명 단체, 학회, 기관

4 Some scientists perform what is called basic research, which is intended to extend the boundaries of what we know. These individuals typically work at universities, and their research is usually financially supported by their **institutions** and by external sources, such as the government, industry, and private foundations.

관 what is called 소위, extend(타) 확장하다=(enlarge, expand), boundaries 영역 <복수>

해 일부 과학자들은 우리가 알고 있는 것의 경계를 넓히려는 것을 목적으로 하는 소위 기초연구를 수행한다. 이 사람들은 전형적으로 대학에서 일을 하고 있으며, 그들의 연구는 일반적으로 소속 **기관**에 의하여 그리고 정부, 산업계 및 사설재단과 같은 외부의 자금에 의하여 금전적으로 지원을 받는다.

instruction 명 지시사항

179 Messenger RNA (mRNA) carries the **instructions** from DNA that specify the correct order of amino acids during protein synthesis.

관 specify(타) 자세하게 알려주다=(clearly describe, state explicitly or in detail)

해 전령 RNA는 단백질을 합성하는 동안 아미노산들의 바른 순서를 자세하게 알려주는 DNA로부터의 **지시사항**을 담고 있다.

instructive 형 도움이 되는, 교훈적인

5 Glycogen phosphorylase provides an especially **instructive** case of enzyme regulation. It was one of the first known examples of an allosterically regulated enzyme and the first enzyme shown to be controlled by reversible phosphorylation.

해 Glycogen phosphorylase는 효소의 조절에 대한 특별히 **교훈적인 사례**가 된다. 그것은 알로스테릭하게 조절되는 효소의 첫 번째로 알려진 예 가운데 하나이며, 그리고 가역적 인산화반응에 의하여 조절되는 것으로 보이는 첫 번째 효소이었다.

intact 형 원형그대로의 않은, 본래대로의

310

The numerous proteasomes dispersed throughout the cell cytosol proteolytically cleave ubiquitin-tagged proteins in an ATP dependent process that yields short (7- to 8-residue) peptides and **intact** ubiquitin molecules.

해 세포질 전체에 흩어져 있는 많은 프로테오솜들이 ATP에 의존하는 과정으로, 유비퀴틴이 표지된 단백질을 절단하여 (7에서 8개의 잔기 크기의) 짧은 펩티드들과 **원형 그대로의** 유비퀴틴 분자를 생성한다.

intake 명 섭취

30

Leptin, a peptide hormone produced by adipocytes negatively regulates food **intake** and positively regulates metabolic rate.

해 렙틴은 지방세포에 의해 생산되는 펩티드 호르몬으로 음식의 **섭취**를 억제하도록 조절하고 대사속도를 증가하도록 조절한다.

integral 형 1 구성요소의, 통합된, 필수적인

25

Unlike retroviral oncogenes, which are derived from normal cellular genes and have no function for the virus except to allow their proliferation in tumors, the known oncogenes of DNA viruses are **integral** parts of the viral genome and are required for viral replication.

관 oncogene 발암유전자, have function for ....위한 기능을 가지다, be required for ....에 필요하다

해 정상세포의 유전자로부터 유래되어 종양에서 그들의 증식을 가능하게 하는 것을 제외하고 바이러스를 위한 어떠한 기능도 가지고 있지 않은 레트로바이러스의 발암유전자들과는 달리, DNA 바이러스의 알려진 발암유전자들은 바이러스 유전체의 **구성요소의** 일부분이며 바이러스의 복제에 꼭 필요하다.

2 통합된

Signaling molecules that are **integral** membrane proteins located on the cell surface also play an important role in development.

해 세포의 표면에 위치되어있는 **통합된** 세포막단백질인 신호전달분자들은 발생과정에서 중요한 역할을 한다.

integrate 타 통합하다, 통합시키다

6

Only those cells that have **integrated** the expression vector into the host chromosome will survive and give rise to a clone in the presence of a high concentration of G-418.

관 survive(자) 생존하다; (타)....보다 오래 살다, give rise to 생성하다=(result in, lead to, cause, bring about), G-418 겐타마이신류의 항생제

해 발현벡터를 숙주의 염색체 속에 **통합시킨** 그런 세포들만 생존하여, 고농도의 G-418의 존재 상태에서 클론을 생성할 것이다.

integrated 타 be ~ 통합되다, 일부로 편입되다

44

when λ bacteriophage infects *E. coli*, the viral DNA may be **integrated** into the host-cell chromosome rather than being replicated.

해 λ 박테리오파아지가 대장균에 감염되면, 그 바이러스DNA는 아마도 복제되기보다는 오히려 숙주세포의 염색체에 **통합될** 것이다.

integration 명 통합

61

If an introduced vector integrates into the genome of the host cell, the genome is permanently altered and the cell is said to be transformed. **Integration** most likely is accomplished by mammalian enzymes that function normally in DNA repair and recombination.

관 integrate into ....로 통합되다, function(자) 기능하다, DNA repair 수리, recombination 재조합반응

해 도입된 벡터가 숙주세포의 유전체에 통합되면, 그 유전체가 영원히 변형되었으므로 그 세포는 형질변환되었다고 말하여진다. **통합반응**은 DNA수리와 재조합에서 정상적으로 기능하는 포유동물의 효소들에 의해서 달성되는 것 같다.

integrity 명 원래의 모습, 완전성

71

Some Bcl-2 family members preserve or disrupt the **integrity** of mitochondria, thereby controlling release of mitochondrial proteins such as cytochrome c.

해 일부 Bcl-2부류의 구성원들이 미토콘드리아의 **완전성**을 보존하거나 파괴하기 때문에, 그로 인해 cytochrome c와 같은 미토콘드리아 단백질들의 유리를 조절할 수 있다.

intense 형 심한, 강한, 격렬한

53

Nitroglycerin has been used for over a century as a treatment for the **intense** chest pain of angina.

관 treatment 치료, angina 협심증, chest pain of angina 협심증 때문에 생긴 가슴통증

해 Nitroglycerin은 협심증이 원인인 온 **심한** 가슴통증의 치료제로써 한 세기에 걸쳐 사용되어 왔다.

intensely 부 강하게, 진하게

8

Certain dyes selectively stain some regions of metaphase chromosomes more **intensely** than other regions, producing characteristic banding patterns that are specific for individual chromosomes.

해 어떤 염료는 선택적으로 중기의 염색체의 일부 영역을 다른 영역보다 더 **진하게** 염색하여, 각 염색체에 특이적이고 특징적인 띠형을 생성하도록 한다.

참 염색체 띠형 (chromosome banding pattern) : 염색체의 핵형karyotype을 결정하기 위하여 중기의 염색체를 약한 열처리나 단백분해처리를 한 후 Giemsa 염색을 하면 각 염색체마다 특징적인 줄무늬 모양이 나타난다. 이 띠형을 사용하여 크기나 모양이 유사한 염색체를 구별할 수 있다.

intensity 명 (복수가능) 강도, 세기

330

After unhybridized cDNA is washed away, the **intensity** of green and red fluorescence at each DNA spot is measured using a fluorescence microscope and stored in computer files

해 혼성체가 형성되지 않은 cDNA를 씻어 제거한 후, 녹색과 적색형광의 **세기**가 형광현미경을 사용하여 각각의 DNA스폿에서 측정되어 컴퓨터 파일에 저장되었다.

interact 자 ~ with ....와 상호반응하다, 결합하다

499

$p66^{Shc}$ is a multifunctional protein that localizes in the inter-membrane space of mitochondria where it acts as a redox protein. It can **interact with** cytochrome c and receive electrons that are subsequently transferred directly to oxygen, thus generating ROS.

관 be localized in ....곳에 국소화되다=be concentrated in particular location, ROS 반응성 산소종

해 $p66^{Shc}$은 미토콘드리아의 두 막 사이의 공간에 편중화되어있는 다기능성 단백질로, 그 곳에서 산화환원용 단백질로 활동한다. 그것은 cytochrome c와 **상호반응하여** 추후에 산소로 직접 전달되는 전자를 받아들일 수 있어서, 그래서 ROS를 생성하게 된다.

interaction 명 1 상호반응

1517

At the usual cholesterol concentrations, the **interaction** of the steroid ring with the long hydrophobic tails of phospholipids tends to immobilize these lipids and thus decrease biomembrane fluidity.

관 immobilize(타) 고정화하다=fix the position of, biomembrane fluidity 생체막의 유동성

해 보통의 콜레스테롤 농도에서, 스테로이드의 고리와 인지질의 긴 혐기성 꼬리와의 **상호반응**은 이들 지질을 고정화시키는 경향이 있어서 생체막의 유동성을 감소시킨다.

2 상호결합

Strong and weak attractive forces between atoms are the glue that holds them together in individual molecules and permits **interactions** between different biological molecules.

관 attractive forces 인력, hold .... together...을 함께 잡다=keep .... united

해 원자 사이의 강하고 약한 인력은 각 개별 분자에서 그들을 함께 잡아 서로 다른 생체분자 사이에서 **상호결합**을 할 수 있도록 만드는 아교풀과 유사하다.

intercalate
5

자 삽입되다, 사이에 끼어들다

Secondary structures pack closely to one another and also **intercalate** with extended polypeptide chains.

관 pack(자) 채워지다, intercalate with 사이에 끼어들다=insert between

해 2차구조는 빽빽하게 접근되어 서로 가까워지기도 하고 또한 펼쳐진 폴리펩티드 사슬 **사이에 끼어들기**도 한다.

intercalating
5

자 삽입하다, 끼워들다

Detergents are amphipathic molecules that disrupt membranes by **intercalating** into phospholipid bilayers and solubilizing lipids and proteins.

관 detergent 계면활성제, amphipathic 양성의, disrupt(타) 파괴하다=break apart, solubilize(타) 용해시키다=make (fats) soluble

해 계면활성제는 인지질 2중층 사이에 **끼어들어** 지질과 단백질을 용해시켜 막을 파괴하는 양쪽의 성질을 가진 분자이다.

Intercalated
3

타 be ~ 삽입되다, 끼아다

Ethidium bromide molecules **intercalated** between the hydrophobic bases of DNA are fluorescent under UV light.

해 DNA의 혐기성인 염기들 사이에 **삽입된** ethidium bromide 분자들은 자외선 아래에서 형광을 발한다.

intercalation
2

명 삽입

The results of spectroscopic and hydrodynamic studies of complexes of actinomycin D and DNA suggested that the phenoxazone ring of actinomycin slips in between neighboring base pairs in DNA. This mode of binding is called **intercalation**.

관 neighbouring(형) 이웃하는, slips in 미끄러져 들어가다, be called ....라고 불리다=(be named, be referred to as)

해 Actinomycin D와 DNA의 복합체의 분광학적 연구와 유체역학적 연구의 결과는 actinomycin의 phenoxazone고리가 DNA의 이웃하고 있는 염기쌍 사이에 미끄러져 들어가는 것을 제안하였다. 이 결합방식은 **삽입**intercalation이라 불린다.

intercept
11

명 (그래프) 절편

K_m and V_{max} are equal to the reciprocals of the **intercepts** on the abscissa and ordinate, respectively.

해 K_m 과 V_{max}은 각각 가로축과 세로축 **절편**의 역수와 같다.

interest
162

명 1 관심(거리), 흥미

The medical **interest** of the nuclear transfer cloning comes from the possibility of treating the numerous diseases in which particular cell types are damaged or missing, and of repairing wounds more completely.

관 nuclear transfer cloning 핵치환 클로닝, come from 나오다=(arise, originate)

해 핵치환 클로닝의 의학적인 **관심거리**는 특정한 세포 종류들이 손상되거나 없어진 여러 질병들을 치료하고 그래서 상처를 더욱 완벽하게 수리할 수 있다는 가능성으로부터 나왔다.

2 of ~ 흥미 있는, 관심 있는, 원하는

In the affinity chromatography technique, ligand molecules that bind to the protein <u>of **interest**</u> are covalently attached to the beads used to form the column.

관 of interest=interesting

해 친화력 크로마토그라피 기술에서, **흥미있는** 단백질에 결합하는 리간드분자들이 공유결합으로 칼럼을 형성하는데 사용된 미세알갱이들에 부착된다.

interesting 형 흥미로운, 관심이 있는

106

Chloramphenicol and the macrolide class of antibiotics work by binding to 23S rRNA, which is **interesting** in view of the newly appreciated role of rRNA in peptide bond formation through its peptidyltransferase activity.

관 macrolide class of antibiotics 매크로라이드계 항생제들, work(자) 작용하다=function, be appreciated 인정되다, peptidyltransferase 펩티드전달효소, in view of ....를 고려하면; 때문에 =(considering, because of, in the light of, take into account)

해 Chloramphenicol과 macrolide 계열의 항생제들은 23S rRNA에 결합하여 작용하는데, 23S rRNA는 자신의 펩티드전달효소의 활성을 통한 펩티드결합 형성반응에서 새롭게 인정된 rRNA의 역할 때문에 **관심을 받게** 되었다.

Interestingly 부 흥미롭게도

341

In addition, trials with both γ- and β-interferon have shown promise in increasing survival in these CML patients. **Interestingly**, the latter agents have been associated with the disappearance of the Philadelphia chromosome in dividing marrow cells of some patients treated in this way.

관 in addition 또한=also, show promise 희망을 주다=give hope

해 또한, γ- 와 β-interferon 모두를 사용한 시도는 CML백혈병 환자에서 증가되는 생존율에 대한 희망을 주어왔다. **흥미롭게도**, 후자의 약물은 이 방법으로 치료된 일부 환자의 분열하고 있는 골수세포에서 Philadelphia 염색체의 사라짐과 관련되어있다.

참 CML (Chronic myelocytic leukaemia) : 만성골수성백혈병, consequence, approved 참조

interface 명 경계면, 상호반응이 일어나는 면

68

Knowledge of the **interface** between the Sos and Ras proteins or between Ras and Raf could provide the basis of a drug that blocks activation of MAP kinase.

관 interface between 사이의 경계면, provide the basis of ....의 기초를 제공하다, block(타) 차단하다=inhibit

해 Sos와 Ras 단백질이나 혹은 Ras와 Raf 사이의 **경계면**에 대한 정보라면 MAP kinase 활성을 차단하는 약물의 기초를 제공할 수 있을 것이다.

interfere 자 1 ~ in 영향을 주다, 참견하다

146

Analogs of glutamine such as azaserine and acivicin <u>**interfere** in</u> a number of amino acid and nucleotide biosynthetic pathways.

관 interfere in 영향을 주다=(get involved, try to influence), a number of 많은=(several, many)

해 Azaserine과 acivicin과 같은 glutamine 유사물은 아미노산과 뉴크레오티드의 많은 생합성 경로에 **영향을 준다**.

2 ~ with 방해하다

Addition of short amino acid sequences to either the C-terminus or the N-terminus of a protein usually does not <u>**interfere**</u> too much <u>with</u> the protein's biochemical activity.

해 어떤 단백질의 C-말단이나 혹은 N-말단에 짧은 아미노산서열을 추가하드라도 일반적으로 그 단백질의 생화학적 활성을 너무 많이 **방해하지는** 않는다.

interference 명 간섭

90

The related phenomenon of RNA **interference**, which probably evolved as an early defense system against viruses and transposons, leads to degradation of mRNAs that form perfect hybrids with short *interfering* RNAs (siRNAs).

관 evolve(자) as ....로 진화되다, lead to 결과적으로 ....을 일으키다=bring about

해 아마도 바이러스나 트란스포존에 대항하는 초기 방어시스템으로써 진화된 RNA **간섭반응**과 관련된 현상은 짧은 *interfering* RNA (siRNAs)와 완벽한 혼성체를 형성하는 mRNA의 분해를 일으킨다.

참 - RNA interference (RNAi) : further, blotted 참조
- Transposon : 한 세포 내의 유전체에서 여러 위치를 두루 옮겨 다닐 수 있는 능력을 가진 이동성 DNA요소 (mobile DNA element)들의 부류에 속한다.

intermediary
4

형 중개의, 매개의

Hormones that bind to the surfaces of cells communicate with intracellular metabolic processes through **intermediary** molecules called second messengers (the hormone itself is the first messenger), which are generated as a consequence of the ligand-receptor interaction.

관 bind to ....에 결합하다, communicate with ....와 통신하다, second messenger 이차전령, as a consequence of ....의 결과로

해 세포의 표면에 결합하는 호르몬들은 리간드와 수용체의 결합반응의 결과로써 생성된 이차전령이라 하는 **매개**분자를 통하여 (호르몬 자신이 일차전령임) 세포내의 대사과정과 교신한다.

명 중계자, 매개체

Many hormones bind to receptors that couple to effectors through a GTP-binding protein **intermediary**. These receptors typically have seven hydrophobic plasma membrane-spanning domains.

관 couple(자) to=join chemically to, couple to .... through ....를 통하여 ....와 연결되다

해 많은 호르몬들은 GTP 결합단백질인 **매개체**를 통하여 효과기와 짝을 이루고 있는 수용체들과 결합한다. 이들 수용체는 전형적으로 7개의 소수성인 세포막관통도메인들을 가지고 있다.

intermediate
152

명 중간체, 중간산물

Acetyl CoA is an important **intermediate** in the aerobic oxidation of pyruvate, fatty acids, and many amino acids. It also contributes acetyl groups in many biosynthetic pathways.

관 contribute(타) 제공하다=(provide, give)

해 Acetyl CoA는 pyruvate, 지방산과 많은 아미노산들의 유산소 산화반응에서 존재하는 중요한 **중간체**이다. 그것은 또한 많은 생합성 경로에서 아세틸기를 제공하기도 한다.

형 중간의, 중간수준의

ATP is an **intermediate** energy-shuttle molecule.

해 ATP는 **중간수준의** 에너지를 위한 셔틀형 분자이다.

참 ATP가 에너지 셔틀형 분자라는 것은 ATP보다 큰 에너지를 가진 화합물로부터 에너지를 받아 더 작은 에너지 수준의 화합물로 전달하는 역할을 할 수 있음을 의미한다.

internal
211

형 내부의, 체내의

G proteins are said to possess an **internal** clock because they are GTPases that slowly hydrolyze their own bound GTP to GDP and phosphate. As they hydrolyze GTP, their conformation changes and the complex they have formed with the target protein disassembles.

관 hydrolyze(타) 가수분해하다, change(자) 바뀌다, disassemble(자) 해체되다

해 G단백질들은 결합된 GTP를 GDP와 인산으로 천천히 가수분해하는 GTPase이기 때문에 **내부의** 시계를 소유하고 있다고 말하여진다. 그들이 GTP를 가수분해할 때, 입체구조가 바뀌어, 표적단백질과 형성하였던 복합체가 해체된다.

참 G 단백질Guanine nucleotide-binding protein : 세포의 신호전달 과정에서 G단백질에 GTP가 결합하면 활성형으로 되어 다음 단계로 신호가 전달되고, 반면에 일정한 시간이 경과된 후 자신의 GTPase활성에 의해 GDP로 분해되면 신호전달이 중단되는 방식으로 분자스위치 역할을 한다.

internally

부 내부적으로

5 Kupffer cells also may produce acetaldehyde from ethanol **internally** through their own MEOS(microsomal ethanol oxidizing system) pathway.

해 Kupffer세포도 또한 에탄올로부터 acetaldehyde를 **내부적으로** 자신의 MEOS (마이크로좀의 에탄올 산화시스템) 경로를 통하여 생산할 수 있다.

참 음주로 인한 간경화cirrhosis : 만성 음주환자의 약 20% 정도는 간경화증으로 발전함이 알려져 있다. 이 과정에서 hepatocyte, kupffer 세포 및 간의 별세포hepatic stellate cell의 협동작용에 의하여 알코올의 과다섭취에 의한 간 손상을 치유하며, 그 결과 손상된 부위에 상처의 흔적으로 별세포가 생산하는 콜라겐에 의하여 섬유화가 일어난다.

internalization 명 내부화

182 This **internalization** of receptors decreases the number available on the surface under conditions of constant high hormone levels when more of the receptors are occupied by hormones and results in decreased synthesis of new receptors. Hence, it is called down-regulation.

해 수용체들의 **내부화**는 더 많은 수용체들이 호르몬에 의하여 점거된 때인 일정한 높은 호르몬 수준의 조건 하에서 세포 표면에서 이용가능한 수를 감소시키고 그리고 새로운 수용체의 감소된 합성의 결과를 만든다. 이러한 이유로 이것은 하향조절down-regulation이라 불린다.

참 신체의 조직은 수용체의 활성이나 전체 수의 변화를 통하여 입력된 신호에 동조하여 능력을 변화시킨다. 예를 들면, 많은 종류의 수용체들은 세포내의 특정 도메인의 인산화반응을 통하여 신호전달과정을 조절할 수 있을 뿐만 아니라 세포 표면에서의 총수를 상향 up- 혹은 하향조절 down-regulation을 통하여 조절될 수도 있다. 어떤 호르몬이 자신의 수용체에 결합한 후, 호르몬과 수용체 결합체는 세포내이입endocytosis 과정으로 세포내로 흡수되어 분해되거나 일부는 다시 표면으로 재순환되기도 한다.

internalize 타 (....내부로) 이입시키다, 내부화하다, 내부로 받아들이다

5 The overall rate of endocytic internalization of the plasma membrane is quite high; cultured fibroblasts regularly **internalize** 50 percent of their cell-surface proteins and phospholipids each hour.

해 세포막의 세포내이입에 의한 내부화의 전반적인 속도는 꽤 높다; 배양된 섬유모세포는 규칙적으로 매 시간당 50%의 세포의 표면단백질과 인지질을 **내부로 받아들인다**.

internalized 타 be ~ (....내부로) 이입되다, 내부화되다

46 Shiga toxin is **internalized** into endosomes, from endosomes is transferred to the Golgi complex, and from the Golgi complex goes to the ER where the A and B subunits dissociate, permitting the A subunit to translocate into the cytosol.

해 Shiga 독소는 endosome 안으로 **이입되고**, endosome으로부터 골기복합체로 전달되며, 골기복합체로부터 A와 B 아단위체들이 해리되는 곳인 ER로 가며, 그러면 A 아단위체가 세포질 속으로 자리를 옮기는 것을 가능도록 한다.

interpret 타 (의미을) 해석하다

10 All these properties of cells are coordinated by integrating signals in the developing organism, and each cell **interprets** the signals that it receives in light of its previous experience and state of differentiation.

관 be coordinated 잘 조화되다=(be matched, be suited), in the light of=in the view of

해 세포들의 모든 이 행동특성들은 발생 중인 생명체에서 신호를 통합함에 의하여 서로 조화롭게 조절되고, 그리고 각각의 세포는 이전의 경험과 분화상태의 견지에서 수신한 신호를 **해석한다**.

interpreted 타 be ~ (의미로) 해석되다

14 A living cell continuously monitors its surroundings and adjusts its own activities and composition accordingly. Cells also communicate by deliberately sending signals that can be received and **interpreted** by other cells.

관 accordingly(부) 그것에 따라서, deliberately=(intentionally, purposefully 의도적으로)

해 살아있는 세포는 자신의 환경을 계속하여 모니터링하여 그것에 따라서 자신의 활동과 조성을

조정한다. 세포들은 또한 다른 세포에 의하여 수신되어 **해석될** 수 있는 신호를 의도적으로 보내어 교신하기도 한다.

interpretation 명 해석

45

A logical **interpretation** of these findings is that Cdc25 protein stimulates the kinase activity of MPF, whereas Wee1 protein inhibits MPF activity.

해 이들 발견에 대한 합리적인 **해석**은 Cdc25 단백질이 MPF의 kinase 활성을 자극하고, 반면에 Wee1 단백질은 MPF 활성을 저해한다는 것이다.

interval 명 간격, 사이의 거리

118

Aggrecan core proteins are bound at ≈40-nm **intervals** to a molecule of hyaluronan.

관 at .... intervals ....의 간격으로

해 Aggrecan의 핵심 단백질들은 어떤 hyaluronan 분자에 약 40-nm **간격**으로 결합되어있다.

참 Hyaluronan : hyalruronic acid라고 하기도 하는데, glucuronic acid와 N-acetylglucosamine의 2종류의 당유도체의 반복구조로 된 다당류 화합물이다. 이 물질을 뼈대로 하여 여러 종류의 음전하를 띤 다당류와 단백질이 혼합되어 proteoglycan을 만든다. 이 proteoglycan은 관절에 존재하는 중요한 세포외기질이며 또한 많은 양의 물과 양이온을 품을 수 있어서 윤활 및 쿠션기능을 한다.

intracellular 형 세포내의

740

The binding of various hormones to cell-surface receptors induces a rise in the **intracellular** concentration of cAMP, leading to the activation of protein kinase A.

관 rise는 가파른 수직적 상승을 반면에 increase는 모든 방향으로의 상승을 의미

해 여러 호르몬의 세포 표면수용체들과의 결합은 cAMP의 **세포내** 농도의 (가파른) 상승을 유도하여, protein kinase A의 활성화를 일으킨다.

참 inter-cellular=between cells '세포와 세포 사이의'라는 의미. intra-cellular=within the cell '세포 속의'라는 의미이다.

intracellularly 부 세포 속에서

19

In most cases, peptide hormones that are internalized bound to their receptors are degraded **intracellularly**.

관 be internalized *bound to ....에 결합된 상태로* 내부로 이입되다

해 대부분의 경우에 있어서, 자신의 수용체에 결합된 상태로 내부로 이입된 펩티드호르몬은 **세포 속에서** 분해된다.

intramolecular 형 한 분자내의

29

Both **intramolecular** and *intermolecular* disulfide bonds (–S–S–) help stabilize the tertiary and quaternary structure of many proteins.

관 intramolecular 한 분자내의=inside a molecule, intermolecular 분자와 분자 사이의=between molecules

해 **분자 내의** 그리고 *분자와 분자 사이의* 이황화결합 (-S-S-) 모두는 많은 단백질의 3차 및 4차구조를 안정화하는 것을 보조한다.

intrinsic 형 1 ~ to ....에 본질적인, 고유한, 내재성인, 내재하는

75

The peptide bond-forming reaction is a catalytic process **intrinsic to** ribosomes.

해 펩티드결합의 형성반응은 리보솜에 **내재하고 있는** 촉매과정이다.

2 본질적인, 고유의, 내재성의

The number of SDS molecules bound by a polypeptide is proportional to the length (number of amino acid residues) of the polypeptide. Each dodecylsulfate contributes two negative charges. Collectively, these charges overwhelm any **intrinsic** charge that the protein might have.

관 be proportional to ....에 비례하다, contribute(타) 제공하다=give, collectively 총체적으로 볼 때,

overwhelm(타) 억제하다=suppress

해 폴리펩티드에 의해 결합된 SDS 분자의 수는 폴리펩티드의 길이 (아미노산 잔기의 수)에 비례한다. 각각의 dodecylsulfate는 2개의 음전하를 제공한다. 총체적으로 볼 때, 이들 전하가 단백질이 가질 수도 있을 어떤 **내재성의** 전하라도 억제한다.

intrinsically	부 본질적으로, 원래
4	Hemoglobin F has an **intrinsically** greater affinity for O_2, and oxygen transfer from mother to fetus is ensured.

해 헤모글로빈 F는 **본질적으로** O_2에 대한 더 큰 친화력을 가지고 있어서, 산모로부터 태아로 산소의 전달이 보장된다.

참 ensure, insure와 assure의 차이점

- ensure는 확신하다, 보장하다의 의미로 사용된다. 예) *Ensure* that your name and address is correct. 이름과 주소가 맞는지 *확인해 보시오.*
- insure : 상업적으로 '보험을 들다'라는 의미로 주로 사용됨. 예) Woman can now *insure* themselves against contracting breast cancer. 여성은 유방암에 걸리는데 대비하여 이제 *보험에 들* 수 있다. contract a serious illness=become ill with it.
- assure : 주로 사람에게 쓰여 '걱정거리를 덜어주다'라는 의미로 사용 예) I can *assure* you that the animals are well cared for. 동물들이 잘 보살펴질 테니 *걱정 마세요.*

introduce	타 소개하다, ...속으로 도입하다
37	The third section focuses on proteins as catalysts and reviews the basic properties exhibited by all enzymes. We then **introduce** molecular motors, which convert chemical energy into motion.

관 focus(자) on ....에 초점을 맞추다=concentrate attention or energy on, review(타) 재검토하다=(look over, study)

해 세 번째 섹션은 촉매로써 단백질에 대하여 초점을 맞추고, 모든 효소에 의하여 나타나는 기본적 행동특성들을 재검토해 본다. 그 다음 우리는 화학에너지를 운동으로 전환하는 분자수준의 모터를 **소개한다**.

introduced	타 be ~ 도입되다
118	These post-translational modifications like glycosylation and hydroxylation generally are required for a protein's normal cellular function, but they cannot be **introduced** by *E. coli* cells, which lack the necessary enzymes.

관 glycosylation 당화반응, lack(타) ....이 없다=(be without, be in need of)

해 당화나 hydroxyl화와 같은 번역후변형반응들은 일반적으로 어떤 단백질의 정상적인 세포의 기능에 필요하지만, 그러나 *E. coli* 세포에 의하여 **도입될** 수 없다, 왜냐하면 *E. coli*가 필요한 효소들을 가지고 있지 않기 때문이다.

introduction	명 도입, 삽입, 주입
653	**Introduction** of telomerase-producing transgenes into cultured human cells that otherwise lack the enzyme can extend their lifespan by more than 20 doublings while maintaining telomere length.

해 Telomerase를 생산하는 형질변환유전자transgene의 만약 그렇게 하지 않았다면 그 효소를 가지고 있지 않을 배양된 사람세포로의 **도입**은 telomere의 길이를 유지하는 동안 20회 분열 이상으로 수명을 연장시킬 수 있다.

invade	타 칩입하다
90	Some malignant tumors, such as those in the ovary or breast, remain localized and encapsulated, at least for a time. When these tumors progress, the cells **invade** surrounding tissues, get into the body's circulatory system, and establish secondary areas of proliferation, a process called metastasis.

관 get into 진입하다=(enter, go into), establish(타) 기반을 확립하다=(set up, base), proliferation 증식=rapid multiplication, metastasis 전이, for a time 한 때는

해 난소나 유방에서 발생하는 일부의 악성종양들은 적어도 한 때는 국소화되어 피막으로 싸인 채

로 남아있다. 이들 종양이 발전해 갈 때, 세포들은 주위의 조직을 **침입하여**, 신체의 순환계 안으로 진입하고, 그래서 증식의 2차 영역을 확립하게 되는데, metastasis라고 하는 과정이다.

invaded 타 be ~ 침투되다

21

> Angiogenesis is also important in tumor growth. The growth of a solid tumor is limited by its blood supply: if it <u>were</u> not **<u>invaded</u>** by capillaries, a tumor would be dependent on the diffusion of nutrients from its surroundings and could not enlarge beyond a diameter of a few millimeters.

관 angiogenesis 혈관신생성, surroundings 환경=environment, enlarge(자) 확장되다=expand, if <가정법 과거> 현재의 불확실성을 표현

해 혈관신생성 역시 종양의 성장에 중요하다. 어떤 고형 종양의 성장은 혈액의 공급에 의하여 제한된다: 만약 종양이 모세혈관들에 의하여 **침투되지** 않는다면, 종양은 그 환경으로부터 영양분의 확산에 의존하는 결과로 몇 mm의 직경 이상으로는 확장될 수 없을 것이다.

invasion 명 침투(과정)

462

> Metastasis is a complex process with many steps. **Invasion** of new tissues is nonrandom, depending on the nature of both the metastasizing cell and the invaded tissue.

해 전이metastasis는 많은 단계로 구성된 복잡한 과정이다. 새로운 조직의 **침투과정**은 전이를 수행하고 있는 세포와 침투를 당하는 조직 모두의 성질에 달려있기 때문에 무작위적이 아니다.

invasive 형 침투성이 있는, 침습성의

88

> Metastatic tumor cells are **invasive** and can spread.

해 전이성인 종양세포들은 **침투성이 있기** 때문에 퍼져갈 수 있다.

invasiveness 명 침투성

15

> Correspondingly, there are two mutational routes toward the uncontrolled cell proliferation and **invasiveness** that are characteristic of cancer.

관 correspondingly 상응하게; 따라서=in a parallel manner, A is characteristic of B=A는 B의 특성이 된다. proliferation 증식, invasiveness 침투성

해 이와 상응하여, 암의 특성인 조절되지 않은 세포의 증식과 **침투성**을 향한 2가지 돌연변이 경로가 있다.

참 정상세포가 암세포로의 전환은 2가지 방법으로 가능하다. 정상적인 성장촉진활성을 과도한 활성상태hyperactive로 만들거나 (예, 암화유전자로의 돌연변이), 혹은 성장의 저해활동을 하던 종양억제유전자tumor suppressor gene의 돌연변이로 기능이 상실되는 경우이다.

inverse 형 반대의, 역의

18

> In humans, adiponectin is secreted from adipocytes <u>in **inverse** proportion to</u> their adipose mass, lean individuals secreting more adiponectin than obese individuals. This is the exact opposite of leptin secretion.

관 in *inverse* proportion to ....에 반비례하여, lean 마른≠obese 비만인, be the opposite of ....의 반대이다

해 사람에서 adiponectin은 지방질량에 **반비례하여** 지방세포로부터 분비되기 때문에, 마른 사람이 비만인 사람보다 더 많은 adiponectin을 분비한다. 이 사실은 leptin 분비의 정확한 반대현상이다.

명 역, 반대, 역의 값, 역수

> The affinity of an enzyme for its substrate is the **inverse** of the dissociation constant K_d for dissociation of the enzyme substrate complex ES.

관 affinity 친화력, substrate 기질, dissociation constant 해리상수

해 기질에 대한 효소의 친화력은 효소와 기질 복합체 ES의 해리를 위한 해리상수 K_d 의 **역수**가 된다.

inversely | 부 역으로, 반대로

15 Epidemiological evidence indicates that the concentration of HDL cholesterol in the plasma is **inversely** correlated with the risk for atherosclerosis and cardiovascular disease.

관 epidemiological evidence 역학의 증거, indicate(타) 보여주다=(show, imply)be inversely correlated with ....와 역으로 연관되어있다, cardiovascular disease 심혈관계질환

해 역학의 증거는 HDL 콜레스테롤의 농도가 죽상동맥경화와 심혈관계 질환에 대한 위험성과 **반대로** 관련되어있음을 보여주었다.

inversion | 명 역위 (위치가 반대로 바뀜)

11 Mutations come in various forms: a simple swap of one nucleotide for another; the deletion, insertion, or **inversion** of one to millions of nucleotides in the DNA of one chromosome; and translocation of a stretch of DNA from one chromosome to another.

관 come(자) *in various forms* 다양한 형태로 오다, swap(명) 치환=substitution

해 돌연변이는 한 개의 뉴크레오티드가 다른 것으로 단순한 치환, 한 개의 염색체를 구성하는 DNA에서 한 개에서 수백만 개까지의 뉴크레오티드들의 삭제, 삽입, 혹은 **역위,** 그리고 한 염색체로부터 다른 것으로 DNA의 한 연속된 서열의 전위와 같이 다양한 형태로 온다.

참 유전자 돌연변이의 형태: 치환substitution, 삭제deletion, 삽입insertion, 역위inversion, 전위translocation 현상들이 있다. come 참조

inverted | 형 역위된, 도치된

25 The response elements for the glucocorticoid receptor (GRE) and estrogen receptor (ERE) contain **inverted** repeats that bind these homodimeric proteins.

해 Glucocorticoid 수용체 (GRE)와 estrogen 수용체 (ERE)의 반응요소들은 동종이량체 단백질과 결합하는 **도치된** 반복서열을 함유하고 있다.

참 반응요소response element : 반응요소는 전사인자가 결합하는 DNA 상의 전사반응의 조절부위이다. 스테로이드 호르몬과 수용체가 결합된 복합체는 2개의 수용체들이 이량체를 형성하여 자신의 반응요소에 결합한다. 그러므로 2개의 서로 반복된 결합서열이 필요하다, 따라서 결합서열이 서로 반대 방향을 하고 있으면 도치된 반복서열inverted repeat라 하고, 동일한 방향으로 나란히 배열되어있으면 직접 반복서열direct repeat라고 한다.

investigate | 타 조사하다

242 To **investigate** the effect of the mutation on $G_{s\alpha}$ activity, wild-type and mutant $G_{s\alpha}$ cDNA were transfected into cells that lack the $G_{s\alpha}$ gene.

관 investigate(타) 자세히 조사하다=observe in detail, be transfected into 감염전달되다, lack(타) ....이 없다=be without

해 $G_{s\alpha}$활성에 대한 돌연변이 효과를 **자세히 조사하기** 위하여, 야생형과 돌연변이형 $G_{s\alpha}$ cDNA가 $G_{s\alpha}$ 유전자가 없는 세포 속으로 감염전달되었다.

investigated | 타 be ~ 조사되다

290 Next, the ability of siRNAs to inhibit viral replication is **investigated**.

해 다음에, 바이러스의 복제반응을 저해하는 siRNA의 능력이 **자세히 조사된다**.

investigation | 명 조사연구, 검사

129 Once one gene in a developmental pathway has been linked to a type of human cancer, knowledge of the pathway gleaned from model organisms like worms, flies, or mice allows focused **investigations** of the possible involvement of additional pathway genes in other cases of the cancer.

관 glean from 조금씩 알게 되다=learn bit by bit,, additional=부가적인, model organism 모델생명체 (model 참조), investigation 조사연구

해 일단 발생과정에서 하나의 유전자가 어떤 종류의 사람의 암과 관련되어있는 상태이면, 선충, 파리, 혹은 생쥐와 같은 모델생명체로부터 조금씩 알게 된 그 경로에 관한 지식은 그 암의 다른

증례에서 그 경로에서 기능하는 또 다른 유전자들의 가능한 참여에 관한 집중된 **조사연구**를 가능하도록 한다.

참 대장암 발생과정에서 최초로 발견된 APC유전자는 이제 Wnt신호전달과정의 한 단계에서 기능하고 있는 것이 밝혀졌다. 이 사실은 곧 대장암에는 β-catenin의 돌연변이가 부가적으로 포함된다는 사실을 발견하도록 하는 계기가 되었다. 이 β-catenin은 핵으로 들어가 TCF (T cell factor)와 복합체를 이루어 Wnt 신호전달반응에 반응하는 유전자의 전사를 촉진한다. 이러한 연구는 초파리, 선충, 배양세포, Xenopus 배아 등을 포함하는 여러 모델생명체의 연구결과를 종합하여 규명되었었다.

involve 타 1 (복잡한 일의 일부로) 포함하다,

210 Prion diseases **involve** an altered secondary-tertiary structure of a naturally occurring protein, PrP^c.

해 광우병은 자연산 단백질인 PrP^c의 변형된 2차-3차구조를 **포함하고 있다**.

참 - 광우병 프리온 (prion) 단백질 : favor, fold 참조
- involve와 include : involve는 복잡한 혹은 어려운 일을 함께 포함하는 의미를 가졌고, include는 어떤 부속품으로 구성원으로 포함하고 있음을 표현한다.

2 (필요성에 의해) 수반하다

The maturation of proteins into their final structural state often **involves** the cleavage or formation (or both) of covalent bonds, a process termed posttranslational modification.

관 maturation 숙성; 완성, involve(타) (필요성에 의해) 수반하다=(have as a necessary feature, entail)

해 단백질들이 최종 구조상태로 완성됨은 번역후변형이라는 용어로 불리는 과정인 공유결합의 절단이나 혹은 형성 (혹은 둘 다)를 자주 **수반한다**.

involved 타 be ~ (어떤 복잡한 일에) 포함되다, 연루되다

761 Protein prenylation is believed to facilitate the anchoring of proteins into lipid membranes and may also be **involved** in protein-protein interactions and membrane-associated protein trafficking.

해 단백질의 prenyl화 반응은 단백질의 지질막 속으로의 고정을 촉진하는 것으로 믿어지며 또한 단백질과 단백질의 상호결합과 막이 연관된 단백질의 수송과정에 **포함되기**도 한다.

참 단백질의 prenylation : 어떤 단백질들의 C말단에 존재하는 서열 CAAX의 cysteine의 SH기에 소수성의 isoprenoid류의 중합체인 farnesyl이나 혹은 geranylgeranyl기를 첨가하는 반응이다. 이러한 부착되는 기능기는 소수성을 띠므로 세포막 속으로 쉽게 삽입될 수 있어서 일부 신호전달용 단백질들이 신호에 동조하여 세포막에 고정되는데 이용된다. (예: $p21^{ras}$ 단백질), 막걸리에는 이 farnesyl반응의 재료인 항암제 farnerol이 함유되어있음이 알려져 있으며, 이 물질은 또한 콜레스테롤의 생합성 과정에서도 생산된다.

involvement 명 연루, 포함

229 The tubby gene, which is expressed primarily in certain areas of the brain *involved* in control of eating behavior, first attracted attention because of its **involvement** in obesity. Mice bearing mutations in the tubby gene develop adult-onset obesity, and certain aspects of their metabolism resemble that of obese humans.

관 attract attention 관심을 끌다, develop obesity 비만이 발병하다, resemble(타), *that* of obese humans의 대명사 that은 주어의 metabolism을 받는다

해 Tubby 유전자는 식사의 행위를 조절하는데 연루된 뇌의 어떤 지역에서 주로 발현되며, 비만과의 **연루** 때문에 처음으로 관심을 끌었다. 이 tubby 유전자에서 돌연변이를 가지고 있는 생쥐들은 성체에서 시작하는 비만증이 발병하고, 대사에 대한 어떤 양상이 비만인 사람의 양상과 유사하다.

참 Tubby 단백질 : 일종의 전사인자로 G 단백질의 활성과 연결되어 신호전달과정에 참여하고 있다. 주로 신경세포의 분화와 발생과정에서 기능하며 특히 비만, 망막의 퇴화 및 청각소실증에 관련되어있다.

ionic 형 이온의

23

In both organic and inorganic forms, its characteristic pK_2 means that the **ionic** species present at physiological pH are sufficient to donate or accept hydrogen ions to buffer any changes in pH, as the titration curve for H_3PO_4 in Figure 2 reveals.

관 buffer(타) 완충작용을 하다, be sufficient to ....하기에 충분하다, donate≠accept, reveal(타) 밝혀주다=(show, disclose)

해 그림 2에서의 H_3PO_4의 적정곡선이 밝혀주듯이, 유기형 및 무기형 모두에서 인산의 특징적인 pK_2라는 것은 생리적 pH에서 존재하는 **이온** 종들은 pH에서의 어떤 변화에 대해서라도 완충작용을 할 수 있는 수소이온을 주거나 받기에 충분하다는 것을 의미한다.

ionizable 형 이온화가 가능한

12

Enzyme-substrate recognition and the catalytic events that ensue are greatly dependent on pH. An enzyme possesses an array of **ionizable** side chains and prosthetic groups that not only determine its secondary and tertiary structure but may also be intimately involved in its active site.

관 ensue(자) 그 결과로 일어나다=follow as a consequence of, intimately 가깝게=closely, prosthetic group 보결기능기, not only .... but also

해 효소와 기질의 인식과 그 결과로 일어나는 촉매반응은 pH에 크게 의존한다. 효소는 자신의 2차와 3차구조를 결정할 뿐만 아니라 또한 활성화 자리에 가까이 포함될 수도 있는 **이온화가 가능한** 측쇄기와 보결기능기들의 어떤 배열를 가지고 있다.

ionization 명 이온화

45

The **ionization** state of amino acids is altered by a change in pH. The zwitterionic form predominates near physiological pH.

관 predominate(자)=be large in number 수가 많다, zwitterionic 양쪽성의

해 아미노산의 **이온화** 상태는 pH에서의 변화에 의하여 변경된다. 양쪽성 이온형이 생리적 pH 근처에서 가장 많이 존재한다.

ionize 자 이온화하다

14

Water **ionizes** because the larger, strongly electronegative oxygen atom strips the electron from one of its hydrogen atoms, leaving the proton to dissociate.

관 strip(타) .... from 빼앗다=remove .... from, *leave* the proton *to dissociate* 수소이온이 해리되는 것을 가능하게 하다=*cause* or *allow* the proton *to dissociate*

해 물은 **이온화한다**, 왜냐하면 크기가 더 크고, 전기음성도가 큰 산소원자가 수소원자들 가운데 하나로부터 전자를 빼앗아, 수소이온이 해리되도록 하기 때문이다.

참 electronegativity : 전기음성도, charged, withdraw 참조

타 이온화시키다

In a laser desorption mass spectrometer, the protein sample is mixed with an organic acid and then dried on a metal target. Energy from a laser **ionizes** the proteins, and an electric field accelerates the ions down a tube to a detector

해 레이저방출 질량분광기에서, 단백질시료가 유기산과 혼합되고 그리고 곧 금속표적 위에서 건조된다. 레이저로부터 온 에너지는 그 단백질들을 **이온화시키고**, 그리고 전기장이 이온들을 검출기에 연결된 관 아래로 가속화시킨다.

ionized 타 be ~ 이온화되다

12

At physiological pH values, the terminal amino and carboxyl groups <u>are **ionized**</u>.

해 생리적 pH 값에서, 말단의 아미노와 카르복실 기능기들이 **이온화된다**.

irradiation 명 (광선의) 조사, 쬐임

114

It is the ability to metastasize that makes cancers hard to eradicate surgically or by localized **irradiation**.

관 eradicate(타) 근절하다=root up, metastasize(자) 전이하다

해 암을 외과적으로 혹은 집중된 **광선의 조사**에 의하여 근절하는 것을 어렵게 만드는 것이 바로 전이하는 능력이다.

isolate

47

명 분리된 개체, 분리된 것

Pure **isolates** eventually are obtained by repeating the hybridization assay.

해 수순한 **분리물**은 궁극적으로 혼성체 분석을 반복함으로써 얻어진다.

자 분리되다

type I collagen, because of its abundance in tendon-rich tissue such as rat tail, is easy to **isolate** and was the first collagen to be characterized.

관 be easy to ....하기 쉽다, be characterized 특성이 결정되다, tendon-rich tissue 힘줄이 많은 조직

해 제1형 콜라겐은 쥐꼬리와 같은 힘줄이 많은 조직에서 풍부함 때문에, **분리되기** 쉬워 특성이 결정된 최초의 콜라겐이 되었다.

타 분리하다

HAT medium is commonly used to **isolate** hybridoma cells and other types of hybrid cells.

해 HAT 배양액은 hybridoma 세포와 다른 종류의 잡종세포들을 **분리하는**데 흔히 사용된다.

참 HAT 배양액 : **H**ypoxanthine (a purine), **a**minopterin, 및 **t**hymidine (HAT)을 함유하고 있는 배양액으로 aminopterin에 의해 엽산의 생산이 저해되어 DNA의 신생성 (de novo)이 차단된다. 단일클론항체의 생산을 위해, 영원히 살 수 있는 myeloma 세포와 항체를 생산하는 B세포가 융합된 혼성세포가 이용된다. 이때 myeloma 세포는 핵산의 재활용 경로를 촉매하는 효소인 hypoxanthine-guanine phosphoribosyl transferase (HGPRT)를 가지고 있지 않아, HAT 배양액에서는 살 수 없으며, B세포는 생존기간이 짧아 일찍 죽게 된다.

isolated

872

타 be ~ 분리되다

The DNA polymerase used for PCR is **isolated** from *Thermus aquaticus*, a bacterium that grows in hot springs. This polymerase can withstand the heat required for separation of DNA strands.

해 PCR용으로 사용되는 DNA polymerase는 뜨거운 온천에서 자라는 박테리아인 *Thermus aquaticus*로부터 **분리된다**. 이 polymerase는 DNA 가닥의 분리에 요구되는 열에도 견딜 수 있다.

참 PCR 기술 : amplify 참조

isolation

153

명 분리

Isolation of mouse ES cells with a gene-targeted disruption is the first stage in production of knockout mice.

해 어떤 유전자의 표적화된 파괴를 가진 생쥐의 ES세포의 **분리**가 녹아웃 생쥐의 생산과정에서 첫 번째 단계이다.

참 Gene knockout : 어떤 유전자의 기능을 알아보기 위하여 주로 생쥐에서 해당 유전자가 발현하지 못하도록 제거하는 기술이다. 이때 수정란으로부터 분리된 줄기세포인 ES (배아줄기세포, embryonic stem) 세포가 사용된다.

italicized

9

타 be ~ 이태릭체로 쓰이다

A gene is generally **italicized** in lower case and the encoded protein, when abbreviated, is expressed in roman type with the first letter capitalized.

관 be italicized 이탤릭체로 쓰이다, in lower case 소문자로, be capitalized 대문자로 쓰이다, be expressed in ....로 표현되다, be abbreviated 약어로 표기된다

해 어떤 유전자는 일반적으로 소문자 **이탤릭체로 쓰이고** 그리고 그 인코딩된 단백질은 줄여 약어로 표현될 때, 첫 번째 글자가 대문자화된 로마자로 표현된다.

itself

대 in ~ 본래, 본질적으로

128 Clearly, we can inherit a propensity to cancer by receiving a damaged allele of a tumor-suppressor gene from one of our parents; that is, we are heterozygous for the mutation. That in **itself** will not cause cancer, since the remaining normal allele prevents aberrant growth.

관 propensity to ....에 대한 성향=tendency to, tumor-suppressor gene 종양억제유전자, that is 즉=in other words, in itself 그 자체로, aberrant 비정상적인=abnormal, cause(타) 유발하다 =(be the cause of, bring about), remaining 계속 남아있는

해 명백하게, 우리는 부모 중 한 분으로부터 어떤 종양억제유전자의 손상된 대립유전자를 받아들임에 의하여 암에 대한 성향을 유전상속할 수 있다: 다시 말하면, 우리는 그 돌연변이에 대하여 이종접합형이 된다. 그 사실 **자체로는** 남아있는 정상인 대립유전자가 비정상적인 성장을 억제하기 때문에, 암을 유발하도록 하지 않을 것이다.

J

Join

28

자 1 연합하다, 합류하다

The cells also secrete proteins that help recruit additional monocytes and other immune cells to **join** in the fight.

관 recruit(타) .... to 끌어들여 ....하도록 하다=engage .... to join

해 그 세포들은 또한 단핵구와 다른 면역세포들을 끌어들여 그 싸움에 **합류하도록 하는** 것을 도와주는 단백질을 분비한다.

2 연결되다

The tetramers **join** end to end to form protofilaments and approximately eight protofilaments combine to form filaments.

관 end to end 끝과 끝이, combine(자) to 합해지다=(join to, be connected)

해 그 사량체들은 끝과 끝이 **연결되어** 필라멘트 전구체를 형성하고, 대략 8개의 필라멘트 전구체들이 합해져 필라멘트를 형성한다.

타 잇다. 연결하다

As noted earlier, this ligase can **join** blunt-ended double-stranded DNA molecules lacking sticky ends.

관 as noted earlier 이미 지적하였듯이, blunt end 무딘형 말단≠sticky end 접착형 말단, lack(타) ....이 없다=be without

해 앞에서 지적하였듯이, 이 ligase는 접착형 말단이 아닌 무딘형의 말단이 만들어진 두 가닥의 DNA 분자를 **이을** 수 있다.

참 blunt와 sticky end : blunt 말단이란 두 가닥의 DNA가 동일한 곳에서 절단되어 돌출가닥 overhang이 없는 무딘형을 말한다. 반면에 두 가닥에서 절단부위가 서로 다르면 한 쪽 가닥이 길어져 꼬리가 생기게 되는데 접착형 말단sticky end이라 한다. 후자와 같이 동일한 돌출가닥을 가진 부위를 가진 DNA들이 서로 만나면 서로 짝짓기 반응이 가능하므로 쉽게 연결될 수 있다.

joined

9

타 be ~ 연결되다

This antibody <u>is</u> covalently <u>**joined**</u> to a reporter enzyme that produces a colored reaction product.

해 이 항체는 어떤 색을 띤 반응산물을 생산하는 리포터 효소에 공유결합으로 **연결되어있다**.

참 reporter 효소 : 세포나 조직을 사용하는 생화학적 실험에서, 미세한 양으로 존재하는 생체분자들을 정성적 혹은 정량적 방법으로 확인하기 위해서 리포터 효소를 항체에 붙여 사용한다. 리포터 효소로는 발색반응이나 형광발생이 가능한 peroxidase 혹은 alkaline phosphatase 등이다.

junction

95

명 연결부, 이음부, 연접

Glucose 6-phosphate is an important compound at the **junction** of several metabolic pathways.

해 Glucose 6-phosphate은 여러 대사과정의 **연결부**에 있는 중요한 화합물이다

참 glucose 6-phosphate는 해당과정, 당신생성과정, 오탄당인산경로, 글리코겐 분해 및 합성경로들을 연결하는 위치에 있는 중간대사산물이다.

참 세포연접 : gap junction 교통연접, tight junction 치밀연접, adherens junction 부착연접

just

57

부 1 방금

The eukaryotic protein-synthesizing machinery begins translation of most cellular mRNAs within about 100 nucleotides of the 5′-capped end as **just** described.

해 진핵세포의 단백질 합성기구는 **방금** 서술하였듯이 5'-모자구조를 한 (capped) 말단의 약 100개의 뉴크레오티드 안에서 대부분의 세포 mRNA의 번역을 시작한다.

참 as just mentioned 방금 언급한 것처럼, as just noted 방금 지적한 것처럼, as just discussed 방금 토의된 것처럼

2 바로 (강조), 정확하게

For transcription of the lac operon to begin, the δ^{70} subunit of the RNA polymerase must bind to the lac promoter, which lies **just** upstream of the start site.

관 lie(자) 놓여있다=be placed, just 바로=(exactly, precisely), upstream of ....의 윗방향에

해 lac오페론의 전사가 시작되기 위하여, RNA polymerase δ^{70} 아단위체가 개시부위의 **바로** 윗방향에 놓여있는 lac 프로모터에 결합하여야 한다.

3 단지 .... 만

In general, each difference between cancer cells and normal cells provides a new opportunity to identify a specific drug that kills **just** the cancer cells or at least stops their uncontrolled growth.

해 일반적으로, 암세포와 정상세포 사이의 각 차이점은 **단지** 암세포**만**을 죽이거나 혹은 적어도 조절되지 않는 성장을 중단시키는 특이 약물을 새로 찾아낼 수 있는 새로운 기회를 제공한다.

4 단지 ....만 (충분한 시간이지만 최소한의 시간 동안)

In this separation technique of rate-zonal centrifugation samples are centrifuged **just** long enough to separate the molecules of interest into discrete zones.

관 rate-zonal centrifugation 속도침강원심분리, *just* long enough to ....하기 *단지* 충분히 긴, discrete 서로 다른=(separate, distinct)

해 이 속도침강 원심분리라는 분리기술에서, 시료는 흥미있는 분자를 서로 다른 구역으로 분리할 수 있을 정도의 충분히 긴 시간 동안**만** 원심분리된다.

5 ~ a few 단지(아주 적은 부분임을 강조)

Transcription factors are shaped so precisely that they are able to bind preferentially to the regulatory regions of **just** a few genes out of the thousands present in a cell's DNA.

관 be shaped 모양이 형성되다, preferentially 우선적으로, just a few 단지 몇 종만

해 전사인자들은 정확하게 모양이 형성되어있어서, 그래서 세포의 DNA에 존재하는 수천 개 가운데 **단지** 몇 종의 유전자들만의 조절영역에 선호적으로 결합할 수 있다.

6 ~ like 마치 ....와 같이

The cellular machinery of the bacteria reads it **just** like bacterial genes, manufacturing the virus protein that the inserted HCV gene encodes.

해 박테리아 세포의 기계류는 그것을 **마치** 박테리아의 유전자들**처럼** 읽기 때문에, 그 결과 삽입된 HCV 유전자가 인코딩하는 바이러스의 단백질을 제조할 수 있다.

7 ~ as 마치 ....와 같이

Natural mRNAs contain start and stop signals for translation, **just** as genes do for directing where transcription begins and ends.

관 just as genes do for ....에서 do는 주절의 contain을 받는 대동사, direct(타) 지시하다=(guide, instruct)

해 **마치** 유전자들이 어디에서 전사가 시작되어 종결하는지를 지시할 목적으로 시작과 종결신호를 함유하고 있는 것과 **마찬가지로**, 자연산 mRNA도 번역과정을 위해 그러하다.

key	명 1 중요한 요인, 방식, 방법
225	Is the gradual shortening of telomeres a **key to** the aging process? Is our natural life span determined by the length of the telomeres we are born with? Further research in this area *should* yield some fascinating insights.

관 key(명) 중요한 요소=vital element, aging process 노화과정, life span 수명, be born with ....와 함께 태어나다, should 추측

해 Telomere들의 점진적인 짧아짐이 노화과정에서 **중요한 요인**인가? 우리의 자연수명이 태어날 때 함께 한 telomere의 길이에 의하여 결정되는가? 이 영역에서의 더 깊은 연구가 아마도 일부 흥미를 끄는 통찰을 만들 것이다.

2 중요한 요소, 요인, 열쇠

Hormone-specific antibodies are the **key to** the radioimmunoassay. Purified hormone, injected into rabbits, elicits antibodies that bind to that hormone with very high affinity and specificity.

관 elicit(타) 생성시키다, radioimmunoassay 방사성면역검사, affinity 친화력, specificity 특이성

해 호르몬 특이 항체들은 방사성면역검사에 **중요한 요소**이다. 토끼에 주사된 정제된 호르몬은 높은 친화성과 특이성으로 그 호르몬과 결합하는 항체들을 생성시킨다.

형 중요한

Enzymes that act at **key** regulatory points in metabolic pathways often turn over rapidly.

관 act(자) 활동하다, turn(자) over rapidly 신속하게 대사회전되다

해 대사과정들의 **중요한** 조절점에서 활동하는 효소들은 자주 신속하게 대사회전된다.

kind	명 종류
38	A cell-adhesion molecule(CAM) on one cell can directly bind to the same **kind** of CAM on an adjacent cell or to a different class of CAM.

관 bind(자) to ....와 결합하다, adjacent to 바로 옆의=(close to, lying near, adjoining)

해 한 세포 위에 존재하는 세포접착용 분자 (CAM)는 바로 옆 세포 상의 같은 **종류**의 CAM이나 다른 부류의 CAM에 직접 결합할 수 있다.

형 친절한

Reproduced from Kim, YW: BDP1 tyrosine phosphatase. Oncogene 1996; 13, 2275-2279. By **kind** permission of the author and Oncogene.

해 Kim, YW로부터 재생산됨: BDP1 tyrosine phosphatase. Oncogene 1996; 13, 2275-2279. 저자와 Oncogene 저널의 **친절한** 허가에 의하여.

knock	명 녹아웃, 제거
100	A particularly fascinating breakthrough occurred in 1996, when scientists using the **knock**-out technique discovered a new gene, fosB, that seems to determine whether or not female mice will nurture their young.

해 특별하게 흥미를 끄는 돌파구가 **녹아웃**기술을 사용한 과학자들이 암컷 생쥐가 새끼들을 양육할 것인지 아닌지를 결정하게 할 것으로 보이는 새로운 유전자 fosB를 발견한 때인 1996년에 일어났다.

타 ~ out 녹아웃시키다, 완전히 제거하다

The loxP-Cre recombination system can **knock out** genes in specific cell types.

해 loxP-Cre 재조합시스템은 특이 세포 종들에서 유전자들을 **녹아웃시킬** 수 있다.

참 loxP-Cre 재조합시스템 : 유전체 DNA의 특정한 부위와 특정한 세포조직에서 재조합반응이 일어나도록 조절이 가능한 유전자 조작도구이다. 녹아웃동물에 Cre (**c**ylization **re**combination)

recombinase 효소와 이 효소가 특이적으로 결합할 수 있는 LoxP (**lo**cus of **X**-over **P**1 bacteriophate) 서열을 가지도록 하여 재조합을 수행한다.

know	타 알다
22	For purposes of blood transfusion, it is particularly important to **know** the basics of the ABO and Rh systems.

관 for the purposes of ....할 목적으로, blood transfusion 수혈, basics(명) 기초원리=fundamentals

해 수혈을 할 목적으로, ABO와 Rh 시스템의 기초원리를 **아는** 것이 특별히 중요하다.

known	타 be ~ 알려지다
769	In the Henderson-Hasselbalch equation, If the pK_a for a weak acid is **known**, this equation can be used to calculate the ratio of the unprotonated to the protonated form at any pH.

관 the ratio of A to B=A대 B의 비

해 Henderson-Hasselbalch식에서, 약산의 pK_a가 **알려져** 있으면, 이 식은 어떤 pH에서든지 양성자가 제거된 형과 양성자화된 형의 비를 계산하는데 사용될 수 있다.

knowledge	명 지식, 정보
77	New **knowledge** of the involvement of human papilloma virus 16 in most cases of cervical cancer holds promise for developing a cancer vaccine that will prevent viral action.

관 knowledge 정보=information, involvement 관여=participation, hold promise 성공할 것 같다 =be likely to succeed

해 자궁경부암의 대부분의 증례에서 사람의 papilloma 바이러스 16의 연루됨에 대한 새로운 **정보**가 바이러스의 활동을 예방할 암 백신을 개발하는 것을 성공시킬 것 같다.

L

label | 타 표지를 달다

72

Methionine and cysteine labeled with sulfur-35 (^{35}S) are widely used to **label** cellular proteins because preparations of these amino acids with high specific activities (>10^{15} dpm/mmol) are available.

해 황-35 (^{35}S)로 표지된 methionine과 cysteine이 세포의 단백질에 **표지를 달기** 위하여 널리 사용된다, 왜냐하면 높은 특이활성 (>10^{15} dpm/mmol)을 가진 이 아미노산들의 제품이 이용가능하기 때문이다.

참 단백질이나 다른 생체분자들을 동정을 측정하는 가장 민감한 방법이 표지된 방사성 동위원소들로부터 방출되는 방사능을 측정하는 것이다.

labeled | 타 1 be ~ 표지되다

846

The antibodies specific for human cell proteins were **labeled** with rhodamine, a red fluorescent marker.

관 be specific for/to ....에 특이적이다; for의 사용 빈도수가 훨씬 더 높음

해 사람세포의 단백질에 특이적인 항체는 적색의 형광표지체인 rhodamine으로 **표지되었다**.

2 표시되다

There are four Ca^{2+}-binding sites on troponin C—two high-affinity sites on the carboxy-terminal end of the molecule, **labeled** III and IV in Figure 17.

해 Troponin C 상에 4개의 Ca^{2+} 결합부위들이 있는데, 그 분자의 carboxy말단 상에 있는 2개의 고친화부위가 III과 IV로 그림 17에 **표시되어있다**.

labeling | 명 표지법, 레이블링

269

When combined with gel electrophoresis techniques that separate hybrid molecules by size and radioactive **labeling** to provide a detectable signal, the resulting analytic techniques are called Southern (DNA/cDNA) and Northern blotting (DNA/RNA), respectively.

관 separate(타) 분리하다, Southern 블롯팅(DNA/cDNA), Northern 블롯팅 (DNA/RNA), respectively 각각

해 잡종분자들을 크기에 의해 분리하는 겔전기영동 기술과 감지할 수 있는 신호를 제공하는 방사능 **표지법**이 함께 결합될 때, 그 결과로 나타나는 분석기술은 Southern 블롯팅 (DNA/cDNA)과 Northern 블롯팅 (DNA/RNA)이라 각각 불린다.

labile | 형 불안정한

6

Phosphoacylglycerols containing choline are the most abundant phospholipids of the cell membrane and represent a large proportion of the body's store of choline. Choline is important in nervous transmission, as acetylcholine, and as a store of **labile** methyl groups.

관 phospholipid 인지질, represent(타) ....에 해당하다; 대표하다

해 Choline를 함유하고 있는 phosphoacylglycerol은 세포막을 구성하는 가장 풍부한 인지질이고 신체의 choline 저장물의 큰 부분에 해당한다. Choline은 신경전달에서 acetylcholine으로써 그리고 **불안정한** methyl기들의 저장체로써 중요하다.

lack | 타 1 가지고 있지 않다

362

Introduction of telomerase-producing transgenes into cultured human cells that otherwise **lack** the enzyme can extend their lifespan by more than 20 doublings while maintaining telomere length.

관 transgene 형질변환용 유전자, introduction 도입, extend(타) 연장하다=lengthen, lack(타) ....이 없다=(be without, be in need of)

해 Telomerase를 생산하는 형질변환용 유전자의 만약 그렇게 하지 않았으면 그 효소를 **가지고 있지** 않을 배양된 사람세포로의 도입은 telomere의 길이를 유지하는 동안 20회 분열 이상으로

수명을 연장시킬 수 있다.

2 없다, 결핍되다, 부족하다

Erythrocytes, which **lack** mitochondria, are completely reliant on glucose as their metabolic fuel and metabolize it by anaerobic glycolysis.

관 be reliant on=be dependent on

해 적혈구는 미토콘드리아가 **없기** 때문에, 대사용 연료로써 완전히 포도당에 의존하고 있으며 그리고 그것을 무산소 해당반응에 의하여 대사한다.

명 부족, 결핍

In the case of iron deficiency, the cells are smaller and paler than normal. The **lack** of iron results in decreased heme synthesis, which in turn affects globin synthesis.

관 result in 결과적으로 ....로 되다, in turn 다시 곧, affect(타) (나쁜) 영향을 주다

해 철 결핍증인 경우에, 세포는 정상보다 더 작고 색이 더 엷어진다. 철의 **부족**은 감소된 heme의 합성의 결과를 만들고, 이것은 다시 globin 합성에 영향을 준다.

lacking
231

타 결여되다, 가지고 있지 않다

Knockout mice **lacking** ephrin-B2 exhibit striking defects in angiogenesis.

관 exhibit(타) 나타내다=(give evidence of, show), defect 결함, angiogenesis 혈관신생성

해 Ephrin-B2가 **결여된** 녹아웃 생쥐는 혈관신생성에서 놀랄만한 결함을 나타낸다.

lane
509

명 줄

Lane C is a control assay of β-globin mRNA isolated from reticulocytes, which actively synthesize β-globin.

해 **줄**C는 β-글로빈을 왕성하게 합성하는 적혈구전구세포reticulocyte로부터 분리한 β-글로빈 mRNA의 대조분석이다.

large
434

형 큰

In all cells, each ribosome consists of a **large** and a small subunit.

해 모든 세포에서, 각 리보솜은 하나의 **큰** 아단위체와 하나의 작은 아단위체로 구성되어있다.

larger
120

형 더 큰

The **larger** and more numerous the differences between two proteins, the easier and more efficient their separation.

관 the+비교급 .... the+비교급 ....할수록 점점 더

해 두 단백질 사이에서의 차이점이 **더 크거**나 더 많을수록 분리는 더 쉽고 더 효율적이다.

largest
31

명 가장 큰

The **largest** of the subcellular organelles of animal cells is the nucleus.

해 동물세포 속의 소기관들 중에 **가장 큰** 것이 핵이다.

largely
106

부 1 주로, 크게

The muscular system is **largely** responsible for maintaining body temperature through heat production. It also contributes to blood glucose balance by storing energy as glycogen.

관 be responsible for ....책임을 지다=be the agent or cause, contribute to ....에 기여하다

해 근육계통은 열의 생산을 통하여 체온을 유지하는데 **주로** 책임이 있다. 그것은 또한 글리코겐으로써 에너지를 저장함으로써 혈당의 균형에 기여하기도 한다.

2 ~ because 주된 이유는 .... 때문이다

DNA repair is possible **largely** because the DNA molecule consists of two complementary strands. DNA damage in one strand can be removed and accurately replaced by using the undamaged complementary strand as a template.

해 DNA의 수리는 가능하다, **주된 이유는** DNA분자가 2개의 상보적인 가닥으로 구성되어있기 **때문이다**. 한쪽 가닥에 있는 DNA 손상은 손상되지 않은 상보적인 가닥을 주형으로 사용함으로써 제거되고 정확하게 교체될 수 있다.

last

98

명 1 가장 마지막의 것

The most potent known vitamin was the **last** to be discovered. Vitamin B_{12} is best known as the vitamin that prevents pernicious anemia.

관 the last 마지막의 것, pernicious anemia 악성빈혈

해 가장 강하다고 알려진 비타민이 **가장 마지막** 발견된 것이다. 비타민 B_{12}는 악성빈혈을 예방하는 비타민으로써 가장 잘 알려져 있다.

2 가장 뒤의 것

They involve G proteins, activation of phospholipase C, and generation of inositol 1,4,5-triphosphate (IP3). The **last** mediates a transient increase in the level of cytosolic Ca^{2+}.

해 그들은 G단백질, phospholipase C의 활성화, 그래서 inositol 1,4,5-triphosphate (IP3)의 생성에 참여하고 있다. **가장 뒤의 것**이 세포질 Ca^{2+}의 수준에서의 일시적인 증가를 매개한다.

형 (late의 최상급) 최후의, 마지막 단계의

As a consequence of the **last** effect, they become severely obese, weighing as much as three times more than normal mice.

관 as a consequence of ....의 결과로, weigh(타) 체중이 나가다

해 **마지막** 효과의 결과로, 그들은 정상 생쥐보다 3배 정도 이상으로 체중이 나가는 심한 비만이 되었다.

부 leave .... until ~ 마지막까지 ....를 남겨두다

The last question is *much* the hardest. We shall therefore leave it until **last**.

해 마지막 문제가 단연 가장 어렵다. 그러므로 우리는 그것을 **마지막**까지 남겨두려고 한다.

참 much의 용법 : 비교급의 수식 'much + 비교급'은 '훨씬 더'의 강조의 의미 예) He is *much brighter* than his friend. 최상급의 수식 예) She is *much the tallest* girl in her idol singing group. 그녀는 *단연* 제일 키가 큰 여자애다.

자 지속되다, 계속하다, 오래가다

After adhesive interactions in epithelia form during differentiation, they often are very stable and can **last** throughout the life span of epithelial cells or until the cells undergo differentiation into loosely associated nonpolarized mesenchymal cells.

해 상피세포층에서 분화기간 동안 접착성 상호결합들이 형성된 후, 이 결합들이 매우 안정하여 상피세포의 일생동안이나 그 세포에서 느슨하게 결합된 분극화되지 않은 중간엽세포들의 분화가 일어날 때까지 **지속될 수 있다**.

lasting

3

형 지속하는

Nitrovasodilators produce long-**lasting** relaxation of cardiac muscle because they break down over several hours, yielding a steady stream of NO.

관 nitrovasodilator 질소혈관확장제, long-lasting 오래 지속하는, break down(자) 분해되다, over 계속하여

해 질소혈관확장제류는 오래 **지속하는** 심근의 이완을 일으킨다, 왜냐하면 상당한 시간에 걸쳐 분해되어, 꾸준한 NO의 흐름을 만들 수 있기 때문이다.

lastly

7

부 (하나, 둘, 나열하면서) 마지막으로, 드디어

Lastly, Schwann cells are specialists in the mass production of plasma membrane, which they wrap around the elongated portion of the nerve cell, laying down layer upon layer of membrane like a roll of tape, to form a myelin sheath that serves as insulation.

관 mass production 대량생상, wrap(타) .... around 주위를 둘러싸다, serve as ....로써 기능하다 =(have the function of, work as), insulation 절연체, myelin sheath 수초

해 **마지막으로**, Schwann 세포는 절연체로서 역할을 하는 수초를 형성하기 위하여 감긴 테이프처럼 막을 층층으로 쌓아서 신경세포 가운데 연장된 부위 주위를 둘러싸는 원형질막을 다량으로 생산하는 전문화된 세포이다.

late 형 늦은, 후기의

146

The subunit composition of hemoglobin tetramers undergoes complex changes during development. The human fetus initially synthesizes a $\zeta_2\varepsilon_2$ tetramer. By the end of the first trimester, ζ and γ subunits have been replaced by α and ε subunits, forming HbF ($\alpha_2\gamma_2$), the hemoglobin of **late** fetal life.

관 undergo(타) 겪다=(pass through, experience), by the end of .... 말까지, be replaced(타) 치환되다

해 헤모글로빈 4량체의 아단위체 조성은 발생기간 동안 복잡한 변화를 겪는다. 사람의 태아는 초기에 $\zeta_2\varepsilon_2$ 4량체를 합성한다. 임신 중 첫 번째 3개월 말기까지, ζ와 γ 아단위체는 α 와 ε 아단위체로 교체되고, **후기의** 태아생명을 구성하는 헤모글로빈인 HbF ($\alpha_2\gamma_2$)를 형성하게 된다.

later 형 (late 비교급) 더 늦은, 후의

172

The above reaction and the other **later** reactions are summarized in Figure 7.

해 위의 반응과 또 다른 **이후의** 반응들이 그림 7에 요약되어있다.

부 후에

Several steps **later**, oxaloacetate is regenerated and can combine with another two-carbon unit of acetyl-CoA in TCA cycle.

관 combine(자) with 와 합쳐지다=(unite, join)

해 몇 단계 **후에**, oxaloacetate가 재생되고 그래서 TCA 회로에서 acetyl-CoA의 또 다른 2개의 탄소단위와 합쳐질 수 있다.

lateral 형 측면의

42

Typically, the distinct surfaces of a polarized epithelial cell are called the apical (top), basal (base or bottom), and **lateral** (side) surfaces. Often the basal and **lateral** surfaces are similar in composition and together are called the *basolateral* surface.

관 apical 꼭대기쪽의, basal기저의; 가장 아래의, lateral 가쪽의; 측면의, basolateral 기저옆의

해 전형적으로, 어떤 분극화된 상피세포의 분리된 표면들은 꼭대기 쪽 (상부), 기저 (기저 혹은 바닥) 및 **측면** (옆) 표면이라고 불린다. 기저와 측면의 표면은 조성에 있어서 비슷하므로 함께하여 기저 옆 표면이라 자주 불린다.

laterally 부 측면으로, 평면으로

5

The membrane is referred to as a fluid mosaic because it consists of a mosaic of proteins and lipid molecules that can, for the most part, move **laterally** in the plane of the membrane.

관 be referred to as ....라고 하다=(be indicated, be mentioned), for the most part 대부분

해 막은 액체의 모자익 판으로써 언급된다, 왜냐하면 대부분 막 평면에서 **측면으로** 움직일 수 있는 단백질과 지질분자들의 모자익 (혼합된 형)으로 구성되어있기 때문이다.

latter 명 the ~ 후자

174

Biliverdin is an early product of catabolism and on reduction yields bilirubin. <u>The **latter**</u> is transported by albumin from peripheral tissues to the liver, where it is taken up by hepatocytes.

관 the latter 후자≠the former 전자, on reduction 환원되면, be taken up 흡수되다=(be ingested, consumed)

해 Biliverdin은 분해대사의 초기산물이며 환원되어 bilirubin으로 된다. **후자는** 알부민에 의하여 말초조직으로부터 간으로 수송되며, 그곳에서 간세포에 의해 흡수된다.

형 후자의

ATP pumps use energy from hydrolysis of ATP, whereas cotransporters use the energy stored in an electrochemical gradient. This **latter** process sometimes is referred to as secondary active transport.

관 cotransporter 공동수송체, electrochemical gradient 전기화학적 구배, be referred to as ...라고 하다=(be called, be termed), active transport 능동수송

해 ATP 펌프류는 ATP의 가수분해로부터 유래된 에너지를 사용하며, 반면에 공동수송체류는 전기화학적 구배에 저장된 에너지를 사용한다. 이 **후자의** 과정은 가끔 2차 능동수송이라고 한다.

layer
97

명 층

In the skin, loose connective tissue beneath epithelial cell **layer**s consists of an extracellular matrix in which fibroblasts, blood vessels, and other components are distributed.

해 피부에서, 상피세포로 된 **층** 아래에 있는 엉성한 결체조직은 섬유모세포, 혈관과 다른 구성요소들이 골고루 퍼져있는 세포외기질로 구성되어있다.

타 층으로 올려놓다

A finer degree of separation can be achieved by **layering** the homogenate as a narrow band on top of a dilute salt solution that fills a centrifuge tube.

해 더 정교한 수준의 분리는 원심분리용 튜브를 채우고 있는 어떤 희석된 염용액의 최상부에 좁은 띠로써 균질액을 **층으로 올려놓음으로써** 달성될 수 있다.

layered
19

타 be ~ 층으로 올리다

A protein mixture <u>is **layered**</u> on top of a sucrose gradient in a tube and subjected to centrifugation.

관 A be subjected to B=A에 B실험이 수행되다, centrifugation 원심분리

해 어떤 단백질 혼합물이 하나의 튜브 속에서 sucrose 농도구배의 최상부에 **층으로 올린 다음** 원심분리가 수행된다.

참 subject와 subjected의 차이점 : The child is *subject to* colds. (=prone to colds) 어린애들은 감기에 걸리기 쉽다, Patients are *subjected to* infection. (=be exposed to infection) 환자들이 감염에 노출되어있다. A protein mixture *is subjected to* centrifugation. 단백질복합체로 원심분리실험이 수행되었다.

lead
863

자 ~ to 도달하다, 결과가 되다, 유발하다

The gene encoding PTEN is deleted in multiple types of advanced human cancers, and its loss is thought to <u>**lead** to</u> uncontrolled growth.

관 lead to ....의 결과가 되다=(result in, go to, arrive to), advanced(형) 악화된=far along in course

해 PTEN을 인코딩하는 유전자가 여러 종류의 진행된 사람 암에서 소실되어있어서, 그래서 그것의 소실이 조절이 불가능한 성장을 **유발하는** 것으로 생각된다.

타 ~ .... to 결과를 만들도록 하다, 이르도록 하다

In addition, occasionally there are symptoms that are more specific for particular inherited metabolic disorders, such as skin rash and alopecia that **lead** the physician to the correct diagnosis.

관 lead(타) .... to ....에 이르게 하다=direct the activities of, skin rash 피부발진, alopecia 대머리증

해 추가하여, 때때로 의사가 정확한 진단의 **결과를 만들도록 하는** 피부발진과 대머리증과 같은 그러한 특정 유전성 대사질환들에 더욱 특이적인 증상들이 있다.

참 lead a normal life 영위하다

명 납

The antibiotic puromycin, ethionine (α-amino-γ-mercaptobutyric acid), carbon tetrachloride,

chloroform, phosphorus, **lead**, and arsenic all cause fatty liver and a marked reduction in concentration of VLDL in rats.

관 marked 현저한=noticeable, significant, fatty liver 지방간

해 항생제 퓨로마이신, ethionine (α-amino-γ-mercaptobutyric acid), 사염화탄소, 클로로포름, 인, **납**, 그리고 비소 모두는 쥐에서 지방간과 VLDL 농도의 현저한 감소의 원인이 된다.

leading 형 앞서는, 선두의

268

As recently as 1958, Beriberi, a nervous system disease was the fourth **leading** cause of death in the Philippine Islands.

해 1958년까지, Beriberi라는 신경계 질환은 필린핀의 여러 섬에서 **앞에서** 4번째의 사망원인이었다.

자 결과적으로 ....가 일어나다, ...에 이르게 된다

Phosphorylation changes a protein's charge and generally *leads to* a conformational change; these effects can significantly alter ligand binding by a protein, **leading** to an increase or decrease in its activity.

관 change(타) 변화시키다=alter, conformational change 입체구조의 바뀜

해 인산화는 단백질의 전하를 변화시켜서, 그래서 일반적으로 입체구조의 변화를 *일으킨다*; 이러한 효과들은 단백질에 의한 리간드의 결합을 심각하게 변하도록 하고, **그 결과** 활성의 증가나 혹은 감소에 **이르게 된다**.

least 부 at ~ 적어도, little의 최상급

450

Such analyses have revealed that **at least** 10–15 percent of the proteins in eukaryotes function as secreted extracellular signals, signal receptors, or intracellular signal transduction proteins.

해 그러한 분석은 진핵세포에 존재하는 **적어도** 10-15 퍼세트의 단백질들이 분비된 세포외부의 신호물질, 신호전달용 수용체 혹은 세포내부의 신호전달용 단백질들로 작용한다는 것을 새로 밝혀주었다.

leave 타 1 떠나다, 나가다

354

If her blood insulin levels fall too low, free fatty acids **leave** her adipocytes (fat cells) and are converted by the liver to the ketone bodies acetoacetic acid and β-hydroxybutyric acid.

관 fall 떨어짐 ≠rise 상승, ketone body 케톤체

해 그녀의 혈중 인슐린 수준이 굉장히 낮게 떨어지면, 자유형 지방산들이 지방세포를 **떠나서** 간에 의하여 acetoacetic산과 β-hydroxybutyric 산과 같은 케톤체들로 전환된다.

2 cause .... to ~ 떠나도록 하다

Transcripts of the HIV viral DNA are spliced and translated to produce the proteins Tat, Rev, and Nef. Tat stimulates transcription of the viral DNA, and Rev causes the viral RNA transcripts to **leave** the nucleus unspliced.

관 cause A to leave B 보어=A가 B를 ....한 채로 떠나도록 하다

해 HIV 바이러스의 DNA는 스프라이싱된 후 번역되어 Tat, Rev, 및 Nef 단백질들을 생산한다. Tat는 바이러스 DNA의 전사반응을 촉진하고, 그리고 Rev는 바이러스의 RNA 전사물들이 스프라이싱 되지 않은 상태로 핵을 **떠나도록 한다**.

3 남아있도록 만들다

A high yield with low purification **leaves** many contaminants in the fraction and complicates the interpretation of experiments.

관 leave(타) 남아있게 만들다=cause remain in a specified state, contaminant(명) 오염물, complicate(타) 이해하기 어렵게 만들다=make hard to understand

해 낮은 정제도를 가진 높은 수율은 그 분획에 많은 오염물질들을 **남아있도록 만들므로** 실험의 해석을 어렵게 만든다.

4 결과적으로 만들다

The oxygen nucleus draws electrons away from the hydrogen nuclei, which **leaves** the region around the hydrogen nuclei with a net positive charge.

관 draw(타) .... away 당겨서 제거하다, leave(타) 결과를 남기다=(have as a consequence)

해 산소의 핵은 수소의 핵으로부터 전자를 당겨서 제거하여, 수소의 핵 주위에서 순수한 양전하를 가진 영역을 **결과적으로 만든다**.

5 ~ behind 남기다

As Darwin pointed out, some individuals **leave** behind more progeny than others, and the rate at which they do so is affected by phenotype and behavior.

관 some .... others 여러 개 중의 '일부' some과 '나머지들' other

해 다이윈이 지적한 것과 같이, 일부 개체들은 나머지 다른 개체들보다 더 많은 자손을 **남기**는데, 그들이 그렇게 하는 속도는 표현형과 행동에 의하여 영향을 받는다.

length
512

명 길이, 크기

Proteins commonly range in **length** from 100 to 1000 amino acids, but some are much shorter and others longer.

관 commonly=usually, range(자) from .... to ....의 범위에 있다=vary from .... to, some .... others 일부 .... 나머지들

해 단백질은 일반적으로 100에서 1000개의 아미노산에 이르는 **길이**의 범위에 있지만, 그러나 일부는 훨씬 더 짧고 그리고 다른 것들은 더 길기도 하다.

lengthen
2

타 1 연장시키다

When a drug binds to albumin, such binding will likely lower the effective concentration of that drug and may **lengthen** its lifetime in the circulation.

관 lower(타) 낮추다, lengthen(타) 길게 하다=extend

해 약물이 알부민과 결합할 때, 그러한 결합은 그 약물의 유효농도를 아마도 낮출 것이고 그리고 순환에서는 수명을 **연장시킬** 것이다.

참 - lifetime (일생, 생애) : 방사능이나 약물과 같이 줄어드는 효능을 가진 물질들의 수명
- lifespan (수명) : 기대수명 life expectancy, 평균수명 longevity

2 be ~ed 더 길어지다

The 3′ overhang is **lengthened** by the addition of telomeres so that primase can bind and synthesize the complementary strand. Telomeres consist of a repeating sequence of bases (TTAGGG for humans), which may be repeated thousands of times.

해 3′ 돌출서열이 텔로머의 추가에 의하여 **더 길어져** 그 결과 primase가 결합하여 상보적인 가닥을 합성할 수 있게 된다. 텔로머들은 (사람에서 TTAGGG와 같은) 염기들의 반복하는 서열로 구성되어있으며, 이 서열은 수천 번 반복될 수도 있다.

참 primase : DNA를 주형으로 하여 상보적인 가닥을 합성할 때 필요한 RNA primer를 합성하는 효소.

자 길어지다

Each of these microtubules is a highly dynamic structure that can shorten as well as **lengthen**.

관 as well as 뿐만 아니라, shorten(자) 짧아지다≠lengthen

해 각각의 이들 미세소관은 짧아질 수도 있을 뿐만 아니라 **길어질 수도 있는** 매우 역동적인 구조체이다.

lesion
191

명 1 손상, 병변, 구조적인 변화

Scurvy leads to **lesions** in the skin and blood vessels.

관 scurvy 괴혈병, lesion 손상=wound or injury, lead to 초래하다

해 괴혈병은 피부와 혈관에서 **손상**을 일으킨다.

2 (손상이나 질병 때문에 발생하는) 구조의 변화

A DNA **lesion** that causes distortion of the double helix, such as a thymine dimer, is initially recognized by a complex of the XP-C (xeroderma pigmentosum C protein) and 23B proteins.

관 lesion 구조적 변화=an abnormal change in structure of an organ or part due to injury or disease, cause ....의 원인이 되다=be the cause of

해 타이민 이중체와 같은 2중 나선구조의 비틀림을 일으키는 DNA **구조의 변화**는 최초로 XP-C (xeroderma pigmentosum C 단백질)와 23B단백질로 구성된 복합체에 의하여 인식된다.

less

352

부 1 much ~ 훨씬 덜 (little의 비교급)

Aspartate, glutamate, and proline are much **less** likely to be found in β-sheets.

해 Aspartate, glutamate 및 proline은 β-시트구조에서 훨씬 **더 적게** 발견되는 것 같다

2 more or ~ 다소, 많든 적든 간에

Phospholipids such as phosphatidylcholine have a cylindrical shape and form **more or less** flat monolayers, whereas those with smaller head groups such as phosphatidylethanolamine have a conical shape.

해 Phosphatidylcholine과 같은 인지질은 원통모양을 하고 있어서 **다소** 평평한 단층구조를 형성하지만, 반면에 phosphatidylethanolamine와 같이 더 작은 머리작용기를 가진 그런 인지질은 원추모양을 한다.

3 no ~ than .... 와 같이, ... 와 마찬가지로

Nucleic acids, no **less** than other macromolecules, occupy precise positions in cells and tissues, and a great deal of potential information is lost when these molecules are extracted by homogenization.

관 no less than ....와 마찬가지로, occupy(타) 차지하다, a great deal of 많은, homogenization 균질화

해 핵산도 다른 거대분자들**과 마찬가지로** 세포나 조직 속에서 정확한 위치를 차지하고 있어서, 균질화로 이 분자가 추출될 때, 많은 잠재성의 정보들이 소실된다.

3 nothing ~ than 단지, ... 와 마찬가지로

Biochemistry is nothing **less** than the chemistry of life, and, yes, life can be investigated, analyzed, and understood. To begin, *every* student of biochemistry needs both a language and some fundamentals.

관 nothing less than 단지=(only, no less than), every 단수취급, to begin (with) 우선

해 생화학이란 **단지** 생명을 다루는 화학에 불과하므로, 생명현상이 자세히 연구되고 분석된 후, 이해될 수 있는 것이다. 우선, 생화학을 배우는 모든 학생들 각각은 전문용어와 일부의 기초원리들 모두를 필요로 한다.

참 every와 all의 차이 : 두 단어 모두 어떤 집단의 구성원들 말할 때 사용되지만, every는 구성원 하나에 주안점을 두고 (단수로 받음); *Every* question *has* an answer., 그리고 all은 집단 전체를 의미한다 (보통 복수로 취급); *All* (the) questions *need* to be answered in the correct place on the sheet. 그래서 all은 셀 수 없는 명사 (개체로 나눌 수 없으므로)와 사용될 수 있지만 every는 불가능하다. I like *all* food. 이 경우 every는 사용할 수 없다.

형 ~ than (수와 양) 더 작게, 이하의

$PGE_{2\alpha}$ is present in human serum at a level of **less** than 10^{-14} M.

관 be present 존재하다, at a level of ....의 수준으로

해 프로스타그란딘 $E_{2\alpha}$는 10^{-14} M **이하**의 수준으로 사람의 혈청에 존재한다.

명 or ~ 보다 작은 양

The outer membrane contains significant amounts of porin - a transmembrane protein that forms large channels across the membrane, permitting free diffusion of molecules with molecular weights of about 10,000 or **less**.

해 외막은 막을 가로질러 큰 통로를 형성하는 막관통단백질인 porin을 상당한 양으로 함유하고 있어서, 분자량이 약 10,000 혹은 **그 보다 작은** 분자들의 자유로운 확산을 허용한다.

참 cross와 across : 동사 cross(타) 지나가다=(extend across or over, traverse) 예) A highway *crossing* the entire river. 전치사나 부사 across. 예) A transmembrane protein forms large channels *across* the membrane.

lesser 형 1 (가치, 정도) 더 적게

34

If the hormone concentration is now increased to a new value, the receptor will activate downstream signaling pathways but to a **lesser** extent than would occur if the cell were switched from a medium without hormone to one with this hormone level.

관 *to a* lesser *extent* ....의 정도로, be switched from A to B=A에서 B로 바뀌다

해 호르몬의 농도가 어떤 새로운 값까지 증가된다면, 그 수용체는 아랫방향의 신호전달과정들을 활성화시킬 것이지만, 그 세포가 호르몬이 없는 배지로부터 이 호르몬 수준을 가진 배지로 교환될 때 일어날 정도보다 **더 적은 정도**로 활성화시킬 것이다.

lethal 형 치사의

67

Its LD_{50}, the **lethal** dose for 50% of animals consuming it, is 0.2 mg per kilogram of body weight.

관 lethal dose 치사량, body weight 몸무게

해 그것을 소비한 동물 50%의 **치사**량인 LD_{50}은 몸무게 1 키로그램 당 0.2 mg이다.

level 명 1 수준

2675

Biological systems from the macromolecular **level** to the cellular **level** operate via specific molecular recognition mechanisms based on structural complementarity: a protein recognizes its specific metabolite, a strand of DNA recognizes its complementary strand, sperm recognize an egg.

관 operate(자) 작동하다=(work, perform a function), via 경유하여=(by way of, by means of)

해 거대분자 **수준**으로부터 세포 **수준**에 이르기까지 생물시스템들은 단백질이 자신의 특이 대사물을 인지하고, DNA의 한쪽 가닥이 상보적인 다른 가닥을 인식하고, 그리고 정자가 난자를 인식하는 것과 같이 구조적 상보성에 기반을 둔 특별한 분자의 인식기전을 통하여 작동한다.

2 (차이가 나는) 농도, 수준

Diabetes is characterized by an abnormally high **level** of glucose in the blood.

해 당뇨병이란 혈액에 존재하는 포도당의 비정상적으로 높은 **농도**에 의하여 특징지어진다.

liberate 타 유리시키다

9

Complete hydrolysis of nucleic acids **liberates** nitrogenous bases, a five-carbon sugar, and phosphoric acid in equal amounts.

해 핵산의 완전한 분해는 질소를 포함하는 염기, 5개의 탄소로 된 탄수화물과 인산을 동일한 양으로 **유리시킨다**.

liberated 타 be ~ 유리되다

15

When Hb becomes oxygenated again in the lungs, H^+ is released and reacts with HCO_3^- to reform H_2CO_3, from which CO_2 is **liberated**.

해 헤모글로빈이 폐에서 다시 산소로 포화될 때, H^+가 유리되어 HCO_3^-와 반응하여 H_2CO_3을 재생성하며, 그래서 이것으로부터 CO_2가 **유리된다**.

liberation 명 유리

10

In mammals, the **liberation** of glucose and fatty acids can be triggered by binding of epinephrine (or norepinephrine) to β-adrenergic receptors on the surface of hepatic (liver) and adipose cells.

해 포유동물에서, 포도당과 지방산의 **유리반응**은 에피네프린 (혹은 노에피네프린)이 간과 지방세포

의 표면에 존재하는 β-아드레날린 수용체에 결합함으로써 개시될 수 있다.

lie
53

자 1 놓여있다, 상태에 있다, 있다

These p*Ka* values **lie** at the midpoint of their respective titration curves.

관 respective(형) 각각의=(own, corresponding) 가각의, titration curve 적정 곡선그래프

해 이들 p*Ka* 값은 각각의 적정 곡선그래프의 중앙점에 **있다**.

2 위치하다

Several types of experiments have demonstrated that Raf, MEK, and MAP kinase **lie** downstream from Ras and have revealed the sequential order of these proteins in the pathway.

관 demonstrate(타) 상세히 보여주다=show clearly, reveal(타) 밝혀주다=(disclose, show, make known), downstream from ....로부터의 아랫방향에, sequential order 연속되는 순서

해 여러 형태의 실험들이 Raf, MEK 및 MAP kinas가 Ras로부터 아랫방향에 **위치하고 있음**을 상세하게 보여주었고 또한 그 경로에서 이들 단백질의 연속되는 순서를 밝혀주기도 하였다.

lying
6

자 놓여있는, 위치하고 있는

The region of the cell **lying** between the plasma membrane and the nucleus is the cytoplasm, comprising the cytosol (aqueous phase) and the organelles.

관 comprise(타) 구성하다=(include, be composed of), cytoplasm 원형질, cytosol 세포질

해 원형질막과 핵 사이에 **위치하고 있는** 세포의 영역이 세포질 (수용액상)과 소기관들로 구성되어 있는 원형질이다.

ligate
4

타 이어붙이다

In addition to **ligating** complementary sticky ends, the DNA ligase from bacteriophage T4 can **ligate** any two blunt DNA ends.

해 상보적인 접착형 말단을 이어붙이는 것뿐만 아니라, 박테리오파아지 T4의 DNA ligase는 어떤 두 개의 무딘형 DNA 말단도 **이어붙일** 수 있다.

ligated
99

타 be ~ 이어 붙여지다

These smaller fragments can be **ligated** individually into a plasmid vector and cloned in *E. coli.*

해 이 더 작아진 조각들이 플라스미드 벡터에 개별적으로 **이어 붙여져** 대장균에서 클로닝 될 수 있다.

ligation
67

명 이어붙임

The position where **ligation** occurs is represented by a circle.

관 be represented by ....로 표시되다=be indicated by signs or symbols.

해 **이어붙임**이 일어난 곳의 위치가 원호로 표시되어있다.

light
263

명 빛, 광

light energy, light intensity, light-senstive, UV-light

해 빛에너지, 빛의 강도, 빛에 민감한, UV 광선

형 가벼운, 밝은

light chain and heavy chain, light and dark

해 **경**사슬과 중사슬, **밝고** 어두운

like
598

형 1 ....와 같은, ...와 닮은

In vertebrates, the major cytoskeletal proteins are the actins, tubulins, and intermediate filament proteins **like** the keratins.

해 척추동물에서, 주된 세포골격단백질은 actin, tubulin 그리고 keratin과 **같은** 중간크기의 필라멘

트형 단백질들이다.

2 be ~ 것과 같다, ...것과 닮았다

However, because only ≈1.5 percent of the sequence encodes proteins, finding new genes is **like** finding a needle in a haystack.

관 a needle in a haystack 건초더미 속의 하나의 바늘, be like

해 그러나 그 서열 중의 약 1.5 퍼센트만이 단백질을 인코딩하기 때문에, 새로운 유전자를 찾기란 건초더미에서 하나의 바늘을 찾는 **것과 같다고** 하겠다.

3 와 같은

The proteoglycan aggregates give cartilage its unique gel-**like** properties and its resistance to deformation, essential for distributing the load in weight-bearing joints.

관 aggregate 응집체, cartilage 연골, deformation 변형, weight-bearing joint 체중을 지탱하는 관절

해 Proteoglycan 응집체들은 체중을 지탱하는 관절에서 부하를 균등하게 분배하기 위해 필수적인 특유한 겔 **유사** 행동특성과 변형에 대한 저항력을 연골조직에게 준다.

부 ....와 같이, ...처럼

When the N-terminal DNA-binding domain of GAL4 was fused directly to various of its C-terminal fragments, the resulting truncated proteins retained the ability to stimulate expression of a reporter gene in an in vivo assay **like** that depicted in Figure 11.

해 GAL4의 N-말단에 있는 DNA 결합도메인이 자신의 여러 C-말단 조각들과 직접 융합되었을 때, 그 결과로 만들어진 절단된 단백질들은 그림 11에서 도시된 것과 **같이**, 생체 분석실험에서 리포터 유전자의 발현을 촉진할 수 있는 능력을 계속 보유하고 있었다.

참 GAL4 단백질 : 단백질과 단백질 사이에서 상호결합을 할 수 있는 상대되는 짝을 찾아내기 위하여 사용되는 two hybrid system에서 이용되는 전사인자.

전 ....와 같이, ...과 마찬가지로

Like leucine zippers, helix-loop-helix factors can function as either hetero or homodimers. These factors also contain regions of basic amino acids near the amino terminus and are also called basic helix-loop-helix (bHLH) proteins.

관 like(전)=in the same way as, like≠unlike, function(자) as로써 기능하다

해 Leucine 지퍼**와 마찬가지로**, helix-loop-helix 인자도 이종형이나 혹은 동종형 이중체로써 기능할 수 있다. 이들 인자도 역시 아미노말단 근처에 염기성 아미노산들로 된 영역을 함유하고 있어서, 염기성 helix-loop-helix (bHLH) 단백질이라고도 불린다.

참 leucine zipper, zinc finger, helix-turn-helix, 및 helix-loop-helix 도메인들은 DNA와 결합하는 단백질들에 포함되어있으면서 이들의 DNA에의 결합을 매개한다.

likelihood 명 확률, 일어날 것 같은 기회

15

Competitive inhibitors are characterized by the fact that the substrate and inhibitor compete for the same binding site on the enzyme, the so-called active site. Thus, increasing the concentration of S favors the **likelihood** of S binding to the enzyme instead of the inhibitor.

관 competitive inhibitor 경쟁적 저해제, compete for ....를 두고 경쟁하다, favor(타) 촉진하다; 유리하게 하다=(facilitate, make easy), likelihood 확률=(chance, probability)

해 경쟁적 저해제는 기질과 저해제가 효소 위에서 소위 활성화자리라고 하는 동일한 결합자리를 두고 경쟁한다는 사실로 특정지울 수 있다. 그래서 S 농도의 점진적인 증가는 S가 저해제 대신에 그 효소에 결합**할 확률**을 높이게 된다.

likely 형 be ~ to 유망하다. 가능하다

483

Because of the evolutionary conservation of genes, proteins, organelles, cell types, and so forth, discoveries about biological structures and functions obtained with one experimental organism often apply to others. Thus researchers generally conduct studies with the organism that is most suitable for rapidly and completely answering the question being posed, knowing that the results obtained in one organism are **likely** to be broadly applicable.

관 and so forth=and so on 등등, apply to 적용하다=be applicable, conduct(타) studies 연구를 수행하다, be suitable for ....에 적당하다, pose(타) a question 의문을 제기하다=raise a question

해 유전자, 단백질, 소기관, 세포의 종류 등등이 진화상 보존되기 때문에, 한 실험용 생명체를 이용해 얻은 생물학적 구조와 기능에 대한 발견은 자주 다른 동물들에 적용된다. 그래서 연구자들은 한 생명체에서 얻은 결과가 널리 적용 **가능하다는** 것을 알고 있으므로, 일반적으로 제기된 의문점을 신속하고 완전하게 답하기에 가장 적당한 생명체를 이용하여 연구를 진행한다.

부 아마도, 십중팔구

In addition to causing changes in coding sequences in the genome, recombination between mobile elements and transposition of DNA adjacent to DNA transposons and retrotransposons **likely** played a significant role in the evolution of regulatory sequences that control gene expression.

관 in addition to 이외에도=besides, cause(타) 일으키다=bring about, adjacent to=(next to, neighboring), recombination 재조합반응, transposition 위치이동반응

해 유전체에 존재하는 코딩서열의 변화를 일으키는 것 이외에도, 이동성 유전요소 사이의 재조합반응과 DNA trasnposon과 retrotransposon 근처에서 DNA의 위치이동반응들은 **아마도** 유전자 발현을 조절하는 조절서열의 진화에 상당한 역할을 했을 것 같다.

likewise 부 똑같이, 마찬가지로

38

If the C subunit is labeled with dicyclohexylcarbodiimide (DCCD), proton flow through F_0 is blocked and ATP synthase activity is inhibited. **Likewise**, oligomycin acts directly on the ATP synthase. By binding to a subunit of F_0, oligomycin also blocks the movement of protons through F_0.

해 C 아단위체가 dicyclohexylcarbodiimide (DCCD)로 표지되면, F_0를 통과하는 양성자의 흐름이 차단되어 ATP synthase의 활성이 저해된다. **마찬가지로** oligomycin도 ATP synthase에 직접 작용한다. Oligomycin 또한 하나의 F_0 아단위체에 결합함으로써, F_0를 통과하는 양성자들의 이동을 차단한다.

limit 명 한계, 한도, 제한

100

In general, plasmids used as cloning vectors are engineered to be small, 2.5 kbp to about 10 kbp in size, so that the size of the insert DNA can be maximized. The useful upper **limit** on cloned inserts in plasmids is about 10 kbp.

관 be engineered to ...로 공학적으로 조작되다, be maximized 최대화되다

해 일반적으로, 클로닝벡터로 사용되는 플라스미드들은 삽입 DNA의 크기가 최대화될 수 있도록 하기 위하여 크기에서 2.5에서 약 10 kbp와 같이 작게 유전공학적으로 조작된다. 플라스미드 속에 클로닝된 삽입서열의 유용한 최대의 **한계**는 약 10 kbp이다.

타 (수량, 크기, 지역으로) 제한하다, 줄이다

Tight junctions block the diffusion of proteins and some lipids in the plane of the plasma membrane, contributing to the polarity of epithelial cells. They also **limit** and regulate the extracellular (paracellular) flow of water and solutes from one side of the epithelium to the other.

관 tight junction 치밀연접, contribute to ....에 기여하다=(help to cause, donate to), limit(타) 줄이다=(reduce, restrict)

해 치밀연접은 원형질막의 평면에서 단백질과 일부 지질의 확산을 방해하기 때문에, 상피세포의 분극에 기여할 수 있다. 또한 그들은 상피조직의 한 쪽 면으로부터 다른 쪽으로 물과 용질의 세포 밖으로의 (세포 사이의 공간으로의) 흐름을 **제한하여** 조절하기도 한다.

limited 타 be ~ 제한되다

149

The use of streptomycin is **limited** because it causes ototoxicity that can result in loss of hearing.

해 Streptomycin의 사용은 청력의 상실의 결과를 초래할 수 있는 내이독성의 원인이 되기 때문에 **제한된다**.

참 streptomycin 의 내이독성ototoxicity : confined 참조

limitation 명 제한(사항)

31 While Edman sequencing can detect the presence of most posttranslational events, technical **limitations** often prevent identification of a specific modification.

관 while 비록=(although, in spite of the fact that), Edman sequencing 에드만 서열결정법, posttranslation 번역후의

해 비록 Edman 서열결정법이 대부분의 번역후의 사건들의 존재를 찾아낼 수 있지만, 기술적인 **제한사항**들이 가끔 어떤 특이 변형반응의 확인을 방해한다.

limiting 형 제한되는, 감소하는

76 In endurance sports, such as cross-country skiing, where oxygen transport to the muscles may become **limiting**, an excess of red blood cells may confer a competitive advantage. For this reason, use of supplemental erythropoietin to increase the hematocrit above the normal level is banned in many athletic competitions.

관 confer(타) (성질)부여하다, for this reason 이러한 이유로=(accordingly, therefore), be banned 금지되다, hematocrit 적혈구용적률, erythropoietin 적혈구생성촉진인자

해 근육으로 산소의 수송이 **감소하게 될 수도 있는** 크로스컨츄리 스키와 같은 지구력을 요구하는 스포츠에서, 과도한 양의 적혈구세포는 경쟁에서 유리한 점을 부여할 수도 있다. 이러한 이유로, 적혈구용적률을 정상의 수준이상으로 증가시키기 위하여 보조용 적혈구생성촉진인자의 사용이 많은 육상경기에서 금지된다.

line 명 1 선

1542 (α-Helical structure) Only the N-C backbone is represented. The vertical **line** is the helix axis.

관 be represented by=be described or depicted by

해 (알파나선구조) N-C 골격만으로 표시되었다. 수직**선**은 나선의 축이다.

2 defense ~ (방어)선

Repair enzymes are the first **line** of defense preventing conversion of chemical damage in DNA to a mutation.

해 수리용 효소들이 DNA에서 화학적 손상이 돌연변이로 변환되는 것을 예방하는 첫 번째 방어**선**이 된다.

3 in ~ 직선상에 있는, 한 줄로 되어있는

Amino acids build proteins by connecting the α-carboxyl C atom of one amino acid to the α-amino N atom of the next amino acid in **line**.

관 in line 직선상에 있는=in a straight line, build(타) 구축하다=construct

해 아미노산들은 한 아미노산의 α-카르보닐 C 원자를 **직선상에 있는** 다음 아미노산의 α-아미노기의 N 원자에 연결하여 단백질을 구축한다.

자 ~ up 일렬로 늘어서다, 나란히 배열되다

The individual fibrils of collagen **line** up in a highly ordered fashion to form the collagen fiber.

관 line up 나란히 세우다=(stand side by side, form a line or pattern)

해 콜라겐의 각 원섬유들은 매우 정돈된 방식으로 **나란히 배열되어** 콜라겐 섬유를 형성한다.

타 둘러싸다, 피복하다

Bile salts **line** the surfaces of lipid droplets called micelles in the lumen of the intestine, where they keep the droplets emulsified in the aqueous environment.

관 line(타) 외부를 덮다=cover the outside, keep the droplet(DO) emulsified(OC) <5형식>

해 담즙염은 소장의 내강에서 마이셀이라 불리는 지질의 미세방울들의 표면을 **둘러싸서**, 그곳에서 수용액 환경에서 미세방울들이 유화된 상태를 유지하도록 한다.

lining 명 라이닝, 피복

8

> There are two means of initiating clotting: the intrinsic and extrinsic pathways. The intrinsic clotting pathway is activated by exposure of anionic surfaces on rupture of the endothelial **lining** of the blood vessels.

관 intrinsic≠extrinsic, lining=covering the inside of 피복

해 혈전형성을 개시하도록 하는 내인성과 외인성 경로와 같은 2가지 방식이 있다. 내인성 혈전혈성경로는 혈관 내피세포의 **피복**의 파열로 음 이온성 표면의 노출에 의하여 활성화된다.

참 혈전형성경로blood clotting pathway : 혈전의 형성은 내인성 intrinsic과 외인성extrinsic인 2가지 경로를 통하여 진행되지만 추후 단계에서 한 곳으로 모이게 된다. 전자는 혈관의 내피 층의 손상으로 인해 개시되고 후자의 외인성 경로는 외상trauma 등에 의해 혈관 이외의 이물질과 접촉한 상태에서 활성화 된다.

linear 형 직선 상의, 직선형의

155

> The primary structure of a protein is the **linear** sequence of amino acids in the polypeptide chain. Secondary structure consists of local regions of polypeptide chains formed into structures generally stabilized by hydrogen bonds, such as the regular structures called α-helices and β-sheets.

해 단백질 1차구조라는 것은 폴리펩티드 사슬에 있는 아미노산들의 **직선형으로 된** 서열이다. 2차구조는 α-나선과 β-시트라고 하는 규칙적인 구조와 같이, 일반적으로 수소결합들에 의하여 안정화된 구조들로 형성된 폴리펩티드 사슬의 지역적인 영역을 차지한다.

linearity 명 직선상태, 직선성

7

> In ice, the hydrogen bonds form a space-filling, three-dimensional network. These bonds are directional and straight; that is, the H atom lies on a direct line between the two O atoms. This **linearity** and directionality mean that the resultant H bonds are strong.

관 space-filling 공간채움, directional 방향성이 있는=indicating direction, linearity 직선인 성질

해 얼음에서, 수소결합은 공간을 채우는 3차원입체 네트워크를 형성한다. 이 결합은 방향성이 있어서 직선형이다; 다시 말하면, H 원자가 2개의 O 원자 사이에서 일직선상에 놓이게 되는 것이다. 이 **직선성**과 방향성은 그 결과로 생긴 H 결합들이 강하다는 것을 의미한다.

linearize 타 직선형으로 만들다

2

> Nuclease cleavage at a restriction site opens, or **linearizes**, the circular plasmid so that a foreign DNA fragment can be inserted.

해 제한효소자리에서 핵산분해효소nuclease에 의한 절단은 원형인 플라스미드를 열도록 하거나 혹은 **직선형으로 만들어** 외부 DNA 조각이 삽입될 수 있다.

linearized 타 be ~ 직선형으로 되다

24

> The ends of the **linearized** plasmid DNA are then joined with the ends of a foreign sequence, reclosing the circle to create a chimeric plasmid.

해 **직선형으로 된** 플라스미드 DNA의 말단은 이후에 외부서열의 말단과 서로 연결되고, 그 원호를 다시 닫아 혼합된 플라스미드를 새로 만들도록 한다.

linearly 부 직선형으로

8

> When a compound must bind to a protein to be transported across a membrane, the velocity of transport depends on the amount of compound bound. In contrast, simple diffusion of a compound does not require its binding to a protein, and the rate of transport increases **linearly** with increasing concentration of the compound.

관 in contrast ....에 반해서, simple diffusion 단순확산

해 어떤 화합물이 막을 통과하여 수송되기 위하여 어떤 단백질에 결합하여야 할 때, 수송속도는 결합된 화합물의 양에 의존하게 된다. 이에 반해서, 화합물의 단순 확산반응은 단백질과의 결합을 요구하지 않으므로, 수송속도는 그 화합물의 증가하는 농도에 따라 **직선형으로** 증가한다.

link 명 연결

91 In 1934, Sir Robert Robinson suggested a scheme for the cyclization of squalene to form cholesterol before the biosynthetic **link** between acetate and squalene was understood.

관 scheme 순서에 따른 예상경로=an orderly combination of related parts

해 1934년에, Robert Robinson 경은 acetate와 squalene 사이의 생합성의 **연관성**이 알려지기 전에 콜레스테롤을 형성하기 위한 squalene의 고리화반응의 순서에 따른 예상경로를 제안하였었다.

타 1 연결하다

β-Glycosidic bonds **link** nitrogenous bases and sugars to form nucleosides.

해 β-Glycosidic 배당결합은 질소를 함유한 염기와 탄수화물을 **연결하여** 뉴크레오사이드를 만든다.

2 cross-~ 교차연결하다

The antibodies then bind to various locations in the nicotinic acetylcholine receptor and cross-**link** the receptors, forming a multireceptor antibody complex. The complex is endocytosed and incorporated into lysosomes, where it is degraded.

관 endocytose(타) 세포내로 이입시키다, incorporate(타) 합체하다, degrade(타) 분해하다

해 자가항체는 그 다음에 nicotinic acetylcholine 수용체 상의 여러 부위에 결합하여 수용체를 **교차연결하여**, 다중수용체 항체복합체를 형성한다. 그 복합체는 세포내로 이입되어 라이소솜 속으로 합체되고, 그곳에서 분해된다.

자 ~ to ....에 링크하다, 인터넷으로 연결하다

You can **link to** PubMed to find recent articles about the protein, or you can **link to** the structure database. A program called Cn3D can be downloaded from this site that allows you to view the three-dimensional versions of the protein structures.

관 allow .... to 부정사=enable .... to 부정사, view(타)=(look at, watch, examine, inspect)

해 여러분은 그 단백질에 대한 최신 논문을 찾기 위하여 PubMed에 **링크할** 수 있으며, 혹은 구조 데이타베이스에도 **인터넷으로 연결할** 수 있다. 여러분이 단백질구조의 3차원입체 버전들을 자세히 보는 것을 가능하게 해주는 Cn3D라는 프로그램이 이 사이트로부터 다운로드 될 수 있다.

참 view, see와 notice의 차이점 : view는 어떤 목적을 가지고 사물을 자세히 살펴보는 것이며, see는 눈을 사용하여 무엇인지 알아차린다는 것. notice는 사물을 보고난 후에 무엇인지를 알아차림을 표현한다.

linked 타 be ~ 연결되다

285 In bacteria, a number of protein-producing genes may **be linked** together and controlled by a single promoter. This genetic unit is called an operon.

해 박테리아에서, 단백질을 생산하는 많은 유전자들이 서로 **연결되어**, 단 하나의 프로모터에 의해서 조절될 수도 있다. 이 유전단위는 operon이라 불린다.

linking 타 연결하다

152 Glucuronic acid and N-acetylgalactosamine residues are then added sequentially to these **linking** sugars, forming the chondroitin sulfate chain.

해 Glucuronic 산과 N-acetylgalactosamine 잔기들이 그 다음에 **연결하고 있는** 탄수화물에 연속적으로 추가되어 chondroitin sulfate 사슬을 형성한다.

linkage 명 1 결합, 연관성

31 Although chemical carcinogens are believed to be risk factors for many human cancers, a direct **linkage** to specific cancers has been established only in a few cases, the most important being lung cancer.

해 비록 화학발암제들이 사람의 많은 암에 대한 위험인자로 믿어지고 있지만, 특정 암과의 어떤 직접적인 **연관성**은 몇 가지 경우에서만 확립되어있는 상태이며, 가장 중요한 것이 폐암이다.

2 ~ map 연관지도

As more and more mutations are mapped, the linear order of genes along the length of a chromosome can be constructed. This ordering of genes along a chromosome is called a genetic map, or **linkage** map.

해 점점 더 많은 돌연변이들의 지도가 작성되면서, 염색체의 길이를 따라서 유전자의 일련의 순서가 구축될 수 있다. 어떤 염색체를 따라 유전자의 순서를 매겨둔 것을 유전자지도 혹은 **연관**지도라고 한다.

list

28

명 리스트, 목록, 일람표

Tables 3 provides a **list** of the major regulatory enzymes of carbohydrate and lipid metabolism in the liver and an order to the events that occur.

해 표 3은 간에서 탄수화물과 지질대사에 필요한 주된 조절용 효소들의 **목록**과 일어나는 반응에 대한 순서를 제공하고 있다.

타 목록화하다, 목록으로 나열하다

Table 9 **lists** several of the most commonly occurring inherited diseases.

해 표 9는 몇 종의 가장 흔히 발생하고 있는 유전성 질환들을 **목록으로 나열하고 있다**.

listed

30

타 be ~ 목록으로 나열되다, 작성되다, 목록화되다

The major fatty acids in phospholipids are **listed** in Table 3.

해 인지질에 포함되어있는 주된 지방산들이 표 3에 **목록으로 나열되어**있다.

literally

5

부 문자 그대로

P-selectin exposed on the surface of activated endothelial cells mediates the weak adhesion of passing leukocytes. Because of the force of the blood flow and the rapid "on" and "off" rates of P-selectin binding to its ligands, these "trapped" leukocytes are slowed but not stopped and **literally** roll along the surface of the endothelium.

관 be slowed 느려지다, roll(자) along .... 따라 굴러가다, enthothelial cell 내피세포

해 활성화된 내피세포의 표면에 노출된 P-selectin은 지나가고 있는 백혈구들의 약한 부착을 매개한다. 혈류의 힘과, 리간드와 P-selectin결합의 "부착"과 "떨어짐"의 신속한 속도 때문에, 이 "포획된" 백혈구들이 느려지게 되지만 그러나 멈추지는 않아, 그래서 **문자 그대로** 내피세포의 표면을 따라 굴러간다.

literature

39

명 전문적인 문헌

The National Library of Medicine maintains a website, PubMed, which catalogues the medical **literature**, and a search engine that allows you to search for reference articles by topic or author. (http://www.ncbi.nlm.nih.gov/pubmed)

관 the National Library of Medicine 국립의학도서관, catalogue(타) 목록을 작성하다=make an itemized list, maintain(타) 유지관리하다, search for 검색하다, reference articles 참고논문들

해 국립의학도서관은 **전문의학문헌**의 목록을 분류해 두고 있는 웹 사이트인 PubMed와 여러분이 주제나 저자로 참고논문을 검색하는 것을 가능하게 해주는 검색엔진을 유지 관리하고 있다. (http://www.ncbi.nlm.nih.gov/pubmed)

little

198

형 1 (셀 수 없는 명사와 a와 함께 긍적의 의미) 조금 있는, 적은 양의 (less, least 참조)

Generalized structure of a plasma lipoprotein bears similarities with the structure of the plasma membrane. Small amounts of cholesteryl ester and triacylglycerol are to be found in the surface layer and **a little** free cholesterol in the core.

관 bear a similarity with 와 유사점을 지니다, be to be found 발견될 수 있다 <가능>

해 혈장 지단백질의 일반화된 구조는 원형질막의 구조와 유사점을 지니고 있다. 작은 양의 콜레스

테롤에스테르와 중성지방이 표면층에서 그리고 매우 **적은 양의** 자유형 콜레스테롤이 중심에서 발견될 수도 있다.

참 be to 부정사 : 서술적 용법으로 예정, 당연, 소망, 가능을 표현하는데 사용됨. You are to blame for it. 그것 때문에 너는 꾸중을 들을 것이다.

2 ~ or no (불가산명사와 a 없이-부정) 거의 ....없는

Feedback inhibitors thus are allosteric effectors and typically bear **little** or no structural similarity to the substrates of the enzymes they inhibit.

관 feedback inhibitor 되먹이기 저해제, allosteric effector알로스테릭 효과제, similarity to ....에 대한 상동성

해 그래서 되먹이기 저해제는 알로스테릭 효과제이며, 전형적으로 저해하는 효소의 기질에 대하여 구조적 유사성이 **거의 없거나** 혹은 전혀 가지고 있지 않는다.

3 as ~ as (강조) 기껏, 그렇게나 적은 양인

As **little** as 1 ng/mL of plasma prostaglandins causes contraction of smooth muscle in animals.

해 **기껏** 1 ng/mL 양의 혈장 prostaglandin이 동물에서 평활근의 수축을 일으키게 한다.

부 1 ~ less than ....와 거의 같은 정도

The *E. coli* cell is about 2 μm long and a **little** less than 1 μm in diameter.

관 a little less than 거의=nearly

해 대장균세포는 약 2 μm 길이이고 직경에서 **거의** 1 μm **정도**이다.

2 ~ more than ....내외 (정도)

A **little** more than half the cholesterol of the body arises by synthesis (about 700 mg/dl), and the remainder is provided by the average diet.

해 신체의 콜레스테롤의 반 **내외**가 합성 (약 700 mg/dl)에 의하여 생성되고, 그리고 나머지는 평균적인 섭생에 의하여 공급된다.

대 (부정적 의미) 거의 없는 것

At first glance, photosynthesis and aerobic oxidation appear to have **little** in common. However, a revolutionary discovery in cell biology is that bacteria, mitochondria, and chloroplasts all use the same basic mechanism, called chemiosmosis to generate ATP from ADP and Pi.

관 at first glance 얼핏 보면=at initial consideration, appear to ...인 것처럼 보이다=seem, in common 공통으로=(equally with, by all), chemiosmosis 화학적 삼투압

해 처음 얼핏 보면, 광합성과 유산소 산화반응은 공통점이 **거의 없는 것**처럼 보인다. 그러나 세포 생물학에서 발견한 놀라운 사실은 박테리아, 미토콘드리아나 엽록체 모두가 ADP와 Pi로부터 ATP를 만들기 위하여 화학적 삼투압이라고 하는 동일한 근본적인 기전을 사용하는 것이다.

live

119

형 살아 있는

Fluorescence resonance energy transfer (FRET) detects time and location of activation of Ras protein in **live** cells triggered by epidermal growth factor.

해 형광 공명에너지 이전기술 (FRET)은 상피세포 성장인자에 의해 촉발된 **살아있는** 세포에서 Ras 단백질의 활성화 시간과 위치를 감지한다.

참 형광공명에너지 이전기술Fluorescence resonance energy transfer : GFP등의 형광탐침자를 사용하여 실시간으로 빠르게 일어나는 생화학적인 변화를 감지할 수 있는 기술이다.

부 살아서

So far the majority of embryos produced by the technique of nuclear-transfer cloning do not survive due to birth defects. Even those animals that are born **live** have shown abnormalities, including accelerated aging.

관 so far 현재까지=until this time, survive(자) 살아남다, due to=because of, be born live 살아

서 태어나다

해 현재까지 핵치환클로닝 기술에 의해 생산된 배아의 대부분은 탄생의 결함 때문에 살아남지 않았다. 심지어 **살아서** 태어난 동물조차도 가속화된 노화를 포함하는 비정상 상태를 보여 왔다.

참 핵치환 클로닝기술 (the technique of nuclear-transfer cloning) : act 참조

자 1 살다, 살아있다, 생존하다

In some adult tissues, cell proliferation occurs continuously as a constant tissue-renewal strategy. Intestinal epithelial cells, for instance, **live** for just a few days before they die and are replaced.

관 proliferation 빠른 성장; 증식, occur(자) continuously 계속하여 일어나다, die(자) 죽다≠live 산다 예) die of liver cirrhosis 간경화로 죽다

해 일부 성체조직에서, 세포의 증식은 일정한 조직재생 전략으로써 계속하여 일어나고 있다. 예를 들면, 소장의 상피세포들은 죽어 교체되기 전 단지 수일간만 **산다**.

2 ~ by ....(활동)으로 살아가다

When grown on glucose, *Saccharomyces cerevisiae* has an ability to **live** by glycolysis alone and can therefore survive without functional mitochondria.

해 *Saccharomyces cerevisiae* 가 포도당에서 배양될 때, 해당작용만**으로 살아**갈 수 있는 능력을 가지고 있으므로, 기능성 미토콘드리아가 없어도 생존할 수 있다.

3 ~ on (음식) 을 먹고 살다

In developing countries large numbers of people live **on** simple diets that are poor sources of vitamins and minerals.

관 developing countries 개발도상국가들, developed countries 선진국가들

해 개발도상국가에서, 많은 수의 사람들은 비타민과 미네랄이 부족한 단순한 음식물**을 먹고 산다**.

4 ~ on 계속해서 살다

Genetic manipulation of somatic cells affects only one generation; these cells die with the individual. Germ cells, however, **live** on, producing each successive generation.

관 somatic cell 체세포, germ cell 생식세포, affect(타), successive generation 연속되는 세대

해 체세포의 유전자조작은 단지 한 세대에만 영향을 미친다; 이들 세포는 그 사람과 함께 죽는다. 그러나 생식세포는 **계속해서 살아**가기 때문에, 각각의 연속되는 세대를 생산하게 된다.

타 ~ a life (lives) 삶을 살다

These individuals may **live** completely normal lives if they avoid vigorous exercise or other stresses on the circulatory system.

관 live(타) normal lives <동족목적어> 정상적인 삶을 살다

해 만약 이 사람들이 격렬한 운동이나 혹은 순환계통에 대한 다른 스트레스를 피한다면, 완전하게 정상적인 **삶을 살 수**도 있을 것이다.

lived

9

형 수명이 ....한

Extracellular, membrane-associated, and long-**lived** intracellular proteins are degraded in lysosomes by ATP-independent processes. By contrast, degradation of abnormal and other short-**lived** proteins occurs in the cytosol and requires ATP and ubiquitin.

관 by contrast 이에 반해=in contrast , long-lived≠short-lived

해 세포외부의 막과 결합되어있는 오래 **가는** 세포내의 단백질은 ATP 비의존성 과정에 의해서 lysosome에서 분해된다. 이에 반해, 비정상적이고 다른 **수명이** 짧은 단백질의 분해는 세포질에서 일어나며 또한 ATP와 ubiquitin을 필요로 한다.

living

41

형 살아가고 있는, 살아있는

In the **living** cell, the principal high-energy intermediate or carrier compound is adenosine triphosphate (ATP).

해 **살아가고 있는** 세포에서, 주된 고에너지 중간체나 혹은 전달체인 화합물은 아데노신삼인산(ATP)이다.

load 명 부하

40

Heart muscle cells can replace the bulk of their protein molecules in the course of a week or two, and thus they will adjust the balance of protein synthesis and degradation so as to grow bigger if the **load** on the heart is increased by a sustained increase in blood pressure.

관 so as to ....할 수 있도록=(in order to, so that), sustained increase 지속된 증가

해 심근세포는 한 주나 혹은 두 주 이내에 다량의 단백질 분자들을 교체할 수 있어서, 그래서 혈압의 지속된 증가에 의해 심장에 대한 **부하**가 증가된다면, 그들이 더 커질 수 있도록 단백질의 합성과 분해의 균형을 조정할 것이다.

타 싣다, 올려놓다

Endosomes also have H^+ pumps that keep their lumen at a low pH, although not as low as that of lysosomes. These pH differences are often used to **load** and unload cargo molecules from their receptors during vesicular transport along the endocytic pathway.

관 endosome 엔도솜, keep(타) .... at a low pH 유지하게 하다, as .... as 동등비교, load 싣다≠unload 내리다, cargo molecules 화물분자들 (리간드들을 말함)

해 엔도솜 또한 비록 lysosome의 pH 만큼 낮지는 않지만, 자신의 속 공간을 낮은 pH로 유지하게 하는 H^+펌프를 가지고 있다. 이 pH의 차이가 낭포를 이용하여 수송하는 동안에 세포내이입경로를 따라 자신의 수용체로부터 화물분자를 **싣거나** 내리기 위하여 자주 사용된다.

loaded 타 be ~ 채워지다, 놓이다, 넣어지다

205

Different samples are **loaded** in wells at the top of the polyacrylamide gel. The proteins move into the gel when an electric field is applied.

해 여러 개의 시료들이 폴리아크릴아마이드 겔의 위쪽에 있는 시료구멍 속에 **채워진다**. 그 단백질들은 전기장이 적용될 때, 겔 속으로 움직이게 된다.

lobe 명 1 돌출부

38

A protein with multiple domains may appear to have a distinct globular **lobe** for each domain, but, more commonly, extensive contacts between domains make individual domains hard to discern. Different domains often have distinct functions, such as the binding of small molecules or interaction with other proteins.

관 appear to ....인 것처럼 보이다=seem to, distinct(형) 서로 다른; 분리 된, lobe 돌출부=rounded projection, extensive 광범위한=spreading over a large area, discern(타) 구별하다

해 여러 개의 도메인을 가지고 있는 어떤 단백질은 각 도메인에 해당하는 하나의 분리된 공모양의 **돌출부**를 가진 것처럼 보일 수도 있지만, 그러나 더 일반적으로, 도메인 사이에서 형성된 광범위한 접촉들이 개별 도메인들을 구별하기 어렵게 만든다. 서로 다른 도메인들은 작은 분자의 결합 혹은 다른 단백질과의 상호결합과 같은 서로 다른 기능들을 자주 가지고 있다.

2 엽

Direct control of water excretion in the kidneys is exercised by the anti-diuretic hormone (ADH), released by the posterior **lobe** of the pituitary gland. ADH causes the insertion of water channels into the membranes of cells lining the collecting ducts, allowing water reabsorption to occur.

관 excretion 배설≠reabsorption 재흡수, cause(타) 일어나게 하다=(bring about, result in), anti-diuretic hormone (ADH) 항이뇨호르몬, collecting duct 집합관, lining 피복하고 있는

해 신장에서 물 배설의 직접적인 조절은 뇌하수체의 후**엽**에 의해서 유리되는 항이뇨호르몬 (ADH)에 의하여 발휘된다. ADH는 집합관을 피복하고 세포의 막 속으로 물 통로의 삽입이 일어나도록 하여, 물의 재흡수가 일어나는 것을 가능하게 한다.

local 형 국소의, 국소적으로 작용하는

132

Animal cells can modify arachidonic acid and other polyunsaturated fatty acids to produce so-called **local** hormones that exert their effects at very low concentrations and usually act near their sites of synthesis.

관 so-called 소위, exert one' effect 효과를 발휘하다, act(자) 활동하다

해 동물세포은 매우 작은 농도에서 효과를 발휘하고 일반적으로 합성된 부위 근처에서 활동하는 소위 **국소적으로 작용하는** 호르몬들을 생산하기 위하여 아라키돈산과 다른 다중불포화지방산들을 변형할 수 있다.

참 지역호르몬local hormone : autacoid라고도 하며 일반적으로 물질이 합성된 부위 가까운 곳에서만 아주 적은 농도에서 짧은 시간동안 효과를 나타내는 호르몬들이다. Thromboxane, leukotrien, Prostaglandin류를 포함하는 eicosanoid류, 와 NO, histamine, serotonin, endothelin 등이 여기에 속한다.

localize 타 1 지역적으로 제한되다, 퍼지지 않도록 하다, 국소화하다

163

Thrombus (clot) formation is enhanced by thrombin activation through the blood coagulation cascade. This cascade consists primarily of proteins that serve as enzymes or cofactors, which function to accelerate thrombin formation and **localize** it at the site of injury.

관 thrombus 혈전, enhance(타) 촉진하다=(accelerate, stimulate), serve as ....로 기능하다=function as, cascade 다단계반응,

해 혈전 (혈액 덩어리)형성은 혈액응고의 다단계경로를 통한 thrombin 활성화에 의하여 촉진된다. 이 다단계경로는 thrombin 형성을 가속하는 기능을 하고 그리고 손상부위에서 혈전형성을 **지역적으로 제한하는** 효소나 혹은 보조인자로써 기능하는 단백질들로 주로 구성되어있다.

참 혈전thrombus의 형성반응 : 이 반응은 혈관에 상처가 난 부위에 국한되어 일어나야 한다. 혈전형성은 혈소판세포의 활성화로 개시된다. 혈소판세포와 주위 손상된 혈관의 노출된 콜라겐 단백질의 상호작용으로 혈전형성 반응은 제한된 장소에서만 진행된다.

2 ~ .... to ....에 .....를 모이도록 하다, ...에 편중화하다

The attachment of these hydrophobic "tails", which function to anchor proteins to the lipid bilayer, constitutes one way that cells **localize** certain proteins to membranes.

관 function(자) 기능을 하다, anchor(타) .... to ....을 ....에 고정시키다, constitute(타) 구성하다; 차지하다=(form, be the parts of)

해 단백질을 지질이중층에 고정시키는 기능을 하는 소수성 "꼬리들"의 부착은 세포들이 생체막**에** 어떤 단백질을 **모이도록 하는** 여러 방법 중의 하나를 차지한다.

3 ~ .... to ....에서 ....의 위치를 결정하도록 하다

Gene mapping **localizes** specific genes to distinct chromosomes.

해 유전자지도 만들기는 서로 다른 염색체**에서** 특이 유전자들**의 위치를 결정하도록 한다**.

4 위치를 찾아내다

Banding on Drosophila polytene salivary gland chromosomes and in situ hybridization are used together to **localize** gene sequences on a chromosome.

해 초파리 침샘의 다사염색체 띠의 형태와 in situ hybridization기법들이 어떤 염색체 위의 유전자 서열의 **위치를 찾아내는**데 함께 사용된다.

참 polytene (다사)염색체 : 세포의 분열을 하지 않으면서 DNA복제반응이 반복하여 일어나 거대한 polytene 염색체가 탄생한다. Polytene를 가진 세포들은 대사 측면에서 유리한 점이 있다. 유전자들이 여러 개로 복사된 상태로 존재하여 발현수준이 증가될 수 있으며 따라서 필요한 단백질을 다량으로 생산할 수 있는 유리한 점이 있다. 한 예로 초파리가 번데기로 되기 전에 다량의 점액물질을 생산할 수 있도록 한다.

localized 타 be ~ (특정구역)에 모이다, 지역화되다

294

Transport proteins of the other type are **localized** in cellular membranes, where they function in the uptake of specific nutrients, such as glucose and amino acids, or the export of metabolites and waste products.

해 나머지 종류의 수송단백질들도 세포막**에 모여 있으며,** 그곳에서 포도당과 아미노산과 같은 특정 영양분의 흡수나, 혹은 대사물질과 쓰레기산물의 배출에 기능한다.

localization 명 1 (특정지역에) 모임, 지역화, 편중화

741

Such proteins contain a nuclear-**localization** signal (NLS) that directs their selective transport into the nucleus.

관 direct(타) 추진시키다; 향하도록 하다=show or point out the way for, nuclear-localization signal 핵모임신호

해 그러한 단백질들은 핵 속으로 자신의 선택적인 수송을 추진시키는 핵**모임**신호 (NLS)를 가지고 있다.

2 (특정지역에) 모이게 하는 것, 지역화, 편중화

Localization of PKA to specific regions of the cell by anchoring proteins restricts the effects of cAMP to particular subcellular locations.

관 anchor(타)=fix, restrict(타) .... to=confine .... to, subcellular location

해 단백질을 고정하여서 세포의 특정한 영역에 PKA를 **모이게 하는 것**은 cAMP의 효과를 특별한 세포내의 위치에 제한하도록 한다.

참 cAMP dependent protein kinase A : cAMP에 의하여 활성화되는 단백질인산화 효소로 PKA 약어로 표시하기도 한다.

locally 부 국소적으로

20

The nucleotide, adenosine circulates in the bloodstream, acting **locally** on specific cells to influence such diverse physiological phenomena as blood vessel dilation, smooth muscle contraction, neuronal discharge, neurotransmitter release, and metabolism of fat.

관 circulate(자) 순환하다, act on 작용하다=have an effect on, influence(타) 영향을 미치다

해 뉴크레오티드인 아데노신은 혈류를 타고 순환하면서, **국소적으로** 특정한 세포들에 작용하여 혈관의 확장, 평활근의 수축, 신경신호의 방출, 신경전달물질의 분비 및 지방대사와 같은 다양한 생리적 현상들에 영향을 미친다.

locate 타 1 위치를 찾도록 하다, 위치를 결정하도록 하다

2

Computer analysis of DNA sequence data, now available for numerous bacterial species and several eukaryotes, can **locate** protein-coding genes within genomes.

관 locate(타) 위치를 찾도록 하다=find the place in a sequence

해 현재 여러 박테리아 종과 몇 종의 진핵세포들에 대하여 이용 가능한 DNA서열 데이터의 컴퓨터 분석은 유전체 내에서 단백질을 코딩하는 유전자들의 **위치를 찾을 수 있도록 한다**.

2 위치를 찾다, 위치를 결정하다

The ultimate objective of a linkage mapping study is to **locate** the gene within a cloned segment of DNA and then to determine the nucleotide sequence of this fragment.

관 ultimate objective 궁극적인 목적, locate(타) 위치를 결정하다=determine the place of

해 연관지도 작성연구의 궁극적인 목적은 클로닝된 DNA의 조각 안에서 그 유전자**의 위치를 찾고** 그리고 그 후에 이 조각의 핵산서열을 결정하는 것이다.

3 ~ .... to .....에 ....의 위치를 지정하다

Techniques involving cloned DNA are used to **locate** genes to specific regions of chromosomes, to identify the genes responsible for diseases, to study how faulty gene regulation causes disease, to diagnose genetic diseases, and increasingly to treat genetic diseases.

관 ultimate objective 궁극적인 목적, locate(타) 위치를 결정하다=determine the place of

해 클론닝된 DNA를 관련시키는 기술들은 염색체의 특이 영역에 유전자들의 **위치를 지정하기** 위하여, 질병의 원인이 되는 유전자를 찾아내기 위하여, 결함 유전자의 조절이 어떻게 질병을 유발하는가를 연구하기 위해, 유전질환들을 진단하기 위하여 그래서 유전질환들을 점점 더 많이 치료하기 위하여 사용된다.

located	타 be ~ 위치하다
263	Most of the DNA in eukaryotic cells is **located** in the nucleus, extensively folded into the familiar structures we know as chromosomes

관 be located 위치하고 있다=be situated, extensively 광범위하게=covering a large area

해 진핵세포에 있는 DNA의 대부분은 우리가 염색체라고 알고 있는 친숙한 구조체들로 광범위하게 접힌 채로 핵 속에 **위치하고 있다**.

location	명 위치
200	When the sample is viewed in the microscope, the bound fluorescent antibodies identify the **location** of the target protein.

관 view(타) 자세히 보다=(look at, watch), 무생물주어 + identify(타)=make .... easy to recognize (identify 참조)

해 시료가 현미경에서 보일 때, 결합된 형광을 발하는 항체는 표적단백질의 **위치**를 쉽게 인지하도록 만든다.

logic	명 논리
19	Biochemistry describes in molecular terms the structures, mechanisms, and chemical processes shared by all organisms and provides organizing principles that underlie life in all its diverse forms, principles we refer to collectively as the molecular **logic** of life.

관 in molecular terms 분자수준의 용어들로써, refer to .... as ...로써 언급하다=(mention .... as, describe .... as), collectively 공통적으로; 총체적으로, logic 논리

해 생화학은 분자수준의 용어들로 모든 생명체에 의해 공유되어있는 구조, 기전 및 화학적 과정들을 서술하여, 그래서 모두 다양한 형태로 생명의 기초가 되고 있는 체계화하는 원리, 즉 우리가 공통적으로 생명의 분자수준의 **논리**라고 말하는 원리들을 제공한다.

logical	형 논리적인, 논리적으로 적합한
7	The switch between catabolic and anabolic pathways is often regulated by the levels of AMP and fructose 2,6-bisphosphate in cells, particularly the liver. It is **logical** for AMP to be a critical regulator.

관 switch 전환, catabolic 분해의, anabolic 합성의, logical(형)=reasonable

해 분해와 합성과정 사이의 전환은 세포에서, 특히 간에서 AMP와 fructose 2,6-bisphosphate의 수준에 의하여 자주 조절된다. AMP가 중요한 조절자인 것은 **논리적으로 적합하다**.

long	형 긴
200	The life span of intracellular proteins varies from as short as a few minutes for mitotic cyclins, which help regulate passage through mitosis, to as **long** as the age of an organism for proteins in the lens of the eye.

관 life span 수명=life time, vary(자) 다양하다=(give variety to, be different), as long/short as + 명사구 .... 만큼 긴/짧은

해 세포내 단백질들의 수명은 유사분열의 통과를 조절하는 것을 돕는 cyclin처럼 몇 분의 짧은 것으로부터 눈의 렌즈 속의 단백질과 같이 어떤 생명체의 나이만큼 **긴** 것까지 다양하다.

부 1 be .... ~ 길이가 ....이다

The information-bearing portion of DNA is divided into discrete functional units, the genes, which typically are 5000 to 100,000 nucleotides **long**.

관 discrete 구별되는=(separate, distinct, individual, disconnected)

해 DNA 정보를 지니고 있는 부분은 전형적으로 5000에서 100,000개의 뉴크레오티드 **길이로** 되어있는 유전자라는 불연속적인 기능성 단위로 나누어진다.

2 오랫동안

Prion diseases may manifest themselves as infectious, genetic, or sporadic disorders. Because no viral or bacterial gene encoding the pathologic prion protein could be identified, the

source and mechanism of transmission of prion disease **long** remained elusive.

관 manifest oneself 증후가 나타나다, elusive=difficult to understand

해 프리온 병은 감염성, 유전성 혹은 산발성 질환으로써 증후가 나타날 수도 있다. 병의 원인인 프리온 단백질을 인코딩하는 바이러스 혹은 세균의 유전자가 결코 발견될 수 없었기 때문에, 프로온 병의 원천과 전염기전은 **오랫동안** 파악하기 어려운 상태로 남아있었다.

참 manifest (타) oneself : 징후가 나타나다, 예1) The virus needs two weeks to *manifest itself.* 그 바이러스의 증후가 나타나기 위하여 2주일이 필요하다. 예2) Prion diseases *manifest themselves* as infectious disorder. 프리온 질병은 감염성 질병으로써 증후가 나타난다.

3 as ~ as ....하는 한, ...하는 동안

These stably transfected, or transformed, cells will continue to produce the cDNA-encoded protein as **long** as the culture is maintained.

관 transfected 절달감염된, transformed 형질변환된, as long as ....하는 한

해 안전하게 전달감염되었거나, 혹은 형질변환된 세포들은 배양이 유지**되는 한**, cDNA에 의해 인코딩된 단백질을 계속하여 생산할 것이다.

4 so ~ as ....하는 동안

The growth signal is transmitted so **long** as the Ras protein binds GTP. Binding of neurofibromin to Ras activates the GTPase domain of Ras, which hydrolyzes GTP to GDP, thereby inactivating Ras. Without a functional neurofibromin molecule, Ras is perpetually active.

관 bind(타) 와 결합하다, perpetually 영원히=(everlastingly; unceasingly)

해 성장신호는 Ras 단백질이 GTP와 결합하고 **있는 동안** 전달된다. Neurofibromin의 Ras와의 결합은 Ras의 GTPase 도메인을 활성화하고, 곧 GTP를 GDP로 가수분해하며, 그로 인해 Ras를 불활성화 시킬 수 있다. 기능성 neurofibromin 분자 없으면, Ras는 영구히 활성형이 된다.

longer

104

부 no ~ 더 이상 ....가 아닌

A PIP3-specific phosphatase (PTEN in humans) removes the phosphate at the 3 position of PIP3 to produce PIP2, which no **longer** serves as a binding site for PKB, and the signaling chain is broken.

관 serve as ....로 작용하다=(be used as, have the function of), signaling chain 신호전달연쇄반응

해 PIP3-특이 탈인산화효소 (사람에서 PTEN)는 PIP3의 3번 위치에 있는 인산기를 제거하여 PIP2를 생산하며, 그 결과 PIP2는 **더 이상** PKB의 결합자리로써 작용하지 **않아서** 신호전달 연쇄반응이 끊어진다.

참 PTEN 단백질 : **P**hosphatase and **ten**sin homolog (PTEN) 유전자의 결함이 있는 세포는 PIP3와 PKB 활성이 높아진다. 그 결과로 세포분열의 신호가 계속 발생되고 세포의 증식이 촉진되어 종양이 발생하며, 주로 유방, 갑상선 및 자궁과 관련된 암이 일어난다.

lose

66

타 잃다, 상실하다

Once reticulocytes enter the circulation, they **lose** their intracellular organelles (ribosomes, mitochondria, etc) within about 24 hours, becoming young red blood cells and concomitantly losing their ability to synthesize protein

관 reticulocyte 망상적혈구, concomitantly 동시에=(concurrently, at the same time)

해 일단 망상적혈구가 순환계로 들어가면, 약 24시간 이내에 자신의 세포내의 소기관들을 **상실하고**, 어린 적혈구세포로 되며 동시에 단백질을 합성할 수 있는 능력도 잃어버린다.

loss

486

명 분실, 잃음

In the human genome, more than 130 genes encode proteins dedicated to the repair of DNA. In many cases, the **loss** of function of one of these proteins results in genomic instability and an increased occurrence of oncogenesis.

관 be dedicated to ...에 전념하다=be devoted to

해 사람의 유전체에서, 130종 이상의 유전자들이 DNA수리에 전념하는 단백질을 인코딩한다. 많은 경우에 있어서, 이들 단백질 중 하나의 기능이라도 **분실**되면 결과적으로 유전체 불안정성이 일

어나고 그래서 발암유전자의 발생이 증가된다.

low	형 낮은
812	The effects of trans fatty acids on LDL, HDL, and cholesterol levels are similar to those of saturated fatty acids, and diets aimed at reducing the risk of coronary heart disease should be **low** in both trans and saturated fatty acids.

해 LDL, HDL 및 cholesterol 수준에 대한 트란스 지방산의 효과는 포화지방산의 효과와 비슷하여, 관상동맥 심장질환의 위험성을 감소시키는 것을 목적으로 하는 다이어트에서는 트란스와 포화된 지방산들 모두 **낮아야** 한다.

참 트란스trans지방 : account, room 참조

lower	형 1 (low 비교급) 더 낮은
454	In addition, in both invertebrates and vertebrates, the concentration of K^+ is 20-40 times higher in cells than in the blood, while the concentration of Na^+ is 8-12 times **lower** in cells than in the blood.

해 추가적으로, 무척추와 척추동물 모두에서, K^+의 농도는 혈액에서보다 세포에서 20-40배 더 높고, 반면에 Na^+의 농도는 혈액에서보다 세포에서 8-12배 **더 낮다**.

2 하부의

Upper body fat deposition tends to occur more by hypertrophy of the existing cells, whereas **lower** body fat deposition is by differentiation of new fat cells (hyperplasia).

관 deposition 침착, hypertrophy 비대, hyperplasia 과형성

해 상부신체의 지방침착은 존재하고 있는 세포들의 비대에 의하여 더 잘 일어나는 경향이 있고, 반면에 신체 **하**복부의 지방침착은 새 지방세포의 분화 (과형성)에 의한 것이다

타 낮추다, 내리다

The insulin receptor acts through the PI-3 kinase pathway to **lower** blood glucose.

해 인슐린 수용체는 혈당을 **낮추기** 위하여 PI-3 kinase 경로를 통하여 작용한다.

lowered	타 be ~ 낮추어지다, 내려지다
6	Next, two synthetic oligonucleotides complementary to the 3′- ends of the target DNA segment of interest are added in great excess to the denatured DNA, and the temperature <u>is **lowered**</u> to 50–60°C.

관 complementary to 에 상보적인, in excess 과량으로=excessively

해 다음, 그 표적 DNA 조각의 3'-말단에 상보적인 2종류의 합성한 oligonucleotide들이 과량으로 변성된 DNA에 추가되고, 그리고 온도가 50–60°C로 **낮추어졌다**.

lowering	타 낮추다, 내리다
6	Monoamine oxidase deaminates neurotransmitters such as dopamine and serotonin, **lowering** their levels in the brain. Parkinson disease is associated with low levels of dopamine, and depression is associated with low levels of serotonin.

해 Monoamine oxidase는 도파민과 세로토닌과 같은 신경전달물질을 탈아민화하여, 뇌에서 그들의 농도를 **낮출** 수 있다. 파킨슨병은 낮은 수준의 도파민과 연관되어있으며, 그리고 우울증은 낮은 수준의 세로토닌과 관련되어있다.

lysate	명 용해물
324	The desired protein made from an expression vector is produced inside a cell, it often accounts for 1% to 10% of the total cell protein in the cell **lysate**. Its purification is usually easy to accomplish in only a few steps.

관 expression vector 발현벡터, account for ....를 차지하다=constitute, cell lysate 세포용해물, accomplish(자) 달성되다

해 어떤 발현벡터로부터 만들어진 원하는 단백질은 세포 내부에서 생산되어, 자주 세포**용해물** 속

의 전체 단백질 가운데 1%에서 10%까지 차지하기도 한다. 그것의 정제는 보통 몇 단계만으로도 달성될 수 있을 정도로 쉬워진다.

lysis	명 용해
357	When red blood cell **lysis** substantially exceeds the normal rate of red blood cell production, the number of erythrocytes in the blood drops below normal values, leading to a hemolytic anemia.

관 exceed(타) 초과하다, drop(자) 떨어지다, lead to 결과로 ....가 일어나다=(cause, result in), hemolytic anemia 용혈성 빈혈

해 적혈구세포의 **용해**가 실질적으로 적혈구세포를 생산하는 정상속도를 초과할 때, 혈액의 적혈구의 수는 정상치 아래로 떨어져 용혈성 빈혈이 발생한다.

magnify 타 확대하다

Modern compound microscopes **magnify** the view about a thousandfold, so that a bacterium 1 micrometer (1 μm) long looks like it's a millimeter long.

해 현대의 복합현미경들은 보이는 것을 약 1000배 **확대하는**데, 그러면 1 micrometer 길이의 박테리아가 1 mm 길이처럼 보인다.

magnification 명 확대율, 배율

84

Three leukocytes also are present in the preparation. The **magnification** is 350 X.

해 3개의 백혈구가 또한 시료에 존재하고 있다. **배율**은 350배이다.

magnified 타 be ~ 확대되다

9

This is the interior of a rat liver cell, **magnified** about 6000 times.

해 이것은 약 6000배로 **확대된** 쥐의 간세포의 내부이다.

magnitude 명 크기, 규모

52

The readiness with which an atom or a molecule gains an electron is its reduction potential E. The tendency to lose electrons, the oxidation potential, has the same **magnitude** but opposite sign as the reduction potential for the reverse reaction.

해 어떤 원자나 혹은 분자가 전자를 획득하기 쉬운 정도가 환원전위 E이다. 전자를 잃어버리는 경향, 즉 산화전위는 역반응의 환원전위와 같은 **크기**이지만 반대의 부호를 가진다.

main 형 주된, 주요한

67

Although the heat that is generated by fuel oxidation is used to maintain body temperature, the **main** purpose of fuel oxidation is to generate ATP.

관 fuel oxidation 연료물질의 산화, purpose 목적=(goal, aim, objective, intention)

해 비록 연료물질의 산화에 의하여 생성된 열은 체온을 유지하기 위하여 사용되지만, 연료물질을 산화하는 **주된** 목적은 ATP를 생성하는 것이다.

mainly 부 주로, 대개, 대체로

78

Triacylglycerol is synthesized **mainly** in adipose tissue, liver, and intestines and serves as the principal energy storage molecule in eukaryotes.

해 중성지방은 **주로** 지방조직, 간 및 소장에서 합성되며 진핵세포에서 주된 에너지의 저장용 분자로써 기능한다.

maintain 타 유지하다, 지속하다

146

Biological systems use various buffers to **maintain** their pH within a very narrow range.

해 생물계는 매우 좁은 영역 안에서 pH를 **유지하기** 위하여 여러 완충제를 사용한다.

maintained 타 be ~ 유지되다

305

Even though oxaloacetate is recycled, a minimal level must <u>be **maintained**</u> to allow the TCA cycle to function.

해 비록 oxaloacetate가 재활용되더라도, 최소 수준이 **유지되어**야만 TCA회로가 기능하도록 할 수 있다.

maintenance 명 유지

80

The **maintenance** of stable levels of glucose in the blood is one of the most finely regulated of all homeostatic mechanisms, involving the liver, extrahepatic tissues, and several hormones.

관 finely=(precisely, minutely), homeostatic mechanism 항상성기전, extrahepatic tissue 간이외의

조직

해 혈액에서 포도당의 안정한 수준을 **유지**하는 것이 간과 간외조직 및 몇 가지의 호르몬들을 포함하는 모든 항상성기전들 가운데 가장 정밀하게 조절되는 것들 중의 하나이다.

참 항상성homeostasis : 생물체가 끊임없이 외적 및 내적환경의 변화를 받지만 개체로서의 생리적 상태를 안정하게 유지할 수 있다. 즉 모든 생명체는 동적인 평형을 유지하게 하며 살아가고 있는데 이를 항상성이라고 한다. 체온은 자율신경의 작용에 의하여 우리의 의지와는 상관없이 자동적으로 조절되며, 이외에도 혈압이나 세포외액의 삼투압, pH, 혈당치 등이 항상 일정하게 유지되고 있는 것도 항상성을 유지하는 기전에 의해 조절되는 것이다.

major

622

형 주된, 대부분의

Three **major** biopolymers are present in cells: proteins, nucleic acids, and polysaccharides.

해 3종의 **주된** 생체중합체 즉 단백질, 핵산 및 탄수화물이 세포에 존재한다.

majority

129

명 대부분, 대다수

A typical mammalian cell contains up to 10,000 different kinds of proteins. The vast **majority** of these proteins are synthesized by cytosolic ribosomes, and many remain within the cytosol.

해 전형적인 포유동물세포는 10,000종에 이르는 서로 다른 종류의 단백질들을 함유하고 있다. 이들 단백질 가운데 **대부분**은 세포질의 리보솜에 의하여 합성되고, 많은 것들이 세포질 안에 남아있다.

make

460

타 1 ....하도록 만들다 (사역)

One option is to manipulate the cell-death pathway to our own advantage, to send the signals that will **make** cancer cells destroy themselves.

관 cell-death pathway 세포죽음경로; apoptosis, to one's advantage (of) 에 유리하게, make (사역)

해 하나의 선택사항은 세포의 죽음경로를 우리 자신에 유리하게 암세포들이 자신들을 파괴하게 **만드는** 신호를 보내도록 조작하는 것이다.

2 만들다

Chimeric DNA molecules are introduced into cells to **make** transfected cells or into the fertilized oocyte to **make** transgenic animals.

해 잡종 DNA 분자들이 전달감염된 세포를 **만들기** 위하여 세포 속으로 도입되고 혹은 유전자 변형 동물을 **만들기** 위하여 수정된 난자 안으로 도입된다.

3 ....하게 하다 (5형식) 진목적어

Plasmids have several properties that **make** them extremely useful as cloning vectors.

해 Plasmid는 클로닝 벡터로써 자신을 매우 유용하게 **만드는** 몇 가지 행동특성을 가지고 있다.

참 5형식 문장 : 주어(S)+동사(V)+목적어(O)+목적보어(OC) 위 문장에서 .... *make* them useful ...

4 ...하게 하다 (5형식) 가목적어

Vitamin B_{12} is absorbed bound to intrinsic factor secreted by the parietal cells of the gastric mucosa. Gastric acid and pepsin release the vitamin from protein binding in food and **make** it available to bind to cobalophilin, a binding protein secreted in the saliva.

관 be absorbed bound to ...에 결합한 채로 흡수되다, intrinsic factor 내인성 인자, ...make *it* available to .... 에서 *it*는 가목적어, release(타) .... from ....로부터 ....를 유리시킨다

해 비타민 B_{12}는 위점막의 벽세포에 의해 분비되는 내인성 인자에 결합한 채로 흡수된다. 위산과 펩신은 그 비타민을 음식에서 단백질과의 결합으로부터 유리시켜 타액에 분비되는 결합단백질인 cobalophilin과의 결합을 가능하게 **만든다**.

5 ...하게 하다 (5형식)

Information from genomics, proteomics, bioinformatics, and other disciplines such as biochemistry and toxicology will be integrated to **make** possible *the synthesis of newer and safer drugs.*

관 genomics 유전체학, proteomics 단백질체학, bioinformatics 생명정보학, make + O + OC <5형식> 목적어 (이텔릭체)가 길어 보어와 자리가 교환됨

해 유전체학, 단백질체학, 생명정보학 그리고 생화학 및 독극물학과 같은 다른 과목들로부터 유래된 정보가 더 새롭고 더 안전한 약물의 합성이 가능하도록 **만들기** 위하여 통합될 것이다.

6 ~ contributions to ....에 공헌하다, 도움이 되다

Advances in bioengineering will make major **contributions** not only to our understanding of cell and tissue function but also to the quality of human health.

관 make contributions to에 공헌하다, not only A but also B=B as well as A

해 생명공학에서의 발전은 세포와 조직의 기능에 대한 이해뿐만 아니라 사람의 건강의 질에도 주요한 **공헌을 할** 것이다.

7 ~ up 차지하다

The disease is inherited in an autosomal recessive manner. Heterozygotes, who **make** up about 1.5% of a typical population, appear normal.

관 make up ....를 차지하다=(constitute, account for), autosomal recessive 상염색체 열성인, heterozygote 이형접합체

해 그 질병은 상염색체 열성인 방식으로 유전된다. 이형접합형은 전형적인 집단의 약 1.5%를 **차지하고 있으며** 정상으로 나타난다.

8 ~ up 구성하다

The various types of cells (lineages) that **make** up the blood are constantly being produced in the bone marrow.

해 혈액을 **구성하는** 여러 종류의 세포 (세포계열)들은 골수에서 일정하게 생산된다.

9 ~ up for 보충하다, 채워 넣다

When an overweight person goes on a diet, and consumes less calories, their body will respond as if they are starving, and try to save energy where it can to **make** up for the decrease in received calories.

관 go on a diet다이어트하다, consume(타) 섭취하다=ingest, make up for 보충하다=compensate for

해 과체중인 사람이 다이어트를 계속하여 더 적은 열량을 섭취하면, 그들의 신체는 마치 굶고 있는 것처럼 반응하여, 받아들인 열량에서 감소분을 **보충하기** 위하여 아낄 수 있는 곳에서 에너지를 아끼려고 할 것이다

10 ~ sense 이해가 되다

In particular, RNA export through the nuclear pores is an active process, and for most RNAs it requires a specific nucleotide cap at the 5' end of the RNA molecule and a poly-A tail at the 3' end. A requirement of this type **makes** sense, since it keeps junk RNA fragments (such as the intron sequences removed by RNA splicing) out of the cytosol.

관 keep(타) .... out of ....를 막다=not allow .... in, active process 능동적 과정, junk 쓰레기

해 특히, 핵의 구멍을 통한 RNA의 방출작용은 능동적 과정이기 때문에, 대부분의 RNA를 위하여 방출작용은 RNA 분자의 5' 말단의 특이 뉴크레오티드 모자구조와 3' 말단의 poly-A 꼬리를 필요로 한다. 이러한 종류의 요구조건은 **이해가 된다**, 왜냐하면 그 과정이 쓰레기 RNA 조각들 (RNA 스프라이싱에 의하여 제거된 인트론 서열과 같은)이 세포질로 나오는 것을 막아 주기 때문이다.

11 ~ sense of ....를 이해하다

As researchers have discovered the molecular details of more and more receptors and pathways, some principles and mechanisms are beginning to emerge. These shared features can help us **make** sense of the wealth of new information concerning cell-to-cell signaling.

관 more and more 점점 더, emerge(자) 나타나다, make sense of ...을 이해하다=understand, concerning 관하여=about

해 연구자들이 점점 더 많은 수용체와 경로의 분자수준의 상세한 사실들을 발견해 오면서, 일부의 원리와 기전들이 나타나기 시작하고 있다. 이들 공유된 일부 특성은 우리가 세포와 세포 사이의 신호전달에 관한 많은 양의 새로운 정보를 **이해하는** 것을 도와 줄 수 있다.

12 ~ sure 확실하게 하다

The best way for a person to treat constipation is to **make** sure that you are getting enough fluids as well as fiber in your diet.

관 make sure 확실하게 하다=(make certain, verify), as well as 뿐만 아니라, constipation 변비, in one's diet 음식으로

해 어떤 사람이 변비를 치료하는 가장 좋은 방법은 충분한 수분뿐만 아니라 음식으로 충분한 섬유질을 **확실하게** 섭취**하는 것이다**.

13 be ~ of ....로 구성되다, 만들어지다 (재료)

Some enzymes are **made** of multiple protein chains (subunits) with one chain catalyzing a chemical reaction and other chains regulating when and where that reaction occurs.

관 be made of 구성되다=be composed of, one .... the other 하나 그리고 나머지 하나

해 일부 효소들은 화학반응을 촉매하는 한 개의 사슬과 그 반응이 언제 어디서 일어날 것인지를 조절하는 또 하나의 사슬을 가진 다중의 단백질사슬 (아단위체)로 **구성되어있다**.

14 be ~ from ....로부터 만들어지다 (원료)

cDNAs labeled with a fluorescent dye are **made** from the total mRNA extracted from the cells under study.

해 형광염료로 표지된 cDNA는 연구 중인 세포로부터 추출된 전체 mRNA를 재료로 **만들어진다**.

15 ~ 명사 (숙어)

assumption, guess, suggestion, contribution, diagnosis, interaction, difference, use, conversion, connection, prediction, decision, comment

manifest

17

타 1 (재귀적) 나타나다

Prion diseases may **manifest** themselves as infectious, genetic, or sporadic disorders.

관 manifest themselves 나타나게 되다=become visible, sporadic 산발성의=occurring at irregular intervals

해 프리온 질병은 감염성이며, 유전성이고 혹은 산발성인 질병들로써 **나타날** 수도 있다.

참 If you *manifest* a particular quality, feeling, or illness, or if it *manifests itself*, it becomes visible or obvious.

2 (재귀적) ....인 것이 명백하다

Because of its dependence on glucose as a fuel, brain is a prominent tissue where these metabolic defects **manifest** themselves in neurologic disturbances.

관 prominent 탁월한=noticeable, neurologic disturbance 신경학적 장해, prominent(형) 즉시 눈에 띠는=Immediately noticeable

해 연료물질로 포도당에 대한 그것의 의존성 때문에, 뇌는 신경성 장해에서 이들 대사결함이 **명백하여** 즉시 눈에 띠는 조직이다.

3 (재귀적) ....증후가 나타나다

The virus needs two weeks to **manifest** itself.

해 그 바이러스의 **증후가 나타나는**데 2주일이 필요하다.

형 확실하게 나타나는

Evolutionary relationships are **manifest** in protein sequences.

해 진화상의 연관성은 단백질서열에서 **확실하게 나타난다**.

manifested 타 be ~ 명확해지다, 확실히 나타나다

9

Homology is often **manifested** by significant similarity in nucleotide or amino acid sequence and almost always **manifested** in three-dimensional structure.

해 상동성이란 자주 핵산이나 혹은 아미노산서열에 존재하는 상당한 유사성에 의하여 **명확해지고** 그리고 항상 3차원입체구조에서 거의 **확실히 나타난다**.

참 homolog (상동체) : homolog 참조

manifestation 명 확실한 소견, 증상, 명시, 표현

7

There are two major clinical **manifestations** of cobalamin (B_{12}) deficiency.

해 Cobalamin (B_{12}) 결핍이 원인인 2가지의 주요한 명료한 임상적 **증상**이 있다.

참 비타민 B_{12}는 박테리아가 합성할 수 있지만, 고등동물이나 식물은 합성할 수 없다. B_{12}의 역할은 생체에서 methyl기의 전달작용을 하기 때문에, 결핍 시 헤모글로빈의 구성성분인 heme을 합성할 수 없어 악성빈혈 증상과 신경학적 증상이 동시에 일어난다.

manipulate 타 (목적에 맞게) 조작하다

5

With an increased understanding of the fundamentals of DNA, RNA, and protein metabolism and their regulation in *E. coli*, investigators can now **manipulate** cells to express cloned genes in order to study their protein products.

관 with ....의 결과로=as a result, manipulate(타) 조작하다; 어떤 목적에 적합하도록 바꾸다=adapt or change to suit one's purpose

해 대장균에서 DNA, RNA 및 단백질의 대사와 조절에 대한 근본적인 사실에 관한 증가된 이해의 결과로, 연구자들은 이제 그들의 단백질산물을 연구하기 위하여, 세포를 **조작하여** 클로닝된 유전자를 발현시킬 수 있게 되었다.

manipulated 타 be ~ 조작되다

5

The PCR method is useful for isolating gene sequences to be **manipulated** in a variety of useful ways described later.

관 in a variety of ways 다양한 방법으로

해 PCR방법은 이후에 서술된 여러 유용한 방법으로 **조작될** 유전자서열들을 분리하는데 유용하다.

manipulation 명 조작(기술)

25

The **manipulation** of eukaryotic genes holds much promise for medical and agricultural benefits, but it is also the source of controversy.

관 hold promise 성공할 것 같다=be likely to succeed, for medical benefits 의학을 위하여=for the benefits of the medicine, controversy 논란=(debate, argument)

해 진핵세포 유전자의 **조작기술**은 의학과 농업의 혜택을 위하여 많은 성공을 거둔 것 같지만, 그러나 또한 논쟁의 근원이 되기도 하다.

manner 명 1 방식, 방법

317

Thiamine pyrophosphate provides a good illustration of the **manner** in which coenzymes participate in catalysis. It is synthesized in human cells from the vitamin thiamine by the addition of a pyrophosphate.

관 illustration(명) 예=(example, case), participate in=(take part in, contribute to)

해 Thiamine pyrophosphate는 조효소가 촉매반응에 참여하는 **방식**의 좋은 예가 된다. 그것은 사람 세포에서 pyrophosphate의 부가에 의해 비타민인 thiamine으로부터 합성된다.

참 티아민 결핍증 : B1이라고도 하는 수용성 비타민으로, thiamine pyrophospate 형으로 transketolase, pyruvate dehydrogenase 등의 효소들의 작용을 보조한다. 결핍증은 신경성 beriberi 및 심혈관계 질환들을 유발한다. 알코올에 의해 위장관에서 티아민의 흡수가 방해될 뿐만 아니라 세포에서도 pyrophosphate의 첨가반응이 저해되기 때문에, 알코올 중독자들에서 자주 발생한다.

2 in ~ .... 방식으로

The complementarity of the Watson and Crick double-stranded model of DNA strongly suggests that replication of the DNA molecule occurs in a semiconservative **manner**.

해 Watson과 Crick의 이중나선을 한DNA모델의 상보성은 DNA 분자의 복제가 반보존 **방식으로** 일어난다는 사실을 강력하게 암시하고 있다.

many

389

형 많은, 다수의

The ability to make and manipulate mammalian embryos in the laboratory has led to new medical opportunities as well as various social and ethical concerns. In vitro fertilization, for instance, has allowed **many** otherwise infertile couples to have children.

관 lead to 일으키는 결과를 만들다=(result in, bring about), as well as=not only .... but also, otherwise 그렇지 않았으면, infertile 불임인=unproductive, allow .... to 가능하게 하다

해 실험실에서 포유동물의 배아를 만들고 조작할 수 있는 능력은 새로운 의학을 위한 기회뿐만 아니라 여러 사회적 윤리적 관심을 일으키는 결과를 만들었다. 예를 들면, 시험관 수정기술은 그렇지 않았으면 불임이었을 **많은** 부부들이 아기를 가지는 것을 가능하게 하였다.

대 1 많은 것

Many of the differences among differentiated cells are due to production of specific sets of proteins needed to carry out the unique functions of each cell type.

관 be due to ....때문이다=be because of, carry out 수행하다=perform, be needed 필요하다=be required

해 분화된 세포들 사이에서 차이점들이 **많은** 것은 각 세포 유형의 고유한 기능을 수행하는데 요구되는 단백질들로 구성된 특이 세트들의 생산 때문이다.

2 as ~ (선행하는 수사와 대응하여) 그것과 같은 수의

What would happen to a 70-kg man if the 135,000 kcal stored as triacylglycerols in his 18 kg of adipose tissue were stored instead as skeletal muscle glycogen? It would take approximately 34 kg glycogen to store as **many** calories.

관 happen to ....에서 일어나다, instead(부) 대신에, it take +시간/양 .... to ....이 걸리다/들다

해 18 kg의 지방조직 속에 중성지방으로 저장된 135,000 kcal가 골격근의 글리코겐으로써 대신 저장된다면, 70-kg의 남성에서 어떤 일이 날 것인가? **같은 수의** 칼로리로써 저장하려면 대략 34 kg의 글리코겐이 필요할 것이다.

3 as ~ as (놀라움) ....만큼의, ...수이나

The nearly tetrahedral arrangement of the orbitals about the oxygen atom allows each water molecule to form hydrogen bonds with as **many** as four neighboring water molecules.

관 about 주위의=(in the area or vicinity, near), allow(타) .... to 일어나도록 하다=let .... happen to, neighboring 이웃하고 있는=(close to, in the vicinity of)

해 산소원자 주위 궤도의 거의 사면체에 가까운 배열은 각 물 분자가 4개**나 되는** 이웃하고 있는 물 분자들과 수소결합의 형성을 가능하게 한다.

4 as ~ ... as ....와 같은 수의

In most outbreaks of pellagra twice as **many** women as men are affected, probably the result of inhibition of tryptophan metabolism by estrogen metabolites.

관 outbreak 폭증=a sudden increase, be affected (병에) 걸리다=be developed

해 아마도 estrogen 대사산물에 의한 tryptophan 대사의 저해의 결과 때문인 대부분의 Pellagra 폭증 사례에서, 남성에 비해 2배**나 되는 수**의 여성이 병에 걸린다.

참 Pellagra : 광에 민감성을 가진 피부 및 신경염증 질환이다. 리보플라빈 비타민 B_6의 결핍에 의하여 발생하며, 아미노산 트립토판으로부터 니코틴아마이드의 합성에 보조인자로 필요하다. 영양제를 복용한 경우 소변에서 노란 형광색의 대사물을 볼 수 있는데 이것이 리보플라빈이다.

5 not ~ 그리 많지 않은, 조금의

Not **many** common substances have pKa values in the range from 6 to 8. Consequently, biochemists conducting in vitro experiments were limited in their choice of buffers effective at or near physiological pH.

관 effective 효과적인

해 **그리 많지 않은** 흔한 물질들이 6에서 8의 범위에 있는 pKa 값을 가지고 있다. 그 결과로, 실험관 실험을 수행하는 생화학자들은 생리적 pH에서나 근처에서 효과가 있는 완충제들의 선택에서 제한을 받았다.

6 so ~ 매우 많은

Because the liver participates in so **many** reactions capable of generating free radicals, the liver uses more glutathione and NADPH to maintain glutathione reductase and catalase activity than any other tissue.

해 간이 자유라디칼을 생성할 수 있는 **매우 많은** 반응에 참여하고 있기 때문에, 간은 glutathione reductase와 catalase활성을 유지하기 위하여 어떤 다른 조직보다도 더 많은 glutathione과 NADPH를 사용한다.

map

263

명 지도

This mtDNA codes for mitochondrial (mt) ribosomal and transfer RNAs and for 13 proteins that play key roles in the respiratory chain. The linearized structural **map** of the human mt genes is shown in Figure 8.

해 이 mtDNA는 미토콘드리아(mt) 리보솜과 tRNA 그리고 호흡연쇄반응에서 주된 역할을 하는 13종의 단백질들을 코딩한다. 사람의 mt 유전자들의 직선형 구조의 **지도**가 그림 8에 보인다.

타 1 ....의 지도를 작성하다

Broad efforts to **map** genes, attempts to identify new proteins and disease genes, and many other initiatives are currently under way.

관 map(타) ....의 지도를 작성하다=make a map of, be under way 진행 중이다=be in progress, initiative 계획; 전략=(plan, scheme, strategy)

해 유전자 **지도를 작성하는** 광범위한 노력, 새로운 단백질과 질병유전자들을 새로 찾기 위한 시도와 많은 다른 계획들이 현재 진행 중에 있다.

2 ~ .... to ....를 ....에 맵핑하다, ...의 위치를 지도에 대응시키다

A combination of specialized staining techniques for the entire chromosome complement and high-resolution microscopy has allowed geneticists to quite precisely **map** thousands of genes to specific regions of mouse and human chromosomes.

관 combination of A and B=A와 B의 결합, allow(타) .... to=enable .... to, map(타) .... to ....에 맵핑하다

해 전체 염색체 보완물을 위한 전문화된 염색기술과 고해상도의 현미경기술의 결합은 유전학자들이 매우 정확하게 수천 개의 유전자들을 생쥐와 사람 염색체의 특이 영역**에 맵핑할** 수 있도록 하였다.

자 ~ to ....에 위치가 맵핑되다, ...지도 상의 위치가 알려지다

In fact, the genes for uncoupling protein UCP-2 and UCP-3 **map** to regions of the human and mouse chromosomes that have been linked to obesity, substantiating the notion that they function as a means of regulating body weight.

관 substantiate(타) 실체화하다=(prove, confirm), function as a means of ....의 수단으로써 기능하다, uncoupling protein 해체단백질

해 사실, 해체단백질 UCP-2와 UCP-3의 유전자들이 비만과 연관되어 온 사람과 생쥐의 염색체의 영역들**에 위치가 맵핑되어**, 그들이 체중을 조절하는 수단으로 기능한다는 생각을 실체화하였다.

mapped

30

타 be ~ 지도에 표시되다

Currently, a panel of as many as 10^4 different known polymorphisms whose locations have been **mapped** in the human genome is used for genetic linkage studies in humans.

관 panel=group, as many as ...나 되는, location 위치=(position, site), genetic linkage 유전자연관

해 현재, 위치가 사람 유전체에 **지도로 표시된** 상태인 10^4 가지나 되는 여러 알려진 다형현상들로 이루어진 집단이 사람의 유전자연관 연구에 사용되고 있다.

mark

40

명 표시, 표식

For the physical map, the approximate physical positions of the above genetic markers are shown, along with the relative physical distances in megabase pairs. Examples of a restriction map, a contig **mark**, and an STS map are also shown in the figure below.

관 along with ....와 함께=together with, in megabses pairs 메가 염기쌍의 크기로, STS sequence-tagged site

해 물리적 지도용으로, 위의 유전자 표식자들의 대략적인 물리적 위치들이 메가 염기쌍 크기의 상대 물리적 거리와 함께 보인다. 또한 제한효소지도, contig **표시** 및 STS지도의 예도 아래의 그림에 보인다.

타 1 표시하다

Open circles correspond to identical residues, whereas colored circles **mark** residues that are different.

관 correspond to ...에 해당하고=be equivalent to, mark(타) 표시하다=indicate,

해 열린형의 원 표시는 동일한 잔기들에 해당하고, 반면에 색이 칠해진 원 표시는 서로 다른 잔기들을 **표시한다**.

2 구별하도록 표시하다

Specific regulatory sequences **mark** the beginning and end of the DNA segments to be transcribed and designate which strand in duplex DNA is to be used as the template.

관 mark(타)=(distinguish, characterize), designate(타) 지적하다=(indicate, mark, point out)

해 특이 조절서열이란 전사될 예정인 DNA 구획 중에서 시작과 끝을 **구별하도록 표시하고** 또한 2중가닥의 DNA에서 어느 가닥이 주형으로 사용될 것인지를 지적하기도 한다.

3 ~ .... for ....용임을 표시하다

Addition of multiple linked ubiquitin molecules to a protein can **mark** it for degradation by the proteasome.

해 단백질에 다중으로 연결된 ubiquitin분자의 첨가는 그것이 proteosome에 의한 분해용임을 **표시할** 수 있다.

참 프로테오좀proteosome : 여러 단백질들로 구성된 복합체로 진핵세포의 핵이나 세포질에 존재하고 있으면서 불필요해졌거나 손상된 혹은 잘못 접혀진 단백질들을 분해하여 제거할 목적으로 존재하는 구조체이다. Ubiquitin이라는 작은 단백질이 단백질에 부가되는 반응은 proteosome에서 분해될 것이라 표식이 된다.

4 특징지우다, 특징으로 하다

Replacement of the glutamate residue at position 6 in the β-chain by a valine residue **marks** the only chemical difference between HbA and sickle-cell hemoglobin, HbS.

관 replacement of A by B=B로 A의 교체, mark(타) ....를 특징으로 한다=characterize, the only difference between A and B 유일한 차이

해 β-사슬 6번 위치에 있는 glutamate잔기가 valine잔기로의 치환이 HbA와 낫형세포의 헤모글로빈인 HbS 사이의 유일한 화학적 차이임**을 특징으로 한다**.

5 ~ a step 기록하다

Nevertheless, this approach **marked** a significant forward step in the development of gene therapy.

관 approach 방법=method, mark a forward step/step forward 진전을 기록하다, gene therapy 유전자치료

해 그럼에도 불구하고, 이 방법은 유전자치료의 개발과정에서 상당한 진전을 **기록하였다**

참 유전자치료의 예 : 낭포성 섬유증cystic fibrosis 환자를 위한 유전자 치료제로써 아데노바이러스 벡터를 사용한 스프레이제가 개발되어있다. 이 유전자치료제는 폐의 일부 세포에 대하여 치료효과를 보였지만 염색체 속에 삽입되어 안정적으로 발현되는 경우는 거의 찾아볼 수 없었다.

marked

293

타 be ~ 마크되다, 구별표시가 되다

During the S phase, the nuclear DNA is completely replicated once and only once. It seems that once chromatin has been replicated, it is **marked** so as to prevent its further replication until it again passes through mitosis.

관 so as to=in order to, pass through 쭉 통과하다, mitosis 유사분열

해 S기 동안에, 핵의 DNA는 전부 한 번만 정말 한 번만 복제된다. 일단 염색질의 복제가 완료되면, 다시 유사분열을 쭉 통과할 때까지, 더 이상의 복제를 방지할 수 있도록 **구별표시가 되는** 것 같다.

형 확실히 구별되는

Administration of such NO inhibitors to animals and humans leads to vasoconstriction and a **marked** elevation of blood pressure, indicating that NO is of major importance in the maintenance of blood pressure in vivo.

관 administration of .... to 로의 투여하다, lead to 유발하는 결과를 만들다=(result in, cause, be the cause of), vasoconstriction 혈관수축, elevation 상승=increase, be of importance=be important

해 그러한 NO저해제들의 동물이나 사람에의 투여는 혈관수축과 **확실히 구별되는** 혈압의 상승을 유발하게 되어, NO가 생체에서 혈압을 유지하는데 매우 중요하다는 것을 나타낸다.

참 NO (nitric oxide) : NO는 기체상태의 신호전달분자로 혈관의 상피세포에서 분비되어 주위의 평활근을 이완시켜 혈관을 확장시킨다. 세포막을 자유롭게 확산하여 통과할 수 있지만 불안정하여 일시적인 효과를 주기에 매우 적당한 물질이다. 아르기닌과 산소를 원료로 하여 NO synthase에 의하여 생성된다. 협심증 치료제인 니트로글리세린 nitroglycerine도 NO생성의 원료물질로 약리작용을 한다.

markedly

122

부 현저하게, 눈에 띄게, 뚜렷하게

Normally, there is a little ferritin in human plasma. However, in patients with excess iron, the amount of ferritin in plasma is **markedly** elevated.

해 정상적으로, 사람의 혈장에는 소량의 ferritin이 존재한다. 그러나 과량의 철을 가지고 있는 환자에서 혈장에서의 ferritin의 양이 **눈에 띄게** 상승된다.

참 철 (Fe, iron) : 철 분자는 강한 산화제이므로 생체에서 ferritin 단백질에 결합된 상태로 간에 저장되며 흡수되어 수송되는 동안에도 transferrin과 결합된다.

marker

474

명 1 표식(자), 마커

The most widely used biochemical **marker** for estimating body muscle mass is the 24-hour urinary creatinine excretion.

해 신체의 근육량을 추정하기 위하여 가장 널리 사용되는 생화학적 **표식**은 24시간 동안의 소변의 creatinine 배설량이다.

참 Creatinine : 포유동물의 근육에서 creatinine phosphate의 에너지 저장물로써 작용하는 질소를 함유한 유기물로 근육으로부터 일정한 속도로 분해되어 배출되므로 근육량을 추정하는데 이용된다.

2 표시자, 마커

An orientation **marker** is placed on the nitrocellulose and the agar plate so the results of the autoradiogram can be properly aligned with the original plate of bacteria.

관 orientation marker 방향표시자, be placed on ....위에 놓이다, be aligned with ...와 나란히 배열되다, autoradiogram 방사능사진

해 방사능사진의 결과들이 박테리아의 원본 배양접시와 적절하게 나란히 배열될 수 있도록 어떤 방향**표시자**가 nitrocellulose 필터와 agar 배양접시 위에 놓인다.

참 방향표시자orientaion marker : cDNA 라이브러리로부터 탐침자probe를 사용하여 원하는 유전자를 함유하고 있는 박테리아나 파아지의 클론을 찾아 낼 때, 정확한 위치를 파악하기 위하여 형광이나 방사능 표식을 agar접시에 붙여 방사능사진autoradiogram에서 볼 수 있도록 한다.

mass
676

명 질량

The protein molecule of 100 residues would have a **mass** of 13,800 because an average molecular mass of an amino acid residue is 138 daltons.

해 100개의 잔기로 된 단백질 분자는 13,800의 **질량**을 가진다, 왜냐하면 아미노산 잔기의 평균분자량이 138 달톤이기 때문이다.

massive
8

형 부피가 큰, 과도한

If LDL receptor-mediated endocytosis were not regulated, cells would continuously take up LDL and accumulate **massive** amounts of LDL-derived cholesterol because of the recycling of receptors and the large reservoir of LDL in the bloodstream.

관 가정법 과거 If .... were .... would, receptor-mediated endocytosis 수용체에 의해 매개되는 세포내이입, massive 과도한=(oversized, huge, bulky), reservoir 저장소

해 만약 LDL수용체에 의해 매개되는 세포내이입반응이 조절되지 않는다면, 세포들은 수용체의 재순환 반응과 혈류 속에 있는 LDL의 많은 저장량 때문에, 세포들이 계속하여 LDL을 받아들여서 LDL로부터 유래된 cholesterol의 **과도한** 양을 축적시킬 것이다.

match
76

명 일치도 (동일함, 유사함), 일치된 서열

When a significant **match** is found for a segment, the BLAST algorithm will search locally to extend the region of similarity. After searching is completed, the program ranks the **matches** between the query protein and various known proteins according to their p-values.

관 extend(타) 길이를 확장하다=lengthen, of similarity(형용사구)=similar, be completed=be finished, rank(타) 순위를 매기다, according to ....에 따라서, query protein 문의 단백질

해 어떤 서열의 일부분에 대하여 상당한 **일치도**가 발견되면, BLAST 알고리즘은 국소적으로 유사한 영역을 확장하기 위하여 검색을 할 것이다. 검색이 완료된 후, 그 프로그램은 문의단백질과 여러 알려진 단백질 사이의 **일치된 서열들**의 순위를 p값에 따라서 매긴다.

참 BLAST (Basic Local Alignment Search Tool) : 핵산이나 단백질서열에 대하여 동일하거나 유사한 서열을 검색하기 위한 컴퓨터 프로그램으로 NCBI에서 사용되는 서열검색 알고리즘의 기반이다. 작동원리는 문의서열을 여러 개의 짧은 서열로 나누어 데이터베이스와 비교하고 일단 일치도가 높은 부분이 나타나면 다시 그 서열주위로 비교를 확대해 나가는 방식이다.

자 일치하다, 똑 같다

The enzyme *Bam*HI is an isoschizomer of MboI and Sau3A except that it has greater specificity because it acts only at hexanucleotide sequences reading GGATCC. *Bam*HI cuts between the two G's, leaving cohesive 5′-ends that can **match** up with *Mbo*I or *Sau*3A fragments.

관 act at (on)....에 작용하다; ....에 활성이 있다, match (up) with 일치되다; up(부) 완전히=fit together perfectly, cohesive 접착형의

해 효소 *Bam*HI은 GGATCC라고 읽는 6개의 뉴크레오티드 서열에만 작용하기 때문에 더 높은 특이성을 가지고 있다는 사실을 제외하고, *Mbo*I 및 *Sau*3A의 isoschizomer이다. *Bam*HI은 2개의 G 사이를 절단하여, *Mob*I이나 혹은 *Sau*3A 조각과 완전히 **일치될** 수 있는 접착형 5'-말단을 남긴다.

참 - isoschizomer : 같은 염기서열을 인식하는 서로 다른 제한효소들을 isoschizomer 관계에 있다고 말한다. *Mbo*I과 *Sau*3A는 GATC 4개의 서열을 인식하여 G의 5' 쪽을 자르게 된다. *Bam*HI는 GGATCC 서열에서 GG 사이를 절단하여 접착형cohesive 말단을 만든다.
- A matches(타) B=A and B match(자). A와 B는 모두 잘 일치한다/어울린다.
- A matches with B=A and B match. A와 B는 모두 같거나 혹은 같은 양이다.

타 1 일치하다, 똑 같다

The anabolic pathway for synthesis of a given end product usually does not precisely **match** the pathway used for catabolism of the same substance. Some of the intermediates may be common to steps in both pathways, but different enzymatic reactions and unique metabolites characterize other steps.

관 anabolic pathway 합성경로, catabolism 분해대사, match(타) 일치하다=(be exactly like, correspond exactly), be common to ....에 공통적이다, characterize(타) 특징짓다; 특징을 규정하다

해 어떤 주어진 최종산물의 합성을 위한 합성경로는 일반적으로 동일한 물질의 분해대사용으로 사용되는 경로와 정확하게 **일치하지** 않는다. 그 중간대사물의 일부가 두 경로 모두에 있는 단계에 공통적일 수 있지만, 그러나 서로 다른 효소반응들과 고유의 대사물들이 나머지 단계에서 서로 다르다.

참 포도당의 분해반응glycolysis과 합성반응인 당신생성gluconeogenesis은 여러 단계에서 반응산물과 효소들이 동일하지만 일부 단계에서 각 경로 특유의 효소들이 특유의 중간대사물들을 생성한다. 합성대사 반응을 anabolism 분해대사 반응을 catabolism이라한다

2 맞추다, 일치시키다

All of the regulatory enzymes of glycolysis exist as tissue-specific isoenzymes, which alter the regulation of the pathway to **match** variations in conditions and needs in different tissues.

관 match(타) 맞추다=adapt or suit so that a balanced result is achieved, exist(자) as ...로 존재하다, alter(타) 변경하다=modify

해 해당과정 중에서 조절에 관여하는 모든 효소들은 환경의 변화와 여러 조직에서의 요구에 **맞출** 수 있도록 그 경로의 조절을 변경하는 조직 특이적인 동종효소들로 존재한다.

matched
47

타 be ~ 일치되다

The nucleotides in an mRNA molecule are **matched** three at a time to complementary sets of three nucleotides in the anticodon regions of tRNA molecules.

관 match(타) ....의 상대를 발견하다=find a counterpart to, complementary상보적인, three at a time 한 번에 3개씩 anticodon 대응유전부호

해 mRNA 분자의 뉴크레오티드는 tRNA분자의 anticodon 영역에 있는 3개의 뉴크레오티드로 된 상보적인 조합에 한 번에 3개씩 **일치된다**.

참 단백질합성 과정에서 mRNA 상의 유전부호codon와 지정된 아미노산을 운반하는 tRNA의 대응유전부호anticodon는 3개의 염기를 단위로 짝짓기를 하여 인식된다.

matching
22

명 일치함을 찾는 것

To prevent such harmful reactions, blood-group typing and appropriate **matching** of blood donors and recipients are required in all transfusions.

관 prevent(타) 예방하다, be required 요구되다=(be demanded, be needed), transfusion수혈

해 그러한 해로운 반응을 방지하기 위하여, 혈액형을 타이핑하여 혈액의 제공자와 수혈자 사이의 혈액형의 적절한 **일치함을 찾는 것**이 모든 수혈과정에서 필요하다.

matter
89

명 1 (관심, 고찰의) 일, 문제, 주제의 건, 거리

CYP2E1 is induced by consumption of ethanol. This is a **matter** for concern, because this P450 metabolizes certain widely used solvents and also components found in tobacco smoke, many of which are established carcinogens.

관 ethanol consumption 음주, matter for concern 관심거리, carcinogen 발암물질

해 CYP2E1은 음주에 의하여 유도된다. 이 사실은 하나의 관심**거리**이다, 왜냐하면 이 P450이 널리 사용되는 용매들과 또한 담배연기 속에서 발견되는 성분들을 대사하기 때문인데, 이들 중 많은 것이 발암물질로 정립되어있다.

2 물질, ...체, ...물

Bone contains both organic and inorganic material. The organic **matter** is mainly protein.

해 뼈는 유기 및 무기물질 모두를 함유한다. 그 유기**물질**은 주로 단백질이다.

자 중요하다

The rate-limiting step is the reaction AEB → QEP. It doesn't **matter** whether A or B binds first to E, or whether Q or P is released first from QEP.

관 It doesn't matter whether ....여부는 중요하지 않다, bind(타) first to 처음에 ...와 결합하다

해 속도를 제한하는 단계는 반응 AEB → QEP이다. A 혹은 B 어느 것이 먼저 E와 결합할지 혹은 Q 혹은 P가 QEP로부터 먼저 유리될지의 여부는 **중요하지** 않다.

maturation

95

명 1 성숙, 완성됨

The **maturation** of proteins into their final structural state often involves the cleavage or formation (or both) of covalent bonds, a process termed posttranslational modification.

관 maturation 숙성; 완성, involve(타) (필요성에 의해) 수반하다=(have as a necessary feature, entail)

해 단백질이 자신의 최종 구조상태로 **완성됨**은 번역후변형이라는 용어로 불리는 과정에서 공유결합들의 절단이나 형성 (혹은 둘 다)를 자주 포함한다.

참 단백질의 번역후변형 반응 : 단백질이 리보솜에서 합성된 후 고유의 기능을 수행하기 위하여 여러 화학적인 변형을 받는데, 이 반응을 번역후변형posttranslational modification이라 한다. 예를들면, 소화효소와 같이 췌장에서 전구효소proenzyme로 합성되어 분비된 후 십이지장에서 활성을 가지기 위하여, 일부의 펩티드 공유결합이 분해되는 과정이나, 수용체와 조절단백질들에서 일어나는 인산화, 아세틸화, 메틸화 등들도 이러한 예에 속한다.

2 성숙(과정), 완성

At the appropriate time during oocyte **maturation** or after fertilization of an egg cell, usually in response to an external signal, approximately 150 A residues are added to the short poly(A) tails on these mRNAs in the cytoplasm, stimulating their translation.

해 난모세포의 **성숙과정** 동안이나 난자세포의 수정 후 적당한 시간에, 일반적으로 어떤 외부의 신호에 반응하여, 대략 150개의 A잔기들이 세포질에 있는 mRNA 위의 짧은 poly(A) 꼬리에 추가되고, 그 결과 그들의 번역반응을 촉진하게 된다.

참 poly(A) 꼬리 : mRNA의 3' 쪽에 붙어있는 poly(A)꼬리에는 결합단백질과 eIF4G라는 개시인자들이 결합하여 리보솜에서의 번역반응의 효율을 조절한다. 미수정란 속에 미리 전사되어있던 mRNA의 poly(A) 꼬리의 길이는 특별하게 짧아서 수정 후에 번역반응이 잘 일어나지 못한다. 이들 mRNA에 150개 정도의 A염기들이 추가되어 단백질 합성효율이 증가시키게 된다.

mature

234

형 성숙한, 완성된

When elevated blood glucose triggers insulin secretion, proinsulin is converted to active insulin by specific proteases, which cleave two peptide bonds to form the **mature** insulin molecule.

해 상승된 혈당이 인슐린의 분비를 촉발시킬 때, 특이 단백질분해효소에 의해 proinsulin은 활성형 인슐린으로 전환되는데, 이때 이 효소는 **완성된** 인슐린분자를 형성하기 위하여 2개의 펩티드결합을 절단한다.

참 insulin과 proinsulin : 인슐린은 간, 근육 및 지방세포들이 혈액으로부터 포도당의 흡수를 촉진하는 호르몬이다. 이것은 췌장의 Langerhans islet의 β-세포에서 인슐린 전구체proinsulin로 생산되어 분비되며, 분비 후 분해효소에 의하여 중심부가 절단되어 제거되면 활성형인 인슐린으로 전환된다.

자 1 성숙하다, 완성하다

There are three major types of lymphocytes: T cells, B cells, and NK cells. The precursors of T cells (thymus-derived lymphocytes) are produced in the bone marrow and then migrate to the thymus, where they **mature** before being released to the circulation.

해 T세포, B세포와 NK세포와 같은 세 종류의 주된 임파구세포들이 있다. T세포의 전구체 (흉선에서 유래된 임파구)들은 골수에서 생산되어, 곧 흉선으로 이동하고, 그곳에서 혈액순환으로 유리되기 전에 **성숙한다**.

2 ~ into ....로 성숙되다

Microinjection of cytoplasm from eggs arrested in metaphase of meiosis II into G2-arrested oocytes stimulates the oocytes to **mature** into eggs in the absence of progesterone.

해 감수분열 II기의 중기에서 성장이 중단된 난자세포로부터 채취한 세포질을 G2기에서 억제된 난자 안으로 미세주입은 progesterone이 없어도 그 난모세포가 난자세포**로 성숙하도록** 자극한다.

maximal 형 가장 효과적인, 최고의, 최대의

161 In many cases, the **maximal** cellular response to a particular ligand is induced when less than 100 percent of its receptors are bound to the ligand.

해 많은 경우에, 특정 리간드에 대한 **최대의** 세포반응은 100% 이하의 자신의 수용체들이 리간드와 결합되어있을 때 유도된다.

maximize 타 최대화하다

12 Amino acid numbers in the protein sequences are shown at the left and right ends of each row. Dots indicate "gaps" in the protein sequence inserted in order to **maximize** the alignment of homologous amino acids.

관 row 행, indicate(타) 표시하다=(designate, mark), homologous 상동성이 있는, alignment 여러 종류의 서열들을 비교하여 상동성이 있는 잔기들이 많이 나타나도록 정렬시켜 보여주는 것

해 단백질 서열에서 아미노산의 번호가 각 행의 왼쪽과 오른쪽 끝에 보인다. 점 표시들은 상동성이 있는 아미노산들의 비교정렬을 **최대화하기** 위하여 삽입된 단백질 서열에서 "빈 서열"을 표시한다.

maximized 타 be ~ 최대화되다

3 The most stable macromolecular conformations are those in which hydrogen bonding is **maximized** within the molecule and between the molecule and the solvent, and in which hydrophobic moieties cluster in the interior of the molecule away from the aqueous solvent.

관 cluster(자) 군집을 이루다, be away from ....로부터 떨어져있다, those(대)=conformations; 2번의 'in which'에 의해 수식

해 가장 안정한 거대분자의 입체구조란 분자 안에서와 분자와 용매 사이에서 수소결합이 **최대화되어있고** 그리고 소수성을 띤 부분들이 수용성 용매로부터 멀어져 분자의 내부에서 군집을 이루고 있는 그러한 입체구조들이다.

maximum 형 최대의, 극대의

178 Buffers resist a change in pH when protons are produced or consumed. **Maximum** buffering capacity occurs ± 1 pH unit on either side of pK_a.

해 완충용액들은 양성자들이 생산되거나 혹은 소비될 때의 pH에서의 어떤 변화가 일어나지 못하도록 한다. **최대의** 완충능력이란 pK_a의 어느 쪽에서라도 ± 1 pH 단위에서 일어난다.

명 최대값, 최대치

At high altitudes, O_2 delivery in blood declines by about one-fourth, to 30% of the **maximum**.

관 decline(자) 감소되다=decrease, by(전) 양의 증감에 사용

해 높은 고도에서, 혈액에서의 O_2의 수송은 약 1/4 즉 **최대치**의 30%까지 감소된다.

may 조 1 (추측) ....일 수도 있다

2116 Polysaccharides are polymers of the simple sugars and their derivatives. They **may** be either linear or branched polymers and **may** contain hundreds or even thousands of monosaccharide units.

해 다당류는 단순 탄수화물과 그 유도체들의 중합체이다. 그들은 직선형**일 수도 있고** 혹은 가지를 친 중합체일 수도 있으며 그리고 수백 개 혹은 심지어 수천 개의 단당류 단위소들을 함유**할 수도 있다**.

2 (허용) ....하도록 하다

Once ATP energy is used and ADP and phosphate are released, our bodies recycle it to ATP through intermediary metabolism, so that it **may** be reused.

해 일단 ATP 에너지가 사용되고 ADP와 인산이 유리되면, 우리의 신체는 중간대사과정을 통하여 그

것을 재활용하여 ATP로 만들어, 그 결과 그것이 재사용**되도록 한다**.

mean 타 의미하다

752

The demise of cells by programmed cell death is marked by a well-defined sequence of morphological changes, collectively referred to as apoptosis, a Greek word that **means** "dropping off" or "falling off," as leaves from a tree.

관 demise 죽음=death, be marked by 특징지어지다=be characterized by, be referred to as ...라고 한다=(be mentioned as, be called), collectively 총체적으로

해 프로그램화된 세포의 죽음에 의한 세포들의 죽음은 나뭇잎처럼 나무로부터 "떨어지는dropping off" 혹은 "falling off"를 **의미하는** 그리스 말인 apoptosis로써 총체적으로 불리는 형태학적인 변화의 잘 규정된 일련의 순서에 의해 특징지어진다.

형 평균의

Mean values ± standard deviations (SDs; bars) are shown.

해 **평균**값 ± 표준편차 (SD; 막대)들이 보인다.

명 1 (복수형) 수단, 방법

These two basic types of interactions not only allow cells to aggregate into distinct tissues but also provide a **means** for the bidirectional transfer of information between the exterior and the interior of cells.

관 allow=(permit, enable), aggregate(자) into ....로 응집되다, bidirectional transfer 양방향전달

해 상호반응의 두 기본적인 유형은 세포들이 분리된 조직들로 응집되는 것을 가능하게 할 뿐만 아니라 세포의 외부와 내부 사이에서 정보의 양방향 전달을 위한 **수단**을 제공하기도 한다.

2 by no ~s 결코 ....이 아니다

E. coli cells are by no **means** the only hosts for genetic engineering. Yeasts are particularly convenient eukaryotic organisms for this work.

관 by no means=certainly not

해 *E. coli* 세포는 **결코** 유전공학용의 유일한 숙주세포가 **아니다**. 효모도 이 일을 위한 특별히 편리한 진핵생명체이다.

3 by ~s of ....에 의하여, ...를 경유하여

Regardless of the nature of the signal, the target cell responds by **means** of a specific protein called a receptor. It specifically binds the signaling molecule and then initiates a response in the target cell.

관 regardless of ....와 상관없이=(irrespective of, without consideration of, in spite of), by means of ....를 경유하여=by way of, target cell 표적세포, signaling molecule 신호전달분자

해 신호의 성질과 상관없이, 그 표적세포는 수용체라고 하는 어떤 특이 단백질**을 경유하여** 반응한다. 그것은 신호전달분자와 특이적으로 결합하여 곧 표적세포에서 어떤 반응을 개시하도록 한다.

4 be ~ to ....하는 것이 의도되다, ...하는 것이 계획되다

Such self-reactive lymphocytes become programmed to die before they fully mature. If these cells are not weeded out before reaching maturity, they can cause autoimmune diseases in which our immune system destroys the very tissues it is **meant** to protect.

관 mean to ....하도록 의도되다=be destined to, weed out 추려내다=(remove what is harmful), immune system 면역계, autoimmune disease 자가면역질환

해 그러한 자신과 반응하는 임파구들은 완전히 성숙하기 전에 죽도록 프로그램화되어있다. 이들 세포가 성숙이 완결되기 전에 선택적으로 제거되지 않으면, 우리의 면역계가 보호되도록 **의도된** 바로 그 조직을 파괴하는 자가면역질환을 일으킬 수 있다.

meaningful 형 의미있는, 중요한

4

The appearance of cells alone has limited information content, and better ways to discern the properties of cells are desirable both to understand tumorigenesis and to arrive at **meaningful** and accurate decisions about prognosis and therapy.

관 discern(타) 구별하다=(distinguish, perceive, discriminate), meaningful 의미 있는=of value, desirable 필요하다=(worth having or seeking), prognosis 예후, therapy 치료

해 세포들의 겉모습만은 제한된 정보의 내용을 가지고 있어서, 세포의 행동특성을 구별하기 위한 더 좋은 방법이 종양생성을 이해하기 위해서 또한 예후와 치료에 대한 **의미 있고** 정확한 판단에 도달하기 위해서도 필요하다.

meanwhile 부 그 동안에, 같은 시간에

3 The circulating insulin signal causes glucose transporters in the cytoplasm of fat and muscle cells to move to the cell surface, where they begin importing glucose. **Meanwhile**, liver cells also are furiously taking in glucose via a different glucose transporter.

관 cause(타) ....하게 하는 원인이 되다=(make happen, result in, bring about), begin ....ing ....하기 시작하다, import(타) 안으로 수송하다, take in 흡수하다

해 순환 중인 인슐린 신호는 지방과 근육세포의 세포질에 있는 포도당 수송체들이 세포표면으로 이동하도록 하고, 그 곳에서 포도당을 안으로 수송하기 시작한다. **그 동안에**, 간세포는 또한 다른 포도당 수송체를 경유하여 왕성하게 포도당을 흡수하고 있다.

measurable 형 측정가능한

16 Aspirin does not have any **measurable** effect on the peroxidase activity of the synthase.

해 아스피린은 그 synthase의 과산화 효소활성에 대하여 **측정 가능한** 어떤 영향도 주지 않는다.

measure 명 1 측정치, 측량치

174 Entropy is a **measure** of disorder and randomness in the system (or the surroundings).

해 엔트로피란 시스템 (혹은 주위 환경)의 무질서와 무질서도의 **측정치**이다.

2 양의 조절, 한계, 수단

Dietary **measure** happens to be the best preventive **measure** for diabetics against excess cholesterol depositions.

관 dietary measure 음식의 조절, happen to 우연히 일어나다=come to by chance

해 음식의 **조절**이 당뇨환자들의 과도한 콜레스테롤 축적을 방지하기 위한 가장 좋은 예방 수단이 될 수도 있다.

참 당뇨환자들은 일반적으로 LDL (나쁜 콜레스테롤 함유)의 농도가 높고 HDL (좋은 콜레스테롤 함유)의 농도가 낮기 때문에 음식조절을 하지 않으면 심혈관계 합병증이 유발되기 쉽다.

자 측정되다

A 153-aminoacyl residue polypeptide (MW 17,000), myoglobin folds into a compact shape that **measures** 4.5 × 3.5 × 2.5 nm.

관 measure(자)=have a measurement of 예) The room *measures* 12 by 20 feet.

해 153개의 aminoacyl 잔기로 된 하나의 폴리펩티드 (분자량 17,000)인 myoglobin은 4.5 × 3.5 × 2.5 nm의 **크기로 측정되는** 꽉 찬 모양으로 접힌다.

타 측정하다, 재다

Unlike the protein expressed by other reporter gene systems, GFP does not require any substrate to **measure** its activity, nor is it dependent on any cofactor or prosthetic group.

해 다른 리포터용 유전자시스템에 의해서 발현된 단백질과 달리, GFP는 활성을 **측정하기** 위한 어떤 기질도 필요로 하지 않을 뿐만 아니라, 어떤 보조인자나 혹은 보결기능기prosthetic group에도 의존하지 않는다.

measured 타 be ~ 측정되다

819 A sensitive potentiometer (voltmeter) connects the two electrodes so that the electrical potential (voltage) between them can be **measured**.

관 potentiometer (voltmeter) 전압측정기, connect(타), so that=in order to (결과, 목적)

해 감도가 우수한 전압측정기가 그것들 사이에서 전기적 포텐셜 (전압)이 **측정될 수 있도록** 두 전극과 연결되었다.

measuring 자 측정하다

93 The traditional methods of assessing possible tumor cells, mainly microscopy of stained cells, will be augmented or replaced by techniques for **measuring** the expression of tens of thousands of genes.

관 assess(타) 분석하다, be augmented 강력해지다=be enhanced, tens of thousands of .... 수만 여종의, microscopy 현미경 사용법, microscope 현미경

해 잠재적인 종양세포들을 분석하는 전통적인 방법은 주로 염색된 세포의 현미경 검사법인데, 수만 여종의 유전자들의 발현을 **측정하기** 위한 기술에 의하여 더 강력해지거나 교체될 것이다.

measurement 명 측정

348 Other uses of flow cytometry include the **measurement** of a cell's DNA and RNA content and the determination of its general shape and size.

해 유세포분석기의 또 다른 용도는 세포의 DNA와 RNA 함량의 **측정**과 일반적인 모양과 크기의 결정을 포함한다.

참 유세포분석기flow cytometry : plot, purify참조

mediate 타 매개하다, (중간에서) 전달하다

256 Each of the six MAP kinases encoded in the *S. cerevisiae* genome **mediates** very specific cellular responses.

관 mediate(타) 매개하다=convey as an intermediate agent

해 *S. cerevisiae*의 유전체에서 인코딩되는 6종의 MAP kinase 각각은 매우 특이한 세포의 반응을 **매개한다**.

mediated 타 be ~ 매개되다, 전달되다

1247 The entry of glucose into β cells is **mediated** by the GLUT2 glucose transporter.

해 β 세포로의 포도당의 유입은 GLUT2 포도당수송체에 의해 **매개된다**.

mediating 자 매개하다, 전달하다

78 Epinephrine is particularly important in **mediating** the body's response to stress, such as fright or heavy exercise, when all tissues have an increased need to catabolize glucose and fatty acids to produce ATP.

관 fright 공포상태, heavy exercise 과도한 운동, catabolize(타) 분해대사하다

해 에피네프린은 모든 조직이 ATP를 생산하기 위해 포도당과 지방산들을 분해하려는 증가된 필요성을 가지는 시간인 공포상태 혹은 과도한 운동과 같은 스트레스에 대한 신체의 반응을 **매개하는데** 특별히 중요하다.

mediator 명 매개자, 중계자

50 Platelet activating factor (PAF) is now known to be a potent **mediator** in inflammation, allergic responses, and shock.

해 혈소판 활성인자(PAF)는 이제 염증, 알레르기 반응 및 쇼크에서 강력한 **매개체**인 것으로 알려져 있다.

medical 형 의학의

72 Of greater scientific and **medical** interest is the ability to generate specific cell types starting from embryonic or adult stem cells.

해 배아 혹은 성체줄기세포로부터 시작하여 특이 세포의 종들을 생성힐 수 있게 된 능력이 과힉 및 **의학의** 더 큰 관심거리이다.

medicinal | 형 약용의, 약효있는

2

> The liver breaks down toxic substances and most **medicinal** products in a process called drug metabolism. This sometimes results in toxication, when the metabolite is more toxic than its precursor.

관 break down 분해하다=degrade, medicinal 약용으로 쓰는, toxication중독증상=poisoning

해 간은 독성물질과 대부분의 **약용으로 쓰는** 생산물을 약물대사라는 과정에서 분해한다. 이 과정은 대사물이 전구체보다 독성이 더 클 때, 때때로 중독의 결과를 낳는다.

medicine | 명 의학

46

> One of the most intriguing discoveries in modern **medicine** is that NO, a toxic gas found in car exhaust, is in fact a natural signaling molecule.

관 intriguing 흥미로운=(fascinating, curious), car exhaust 배기가스, in fact 강조

해 현대 **의학**에서 가장 흥미를 자아내는 발견 가운데 하나가 자동차의 배기가스 속에서 발견된 독가스인 NO가 정말로 자연산 신호전달분자라는 것이다.

참 NO (nitric oxide) : marked 참조

meet | 타 1 맞추다, 충족시키다

160

> We also consider how mitochondrial oxidation of NADH and $FADH_2$ is controlled to **meet** the cell's need for ATP.

해 우리는 세포의 ATP에 대한 요구를 **충족시키기** 위하여 NADH와 $FADH_2$의 미토콘드리아에서의 산화반응이 어떻게 조절되는가에 대하여도 고려할 것이다.

참 *meet* the requirement, *meet* the demand

member | 명 구성원

520

> Bax is a **member** of the Bcl-2 family of proteins that forms an ion channel in the outer mitochondrial membrane.

해 Bax는 미토콘드리아 외막에서 이온통로를 형성하는 Bcl-2 패밀리 단백질의 한 **구성원**이다.

참 계획된 세포의 죽음apoptosis : 미토콘드리아에서 전자전달계의 구성요소인 cytochrome c을 방출하도록 만들고 이 소기관의 에너지 생산기능을 손상시켜 세포가 궁극적으로 죽게 만든다.

membered | 형 구성원으로 된

15

> A cell-to-cell channel is composed of 12 molecules of connexin, which associate to form two 6-**membered** connexons.

해 한 개의 세포와 세포의 통로는 12개의 connexin 분자들로 구성되어있어서, 이들이 결합하여 6개의 **구성원으로된** connexon 2개를 형성한다.

mention | 명 언급, 짧게 말하기

7

> Of the various ribonucleosides and deoxyribonucleoside kinases, one that merits special **mention** is thymidine kinase (TK). Activity of thymidine kinase in a given cell is closely related to the proliferative state of that cell.

관 merit special mention 특별한 언급을 받을만하다=deserve special mention, be closely related to ....와 밀접하게 관련되다

해 여러 ribonucleoside 및 deoxyribonucleoside kinase 중에서, 특별한 **언급**을 받을 만한 하나는 thymidine kinase (TK)이다. 어떤 주어진 세포에서 thymidine kinase의 활성은 세포의 증식상태와 밀접하게 관련되어있다.

타 언급하다

> Innumerable variations in all of the stages of cell division occur in the animal and plant kingdoms. We shall **mention** some of these after we have looked more closely at the general mechanisms of cell division.

관 innumerable 무수한=too many to be counted, look at 자세히 보다=(watch, view)

해 세포분열의 모든 단계에서 무수한 변이들이 동물과 식물계에서 일어난다. 우리는 세포분열의 일

반적인 기전을 좀 더 자세하게 본 후에 이러한 변이 가운데 일부에 대하여 **언급**할 것이다.

mentioned 타 be ~ 언급되다, 말해지다

50 As **mentioned** previously, HMG-CoA reductase also contains a sterol-sensing domain. This domain senses high levels of cholesterol, some cholesterol derivatives, and certain nonsteroidal precursors of cholesterol, triggering the rapid, ubiquitin-dependent proteasomal degradation of the enzyme.

해 이전에 **언급된** 것과 같이, HMG-CoA reductase도 역시 어떤 sterol-감지 도메인을 가지고 있다. 이 도메인은 콜레스테롤, 일부 콜레스테롤 유도체, 및 콜레스테롤의 비스테로이드성 전구체들의 높은 양을 감지하여, 그 효소의 신속한 ubiquitin 의존성 proteosome에서의 분해를 개시하도록 한다.

merely 부 단지, 다만

9 If gluconeogenesis were **merely** the reverse, it would be a strongly endergonic process and could not occur spontaneously. Somehow the energetics of the process must be augmented so that gluconeogenesis can proceed spontaneously.

관 gluconeogenesis 당신생성, proceed(자) 계속되다=continue, endergonic 에너지를 사용하는 =exergonic, somehow 어떻게 해서든지, augment(타) 증가시키다=make greater in size or extent

해 당신생성 경로가 **단지** 역반응이었다면, 엄청난 에너지를 사용하는 과정이 되어 자발적으로 일어날 수 없을 것이다. 어떻게 해서든지 당신생성 과정이 자발적으로 계속될 수 있으려면 그 과정의 에너지양이 증가되어야한다.

metabolic 형 대사의, 대사반응에서의

168 A growing cell must maintain a constant pH in the cytoplasm of about 7.2–7.4 despite the **metabolic** production of many acids, such as lactic acid and carbon dioxide.

해 성장 중인 세포는 젖산과 이산화탄소와 같은 많은 산이 **대사과정에서** 생산됨에도 불구하고, 세포질에서 약 7.2–7.4의 일정한 pH를 유지하여야만 한다.

metabolically 부 대사를 수행할 때, 대사적으로

30 Although gap junctions allow cells to communicate **metabolically** under normal conditions, the ability to close gap junctions provides the tissue with an important intercellular regulation mechanism.

관 gap junction 교통연접, close(타) 닫다, provide A with B=A에게 B를 제공하다, intercellular regulation 세포 사이의 조절

해 비록 교통연접이 정상적인 조건 하에서 세포들이 **대사를 수행할 때** 교신하는 것을 가능하도록 하지만, 교통연접을 닫을 수 있는 능력은 그 조직에서 세포 간의 중요한 조절기전을 제공한다.

metabolism 명 대사(반응)

239 Diseases associated with carbohydrate **metabolism** include diabetes mellitus, galactosemia, glycogen storage diseases, and lactose intolerance.

해 탄수화물 **대사**와 관련된 질병은 당뇨병, 갈락토오스혈증, 글리코겐 저장질환, 및 락토오즈 불내증들을 포함한다.

metabolite 명 대사물

175 The liver is the major site of ethanol metabolism and the major site at which the toxic **metabolite** acetaldehyde is generated.

해 간은 에탄올대사의 주된 부위이며 또한 독성 **대사물**인 acetaldehyde가 생성되는 주된 부위이기도 하다.

metabolize 타 대사하다

13 Many adults are unable to **metabolize** the milk sugar lactose and experience gastrointestinal

disturbances if they drink milk.

해 많은 성인은 우유의 탄수화물인 젖당을 **대사할** 수 없어서, 우유를 마시다면 위장관의 불편함을 경험하게 된다.

metabolized 타 be ~ 대사되다

10 Much lactate is **metabolized** to CO_2 by the heart, which is highly perfused by blood and can continue aerobic metabolism at times when exercising skeletal muscles secrete lactate.

해 많은 양의 젖산은 심장에 의하여 CO_2로 **대사되는데**, 왜냐하면 심장은 혈액에 의하여 다량으로 관류되어 운동 중의 골격근이 젖산을 분비 할 때에 유산소대사를 계속할 수 있기 때문이다.

참 젖산lactate : 젖산은 포도당을 에너지로 사용하는 무산소anaerobic 운동의 최종산물이다. 100 m 달리기에서처럼 많은 에너지가 단시간에 필요로 할 때, 포도당은 pyruvate를 거쳐 젖산으로 된다. 이 젖산은 간과 심장에서 다시 pyruvate로 전환된 후 TCA 회로와 호흡반응을 통하여 에너지, 이산화탄소와 물로 완전히 분해된다.

method 명 방법, 절차, 기술

718 The polymerase chain reaction (PCR) is a **method** of amplifying a target sequence of DNA.

해 중합효소연쇄반응 (PCR)은 DNA의 표적서열을 증폭하는 **방법**이다.

methodology 명 (특정한 문제 해결에 사용된 일련의 모든 방법들) 방법론

19 Recombinant DNA **methodology** offers exciting new vistas in biochemistry.

관 methodology 여러 방법들, offer(타) 소개하다=(introduce, propose, suggest) 예) He offers a new music this season., vistas 전망=prospect

해 재조합 DNA와 **관련된 여러 방법**들은 생화학 분야에서 기대되는 새로운 전망을 암시하고 있다.

might 조 1 may의 과거형, 가능성을 표현

519 Sequencing by mass spectrometry cannot replace the Edman degradation procedure for the sequencing of long polypeptides, but it is ideal for proteomics research aimed at cataloging the hundreds of cellular proteins that **might** be separated on a two-dimensional gel.

관 mass spectrometry 질량분석기, for ....때문에=because of, aim(타) ....를 목적으로 하다, catalogue(타) 분류하다; 목록을 만들다=classify, proteomics 단백질체학

해 질량분석기에 의한 서열결정은 긴 폴리펩티드들의 서열결정용도로 사용되는 Edman 분해방법을 대신할 수는 없지만, 그러나 아마도 2차원 겔 상에서 분리**되었을 수도 있는** 수백 종의 세포 단백질들의 목록을 작성하는 것을 목적으로 하는 단백질체학의 연구에는 이상적이다.

참 - 조동사 may와 might : 허가, 추측, 가능, 목적, 양보를 표현
- aim(타) : In addition to dietary therapy, *aimed at* reduc*ing* (=*intended to* reduce) her blood cholesterol levels, She was treated with pravastatin, an HMG-CoA reductase inhibitor.

2 추측

An inhibitor of the enzyme being purified **might** have been present and subsequently removed by a purification step. This would lead to an apparent increase in the total amount of enzyme present.

관 subsequently 추후에=(later, afterwards), would 결과, lead to=result in, apparent 겉보기의, would 결과

해 정제 중인 효소의 어떤 저해제가 계속 존재해 왔었다가, 추후의 정제단계에 의하여 제거되었**을 수도 있을 것이다**. 이것은 결과적으로 존재하는 효소의 전체 양에서 겉보기 증가로 나타나게 된다.

migrate 자 ~ to ....로 이동하다, 이주하다, 퍼지다

147 Sporozoites enter a human host when an Anopheles mosquito bites a person. They **migrate** to the liver where they develop into merozoites, which are released into the blood.

해 Anopheles 모기가 사람을 물 때, 종충sporozoite들이 사람 숙주로 들어간다. 그들이 낭충

merozoite으로 발생하게 되는 곳인 간으로 **이동하며**, 그 후에 혈액 속으로 유리된다.

migration
471

명 이동반응, 이주

Fibronectin is also involved in cell **migration** by providing a binding site for cells and thus helping them to steer their way through the extracellular matrix (ECM).

관 be involved in ....에 참여하다=engage as a participant, steer one's way 갈 길을 잡다=(pave the way, clear the way), extracellular matrix 세포외기질

해 Fibronectin은 또한 세포들을 위한 결합자리를 제공하여 세포들이 세포외기질 (ECM)을 통하여 갈 길의 방향을 잡는 것을 돕는 것에 의해 세포의 **이동반응**에도 참여하고 있다.

migratory
26

형 이주하는, 이동성의

Because fatty acids represent the most highly concentrated form of stored biological energy, they are the metabolic fuel of choice for sustaining the incredibly long flights of many **migratory** birds.

관 migratory 이동성의, represent(타) ....을 대표하다

해 지방산은 저장된 생물학적 에너지 가운데 가장 높게 농축된 형태를 대표하기 때문에, 많은 **이동성** 철새들의 믿기지 않을 정도로 긴 비행을 지속시키기 위한 대사연료로 선택되었다.

mimic
61

타 1 모방하다, 흉내 내다, 따라하다

Development of knockout mice that **mimic** certain human diseases can be illustrated by cystic fibrosis.

관 be illustrated by ....을 예로 들어 제시되다=be presented by a example

해 어떤 사람의 질병을 **모방하는** 녹아웃생쥐의 개발은 낭포성 섬유증cystic fibrosis를 예로 들어 제시될 수 있다.

2 (과거형) ~ked 모방되다

The results showed that heptapeptides containing the RGD sequence **mimicked** intact fibronectin's ability to stimulate integrin-mediated adhesion, whereas variant heptapeptides lacking this sequence were ineffective.

관 mimicked mimic의 과거형, lack(타)=be without, ineffective(형) 효과가 없는, heptapeptide 7개의 아미노산으로 된 펩티드

해 결과는 RGD 서열을 보유하고 있는 7개의 아미노산으로 된 펩티드가 integrin에 의해 매개되는 접착반응을 촉진하는 완벽한 fibronectin의 능력을 **모방하였으며**, 반면에 이 서열이 없는 변이형인 heptapeptide들은 효과가 없었음을 보여주었었다.

참 RGD 서열 : Arg(R)-Gly(G)-Asp(D)으로 구성된 서열로 fibronectin 단백질을 비롯한 여러 단백질에 존재하고 있으며, 세포막 단백질인 integrin과 결합을 매개하는 기능을 한다.

mimicked
15

타 be ~ 모방되다

A role for Ca^{2+} in hormone action is suggested by the observations that the effect of many hormones is blunted by Ca^{2+}-free media or when intracellular calcium is depleted and can be **mimicked** by agents that increase cytosolic Ca^{2+}, such as the Ca^{2+} ionophore A23187.

관 deplete(타)=use up고갈시키다; empty out 완전히 비우다, blunt(타) 무뎌지다=(make less effective, weaken)

해 호르몬의 작용에서 Ca^{2+}의 역할은 Ca^{2+}이 없는 배지에 의하여 혹은 세포내의 칼슘이 고갈될 때 많은 호르몬의 효과가 무뎌지는 관찰된 결과에 의하여 암시되기도 하고 그리고 Ca^{2+}이온수송체 A23187과 같은 세포질 Ca^{2+}를 증가시키는 제재들에 의하여서도 **모방될** 수 있다.

참 이온운반체ionophore A23187 : 2가 양이온과 안정한 복합체를 형성하여 일정한 방향으로 수송하는 이온운반체이다. 주로 그람양성세균을 죽이는 항생제이며 또한 진핵세포에서 세포질 Ca^{2+}의 농도를 증가시키는 실험에서 수송체로 사용된다.

mimicking
13

타 모방하다

Accordingly, this ionophore A23187 is widely used in cell biology to increase the concentration of free Ca^{2+} in the cytosol, thereby **mimicking** certain cell-signaling mechanisms.

해 따라서 이 이온전달체 A23187이 세포질의 자유형 Ca^{2+}의 농도를 증가시키기 위하여 세포생물학에서 널리 사용되며, 그로 인해 어떤 세포의 신호전달기전을 **모방할 수 있다**.

minimal 형 최소의, 경미한

148

Pyruvate reduction occurs in tissues that normally experience **minimal** access to blood flow (e.g., the cornea of the eye) and also in rapidly contracting skeletal muscle.

관 occur(자), experience(타) 경험하다, access to ....에의 접근

해 Pyruvate의 환원반응은 정상적으로 혈류에 **최소한의** 접근을 경험하고 있는 조직 (예, 눈의 각막) 에서 그리고 빠르게 수축하고 있는 골격근에서도 일어난다.

참 젖산의 생산 : 무산소 환경이 조성되는 조직 즉 산소의 공급이 원활 하지 않거나 (예, 눈의 각막 조직) 소비가 매우 많아 부족하기 쉬운 조직 (근육조직)에서 pyruvate는 TCA회로로 들어가지 못하고 젖산으로 환원된다. 이 환원의 목적은 해당과정에 필요한 NAD^{+}를 신속하게 재활용할 수 있도록 하기 위해서이다.

minimally 부 최저의 수준으로, 최저로

22

Gluconeogenesis and glycolysis are usually reciprocally regulated so that one pathway is **minimally** active while the other is highly active.

관 reciprocally 상호적으로=(mutually, jointly), so that .... 하도록, while 반면에=whereas, one .... the other 두 개 중의 하나... 나머지 하나

해 당신생성과 해당과정은 일반적으로 하나의 경로는 **최저의 수준으로** 활성화되어있고 반면에 나머지 하나는 높게 활성화되어있도록 서로 상보적으로 조절된다.

minimize 타 최소화하다

33

The metabolic adaptations in starvation serve to **minimize** protein degradation.

관 starvation 기아상태, fasting 공복상태, serve(타) to ....하도록 작용하다=(work, function)

해 기아상태에서 대사의 적응반응들은 단백질분해를 **최소화하도록** 작용한다.

참 기아상태에서의 대사변화 : 기아상태가 되면 수일 내에 최초의 기아상태에 대한 적응반응이 시작된다. 우선 간에서 분해된 지방산으로부터 다량의 케톤체들이 형성되어 혈액으로 유리된다. 수주일 동안 이 상태가 계속되면 뇌의 주된 에너지원도 케톤체로 전환되며 또한 포도당의 요구량도 감소한다. 따라서 당신생성을 위한 원료로 사용되던 근육단백질의 소비도 감소하여 생존 가능성을 높이는 방향으로 조절된다.

minimized 타 be ~ 최소화되다

9

Trial and error can often be **minimized** by basing the procedure on purification techniques developed for similar proteins.

관 Trial and error 시행착오, *base*(타) the procedure *on* purification techniques 정제기술들*에* 그 절차의 *기초를 두다*

해 유사한 단백질들을 위하여 개발된 정제기술에 수행절차의 기초를 둠으로써, 자주 시행착오가 **최소화될** 수 있다.

minimum 명 최소구조, 최소량

73

Immunoglobulins contain a **minimum** of two identical light chains (23 kDa) and two identical heavy chains (53–75 kDa), held together as a tetramer (L_2H_2) by disulfide bonds.

해 면역글로브린은 2개의 동일한 경쇄 (23 KDa)와 2개의 같은 중쇄 (53-75 KDa)로 구성된 **최소구조**를 함유하고 있고, 이황화 결합에 의하여 4량체 (L_2H_2)로써 함께 결합되어있다.

참 면역글로브린 immunoglobulin : 항체라고도 한다. 2개의 동일한 경쇄와 2개의 동일한 중쇄가 disulfide 결합으로 연결되어 Y자 모양을 한다. 그래서 2개의 항원의 결합자리들이 경쇄와 중쇄로 구성된 Y 자의 양쪽 말단부에 존재하고 있으며, 항체 자신의 독특한 특성과 관련된 효과기 effector가 중쇄로만 형성된 나머지 부위에 위치하고 있다.

형 최소의, 한도의

We can make direct estimations of the **minimum** overall size of genes that encode proteins.

관 make an estimation 추정하다

해 우리는 단백질을 인코딩하는 유전자들의 **최소의** 전체 크기를 직접적으로 추정할 수 있다.

minute 명 분 [mínit]로 발음

187 At 10-**minute** intervals beginning 16 **minutes** after fertilization, samples were taken for protein analysis on an SDS polyacrylamide gel.

해 수정 후 16**분**에 시작하여 10**분** 간격으로, SDS polyacrylamide 겔 상에서의 단백질분석을 위한 시료들이 수집되었다.

형 (양이) 미세한, 적은 [mainjú:t]로 발음

Cell-surface receptors are difficult to identify and purify, mainly because they are present in such **minute** amounts. The receptor for a particular signaling molecule commonly constitutes only $\approx 10^{-6}$ of the total protein in the cell, or $\approx 10^{-4}$ of the plasma-membrane protein.

관 such(부 매우=very, in minute amounts 극소량으로, constitute ....를 차지하다=(comprise, account for)

해 세포표면의 수용체들은 주로 매우 **미세한** 양으로 존재하기 때문에 확인하기도 어렵고 정제하기도 어렵다. 어떤 특정 신호전달분자의 수용체는 세포에서 단지 전체 단백질의 $\approx 10^{-6}$ 혹은 세포막단백질의 $\approx 10^{-4}$을 차지하고 있다.

mix 명 혼합(물)

83 Disrupting the cell produces a **mix** of suspended cellular components, the homogenate, from which the desired organelles can be retrieved.

관 homogenate 균질액, be retrieved 얻어지다=be obtained

해 세포의 파쇄는 원하는 소기관들이 얻어질 수 있는 부유되어있던 세포의 구성성분들의 **혼합물**, 즉 균질액을 만든다.

자 1 혼합되다

The males and females release their gametes into the water, where they **mix** and fertilization occurs.

해 수컷과 암컷은 생식세포들을 물속에 방출하고, 그곳에서 그들이 **혼합되어** 수정이 일어난다.

2 ~ with ....와 혼합되다, 섞이다

Oxygen-rich blood coming from the lungs **mixes with** oxygen-poor blood returning from the body.

해 폐로부터 들어온 산소가 풍부한 혈액은 신체로부터 돌아오는 산소가 부족한 혈액**과 혼합된다**.

타 혼합하다

The digestion of starch begins in the mouth, where chewing **mixes** the food with saliva. The salivary glands secrete approximately 1 liter of liquid per day into the mouth.

해 녹말의 소화는 구강에서 시작하여, 거기에서 씹는 활동은 음식을 타액과 **혼합한다**. 타액분비선은 하루에 대략 1리터의 액을 구강으로 분비한다.

mixed 타 be ~ 혼합되다

208 Cholesterol and other steroids are too hydrophobic to form a bilayer structure unless they are **mixed** with phospholipids.

관 too .... to ....하여 ....할 수 없다=so .... that ....can not, phospholipid 인지질

해 콜레스테롤과 다른 스테로이드류는 소수성이 높아서 인지질**과 혼합되지** 않으면 이중층 구조를 형성할 수 없다.

mixture 명 혼합물

456 In an automated DNA sequencing machine, the four reaction **mixtures** are subjected to gel electrophoresis and the order of appearance of each of the four different fluorescent dyes at the end of the gel is recorded.

관 DNA sequencing machine DNA서열 결정기기, be subjected to ....의 실험이 수행되다

해 자동화된 DNA 서열결정기계에서, 4종의 반응 **혼합물**의 겔 전기영동이 수행되며, 그리고 4종의 서로 다른 형광염료의 각각이 겔의 끝에서 나타나는 순서가 기록된다.

mode 명 방식, 양식

104 Calcium first binds to calmodulin, and the Ca^{2+}/calmodulin complex then binds to myosin LC kinase and activates it. Because this **mode** of regulation relies on the diffusion of Ca^{2+} and the action of protein kinases, contraction is much slower in smooth muscle than in skeletal muscle.

관 rely on 달려있다=(depend on, be based on)

해 칼슘이 calmodulin에 먼저 결합하고, 그후 Ca^{2+}/calmodulin 복합체가 myosin light chain (LC) kinase에 결합하여 그것을 활성화한다. 이 조절**방식**은 Ca^{2+}의 확산과 단백질 인산화효소의 활성에 의존하기 때문에, 수축이 골격근에서보다 평활근에서 훨씬 더 느려진다.

model 명 1 모델, 모형

872 From the large number of bacterial genes studied it is possible to construct consensus **models** of transcription initiation and termination signals.

관 construct(타) 구축하다=build, initiation 개시‡termination 종결

해 연구된 많은 수의 박테리아 유전자로부터, 전사의 개시와 종결신호들의 공통**모델**을 구축하는 것이 가능하게 되었다.

2 ~ organism 모델생명체

The complete genomes of several organisms have already been sequenced, and the database of genome sequences from humans and numerous **model** organisms is expanding rapidly.

관 expand(자) 확장되다=become greater in size, numerous 다수의=very many

해 여러 생명체의 완전한 유전체들의 서열이 이미 결정되었으며, 그리고 사람과 다수의 **모델생명체**로부터 얻은 유전체 서열들의 데이터베이스도 빠른 속도로 확장되고 있다.

참 모델생명체model organism : 특정 생물학적 현상을 이해하기 위하여 집중적으로 연구 대상이 되는 생명체이다. 특히, 인간의 질병의 원인이나 치료법을 알아내기 위하여 모델생명체들이 이용되고 있는데, 그 이유는 사람을 이용한 실험이 여의치 않거나 비윤리적일 수 있기 때문이기도 하지만, 한 모델생명체에서의 발견이 사람을 포함하는 다른 생명체들에서의 기능을 이해하기 위한 통찰력을 제공해 주기 때문이다.

3 role ~ 역할모델

His doctor reminded him that the American Heart Association and the American Cancer Society recommended 45 to 60 minutes of moderate-to-vigorous exercise 5 to 7 days per week. He also reminded him that he would want to be a role **model** for his patients.

관 role model 역할모델=an admired person that others might want to model their behaviour on

해 그의 주치의는 미국심장협회와 미국암협회가 일주일에 5일에서 7일 동안 중간 정도에서 격렬한 수준의 45에서 60분간의 운동을 추천하고 있음을 상기시켰다. 주치의는 또한 그가 자신의 환자들을 위한 **역할모델**이 되어주기를 원한다는 것도 상기시켰다.

modeled 타 1 be ~ ....을 모델로 하여 디자인되다

23 Edman sequencing is used to provide a partial amino acid sequence. Oligonucleotide primers which are **modeled** on this partial sequence can then be used to identify clones or to amplify the appropriate gene by the polymerase chain reaction (PCR).

관 model ....을 모델로 하여 디자인하다=design, polymerase chain reaction 중합효소 연쇄반응

해 Edman 서열결정법은 부분적인 아미노산서열을 제공하기 위하여 사용된다. 그 다음에 이 부분적인 서열**을 모델로 하여 디자인된** oligonucleotide 프라이머들이 클론을 새로 찾거나 혹은 중합효

소연쇄반응 (PCR)에 의하여 적당한 유전자를 증폭할 목적으로 사용될 수 있다.

2 be ~ ....을 모델로 하다

Several cases of this type of translational control are known; the illustration <u>is **modeled**</u> on the mechanism that causes more ferritin (an iron storage protein) to be synthesized when the free iron concentration in the cytosol rises.

관 cause(타) ....하도록 하다=compel by force, rise(자) 상승하다

해 이 유형의 번역과정의 조절에 대한 몇 가지의 경우들이 알려져 있다; 삽화는 세포질에서 자유형 철의 농도가 상승 때, 더 많은 ferritin (철 저장단백질)이 합성되도록 하는 기전**을 모델로 하고 있다**.

moderate 형 1 중간정도의, 중등도의

63

A monoclonal antibody specific for Her2 has been a strikingly successful new treatment for the subset of breast cancers that overproduce Her2. Her2 antibody injected into the blood recognizes Her2 and causes it to be internalized, selectively killing the cancer cells without any apparent effect on normal breast (and other) cells that produce **moderate** amounts of Her2.

관 monoclonal antibody 한무리 항체, cause(타) ....하도록 하다=compel by force, be internalized 내부로 들어가다, Her2 항체의 약명은 Herceptin (trastumab)

해 Her2에 특이적인 한무리항체는 Her2을 과생산하는 일부 유방암에 놀라울 정도의 성공적인 새로운 치료법이 되었다. 혈액에 주사된 Her2 항체는 Her2를 인식하여 그것이 내부로 들어가도록 하여, 그 결과 **중간정도** 양의 Her2를 생산하는 정상적인 유방 (그리고 다른) 세포들에 대하여 뚜렷한 영향을 주지 않고, 선택적으로 암세포를 죽일 수 있었다.

2 mild to ~ 낮은 수준에서 중간정도의

Experimental studies with human volunteers show that cerebral energy metabolism remains normal when <u>mild to **moderate**</u> hypoxia results in severe cognitive dysfunction.

관 cognitive dysfunction 인식기능장해

해 지원자를 이용한 실험연구는 <u>낮은 수준에서 **중간 정도의**</u> 저산소 상태가 심각한 인식기능 장해의 결과를 일으킬 때, 뇌의 에너지대사는 정상상태로 남아있음을 보여주고 있다.

참 저산소상태에 대한 뇌의 반응 : 인식기능이 저하되는 것은 신경전달물질의 합성이 손상되었기 때문이며, 낮은 수준의 저산소 상태에서 뇌혈류는 뇌로 산소의 수송을 유지하기 위하여 더 증가된다. 더욱이 무산소 해당과정이 촉진되어, ATP 수준이 유지될 수 있다. 그러나 이러한 상태는 과도한 젖산의 생산을 초래하게 되므로, 순간적으로 조직의 pH를 떨어뜨려 혼수상태에 이르게 할 수 있다.

3 ~ to vigorous 중에서 높은 정도의

The American Heart Association and the American Cancer Society recommended 45 to 60 minutes of <u>**moderate** to vigorous</u> exercise 5 to 7 days per week.

해 미국심장협회와 미국암협의회는 일주일에 5일에서 7일간의 <u>**중간에서** 높은 정도</u>의 운동을 45 분에서 60 분간하는 것을 추천하였다.

moderately 부 중간정도로

21

Moderately obese people with 15 to 20 kg of triacylglycerols deposited in their adipocytes *could* meet their energy needs for months by drawing on their fat stores. In contrast, the human body can store less than a day's energy supply in the form of glycogen.

관 be deposited in ....에 쌓이다, meet(타) 충족시키다=(fulfill, satisfy), draw on 이용하다=(take advantage of, make use of), could 가정법

해 지방세포에 쌓인 15에서 20 Kg의 중성지방을 가진 **중간 정도로** 비만인 사람이라면 자신의 저장지방을 이용하여 아마 몇 달 동안의 에너지요구를 충족할 수 있을 것이다. 반면에 사람의 몸은 glycogen 형태로 하루의 에너지 공급량 이하의 양을 저장할 수 있다.

참 지방 20 Kg에서 얻을 수 있는 열량은 20,000 g x 9 Kcal= 180,000 Kcal이다. 따라서 하루에 2,000 Kcal의 최소열량이 필요한 사람이라면 90일간의 생명을 유지할 수 있는 에너지양이 된다.

modest 　형 (양, 속도, 향상의 크기가) 매우 적은

61

We have seen that a native protein conformation is only marginally stable. **Modest** changes in the protein's environment can bring about structural changes that can affect function.

관 marginally stable 민감하게 안정성이 유지되는, bring about=cause, affect(타) 영향을 주다 =influence

해 우리는 태생의 단백질 입체구조가 단지 매우 좁은 범위 내에서 안정하다는 것을 봐왔다. 단백질의 환경에서 **매우 작은** 변화도 기능에 영향을 줄 수 있는 구조적 변화를 일으킬 수 있다.

modestly 　부 상당히 적게

13

His serum total and LDL cholesterol levels improved only **modestly** after 3 months on a Step I diet. Three additional months on a more severe low-fat diet (Step II diet) brought little further improvement. The next therapeutic step would be to initiate lipid-lowering drug therapy.

관 improve(자) 개선되다=become better, be on a diet 다이어트 하다, initiate(타) 시작하다 =(begin, start)

해 그의 혈청의 전체 및 LDL 콜레스테롤 수준이 단계 I의 다이어트 상태로 3개월 후에 단지 **상당히 적게** 개선되었다. 더욱 강한 저지방 다이어트 (단계 II 다이어트)로 지낸 3개월의 추가적인 기간도 더 이상의 개선을 유발하지 않았다. 다음의 치료단계라면 지질을 낮추는 약물치료를 시작하는 것이 될 것이다.

참 little와 a little : 전자는 거의 없음에 중점을 두고 후자인 a little는 있음에 즉 긍정에 주안점을 두는 표현에 사용한다.

modification 　명 변형

235

The principal enzymes controlling glycogen metabolism are regulated by allosteric mechanisms and covalent **modifications** due to reversible phosphorylation and dephosphorylation of enzyme protein in response to hormone action.

관 due to .... 때문에 일어난=(in consequence of, caused by, as a result), allosteric mechanism 알로스테릭기전, covalent modification 공유결합성 변형반응

해 Glycogen 대사를 조절하는 주된 효소들은 알로스테릭기전과 호르몬의 작용에 반응하는 효소 단백질의 가역적인 인산화와 탈인산화의 결과로 일어난 공유결합성 **변형반응**에 의하여 조절된다.

modify 　타 수정하다, 변경하다, 변형하다

54

Animal cells can **modify** arachidonic acid and other polyunsaturated fatty acids, in processes often involving cyclization and oxygenation, to produce so-called local hormones that (1) exert their effects at very low concentrations and (2) usually act near their sites of synthesis.

해 동물세포는 (1) 아주 낮은 농도에서 효과를 발휘하고, 그리고 (2) 일반적으로 합성장소 부근에서 작용하는 소위 지역호르몬들을 생산하기 위하여, 자주 고리화반응과 산소화반응을 포함하는 과정으로 arachidonic acid와 다른 다중불포화지방산들을 **변형할** 수 있다.

modified 　타 be .... 변경되다

296

The protein synthesis machinery can also be **modified** in deleterious ways. Viruses replicate by using host cell processes, including those involved in protein synthesis. Some viral mRNAs are translated much more efficiently than those of the host cell.

관 in deleterious ways 해로운 방향으로=in deleterious directions

해 단백질 합성용 기계류 또한 해로운 방향으로 **변경될** 수도 있다. 바이러스는 단백질합성에 관련된 과정을 포함하는 숙주세포의 과정들을 사용하여 복제된다. 일부 바이러스의 mRNA는 숙주세포의 그것보다 훨씬 더 효율적으로 번역되기도 한다.

modulate 　타 (상황에 잘 어울리게) 조정하다, 변조하다

120

The resulting charge differences affect the membrane potential, which in turn is known to **modulate** the activity of certain ion channels and other membrane proteins.

해 그 결과로 생긴 전하의 차이는 막전위에 영향을 주고, 그 결과 다시 어떤 이온통로와 다른 막단백질들의 활성을 **조정하는** 것으로 알려져 있다.

modulated 타 be .... 조정되다

29

The catalytic activity of a protein kinase itself commonly is **modulated** by phosphorylation by other kinases, by direct binding to other proteins, or by changes in the levels of various second messengers.

해 단백질인산화효소 자체의 촉매활성은 흔히 다른 인산화효소들에 의한 인산화에 의해, 다른 단백질과의 직접적인 결합에 의해, 혹은 다양한 2차전령 수준에서 변화에 의하여 **조절된다**.

modulation 명 조정, 조절, 변경

115

The effects of steroid hormones (and of thyroid and retinoid hormones, which have the same mode of action) provide additional well-studied examples of the **modulation** of eukaryotic regulatory proteins by direct interaction with molecular signals.

해 Steroid 호르몬 (과 갑상선 및 retinoid 호르몬, 이들은 동일한 작용방식을 가지고 있는)의 효과는 분자신호물질과의 직접적인 상호결합에 의하여 진핵세포의 조절용 단백질들을 **조절**하는 추가적인 잘 연구된 사례를 제공한다.

참 steroid, 갑상선 및 retinoid 호르몬의 특성 : 이들 호르몬의 생화학적 특징은 다른 여러 호르몬과 달리 크기가 매우 작고 소수성의 분자라는 점이다. 그러므로 세포막을 통과하여 세포 안으로 확산에 의해 들어갈 수 있고, 또한 수용체들은 일반 수용체와 달리 세포막에 존재하지 않고 세포질이나 핵 속에 존재하고 있다.

module 명 모듈, 기능단위

29

The epidermal growth factor (EGF) domain is one example of a **module** that is present in several proteins. EGF **modules** are also present in other proteins; these proteins include tissue plasminogen activator (TPA), a protease that is used to dissolve blood clots in heart attack victims.

해 상피세포성장인자(EGF) 도메인은 몇몇 단백질에 존재하는 어떤 **모듈**의 한 예이다. EGF **모듈**은 심장마비 환자의 혈전을 용해하기 위하여 사용되는 단백질분해효소인 조직형 플라스미노겐활성제 (TPA)를 포함하는 여러 단백질에서도 또한 존재한다.

참 module (모듈) : 여러 기능이 복합적으로 적용되어있는 컴퓨터의 각 부품과 같이, 어떤 기계에서 독립적으로 특별한 기능을 담당하고 있어서, 고장이 나면 일체형으로 교체해야하는 기능단위를 모듈이라 한다.

moiety 명 부분, 일부분

92

The inositol **moiety** of Glycosyl phosphatidylinositol (GPI) can also be modified by an additional fatty acid, and a variety of fatty acyl groups are found linked to the glycerol group.

관 be found linked to ...에 연결된 상태로 발견되다

해 Glycosyl phosphatidylinositol (GPI)의 inositol **부분**도 또한 부가되는 지방산에 의하여 변형될 수 있으며, 그리고 다양한 지방산 아실기들도 glycerol 작용기에 연결된 상태로 발견된다.

참 Glycosyl phosphatidylinositol (GPI) : 진핵세포에서 다양한 표면항원, 부착용 분자 및 세포표면 hydrolase 등을 세포막에 단단히 고정할 수 있도록 하는 단백질과 인지질 사이에서 연결용 다리 역할을 하는 분자이다. Farnesylation, geranylgeranylation 반응과 유사한 역할을 한다.

monitor 타 모니터링하다, 감시하다, 추적하다

76

To determine the success of a protein purification scheme, we **monitor** the procedure at each step by determining specific activity and by performing an SDS-PAGE analysis.

관 purification scheme 정제계획=(plan, design), specific activity 특이활성,

해 어떤 단백질의 정제계획의 성공여부를 판단하기 위하여, 우리는 특이 활성도를 결정하고 그리고 SDS-PAGE 분석을 수행하여 각 단계에서의 절차를 **모니터링한다**.

monitored 타 be .... 모니터링되다

245

Changes in the amounts of various plasma proteins and immunoglobulins occur in many diseases and can be **monitored** by electrophoresis or other suitable procedures.

해 여러 혈장단백질과 면역글로브린의 양에서의 변화는 많은 질병에서 일어나기 때문에, 전기영동이나 다른 적절한 방법에 의하여 **모니터링될** 수 있다.

monitoring

57

타 모니터링하다

The data amassed in these genome projects have led to the development of techniques including DNA microarray for **monitoring** the effects of a signal on the expression of the entire gene set.

관 amass(타)=collect into a mass or heap 대용량으로 모으다, lead to 결과를 만들다=(result in, bring about)

해 이 유전체 프로젝트에서 대용량으로 모인 데이터는 전체 유전자 세트의 발현에 대한 어떤 신호의 효과를 **모니터링하기** 위하여 DNA microarray를 포함하는 기술들의 개발하는 결과를 만들었다.

more

1246

부 1 더욱

Abdominal fat carries a greater risk for hypertension, cardiovascular disease, hyperinsulinemia, diabetes mellitus, gallbladder disease, stroke, and cancer of the breast and endometrium. Because more men than women have the android distribution, they are **more** at risk for most of these conditions.

관 abdominal fat 복부지방, visceral fat 내장지방, carry(타) 늘 가지고 있다, be at risk 위험한 상태에 있다, conditions 앞에 나열된 질병들을 받음, android distribution 사과형 분포

해 복부지방은 고혈압, 심혈관계질환, 고인슐린혈증, 당뇨병, 담낭질환, 뇌졸중 그리고 유방과 자궁내막암에 대한 더 큰 위험성을 늘 가지고 있다. 더 많은 남성이 여성보다 사과형 분포를 가지고 있기 때문에, 대부분의 이들 질병에 대하여 **더욱** 큰 위험한 상태에 있다.

참 비만obesity : 비만은 두 가지 형으로 구분한다. 남성은 android 형으로 그리고 여성은 gynoid형으로 살이 찌게 된다. android형이란 사과형이라고도 하며 복부지방으로 인해 배가 많이 나오게 된 형태이고, gynoid형은 가슴과 엉덩이 부위에 살이 찌는 서양배형pear shape과 유사한 형태이다.

2 or ~ 혹은 더 많은, 이상의

The size of this glycogen store fluctuates during the day; an average 70-kg man might have 200 g or **more** of liver glycogen after a meal but only 80 g after an overnight fast.

관 fluctuate(자) 불규칙하게 변하다=vary irregularly, might 추측

해 이 글리코겐 저장량의 크기는 하루 동안에도 불규칙적으로 변한다; 즉 평균 70 kg인 남성은 한 끼의 식사 후에 아마도 200 g **이상**의 간의 글리코겐을 가질 수 있지만 그러나 하루 밤 동안의 공복상태 후에는 단지 80 g만을 가질 것으로 추측된다.

3 ~ than 더 이상

The four most abundant elements in living organisms, in terms of percentage of total number of atoms, are hydrogen, oxygen, nitrogen, and carbon, which together make up **more** than 99% of the mass of most cells.

관 in terms of ....로 환산하여, make up 차지하다=(constitute, comprise, account for)

해 살아있는 생명체에서 4가지의 가장 풍부한 요소는 원소들의 전체 수의 백분율로써 환산하여, 수소, 산소, 질소 및 탄소이며, 모두 합하면 대부분 세포 질량의 99% **이상을** 차지한다.

4 ~ and ~ 점점 더 많은

As researchers have discovered the molecular details of **more** and **more** receptors and pathways, some principles and mechanisms are beginning to emerge.

해 연구자들은 **점점 더 많은** 수용체와 경로의 분자수준의 자세한 항목들을 발견해오면서, 일부의 원리와 기전들이 나타나기 시작하고 있다.

5 no ~ 더 이상 ....하지 않는

Once the ferritin in the cell is saturated with iron, no **more** can enter. Iron can only leave the mucosal cell if there is transferrin in plasma to bind to.

해 일단 그 세포에 있는 ferritin이 철 분자로 포화되면, 더 **이상** 결코 들어갈 수 없다. 혈장에 결합할 수 있는 transferrin이 있을 때에만, 철 분자가 점액세포를 나올 수 있다.

6 all the ~ 더욱, 훨씬 더

Despite the small number of proteins encoded in their genomes, mitochondria carry out their own DNA replication, DNA transcription, and protein synthesis. Although the proteins that mediate these genetic processes are unique to the organelle, most of them are encoded in the nuclear genome. This is all the **more** surprising because the protein-synthesis machinery of the organelles resembles that of bacteria rather than that of eucaryotes.

관 despite=in spite of ....에도 불구하고, all the more 훨씬=(more so, even more, to an even greater degree), surprising(형) 놀라운=unexpected

해 자신의 유전체에서 인코딩되는 단백질의 종류가 적은데도 불구하고, 미토콘드리아는 자신의 DNA의 복제, DNA의 전사 그리고 단백질의 합성을 수행한다. 비록 이들 유전적인 과정을 매개하는 단백질들이 그 소기관에 특이하지만, 그들 중 대부분은 핵 속에 존재하는 유전체에서 인코딩된다. 그 소기관들의 단백질합성용 기계류가 진핵세포의 것보다 오히려 박테리아의 그 것과 닮았기 때문에, 그래서 이 사실이 **훨씬 더** 놀랍다.

7 what is ~ 더욱이, 그 위에 더, 더 한 것은

Both phosphorylase kinase and glycogen synthase may be reversibly phosphorylated in more than one site by separate kinases and phosphatases. These secondary phosphorylations modify the sensitivity of the primary sites to phosphorylation and dephosphorylation. What is **more**, they allow insulin, via glucose 6-phosphate elevation, to have effects that act reciprocally to those of cAMP.

관 sensitivity of .... to ....에 대한 민감도, reciprocally 상보적으로

해 Phosphorylase kinase와 glycogen synthase 둘 모두는 다른 인산화효소와 탈인산화효소들에 의하여 한 부위 이상에서 가역적으로 인산화될 수도 있다. 이들 2차 인산화는 1차 부위의 인산화와 탈인산화에 대한 민감도를 변형시킨다. **더욱이**, 그것들은 glucose 6-phosphate의 상승을 경유하여, 인슐린이 cAMP의 효과에 상보적으로 작용하는 효과를 가질 수 있도록 한다.

참 글리코겐의 합성과 분해는 상호적으로 조절된다. cAMP는 cAMP-dependent kinase를 활성화하여 glycogen을 분해하는 phsophorylase의 활성을 증가시키고 반대로 glycogen의 합성을 촉진하는 glycogen synthase의 활성은 저해한다. 또한 인산화된 phosphorylase, phosphorylase kinase, 및 glycogen syntase들은 protein phsophatase-1에 의하여 공통적으로 탈인산화되기도 한다. 이 탈인산화효소의 활성도 cAMP의 영향을 받는다.

8 no ~ than 단지, 겨우, 넘지 않는

In animals, epithelia and most organized groups of cells are underlain or surrounded by the basal lamina, a sheetlike meshwork of ECM (extracellular matirx) components usually no **more** than 60–120 nm thick.

해 동물에서, 상피조직과 대부분의 조직화된 세포들의 집단은 아래쪽에 보통 60-120 nm의 두께를 **넘지 않는** ECM (세포외기질) 성분으로 구성된 얇은 판과 같은 그물구조인 기저막basal lamina이 있거나 혹은 둘러싸여있다.

9 ~ or less 다소

Under normal feeding patterns the rate of tissue protein catabolism is **more** or less constant throughout the day; it is only in cachexia that there is an increased rate of protein catabolism.

해 정상적인 영양 섭취의 형태에서, 조직의 단백질 분해대사의 속도는 하루 종일 **다소** 일정한 편이다; 단백질 분해대사가 증가되는 경우는 단지 악액질cachexia 상태에서이다.

참 악액질cachexia : utilized 참조

moreover
268

부 더욱이, 게다가

Trans-fatty acids compete with essential fatty acids and may exacerbate essential fatty acid deficiency. **Moreover**, they are structurally similar to saturated fatty acids and have comparable effects in the promotion of hypercholesterolemia and atherosclerosis

관 trans-fatty acid 트란스지방산, exacerbate(타) 심화시키다, be similar to 유사한, comparable 유사한=similar or equivalent, promotion 발전; 악화, hypercholesterolemia 고콜레스테롤혈증

해 트란스지방산은 필수지방산과 경쟁하기 때문에 필수지방산의 결핍을 더욱 심화시킬 수도 있다. **게다가**, 구조적으로 포화지방산과 유사하여 고콜레스테롤 혈증과 죽상동맥경화증의 악화에서 거의 유사한 효과를 가지고 있다.

참 트란스지방 : 트린스지방산은 불포화지방산이면서 구조적으로는 직선형이므로 포화지방산과 유사하다. 그래서 일반적으로 불포화지방산인 필수지방산들의 흡수를 방해할 뿐만 아니라 고콜레스테롤 혈증이나 죽상동맥경화증을 유발하는 역할을 하는 포화지방산의 나쁜 성질도 가지고 있다. account 참조

most

842

형 1 the ~ 최고의, 최상의

As the twenty-first century opens, we face an explosion of new data about the components of cells, what structures they contain, how they touch and influence each other. Still, an immense amount remains to be learned, particularly about how information flows through cells and how they decide on <u>the **most**</u> appropriate ways to respond.

관 face(타) 직면하다, immense 광대한=enormous, remain to be learn 알려져야 할 상태로 남아있다=is not yet known

해 21세기가 열리면서, 우리는 세포의 구성성분이 무슨 구조들을 가지고 있을까, 어떻게 그들이 접촉하여 서로에게 영향을 주는가와 같은 세포의 구성성분에 대한 새로운 데이터의 폭발적인 증가에 직면하고 있다. 특히 어떻게 정보가 세포를 쭉 지나 흐르는지 그리고 세포가 반응하는 **가장** 적절한 방법을 어떻게 결정하는가에 대한 광대한 양이 아직도 알려져야 할 상태로 남아있다.

2 대부분의

Most bacteria have a few thousand genes; humans, about 40,000.

해 **대부분의** 세균은 수천 종의 유전자를 가지고 있으며; 사람은 약 40,000종을 가지고 있다.

부 가장 (최상급)

Much of the nonessential DNA in both eukaryotes and prokaryotes consists of highly repeated sequences that can move from one place in the genome to another. These mobile DNA elements can jump (transpose) into genes, **most** commonly damaging but sometimes activating them.

해 진핵세포와 원핵세포 모두에 있는 비필수적인 DNA 가운데 많은 것들이 유전체 내의 한 장소로부터 다른 장소로 이동할 수 있고 높은 빈도로 반복되는 서열로 구성되어있다. 이 이동성 DNA 요소들은 유전자 속으로 뛰어 들어갈 (transpose) 수 있어서, 그 결과 **가장** 흔히 유전자들을 손상시킬 수도 있지만 때때로 유전자들을 활성화시키기도 한다.

참 부사의 최상급 : 부사도 형용사와 마찬가지로 비교급과 최상급이 존재한다. 그러나 형용사와 달리 최상급에는 the를 붙이지 않는다.

명 1 최대량, 대부분

Most of the structural and functional properties of cells depend on proteins.

해 세포의 구조와 기능에 관한 행동특성의 **대부분**은 단백질에 달려있다.

2 for the ~ part 대부분의 경우

<u>For the **most** part</u>, the signaling systems are common to all animals, thus vastly simplifying the problem of learning the underlying molecular mechanisms.

관 be common to ....에 공통적이다, vastly 상당히=considerably, underlying(형) 기반을 이루는=(basic, fundamental)

해 <u>**대부분**의 경우</u>, 신호전달계는 모든 동물에 공통적이어서, 그래서 기반을 이루는 분자수준의 기전을 알아내기 위해서 발생하는 문제점을 상당히 단순화할 수 있다.

3 in ~ cases 대개, 대부분의 경우

Mutagenesis studies have shown that a single-base change in this nucleotide sequence drastically decreases in vitro transcription by RNA polymerase II of genes adjacent to a TATA box. In **most** cases, sequence changes between the TATA box and start site do not significantly affect the transcription rate.

관 mutagenesis 돌연변이 생성, adjacent to 근처에 있는=next to, affect(타) 영향을 미치다=have an influence on

해 유전자변이의 생성에 관한 연구들은 이 뉴크레오타드 서열에서 단 하나의 염기의 변화가 TATA 상자 근처에 있는 유전자들의 RNA polymerase II에 의한 시험관 상의 전사반응을 적나라하게 감소시킨다는 사실을 보여주었다. **대부분의 경우**, TATA 상자와 시작부위 사이에 있는 서열의 변화는 전사속도에 심각한 영향을 미치지 않는다.

mostly 부 대개는, 대부분은, 주로

38

Some connective tissue *is* **mostly** extracellular matrix, whereas many organs are composed of very densely packed cells with relatively little matrix.

관 some + 단수명사=unknown or unspecified 어떤, extracellular matrix 세포외기질, packed 채워진=filled

해 어떤 결체조직은 **대부분** 세포외기질로 *되어있지*만, 반면에 많은 장기들은 비교적 세포외기질이 거의 없는 빽빽하게 채워진 세포들로 구성되어있다.

참 be 동사의 의미 : Some connective tissue is mostly extracelluar matrix.에서 is=(form, compose)의 의미, The human being is a primate.에서 is=belong to의 의미이다. All humans are mortal.에서 is=have a characteristic의 의미이다.

motif 명 모티브

628

Leucine zippers also function as dimers to regulate gene transcription. The leucine zipper **motif** is an α-helix of 30 to 40 amino acid residues that contains a leucine every seven amino acids, positioned so that they align on the same side of the helix.

관 function(자) 기능하다, a leucine *every* seven amino acids 7개의 아미노산 *마다* 하나의 leucine, align(자) 배열되다=arrange in a line

해 Leucine zipper는 또한 유전자 전사를 조절하기 위하여 이량체로써 기능한다. Leucine zipper **모티브**는 7개의 아미노산마다 한 개의 leucine를 함유하는 30에서 40개의 아미노산 잔기로 구성된 α-나선형구조이며, leucine기들이 나선구조의 같은 면에 배열되도록 위치되어있다.

참 구조모티브structural motif : 단백질이나 RNA에서 일정하게 반복되어 나타나는 구조를 모티브 motif라 하며, 이러한 모티브는 특정 기능을 수행하는데 참여하고 있다.

motile 형 운동성의, 운동성이 있는

12

The reorganization of tissues during morphogenesis is often accompanied by the conversion of non-**motile** epithelial cells into **motile** precursor cells for other tissues (mesenchymal cells).

해 형태 형성기에서 조직의 재편과정은 **운동성이** 없는 상피세포들이 다른 조직 (간엽세포로)로 되기 위한 **운동성이 있는** 전구체 세포들로의 전환과 함께 자주 일어난다.

참 상피간엽의 전이 Epithelial-mesenchymal transition (EMT) : 세포 사이의 접착기능이 소실되고, E-cadherin 단백질의 발현이 저해되고 그리고 그 결과 세포의 운동성의 증가의 특징으로 나타나는 발생의 한 과정이다. 이 EMT는 중배엽mesoderm의 형성과 신경관neural tube의 형성과정 등에서 일어난다.

motility 명 운동성, 운동

78

Pancreatic polypeptide (PP) from the pancreatic islets reduces gastric emptying and slows upper intestinal **motility**.

관 gastric emptying 위비우기, slow(타) 느리게 하다

해 췌장의 섬세포로부터 분비된 췌장 폴리펩티드 (PP)는 위 비우기의 속도를 늦추고 그리고 상부소장의 **운동성**을 느리게 한다.

motion 명 1 동작, 움직임

8

The binding of the first O_2 molecule to deoxyHb shifts the heme iron towards the plane of the heme ring from a position about 0.6 nm beyond it. This **motion** is transmitted to the proximal (F8) histidine, which in turn causes the rupture of salt bridges between the carboxyl terminal residues of all four subunits.

관 shift(타) 이동시키다, in turn 다시, 0.6 nm beyond it 그것의 0.6 nm 뒤쪽, cause(타) 결과로 .... 을 일으키다, salt bridge 염다리 결합=electrostatic bonding 정전기적 결합

해 DeoxyHb에 최초의 O_2 분자의 결합은 heme의 철 분자를 약 0.6 nm 뒤쪽의 위치로부터 heme의 고리구조의 평면 방향으로 이동시킨다. 이 **동작**은 가장 가까운 (F8) histidine으로 전달되며, 그 결과 차례로 4개의 모든 아단위체의 carboxyl 말단 잔기들 사이에서 염다리결합의 파괴를 일으키게 된다.

2 set in(into) ~ 활성화하다, 이동시키다

Absorption of light by 11-cis-retinal changes its structure into that of all-trans-retinal, setting in **motion** a signal-transduction pathway that leads to the breakdown of cGMP, to membrane hyperpolarization, and to a subsequent nerve impulse.

관 set in motion 활성화하다=(activate, move, shake), subsequent 이후의=following, hyper-polarization 과분극화

해 11-cis-retinal에 의한 빛의 흡수는 자신의 구조를 all-trans-retinal로 바꾸게 하여, cGMP의 분해, 막의 과분극화 그리고 이후의 신경임펄스를 일으키게 되는 신호전달경로를 **활성화한다**.

참 set <목적어> in motion 혹은 set in motion <목적어> 형식으로 표현한다.

- Cellular processes *set* specific gene programmes *in motion*. 세포의 과정들은 특이 유전자 프로그램들을 *활성화시킨다*.

move 자 1 이동하다

48

In the presence of appropriate salt and detergent concentrations, the proteins **move** through the fibers of the gel toward the anode, with larger proteins **moving** more slowly through the gel than smaller ones.

해 적절한 염과 계면활성제 농도의 존재 하에서, 단백질은 겔의 섬유체를 통과하여 음극 쪽으로 **이동하는**데, 더 큰 단백질이 작은 것보다 더 천천히 겔을 통과하면서 **이동한다**.

2 ~ to ....로 이동하다

Proteins produced by some *Plasmodium* species **move** to the surface of infected RBCs, causing the cells to adhere to the walls of blood vessels.

해 일부 말라리아원충에 의해 생산된 단백질은 감염된 RBC의 표면으로 **이동하여**, 그 세포가 혈관의 벽에 달라붙도록 만든다.

참 말라리아에 감염된 적혈구세포는 혈관의 벽에 달라붙어 순환하지 않을 수 있다. 그래서 말라리아원충은 비장과 면역세포에 의해서 제거되지 않고 살아남을 수 있게 된다.

타 이동시키다, 움직이게 하다

Epithelia in different body locations have characteristic morphologies and functions. Stratified (multilayered) epithelia commonly serve as barriers and protective surfaces (e.g., the skin), whereas simple (single-layer) epithelia often selectively **move** ions and small molecules from one side of the layer to the other.

관 morphology and function 형태와 기능, stratified 다층구조의, serve as 로 봉사하다=(function as, work as), move(타) A form .... to=A를 ....로부터 ....까지 이동하게 하다

해 신체의 여러 장소에서 상피세포들은 특징적인 형태와 기능을 가지고 있다. 다층구조의 상피세포는 흔히 장벽과 방어용 껍질 (예, 피부)로써 기능을 하고, 반면에 단순한 (단층의) 상피세포는 자주 이온과 작은 분자들을 층의 한 쪽 면에서 다른 쪽으로 선택적으로 **이동시킨다**.

moved 타 be .... 이동되다

6

The entire proto-oncogene or a portion of it may be transposed or translocated, that is, **moved** from one position in the genome to another. In its new location, the proto-oncogene may be controlled by a more active promoter and, therefore, overexpressed.

관 entire 전체의, proto-oncogene 원발암유전자, that is (to say) 다시 말하면, overexpress(타) 과발

현하다

해 원발암유전자 전부나 혹은 일부분이 자리를 바꾸거나 혹은 전위될 수도 있으며, 다시 말하면, 유전체에서 한 장소로부터 다른 곳으로 **이동될 수**도 있다. 새 위치에서, 그 원발암유전자는 더 활성이 큰 promoter에 의하여 조절되므로 과발현될 수도 있게 된다.

참 원발암유전자proto-oncogene : 원래 세포에서 정상적인 기능을 담당하고 있던 유전자들이 돌연변이되거나 혹은 강력한 promoter가 있는 곳으로 위치를 옮겨가게 되어, 발암유전자 oncogene로 전환된 것이다. 따라서 oncogene에 대응하는 용어로 proto-oncogene 원발암유전자를 사용한다.

movement 명 이동, 움직임

67 Certain molecules freely diffuse across membranes, but the **movement** of others is restricted because of size, charge, or solubility.

관 diffuse(타) 확산되다, be restricted 제한되다=(be limited, be reduced)

해 어떤 분자들은 막을 관통하여 자유롭게 확산되지만, 그러나 다른 분자들의 **이동**은 크기나 전하 혹은 용해도 때문에 제한된다.

much 명/대 1 (양이) 많은 것

219 Hence, the binding of a small number of hormone molecules to cell-surface receptors leads to the release of a very large number of sugar units. Indeed, the amplification is so large that **much of** the stored glycogen would be mobilized within seconds were it not for a counter-regulatory system.

관 so .... that ....할 정도로 ....하다, mobilize(타) 동원시키다, were it not for ....이 없다면=if it were not for, would 가정

해 그래서 작은 수의 호르몬 분자의 세포표면 수용체와의 결합일지라도 매우 많은 수의 탄수화물 단위소들이 유리되는 결과를 만든다. 정말, 만약 대응조절계가 없었다면, 그 증폭반응이 매우 크기 때문에 저장된 글리코겐 중 **많은 양이** 수초 내에 동원되었을 것이다.

2 too ~ 너무 많은 양

If too **much** of a growth factor or a growth factor receptor is produced, the target cells may respond by proliferating inappropriately.

해 **너무 많은 양의** 성장인자나 혹은 성장인자의 수용체가 생산되면, 그 표적세포들은 부적절하게 증식하여 반응할 수도 있을 것이다.

형 1 that ~ 그 만큼의 양

We require enough energy each day to drive the basic functions of our bodies and to support our physical activity. If we do not consume enough food each day to supply that **much** energy, the body's fuel stores supply the remainder, and we lose weight.

관 drive(타) 추진하다, lose weigh≠gain weight, each day 매일

해 신체의 기본적인 기능을 추진하고 물리적인 활동을 지원하기 위하여, 우리는 날마다 충분한 에너지를 필요로 한다. 우리가 날마다 **그 만큼의 양의** 에너지를 공급하기 위하여 충분한 음식을 먹지 않으면, 신체의 연료 저장소가 모자라는 것을 공급하게 되어, 체중을 잃게 된다.

2 정도가 큰 (so, too, very와 함께 사용)

Owing to the advent of recombinant DNA technology, **much** progress has been made in recent years in the understanding of eukaryotic gene expression.

관 owing to=(due to, because of), much progress has been made in ....에 많은 진전이 있어왔다 <현재완료 계속>

해 재조합DNA기술의 출현 때문에, 진핵세포의 유전자발현에 대한 이해에 있어서 최근 몇 년간 **많은** 진전이 있어왔다.

3 ~ 비교급 훨씬 더

While glycolysis can occur under anaerobic conditions, this has a price, for it limits the amount of ATP formed per mole of glucose oxidized, so that **much more** glucose must be metabolized under anaerobic than under aerobic conditions.

관 have a price 값을 치르다, limit(타) 감소시키다=reduce

해 반면에 해당작용은 무산소 상태 하에서 일어날 수 있지만, 산화되는 포도당 1몰 당 형성되는 ATP의 양을 줄이기 때문에, 어떤 값을 치르게 된다, 그래서 유산소 조건 하에서보다 무산소의 조건 하에서 **훨씬 더** 많은 포도당이 대사되어야만 한다.

3 as ~ as + 양 ....나 되는 양(정도)의, ...와 같은 정도로

The rate of ATP utilization in skeletal muscle during exercise can be as **much** as 100 times greater than that in resting skeletal muscles.

관 as much as ....와 같은 정도로=to the same extent

해 운동을 하는 동안 골격근에서 ATP의 이용 속도는 휴식 중의 골격근에서의 그것보다 100배**나 되는 정도로** 더 높아질 수 있다.

4 as ~ as ....와 같은 정도로, 만큼

The DNA molecules in the 24 different types of human chromosomes (22 matching pairs plus the X and Y sex chromosomes) vary in length over a 25-fold range. Each type of chromosome in eukaryotes carries a characteristic set of genes. Interestingly, the number of genes does not vary nearly as **much** as does genome size.

관 plus 추가하여=and more, vary(자) 다르다=be different, carry(타) 지니다

해 사람 염색체 (22개의 동일한 쌍과 X와 Y 성염색체)의 24종의 서로 다른 종류에 존재하는 DNA 분자는 길이에서 25배 범위에 걸쳐 서로 다르다. 진핵세포에 있는 염색체의 각각의 유형은 유전자들의 특징적인 조합을 가지고 있다. 흥미롭게도, 유전자의 수가 거의 유전체의 크기가 변하는 것**만큼** 변하지는 않는다.

5 as ~ (·····) as ....에 비해 ....만큼이나 되는 양

About 15 times as **much** glucose must therefore be consumed anaerobically as aerobically to yield the same amount of ATP.

해 그러므로 동일한 양의 ATP를 생산하기 위하여, 유산소 방식**에 비해** 약 15배**만큼이나 되는 양**의 포도당이 무산소 방법으로 소비되어야만 한다.

6 as ~ (앞에서 언급된) 양 만큼

A yeast cell has 2.6 times more DNA in its genome than an *E. coli* cell. Cells of the fruit fly used in classical genetic studies, contain more than 35 times *as* ***much*** DNA *as E. coli* cells, and human cells have almost 700 times as **much**.

관 35 times as much DNA as ....에 비해 35배만큼의 DNA

해 어떤 효모세포는 *E. coli* 세포보다 2.6배 더 많은 유전체의 DNA를 가지고 있다. 고전적인 유전연구에 사용되었던 초파리 세포는 *E. coli* 세포*에 비해* 35배 *만큼*의 DNA 양 이상을 함유하고 있으며, 그리고 사람 세포는 거의 **그 양의** 700배 **만큼**을 가지고 있다.

7 ~ as 마치 ....와 매우 유사하게

Some series of enzymes are associated into organized assemblies so that the product of one enzyme is very rapidly found by the next enzyme. In effect, products are channeled from one enzyme to the next, **much** as in an assembly line.

관 much as ....와 매우 유사하게=(in a similar way, very much like), in effect 사실상=the same in the meaning, channel(타) 통로를 통하여 보내다=send through a channel, assembly line 조립라인

해 일부 일련의 효소들은 한 효소의 산물이 매우 빠르게 다음 단계의 효소에 의하여 발견되도록 조직화된 조립체로 결합되어있다. 같은 의미로, **마치** 산물이 조립라인에서와 **매우 유사하게** 한 효소에서 다음 효소로 통로를 통하여 보내진다.

8 ~ as 마치 .....와 매우 유사하게

Antidiuretic hormone (ADH) regulates the retention of water by mobilizing AQP-2 molecules stored in vesicle membranes within the epithelial cells, **much** as insulin mobilizes GLUT4 in muscle and adipose tissue.

관 antidiuretic hormone 항이뇨호르몬, retention of water 물의 저류, much as 유사한 방법으로 =in a similar way

해 항이뇨호르몬 (ADH)은 **마치** 인슐린이 근육과 지방조직에서 GLUT4를 동원화하는 것과 **매우 유사하게**, 상피세포 속의 낭포 막에 저장되어있는 AQP-2 분자들을 동원화하여 물의 저류를 조절한다.

9 ~ less 훨씬 적은

Fats contain **much** less oxygen than is contained in carbohydrates or proteins. Therefore, fats are more reduced and yield more energy when oxidized.

해 지방은 탄수화물이나 혹은 단백질에 포함된 것보다 **훨씬 적은** 산소를 함유하고 있다. 그러므로 지방은 더 환원된 상태이며 그래서 산화될 때, 더 많은 에너지를 생산한다.

10 ~ less 훨씬 적게

Likewise, certain residues, including valine, isoleucine, and the aromatic amino acids, are more likely to be found in β-sheets than other residues, and aspartate, glutamate, and proline are **much** less likely to be found in β-sheets.

관 likewise(부) 마찬가지로=(also, moreover)

해 마찬가지로, valine, isoleucine 및 방향족 아미노산을 포함하는 어떤 잔기들은 다른 잔기들보다 β-시트구조에서 더욱 잘 발견되는 것 같고, 그리고 aspartate, glutamate그리고 proline은 β-시트 구조에서 **훨씬 적게** 발견되는 것 같다.

11 not so ~ A as B A라기 보다는 B이다

To be specific, hydrophobic interactions between nonpolar molecules are maintained not so **much** by direct interactions between the inert solutes themselves as by the increase in entropy when the water cages coalesce and reorganize.

관 to be specific 특이적으로 말하면, coalesce(자) 응집하다=(merge, unite), entropy 엔트로피

해 특이적으로 말하면, 비극성 분자 사이의 소수성 결합은 불활성인 용매분자 자신들 사이에서의 직접적인 상호결합에 의해서**라기보다는** 비극성분자들이 둘러싸고 있는 물 분자들이 응집되어 재조직화될 때 엔트로피에서의 증가에 의하여 유지**된다**.

multiple

456

명 배수, 배

The effect of insertion or deletion mutations is to alter the reading frame in translation, unless an integral **multiple** of three base pairs is inserted or deleted.

해 삽입형이나 혹은 삭제형 돌연변이의 효과는 3개의 염기쌍의 어떤 정수 **배**가 삽입되거나 혹은 삭제되지 않으면, 번역과정서 리딩프레임을 변경시키게 된다.

형 1 다중의, 다수의, 복잡한, 여러

Because the cell is committed to DNA replication and division once it enters the S phase, **multiple** regulatory proteins are involved in determining whether the cell is ready to pass this checkpoint.

관 multiple=(more than one, many, various), be committed to 돌이킬 수 없이 지나가다, S phase 세포분열의 S(합성)기, enter(타) 진입하다, checkpoint 점검점

해 일단 세포가 S기에 진입하면, DNA의 복제와 분열까지 돌이킬 수 없이 지나가기 때문에, **여러** 종류의 조절용 단백질들이 세포가 이 점검점을 통과할 준비가 되었는지를 결정하는데 참여한다.

2 여러, 복수의

An examination of the genes involved in the development of cancer shows that a particular type of cancer can arise in **multiple** ways.

관 development of cancer 암의 발생, arise(자) 일어나다=(occur, originate), in multiple ways 여러

방식으로

해 암 발생에 연루되어있는 유전자들을 조사해보니 암의 어떤 특정한 유형은 **여러** 방식으로 일어날 수 있음을 보여주었다.

multiply

7

자 증식하다, 분열하다

In the colon, mutations in both copies of the tumor suppressor gene APC lead to benign clusters of epithelial cells that **multiply** too rapidly (early adenoma).

관 multiply(자)=increase, tumor suppressor gene 종양억제유전자, lead to=(cause, result in)

해 대장에서, 종양억제유전자 APC 복제물 둘 다에서의 돌연변이는 매우 빠르게 **증식하는** 상피세포로 구성된 양성의 세포집단을 만드는 결과를 초래한다 (초기의 샘종).

참 대장암colon cancer : 대장암은 성장에 관여하는 여러 유전자들이 순차적으로 돌연변이된 과정을 잘 보여주는 악성종양이다. 일반적으로 암은 오랜 기간에 걸쳐 여러 유전자들의 변이가 축적되어서 나타나는 질병으로 정의된다. 이러한 이유로 암은 나이가 증가하면서 발병률이 높아진다. 대장암의 발생과정은 종양억제유전자인 APC 유전자의 변이 → ras의 변이 → 용종(polyp)의 형성 → DCC와 종양억제유전자p53의 변이 → 주위를 침범하는 암 → 미확인 유전자들의 변이 → 전이성 악성종양으로 발전과 같이 여러 단계를 거쳐 악성으로 된다.

타 곱하다

If you **multiply** anything by zero, the answer is zero.

해 어떤 수를 0으로 **곱하**면, 답은 0이 된다.

부 여러 개로

Some subunits can have **multiply** spliced isoforms with different cytosolic domains.

관 multiply 여러 개로≠singly

해 일부 단위체는 세포질 쪽으로 노출된 여러 도메인을 가진 **여러 개로** 스프라이싱된 동종형들을 가지고 있을 수 있다.

multiplied

7

타 be ~ 곱하여지다

3 **multiplied** by 4 is equal to 12, 3 times 4 is equal to 12, so 12 divided by 3 is equal to 4.

관 be equal to= ...와 같다

해 3이 4에 의해 **곱하여지**면 12이고, 3의 4배도 12이며, 그래서 12가 3으로 나누어지면 4가 된다.

multiplying

5

자 ~ by ....로 곱하다

A rough estimate of the BMR may be obtained by assuming it is 24 kcal/day/kg body weight and **multiplying** by the body weight.

해 BMR의 대략적인 추정치는 하루에 체중 kg 당 24 kcal와 체중으로 **곱하는** 것으로 가정하여 얻어질 수도 있다.

참 BMR (Basal metabolic rate) : 기초대사량, cost 참조

must

226

조 1 (의무) ....하여야 한다, 하지 않으면 않된다

Little or no ribose circulates in the bloodstream, so tissues **must** synthesize the ribose required for nucleotide and nucleic acid synthesis. The source of ribose 5-phosphate is the pentose phosphate pathway.

해 혈류에서 순환되고 있는 ribose는 거의 없거나 완전히 없어서, 조직은 nucleotide와 핵산의 합성에 필요한 ribose를 합성**하여야 한다**. Ribose 5-phosphate의 근원은 오탄당인산경로이다.

2 (추측) 하는 것이 틀림없다

In order to alter an enzyme's functional properties, any modification of its chemical structure **must** influence the protein's three-dimensional configuration.

해 효소의 기능성 행동특성을 변경시키기 위해서, 그것의 화학적 구조의 어떠 변형일지라도 단백질의 3차원 배열구조에 영향을 **틀림없이** 줄 것이다.

mutagenesis 명 유전자 변이의 생성

176

Further **mutagenesis** studies revealed that a second signal downstream from the cleavage site is required for efficient cleavage and polyadenylation of most pre-mRNAs in animal cells.

관 reveal(타) 밝혀주다=(show, disclose), be required for=be needed for, downstream(부) 아랫방향에, polyadenylation 다중아데닐화

해 추가적인 **유전자 변이의 생성** 연구들은 절단부위로부터 아랫방향에 있는 어떤 두 번째의 신호가 동물세포에서 대부분의 mRNA 전구체들의 효율적인 절단과 다중아데닐화 반응을 위하여 필요하다는 것을 밝혀주었다.

mutant 명 돌연변이체

1710

Laboratory generation and analysis of **mutants** with defects in proteoglycan production in fruit fly, *C. elegans*, and mice have clearly shown that proteoglycans play critical roles in development, most likely as modulators of various signaling pathways.

관 most likely 강한 추측; likely가 부사로 사용될 때 주로 quite나 very가 선행됨

해 초파리, 선충 및 생쥐에서 proteoglycan 생산에 결함을 보이는 **돌연변이체**들을 실험실에서 만들어 분석한 연구는 proteoglycan이 발생과정에서 아마도 여러 신호전달과정의 조정자로써 결정적인 역할을 하고 있음을 명료하게 보여주었다.

형 돌연변이의, 돌연변이된

We also can inherit from our parents **mutant** copies of genes that cause all manner of genetic diseases, such as cystic fibrosis, muscular dystrophy, sickle cell anemia, and Huntington's disease.

관 inherit(타) .... from ....로부터 ....를 물려받다; 이 문장에서 목적어가 길어서 from 뒤에 둠, all manner of 모든 종류의=all kind of

해 우리는 또한 부모로부터 낭포성 섬유증, 근위축증, 낫형세포성 빈혈 및 헌팅턴 질환과 같은 모든 종류의 유전질환들의 원인이 되는 유전자들의 **돌연변이된** 복제물을 물려받을 수 있다.

mutation 명 돌연변이

882

Abnormalities in gene products can be the result of **mutations** that occur in coding or regulatory-region DNA. A **mutation** in a germ cell will be transmitted to offspring.

해 유전자산물에 있어서의 이상현상은 코딩이나 조절영역의 DNA에서 발생한 **돌연변이**의 결과일 수 있다. 생식세포에서의 **돌연변이**는 자손에게로 유전될 것이다.

mutational 형 돌연변이에 의한, 돌연변이의

26

Mutational loss of a particular chromosomal region, followed by inactivation of the p53 gene, results in the gradual loss of normal regulation and the consequent formation of a malignant carcinoma.

관 result in 결과....이 일어나다=cause, gradual 점진적인=progressive, consequent 차후의=resulting, malignant carcinoma 악성암종

해 차후에 p53 유전자의 불활성화가 따라오는 **돌연변이에 의한** 염색체의 특정영역의 소실은 정상적인 조절반응의 점진적인 상실에 의한 악성암종의 형성이 일어나는 결과를 만든다.

참 p53 종양억제단백질 : stressful 참조

mutual 형 상호의, 서로의

10

Mutational studies have identified the patches of amino acids in growth hormone and its receptor that determine their highly specific **mutual** interaction.

관 patch 영역=a small part especially that which differs from the whole, determine(타) 조절하다=regulate 예) Demand determines production. 수요는 생산을 조절한다.

해 유전자의 변이를 이용한 연구는 성장호르몬과 수용체에서 매우 특이성이 큰 **상호간의** 결합을 결정하는 아미노산들의 작은 영역들을 발견하였다.

mutually 부 서로, 상호적으로

15 The major question is how the nucleotide-binding pocket and the distant actin-binding site are **mutually** influenced and how changes at these sites are converted into force.

해 주된 의문점은 뉴크레오티드 결합주머니와 멀리 떨어진 actin과의 결합부위가 **서로** 어떻게 영향을 줄 것인가와 이들 부위에서의 변화가 어떻게 힘으로 전환되느냐는 것이다.

참 근육의 수축 : myosin단백질과 긴 필라멘트 모양으로 배열된 actin 단백질과의 결합반응이 반복적으로 일어나면서 myosin이 actin 필라멘트 위를 미끄러져 가게 된다. 이 운동에 사용되는 에너지는 myosin의 머리부위에 결합하는 ATP가 ADP로의 가수분해로부터 제공되며, ATP가 결합하는 부위와 actin단백질이 결합하는 부위는 서로 멀리 떨어져 존재하고 있다. nucleotide- binding pocket이란 ATP (혹은 ADP)가 결합하는 부위이다.

N

name 명 이름

26

The **name** of an undissociated acid usually ends in "ic acid" (e.g., acetoacetic acid) and the **name** of the dissociated anionic component ends in "ate" (e.g., acetoacetate).

관 end(자) in ....로 끝나다, anionic 음이온의

해 해리되지 않은 산의 **이름**은 일반적으로 "ic acid" (예, acetoacetic acid)로 끝나고 그리고 해리된 음이온 구성요소의 **이름**은 "ate" (예, acetoacetate)로 끝난다.

타 1 이름을 짓다, 이름을 붙이다

When the membranes of red blood cells are analyzed by SDS-PAGE, about ten major proteins are resolved. Their migration on SDS-PAGE was used to **name** these proteins, *with* the slowest migrating and hence highest molecular mass being designated band 1 or spectrin.

관 be resolved 분리되다, hence 그런 이유로, be designated ....로 표시되다, with ....의 결과 때문에=as a result or consequence of, name(타) 이름을 붙이다

해 적혈구세포의 막이 SDS-PAGE로 분석될 때, 약 10개의 주된 단백질들로 분리된다. SDS-PAGE 상에서의 그들의 이동형태가 가장 천천히 이동하므로 그래서 가장 큰 분자량이 band 1이나 혹은 spectrin으로 표시되는 것과 같은 방식으로, 단백질의 **이름을 붙이는데** 사용되었다.

참 적혈구세포막에 존재하는 단백질들은 SDS-PAGE 전기영동에서 나타나는 분자량이 큰 것부터 band 1, band 2 등으로 이름이 붙여졌다.

2 to ~ 호명하다, 이름을 대다

Specific carbohydrate-containing molecules act in cell-cell recognition and adhesion, cell migration during development, blood clotting, the immune response, and wound healing, to **name** but a few of their many roles.

관 name(타) 호명하다=(specify, mention by name,)

해 특이 탄수화물을 함유하고 있는 분자들은 많은 역할 가운데 단지 몇 가지만을 **호명하면**, 세포와 세포 사이의 인식반응과 접착, 발생과정에서 세포의 이동, 혈액응고, 면역반응과 상처의 아물기에서 작용한다.

named 타 1 be ~ after ....에 따라 이름이 붙여지다

35

Restriction enzymes are **named** after the bacterium from which they are isolated.

해 제한효소는 분리된 박테리아**에 따라 이름이 붙여진다**.

2 so ~ 그렇게 불리다

Ubiquitin, so **named** because it is present in all eukaryotic cells, is a small (8.5 kDa) protein that targets many intracellular proteins for degradation.

관 target(타) .... for degradation ....이 분해되도록 표적화하다

해 모든 진핵세포에 존재하고 있기 때문에 **그렇게 불리는** ubiquitin은 세포 내의 많은 단백질이 분해되도록 표적화하는 작은 (8.5 kDa) 단백질이다.

3 be ~ as ....로써 명명되다

Glycerophospholipids are **named** as derivatives of the parent compound, phosphatidic acid, according to the polar alcohol in the head group. Phosphatidylcholine and phosphatidylethanolamine have choline and ethanolamine in their polar head groups, for example.

관 be named as ....로 불리다=(be called as, be referred to as)

해 Glycerophospholipid류는 머리작용기에 있는 극성 알코올에 따라서 부모 화합물인 phosphatidic acid의 유도체**로써 명명된다**. 예를 들면, Phosphatidylcholine 과 phosphatidylethanolamine은 극성의 머리작용기에 choline과 ethanolamine을 가지고 있다

4 be ~ ....라고 명명되다, ...라는 이름으로 불리다

These particles, visible in animal tissues by electron microscopy, were therefore identified as the site of protein synthesis from amino acids, and later were **named** ribosomes

관 be named=(be called, be termed), be identified as ....로써 밝혀졌다=be characterized as

해 그러므로 전자현미경 기술로 동물조직에서 볼 수 있는 이들 알갱이가 아미노산으로부터 단백질 합성의 부위로써 밝혀졌으며, 나중에 리보솜이**라고 명명되었다**.

namely

52

부 즉, 다시 말하자면

Interestingly, the mammalian organs that consume the most glucose, **namely**, brain and muscle, carry out very little glucose synthesis. The major sites of gluconeogenesis are the liver and kidneys, which account for about 90% and 10% of the body's gluconeogenic activity, respectively.

관 carry out 수행하다=perform, account for ....를 차지하다=(make up, constitute, comprise)

해 흥미롭게도, 가장 많은 포도당을 소비하는 포유동물의 장기인, **즉**, 뇌와 근육은 매우 적은 포도당의 합성을 수행한다. 당신생성의 주된 부위는 간과 신장이며, 신체의 당신생성 활성의 약 90%와 10%를 각각 차지한다.

narrow

18

형 좁은

A red blood cell must squeeze through **narrow** blood capillaries without rupturing its membrane.

관 without ....ing ...하지 않고

해 적혈구세포는 자신의 막을 파열시키지 않고 찌그러져 **좁은** 모세혈관을 통과하여야 한다.

참 적혈구세포의 수명은 120일 정도이며, 세포막의 유동성이 우수하여 좁은 모세혈관을 지나가면서 찌그러져 통과할 수 있다. 이때 혈관벽과 마찰이 발생하며, 이러한 물리적 힘에 의해 오래 사용되어 손상된 세포막을 가진 적혈구는 차후에 비장spleen에서 제거된다.

타 좁게 만들다, 가늘게 만들다

Atherosclerosis **narrows** and blocks blood flow through coronary arteries.

해 죽상동맥경화증은 관상동맥을 통하여 흐르는 혈류를 **좁게 하여** 막게 된다.

자 좁아지다

About two-thirds of the way through the membrane, this channel **narrows** in the region of the selectivity filter, forcing the ion to give up its hydrating water molecules.

관 force(타) .... to 강압적으로 ....하게 만들다

해 막을 관통하는 통로의 약 2/3 쯤에서, 이 통로는 선택용 필터의 영역에서 **좁아져**, 그래서 이온이 자신을 수화하고 있던 물 분자들을 강제로 포기하도록 할 수 있게 된다.

narrowed

1

타 be ~ 좁아지다

When the carotid artery is **narrowed** more than 70-75% a surgical procedure, called carotid endarterectomy, has been shown to greatly decrease the risk of stroke due to carotid artery thrombus.

관 carotid artery 목동맥=neck artery, endarterectomy 경(목)동맥 내막절제술, due to ....의 결과로 =as a consequence

해 목동맥이 70-75% 이상 **좁아지게 될** 때, 목동맥 내막절제술이라 하는 수술법이 경동맥 색전으로 인한 뇌졸증의 위험성을 크게 감소시키는 것으로 보여 왔다.

native

216

형 타고난, 태생적인

The negative charge acquired on binding SDS is usually much greater than the charge on the **native** protein; this **native** charge is thus rendered insignificant.

관 insignificant 영향을 주지 않는=(not influential, unimportant)

해 SDS의 결합으로 얻어진 음의 전하는 태생의 단백질 상의 전하보다 일반적으로 훨씬 더 크다; 그

래서 이 **타고난** 전하는 영향을 주지 않게 된다.

natural 형 자연산, 자연 그대로의, 태어난 그대로의

57

Cholesterol is important in maintaining the fluidity of **natural** membranes, which appears to be essential for normal cell growth and reproduction.

해 콜레스테롤은 정상적인 세포성장과 생식에 필수적인 것으로 보이는 **자연산** 생체막의 유동성을 유지하는데 중요하다.

naturally 부 자연적으로, 생길 때부터

19

Angiogenesis can also be conveniently observed in **naturally** transparent structures such as the cornea of the eye.

관 conveniently 어려움 없이=without difficulty

해 혈관신생성은 또한 눈의 각막과 같은 **생길 때부터** 투명한 구조체에서 어려움 없이 관찰될 수 있다.

nature 명 1 자연

104

In **nature**, some plasmids confer resistance to toxins and antibiotics in the environment. In the laboratory, these DNA segments are especially amenable to experimental manipulation and are extremely useful to molecular geneticists.

관 confer(타) 부여하다=(give, bestow), resistance to ...에 대한 저항성, be amenable to ....하기 쉬운=be easy to

해 **자연**에서, 일부 plasmid들은 환경에서 존재하는 독소와 항생물질에 대한 저항성을 부여한다. 실험실에서는, 이들 DNA 조각은 특별히 실험적 조작이 쉽기 때문에 분자유전학자들에게 매우 유용하다.

2 기본적인 질, (행동으로 나타나는) 본질

Analysis of these mutants then reveals which genes are altered, and DNA sequencing identifies the precise **nature** of the changes.

관 reveal(타) 밝혀주다=(expose, disclose), identify(타) 찾아내도록 하다=recognize

해 이들 돌연변이체의 분석은 어느 유전자가 변경되었는지를 밝혀주고, 그리고 DNA 서열결정은 그 변화의 정확한 **본질**을 찾아내도록 한다.

3 by ~ 본질적으로

The enzyme must stabilize the transition-state complex more than it stabilizes the substrate complex. Put another way, enzymes are "designed" by **nature** to bind the transition-state structure more tightly than the substrate (or the product).

관 put another way 달리 말한다면, designed=(planned, intended)

해 효소가 기질복합체를 안정시킨다는 것보다는 틀림없이 전이상태 복합체를 안정화하는 것이다. 달리 말하면, **본질적으로** 효소들은 기질 (혹은 산물)보다 전이상태의 구조물과 더욱 강하게 결합하도록 "디자인되어"있다.

참 효소의 촉매력은 기질이 산물로 변화되는 과정에서 가장 불안정한 상태인, 즉 에너지 측면에서 볼 때 가장 높은 상태인 전이상태를 안정화시킬 수 있어서 가능하다. 그래서 기질의 전이상태의 구조와 결합력이 가장 강하다.

4 by one's very ~ 태어날 때부터, 본질적으로

By their very **nature**, cells maintain a very large amount of potential energy in the form of such concentration gradients. Sodium and potassium ion gradients across the plasma membrane mediate the transmission of nerve impulses and the normal functions of the brain, heart, kidneys, and liver, among other organs.

해 **태어날 때부터**, 세포들은 매우 큰 잠재적 에너지를 그러한 농도경사의 형태로 유지하고 있다. 세포막을 가로지르는 sodium과 potassium 이온경사가 신경임펄스의 전달과 그리고 뇌, 심장, 신장 및 간과 다른 장기들 사이의 정상적인 기능을 매개한다.

near

99

부 1 거의

For a biochemist, antibodies are **near-perfect** tools for isolating larger amounts of a protein of interest for further analysis.

해 어떤 생화학자에게, 항체는 더 자세한 분석을 위하여 관심있는 어떤 단백질의 더 많은 양을 분리하기 위한 **거의** 완벽한 도구가 된다.

2 ~ to ....가까이에 있는, 근처의

Structural features **near to** the RGD sequence in fibronectins and in other RGD-containing proteins enhance their binding to certain integrins.

해 Fibronectin과 다른 RGD를 함유하고 있는 단백질들에 존재하는 RGD서열 **근처의** 구조적인 일부 특성들이 어떤 integrin들과 그들의 결합을 증진시킨다.

참 RGD 서열 : fibronectin 단백질에 존재하는 Arg-Gly-Asp의 잔기로 구성된 서열로 integrin과의 결합을 매개하는 역할을 한다. 이 두 단백질은 세포외기질에서 서로 다른 세포 사이의 결합과 신호전달기능을 담당하고 있다.

3 ~er 더 가까이에서

Each band on the gel represents a different protein (or protein subunit); smaller proteins move through the gel more rapidly than larger proteins and therefore are found **nearer** the bottom of the gel.

해 겔 상의 각 띠는 서로 다른 단백질이나 (혹은 단백질 아단위체)를 대표한다; 더 작은 단백질일수록 큰 단백질보다 더 빠르게 겔을 통과하여 이동하기 때문에, 겔의 바닥 **더 가까이에서** 발견된다.

4 ~est to ....에 가장 가까이

In this Haworth representation, the molecule is viewed from the side and above the plane of the ring. By convention, the bonds **nearest to** the viewer are bold and thickened.

해 이 Haworth 표시법에서, 그 분자는 고리구조의 평면 옆과 위로부터 보인다. 관습적으로, 보는 사람에 **가장 가까이에 있는** 결합이 굵고 진해진다.

참 Haworth projection(투영법) : 분자의 입체구조를 표시하는 한 방법이다.

전 근처에

Cytochrome c is the only one of the cytochromes that is water soluble. Its structure, determined by X-ray crystallography, is globular; the planar heme group lies **near** the center of the protein, surrounded predominantly by hydrophobic protein residues.

해 Cytochrome c는 물에 용해되는 유일한 cytochrome 단백질이다. X-ray 결정법에 의하여 규명된 구조는 구형이다; 평면형 heme 작용기가 단백질의 중심 **근처에** 놓여 있으며, 주로 소수성 단백질잔기들에 의해 둘러싸여 있다.

참 cytochrome c : 미토콘드리아의 전자전달계에서 전자를 수송하는 단백질이며, 계획된 세포의 죽음apoptosis 과정에서 죽음을 유발시키는 중요한 인자이기도 하다. necessary 예문 참조

nearby

9

형 가까이 있는

Phosphatidylserine, a lipid on the inner leaflet of the cell membrane, is one of the phagocytic markers recognized by macrophages and other **nearby** phagocytic cells that engulf the apoptotic bodies.

해 세포막의 안쪽 면에 존재하는 지질인 phosphatidylserine은 압폽토시스의 몸체를 삼키는 거대식세포와 다른 **가까이에 있는** 포식세포들에 의해 인식되는 포식용 표식자들 가운데 하나이다.

부 가까이에

Secondary structure refers to the spatial arrangement of amino acid residues that are **nearby** in the sequence. The α helix and β strand are elements of secondary structure.

관 refer(자) to ....를 언급하다=mention

해 2차구조란 그 서열에서 **가까이에** 존재하는 아미노산잔기들의 공간적 배열상태를 말한다. α 나선 구조와 β 가닥구조들이 2차구조를 구성하는 요소이다.

nearly 부 거의

75

Naturally occurring unsaturated long-chain fatty acids are **nearly** all of the *cis* configuration, the molecules being "bent" 120 degrees at the double bond.

관 be *nearly all* of the *cis* configuration 거의 모두 *cis* 배열구조를 하고 있다

해 자연에서 존재하는 긴 사슬 불포화지방산들은 **거의** 모두 2중결합에서 120도로 "굽은" 분자인, *cis* 배열구조를 하고 있다.

참 지방산의 2중결합의 배열구조configuration : 불포화지방산의 2중결합은 *cis* 구조를 하며, 이중결합이 일어난 위치에서 지방산 사슬은 120도로 굽는다. 반면에 포화지방산은 *trans* 형의 구조를 하고 있어 직선형이다. 불완전 환원반응으로 생성되는 trans지방은 불포화지방임에도 불구하고 직선형을 하고 있다. room 참조.

necessarily 부 반드시, 필연적으로

18

Nitric oxide can readily cross cell membranes because it is a gas. As a result, its effect may not **necessarily** be limited to the neuron that synthesizes it.

관 cross(타) 지나가가=go from one side to the other, be limited to 국한되다=(be restricted to, be confined to), not .... necessarily 부분부정

해 산화질소는 기체의 일종이기 때문에 쉽게 세포막을 지나갈 수 있다. 그 결과로, 효과는 **반드시** 그것을 합성한 신경에만 국한되지 않을 수도 있다.

necessary 형 1 필요한, 필수의, 주요한

252

Cytochrome c is a **necessary** protein component of the mitochondrial electron transport chain that is loosely bound to the outside of the inner mitochondrial membrane. Its release initiates apoptosis.

해 Cytochrome c는 미토콘드리아의 내막 바깥쪽에 느슨하게 결합되어있는 전자전달전달계의 **필요한** 단백질 구성원이다. 그것의 유리는 압폽토시스를 개시하도록 한다.

2 if (when, where) ~ 필요하면

Dialysis can be used to remove the salt if **necessary**.

해 투석은 염을 제거하기 위하여 **필요하면** 사용될 수 있다.

necessity 명 필요성, 필연

7

The brain expresses the largest number of different cadherins, presumably owing to the **necessity** of forming many very specific cell–cell contacts to help establish its complex wiring diagram.

관 different=(various, distinctive), wiring diagram=전기배선도, owing to=(due to, because of)

해 뇌는 자신의 복잡한 연결배선도를 확립하는 것을 돕기 위하여 아마도 매우 많은 특이한 세포와 세포의 접촉을 형성해야 하는 **필요성** 때문에, 가장 많은 수의 다양한 cadherin을 발현하고 있다.

참 chadherin 단백질 : stabilization, diffuse 참조

need 명 필요, 요구 (복수가능)

95

Phosphorylation-dephosphorylation permits the functional properties of the affected enzyme to be altered only for as long as it serves a specific **need**.

관 permit(타) .... to=enable .... to, as long as ....하는 한, functional properties 기능성 특성

해 인산화와 탈인산화 반응은 영향을 받은 효소의 기능성 행동특성들이 그 효소가 어떤 특이한 **요구**에 봉사하는 동안에 한해서만 변형되는 것을 가능하게 한다.

타 1 필요로 하다

The expression of various lipoprotein receptors by different tissues also ensures that lipids are delivered to cells that **need** and can use them.

관 various 여러=different, ensure(타) 보장하다=make certain, be delivered to ....로 전달되다

해 여러 조직에 의한 다양한 지질단백질 수용체들의 발현은 지질이 자신들을 **필요로 하여** 사용할 수 있는 세포로 전달되는 것을 보장한다.

2 ~ to ....할 필요가 있다

Cells **need** to break down worn-out or obsolete parts into small molecules that can be discarded or recycled. This housekeeping task is assigned largely to lysosomes, organelles crammed with degradative enzymes.

관 break down 분해하다=devide into parts, worn-out parts 낡아 못쓰게 된 부속품들, obsolete 불완전하게 형성된=(imperfectly developed, out of date), be assigned to ....에 할당되다, be crammed with 빽빽하게 채워지다=be packed together tightly, housekeeping task 일상의 작업 =the routine tasks that must be done in order for a system to function or to function efficiently

해 세포는 낡아 못쓰게 되었거나 혹은 불완전하게 형성된 부속품을 폐기되거나 재활용될 수 있는 작은 분자들로 작게 분해**할 필요가 있다**. 이 일상작업은 분해효소들로 빽빽하게 채워져 있는 소기관인 lysosome에 주로 할당된다.

needed

83

타 be ~ ....가 필요하다

A proton-motive force of approximately -250 mV is **needed** to achieve ATP synthesis. This proton-motive force, Δp, is composed of a membrane potential, $\Delta\psi$ and a pH gradient, ΔpH.

해 대략 -250 mV의 양성자 구동력이 ATP 합성을 달성하는**데 필요하다**. 이 양성자 구동력 Δp는 막전위 $\Delta\psi$ 와 pH 경사인 ΔpH로 구성되어있다.

참 proton-motive force : 양성자구동력, collectively, force 참조

negative

591

형 1 음의 값인

If the free energy ΔG is **negative**, the forward reaction from left to right as written will tend to occur spontaneously.

해 자유에너지 ΔG가 **음의 값**이면, 기술된 것처럼 왼쪽에서 오른쪽으로 정방향 반응이 자발적으로 일어날 것이다.

2 ....이 없는, 기능하지 않는, 존재하지 않는

An E-cadherin **negative** mammary carcinoma cell line was transfected with the mutant E-cadherin genes A (part a in the figure) and B (part b) and the wild-type E-cadherin gene (black circles) and compared to untransfected cells (open circles) in an aggregation assay.

관 be compared to .... 에 비교되다, an aggregation assay 응집분석실험

해 E-cadherin**이 없는** 유선암종의 세포주가 돌연변이된 E-cadherin 유전자 A (그림에서 part a)와 유전자 B (part b) 및 야생형 E-cadherin유전자 (검은색 원)로 감염전달되고 그리고 응집분석실험으로 감염전달되지 않은 세포 (빈 원)와 비교되었다.

3 억제하는, 억제용의

This protein kinase A(PKA)-associated protein mAKAP anchors both PKA and cAMP phosphodiesterase (PDE) to the nuclear membrane, maintaining them in a **negative** feedback loop that provides close local control of the cAMP level.

관 anchor(타) .... to .... 에 고정하다=attach firmly .... to

해 이 단백질인산화효소 A (PKA)와 결합된 단백질인 mAKAP는 PKA와 cAMP phosphodiesterase (PDE) 둘 모두를 핵막에 고정시켜, 그 결과 cAMP 수준의 가까운 지역적인 조절을 제공하는 **억제용** 되먹임회로에서 이것들을 유지하도록 한다.

참 Protein kinase A와 PDE 효소는 mAKAP 단백질과 결합하여 세포막에 부착하여 cAMP에 의한 신호전달을 국소적으로 조절할 수 있다. 즉 cAMP가 PKA를 활성화하면 촉매 아단위체가 유리되어 PDE를 인산화하게 되고, 이것이 cAMP의 분해를 촉진하게 된다.

4 dominant ~ 저해형이 우성이 되는

A dominant mutation in one allele may lead to a structural change in the protein that interferes with the function of the wild-type protein encoded by the other allele. This type of mutation, referred to as a dominant **negative**, produces a phenotype similar to that obtained from a loss-of function mutation.

관 lead to ....의 결과를 만들다, interfere with ....를 방해하다, be referred to as ....라고 하다=(be called, be termed), dominant negative mutation저해형이 우성이 되는 돌연변이

해 한 쪽의 대립유전자에서의 우성돌연변이는 나머지 대립유전자에 의해 인코딩된 야생형 단백질의 기능을 방해하는 단백질의 구조적 변화를 유발하는 결과가 될 수도 있다. 이 형태의 돌연변이는 **저해형이** 우성이 되는 돌연변이라 하며, 기능소실 돌연변이로부터 얻어지는 것과 유사한 표현형을 생산한다.

참 dominant negative mutation : 어떤 단백질을 발현하는 정상의 유전자의 수준보다 더 많은 양의 돌연변이 유전자가 발현되면, 돌연변이된 단백질이 양적으로 많이 존재하여 정상 단백질의 기능을 억제할 수 있게 된다. 즉 저해형negative이 우성dominant이 되는 돌연변이라는 의미가 된다.

negatively 부 억제하는 방향으로

102

Chronic lymphoblastic leukemia(CLL) tumors are attributable to a failure of cell death. Another dozen or so proto-oncogenes that are normally involved in **negatively** regulating apoptosis have been mutated to become oncogenes.

관 chronic lymphoblastic leukemia 급성림프모구성 백혈병, be attributable to ....에 기인하다, dozen or so 수십여 개

해 급성 림프모구성 백혈병 (CLL) 종양은 세포죽음의 실패에 기인한다. 아폽토시스를 **억제하는 방향으로** 조절하는데 정상적으로 관여하던 또 다른 수십 여종의 원발암유전자들이 변이되어와 발암유전자들이 된 것이다.

negatively charged, negatively stained

해 음전하로 하전된, 대조 염색된

참 negative staining : 염색은 일반적으로 보려는 물체 자체를 염색하는 것이지만 (positive staining), 이에 반해 대상의 배경을 염색하여 물체를 잘 보이도록 하는 방법도 쓰이는데, 이를 대조염색 (negative staining)이라 한다.

negligible 형 무시해도 좋은, 극히 적은

42

If the intake of fuels is consistently lower than energy expenditure, there will be **negligible** fat and carbohydrate reserves, and amino acids arising from protein turnover will be used for energy rather than replacement for protein synthesis, leading to emaciation and eventually death.

관 negligible 극히 적은=insignificant, emaciation 마름=(leanness, thinness)

해 연료물질의 섭취가 에너지 사용량보다 꾸준히 더 낮다면, **극히 적은** 지방과 탄수화물의 비축이 있을 것이며, 그리고 단백질의 대사순환으로부터 유래된 아미노산들은 단백질합성을 위한 교체용보다는 에너지로 사용될 것이기 때문에, 그 결과 쇠약해져 궁극적으로 죽음에 이를 수도 있다.

neighbor 명 이웃, 가까이 있는 것

21

Because second messengers can be transferred between cells through gap junctions, hormonal stimulation of one cell can trigger a coordinated response by that same cell and many of its **neighbors**.

관 gap junction 교통연접, coordinated 일치된=(matched, suited)

해 2차전령은 교통연접을 통하여 세포들 사이에서 이동될 수 있기 때문에, 한 세포에 대한 호르몬의 자극은 바로 동일한 세포와 **이웃에 있는** 많은 세포들에 의한 일치된 반응을 촉발할 수 있다.

neighboring 형 (같은 종류로써) 이웃하고 있는, 인접해 있는

14

Apoptotic cells break apart without spewing forth cell constituents that might harm **neighboring** cells. Cells undergoing programmed cell death (apoptosis) form numerous surface blebs that eventually are released.

관 break apart 떨어져 나가다=be separated from one another, spew(타) 뿜어내다=eject forcefully, harm(타) 해를 끼치다, bleb 방울=bubble

해 계획된 죽음이 진행되는 세포들은 **이웃하고 있는** 세포들에게 해를 끼칠 수도 있는 세포의 내용물을 뿜어내지 않으면서 떨어져 나간다. 프로그램화된 세포의 죽음 (압폽토시스)를 수행하고 있는 세포들은 궁극적으로 방출되는 여러 개의 표면의 방울들을 형성한다.

참 *Neighboring* places or things are near other things of *the same kind.* 같은 종류의 다른 것들이 가까이에 접근된 상태를 표현할 때 사용된다.

neither

143

형 (둘 중의) 어느 것도 아닌

Neither parent exhibits clinical signs of thalassemia.

관 exhibit(타) 보여주다=show, clinical sign 임상증상

해 부모 **둘 중 어느 분도** thalassemia의 임상적 증상을 보이지 않는다.

대 (둘 중의) 어느 것도 아닌 것

Structures of the blood group substances are the same except that type A has N-acetylgalactosamine at the nonreducing end, type B has galactose, and type O has **neither**.

해 혈액형을 결정하는 물질의 구조가 비환원 말단에서 A형은 N-acetylgalactosamine을 가지고 있고, B형은 galactose를 가지고 있고, 그리고 O형은 **둘 중 어느 것도** 가지지 **않는 것**을 제외하고는 모두 같다.

참 혈액형 : 적혈구세포의 표면에 노출되어있는 당단백질의 당기들이 서로 다른 항원분자를 만들기 때문에 서로 다른 혈액형을 가지게 된다. O형은 이러한 당기의 항원분자들을 가지고 있지 않으며 그래서 표시"O"는 "없다"는 것을 의미로 사용된 것이다.

접 neither ~ nor ....도 ....도 ....아니다

In the absence of growth factors, cultured G_0 cells express neither cyclins **nor** CDKs; the absence of these critical proteins explains why G_0 cells do not progress through the cell cycle and replicate.

해 성장인자들이 없는 상태에서, 배양되는 G_0세포는 cyclin**도** CDK**도 어느 것도** 발현하지 **않는다**; 따라서 이들 중요한 단백질이 없는 것은 왜 G_0세포들이 세포주기를 쭉 계속 진행하여 복제하지 않는가에 대한 이유가 된다.

부 또한 .... 하지 않다

When plated in HAT medium, the unfused cells do not grow; **neither** do the mutant myeloma cells, because they cannot make purines through an HGPRT-dependent metabolic "salvage" pathway.

관 plate(타) 뿌려지다=cover with a thin layer of cells, neither=also not, myeloma 골수종

해 융합되지 못한 세포들이 HAT 배양액에 뿌려지면, 자라지 않는다; 돌연변이된 골수종세포들도 **또한** 자라지 **않는다**, 왜냐하면 그들은 HGPRT의존성대사 "재생"경로를 통하여 퓨린을 만들지 못하기 때문이다.

참 HAT 배양액 : isolate 참조

nervous

107

형 신경의, 신경조직으로 된

Both of human T-cell lymphotrophic virus (HTLV) and human immunodeficiency virus (HIV) can infect only specific cell types, primarily certain cells of the immune system and, in the case of HIV, some central **nervous** system neurons and glial cells.

해 사람 T-세포 림프모구성 바이러스 (HTLV) 와 사람의 면역결핍 바이러스 (HIV) 모두는 단지 특이한 종류의 세포에만 감염할 수 있으며, 주로 면역계의 세포에 감염할 수 있으며 그리고 HIV의 경우에는, 일부 중추**신경**계의 신경세포와 아교세포에도 감염할 수 있다.

neural

130

형 신경계의, 신경의

Defective **neural** protein (huntingtin) may assemble into aggregates causing damage to **neural** tissue.

관 assemble(자) 조립되다=gather together, damage to ....에 손상, cause(타) ....의 원인이 되다=be the cause of

해 결함이 있는 **신경계의** 단백질 (huntingtin)은 신경조직에 손상의 원인이 되는 응집체들로 조립될 수도 있다.

참 huntingtin 단백질 : Huntingon 병의 원인이 되는 단백질로 분자량이 350 kDa로 3144개의 아미노산잔기들로 구성되어있지만 그 크기의 변화가 심하다. 이 변화는 단백질 속의 glutamine 잔기의 수에 달려는데, 정상 단백질에서는 6-35개가 있지만, Huntington병 단백질에서는 36개 이상에서 최대 250개까지 있는 것으로 알려져 있다

neurologic 형 신경성의, 신경계의, 신경학의

neurological

Beriberi, a **neurologic** and cardiovascular disorder, is caused by a dietary deficiency of thiamine (also called vitamin B1).

61

관 be caused by ....에 의해 초래되다

해 베리베리는 **신경성** 및 심혈관계 질환으로 음식물 속의 티아민 (또한 비타민 B1이라함)의 결핍에 의하여 초래된다.

참 Beriberi : 쌀눈에 많은 thiamine (비타민 B1)의 결핍에 의하여 나타나는 신경성 및 심혈관계 질환이다. 주로 신경성 질환으로 나타나는 이유는 신경조직 이외의 다른 조직들은 지방산도 에너지원으로 사용하지만, 신경세포의 주된 연료물질이 glucose이기 때문이다. 비타민 B1은glucose 분해산물이 TCA 회로로 진입하도록 하는 효소인 pyruvate dehydrogenase의 보조효소이므로 이것이 결핍되면 이 효소의 기능이 떨어져 에너지의 생산효율이 감소된다.

neuronal 형 신경세포의, 신경의

224

Neuronal cell bodies can also form synapses and thus receive signals.

해 **신경**세포의 몸체도 또한 시냅스를 형성할 수 있어서 신호를 받아들일 수 있다.

neuron 명 신경세포, 신경계의 최소단위

283

Most **neurons** have multiple dendrites, which extend outward from the cell body and are specialized to receive chemical signals from the axon termini of other **neurons**. Dendrites convert these signals into small electric impulses and conduct them toward the cell body.

관 dendrite 가지돌기, axon terminus 축삭말단, extend(자) outward 밖으로 뻗다, be specialized to ...하도록 전문화되다

해 대부분의 **신경세포**들은 세포 몸체로부터 밖으로 향하여 뻗어있으며 그리고 다른 **신경세포**의 축삭말단으로부터 오는 화학신호를 받아들이도록 전문화되어있는 여러 개의 가지모양의 돌기를 가지고 있다. 가지돌기는 이 신호를 작은 전기적 충격신호로 전환하여 세포의 몸체로 전도한다.

neutral 형 중성의

87

Most receptors, including the M6P receptor and cell-surface receptors for LDL particles and asialoglycoprotein, bind their ligands tightly at **neutral** pH but release their ligands if the pH is lowered to 6.0 or below.

해 M6P수용체 그리고 LDL알갱이와 asialoglycoprotein의 세포 표면수용체를 포함하는 대부분의 수용체들은 **중성** pH에서 자신의 리간드와 단단하게 결합하지만, pH가 6.0이나 혹은 그 이하로 낮아지면, 리간드를 유리시킨다.

참 asialoglycoportein : 이 단어에서 a-는 '제거된' 혹은 '없는'의 의미로, sialic acid가 없어진 당단백질이라는 뜻이 된다. 이 sialic acid가 제거된 후 다음 당기가 노출되면 혈액에 순환 중이던 당단백질이 수용체에 의해 인지되어 혈액으로부터 제거된다.

neutralization 명 중성화

10

Basic amino acids such as lysine and arginine provide charge **neutralization** for the negative charges of glycosaminoglycan residues.

해 Lysine과 arginine 같은 염기성 아미노산은 glycosaminoglycan 잔기의 음전하에 대하여 전하 **중성화반응**을 한다.

neutralize 타 중성화하다

11

This binding is postulated to **neutralize** the charge repulsion between tubulin subunits within a microtubule, thereby stabilizing the polymer.

관 charge repulsion 전하 반발력, stabilize(타) 안정화하다, be postulated ....인정되다; 가정되다

해 이 결합은 미세소관 속의 tubulin 아단위체 사이의 전하 반발력을 **중성화하며**, 그것으로 인해 그 중합체를 안정화할 수 있는 것이 가정된다.

neutralized

타 be ~ 중화되다

27

When the stomach contents are released into the lumen of the small intestine, gastric acid **is neutralized** by bicarbonate secreted from pancreatic cells and by cells in the intestinal lining.

해 위 속의 내용물이 소장의 내강으로 방출될 때, 위산은 췌장세포로부터 그리고 소장의 피폭에 존재하는 세포들에 의하여 분비된 중탄산염에 의하여 **중화된다**.

never

부 결코 .... 아니다

30

Body cells that do not contribute to offspring are called somatic cells. Mutations that occur in these cells **never** are inherited, although they may contribute to the onset of cancer.

관 never=not at all, contribute to=(donate to, help to cause), be inherited 유전되다, onset of cancer 암의 발병

해 자손을 낳는데 이바지하지 않는 신체세포들이 체세포라 한다. 이들 세포에서 발생하는 돌연변이는 비록 암 발병의 원인이 될 수도 있지만, **결코** 유전되지 **않는다**.

nevertheless

부 1 그럼에도 불구하고, 그렇지만

69

DNA repair mechanisms correct much of DNA damage, but, **nevertheless**, many gene alterations are passed to daughter cells.

관 correct(타) 수정하다=make right, be passed to ....로 전달되다

해 DNA수리기전들은 많은 DNA 손상을 수정하지만, 그러나 **그럼에도 불구하고**, 많은 유전자 변형들이 딸세포로 전달된다.

2 그럼에도 불구하고

Catalytic antibodies generally do not approach the catalytic efficiency of enzymes, but medical and industrial uses for them are **nevertheless** emerging.

관 approach ....에 가깝게 되다=come close to (모양, 질, 조건에서), emerge(자) 나타나다

해 촉매항체들은 일반적으로 효소의 촉매효율에는 미치지 않지만, 그러나 **그럼에도 불구하고** 그것들을 위한 의료 및 산업적 용도가 나타나고 있다.

참 촉매항체catalytic antibody : 일종의 사람이 만들어낸 촉매능력을 가진 항체분자이다. 생체촉매인 효소는 기질의 전이상태의 구조와 가장 친화력이 가장 커서 결합하여 안정화하여 촉매반응을 수행한다. 따라서 전이상태와 유사한 구조를 한 대체물질을 항원결정기epitope로 하여 항체를 만들면 대체물과 유사한 구조를 한 기질에 대하여 효소활성을 가지게 되는데, 이것을 촉매항체라 한다.

next

형 (시간적, 공간적인 순서) 다음의

235

Each region of myelin formed by an individual glial cell is separated from the **next** region by an unmyelinated area of axonal membrane about 1 μm in length called the node of Ranvier.

해 개별 아교세포에 의하여 형성된 수초myelin의 각 영역은 말이집으로 덮이지 않은 축삭 막의 길이 약 1 μm의 랑비에 마디node of Ranvier라고 불리는 지역에 의하여 **다음의** 영역으로부터 분리되어있다.

부 1 다음에

If the acyl groups are long enough, these molecules are insoluble in water even though they contain three polar ester bonds. Fatty acyl groups also form the hydrophobic portion of phospholipids, which we discuss **next**.

관 be .... enough 충분히 ....하다

해 만약에 acyl기들이 충분히 길면, 비록 이들 분자가 3개의 극성인 에스테르결합을 함유하고 있다

고 하더라도 물에 불용성이다. 지방산의 acyl기는 또한 인지질의 소수성 부분을 형성하는데, 우리는 **다음에** 논의하기로 한다.

2 ~ to .... 바로 곁에, ... 다음에

The interaction of anchoring protein AKAP15 with PKA localizes PKA **next to** these Ca^{2+}-channels, thereby reducing the time that otherwise would be required for diffusion of PKA catalytic subunits from their sites of generation to their Ca^{2+}-channel substrate.

해 고정용 단백질 AKAP15와 PKA의 상호결합은 PKA를 이 Ca^{2+}통로단백질 **바로 곁에** 위치하도록 하여, 그로인해 그렇지 않았다면 PKA의 촉매 아단위체의 생성부위로부터 기질인 Ca^{2+}통로까지 PKA의 촉매 아단위체의 확산에 필요로 하였을 시간을 줄일 수 있게 된다.

대 다음의 것

DNA and RNA are long linear polymers, called nucleic acids, that carry information in a form that can be passed from one generation to the **next**.

관 carry(타) .... in a from that ....의 어떤 형태로 ....를 담다

해 DNA와 RNA는 한 세대에서 **다음의 세대**로 전달될 수 있는 어떤 형태로 정보를 담고 있는 긴 직선형의 중합체로 핵산이라고 한다.

none

143

대 1 아무것도

The cell body contains the nucleus and is the site of synthesis of virtually all neuronal proteins and membranes. Some proteins are synthesized in dendrites, but **none** are made in axons or axon terminals.

해 세포몸체는 핵을 가지고 있어서 실제적으로 모든 신경의 단백질과 막의 합성부위가 된다. 일부 단백질들은 가지돌기에서도 합성되지만, 그러나 축삭이나 혹은 축삭 말단부에서는 **아무것도** 만들어지지 않는다.

2 ~ of 복수 아무것도 .... 않다

However, **none** of these three ways of representing protein structure convey much information about the protein surface, which is of interest because it is where other molecules bind to a protein.

관 represent(타) 보여주다, convey(타) 전달하다=(carry, transport), of interest=interesting

해 그러나 단백질구조를 보여주는 이들 3가지 방법 중 **어느 것도** 다른 분자들이 단백질과 결합하는 장소이기 때문에 관심이 가는 단백질 표면에 관한 많은 정보를 전달하지는 **않는다**.

3 ~ of 단수 조금도 .... 않다

Newborn infants ingest up to 1 g galactose per kg per feeding (as lactose). Yet the rate of metabolism is so high that the blood level in the systemic circulation is less than 3 mg/dL, and **none** of the galactose is lost in the urine.

해 신생아들은 한 번의 수유마다 (젖당으로써) Kg 당 galactose 1 g까지 섭취한다. 그러나 여전히 대사속도가 매우 높아서 전신적인 순환에서 혈중 수준은 3 mg/dL 이하로 되고, 그리고 그 galactose 가운데 **조금도** 소변으로 소실되지 **않는다**.

nonetheless

37

부 그럼에도 불구하고

Hydrogen bonds are relatively weak interactions, which **nonetheless** are crucial for biological macromolecules such as DNA and proteins.

관 be crucial for ....에 중요하다, nonetheless 그럼에도 불구하고=nevertheless

해 수소결합은 비교적 약한 상호결합이다, **그럼에도 불구하고** DNA와 단백질과 같은 생체의 거대분자들에게 중요하다.

nor

143

접 1 neither (or not) .... ~ ....도 ....또한 ....하지 않다

If the gene for the enzyme of interest has been cloned, it generally is possible to produce large quantities of its encoded protein in *Escherichia coli* or yeast. However, not all animal proteins can be expressed in active form in microbial cells, **nor** do microbes perform certain posttranslational processing tasks.

해 관심이 있는 효소의 유전자가 클로닝되어있는 상태라면, 일반적으로 대장균이나 효모에서 많은 양의 인코딩된 단백질을 생산하는 것은 가능하다. 그러나 모든 동물의 단백질들이 미생물세포에서 활성형으로 발현될 수는 **없으며**, **또한** 미생물은 어떤 번역후처리 업무들**도** 결코 수행하지 **않는다**.

2 not ...... ~ ....도 아니다

DNA microarray analysis measures only transcription, not RNA splicing or translation into protein; **nor** are protein localization and modification and protein–protein associations assessed by this technology.

해 DNA microarray 분석은 단지 전사반응만을 측정하고, RNA 스프라이싱 혹은 단백질로의 번역반응은 측정하지 않으며; 단백질의 지역화 및 변형 그리고 단백질과 단백질의 결합반응**도** 이 기술에 의하여 분석되지 **않는다**.

normal 형 정상의

1155

At **normal** systemic-blood glucose concentrations (4.5–5.5 mmol/L), the liver is a net producer of glucose. However, as the glucose level rises, the output of glucose ceases, and there is a net uptake.

관 normal 정상의≠abnormal, rise(자) 상승하다≠fall, cease(자) 중단되다

해 몸 전체의 **정상** 혈당농도 (4.5-5.5 mmol/L)에서, 간만이 포도당의 순 생산체이다. 그러나 포도당 수준이 상승하면서, 포도당의 생산은 중단되고 흡수만 일어난다.

normally 부 정상적으로, 보통으로

63

Overproduction of Mdm2, a protein that **normally** inhibits the activity of p53, occurs in several cancers (e.g., sarcomas) that express normal p53 protein.

해 **정상적으로** p53의 활성을 저해하는 단백질인 Mdm2의 과량생산이 정상 p53 단백질을 발현하는 몇 종의 암 (예, 육종암)에서 일어나고 있다.

참 Mdm2 단백질 : p53 단백질을 다중유비퀴틴화polyubuquitination하여 불활성화한다. 그러므로 Mdm2가 과량으로 발현되면 p53단백질을 모두 분해하여 종양억제단백질의 역할을 할 수 없도록 하기 때문에 종양이 발생하게 된다.

notable 형 주목할 만한, 유명한

25

Certain amino acids and their derivatives, although not found in proteins, nonetheless are biochemically important. A few of the more **notable** examples are shown in Figure 4. (aminobutyric acid, histamine, serotonin etc)

관 derivative 유도체, notable주목할 만한=(remarkable, noteworthy, famous)

해 어떤 아미노산들과 그 유도체들이 비록 단백질에서는 발견되지 않지만, 그럼에도 불구하고 생화학적으로 중요하다. 몇 가지 더 **주목할 만한** 예가 그림 4에서 보인다. (aminobutyric acid, histamine, serotonin 등)

notably 부 그 중에서도 특히

56

Cell birth, lineage, and death lie at the heart of the growth of an organism and are also central to disease processes, most **notably** cancer.

관 at the heart of ....의 핵심에, most 부사의 최상급, be central to ....에 중요하다

해 세포의 탄생, 계통화, 그리고 죽음은 한 생명체의 성장의 핵심에 있으며 또한 질병의 과정들 **그 중에서도 특히** 암에 중요하다.

note 타 1 주목하다, 주의하다

190

Table 2 lists the dielectric constants of some common liquids. **Note** that the dielectric constant for water is more than twice that of methanol and more than 40 times that of hexane.

관 list(타) 목록으로 나열하다, note(타)=(notice, pay attention to)

해 표 2는 일부 흔히 사용되는 액체의 유전상수들을 목록으로 나열하고 있다. 물의 유전상수가 메탄올의 값보다 2배 이상이고 헥산의 값보다 40배 이상이 된다는 사실에 **주목하세요.**

2 (감정, 인상, 분위기) ....라고 말하다, 지적하다

He **notes** discomfort and fullness in the left upper quadrant of his abdomen.

관 note(타) 지적하다=refer to

해 그는 자신의 복부 왼쪽의 상부 사분역에서 불편함과 팽만감을 **지적하고 있다**

noted
129

타 1 be ~ 간단히 언급되다, 지적되다

The polar, uncharged amino acids are usually more soluble in water than the nonpolar amino acids. Several exceptions should be **noted**. Tyrosine displays the lowest solubility in water of the 20 common amino acids (0.453 g/L at 25°C).

해 극성이지만 전하를 띠지 않은 아미노산은 일반적으로 비극성 아미노산들보다 물에 더 잘 녹는다. 몇 가지 예외사항이 **지적되어야 한다**. 티로신은 20종의 아미노산들 중에서 물에서 가장 낮은 용해도 (0.453 g/L at 25°C)를 나타낸다.

2 as ~ 언급되었듯이

As **noted** earlier, the AUG codon for methionine functions as the start codon in the vast majority of mRNAs.

해 이미 **간단히 언급되었듯이**, 메티오닌에 대한 AUG 유전부호는 대부분의 mRNA에서 개시부호로써 기능한다.

3 be ~ to ....것으로 잘 알려져 있다, ...것으로 유명하다

Cultured cells from patients with the disease were **noted** to take up exogenously added lysosomal enzymes obtained from normal subjects, indicating that the cells contained a normal receptor on their surfaces for endocytic uptake of lysosomal enzymes.

관 subject 실험대상, exogenously 외부에서=from an external source, endocytic uptake 세포내이입에 의한 섭취, take up 흡수하다

해 그 질병을 앓고 있는 환자로부터 배양된 세포들이 정상인 실험대상으로부터 채취한 외부에서 첨가된 lysosome의 효소들을 흡수한다는 것은 **잘 알려져 있다**, 이 사실은 그 세포들이 lysosome의 효소들의 세포내이입을 통한 흡수에 사용되는 정상인 수용체를 표면에 함유하고 있음을 지적한다.

참 정상세포의 lysosome 추출물을 질환을 앓고 있는 환자에서 채취하여 배양한 세포에 첨가하여 보니, 세포내이입반응을 통하여 질환세포로 정상적으로 흡수되는 것을 알 수 있었다. 이 실험결과는 질환세포가 lysosome 효소들의 표적화에 참여할 있는 수용체를 정상적으로 발현하고 있지만, 세포내에서 표적화 과정에서 사용되는 인식용 표식자인 mannose-6P를 부가하는 효소가 결여되어있음을 보여주었다.

4 be ~ to ....한 것이 잘 나타나다, 보이다

He notes discomfort and fullness in the left upper quadrant of his abdomen. On physical examination, he is **noted** to be pale and to have ecchymoses (bruises) on his arms and legs. His spleen is markedly enlarged.

관 note(타) 지적하다=(refer to, mention), be noted 나타나다=(be shown, be indicated)

해 그는 자신의 복부 왼쪽 상부의 사분역에서 불편함과 팽만감을 *지적하였다*. 검진에서, 그는 창백하였고 팔과 다리에 피멍을 가지고 있음이 **잘 보였다**. 비장은 현저하게 커져있는 상태이다.

notice
4

타 1 알아차리다, 주목하다

The glucogenic and ketogenic amino acids are also delineated in the figure, by color shading. **Notice** that five of the amino acids are both glucogenic and ketogenic.

관 notice(타) 주목하다=be aware of, delineate(타) 표시하다=(represent, describe), glucogenic 포도당으로 전환될 수 있는, ketogenic 케톤체로 변환되는

해 포도당으로 전환될 수 있는 아미노산과 케톤체로 변환되는 아미노산들이 그림에서 색입힘에 의

해 표시되었다. 아미노산 가운데 5종이 glucogenic이기도하고 ketogenic이기도 한 것에 **주목하세요**.

2 알아차리다, 인지하다

While reading a blood test, I **notice** a high level of creatinine, I could assume from this that there is a possibility of kidney failure.

관 notice(타) 알아차리다=(perceive, detect), blood test 혈액검사, kidney failure 심부전

해 혈액검사의 결과를 읽고 있는 도중에, 나는 creatinine의 높은 수준을 **알아차리고**, 이 결과로부터 신부전의 가능성이 있음을 추정할 수 있었다.

참 creatinine : marker 참조

noticed

18

타 be ~ 알려지다, 인지되다

Many genetic disorders are **noticed** at birth, but some may not be **noticed** until years later.

해 많은 유전질환들은 태어 날 때 **알려지지만**, 그러나 일부는 몇 년이 지난 후까지도 **인지되지 않는 수**도 있다.

noticeable

11

형 감지할 수 있는, 눈에 띄는

Drugs used in cancer chemotherapy frequently cause a temporary loss of hair, **noticeable** on the head and eyebrows, because they kill all rapidly dividing cells, not just the cancerous ones.

관 chemotherapy 화학요법, cause(타) 초래하다, not just ....꼭 ...만이 아니고

해 암 화학요법에 사용되는 약물들은 머리와 눈썹에서 **눈에 띄는** 일시적인 모발의 소실을 빈번하게 일으킨다, 왜냐하면 그들이 꼭 암의 특성을 가진 세포만이 아니고 빠르게 분열하는 모든 세포들을 죽이기 때문이다.

참 암 화학요법제 : 주로 세포의 DNA 복제를 저해하여 세포의 분열을 억제하는 약물들이다. 가장 널리 사용되는 약물인 5-FU (5-fluorouracil)는 dTTP pyrimidine nucleotide의 합성을 촉매하는 효소 thymidylate syntase을 비가역적으로 저해한다. 그러므로 암세포뿐만 아니라 분열이 왕성하여, DNA 복제가 일어나는 정상세포에게도 영향을 줄 수 있다. 그러나 최근에 사용되는 특허약인 글리벡Gleevec이나 이레사Iressa 등은 특정한 암세포만의 성장을 특이적으로 저해할 수 있기 때문에 이와 같은 부작용이 적다. 반면에 연간 약 4만 달러 정도의 약값이 들어 매우 비싸다.

noticeably

7

부 확실하게, 눈이 띄게, 느낄 수 있을 정도로

The muscles will eventually stop contracting until the breakdown of lactic acid is sufficient to allow for movement once again. People experience this most **noticeably** when they repeatedly lift heavy things such as weights or sprint for a long distance.

관 stop ....ing ....하다가 중단하다, repeatedly 반복적으로, weight lifting 역도, sprint(자) 전속력으로 뛰다

해 젖산의 분해가 운동을 다시 가능하도록 하기에 충분해 질 때까지, 근육은 궁극적으로 수축하다가 중단할 것이다. 사람들이 역도와 같이 무거운 물건을 반복적으로 들어 올리거나 혹은 먼 거리를 전속력으로 뛰거나 할 때, 이러한 현상을 가장 **확실하게** 경험하게 된다.

참 무산소 운동 : 순간적으로 많은 에너지가 필요한 상태에서, 포도당이 젖산으로 분해되어 방출하는 에너지를 사용하며, 이 과정을 무산소 운동이라 한다. 따라서 무산소 운동을 계속하면 근육에 많은 젖산이 축적되어 pH를 떨어뜨리게 되고 그 결과 근수축에 참여하는 여러 단백질들의 활성을 저하시키기 때문에 피로감fatigue을 느끼게 한다.

notion

57

명 생각, 개념

A large body of literature supports the **notion** that a deranged intracellular Ca^{2+} signaling occurs in Alzheimer's disease and may be involved in the deregulation of amyloid precursor protein processing and neurodegeneration.

관 literature 전문문헌, notion 개념=(idea, concept), deranged 균형이 깨진=(unbalanced, crazy), be involved in 연루되다, neurodegeneration 신경퇴화반응

해 많은 전문문헌들은 어떤 균형이 깨진 세포내의 Ca^{2+}의 신호전달반응이 알쯔하이머 병에서 발생하여 아밀로이드 전구체 단백질의 처리과정의 조절불능과 신경의 퇴화반응에 연루될 수도 있다는 **개념**을 지지하고 있다.

novel 형 새로운, 신기한, 기발한

446

In 1961, Peter Mitchell proposed a **novel** coupling mechanism involving a proton gradient across the inner mitochondrial membrane.

해 1961년에, 피터 미첼은 미토콘드리아의 내막을 가로질러 형성된 양성자의 농도구배를 포함하는 하나의 **새로운** 통합기전을 제안하였다.

now 부 1 이제, 지금, 현재

143

Recombinant DNA technology can detect a number of genetic diseases that previously could only be diagnosed after symptoms appeared. Diagnosis of these diseases can **now** be made with considerable accuracy even before birth, and carriers of these diseases also can be identified.

관 detect(타) 감지하다=discover, with considerable accuracy 상당한 정확도로

해 재조합DNA기술은 증상이 나타난 후에만 진단될 수 있었던 많은 유전질환들을 감지할 수 있게 되었다. **이제** 이들 질병의 진단은 심지어 태어나기 전이라도 상당한 정확도로 가능하게 되었으며, 그리고 이들 질병의 보인자들 또한 발견될 수 있게 되었다.

2 ~ (that) ....이래로, (이제는) ....때문에

Now that many thousands of proteins have been sequenced, it has become obvious that certain protein sequences that give rise to distinct structural domains are used over and over again in modular fashion.

관 now that ....때문에=(since, because), give rise to ....로 되다=lead to, over and over agin 반복되어, in .... fashion .... 방식으로

해 **이제** 수 천여 종의 많은 단백질들의 서열이 결정되었기 **때문에**, 독특한 구조도메인으로 되는 어떤 단백질 서열이 모듈방식으로 반복되어 사용된다는 사실은 명확하게 되었다.

참 Module (모듈) : module 참조

2 every ~ and then (again) 때때로, 가끔

Every **now** and then we all feel a little blue, these feelings can be caused by losing a loved one. Clinical depression goes much further than just feeling down. Depression has many symptoms, including lack of energy, abnormal eating habits and sleeping problems.

관 feel blue 우울함을 느끼다=(feel depressed and sad,) every now and then 때때로=from time to time, depression 우울증, feeling down 기분이 가라앉음

해 **때때로** 우리 모두는 약간의 우울함을 느낀다, 이 감정은 사랑하던 어떤 사람을 잃게 됨으로써 초래될 수 있다. 임상적인 우울증이란 기분이 가라앉는 것보다 훨씬 심하다. 우울증은 기력이 부족하거나, 비정상적인 식습관 및 수면장해를 포함하는 많은 증상들을 가진다.

3 ~ for 그럼 이제는 .... 이다

A central problem **now** for vertebrate embryology is to find out how the Hox genes themselves are regulated.

관 now for 그럼 이제는, embryology 발생학, find out 밝혀내다=(discover, get information about)

해 **그럼 이제는** 척추동물 발생학의 중심이 되는 문제는 Hox 유전자 자신이 어떻게 조절되는가를 밝혀내는 것이다.

참 now for는 지금까지 말하던 주제를 다른 것으로 바꿀 때 사용

number 명 1 개수, 수

1105

The **number** of SDS molecules bound by a polypeptide is proportional to the length (number of amino acid residues) of the polypeptide.

관 be proportional to ...에 비례하다=be proportionate to

해 하나의 폴리펩티드에 의해 결합된 SDS의 **개수**는 폴리펩티드의 길이 (아미노산 잔기들의 수)에 비례한다.

2 수, 숫자

The mutations are identified as follows: the first letter is the one-letter abbreviation for the amino acid being altered; the **number** identifies the position of the residue in the primary structure; and the second letter is the one-letter abbreviation for the amino acid replacing the original one.

관 one-letter abbreviation 한 글자 약어, identify(타) 구별되다=make .... easy to recognize

해 돌연변이는 다음과 같이 구별된다: 첫 번째 글자는 변경된 아미노산에 대한 한 글자의 약어이고; 그 **숫자**는 일차구조에서 잔기의 위치를 쉽게 알아낼 수 있도록 해주며; 그리고 두 번째 글자는 원래의 것을 교체하는 아미노산에 대한 한 글자로된 약어이다.

참 돌연변이의 표시 : H64A 는 64번째 잔기인 histidine이 alanine으로 교체됨을 의미한다.

3 수

In leukocytes and mast cells, 5-HPETE is converted to an epoxide, leukotriene A_4 (LTA_4). The subscript **number** 4 refers to the presence of four double bonds in the leukotriene.

관 refer to 말하다=mention

해 백혈구세포와 비만세포에서, 5-HPETE는 epoxide인 leukotriene A_4 (LTA_4)로 전환된다. 아래 첨자 **4라는 수**는 leukotriene에서 4개의 2중결합의 존재를 말한다.

4 a ~ of 다수의, 몇몇의

Lack of sleep is related to a **number** of ailments such as irregular cardiac rhythms, fatigue, anxiety and headaches.

관 be related to ....관련되다=be associated with, ailment 질병=(illness, sickness)

해 수면부족은 불규칙적인 심장리듬, 피로, 불안 및 두통과 같은 **다수의** 질병과 관련되어있다.

타 총합이 ....가 되다, ...의 수가 되다

In an uninfected person, helper T lymphocytes usually **number** approximately 1,000/mL. Infection with HIV causes the number of these cells to decrease, which results in a deficiency of the immune system.

해 감염되지 않은 사람에서, helper T 임파구는 일반적으로 대략 1 mL당 1000개의 **수가 된다**. HIV의 감염은 이 세포의 수가 감소되도록 하여, 면역계통의 결핍의 결과를 만든다.

참 HIV (human immunodeficient virus) : 면역결핍바이러스 즉 후천성면역결핍증 (AIDS)의 원인 바이러스이다,

numbering 명 번호매기기

11

successive **numbering** of the amino acids in the protein sequence.

해 그 단백질서열에서 아미노산들의 연속되는 **번호매기기**

numbered 타 be ~ 번호를 매기다

25

Classes, subclasses, sub-subclasses, and individual entries are each **numbered**, so that a series of four numbers serves to specify a particular enzyme.

관 serve to ....하는 역할을 하다, specify(타) 지정하다

해 과, 과의 하부분류, 그 하부의 하부분류, 그리고 개별항목이 각각 **번호로 매겨지고**, 그래서 연속된 4개의 숫자가 하나의 특정한 효소를 지정하는 역할을 한다.

참 glucokinase는 E.C.2.7.1.2로 hexokinase는 E.C.2.7.1.1로 표시된다.

numerous 형 많은, 다수의

96

Numerous small vesicles are found peripheral to the Golgi and contain secretory material packaged by the Golgi.

관 numerous 많은=many, peripheral to ....의 주변에, be packaged 빽빽하게 채워지다

해 **다수의** 작은 소포들은 골기체 주변에서 발견되고 있고 그리고 골기체에 의하여 빽빽하게 채워진 분비물질을 함유하고 있다.

nutrient	명 영양분
59	Microvilli increase surface area for absorption of **nutrients** from surrounding medium.

관 microvillus 미세융모, nutrient 영양분, surrounding=(close, encircling)

해 미세융모들은 주위를 둘러싸고 있는 배양액으로부터 **영양분**의 흡수를 위한 표면적을 증가시키게 된다.

nutrition	명 영양, 자양물, 영학학
21	How an animal obtains suitable fuel from its food to provide this energy is basic to the understanding of normal **nutrition** and metabolism.

관 be basic to ....의 기초가 되다=be fundamental to, nutrition 영양학

해 동물이 에너지를 공급하기 위하여 음식물로부터 적당한 연료물질을 얻는 방법은 정상적인 **영양학**과 대사를 이해하는 기초가 된다.

objective 명 1 목적, 목표

47

A major **objective** of DNA cloning is to obtain discrete, small regions of an organism's DNA that constitute specific genes.

관 objective 목적=(aim, purpose, goal), discrete 분리된=(separate, individual)

해 DNA 클로닝의 주된 **목적**은 특이한 유전자들로 구성되어있는 한 생명체의 DNA 가운데 분리된 작은 영역을 얻는 것이다.

2 대물렌즈

Microscopy was performed using a Nikon Eclipse fluorescence microscope (model E600FN) with a 1003, 1.40 Nikon PanApo oil immersion **objective**. GFP fluorescence was detected using a Chroma ENGFP filter set (excitation 470/40 nm, emission 525/50 nm).

관 be performed using .... 사용하여 수행되다, be detected using ....를 사용하여 감지되다, oil immersion 유침

해 현미경 사용은 1003, 1.40 Nikon PanApo 유침용 **대물렌즈**가 장착된 Nikon Eclipse 형광현미경 (모델 E600FN)을 사용하여 수행되었다. GFP형광은 Chroma ENGFP 필터세트 (여기 470/40 nm, 방출 525/50 nm)을 사용하여 감지되었다.

형 객관적인

The Apgar score is an **objective** estimate of the overall condition of the newborn, determined at both 1 and 5 minutes after birth. The best score is 10 (normal in all respects).

관 objective=unbiased, condition=state of health

해 Apgar 점수는 신생아의 전반적인 건강상태의 **객관적인** 측정치로, 출생 후 1분과 5분에서 결정된다. 가장 높은 점수는 10점 (모든 면에서 정상)이다.

참 아프가점수 : 신생아의 건강상태를 알아보기 위해 태어나는 것과 동시에 시행되는 검사이다. 신생아의 피부색깔, 심박동수, 호흡, 근육의 힘, 자극에 대한 반응 등의 5가지 항목을 검사하며 각 항목 당 2점씩으로 채점하여 10점 만점으로 한다. 아프가점수의 채점은 생후 1분과 5분에 각각 두 번 판정하여 점수를 낸다.

obligate 형 의무의, 절대적인

18

Organisms for which O_2 is obligatory for life are called **obligate** aerobes; humans are an example.

해 살아가는데 산소가 절대적으로 필요한 생명체는 **절대** 호기성 생명체라 한다. 사람이 한 예가 된다.

obligatory 형 의무로써 해야 하는, 필수의

10

The coupling of Cl^- and HCO_3^- movements is **obligatory**; in the absence of chloride, bicarbonate transport stops. In this respect, the anion exchanger is typical of all systems called cotransport systems.

관 obligatory 필수적인=(binding, necessary), in this respect 이러한 점에서, be typical of ....에 전형적이다, anion exchanger 음이온 교환체, cotransport 공동수송체

해 Cl^-와 HCO_3^-의 짝지은 이동은 **필수적**이다; 즉 염소가 없으면, 중탄산염의 수송이 중단된다. 이러한 점에서, 음이온 교환체는 공동수송계라 불리는 모든 시스템에 전형이 된다.

observable 형 관측가능한

6

However, **observable** phenotypic consequences due to changes in a protein's activity can arise from point mutations that result in substitution of one amino acid for another (missense mutation), introduction of a premature stop codon (nonsense mutation), or a change in the reading frame of a gene (frameshift mutation).

관 observable 구별되는=(discernable, detectable)

해 그러나 단백질 활성에서의 변화 때문에 **감지될 수 있는** 표현형의 결과는 한 개의 아미노산이 다른 것으로의 치환 (missense 돌연변이)이나, 때 이른 종결코돈의 도입 (nonsense 돌연변이) 혹은 유전자의 리딩 프레임의 변화 (frameshift 돌연변이)의 결과를 만드는 점돌연변이로부터 일어날 수 있다.

참 점돌연변이point mutation : 단 하나의 핵산염기의 변화로 발생하는 돌연변이인데, 그 종류로는 위 예문에서 언급한 치환, missense, nonsense, reading frame shift에 의한 3가지 형태가 있다.

observation 명 관찰(결과), 관측

470

Insights into the role of KLOTHO in calcium metabolism came from the **observation** that fibroblast growth factor-23 (Fgf23)-knockout mice share many features with the Klotho-deficient mouse

관 insight into 에 대한 통찰=understanding of, share(타) .... with ....를 ....와 공유하다

해 칼슘 대사에서의 KLOTHO 단백질의 역할에 대한 통찰은 섬유모세포 성장인자23 (Fgf23)의 녹아웃생쥐가 Klotho의 결함생쥐와 많은 흥미로운 특성을 공유하고 있다는 **관찰 결과**로부터 나왔다.

참 FGF (fibroblast growth factor)의 패밀리에는 약 18종의 성장인자들이 알려져 있다. 이 가운데 FGF23은 Klotho 단백질과 함께 자신의 수용체에 결합한다.

observe 타 관찰하다

57

To learn how signals work during cell interactions in development, transgenic animals are used to **observe** the effects of increasing or decreasing gene function in specific cells.

관 work(자) 작동하다=function, transgenic animal 형질변환동물

해 발생과정에서 세포의 상호반응이 일어나는 동안 신호가 어떻게 작동하는가를 이해하기 위하여, 특이 세포에서 유전자의 기능을 증가시키거나 혹은 감소시켜는 효과를 **관찰하기** 위하여 형질변환동물이 사용된다.

observed 타 be ~ 관찰되다

1681

The physiological response that is **observed** following G protein-coupled receptor (GPCR) activation is mostly governed by the coupling to and activation of G-proteins by the activated receptor.

관 following(전) ....후에=after, mostly 일반적으로=usually, coupled to 결합되다=linked to, govern (타) 조절하다=(control, regulate)

해 G단백질과 짝지어진 수용체 (GPCR)의 활성화 후에 **관찰되는** 생리적 반응은 그 활성화된 수용체에 의하여 G단백질에의 결합하기와 그로인한 G단백질의 활성화에 의하여 대부분 조절된다.

obtain 타 얻다

169

Knowledge of tumor suppressor genes has thus been harder to **obtain** than knowledge of proto-oncogenes.

해 그래서 종양억제유전자의 정보가 원발암유전자의 정보보다 **얻어 내기**가 더 어려웠다.

obtained 타 be ~ 얻어지다, 획득되다

1278

Here, we briefly discuss the workings of the convergent and divergent mechanisms of cancer and ageing with a particular emphasis on the data that have been **obtained** using genetically manipulated mice.

관 convergent=having tendency to become similar while adapting to the same environment 비슷해지는≠divergent 완전히 달라지는, with a emphasis on ....에 강조를 두면서, convergent

해 여기서, 우리는 유전적으로 조작된 생쥐를 사용하여 **얻어 온** 데이터에 특별한 중점을 두면서, 암과 노화의 유사해지는 기전과 확실하게 달라지는 기전에 관한 업적에 대하여 간단하게 토의한다.

참 Convergent와 divergent의 의미 : convergent는 여러 종류의 생명체 속에서 서로 연관성이 없던 유전자들이 동일한 환경에 노출되어 적응하는 과정에서 서로 비슷한 기능을 하는 유전자로 수렴되어가는 것이고, 이에 반해 divergent는 한 종류의 유전자가 천천히 변하여 다른 기능을 하는 것으로 다양화되어가는 현상이다.

obvious 형 명확한, 명백한

50

The next **obvious** goal is to understand the mechanisms that control this extreme precision and reproducibility in biological development..

해 다음의 **명백한** 목표는 생물학적 발생과정에서 나타나는 극도의 정확성과 재생능력을 조절하는 기전을 이해하는 것이다.

obviously 부 명백하게, 명료하게

18

In the absence of insulin, GLUT4 is found in intracellular membranes, not on the plasma membrane, and **obviously** is unable to facilitate glucose uptake.

해 인슐린이 없을 때, GLUT4는 세포 속의 막에서 발견되고 세포막에서 발견되지 않기 때문에, **명백하게** 포도당의 흡수를 촉진할 수 없다.

occasional 형 때때로 일어나는, 불규칙적인

6

Incubate 10 to 60 min at 65°C with **occasional** mixing.

관 incubate(타) 반응시키다=keep warm to promote the reaction

해 10분에서 60분 동안 65°C에서 **때때로** 혼합하면서 반응을 진행하시오.

occasionally 부 우연히 가끔, 규칙적이지 않게 가끔

10

Mistakes **occasionally** do occur spontaneously during DNA replication, causing changes in the sequence of nucleotides.

관 cause=(lead to, result in, bring about), spontaneously=(naturally, instinctively)

해 오류가 DNA의 복제과정이 진행되는 동안 정말로 **우연히 가끔** 자발적으로 일어나서, 뉴크레오티드들의 서열에서 변화를 유발하게 된다.

occasion 명 1 경우, 때, 이유

4

In a lifetime, every single gene is likely to have undergone mutation on about 10^{10} separate **occasions** in any individual human being, or about 10^{6} **occasions** in a mouse.

관 have undergone mutation <현재분사> 경험, *on* about 10^{10} *occasions* 약 10^{10}회의 독립된 경우의 수로

해 일생동안에, 모든 하나의 유전자는 개인 누구에게서나 대략 10^{10}회의 독립된 **경우**의 수로 혹은 한 마리의 생쥐에서는 약 10^{6} 회의 경우의 수로 돌연변이를 겪게 되는 것 같다.

참 한 종류의 암의 발생에는 여러 유전자의 돌연변이가 관여한다: 앞의 예문에서 추정된 것과 같이 일생동안 단일 유전자에서 돌연변이가 발생하는 수는 사람인 경우 10^{10}회로 상당히 높지만, 이에 비해 암 발생의 빈도가 낮은 이유는 일반적으로 암의 발생에는 여러 유전자의 변이가 함께 작용해야하기 때문이다.

2 on ~ 때때로, 가끔

Vesicles budding from late endosomes recycle the Mannose 6-phosphate (MP6) receptor back to the trans-Golgi network or, on **occasion**, to the cell surface. Eventually, mature late endosomes fuse with lysosomes, delivering the lysosomal enzymes to their final destination.

관 recycle(타).... to ....를 ....로 재순환시키다, on occasion 때때로=(when needed, sometimes), deliver(타) .... to 로 전달하다

해 후기 endosome으로부터 돋아 나온 소포들은 Mannose 6-인산 (MP6) 수용체를 트란스 골기의 수송망이나, 혹은 **때때로** 세포표면으로 다시 순환시킨다. 궁극적으로, 완성된 후기 endosome은 lysosome과 융합하여, lysosome의 효소를 최종목적지로 전달할 수 있게 된다.

참 단백질의 분류신호 : 소포의 분류작용에 기능하는 분류신호의 대부분은 단백질 내의 짧은 아미노산서열로 나타나는 경우가 많다. 그러나 용해성 lysosome의 효소들이 트란스 골기의 수송망으로부터 후기 endosome으로 표적화하여 가도록 하는 분류신호는 탄소화물인 mannose 6-phosphate (MP6)이다.

occluded 타 be ~ 폐색되다, 막히다

3 The extent of damage, including tissue death, caused by a severe occlusion depends on the length of time that the artery is **occluded** and the size of the affected area.

관 occlusion 폐색=blockage of blood vessel, occlude(타)=(close, block)

해 심한 폐색이 원인인 조직의 죽음을 포함하는 손상의 정도는 동맥이 **막혀있는** 시간의 길이와 영향을 받은 영역의 크기에 달려있다.

occupancy 명 점유, 사용, 결합

13 Only continued **occupancy** of the glucagon receptor by glucagon can keep adenylate cyclase active.

관 occupancy 점유 <무생물 주어>는 부사적으로 해석, keep .... active ....를 활성상태로 유지하다

해 Glucagon에 의해 glucagon 수용체가 계속적으로 **점유**되어야만 adenylate cyclase를 활성상태로 유지할 수 있다.

참 무생물 주어는 부사적으로 해석한다 : 한국어에는 무생물 주어의 개념이 없기 때문에, 무생물 주어는 부사 (이유, 조건, 양보)처럼 해석하는 것이 자연스럽다. 예) *This medicine* will make you feel better. *이 약을 복용하면* (조건) 당신은 기분이 좋아질 것이다.

occupation 명 점유, 점령, 결합

3 Although unoccupied receptors can be internalized and eventually recycled to the plasma membrane, the receptor can be irreversibly degraded after prolonged **occupation** by insulin.

관 be internalized 내부로 유입되다, be recycled to ....로 재순환되다

해 비록 점유되지 않은 수용체는 내부로 유입될 수 있고 그리고 궁극적으로 세포막으로 재순환되지만, 그 수용체는 인슐린에 의한 긴 시간 동안의 **점유** 후에는 비가역적으로 분해될 수 있다.

참 수용체의 하향조절 down-regulation : occupied 참조

occupational 형 직업의, 산업의

8 The SGOT and SGPT tests are important in **occupational** medicine, to determine whether people exposed to carbon tetrachloride, chloroform, or other industrial solvents have suffered liver damage.

해 SGOT와 SGPT검사는 사염화탄소, 클로로포름 혹은 다른 산업용 용매들에 노출된 사람들이 간 손상을 계속 겪어 왔는지를 결정하기 위한 **산업**의학에서 중요하다

참 SGOT와 SGPT 검사 : 혈액을 이용한 간 기능 검사의 종목으로 간에서 아미노산 대사를 수행하는 효소의 활성을 측정하여 기준값에 비해 크면 간세포가 손상되었음을 나타낸다. 전자는 serum glutamic oxaloacetic transaminase (SGOT)의 약어로 aspartate aminotransferase를 의미하고 후자는 serum glutamic pyruvic transaminase (SGPT)로 alanine aminotransferase이다.

occupy 타 차지하다, 점거하다

17 Most eukaryotic cells contain many mitochondria, which **occupy** up to 25 percent of the volume of the cytoplasm.

관 occupy(타) 차지하다=(fill up, cover), up to ....까지

해 대부분의 진핵세포는 세포질 부피의 25%까지나 **차지하는** 많은 미토콘드리아를 함유한다.

참 mitochondria (사립체) : 세포에서 ATP에너지를 생산하는 소기관으로 자신만의 DNA와 RNA를 가지고 있으며, 크기는 세균과 비슷하다. 더욱이 자체 증식기능을 가지고 있기 때문에 숙주세포와 공생관계를 만든 박테리아로부터 유래된 것으로 간주되고 있다.

occupied 타 be ~ 점령되다, 점유되다

24 This internalization of receptors decreases the number available on the surface under conditions of constant high hormone levels when more of the receptors are **occupied** by hormones and results in decreased synthesis of new receptors. Hence, it is called down-regulation.

해 수용체의 내부로의 이 유입반응은 더 많은 수용체들이 호르몬에 의하여 **점유된** 때인 일정하게 높은 호르몬 농도의 조건에서 표면 상의 이용가능한 수를 감소시키고 그래서 새로운 수용체의 감소된 합성의 결과를 일으킨다. 그래서 그것은 하향조절 down-regulation이라 불린다.

참 수용체의 하향조절down-regulation : 수용체와 리간드 사이의 결합으로 형성된 즉 일단 사용된

복합체들은 endocytosis 과정으로 세포 안으로 유입internalization된다. 이 유입된 수용체 복합체들은 리간드와 수용체 사이의 결합력이 강하여 재사용이 불가능하므로 lysosome의 효소에 의하여 소화되어 제거되거나 혹은 일부는 다시 세포막으로 순환된다. 재순환 과정과 새로 합성되어 재공급되는 수용체 분자가 세포표면으로 보충되는 속도가 호르몬(리간드)의 농도를 맞추지 못하여 전체 활성이 감소되는 현상을 down regulation이라 한다.

occur 자 1 일어나다, 발생하다

658

When several steps **occur** in a reaction, the overall rate is determined by the step (or steps) with the highest activation energy; this is called the rate-limiting step.

해 몇 가지 단계들이 한 반응에서 **일어날** 때, 전반적인 속도는 가장 높은 활성화 에너지를 가지고 있는 단계에 의하여 결정되는데; 이 단계를 율속단계라고 한다.

2 존재하다, 나타나다

Surveys of the frequency with which various amino acid residues appear in helices and sheets show that some residues, such as alanine, glutamate, and methionine, **occur** much more frequently in α-helices than do others.

관 with frequency ....의 빈도수로, appear(자) 나타나다, occur(자) 존재하다=exist, show 보여주다=(reveal, exhibit)

해 여러 아미노산 잔기들이 나선구조와 시트구조에서 나타나는 빈도수를 조사해 보니, alanine, glutamate 및 methionine과 같은 일부 잔기들이 다른 것이 그러한 것보다 훨씬 더 자주 α-나선구조에서 **존재하고** 있음을 보여주었다.

3 ~ to ....에서 일어나다, 발생하다

In the first part of the chapter, we cover targeting of proteins to the ER, including the post-translational modifications that **occur to** proteins as they enter the secretory pathway.

관 cover(타) 다루다=deal with, post-translational modification 번역후변형과정, enter(타) ....에 들어가다

해 이 장의 첫 부분에서, 우리는 단백질이 분비용 경로에 들어갈 때 그들에서 **일어나는** 번역후변형과정를 포함하여, 단백질의 ER로의 표적화하는 것을 다룬다.

참 번역후변형과정post-translational modification : 단백질이 리보솜에서 mRNA 상의 정보에 따라 합성되는 과정을 번역translation이라 한다. 그리고 단백질이 합성된 후 인산화, 여러 당의 잔기들의 첨가, 아세틸화 등의 여러 반응을 받아 특유의 기능을 할 수 있도록 변형되는데 이 반응을 post-translational modification이라 한다.

occurrence 명 발생, 일어남

41

To minimize the **occurrence** of such mistakes in cell-cycle events, a cell's progress through the cycle is monitored at several checkpoints

해 세포주기의 반응에서 그러한 오류의 **발생**을 최소화하기 위하여, 그 주기를 통과하는 세포의 진행과정이 몇 개의 점검포인트들에서 모니터링된다.

odd 형 홀수의

3

Most of the fatty acids found in nature have an even number of carbon atoms (usually 14 to 24). Certain marine organisms, however, contain substantial amounts of fatty acids with **odd** numbers of carbon atoms.

관 even number 짝수≠odd number, substantial 상당한=(fairy large, significant)

해 자연에서 발견되는 대부분의 지방산은 짝수 개의 탄소원자 (보통 14개에서 24개까지)을 가지고 있다. 그러나 어떤 해양생물은 **홀수** 개의 탄소원자를 가진 상당한 양의 지방산들을 가지고 있기도 한다.

offer 타 제시해보다, 제안하다, 제공하다

43

Chitin is the earth's second most abundant carbohydrate polymer (after cellulose), and its ready availability and abundance **offer** opportunities for industrial and commercial applications.

관 offer(타) 수용 혹은 거절을 위해 제시해 보다; 제안하다=(propose, volunteer)

해 치틴질은 지구상에서 (셀룰로오스 다음으로) 두 번째로 풍부한 탄수화물 중합체이며, 그것의 쉬운 이용성이나 풍부함은 산업 및 상업적인 응용을 위한 기회를 **제공하게 된다**.

참 치틴질로 과일을 코팅 : 과일의 표면을 치틴질로 코팅하여 썩는 것을 방지하거나 육류의 철 성분 (마이오글로빈)에 결합하는 치틴 유도체 화합물을 활용하여 산소에 의한 손상을 방지하여 고기의 신선도를 연장시킬 수 있다.

offset 타 1 차감계산을 하다, 상쇄시키다

7

The second half of the glycolytic pathway involves the reactions that convert the metabolic energy in the glucose molecule into ATP. Altogether, four new ATP molecules are produced. If two are considered to **offset** the two ATPs consumed in phase 1, a net yield of 2 ATPs per glucose is realized.

관 the second half 후반부, be considered to ....하는 것이 고려되다, be realized 이루어지다=be accomplished

해 해당과정의 후반부는 포도당분자 속의 대사에너지를 ATP로 전환하는 반응을 포함하고 있다. 모두 합쳐서 4개의 새로운 ATP분자가 생산된다. 만약 2개가 기간 1에서 소비된 2개의 ATP을 **차감계산 하는 것**이 고려되면, 포도당 1개당 2개의 ATP 순생산이 실현된다.

참 If one thing *is offset* by another, the effect of the first thing *is reduced by* the second, so that any advantage or disadvantage is canceled out.

2 보충하다

Administration of G-CSF to cancer patients helps **offse**t the reduction in granulocyte production caused by chemotherapeutic agents, thereby protecting patients against serious infection while they are receiving chemotherapy.

관 offset(타) 보충하다=compensate for, receive(타) chemotherapy 화학요법치료를 받다, granulocyte 과립구세포,

해 암환자들에게 G-CSF의 투여는 화학요법치료제에 의해 초래된 과립구세포의 생산에서 감소를 **보충하는** 것을 도와주어, 그로 인해 환자들이 화합요법치료를 받고 있는 동안 심각한 감염에 대항하여 그들을 보호할 수 있다.

참 CSF (colony stimulating factor) : 콜로니자극인자는 조혈줄기세포의 표면수용체에 결합하여 혈구세포로의 성장과 분화를 촉진하는 당단백질의 일종이다. G-CSF는 과립구세포에 특이성이 있는 CSF이다

타 감소되다, 상쇄되다

The increasing rate with increasing temperature is ultimately **offset** by the instability of higher orders of protein structure at elevated temperatures, where the enzyme is inactivated.

관 be offset 상쇄되다=(be canceled out, counterbalance)

해 증가되는 온도에 따른 증가하는 속도는 그 효소가 불활성화되는 상승된 온도에서 더 높은 수준의 단백질 구조의 불안정성에 의하여 궁극적으로 **감소된다**.

참 higher order of protein structure (단백질구조의 더 높은 수준)이란 단백질의 구조는 1차에서 4차구조까지 규정된다. 차수가 높아질수록 더 정교한 구조로 이루어져 있기 때문에 열에 더욱 약하며, 즉 불안정성이 높아진다고 할 수 있다. 2차구조인 알파나선형, 베타 시트형 구조들이 포함되어 한 개의 3차구조체인 아단위체subunit를 만들고, 이들 몇 개가 모여 4차구조를 구축한 한 단백질을 형성한다.

often 부 1 가끔, 자주

113

Phospholipase A2 selectively cleaves fatty acids from the C-2 position of phospholipids. **Often** these are unsaturated fatty acids, among which is arachidonic acid.

해 인지질분해효소 A2는 선택적으로 인지질의 C-2 위치로부터 나온 지방산을 절단한다. **자주** 이들은 불포화지방산이며, 이 중에는 아라키돈산이 포함된다.

2 자주

Promoters differ widely in efficiency. Strong promoters cause frequent initiations of transcription, as **often** as every 2 seconds in some bacteria. Weak promoters may transcribe only once every 10 minutes.

관 differ(자)=be different, cause(타) 일어나도록 하다=bring about, may 허용

해 Promoter는 효율성에서 광범위하게 다양하다. 강한 promoter는 일부 박테리아에서 매 2초마다 **그렇게 자주** 전사의 개시를 일으키도록 한다. 약한 promoter는 매 10분마다 단 1회만 전사하도록 한다.

old 형 1 원래 있던, 예전의

59 Then the DNA is heated to dissociate the DNA duplexes and then cooled so that primers bind to both the newly formed and the **old** strands.

해 Primer가 새로 만들어진 가닥과 **원래 있던** 가닥 모두에 결합하도록 하기 위하여 곧 그 DNA의 이중가닥을 해리시킬 수 있도록 DNA가 가열되고, 곧 냉각된다.

2 나이가 된

The human heart begins to beat when it is less than 3 mm long, when we are mere 23-day-**old** embryos, and continues beating as it grows into a fist-size muscle.

해 사람의 심장은 3 mm 이하일 때, 즉 우리가 단지 23일의 **나이가 된** 배아일 때, 박동하기 시작하며, 하나의 주먹 크기의 근육체로 성장해 가면서 박동을 계속한다.

once 접 1 (문장 앞에서) 일단 .... 하면, 하자마자

184 **Once** the antibody-antigen complex is formed, it must be cleared from the circulation. The complement system participates in this function.

관 once(접) 일단=(as soon as, if ever), be cleared from ....로부터 제거되다=be removed from

해 **일단** 항체와 항원의 복합체가 형성**되면**, 그것은 순환으로부터 제거되어야 한다. 보체계가 이 기능에 참여하고 있다.

2 (문장 중간에서) 일단 .... 하면

The enzyme participates in the making and breaking of bonds required for product formation, releases the products, and returns to its original state **once** the reaction is completed.

해 효소라는 것은 산물의 형성에 필요한 결합을 만들고 그리고 파괴하는데 참여하여, 산물을 유리시키고, 그래서 **일단** 그 반응이 완성**되면**, 원상태로 돌아간다.

명 1 at ~ 한 번에, 당장에

In the past, a scientist might spend many years studying only a single gene, but nowadays scientists commonly study whole sets of genes at **once**. For example, with DNA microarrays the level of expression of all genes in an organism can be measured almost as easily as the expression of a single gene.

관 spend(타) 시간 .... ing ....하는데 시간을 보내다, at once 한 번에, as easily as 동등비교

해 과거에, 어떤 과학자는 아마도 단지 한 종류의 유전자만을 연구하는데 수년을 보냈을 것이다. 그러나 요즈음 과학자들은 흔히 유전자들의 전체 집합을 **한 번에** 연구한다. 예를 들면, DNA microarray기법으로, 어떤 생명체에서의 모든 유전자들의 발현수준이 단일 유전자의 발현과 거의 같은 정도로 쉽게 측정될 수 있다.

2 all at ~ 모두 동시에, 일시에, 한 번에

The skeleton, despite constant remodeling, provides a rigid framework whose dimensions scarcely change. This is partly because the parts of a bone are renewed not all at **once** but little by little, rather like a building whose bricks are replaced one at a time.

관 despite 불구하고=in spite of, remodeling 재생성반응, framework 틀, little by little 조금씩, all at once=(동시에at the same time, together, 갑자기 all of a sudden)

해 골격은 일정한 재생성반응이 일어남에도 불구하고, 규모가 거의 변하지 않는 견고한 틀을 제공한다. 이렇게 될 수 있는 부분적인 이유는 벽돌이 한 번에 한 개씩 교체되는 어떤 건물과 마찬가지로, 뼈의 일부분이 **동시**가 아니고 조금씩 새로워지기 때문이다.

부 한번

Located at the very bottom of crypts are Paneth cells, a type of support cell; just above there are four to six stem cells, which divide about **once** a day, forming precursor cells that also actively divide.

해 창자샘의 가장 밑바닥에, 지지용 세포종인 Paneth세포들이 위치하고 있다; 이 세포 바로 위에 4개에서 6개의 줄기세포가 있는데, 대략 하루에 약 **한 번씩** 분열하여, 또한 왕성하게 분열하는 전구체세포들를 형성한다.

참 Paneth cell : 소장에서 발견되는 세포이다. 아연과 lysozyme (어떤 종류의 박테리아 세포벽 성분을 분해하는 효소)을 가지고 있으며, 숙주세포가 박테리아의 감염에 노출되면 창자샘crypt의 공간으로 다량의 lysozyme을 방출한다. 이 효소는 침범한 박테리아의 세포벽 성분을 분해하여 숙주세포를 방어하는 역할을 수행한다.

one

1417 형 하나의

Water constitutes **one** half to four fifths of the weight of the human body.

관 constitute(타) 차지하다=(comprise, account for, occupy, make up)

해 물은 사람 신체체중의 **1**/2에서 4/5까지를 차지하고 있다.

대 1 하나

The **one** to date that has generated the most discussion is that the number of human genes may be only two to three times that estimated for the roundworm and the fruit fly.

관 to date 현재까지=until now, the one에서 'the'는 한정사로 that has ....이하 문장의 수식을 받기 때문, roundworm 선형동물 *C. elegance*

해 현재까지 가장 많은 토론을 만든 바로 **그 하나는** 사람 유전자의 수가 선형동물과 초파리에서 추산된 유전자의 단지 2배에서 3배밖에 되지 않는다는 것이다.

2 누구 (일반주어)

If **one** were to wait for a polypeptide to find its native conformation by random exploration of all possible conformations, the process would require billions of years to complete.

관 native conformation 태생의 구조, random exploration 임의적인 탐색, complete(자) 완성되다, would 가정법

해 **누구든** 하나의 폴리펩티드가 가능한 모든 입체구조를 임의적인 탐색에 의하여 태생의 구조를 찾도록 기다린다면, 그 과정이 완성되려면 수십억 년을 필요로 할 것이다.

3 on the ~ hand, on the other hand 한편으로, 다른 한편으로

tRNA molecule must recognize a specific nucleotide sequence on the **one** hand as well as a specific amino acid on the **other**.

해 tRNA분자는 **한편으로** 하나의 특이한 뉴크레오티드서열을 인식하여야 할 뿐만 아니라 **다른 면에서** 자신에 맞는 아미노산도 인식하여야만 한다.

4 ~ .... the other (두 개 가운데) 한개는 .... 나머지는

The two DNA strands run in opposite directions. **One** strand runs 5′ to 3′, and the other strand runs 3′ to 5′.

해 2개의 DNA 가닥은 서로 반대방향으로 달리고 있다. **한** 가닥은 5'에서 3'으로 달리고, **나머지 한** 가닥은 3'에서 5'으로 달리고 있다.

5 ~ after another (the other) 차례차례로, 연속적으로

This type of zinc finger is often found in a cluster with additional zinc fingers, arranged **one** after the other so that the α-helix of each can contact the major groove of the DNA, forming a nearly continuous stretch of a helix along the groove.

관 one after the other 차례차례로=(in a series, in succession), major (minor) groove 큰 (작은) 고랑구조, continuous stretch 연결된 것 같은 연속구조

해 이 종류의 zinc finger는 또 다른 zinc finger와 하나의 군집으로 자주 발견되는데, 각각의 α-나선 구조가 DNA의 큰 고랑구조와 접촉할 수 있어서, 그 고랑구조를 따라 나선구조가 거의 연결된 것 같은 연속구조를 형성할 수 있도록 **차례차례로** 배열된다.

참 zinc finger domain : 이 zinc finger 접힘구조를 안정화시키기 위하여 하나 이상의 아연 이온들이 측쇄기들과 배위결합을 형성하고 있으며, 또한 이들 도메인이 서로 결합하여 이량체dimer를 형성하여 특정 DNA서열에 결합한다.

6 ~ by ~ 한 개씩 차례로

Over a period of time, the sialic acid groups are cleaved **one by one**. The longer the glycoprotein circulates and the more sialic acid residues are removed, the more galactose residues become exposed so that the glycoprotein is eventually bound to the liver receptor.

해 어떤 기간 동안 쭉 계속하여, 시알산 기능기는 **한 개씩 차례로** 절단된다. 그 당단백질이 더 오랫동안 순환하여 더 많은 시알산 잔기들이 제거될수록, 더 많은 galactose 잔기들이 노출되며, 그 결과 그 당단백질은 궁극적으로 간의 수용체에 결합된다.

참 간에서 당단백질이 분해될 때, 점차적으로 당단백질 상의 음전하를 띤 시알산이 제거되고, 어느 순간 galactose가 나타나면 생명이 다한 것으로 간주된다. 이것은 간의 수용체에 결합할 수 있게 되어, 곧 세포내이입반응을 통하여 안으로 들어가 분해된다.

7 at ~ time 한 번에

In contrast, researchers can monitor the expression of thousands of genes at **one** time with DNA microarrays.

관 in contrast, at one time=simultaneously

해 이에 반해서, 연구자들은 DNA microarray 방법을 사용하면 **한 번에** 수천 종의 유전자들의 발현을 모니터링 할 수 있다.

8 at a time 한 번에

Processing at the 3′ end of a pre-mRNA involves cleavage by an endonuclease to yield a free 3′-hydroxyl group to which a string of adenylic acid residues is added one at **a** time by an enzyme called poly(A) polymerase.

해 pre-mRNA의 3' 말단에서의 처리과정은 아무 것도 부착되지 않은 3'-hydoxyl기를 만들기 위하여 endounclease에 의한 절단을 포함하는데, 이 작용기에 일련의 adenylic acid 잔기의 연속체가 poly(A) polymerase라 하는 효소에 의하여 **한 번에** 한 개씩 추가된다.

9 ~ another 서로

Binding of fibrinogen to activated platelets is necessary for aggregation, providing, in part, the mechanism by which platelets adhere to **one** another.

관 one another 서로=each other, aggregation 응집반응, in part 부분적으로=partly

해 부분적으로 혈소판들이 **서로** 부착하는 기전을 제공하는 fibrinogen의 활성화된 혈소판과의 결합이 응집반응에 필요하다.

ones

18

대 one의 복수

MEOS (microsomal ethanol oxidizing system) makes a greater contribution to ethanol oxidation and clearance from the blood at higher ethanol levels than lower **ones**.

관 make a greater contribution to ....에 더 큰 역할을 하다, clearance=removal, ones(대)=levels

해 MEOS (마이크로솜의 에탄올 산화계)은 에탄올의 더 낮은 **것**(수준)**들**보다는 더 높은 에탄올의 수준에서 혈액으로부터 온 에탄올의 산화와 제거에 더 큰 역할을 한다.

only

1596

형 유일한

If cerebral oxygen supply were completely interrupted, the brain would last only 10 seconds. The **only** reason consciousness lasts longer during anoxia or asphyxia is that there is still some oxygen in the lungs and in circulating blood.

관 last(자), consciousness의식, anoxia 무산소증, asphyxia 질식

해 뇌의 산소 공급이 완전히 차단된다면, 뇌는 단지 10초 동안만 지속될 것이다. 무산소증이나 혹은 질식 상태에서 의식이 더 오래 지속되는 **유일한** 이유는 폐와 순환 중인 혈액 속에 아직도 일부 산소가 있기 때문이다.

부 1 단지, 다만

The ammonia produced by enteric bacteria and absorbed into portal venous blood and the ammonia produced by tissues are rapidly removed from circulation by the liver and converted to urea. **Only** traces (10–20 μg/dL) thus normally are present in peripheral blood.

관 enteric bacteria 장내세균들, portal venous blood 간문맥정맥, trace 극소량, urea 요소

해 장내세균에 의해 생산되어 문맥의 정맥혈로 흡수된 암모니아와 조직에 의해 생산된 암모니아는 간에 의하여 순환으로부터 신속하게 제거되어 요소로 전환된다. 그래서 **단지** 극소량만이 정상적으로 말초혈액에 존재한다.

참 암모니아 : 장내세균이나 조직으로부터 발생된 암모니아는 매우 독성이 강하여 특히 뇌의 손상을 유발한다. 왜냐하면 암모니아가 TCA 회로의 주 성분인 α-ketoglutarate와 반응하여 glutamate로 전환되므로, α-ketoglutarate의 고갈이 일어나면 TCA 회로가 중단되고 동시에 에너지 생산이 중단되기 때문이다.

2 ....만 (수식어 바로 앞에)

These insulin-sensitive tissues will **only** take up glucose from the blood stream to any significant extent in the presence of insulin.

관 take up 흡수하다=absorb, to a significant extent 상당한 수준으로

해 이 인슐린 민감성 조직은 인슐린이 존재할 때 혈액의 흐름으로부터 상당한 정도로 포도당을 흡수**만** 할 것이다.

3 not ~ .... but also 뿐만 아니라

The lipids are important dietary constituents not **only** because of their high energy value but also because of the fat-soluble vitamins and the essential fatty acids contained in the fat of natural foods.

해 지질이란 자체의 높은 에너지 값**뿐만 아니라** 자연산 음식물을 구성하는 지방 속에 포함된 지용성 비타민과 필수지방산 때문에 중요한 음식물의 구성성분이 된다.

참 not only와 but also 뒤에 오는 문장은 동일한 구성을 하여야 한다. 여기서와 같이 because of가 양쪽에 같이 표현되어있다.

4 ~ just 간신히, 겨우, 지금 막 .... 한

Furthermore, a host of biologically active substances, collectively known as cytokines, has been identified and characterized within lymphoid tissues, although their specific biological functions are **only** just beginning to be understood.

관 a host of 많은=a large number of

해 더욱이, 모두 cytokine류로 알려져 있는 많은 종류의 생물학적으로 활성을 띤 물질들은 림프조직 안에서 발견되어 특성이 결정되어왔지만, 그들의 특이적인 생물학적 기능들은 **겨우** 이해되기 시작하고 있다.

참 cytokines : proliferation 참조

open

238

형 1 비어있는

The EF2-GTP complex is hydrolyzed to EF2-GDP, effectively moving the mRNA forward by one codon and leaving the A site **open** for occupancy by another ternary complex of amino acid tRNA-EF1A-GTP and another cycle of elongation.

관 move(타) 이동시키다, leave(타) .... open를 비워두게 만든다

해 EF2-GTP복합체는 EF2-GDP로 가수분해되고, 그 결과 효과적으로 mRNA를 한 코돈 앞으로 이동시켜서 또 하나의 아미노산 tRNA-EF1A-GTP 3량 복합체에 의하여 채워짐과 또 한 번의 연장반응의 주기를 위하여 A 자리를 **비어있도록** 만든다.

2 열려있는

Channels are **open** transiently and thus are "gated." Gates can be controlled by opening or closing.

해 통로가 일시적으로 **열려**, "gated" 상태가 된다. 통로의 문은 열거나 닫음으로써 조절될 수 있다.

자 열리다

Inositol trisphosphate, a water-soluble compound, diffuses from the plasma membrane to the endoplasmic reticulum, where it binds to specific IP_3 receptors and causes Ca^{2+} channels within the ER to **open**.

관 diffuse(자) from .... to 확산되다, cause(타) .... to ....의 원이이 되다=be the cause .... to

해 수용성 화합물인 inositol 삼인산은 세포막으로부터 소포체까지 확산되어가서, 그곳에서 특이 IP_3 수용체와 결합하여 소포체 속의 Ca^{2+} 통로가 **열리도록** 만든다.

타 열다, 열리게 하다

The resultant increase of Ca^{2+} in the myoplasm acts on the Ca^{2+} release channel of the sarcoplasmic reticulum to **open** it.

관 resultant=resulting from ....의 결과로부터 생긴, act on ....에 작용하다

해 근세포질에서 그 결과로 증가된 Ca^{2+}은 근소포체의 Ca^{2+} 유리용 통로에 작용하여 그것을 **열도록** 만든다.

opened

10

타 be ~ 열리다

When appropriately stimulated by a chemical signal mediated by a specific synaptic membrane receptor, gates in the membrane are **opened** to allow the rapid influx of Na^{+} or Ca^{2+}, so that the voltage difference rapidly collapses and that segment of the membrane is depolarized.

해 막에 존재하는 통로의 문은 특이 시냅스의 막수용체에 의하여 매개되는 화학신호에 의하여 적절하게 자극될 때, **열려** Na^{+}와 Ca^{2+}의 신속한 유입을 가능하도록 하고, 그 결과 전위차가 빠르게 붕괴되고 막의 일부가 탈분극화된다.

operate

50

자 작동하다, 기능하다

There are at least five different carrier systems for amino acids in animal cells. Most **operate** as Na^{+}-symport systems.

관 at least 적어도, operate(자) as ....로써 작동하다, symport 동방향수송체

해 동물세포에는 적어도 5종의 서로 다른 아미노산 수송시스템이 있다. 대부분이 Na^{+} 동방향수송체로써 **작동한다**.

operated

35

타 be ~ 작동되다

The CFTR transporter is a Cl^{-} channel **operated** by ATP hydrolysis.

해 CFTR 수송체는 ATP의 가수분해에 의해 **작동되는** Cl^{-} 통로이다.

참 CFTR 수송체 : increase 참조

operation

12

명 1 작동, 기능

Glycolysis and gluconeogenesis are reciprocally regulated to prevent wasteful **operation** of both pathways at the same time.

관 be reciprocally regulated 상호보완적으로 조절되다, at the same time=(simultaneously; along with)

해 해당과정과 당신생성과정은 상호보완적으로 조절되어 동시에 두 과정의 낭비적인 **작동**을 방지할 수 있다.

2 수술

Gastric bypass surgery is an **operation** where a small gastric pouch is created and the remainder of the stomach bypassed.

해 위측관생성 수술은 어떤 곳에 작은 위의 주머니가 새로 만들어지고 위의 나머지는 우회되는 **수**

술이다.

참 위측관생성 수술gastric bypass surgery : 심한 비만 환자에게 시술되는 수술로, 위 입구에서 소장으로 새로운 관을 연결하여 음식물이 통과하도록 만든다. 소화기능을 하는 위의 크기를 줄여서 섭취될 수 있는 음식의 양을 줄여 비만을 치료한다.

operational
4

형 1 작동 중인, 작동상의

Thus the **operational** model in Figure 7 is generally applicable to all these ATP powered ion pumps.

관 be applicable to ....에 적용될 수 있다, be powered ...를 동력으로 하다

해 그래서 그림 7에서 **작동 중인** 모델은 일반적으로 모든 ATP를 동력으로 하는 이온펌프에 적용될 수 있다.

2 작동하는

The receptor would be **operational** in complex with its own ligands,

해 그 수용체는 자신의 리간드와 복합체를 형성하면 **작동할** 것이다.

oppose
2

타 ....에 반대하다, 대항하다

Epinephrine and cortisol have effects on fuel metabolism that **oppose** those of insulin.

관 those(대)=effects, fuel metabolism 연료물질의 대사

해 Epinephrine과 cortisol은 연료물질의 대사에 대하여 인슐린의 효과**에 반대되는** 효과를 가지고 있다.

참 에피네프린, 노에피네프린 등은 위급대처반응 (fight or flight response)에서 분비되고, glucocoreticoid류 호르몬은 부신피질에서 기아상태나 만성피로에 반응하여 분비된다. 즉 이들 호르몬은 모두 스트레스성 호르몬들이므로 공통적으로 연료물질의 연소반응을 촉진하여 ATP가 생성되도록 만든다.

opposed
25

타 1 be ~ ....에 길항되다, ...에 대해 반대기능을 하다

The activity of all protein kinases is **opposed** by the activity of protein phosphatases, some of which are themselves regulated by extracellular signals.

관 protein kinase 단백질인산화효소, protein phosphatase 단백질탈인산화효소

해 모든 단백질인산화효소의 활성은 일부가 세포외부신호에 의하여 스스로 조절되는 단백질탈인산화효소의 활성에 의하여 **길항된다**.

2 as ~ to ....에 반대로써

Additional factors considered to play a part in coronary heart disease include high blood pressure, smoking, male gender, obesity (particularly abdominal obesity), lack of exercise, and drinking soft as **opposed** to hard water.

관 abdominal obesity 복부비만, soft water 연수, hard water 경수

해 관상동맥 심장병에 부분적으로 책임이 있는 것으로 생각되는 추가적인 요인들은 고혈압, 흡연, 남성의 성별, 비만 (특히 복부비만), 운동부족 및 경수**에 반대로써** 연수마시기를 포함한다.

참 연수 (soft)와 경수 (hard water) : 연수는 물속에 칼슘, 마그네슘 등의 이온과 같은 미네랄 성분들이 적은 물이며 반대로 경수에는 이온이 다량으로 존재한다. 음료수로는 미네랄이 풍부한 경수가 좋다.

3 as ~ to ....과는 대조적으로

As **opposed** to micelles, which are small, self-limiting structures of a few hundred molecules, bilayers may form spontaneously over large areas.

관 as opposed to ...과는 대조적으로=(in contrast to, contrary to), self-limiting structure 무한정으로 커지지 않는 구조체

해 단지 수백 개의 분자로 구성된 작고, 무한정으로 커지지 않는 구조체인 micell**과는 대조적으로**, 이중막은 넓은 영역에 걸쳐 자발적으로 생성될 수도 있다.

opposing

33

형 길항하는, 반대하는, 대항하는

The **opposing** actions of kinases and phosphatases thus provide a rapid mechanism for controlling the assembly state of lamin intermediate filaments.

관 opposing 서로 반대하는=(antagonistic, opposed), intermediate filament 중간크기 필라멘트

해 그래서 kinase와 phosphatase의 **서로 길항하는** 작용은 lamin의 중간크기 필라멘트의 조립을 조절하기 위한 신속한 기전을 제공한다.

opposite

38

형 1 반대쪽의, 상반되는

Insulin activates acetyl-CoA carboxylase whereas glucagon and epinephrine have **opposite** actions.

해 인슐린은 acetyl-CoA carboxylase을 활성화하지만, 반면에 glucagon과 epinephrine은 **상반되는** 작용을 한다.

2 be ~ to ....에 반대이다

RNA strands always are synthesized in the 5'→ 3' direction and are **opposite** in polarity to their template DNA strands.

관 be opposite to ....에 반대이다, polarity 극성

해 RNA가닥은 항상 5'→ 3' 방향으로 합성되기 때문에 주형인 DNA가닥에 대하여 극성에서 **반대**가 된다.

명 반대의 것, 반대의 사실

Although tRNAs are quite stable in prokaryotes, they are somewhat less stable in eukaryotes. The **opposite** is true for mRNAs.

관 somewhat 어느 정도=(to some extent, rather),

해 비록 tRNA는 원핵세포에서는 아주 안정하지만, 진핵세포에서는 어느 정도 덜 안정하다. mRNA에 대해서는 **반대의 사실**이 진실이 된다.

oppositely

5

부 반대로

Electrostatic interactions between **oppositely** charged groups within or between biomolecules are termed salt bridges.

해 생체분자 내에서나 혹은 사이에서 **반대로** 하전된 작용기 사이의 정전기적 결합은 염다리salt bridge결합이라는 용어로 불린다.

optimal

102

형 최적의

Dietary guidelines for **optimal** health call for reducing the intake of cholesterol.

관 call for 요구하다=ask for, dietary guideline 음식물 가이드라인

해 **최적의** 건강을 위한 음식물 가이드라인은 콜레스테롤의 섭취를 줄이는 것을 요구하고 있다.

optimally

4

부 최적 상태로

Halobacterium halobium, an archaebacterium thrives in high-salt media. It grows **optimally** at an NaCl concentration of 4.3 M.

관 thrive(자) 잘 자라다=grow vigorously, archaebacterium 고세균

해 *Halobacterium halobium*이라는 고세균은 고염배지에서 잘 자란다. 그것은 4.3 M 농도의 NaCl에서 **최적 상태로** 자란다.

optimize

1

타 최적화하다

The plasmids most commonly used in recombinant DNA technology are those that replicate in *E. coli*. Investigators have engineered these plasmids to **optimize** their use as vectors in DNA cloning.

해 재조합DNA기술에 가장 흔히 사용되는 plasmid는 대장균에서 복제되는 것이다. 연구자들이 DNA 클로닝에서 벡터로써의 용도를 **최적화하기** 위하여 이들 plasmid를 공학적으로 조작해 왔다.

optimized | 타 be ~ 최적화되다

35

H4 is designed to oxidize lactate to pyruvate. In contrast, M4 is **optimized** to operate in the reverse direction, to convert pyruvate into lactate to allow glycolysis to proceed under anaerobic conditions.

관 designed to 의도되다=intended to, be optimized to, allow .... to, proceed(자) 진행되다

해 H4는 젖산을 피루브산으로 산화하도록 의도되어있다. 이에 반해, M4는 역방향으로 작동되도록 **최적화되어** 피루브산을 젖산으로 전환하여 해당작용이 무산소 조건에서 진행되는 것을 가능하게 한다.

참 Lactate dehydrogenase (LDH) : M (근육)형과 H (심장)형의 아단위체로 구성된 4량체의 동종 효소로, H4, H3M, H2M2, H3M, M4의 구성으로 되어있다. M4형은 무산소에서 피루브산을 젖산으로 환원한다. 반면에 심장 (H형)에서는 환원상태인 젖산을 피루브산으로 역방향으로 산화반응을 수행하여 에너지를 추출한다. 심장은 절대로 무산소 상태가 되지 않는다.

optimum | 명 최적상태

32

Intakes of minerals and vitamins that are adequate to prevent deficiency may be inadequate to promote **optimum** health and longevity.

관 intakes 섭취량들, adequate 적당한≠inadequate, longevity 수명=length of life

해 결핍증을 예방하기에 적당한 미네랄과 비타민들의 섭취량은 **최적상태의** 건강과 수명을 증진시키려는 목적이라면 부적절할 수도 있다.

order | 명 1 순서

129

At this point, the amino acid sequences of segments of the protein are known, but the **order** of these segments is not yet defined. How can we *order* the peptides to obtain the primary structure of the original protein?

관 is *not yet* defined *아직* 결정되지 *않은* 상태이다, order(명) 순서, order(타) 순서를 정하다

해 이 시점에서, 그 단백질을 구성하는 조각들의 아미노산서열이 알려지지만, 그러나 이들 조각의 **순서**는 아직 규명되지 않았다. 우리는 원본 단백질의 일차구조를 얻기 위하여 어떤 방법으로 그 펩티드들의 *순서를 정할 수 있는가*?

2 (10의 배수로의) 규모

Phosphorylase kinase can also be partly activated by Ca^{2+} levels of the **order** of 1 μM.

해 Phosphorylase kinase도 역시 1 μM **규모**의 Ca^{2+} 수준에 의하여 부분적으로 활성화될 수 있다.

3 차수

The extinction coefficient for rhodopsin is 40,000 $M^{-1}cm^{-1}$ at 500 nm, which is more than an **order** of magnitude greater than that for tryptophan.

관 an order of magnitude 계산차수; 10의 배수로 계산되는 크기 즉, 10, 10^1, 10^2

해 로돕신의 흡광계수는 500 nm에서 40,0000 $M^{-1}cm^{-1}$인데, tryptophan의 그것보다 한 **차수** 더 크다.

4 질서

To put it another way, by limiting the orientations that neighboring water molecules can assume, solutes give **order** to the solvent and diminish the dynamic interplay among H_2O molecules that occurs in pure water.

관 put it another way 다른 방식으로 표현하면=put another way, orientation 방향(잡기), give order to 질서를 주다, diminish(타) 줄이다

해 다른 방식으로 표현하면, 이웃하고 있는 물 분자들이 취할 수 있는 방향잡기를 제한함에 의하여, 용질분자들이 용매에게 **질서**를 주어 순수한 물 속에서 일어나는 H_2O 분자들 사이의 역동적인 상호작용을 감소시킨다.

5 in ~ to ....하기 위하여

Pharmaceuticals, or drugs, are often special inhibitors specifically targeted at a particular enzyme in **order** to overcome infection or to alleviate illness. A detailed knowledge of the enzyme's kinetics is indispensable to rational drug design and successful pharmacological intervention.

관 target(타) .... at ....에 표적화하다, alleviate(타) 완화시키다=make less severe, drug intervention 약물치료, kinetics 반응속도론

해 제약물이나 혹은 약물들은 감염을 물리치거나 혹은 질병을 완화시키기 **위하여** 어떤 특별한 효소에 특이적으로 표적화된 특별한 저해제이다. 그 효소의 반응속도론에 대한 자세한 지식정보는 합리적인 약물의 디자인과 성공적인 약물학적 치료법에 절대적으로 필요하다.

참 제약물pharmaceutical 와 약물drug : pharmaceuticals은 제약회사에서 생산된 치료용과 진단용 약물, 그리고 의료용 기구들이 모두 포함된다. drugs라 하면 살아있는 생명체로 흡수될 수 있는 물질들을 말한다.

타 1 순서에 맞추다

Translation is the whole process by which the nucleotide sequence of an mRNA is used to **order** and to join the amino acids in a polypeptide chain

관 translation 번역반응, order(타) 순서에 맞추다=place in a certain order

해 번역반응이란 어떤 mRNA를 구성하는 뉴크레오티드 서열이 사용되어 폴리펩티드 사슬에 있는 아미노산들을 **순서에 맞추어** 연결하는 전체 과정이다.

2 주문하다, 요구하다

Her physician **ordered** measurements of blood glucose and ketone body levels and made a spot check for ketone bodies in the urine as well as *ordering* tests to assess the functioning of her heart and kidneys.

관 assess(타) 분석하다, the functioning of .... 기능하고 있는 상태, make a spot check 점적검사를 하다, make ordering 공식적으로 주문하다

해 그녀의 주치의는 혈당과 케톤체 수준의 측정을 **주문하였**고 그리고 소변에서 케톤체들의 점적검사를 하였고 또한 그녀의 심장과 신장이 기능하고 있는 상태를 분석하는 검사를 주문하였다.

참 점적검사spot test : 여러 개의 점 모양으로 시료를 찍어 두고 다양한 시약을 혼합하면서 시료 속의 검사용 화합물을 확인하는 작업이다.

ordered

17 형 1 순서에 맞는, 정해진 순서로 된

These multicomponent complexes permit the cell to carry out an **ordered** sequence of events that accomplish essential cell functions.

관 multicomponent complex 다중구성요소의 복합체, an ordered sequence 어떤 순서에 맞는 서열

해 이들 다중구성요소 복합체는 필수적인 세포의 기능을 달성하도록 하는 반응들의 **정해진 순서로 된** 서열을 수행하는 것을 가능하게 한다.

2 정돈된, 정렬된

As the temperature increases, the hydrophobic side chains undergo a transition from the **ordered** state to a disordered one, taking on a more liquid-like or fluid arrangement.

관 A undergo(타) B=A에서 B가 발생하다, take on 시작하다=begin to have, ordered 정렬된≠disordered 무질서화된

해 온도가 증가하면서, 혐기성 곁사슬들에서 **정렬된** 상태로부터 무질서화된 상태로의 전이가 발생하여, 혐기성 곁사슬들은 좀 더 액체와 유사하거나 완전한 액체의 배열을 가지기 시작한다.

orderly

4 형 1 정돈된

Normal 3T3 cells are elongated and are aligned and closely packed in an **orderly** fashion.

관 elongated(타/형) 긴 모양을 한, align(타) 나란히 배열시키다=arrange in a line , in an orderly fashion 정돈된 방식으로

해 정상인 3T3세포들은 긴 모양을 하면서 일직선으로 나란히 배열되어 **정돈된** 모습으로 서로 빽빽하게 꽉 차게 된다.

2 순서적인, 순서에 따른

Protein folding generally occurs via a stepwise process. This process is **orderly** but not rigid. Considerable flexibility exists in the ways and in the order in which elements of secondary structure can be rearranged.

해 단백질의 접힘은 일반적으로 단계적 과정을 거쳐 일어난다. 이 과정은 **순서에 따르**지만 그러나 엄격하지는 않다. 상당한 유연성이 2차구조라는 요소들이 재배열될 수 있는 방식과 순서에 존재한다.

organization

88

명 조직화, 체계화

The **organization** of eukaryotic DNA into chromatin is essential for controlling transcription, as well as for packaging.

해 진핵세포의 DNA가 염색질로 **체계화됨**은 전사반응을 조절하는 것뿐만 아니라 채움 상태에도 중요하다.

참 염색질chromatin : 긴 실모양을 한 DNA를 비좁은 세포의 핵 속의 공간에 채우기 위하여, DNA는 히스톤 단백질 주위를 실타래의 실과 같이 일정한 방식으로 빽빽하게 감게 되며, 그 결과 진주 목거리에 꿰인 진주 알처럼 규칙적인 형태가 된다. 이와 같이 잘 정돈된 단백질과 DNA 사이에서 일정하게 반복되는 구조를 nucleosome이라하고 이것들이 빽빽하게 모여 염색질을 형성한다.

organizational

2

형 조직(상)의, 조직화된 모양의

Scanning electron micrographs reveal the **organizational** and morphological differences between normal and transformed 3T3 cells.

관 reveal(타) 밝혀주다=(disclose, display), organizational 조직화된, morphological 형태학적인

해 주사전자현미경 사진은 정상과 형질변환된 3T3세포들 사이에서 **조직화된 모양**과 형태학적인 차이점들을 보여주고 있다.

organize

7

타 조직화하다

In animals, the extracellular matrix helps **organize** cells into tissues and coordinates their cellular functions by activating intracellular signaling pathways that control cell growth, proliferation, and gene expression.

관 coordinate(타) 조화롭게 통합하다=(harmonize in a common action, arrange in proper order), intracellular signaling 세포내의 신호전달, proliferation 증식=rapid multiplication

해 동물에서, 세포외기질은 세포들이 조직으로 **체계화되어** 세포의 성장, 증식 및 유전자발현을 조절하는 세포내의 신호전달경로들을 활성화함에 의하여 세포의 기능을 조화롭게 통합하는데 도움을 준다.

organized

19

타 be ~ 조직화되다, 체계화되다

Most of the DNA in prokaryotic cells <u>is **organized**</u> into genes, and the templates can always be transcribed. A very different situation exists in mammalian cells, in which relatively little of the total DNA <u>is **organized**</u> into genes and their associated regulatory regions.

해 원핵세포에서 DNA의 대부분은 유전자들로 **조직화되어있고**, 그 주형들은 항상 전사될 수 있다. 매우 다른 상황이 포유동물세포에 존재하고 있는데, 여기서는 전체 DNA 중의 비교적 매우 적은 양이 유전자들 그리고 관련된 조절영역들로 **조직화되어있다**.

참 원핵세포의 DNA는 전체가 유전자의 집단이기 때문에 스프라이싱과 같은 변형과정 없이 mRNA로 전사되지만, 진핵세포의 유전자는 인트론과 액손으로 구성된 혼합된 유전자들이므로 전사된 후, 스프라이싱되어 intron은 제거되고 exon들만 서로 연결되어 하나의 유전자가 탄생한다.

orient

5

타 방향을 잡도록 만들다

Enzymes not only bring substrates and catalytic groups close together, they **orient** them in a manner suitable for catalysis as well.

관 bring(타) .... close together=gather.... close together, in a manner (way) ....방식으로, as well 역시=too, orient (타) ...의 방향을 잡다=place in a particular position

해 효소는 기질과 촉매에 참여하는 작용기들을 함께 가까워지도록 할 뿐만 아니라, 효소들은 촉매

반응에 적합한 방식으로 기질과 촉매에 참여하는 작용기들의 **방향을 잡도록 만든다**.

oriented | 타 1 be ~ 방향이 잡히다, 방향이 만들어지다

14

Many cell-surface receptors are **oriented** in the plasma membrane such that the C-terminal signal-transducing domain extends into the cytosol and the N-terminal ligand-binding domain extends into the extracellular space.

관 be oriented .... such that 그러하게 .... 방향이 잡혀지다, extend(자) into .... 안으로 뻗어 나오다

해 많은 세포의 표면수용체들은 C-말단의 신호전달 도메인이 세포질 안으로 뻗어 있고, 그리고 N-말단의 리간드결합 도메인은 세포외부의 공간으로 뻗어 나오는 그런 방식으로 세포막에서 **방향이 잡혀있다**.

2 be ~ 방향이 만들어지다

This means that the amino acid residues that make up the active site are **oriented** to coordinate the transition-state structure precisely, but will interact with the substrate or product less effectively.

관 make up 구성하다=constitute, coordinate(타) 적절한 순서로 배열시키다=arrange in proper order, transition-state structure 전이상태의 구조체

해 이 사실은 활성화자리를 구성하고 있는 아미노산잔기들이 전이상태의 구조체에서 정확하게 정렬된 배치를 하도록 **방향이 만들어지지만**, 그러나 그 기질 혹은 산물과는 덜 효율적으로 상호결합할 것이라는 것을 의미한다.

참 효소의 촉매작용은 활성화 에너지가 매우 높은 기질의 전이상태의 구조를 안정화시켜 이 에너지를 낮게 할 수 있어서 가능하다. 전이상태란 기질에서 산물로 되는 중간단계의 구조로 활성화 에너지가 가장 큰 구조체로 실제로는 분리하기 불가능하다.

3 be ~ (to) ....에 익숙해지다, 상황에 맞추어지다, 구별능력이 있다

His wife convinced him to visit his doctor. Physical examination indicated a heart rate of 104 beats/min. His blood pressure was slightly low, and he was in early congestive heart failure. He was poorly **oriented** to time, place, and person.

관 convince(타) 설득하다=persuade, indicate(타) 보여주다=(show, suggest, demonstrate), orient(타) ....상황에 조정되도록 하다=make familiar with or adjusted to situations

해 그의 부인은 그가 의사를 꼭 만나 볼 것을 설득하였다. 신체검사의 결과는 심박동속도는 104 회/분인 것을 보여주었다. 혈압은 약간 낮았으며, 그리고 그는 초기의 울혈성 심부전 상태에 있었다. 그는 시간, 장소 및 사람**에 대한 구별 능력이** 낮았다.

orientation | 명 1 방향

50

The autoradiogram can be used to identify bacterial colonies on the original agar plate that contain the desired DNA sequence. Note that an **orientation** marker is placed on the nitrocellulose and the agar plate so the results of the autoradiogram can be properly aligned with the original plate of bacteria.

해 방사능 측정사진은 원하는 DNA 서열을 함유하고 있는 원본이 agar접시 상의 박테리아 콜로니를 찾아내기 위하여 사용될 수 있다. 방사능 측정사진의 결과가 박테리아의 원본접시와 적당하게 일렬로 배열될 수 있도록, **방향**표시자가 nitrocellulose와 agar접시 위에 놓이는 것에 주목하세요.

2 방향잡기

Polymerase direction is determined by the **orientation** of the promoter sequence, where the RNA polymerase initially binds.

해 Polymerase의 전진방향은 RNA polymerase가 최초로 결합하는 promoter서열의 **방향잡기**에 의하여 결정된다.

origin | 명 1 기원, 원천

138

Here we discuss the **origin** of the membrane electric potential in resting cells and how ion channels mediate the selective movement of ions across a membrane.

해 여기서 우리는 휴지기 세포에서 막전위의 **원천**과 어떻게 이온통로들이 세포막을 관통하여 이온의 선택적인 이동을 매개하는지를 토의한다.

2 시작점, 원점 (수학)

DNA replication initiates from multiple **origins** in eukaryotes.

관 initiate(자) 개시되다=begin

해 진핵세포에서, DNA복제는 여러 **시작점**들에서 개시된다.

original
87

형 원초적인

Most of the cells in a polyp contain the same one or two mutations in the APC gene that result in its loss or inactivation; thus they are clones of the cell in which the **original** mutation occurred.

해 하나의 용종polyp에 포함된 세포들 대부분은 APC 유전자의 소실이나 불활성화의 결과로 발생한 동일한 1개 혹은 2개의 돌연변이를 함유하고 있다; 그래서 그들은 **원초적인** 돌연변이가 발생했던 세포의 클론들이다.

originally
60

부 원초적으로

The HeLa cell line, the first human cell line, was **originally** obtained in 1952 from a malignant tumor (carcinoma) of the uterine cervix.

해 HeLa세포는 최초의 사람 세포주로, **원초적으로** 1952년에 자궁경부 악성종양 (carcinoma) 으로부터 얻어졌다.

참 자궁경부암cervical cancer : 여성의 자궁경부uterine cervix에서 발생하는 악성종양으로 papillomavirus가 원인균인 것으로 알려져 있다. 최근에는 이 바이러스에 대한 백신이 개발되어 암을 예방할 수 있게 되었다. route, scraping 참조

originate
65

자 1 비롯되다

Both mitochondria and chloroplasts are thought to have **originated** as bacteria that took up residence inside eukaryotic cells and then became welcome collaborators

관 take up residence 주거지를 취득하다, originate(자) 유래되다=(begin, result from)

해 미토콘드리아와 엽록체 모두는 진핵세포 내부에 주거지를 취득한 후 곧 환영받는 협력자가 된 박테리아로써 **비롯되었다**고 생각된다.

2 유래되다, 시작되다

Indeed, one of the scariest medical problems of the last decades has been the emergence of a new and fatal human prion disease (variant CJD) **originated** by cross-species transmission of BSE from cattle

해 진정으로, 지난 수십 년간의 가장 무서웠던 의학적인 문제 가운데 하나는 소로부터 온 BSE의 종간의 교차전이에 의하여 **유래된** 사람의 프리온질환 (변종 CJD)의 출현이었다.

참 originate : ....로부터 유래되다'라고 우리말로 표현되더라도 수동형이 아닌 자동사를 사용한다. 즉 'A is originated from B.'는 잘못된 표현이고 'A originates from B.'가 맞다.

3 유래되는

These neurotransmitters then induce the production of corticotropin-releasing hormone by neurons **originating** in the paraventricular nucleus.

해 이들 신경전달물질은 그 후 곧 뇌실결핵에서 **유래한** 신경세포에 의한 corticotropin 분비호르몬의 생산을 유도한다.

other
2120

형 1 다른

During metabolism, the body produces a number of acids that increase the hydrogen ion concentration of the blood or **other** body fluids and tend to lower the pH.

관 a number of=many, tend to ....하는 경향이 있다, lower(타) 낮추다

해 대사를 하는 동안, 우리의 몸은 혈액이나 **다른** 체액의 수소이온의 농도를 증가시키는 많은 산을

생산하여 pH를 낮추는 경향이 있다.

2 one .... the ~ (둘 중) 하나 ..... 나머지 하나

Polar bonds are covalent bonds in which the electron cloud is denser around one atom (the atom with the greater electronegativity) than the **other**.

관 one .... the other 둘 중에서 하나 .... 나머지 하나, electronegativity 전기음성도

해 극성결합이란 *한* 원자 (더 큰 전기음성도를 가진 원자)의 주변에서의 전자구름이 **나머지 다른** 원자보다 더 밀도가 높은 상태에서 형성된 공유결합이다.

3 (두 부분 가운데) 나머지 부분

Eighty percent of the liver volume is composed of hepatocytes, but only 60% of the total number of cells in the liver are hepatocytes. The **other** 40% of the cells are the nonparenchymal cells, which constitute the lining cells of the walls of the sinusoids.

관 hepatocyte 간세포, constitute 구성하다=(comprise, form, make up, be composed of), nonparenchymal cell 비실질세포, sinusoid 굴모양혈관

해 간의 부피의 80%는 hepatocyte로 구성되어있지만, 그러나 간에서 전체 세포수의 60%만이 hepatocyte이다. **나머지** 40% 세포는 주로 굴모양혈관 벽의 피복 세포를 구성하는 비실질세포이다.

참 실질세포parenchymal cell : 장기를 구성하는 조직은 2가지로 구분된다. 하나는 실제 그 장기의 작용에 중추적인 기능을 하는 조직이고, 다른 하나는 기능을 하지는 않지만 주요 조직을 보호하거나 뼈대를 형성하는 조직이다. 앞의 것을 실질조직parenchyma이라 하고 후자를 지지조직 혹은 간질stroma이라 한다.

4 any ~ 어떤 다른

Because the liver participates in so many reactions capable of generating free radicals, the liver uses more glutathione and NADPH to maintain glutathione reductase and catalase activity than any **other** tissue.

해 간은 자유라디칼을 생성할 수 있는 매우 많은 반응에 참여하고 있기 때문에, 간은 glutathione reductase와 catalase활성을 유지하기 위하여 **어떤 다른** 조직보다 더 많은 glutathione과 NADPH를 사용한다.

5 each ~ 서로

In a complex organism like the human, different cell types carry out different functions. This specialization of function requires cells to communicate with each **other**. One of the ways they communicate is through secretion of chemical messengers that carry a signal to another cell.

관 specialization 전문화, communicate with ....와 교신하다, carry a signal to .... 신호를 ....로 전달하다

해 사람과 같은 복잡한 생명체에서, 서로 다른 종류의 세포들은 다른 기능을 수행한다. 이들 기능의 전문화는 세포들이 **서로** 신호를 주고받는 것을 필요로 한다. 세포들이 신호를 주고받는 방법 중의 하나는 다른 세포에 어떤 신호를 전달하는 화학적 전령물질의 분비를 통하는 것이다.

6 every ~ day 하나 건너서, 격일로

Her serum glucose levels are monitored in the hospital laboratory approximately every 2 weeks, and she self-monitors her blood glucose levels every **other** day.

해 그녀의 혈청 포도당의 수준은 병원 검사실에서 대략 매 2주마다 모니터링되며, 그리고 자신의 혈중 포도당 수준을 **격일로** 자가 모니터링을 하고 있다.

7 no .... ~ than ....을 제외하고 ....가 없는

The consumption of refined sugar in foods and beverages should be reduced to below the American norm. Refined sugar has no nutritional value **other** than its caloric content, and it promotes tooth decay.

해 음식과 음료로 정제된 설탕의 섭취는 미국인 기준량 이하로 감소되어야 한다. 정제된 설탕은 열

량만을 **제외하고는** 영양가를 결코 가지고 있지 않으며, 또한 충치를 증가시키기도 한다.

8 (문장 중에서) ~ than ....이 아닌 다른

Allosteric activators or inhibitors are compounds that bind at sites other **than** the active catalytic site and regulate the enzyme through conformational changes affecting the catalytic site.

관 affect(타) 영향을 미치다=influence, other than ....가 아닌=(besides, apart from)

해 알로스테릭 활성제나 혹은 저해제는 활성화 촉매자리**가 아닌 다른** 자리에 결합하여, 촉매 자리에 영향을 미치는 입체구조의 변화를 통하여 효소를 조절하는 화합물이다.

9 (문장의 처음에서) ~ than ....제외한

How many cells are big enough to see with the unaided eye? **Other** than egg cells, not many. Most are less than 50 micrometers in diameter, far smaller than the period at the end of this sentence.

관 less than 이하, far 비교급 훨씬 더, other than ....를 제외한=except

해 얼마나 많은 세포가 맨눈으로 보기에 충분히 클까? 난자세포를 **제외하면**, 많지 않다. 대부분 이 문장의 끝에 있는 마침표보다 훨씬 더 작은 직경인 50 마이크로미터 이하이다.

10 in ~ words 바꿔 말하면

Oxidation of carbohydrates to CO_2 and H_2O in the body produces approximately 4 kcal/g. In **other** words, every gram of carbohydrate we eat yields approximately 4 kcal of energy.

해 신체에서 탄수화물이 CO_2와 H_2O로 산화되면 약 4 kcal/g이 생산된다. **바꿔 말하면**, 우리가 먹는 탄수화물의 매 g마다 약 4 kcal의 에너지를 생성한다.

others

121

명 1 다른 것들

A large number of other compounds are transported through the endothelial capillaries by facilitative transport, whereas **others**, such as nonessential fatty acids, cannot cross the blood-brain barrier. Essential fatty acids, however, are transported across the barrier.

관 cross(타) 가로질러가다, across(전) 관통하여, endothelial capillaries 내피세포로 된 말초혈관들, facilitative transport 촉진수송, essential fatty acid 필수지방산

해 많은 수의 다른 화합물들은 내피세포로 된 말초혈관을 통하여 촉진수송에 의하여 수송되지만, 반면에 비필수지방산과 같은 **다른 것들**은 혈뇌장벽을 가로질러 갈 수 없다. 그러나 필수지방산은 그 장벽을 관통하여 수송된다.

2 some .... ~ (여러 개 가운데) 일부는 .... 그리고 나머지는

Neuropeptides are usually small peptides, which are synthesized and processed in the CNS. Some of these peptides have targets within the CNS (such as endorphins, which bind to opioid receptors and block pain signals), whereas **others** are released into the circulation to bind to receptors on other organs (such as growth hormone and thyroid-stimulating hormone).

해 신경 펩티드들은 일반적으로 짧은 펩티드인데, CNS (중추신경계)에서 합성된 후 가공된다. 이 펩티드들 가운데 (opioid수용체에 결합하여 통증신호를 막는 endorphin류와 같은) 일부는 CNS 내에 표적을 가지고 있지만, 반면에 (성장호르몬과 갑상선자극호르몬과 같은) **나머지들**은 순환계로 유리되어 다른 장기에 있는 수용체와 결합한다.

otherwise

87

부 1 그렇지 않으면

Many investigators believe that the cytosol is highly organized, with most soluble proteins either bound to filaments or **otherwise** localized in specific regions.

관 otherwise=if not 그렇지 않으면

해 많은 연구자들은 대부분의 용해성 단백질들이 필라멘트에 부착되어있거나 혹은 **그렇지 않으면** 특별한 영역에 편중되어있는 것처럼, 세포질이 고도로 조직화되어있다고 믿고 있다

참 otherwise : 어떤 상황을 얘기한 다음, 그렇게 하지 않았을 경우 어떻게 될 것임을 말할 때 사용함 (부사와 형용사로 사용)

2 그 외에, 다른 점들 에서는

The absence of color in the mutant embryos (-/-) indicates the absence of erythrocytes containing hemoglobin. **Otherwise** the mutant embryos appear normal, indicating that the main function of the EpoR and JAK2 in early mouse development is to support production of erythrocytes.

관 otherwise 그 이외에는=in other respects, appear(자) ....인 것처럼 보이다

해 돌연변이형 배아 (-/-)에서 색의 없음은 헤모글로빈을 함유하고 있는 적혈구가 없음을 나타낸다. **그 이외에** 그 돌연변이형 배아는 정상적인 것처럼 보인다, 이 사실은 EpoR과 JAK2의 주된 기능은 초기 생쥐의 발생과정에서 적혈구의 생산을 지원하는 것임을 나타낸다.

3 ....와는 다르게

Although both lysozyme and human milk α-lactalbumin act in reactions involving carbohydrates, their functions show little similarity **otherwise**. Nevertheless, their tertiary structures are strikingly similar.

관 otherwise=differently, act 작용하다=play a role, show(타) little similarity 유사성을 거의 보이지 않다

해 비록 lysozyme과 사람 유즙의 α-lactalbumin 모두가 탄수화물을 포함하는 반응에서 작용하지만, **이와는 달리** 그들의 기능은 거의 유사성을 보이지 않는다. 그럼에도 불구하고, 그들의 3차구조는 놀라울 정도로 유사하다.

참 little은 없다는 사실에 a little은 있다는 사실을 강조함

4 and ~ (앞에서 언급한 것) 그 외의 (방법으로)

Finally, the S domains interact - electrostatically <u>and **otherwise**</u> - with a variety of soluble molecules outside the cell, maintaining high local concentrations at the cell surface.

해 마지막으로, S 도메인들은 - 정전기적으로 그리고 **그 외의 방법으로** - 그 세포의 외부에 있는 다양한 용해성 분자들과 상호반응을 하여, 그 결과 세포표면에서 높은 지역적인 농도를 유지하게 된다.

5 or ~ 혹은 다른 방식으로

The tRNAs are the smallest RNAs (size range - 23 to 30 kD) and contain 73 to 94 residues, a substantial number of which are methylated <u>or **otherwise**</u> unusually modified.

관 otherwise 다른 방식으로=(in other manner, in a different manner)

해 tRNA는 가장 작은 RNA (크기범위 - 23에서 30 kD)로 73개에서 94개의 잔기를 함유하고 있으며, 그들 가운데 상당한 수가 메틸화되었거나 혹은 **다른 방식으로** 특별하게 변형되어있다.

형 1 만약 그렇지 않으면 .... 인

A *cis* double bond introduces a rigid kink in the **otherwise** flexible straight chain of a fatty acid. In general, the fatty acids in biological systems contain only *cis* double bonds.

관 introduce(타) 도입하다=insert, rigid kink 단단한 꺾어짐

해 *cis* 이중결합은 **만약 그렇지 않으면** 유연한 지방산의 직선형**인** 사슬에 단단한 꺾어짐을 도입시킨다. 일반적으로, 생물계에 있는 지방산은 *cis* 형의 이중결합만을 함유하고 있다.

out

637

부 1 완전히, 끝까지

When she is asked to hold both arms straight **out** in front of her for as long as she is able, both arms begin to drift downward within minutes.

관 be asked to ....하는 것이 요청되다, hold arm straight out 팔을 완전히 뻗어 유지하다, out(부) 완전히=(completely, until the end)

해 그녀가 가능한 한 오랜 시간 동안 두 팔을 앞으로 바로 쭉 **완전히** 뻗은 상태로 있도록 요청될 때, 두 팔은 몇 분도 되지 않아 아랫방향으로 쳐지기 시작하였다.

2 ....로부터 나와서

The bicarbonate anion is transported <u>**out** of</u> the red blood cell into the blood in exchange for chloride anion, and thus bicarbonate is relatively high in the plasma.

관 bicarbonate anion 중탄산 음이온 HCO_3^-, in exchange for ....와 상호교환으로

해 중탄산 음이온이 염소 음이온과 상호교환으로 적혈구세포**로부터 나와** 혈액 안으로 수송되어, 그래서 중탄산 이온이 비교적 혈장에 높게 존재하게 된다.

3 밖으로

As acetylcholine binds to the receptor, a conformational change opens the narrow portion of the channel (the gate), allowing Na^+ to diffuse in and K^+ to diffuse **out**.

해 아세틸콜린이 수용체와 결합할 때, 입체구조의 변화는 채널의 좁은 부분(문)을 열게 되어, Na^+가 안으로 그리고 K^+가 **밖으로** 확산되는 것을 가능하게 한다.

4 ~ of control 조절이 불가능하게

Cancer is a group of diseases in which a cell in the body has been transformed and begins to grow and divide **out** of control.

관 has been transformed <현재분사>로 다음 문장의 begins(현재)보다 앞선 시제

해 암이란 신체의 어떤 세포가 형질변환된 후 **조절이 불가능하게** 성장하여 분열하는 것을 시작하는 질병의 한 부류이다.

outside

110

명 바깥쪽, 외면

The polypeptide chain is compactly folded so that hydrophobic amino acid side chains are in the interior of the molecule and the hydrophilic side chains are on the **outside** exposed to the solvent, water.

관 so that ....하도록, the interior 내부≠the outside 외부, hydrophobic 소수성의≠hydrophilic

해 폴리펩티드사슬은 혐기성 아미노산 측쇄기사슬들이 분자의 내부에 위치하고 그리고 친수성 측쇄기사슬들은 용매인 물에 노출된 상태로 **바깥쪽**에 존재하도록 빽빽하게 접힌다.

부 바깥쪽에

Note that the phospholipids are oriented with their polar head groups facing outward to interact with solvent water, and that the phospholipids thus shield the hydrophobic lipids inside from the solvent water **outside**.

관 be oriented with ....하면서 방향이 잡혀지다, face(자) outward 바깥쪽을 향하다, shield(타) 숨기다=(hide, shelter)

해 인지질은 극성의 머리작용기가 바깥쪽을 향하면서 용매인 물과 상호반응을 하도록 방향이 잡히며, 그래서 인지질들은 **바깥쪽에** 있는 용매인 물로부터 혐기성인 지질들을 안쪽으로 숨게 만든다는 사실에 주목하세요.

형 바깥의

During electron transport from NADH to O_2, protons translocate from the matrix to the intermembrane space; since the outer membrane is freely permeable to protons, the pH of the **outside** medium is lowered briefly.

해 NADH로부터 O_2로 전자가 수송되는 동안, 양성자는 매트릭스로부터 두 막사이의 공간으로 전위한다; 바깥 막은 양성자에 자유롭게 투과될 수 있으므로, **바깥쪽** 배지의 pH가 약간 낮아진다.

outward

20

부 바깥쪽을 향하여

For interaction with the nonpolar phase within membranes, membrane proteins have hydrophobic amino acid side chains oriented **outward**.

관 phase 면=side, be oriented(타) 방향이 잡히다, hydrophobic 소수성인=lacking an affinity for water

해 막 속의 비극성인 면과의 상호반응을 위하여, 막단백질은 **바깥쪽으로 향하여** 방향이 잡힌 혐기성의 아미노산 곁사슬들을 가지고 있다.

형 밖으로 향하는

In the technique of patch clamping, the inward or **outward** movement of ions across a patch of membrane is quantified from the amount of electric current needed to maintain the membrane potential at a particular "clamped" value.

해 패치크램핑이라는 기술에서, 막의 작은 조각 (patch)을 관통하는 이온들의 안으로 혹은 **밖으로 향하는** 이동은 특정 정해진 (clamped)값에서 막전위를 유지하는데 필요한 전류의 양으로부터 정량화된다.

참 Patch clamping technique : 세포막에 존재하는 하나의 이온통로 분자나 전체 세포의 이온통로들의 활동을 측정할 수 있는 전기생리학 분야의 기술이다. 약 1 μm의 직경 굵기의 미세 유리관을 전극으로 사용하며, 이 미세 유라관 끝을 세포막을 흡착시킨 후, 당겨 세포막 일부 (patch)을 떼어내어 고정한 후, 이 작은 막조각 내에 포획된 이온통로의 활성을 연구할 수 있는 기술이다.

over

전 1 ....를 넘는, ...를 초과한

552 **Over** half of the fat in the body is deposited in subcutaneous tissue under the skin, and the percentage increases with increasing weight.

관 be deposited 침작되다, subcutaneous 피하의=hypodermic

해 신체에서 지방의 **반을 넘는** 양이 피부 아래의 피하조직에 침착되어있으며, 그 비율도 체중의 증가와 함께 증가된다.

참 정관사 the : 한정적 용법에서 사용. 이 문장에서 지방의 반 이상이 피하에 있는데, the percentage ....는 그 지방의 백분율을 표현하기 때문에, 즉 한정적 용법이므로 the가 붙는다. 한정되는 명사가 단수든 복수든 상관없으므로 the 다음에는 단수 복수 모두 올 수 있다. 대표단수로 사용되는 the와는 구별하여야 한다.

2 .... 이상의, ...을 넘는

The entire chromosome of the bacterium *Escherichia coli*, composed of a single, circular double-stranded DNA molecule, contains **over** 4 x 10^6 base pairs.

해 박테리아 *Escherichia coli* 의 전체 염색체는 한 개의 원형인 2가닥으로 된 DNA 분자로 구성되어있는데, 4 x 10^6개 **이상의** 염기쌍들을 함유하고 있다.

3 ....(시간) 동안 계속하여

Her doctor used her glycosylated hemoglobin levels, specifically the HbA1c fraction, to determine whether she had sustained hyperglycemia **over** a long period. The rate of irreversible nonenzymatic glycosylation of hemoglobin and other proteins is directly proportional to the glucose concentration to which they are exposed **over** the last 4 months.

관 be proportional to=be proportionate to, be exposed to ....에 노출되다

해 그녀의 주치의는 당화된 헤모글로빈 수준, 전문적으로 말하면 HbA1c 분획을 사용하여, 그녀가 긴 기간 **동안 계속하여** 고혈당 상태를 지속적으로 유지하여 왔는지의 여부를 결정하였다. 헤모글로빈 및 다른 단백질들의 비가역적이고 비효소적인 당화반응의 비율은 지난 4개월 **동안 쭉** 노출된 당의 농도에 직접적으로 비례한다.

참 헤모글로빈의 당화 (glycation) : 혈당이 과량으로 존재하면, 체내의 모든 단백질을 비가역적이고 비효소적인 반응을 통하여 당화하게 된다. 이 당화된 단백질들은 변형되어 기능이 떨어지게 된다. 그 결과 당뇨환자들은 여러 가지 합병증이 나타나, 전신적으로 나빠진다.

4 ....(길이)에 걸쳐서

Within proteins, hydrophobic amino acid side chains will cluster together to form hydrophobic cores. Their association is also promoted by van der Waals forces between the positively charged nucleus of one atom and the electron cloud of another. This force is effective **over** short distances when many atoms pack closely together.

관 cluster(자) 군집화되다, be promoted by 증진되다, be effective 효과가 있다, over short distances 짧은 거리들에 걸쳐서

해 단백질 내에서, 혐기성 아미노산의 곁사슬들은 함께 군집화되어 혐기성인 중심체를 형성할 것이다. 그들의 결합은 양전하를 띤 한 개의 원자핵과 다른 원자의 전자구름 사이에서 형성되는 반델발스 힘에 의하여도 또한 증진된다. 이 힘은 많은 원자들이 빽빽하게 함께 짜이게 될 때, 짧은 거리**에 걸쳐서**만 효과가 있다.

참 반데르발스 힘 : 두 개의 원자들 사이의 당기는 힘으로, 두 원자 사이가 가까워질수록 인력이 커지다가 두 원자 사이의 핵이 서로 접근하게 되면 반발력이 발생된다.

부 1 ....위로

The center of the symmetric molecule is a hinge region that bends as Ca^{2+}-calmodulin folds **over** the protein it is regulating.

관 bend(자) 굽다

해 대칭인 분자의 중앙부는 Ca^{2+}-calmodulin이 조절하고 있는 그 단백질 **위로** 접힐 때, 굽게 되는 경첩 (hinge)영역이다.

참 bend(타) : Contraction of the quadriceps muscle straightens the leg, whereas contraction of the biceps muscle *bends* the leg. 네갈래근육의 수축은 다리를 뻗게 하고, 반면에 두갈레근육의 수축은 다리를 *굽게 만든다.*

2 ....(영역)에 두루 발휘되는

Cytokines are generally considered to be paracrine, with their effects being exerted **over** cells in the immediate vicinity.

관 with ....의 결과로=as a result, be exerted over ....에 두루 발휘되다, in the vicinity of 주위에 =around, para- 주변의=near to

해 cytokine류는 바로 근처에 있는 세포**에 두루 발휘되는** 효과를 가지고 있는 결과로, 일반적으로 주변분비성paracrine으로 간주된다.

3 ....능가하여, ...보다 우수한

Regulation of enzymes by allosteric effectors provides several <u>advantages **over**</u> other methods of regulation.

관 allosteric effector 알로스테릭 효과제, advantages over ....을 능가하는 유리한 점들

해 알로스테릭 효과제에 의한 효소의 조절은 다른 조절방법을 **능가하는** 몇 가지 유리한 점을 제공한다.

4 favor A ~ B=A를 B보다 더 선호하다

Once dissociated, the actin subunits exchange ADP for ATP, which may again associate with the actin polymer. At the plus end of the molecule, association <u>is favored **over**</u> dissociation.

관 be favored 선호적으로 되다=be preferred, over 보다 우수한=superior to

해 일단 분리되면, 그 actin의 아단위체는 ADP를 ATP로 교환하게 되어, ATP는 다시 actin 중합체와 결합할 수 있게 된다. 그 분자의 + 말단에서는, 결합반응이 해리반응<u>**보다** 선호적으로 된</u>다.

5 take precedence ~ ....보다 중요하다, 보다 앞서다

The rate of glutamine uptake from the blood and its utilization by the kidney depends principally on the amount of acid that must be excreted to maintain a normal pH in the blood. Renal glutamine utilization for proton excretion <u>takes precedence **over**</u> the requirements of other tissues for glutamine.

해 혈액으로부터 glutamine의 흡수속도와 신장에 의한 glutamine의 이용도는 주로 혈액에서 정상 pH를 유지하기 위하여 배설되어야 하는 산의 양에 달려있다. 양성자의 배출을 위한 신장의 glutamine의 활용은 다른 조직에서의 glutamine에 대한 필요성보다 **더 중요하다**.

참 신장에서 glutamine을 이용한 pH의 조절 : 신장의 세뇨관 세포에서 선호적으로 glutamine이 glutaminase에 의하여 산화되어 NH_4^+ (ammonium ion)가 생성된다. 이때 $NH_4^+ \rightarrow NH_3 + H^+$ 로 반응하여 양성자를 방출하여 산으로 작용하게 된다.

5 turn ~ 대사회전되다, 순환회전되다

Organelles usually <u>turn **over**</u> much more rapidly than the cells in which they reside (e.g., approximately four mitochondria in each liver cell are degraded per hour).

해 소기관들은 일반적으로 자신이 들어가 존재하고 있는 세포보다 훨씬 더 빠르게 **대사회전한다**. (즉 대략 각각의 간세포에서 한 시간에 4개의 미토콘드리아들이 분해된다)

6 (접두어) 과하게 (발현되다)

The gene for the human epidermal growth factor receptor (HER2, cerbB-2) is **over**-expressed in 10 to 20% of breast cancer cases.

해 사람의 표피세포성장인자 수용체 (HER2, cerbB-2)의 유전자가 10에서 20%의 유방암 증례에서 **과발현**되어있다.

overall

210

형 1 전체의

The **overall** process by which parietal cells acidify the stomach lumen is illustrated in Figure 7.

관 overall 전체의=from one end to the other, acidify(타) 산성화하다, be illustrated 도시되다

해 위벽세포들이 위 내강을 산성화시키는 **전체의** 과정이 그림 7에 도시되어있다.

2 전반적인, 전반적으로

Meiosis and mitosis are **overall** analogous processes involving many of the same proteins. However, some proteins function uniquely in each of these cell division events.

관 meiosis 감수분열, mitosis 유사분열, analogous 유사한=similar

해 감수분열과 유사분열은 동일한 단백질들 가운데 많은 것들을 포함하는 **전반적으로** 유사한 과정들이다. 하지만, 일부의 단백질들이 이들 세포분열의 각 반응에서 특이적으로 기능한다.

부 1 전체적으로 볼 때

The brain begins to take up these ketone bodies from the blood and to oxidize them for energy. The brain continues to use a limited amount of glucose, which it oxidizes for energy and uses as a source of carbon for the synthesis of neurotransmitters. **Overall**, however, glucose is "spared".

관 overall 전체적으로=(as a whole, generally), be spared 절약되다=(conserved, no harmed)

해 뇌는 케톤체를 혈액으로부터 섭취하여, 에너지로 산화하기 시작한다. 뇌는 계속하여 제한된 양의 포도당을 사용하여, 그것을 에너지로 산화하기도 하고 그리고 신경전달물질의 합성을 위한 탄소원으로써 사용하기도 한다. 그렇지만 **전체적으로 보면**, 포도당은 "절약된다".

2 전체적으로 볼 때

The L subunit (yellow) and M subunit (white) each form five transmembrane α helices and have a very similar structure **overall**.

해 L 아단위체 (노란색)와 M 아단위체 (흰색) 각각은 5개의 막관통 α나선구조체를 형성하며, 그리고 **전체적으로 볼 때** 매우 유사한 구조를 가지고 있다.

overcome

37

타 극복하다, (문제를)해결하다

Direct thrombin inhibitors are based on the hirudin molecules, which were initially discovered in blood-sucking leeches. Hirudin treatment itself is dangerous in that formation of the hirudin–thrombin complex is irreversible. Thus, to **overcome** this problem, rational drug design based on the hirudin structure was used, and a synthetic 20–amino acid peptide known as bivalirudin was synthesized.

해 직접 작용하는 트롬빈 저해제들은 흡혈거머리에서 처음으로 발견된 hirudin분자를 기초로 하고 있다. Hirudin 치료 자체는 hirudin과 트롬빈 복합체의 형성이 비가역적이라는 점에서 위험하다. 그래서 이 문제를 **극복하기** 위하여, hirudin의 구조에 기반을 둔 합리적인 약물 디자인이 사용되어, Bivalirudin이라 알려진 합성형인 20개의 아미노산으로 된 펩티드가 합성되었다.

타 극복되다

Moreover, by using video systems linked to image processors, contrast can be greatly enhanced so that the eye's limitations in detecting small differences in light intensity are **overcome**.

관 be linked to ....에 연결되다, be enhanced 향상되다, so that 결과

해 더욱이, 이미지 프로세서와 연결된 비디오시스템을 사용함으로써, 이미지 대조가 크게 향상되어서 그 결과 빛의 강도에서 작은 차이를 감지하는데 있어서 눈의 한계가 **극복되었다**.

overhang	명 돌출부, 돌출서열

3

The 3′ **overhang** can also form a complicated structure with telomere binding proteins to protect the ends of the chromosomes from damage and nuclease attack once they have been lengthened.

관 overhang 돌출서열, complicated 합체된=complex, protect, lengthen (타)

해 3'쪽의 **돌출서열**은 일단 염색체 말단이 길어지고 나면, 손상과 핵산분해효소의 공격으로부터 염색체의 말단을 보호하기 위하여, 텔로머 결합단백질과 합체된 구조체를 형성할 수 있다.

참 텔로머telomere : 염색체의 말단에서 반복적으로 나타나는 DNA의 반복서열이며, 이 telomere를 만드는 일종의 역전사효소가 telomerase이다. 세포분열이 진행되면서 염색체 말단부까지의 복제반응이 완벽하게 일어나지 않기 때문에, 텔로머들이 점점 짧아지게 되면서 말단부위 유전자들이 소실되기도 하고 노화현상도 함께 동반된다고 한다. 텔로머가 모두 없어지게 되면 염색체는 서로 연결되는 현상이 발생하게 되고 이런 세포는 압폽토시스 기전을 통하여 죽는다.

자 돌출하다

Cleavage occurs at the G residue on each strand so that the DNA is cut in a staggered fashion, leaving 5′-**overhanging** single-stranded ends (sticky ends).

관 in a staggered fashion 서로 길이가 동일하지 않은 방식으로, leave(타) 남기다, sticky end 접착형 말단

해 절단이 각 가닥의 G 잔기에서 일어나 DNA가 서로 길이가 동일하지 않게 되는 방식으로 잘려지면, 그 결과 5'-쪽이 **돌출한** 단일가닥으로 된 말단을 남기게 된다 (접착형 말단).

참 cohesive end=sticky end 접착형 말단≠blunt end 무딘형 말단 : 제한효소들은 2가지 방식으로 DNA을 절단하는데, blunt end와 cohesive end를 만든다. 전자는 꼬리가 없이 싹둑 잘린 상태(무딘형)이고, 후자는 염기쌍을 만들 수 있는 꼬리가 달려있는 상태 (접착형)로 되어있다.

overlap	명 중복현상, 겹침

71

There is also some **overlap** in specificity of the transport proteins of amino acids, with most of them being transported by more than one carrier.

관 with ....의 결과 때문에=as a result or consequence of

해 아미노산들 중 대부분이 한 종류 이상의 전달체에 의해 수송되고 있는 결과로, 아미노산 수송단백질의 특이성에도 일부 **중복현상**이 존재한다.

자 1 부분적으로 겹치다

mRNA does not contain punctuation to separate one codon from the next and the codons do not **overlap**. Each nucleotide is read only once, beginning with a start codon (AUG) near the 5'-end of the mRNA.

관 overlap(자) 부분적으로 겹치다=occupy the same area in part, separate(타) A from B A를 B로부터 구분하다=distinguish A from B, punctuation 구분기호; 마침표, begin with ....로부터 시작하다

해 mRNA는 한 유전부호를 다음의 부호와 분리하기 위한 구분기호를 가지고 있지 않으며 그리고 유전부호들은 **부분적으로 겹치지**도 않는다. mRNA의 5'쪽 말단 부근에 있는 어떤 개시부호(AUG)로부터 시작하여, 각 뉴크레오티드는 오직 한 번만 읽힌다.

overlapping	형 부분적으로 겹치는

52

The isoenzyme that has the highest activity toward ethanol is called CYP2E1. A great deal of **overlapping** specificity exists among the various P450 isoenzymes, and ethanol is also oxidized by several other P450 isoenzymes.

해 에탄올에 대하여 가장 높은 활성을 가지고 있는 동종효소는 CYP2E1이라 한다. **부분적으로 겹치는** 많은 특이성들이 여러 P450 동종효소들 사이에 존재하고 있어서, 에탄올도 역시 여러 다른 p450 동종효소들에 의하여 산화된다.

overlay	타 ....위를 덮다, 피복하다

15

Olfactory neurons have a number of long thin cilia extending from one end of the cell into a mucous layer that **overlays** the cell.

관 olfactory neuron 후각신경, overlay-overlaid-overlaid (동사변화), extend(자) 연장되다

해 후각신경세포는 세포의 말단부로부터 연장되어 나와서 세포 **위를 덮고** 있는 점액층으로 들어가는 많은 수의 길고 가는 섬모들을 가지고 있다.

overlaid

타 be ~ 덮이다

19

When the DNA <u>was</u> carefully isolated, spread, and <u>**overlaid**</u> with a photographic emulsion for several weeks, the radioactive thymidine residues generated "tracks" of silver grains in the emulsion, producing an image of the DNA molecule.

해 DNA가 조심스럽게 분리되어, 펼쳐지고 그리고 몇 주 동안 사진용 감광유제로 **덮이면**, 방사성 thymidine 잔기들이 감광유제 속의 은알갱이들로 이루어진 "궤도흔적"을 생성하여, DNA 분자의 이미지를 생성할 수 있다.

참 DNA 분자의 복제과정을 알아보기 위하여, 방사능 thymidine 존재 하에서 박테리아를 배양하여 박테리아의 DNA를 방사능으로 표지한다. 시료의 방사능사진기술 autoradiography을 이용하여 DNA 분자가 합성되어가는 과정을 추적할 수 있다.

overnight

형 하루 밤 동안의

305

Most of our fat is stored in adipose tissue, from which it is released into the bloodstream for other cells to utilize as needed. The need arises after a period of not eating; even a normal **overnight** fast results in the mobilization of fat.

관 arise(자) 일어나다, mobilization 동원화=making ready for use

해 지방의 대부분은 지방조직에 저장되며, 그곳으로부터 다른 세포들이 필요로 할 때 활용할 목적으로 혈류 속으로 유리된다. 심지어 정상적인 **하루 밤 동안의** 공복도 지방 동원화의 결과를 만드는 것처럼, 그 필요는 먹지 않은 어떤 기간 후에 일어난다.

부 하루 밤 동안에

In a typical experiment, host bacteria containing either a plasmid based or bacteriophage-based library are plated out on a petri dish and allowed to grow **overnight** to form colonies.

해 어떤 전형적인 실험에서, plasmid를 기반으로 하거나 혹은 bacteriophage를 기반으로 한 라이브러리를 함유하고 있는 숙주 박테리아들이 배양접시 위에 뿌려지고, 그리고 콜로니를 형성하기 위하여 **하루 밤 동안** 자라도록 하였다.

참 라이브러리library : 어떤 특정 조직이나 세포에서 발현되는 모든 종류의 유전자의 cDNA를 plasmid나 bacteriophage DNA에 삽입하여 만들어 둔 유전자들의 집합체이다. 특정 유전자를 분리해 낼 때 사용한다.

override

타 능가하다, ...보다 우수하다

Most DNA viruses code for proteins that selectively initiate the synthesis of their own DNA, recognizing a particular nucleotide sequence in the virus that serves as a replication origin. This is important because a virus must **override** the cellular control signals that would otherwise cause the viral DNA to replicate in pace with the host cell DNA, doubling only once in each cell cycle.

관 serve as ....로써 봉사하다, in pace with ....와 속도를 맞추어. override(타) ....보다 우수하다 =(prevail over, dominate)

해 대부분의 DNA 바이러스는 선택적으로 자신의 DNA의 합성을 개시하도록 하는 단백질을 코딩하며, 그 결과 복제의 시작점으로써 작용하는 바이러스에서 특별한 핵산서열을 인식할 수 있다. 이것은 중요하다, 왜냐하면 한 개의 바이러스는 세포의 조절신호**보다 더 우수하여야** 하며, 만약 그렇지 않으면 바이러스의 DNA가 숙주세포의 DNA와 속도를 맞추어 복제하도록 하여, 그 결과 각 세포주기에서 단지 1회만 2배로 될 수 있기 때문이다.

overview

명 전체적인 모습, 개관

30

FIGURE 5 Schematic **overview** of the major components of eukaryotic cell architecture.

해 그림 5. 진핵세포의 구조물을 이루는 주요한 구성요소들의 개략적인 **개관**.

owing 형 ~ to ....때문에

5

Nonpolar molecules or nonpolar portions of molecules tend to aggregate in water **owing** to a phenomenon called the hydrophobic effect.

해 비극성 분자나 혹은 분자의 비극성 부분은 소수성 효과라는 어떤 현상 **때문에**, 물속에서 응집하는 경향이 있다.

own 형 자신의

53

Some developing lymphocytes have the ability to react against our **own** tissues. Such self-reactive lymphocytes become programmed to die before they fully mature.

해 발생과정 중에 있는 일부 림프세포는 우리 **자신의** 조직에 대항하여 반응할 수 있는 능력을 가지고 있다. 그러한 자신과 반응하는 림프세포들은 완전히 성숙하기 전에 죽도록 프로그램화된다.

참 자기면역autoimmune : 발생기간 동안에 자기 자신의 조직에 대항하여 반응하는 림프구들이 남아있게 되거나 혹은 어른이 된 후 다시 나타나게 되면, 자신의 조직과 면역반응을 일으키게 될 것이어서 조직이 손상될 것이다. 이러한 면역이상을 자가면역질환이라 한다.

oxidation 명 산화 (반응)

58

Although the heat that is generated by fuel **oxidation** is used to maintain body temperature, the main purpose of fuel **oxidation** is to generate ATP.

해 비록 연료물질의 **산화**에 의하여 생성되는 열이 체온을 유지하는데 사용되지만, 연료물질의 **산화**의 주된 목적은 ATP를 생성하는 것이다.

oxidative 형 1 산화의, 산화에 의한

252

oxidative metabolism, oxidative phosphorylation, oxidative pathway, oxidative reaction, oxidative enzyme, oxidative decarboxylation, oxidative capacity, oxidative stress, oxidative damage

해 산화대사, 산화적 인산화, 산화경로, 산화반응, 산화효소, 산화적 탈카르복실반응, 산화능력, 산화스트레스, 산화에 의한 손상

2 산화스트레스

NADPH generated by glucose 6-phosphate dehydrogenase maintains the appropriate levels of reduced glutathione required to combat **oxidative** stress and maintain the proper reducing environment in the cell.

해 Glucose 6-phosphate dehydrogenase에 의해 생성된 NADPH는 **산화스트레스에** 대항하고 그리고 세포에서 적절한 환원환경을 유지하도록 하기 위하여 요구되는 환원된 glutathione의 적절한 수준을 유지하도록 한다.

참 Glutathione : cystein, glutamic acid, glycine 3개의 아미노산으로 구성된 펩티드로 항산화제의 기능을 가지고 있어서, 자유라디칼과 같은 반응성 산소종들의 유해한 반응을 억제하는 역할을 한다.

oxidatively 부 산화반응을 통하여

2

In this pathway, glucose is **oxidatively** decarboxylated to 5-carbon sugars (pentoses), which may reenter the glycolytic pathway.

해 이 경로에서, glucose는 **산화반응을 통하여** 탈카르복실화되어 5 탄당 (pentose)으로 되는데, 해당경로로 다시 들어갈 수도 있다.

oxidizable 형 산화 가능한, 산화 할 수 있는

3

Chemotrophs use organic compounds such as glucose or, in some instances, **oxidizable** inorganic substances such as Fe^{2+}, NO_2^-, NH_4^+, or elemental sulfur as sole sources of energy. Typically, the energy is extracted through oxidation–reduction reactions.

해 화학영양균은 포도당이나 혹은, 어떤 경우에 있어서는 **산화가능한** 무기물질인 Fe^{2+}, NO_2^-, NH_4^+ 혹은 황 분자를 유일한 에너지원으로 사용한다. 전형적으로 그 에너지는 산화-환원 반응으로부터 추출된다.

oxidize	타 산화하다

16 Peroxisomes are small organelles containing enzymes that **oxidize** various organic compounds without the production of ATP.

해 Perxoisome은 ATP의 생산도 없이 여러 유기합성물을 **산화하는** 효소를 함유하고 있는 작은 소기관이다.

oxidized	타 be ~ 산화되다

40 These fatty acids serve as the major source of fuel for the body. The glycerol is converted to glucose, whereas the fatty acids are **oxidized** to CO_2 and H_2O by tissues such as muscle.

해 이 지방산은 신체의 주요한 에너지원으로써 기능한다. Glycerol은 포도당으로 전환되고, 반면에 지방산은 근육과 같은 조직에 의하여 CO_2와 H_2O로 **산화된다**.

oxygenated	타 be ~ 산소와 결합되다, 산소로 채워지다

11 Because blood flow through the atherosclerotic artery is reduced and disturbed, the rate of delivery of nutrient-rich, **oxygenated** blood to tissues fed by the artery decreases, a condition known as ischemia.

해 죽상동맥경화증상을 보이는 동맥을 통과하는 혈류는 감소되고 또한 방해를 받기 때문에, 동맥에 의해 공급되는 영양분이 풍부하고 **산소로 채워진** 혈액의 전달속도가 감소되는데, 허혈ischemia이라고 알려져 있다.

oxygenation	명 산소의 결합, 산소화, 산소공급

14 Ischemic–reperfusion injury also may occur when tissue **oxygenation** is interrupted during surgery or transplantation.

해 허혈성 재관류손상은 수술 혹은 이식과정 동안 조직의 **산소공급**이 중단될 때에도 일어날 수도 있다.

참 재관류손상reperfusion injury : 조직에 산소공급이 중단되었다가 (허혈성 ischemic 상태가 된 후) 다시 재개되면 다량의 산소가 유입되므로 이 산소로부터 생성된 반응성 산소종들 (ROS)에 의해 조직의 손상이 유발된다. 관류perfusion라는 것은 혈액을 통하여 영양물질이나 산소 등을 공급하는 것이다.

pack 자 (물건, 사람들이) 차게 되다, 모이다

10 The tubulin subunits are aligned end to end into protofilaments, which **pack** side by side to form the wall of the microtubule.

관 be aligned 배열되다, end to end 끝과 끝이 이어져, pack(자) side by side, microtubule미세소관

해 Tubulin 아단위체들은 끝과 끝이 배열되어 원필라멘트를 만들며, 바로 옆에 나란히 **차게 되어** 미세소관의 벽을 형성한다.

참 pack과 package : package는 작은 용기에 담는 것 혹은 포장용으로 만드는 것을 의미하지만, pack은 꽉 차게 넣어 밀집된 상태로 됨을 강조함.

packed 타 be ~ 채워지다, 차있다

18 A LDL particle, a sphere 20–25 nm in diameter, has an outer phospholipid shell containing a single molecule of a large protein known as apoB-100; the core of a particle is **packed** with cholesterol in the form of cholesteryl esters.

해 LDL 알갱이는 직경이 20-25 nm인 구형으로, apoB-100이라고 알려진 큰 단백질 한 분자를 함유하고 있는 외부의 인지질 껍질을 가지고 있다; 이 알갱이의 중심은 cholesteryl ester류로 이루어진 cholesterol로 **꽉 차있다**.

package 명 용기, 통, 포장용기

29 Hard cheeses are low in lactose and may be tolerated by patients with only moderate lactase deficiency. Yogurt with “live and active cultures” printed on the **package** contain bacteria that release free lactases when the bacteria are lysed by gastric acid and proteolytic enzymes. The free lactases then digest the lactose.

해 단단한 치즈는 젖당의 함량이 낮아서, 중 정도의 lactase 결핍환자에 의해 소화가 가능할 수 있다. **포장용기**에 "살아있는 활성 배양물"이라고 프린트 되어있는 야쿠르트는 박테리아가 위산이나 단백질 소화효소에 의해 분해될 때, 자유형 lactase을 유리시키는 박테리아를 포함하고 있다. 그러면 이 자유형 lactase가 젖당을 소화한다.

참 유당불내성lactose intolerance : 젖당은 우유의 주성분이며, 이것을 분해하는 효소가 lactase이다. 이 효소는 우유를 잘 마시지 않는 성인기로 들어가면 합성이 급격히 줄어들게 된다. 이러한 경우 젖당이 함유된 음식을 먹게 되면, 소화할 수 없어서 설사를 동반하는 소화불량이 일어난다.

타 채워 포장하다

The intestinal epithelial cells resynthesize triacylglycerol from free fatty acids and 2-monacylglycerol and **package** them with a protein, apolipoprotein B-48, phospholipids, and cholesterol esters into a soluble lipoprotein particle known as a chylomicron.

관 package(타) .... with .... into, be known as

해 소장의 내피세포는 자유형 지방산과 2-monoacylglycerol로부터 중성지방을 재합성하여, 단백질, 아포지단백질 B-48, 인지질 및 콜레스테롤 에스테르와 함께 그것들을 chylomicron으로 알려져 있는 용해성 지단백질 알갱이 속으로 **채워 포장한다.**

참 중성지방triacylglycerol은 물에 잘 용해되지 않은 분자이므로 혈액을 통하여 지방세포로 수송되어 저장될 때까지, 특별한 인지질 복합체 (chylomicron, HDL, LDL, VLDL)에 포장되어 수용액(체액) 내에 존재하거나 수송된다.

packaged 타 be ~ 담겨 포장되다

8 Triacylglycerols are the major lipids in the diet. They are digested to fatty acids and 2-monoacylglycerols, which are resynthesized into triacylglycerols in intestinal epithelial cells, **packaged** in chylomicrons, and secreted by way of the lymph into the blood.

관 by way of=via ...를 경유하여, triacylglycerol 중성지방

해 중성지방은 음식물의 주된 지질이다. 그들은 지방산과 2-monoacylglycerol로 소화되며, 소장 상피세포에서 중성지방으로 재합성되고, chylomicron 속에 **담겨 포장되어**, 림프를 경유하여 혈액으로 분비된다.

packaging
28

명 담기, 빽빽하게 채우기

The organization of eukaryotic DNA into chromatin is essential for controlling transcription, as well as for **packaging**.

해 진핵세포 DNA의 염색질로 체계화는 전사반응을 조절할 뿐만 아니라 **빽빽하게 채우기**에 꼭 필요하다.

참 Chromatin (염색질) : organization 참조

pair
181

명 쌍, 짝

A **pair** of human lungs contains 300 million alveoli, and the total area of the alveolar walls in contact with capillaries is about 70 m^2—an area about the size of a tennis court!

관 be about 약 .... 정도이다

해 한 **쌍**의 사람 폐는 3억개의 공기주머니를 가지고 있으며, 말초혈관과 접촉하고 있는 공기주머니 벽의 전체 면적은 하나의 테니스 코트면적 크기와 비슷한 약 70 m^2이다.

타 쌍을 만들다, 짝짓기를 하다

Because C in one DNA strand **pairs** with G in the other strand, whereas U would **pair** with A, conversion of a C to a U could potentially result in a heritable change of a CG pair to a UA pair.

관 one ... the other 두 개 중의 하나 .... 나머지

해 한 쪽의 DNA 가닥에 있는 C가 다른 가닥에 있는 G와 **쌍을 만들고**, 반면에 U는 A와 **짝짓기를 하기** 때문에, C가 U로의 변환은 CG쌍이 UA쌍으로의 유전될 가능성이 있는 변화를 초래하는 결과를 낳는다.

paired
60

타 be ~ 짝지어지다

A is **paired** with T through two hydrogen bonds; G is **paired** with C through three hydrogen bonds. This base-pair complementarity is a consequence of the size, shape, and chemical composition of the bases.

관 complementarity 상보성, consequence는 일련의 사건들의 만들어 내는 결과

해 A는 2개의 수소결합을 통하여 T와 **짝지어지고**; G는 3개의 수소결합으로 C와 **짝지어진다**. 이 염기쌍의 상보성은 염기의 크기, 모양 및 화학적 조성 때문에 나타나는 일련의 결과이다.

참 - DNA의 이중나선 구조는 염기들이 A=T 및 G≡C 사이에서 표시된 것처럼 각각 2개와 3개의 수소결합이 참여하여 형성된 쌍에 의해 만들어져 유지되고 있다.
- result 와 consequence : result는 모든 사건의 종합한 결과를 나타냄. 'Use unsalted butter for better *results*."로 쓰며 consequences는 쓰지 않는다. 'You misbehaved and now you must suffer the *consequences*.'라 하고, results는 쓰지 않는다.

pairing
6

명 짝짓기

DNA is organized into two strands by the **pairing** of bases A to T and G to C on complementary strands.

해 DNA는 상보적인 가닥 위의 염기 A와 T 그리고 G와 C의 **짝짓기**에 의하여 2가닥으로 구조화 된다.

panel
242

명 패널

Cell stained with antibodies to endoplasmic reticulum (upper **panel**) or to microtubules (lower **panel**).

해 소포체에 대한 (위쪽 **패널**) 혹은 미세소관에 대한 (아래 **패널**) 항체로 염색된 세포들.

참 패널 : 그림 속에 일부 그림을 확대하거나 상세하게 보여주기 위하여 삽입되어있는 사진이나 그림을 패널panel이라한다.

paradigm | 명 패러다임, 모범사례

14

The first ligand-gated ion channel to be purified, cloned, and characterized at the molecular level, this receptor provides a **paradigm** for other neurotransmitter gated ion channels.

해 정제되고, 클로닝된 다음, 분자수준에서 특성이 알려져 있는 리간드에 의하여 개폐되는 최초의 이온통로인, 이 수용체는 다른 신경전달물질에 의해 개폐되는 이온통로를 위한 **모범사례**가 된다.

참 A *paradigm* is a model for something that explains it or shows how it can be produced.

parallel | 형 평행의

127

Like α helix, β strands have a directionality defined by the orientation of the peptide bond. Therefore, in a pleated sheet, adjacent β strands can be oriented in the antiparallel (opposite) or **parallel** (same) directions with respect to each other.

관 directionality 방향성, orientation 방향잡기, be oriented in .... direction 방향으로 위치가 잡혀지다, with respect to=(regard to, relation to)

해 α 나선구조와 마찬가지로, β 띠구조도 펩티드결합의 방향잡기에 의해 규정되는 방향성을 가진다. 그러므로 주름치마와 같이 접힌 시트구조에서, 인접하는 β형 가닥들이 서로에 대하여 반평행 (반대의)이나 혹은 **평행의** (같은) 방향으로 위치가 잡힐 수 있다.

참 단어의 반복 사용 줄임의 : be oriented in the antiparallel (*direction*) or (*the*) parallel directions에서 direction과 the가 각각 생략되었다.

명 1 ~ to ....에 평행하게, ...에 대하여 같은 방향으로

Bundles of intermediate filaments, running **parallel** to the cell surface or through the cell, interconnect spot desmosomes and hemidesmosomes, imparting shape and rigidity to the cell.

관 parallel to ....에 평행하게=aligned (부), interconnect A and B, impart A to B; A를 B에게 주다=(bestow A on B, give A to B)

해 세포의 표면에 **평행하거나** 혹은 세포를 가로질러 달리고 있는 중간 크기의 필라멘트로 된 다발들은 점desmosome과 hemidesmosomes을 상호연결하기 때문에, 모습과 견고함을 세포에게 부여할 수 있다.

2 in ~ with ....와 병행하여, 동시에

Moreover, the Histone 1 (H1) protein kinase activity rises as *S. pombe* cells enter mitosis and falls as they exit mitosis in **parallel** with the rise and fall in the Cdc13 level.

관 rise≠fall, enter≠exit, mitosis 유사분열, in parallel with ....와 병행하여

해 게다가, 히스톤1 (H1) 단백질 인산화효소의 활성은 Cdc13의 수준에 있어서의 증가와 감소에 **병행하여**, *S. pombe* 세포들이 유사분열에 들어갈 때 상승하고 유사분열을 빠져나올 때 떨어진다.

타 1 ....와 유사하다

The two processes *so* closely **parallel** one another in mechanistic detail *as to* suggest that enveloped viruses have evolved mechanisms to recruit the cellular proteins used in inward endosomal budding for their own purposes.

관 so .... as to 할 만큼 .... 하다, evolve(타) 진화하여, recruit(타) 끌어들여 이용하다, for one's own purposes=....의 목적으로, in detail=minutely 상세하게

해 두 과정은 외피로 덮인 바이러스들이 자신의 목적에 맞게 내부로 향하여 endosome의 돋아나옴에 사용되던 세포의 단백질들을 끌어들여 이용하기 위한 기전을 진화시켜 왔음을 암시할 만큼, 작용기전의 자세한 수준에서 볼 때 서로 매우 **유사하다**.

참 endosome과 외피를 가진 바이러스 : 세포에서 endosome은 세포막이 안쪽으로 함몰되어 작은 낭포를 만드는 것이고, 바이러스는 숙주세포의 막으로부터 바깥쪽으로 솟아나와 자손 virion들을 빈식하게 된다. 이 두 과정이 숙주세포의 단백질을 이용하는 기전에서 매우 비슷하다.

2 ....와 나란히 가다, ...와 평행으로 움직이다

Glucose is at the center of carbohydrate metabolism and is the major dietary sugar. Other sugars in the diet are converted to intermediates of glucose metabolism, and their fates **parallel** that of glucose.

관 be at the center of ....의 중심이다

해 포도당은 탄수화물 대사의 중심에 있으며, 음식물에 포함된 주된 탄수화물이다. 음식물 속의 다른 탄수화물들은 포도당대사의 중간산물들로 전환되며, 포도당의 운명**과 나란히 간다**.

참 포도당 이외의 단당류들은 모두 대사되어 해당과정으로 유입되어 분해된다. 반대로, 생체분자에는 포도당뿐만 아니라 여러 다른 당류도 포함되어있으며, 모두 포도당으로부터 생성된다.

parameter
125

명 매개변수

empirical parameter, kinetic parameter, metabolic parameter, body parameter, thermodynamic parameter, critical parameter, structural parameter, measurable parameter, controlling parameter

해 실험적 매개변수, 운동역학적 매개변수, 대사 매개변수, 신체 매개변수, 열역학적 매개변수, 결정적 매개변수, 구조적 매개변수, 측정 가능한 매개변수, 조절하는 매개변수

parental
124

형 부모의

During meiosis, a single round of DNA replication is followed by two cycles of cell division, termed meiosis I and meiosis II. Crossing over of chromatids, visible in the first meiotic metaphase, produces recombination between **parental** chromosomes.

관 parental 부모의≠daughter 자식의, A is followed by B=A가 일어난 후 B가 일어나다

해 감수분열 동안, 단 1회의 DNA복제 후에 전문적으로 감수분열 I과 감수분열 II라고 하는 2회 주기의 세포분열이 뒤따른다. 염색질의 상호교차 반응은, 첫 번째 감수분열 중기에서 볼 수 있는데 **부모** 염색체 사이의 재조합 반응을 만든다.

참 감수분열meiosis : 진핵세포의 감수분열은 일배체haploid인 정자와 난자와 같은 생식세포를 만들기 위하여 일어나는 분열이다. 그리고 이 과정에서 한 쌍의 부모 (어머니와 아버지)로 부터 상속된 염색체 사이에서 교차반응이라는 재조합 반응이 일어나, 유전물질을 서로 교환함으로써 개체의 다양성을 높일 수 있다.

part
480

명 1 부분, 일부분

In addition to energy, vegetables, fruits, and grains supply vitamins, minerals, protective substances (such as carotenoids), and fiber. Fiber, the indigestible **part** of plant food, has various beneficial effects, including relief of constipation.

관 in addition to ....에 더하여, have a effect 효과가 있다, relief of constipation 변비의 완화

해 에너지뿐만 아니라, 야채, 과일 및 곡류들은 비타민, 미네랄, 보호물질 (카로테노이드류) 및 섬유질을 공급한다. 섬유질은 식물성 음식물의 소화될 수 없는 **부분**으로 변비의 완화 작용을 포함하는 여러 유익한 효과들을 가지고 있다.

참 식물성 섬유fiber : 주로 포도당의 중합체인 cellulose 성분으로 물과 친화성이 커서, 물을 많이 흡수 할 수 있어서 변비의 개선과 예방에 도움을 준다.

2 in ~ 부분적으로

The entire complement of proteins in a cell, its proteome, is controlled in **part** by changes in gene transcription. The regulated synthesis, processing, localization, and degradation of specific proteins also play roles in determining the proteome of a particular cell, and the association of certain proteins with one another is critical to the functional abilities of cells.

관 complement어떤 반응에 서로가 잘 조화되어 전체적으로 기능을 완전하게 할 수 있는 관계를 가진 물체; 보충물, localization 특정 지역에서의 편중화, be critical to, one another=each other

해 한 세포에서 존재하는 단백질들의 전체 보완물, 즉 proteome이라는 것은 유전자 전사반응에서의 변화에 의해 **부분적으로** 조절된다. 특이 단백질의 조절된 합성, 처리과정, 특정 지역에의 편중화 및 분해반응 역시 특정 세포의 proteome을 결정하는데 역할을 하며, 그리고 어떤 단백질들이 서로 결합하는 것은 세포의 기능적인 능력에 매우 중요하다.

참 단백질체학Proteomics : 이 새로운 분야의 학문은 여러 단백질의 존재와 상호반응을 분석하는 새로운 분야로, 어떤 특정한 세포의 기능을 유지하는 중요한 단백질들을 전체적으로 서로 관련지어 분석한다.

숙 take ~ in 참여하다

In ammonia (NH_3), the nitrogen atom forms three covalent bonds; the pair of electrons around the atom not involved in a covalent bond can take **part** in noncovalent interactions. In the ammonium ion (NH_4^+), nitrogen forms four covalent bonds, which have a tetrahedral geometry.

해 암모니아 (NH_3)에서, 질소원자는 3개의 공유결합을 형성하고 있다; 공유결합에 포함되지 않은 원자 주위의 전자쌍은 비공유성 상호반응에 **참여할** 수 있다. 암모니움 이온 (NH_4^+)에서, 질소원자는 4개의 공유결합을 형성하므로, 4면체의 기하학적 구조를 가진다.

참 공유결합 : 두 원자들 사이에서 전자를 한 개씩 제공하여 이들을 서로 공유하면서 형성된 결합인데, 원자의 종류에 따라 형성될 수 있는 공유결합의 수가 다르다. 수소는 1개, 탄소는 4개, 산소는 2개, 인은 4개, 질소는 3개나 혹은 4개이다.

자 ~ with 분리하다, 떼어내다

An individual cannot usually afford to **part** with enough tissue to provide the amount of DNA required for clinical testing. Therefore, the available quantity of DNA has to be amplified.

관 afford(타) to 부정사 (목적어)=....할 여유가 있다, part with 분리하다=separate from

해 한 개인은 일반적으로 임상실험에서 필요로 하는 DNA의 양을 제공하기에 충분한 조직을 **떼어낼 수** 있을 만큼 여유가 없다. 그러므로 이용할 수 있는 DNA 양은 증폭되어야만 한다.

partly

31

부 부분적으로, 일부

The capacity of *a substance* to release hydrogen ions or take them up depends **partly** on the extent to which *the substance* has already taken up or released protons, which in turn depends on the pH of the solution. The ability of a buffer to minimize changes in pH, its buffering capacity, depends on the relationship between its pKa value and the pH, which is expressed by the Henderson-Hasselbalch equation.

관 앞에서 a substance라 표현하고 뒤에서 the substance라 한 것은 후자의 정관사 the는 앞의 substance를 한정한 것, minimize(타) 최소화하다, buffering capacity 완충능력

해 어떤 물질이 수소이온을 내어놓거나 혹은 받아들이는 능력은 **부분적으로** 그 물질이 이미 양성자를 받아 들였거나 혹은 방출해 버린 정도에 달려있다, 다시 말하면 용액의 pH에 의존한다. pH의 변화를 최소화하려는 어떤 완충제의 능력, 즉 완충능력은 pKa와 pH 사이의 관계에 달려있으며, Henderson-Hasselbalch식에 의해 표현된다.

참 Henderson-Hasselbalch 식 : 어떤 완충용액 속에 녹아 있는 짝산과 짝염기의 해리된 비율을 계산하여 pH를 예측할 수 있고, 그리고 어떤 pH 값에서 존재하는 짝산과 염기의 양을 계산하기 위해서도 사용된다. 이 식은 pH=pKa+log [염]/[산]이다.

partial

104

형 부분적인, 일부의, 완전하지 않은

partial digestion, partial negative charge, partial pressure, partial double-bond, partial amino acid sequence, partial denaturation, partial paralysis, partial inhibition, partial strand separation

해 부분적인 소화 (분해), 부분적 음전하, 부분 압력, 부분적인 이중결합, 부분적 아미노산 서열, 부분적 변성, 일부의 마비, 부분적 저해, 부분적인 가닥 분리

partially

158

부 부분적으로, 편파적으로

As a result of free radical release, the immunoglobulin G (IgG) proteins present in the synovial fluid are **partially** oxidized, which improves their binding with the rheumatoid factor antibody. This binding, in turn, stimulates the neutrophils to release more free radicals.

관 free radical 자유라디칼; 활성산소, synovial fluid 활액, improve(타) 증진시키다=make better, stimulate(타) .... to ....하도록 자극하다

해 자유라디칼의 유리의 결과로, 활액에 존재하는 면역글로브린G (IgG) 단백질이 **부분적으로** 산

화되어, 류마티스성 인자의 항체와 그들의 결합을 증진시킨다. 이 결합은 다시 중성구들이 더 많은 자유라디칼을 유리하도록 자극하게 된다.

참 류마티스 인자rheumatoid factor : 이 인자는 IgG의 Fc에 대하여 생성된 자가면역항체이다. 그러므로 IgG와 rheumatoid factor 항체가 반응하여 면역복합체를 만들고, 이 복합체는 중성구 세포들이 더 많은 자유라디칼의 유리를 촉진하도록 하여 자가면역질환을 악화시킨다.

participant 명 참여자, 참여체

2

MAP kinase is a **participant** in many signal-transduction pathways, indicating that microtubule-associated proteins (MAPs) are targets of many extracellular signals.

해 MAP kinase는 많은 신호전달경로에의 **참여체**인데, 이 사실은 미세소관 결합단백질 (MAP)이 많은 세포 외부신호의 표적이 됨을 나타낸다.

participate 타 ~ in ....에 참여하다, ...에 참가하다

114

Histidine, because it has a pKa that can donate and accept a proton at neutral pH, often **participates** in acid-base catalysis. Most of the polar amino acid side chains are nucleophilic and **participate** in nucleophilic catalysis by stabilizing more positively charged groups that develop during the reaction.

관 donate≠accept, develop (자), nucleophilic 친핵성의

해 Histidine은 중성 pH에서 양성자를 줄 수도 받을 수도 있는 pKa를 가지고 있기 때문에, 자주 산염기 촉매반응에 **참여한다**. 극성 아미노산의 측쇄기들의 대부분은 친핵성이어서, 그 반응이 일어나는 동안에 발생된 더 많이 양으로 하전된 기능기들을 안정화함에 의하여 친핵성 촉매반응에 **참여한다**.

참 산-염기 촉매반응 : Histidine의 측쇄기인 imidazole기는 pKa 6.8 정도이어서 생체의 중성 pH에서 H^+ 이온을 줄 수도 혹은 받을 수도 있다. 그러므로 약간의 pH의 변화에 따라, 산의 역할도 염기의 역할도 할 수 있는 능력이 있다. 그래서 산-염기 촉매반응에 동시에 참여 할 수 있다.

participation 명 참여

29

Although enzymes may be modified during their **participation** in this reaction sequence, they return to their original form at the end.

관 return to ....로 돌아가다, at the end=(finally, eventually)

해 비록 효소는 이 일련의 반응에 **참여**하고 있는 동안 변형될 수도 있지만, 궁극적으로 원래의 형태로 돌아간다.

참 촉매catalyst : 화학반응에서 촉매란 자신은 변하지 않으면서 화학반응의 속도를 증진 시키는 물질을 말한다. 효소는 생체에서 일어나는 생화학적 반응의 속도를 증가시키는 생체촉매이기 때문에 반응이 종결된 후에도 구조의 변화가 일어나지 않는다.

particle 명 알갱이

90

lipoprotein particle, charged particle, dense particle, virus particle, viral particle, infectious particle, insoluble particle, ribonucleoprotein particle, gold particle, hexagonal particle, core particle

해 지단백 알갱이, 전하를 띤 알갱이, 밀도가 큰 알갱이, 바이러스 알갱이, 바이러스의 알갱이, 감염성 알갱이, 리보핵산단백질 알갱이, 금 알갱이, 6각모양 알갱이, 중심 알갱이

particular 형 1 특별한, 특정한

148

Bases that commonly occur in a **particular** position of the tRNA cloverleaf are indicated by letters.

해 그 tRNA의 클로버 잎 모양 구조의 **특정한** 위치에서 공통적으로 나타나는 염기들이 문자로 표시되어있다.

2 in ~ 특별히

In **particular**, some of the signaling proteins in the cascades function as integrating devices, equivalent to micro-processors in a computer: in response to multiple signal inputs, they produce an output that is calibrated to cause the desired biological effect.

관 in particular=particularly, function(자) as, be equivalent to ....와 같다

해 **특별히**, 다단계반응경로에서 신호전달 단백질 가운데 일부는 컴퓨터의 마이크로프로세서와 같은 통합장치로써 기능한다; 즉 여러 종류의 신호입력에 반응하여, 원하는 생물학적 효과를 나타내도록 계산된 출력을 생산한다.

particularly 부 특별하게

144

Evidence of protein damage shows up in many diseases, **particularly** those associated with aging. In patients with cataracts, proteins in the lens of the eye exhibit free radical damage and contain methionine sulfoxide residues and tryptophan degradation products.

관 show up=(expose, appear), be associated with ....와 연관되다, exhibit=show

해 단백질 손상에 대한 증거가 **특별히** 노화와 관련된 많은 질병에서 나타난다. 백내장을 앓는 환자에서, 눈의 수정체에 존재하는 단백질들이 자유 라디칼에 의한 손상을 나타내어 methionine sulfoxide 잔기와 트립토판 분해 산물을 함유하고 있다.

partition 타 분할하다, 칸막이를 하다

22

In comparison to prokaryotic cells, eukaryotic cells are much greater in size, typically having cell volumes 10^3 to 10^4 times larger. Also, they are much more complex. These two features require that eukaryotic cells **partition** their diverse metabolic processes into organized compartments.

관 in comparison to ....의 비교에서, partition(타) 분할하다=divide, compartment 분획;격실

해 원핵세포와의 비교에서, 진핵세포들은 크기에 있어서 훨씬 더 크며, 전형적으로 10^3-10^4 배 더 큰 부피를 가지고 있다. 또한 훨씬 더 복잡하다. 이 2가지 특성 때문에 진핵세포들은 다양한 대사과정을 체계화된 구획으로 **분할하는** 것이 필요하다.

partitioning 명 분할, 구획을 나눔

5

Many of the cells in tissues are embedded in an extracellular matrix that fills the spaces between cells and binds cells and tissue together. In so doing, the extracellular matrix aids in determining the shape of tissues as well as the nature of the **partitioning** between tissue types.

관 be embedded 끼여 있다, fill(타) 채우다, bind .... together ....을 함께 결합하다, bind(자) to .... 에 결합하다

해 조직을 구성하는 많은 세포들이 세포 사이의 공간을 채우고 그리고 세포와 조직을 함께 결합시키는 세포외기질 속에 끼여 있다. 그렇게 하여, 세포외기질은 조직의 모양뿐만 아니라 조직 종류들 사이를 **분할하기**의 성질을 결정하는데 도움을 준다.

참 세포외기질extracellular matrix : 동물조직의 세포 외부에 존재하는 결체조직으로써 세포의 구조적 지지대로 기능하거나 혹은 세포 신호전달반응에 참여하는 역할도 한다. 다량의 다당류와 소량의 단백질의 복합체인 proteoglycan류의 생체분자가 이곳을 채우고 있다.

pass 명 통과, 지남

46

Glycophorin A, the major protein in the erythrocyte plasma membrane, is a representative single-**pass** transmembrane protein, which contains only one membrane-spanning α helix.

관 representative 대표적인=(typical, characteristic)

해 Glycophorin A는 적혈구 세포막에 존재하는 주된 단백질인데, 단 한번 **통과**하는 대표적인 막관통단백질이며, 단 하나의 막을 지나는 α나선체를 함유하고 있다.

자 1 ~ on 계속 지나가다

The bile salts **pass** on to the ileum, where most are absorbed into the enterohepatic circulation.

관 pass on=(continue on, proceed), ileum 회장, enterohepatic circulation 장간순환

해 담즙염은 회장까지 계속하여 **지나가며**, 그곳에서 대부분이 장간순환으로 흡수된다.

2 ~ through ...통과하여 지나가다

If a solution of protein is separated from a bathing solution by a semipermeable membrane, small molecules and ions can **pass** through the semipermeable membrane to equilibrate between the protein solution and the bathing solution.

관 pass through 통과하여 지나가다, be separated from, equilibrate(자) 평형이 형성되다

해 어떤 단백질 용액이 담겨있는 용액으로부터 반투과성 막에 의하여 분리되어있으면, 작은 분자들과 이온들은 반투과성 막을 관통하여 **지나갈** 수 있어 단백질 용액과 담겨있는 용액 사이에서 평형이 형성된다.

참 투석dialysis : 반투과성 막semipermeable membrane에 의해 일정한 크기 이상의 분자 (단백질)의 통과는 제한되고, 규정 크기보다 작은 분자들 (염이나, 불순물)은 자유롭게 통과할 수 있어 제거될 수 있다. 이러한 특성을 이용한 분석 방법을 투석이라 한다.

타 1 통과시키다, 넘기다

In the heart gap junctions rapidly **pass** ionic signals among muscle cells and thus contribute to the electrically stimulated coordinate contraction of cardiac muscle cells during a beat.

관 contribute to ....에 기여하다, coordinate contraction 협동적 수축반응

해 심장에서, 교통연접은 이온성 신호를 신속하게 근육세포들 사이로 **통과시켜서**, 그래서 박동을 하는 동안 심장근육세포들의 전기적으로 자극된 협동적인 수축반응에 기여하게 된다.

2 ~ .... to ....에게 전달하다, 물려주다, 유전하다

In diseases resulting from mutations of mtDNA, an affected mother would in theory **pass** the disease to all of her children but only her daughters would transmit the trait.

관 result from ....의 결과로부터 생기다, affected (나쁜) 영향을 받은, transmit(타) 퍼지게 하다 =cause to spread, mtDNA 미토콘드리아 DNA

해 미토콘드리아 DNA의 돌연변이의 결과로 발생한 질병에서, 영향을 받은 어머니라면 이론적으로는 이 질병을 모든 자녀에게 **유전할** 것이지만, 그러나 딸들만이 그 기질을 퍼트리게 되는 결과를 낳는다.

참 미토콘드리아의 모계유전 : 미토콘드리아는 수정 후, 정자로부터는 DNA만이 난자 안으로 들어가고, 미토콘드리아는 들어가지 않게 된다. 그러나 모친의 난자 속에 존재하던 미토콘드리아는 모든 자녀들에게 유전될 수 있다. 따라서 미토콘드리아 속에서 복제되는 모든 것들은 모계유전성 물질이 된다.

passed

28

타 be ~ 넘겨지다

During cell division, equivalent copies of this genetic material must be **passed** to both daughter cells through duplication and orderly partitioning of the chromosomes by the process known as mitosis.

관 equivalent(형) 같은=equal, orderly(형) 순차적인, mitosis 유사분열, must 틀림없이 ....하다

해 세포분열이 일어나는 동안, 유사분열로써 알려진 과정에 의하여 이 유전물질의 동일한 복제물들이 염색체의 복제 후 순차적인 배분과정을 통하여, 딸세포 모두에게 틀림없이 **넘겨진다**.

passage

97

명 1 통과

Specific membrane transport proteins in the plasma membrane permit the **passage** of nutrients into the cell and metabolic wastes out of it; others function to maintain the proper ionic composition and pH (≈7.2) of the cytosol.

해 세포막에 존재하는 특이 막수송 단백질들은 영양물질의 세포 안으로의 **통과**를 가능하게 하고 대사쓰레기는 밖으로의 통과를 허용한다; 나머지 단백질들은 세포질의 적당한 이온조성과 pH (≈7.2)을 유지하는 기능을 한다.

2 진행, 경과, 과정

Figure 2 outlines the role of the three major classes of cyclin-CDK complexes that control **passage** through the cell cycle: the G1, S-phase, and mitotic cyclin-CDK complexes.

관 outline(타) 주된 특성을 보여주다=indicate the principal features

해 그림 2는 세포주기를 통한 **진행**을 조절하는 3종의 cyclin-CDK 복합체들의 주된 부류인 G1, S 기와 유사분열에 관여하는 cyclin-CDK복합체의 역할에 대한 중요한 특성을 보여준다.

passive | 형 수동적인, 수동의

14

Various **passive** and active mechanisms are employed to maintain gradients of such molecules across different membranes.

관 passive 수동형의≠active, be employed=be used사용되다

해 다양한 **수동형**과 능동형 기전들이 여러 막을 가로질러 형성된 그런 분자들의 농도경사를 유지할 수 있도록 채택되어있다.

참 수동수송passive transport : 농도가 높은 곳으로부터 낮은 곳으로 물질이 자발적으로 이동되는 수송방식이다. 이온통로가 이 부류에 속한다.

passively | 부 수동적으로

6

Each pore complex contains one or more open aqueous channels through which water-soluble molecules that are smaller than a certain size can **passively** diffuse.

해 각 구멍복합체는 어떤 크기보다 더 작은 수용성 분자들이 **수동적으로** 확산될 수 있는 한 개 이상의 열려있는 수용성 통로들을 함유하고 있다.

past | 전 1 ....를 지나, ...를 넘어

22

Left untreated, children with cystic fibrosis seldom survive **past** the age of 5 years.

해 낭포성 섬유증을 앓는 어린이들이 치료하지 않은 채로 둔다면, 결코 5살을 **지나** 생존하지 않는다.

참 cystic fibrosis (낭포성 섬유증) : viscous 참조

2 지나서

The RNA polymerase continues **past** the polyadenylation signal AAUAAA until it reaches an unknown, and possibly unspecific, termination signal many nucleotides later.

관 past(전)=beyond in position, polyadenylation signal 다중아데닐화 신호, later(부) .... 다음에

해 RNA polymerase는 다중아데닐화신호인 AAUAAA를 **지나,** 많은 뉴크레오티드 다음에 존재하는 어떤 알려지지 않은 아마도 비특이적일 것 같은 종결신호에 도착할 때까지 계속 이동한다.

형 1 과거의, 지난

In the **past** 6 weeks, she has developed increasing weakness in her extremities to the point that she has difficulty carrying light objects or walking.

관 develop(타), extremities 사지=end part of a limb of the body, have difficulty ....ing ....하는데 어려움이 있다, to the point .... 정도까지

해 **지난** 6주 동안, 그녀는 가벼운 물건을 옮기거나 혹은 걷기에도 어려울 정도까지 사지에서 점차 힘이 없어지는 증상이 발생하였다.

2 in the ~ 과거에

In the **past**, sequence was often deduced from exhaustive study of the amino acid composition and end-group analysis of small, overlapping peptides. Peptide sequencing today is most commonly done by Edman degradation of relatively large peptides.

관 be deduced from ....로부터 유추되다, exhaustive 철저한=(painstaking, complete)

해 **과거**에는, 짧고 일부가 중복되는 펩티드들의 아미노산의 조성과 말단기의 분석과 같은 철저한 연구로부터 자주 서열이 유추되었다. 오늘 날 펩티드 서열결정은 비교적 긴 펩티드들의 Edman 분해에 의하여 흔히 수행된다.

참 Edman 분해법 : 펩티드의 N-말단부터 반복적으로 약 20여개의 아미노산 서열을 결정할 수 있는 방법

pathway | 명 경로

1214

The principal purpose of carbohydrate in the diet is production of metabolic energy. Simple sugars are metabolized in the glycolytic **pathway**. Complex carbohydrates are degraded into simple sugars, which then can enter the glycolytic **pathway**.

관 be metabolized 대사되다, be degraded into ....로 분해되다, simple sugar 단순탄수화물, complex carbohydrate 복합탄수화물

해 음식물 속의 탄수화물의 주된 목적은 대사에너지의 생산이다. 단순 탄수화물은 해당**과정**에서 대사된다. 복합 탄수화물은 단순 탄수화물로 분해되고, 그 다음에 해당과정으로 들어갈 수 있다.

참 경로pathway : 연속적인 다단계반응으로 진행되는 과정을 말한다. 당분해 및 합성, 지방산 분해 및 합성, 해당과정, 혈액응고, 세포분열 과정은 경로를 통하여 진행된다. 생체에서 연속적인 다단계 경로로 반응이 일어나는 이유는 온순한 신체의 화학조건을 극복하기 위함이며, 그리고 약한 신호를 크게 증폭시키고, 이들 과정을 효과적으로 조절하기 위해서이다.

pattern 명 규칙적인 형태

562

A recessive allele on the X-chromosome will most often be expressed in males but not in females. This leads to a distinctive sex-linked segregation **pattern** where the disease is exhibited much more frequently in males than in females.

관 be expressed, not A but B=A가 아니고 B 인, lead to ....의 결과를 낳다=result in, segregation 유전분리=separation, distinctive(형) 구별되는; 특별한=special

해 X 염색체에 존재하는 어떤 열성 대립유전자는 매우 자주 남성에서 발현되지만 여성에서는 발현되지 않는다. 이 사실은 질병이 여성보다 남성에게서 훨씬 더 높은 빈도수로 나타나는 특별한 성별과 관련된 유전분리 **형태**를 유발하는 결과를 만든다.

peak 형 최고의

325

In recent years, automated DNA sequencing machines capable of identifying about 10^4 bases per day have become commercially available. The development of such automation has opened the possibility for sequencing the entire human genome, some 2.9 billion bp. Even so, if 100 automated machines operating at **peak** efficiency were dedicated to the task, it would still take at least 8 years to complete!

관 become commercially available 상업적으로 이용가능하게 되다, open the possibility for ....에 대한 가능성을 열다, dedicated to ....에 전념하다=devoted to

해 최근 몇 년 사이에, 하루에 만개의 염기를 확인할 수 있는 자동화된 DNA 서열결정용 기계들이 상용화되었다. 그러한 자동화의 개발은 약 29억개의 염기쌍으로 구성된 사람유전체의 서열을 결정할 수 있는 가능성을 열게 되었다. 비록 그렇게 하여, **최고의** 효율로 작동하는 100대의 자동화된 기계가 이 과업에 전념한다고 하더라도, 완성하기 위해서는 적어도 8년이라는 기간이 걸리게 될 것이다

참 DNA 서열결정용 기계 : 형광물질을 표지한 자동화시스템을 사용하여 DNA 염기서열을 결정한다. 자동화된 기계의 개발 덕분에 인간유전체프로젝트human genome project가 완성될 수 있었으며, 미래에는 개인의 유전자서열을 결정하여 질병의 치료나 다른 목적으로 사용할 수 있는 시대가 도래될 것으로 전망된다.

명 최고점

At the **peak** of an action potential, the membrane potential can be as much as +50 mV (inside positive), a net change of ≈110 mV.

해 활동전위의 **최고점**에서, 막전위는 +50 mV (내부 양전하) 정도의 크기로 순 전하량은 약 110 mV이다.

자 최고에 도달하다

Blood glucose levels **peak** approximately 1 hour after eating and then decrease as tissues oxidize glucose or convert it to storage forms of fuel. By 2 hours after a meal, the level returns to the fasting range (between 80 and 100 mg/dL).

관 decrease(자), return(자) to, by 시간=not later than ....보다 늦지 않은

해 혈당 수준은 음식의 섭취 후 대략 1 시간에 **최고에 도달하고** 그리고 나서 조직이 포도당을 산

화하거나 혹은 연료의 저장형태로 전환하면서 감소된다. 식사 후 2 시간이 경과되지 않아, 그 수준이 기아상태의 영역 (80-120 mg/dL)으로 다시 회복된다.

pellet

명 작은 침전덩어리, 펠릿

252

Material in the **pellet** from centrifugation at 15,000g is resuspended and layered on a gradient of increasingly more dense sucrose solutions in a centrifuge tube.

관 be resuspended 재부유되다, be layered on ....층으로 올려 놓이다, increasingly more dense sucrose solution 점차적으로 진해지는 밀도의 sucrose 용액

해 15,000g에서 원심분리로부터 얻은 **작은 침전덩어리**의 물질이 재부유되고, 원심분리용 튜브에서 점차적으로 진해지는 밀도의 sucrose 용액의 경사 위에 층으로 올려 놓인다.

참 sucrose density gradient ultracentrifugation : 원심분리용 튜브 아래에서 위쪽으로 sucrose 용액의 농도를 진한 것부터 낮은 것으로 몇 개의 층으로 만들어 넣은 다음, 시료를 최상부에 올리고 초원심분리를 진행하면 형성된 농도구배에 해당하는 밀도에 따라 생체분자와 구조체들이 분리된다.

타 작은 덩어리로 침전시키다

The homogenate resulting from disrupting cells is usually filtered to remove unbroken cells and then centrifuged at a fairly low speed to selectively **pellet** the nucleus—the largest organelle.

해 세포를 분쇄하여 얻는 균질액은 일반적으로 부서지지 않은 세포들을 제거하기 위하여 여과되고 그리고 곧 가장 큰 소기관인 핵을 선택적으로 **작은 덩어리로 침전시키기** 위하여 적당히 낮은 속도에서 원심분리된다.

pelleted

타 be ~ 작은 덩어리 (펠릿)로 가라앉게 되다, 펠릿으로 침전되다

53

Nuclei **are pelleted** in relatively weak centrifugal fields, mitochondria in somewhat stronger fields, whereas very strong centrifugal fields are necessary to *pellet* ribosomes and fragments of the endomembrane system.

관 centrifugal field 원심력, somewhat 좀 더, be necessary to ....하는데 필요하다=be required to

해 핵은 비교적 약한 원심력에서, 미토콘드리아는 좀 더 강한 힘에서 **작은 덩어리로 가라앉히게 되고**, 반면에 매우 강한 원심력이 리보솜과 내부막의 조각들을 *작은 덩어리로 침전시키는*데 필요하다

per

전 (배분) ....당, ...에 대해

330

SDS denatures and binds to proteins at a ratio of one molecule of SDS **per** two peptide bonds.

관 at a ratio of .... per(/for) .... 당 ....의 비율로 <ratio 참조>

해 SDS는 단백질을 변성시켜서 2개의 펩티드결합 **당** 한 분자의 SDS의 비율로 단백질에 결합한다.

참 SDS (sodium dodecylsulfate) : 음이온 계면활성제로 SDS-polyacrylamide겔 전기영동에서 단백질 자체의 전하를 무시하고 단위 부피당 일정한 음전하를 만들도록 하여 분자량의 크기에 따라 이동하도록 한다. 이것은 치약에서 강력한 세척제로 사용되기도 한다.

percent

명 % 백분률

96

The heart primarily uses fatty acids (60–80%), lactate, and glucose (20–40%) as its energy sources. Ninety-eight **percent** of cardiac ATP is generated by oxidative means; 2% is derived from glycolysis.

해 심장은 주로 지방산 (60-80%), 젖산 및 포도당 (20-40%)을 에너지원으로 사용한다. 심장의 ATP 98 **퍼센트**가 산화방식에 의하여 생성되며; 2%가 해당반응으로부터 유래된다.

참 정확한 분량을 표시할 때 즉 25 percent와 같이 percent 단어를 사용하고, 문장의 시작은 25% ....처럼 숫자를 쓰지 않고 Twenty-five percent로 표현한다.

percentage	명 백분율
309	In normal adult men and women, the **percentage** of erythrocytes in the blood (the hematocrit) is maintained very close to 45–47 **percent**. A drop in the hematocrit results in increased production of erythropoietin by the kidney.

관 drop=sudden descent, result in=(lead to, cause)

해 정상 성인인 남성과 여성에서, 혈액의 적혈구 **백분율** (헤마토크릿)은 45-47 퍼센트에 매우 가깝게 유지된다. 헤마토크릿에서 어떤 갑작스런 감소는 신장에 의한 적혈구성장인자의 증간된 생산의 결과를 초래한다.

참 백분율이라는 의미로 사용할 때는 percent보다 percentage를 주로 사용한다.

perfect	형 완벽한
9	The match between the sequences does not have to be **perfect**, but a significant number of bases must pair so that the strand displaced from its partner can form a displacement (D) loop.

관 match(명) 일치됨=perfect pairing between bases, significant 상당한, pair (자) 짝짓기를 하다

해 서열들 사이에서 일치됨이 **완벽할** 필요는 없지만, 그러나 상당한 수의 염기들이 짝짓기를 하여야 하며, 그 결과 그것의 상대짝으로부터 떨어져 나온 가닥이 displacement (D)루프를 형성할 수 있다.

perfected	타 be ~ 완벽하게 되다, 완성되다
	Freeze-fracture techniques, initially developed by Steere, were **perfected** by Moor and Mühlethaler.

해 냉동절개기술은 Steere에 의하여 처음으로 개발되어, Moor와 Mühlethaler에 의해 **완성되었다**.

perfectly	부 완벽하게
14	Of the 23 pairs of human chromosomes, 22 are **perfectly** matched in both males and females and are called autosomes.

관 be matched 일치되다=(identical, coordinated)

해 사람 염색체 23쌍 가운데, 22쌍은 남성과 여성 모두에서 **완벽하게** 똑 같아서 상염색체라 불린다.

참 사람염색체 23쌍 가운데 22쌍은 남성 여성 모두에서 동일하게 존재하여 보통(상)염색체 autosome라 하고, 여성과 남성에서만 각각 존재하는 XX 및 XY를 성염색체라 한다.

perform	타 수행하다, 실행하다
75	Homologs that **perform** identical or very similar functions in different organisms are called orthologs, whereas homologs that **perform** different functions within one organism are called paralogs.

관 perform(타)=carry out, perform a function ....기능을 수행하다, ortholog 오르토상동체, paralog 파라상동체

해 서로 다른 생명체에서, 같거나 매우 유사한 기능을 **수행하는** 상동체들은 ortholog라 하고, 반면에 하나의 생명체 내에서, 다른 기능을 **수행하는** 상동체들은 paralog라고 불린다.

참 상동체 (homolog)란 : manifested 참조

performed	타 1 be ~ 수행되다, 진행되다
1373	The oxidation of hypoxanthine to xanthine are **performed** by a molybdenum-oxo-sulfide coordination complex in the active site that complexes with the group being oxidized.

관 coordination complex 배위복합체, complex with ....와 복합체를 형성하다

해 Hypoxanthine에서 xanthine으로의 산화반응은 활성화자리에서 산화될 작용기와 복합체를 만드는 molybdenum-oxo-sulfide의 배위복합체에 의하여 **수행된다**.

참 Xanthine oxidase : 요산의 합성과정에서 미량금속인 molybdenum을 보조인자로 사용하여 촉매작용에 관여하는 효소이다. 통풍gout의 치료제인 allopurinol에 의하여 직접 저해된다.

2 be ~ 수행되다, 진행되다

At this point, localization procedures such as an MRI are **performed** to further confirm the diagnosis.

관 localization procedure 국소부위 확인작업

해 이 시점에서, MRI와 같은 국소부위확인 진단법이 그 진단을 한 번 더 확인하기 위하여 **수행된다**.

performance

34

명 수행, 실행

Elastin exhibits a variety of random coil conformations that permit the protein to stretch and subsequently recoil during the **performance** of its physiologic functions.

관 exhibit(타) 보여주다, conformation 구조, permit .... to=enable .... to

해 엘라스틴은 자신의 생리적 기능의 **수행**기간 동안에 그 단백질이 늘어나서 추후에 다시 꼬이는 것을 가능하도록 하는 임의적으로 꼬인 다양한 입체구조를 나타낸다.

참 Elastin 단백질 : 탄력성이 높은 단백질로 늘어나거나 수축하더라도 원래 모습으로 돌아가는 복원성을 가지고 있으며 동맥, 폐, 혈관, 인대, 피부, 연골의 결체조직을 구성한다.

perhaps

60

부 (추측) 아마도

Accumulation of peroxides can lead to generation of free radicals, which in turn can disrupt membranes and **perhaps** cause cancer and atherosclerosis.

해 과산화물들이 축적하면 결과적으로 자유라디칼의 생성을 초래할 수 있으며, 이들은 다시 생체막을 파괴할 수 있고 그리고 **아마도** 암이나 죽상동맥경화증의 원인도 될 수 있을 것이다.

period

279

명 기간, 시기

In proliferating cells, G1 is the **period** between "birth" of a cell following mitosis and the initiation of DNA synthesis, which marks the beginning of the S phase.

관 following(전) ....후에=after, mark(타) 신호하다=signal

해 증식하고 있는 세포에서, G1은 유사분열 이후의 세포의 "탄생"과 DNA합성의 개시 사이의 **기간**이며, S기의 시작을 신호한다.

periodic

4

형 1 주기적인

As illustrated in Figure 3, this region of the protein forms an α helix in which there is a **periodic** repeat of leucine residues at every seventh position.

해 그림 3에서 보이는 것처럼, 그 단백질의 이 영역은 매 7번째 위치마다 leucine잔기의 **주기적인** 반복이 있는 α 나선구조를 형성한다.

참 Leucine zipper motif : 전사인자와 같이 DNA에 결합하는 특성을 가진 단백질들이 가지고 있는 모티브이며, 이 모티브를 가진 2개의 α 나선형 구조가 짝을 형성하여 DNA에 결합하는 구조를 만든다.

2 주기적인

The blood levels of these hormones undergo a **periodic** rise and fall.

관 undergo(타)=(생체에서 기본적으로) 항상 발생하고 있다, rise 상승≠fall

해 이들 호르몬의 혈액에서의 수준은 기본적으로 **주기적인** 오름과 내림을 반복한다.

periodically

2

부 주기적으로

Genetic defects in the voltage-gated Na^+ channel of the myocyte plasma membrane result in diseases in which muscles are **periodically** either paralyzed or stiff.

관 myocyte 근육세포, be paralyzed 마비되다

해 근육세포 세포막의 전압에 의해 개폐되는 Na^+통로의 유전적 결함은 결과적으로 근육이 **주기적으로** 마비되거나 혹은 뻣뻣해지는 질병을 일으킨다.

periodicity

명 반복단위, 주기

3

The *periodic* arrangement of triple helices of collagen in a head-to-tail fashion results in banded patterns in electron micrographs. The banding pattern typically has a **periodicity** (repeat distance) of 68 nm.

관 periodic arrangement 주기적인 배열, in a head-to-tail fashion 머리와 꼬리가 이어지는 방식으로

해 머리와 꼬리가 이어지는 방식으로 콜라겐의 3중 나선구조들이 연결된 *주기적인* 배열은 결과적으로 전자현미경 사진에서 띠 모양을 한 형태를 만든다. 그 띠가 형성하는 패턴은 전형적으로 68 nm의 **반복주기** (반복길이)를 가진다.

peripheral 형 1 막 주변의

95

Many **peripheral** membrane proteins are bound to the surfaces of integral proteins, on either the cytosolic or the extracellular side of the membrane.

관 peripheral 주변의≠integral 통합의, either .... or

해 많은 막**주변**단백질들은 막의 세포질 쪽이나 혹은 세포의 바깥쪽에서 통합단백질의 표면에 결합되어있다.

2 말초의

At the relatively low pH and high CO_2 concentration of **peripheral** tissues, the affinity of hemoglobin for oxygen decreases as H^+ and CO_2 are bound, and O_2 is released to the tissues.

해 **말초**조직의 비교적 낮은 pH와 높은 CO_2 농도에서, H^+과 CO_2가 결합되면서, 헤모글로빈의 산소에 대한 친화력이 감소되고, 그래서 O_2가 그 조직으로 유리된다.

참 헤모글로빈은 조직에서 생산되는 전체 H^+의 40% 그리고 CO_2의 15-20%를 폐와 신장으로 수송하여 혈액의 pH 조절에 가장 중요한 기능을 한다. 나머지 H^+는 혈액의 중탄산염 bicarbonate 완충제에 흡수되고 CO_2는 HCO_3^-로 용해된 채로 수송되어 혈액의 pH를 조절할 수 있다.

periphery 명 주변, 가장자리

81

The plasma membrane defines the **periphery** of the cell, separating its contents from the surroundings.

관 define(타) 설정하다, separate(타) A from B=A와 B를 분리하다

해 원형질막은 주위의 환경으로부터 내용물을 분리하는 세포의 **가장자리**를 규정한다.

periplasmic 형 세포막과 세포벽 사이의

11

Bacteria can target proteins to their inner or outer membranes, to the **periplasmic** space between these membranes, or to the extracellular medium.

관 target(타) .... to=(...를 목적지로 .....를 가도록 하다, 표적화하다)

해 박테리아는 단백질을 자신의 내부나 혹은 외부의 막으로, 이 막 **사이의 공간**으로, 혹은 세포 외부의 배지로 가도록 할 수 있다.

permeability 명 투과성, 침투성

258

The visible symptoms of such an allergic response are caused by the release of histamine by mast cells. Histamine dilates blood vessels, increases the **permeability** of capillaries (allowing antibodies to pass from the capillaries to surrounding tissue), and constricts bronchial air passages.

관 be caused by, dilate(타)≠constrict, allow .... to=enable .... to

해 그러한 어떤 알레르기 반응의 보이는 증상은 비만세포에 의한 히스타민의 방출에 의하여 초래된다. 히스타민은 혈관을 확장시키고, 모세혈관의 **투과성**을 증가시켜 (항체가 모세혈관으로부터 주변조직으로 통과해 가도록 하여), 기관지의 기도를 수축시킨다.

permeable 형 투과성이 있는, 투과적인

49

A significant voltage gradient can develop only if the membrane is poorly **permeable** to other cations and to anions, as is the inner mitochondrial membrane.

관 voltage gradient 전압경사, develop(자) 발생하다, be permeable to ....에 투과될 수 있다

해 상당한 크기의 전압경사는 미토콘드리아의 내막이 그러한 것과 마찬가지로, 단지 그 막이 다른 양이온과 음이온들에 대하여 낮은 **투과성이 있는** 경우에만 발생될 수 있다.

permeation 명 투과, 침투

25 The structural gene for β-galactosidase (*lacZ*) is clustered with the genes responsible for the **permeation** of galactose into the cell (*lacY*) and for thiogalactoside transacetylase (*lacA*).

관 be clustered 군집화되다; 함께 모여 있다, be responsible for ....을 책임지다; 해당하다

해 β-galactosidase (*lacZ*)의 구조유전자는 galactose를 세포 안으로의 **투과**에 책임있는 유전자(*lacY*)와 thiogalactoside transacetylase (*lacA*) 유전자들과 함께 모여 있다.

참 구조유전자structural gene : 하나의 유전자는 일반적으로 유전자의 발현을 조절하는 조절부위와 RNA나 단백질분자로 인코딩될 수 있는 구조유전자로 이루어진 부위로 구성되어있다.

permit 타 1 허용하다

56 Genotyping the cytochrome P450 profile of patients (eg, to detect polymorphisms) may in the future **permit** individualization of drug therapy.

관 individualization 개인화; 맞춤화, polymorphism 다형현상

해 환자들의 cytochrome P450 프로필의 유전자형 검사는 (예, 유전자 다형현상을 찾기 위하여) 미래에 약물치료의 개인화를 **허용할** 수도 있을 것이다.

참 맞춤약individualization of drug; the tailored drug : 어떤 약물이라도 모든 사람에게 같은 수준의 약효를 나타내지는 못한다. 왜냐하면 약물대사를 담당하고 있는 cytochrome P450 효소들이 개인에 따라 서로 다른 유전자 다형현상을 가지고 있기 때문이다.

2 가능하도록 하다

When oxygen is in short supply, mitochondrial reoxidation of NADH formed from NAD^+ during glycolysis is impaired, and NADH is reoxidized by reducing pyruvate to lactate, so **permitting** glycolysis to proceed.

관 be in short supply 공급이 부족한 상태에 있다=(have only a small amount, be scarce), be impaired 줄어들다=be diminished, permit .... to, proceed(자)

해 산소가 공급이 부족한 상태에 있을 때, 해당과정 동안 NAD^+로부터 형성되는 NADH의 미토콘드리아에서의 재산화 반응이 줄어들고, 그래서 NADH는 pyruvate를 lactate로 환원함으로써 재산화되어, 그 결과 해당과정이 진행하는 것을 **가능하도록 한다**.

permitted 타 be ~ 허용되다, 허가되다

22 A residue designated N means that any nucleotide is **permitted**.

관 A designate(타) B 예) α_4 *designates* a homotetrameric protein. α_4는 동종사량체 단백질을 *표시한다.*

해 N으로 표기된 잔기는 어떤 뉴크레오티드라도 **허용된다**는 것을 의미한다.

perpendicular 형 ~ to ....에 수직인

9 Cholesterol inserts into bilayers with its long axis **perpendicular** to the plane of the membrane.

관 insert (자) into 삽입되다, perpendicular to ....에 수직인

해 콜레스테롤은 자신의 긴 축을 막의 평면에 **수직으로** 이중층 속으로 삽입된다.

참 콜레스테롤 : 생체막의 유동성을 조절하는 중요한 조절자이다. 친수성인 -OH 기와 소수성이며 부피가 큰 탄화수소 몸통과 꼬리를 가지고 있다. 이 분자는 구조적으로 머리 부위의 -OH기는 주위의 인지질의 극성인 머리부위에 비해 크기가 작아 머리부위 사이의 공간에 위치하게 되며, 몸통과 꼬리구조는 막 이중층의 비극성의 중심부에 오게 된다.

persist 자 지속하다, 존속하다, 살아남다

28 Some cells **persist** for the life of the organism, but others such as blood and intestinal cells

turn over rapidly. Many cells live for a while and are then programmed to die and be replaced by others arising from a stem-cell population.

관 some .... others (여러 개 가운데) 일부와.... 나머지들, for a while=for a short time

해 일부 세포들은 생명체의 일생 동안 **존속하지만**, 그러나 혈액과 내장세포와 같은 나머지 세포들은 신속하게 대사순환된다. 많은 세포들은 짧은 기간 동안 살고 나면 곧 죽어 어떤 줄기세포 집단으로부터 유래한 다른 세포에 의하여 교체되도록 프로그램화되어있다.

persistence 명 지속성, 영속

23

The pesticide DDT and the class of chemicals called dioxins provide examples of chlorinated aromatic hydrocarbons that are very hydrophobic and poorly biodegraded. As a consequence of their **persistence** and lipophilicity, these chemicals are concentrated in the adipose tissue of humans.

관 as a consequence of 일련의 결과로써, be concentrated in ....에 농축되다, provide examples 예가 되다

해 살충제 DDT와 dioxin이라 불리는 화합물들의 부류는 소수성이 크고 생물분해가 어려운 염소화된 방향족 탄화수소물들의 본보기가 된다. 그들의 **지속성**과 친지질성의 일련의 결과 때문에, 이 화합물들은 사람들의 지방조직에 농축된다.

참 오래 전에 살충제로 사용되었던 DDT와 dioxine과 같은 화합물은 이제 지구상에 환경독소로 널리 퍼져 분포하고 있어 사람을 포함하는 생명체들에 유해한 영향을 미치고 있다. Dioxine류는 환경호르몬의 일종으로 흉선의 위축, 면역기능의 저하 및 심지어 암을 유발할 수 있는 위험한 물질이다. dioxane이란 물질은 dioxine과 이름은 비슷하지만 다르며, 위험하지 않다. background 참조

persistent 형 (중단없이) 지속되는

22

The ribosome directs elongation of a polypeptide at a rate of three to five amino acids added per second. it takes 2–3 hours to make the largest known protein, titin, which is found in muscle and contains about 30,000 amino acid residues. The cellular machine that accomplishes this task must be precise and **persistent**.

관 direct(타) 추진하다=intend .... to move towards a certain goal, at a rate of ....의 속도로, it take 시간 to ....하는데 ....이 걸리다, persistent 중단 없이 지속하는=never-ceasing

해 리보솜은 1초당 3-5개의 아미노산을 추가하는 속도로 폴리펩티드의 연장을 추진한다. 근육에서 발견되며, 약 30,000개의 아미노산 잔기들을 함유하고 있는 가장 큰 titin 단백질을 만드는데 2-3시간 걸린다. 이 작업을 완수하는 세포의 기계류라면 틀림없이 정확하고 또한 **중단 없이 지속될** 것이다.

persistently 부 지속적으로

2

The potassium channel and the sodium channel undergo inactivation within milliseconds of channel opening. A first clue to the mechanism of inactivation came from exposing the cytoplasmic side of either channel to trypsin; cleavage by trypsin produced a trimmed channel that stayed **persistently** open after depolarization.

관 stay(자) open=remain open, a clue to ....에 대한 단서

해 Potassium통로와 sodium 통로에서 통로가 열리고 천분의 1초 내에 불활성화가 일어난다. 이 불활성화의 기전에 대한 어떤 첫 번째 단서는 둘 중의 어느 통로단백질의 세포질 쪽을 trypsin에 노출시키는 것으로부터 나왔다; trypsin에 의한 절단은 탈분극 후에도 **지속적으로** 열린 상태로 머무르는 절단된 통로를 생산하였다.

참 이온통로ion channel : 탈분극에 의하여 통로단백질은 열린 후 곧 불활성화된다. 이 반응은 열렸던 부분이 다시 원상 복귀되는 것이 아니다. 이 통로의 불활성화는 끈에 달린 공과 같은 구조를 한 또 다른 구조물이 세포질 쪽에서 열린 구멍을 막아서 일어난다. 이러한 사실은 세포질 안으로 트립신 단백질분해효소를 처리하여 이 끈에 달린 공 구조물의 펩티드결합을 절단하면, 불활성화 반응이 일어나지 않고 오랜 기간 동안 열린 상태로 머물게 된다는 사실로부터 알 수 있다.

perturb 타 교란하다, 혼돈케 하다

6

> The reactive species of a xenobiotic may bind to a protein, altering its antigenicity. The resulting antibodies can then damage the cell by several immunologic mechanisms that grossly **perturb** normal cellular biochemical processes.

해 생체이물질 가운데 반응성이 높은 종은 단백질에 결합할 수도 있기 때문에, 단백질의 항원성을 변경시킬 수 있다. 그 결과로 생성된 항체는 그 후 정상적인 세포의 생화학적 과정들을 전반적으로 **교란하는** 몇 가지 면역기전에 의하여 그 세포를 손상시킬 수 있게 된다.

참 xenobiotics : 생체이물질, spectrum 참조

perturbed 타 be ~ 혼돈되다

5

> In this NMR spectroscopy, a concentrated protein solution is placed in a magnetic field and the effects of different radio frequencies on the spin of different atoms are measured. The behavior of any atom is influenced by neighboring atoms in adjacent residues, with closely spaced residues **being** more **perturbed** than distant residues.

관 be placed in ....에 놓이다, closely spaced≠distant 멀리 떨어진, with 결과로써=as a result

해 이 NMR 분광법에서, 어떤 농축된 단백질 용액이 자기장 속에 놓이고 그리고 여러 원자들의 스핀에 대한 서로 다른 라디오파의 효과가 측정된다. 어떤 원자라도 행동은 멀리 떨어져 있는 잔기보다 가깝게 위치한 잔기들이 더 심하게 **교란되는** 결과로, 인접한 잔기에서 이웃하고 있는 원자들에 의하여 영향을 미친다.

phenomenon 명 현상

69

> Disulfide bonds generally form in a specific order, first stabilizing small domains of a polypeptide, then stabilizing the interactions of more distant segments; this **phenomenon** is illustrated by the folding of influenza HA protein discussed in the next section.

관 in a specific order ...한 순서로, distant 멀리 떨어진, illustrate(타) 설명하다; 예를 들다 =exemplify; demonstrate

해 이황화결합은 먼저 폴리펩티드의 작은 도메인을 안정화하고, 그 다음에 더 멀리 떨어져 있는 조각들의 결합을 안정화시키는 것과 같이 일반적으로 특별한 순서로 형성된다; 이 **현상**은 다음 섹션에서 논의되는 인플루엔자 HA 단백질의 접힘과정에 의해서 설명된다.

phosphorolytic 형 인산분해의

1

> Glycogen phosphorylase catalyzes **phosphorolytic** cleavage at the nonreducing ends of glycogen chains, producing glucose 1-phosphate.

해 Glycogen phosphorylase는 glucose 1-phosphate을 생산하는 glycogen 사슬의 비환원 말단에서 **인산분해의** 절단을 촉매한다.

참 인산분해와 가수분해 : 일반적으로 생체분자의 대사에서 대부분 물 분자에 의한 가수분해 hydrolysis가 일어난다. 그러나 특히 glycogen 대사에서는 인산H_3PO_4를 이용한 인산분해가 사용되어 glucose 1-phosphate를 생산한다. 이 경우 인산화된 glucose는 전하를 띤 극성분자가 되기 때문에 근육세포 속에 머물게 되며 또한 glucose의 분해대사에서 ATP의 소비를 절약할 수 있다.

phosphorus 명 인

15

> The nerve gas Sarin, another organo-**phosphorus** compound, was used in a terrorist attack in a Japanese subway.

관 phosphorus(명) 인, phosphorous(형) 인의

해 신경가스 사린은 또 하나의 유기**인** 합성물로, 일본의 지하철에서 한 테러범의 공격에 사용되었다.

phosphoryl 형 인산기의

20

> Protein kinases catalyze the transfer of a **phosphoryl** group from ATP to a peptide or protein.

해 단백질 인산화효소들은 ATP로부터 어떤 펩티드나 혹은 단백질로 **인산기의** 전달을 촉매한다.

phosphorylatable 형 인산화될 수 있는

20

This pseudosubstrate sequence has an alanine residue where serine occurs in the PKA target sequence; Ala is sterically similar to serine but lacks a **phosphorylatable** OH-group.

관 occur=be found to exist or appear, lack(타) ....이 없다=(be missing, be without)

해 이 유사기질의 서열은 PKA의 표적서열에서 serine이 존재하는 것으로 알려진 곳에 alanine 잔기를 가지고 있다; Ala는 입체적으로 serine과 유사하지만 **인산화될 수 있는** OH-기가 없다.

참 Copper deposits *occur* in the region=Copper deposits *are found to exist* in the region.

phosphorylate 타 인산화하다

406

As a result, the cyclin A/B-CDK1 complexes remain inhibited and cannot **phosphorylate** targets required to initiate mitosis.

해 결과적으로 cyclin A/B-CDK1 복합체는 저해된 상태로 남아있어서, 세포분열을 시작하는데 필요한 표적들을 **인산화할** 수 없다.

phosphorylated 타 be ~ 인산화되다

2019

Once a STAT transcription factor protein is bound to the receptor, the C-terminal tyrosine is **phosphorylated** by an associated JAK kinase.

해 일단 STAT전사인자 단백질이 그 수용체에 결합되면, C-말단의 tyrosine은 결합된 JAK kinase에 의하여 **인산화된다**.

참 모든 STAT류에 속하는 전사인자 단백질들은 N-말단에 SH2 도메인을 가지고 있으며, 중앙부에 DNA 결합도메인 그리고 C-말단부에 JAK kinase에 의해 인산화될 수 있는 tyrosine기를 가지고 있다. SH2 도메인은 인산화된 tyrosine기와의 결합을 매개한다.

phosphorylation 명 인산화 (반응)

7416

The cyclic **phosphorylation** and dephosphorylation of a protein is a common cellular mechanism for regulating protein activity.

해 단백질의 순환방식의 **인산화**와 탈인산화반응은 단백질 활성을 조절하기 위한 용도의 어떤 흔한 세포의 기전이다.

physical 형 물리의, 물리적인

64

Although the lipid composition of a membrane largely determines its **physical** characteristics, its complement of proteins is primarily responsible for a membrane's functional properties.

관 be responsible for ....를 책임지다, complement보충물=something which makes whole

해 비록 막의 지질조성이 주로 **물리적** 특성을 결정하지만, 그것의 단백질들로 구성된 보완물은 주로 막 기능의 행동특성에 책임이 있다.

참 보완물complement : 열쇠와 자물쇠와 같이 서로 상보적이어서 함께 있을 때 완벽해지는 관계를 만드는 물체들의 집합체. 위 문장에서 막의 구성성분은 지질과 단백질인데, 지질에 complement의 관계인 단백질이 합쳐 완전한 막을 구성하므로, 단백질이 보완물complement이 된다.

physically 부 물리적으로

30

The interaction between an antibody and an epitope in an antigen is complementary in all cases; that is, the surface of the antibody's antigen-binding site **physically** matches the corresponding epitope like a glove.

관 match(타) 일치하다; 꼭 맞다=(pair, fit), corresponding 해당하는, epitope 항원결정기

해 항체와 항원 속의 항원결정기 사이의 상호결합은 모든 경우에 있어서 서로 상보적이 된다; 즉, 항체의 항원 결합부위의 표면은 장갑과 같이 그 해당하는 항원결정기와 **물리적으로** 서로 꼭 맞는다.

physiological 형 생리학의, 생리적인

physiologic

206/19

At **physiological** pH values, the terminal amino and carboxyl groups are ionized.

해 **생리적인** pH 값에서, 말단의 아미노와 카르복실기들은 이온화된다.

physiologically 부 생리적으로

41

Like pancreatic trypsin inhibitor, α_1-antitrypsin blocks the action of target enzymes by binding nearly irreversibly to their active sites. Genetic disorders leading to a deficiency of α_1-antitrypsin show that this inhibitor is **physiologically** important.

해 췌장의 트립신 저해제와 같이, α_1-antitrypsin은 표적효소의 활성화 자리에 거의 비가역적으로 결합하여 그들의 활동을 막는다. α_1-antitrypsin의 결핍의 원인이 되는 유전질환은 이 저해제가 **생리적으로** 중요하다는 것을 보여주고 있다.

physiology 명 생리학

26

In 1911, American medical researcher Peyton Rous reported that Rous avian sarcoma virus (RSV) was associated with chicken sarcomas. Rous was awarded the 1966 Nobel Prize in **Physiology** or Medicine for this discovery.

관 be associated with 관련되다=(be related to, be relevant to), 사람 be awarded 상 이름 ....가 상을 받다, sarcoma 육종, Nobel Prize in Physiology or Medicine 노벨의학상

해 1911년에, 미국의 의학연구자인 Peyton Rous는 Rous 조류육종 바이러스 (RSV)가 닭의 육종과 연관되어있음을 보고하였다. Rous는 이 발견으로 1996년 노벨**의학상**을 수상하였다.

참 Rous sarcoma virus는 닭에서 육종sarcoma을 유발하는 원인 바이러스로, 동물에서 바이러스가 암을 유발할 수 있다는 사실에 대한 최초의 증거가 되었다. v-Src 단백질이 암을 유발하는 원인 단백질임이 규명되었다.

picture 명 1 설명, 묘사

9

Biochemical and x-ray crystallographic studies have provided a detailed **picture** of how phosphorylation activates MAP kinase.

관 picture 그림으로 된 설명=a description so vivid or graphic as to give an accurate idea of something, detailed picture 상세한 설명

해 생화학과 x-ray 결정학 연구는 어떻게 인산화가 MAP kinase을 활성화하는가에 대한 상세한 **설명**을 제공해 주었다.

2 그림, 사진

Fig. 5 This composite **picture** of the actin cytoskeleton in a resting platelet shows the different arrangements of microfilaments.

관 composite picture 합성사진, picture=(drawing, photograph)

해 그림. 5 휴지기 상태에 있는 혈소판에서 액틴 세포골격의 합성**사진**은 미세필라멘트의 서로 다른 배열을 보여주고 있다.

pictured 타 be ~ 사진에 보이다, 생생하게 설명되다

4

FIGURE 3 Computer-generated model of a macromolecule. <u>**Pictured** is</u> an enzyme responsible for releasing energy from sugar.

관 be responsible for ....에 책임이 있는

해 그림 3 어떤 거대분자의 컴퓨터로 생성한 모델. 탄수화물로부터 에너지를 유리하는데 책임이 있는 효소가 **사진에 보인다**.

piece 명 1 (한 벌 가운데) 한 부분, 하나

79

One **piece** of evidence for this activation mechanism comes from study of a mutant JAK2 in which the critical tyrosine is mutated to phenylalanine.

관 come from ....로부터 나오다, A is mutated to B=A가 B로 돌연변이되다

해 이 활성화 기전에 대한 증거의 한 **부분**은 중요한 tyrosine이 phenylalanine으로 돌연변이된 돌연변이체인 JAK2의 연구로부터 나왔다.

2 조각

When the chain reaches 11 residues in length, a 6- to 8-residue **piece** is cleaved by amylo-4:6-transferase and reattached to a glucosyl unit by an α-1,6 bond. Both chains continue to lengthen until they are long enough to produce two new branches.

해 그 사슬이 길이에서 11개로 이루어진 잔기에 도달할 때, 6개에서 8개의 잔기로 된 **조각**이 amylo-4:6-trasnferase에 의해 절단되고 그리고 α-1,6 결합에 의하여 glucosyl 단위소에 재부착된다. 두 사슬 모두가 2개의 새로운 가지를 생산하도록 충분한 길이가 될 때까지 계속하여 길어진다.

참 이 예문은 glycogen의 합성과정을 설명한 것이다. Glycogen은 glucose 분자들이 α-1,4 결합으로 선형으로 길어지고 α-1,6 결합으로 가지부위가 만들어진다.

place

130

명 장소, 곳

As in all biochemical processes, an efficient **place** for regulation is at the beginning of the pathway.

관 efficient=효율적인, effective=유효한

해 모든 생화학적 과정에서처럼, 조절을 위한 어떤 효율적인 **장소**는 그 경로의 시작하는 곳에서이다.

참 생체의 생합성이나 분해대사과정은 여러 단계의 반응으로 구성되어있다. 이러한 과정들을 조절하기 위한 가장 효율적인 위치는 과정이 시작되는 첫 번째 단계나, 혹은 다른 과정으로 분기되는 지점이다. 이런 단계를 촉매하는 효소는 주로 여러 개의 아단위체로 구성되어있으며 또한 알로스테릭한 행동특성을 보인다.

타 1 (....을) ....에 두다, 놓다

Joseph Ransome **placed** Dalton's eyes in a jar of preservative, where they stayed for a century and a half.

해 Joseph Ransome은 Dalton의 양쪽 안구를 보존제가 들어있는 용기 속에 **넣어 두었으며**, 그곳에서 1 세기반 동안 보존되었다.

참 Dalton 박사의 눈 : 원자이론을 주장한 Dalton은 색맹이었는데, 그는 자신의 눈 수정체가 아마도 푸른색을 띠고 있어서 그럴 것으로 생각하고, 사후에 눈의 색을 규명해달라고 유언을 하였다. 그가 죽은 후에, Joseph Ranssome 박사가 수정체의 색을 조사한 결과 색이 없는 것을 확인하였다. 그의 양쪽 안구는 보존제에 보관된 상태로 지금까지 전해오고 있다.

2 넣다, 놓다

A microliter pipette is used to **place** solutions of proteins in the wells of the gel for the electrophoresis.

해 어떤 마이크로리터 파이펫이 전기영동용 겔의 시료 주입구well에 단백질 용액들을 **넣는데** 사용된다.

3 in ~ 적소에, 적절한 위치에 있는

Her physician decided that a 2-drug regimen to lower her blood LDL cholesterol level must be added to the dietary measures already in **place**.

관 dietary measure 음식섭취량 조절법, regimen 체계적인 치료계획, in place (≠out of place) 적절한 장소에; 적절한 효과를 보고 있는

해 그녀의 주치의는 그녀 혈액의 LDL콜레스테롤 수준을 낮추기 위한 두 약물 치료계획이 이미 **적절한 효과를 보고 있는** 음식섭취량 조절법에 추가되어야 한다고 결정하였다.

4 in ~s 여기저기에

Although we store fat throughout our bodies, it tends to accumulate in **places** where it does not interfere too much with our mobility: in the abdomen, hips, thighs, and buttocks.

관 in places 여기저기에, store(타) fat, tend to ....하는 경향이 있는, accumulate(자), interfere with ....를 방해하다

해 비록 우리는 신체 전체에 걸쳐 지방을 저장하지만, 지방은 우리의 운동기능을 너무 많이 방해하지 않는 복부, 엉덩이, 사타구니 및 궁둥이와 같은 곳 **여기저기에** 쌓이는 경향이 있다.

5 in ~ of ....대신에, ...와 치환되어, ...의 위치에

Each regulatory chain contains the sequence Arg-Arg-Gly-Ala-Ile, which matches the consensus sequence for phosphorylation by protein kinase A except for the presence of alanine in **place** of serine.

관 match(타) 일치하다=(be exactly like, correspond exactly), except for ...를 제외하고

해 각 조절용 사슬들은 serine **대신에 있는** alanine의 존재를 제외하고 protein kinase A에 의한 인산화 공통서열과 일치하는 서열 Arg-Arg-Gly-Ala-Ile을 포함하고 있다.

참 Protein kinase A는 R_2C_2 4개의 아단위체로 구성되어있다. C (catalytic) 아단위체 상에 있는 활성화자리는 R (regulatory)의 Arg-Arg-Gly-**Ala**-Ile의 유사기질pseudosubstrate 자리와 결합되어 있기 때문에 불활성화 된 상태로 존재한다. 그러나 2차 전령물질인 cAMP가 R아단위체에 붙게 되면 C아단위체가 유리되어 활성화자리가 노출된다. 그래서 기질에 존재하는 Arg-Arg-Gly-**Ser**-Ile 서열을 인식한 후 여기에 포함된 Ser기를 인산화할 수 있게 된다.

6 take ~ 일어나다

Hepatic urea synthesis takes **place** in part in the mitochondrial matrix and in part in the cytosol.

관 take place 일어나다, in part=(partly, to some extent)

해 간의 요소 합성반응은 부분적으로 미토콘드리아의 기질matrix에서 일어나고 그리고 부분적으로 세포질에서도 **일어난다**.

참 요소urea : 아미노산의 대사에서 탄소골격은 에너지 생성에 사용되기 때문에 아미노기는 독성이 큰 암모니아로 될 수 있으므로 이들을 무독성인 요소로 합성하여 소변으로 배출한다.

placed
190

타 1 be ~ ....(상태)에 놓이다, 두어지다

When young rats are **placed** on a totally fat-free diet, they grow poorly, develop a scaly dermatitis, lose hair, and soon die.

관 develop a scaly dermatitis 각질성 피부염이 발생하다, on a .... diet 다이어트를 하는

해 어린 쥐들이 완전히 지방이 없는 식이상태에 **놓일 때**, 그것들은 왜소하게 성장하고, 각질성 피부염을 발병하며, 털도 빠지게 되어 곧 죽는다.

2 be ~d in ....에 속하다, ...에 포함되다

Lipoproteins may also be **placed** in this category.

관 be placed in this category ....범주에 속하다.

해 지단백질들 또한 이 범주**에 속할** 수도 있다.

plate
482

명 (평평한) 판

An orientation marker is placed on the nitrocellulose and the agar **plate** so the results of the autoradiogram can be properly aligned with the original **plate** of bacteria.

관 orientation marker 방향표시자, be aligned with ....와 나란히 배열되다

해 어떤 방향 표시자가 방사능사진의 결과물이 박테리아 원**판**과 적절하게 나란히 배열되도록 nitrocellulose와 agar **판** 위에 놓인다.

참 방향표시자orientation marker : cDNA 라이브러리를 스크리닝할 때, agar 접시에 자라고 있는 파이지 프라그나 박테리아 콜로니들 가운데 원하는 cDNA를 함유하고 있는 것들을 찾아내어야 한다. 이때 접시 복제물replica에 대한 방사능 사진의 결과를 agar 원판과 겹치기를 하여 찾아낸다. 정확한 방향을 표시하기 위하여 최소한 3곳의 서로 다른 방사능이나 형광의 방향표시자들이 사용된다.

타 도포하다, 뿌리다, 프레이팅하다

For this purpose, we **plate** cells in a 96-well tissue culture *plate* under exactly the same conditions described above for the adhesion assay.

해 이 목적으로, 부착 분석을 위하여 위에서 서술한 것과 정확하게 같은 조건 하에서, 우리는 세포를 96개의 구멍을 가진 조직 배양접시에 **도포**하였다.

plating | 명 도포하기, 프레이팅, 뿌리기
23

Plating of the recombinant phage on a lawn of *E. coli* generates a set of cDNA clones representing all the cellular mRNAs.

관 represent(타) 대표하다, lawn of *E. coli* 대장균의 균일한 얇은 면

해 재조합된 파아지를 대장균의 균일한 얇은 면 위로 **프레이팅하기**는 모든 세포의 mRNA을 대표하는 cDNA 클론들의 한 조를 생성하였다.

plated | 타 be ~ 도포되다, 뿌려지다
171

Cells that have been transformed with a plasmid-based β-galactosidase expression cDNA library are **plated** on media containing X-gal.

해 Plasmid에 기반을 둔 β-galactosidase 발현 cDNA 라이브러리로 형질변환된 세포들이 X-gal을 함유하고 있는 배지 위에 **뿌려졌다**.

참 X-gal : β-galactosidase효소에 의해 분해되면 감청색을 나타내는 합성물질로, 형질변환시킨 박테리아의 클로닝의 성공여부를 판단하는 목적으로 주로 사용된다.

play | 타 ~ a role (part) .... 역할을 하다
592

The liver **plays** a key role by maintaining blood glucose levels in the range of 80 to 100 mg/dL, first by glycogenolysis and subsequently by gluconeogenesis.

관 first(부) 처음에, subsequently 차후에, in the range of ....의 범위에서

해 간은 처음에 글리코겐의 분해로 그리고 차후에는 당신생성에 의하여 혈당을 80-100 mg/dL의 범위에서 유지하도록 함에 의하여 핵심적인 **역할을 한다**.

played | 타 be ~ 행하여지다
18

Trypsin, chymotrypsin, and elastase are members of a class of proteolytic enzymes called serine proteases because of the central role **played** by specific serine residues in their catalytic activity.

관 be called ....=(be named, be referred to as), serine protease 세린형 단백질분해효소

해 Trypsin, chymotrypsin 및 elastase는 촉매활성에서 특이한 serine 잔기에 의해 **행하여지는** 핵심적인 역할 때문에, serine protease라는 단백분해효소 부류의 구성원에 속한다.

plot | 명 도면, 플롯, 그래프
78

This **plot** of the red fluorescence (vertical axis) versus green fluorescence (horizontal axis) for thousands of cells shows that about half of the cells express both CD3 and Thy1.2 proteins on their surfaces.

해 수천 개의 세포들에 대한 적색형광 (수직축)과 녹색형광 (수평축)으로 그려진 이 **그래프**는 대략 세포들의 반이 표면에서 CD3와 Thy1.2 단백질 모두를 발현하고 있다는 것을 보여주고 있다.

참 Flow cytometry유세포측정기 : 세포를 흐르는 용액 속에 넣어 하나씩 분리한 후, 한 개의 세포가 산란시키는 광선이나 혹은 표지한 항체의 형광이 발하는 빛을 감지하여 세포를 구분하여 동일한 세포끼리 각각 모을 수 있는 정밀한 실험기계이다.

타 플롯하다, 그래프로 그리다

Another way of expressing the kinetic data is to **plot** V_0 versus V_0/[S], which is known as an Eadie-Hofstee plot.

해 반응속도론 데이터를 표현하는 또 다른 방법은 V_0 대 V_0/[S]의 **그래프로 그리**는 것인데, Eadie-Hofstee 플롯으로써 알려져 있다.

참 Lineweaver-Burk 그래프 : 포물선 모양으로 그려진 Michaelis-Menten 그래프를 직선의 그래프로 전환하는 방법은 Lineweaver-Burk 플롯과 Eadie-Hostee 플롯 등이 있다. 그래프의 직선화는 필요한 효소반응속도론의 Km, Vmax 등의 상수를 측정하기 위하여 필요하다.

plotted | 타 be ~ 프롯되다, 그래프로 그려지다
86

If the activity of most enzymes is **plotted** as a function of the pH of the reaction, an increase of reaction rate is usually observed as the pH goes from a very acidic level to the physiologic range.

관 be plotted as a function of ....의 함수로써 플롯되다, increase(명) 증가, physiologic range 생리적 영역 pH 7.0 부근

해 대부분 효소들의 활성이 반응의 pH의 함수로써 **플롯되면**, pH가 높은 산성인 수준으로부터 생리적인 영역으로 가면서 반응속도의 증가가 일반적으로 관찰된다.

참 효소의 활성 : 효소의 촉매반응은 반응에 관여하는 아미노산 측쇄기들의 산화와 환원의 짝지음 반응에 의하여 수행된다. 이 효소활성을 pH의 함수로 그래프를 그려보면, 활성의 최고점을 중심으로 산성 쪽이나 혹은 염기성 방향으로 가면서, 활성은 점점 감소되어 전형적인 종 모양 bell-shape을 하게 된다.

plus
212

명 양(+)의기호, 더하기 기호

Wild-type autosomal and sex chromosomes (X and Y) are indicated by superscript **plus** signs.

관 be indicated 표시되다=be designated

해 야생형의 상염색체와 성염색체 (X와 Y)는 위첨자 **더하기** 기호로 표시된다.

전 1 ....에 추가하여, ...에 더하여

Through meiosis, a man produces sperm that have 22 chromosomes **plus** either an X or a Y, and a woman produces ova with 22 chromosomes **plus** an X.

해 감수분열을 통하여, 남성은 22개의 염색체**에 더하여** X 혹은 Y 중의 어느 한 가지를 가지는 정자를 생산하고, 여성은 22개의 염색체**에 더하여** X를 가진 난자를 생산한다.

2 ....에 추가하여

This **plus** her declining ability to excrete nitrogenous waste products, such as creatinine and urea, into her urine ("azotemia") are responsible for many of her symptoms.

관 be responsible for ....에 책임이 있다; ....의 원인이다=be the agent or cause of, azotemia질소증=excess nitrogen in the blood

해 이것**에 추가하여** ("질소증") creatinine과 요소와 같은 질소성 쓰레기 산물을 소변으로 배출시킬 수 있는 그녀의 약해지고 있는 능력 또한 그녀의 증상들 가운데 많은 것에 책임이 있다.

point
590

명 1 점, 시점

The amino acid tyrosine is the starting **point** in the synthesis of the catecholamines and of the thyroid hormones.

해 아미노산 tyrosine은 catecholamine류와 갑상선호르몬의 합성에 있어서 시작**점**이 된다.

2 점돌연변이

Becker's muscular dystrophy is caused by **point** mutations in the dystrophin gene.

해 Becker형 근육퇴해위축증은 dystrophin 유전자에서의 점돌연변이들에 의하여 초래된다.

3 at this ~ 이 시점에서, 지금

The rapid association of the 40S and 60S subunits forms the 80S ribosome. At this **point**, the met-tRNA^i is on the P site of the ribosome, ready for the elongation cycle to commence.

관 at this point 이 시점에서, be ready for .... 준비하다, commence(자) 시작하다=start, elongation cycle 연장의 순환과정

해 40S와 60S 아단위체들의 신속한 합체는 80S 리보좀을 만든다. **이 시점에서**, 연장의 순환과정이 시작되기 위한 준비로, met-tRNA^{i}가 리보솜의 P자리에 위치한다.

참 단백질 번역과정은 mRNA 상의 유전부호의 정보에 따라 개시(initiation) → 연장 (elongation) → 종결 (termination) 단계로 진행된다. 이 가운데 연장은 아미노산잔기들이 연결되어 펩티드 결합을 형성하는 단계로 반복적으로 진행된다.

4 case in ~ 적절한 증례, 적절한 예

A comparison of three-dimensional structures has revealed striking similarities between proteins that were not expected to be related. A case in **point** is the cytoskeletal protein actin and heat shock protein 70, which assists protein folding inside cells. These two proteins were found to be noticeably similar in structure despite only 15.6% sequence identity.

관 reveal(타) 밝혀주다=(show, exhibit, disclose), a case in point 절적한 예, despite=in spite of ....에도 불구하고, noticeably 눈에 띠게=considerably 상당하게

해 3차원구조의 비교는 서로 관련되어있다고 기대도 하지 않았던 단백질 사이에서 놀라운 유사성을 밝혀주었다. 하나의 **적절한 예**가 골격단백질 actin과 세포 내부에서 단백질 접힘반응을 보조하는 열충격단백질 70이다. 이들 두 단백질은 단지 15.6%만의 서열일치도에도 불구하고, 구조에서 상당하게 유사하다는 것이 발견되었다.

참 단백질의 구조는 기능과 밀접한 관계가 있다. 그리고 일반적으로 구조는 아미노산 서열인 일차구조에 의하여 결정된다. 그러나 최근 단백질의 3차원 입체구조가 다수 알려지면서, 일차구조의 상동성과 상관없이 입체구조에서 놀라울 정도의 상동성을 보이는 예가 자주 발견되고 있다. Hemoglobin과 myoglobin도 마찬가지이다.

자 향하다, 가리키다

The stable arrangement of amino acids in the α helix holds the backbone in a rodlike cylinder from which the side chains **point** outward.

관 hold(타)=support (the body or a bodily part) in a certain position, arrangement 배열구조, point(자) outward 바깥을 향하다

해 α 나선구조에서 아미노산들로 구성된 안정한 배열이 측쇄기들이 바깥을 **향하고 있는** 막대와 같은 원통형으로 골격을 유지하고 있다.

타 1 ~ .... to 로 향하도록 만들다, ...로 돌리다

The Atkins high-protein diet is based on the premise that ingesting high-protein, low-carbohydrate meals will keep circulating insulin levels low, such that energy storage is not induced, and glucagon release will **point** the insulin/glucagon ratio to energy mobilization.

관 premise=basic assumption 전제 가정, be based on ....에 기반이 두어지다, such (so) that .... 그러한 결과로, point(타) .... to=direct .... to ....를 ....로 향하게 하다

해 Atkins의 고단백 다이어트는 고단백 저탄수화물 식사들이 순환하는 insulin 수준을 낮게 유지하도록 할 것이고, 그러한 결과로 에너지 저장이 유도되지 않게 되고, 그래서 glucagon 분비는 insulin/glucagon의 비가 에너지 동원화를 **향하도록 만들** 것이라는 가정에 기초를 하고 있다.

참 Atkins 다이어트 : 황제다이어트라고도 알려져 있다. 이 섭생법은 프랑스인 Robert Atkins박사에 의해 1970년대 초에 주창되었는데, 저탄소화물 섭취를 골자로 한다. 이렇게 하여 저장되는 에너지 물질을 줄일 뿐만 아니라 몸속에 저장되어있던 지방도 소비할 수 있을 것이라는 이론이다. 이 다이어트법은 6개월 이내에 상당한 효과가 있지만 그 이후는 다른 다이어트법과 차이가 없다고 한다. 창시자는 순환계질환으로 사망한 것으로 알려져 있다.

2 ~ out 언급하다, 지적하다

His doctor recommended several diet modifications to him that would decrease the caloric content of his diet and **pointed** out the importance of exercise for weight reduction.

관 would 결과를 표현, point out (fact or mistake)=(note, mention, remark) 언급하다

해 그의 주치의는 음식물의 칼로리 함량을 감소시키는 몇 가지 다이어트 변경사항을 그에게 추천하였으며 그리고 체중 감소를 위하여 운동의 중요성도 **지적하였다**.

3 ~ to (일어날 것 같음을) 암시하다, 언급하다

Just as in olfaction, a number of clues **pointed** to the involvement of G proteins and, hence, 7TM receptors in the detection of bitter and sweet tastes.

해 후각에서와 꼭 같이, 많은 수의 단서들이 쓴맛과 단맛을 감지하는데 G 단백질과 그러한 이유로, 7TM 수용체들의 참여를 **암시하였다**.

참 7TM : seven-transmembrane receptor을 의미하며 이 수용체가 관여하는 신호전달과정은 모두 G 단백질과 짝지어 작용하고 있다.

polar 형 극성의

28

> One end of a **polar** bond has a partial positive charge and the other end has a partial negative charge.

관 *one* end .... *the other* end 두 개 중의 하나 one 와 나머지 하자 the other

해 **극성**결합의 한쪽 끝은 부분적인 양전하를 가지고 있고 다른 끝은 부분적인 음전하를 가진다.

polarity 명 극성, 분극

11

> Because organelles and vesicles are transported along microtubules, the microtubule-organizing center (MTOC) becomes responsible for establishing the **polarity** of the cell and the direction of cytoplasmic processes in both interphase and mitotic cells.

관 be transported along .... 따라 수송되다, microtubule 미세소관, be responsible for=책임이 있다, establish(타) 확립하다=(set up, found)

해 소기관과 낭포는 미세소관을 따라 수송되기 때문에, 미세소관 조직화센터 (MTOC)는 중기와 유사분열기의 세포 모두에서, 세포의 **분극**과 세포질에서의 처리과정의 방향을 확립하는데 책임이 있다.

polarization 명 극성화 (반응), 분극화

17

> Together, these mechanisms lead to changes in membrane **polarization** in sensory neurons that produce the sensation of sour taste.

관 produce the sensation of taste 맛의 느낌을 만들다, sensory neuron 감각신경세포

해 함께하여, 이들 기전은 결과적으로 신맛의 느낌을 만드는 감각신경세포에서 막의 **극성화**에서의 변화를 일으키게 한다.

참 polarize 분극화하다, hyperpolarize 과분극화하다, depolarize 탈분극화하다

polarize 타 극성화하다, 분극화시키다

3

> The magnesium ion holds a water molecule in a position from which the water molecule can attack the phosphoryl group and helps **polarize** the water molecule toward deprotonation.

해 마그네슘 이온은 물 분자가 인산기를 공격할 수 있는 어떤 위치에서 하나의 물 분자를 잡고 있기 때문에, 탈양성자화deprotonation가 일어나도록 물 분자를 **극성화하는** 것을 도와준다.

참 제한효소restriction enzyme는 마그네슘 이온을 이용하여 핵산의 phosphodiester결합을 절단한다. 이 촉매과정에서, 마그네슘은 물 분자를 활성화하여 가수분해가 진행되는 것을 가능하도록 한다.

polarized 타 be ~ 분극화되다, 극성화되다

16

> The Na^+K^+ ATPase creates a charge imbalance across the plasma membrane by carrying 3 Na^+ out of the cell for every 2 K^+ carried in, making the inside negative relative to the outside. The membrane is said to be **polarized**.

관 carry 3 Na^+ out of the cell for(/per) every 2 K^+=매 2 K^+개당 3 Na^+개를 세포 밖으로 나르다, relative to ....에 상대적으로

해 Na^+K^+ ATPase는 2개의 K^+를 세포 안으로 운반할 때마다 3개의 Na^+를 세포 밖으로 내보냄에 의하여 세포막을 가로 질러서 전하의 불균형을 만들기 때문에, 외부에 상대적으로 내부를 음전하로 만든다. 그 막은 **분극화되었다고** 한다.

참 polarized라는 의미 : 분자생물학에서 'polarized (분극화되었다)'라는 말은 3가지 의미로 사용된다.

1. 전기적으로 전자의 분포가 균등하지 않고 한쪽으로 모여 극성을 띠게 되는 경우 (세포막, 전기음성도의 영향)
2. 상피세포에서처럼 위쪽 (apical)과 아래쪽 (basal) 혹은 옆면 (basolateral)에 서로 존재하는 단백질들의 구성이 다르게 존재할 경우
3. actin 필라멘트에서처럼 양쪽 끝의 기능이 서로 다를 때

polymeric 형 중합체의

24 Such treatment leads to accumulation of clathrin-coated vesicle buds with excessively long necks that are surrounded by **polymeric** dynamin but do not pinch off.

관 lead to=result in, be surrounded by, pinch(자) off 떨어져나가다, bud 돌기; 싹

해 그러한 처리는 결과적으로 중합체인 dynamin에 의해 둘러싸여있지만 떨어져 나가지 않고 있는 매우 긴 목구조을 가진 clathrin으로 덮인 낭포형 돌기들의 축적을 만든다.

polymerization 명 중합, 중합반응

85 Furthermore, aberrant **polymerization** of Tau into filaments is linked to neurodegenerative diseases such as human dementia in Alzheimer's patients.

관 aberrant 비정상의=abnormal, be linked to 관련되다=(be related to, be relevant to, be associated with), neurodegenerative 퇴행성신경의, dementia 치매

해 더욱이, Tau의 필라멘트로의 비정상적인 **중합반응**은 알츠하이머 환자에서 치매와 같은 그러한 퇴행성 신경질환들과 관련되어있다.

참 Tau 단백질 : 아주 가는 필라멘트microfilament구조를 만드는 중합반응을 안정화하는 단백질로, 다른 안정화 단백질에 비해 분자량이 작으며, 특히 신경세포의 액손의 연장과정에 관여하고 있다.

polymerize 타 중합하다, 중합체를 만들다

13 Synthesis of mRNA requires that an RNA polymerase initiate transcription, **polymerize** ribonucleoside triphosphates complementary to the DNA coding strand, and then terminate transcription.

관 complementary to....에 상보적으로, initiate(타) 개시하다, terminate(타) 종결하다

해 mRNA의 합성은 RNA polymerase가 전사를 개시하여, DNA 코딩가닥에 상보적으로 ribonucleoside triphosphate을 **중합하고**, 그리고 나서 전사반응을 종결하는 것을 필요로 한다.

자 중합되다

As the agarose solidifies or the acrylamide **polymerizes** into polyacrylamide, a gel matrix forms consisting of long, tangled chains of polymers.

해 Agarose가 고체화되거나 혹은 acrylamide가 polyacrylamide로 **중합되면**서, 길고, 얽히고설킨 사슬의 중합체들로 구성된 겔 기질이 형성된다.

polymerized 타 be ~ 중합되다

18 In both prokaryotes and eukaryotes, a purine ribonucleotide is usually the first to **be polymerized** into the RNA molecule. As with eukaryotes, 5′ triphosphate of this first nucleotide is maintained in prokaryotic mRNA.

관 as with ....와 마찬가지로

해 원핵세포와 진핵세포 모두에서, 퓨린 ribonucleotide가 일반적으로 RNA 분자로 **중합되는** 첫 번째 ribonucleotide가 된다. 진핵세포에서처럼, 원핵세포의 mRNA에서도 첫 번째 ribonucleotide의 5'-triphosphate가 유지된다.

pool 명 공동저장량, 저장소

99 Perhaps the most successful anti-atherosclerosis medications are the statins. These drugs bind to HMG-CoA reductase and directly inhibit its activity, thereby lowering cholesterol biosynthesis and the **pool** of hepatic cholesterol.

관 medication 의약품, lower(타) 낮추다=decrease, thereby그것으로 인해=by means of that

해 아마도, 가장 성공적인 항동맥경화증 의약품은 statin계열이다. 이들 약물은 HMG-CoA reductase에 결합하여 활성을 직접적으로 저해하며, 그것으로 인해 콜레스테롤의 생합성과 간의 콜레스테롤의 **공동저장량**을 낮추게 된다.

참 statin 계열 동맥경화증 치료제 : statin류 약물은 곰팡이, 버섯류에서 분리된 약물로 혈장의 콜레스테롤의 농도를 낮추기 위하여 사용된다. 간에서의 콜레스테롤 합성단계를 조절하는 HMG-reductase효소의 활성을 경쟁적 기전으로 저해하며, 콜레스테롤의 합성을 저해할 뿐만 아니라 LDL수용체의 합성을 증가시킨다.

pooled 타 be ~ 합쳐지다

102

The protein of interest eluted in a narrow peak and was detected by its enzymatic activity. The fractions with activity were **pooled** and then applied to a second, gel-filtration column.

관 elute (자) in a peak 꼭지점 형태로 용출되다; be pooled 합쳐지다, be applied to ....에 적용되다

해 관심있는 단백질이 좁은 꼭지점 형태로 용출되었고 그것의 효소활성에 의하여 감지되었다. 활성을 가진 분획들이 모아 **합쳐지고**, 그 다음 두 번째 gel-filtration 칼럼에 적용되었다.

참 꼭지점 형태의 용출 : 단백질 정제 시 용출되는 단백질은 처음엔 낮은 농도로, 그 후 점점 진한 농도로 그리고 최대 농도가 된 다음 다시 감소되는 형태가 되므로 꼭지점이 나타난다.

poor 형 빈약한, 농도가 낮은

102

The steroidogenic acute regulatory (StAR) protein, which is encoded in nuclear DNA, controls the transfer of cholesterol from the cholesterol-rich outer mitochondrial membrane to the cholesterol-**poor** inner membrane, where it undergoes the first steps in its enzymatic conversion into steroid hormone.

해 스테로이드생성 급성 조절단백질 (StAR)은 핵 DNA에서 인코딩되는데, 콜레스테롤이 풍부한 미토콘드리아의 외막으로부터 콜레스테롤 **농도가 낮은** 내막으로 콜레스테롤의 전달을 조절하며, 여기서 스테로이드 호르몬으로의 효소적 전환에서 첫 번째 단계를 수행한다.

poorly 부 빈약하게, 약하게

79

The simple soluble dimeric forms of fibronectin produced by the liver or fibroblasts are initially in a nonfunctional closed conformation that binds **poorly** to integrins because the RGD sequence is not readily accessible.

관 be readily accessible

해 간이나 섬유모세포에 의해 생산되는 단순한 용해성 이량체형인 fibronectin은 처음에 integrin에 **약하게** 결합하는 기능하지 못하는 닫힌 입체구조로 존재한다, 이유는 RGD 서열에 쉽게 접근할 수 없기 때문이다.

참 RGD 서열 : Integrin 단백질과 결합하는데 사용되는 서열이다. 세포외기질의 구성성분인 fibronectin과 integrin은 RGD 결합서열을 이용하여, 세포외부에서 여러 다양한 단백질들과 결합할 수 있어서 매트릭스 구조를 형성할 뿐만 아니라 세포신호전달 반응에 참여하기도 한다.

populate 타 거주하게 만들다, ...에 모여 있다

1

Microtubule-containing cilia cover ciliated epithelial cells lining a oviduct, and actin-containing microvilli **populate** the surface of secretory cells. Beating cilia propel an egg down the oviduct.

관 cilia섬모들, microvilli미세융모들, cover(타), populate(타) an area=live in, propel(타) .... down=push .... down를 아래로 내려 보내다

해 미세소관을 포함하고 있는 섬모들이 난관 안쪽의 피막을 이루는 섬모화된 상피세포를 덮고 있고, 그리고 액틴을 포함하고 있는 미세융모들은 분비세포의 표면에 **모여 있다.** 섬모의 연속회전운동은 난자를 난관 아래로 추진하도록 한다.

참 섬모cillium는 굵은 미세소관으로 되어있지만, 융모micorvilli는 미세소관보다 훨씬 가는 액틴 단백질 섬유로 구성되어있다.

populated 타 be ~ 모이다, 군집화되다

3

Rough ER double membranes are aligned in parallel and densely **populated** with ribosomes.

해 조면ER의 이중으로 된 막이 평행으로 나란히 배열되어있고 그리고 리보솜들이 밀도가 높게 **군집화되어있다**.

population 명 (어떤 지역 내의) 집단, 개체군

248

The cells of the intestinal epithelium continuously regenerate from a stem-cell **population** located deep in the intestinal wall in pits called crypts. The stem cells produce precursor cells as they ascend the sides of crypts to form the surface layer of villi, across which intestinal absorption occurs.

관 continuously 끊임없이=ceaselessly, regenerate(자) from ....로부터 재생되다, be located deep (부) in ....에 깊숙이 위치하다, pit 오목한 부위, crypt 움푹 파인 곳; 창자샘세포

해 내장 상피조직의 세포들은 crypt (움푹 파인 곳)라고 하는 오목한 부위 (pit)에서 내장벽 속 깊숙이 위치하고 있는 줄기세포 **집단**으로부터 끊임없이 재생된다. 줄기세포는 융모의 표면층을 형성하기 위하여 crypt의 옆면을 따라 올라가면서 전구체 세포들을 생산하는데, 이 융모를 관통하여 장내흡수가 일어난다.

참 내장 상피세포의 재생 : 내장의 상피세포들은 음식물과의 마찰에 의해 늘 손상되기 때문에 빠른 순환능력을 가지고 있으며 계속적으로 재생되고 있다. 이러한 재생은 crypt라는 상피세포층의 일부가 함몰된 구조에 위치하고 있는 줄기세포stem cell로부터 일어난다.

portion
143

명 부분, 일부

Although the side chains of most nonpolar amino acids in soluble proteins are usually buried in the interior of the protein away from contact with the aqueous solvent, a **portion** of them is exposed at the protein's surface, giving it a partially hydrophobic character.

관 be buried in ....에 묻히다, away from ....로부터 멀어져

해 비록 용해성인 단백질에서 대부분의 비극성 아미노산의 측쇄기들은 일반적으로 수용액과 접촉으로부터 멀어져 단백질의 내부에 파묻히지만, 그들 중 **일부**는 단백질의 표면에서 노출되어있으며, 부분적으로 소수성 특성을 주게 된다.

참 단백질과 물의 반응 : 물에 잘 녹는 단백질들은 물과 접촉하는 표면에는 극성을 띈 아미노산의 측쇄기들이 분포하고 있지만, 물과 접촉되지 않고 있는 내부에는 소수성을 가진 아미노산 측쇄기들이 서로 뭉쳐져 위치하고 있다.

position
525

명 1 위치, 장소

Genetic linkage studies can roughly locate the chromosomal **position** of a "disease" gene.

관 genetic linkage 유전자연관, locate(타) the position 위치를 결정하다=determine or specify the position

해 유전자 연관연구들은 어떤 "질병" 유전자의 염색체에서의 **위치**를 대략적으로 결정할 수 있도록 한다.

타 1 위치하도록 하다, 위치를 정하다

This conformational change also **positions** the aminoacylated 3' end of the tRNA in the A site in close proximity to the 3' end of the Met-tRNAi^{Met} in the P site.

관 position(타) 위치하도록 하다=put in place or position, close proximity to ....에 근접한

해 이 입체구조의 바뀜은 또한 A 부위에 있는 aminoacyl화된 tRNA의 3' 말단을 P 부위에 있는 Met-tRNAi^{Met}의 3' 말단에 가까이 근접한 곳에 **위치하도록 한다.**

2 위치하도록 하다

Proteins perform complex physical and catalytic functions by **positioning** specific chemical groups in a precise three-dimensional arrangement.

관 position(타) 위치하도록 하다=put in place or position, in a precise .... arrangement 정확한 배열상태로 <부사구>

해 단백질은 특이 화학기능기들을 정확한 3차원 배열상태로 **위치하도록 하여**, 복잡한 물리적 촉매기능을 수행한다.

positioned
23

타 be ~ 위치하다, ...에 위치를 잡다

Once the small ribosomal subunit with its bound Met-tRNA$_i^{Met}$ is correctly **positioned** at the start codon, union with the large (60S) ribosomal subunit completes formation of an 80S ribosome.

관 union with ....와의 합체, complete (타) 완성하다

해 일단 결합된 Met-tRNA$_i^{Met}$와 작은 리보솜 아단위체가 개시코돈에 정확하게 **위치하면**, 큰 (60S)

리보솜 아단위체와의 합체로 80S 리보솜의 형성이 완성된다.

positive

657

형 1 양의, 양성의

If ΔG is **positive**, the reaction proceeds only if free energy can be gained; ie, it is endergonic.

관 proceed(자), gain(타)

해 ΔG가 **양의** 값이면, 그 반응은 자유에너지가 얻어 질 수 있을 때만 진행된다; 즉, 그것은 흡열 반응이다.

2 활성형의, 활성화시키는

The most potent **positive** allosteric effector of phosphofructokinase-1 and inhibitor of fructose-1,6-bisphosphatase in liver is fructose 2,6-bisphosphate.

관 potent 강력한=strong, inhibitor 저해제≠activator

해 간에서 phosphofructokinase-1의 가장 강력한 **활성형인** 알로스테릭 효과제이며 그리고 fructose-1,6-bisphosphatase의 저해제는 fructose 2,6-bisphosphate이다.

3 양성의

This is a problem only when an Rh-**negative** woman has a partner who is Rh-**positive** resulting in an Rh-positive baby.

관 positive 양성의≠negative 음성의

해 이것은 Rh 음성인 여성이 Rh **양성인** 아기를 생성할 결과를 만들 Rh **양성인** 배우자를 가지고 있을 때에만, 문제가 된다.

참 Rh형의 혈액을 가진 산모의 임신 : 앞의 예문의 경우에서처럼, Rh 음성 (Rh 항원을 가지고 있지 않은) 산모가 Rh양성인 (Rh 항원을 가지게 된) 아기의 혈액에 노출되면 Rh에 대한 항체를 만들어 혈액에 포함하게 된다. 산모의 혈액이 태아의 혈액과 혼합되지 않고 있고 또한 태아에 해를 입힐 항체가 생성되기까지 시간이 걸리기 때문에, 첫 번째 아기는 손상을 받지 않지만, 두 번째 부터 임신하게 되는 아기가 Rh양성인 경우에 이전에 생성되어있던 항체에 의해 심한 손상을 받아 유산이 될 가능성이 커진다.

positively

59

부 양으로

The protons exchange for the **positively** charged catecholamine via the transporter VMAT2. The influx of the catecholamine is thus driven by the H^+ gradient across the membrane.

관 exchange(자) for ....와 상호교환되다

해 양성자들은 VMAT2 수송체를 경유하여 **양으로** 하전된 catecholamine과 상호교환된다. 그래서 catecholamine의 유입은 막을 가로지르는 H^+경사에 의하여 추진된다.

참 catecholamine은 VMAT2 (vesicle membrane transporter 2) 수송체에 의해 H^+의 농도구배의 힘으로 낭포 안으로 선별적으로 수송되며, 양전하를 띠고 있으므로 음전하의 ATP와 산성 단백질인 chromogranin과 복합체를 이루어 존재하고 있다. 따라서 낭포에 농축된 수준은 0.5 M 정도로 세포질에 비해 100배가량 더 높다.

possess

207

타 소유하다, 소지하다

All amino acids **possess** at least two weakly acidic functional groups, $R\text{-}NH_3^+$ and R-COOH. Many also **possess** additional weakly acidic functional groups such as -OH, -SH, guanidino, or imidazole groups.

관 at least 적어도=to the smallest amount, functional group 기능기

해 모든 아미노산들은 최소한 2개의 약한 산성 기능기인 $R\text{-}NH_3^+$ 와 R-COOH를 **가지고** 있다. 또한 많은 아미노산들은 -OH, -SH, guanidino 혹은 imidazole과 같은 약한 산성인 기능기들도 추가적으로 **소지하고** 있다.

참 아미노산의 Cα 탄소에는 양성자를 줄 수 있는 산성의 특성을 가진 $\text{-}NH_3^+$와 -COOH들이 결합되어있으며, 측쇄기에도 산성의 특징을 나타낼 수 있는 기능기들이 붙어있다. 이 작용기들은 신체 용액의 pH에 따라 단백질의 용해도나 활성을 조절할 수 있는 역할을 하게 된다.

possessed 타 be ~ 소유되다

25

The myocardium is the muscular tissue of the heart. The myocardium is composed of specialized cardiac muscle cells with an ability not **possessed** by muscle tissue elsewhere in the body.

관 myocardium 심근, be composed of ....로 구성되다=(comprise, constitute, consist of), specialized 전문화된, elsewhere 다른 곳에

해 심근은 심장의 근육조직이다. 심근은 신체의 다른 곳에 있는 근육조직에 의해서는 **소유되지** 않은 어떤 능력을 가진 전문화된 심장근육세포들로 구성되어있다.

possibility 명 가능성

385

Stem cells grown from very early embryos are another option for treating Parkinson's disease and perhaps other neurodegenerative conditions such as Alzheimer's disease. Similar **possibilities** exist for generating blood, pancreas, and other cell types.

관 option=(choice, alternative) 선택사항, stem cell 줄기세포

해 매우 이른 초기의 배아로부터 자란 줄기세포들은 파킨슨병과 아마도 알쯔하이머 질병과 같은 다른 퇴행성 신경질환들을 치료하기 위한 또 다른 선택사항이 된다. 유사한 **가능성들**이 혈액, 췌장 및 다른 종류의 세포들을 생성하기 위해서도 존재한다.

참 줄기세포stem cell : 분화가 일어나지 않은 세포이기 때문에 신체의 어떤 종류의 세포로도 분화할 수 있는 능력을 가진 만능pluripotent세포이거나 다능multipotent세포이다. 배아줄기세포 embryonic stem cell는 만능줄기세포이고 성체줄기세포adult stem cell는 다능줄기세포이다

possible 형 가능한

470

Another **possible** explanation for the reduction in whole body glucose utilization in cirrhotic patients relates to the finding that ketone body production is increased in some patients with cirrhosis.

관 relate to(자) ....와 관계가 있다=(be related to, be relevant to), finding=(result, discovery, something found)

해 간경화 환자에서 전신의 포도당 이용률의 감소에 대한 또 다른 **가능한** 설명은 일부 간경화 환자에서 케톤체 생산이 증가되는 결과와 관계가 있다.

possibly 부 가능하게, (추측) 아마도

136

Lipid rafts are dynamic areas of the exoplasmic leaflet of the lipid bilayer enriched in cholesterol and sphingolipids; they are involved in signal transduction and **possibly** other processes.

관 lipid raft 지질반, A enrich in B=B가 A에서 풍부하다, exoplasmic leaflet 세포막의 세포 밖을 향하고 있는 쪽의 판

해 지질반은 콜레스테롤과 스핑고리피드들이 풍부한 지질 2중층의 바깥쪽 판의 역동적인 영역이다; 지질반은 신호전달과정과 **아마도** 다른 과정들에도 또한 관련되어있다.

post- 접 후, 다음

256

The decrease in the production of estrogen leads to the **post**-menopausal symptoms of hot flashes, insomnia, osteoporosis, atherosclerosis, vaginal atrophy and depression.

관 hot flashes 얼굴홍조, insomnia 불면증, osteoporosis 골다공증, atherosclerosis 동맥경화, vaginal atrophy 질위축증, depression 우울증

해 에스트로겐의 생산이 감소되면 얼굴홍조, 불면증, 골다공증, 동맥경화, 질위축증 및 우울증과 같은 **후**-폐경기 증상이 일어난다.

참 estrogen과 androgen : estrogen은 여성 성호르몬을, androgen은 남성 성호르몬들을 총칭하는 용어이다. Estrogen류에는 estrone, estriol, estradiol 들이 포함되며, 이들은 androgen으로부터 생성된다. 그러므로 청소년기에 남성호르몬이 많이 분비되는 남성은 유방이 커지는 등 여성의 성징을 나타내게 된다.

posterior 명 뒷부분, 뒤쪽, 후반부

99 The nanos mRNA that is not located at the **posterior** is not translated due to a protein called Smaug that binds the 3′ UTR of nanos mRNA.

관 locate(타) 위치하게 하다, be located at ....에 위치하게 되다, posterior뒷부분≠anterior 앞부분, due to ....때문에=(because of, owing to), UTR 번역되지 않은 영역

해 **뒷부분**에 위치하지 않은 nanos mRNA는 nanos mRNA의 3′ UTR과 결합하는 Smaug라고 하는 단백질 때문에 번역되지 않는다.

참 Nonos단백질은 초파리의 배아에서 정확한 형태형성morphogenesis에 필요하다. 이 단백질 mRNA의 번역반응을 Smaug에 의하여 조절된다.

형 ~ to ....의 뒤쪽의, ... 후의

The pair of seminal vesicles are **posterior** to the urinary bladder. They secrete fructose to provide an energy source for sperm and alkalinity to enhance sperm mobility.

관 posterior to ....에 대해 뒤에, alkalinity=(quality of having a pH level higher than 7), enhance(타) mobility

해 한 쌍의 정낭은 방광 **뒤쪽**에 있다. 그것들은 과당을 분비하여 정자를 위한 에너지 연료와 정자의 운동성을 향상시키기 위한 알칼리성 환경을 제공한다.

참 정자의 에너지원은 과당fructose : 과당이 정자의 에너지원으로 선택됨으로써 포도당에 비해 어떤 유리한 점이 있을까? 여성의 질내의 정상세균무리들이 과당보다 포도당을 일반적으로 더 좋아하기 때문에 정자세포들만이 과당을 이용할 수 있게 된다. 과당은 정낭에서 포도당으로부터 polyol경로를 경유하여 전환되며, 음식으로 섭취된 과당과는 연관성이 전혀 없다. 그리고 정액의 pH가 알카리성인 이유는 정자가 생존하기 어려운 여성 질 속의 산성인 pH를 중화시키기 위한 것이다. 정액은 putrescine, spermine 등의 염기성 아민류들이 다량 함유되어있어서 알칼리성이 된다.

potency 명 효능, 역가, 힘, 세기

28 Many naturally occurring toxins act on ion channels, and the **potency** of these toxins further illustrates the importance of normal ion-channel function.

관 potency 효능=(power; strength, force; potentiality), illustrate(타)=(demonstrate, clarify)

해 자연에서 존재하고 있는 많은 독소들은 이온통로에 작용하므로, 이들 독소의 **효능**이 정상 이온통로 기능의 중요성을 더욱 분명하게 보여준다.

참 복어독 tetrodotoxin과 적조의 독소인 saxitoxin은 신경의 voltage-gated Na^+ 통로에 결합하여 활동전위의 생산을 방해하며, 뱀독인 cobratoxin과 bungarotoxin은 acetylcholine 수용체 통로 단백질을 저해한다.

potent 형 강한 효과가 있는, 강력한

117 Calcitriol is the most **potent** biologically active form of vitamin D.

해 Calcitriol은 비타민 D의 생물학적으로 가장 **강력한** 활성형이다.

potently 부 강력하게

23 This protein **potently** inhibits the cell cycle.

해 이 단백질은 세포주기를 **강력하게** 저해한다.

potential 형 전위의, 위치의, 잠재적인

653 Spanning the membrane are ATP synthase complexes that use the **potential** energy of the proton gradient to synthesize ATP from ADP and Pi. In this way, oxidation is closely coupled to phosphorylation to meet the energy needs of the cell.

관 span(타) 관통하다, be closely coupled to ....와 밀접하게 연관되다, meet(타) the need 요구를 맞추다

해 ADP와 Pi로부터 ATP를 합성하기 위하여 양성자 농도구배로 된 **전위**에너지를 사용하는 ATP synthase 복합체는 막을 관통하고 있다. 이러한 방법으로 세포의 에너지 요구를 맞추기 위하여, 산화반응은 인산화반응과 밀접하게 연결되어있다.

참 양성자 농도경사proton gradient : 에너지물질의 분해과정에서 생산된 NADH나 $FADH_2$등의 환

원성 생성물들이 전자전달계를 지나 산화되면서 전자와 양성자가 서로 분리된다. 이때 미토콘드리아의 내막을 가로 질러 양성자 경사가 유발되며, 이것이 ATP를 만드는 힘이 된다.

명 1 전위(電位)

ATP acts as the "energy currency" of the cell, transferring free energy derived from substances of higher energy **potential** to those of lower energy **potential**.

해 ATP는 세포의 "에너지 유통수단energy currency"으로써 활동하기 때문에, 더 높은 에너지 **전위**를 가진 물질로부터 유래된 자유에너지를 더 낮은 에너지 **전위**를 가진 물질로 전달할 수 있다.

2 잠재적 능력, 가능성

These multiple regulatory phosphorylations provide the **potential** for extremely subtle modulation of enzyme activity.

해 이러한 다중의 조절용 인산화반응들은 효소활성의 극도로 정교한 조정을 위한 **잠재적 능력**을 제공한다.

참 Glycogen synthase의 다중 인산화 : 이 효소는 여러 단백질인산화효소들에 의해 인산화될 수 있는 서열들을 가지고 있기 때문에, 서로 다른 부위에 여러 번의 인산화가 될 수 있다. 이 효소는 Protein kinase -A, -G, -C, Ca^{2+}/calmodulin kinase, phsophorylase b kinase, casein kinase I, II, glycogen synthase kinase 3, 4 등의 인산화효소들에 의해 인산화 된다.

potentially

98

부 잠재적으로

Before the advent of recombinant DNA technology, vaccines were made exclusively from infectious agents that had been either killed or altered so that they can no longer multiply in an inoculated individual. Both types of vaccines were **potentially** dangerous because they could be contaminated with the live, infectious agent.

관 advent 도래=coming, exclusively 독점적으로 주로, no longer 이제는 더 이상 ....아니다, multiply(자), be contaminated with ....로 오염되다

해 재조합 DNA기술이 도래하기 전에, 백신은 사멸되었거나 혹은 접종된 개체에서 더 이상 증식할 수 없도록 변경된 감염성 인자들로부터 만들어졌었다. 두 형태의 백신 모두는 살아있는 감염성 인자로 오염될 수도 있기 때문에, **잠재적으로** 위험하였다.

참 백신vaccine : 예상되는 감염성 인자 (세균, 바이러스 등)의 백신을 생체에 주입하여 면역계를 미리 활성화시켜 두면, 추후에 이들에 감염되었을 경우 면역계 활성화를 통하여 퇴치할 수 있는 예방약이다. 그러나 예전에는 감염성 인자를 죽이거나 약화시켜 병원성을 제거 하였지만, 현재는 이들 인자 가운데 면역계를 자극할 수 있는 부위의 유전자를 재조합 DNA기술로 조작하여 단백질을 생산하여 백신으로 사용한다. 그러므로 감염 위험성이 없다.

potentiate

34

타 1 효과가 더 있게 만들다, 더 잘 일으키게 만들다

Loading of the liver with fructose may **potentiate** hyperlipidemia and hyperuricemia.

관 potentiate 더 잘 유발하게 만들다=(make more effective or active), hyperlipidemia 고지혈증, hyperuricemia 고뇨산혈증

해 간에 대한 과당의 부하는 고지혈증과 고뇨산혈증을 **더 잘 일으키게 만들** 수도 있다.

참 과당fructose : 환원당으로 포도당에 비해 생체물질의 비특이적인 당화반응glycation을 더 강하게 유발시키며, 간에서 포도당으로 전환되지 않고 지방산의 생산을 촉진하여 고지혈증hyperlipidemia의 위험성을 높인다. 또한 AMP의 양을 증가시켜 퓨린 염기의 분해가 증가하여 요산의 생성이 증가된다 (hyperuricemia).

2 더 효과 있게 만들다

Both barbiturates and tranquilizers such as Valium and Librium bind to GABA receptors, **potentiating** the inhibitory action of GABA by allowing lower concentrations of this neurotransmitter to open Cl^- channels.

관 inhibitory action 저해활동, allow.... to=enable .... to

해 Barbiturate류와 Valium과 Librium과 같은 진정제들 모두는 GABA 수용체에 결합하여, 이 신경전달물질이 더 낮은 농도에서 Cl^- 채널을 열도록 함으로써 GABA의 저해활동을 **더 효과 있게**

만든다.

참 Cl^- 이온채널이 열리면, 세포 내에서 음전하량이 증가하여 세포막이 과분극 상태로 되어 활동전위의 생성이 저해함으로써 신경전달 저해효과가 나타난다. 정상세포는 분극화polarized 되어 있지만, 활동전위가 생성되어 흥분상태가 되면 탈분극화depolarized 된다. 또한 과분극화가 되면hyperpolarized 더욱 저해된다.

potentiated 타 be ~ (효과)가 더 강하게 되다

5 Opening of IP3-gated Ca^{2+} channels is **potentiated** by cytosolic Ca^{2+} ions, which increase the affinity of these channel receptors for IP3, resulting in greater release of stored Ca^{2+}.

해 IP3에 의해 개폐되는 Ca^{2+} 통로의 열림은 세포질 내의 Ca^{2+}이온에 의하여 **효과가 더 강하게 된다**, 왜냐하면 이들 이온은 이 통로수용체의 IP3에 대한 친화력을 높여서, 저장되어있던 Ca^{2+}의 더 많은 유리의 결과를 만들기 때문이다.

참 세포막의 Ca^{2+}통로는 ER 내의 Ca^{2+}이 고갈되면 입체구조의 변화가 일어나 ER의 IP_3-gated Ca^{2+}통로에 결합하여 ER의 채널을 열도록 한다. 세포 내의 Ca^{2+} 농도는 자극에 따라 순간적으로 증가하고 감소되어야 하며 지속적으로 높은 상태가 되면 세포에게 손상을 준다.

potentiation 명 상승, 강화작용

22 Analysis of heparin **potentiation** of Factor Xa binding to antithrombin III showed that a unique pentasaccharide sequence was required.

해 Heparin에 의해 인자 Xa와 antithrombin III과의 결합이 **상승**된다는 분석결과는 특유의 5개의 당으로 구성된 서열이 필요하다는 것을 보여 주었다.

참 Heparin : 헤파린은 혈액응고 억제제로 작용하는 glycosaminoglycan류에 속하며, 황을 포함하는 특유의 5개의 당으로 구성된 서열을 통하여 antithrombin과 인자 Xa의 결합반응을 촉진하여 혈액응고과정을 저해하는 것으로 알려져 있다.

power 명 힘, 동력

40 The great **power** of genetics is to reveal the existence and relevance of proteins without prior knowledge of their biochemical identity or molecular function.

관 be to reveal와 같이 'to 부정사'가 보어로 사용되는 서술적 용법은 예정, 의무, 가능을 표현할 수 있다, prior knowledge 사전지식

해 유전학의 큰 **힘**이란 단백질에 대한 생화학적 실체나 혹은 분자수준의 기능에 대한 사전지식이 없더라도 단백질의 존재와 관련성을 밝혀낼 수 있다는 것이다.

참 유전학의 힘 : 유전학자들은 세포분열을 변형시켰던 여러 가지 온도 민감성 돌연변이체들의 효과를 분석하여, 초기에 이들 유전자가 무슨 단백질을 인코딩 하는지 혹은 이 유전자의 산물인 단백질들이 과정에 어떻게 참여하는지에 대하여 사전정보가 없는 상황임에도 불구하고 세포분열에 관여하는 모든 유전자들을 발견할 수 있었다.

타 동력을 공급하다

The ileal bile acid transporter (IBAT) is a Na^+-linked symporter that uses the energy released by the movement of Na down its concentration gradient to **power** the reuptake of about 95 percent of the bile acids.

해 회장의 담즙산 수송체 (IBAT)는 Na^+와 연결된 동방향수송체symporter로, 담즙산 가운데 약 95%의 재흡수**에 동력을 공급하기** 위하여, Na의 농도경사 아랫방향으로의 이동에 의하여 방출되는 에너지를 사용한다.

powered 타 be ~ 동력이 공급되다

4 As chemical factories, cells produce an enormous number of complex molecules from simple chemical building blocks. All of this synthetic work is **powered** by chemical energy extracted primarily from sugars and fats.

해 화학공장로써, 세포들은 단순한 제조용 화학적 단위소로부터 엄청난 가짓수의 복잡한 분자들을 생산하고 있다. 모든 이 합성작업은 주로 탄수화물이나 지방으로부터 추출된 화학적 에너지에 의하여 **동력이 공급된다**.

powerful	형 강력한
17	Two such drugs isolated from plants, colchicine and taxol, have proved to be very **powerful** tools for probing microtubule function, partly because they bind only to αβ-tubulin or microtubules and not to other proteins.

관 prove(자) to be ....인 것으로 인정되다, probe(타) 조사하다=(investigate, research, study)

해 식물로부터 분리된 colchicine과 taxol과 같은 2종의 약물은 미세소관의 기능을 조사하기 위한 매우 **강력한** 도구가 됨이 이미 인정되어있다, 왜냐하면 부분적인 이유로 그들이 단지 αβ-tubulin이나 미세소관에만 결합하고 다른 단백질에는 결합하지 않기 때문이다.

precede	타 ....보다 선행하다, ...에 앞서다
43	In most humoral immune responses, antibodies with identical specificity but of different classes are generated in a specific chronologic order in response to the immunogen. For instance, antibodies of the IgM class normally **precede** molecules of the IgG class.

관 humoral immune response 체액성 면역반응, immunogen 면역항원, in a specific chronologic order 특이적인 시간에 따르는 순서로

해 대부분의 체액성 면역반응에서, 동일한 특이성을 가지고 있지만 그러나 서로 다른 부류에 속하는 항체들이 면역항원에 반응하여 어떤 특이적인 시간에 따르는 순서로 생성된다. 예를 들면, IgM류의 항체가 IgG류의 분자보다 정상적으로 **먼저 생성된다**.

참 항체는 크게 IgG, IgM, IgA, IgD, IgE 5 종으로 분류된다. 즉 한 가지 면역항원에 대하여 여러 부류의 항체들이 서로 다른 조직에서 생성될 수 있다. 가장 먼저 IgM이 생성되고 그 후에 IgG가 나타난다.

preceded	타 be ~ (by 뒤의 명사가 주어) 보다 앞서다
22	In bacteria, the initiating AUG (or GUG) codon is **preceded** several nucleotides away by a purine-rich sequence that base-pairs with a complementary sequence in a ribosomal RNA molecule.

관 several nucleotides *away* ....떨어져, complementary sequence 상보적인 서열

해 박테리아에서 개시하는 AUG (혹은 GUG) 유전부호 **앞 쪽에** 몇 개의 뉴크레오티드 떨어져서, 리보솜 RNA 분자의 상보적인 서열과 염기쌍을 만드는 퓨린이 풍부한 서열이 **온다**.

precedence	명 우선, 앞섬
2	Renal glutamine utilization for proton excretion <u>takes **precedence** over</u> the requirements of other tissues for glutamine.

관 take precedence over ....보다 우선하다

해 양성자의 배설을 위한 신장의 glutamine의 이용은 glutamine에 대한 다른 조직들의 요구에 **우선한다**.

참 신장에서 glutamine을 이용한 pH의 조절 : 신장세뇨관 세포에서 선호적으로 glutamine이 glutaminase에 의하여 산화되어 NH_4^+ (ammonium ion)을 생산한다. 이것은 $NH_4^+ \leftrightarrows NH_3 + H^+$ 로 해리되어 양성자를 방출하므로 산으로 기능한다.

precedent	명 1 전례, 선례
7	Several of these interactions have some **precedent** within the literature.

관 have a precedent 선례가 있다

해 이들 상호반응 가운데 몇 가지는 문헌 속에서 어떤 **선례**를 가지고 있다.

참 some 다음의 precedent가 단수이므로 '무슨' 혹은 '어떤'이라는 의미를 가짐

2 without .... 전례가 없는

The notion that redox chemistry plays a role in regulating the Drosophila visual system is not <u>without **precedent**</u>.

해 산화환원 화학이 초파리의 시각계통을 조절하는데 어떤 역할을 한다는 생각은 **전례**가 없었던 것은 아니다.

precipitant 명 침전체, 침강체

3

For this purpose, endogenous SKAR was immunoprecipitated following in vitro splicing reactions and the RNA content of the **precipitant** was resolved by denaturing urea-PAGE to analyze the RNA species associated with SKAR.

관 following(전) 나중에=later than, be resolved=be analyzed

해 이 목적으로, 내재성 SKAR이 시험관에서 스프라이싱 반응 후에 면역침강되었으며, SKAR과 결합된 RNA 종들을 분석하기 위하여, 변성 urea-PAGE에 의하여 **침전체**의 RNA 함량이 분석되었다.

참 Precipitant와 precipitate의 차이 : SKAR (S6K1 ALY/Ref-like target)는 세포핵 단백질의 일종으로 스프라이싱에 참여하는 여러 단백질 및 RNA와 복합체를 형성한다. SKAR과 형성된 복합체 속에 RNA가 들어 있으므로 RNA는 SKAR 침전체 *precipitant*에 의해 가라앉은 RNA 침전물 *precipitate*를 분석하는 것이다. 즉 전자는 어떤 물질을 침전하게 만드는 침전체이고 후자 precipitate는 침전된 물질이다.

precipitate 명 침전물

108

If an enzyme catalyzes a reaction that produces a colored or otherwise visible **precipitate** from a colorless precursor, the enzyme may be detected in cell sections by their colored reaction products.

관 otherwise (부) 그렇지 않다면, colored product 색을 띤 산물

해 만약 어떤 효소가 색이 없는 전구물질로부터 색을 띠거나 혹은 그렇지 않다면 눈으로 볼 수 있는 **침전물**을 생산하는 반응을 촉매 한다면, 그 효소는 색을 띤 반응산물에 의하여 세포 절단면에서 감지될 수도 있을 것이다.

자 침전하다

When separated from membranes, these exposed hydrophobic segments tend to interact with one another, causing the protein molecules to aggregate and **precipitate** from aqueous solutions.

해 생체막으로부터 분리되면, 이들 노출된 소수성 부분이 서로 결합하려는 경향이 있어서, 그 결과 그 단백질 분자들을 응집시켜 수용액으로부터 **침전하도록 만든다**.

타 1 침전시키다, 침전되게 하다

Immediately after the pulse, the monomer-specific antibody is able to immune-**precipitate** all the radioactive HA_0 protein.

관 immediately 즉시=(at once, shortly), immune-precipitate (타) 면역침강시키다

해 방사능 도입 후 곧, 그 단량체에 특이적인 항체는 모든 방사성을 띤 HA_0 단백질을 면역**침강시킬 수** 있었다.

2 재촉하다, 촉진시키다

Mitochondrial depolarization and inner membrane permeabilization via the mitochondrial permeability transition (MPT) frequently precede and **precipitate** both necrotic and apoptotic cell killing in cells from liver and other organs.

관 precipitate(타) 촉진하다=urge, precede(타) ....보다 앞서다=happen before

해 미토콘드리아의 탈분극과 미토콘드리아 투과능 전이현상 (MPT)을 통한 내막의 투과작용은 간과 다른 장기로부터 유래한 세포에서 괴사와 압퐆토시스에 의한 세포의 죽음보다 먼저 일어나 이들을 **촉진한다**.

참 mitochondrial permeability transition (MPT) : 미토콘드리아의 투과능 전이현상이라 번역할 수 있겠다. 이 현상은 분자량이 1500 이하의 분자들에 대한 미토콘드리아 막의 투과성이 증가되는 것으로, MPT 구멍이 열리어 일어난다. 이 구멍은 단백질로 구성되어있으며 외상에 의한 뇌 손상이나 뇌졸증과 같은 질병상태에서 미토콘드리아 막에 만들어지는 것으로 알려져 있다.

precipitated 타 be ~ 침전되다

173

Recombinant MEK5 was **precipitated** from the cell extract by absorption to a specific antibody. The immunoprecipitated material was then resolved by polyacrylamide gel electrophoresis, transferred to a membrane, and examined by Western blotting with an antibody that recognized tagged MEKK2.

해 재조합 MEK5는 특이 항체의 흡수반응에 의해 세포 추출물로부터 **침전되었다**. 면역침강된 물질은 그 후에 polyacrylamide 겔전기영동으로 분리되고, 막으로 이전되고, 그리고 표지된 MEKK2을 인식하는 항체에 의한 Western 브롯팅으로 조사되었다.

precipitation 명 침전, 침강(반응)

104

Cells were rinsed in PBS, scraped, and incubated for 1 hr at 4°C in lysis buffer with or without LiCl (10 mM) prior to overnight immune-**precipitation** in the same buffer with anti-Flag Sepharose beads (GE-Healthcare Life Sciences) at 4°C.

해 세포들은, 4°C에서 항Flag Sepharose 미세알갱이 (GE-Healthcare Life Sciences)를 함유한 동일한 완충액 속에서 하루 밤 동안 면역**침강반응** 전에, PBS에 헹구어졌고, 긁어 모이고, 그리고 LiCl (10 mM)을 포함하거나 혹은 그렇지 않은 용해용 완충액 속에서 4°C에서 1 시간 동안 반응되었다.

precise 형 정확한

84

While the **precise** mechanisms of p53 activation are not fully understood, they are generally thought to entail posttranslational modifications, such as ubiquitination, phosphorylation, methylation, and acetylation, of the p53 polypeptide.

관 while (양보)=whereas, entail(타) 수반하다; 필요로하다=have or require as a consequence

해 비록 p53 활성화의 **정확한** 기전이 완전히 이해되지 않았지만, 일반적으로 p53 폴리펩티드의 유비퀴틴화, 인산화, 및 아세틸화와 같은 번역후변형반응을 수반하는 것으로 생각된다.

precisely 부 정확하게 (말하면)

21

The GTP-induced conformation of $G_{s\alpha}$ that favors its dissociation from $G_{\beta\gamma}$ is **precisely** the conformation essential for binding of $G_{s\alpha}$ to adenylyl cyclase.

관 favor(타) 촉진하다=(facilitate, make easier), be essential for

해 $G_{\beta\gamma}$로부터의 해리를 촉진하는 $G_{s\alpha}$의 GTP에 의해 유도되는 입체구조는 **정확하게 말하면** $G_{s\alpha}$가 adenylyl cyclase에 결합하기 위하여 꼭 필요한 입체구조이다.

참 G단백질 : GTP가 G_{α}에 결합하면서 $G_{\beta\gamma}$을 해리시키게 되고, 형성된 GTP-G_{α}는 adenylyl cyclase을 활성화한다.

predict 타 예측하다, 예견하다

52

From an inspection of its structure we **predict** that phosphorylation of Thr-14 would further block the peptide-binding site and may, moreover, prevent the binding or appropriate configuration of ATP.

관 block, prevent, further=(more, in addition)

해 그것의 구조를 조사해 본 결과로부터, 우리는 Thr-14의 인산화는 펩티드 결합자리를 더욱 차단하게 될 것이고, 더욱이 ATP 결합과 적절한 배열구조를 방해할 수도 있다는 것으로 **예측하게 된다**.

참 배열구조configuration는 공유결합을 파괴하여야 변경시킬 수 있는 구조이고, 입체구조 conformation은 결합을 파괴하지 않고 분자결합들의 회전을 통하여 만들 수 있는 구조이다

predicted 타 be ~ 예측되다

389

Ten transmembrane helical segments are **predicted** from hydropathy analysis.

해 10개의 막관통 나선형의 세그먼트들이 hydorpathy 분석으로부터 **예측된다**.

참 수소성 계수분석hydropathy analysis : 단백질을 구성하는 20종의 아미노산들의 소수성 성질을 수량화하여, 연속된 20개의 아미노산 (세포막을 통과하는데 필요한 아미노산의 수)의 소수성 값을 모두 합산하여 서열의 순서와 함께 플롯하여 그래프를 작성하면, 이 그래프에 나타나는 소수성의 크기로부터 세포막 통과부위를 예측할 수 있다.

prediction 명 예측

72 Systematic analysis of cells from individual human tumors supports the **prediction** that all the cells are derived from a single progenitor.

해 개인의 종양으로부터 유래한 세포들을 체계적으로 분석한 결과는 모든 그 세포들이 단 하나의 조상세포로부터 유래된다는 **예측**을 뒷받침하고 있다.

참 암 발생의 multi-hit model : 암(종양)의 발생은 한 개의 세포에서 여러 유전자 변이가 발생하여 발병한다는 이론인 multi-hit model이 지지를 받고 있다. 이 이론에 대한 증거로는 나이가 들면서 암발생률이 급격하게 높아진다는 사실과, 한 암 환자에서 전이된 암세포들에서 동일한 X염색체 불활성화 현상 등과 같은 유전적 변이현상 등이 관찰된다는 것이다.

predictive 형 예측하는, 예상하는

21 Like cholesterol, total homocystein (tHcy) appears to be a graded risk factor. A meta-analysis concluded that a 25% elevation in plasma tHcy (about 3 μmol/L) is **predictive** of about a 10% increased risk of myocardial infarction and a 20% increased risk of stroke.

관 conclude(타) 결론을 내리다, be predictive of 예측하다=predict(타)

해 콜레스테롤처럼, 전체 homocystein (tHcy)은 등급이 매겨진 위험인자인 것처럼 보인다. 어떤 메타분석은 혈장의 tHcy의 25% 상승 (약 3 μmol/L)은 심근경색의 위험성이 약 10% 증가와 뇌졸증의 위험성이 20% 증가됨을 **예측하고** 있다는 결론을 내렸다

참 메타분석 : 이미 발표된 개별 차원의 연구결과 및 발견들을 통합하여 보다 객관적이며 신뢰성 있는 결론을 도출하기 위해 사용하는 분석방법이다

predominance 명 우월성, 많은 함량

3 In general, lipids are insoluble in water since they contain a **predominance** of nonpolar (hydrocarbon) groups.

해 일반적으로, 지질은 비극성 (탄화수소) 작용기들의 **높은 함량**을 가지고 있기 때문에 물에 불용성이다.

predominant 형 가장 많은, 눈에 띄는

61 Although histones are the **predominant** proteins in chromosomes, nonhistone proteins are also involved in organizing chromosome structure.

해 비록 histone류가 염색체에서 **가장 많은** 단백질이지만, histone이 아닌 단백질들도 역시 염색체 구조를 조직화하는데 포함된다.

predominantly 부 주도적으로, 주로, 월등하게

140 Neural cell-adhesion molecules (CAMs), which belong to the immunoglobulin (Ig) family of CAMs, mediate Ca^{2+}-independent cell–cell adhesion, **predominantly** in neural tissue and muscle.

관 neural cell-adhesion molecule (CAM) 신경세포 접합분자, belong to ....에 속하다, mediate (타) 매개하다

해 신경세포 접착분자 (CAM)들은 면역글로브린 (Ig) 패밀리에 속하며, 신경조직과 근육에서 **주도적으로** Ca^{2+}-비의존성인 세포와 세포의 접합을 매개한다.

predominate 자 우세하다, 흔하다, 훨씬 많이 존재하다

12 The D-forms of monosaccharides **predominate** in nature, just as L-amino acids do. These preferences persist uniformly in nature because of the stereospecificity of the enzymes that synthesize and metabolize these small molecules.

관 just as .... do, preference, because of, persist=continue

해 L-아미노산이 그러하듯이, 단당류의 D-형이 자연에 **훨씬 많이 존재한다**. 이 선호성은 이 작은 분자들을 합성하고 대사하는 효소들의 입체특이성 때문에, 자연에서 일관성 있게 지속되고 있다.

참 단당류는 D (Dextro)와 L (Levo)체의 거울이성질체로 구별되는 배열구조configuration로 구성되어있다. predict 참조

prefer

13

타 1 ~ to 오히려 ....를 좋아하다, 선호하다

Hydrophobic interactions arise because water molecules **prefer** to interact with each other rather than with nonpolar substances.

관 arise(자) because .... 때문에 일어나다, each other 서로=one another, prefer to 선호하다

해 소수성 상호결합이란 물 분자들이 비극성 물질과 상호반응하기 보다는 오히려 자기들끼리 서로 반응하는 것을 **선호하기** 때문에 일어난다.

참 소수성결합hydrophobic interaction : 물의 양이 비극성 물질의 양 보다 많을 경우, 비극성 분자들이 물로부터 배척되어 자기들 끼리 뭉쳐지는 결합형태이다. 이 힘은 물 분자들이 서로 결합하면서 비극성 분자들 끼리 모이도록 하는 힘을 만든다. 이 소수성결합은 열역학적 측면에서 전체적으로 무질서도randomness가 증가되는 방향으로 일어남으로 자발적인 반응이다.

2 ~ .... to (....보다 ....를) 선호하다

E. coli cells **prefer** glucose to lactose as a sugar source.

관 prefer A to B=B보다 A를 더 선호하다

해 대장균 세포는 탄수화물 재료로써 lactose보다 glucose를 **더 선호한다**.

preferred

37

타 be ~ 선호되다

These RNA primers are about 10 nucleotides long in eucaryotes, and they are made at intervals on the lagging strand. Why might an erasable RNA primer be **preferred** to a DNA primer that need not be erased?

관 be .... long ....의 길이이다, at intervals 일정한 간결들로, need(조)

해 이러한 RNA primer는 진핵세포에서 약 10개의 nucleotide 길이로 되어있으며, 그리고 지연가닥 위에서 일정한 간격으로 만들어진다. 제거되어야 하는 RNA primer가 제거될 필요도 없는 DNA primer보다 왜 **선호되었을까**?

참 DNA 2가닥의 복제과정에서 한 가닥은 연속적으로 처음부터 끝까지 복제되지만 (leading strand라 함), 나머지 한 가닥은 조각 (okazaki 조각)으로 떨어져 복제된 후 서로 이어진다 (lagging strand라 함). DNA합성을 시작하기 위해서는 일반적으로 primer가 필요한데, DNA복제과정에서는 RNA primer들이 사용된다. 왜 그렇게 진화된 것일까?

preference

37

명 1 선호성, 편애하는 특성

These channels are "open" at low transmembrane potential, with a **preference** for anions such as phosphate, chloride, pyruvate, citrate, and adenine nucleotides.

관 preference for ....에 대한 선호성

해 인산, 염소, 피루브산, 구연산과 아데닌 뉴크레오티드들과 같은 음이온에 대한 **선호성**을 가지는 이들 통로는 낮은 막관통전위에서 "열린다".

명 2 in ~ to ....보다 우선하여

Two properties of a protein characterize its interaction with ligands. Specificity refers to the ability of a protein to bind one molecule in **preference** to other molecules. Affinity refers to the strength of binding.

관 characterize(타) 특징을 결정하다, refer to ...를 지칭하다, in preference to ....보다 우선하여

해 단백질의 두 가지 행동특성이 리간드와의 상호반응의 특성을 결정한다. 특이성이란 어떤 단백질이 다른 분자**보다 우선하여** 한 분자에 결합할 수 있는 능력을 지칭하는 것이다. 친화력이란 결합의 강도를 말한다.

참 리간드ligand : 호르몬, 산소 분자와 같이 단백질 수용체 및 헤모글로빈에 각각 결합한다. 호르몬, 산소 분자와 같이 단백질에 결합할 수 있는 작은 분자량의 화합물을 리간드라 한다.

preferential

33

형 선호적인, 우선권의

Clearly, this explanation does not account for the **preferential** location of phosphatidylcholine in the exoplasmic leaflet.

관 account for ....을 설명하다=(be responsible for, explain), exoplasmic leaflet 세포막 2중중층 가운데 밖으로 향하여 있는 판

해 명료하게, 이 설명은 세포막의 바깥쪽 판에서 phosphatidylcholine의 **선호적인** 위치함의 이유를 설명하지 않는다.

preferentially 부 우선적으로

70

Under conditions in which ketone bodies are produced, fatty acid levels in the plasma are also elevated. Because the heart **preferentially** burns fatty acids as a fuel rather than the ketone bodies produced by the liver, the ketone bodies are spared for use by the nervous system.

관 be elevated 상승되다, burn(타) 연소하다, be spared 보전되다=be saved

해 케톤체들이 생산되는 조건 하에서, 혈장에서 지방산의 수준 또한 상승된다. 왜냐하면, 심장은 연료로 간에 의해서 생산된 케톤체보다 오히려 지방산을 **우선적으로** 태우고, 케톤체들은 신경계통에 의한 용도로 보전되기 때문이다.

참 지방산이 다량으로 분해되면 Acetyl-CoA의 혈중 농도가 증가되는데, 이 분자들이 서로 반응하여 acetoacetic acid, β-hydoxybutyric acid, acetone의 케톤체들을 만든다. 이 가운데 acetone은 휘발성이므로 공복 시 호흡으로 배출되어 입 냄새의 원인이 된다.

preparation 명 준비, 제조

346

Preparation of such probes by PCR amplification requires chemical synthesis of only two relatively short primers corresponding to the two ends of the target sequence.

관 corresponding to 해당하는, 일치하는=matching

해 PCR 증폭에 의한 그러한 탐침자들의 **조제**는 표적서열의 두 말단에 해당하는 단지 2종의 비교적 짧은 primer들을 화학적으로 합성하는 것을 필요로 한다.

preparative 형 1 준비의, 제조의, 조제의

7

The glycolytic pathway, which cleaves 1 mole of glucose to 2 moles of the 3-carbon compound pyruvate, consists of a **preparative** phase and an ATP-generating phase.

관 preparative 준비의=preceding and preparing for something

해 1몰의 포도당을 2몰의 3탄소 화합물인 pyruvate로 절단하는 당분해경로는 **준비**단계와 ATP를 생산하는 단계로 구성되어있다.

2 다량으로 제조하는

Centrifugation is used for two basic purposes: (1) as a **preparative** technique to separate one type of material from others and (2) as an analytical technique to measure physical properties (e.g., molecular weight, density) of macromolecules.

관 preparative 다량으로 제조하는≠분석용의 analytical, measure(타) physical properties 물리적 행동특성들을 측정하다

해 원심분리는 2가지 기본적인 목적으로 사용된다: (1) 한 종류의 물질을 다른 것들로부터 분리하여 **다량으로 제조하는** 기술로써 그리고 (2) 거대분자들의 물리적 특성 (예, 분자량, 밀도)을 측정하기 위한 분석용 기술로써 사용된다.

prepare 타 제조하다, 준비하다

29

It is now possible to **prepare** factor VIII by recombinant DNA technology. Such *preparations* are free of contaminating viruses (eg, hepatitis A, B, C, or HIV-1) found in human plasma but are at present expensive; their use may increase if cost of production decreases.

관 be free of ....이 없다, contaminate(타) 오염하다, at present=(at this time, now)

해 이제 factor VIII을 재조합 DNA기술에 의하여 **제조하는** 것이 가능해 졌다. 그러한 *제조품*들은 사람 혈장에서 발견되는 오염된 간염바이러스 A, B, C 혹은 HIV-1 바이러스들은 없지만, 그러나 현재 비싸다; 생산가가 낮아지면, 그들의 사용은 증가될 것이다.

prepared 타 be ~ 제조되다, 준비되다, 마련되다

581

Sectioned specimens for transmission electron microscopy (TEM) are **prepared** in a manner similar to that for light microscopy, by using a knife capable of producing sections 50–100 nm in thickness.

관 in a manner=in a way 방법으로, be capable of .... ing ....할 수 있다

해 투과현미경 (TEM)용 절단된 검체들은 광학현미경을 위한 그것과 유사한 방법으로 50-100 nm 두께의 절편을 생산할 수 있는 칼을 사용하여 **마련된다**.

presence
1866

명 존재

The **presence** of Amp^R gene allows bacterial cells that contain the vector to grow in the presence of ampicillin. Cells lacking the Amp^R gene die in the **presence** of ampicillin.

관 in the presence of 존재하면, allow .... to=enable .... to, lacking=without, die(자)

해 Amp^R 유전자의 **존재**는 그 벡터를 함유하고 있는 박테리아 세포들이 ampicillin의 **존재** 하에서 자라는 것을 가능하게 한다. Amp^R 유전자가 없는 세포들은 ampicillin의 **존재**상태에서 죽는다.

present
1335

형 1 (서술적) 있는, 존재하고 있는

Because Mg^{2+} is **present** at high concentrations (5 to 10 mM) intracellularly, NDPs and NTPs occur primarily as Mg^{2+} complexes in the cell.

해 Mg^{2+}가 세포 내에서 고농도로 존재하기 때문에, NDP와 NTP들이 세포 내에서 주로 Mg^{2+}의 복합체로써 **존재하고 있다**.

2 존재하는 (뒤에서 수식)

The first lane shows the proteins **present** in the crude cellular extract. Successive lanes (left to right) show the proteins **present** after each purification step.

해 첫 번째 줄은 최초의 세포 추출물 속에 **존재하는** 단백질들을 보여준다. 계속되는 줄 (왼쪽에서 오른쪽)은 각 정제 단계 후에 존재하는 단백질들을 보여준다.

3 현재의

In the late 1930s, Linus Pauling and Robert Corey embarked on a series of studies that laid the foundation for our **present** understanding of protein structure.

관 embark on 시작하다=(begin, start, set about, undertake), lay the foundation for ....을 위한 기반을 만들다

해 1930년대 후반에, Linus Pauling과 Robert Corey는 단백질의 구조에 관한 **현재의** 이해를 위한 기반을 만든 일련의 연구를 시작하였다.

타 1 ....모습을 한다.

β-strands can **present** alternating hydrophobic and hydrophilic R groups along their length, with hydrophobic R groups facing the lipid bilayer and hydrophilic R groups facing the water-filled channel

관 present(타) 모습을 하다=represent in a drawing, alternating 교대로 나타나는, face(타) 면하다; 향하다, hydrophobic 소수성의, hydrophilic 친수성의, with 결과 때문에=as a consequence

해 β-가닥구조는 지질 이중층과 마주보는 소수성의 R기들과 물로 채워진 통로를 향하고 있는 친수성인 R기들의 결과 때문에, 길이를 따라 교대로 나타나는 소수성과 친수성의 R 작용기들의 **모습을 할 수 있다**.

2 제공하다, 초래하다

The multiple changes that must occur for a cell to grow into a dangerous tumor **present** multiple opportunities for intervention. Identifying mutated genes associated with cancer points directly to proteins at which drugs can be targeted.

관 intervention 중재적 시술, present(타) 제공하다=provide, point to 가리키다; 지적하다

해 어떤 세포가 위험한 종양으로 자라기 위하여 일어나야만 하는 다수의 변화는 중재적 시술을 위한 다양한 기회를 **제공한다**. 암과 연관된 돌연변이된 유전자들을 찾아낸다는 것은 약물의 표적이 될 수 있는 단백질들을 직접적으로 지목하는 것이다.

참 If something *presents* a difficulty, challenge, or opportunity, it causes it or *provides* it.

3 제시하다, 주다

In this section, we **present** several examples of how external signals activate cell migration and control the direction of movement.

관 present(타) 제시하다; 주다=formally give

해 이 섹션에서, 우리는 외부의 신호들이 어떻게 세포의 이동을 활성화하고, 그리고 이동의 방향을 조절하는가에 대한 몇 가지 예를 **제시한다**.

타 보여지다, 나타나다

The gels were exposed to autoradiographic film; the results are **presented** in the figure 8.

해 그 젤은 방사능사진용 필름에 노출되었고; 그 결과들이 그림 8에 **나타나있다**.

presentation
27

명 제시, 보여줌

The proteasome also plays an important part in the **presentation** of antigens by immune cells.

관 paly a part in 역할을 하다=play a role in

해 프로테오솜도 역시 면역세포에 의한 항원의 **제시반응**에서 중요한 역할을 한다.

참 proteosome (프로테오솜) : degraded, mark 참조

presumably
99

부 추측하건데, 아마도

These individuals with the null CYP2A6 alleles, who have impaired metabolism of nicotine, smoke less, **presumably** because their blood and brain concentrations of nicotine remain elevated longer than those of individuals with the wild-type allele.

관 remain elevated longer than ....보다 상승된 상태로 더 오래 있다

해 기능을 못하는 CYP2A6 대립유전자를 가지고 있는 사람은 손상된 nicotine 대사를 가지고 있어서, **아마도** 그들의 혈액과 뇌의 nicotine 농도가 야생형 대립유전자를 가진 사람들보다 더 오랫동안 상승된 상태로 남아있기 때문에 담배를 덜 피운다.

참 담배 성분인 nicotine은 CYP2A6라는 cytochrome P450에 의하여 변환되어 niconitine으로 된다. 이 유전자는 사람에서 다형현상polymorphism을 나타내고 있으며, 야생형과 2종의 null형 모두 3종이 현재 발견되어있다. null 형의 단백질은 기능을 할 수 없으므로, nicotine을 분해하지 못한다. 따라서 이 유전형을 가진 사람은 담배를 덜 피우는 경향을 보인다. 그러므로 CYP2A6의 활성을 조절하는 것이 금연을 하는 새로운 방법이 될 것으로 기대할 수 있다.

presume
2

타 (확신하지 않지만) 추정하다, 가정하다

This hypothesis **presumes** that early free-living prokaryotes had the enzymatic machinery for oxidative phosphorylation.

해 이 가설은 초기의 자유 생활형 원핵세포들이 산화적 인산화반응을 위한 효소로 구성된 기계류를 가지고 있었던 것으로 **추정하고 있다**.

참 산화적 인산화oxidative phosphorylation : 포도당의 분해로부터 에너지가 생성될 때 미토콘드리아에서 산화환원반응을 통하여 ATP 에너지를 생산하는 과정이다.

presumed

타 1 be ~ (확신하지 않지만) 추정되다

Orthologs are commonly found to have the same function in both organisms, and when a newly sequenced gene in one species is found to be strongly orthologous with a gene in another, this gene is **presumed** to encode a protein with the same function in both species.

31
해 Ortholog형 상동체들은 공통적으로 양쪽의 모든 생명체에서 같은 기능을 가지는 것으로 알려져 있으므로, 하나의 종에서 서열이 새로 결정된 유전자가 다른 종에서의 어떤 유전자와 ortholog형의 상동성을 강하게 띠고 있음이 발견될 때, 이 유전자는 양쪽 종에서 동일한 기능을 하는 단백질을 인코딩하는 것으로 **추정된다**.

참 ortholog 상동체 : homolog 참조

presumption 명 추정, 추측, 가정

2

One goal of proteomics is the identification of proteins whose levels of expression correlate with medically significant events. The **presumption** is that proteins whose appearance or disappearance is associated with a specific physiologic condition or disease will provide insights into root causes and mechanisms.

관 proteomics 단백질체학, be associated with ....와 연관되다=correlate with

해 단백질체학의 하나의 목표는 단백질들의 발현수준이 의학적으로 심각한 사건과 연관되어있는 것을 찾아내는 것이다. 이 **가정**은 특이한 생리적 조건이나 질병과 관련된 단백질들의 나타남과 사라짐이 근본적인 원인과 기전에 대한 통찰을 제공할 것이라는 사실이다.

참 단백질체학proteomics : protein과 genome의 합성어이다. Proteome (단백질체)란 하나의 생명체나 조직, 동일한 세포집단에서 발현되는 한 조의 전체 단백질들이다. 이들 각각에서 발현되는 단백질들의 세트는 각각 시간, 스트레스, 혹은 서로 다른 필요조건에 따라 달라지기도 한다.

presumptive 형 추정하는, 추정의 근거가 되는

9

An increased BMR was used for a **presumptive** diagnosis of hyperthyroidism before development of the tests to measure T3 and T4. Because the patient did not fully compensate for his increased ATP requirements with an increased caloric intake, he was in negative caloric balance and lost weight.

관 hyperthyroidism 고갑상선호르몬증, compensate for 보충하다=(supply what is lacking, make up for), be in negative balance 음의 균형상태에

해 T3와 T4을 측정하는 실험이 개발되기 이전에, 증가된 BMR이 고갑상선호르몬증을 **추정하는** 진단법으로 사용되었었다. 그 환자는 증가된 열량의 섭취로도 증가된 ATP 요구를 완전히 보충하지 않았었기 때문에, 음의 열량 균형상태가 되어서 체중을 잃게 되었다.

참 갑상선호르몬thyroid hormone : 이 호르몬들은 갑상선에서 tyrosine을 원료로 하여 합성되는 thyroxine (T4)와 triiodothyronie (T3)와 같이 요오드를 함유하고 있다. 이 호르몬들은 모든 장기들에서 Na^+, K^+-ATPase을 통하여 기초대사과정을 촉진하게 되므로 BMR(기초대사속도)의 증가를 일으킨다.

prevail 자 1 효과가 있다

11

When neurons grow to make connections to other neurons or to muscles, sometimes over considerable distances, more cells grow than will eventually survive. Those that make connections **prevail** and survive; those that fail to connect die.

관 prevail(자) 효과가 있다=become effective, make connection to ....와 연결을 만들다

해 신경세포들이 자라서 다른 신경세포나 혹은 근육세포와, 때때로 상당한 거리를 지나서도 연결을 만들 때, 궁극적으로 살아남을 세포보다 더 많은 세포들이 자란다. 연결을 만든 세포들은 **효과가 있어** 살아남고; 연결을 실패한 세포들은 죽는다.

2 우세하게 되다, 자주 나타나다

Amino acids with charged or polar amino acid side chains (eg, arginine, glutamate, serine) generally are present on the surface in contact with water. A similar pattern **prevails** in a phospholipid bilayer.

관 be in contact with ....와 접촉하다, prevail(자) 흔하다=(be frequent, be common)

해 하전되었거나 혹은 극성인 아미노산의 측쇄기들 (예, arginine, glutamate, serine)을 가진 아미노산들은 일반적으로 물과 접촉하는 표면에 존재하고 있다. 유사한 형태가 인지질 이중막에서도 **자주 나타난다**.

형 널리 효력이 있는

Endocytosis of receptors on the cell surface can sufficiently reduce the number present to terminate the usual cellular response at the **prevailing** signal concentration.

관 prevailing 널리 효력이 있는=(be in force, be current), terminate(타)=come to an end

해 세포표면 위의 수용체들의 세포내이입 반응은 평상시의 세포반응을 종결시키기 위하여 **널리 효력이 있는** 신호물질의 농도에서 존재하고 있던 그 수를 충분히 감소시킬 수 있다.

prevalence 명 유병률

10

This hereditary disorder of lipid metabolism is believed to be quite common, with an estimated **prevalence** of about 1 per 100 population.

관 hereditary disorder 유전질환, prevalence 유병률, with ....의 결과로=as a result or consequence of

해 지질대사의 유전질환은 인구 100명당 1명의 추정된 **유병률**의 결과로, 상당히 흔한 것으로 믿어지고 있다.

prevalent 형 널리 퍼져있는, 널리 유행하는

15

One **prevalent** neurological disease among human adults is multiple sclerosis (MS), usually characterized by spasms and weakness in one or more limbs, bladder dysfunction, local sensory losses, and visual disturbances.

관 be characterized by ....에 의해 특징 지워지다, multiple sclerosis 다발성 경화증, spasm 경련, bladder dysfunction 담낭기능부전, visual disturbance 시각장해

해 성인들 가운데 **널리 퍼져있는** 하나의 신경성 질환은 일반적으로 하나 이상의 수족에서의 경련과 기력상실, 담낭기능부전, 말초감각의 상실, 및 시각장해에 의하여 특징지어지는 다발성 경화증 (MS)이다.

참 다발성경화증multiple sclerosis : 뇌나 척수의 여러 곳에서 신경섬유를 덮고 있는 수초 myelin들이 부분적으로 소실되어 앞의 예문에서 나열된 증상들이 나타나게 된다. 직접적인 원인은 아직 알려져 있지 않지만, 아마 면역항체가 원인인 자가면역질환으로 추정된다.

prevent 타 1 방지하다, 예방하다

230

This integration of signals can **prevent** inappropriate responses and permit more nuanced responses to multiple signals.

관 integration 통합, nuanced(형) 미묘한=(slightly varied, having subtle distinctions)

해 신호의 통합은 부적절한 반응을 **방지할 수 있으며** 그래서 여러 신호들에 대한 더욱 미묘한 차이가 나는 반응을 가능하도록 한다.

참 세포신호전달의 통합반응 : 성장인자, 호르몬, 전기적 신호 등과 같은 여러 신호들이 동시에 발생할 경우에, 세포에서는 동일한 신호전달용 분자들이 공통으로 사용된다. 이렇게 되면, 세포의 신호전달과정 중에 혼란이 발생할 수도 있다. 그러므로 세포에는 다발성 신호들을 인식하여 미묘한 차이라도 구별해 낼 수 있는 어떤 통합하는 과정이 있을 것으로 생각된다.

2 ~ ... from ~을 방해하다

This **prevents** infected RBCs cells from circulating to the spleen where cells of the immune system would destroy the RBCs and the Plasmodium organisms they harbor.

관 prevent .... from ....ing ....하는 것을 방해하다, harbor(타) 피난처를 제공하다; 숨기다=give shelter to, Plasmodium 말라리아원충

해 이것은 면역계 세포들이 감염된 RBC들와 그들이 피난처를 제공하는 말라리아원충들을 파괴하는 장소인 비장으로 감염된 RBC들이 순환하는 것을 **방해한다**.

prevented 타 be ~ 억제되다, 방지되다

101

Stem cells are **prevented** from differentiating by specific controls. A high level of β-catenin has been implicated in preserving stem cells in the skin and intestine by directing cells toward division rather than differentiation states.

관 implicate(타) 연관시키다=(involve in, associate with), direct(타) 조절하다=(regulate, carry out)

해 줄기세포는 특이한 조절방법에 의하여 분화하는 것이 **방지된** 상태에 있다. 고농도의 β-catenin이 세포들을 분화 상태보다는 오히려 분열을 향하도록 조절함에 의하여 피부와 소장에서 줄기세포들을 보존하는데 연관되어왔다.

prevention 명 예방, 방해

15 Advances in our understanding of the molecular mechanisms underlying lipid metabolism and its regulation are having an enormous effect on the treatment and **prevention** of this major health problem.

관 underlying ....의 기반이 되다=be fundamental to, have an effect on 영향을 미치다 =(influence, affect)

해 지질대사와 조절의 기반이 되고 있는 분자수준의 기전에 대한 우리의 이해에 있어서의 진전은 이 주요한 건강문제의 치료와 **예방**에 대단한 영향을 미치고 있다.

previous

525 형 이전의, 이전에 존재하던, 이미 있던

As each growing fragment approaches the **previous** primer, the primer is removed and the fragments are ligated.

해 각각의 길어지고 있는 조각이 **이미 존재하던** primer에 접근해 가면서, primer는 제거되고 그리고 조각들은 서로 이어진다.

previously

1587 부 이 전에, 앞에서

As noted **previously**, enhancers generally range in length from about 50 to 200 base pairs and include binding sites for several transcription factors.

관 range in length from .... to 길이에서 ....의 범위에 있다

해 **이 전에** 언급하였듯이, enhancer란 일반적으로 길이에서 50에서 200개의 염기쌍의 범위에 있으며, 또한 여러 전사인자들에 대한 결합자리를 포함하고 있다.

참 예) described previously, discussed previously, mentioned previously

primarily

115 부 주로

Unlike DNA, which exists **primarily** as a very long double helix, most cellular RNAs are single-stranded and exhibit a variety of conformations.

관 exist as ....로써 존재하다=(be present as ...., occure as), exhibit(타) 보여주다=(show, demonstrate, present), conformations 입체구조

해 **주로** 매우 긴 이중 나선체로 존재하는 DNA와는 다르게, 대부분의 세포의 RNA는 단일 가닥으로 되어있어서 다양한 입체구조를 보여준다.

primary

777 형 일차의, 주요한

Eukaryotic **primary** transcripts must undergo RNA processing to yield functional RNAs.

관 transcript 전사물, undergo(타) 수행하다=(experience, go through), RNA processing 처리과정

해 진핵세포의 **일차** 전사물들이 기능성 RNA를 생성하기 위해서는 RNA 처리과정을 수행하여야 한다.

참 primary=(first in order), secondary=(second in order), tertiary=(third in order), quaternary=(fourth in order, composed of four parts, arranged in quarters)

prime

25 명 prime 표기 (')

the 5′ to 3′ exonuclease activity=the 5 prime to 3 prime exonuclease activity

관 일반적으로 5'에서 사용된 (′) 표기를 '다시'라고 잘못 읽고 있으며, '프라임'이라고 한다

해 5 prime 말단에서 3 prime 말단 방향으로 작용하는 외부핵산분해효소exonuclease 활성

참 prime 기호 (') : 생화학 분자생물학 분야에 DNA나 RNA의 당 성분의 고리구조 상의 탄소원자의 위치를 표시할 때 사용한다.

형 최고의, 가장 중요한, 활성화된

The complex mechanisms for regulating the eukaryotic cell cycle are **prime** targets for oncogenic mutations.

관 be targets for ....의 표적이 되다

해 진핵세포의 세포주기를 조절하기 위한 복잡한 기전은 암을 생성하는 돌연변이의 **최고의** 표적이 된다.

타 ....하도록 준비시키다. 활성화하다

In some cases, receiving one signal **primes** a cell to respond to a subsequent different signal in a particular way.

관 prime(타) 준비하게 하다=(prepare for use, make ready)

해 일부의 경우에서, 한 가지의 신호를 받아들이는 것은 세포를 **준비하도록 하여** 차후의 다른 신호에 특정한 방법으로 반응하도록 만든다.

참 If you *prime* someone to do something, you *prepare* them *to do* it, for example, by giving them information about it beforehand.

primed

16

타 1 be ~ .... 가능한 상태가 되다, 활성화되다

Although she was **primed** by her high insulin levels from insulinoma both to store and to use fuel more efficiently, she would not have gained weight if she had not consumed more calories than she required for her daily energy expenditure during her illness.

관 insulinoma 인슐린 종양, gain weight 체중이 늘다=lose weight, consume(타) 섭취하다, would have + PP 가정법

해 비록 그녀가 인슐린 종양으로부터 생성된 높은 인슐린 수준에 의해 연료물질을 저장하고 그리고 더 효율적으로 사용하는 것 둘 다 **가능한 상태가 되었을지라도**, 만약 그녀가 아픈 기간 동안에, 일일에너지 요구량에 필요한 칼로리 이상을 섭취하지 않았다면, 체중이 증가되지 않았었을 것이다.

참 Insulinoma : 인슐린 종양은 췌장 β세포에서 발생한 암의 일종으로, 과량의 인슐린을 분비하게 되어 체내의 저혈당을 유발하게 된다. 이 종양 환자는 저혈당 증세 때문에 사탕 등을 먹어 당분을 보충하게 하며 지낸다.

2 be ~ 프라이머가 붙여지다

Because the self-correcting DNA polymerase cannot start a new chain, these lagging-strand DNA fragments are **primed** by short RNA primer molecules that are subsequently erased and replaced with DNA.

관 start (타) 시작하다, be replaced with 교체되다, lagging strand 지연가닥

해 스스로 교정작업을 하고 있는 DNA polymerase는 새로운 사슬을 시작할 수 없기 때문에, 이 지연가닥 DNA 조각들은 차후에 제거된 다음 DNA로 교체되는 짧은 RNA primer 분자들에 의하여 **프라이머가 붙여진다**.

참 DNA의 2가닥이 복제 될 때 한 가닥은 5'→3' 방향으로 합성된다. 그러나 나머지 가닥 (lagging strand, 지연가닥)은 Okasaki 조각형태로 합성된 후 연결된다. 이 Okasaki 조각형태로 DNA가 복제될 때 RNA primer가 필요하다.

priming

22

타 준비시키다, 준비하다

Injury to the liver or removal of part of the liver leads to **priming** of cells in response to interleukin-6 (IL-6) and tumor necrosis factor (TNF) signals.

관 injury to ....에 대한 손상, lead to=(result in, cause, bring about)

해 간에 대한 손상이나 간의 일부분의 제거는 세포들이 interleukin-6 (IL-6)와 종양괴사인자 (TNF) 신호에 반응하도록 **준비시키는** 결과를 만든다.

참 손상된 간세포는 IL-6와 TNF에 반응하여 전사인자의 합성을 촉진하게 된다. 분열하지 않은 휴지기 상태에서 간세포 성장인자 (HGF)가 증가되면 세포분열이 일어나 간 조직이 재생된다.

primer

835

명 프라이머, 시동체

With a **primer** base-paired to the template strand, a DNA polymerase adds deoxynucleotides to the free hydroxyl group at the 3′ end of the **primer** as directed by the sequence of the template strand.

관 add(타) .... to, be directed by ....에 의해 지시를 받다

해 주형가닥과 염기 짝짓기가 된 **프라이머**를 사용하여, DNA polymerase는 주형가닥의 서열에 의해 지시를 받은 대로 **프라이머**의 3' 말단에 있는 빈 hydroxyl기에 deoxynucleotide들을 첨가한다.

참 primer : 효소DNA polymerase는 DNA의 복제를 5'→3' 방향으로 진행하며, 시작하려는 곳에 미리 일부 서열들이 형성되어있어야 한다. 세포의 DNA 복제반응에서는 RNA가 미리 결합하여야 하는 primer로 사용되지만, 유전공학적인 복제반응에서는 인공적으로 합성한 DNA조각이 사용된다. 미리 합성된 일부 조각 즉 primer의 3' 말단 쪽에 새로운 염기들이 합성될 수 있도록 비어있는 -OH기를 가지고 있어야 한다.

principal 형 주된, 제1의

53

Glutathione (γ-glutamylcysteinylglycine) is one of the body's **principal** means of protecting against oxidative damage.

해 Glutathione (γ-glutamylcysteinylglycine)이란 산화적 손상에 대항하는 신체의 **주된** 보호 수단이다.

참 oxidative damage : 산화적 손상이란 신체에서 산소가 사용될 때 생성되는 부산물인 활성산소들 (혹은 반응성 산소종, reactive oxygens)이 유발하는 강한 화학적 산화반응에 의해 신체의 단백질, 지질, DNA, RNA 등이 받는 손상이다.

principally 부 주로, 대개

7

Whether a fuel is oxidized or stored in the fed state is determined **principally** by the concentration of two endocrine hormones in the blood, insulin and glucagon.

관 in fed state 영양이 공급된 상태≠in fasting state 공복상태

해 연료물질이 영양이 공급된 상태에서 산화될 것인지 혹은 저장될 것인지의 여부는 **주로** 혈액속의 내분비 호르몬인 인슐린과 글루카곤의 농도에 의하여 결정된다.

참 insulin과 glucagon은 서로 반대 역할을 한다. 전자는 glucose를 세포 안으로 유입되도록 하고 후자는 glucose가 혈액으로 많이 배출하도록 한다. 이 두 호르몬의 혈액 내의 농도의 비에 의하여 포도당의 소비와 저장 여부가 결정된다.

principle 명 원리

30

This **principle** is now commonly employed to predict, on the basis of sequence comparisons with proteins of known structure and function, the structure and function of proteins that have not been isolated.

관 employ(타) 사용하다=put to use

해 이 **원리**는 구조와 기능이 알려진 단백질과 서열의 비교결과에 바탕을 두고, 아직 분리된 적이 없는 단백질의 구조와 기능을 예측하는데 공통적으로 현재 이용되고 있다.

참 미리 알려져 있는 여러 단백질 서열들을 비교한 다음 분류하여 알려진 단백질들의 구조와 기능과의 관계를 데이타베이스화 하여 두고, 유전자 서열만을 알고 있는 단백질을 이들과 비교한다면, 이 단백질의 기능과 구조를 예측할 수 있을 것이다. 단백질의 3차원 입체구조의 데이터베이스는 Protein Data Bank (PDB)에 바탕을 둔 MMDB (Molecular Modeling Database)가 한 예이다. 웹 사이트는 다음과 같다.
http://www.ncbi.nlm.nih.gov/sites/entrez?db=structure

prior 부 보다 전에, ...에 앞서

340

The clustering of LDL receptors **prior to** the formation of coated vesicles requires the presence of this cytosolic segment.

관 prior to ....하기 전에, coated vesicles 로 둘러싸인 낭포

해 껍질로 둘러싸인 낭포의 형성**에 앞서**, LDL 수용체들의 집단화는 이 세포질 쪽의 일부조각의 존재를 필요로 한다.

참 LDL 수용체 : 이 수용체는 839개의 아미노산으로 이루어져 있으며, 5개의 도메인으로 나누어진다. N-말단부터 292개의 아미노산으로 된 LDL 결합도메인 350-400개의 아미노산으로 된 N (질소)에 oligosacchride가 결합된 도메인, O (산소)에 결합된 oligosacchride 도메인, 22개의 아미노산으로 된 세포막 관통도메인 및 50개의 아미노산으로 된 세포질 도메인으로 구성되어있다.

형 미리 하는, 전 처리의

The sample can be frozen without **prior** fixation and then sectioned; such treatment preserves the activity of enzymes for later detection by cytochemical reagents.

관 fixation 고정, section(타) 절단하다, preserve(타) 보존하다=prevent (organic bodies) from decaying or spoiling

해 그 시료는 **전 처리의** 고정반응을 하지 않은 채로 얼려서 절단될 수 있다; 그러한 처리는 세포화학용 시약에 의한 추후의 검출을 위하여 효소의 활성을 보존하도록 한다.

priority 명 우선권, 우선

11

The amino acids released from skeletal muscle during periods of hypercatabolic stress are used in a prioritized manner, with the cellular components of the immune system receiving top **priority**. For example, the uptake of amino acids by the liver for the synthesis of acute phase proteins, which are part of the immune system, is greatly increased.

관 hypercatabolic stress 고분해대사 질병, in a prioritized manner 중요도에 따르는 방식으로; 우선권이 주어지는 방식으로, acute phase protein 급성 반응단백질, be part of ....에 속하다

해 고분해대사 질환을 앓는 동안 골격근으로부터 유리된 아미노산들은 중요도에 따르는 방식으로 최**우선권**을 받은 면역계 세포의 구성성분으로 사용된다. 예를 들면 면역계에 속하는 급성 반응단백질의 합성을 위하여 간에 의한 아미노산의 흡수가 매우 증가된다.

참 Acute phase protein (급성 반응단백질) : C-reactive protein, fibrin D-dimer 등이 이에 속하며, 감염이나 조직의 손상이 있을 때 정상치에 비해 2-100여배 증가하게 되는 혈장 단백질로, 주로 면역반응에 참여한다. 이러한 단백질 합성을 위하여 근육, 간 및 장에서 아미노산 대사의 변화가 급격하게 일어난다.

probability 명 확률

39

To state that the **probability** that a hydrogen exists as an ion is 0.01 means that a hydrogen atom has one chance in 100 of being an ion and 99 chances out of 100 of being part of a water molecule.

관 state(타) ....라고 말하다=(say, express, speak), 1 out of 100=1 in 100

해 수소가 이온으로 존재하는 **확률**이 0.01이라고 하는 것은 하나의 수소원자가 이온이 될 기회가 100회에서 한 번의 기회를 가지는 것이고 그리고 물의 일부가 될 기회가 100회 중 99번이 된다는 의미이다.

probable 형 틀림없을 것 같은, (기능이나 역할을 할 것같이) 예상되는, 있음직한

14

Most mitochondrial and chloroplast DNAs are circular molecules, reflecting their **probable** bacterial origin.

관 reflect(타) 반영하다; 명확하게 하다=(manifest, show, reveal)

해 대부분의 미토콘드리아와 엽록체 DNA들은 원호형의 분자이며, 이 사실은 그들의 **예상되는** 박테리아의 유래를 반영하고 있다.

probably 부 아마도, 대개

160

Integral proteins containing membrane-spanning α-helical domains are embedded in membranes by hydrophobic interactions with specific lipids and **probably** also by ionic interactions with the polar head groups of the phospholipids.

해 막을 관통하는 α-나선 도메인을 함유하고 있는 통합단백질들은 특이한 지질과의 소수성 반응과 또한 **아마도** 인지질의 극성인 머리부위와의 이온성 결합에 의하여 막 속에 삽입되어있다.

참 세포질 속에서 용해되어있는 단백질들은 매우 다양한 국소적인 접힌 구조를 가지고 있지만, 이에 비해 세포막을 관통하고 있는 막단백질들을 구성하는 접힌 구조의 종류는 다양하지 않다. 막관통 부위는 대부분 α-나선구조를 가진다.

probe 명 프로브, 탐침자

723

If the **probe** has a radioactive label such as ^{32}P, it can be detected by autoradiography. An autoradiogram is produced by covering the material containing the **probe** with a sheet of x-ray film.

해 **탐침자**probe가 ^{32}P와 같은 방사능 표식을 가지고 있으면, 방사능 사진기술에 의해 감지될 수 있다. 방사능 사진은 **탐침자**를 함유하고 있는 물질을 X선용 필름 한 장으로 덮음으로써 만들

어진다.

참 탐침자probe : 두 물질 사이에서 특이한 결합반응이 존재하여 서로를 인식할 수 있는 능력을 가지고 있으면, 한 물질을 probe (탐침자)로 사용하여 특이 반응을 하는 나머지 한 쪽을 검출해 낼 수 있다. 예를 들면, DNA나 RNA 가닥 사이의 염기쌍 형성능력과 항체와 항원, 효소와 기질 사이의 특이적인 친화력이 서로를 찾을 수 있는 탐침자로써 이용할 수 있도록 해준다.

타 탐침자로 찾다

Once a cDNA clone encoding a particular protein is obtained, the full-length cDNA can be radiolabeled and used to **probe** a genomic library for clones containing fragments of the corresponding gene.

관 radiolabel(타) 방사능원소로 표지하다, corresponding to ....에 해당하는=matching

해 일단 특정 단백질을 인코딩하는 cDNA 클론이 얻어지면, 이 전체 길이의 cDNA가 방사성 동위원소로 표지되고 그리고 해당 유전자의 조각을 포함하고 있는 클론들의 찾기 용도인 유전체 라이브러리를 **탐침자로 찾는데** 사용될 수 있다.

probed
364

타 be ~ 탐침자로 검출되다

For Western blots, proteins <u>are</u> electrophoresed, transferred to nitrocellulose, and <u>**probed** with</u> a specific antibody.

관 be probed with ....를 탐침자로 사용되다

해 웨스턴 블롯을 위하여, 단백질들이 전기영동되고, nitrocellulose 막으로 이동되며, 그리고 특이적인 항체인 **탐침자로 검출된다**.

참 Northern, Southern 및 Western 블롯팅 : 시료를 전기영동 후, 항체를 이용하여 분리된 단백질 중에 항체와 특이하게 반응하는 관심있는 단백질의 분리된 띠를 찾아내는 기술을 Western blot이라하고, 분리된 DNA가닥을 찾는 것은 Northern blot 그리고 RNA 가닥을 찾아내는 것을 Southern blot이라 한다. Northern blot는 최초로 개발한 과학자의 이름을 따서 명명한 것이고, 나머지 기술들은 이것과 대응하여 이름이 붙여졌다.

problem
45

명 문제점

For this reason, chemotherapy directed toward a single gene or even a group of genes is likely to be ineffective in wiping out all malignant cells. This **problem** *adds to* the interest in therapies that interfere with the blood supply to tumors or in other ways act upon multiple types of tumor cells.

관 for this reason 이러한 이유로, chemotherapy 화학요법, wipe out 싹 쓸어 없애다, add to(타) 추가하다=(augment, raise, have an increased effect), interfere with ....를 방해하다, act upon ....에 작용하다

해 이러한 이유로, 단 하나의 유전자나 혹은 심지어 한 그룹의 유전자를 표적으로 하는 화학요법은 모든 악성세포를 박멸하는데 비효과적일 것 같다. 이러한 **문제점**이 종양에 혈액의 공급을 방해하거나 혹은 다른 방법으로 여러 유형의 종양세포들에 작용하도록 하는 치료법에 대한 관심을 더욱 크게 하고 있다.

참 If one thing *adds to* another, it *makes* the other thing *greater* in degree or amount.

procedure
594

명 절차

Plasmids containing a polylinker permit a researcher to clone DNA fragments generated with different restriction enzymes using the same plasmid vector, which simplifies experimental **procedures**.

해 다중연결자리polylinker을 포함하고 있는 플라스미드는 연구자들이 동일한 플라스미드 벡터를 사용하여 여러 제한효소로 생성한 DNA 조각을 클로닝하는 것을 가능하도록 하고, 이 것은 실험**절차**를 단순화시킨다.

proceed
32

자 진행되다, 나아가다

Metabolism consists of literally hundreds of enzymatic reactions organized into discrete pathways. These pathways **proceed** in a stepwise fashion, transforming substrates into end products through many specific chemical intermediates.

관 literally 글자 글대로, hundreds 수백의, be organized into ....로 체계화되어있는, stepwise 단계의, intermediate 중간산물

해 대사란 글자 그대로 분리된 경로들로 체계화되어있는 수백 종의 효소반응들로 구성되어있다. 이들 경로는 단계적인 방식으로 **진행되어** 기질을 많은 특이적인 화학 중간산물들을 통하여 최종산물로 변형시킨다.

process 명 1 진행, 과정

579 The energy from this oxidation **process** generates heat and adenosine triphosphate (ATP)

해 이 산화 **과정**으로부터 온 에너지는 열과 아데노신삼인산 (ATP)를 생성하도록 한다.

2 돌출부, 돌기

3T3 cells transformed by an oncogene encoded by Rous sarcoma virus are rounded and **covered** with small hairlike processes and bulbous projections.

관 be rounded 둥글게 되다, be covered with ....로 덮이다, process 돌기=(an outgrowth of tissue), projection 융기

해 Rous 육종바이러스에 의하여 인코딩된 발암유전자에 의하여 형질변환된 3T3 세포는 둥글게 되고 그리고 작은 머리털 같은 가는 **돌기**와 둥근 모양을 한 융기로 덮여있다.

3 in the ~ ....의 과정으로

Low density lipoproteins (LDL) deliver cholesterol to the tissues, and high-density lipoproteins (HDL) remove cholesterol from the tissues in the **process** known as reverse cholesterol transport.

해 저밀도지단백질 (LDL)은 콜레스테롤을 조직들로 전달하고, 그리고 고밀도지단백질 (HDL)은 역방향 콜레스테롤 수송이라고 알려진 **과정으로** 조직들로부터 콜레스테롤을 제거한다.

참 LDL과 HDL 지단백질의 차이점 : LDL은 나쁜 콜레스테롤 HDL을 좋은 콜레스테롤이라한다. 그 이유는 HDL이 콜레스테롤이 많은 조직으로부터 이들을 제거하는 역할을 하기 때문이다. 따라서 HDL의 혈중농도가 높으면 좋다.

4 in the process of ~ .... 과정 중에

The sticky surface of the platelets allow them to accumulate at the site of broken blood vessels to form a clot. This aids in the **process** of hemostasis.

관 platelet 혈소판, aid(자) 도움이 되다, hemostasis 지혈

해 혈소판의 점액성 표면은 그들이 혈전을 만들기 위해 파괴된 혈관 부위에 축적되는 것을 가능하게 한다. 이 사실은 지혈**과정 중에서** 도움이 된다.

참 혈소판platelet : Megakaryocyte의 부서진 조각으로부터 생성된 작은 세포로 지혈과정에서 가장 중요한 역할을 한다. 수명은 8-10일이며 혈소판 응집을 자극하는 thromboxane A, 혈관의 수축작용이 있는 serotonin, 혈액응고를 촉진하는 thromboplastin 등을 분비하여 지혈작용을 수행한다.

타 처리하다

The daily energy expenditure (DEE) includes the energy to support our basal metabolism (basal metabolic rate or resting metabolic rate) and our physical activity, plus the energy required to **process** the food we eat (diet-induced thermogenesis).

관 daily energy expenditure (DEE) 일일에너지소비량, plus (전) 그리고 또=and more

해 일일에너지소비량 (DEE)은 기초대사 (기초대사율이나 혹은 휴식상태의 대사율)와 물리적 활동을 지원하기 위한 에너지 그리고 또 우리가 먹은 음식을 **처리하는데** 필요한 에너지 (음식물 섭취로 일어나는 열발생)를 포함한다.

processed 타 be ~ 처리되다, 가공되다

260 The liver exports glucose to muscle, which produces lactate, which can be **processed** by the liver into new glucose.

해 간은 포도당을 근육으로 보내고, 근육은 젖산을 생산하고, 그 후 젖산은 간에 의하여 새로운

포도당으로 **가공될 수 있다**.

processing

289

명 1 처리(과정)

In recent years electronic imaging systems and the associated technology of image **processing** have had a major impact on light microscopy.

관 have an impact on 영향을 끼치다, image processing 영상처리

해 최근 몇 년 내에, 전자영상시스템과 영상**처리**와 연관된 기술은 광학현미경기술에 중요한 영향을 끼쳤다.

2 가공, 처리

Golgi processing compartments, RNA processing, oligosaccharide processing pathways, processing enzymes, proteolytic processing

해 골기 처리용 분획들, RNA의 가공과정, 올리고당 처리 경로들, 처리용 효소들, 단백질 분해처리

produce

314

타 생산하다

Bacteria growing on the surfaces of teeth **produce** extracellular accumulations of dextrans, an important component of dental plaque.

관 dental plaque 치석

해 치아의 표면에서 자라고 있는 세균들이 치석의 중요한 성분인 덱스트란이라는 세포의 외부 축적물을 **생산한다**.

produced

387

타 be ~ 생산되다

Reverse transcriptases are not needed for the central genetic pathways, but they **are produced** in cells by specific transposable elements as well as by all retroviruses.

해 역전사효소는 중심이 되는 유전경로에는 필요하지 않지만, 그러나 특이적인 전치요소 transposable element 뿐만 아니라 모든 레트로바이러스에 의하여 세포에서 **생산된다**.

참 역전사효소reverse transcriptase : 전사반응은 DNA를 주형으로 하여 RNA를 만드는 반응이다. 이것의 역반응 즉 RNA를 주형으로 하여 DNA를 만드는 것을 역전사반응이라고 하며, 역전사효소에 의해 수행된다. 신종 플루와 같은 독감바이러스의 생명주기life cycle에 참여하는 효소이며, 변종 바이러스를 만드는데 주된 역할을 한다.

product

848

명 1 생산물, 산물, 결과물

Glucose forms a Schiff base with the N-terminal amino group of the protein, which rearranges to form a stable glycosylated **product**.

관 rearrange(자) 재배열하다, glycosylated product 당화된 산물

해 포도당은 단백질의 N-말단 아미노기와 Schiff 염기를 형성하며, 그 후 재배열하여 안정한 당화된 **산물**을 형성한다.

참 Schiff 염기 : amine기와 aldehyde기 사이에서 carbonyl기에 의한 친핵성 공격nucleophilic attack에 의하여 형성된 이중결합으로 탄소와 질소분자를 서로 연결한다.

2 곱, 곱한 결과

Because Kw, the **product** of [H] and [OH], is always constant, a decrease of [H] must be accompanied by a proportionate increase of [OH].

관 [H] 수소의 농도를 표시, proportionate 비율에 맞는=proportional, accompany(타) 동반하다

해 [H]와 [OH]의 **곱한 결과**를 나타내는 Kw는 항상 일정하기 때문에, [H]의 감소는 틀림없이 비율에 맞는 [OH]의 증가에 의하여 동반된다.

production

532

명 생산

There are two isoforms of COX in animals: COX-1, which carries out normal, physiological **production** of prostaglandins, and COX-2, which is induced by cytokines, mitogens, and endotoxins in inflammatory cells and is responsible for the **production** of prostaglandins in inflammation.

관 be responsible for ....에 책임이 있다, inflammation 염증, inflammatory 염증의

해 동물에는 2종의 COX 동종형이 있는데; COX-1은 정상적이고 생리적으로 사용되는 프로스타그란딘의 **생산**을 수행하며, 그리고 COX-2는 염증세포에서 사이토카인, 세포분열인자 및 내독소류에 의하여 유도되며 염증상태에서 프로스타그란딘의 **생산**을 책임지고 있다.

profile

260

명 연속된 변화를 그린 곡선, 프로파일

Bell-shaped activity versus pH **profiles** arise from two separate active-site ionizations.

해 종 모양으로 그려진 활성 대 pH의 **프로파일**은 2개의 분리된 활성부위의 이온화반응 때문에 일어난다.

참 Bell-shaped enzyme activity profile : 효소의 활성화 자리에서 촉매반응에 참여하는 아미노산 잔기들이 용액의 pH에 따라 수소이온을 주거나 받을 수 있는 환경이 될 때, 최대 촉매 속도를 나타내는 pH을 중심으로, 이보다 더 낮은 pH나 높은 pH 범위에서 효소의 활성이 점점 감소하게 되어, pH에 따른 효소활성의 변화는 종 모양을 하게 된다.

profound

31

형 깊은, 놀라운, 대단한

The implications of the discovery of the DNA double helix were **profound** because the structure immediately suggested how information transfer could be accomplished.

해 DNA 이중 나선구조의 발견이 암시하는 것은 매우 **놀라웠었다**, 왜냐하면 그 구조는 정보전달이 어떻게 달성될 수 있을 것인지를 보는 즉시 시사했었기 때문이었다.

profoundly

16

부 크게, 매우, 대단히

Because the presence of numerous introns facilitates genetic recombination events between exons, this type of gene arrangement is likely to have been **profoundly** important in the early evolutionary history of genes, speeding up the process *whereby* organisms evolve new proteins from parts of preexisting ones instead of evolving totally new amino acid sequences.

관 numerous 여러, be likely to ....인 것 같다, speed up 가속화하다, evolve(타) 진화시키다, instead, whereby 그것으로 인해, gene arrangement 유전자배열

해 여러 개의 intron의 존재는 exon 사이의 유전자 재조합 작업을 촉진하기 때문에, 이런 유형의 유전자 배열방법은 유전자의 초기 진화의 역사에서 **매우** 중요하였던 것 같다, 왜냐하면 생명체들이 완전히 새로운 아미노산 서열을 진화시키도록 하는 대신에, 이미 존재하고 있던 유전자의 일부분으로부터 새로운 단백질들을 진화시킴에 의해 그 과정의 속도를 가속화할 수 있기 때문이다.

참 A system or action *whereby* something happens is one that makes that thing happen.

program

136

명 프로그램

The important point to remember is that transformation results from abnormalities in the normal growth regulatory **program** caused by gain-of-function mutations in proto-oncogenes.

해 기억해야 할 중요한 점은 형질변환이란 원발암유전자에서 발생한 기능획득 돌연변이에 의해 기인된 정상적인 성장조절 **프로그램**에서 일어난 비정상의 결과로부터 발생한 것이라는 점이다.

programmed

11

형 프로그램화된, 계획된

Caspase initiate a signal transduction pathway leading to apoptosis (**programmed** cell death).

해 Caspase는 apoptosis (**계획된** 세포의 죽음)에 이르게 하는 신호전달경로를 개시하도록 한다.

progress

45

명 1 진전

Although the field is moving forward, **progress** is slow.

해 비록 그 분야가 발전하고 있지만, 진전은 느리다.

2 in ~ 진행중

Efforts are in **progress** to use gene therapy to restore the activity of CFTR. An aerosolized preparation of human DNase that digests the DNA of microorganisms in the respiratory tract has proved helpful in therapy.

해 CFTR의 활성을 복구하기 위한 유전자치료법을 사용하려는 노력이 **진행 중**에 있다. 기도에서 미생물의 DNA를 소화하는 사람의 DNase로 구성된 에어로졸 제재가 치료에 도움이 되는 것이 증명되었다.

참 CF (cystic fibrosis) 낭포성 섬유증 : viscous 참조

3 make ~ in (....을) 발전시키다

Scientists make **progress** in islet cell transplantation for diabetes.

관 make progress 발전시키다=(progress, advance, move forward), islet cell 섬세포

해 과학자들은 당뇨병 환자를 위하여 섬세포의 이식을 **발전시켰다**.

자 1 발전하다, 진척되다

The hypoglycemic response is a result of a decreased supply of glucose to the brain and starts with light-headedness and dizziness and may **progress** to coma.

관 hypoglycemic 저혈당의, start with ....로 시작하다, progress to ....로 발전하다, coma 혼수상태

해 저혈당 반응은 뇌에 포도당의 감소된 공급의 결과이며 경미한 두통과 어지러움으로 시작하여 혼수상태로 **발전할** 수도 있다.

참 If events *progress*, they continue to *happen gradually* over a period of time.

2 ~ along ....를 따라 전진하다

DNA polymerases **progress** along the template DNA.

해 DNA 중합효소는 주형 DNA를 따라 전진한다.

3 ~ through 쭉 진행하다

Rapidly replicating human cells **progress** through the full cell cycle in about 24 hours: mitosis takes ≈30 minutes; G1, 9 hours; the S phase, 10 hours; and G2, 4.5 hours. In contrast, the full cycle takes only ≈90 minutes in rapidly growing yeast cells.

관 progress through 쭉 진행하다, in 시간 ....이내에, take +시간 시간이 걸리다

해 빠르게 복제하고 있는 사람세포는 약 24시간 이내에 완전한 세포주기를 **쭉 진행한다**: 유사분열은 약 30분이 걸리고, G1은 9시간, S기는 10시간 그리고 G2는 4.5시간이 걸린다. 이에 비해 빠른 성장을 하고 있는 효모세포에서 전체 주기는 단지 90분밖에 걸리지 않는다.

progression
167

명 진행, 발전, 진전

High levels of intracellular Ca^{2+} are associated with irreversible **progression** from cell injury to cell death.

관 be associated with ....와 관련되다

해 세포내 칼슘의 높은 농도는 세포의 손상으로부터 세포의 죽음으로의 비가역적인 **진행**과 관련되어있다.

progressive
27

형 진행성의, 점진적인

Frequently called cholesterol-dependent clogging of the arteries, atherosclerosis is characterized by the **progressive** deposition of lipids, cells, and extracellular matrix material in the inner layer of the wall of an artery.

관 deposition 침착, atherosclerosis 죽상동맥경화증, extracellular matrix m 세포외기질

해 자주 회자되는 콜레스테롤 의존성 동맥의 막힘 현상인 죽상동맥경화증은 동맥 내층의 벽에 지질, 세포 및 세포외기질 물질의 **점진적인** 침착으로 특정지어진다.

progressively
15

부 점진적으로

Material to be ingested is **progressively** enclosed by a small portion of the plasma membrane, which first invaginates and then pinches off to form an intracellular vesicle containing the ingested substance or particle.

관 invaginate(자) 함입되다, pinch off 떨어져 나오다, vesicle 소낭

해 섭취된 물질은 **점진적으로** 세포막의 작은 부분에 의하여 둘러싸여, 먼저 함입되고 곧 톡 떨어져 나와 섭취된 물질이나 혹은 알갱이를 함유하는 세포속의 소낭을 형성한다.

project
37

자 삐죽 나오다

Cilia and flagella are flexible membrane extensions that **project** from certain cells.

관 cilia 섬모, flagella 편모, project(자) 삐죽 튀어나오다, extension 신장부위=straightening out

해 섬모와 편모는 어떤 세포들로부터 **삐죽 튀어나온** 유연성있는 막의 연장부위이다.

명 프로젝트, 과제

The Human Genome **Project** is vital to medicine.

해 인간유전체 **프로젝트**는 의학에 대단히 중요하다.

projection
17

명 돌출(부), 돌기

When examined carefully, each flagellum proves to be an outward **projection** of the cell's interior, containing cytoplasm and enclosed by the plasma membrane.

해 주의 깊게 관찰되면, 각 편모는 세포질을 함유하고 있고 세포막에 의하여 둘러 싸여진 바깥 방향으로 향한 세포 내부의 **돌출부**인 것으로 입증되고 있다.

proliferate
77

자 증식하다, 수가 늘어나다

Fat cells begin to **proliferate** early in life. **Proliferation** essentially ceases before puberty, and thereafter fat cells change mainly in size.

관 puberty 사춘기, thereafter 그 후에, cease(자) 중단하다, proliferate(자) 증식하다

해 지방세포는 발생 초기에 **증식하기** 시작한다. 증식은 반드시 사춘기 전에 중단되고 그 후 지방세포는 주로 크기에서 변한다.

참 지방세포는 임신 말기부터 청소년기 전까지 분열하여 수가 많아지고 그 후부터는 지방이 차면서 크기가 커진다. 그러므로 소아 비만은 성인이 되어 치료하기 어려울 수 있다.

proliferation
491

명 증식

Cytokines are also released that stimulate the **proliferation** of cells involved in the immune response.

해 면역반응에 참여하고 있는 세포들의 **증식**을 자극하는 사이토카인류가 또한 분비된다.

참 cytokine류 : 호르몬과는 달리 외상이나 감염 등의 상태에서 다양한 세포들이 생산하여 분비하는 단백질, 펩티드 혹은 당단백질이다. 이들은 세포들 사이의 통신에 관여하는 신호전달 분자의 역할을 하며, 농도는 picomole 수준으로 nonomole 수준의 농도인 호르몬에 비해 매우 낮지만, 상황에 따라 1,000배까지도 증가될 수 있다. Interleukin류, TNF-α 등이 있다.

proliferative
71

형 증식하는

Cancer cells have an infinite **proliferative** capacity and do not become senescent.

관 infinite 무한한; 끝이 없는, senescent 노화의=aging

해 암세포는 무한 **증식하는** 능력을 가지고 있어서 노화하지 않는다.

prolong
38

타 연장시키다, 늘리다

Food restriction without malnutrition **prolongs** the lifespan of animal species from single-cell organisms to mammals.

관 malnutrition 영양의 부족=undernutrition, prolong(타) 연장시키다=extend

해 영양의 부족함이 없는 음식의 제한은 단일 세포 생명체로부터 포유동물까지의 동물 종들의 수명을 **연장시킨다**.

prolonged
114

형 연장된, 장시간의

The entry of cholera toxin into a cell leads to a **prolonged** increase in the concentration of intracellular cyclic AMP, which in turn causes a large efflux of Na^+ and water into the intestine.

해 세포 안으로 콜레라 독소가 들어가면 세포내의 cAMP의 농도의 **장시간의** 증가를 궁극적으로 유발하여, 다시 소장으로 Na^+와 물의 다량 유출을 일으킨다.

prolongation
6

명 연장, 늘림

Deletion of the 5′ noncoding sequence results in a threefold to fivefold **prolongation** of the half-life of c-myc mRNA.

해 5'의 코딩되지 않는 서열을 제거하면 c-myc mRNA 반감기가 3배에서 5배까지 **연장**되는 결과를 만든다.

참 mRNA의 안정성은 5'- 및 3'-말단의 cap구조와 poly(A)꼬리와의 염기 짝짓기에 의해 만들어지는 stem loop 구조에 의하여 결정된다.

prominent
67

형 현저하게 많은, 두드러진

Two of the **prominent** integral proteins in the red blood cell membrane are glycophorin, which provides an external negative charge that repels other cells, and band 3, which is a channel for bicarbonate and chloride exchange.

관 repel(타) 밀쳐내다; 반발하다, integral protein 통합단백질

해 적혈구 세포막에서 **현저하게 많은** 2종의 통합단백질들은 다른 세포들을 밀쳐내도록 하는 외부의 음전하를 제공하는 glycophorin과 중탄산염과 염소의 상호교환 통로인 band 3이다.

promote
357

타 증진하다, 증진시키다.

Oncogenes are mutated derivatives of normal genes (proto-oncogenes) whose function is to **promote** proliferation or cell survival.

해 발암유전자란 기능이 증식이나 혹은 세포의 생존을 **증진시킬 수 있는** 정상유전자 (원발암유전자)의 돌연변이된 유도체들이다.

promoted
44

타 be ~ 증진되다, 촉진되다

Because ATP contains four negative charges and ADP only three, the exchange is **promoted** by the electrochemical potential gradient, because the net effect is the transport of one negative charge from the mitochondrial matrix to the cytosol.

해 ATP는 4개의 음전하를 포함하고 있고 ADP는 단지 3개를 가지고 있기 때문에, 그 상호교환은 전기화학적 전위경사에 의하여 **증진된다**, 왜냐하면 순수한 효과는 미토콘드리아의 매트릭스에서 세포질로 한 개의 음전하의 수송이 되기 때문이다.

propagate
14

타 번식시키다, 늘리다

The principle of monoclonal antibody is to **propagate** a clone of cells from a single antibody-secreting B lymphocyte so that a homogeneous preparation of antibodies can be obtained in large quantities.

관 monoclonal antibody 한무리항체, homogeneous preparation 균일한 제조물, in large quantities 다량으로

해 한무리항체의 원리는 항체들의 균일한 제조물이 다량으로 얻어질 수 있도록 단 하나의 항체를 분비하는 B 임파구세포로부터 유래된 세포들의 클론을 **번식시키**는 것이다.

참 한무리항체monoclonal antibody : 항체는 항원분자 가운데 매우 작은 일부분 (epitope라함)에 대하여 생성되어 그 부분만을 인식하여 결합할 수 있다. 그러므로 한 개체의 동물로부터 생산된 항체는 한 분자의 항원의 여러 부위에 대하여 생성된 집합체이므로 다클론항체 polyclonal antigbody라 한다. 따라서 한 개의 epitope에 대한 높은 친화력을 가지는 항체를 생산하는 클론에 의해 생산되는 동일한 epitope을 인식하여 결합할 수 있는 항체를 한무리항체 monoclonal antibody라 한다.

propagated
30

타 be ~ 전파되다, 전달되다

The receptor kinase phosphorylates an amino acid residue on the receptor (autophosphorylation) or an associated protein. The message **is propagated** through signal transducer proteins that bind to the activated messenger - receptor complex (e.g., Grb2, STAT, or Smad).

해 수용체 인산화효소는 수용체나 혹은 결합된 단백질 상 (자가인산화)의 한 아미노산 잔기를 인산화한다. 이 메시지는 그 활성화된 메신저-수용체 복합체 (예, Grb2, STAT, 혹은 Smad)에 결합하는 신호전달체 단백질들을 통하여 **전파된다**.

propagation 명 전파, 전달

20

During cell division, copies of the plasmid DNA segregate to each daughter cell, assuring continued **propagation** of the plasmid through successive generations of the host cell.

관 segregate to 분리되다=become separated from a main body, assure(타) 보장하다=(make certain, ensure), successive 연속적인=(continuous, sequential)

해 세포분열기 동안, plasmid DNA의 복제물이 각 딸세포들로 분리되며, 그 결과 숙주세포의 연속적인 세대를 통과하면서 그 plasmid의 계속된 **전파**를 보장하게 된다.

proper 형 적절한, 적당한

47

Proinsulin folds into the **proper** conformation, and disulfide bonds are formed between the cysteine residues.

관 fold(자) into ....로 접히다, conformation 입체구조

해 인슐린전구체가 **적당한** 입체구조로 접히고, 그러면 cysteine기 사이에서 2황화결합들이 형성된다.

properly 부 적절하게

16

mRNAs are exported only after they have been **properly** modified by RNA-processing reactions in the nucleus.

해 mRNA들은 핵 속에서 RNA 처리반응에 의하여 **적절하게** 변형된 후에라야 외부로 배송된다.

property 명 1 (특정한 조건에서 사물의) 행동특성

284

The dipolar nature of the water (H_2O) molecule allows it to form hydrogen bonds, a **property** that is responsible for the role of water as a solvent.

관 dipolar 쌍극자의, allow(타) 가능하게 하다=permit, be responsible for ....를 책임지다

해 물 (H_2O) 분자의 쌍극자 본성은 용매로써 물의 역할을 책임지는 **행동특성**인 수소결합을 형성하는 것을 가능하게 한다.

참 nature, property, character, feature의 비교 :

- nature은 기본적인 질이나 본성,
- property는 특정한 조건하에서 물질이 행동하는 특성,
- character는 사물을 서로 구별할 수 있는 특징,
- feature는 흥미롭거나 중요한 특성이나 특징적인 것을 의미한다.

2 (복수가능) 행동특성들

Proteins can serve as structural components of a cell, for example, by forming an internal skeleton. They can be sensors that change shape as temperature, ion concentrations, or other **properties** of the cell change.

관 serve as ....로써 기능하다=function as

해 단백질은 예를 들면 내부의 골격을 형성함에 의하여 한 세포의 구조적 구성성분으로써 봉사할 수 있다. 그들은 온도, 이온의 농도, 혹은 바로 세포의 다른 **행동특성들**이 변화할 때 형태를 바꾸는 센서도 될 수 있다.

proportion 명 1 비율, 분량

70

Although mitochondria and chloroplasts have their own genetic systems, they produce only a small **proportion** of their own proteins. Instead, the two organelles import most of their proteins from the cytosol using similar mechanisms.

해 비록 미토콘드리아와 엽록체들은 자기 자신들의 유전자 시스템을 가지고 있지만, 자신의 단백질들 중에 아주 작은 **분량**만을 생산한다. 대신에, 두 소기관들은 유사한 기전을 사용하여 자신의 단백질 대부분을 세포질로부터 가져온다.

2 in ~ to 비례하여

A polar liquid that serves as the mobile phase is passed over the matrix, and solute molecules are eluted in **proportion** to their solubility in this polar liquid. (HPLC)

해 이동상으로써 역할을 하는 극성용액은 충진제를 지나가게 되고, 그래서 용질분자들이 극성용액 속에서 용해도에 **비례하여** 용출된다. (고압액체크로마토그래피)

proportional
18

형 비례의, 균형이 잡힌

The velocity of the charged molecule is **proportional** to its charge and the voltage, but inversely **proportional** to the viscosity of the medium and the distance between the electrodes.

관 be proportionate to 비례하다=be proportional to, be inversely proportional to 반비례하다

해 하전된 분자의 이동속도는 전하와 전압에 **비례하**지만, 그러나 분리매체의 점성과 전극 사이의 거리에 반비례한다.

proportionally
2

부 비례하여

As ion concentrations are increased, the flux of ions through a channel increases **proportionally** but then levels off (saturates) at a maximum rate.

관 level(자) off 더 이상 증가하지 않는다=make flat or even level

해 이온의 농도가 증가되면서, 통로를 통과하는 이온들의 흐름은 **비례적으로** 증가되지만, 그러나 곧 최대 속도에서 더 이상 증가하지 않는다 (포화된다).

proposal
7

명 제안

Their **proposal**, based on analysis of x-ray diffraction patterns coupled with careful model building, proved correct and paved the way for our modern understanding of how DNA functions as the genetic material.

관 careful=thorough and painstaking in action or execution, be based on ....에 기초를 두다, be coupled with ....와 짝을 이루다, prove(타) 입증되다, pave the way for 쉽게 만들다 =(make easy, get things ready for)

해 섬세한 모델구축과 함께 X선 회절분석 형태에 기반을 둔 그들의 **제안**이 정확한 것으로 입증되어 유전 물질로써 DNA가 어떻게 기능할 것인가 대한 우리의 현대적인 이해를 쉽게 하였다.

propose
68

타 제안하다

Our understanding of oxidative phosphorylation is based on the chemiosmotic hypothesis, which **proposes** that the energy for ATP synthesis is provided by an electrochemical gradient across the inner mitochondrial membrane.

관 chemiosmotic hypothesis 화학적 삼투압 가설, propose that ....를 제안하다, electrochemical gradient 전기화학적 농도경사

해 산화적 인산화반응에 대한 우리의 이해는 화학적 삼투압 가설에 기반을 두고 있다, 이것은 ATP 합성을 위한 에너지는 미토콘드리아 내부의 막을 가로질러 형성된 전기화학적 농도경사에 의하여 제공된다는 것을 **제안**하고 있다.

proposed
197

타 be ~ 제안되다

Three hypotheses have been **proposed** and are outlined below.

해 3개의 가설들이 현재까지 **제안되어**있으며, 아래에 요약되어있다.

protect
114

타 보호하다

Some heat shock genes encode proteins that are relatively resistant to denaturing conditions and act to **protect** other proteins from denaturation.

관 relatively 비교적=comparatively, act to 기능하다=function to, protect(타) .... from ....로부터 ....를 보호하다

해 일부의 열충격 유전자들은 변성조건에 비교적 저항하는 단백질을 인코딩하여 다른 단백질들을 변성으로부터 **보호하는** 기능을 한다.

protected

타 be ~ 보호되다

60

The cells of the central nervous system are **protected** from potentially toxic compounds by the blood-brain barrier, which restricts entry of compounds into the nervous system (ammonia, however, is a notable exception).

해 중추신경계의 세포들은 혈뇌장벽에 의하여 잠재적으로 독성 화합물로부터 **보호되는데**, 이 장벽이 중추신경계로 화합물들의 침입을 제한하고 있다 (그러나 암모니아는 놀랍게도 예외이다).

protection

명 보호(반응, 작용)

127

NADPH provides the reducing equivalents for biosynthetic reactions and for oxidation–reduction reactions involved in **protection** against the toxicity of reactive oxygen species.

관 equivalent(명) 당량체=something equal in value, reactive oxygen species 반응성 산소종

해 NADPH는 생합성 반응을 위한 그리고 반응성 산소종들의 독성에 대항하는 **보호반응**에 포함된 산화환원반응들을 위한 환원용의 당량체가 된다.

protective

형 보호하는

89

Although high levels of LDL cholesterol are especially atherogenic, high levels of HDL cholesterol are **protective** because HDL particles are involved in the process of removing cholesterol from tissues, such as the lining cells of vessels, and returning it to the liver.

관 be involved in ....에 관련되다, return(타) .... to를 ....로 돌려주다

해 비록 LDL 콜레스테롤의 높은 수준이 특히 동맥경화를 유발하지만, HDL 콜레스테롤의 높은 수준은 **보호작용을 한다**, 왜냐하면 HDL 알갱이들은 혈관을 덮고 있는 세포와 같은 조직으로부터 콜레스테롤을 제거하여 간으로 돌려주는 과정에 관련되어있기 때문이다.

protocol

명 실험방법, 절차

210

Two basic **protocols** for nucleic acid sequencing are in widespread use: the chain termination or dideoxy method of F. Sanger and the base-specific chemical cleavage method developed by A. M. Maxam and W. Gilbert.

해 핵산서열결정을 위하여 두 가지 기본 **실험방법**이 널리 사용되고 있다: F. Sanger의 사슬종결법이나 혹은 didexoy방법과 A. M. Maxam과 W. Gilbert.에 의해 개발된 염기특이화학절단법이다.

protonated

타 be ~ 양성자화되다

22

At pH 1.5 to 2.5 where the side chains are **protonated** and thus uncharged, these polyaspartic acid and polyglutamic acid spontaneously form α-helical structures.

해 측쇄기들이 **양성자화되어** 전하를 띠지 않게 되는 pH 1.5와 2.5 사이에서, 이들 다중 aspartic 산과 다중 glutamic 산은 자발적으로 α-나선형구조를 형성한다.

protrude

자 불쑥 나오다, 튀어 나오다

8

The insulin receptor has two types of subunits, the α-subunits to which insulin binds, and the β-subunits, which span the membrane and **protrude** into the cytosol.

관 span(타) ....를 관통하다=extend across

해 인슐린 수용체는 인슐린이 결합하는 α–아단위체와 세포막을 관통하여 세포질 안으로 **튀어나온** β–아단위체인 2종류의 아단위체를 가지고 있다.

protrusion

명 돌기, 융기

9

In the cortex of animal cells, actin molecules continually polymerize and depolymerize to generate cell-surface **protrusions** such as lamellipodia and microspikes.

해 동물세포의 피질에서, 액틴분자는 위족과 미세돌출부와 같은 세포표면 **융기구조**를 생성하기

위하여 계속하여 중합되고 그리고 중합체가 해체된다.

참 위족lamellipodia : 운동성을 가진 동물세포들의 표면에 튀어 나온 부위로 주로 액틴 단백질의 중합반응으로 생성된다. 이들은 상처의 치유, 세포내이입endocytosis, 세포외방출exocytosis 등의 과정에서 중요한 역할을 한다.

prove

79

자 ....임을 알다, 입증되다

The dynamic range measurable by chromatin immunoprecipitation (ChIP)-seq technology could **prove** to be a powerful tool for deciphering the currently unknown rules for higher-order organization of complex genomes.

관 prove(자) to be ....임이 입증되다=(turn out to be, be found to be)

해 염색질면역침강 (ChIP)-서열결정기술에 의해 측정가능한 역동적인 범위가 복잡한 유전체의 더 높은 차원의 구조를 만들기 위한 응용되는 현재 알려져 있지 않은 규칙들을 해독할 강력한 기구임이 **입증될** 수 있었다.

참 chromatin immunoprecipitation (ChIP) seq technology : 염색질면역침강 서열결정기술로 번역할 수 있겠다. 이 기술은 어떤 단백질들이 결합할 수 있는 DNA 서열을 알아내기 위한 방법이다. DNA에 결합할 수 있는 단백질에 대한 항체를 사용하여 단백질을 분리하면 DNA와 부착되어 함께 얻을 수 있다. 이 DNA를 분리한 후 서열을 결정하는 방법이다.

타 증명하다, 입증하다, 보여주다

Do the data in part A of the figure **prove** that MEKK2 activates MEK5, or vice versa?

관 prove(타)=(show, demonstrate, produce proof)

해 그 그림의 부분 A에 있는 데이터들은 MEKK2가 MEK5를 활성화하는지 혹은 그 반대인지를 **보여주고 있는가**?

provide

847

타 1 제공하다, ...이 되다

The results of studies with this cell line have **provided** valuable information about the differentiation of muscle

관 cell line 세포주, valuable 귀중한=(of great worth, important)

해 이 세포주를 사용한 연구의 결과들은 근육의 분화에 대한 귀중한 정보를 **제공하여 왔다**.

참 provide의 사용 예 : provide an approach, provide a background, provide the basis, provide control, provide a description, provide examples, provide a foundation, provide information, provide insights, provide a means, provide a mechanism

2 결정하다

Protein folding generally occurs via a stepwise process. In the first stage, the newly synthesized polypeptide emerges from ribosomes, and short segments fold into secondary structural units that **provide** local regions of organized structure.

관 occur via ....를 경유하여 일어나다, provide(타) 결정하다=determine (what is to happen in certain contingencies), emerge(자) 나오다=(appear, come into existence)

해 단백질의 접힘은 일반적으로 단계적인 과정을 경유하여 일어난다. 첫 번째 단계에서, 새로이 합성된 폴리펩티드가 리보솜으로부터 나오고, 짧은 단편들이 조직화된 구조의 지역적인 영역들을 **결정하는** 이차구조 단위로 접힌다.

3 ~ with ....에게 ....를 제공하다

Because the entire DNA sequence of a human genome of 3 x 10^9 nucleotides specifies all of the possible RNA and protein molecules that are used to construct the body, knowledge of it will **provide** us with a "dictionary of the human being," which will greatly expedite future studies of human cells and tissues.

관 entire 전체의=(whole, total), specify(타) 지정하다, construct (타), provide A with B=A에게 B를 제공하다, expedite(타)=(facilitate, speed up)

해 사람 유전체 전체의 DNA 서열 3 x 10^9개의 뉴크레오티드들이 우리 몸을 구축하는데 사용되는 가능한 모든 RNA와 단백질 분자들에 대한 자세한 정보를 지정한다. 이것의 정보는 우리**에**

게 사람의 세포와 조직에 대한 미래의 연구를 크게 진척시키게 될 "사람의 사전"을 **제공하게** 될 것이다.

참 human genome project : 인간유전체 프로젝트, right 참조

provided

타 be ~ 제공되다

Because fresh fruit in the diet can supply sufficient vitamin C to support the formation of normal collagen, early British sailors were **provided** with limes to prevent scurvy.

해 일상의 음식 중 신선한 과일들은 정상적인 콜라겐의 형성을 지원하는 충분한 비타민 C를 공급해 주기 때문에, 이른 시기의 영국 선원들은 괴혈병scurvy을 방지하기 위하여 라임이 **제공되었다**

접 ~ that .... 만약에 ....라면

Cell strains can be frozen in a state of suspended animation and stored for extended periods at liquid nitrogen temperature, **provided** that a preservative that prevents the formation of damaging ice crystals is used.

관 animation 생명=vitality, suspended 일시적으로 중지된, provided 만약=(only if, on the condition of),

해 **만약** 손상을 주는 얼음 결정들의 형성을 방지하는 보존제가 사용**된다면**, 세포주는 생명이 일시적으로 중지된 상태로 얼려서 액체질소의 온도에서 상당한 기간 동안 저장될 수 있다.

proximal

105

형 근처의, 근접한

While deletion of the membrane **proximal** region between Lys265 and Gly335 showed no apparent effect on IFNαR2:CBP interaction, further deletion up to Leu391 abrogated the IFNα R2:CBP interaction.

관 proximal 근접한=(closest, nearest, next), abrogate(타) 제거하다=abolish, apparent 뚜렷한 =clear or manifest to the understanding

해 Lys265과 Gly335 사이에서 막에 **근접된** 영역의 결손은 IFNαR2:CBP의 상호결합에 대하여 결코 뚜렷한 효과들 보이지 않은 반면에, Leu391까지의 추가적인 제거는 IFNαR2:CBP의 상호결합을 완전히 제거하였다.

참 CBP=CREB-binding protein, IFNαR2=Interferon a receptor 2

proximity

44

명 근접, 가까움

The amino acids composing the active site are not necessarily adjacent in the amino acid sequence but are brought into **proximity** in the native conformation.

관 not necessarily 부분부정, adjacent 가까이=(near, next), native 태생의, be brought into proximity 가까이 모이다

해 활성부위를 구성하고 있는 아미노산들은 아미노산 서열에서 반듯이 서로 가까이 있을 필요는 없지만, 그러나 태생의 입체구조에서는 서로 **가까이** 모인다.

pull

71

명 당김, 끌기

The **pull** of O_2 binding moves the proximal histidine toward the porphyrin ring, which moves the helix containing the proximal histidine.

관 move(타) 움직이게 하다, proximal 근접한

해 산소분자의 결합으로 인한 **당김반응**은 근접한 histidine을 porphyrin 환을 향하여 움직이도록 만들고, 그 결과 이 근접한 histidine을 함유하고 있는 나선구조를 이동시킨다.

참 헤모글로빈이나 마이오글로빈과 같은 산소 결합단백질은 산소가 결합하는 porphyrin 고리구조(heme이라함)을 가지고 있다. 이 구조에 산소가 결합하면 단백질의 histidine기를 끌어당김을 시작으로 하여 전체 단백질의 구조를 변화시키게 된다.

타 당기다, 끌다

The positively charged pyridine ring is a strong electron-withdrawing group that can **pull** electrons into it (electrophilic catalysis).

관 pull (타) .... into ....로 끌어당기다=withdraw(타)

해 양으로 하전된 피리딘고리는 전자를 자신에게로 **끌어당길** 수 있는 강한 전자를 당기는 기능기이다 (친전자형 촉매반응).

참 양전하를 띠고 있다는 것은 전하를 잃어버린 것이며, 또한 다른 전자를 받아들일 수 친전자적 electrophilic 특성을 가진다.

pulled

타 be ~ 당겨지다

25 When O_2 binds, the iron atom is **pulled** back toward the porphyrin plane and is now displaced from it by only 0.026 nm.

해 O_2가 결합할 때, 철 원자가 porphyrin 평면을 향하여 **끌어 당겨져** 그래서 이제 그것으로부터 단지 0.026 nm 벗어나게 된다.

pump

명 펌프

130 The Na^+-K^+ ATPase is an ion **pump** that is present in the plasma membrane of most animal cells; it uses the energy of ATP hydrolysis to *pump* Na^+ out of the cell and K^+ in.

해 Na^+-K^+ ATPase는 대부분의 동물세포의 세포막에 존재하고 있는 이온**펌프**이다. 이 펌프는 ATP의 가수분해에 의해 생성된 에너지를 사용하여 Na^+이온을 세포 밖으로 K^+ 이온을 세포 안으로 *퍼 올린다*.

참 막수송 : 막을 통한 수송방법은 농도구배에 순응하여 확산되는 수동수송passive transport과 농도구배에 역행하여 수송되는 능동수송active transport으로 구별된다. 전자에는 통로단백질이 포함되고, 후자인 경우는 펌프 단백질이 필요한데, 에너지의 유입이 필요하다.

타 펌핑하다, 퍼 넣는다, 퍼 올리다

To create the low pH environment, proteins located in the lysosomal membrane **pump** hydrogen ions into the lysosome using energy supplied from ATP.

관 be located in ....에 위치하고 있다, pump(타) .... into 퍼 넣는다, using ....를 사용하여

해 낮은 pH 환경을 만들어 내기 위하여, 라이소솜의 막에 존재하는 단백질은 ATP로부터 공급된 에너지를 사용하여 수소이온을 라이소솜 안으로 **퍼 넣는다**.

참 lysosome : 산성에서 최고의 활성을 보이는 가수분해효소hydrolase들을 함유하고 있는 구형의 소기관으로, 수명을 다한 세포내의 소기관들이나, 음식물 알갱이, 세포 안으로 삼켜진 바이러스나 박테리아 등을 분해하는 역할을 한다.

pumped

타 be ~ 퍼 올려지다

3 Glucose is **pumped** into the cell through the apical domain of the membrane by a Na^+-powered glucose symport, and glucose passes out of the cell (down its concentration gradient) by facilitated diffusion mediated by a different glucose carrier protein in the basal and lateral membrane domains.

관 power(타) 동력을 공급하다=supply with power, be mediated by 매개되다, symport 동방향수송체, facilitated diffusion 촉진확산, apical 꼭대기쪽의, lateral 가쪽의, basal 기저의

해 포도당은 Na^+이온에 의해 동력이 공급되는 동방향수송체에 의하여 세포막의 꼭대기쪽 영역을 통과하여 세포 안으로 **퍼 올려지고**, 그리고 포도당은 막의 기저부나 가쪽 영역에 존재하는 다른 포도당 운반단백질에 의해 매개되는 촉진확산에 의하여, 세포로부터 밖으로 나오게 된다 (농도경사 아래 방향으로).

purification

명 정제

259 A variety of methods used in the detection, **purification**, and structural analysis of glycoproteins are listed in Table 3.

관 a variety of 다양한=a collection of various kinds, list(타) 목록으로 나열하다

해 당단백질들의 검출, **정제** 및 구조의 분석에 사용된 다양한 방법들이 표 3에 나열되어있다.

purify

타 정제하다, 순수하게 분리하다

17 The Fluorescence-activated cell sorter (FACS) procedure is commonly used to **purify** the

different types of white blood cells, each of which bears on its surface one or more distinctive proteins and will thus bind monoclonal antibodies specific for that protein.

관 different 서로 다른=(distinct, separate), distinctive 구별이 가능한=distinguishing, bear(타) 가지다=(have, carry)

해 형광세포분류기 (FACS)의 작업은 여러 종류의 백혈구 세포를 **순수하게 분리하기** 위하여 흔히 사용된다, 왜냐하면 이들 각각은 표면에 한 가지 이상의 구별이 가능한 단백질을 가지고 있으며, 그래서 그 단백질에 특이적인 단일클론 항체와 결합할 것이기 때문이다.

참 Fluorescence-activated cell sorter (FACS) : 유세포 측정기flow cytometry라고도 한다. 세포의 부피나 크기, 밀도 등의 물리적 기본 특성을 이용하거나 형광을 붙인 특정한 항체를 첨가하여 특이한 세포만을 구별하여 분리하는데 사용하는 기기이다. 임상적으로는 특별히 혈액암을 진단하는데 사용된다.

purified
1073

타 be ~ 정제되다

The cell-surface receptors for many signaling molecules are present in such small amounts that they cannot be **purified** by affinity chromatography and other conventional biochemical techniques.

해 많은 신호전달용 분자들을 위한 세포의 표면수용체들은 친화력 크로마토그라피와 다른 전통적인 생화학적 기술에 의하여 **정제될** 수 없을 그렇게 적은 양으로 존재하고 있다.

purity
48

명 1 순도, 순수도

The most widely used method for determining the **purity** of a protein is SDS-PAGE.

해 어떤 단백질의 **순도**를 정하기 위하여 가장 널리 사용되는 방법이 SDS-PAGE이다.

2 in high ~ 높은 순도로

Because the erythrocyte plasma membrane can be isolated in high **purity**, isolating and purifying a transport protein from mature erythrocytes is a straightforward procedure.

관 straightforward 어렵지 않은=(simple, uncomplicated)

해 적혈구 세포막은 **높은 순도로** 분리될 수 있기 때문에, 분화가 끝난 적혈구로부터 어떤 수송용 단백질을 분리하여 정제하는 것은 어렵지 않은 작업이다.

purpose
70

명 1 목적, 의도

Muscle glycogen cannot contribute directly to plasma glucose, since muscle lacks glucose-6-phosphatase, and the primary **purpose** of muscle glycogen is to provide a source of glucose 6-phosphate for energy yielding metabolism in the muscle itself.

해 근육의 glycogen은 직접적으로 혈장의 포도당에 이바지할 수 없다, 왜냐하면 근육은 glucose-6-phosphatase를 가지고 있지 않고, 또한 근육의 glycogen의 주된 **목적**은 근육 자체에서 에너지를 생산하는 대사를 위한 glucose 6-phosphate를 제공하는 것이기 때문이다.

2 serve a ~ ....의 목적으로 기능하다, 봉사하다

Glycogen serves a very different **purpose** in liver than in skeletal muscle and other tissues. Liver glycogen is the first and immediate source of glucose for the maintenance of blood glucose levels.

관 very different 매우 특별한=(unusual, distinctive), serve a purpose 목적으로 기능하다; 역할을 하다

해 Glycogen은 골격근과 다른 조직에서보다 간에서 매우 특별한 **목적으로 기능한다**. 간의 glycogen은 혈액의 포도당 수준을 유지하기 위한 첫 번째이고 또한 즉각적인 근원이 된다.

참 간은 다른 장기나 조직에 포도당을 공급할 목적으로 glycogen을 저장하고 있지만, 근육은 스스로 사용할 목적으로 저장하는 것으로 진화되었다. 왜냐하면 다른 조직에 공급하기 위하여 필요한 효소인 glycogen 6-phosphatase가 간에는 존재하지만 근육에는 없기 때문이다.

3 for this ~ 이 목적으로

A common fluorescent protein used for this **purpose** is green fluorescent protein (GFP), a natural protein that makes some jellyfish colorful and fluorescent.

해 이 **목적**으로 사용되는 흔한 형광단백질은 어떤 해파리를 화려한 형광을 띠게 만드는 자연산 단백질인 녹색의 형광단백질 (GFP)이다.

purposeful

1

형 의도적인, 목적이 있는

Two years ago, Mr. Dopaman, a 62-year-old man, noted an increasing tremor of his right hand when sitting quietly. The tremor disappeared if he actively used this hand to do **purposeful** movement.

해 2년 전에, 62세의 남성인 도파만씨는 앉아 있는 동안 그의 오른 쪽 손의 떨림이 증가된다고 언급하였었다. 그가 **의도적인** 움직임을 하려고 손을 활발하게 사용하면 떨림증세가 사라졌다.

purposely

1

부 의도적으로, 목적을 가지고, 고의로

The detailed structure of antibodies was initially determined by studying myeloma proteins from patients or from mice in which similar tumors had been **purposely** induced.

관 purposely 의도적으로=(intentionally, by design, on purpose), myeoloma 골수종

해 항체의 자세한 구조는 환자나 혹은 유사한 종양이 **의도적으로** 유도된 생쥐로부터 얻은 골수종 단백질의 연구에 의하여 최초로 결정되었다.

참 골수종myeloma : 항체를 생산하는 형질세포plasma cell에서 유래된 종양으로, 똑 같은 항체분자를 다량으로 분비하는 특성을 가지고 있어서, 이들을 다량으로 쉽게 분리할 수 있어서 항체의 구조를 결정할 수 있었다.

put

11

타 1 놓다, 두다, 가하다

This expanded blood volume not only contributes to his elevated blood pressure (itself a risk factor for vascular disease) but also **puts** an increased workload on his heart. This increased load will cause his heart muscle to thicken and eventually to fail.

관 not only .... but also, expanded 늘어난=enlarged, put .... on ....에 가하다, fail(타) 적절하게 기능하는 것을 중단시키다=cease functioning properly

해 이 늘어난 혈액의 부피는 상승된 혈압 (이 자체가 혈관질환의 위험인자)의 원인이 될 뿐만 아니라, 또한 심장에 증가된 작업부하를 **가하게 된다**. 이 증가된 부하는 심장근육이 두꺼워지도록 하고, 궁극적으로 적절하게 기능하는 것을 중단하도록 만들게 될 것이다.

2 ~ stresses on ....에 스트레스를 주다, 충격을 가하다

Running and jumping **put** severe stresses on joints and skeleton.

해 달리기와 뜀뛰기는 관절과 골격에 심각한 스트레스를 **가한다**.

3 ~ out 밖으로 내밀다

One can watch as a neuron begins to **put** out its processes, all at first alike, until one of the growth cones puts on a sudden turn of speed, identifying its process as the axon, with its own axon-specific set of proteins

관 watch(타) 자세히 보다, process 돌기=an outgrowth of tissue, growth cone 성장원뿔, be alike 비슷하다=be similar, with ....의 결과로=as a result

해 어떤 신경세포가 돌기들을 **밖으로 내밀기** 시작할 때, 성장원뿔 중의 하나가 갑자기 바꾼 속도로 내밀어, 축삭에 특이적인 세트를 구성하는 단백질들을 가지게 되는 결과로 그 돌기를 축삭이라고 확인할 수 있을 때 까지는, 처음에는 모든 것이 비슷함을 자세히 보면 알 수 있다.

참 성장원뿔growth cone : 성장점의 말단에 존재하는 특별한 부위로 국소의 환경을 감지하고 표적세포를 향하여 뻗어가는 기능을 하는 세포들의 집단체이다.

4 be ~ (back) into ....에 (다시) 삽입되다, 도입되다

These genes are transcribed at a high level in mutant cells that lack a functional copy of the Retinoblastoma (Rb) gene and at a much lower level in these cells when a functional copy of the Rb gene is **put** back into them by transfection.

관 lack(타) ....를 가지고 있지 않다=be without, put ..... back into 에 다시 도입하다, transfection

전달감염법, retinoblastoma 망막모세포종

해 이들 유전자는 망막모세포종 (Rb) 유전자의 기능성 복제물을 가지고 있지 않은 돌연변이체 세포에서 높은 수준으로 전사되고, 그리고 감염전달법으로 기능성 Rb유전자의 복제물이 **다시 도입되면** 훨씬 더 낮은 수준으로 전사된다.

참 망막모세포종 retinoblastoma (Rb) 종양억제유전자 : 소아의 눈에서 암을 유발하는 종양억제유전자이다. 즉 이 유전자에 돌연변이가 일어나 발현되지 않으면 세포의 성장조절을 조절할 수 없게 되어 암이 생길 수 있다.

5 ~ it another way 다른 방식으로 설명하다

Or, to **put** it another way, the conformational changes in the hemoglobin molecule that accompany O_2-binding perturb the bisphosphoglycerate (BPG)-binding site so that BPG can no longer be accommodated.

관 accompany(타) 동반하다, perturb(타) 무질서하게 하다; 방해하다=disturb greatly, BPG 2,3-bisphosphoglycerate, accommodate(타) 자리를 제공하다=(provide a room for, do a favor)

해 혹은, 다른 방식으로 **설명한다**면, O_2의 결합을 동반하는 헤모글로빈 분자에서 입체구조의 변화는 2,3-bisphosphoglycerate (BPG) 결합부위를 방해하여 BPG가 더 이상 들어앉지 못 하도록 할 수 있다.

참 put it another way 다른 방식으로 설명하면, put it simply 간단히 설명하면, put it this way 이 방법으로 설명하면

6 ~ together 함께 묶다, 함께 놓다

The structure of the family tree was initially ascertained from morphological criteria: Creatures that look alike were **put** close together. More recently the sequences of DNA and proteins have been examined as a more information-rich criterion for assigning relationships.

관 ascertain 실험으로 새로운 것을 알게 되다=discover as through experimentation, look alike 비슷하게 보이다, criterion 기준, assign(타) 할당하다=set apart for a particular purpose

해 분류나무의 구조는 비슷하게 보이는 생명체들이 가까이 **함께 묶이는 방식으로** 초기에는 형태학적 기준들로부터 확인되었다. 더욱 최근에는 DNA와 단백질서열들이 서로의 관련성을 할당하기 위한 더 풍부한 정보를 가진 기준으로써 조사된다.

7 ~ to use 사용하다, 적용하다

This phenomenon has been **put** to good use in mapping the locations of genes in the human genome.

관 put to use 사용하다=(use, apply), mapping 지도화하기; 지도위에 표시하기

해 이 현상은 사람 유전체에서 유전자들의 위치를 지도위에 표시하는데 우수하게 **사용되어**왔다.

putative

334

형 1 가상적인

Identification of a **putative** protein is based on analysis of stored gene and protein sequences.

관 be based on ....에 기초를 두다

해 어떤 **가상** 단백질을 찾아내는 것은 저장된 유전자와 단백질 서열들의 분석에 기초를 두고 있다.

2 가상의, 일반적으로 인정될 수 있는

The nuclear receptor superfamily, now with more than 50 members, includes the nuclear hormone receptors, a number of other receptors whose ligands were discovered after the receptors were identified, and many **putative** or orphan receptors for which a ligand has yet to be discovered.

관 has yet to be discovered 아직 발견되지 않았다

해 현재 50종 이상의 구성원들로 된 핵수용체 슈퍼패밀리는 핵의 호르몬 수용체들과, 수용체가 확인된 후에 리간드가 발견되었던 많은 수의 다른 수용체, 그리고 어떤 리간드도 아직 발견되

지 않고 있는 많은 **가상** 혹은 고아 수용체들을 포함한다.

Q

qualitative	형 정성적인, 성질상의
24	Obviously, in Hill plot, the real situation falls between the extremes of n = 1 or 4. The **qualitative** answer is that O_2 binding by Hb is highly cooperative, and the binding of the first O_2 markedly enhances the binding of subsequent O_2 molecules.

관 extremes 극한값, cooperative 협동적, enhance(타) 촉진하다, subsequent 차후의=following

해 분명히 Hill 그래프에서, 실제 상황은 n이 1과 4의 극한값 사이에 위치하고 있다. 이것의 **정성적인** 답은 Hb에 의한 O_2 결합이 매우 협동적이어서, 최초의 O_2 결합이 차후의 O_2 분자들의 결합을 현저하게 촉진한다는 것이다.

참 Hill 그래프 : 어떤 단백질에 결합할 수 있는 리간드의 수 (n의 값으로 표시)를 알아내기 위하여 고안된 직선의 식이다. Hb에는 최대한 4개의 산소가 결합할 수 있지만 (n=4), 생체에서는 n=2.6의 값을 가지고 있다. 이것의 의미는 단백질에 산소가 2개나 혹은 3개 결합하고 있다는 것이다.

quality	명 질, 품질
45	Proteins of animal origin (milk, egg, and meat proteins) are high **quality**. The proteins in plant foods are generally of lower **quality**, which means they are low in one or more of the essential amino acids.

해 동물성 (우유, 알, 및 육류 단백질) 단백질은 고**품질**이다. 식물성 음식물 속의 단백질은 일반적으로 저**품질**이며, 이는 한 가지 이상의 필수아미노산들이 적다는 것을 의미한다.

quantification	명 정량화, 수량화
106	An ELISA (enzyme-linked immunosorbent assay) allows for rapid screening and **quantification** of the presence of an antigen in a sample.

해 효소면역측정법ELISA은 시료 속의 어떤 항원의 존재를 신속하게 스크리닝하여 **정량화**하는 것을 가능하도록 한다.

quantify	타 정량하다, 양을 재다
37	By blocking signals from nerves to muscles, all these toxins cause paralysis and possibly death. On the positive side, the extremely high affinity of bungarotoxin for the acetylcholine receptor (Kd $=10^{-15}$ M) has proved useful experimentally: the radiolabeled toxin was used to **quantify** the receptor during its purification.

관 block(타) 차단하다, cause(타) 초래하다=(bring about, result in, lead to), positive side 긍정적인 면, affinity 친화력, prove(자) 입증되다

해 신경으로부터 근육으로의 신호를 차단함으로써, 모든 독소들은 마비를 일으키고 그리고 가능하면 죽음도 초래한다. 긍정적인 면에서, acetylcholine 수용체에 대한 bungarotoxin의 극도로 높은 친화력 (Kd $=10^{-15}$ M)은 실험적으로 유용한 것이 입증되었다: 즉 방사성 동위원소로 표지된 독소가 그 수용체의 정제 과정에서 **정량하는데** 사용되었다.

참 독소toxin : 자연에 존재하는 많은 독성분들은 주로 생체막의 이온통로의 작용을 저해하여 근신경의 마비시킨다. 복어독 tetrodotoxin, 적조의 독성분인 saxitoxin은 voltage-gated Na^+ 통로를, 뱀독인 dendrotoxin은 voltage-gated K^+ 통로를 저해, 독화살의 성분인 tubocuraline, 뱀독인 cobratoxin, bungarotoxin은 아세틸콜린 수용체에 결합하여 통로의 열림기능을 차단한다.

quantified	타 be ~ 정량되다
188	Liver is the most adaptable tissue; a change in diet from high carbohydrate to high lipid, for example, affects the transcription into mRNA of hundreds of genes and thus the levels of hundreds of proteins. These global changes in gene expression can be **quantified** by the use of DNA microarrays or two-dimensional gel electrophoresis.

관 adaptable 적응할 수 있는, transcription 전사, affect(타) 영향을 미치다=(influence, act on)

해 간은 가장 잘 적응할 수 있는 조직이다; 예를 들면 고탄수화물에서 고지방으로의 다이어트에서의 변화는 수백 종의 유전자들의 mRNA로의 전사반응에 영향을 미쳐서, 그래서 수백 종의 단백

질 수준에도 영향을 준다. 이 유전자 발현에서의 전반적인 변화는 DNA microarray나 혹은 2차원 겔전기영동법의 이용으로 **정량될** 수 있다.

quantitate 타 (정확하게) 양을 측정하다, 정량하다

16

Phosphorimagers, which can be thought of as a kind of reusable electronic film, are commonly used to **quantitate** radioactive molecules separated by gel electrophoresis and are replacing photographic emulsions for this purpose.

관 phosphorimager 인광영상촬영기, replace(타) 교체하다=substitute, for this purpose 이 목적으로

해 재사용이 가능한 전자필름의 한 종류로 생각될 수 있는 인광영상촬영기는 겔 전기영동에 의하여 분리된 방사성 동위원소분자들의 **양을 측정하기** 위하여 흔히 사용되어 그래서 이러한 목적을 위한 사진용 감광제를 교체하고 있다.

참 인광영상촬영기phosphorimager : 자외선이나 전자 빔을 쬐면 더 긴 파장의 빛을 발광을 하는 인광물질을 이용하여 방사능의 양을 측정하는데 사용하는 기기이다. 이 인광물질을 입힌 판은 재사용이 가능하여 x-ray 필름을 대체하고 있다.

quantitated 타 be ~ 양이 측정되다

61

Proteins can be detected and **quantitated** by highly specific antibodies; monoclonal antibodies are especially useful because they are homogeneous. Proteins can also be localized within cells by immunofluorescence microscopy and immunoelectron microscopy.

관 homogeneous 균일성분의, localize(타) 위치를 밝히다=identify the location of, A be localized A의 위치가 밝혀지다, immunoelectron microscopy 면역전자현미경기술

해 단백질은 특이성이 높은 항체에 의하여 검출되어 **양이 측정될** 수 있다; 단일클론항체는 균일성분의 용액이므로 특별히 유용하다. 단백질은 또한 면역형광현미경과 면역전자현미경 기술로 세포 안에서의 위치가 밝혀질 수 있다.

quantitative 형 정량의

215

The basal metabolic rate (BMR), caloric balance, and the change in Gibbs free energy ΔG are **quantitative** ways of describing energy requirements and the energy that can be derived from fuel oxidation.

관 basal metabolic rate 기초대사량, caloric balance 열량균형, quantitative 정량의≠qualitative 정성의, be derived from ....로부터 유래되다

해 기초대사랑(BMR), 열량 균형과 Gibbs의 자유에너지의 변화량인 ΔG는 에너지의 요구량과 연료의 산화로부터 유래될 수 있는 에너지를 표시하는 **정량적인** 방식이다.

quantitatively 부 정량적으로

34

Proteins form binding sites for a specific molecule, called a ligand (e.g., ATP or O_2) or for another protein. The affinity of a binding site for its ligand is **quantitatively** characterized by an association or affinity constant, K_a, (or its dissociation constant, K_d).

관 ligand 리간드, characterize 정확하게 표시하다=describe precisely

해 단백질은 리간드 (예, ATP나 O_2)라고 하는 특이 분자나 또 다른 단백질을 위한 결합자리를 형성한다. 자신의 리간드에 대한 결합자리의 친화력은 결합 혹은 친화상수 K_a, (혹은 해리상수 K_d).에 의하여 **정량적으로** 정확하게 표시된다.

참 해리상수와 결합상수 : 두 상수는 서로 역수의 관계이다. 즉 해리상수가 커서 두 물질사이의 결합력이 약하면 결합상수 (친화력)가 작아질 것이며, 반대이면 친화상수 K_a 값이 커지게 될 것이다. 동일한 단백질에 대하여 여러 종류의 기질이나 리간드들이 존재하면 이들 상수값으로 친화력을 비교할 수 있다. 특히 효소에서는 해리상수를 K_m 값으로 표시한다.

quantity 명 1 양, 수량

66

Uric acid has a pK of 5.4. It is ionized in the body to form urate. Urate is not very soluble in an aqueous environment. The **quantity** in normal human blood is very close to the solubility constant.

관 be close to 매우 가깝다=be very near to, solubility constant 용해도 상수

해 요산은 5.4의 pK 값을 가진다. 그것은 몸에서 이온화되어 urate를 형성한다. Urate는 수용액 환

경에서 그렇게 잘 녹지는 않는다. 정상의 사람 혈액에서 그 **양**은 용해도 상수와 크기가 비슷하다.

참 용해도 상수solubility constant에 가까운 양이란 해당 pH에서 허용하는 최대의 농도로 녹아 있다는 의미이다. 요산은 우리 몸에서 항산화제 기능을 하며, 사람과 같이 수준의 요산을 가진 영장류는 없으므로 다른 동물에 비해 훨씬 더 오래 산다. 일반 동물들은 요산 대신에 더 산화된 allantoin으로 배설한다.

2 in ~ 의 양으로

Cellular triacylglycerols aggregate in lipid droplets, which do not raise the osmolarity of the cytosol, and they are unsolvated. And because of their relative chemical inertness, triacylglycerols can be stored in large **quantity** in cells without the risk of undesired chemical reactions with other cellular constituents.

관 osmolarity 삼투압, be unsolvated 용매화가 되지 않다, inertness 비활성, be stored 저장되다, in (large) quantity 다량으로

해 세포의 중성지방은 지질방울로 응집되어, 세포질의 삼투압을 상승시키지 않으며, 용매화도 되지 않는다. 그리고 그들의 상대적인 화학적 비활성 때문에, 중성지방은 다른 세포의 구성성분들과 원하지 않은 화학적 반응을 할 위험성도 없어서, 세포에서 **다량으로** 저장될 수 있다.

참 unsolvated 용매화되지 않는 : 중성지방은 물과 친화력이 없어서 물에 의해 수화되지 않는다는 의미이다.

quaternary 형 4차의, 4개의

10

Broadly speaking, allostery refers to any change in a protein's tertiary or **quaternary** structure or both induced by the binding of a ligand, which may be an activator, inhibitor, substrate, or all three.

관 allostery 알로스테릭 특성, refer to 언급하다, 말하다=mention

해 넓게 말하면, allostery란 활성제, 저해제, 기질 혹은 이 3가지 모두일 수도 있는 어떤 리간드의 결합에 의해서라도 유도되는 단백질의 3차나 **4차**구조 혹은 이들 모두에서 일어나는 어떤 변화를 말한다.

참 primary=(first in order), secondary=(second in order), tertiary=(third in order), quaternary=(fourth in order, composed of four parts; arranged in quarters)

question 명 1 문제, 의문

141

What guides proteins to their native folded state? The answer to this **question** initially came from *in vitro* studies on protein refolding.

관 guide(타) .... to ....로 되도록 만들다=direct .... to, in vitro 시험관의≠in vivo 생체의

해 무엇이 단백질을 자신의 태생의 접힌 상태로 되도록 만드는가? 이 **물음**에 대한 해답은 최초로 단백질 재접힘에 관한 시험관에서의 연구로부터 나왔다.

2 call .... into ~ 문제로 삼다, 의문을 제기하다

Traditionally, arthropods have been grouped into three subphyla based on morphological characters but new research is calling this classification of the arthropods into **question**.

관 arthropod 절지동물, subphyla 아문, be grouped into ....로 분류되다, be based on ....에 바탕을 두다, morphological character 형태학적 특성

해 전통적으로, 절지동물은 형태학적인 특성에 바탕을 두고 3개의 아문으로 분류되어 왔지만, 그러나 새로운 연구는 절지동물에 대한 이 분류법에 **의문을 제기하고 있다**.

3 in ~ 언급하고 있는, 문제의

A DNA probe that contains part of the gene's sequence is hybridized with RNA purified from the cell in **question** to see whether the RNA includes molecules matching the probe DNA and, if so, in what quantities.

관 in question 문제의, in quantity ....의 양으로, is hybridized with 혼성체형성실험이 실시되다

해 그 유전자서열의 일부를 함유하고 있는 DNA 탐침자는 그 RNA가 탐침자 DNA와 일치하는 분자

를 포함하고 있는지, 그리고 만약 그러하다면 얼마의 양으로 포함하고 있는지를 보기 위하여 **문제의** 세포로부터 정제된 RNA와 혼성체형성실험이 실시된다.

타 ....에 대해 의문을 가지다, 의심하다, 질문하다, 조사하다

It is impossible not to speculate on the possibility of cloning a human. There is no reason to believe such an experiment would not work, but many reasons to **question** whether it should be done.

관 speculate on 증거도 없이 사실인 것으로 추정하다=assume, work(자) 성공하다=(function, succeed), question(타) 의문을 가지다=doubt, reason(명) 합리적인 이유

해 사람을 클로닝할 것이라는 가능성을 추정하기란 가능하다. 그러한 실험이 성공하지 않을 것이라고 믿을 수 있는 이유는 결코 없다, 그러나 그것이 수행되어야만 할 것인지**에 대해 의문을 가지는** 많은 합리적인 이유는 있다.

quite

48

한 ~ +명사 과히 ~이라해도 좋을 정도로, 매우

These lipid bilayers are highly impermeable to ions and most polar molecules, yet they are **quite** fluid, which enables them to act as a solvent for membrane proteins.

관 impermeable to ....에 비투과적인, enable(타) ....to ....하는 것을 가능하게 하다, act as ....로 작용하다=play a role as

해 이들 지질이중층은 이온과 대부분의 극성분자에 매우 비투과적이지만, 그러나 **과히** 용액**이라 해도 좋다**, 그래서 막 단백질들을 위한 용매로써 작용하는 것을 가능하도록 한다.

참 사람이나 물건들이 매우 인상적임을 강조 할 때 명사 앞에서 quite를 사용한다. 강조의 정도는 quite < very < extremely 순이다.

부 매우, 어느 정도

Transcription of eukaryotic genes is further stimulated by enhancer sequences, which can be **quite** distant (as many as several kilobases) from the start site, on either its 5′ or its 3′ side.

관 enhancer 증진인자, be further stimulated 한층 촉진되다, be distant from ....로부터 멀리 떨어져 있다

해 진핵세포 유전자의 전사반응은 그 개시자리로부터 5' 혹은 3'쪽 어느 한 쪽에서 **매우** 멀리 떨어져 (수천의 염기만큼이나 많은 개수로) 있을 수 있는 증진인자서열에 의하여 더욱 촉진된다.

R

radial 형 방사 모양의, 방사형으로의

4 Neurofilaments are responsible for the **radial** growth of an axon and thus determine axonal diameter, which is directly related to the speed at which it conducts impulses.

관 be responsible for ....을 책임지다, axon 축삭, be directly related to 직접적으로 관련되다, conduct(타) 전도하다, impulse 신경충격; 임펄스

해 신경필라멘트는 축삭의 **방사 모양의** 성장에 책임이 있기 때문에, 신경충격을 전도하는 속도와 직접적으로 관련된 축삭 직경의 굵기를 결정한다.

radially 부 방사형으로, 모든 방향으로

5 Typically, the electrical charge is **radially** distributed, and so these interactions may lack the directionality of hydrogen bonds or the precise fit of van der Waals interactions.

관 be distributed 퍼지다=be spread, lack(타) ....이 없다=be without, of 동격

해 전형적으로, 전기적 전하는 **모든 방향으로** 퍼지기 때문에, 이들 상호반응에는 아마 수소결합과 같은 방향성이나 반델발스 상호결합과 같은 정확한 맞춤현상은 없을 것이다.

radiate 자 방사형으로 퍼지다

3 Like microfilaments and intermediate filaments, microtubules are not randomly distributed in cells. Rather, microtubules **radiate** from the centrosome.

관 be distributed 퍼지다=be spread, microtubule 미세소관, centrosome 중심체

해 미세필라멘트나 중간필라멘트와 같이, 미세소관들도 세포에서 임의적으로 퍼져나가지 않는다. 오히려, 미세소관들은 중심체로부터 **방사형으로 퍼진다**.

타 be ~ 방사형으로 퍼지다

The pain was constant in nature and **radiated** to her right shoulder top.

해 통증은 성질에서 일정하였고, 그리고 그녀의 오른쪽 어깨 상층부로 **방사형으로 퍼져나갔다**

radiation 명 방사능

116 This and other error-prone repair systems are thought to mediate much of if not all the carcinogenic effects of chemicals and **radiation**.

관 much of *if not all* the carcinogenic effects 발암효과들의 모든 것은 아니지만 많은 것을

해 이것과 그리고 다른 오류가 쉽게 발생되는 수리시스템들이 비록 모두는 아니지만 많은 화학물질과 **방사능**의 발암성 효과를 매개하는 것으로 생각된다.

radical 형 격렬한, 심한, 격동적인

46 Cytoplasmic intermediate filaments can also undergo a **radical** reorganization during mitosis, as well as in response to some extracellular signals.

관 A undergo B=B가 A에서 일어나다; 수행되다, mitosis 유사분열

해 세포질의 중간필라멘트에서 유사분열 기간 동안과 뿐만 아니라 일부 세포외부의 신호들에 반응하여 **격렬한** 재구성이 일어난다.

명 유리기, 라디칼

Vitamin E is an efficient antioxidant and nonenzymatic terminator of free **radical** chain reactions, and has little pro-oxidant activity.

관 efficient 효율이 좋은=effective, chain reaction 연쇄반응, pro-oxidant activity 산화촉진활성

해 비타민 E는 효율이 좋은 항산화제이며 자유 **유리기**의 연쇄반응들의 비효소적인 종결제이기도 하고, 또한 산화촉진활성은 거의 가지고 있지 않다.

참 산화촉진체pro-oxidant : 반응성 산소종reactive oxygen species를 발생하거나 혹은 항산화제를 저해하여서 산화스트레스를 유발시킬 수 있는 능력을 가진 화합물이다. 비타민 E이외에 비타민

C와 요산도 항산화제역할을 하지만 pro-oxidant기능도 가지고 있다.

radioactive 형 방사성의, 방사능으로 표지된, 방사능 활성을 가진

72

Binding of unlabeled competitor blocks binding of the **radioactive** ligand to the receptor; the concentration of competitor required to inhibit binding of half the radioactive ligand approximates the Kd value for binding of the competitor to the receptor.

관 competitor 경쟁제, block(타) 막다=(hinder, inhibit), half ....의 반, approximate(타) 대략 ....와 가깝다=approach

해 표지되지 않은 경쟁제의 결합은 **방사능으로 표지된** 리간드의 수용체와의 결합을 막는다. 방사능으로 표지된 리간드 양의 1/2의 결합을 저해하는데 필요한 경쟁제의 농도는 대략 경쟁제의 수용체에 대한 결합의 척도인 Kd 값에 가깝다.

radioactivity 명 방사능

258

Various assays are used to detect and quantify proteins. Some assays use a light-producing reaction or **radioactivity** to generate a signal.

관 detect(타) 검출하다, quantify(타) 정량하다=measure

해 다양한 분석법들이 단백질을 검출하여 정량하기 위하여 사용된다. 일부 분석법은 신호를 생성하기 위하여 빛을 생산하는 반응이나 혹은 **방사능**을 사용한다.

raise 타 끌어올리다, 상승시키다

82

Epinephrine, glucagon and adrenocorticotropic hormone (ACTH) accelerate the release of free fatty acids from adipose tissue and **raise** the plasma free fatty acid concentration by increasing the rate of lipolysis of the triacylglycerol stores.

해 Epinephrine, glucagon과 부신피질자극adrenocorticotropic 호르몬 (ACTH)들은 지방조직으로부터 자유형 지방산들의 유리를 가속화하며 또한 중성지방 저장소의 지방분해속도를 증가시킴으로써 혈장의 자유형 지방산 농도를 **상승시킨다**.

raised 타 be ~ 상승되다

189

As the level of serum free fatty acids is **raised**, proportionately more free fatty acid is converted to ketone bodies and less is oxidized via the citric acid cycle to CO_2.

관 proportionately 비례적으로, free fatty acid 자유형 지방산

해 혈청의 자유형 지방산의 수준이 **상승되면서**, 비례적으로 더 많은 지방산이 케톤체들로 전환되므로 더 적은 지방산이 구연산회로를 경유하여 CO_2로 산화된다.

random 형 1 임의의, 무작위의

70

The hydrolysis of starch by salivary and pancreatic amylases catalyze **random** hydrolysis of α(1→4) glycoside bonds, yielding dextrins, then a mixture of glucose, maltose, and isomaltose.

해 타액과 췌장의 amylase에 의한 전분의 가수분해는 α(1→4) 배당결합들 가운데 **아무 위치에서의** 가수분해를 촉매하여, 그 결과 덱스트린을 생산하고 그 다음에 포도당, 맥아당 및 이소말토즈의 혼합물을 생산한다.

2 at ~ 무작위로

The inactivation of one or the other of the X chromosomes occurs at **random** in each cell early in embryonic development.

관 one .... the other 두 개 중 한 개.... 나머지 한개, at random 무작위로=(by chance, without prior planning)

해 하나 혹은 나머지 하나의 X 염색체의 불활성화는 배아의 발생과정 초기에 각 세포에서 **무작위로** 일어난다.

randomized 형 불규칙적으로 된, 무작위로 된

9

The probe is designed to be complementary to a region of the gene with minimal degeneracy, that is, a region with the fewest possible codons for the amino acids. Oligonucleotides are synthesized with selectively **randomized** sequences.

관 be designed to ....하도록 디자인되다, complementary to ....에 상보적인, that is (to say)=in other words

해 탐침자는 그 유전자 가운데 최소의 퇴화상태를 가진 영역, 즉 그 아미노산에 대하여 가장 적은 가능한 유전부호들을 가진 어떤 영역에 상보적이 되도록 고안된다. 올리고 뉴크레오티드들은 선택적으로 **무작위로 된** 서열들로 합성된다.

참 단백질의 아미노산서열은 알고 있지만 유전자서열을 모를 경우, cDNA 라이브러리로부터 이 단백질의 해당 유전자를 찾으려고 하다면, oligonucleotide 탐침자는 알고 있는 아미노산서열에 기초를 두고 합성되어야 할 것이다. 이때 문제가 되는 것은 하나의 아미노산은 한 종류 이상의 유전부호를 가지고 있는 퇴화 degenerate현상이다.

randomly

24

부 무작위로, 아무 곳에서나

DNase I **randomly** hydrolyzes the phosphodiester bonds of DNA between the 3′ oxygen on the deoxyribose of one nucleotide and the 5′ phosphate of the next nucleotide.

해 DNase I은 뉴크레오티드의 deoxyribose 상에 있는 3′ 산소와 다음의 뉴크레오티드의 5′ 인산기 사이의 DNA을 잇는 phosphodiester 결합을 **무작위로** 가수분해한다.

range

381

명 1 범위, 영역

The body mass index (BMI), calculated as weight/height^2 (kg/m^2), is currently the preferred method for determining whether a person's weight is in the healthy **range**.

관 body mass index (BMI) 체질량지수, be calculated as ....로써 계산되다, be in the range ....영역에 속하다, preferred method 선호되는 방법

해 체질량지수 (BMI)는 체중 나누기 키의 제곱 (kg/m^2)으로 계산되는데, 현재 어떤 개인의 체중이 건강한 **범위**에 속하는지의 여부를 결정하기 위하여 선호되는 방법이다.

2 be in the ~ of ....범위(영역)에 속하다

As a result of this interrelated dysmetabolism, plasma glucose levels reach 500 mg/dL (27.8 mmol/L) or more (normal fasting levels are in the **range** of 70–100 mg/dL, or 3.9–5.5 mmol/L).

관 as a result of ....의 결과로써, reach(타) ....에 도달하다, be in the range of ....의 범위에 있다

해 이 상호연관된 대사이상의 결과 때문에, 혈장의 포도당 수준이 500 mg/dL (27.8 mmol/L) 이상에 도달하였다 (정상의 공복수준은 70–100 mg/dL 혹은 3.9–5.5 mmol/L **범위**에 속함).

자 .... 범위에 있다

Numerous proteins with diverse functions are glycoproteins; their carbohydrate content **ranges** from 1% to over 85% by weight.

관 numerous=many, diverse=(different, varied), range(자) from ....to=be in the range from .... to

해 많은 다양한 기능을 가진 단백질이 당단백질들이다; 그들의 탄수화물 함량은 무게로 1%에서 85% 이상의 **범위에 있다**.

참 If things *range* between two points or range from one point to another, they *vary within* these points on a scale of measurement or quality.

rank

20

명 랭크, 순위

ATP holds an intermediate place in the **rank** of high-energy phosphates.

관 *hold* (타) a place in the rank 순위에서 한 위치를 고수하다

해 ATP는 고 에너지 인산물들의 **순위**에서 중간 위치를 고수하고 있다.

타 순서를 매기다, 순번을 정하다, 정렬하다

After searching is completed, the program **ranks** the matches between the query protein and various known proteins according to their p-values.

관 be completed완성되다, match(명) 일치된 것, query protein 문의 단백질, according to ....에 따라서

해 검색이 완료된 후, 그 프로그램은 p-값에 따라 문의 단백질과 여러 알려진 단백질들 사이의 일

치된 것들의 **순서를 매긴다**.

rapid
253

형 재빠른, 신속한

This allows **rapid** responses of the eye toward moving or changing objects.

해 이것이 움직이고 있거나 혹은 변화 중인 물체로 향한 눈의 **재빠른** 반응을 가능하게 한다.

참 눈의 간상세포rod cell에서 빛을 인식하는데 이차전령물질로 cGMP가 참여한다. 빛이 없는 상태에서는 높은 cGMP의 농도가 유지되다가 빛을 받게 되면 분해효소 cGMP phosphodiesterase가 활성화되어 cGMP를 5'-GMP로 분해시켜 농도가 낮아지면서 빛을 인식할 수 있다. 발기부전치료제인 비아그라의 부작용인 일시적 시각장해는 앞에서 언급한 cGMP 분해효소의 저해제로 기능하여 cGMP의 분해를 차단하기 때문에 농도가 지속적으로 높아 발생한다.

rapidity
1

명 신속성

The need was met by the determination of the structure of a bacterial potassium channel by x-ray crystallography in 1998. The resulting structural framework is a source of insight into many aspects of ion-channel function, including specificity and **rapidity** of ion flow.

관 resulting 그 결과로 나타나는, aspect 양상=(a distinct feature in a problem)

해 그 필요성이 1998년 x-선 결정구조분석에 의한 박테리아의 potassium 통로의 구조의 규명에 의해 해결되었다. 이 결과로 얻은 구조의 틀은 이온의 흐름의 특이성과 **신속성**을 포함하는 이온통로의 기능과 같은 양상들에 대한 통찰의 원천이 된다.

rapidly
201

부 신속하게, 빠르게

Unlike animal cells, plant cells can elongate extremely **rapidly**, at rates of 20–75 μm/h

관 elongate(자) 길어지다=(length, extend), extremely 매우=(very, highly)

해 동물세포와 달리, 식물세포들은 20–75 μm/h의 속도로 매우 **빠르게** 길어질 수 있다.

rare
28

형 드문, 희귀한

In actuality the abundance of different proteins varies widely, from the quite **rare** insulin-binding receptor protein (20,000 molecules) to the abundant structural protein actin (5×10^8 molecules).

관 in actuality 실제적으로=in fact, rare 희귀한≠abundant, vary(자) 다르다=(be different, change)

해 실제적으로, 여러 단백질의 존재량은 매우 **희귀한** 인슐린 결합수용체인 단백질 (20,000개의 분자)로부터 양이 많은 구조단백질인 액틴 (5×10^8 개의 분자)까지 매우 광범위하다.

rarely
12

부 드물게, 좀처럼 ....하지 않은

Although primary cell cultures of normal human cells **rarely** undergo transformation into a cell line, rodent cells commonly do.

관 commonly 흔히, undergo(타) transformation 형질변환이 되다=be transformed, rodent 설치류

해 비록 정상인 사람세포의 일차 세포배양물은 **좀처럼** 어떤 세포주로 형질변환이 **되지 않지만**, 설치류 세포는 흔히 그렇게 된다.

참 일차 세포배양primary cell culture : 일차 배양세포란 어떤 생명체의 조직을 잘게 썬 후 단백질 분해효소 (주로 trypsin)를 처리하여 단일세포로 만든 다음, 배양접시에 골고루 뿌려 배양한 것이다. 일반적으로 이런 세포들은 몇 번의 계대배양 후 모두 죽게 되지만, 일부 세포들은 계속 자랄 수 있어 균일한 세포주cell line로 분리될 수 있다.

rate
746

명 1 속도

The capacity of the renal tubular system to reabsorb glucose is limited to a **rate** of about 350 mg/min, and in hyperglycemia the glomerular filtrate may contain more glucose than can be reabsorbed, resulting in glucosuria.

관 be limited to 제한되다, glomerular filtrate(명) 사구체여과액, glucosuria 당뇨, hyperglycemia 고혈당

해 신세뇨관의 포도당 재흡수 능력은 약 350 mg/min의 **속도로** 제한되기 때문에, 고혈당에서 사구체의 여과액이 재흡수될 수 있는 포도당보다 더 많은 포도당을 함유할 수도 있으며, 그래서 당뇨의 결과가 나타난다.

참 당뇨Glucosuria : 소변에 당이 다량으로 배설되는 상태이다. 포도당은 신세뇨관에서 재흡수되며, 이 능력이 초과되면 소변으로 당이 유출되고, 이 상태를 당뇨라 한다.

2 비율, 율

After replication, other mechanisms replace mismatched bases that escaped proofreading so that the fidelity of DNA replication is very high. The two processes of proofreading and post-replication mismatch repair result in an overall error **rate** of about 10^{-10}.

관 replace(타) 교체, proofreading 교정확인, fidelity 정확도=accuracy, post-replication mismatch repair 복제후불일치수리

해 복제 후, 다른 기전들이 교정확인을 피해간 일치되지 않은 염기들을 교체하며, 그 결과 DNA 복제의 정확도가 매우 높아진다. 교정확인과 복제후 불일치수리라는 두 과정이 약 10^{-10}의 전반적인 오류 **비율**의 결과를 만든다.

참 DNA 복제의 정확성 : 복제과정에서 발생하는 오류율error rate은 10^{-10} 정도이다. 이 비율은 사람유전체의 전체 핵산의 수가 약 3 x 10^9개이므로 한 번의 세포분열이 종료될 때 약 3개 염기에서 돌연변이가 생길 수 있을 정도임을 의미한다.

rather

197

부 1 오히려, 다소, 어느 정도

Like microfilaments and intermediate filaments, microtubules are not randomly distributed in cells. **Rather**, microtubules radiate from the centrosome in animal cells.

해 미세필라멘트나 중간필라멘트와 같이, 미세소관도 세포에서 임의적으로 퍼져나가지 않는다. **오히려**, 미세소관들은 동물세포에서 중심체로부터 방사형으로 퍼져있다.

2 오히려

Because of this tight coupling between ATP hydrolysis and transport, the energy stored in the phosphoanhydride bond is not dissipated but **rather** used to move ions or other molecules uphill against an electrochemical gradient.

해 ATP의 가수분해와 수송 사이의 밀접한 연결현상 때문에, 무수인산phosphoanhydride결합 속에 저장된 에너지는 그냥 발산되어버리지 않고 **오히려** 전기화학적 구배에 반하는 위쪽방향으로 이온과 다른 분자들을 이동시키는데 사용된다.

3 ~ than 라기보다는 오히려

The purpose of the fluctuations of Ca^{2+}, **rather** than a sustained rise in cytosolic Ca^{2+}, is not understood. One possibility is that a sustained rise in Ca^{2+} may be toxic to cells.

관 fluctuation(명) 파동형 변화, be toxic to ....에 독이 되다

해 세포질 Ca^{2+}에서 어떤 지속된 상승 상태라기**보다는 오히려**, Ca^{2+}의 파동형 변화의 목적이 현재 알려져 있지 않다. 한 가지의 가능성은 아마도 Ca^{2+}의 지속되는 상승이 세포에게 해로울 것이라는 사실이다.

참 Ca^{2+}이온의 변동 : 세포의 신호전달에서 ER에 저장되어있는 Ca^{2+}이 자극신호에 의하여 세포질로 분비되어 순간적으로 증가하며, 신호가 종결되면 곧 제거되어 다시 낮아진다. 이와 같이 Ca^{2+}의 농도는 신속한 상승과 제거의 파동형으로 변한다.

ratio

474

명 1 ~ of A to B = A에 대한 B의 비(율)

The normal **ratio** of lactate to pyruvate in blood is approximately 25:1. This ratio can provide a useful clinical diagnostic tool.

관 ratio of A to B=A와 B의 비율, approximately 대략적으로, provide 이용가능하게 만들다=(make available, afford)

해 혈액에서 젖산과 피루브산의 정상적인 **비율**은 대략 25:1정도이다. 이 비율은 임상의 유용한 진단 도구로 이용될 수 있다.

참 젖산 산성혈증lactic acidemia : 저산소증, thiamine 결핍증, pyruvate dehydrogenase 결핍증에서 젖산의 양이 증가하기 때문에 혈액의 pH가 산성으로 된다. Thiamine은 pyruvate dehydrogenase의 보조효소이므로 부족한 상태에서는 pyruvate가 축적되고 이것이 젖산으로 전환되므로 산증이 유발된다.

2 비, 비율

Liver, with a typically high NAD^+/NADH **ratio** (about 700), readily produces more glucose than it can use. Muscle that is vigorously exercising will enter anaerobiosis and show a decreasing NAD^+/NADH **ratio**, which favors reduction of pyruvate to lactate.

관 with 이유, favor(타) 유리하게 하다=(make more possible, facilitate)

해 간은 전형적으로 높은 NAD^+/NADH **비율** (약 700)을 가지고 있기 때문에, 자신이 사용할 수 있는 포도당보다 더 많은 포도당을 쉽게 생산한다. 격렬하게 운동 중인 근육은 무산소대사로 들어가기 때문에 감소되는 NAD^+/NADH **비율**을 보이게 될 것이며, 이것은 pyruvate가 젖산으로의 환원을 유리하도록 한다.

3 at a ~ of ....의 비(율)로

Anions of SDS bind to main chains at a **ratio** of about one SDS anion for every two amino acid residues.

관 bind(자) to ....에 결합하다, at a ratio of ....의 비율로, one .... for every two .... 2개마다 ... 한 개

해 SDS의 음이온들은 2개의 아미노산잔기 마다 한 개의 SDS 음이온의 **비율**로 주 사슬에 결합한다.

참 *at a ratio of* about one SDS anion *for* every two amino acid residues=*at a ratio of* about one SDS anion *per* every two amino acid residues

4 ~ of A and B=A와 B의 비(율)

The **ratio** of the intensities of red and green fluorescence over each spot indicates the relative expression of each gene in cells grown on each of the carbon sources.

관 indicate(타) 나타내다=(show, reveal, exhibit)

해 각 스폿 위에서 적색과 녹색 형광의 세기의 **비율**은 각각의 탄소원에서 배양된 세포들에서 얻은 각 유전자의 상대적인 발현을 나타낸다.

참 DNA microarray (DNA 미세분석) : 한 종류의 유전자가 두 종류의 서로 다른 세포에서 발현되는 상대적인 양을 측정하기 위하여, 각 세포의 유전자를 적색과 녹색의 형광으로 표지하여 동일한 양으로 혼성체 형성실험hybridization을 수행한다. 각 스폿에서 노란색 형광이 나타나면 두 시료에서 같은 양의 유전자가 발현된 것이고, 적색 혹은 녹색이면 해당 세포의 유전자들이 각각 더 많이 발현된 것이다. 이와 같이 각 스폿들의 형광의 상대적인 세기를 측정하여 상대적인 유전자의 발현 정도를 계산하여 분류한 결과로부터 암 진단 등에 이용할 수 있는 유용한 정보를 얻을 수 있다.

rational
18

형 이성적인, 합리적인

Rational therapy must be based on an understanding of the underlying biochemical reactions in normal and impaired individuals.

해 **합리적인** 치료법은 정상과 비정상적인 사람에게서 기반이 되고 있는 생화학적 반응의 이해에 기초를 두어야 한다.

rationale
14

명 이유, 이론적 근거

The **rationale** of this approach is illustrated in Figure 2.

해 이 방법의 **이론적 근거**가 그림 2에 삽화로 그려져 있다.

reach
80

타 **1** .... (양, 결정)에 도달하다

When RBCs **reach** the end of their life span, the globin is degraded to amino acids (which are reutilized in the body), the iron is released from heme and also reutilized, and the tetrapyrrole component of heme is converted to bilirubin, which is mainly excreted into the bowel via the bile.

관 life span 수명, be degraded to ....로 분해되다, be released 유리되다, be excreted 배설되다, via ....를 경유하여

해 적혈구가 수명의 다함에 **도달하면**, 그 globin은 (신체에서 재사용되는) 아미노산으로 분해되고,

철은 heme으로부터 유리되어 역시 재사용되며, 그리고 heme의 tetrapyrrole 구성성분은 주로 담즙을 경유하여 내장으로 분비되는 bilirubin으로 변환된다.

2 .... (장소)에 도달하다

After internalized LDL particles **reach** lysosomes, lysosomal proteases hydrolyze their surface apolipoproteins and lysosomal cholesteryl esterases hydrolyze their core cholesteryl esters.

해 내부로 들어온 LDL 알갱이들이 라이소솜에 **도달한** 후, 라이소솜의 단백질분해효소들은 그들의 표면 apolipoprotein을 가수분해하고 그리고 라이소솜의 cholesteryl esterase는 중심에 위치하는 cholesteryl ester을 가수분해한다.

3 ....(수준)에 도달하다

These rising serum levels of the MB (muscle-brain) fraction and, therefore, of the total creatine kinase (CK) **reach** their peak 12 to 36 hours later and usually return to normal within 3 to 5 days from the onset of the infarction.

관 return to normal 정상으로 돌아가다, the onset of the infarction 혈전의 발생

해 MB (근육-뇌) 분획의 상승한 혈청의 수준과, 이에 따른 전체 creatine kinase (CK)의 상승한 혈청의 수준은 혈전증의 발생으로부터 12에서 36시간 후에 최고치에 **도달하며** 그리고 보통 3에서 5일 이내에 정상으로 돌아간다.

reached

99

타 be ~ 도달되다, 도착되다

At the midpoint of any titration, a point of inflection **is reached** where the pH is equal to the pKa of the protonated group being titrated. For glycine, the pH at the midpoint is 2.34, thus its -COOH group has a pKa of 2.34.

관 titration 적정, inflection 곡선=curve, be equal to ....와 같다, protonated group 수소이온이 붙은 작용기

해 어느 적정반응에서라도 중앙점에서, 적정되고 있는 수소이온이 부착된 작용기의 pKa와 pH가 같아지는 곡선의 정점에 **도달된다**. Glycine에 대하여 그 중앙점에서의 pH가 2.34가 되며, 그래서 그 -COOH기는 2.34라는 pKa를 가진다.

react

81

자 1 반응하다

Some developing lymphocytes have the ability to **react** against our own tissues. Such self-reactive lymphocytes become programmed to die before they fully mature.

관 be programmed to die 죽도록 프로그램화되다, mature(자) 성숙되다

해 일부의 발생과정 중에 있는 림프세포는 우리 자신의 조직에 대항하여 **반응하는** 능력을 가지고 있다. 그러한 자가반응성 림프세포들은 완전히 성숙되기 전에 죽도록 프로그램화된다.

참 developing country 개발도상국, developed country 선진국

2 ~ with ....와 반응하다

Arsenite and mercuric ions **react with** –SH groups of lipoic acid and inhibit pyruvate dehydrogenase, as does a dietary deficiency of thiamin, allowing pyruvate to accumulate.

해 아비산염과 수은이온은 lipoic 산의 -SH기**와 반응하여**, 음식으로 섭취한 thiamin 결핍이 그러하듯이 pyruvate dehydrogenase를 저해하여, pyruvate를 축적하는 결과를 만든다.

타 반응시키다

To identify the cell-surface TGFβ receptors, investigators first **reacted** the purified growth factor with the radioisotope iodine-125 (^{125}I) under conditions such that the radioisotope covalently binds to exposed tyrosine residues.

관 identify 찾아내다=(discover, recognize), react(타) A with B, bind to ....와 결합하다

해 세포표면의 TGFβ 수용체를 찾아내기 위하여, 연구자들은 우선 정제된 성장인자를 방사성 동위원소가 노출된 tyrosine 잔기와 공유결합으로 결합하는 그러한 조건 하에서 방사성동위원소 iodine-125 (^{125}I)와 **반응시켰다**.

참 단백질에 I^{125}의 표지하기 : TGFβ 수용체를 찾기 위한 탐침자로 활용하기 위하여, 리간드에 방사

성동위원소 I^{125}를 붙인다. 이때 chloramine-T시약을 이용하여 I^{125}방사성동위원소를 tyrosine기에 공유결합으로 결합시킨다.

reactant 명 반응물

34

As the reaction products accumulate, the concentration of each **reactant** decreases and so does the reaction rate.

해 반응산물이 쌓이면서, 각각의 **반응물**의 농도는 감소하고 그리고 반응속도 또한 그렇게 된다.

reacted 타 be ~ 반응되다

127

The next amino acid, with its amino group blocked by a *tBoc* group and its carboxyl group activated with DCCD, is **reacted** with the aminoacyl-resin particle to form a peptide linkage, with elimination of DCCD as dicyclohexylurea.

해 *tBoc*기에 의해 보호된 아미노기와 DCCD로 활성화된 carboxyl기를 가진 다음에 반응할 아미노산이 펩티드 연결을 형성하기 위하여 dicyclohexylurea로써 DCCD를 제거하면서 aminoacyl 수지 알갱이와 **반응된다**.

참 고정상 펩티드의 합성 : 인공적으로 펩티드를 합성하는 기술이다. 수지알갱이에 carboxyl 말단의 아미노산을 최초로 붙인 후 차례로 N-말단 쪽으로 합성해 나간다. 이 과정에서 부작용 반응을 일으킬 수 있는 잔기들은 미리 차단하여 두고, 펩티드결합을 형성할 작용기만을 활성화시켜 연결한다. 그 후 보호용으로 첨가되었던 잔기를 가수분해하여 제거한다. 또한 분자량이 큰 수지에 붙어 합성되므로 각 반응물을 회수하는데 매우 용이하다.

reaction 명 반응

1036

The enzymes that catalyze the conversion of one or more compounds (substrates) into one or more different compounds (products) enhance the rates of the corresponding noncatalyzed **reaction** by factors of at least 10^6.

관 enzyme 효소, catalyze(타) 촉매하다, enhance(타) .... by factor of 10^6=....를 10^6배로 증진시킨다, corresponding ....에 해당하는, at least 적어도

해 한 종류 이상의 화합물(기질)을 하나 이상의 다른 화합물(산물)로 변환을 촉매하는 효소들은 해당하는 비촉매 **반응**의 속도를 적어도 10^6배로 증진시킨다.

reactive 형 (자극에) 반응성이 강한, 반응성의

145

Pyridoxal phosphate is synthesized from the vitamin B_6 pyridoxine. The **reactive** aldehyde group usually functions in enzyme-catalyzed reactions by forming a covalent bond with the amino groups on amino acids.

관 reactive 반응성이 강한, function(자) 기능하다

해 Pyridoxal phosphate은 비타민 B_6인 피리독신으로부터 합성된다. 그 **반응성이 강한** 알데히드 작용기는 일반적으로 효소에 의해 촉매되는 반응에서 아미노산들의 아미노기와의 공유결합을 형성함에 의하여 기능한다.

reactivity 명 반응성

119

The gaseous NO diffuses readily through membranes, although its high **reactivity** limits its range of diffusion to about a 1 mm radius from the site of synthesis. In humans NO plays a role in a range of physiological processes, including neurotransmission, blood clotting, and the control of blood pressure.

관 diffuse(자) through ....를 통과하여 확산되다, high reactivity 높은 반응성, limit(타) 제한하다

해 기체인 NO는 쉽게 막을 통과하여 확산되지만, 높은 **반응성**이 확산의 범위를 합성부위로부터 약 1 mm 반경으로 제한한다. NO는 사람에서 신경전달, 혈액응고 및 혈압의 조절을 포함하는 생리적 과정들의 영역에서 어떤 역할을 한다.

read 타 be ~ 판독되다, 읽히다

22

Human mitochondria **read** UGA as a codon for tryptophan rather than as a stop signal. Furthermore, AGA and AGG are **read** as stop signals rather than as codons for arginine.

관 read(타) .... as ....로 읽다, rather than 보다는 오히려

해 사람의 미토콘드리아는 UAG를 중단신호로써 보다는 오히려 tryptophan의 유전부호로써 **읽는다**. 더욱이, AGA와 AGG는 arginine 유전부호로써 보다는 중단신호로써 **판독된다**.

타 1 be ~ 표시되다 (측정 기기에서)

The intensity of the color, which is directly proportionate to the concentration of glucose in the patient's blood, is **read** on an instrument called a blood glucose monitor.

관 read(타) 표시하다=(indicate, show), is directly proportionate to 직접 비례하다

해 환자 혈액의 포도당 농도에 직접적으로 비례하는 색의 강도가 혈당측정기라 하는 기기에서 **표시된다**.

참 read의 예) The dial read 32°. 계기의 문자판은 32° 을 표시하고 있다.

2 be ~ out (데이터가) 확실하게 판독되다, 읽히다

The information in the template strand of the DNA is **read** out in the 3′ to 5′ direction.

해 DNA의 주형가닥에 있는 정보는 3′에서 5′의 방향으로 **확실하게 읽힌다**.

reading

165

형 읽는, 해독, 판독하는

In molecular genetics, an open **reading** frame (ORF) is a portion of an organism's genome which contains a sequence of bases that could potentially encode a protein.

해 분자유전학에서, open **reading** frame (ORF)이란 하나의 단백질을 잠재적으로 인코딩할 수 있을 염기의 서열을 포함하는 한 생명체의 유전체의 일부분이다.

readily

105

부 즉시, 쉽게

These model chimeric genes consist of a reporter gene that encodes a protein which can be **readily** assayed, a promoter that ensures accurate initiation of transcription, and the putative regulatory elements.

관 ensure(타) 보장하다=guarantee, putative 가상의, promoter 프로모터, reporter gene 리포터유전자

해 이들 모델의 잡종유전자는 **쉽게** 분석될 수 있는 단백질을 인코딩하는 리포터유전자, 전사반응의 정확한 시작을 보장하는 프로모터와 가상 조절요소들로 구성되어있다.

ready

10

형 1 ~ for ...에 대해 준비하는, 대비하는

The G_s protein has intrinsic GTPase activity. The active form, α_sGTP, is inactivated upon hydrolysis of the GTP to GDP; the trimeric Gs complex (αβγ) is then re-formed and is **ready** for another cycle of activation.

관 intrinsic 내재성의≠extrinsic 외인성의, upon hydrolysis 가수분해하면 곧, be ready for ....을 준비하다

해 G_s 단백질은 내재성의 GTPase 활성을 가지고 있다. 활성형인 α_sGTP는 GTP가 GDP로 가수분해되면 곧 불활성화된다; 그후 3량체인 Gs복합체 (αβγ)가 곧 재형성되고 그리고 또 다른 주기의 활성화**에 대해 준비한다**.

2 ~ to ....할 준비하는, 감별력 있는, 충분한 경험을 가진

The activated neutrophils are now **ready** to destroy the invaders by mechanisms that include production of active derivatives of oxygen.

해 활성화된 중성구세포들은 이제 산소의 활성유도체들의 생산을 포함하는 기전들에 의하여 침입체들을 파괴할 준비가 **된 상태이다**.

3 당장에 응하는, 재빠른

The presence of nucleosomes and of complexes of histones and DNA certainly provides a barrier against the **ready** association of transcription factors with specific DNA regions.

해 뉴크레오솜으로의 존재와 히스톤과 DNA의 복합체로의 존재는 특이한 DNA 영역과 전사인자의 **재빠른** 결합반응을 방해하는 장벽이 된다.

참 DNA nucleosome : 염색체 DNA는 진핵세포의 핵 속에서 히스톤단백질들과 복합체 상태인 뉴크레오솜 구조를 최소단위로 하여 빽빽하게 차있다. 이러한 빽빽한 구조는 DNA 전사반응을 방해하기 때문에, 전사반응이 일어나려면 패킹된 구조가 먼저 풀려야 한다.

real 124

형 1 실제의

In **real** life, organisms experience wide variations in their environments and must adapt or die.

해 **실제** 생활에서, 생명체들은 환경 속에서 광범위한 변화를 경험하면서 적응해야 하며 그렇지 않으면 죽는다.

2 진짜의

Phosphorylation of a Ser residue near the amino terminus of GSK3 converts that region of the protein to a *pseudo*substrate, which folds into the site at which the priming phosphorylated Ser residue normally binds. This prevents GSK3 from binding the priming site of a **real** substrate, thereby inactivating the enzyme.

관 prevent(타) .... from ....ing ....하는 것을 방해하다, priming (활성화되어) 준비된, pseudo-substrate 유사기질, real substrate 진짜기질

해 GSK3의 아미노말단 근처에 있는 Ser 잔기의 인산화는 단백질의 그 영역을 유사기질로 전환시키고, 그 결과 활성화한 인산화된 Ser 잔기가 정상적으로 결합하는 부위 안쪽으로 접힌다. 이것은 GSK3가 **진짜** 기질의 준비된 자리에 결합하는 것을 방해하며, 그로 인해 효소를 저해할 수 있다.

참 GSK3 (glycogen synthase kinase 3) : Glycogen synthase(GS) a는 활성형으로 C-말단에 3개의 Ser기를 가지고 있으며 GSK3에 의하여 인산화된다. 이 인산화반응으로 GS는 불활성 GS b로 전환된다. GS의 활성을 조절하는 인산화효소가 GSK3이다.

real time, real data, real image, real experiment

해 실시간, 실제 데이터, 실제 이미지, 실제 실험

reality 5

명 1 실체, 사실, 진실

In 1953 James D. Watson and Francis Crick deduced the double-helical structure of DNA and proposed a structural basis for its precise replication. Their proposal illuminated the molecular **reality** behind the idea of a gene.

관 propose(타) 제안하다, behind 뒷받침하는=in support of, illuminate(타) 명확하게 하다 =(illustrate, explain)

해 1953년 James D Watson과 Francis Crick은 DNA의 2중 나선구조를 유추하여 정확한 복제의 구조적인 기반을 제안하였다. 그들의 제안은 유전자의 개념을 뒷받침하는 분자수준의 **실체**를 명확하게 하였다.

2 in ~ 실제로, 사실

The bits of nucleic acid in viruses are, in **reality**, mobile elements of genetic information. The protein coat serves to protect the nucleic acid and allows it to gain entry to the cells that are its specific hosts.

관 bit 작은 부분=small piece, in reality 사실=(in fact, actually), mobile element 이동성 유전요소, gain entry to ....에 침입하다

해 바이러스에 존재하는 핵산의 작은 부분이 **실제적으로** 유전정보의 이동성 요소를 구성하고 있다. 단백질 코트는 핵산을 보호하는 기능을 하고 또한 특이 숙주인 세포에 들어감을 가능하도록 한다.

realization 2

명 이해, 깨달음

What is the molecular basis for the sensation of pain? An intriguing clue came from the **realization** that capsaicin, the chemical responsible for the "hot" taste of spicy food, activates nociceptors.

관 molecular basis for ....에 대한 분자수준의 근거, intriguing 흥미로운=(fascinating, curious), be responsible for 책임을 지다

해 통증의 감각에 대한 분자수준의 근거는 무엇인가? 흥미로운 단서는 매운 음식의 "매운" 맛에 책임이 있는 화학물질인 capsaicin이 nociceptor를 활성화한다는 것의 **이해**로부터 나왔다.

참 nociceptor : 신경신호를 척수와 뇌에 전달하여서 잠정적으로 손상을 줄 정도로 강력한 자극에 반응하는 감각수용체를 말한다.

realize 타 1 깨닫다

6

The recent death of his 45-year-old brother of a heart attack had made him **realize** that he must pay more attention to his health.

관 make(사역) .... realize that ....를 깨닫도록 만들다, heart attack 심장마비, pay attention to 주의를 기우리다

해 그의 45세 된 형의 심장마비에 의한 최근의 죽음은 자신의 건강에 더 많은 주의를 기울려야한다는 것을 확실하게 **깨닫**도록 만들었다.

2 이해하다, 깨닫다, 실제를 알다

It is sufficient for now to **realize** that, in neutral solution (pH 7), the carboxyl group exists as $-COO^-$ and the amino group as $-NH_3^+$.

관 for now 지금=for the present time, realize(타) 실제적으로 어떤가를 알다=make realistic

해 이제 중성용액 (pH 7)에서, carboxyl기는 $-COO^-$ 으로 그리고 아미노기는 $-NH_3^+$로 존재한다는 것을 **깨닫기**에 충분하다.

realized 타 be ~ 알려지다, 깨닫게 되다

3

At one time homologous recombination was thought to be a minor repair process in human cells. This changed when it was **realized** that several human cancers are potentiated by inherited mutations in genes essential for homologous recombination repair.

관 homologous recombination상동재조합반응, be thought to ....인 것으로 생각되다, potentiate(타) 일어날 가능성을 높이다=(promote a biochemical action or effect)

해 한 때는, 상동재조합반응이 사람세포에서 어떤 중요하지 않은 수리과정으로 생각되었다. 이 생각은 몇 종의 사람 암들이 상동재조합반응의 수리과정에 필수적인 유전자에서 유전되는 돌연변이에 의하여 일어날 가능성이 커진다는 **사실이 알려지게** 되었을 때, 바뀌었다.

참 상동재조합반응homologous recombination : 두 개의 유사한 혹은 동일한 DNA 가닥 사이에서 서열의 일부가 서로 교환되어 교차짝짓기를 한 후 재조합 DNA가 형성되는 현상이다. 이 기전은 진핵세포의 체세포분열에서는 손상된 DNA를 수리하는 역할을 하고, 생식세포분열에서는 전기에 염색체의 교차crossover을 통한 유전물질의 교환기능을 한다.

really 부 정말로, 실제로

8

Gene-sequence changes that are harmful will be lost from a population of organisms because the affected individuals cannot survive as well as their relatives. Thus the selection of whole organisms for survival is **really** a selection of genes, or more accurately sets of genes. This selection process is exactly what Darwin described without knowing the underlying mechanisms that cause organisms to vary.

관 be lost from ....로부터 소실되다, affected individual (나쁜) 영향을 받은 개체, survive(자) 살아남다, cause(타) .... to ...하도록 만들다, be exactly what .... 바로 .... 그것이다

해 유전자서열의 유해한 변화는 영향을 받은 개체들이 생존할 수 없을 뿐만 아니라 그들의 친족들 조차도 또한 그러할 것이기 때문에, 생명체의 집단으로부터 소실될 것이다. 그래서 생존을 위한 전체 생명체의 선택이란 **정말로** 유전자나 혹은 더 정확하게 유전자들로 이루어진 세트의 선택이기도 하다. 이 선택과정은 생명체를 변하도록 만드는 바탕기전에 대한 지식이 없었던 상황에서 다이윈이 서술하였던 것과 정확하게 일치한다.

reason 명 1 ~ for 이유, 설명

83

The **reason** for the cholesterol-lowering effect of polyunsaturated fatty acids is still not fully understood.

관 lower(타) 낮추다=reduce in value, is still not fully understood 아직 완전히 알려져 있지 않다

해 다중불포화지방산의 콜레스테롤을 낮추는 효과에 대한 이유는 아직 완전히 이해되지 않은 상태

이다.

참 reason과 reasoning의 차이점 : reason은 단순한 이유를 나타내고, 반면에 후자 reasoning은 모든 사실에 대하여 생각한 후 어떤 결론에 도달하기까지의 과정을 표현한다.

2 ~ why ....한 이유

The discovery of interrupted genes in 1977 was entirely unexpected. Previous studies in bacteria had shown that their genes are composed of a continuous string of the nucleotides needed to encode the amino acids of a protein, and there seemed to be no obvious **reason** why a gene should be organized in any other way.

관 had shown <과거분사 계속> 밝혀진 시점 이전에 계속 그렇게 보고되어왔음을 표현, be organized in a way 어떤 방식으로 조직화되다, reason why .... 에 대한 이유 <관계부사>

해 1977년에 비연속적인 유전자의 발견은 전적으로 기대하지 않은 것이었다. 박테리아에서의 이전 연구들은 유전자들이 단백질을 구성하는 아미노산들을 인코딩하는데 필요한 뉴크레오티드들의 하나의 연속된 일직선형으로 구성되어있음을 보여줘 왔기 때문에, 그래서 하나의 유전자가 어떤 다른 방법으로 조직화되어야 할 명확한 **이유**가 결코 없는 것처럼 보였다.

3 for this ~ 이런 이유로

The dinucleotide CG is statistically underrepresented in vertebrate DNAs, and the presence of a CG-rich region, or CpG island, just upstream from a start site is a distinctly nonrandom distribution. For this **reason**, the presence of a CpG island in genomic DNA suggests that it may contain a transcription-initiation region.

관 be statistically underrepresented 통계적으로 과소 분포되다, just upstream from ....로부터 바로 위쪽에, distinctly 명확하게=clearly, CpG island CpG섬서열

해 2개의 뉴크레오티드CG는 척추동물의 DNA에서 통계적으로 과소 분포되어있는 상태이고, 그리고 어떤 개시자리로부터 바로 위쪽에 있는 CG가 풍부한 영역이나, 혹은 CpG섬 서열의 존재는 명확하게 무작위적이 아닌 분포로 되어있다. **이런 이유로**, 유전체 DNA에서 CpG섬 서열이 존재하고 있음은 그것이 전사개시 영역을 포함하고 있을 수도 있다는 것을 암시한다.

참 reason과 cause의 차이점 : 어떤 일이 일어난 reason이란 왜 그 일이 일어났느냐를 표현할 때 사용하고, 어떤 일이 일어난 cause는 결과적으로 어떤 일이 일어난 요인 (factor)를 의미한다고 한다. The *cause* of the accident was the heavy rain. 그 사고의 원인은 폭우이었다. 즉 그 결과를 낳은 것은 폭우가 요인 (factor)임을 표현한 것이고, The *reason* why I love you is that you're so kind. 너를 사랑하는 이유는 바로 너무나 친절하기 때문이다.

reasoned 타 be ~ 이유를 찾다, 이유를 알아보다

17

Since these two residues are the targets of Syk, we **reasoned** that Syk might play a role in the translocation of Hematopoietic lineage cell-specific protein 1 into lipid rafts as well.

관 be the targets of ....의 표적들이 되다; .... 반응을 받게 되다, as well 마찬가지로, translocation .... into ....로의 위치 옮김, lipid raft 지질반, Hematopoietic lineage cell-specific protein 조혈세포주 특이단백질

해 이 2개의 잔기들이 Syk의 반응을 받기 때문에, 우리는 Syk가 아마도 조혈세포주 특이단백질 1의 지질반으로의 위치옮김에서와 마찬가지로 어떤 역할을 할 수도 있다는 **이유를 알아보았다**.

참 as, since, because의 차이점 : 접속사 as와 since는 표현하려는 정보가 이미 말하는 사람이나 듣는 사람이 알고 있으며 문장 상에서 중요하지 않을 때 사용하고, 반면에 because는 정보가 아무도 모르는 새로운 것일 경우에 사용.

예) *As* its raining again, we'll have to stay at home.
Since he had not paid his bill, his electricity was cut off.
Because I was ill for six months, I lost my job.

reasoning 명 결론에 도달하기까지의 과정

8

The binding of glucose to hexokinase causes a fifty fold increase in the affinity of the enzyme for ATP. The *reason* is easy to see. When ATP alone binds to hexokinase, some of the binding energy must be used to close up the cleft; this energy is not required, however, if glucose binding has already induced this shape change. By the same **reasoning**, one would predict that glucose would bind more tightly to hexokinase when ATP is present than when it is absent.

관 cause(타) 결과를 만들다=result in, see=understand, close up 완전히 닫다, would 결과

해 Glucose의 hexokinase와의 결합은 그 효소의 ATP에 대한 친화력이 50배 증가의 결과를 만든다. 그 *이유*는 쉽게 이해된다. ATP만이 hexokinase에 결합하면, 결합에너지의 일부가 효소의 틈을 완전히 닫는데 사용되어야 하지만; 그러나 glucose의 결합으로 이미 이 모양의 변화가 유도되었다면, 이 에너지는 이제 필요하지 않는다. 이 동일한 **결과가 나타난 과정의 이유**에 의해, 결과적으로 glucose는 ATP가 존재할 때가 없을 때보다 hexokinase에 더욱 단단하게 결합할 것임을 예측할 수 있을 것이다.

참 - 다음 문장 'this energy is not required, however, if glucose binding *has already induced* this shape change.'에서 주절은 현재형을, 종속절은 현재완료형으로 표현되어있는데, 이것은 ATP가 결합하는 '현재'보다 먼저 glucose가 결합하여 그 결과가 나타났음을 표현하고 있기 때문에 '현재완료'가 사용되었다.

- Reason과 Reasoning의 차이점 **:** *Reasoning* is the process by which you reach a conclusion after thinking about all the facts.

reasonable

형 1 합리적인, 논리적인, 현명한

22

The most **reasonable** explanation is that the inhibitor is binding at a site distinct from the active site, yet is influencing the binding of substrate at the active site.

관 be distinct from (두 개를 비교하여)....와 다르다, yet 여전히; 아직도=(still more, even), influence(타) 영향을 주다

해 가장 **합리적인** 설명은 저해제가 활성화자리와는 다른 어떤 자리에 결합하고 있으면서도, 아직도 활성화자리에서의 기질의 결합에 영향을 끼칠 수 있다는 것이다.

참 효소의 저해제inhibitor : 효소활성을 저해하는 저해제는 경쟁적competitive 저해제와 비경쟁적 noncompetitive 저해제로 나눌 수 있다. 전자는 기질과 구조가 비슷하여 기질과 마찬가지로 활성화자리에 결합하므로, 기질과 경쟁하여 저해효과를 나타낸다. 이에 반해, 후자는 기질과 구조적으로 유사함이 없기 때문에, 활성화자리 이외의 다른 부위에 결합하여 효소의 활성화자리의 구조를 변화시켜 기질의 결합을 방해한다.

2 믿을 수 있는

When an appropriate donor is available, bone marrow transplantation can be performed with a **reasonable** degree of success.

관 be available 가능하다, bone marrow 골수, be performed 수행되다, reasonable 믿을 수 있는 =credible

해 적절한 공여자가 있으면, **믿을 수 있을** 정도의 성공률로 골수이식이 수행될 수 있다.

참 골수bone marrow : 뼈의 중앙부에서 발견되는 연질조직으로 조혈줄기세포hematopoietic stem cell들이 있어서 새로운 혈구세포들을 생산한다. 골수이식을 할 때는 방사선이나 약물로 기존의 불완전한 골수를 사멸시킨 후 새 골수를 이식한다.

reasonably

부 1 합리적으로

10

One might **reasonably** assume that, if mitochondria undergo a major depolarization, the cells will proceed to die, and if this depolarization is linked to death, prevention of depolarization should prevent death.

관 proceed(타) 시작하다=begin to carry on a process, A undergo(타) B=A에서 B가 일어나다, 수행되다, prevent(타) 예방하다, be linked to ....와 연결되다, depolarization 탈분극

해 일반적으로 만약 미토콘드리아에서 주된 탈분극이 일어나면, 그 세포는 죽게 되는 과정을 시작할 것이다, 그래서 만약 이 탈분극이 죽음과 연결되어있다면, 탈분극의 억제는 죽음을 방지할 것으로 **합리적으로** 가정할 수도 있을 것이다.

참 Depolarization of mitochondria : 소포체의 탈분극화란 미토콘드리아 막이 음의 하전상태로 있던 휴지기의 막전위에서 양으로 하전된 상태로 변화하는 것을 탈분극화되었다고 한다. 이때 소포체의 기능이 손상되어 세포의 죽음을 초래할 수 있게 된다.

2 믿을 수 있을 만큼, 합리적으로

C-peptide is not cleared from the blood as rapidly as insulin. Therefore, it provides a **reasonably** accurate estimate of the rate of insulin secretion.

관 clear(타) 제거하다=get rid of, as rapidly as insulin 동등비교, *reasonably*(부) accurate 형용사를 수식

해 C-펩티드는 인슐린처럼 신속하게 혈액으로부터 제거되지 않는다. 그러므로 그것은 인슐린 분비 속도의 **믿을 수 있을 만큼** 정확한 측정치를 제공한다.

참 C-peptide : connecting-peptide의 준말로, 인슐린 전구체인 proinsulin이 인슐린으로 활성화될 때 유리되는 펩티드 조각이다. 당뇨성 신장염을 방지하는 역할을 하는 것으로 알려져 있다.

receive 타 받다

295

Neurons consist of a cell body (soma) from which long (axons) and short (dendrites) extensions protrude. Dendrites **receive** information from the axons of other neurons, whereas the axons transmit information to other neurons. The axon–dendrite connection is known as a synapse

관 extension 연장부, protrude(자) 튀어나오다, transmit(타).... to ....로 전달하다, soma 몸체

해 신경원은 긴 (축삭)과 짧은 (수상돌기)연장부들이 돌출한 세포의 몸체로 구성되어있다. 수상돌기들은 다른 신경세포의 축삭으로부터의 정보를 **받아들이며**, 반면에 축삭은 정보를 다른 신경세포로 전달한다. 그 축삭과 수상돌기의 연결부가 시냅스로 알려져 있다.

received 타 be ~ 받아들이다

A living cell continuously monitors its surroundings and adjusts its own activities and composition accordingly. Cells also communicate by deliberately sending signals that can be **received** and interpreted by other cells.

관 continuously 계속하여, adjust(타) 조정하다=harmonize, accordingly 이에 따라, deliberately 의도적으로=(intentionally, purposefully)

해 살아있는 세포는 계속하여 자신의 주위를 모니터링하여 자신의 활동과 조성을 이에 따라 조정한다. 세포는 또한 다른 세포들에 의하여 **받아들여** 해석될 수 있는 신호를 계획적으로 내보내어 교신하기도 한다

recent 형 최근의

296

It was long assumed that all enzymes are proteins. However, in **recent** years, more and more instances of biological catalysis by RNA molecules have been discovered.

관 more and more 점점 더 많은, have been discovered <현재완료 계속>

해 모든 효소가 단백질이라는 사실은 오랫동안 가정되었다. 그러나 **최근** 몇 년에 걸쳐, RNA분자에 의한 생물학적 촉매반응의 점점 더 많은 실례들이 발견되어왔다.

참 현재완료와 과거의 차이 : I lived in Jinju for two years. '과거에 2년 진주에 살았다.'로 현재의 상황은 알 수 없는 표현이다. 반면에 I have lived in Jinju for two years. 현재완료의 표현은 현재까지도 계속하여 살고 있음을 의미한다.

recently 부 1 최근에 (전치사 다음에)

426

Until **recently**, the only proteins in a cell that could be studied easily were the relatively abundant ones. Starting with several hundred grams of cells, a major protein can be purified by sequential chromatography steps to yield perhaps 0.1 g (100 mg) of pure protein.

관 start with ....로 시작하다=begin with, to yield <부정사> 결과 ....이 나오다

해 **최근**까지 쉽게 연구될 수 있었던 세포의 유일한 단백질은 비교적 양이 많은 것들이었다. 수백 그램의 세포로 시작하지만, 어떤 주된 단백질은 순차적인 크로마토그라피 단계에 의해서 정제되면, 대략 0.1 g (100 mg)의 순수한 단백질을 얻는다.

2 최근에 (형용사 앞에서 형용사를 수식)

Some proteins play a **recently** discovered role in the complex pathways of cellular response to hormones and growth factors. These proteins, the scaffold or adapter proteins, have a modular organization in which specific parts (modules) of the protein's structure recognize and bind certain structural elements in other proteins through protein–protein interactions.

해 일부 단백질들은 호르몬과 성장인자에 대한 세포의 반응과 같은 복잡한 경로에서 **최근에** 밝혀진 어떤 역할을 한다. 지지대scaffold나 혹은 어댑터 단백질인 이들 단백질은 단백질 구조의 특이한 부분들 (모듈들)이 단백질과 단백질의 상호반응을 통하여 다른 단백질들에 존재하는 구조를 이루는 요소들을 인식하여 결합하는 모듈화된 구조를 가지고 있다.

reciprocal
23

명 (수학) 역수

K_d, the dissociation constant for ligand-protein binding, is the **reciprocal** of K_a, the association constant.

관 be the reciprocal of ....의 역수이다

해 리간드와 단백질 결합을 위한 해리상수 K_d는 결합상수 K_a의 **역수**이다.

형 상호 (간)의, 역수관계의

The Philadelphia chromosome results from a **reciprocal** translocation between the long arms of chromosome 9 and 22.

해 필라델피아 염색체는 염색체 9번과 22번의 긴 팔 부위들 사이에서 **상호간** 전위의 결과로부터 생성된다.

참 필라델피아 염색체 : CML형의 백혈병을 유발하는 전위된 염색체이다. consequence 참조

recognition
211

명 인지, 인식(반응)

The **recognition** of substrates by enzymes is accompanied by conformational changes at active sites, and such changes facilitate the formation of the transition state.

해 효소에 의한 기질의 **인식반응**은 활성화자리에서의 입체구조의 변화에 의하여 일어나고, 그러한 변화는 전이상태의 형성을 촉진한다.

참 전이상태transition state : 효소의 촉매과정에서 기질이 효소에 의해 작용을 받아 가장 반응성이 강해진 반면 불안정해진 상태로 바뀌는데, 이 상태를 전이상태라고 한다. 효소는 에너지가 가장 높아 불안정해진 이 전이상태의 구조를 안정화시킬 수 있는 능력이 있기 때문에 촉매작용의 수행이 가능해진다.

recognizable
15

형 알아볼 수 있는

Hereditary elliptocytosis is a genetic disorder that is similar to hereditary spherocytosis except that affected red blood cells assume an elliptic, disk-like shape, **recognizable** by microscopy.

해 유전성 타원형 적혈구증은 하나의 유전질환으로, 앓고 있는 적혈구세포들이 현미경으로 **알아 볼 수 있는** 타원형 디스크와 같은 형태를 취하는 것을 제외하고 유전성 구상적혈구증과 유사하다.

recognize
180

타 1 ~ .... as ....로써 인식하다

These many different unique units determine the antigenicity of the bacteria; that is, animal immune systems **recognize** them as foreign substances and raise antibodies against them.

관 antigenicity 항원성, recognize(타) .... as ....로써 인식하다, raise(타) antibodies against ....에 대한 항체의 양을 증가시키다

해 이 많은 서로 다른 특유의 단위소들이 박테리아의 항원성을 결정한다; 즉 동물의 면역계는 그들을 외부물질**로써 인식하여** 그들에 대항하는 항체의 양을 증가시킨다.

2 인식하다

The enzyme and the substrate molecules "**recognize**" each other through this structural complementarity.

관 recognize(타) each other 서로를 인식하다, complementarity 상보성 (열쇠와 자물쇠의 관계와 같은)

해 효소와 기질분자는 구조적인 상보성을 통하여 서로를 **인식한다**.

recognized
236

타 1 be ~ 인식되다

The tripeptide RGD sequence (Arg-Gly-Asp), found in fibronectins and some other matrix proteins, is **recognized** by several integrins.

해 3개의 아미노산 RGD (Arg-Gly-Asp)의 펩티드서열은 fibronectin과 일부 다른 기질 단백질에서 발견되며, 몇 종의 integrin에 의하여 **인식된다**.

2 be ~ 발견되다, 인지되다

Termed a zinc finger, this structural motif was first **recognized** in DNA-binding domains but now is known to occur also in proteins that do not bind to DNA.

관 recognize(타) 발견하다=(identify, discover), be known to ....하는 것으로 알려져 있다, occur(자) 존재하다=(exist, appear)

해 Zinc finger로 명명된 이 구조모티브는 DNA 결합도메인에서 최초로 **발견되었지만**, 그러나 이제는 DNA와 결합하지 않는 단백질에서도 역시 존재하는 것으로 알려져 있다.

recombinant

934

형 재조합의

Cells in which this **recombinant** DNA has been introduced will synthesize the chimeric protein whose green fluorescence reveals the subcellular location of the protein of interest.

관 be introduced in ....안으로 도입되다, reveal(타) 새로 밝히다=(show, disclose), subcellular 세포내의=contained within a cell

해 이 **재조합** DNA가 도입된 세포들은 관심 있는 단백질의 세포내에서의 위치를 밝혀줄 녹색형광을 띠는 잡종단백질을 합성할 것이다.

recombination

44

명 재조합

The *loxP*-Cre **recombination** system permits production of mice in which a gene is knocked out in a specific tissue.

해 *loxP*-Cre **재조합**시스템은 특정 조직에서 어떤 유전자가 녹아웃되는 생쥐의 생산을 가능하도록 한다.

참 *loxP*-Cre 재조합시스템 : 유전체 DNA의 특정 부위와 특정 세포조직에서 재조합반응이 일어나도록 조절할 수 있는 유전자 조작도구이다. 녹아웃동물에 효소Cre (cylization recombination) recombinase와 이 효소가 특이적으로 결합할 수 있는 *LoxP* (locus of X-over P1 bacteriophate) 서열을 가지도록 하여 재조합을 진행한다.

recover

37

자 회복하다

Whereas a trained athlete can **recover** from a 100 m sprint in 30 min or less, an alligator may require many hours of rest and extra oxygen consumption to clear the excess lactate from its blood and regenerate muscle glycogen after a burst of activity.

관 recover from ....로부터 회복하다, clear(타) 제거하다=(get rid of, remove)

해 훈련된 육상선수는 100 m 달리기로부터 대략 30분 이내에서 **회복할** 수 있는 반면에, 악어는 급격한 활동 후에 과량의 젖산을 혈액으로부터 제거하고 근육의 글리코겐을 다시 만들기 위하여, 많은 시간의 휴식과 과한 양의 산소의 사용이 필요할 수도 있다.

타 회수하다

The kidney has an ATP consumption per gram of tissue similar to that of the heart and is using this ATP largely for transport work to **recover** usable nutrients and maintain pH and electrolyte balance.

해 신장은 조직 1 g 당 심장의 소비량과 유사한 ATP를 사용하며, 이 ATP를 사용가능한 영양분을 **회수하고** 그리고 pH와 전해질균형을 유지하기 위한 수송작업에 주로 사용한다.

recovered

172

타 be ~ 회수되다, 되찾게 되다

Bacterial colonies (phage plaques) containing clones bearing target DNA are identified on the film and can be **recovered** from the master plate.

해 표적 DNA를 가지고 있는 클론을 함유하는 박테리아의 콜로니 (파이지의 프라그)들이 필름 상에서 확인되면 원본접시로부터 **되찾을** 수 있다.

recovery

명 회복

132 When oxygen is admitted, aerobic **recovery** takes place and lactate disappears.

관 admit(타) 주입하다=allow to enter, take place 일어나다=occur

해 산소가 주입되면, 유산소에 의한 **회복**이 일어나 젖산이 사라진다.

recur 자 재발하다, 한 번이상 더 발생하다

12 Her cardiologist told her she had developed multiple premature contractions of the ventricular muscle of her heart as the clots were being lysed. This process *could have led* to a life-threatening arrhythmia known as ventricular fibrillation. However, her arrhythmia responded quickly to pharmacologic suppression and did not **recur** during the remainder of her hospitalization.

관 could (should) have+pp 과거의 하지 못한 일에 대한 아쉬움 두려움을 표시, arrhythmia 부정맥 =irregular heartbeat, ventricular fibrillation 심실세동

해 그녀의 심장 주치의는 혈전이 용해되면서, 심장의 심실근육에 다발성 조기수축이 발생하였다고 설명해 주었다. 이 과정은 생명을 위협하는 심실세동 (잔떨림)이라고 알려진 부정맥을 초래했었을 수도 있었다. 그러나 그 부정맥은 약물에 의한 저해에 신속하게 반응하였기 때문에 입원해 있는 잔여기간 동안 **재발하지** 않았다.

recurrence 명 재발

48 Estrogens appear to act as natural tumor promoters in cancer of the breast, and treatment with an estrogen antagonist, such as the drug tamoxifen, is effective in many breast cancer patients in preventing or delaying **recurrence** of the disease.

관 act as ....로 작용하다, be effective 기대했던 효과를 보다=have an intended effect, treatment 치료(법), delay(타) 지연시키다

해 Estrogen은 유방암에서 자연적인 종양촉진제로써 작용하는 것 같아 보이기 때문에, estrogen 길항제인 tamoxifen과 같은 약물로의 치료는 많은 유방암 환자에서 그 병의 **재발**을 예방하거나 지연시키는데 기대했던 효과를 보게 되었다.

recurrent 형 재발성의, 정기적으로 되풀이 되는

47 In patients who have severe and **recurrent** episodes of increased red blood cell destruction (hemolytic anemia), greater than normal amounts of the red cell pigment heme must be processed by the liver and spleen. In these organs, heme is degraded to bilirubin, which is excreted by the liver in the bile.

관 episode 진행과정 중의 발병, recurrent 재발성의, hemolytic anemia 용혈성 빈혈, be excreted in ....로 배설되다

해 심하게 증가된 적혈구의 파괴 (용혈성 빈혈)와 같은 **재발성의** 연속된 발병을 보이는 환자에서, 적혈구색소인 heme이 정상보다 훨씬 더 많은 양으로 간과 비장에 의하여 처리되어야만 한다. 이들 장기에서 heme은 간에 의하여 담즙으로 배설되는 빌리루빈으로 분해된다.

recycle 자 재순환되다

6 Eventually the internalized receptors become dephosphorylated in endosomes, β-arrestin dissociates, and the resensitized receptors **recycle** to the cell surface, similar to recycling of the LDL receptor.

관 internalized 안으로 들어온, recycle to ....로 재순환하다, be similar to ....와 유사하다

해 궁극적으로 안으로 들어온 수용체들은 endosome에서 탈인산화되고, β-arrestin도 해리되며 그리고 LDL 수용체의 재순환과 유사하게, 재감작된 수용체들도 세포의 표면으로 **재순환한다**.

타 재활용하다

Autophagy is often a regulated process and is typically induced in cells placed under conditions of starvation or other types of stress, allowing the cell to **recycle** macromolecules for use as nutrients.

해 자가포식이란 자주 조절되는 과정으로, 기아상태나 혹은 다른 형태의 스트레스 환경에 놓인 세포에서 전형적으로 유도되어, 그 세포가 거대분자들은 **재활용하여** 영양물질로 사용하는 것을 가능하도록 한다.

참 자가포식autophagy : 세포의 세포질이나 혹은 전체 소기관들을 다량으로 lysosome으로 전달하여 분해되도록 하는 반응이다. 분해된 산물은 세포의 영양물질로 재활용되기도 한다.

recycled
2

타 be ~ 재순환되다

Most receptor-ligand complexes dissociate in the acidic milieu of the late endosome; the receptors are **recycled** to the plasma membrane, while the ligands are sorted to lysosomes.

관 dissociate(자) 해리되다, be recycled to ....로 재순환되다, be sorted to ....로 분류되어 보내지다

해 대부분의 수용체와 리간드 복합체들은 후기 엔도솜의 산성인 환경에서 해리된다; 그 수용체는 세포막으로 **재순환되고**, 반면에 리간드는 lysosome으로 분류되어 보내진다.

참 Endosome은 세포의 구성물질의 분해를 위해 사용되는 lysosome으로 보내지기 전에 이들을 분류하는 소기관이다. 예를 들면, LDL지단백질이 수용체와 결합하여 세포 안으로 받아들여질 때, 초기 enodosome에 도달하면, LDL은 수용체로부터 해리되고, 재생된 수용체는 세포표면으로 보내져 재활용된다. 그러나 endosome에 남겨진 LDL은 처리를 위하여 lysosome으로 전달된다.

recycling
60

명 재순환, 재활용

Two types of drugs are widely used for treating or preventing atherosclerosis: statins, which reduce cholesterol biosynthesis by inhibiting HMG-CoA reductase, and bile acid sequestrants, which prevent the enterohepatic **recycling** of bile acids from the intestine to the liver.

관 prevent(타) 예방하다, enterohepatic 간으로부터 소장으로 순환하는; 장간의, bile acid sequestrant 담즙산 제거제

해 두 종류의 약물이 죽상동맥경화증을 치료하거나 혹은 예방하기 위한 목적으로 널리 사용되고 있다; 즉 HMG-CoA reductase을 저해하여 콜레스테롤 생합성을 감소시키는 statin류와 소장에서 간으로의 담즙산의 장과 간의 **재순환**을 방지하는 담즙산 제거제이다.

redox
87

명 산화환원 (reduction-oxidation)의

The **redox** carriers are grouped into respiratory chain complexes in the inner mitochondrial membrane.

관 be grouped 집단화되어있다=(be assembled, be gathered)

해 **산화환원용** 전달체들이 미토콘드리아 내막에서 호흡사슬 복합체로 집단화되어있다.

reduce
358

타 1 감소시키다

Chemists and biochemists have long sought a means of *reducing* serum cholesterol levels to **reduce** the risk of heart attack and cardiovascular disease.

관 means 방법=(method, way), the risk of heart attack 심장마비의 위험성, cardiovascular disease 심혈관계 질환

해 화학자와 생화학자들은 심장마비와 심혈관계 질환의 위험성을 감소시키기 위하여, 혈청의 콜레스테롤 수준을 **감소시키**는 어떤 방법을 오랫동안 찾아왔다.

2 환원하다

Frequent analysis of **reducing** sugars in diabetic patients is an important part of the diagnosis and treatment of *diabetes mellitus*. Over-the-counter kits for the easy and rapid determination of **reducing** sugars have made this procedure a simple one for diabetics.

관 determination 측정, over-the-counter 의사의 처방 없이 구입할 수 있는

해 당뇨환자에서 **환원**당의 빈번한 분석은 당뇨병의 진단과 치료의 중요한 부분이다. **환원**당의 쉽고 신속한 측정을 위하여 의사의 처방 없이 구입할 수 있는 도구들은 당뇨환자들에게 이 절차를 간편한 것으로 만들었다.

reduced
728

타 1 be ~ 감소되다

For instance, if the concentration of Na^+ ions in the solution bathing the squid axon is **reduced** to one-third of normal, the magnitude of the depolarization is **reduced** by 40 mV, nearly as predicted.

관 bathe(타) 담다, one-third of ....의 1/3, be reduced by+양 ....까지 감소되다

해 예를 들면 오징어의 축삭을 담고 있는 용액 속의 Na^+ 이온의 농도가 정상의 1/3로 **감소되**면, 거의 예측된 것과 같이 탈분극의 크기는 40 mV까지 **감소된다**.

2 be ~ 환원되다

FAD (flavin adenine dinucleotide) is **reduced** to $FADH_2$ by addition of two electrons and two protons.

해 FAD (flavin adenine dinucleotide)는 2개의 전자와 2개의 양성자의 부가에 의하여 $FADH_2$로 **환원된다**.

reductant 명 환원제

3

The **reductant** in fatty acid synthesis is NADPH, whereas the oxidants in fatty acid degradation are NAD^+ and FAD.

해 지방산 합성에서의 **환원제**는 NADPH이고, 반면에 지방산 분해에서의 산화제는 NAD^+와 FAD이다.

reduction 명 감소, 환원반응

360

Administration of G-CSF to cancer patients helps offset the **reduction** in granulocyte production caused by chemotherapeutic agents, thereby protecting patients against serious infection while they are receiving chemotherapy.

관 be caused by ....에 의해 초래되다, offset(타) 보충하다=(compensate, balance)

해 G-CSF의 암환자에의 투여는 화학요법제에 의하여 초래되는 과립구세포의 생산에서의 **감소**를 보충하는데 도움을 주며, 그로인해 화합요법을 받고 있는 동안 심각한 감염에 대항하여 환자들을 보호할 수 있다.

참 Granulocyte colony-stimulating factor (G-CSF) : 당단백질이며, 성장인자나 cytokine의 일종으로, 내피세포, 거대식세포와 여러 면역세포들에 의하여 생산된다. G-CSF는 전구세포의 수용체에 결합하여, 골수 속의 전구세포가 성숙한 과립구세포granulocyte로 증식하여 분화하도록 자극하는 기능을 가지고 있다.

reductive 형 환원의, 환원형의

28

The oxidative reactions of the pentose phosphate pathway are the chief source of the hydrogen required for the **reductive** synthesis of fatty acids.

해 오탄당인산경로의 산화반응은 지방산의 **환원성** 합성반응에 필요한 수소의 주된 근원이다.

참 환원반응reduction : 생체물질의 합성반응에서 발생하고 있으며 수소원자가 부가되는 반응으로 에너지가 풍부한 상태에서 주로 일어나며, 반면에 이의 역반응인 산화반응oxidation은 전자와 수소를 빼앗아내는 반응으로 에너지를 생산할 수 있다. 오탄당인산pentose phosphate경로는 포도당의 산화를 통하여 환원반응에 필요한 전자와 수소를 공여할 수 있는 NADHP를 생산한다.

refer 자 1 ~ to 말하다, 표시하다

20

The numbers under the bottom of the figure **refer** to the amino acid sequence position of corresponding functional domains.

관 refer to 말하다=(mention, speak about, describe)

해 그 그림 아래의 숫자는 해당하는 기능성 도메인의 아미노산서열의 위치를 **표시한다**.

참 - 'A refers to B.'에서 B를 표현하기 위하여 A라는 단어를 사용한다.
- If a word *refers to* a particular thing, situation, or idea, it *describes* it in some way.

2 참조하다

Data were not shown but **refer** to figure 6.

관 refer to a source 참조하다=use a source for information

해 데이터들이 제시되지 않았지만, 그러나 그림 6을 **참조하시오**.

3 말하다, 설명하다

Pluripotency in the broad sense **refers** to "having more than one potential outcome". In biological systems, this can **refer** either to cells or to biological compounds.

관 refer to=(describe 설명하다, apply to 적용되다), referring to ....에 관해서=pertaining to

해 넓은 의미에서의 전능성이란 "한 가지 이상의 가능성이 있는 결과를 가지는 것"이라고 **설명한다**. 생물계에서, 이것은 세포 혹은 생물학적 합성물에 **적용될** 수 있다.

4 ~ to .... as ....라고 언급하다, 말하다, 설명하다

Geneticists commonly **refer to** the numerous naturally occurring genetic variants that exist in populations, particularly human populations, **as** alleles.

관 refer to .... as=....라고 설명하다, occur 존재하다=exist

해 유전학자들은 집단 속에서, 특별히 사람의 집단에 존재하는 자연적으로 나타나는 여러 유전적 변이체를 alleles (대립유전자)라고 흔히 **말한다**.

참 If you *refer to* someone or something *as* a particular thing, you use a particular word, expression, or name to *mention* or *describe* them.

타 ....에 맡겨 ....결론을 내다, 찾아가게 하다, 상담하게 하다

The doctor suspected that her patient probably had primary or idiopathic parkinsonism (Parkinson's disease) and **referred** him to a neurologist.

관 idiopathic 특발성의; 원인불명의=having unknown causes (of a disease), refer patient A to B 환자A를 specialist B에게 보내다=submit (a matter in dispute) to an authority for decision or examination

해 그 의사는 자신의 환자가 아마 일차나 특발성 파킨슨 질병을 앓았다고 의심하였기 때문에, 그를 신경전문의에게 **보냈다**.

참 If a person who is ill *is referred to* a hospital or a specialist, they *are sent* there by a doctor in order *to be treated*.

referred

53

타 1 be ~ to as ....로써 언급되다, 불리다

Any gene, such as ras^D, that encodes a protein capable of transforming cells in culture or inducing cancer in animals is **referred** to as an oncogene.

관 be referred to as ....로 불리다=(be called (as), be termed (as), be named as)

해 배양 중인 세포를 형질변환시킬 수 있거나 혹은 동물에서 암을 유도할 능력을 가진 단백질을 인코딩하는 유전자, 즉 ras^D와 같은 유전자가 발암유전자**라고 불린다**.

2 be ~ to 언급되다, 불리다

In some cases, the same pathway may be **referred** to by different names.

관 be referred to by name ....라는 이름으로 불리다=be named as

해 일부 경우에서, 그 동일한 경로가 다른 이**름들로 불릴** 수도 있다.

reference

55

명 1 표준, 기준

A **reference** RNA sample consisting of a pool of six breast cancer cell lines was simultaneously amplified.

해 6종의 유방암 세포주들을 하나로 합친 것으로 구성되어있는 **표준** RNA시료가 동시에 증폭되었다.

2 기준, 표준

His blood glucose, drawn just before the onset of the seizure, was 28 mg/dL or 1.6 mM (**reference** range for overnight fasting blood glucose = 80–100 mg/dL or 4.4–5.6 mM).

관 be drawn 채취된=be taken, onset of the seizure 마비의 개시, overnight fasting glucose (하루밤 동안의) 공복 혈당

해 마비가 시작되기 바로 전에 채취된 그의 혈중 포도당은 28 mg/dL 혹은 1.6 mM 이었다 (하룻밤 동안의 공복 혈당의 **기준**농도의 범위 = 80–100 mg/dL 혹은 4.4–5.6 mM)

refine

타 1 선명하게 하다, 다듬다

2

All forms of light microscopy are facilitated by electronic image-processing techniques, which enhance sensitivity and **refine** the image.

관 image-processing 이미지처리, refine(타) 선명하게 하다=increase the discriminatory powers of

해 모든 방식의 광학현미경 사용법은 감도를 증진시켜 이미지를 **선명하게 하는** 전자 이미지 처리기술에 의해 향상되었다.

2 도정하다, 세련되게 만들다

The milling and **refining** of wheat, rice, and other grains causes a loss of riboflavin and other vitamins.

관 cause(타) 원인이 되다=(be the cause of, bring about)

해 밀, 쌀과 다른 곡류를 제분하여 **도정하는** 것은 riboflavin과 다른 비타민들의 손실의 원인이 된다.

refined 타 be ~ 다듬어지다, 정교화되다

9

Over 90% of the human genome had been sequenced by July 2000. Gaps still exist, small and large, and the quality of some of the sequencing data will **be refined** since some of the findings are probably not exactly right.

관 over 90% ...가 넘는, since (이미 알려진 이유) 때문에, findings 밝힌 것들, gap 빈 서열

해 2000년 6월까지 사람 유전체의 90%가 넘는 서열이 결정되었다. 길이가 짧거나 큰 빈 서열들이 아직 존재하고 있으며, 밝힌 것들의 일부도 아마 정확하게 맞지 않기 때문에 일부 서열결정 데이터들의 품질이 **다듬어지게 될** 것이다.

refinement 명 정교화

21

Each of these approaches has met with some success, but their clinical application awaits further **refinement**.

관 meet with success 성공적이다=be successful, await(타) 한 장소에 남아있다=remain in one place until a certain event

해 이들 방법의 각각은 일부 성공적이지만, 그러나 임상적 응용은 더 높은 **정교화**가 필요한 상태에 있다.

reflect 타 1 반영하다

166

Proteins are a diverse and abundant class of biomolecules, constituting more than 50% of the dry weight of cells. This diversity and abundance **reflect** the central role of proteins in virtually all aspects of cell structure and function.

관 constitute(타) 차지하다=(comprise, account for), aspect 면

해 단백질은 생체분자 중 세포의 건조무게의 50% 이상을 차지하는 다양하고 풍부한 부류이다. 이 다양성과 풍부함은 실제적으로 세포의 구조와 기능 모든 면에서 단백질의 중추적 역할을 **반영하고 있다**.

2 ....의 결과로 일어나다

At the molecular level, the decision of a mesoderm cell to adopt a muscle cell fate **reflects** the activation of genes encoding particular transcription factors.

관 reflect(타) ....의 결과로 일어나다=happen or occur as a consequence, adopt a fate ....의 운명을 선택하다

해 분자수준에서 보면, 중배엽세포가 근육세포의 운명이 되도록 한 결정은 특정 전사인자들을 인코딩하는 유전자들의 활성화**의 결과로 일어난다**.

3 보여주다, 표시하다

Its sign **reflects** whether the supercoiling tends to unwind (negative σ) or overwind (positive σ) the helix.

관 reflect(타) 표시하다=(show, make manifest), tend to ....하려는 경향이 있다

해 그 부호는 초꼬임 현상이 나선구조를 풀려고 (음의 σ) 하는지 혹은 더 꼬게 만들려고 (양의 σ)하

는 경향이 있는지를 **표시한다**.

4 반사하다

How does water **reflect** light (act as mirror)?

해 물은 어떻게 빛을 **반사하는**가 (거울처럼 행동하는)?

reflected
46

타 1 be ~ 반사되다

the trees on the shore were **reflected** in the water

해 물가의 나무들이 물에 **반사되었다**.

2 be ~ 반영되다, 명확해지다

Myoglobin and the β-globin chain have 38 amino acid sequence identities. This homology is further **reflected** in these proteins' tertiary structure.

관 sequence identity 서열일치도, homology 상동성, reflect(타) 명확하게 하다=(make manifest or apparent)

해 미오글로빈과 β-글로빈 사슬은 38개의 아미노산 서열의 동일함을 가지고 있다. 이 상동성은 이들 단백질의 3차구조에서 더욱 **명확해진다**.

reflecting
32

타 반영하다

The mitochondria in heart and skeletal muscles contain three times as many cristae as are found in typical liver mitochondria - presumably **reflecting** the greater demand for ATP by muscle cells.

관 skeletal muscle 골격근, three times as many .... as .... 수의 3배, presumably 아마도, demand for 수요, cristae 크리스타

해 심장과 골격의 근육조직에 있는 미토콘드리아는 전형적인 간세포의 미토콘드리아에서 발견되는 수보다 3배나 많은 크리스타를 함유하고 있다 - 이것은 아마도 근육세포에 의한 ATP의 더 큰 수요를 **반영하기** 때문일 것이다.

참 크리스타 cristae : 미토콘드리아의 내막의 접힘에 의하여 형성된 격실로 이 내막에 ATP합성과 관련된 단백질들이 박혀있다. 크리스타가 많은 구조는 더 많은 ATP를 생성할 수 있다.

reflection
10

명 반영

The average lifespan of a red blood cell is 120 days. Thus, the extent of hemoglobin glycosylation is a direct **reflection** of the average serum glucose concentration to which the cell has been exposed over its 120-day lifespan.

해 적혈구의 평균 수명은 120일이다. 그래서 헤모글로빈에 대한 당화반응glycosylation의 정도는 그 세포가 120일의 수명기간이 지나도록 노출되어 온 평균 혈청의 포도당 농도를 직접적으로 **반영**하는 것이다.

regard
65

명 1 in ~ to 관련되는, 관해서, 대해서

The mechanism of the irreversible activation or inactivation of protein function by proteolytic cleavage is most common **in regard to** some hormones (e.g., insulin) and digestive proteases.

관 common 흔한, irreversible 비가역적인, in/with regard to ....와 관련되어=in connection with, digestive protease 소화용 단백질분해효소

해 단백분해에 의해 단백질의 기능을 비가역적으로 활성화하거나 혹은 불활성화하는 기전은 일부 호르몬 (예, 인슐린)과 소화용 단백질분해효소들과 **관련되어** 가장 흔하다.

2 in this ~ 이러한 점에서

According to this, those mechanisms that protect cells from damage could, in principle, protect from cancer and from ageing simultaneously. In this **regard**, it is important to keep in mind the general observation that long-lived organisms are, in general terms, more resistant to stress.

관 keep in mind 명심하다, long-lived 장수하는, resistant to ....에 견디는, in general terms 평범한 말로

해 이것에 따라서, 세포를 손상으로부터 보호하는 기전은 주로 암으로부터 그리고 동시에 노화로부터 보호할 수 있었다. 이러한 **점**에서 평범한 말로 표현하여, 장수하는 생명체들이 스트레스에 좀 더 잘 견딘다는 일반적인 관찰 결과를 명심하는 것이 중요하다.

regarded
19

타 be ~ as 생각되다, 간주되다

Virtually all the ATP formed in the oxidation of fatty acids to CO_2 is generated in mitochondria. Thus mitochondria can be **regarded** as the "power plants" of the cell.

관 be regarded as ....로 간주되다=(be considered as, be looked on as), power plant 발전소

해 실제로 지방산들이 CO_2로의 산화반응에서 형성된 모든 ATP는 미토콘드리아에서 생성된다. 그래서 미토콘드리아는 세포의 "발전소"로써 **간주될 수** 있다.

regarding
52

전 ....관하여, ...의 점에서는

Details **regarding** structure determination are presented in the Supplemental Experimental Procedures.

해 구조결정에 **관한** 자세한 사항들은 실험절차의 보충편에 제시되어있다.

regardless
40

형 ~ of ...와 상관없이

Regardless of the mechanism by which ligand binds and locks an receptor tyrosine kinase (RTK) into a functional dimeric state, the next step is universal.

해 리간드가 결합하여 수용체형 티로신인산화효소 (RTK)를 기능성의 이량체 상태로 고정하는 기전과는 **상관없이**, 다음 단계는 모두에 공통적이다.

region
1506

명 1 영역

Telomerase, a reverse transcriptase that contains an RNA template, adds TTAGGG repeats to chromosome ends to lengthen or maintain the 5- to 20-kb **regions** of repeats that decorate the ends of human chromosomes.

해 Telomerase는 RNA 주형을 내포하고 있는 역전사효소로, 사람 염색체의 말단부를 장식하고 있는 5- 에서 20-kb 길이의 반복서열의 **영역**을 길게 만들어 유지하도록 하기 위하여 TTAGGG 반복서열을 염색체 말단에 추가한다.

2 in the ~ of .... 근처의 영역에서

Tryptophan therefore makes the major contribution to the ability of most proteins to absorb light in the **region** of 280 nm.

관 make a contribution to ....에 공헌하다

해 그러므로 Tryptophan은 280 nm **근처의 영역에서** 빛을 흡수하는 대부분의 단백질의 능력에 주된 공헌을 한다.

regulate
610

타 조절하다, 조정하다

The normal, wild-type forms of such "cancer-causing" genes generally encode proteins that help **regulate** cell proliferation or death.

관 proliferation 빠른 증식=rapid multiplication

해 그러한 "암의 원인이 되는" 유전자의 야생형인 정상유전자들은 일반적으로 세포의 빠른 증식이나 혹은 죽음을 **조절하는**데 도움이 되는 단백질들을 인코딩한다.

regulated
547

타 be ~ 조절되다

The activity of many enzymes is **regulated** through phosphorylation by a protein kinase or dephosphorylation by a protein phosphatase.

해 많은 효소의 활성은 단백질인산화효소에 의한 인산화반응이나 혹은 단백질탈인산화효소에 의한 탈인산화반응을 통하여 **조절된다**.

regulation
685

명 조절, 조절반응

Regulation of the number of receptors for a given signaling molecule expressed by a cell and thus its sensitivity to that signal plays a key role in directing physiological and developmental events.

관 play a key role in 주된 역할을 하다, direct(타) 수행하도록 하다=(carry out, guide, supervise)

해 어떤 세포에 의하여 발현된 주어진 신호전달분자에 대한 수용체 수의 **조절**과 그것으로 인한 신호에 대한 민감성은 생리적 그리고 발생과정의 사건들을 수행하도록 하는데 주된 역할을 한다.

참 수용체의 하향조절 receptor down-regulation : 호르몬과 신경전달물질과 같은 리간드와 수용체들이 결합하여 세포내로 전달되는 신호가 이미 발생한 후 사용된 리간드와 수용체들은 세포내이입반응endocytosis을 경유하여 세포 안으로 들어와 분해되어 그 수가 줄어들게 되고 또한 그 결과로 호르몬과 신호전달물질에 대한 민감도가 감소하게 된다. 이 현상을 하향조절 down-regulation이라 한다. vicinity 참조

regulator 명 조절자

124

The discovery of a Ca^{2+}-dependent **regulator** of phosphodiesterase activity provided the basis for a broad understanding of how Ca^{2+} and cAMP interact within cells.

관 provide the basis for ....에 대한 기초를 제공하다

해 Ca^{2+}의존성 Phosphodiesterase 활성 **조절자**의 발견은 Ca^{2+}과 cAMP가 세포 속에서 어떻게 상호반응하는가에 대한 광범위한 이해의 기초를 제공하였다.

regulatory 형 조절의, 조절용

291

We discuss the various **regulatory** mechanisms that determine the rate of cell division in the following chapter.

관 various 여러 가지=(several, different), following 다음의

해 우리는 다음 장에서 세포분열의 속도를 결정하는 여러 가지 **조절용** 기전들에 대하여 토의한다.

relate 자 ~ to ....와 관련되다

23

The protein Tubby then enters the nucleus and activates transcription of a still unknown gene or genes. Identification of these genes should provide clues about how their encoded proteins **relate** to obesity.

관 provide clues about ....에 관한 실마리를 제공하다, relate to ....와 관련되다

해 단백질 Tubby는 그 후 핵으로 들어가 아직 알려지지 않은 유전자나 혹은 유전자들의 전사반응을 활성화한다. 이들 유전자를 밝혀내는 것이 인코딩된 단백질들이 어떻게 비만과 **관련되어있는**지에 관한 실마리를 제공할 것이다.

참 should : 필요, 의무, 당연을 표현하는 조동사이다.

타 연결시키다, 관련시키다

Furthermore, some RNA molecules possess catalytic activity. However, the range of reactions that RNA is capable of catalyzing is limited. With time, the catalytic activity was transferred to proteins. RNA directed the synthesis of these proteins and still does in modern organisms through the development of a genetic code, which **relates** base sequence to amino acid sequence.

관 direct(타) 수행하다=carry out, relate (타) .... to ....에 관련시키다

해 더욱이, 일부 RNA분자들은 촉매활성을 소유하고 있다. 그러나 RNA가 촉매할 수 있는 반응의 범위는 제한된다. 시간이 흐르면서, 그 촉매활성은 단백질로 이전되었다. RNA가 단백질들의 합성을 추진하도록 하였고, 현재의 생명체에서 염기서열과 아미노산 서열을 **연결시키는** 유전부호의 개발을 통하여 아직도 그렇게 하고 있다.

related 형 관련된

497

With the identification of human disease genes in other organisms, experimental studies in experimentally tractable organisms should lead to rapid progress in understanding the normal functions of the disease-**related** genes and what occurs when things go awry.

관 lead to ....하는 결과가 되다=(cause, result in), tractable 다루기 쉬운=easily handled, go awry 나빠지다=(go wrong, be unsuccessful)

해 다른 생명체에서 사람의 질병유전자를 찾아낸다면, 실험적으로 다루기 쉬운 생명체에서 실험을 통한 연구는 질병과 **관련된** 유전자의 정상기능을 이해함으로써 결과적으로 어떤 것들이 나빠질 때 무슨 일이 일어나는가를 알아내는데 빠른 진전을 이루게 될 것이다.

참 With ...., ...could (or should) 가정법 과거를 표시하며, 현재의 반대되는 사실을 가정한다.

타 1 be ~ 관련되다, 연관되다

Several hundred protein kinases have now been described. The kinases are **related** in sequence and structure within the catalytic domain, but each is a unique molecule with considerable variability with respect to subunit composition, molecular weight, autophosphorylation, Km for ATP, and substrate specificity.

관 be related 관련되다=be connected by common origin, with respect to 대해서=(concerning, regarding, with regard to)

해 수백 종의 단백질인산화효소들이 이제 기술되어있다. 이 인산화효소들은 촉매도메인 내의 서열과 구조에서 **연관되어있지만**, 그러나 각각은 아단위체의 조성, 분자량, 자가인산화, ATP에 대한 Km값 및 기질특이성에 대하여 상당한 차이를 가지고 있는 독특한 분자이다.

2 be ~ to ....와 관련되다

A remarkable number of genes associated with cancer and other human diseases are present in evolutionarily distant animals. For example, a recent study shows that more than three-quarters of the known human disease genes are **related** to genes found in the fruit fly Drosophila.

관 remarkable=(striking, unusual), be related to=(be relevant to, be connected to ....와 관련되다)

해 암과 다른 사람의 질병과 연관된 상당한 수의 유전자들은 진화론적으로 멀리 떨어진 동물에서도 존재하고 있다. 예를 들면, 어떤 최근의 연구는 알려진 사람의 질병유전자의 3/4 이상이 초파리 Drosophila에서 발견된 유전자들과 **관련되어있다**는 것을 보여주고 있다.

relatedness

10

명 관련성, 연관됨

The signature sequence is one of many biochemical clues that can help establish the evolutionary **relatedness** of eukaryotes and archaebacteria.

관 signature sequence 서명서열, help (사역), evolutionary relatedness 진화상의 관련성, archaebacteria 고세균

해 그 서명서열은 진핵세포와 고세균의 진화상 **관련성**을 정립하는 것을 도울 수 있는 많은 생화학적 단서들 가운데 하나이다.

참 서명서열signature seqence : 비교대상이 되는 종의 세포들에서 동일한 기능을 하는 단백질의 서열을 서로 비교할 때, 대부분의 서열들은 서로 유사성을 보이지만, 서열의 어떤 부분은 어떤 종에는 존재하지만 다른 종에는 보이지 않아서 서로를 구별할 수 있도록 한다. 이러한 서열을 그 종에만 특이성을 보여주는 서명서열이라 한다.

relation

23

명 1 관계

The folded, three-dimensional structure, or conformation, of a protein is vital to its function. To understand the **relation** between the function of a protein and its form, we need to know both what it does and its detailed structure.

관 be vital to ....에 중요하다, detailed structure 상세한 구조, conformation 입체구조

해 단백질의 접힌 3차원구조 혹은 입체구조는 기능에 매우 중요하다. 단백질의 기능과 형태 사이의 **관계**를 이해하기 위하여, 우리는 그것이 무슨 일을 하는지와 그것의 자세한 구조 모두를 알아야 할 필요가 있다.

2 in ~ to ....와 관련되어, 관계를 지워서

Certain of the blood group systems, present on the membranes of erythrocytes and other blood cells, are of extreme importance in **relation** to blood transfusion and tissue transplantation.

관 certain(대) 일부분=some, blood group 혈액형, of importance=important, blood transfusion 수혈, tissue transplantation 조직이식, in relation to ....와 관련되어

해 적혈구와 다른 혈구세포들의 막에 존재하고 있는 혈액형을 나타내는 작용기들 가운데 일부분은 수혈과 조직이식과 관련되어 매우 중요하다.

relationship

167

명 유연관계, 관련된 방법, 방식

Equation ΔG^0 = -RT lnK_{eq} illustrates the **relationship** between the equilibrium constant K_{eq} and ΔG^0, where R is the gas constant (1.98 cal/mol/°K or 8.31 J/mol/°K) and T is the absolute temperature in degrees Kelvin.

관 illustrate(타) 보여주다=(demonstrate, depict with picture or words), absolute temperature 절대온도, gas constant 기체상수

해 식 ΔG^0 = -RT lnK_{eq}는 평형상수 K_{eq} 와 ΔG^0 사이의 **유연관계**를 보여주고 있는데, 여기에서 R은 기체상수 (1.98 cal/mol/°K 혹은 8.31 J/mol/°K)이고 그리고 T는 켈빈 도수로 표시한 절대온도이다.

relative

530

명 1 유도체, 친척

These cholesterol **relatives** can pass through a biological membrane in their path of movement.

해 이 콜레스테롤 **유도체**들은 자신의 이동경로에 존재하는 어떤 생체막도 통과하여 지나갈 수 있다.

참 친지질성 분자 : 스테로이드호르몬, 갑상선호르몬, 비타민 D 및 레티놀산은 친지질성 분자이므로 생체막 (세포막, 핵막 등)을 농도구배에 의한 확산반응으로 통과할 수 있다. 이들 물질의 수용체들은 세포질이나 핵 속에 있어서 핵수용체nuclear receptor 라고 한다.

2 ~ to ....에 상대적으로

An increase in serum levels of H_4 **relative** to H_3M is an indication that a myocardial infarction, or heart attack, has occurred.

관 indication 표시, myocardial infarction 심근경색, heart attack 심장마비

해 H_3M**에 상대적인** H_4의 혈청 수준에서의 증가는 심근경색이나 심장마비가 일어났다는 표시가 된다.

참 Lactate dehydrogenase(LDH) : pyruvate ⇆ lactate의 가역반응을 촉매하는 효소로 조직에 따라 H_4, H_3M, H_2M_2, HM_3, M_4 5 종의 동종효소로 분포되어있다. 그러므로 혈청 속의 이들 동종효소의 프로파일을 조사하여 심근경색, 간경화, 암 등의 질병의 진단에 활용하고 있다.

3 ~ to ....와 비교하여

Dashed lines indicate processes that have decreased, and the heavy solid line indicates a process that has increased **relative** to the fasting state.

관 dashed line 긴 점선, relative to ....와 비교하여=(in comparison with, with reference to), fasting state 공복상태

해 긴 점선은 공복상태**와 비교하여**, 감소해 온 과정을 표시하며 그리고 굵은 실선은 증가해 온 어떤 과정을 표시한다.

형 비교상의, 상대적인,

The geographic distribution of glucose 6-phosphate dehydrogenase deficiency is similar to that of sickle cell trait, and is probably also related to the **relative** resistance it confers against the malaria parasite.

관 geographic distribution 지리적 분포, sickle cell trait 낫형세포의 성향, be related to ....와 관련되다, confer(타) 부여하다=bestow

해 Glucose 6-phosphate dehydrogenase결핍의 지리적 분포는 낫형세포의 성향의 분포와 유사하고, 그리고 아마도 말라리아 기생충에 대항하여 그것이 부여하는 **상대적인** 저항성과도 또한 관련되어있을 것이다.

참 glucose 6-phosphate dehydrogenase결핍 : 이 효소는 오탄당 인산경로pentose phosphate pathway에서 NADPH를 생산하는데 중요한 역할을 하는 효소이며, 특히 적혈구의 수명과 관계가 높다. 이 효소의 결핍은 NADHP의 생산의 저하를 유발하여 적혈구 세포막의 산화를 방지하는 환원용 펩티드인 glutathione의 양의 감소를 일으키게 되어, 적혈구 세포의 용혈작용이 높아져 궁극적으로 빈혈을 발생시킨다.

relatively	부 1 상대적으로
202	The resulting chylomicron remnant is about half the diameter of the parent chylomicron and is **relatively** enriched in cholesterol and cholesteryl esters because of the loss of triacylglycerol.

관 chylomicron remnant 잔유물, be about half of, be enriched in, because of

해 결과적으로 생성된 chylomicron 잔유물은 원chylomicron 직경의 약 반의 크기이며, 그리고 중성 지방의 소실 때문에 **상대적으로** 콜레스테롤과 콜레스테롤 에스테르가 많다.

참 chylomicron : 소장에서 음식물로부터 흡수된 중성지방을 간으로 수송하는 지단백질 lipoprotein 알갱이이다. deliver, package 참조

2 비교적

Heart muscle, which is adapted for aerobic performance, has **relatively** low glycolytic activity and poor survival under conditions of ischemia.

관 be adapted for ....에 적응되다=be fitted for, ischemia 허혈증=hypoxia 저산소증

해 유산소 대사의 수행에 적응되어있는 심장근육은 **비교적** 낮은 당분해 활성을 가지고 있어서 허혈성인 환경 아래에서는 낮은 생존력을 가진다.

relax	타 이완시키다, 느슨하도록 하다
9	As integrins must bind to the cytoskeleton to mediate robust cell-matrix adhesion, the phosphorylation causes the integrins to **relax** their grip on the extracellular matrix.

관 mediate(타) 매개하다, robust 강한=strong, cause .... to ....하도록 만들다=make happen, grip 강한 부착, extracellular matrix 세포외기질

해 세포와 기질의 강한 부착을 매개하기 위하여 integrin이 세포골격에 결합하여야 할 때, 인산화는 integrin이 자신과 세포외기질의 강한 부착을 **느슨하도록** 만든다.

자 이완되다, 느슨해지다

Release of the γ phosphate by GTPase-catalyzed hydrolysis causes switch I and switch II to **relax** into a different conformation, the inactive "off" state.

해 GTPase에 촉매되는 가수분해에 의한 γ 인산기의 방출은 스위치 I과 스위치 II가 불활성 "off" 상태인 다른 입체구조로 **느슨해지**도록 한다.

relaxed	타 be ~ 느슨해지다, 이완되다
16	Note that the tropomyosin-troponin complex remains bound to the thin filament whether muscle is **relaxed** or contracted.

해 Tropomyosin-troponin 복합체는 근육이 **이완되거나** 혹은 수축되거나 상관없이, 가는 필라멘트에 결합된 상태로 남아있다는 사실에 주목하세요.

relaxation	명 이완
41	NO promotes smooth muscle **relaxation**, leading to a local rise in the flow of blood supplying nutrients and oxygen to the skeletal muscle.

관 NO 산화질소, lead to ....를 초래하다=result in, supply(타) .... to ....에 ....를 공급하다

해 산화질소는 평활근의 **이완**을 촉진하여, 골격근에 영양분과 산소를 공급하는 혈액의 흐름에 국소적인 상승을 일으킨다.

release	명 방출 (반응)
505	The cytosolic Ca^{2+} level can increase from 10- to 100-fold by the **release** of Ca^{2+} from ER stores or by its import from the extracellular environment.

관 increase(자) 10-fold 10배 증가되다

해 세포질의 Ca^{2+}수준은 ER 저장고로부터 Ca^{2+}의 **방출**에 의하거나 혹은 세포외부 환경으로부터 들여옴에 의해 10배에서 100배까지 증가될 수 있다.

참 세포신호물질로써의 Ca^{2+} 이온의 변동 : blocked, rather 참조

타 방출시키다, 방출하다

When this complex reaches the nucleoplasm, it encounters a specific guanine nucleotide–exchange factor (Ran-GEF) that causes Ran to **release** its bound GDP and rebind GTP that is present at much higher concentration.

관 reach(타) ....에 도착하다, encounter(타) 우연히 만나다=(meet with, meet by chance), cause(타) .... to ....를 하도록 만들다

해 이 복합체가 핵질에 도착할 때, Ran이 자신과 결합되어있던 GDP를 **방출시키고** 훨씬 높은 농도로 존재하는 GTP와 다시 결합하도록 만드는 특이 guanine nucleotide-교환인자 (Ran-GEF)를 만나게 된다.

released

276

타 be ~ 방출되다

As a result, glucose 6-phosphate derived from glycogen is not metabolized to pyruvate; rather, it <u>is</u> converted to glucose by a phosphatase and <u>**released**</u> into the blood to nourish the brain and red blood cells, which depend primarily on glucose as an energy fuel.

해 그 결과로, 글리코겐으로부터 유래된 glucose 6-phosphate는 pyruvate로 대사되지 않는다; 대신에, 탈인산화효소에 의해 glucose로 전환되고 에너지 연료로 일차적으로 glucose에 의존하고 있는 뇌와 적혈구세포들에 영양분을 제공하기 위하여 혈액으로 **방출된다**.

relevance

47

명 관련성

These studies demonstrate the **relevance** of telomerase for unbridled cell division and make the enzyme a possible target for chemotherapy.

관 demonstrate(타)=show clearly, manifest) unbridled 무절제된=uncontrolled, target for ....을 위한 표적

해 이들 연구는 무절제된 세포분열에 대한 telomerase의 **관련성**을 명확하게 보여주어서 그래서 그 효소를 화합요법의 잠재적인 표적이 되도록 만들었다.

relevant

134

형 1 ~ to ....와 관련된

Cell death is <u>**relevant** to</u> toxic chemicals as well as viral infections.

관 relevant to ....와 관련된=related to, as well as 뿐만 아니라

해 세포의 죽음은 독성 화합물뿐만 아니라 바이러스의 감염과도 **관련되어있다**.

2 관련된

Providing that these cells already express all the **relevant** signal-transduction proteins, the transfected cells exhibit the normal cellular response to X if the cDNA in fact encodes the functional receptor.

관 Providing that ....한 조건에서=on the condition that, exhibit 보여주다, in fact 사실, functional 기능을 하는

해 이들 세포가 이미 모든 **관련된** 신호전달단백질을 발현하고 있는 조건에서, 만약 그 cDNA가 실제로 기능을 하는 수용체를 발현하도록 한다면, 형질감염된 세포는 X에 대하여 정상적인 세포의 반응을 보여줄 것이다.

참 기능발현분석functional expression assay : 어떤 수용체의 신호전달에 대한 기능을 확인하고자 이 실험을 한다. 기능을 확인하고자 하는 수용체만이 발현되지 않고 관련된 모든 신호전달요소들은 발현되어있는 세포를 선택하여 해당 수용체를 발현하도록 한 다음 활성을 관찰하는 방법이다.

reliability

3

명 신뢰성, 확실성

The programs used to generate a sequence alignment are complemented by methods that test the **reliability** of the alignments.

관 sequence alignment 서열비교정렬, complement(타) ....를 보충하여 완전하게 만들다=(complete, make perfect)

해 서열의 비교정렬을 만드는데 사용되는 프로그램들은 그 비교정렬의 **신뢰성**을 테스트하는 방법과 함께 하여야 완벽해진다.

참 complement : 열쇠와 자물쇠와 같이 서로 상보적인 관계에 있는 어떤 것들이 함께 할 때 서로 완벽해지는 관계를 만드는 것이다.

reliable 형 믿을 수 있는, 의존할 수 있는

18 An enzyme-linked immunosorbent assay (ELISA) can be performed with either polyclonal or monoclonal antibodies, but the use of monoclonal antibodies yields more **reliable** results.

관 reliable result 믿을 수 있는 결과, polyclonal 다클론성, monoclonal 단일클론성

해 효소연결 면역흡착분석법 (ELISA)은 다클론이나 혹은 단일클론 항체 중 어느 것으로나 수행될 수 있지만, 그러나 단일클론항체의 사용이 더 **믿을 수 있는** 결과를 준다.

rely 자 ~on ....에 의존하다

36 The fall in pH causes muscle fatigue and pain. As he trains, the amount of mitochondria and myoglobin will increase in his skeletal muscle fibers, and these fibers will **rely** less on anaerobic glycolysis.

해 pH의 저하는 근육의 피로와 통증의 원인이 된다. 그가 훈련을 하면서, 미토콘드리아와 미오글로빈 양이 골격근 섬유에서 증가할 것이고, 그러면 근섬유는 무산소 해당작용에 덜 **의존하게** 될 것이다

remain 자 1 남아있다

639 Many questions regarding the dynamics of paxillin localization during cell migration **remain** to be answered.

관 regarding=about 에 관한, remain to be answered 밝혀지지 않은 상태이다

해 세포가 운동을 하는 동안의 paxillin 편중화의 역동성에 관한 많은 의문점들이 아직 풀리지 않은 상태로 **남아있다**.

참 paxillin : 초점연접focal adhesion를 구성하는 단백질복합체에 포함되어있으며 어댑터 역할을 한다.

2 상태로 존재하다

There are over 100 types of Human Papillomavirus (HPV) which is often asymptomatic. It can be contracted through one sexual partner and **remain** dormant allowing it to be transmitted to another. Some types can cause cervical cancer.

관 over ....를 넘는, asymptomatic 증상을 못 느끼는, contract(타) 병에 걸리게 하다, cervical cancer 자궁경부암, Papillomavirus 유두종바이러스

해 자주 증상이 없는 사람의 유두종바이러스 (HPV)들이 100여종 이상 알려져 있다. 그것은 어떤 섹스 파트너를 통하여 걸리며 또한 다른 파트너에게 전염될 수 있는 잠복된 **상태로 존재하기**도 한다. 일부의 유형들은 자궁경부암을 유발할 수 있다.

참 자궁경부암cervical cancer : 여성의 자궁경부uterine cervix에서 발생하는 악성종양으로, 사람의 Papillomavirus가 원인균인 것으로 알려져 있다. 최근에는 이 바이러스에 대한 백신이 개발되어 있다. : routine, scraping, originally 참조

remaining 형 남아있는

139 As a result of shifting of the **remaining** phosphate residue within the molecule, the isomer 2-phosphoglycerate is formed.

관 as a result of ....의 결과로써

해 그 분자 내에서 **남아있는** 인산기의 이동의 결과로써 이성질체 2-phosphoglycerate가 생성된다.

remainder 명 나머지

19 If growth factors are added to the culture medium, these quiescent cells pass through the restriction point 14–16 hours later, enter the S phase 6–8 hours after that, and traverse the **remainder** of the cell cycle.

관 pass through 쭉 지나가다, quiescent 정지기의, traverse(타) 지나가다=(travel, pass across)

해 성장인자들이 배양액에 첨가되면, 이 정지된 세포는 14-16시간 후에 제한점을 쭉 통과하여, 6-8시간 후에 S기로 들어가고, 그리고 세포주기의 **나머지**를 지나간다.

참 제한점restriction point : 분열이 정지된 상태에 있던 세포를 자극하여 성장을 유발시키면, 세포주기를 시작하고, 일단 이 제한점이란 시기를 지나게 되면 항상 세포주기의 전 과정이 중단없이 계속된다.

remarkable 형 주목할 만한, 훌륭한, 놀랄만한

39 Nitric oxide (NO) is a simple gaseous molecule whose many **remarkable** physiological functions are still being discovered. For example, NO is known to act as a neurotransmitter and as a second messenger in signal transduction.

해 산화질소 (NO)는 많은 **놀랄만한** 생리적 기능들이 아직도 밝혀지고 있는 단순한 기체 분자이다. 예를 들면, NO는 신경전달물질로 그리고 신호전달에서 2차전령으로써 활동하는 것으로 알려져 있다.

remarkably 부 현저하게, 매우

38 If p53 is mutated the overall rate of cellular mutation will increase. Because there is no p53 to check for DNA damage, to initiate the repair of the damaged DNA, or to initiate apoptosis if the damage is not repaired. Thus, damaged DNA is replicated, and the frequency of additional mutations within the same cell increases **remarkably**.

관 overall rate 전반적인 속도, frequency 빈도수, check for 점검하다

해 p53이 돌연변이되면, 세포의 돌연변이의 전반적인 속도가 증가할 것이다. 왜냐하면 DNA 손상을 점검하여, 손상된 DNA의 수리를 개시하거나 혹은 그 손상이 수리되지 않으면 세포의 계획된 죽음을 개시하도록 하는 p53이 없기 때문이다. 그래서 손상된 DNA도 복제되어, 동일한 세포 안에서 추가되는 돌연변이들의 빈도수가 **현저하게** 증가된다.

reminiscent 형 연상시키는, 암시적인

23 For example, mouse stem cells treated with inhibitors of phosphatidylinositol-3 kinase turn into cells that resemble pancreatic β cells in their production of insulin, their sensitivity to glucose levels, and their aggregation into structures **reminiscent** of pancreas structures.

관 turn into ....으로 변하다=(change into, become), resemble(타) 닮다, aggregation 응집, reminiscent 연상시키는=suggestive

해 예를 들면 phosphatidylinositol-3 kinase의 저해제로 처리된 생쥐의 줄기세포는 인슐린의 생산, 포도당 농도에 대한 민감성과 췌장의 구조를 **연상시키는** 구조체들로의 응집성에 있어서 췌장의 β세포를 닮은 세포들로 변해간다.

remove 타 제거하다

110 Pepsin, trypsin, chymotrypsin, and elastase are endopeptidases. The others are exopeptidases; aminopeptidases **remove** the amino acid at the N-terminus and the carboxypeptidases **remove** the amino acid at the C terminus.

관 둘 중의 다른 한쪽은 the other, 셋 이상에서 나머지 것들 모두는 the others로 표시, enodpeptidase 펩티드내부분해효소, exopeptidase 펩티드외부분해효소

해 펩신, 트립신, 카이모트립신 및 에라스타제는 펩티드내부분해효소들이다. 나머지는 펩티드외부분해효소들이다; aminopepdidase는 N 말단에서 아미노산을 **제거하고** carboxypeptidase은 C 말단에서 아미노산을 **제거한다**.

removing 타 2 제거하다

27 Another important pathway for reversing the message is through protein phosphatases, enzymes that reverse the action of kinases by **removing** phosphate groups from proteins.

관 reverse(타) 반대 방향으로 돌리다, protein phosphatase 단백질탈인산화효소

해 그 전달사항을 반대 방향으로 돌리기 위한 또 다른 중요한 경로는 단백질로부터 인산기를 **제거하여** 인산화효소들의 작용을 반대 방향으로 돌리는 효소인 단백질탈인산화효소들을 통하는 것이다.

removed 타 1 be ~ 제거되다

310

Many proteins that are completely unfolded in 8 M urea and β-mercaptoethanol (which reduces disulfide bonds) spontaneously renature (refold) into their native states when the denaturing reagents are **removed** by dialysis.

해 8 M urea와 (이황화결합을 환원시키는) β-mercaptoethanol 속에서 완전히 풀어진 많은 단백질들은 변성제들이 투석에 의하여 **제거될** 때, 자신의 태생적 상태로 자발적으로 돌아간다 (다시 접힌다).

removal 명 제거

82

The **removal** of a phosphate or a pyrophosphate group from ATP leaves adenosine diphosphate (ADP) or adenosine monophosphate (AMP), respectively.

관 leave(타) 남기다, respectively 각각

해 ATP로부터 phosphate와 pyrophosphate기의 **제거**는 아데노신이인산 (ADP)과 아데노신일인산 (AMP)를 각각 남긴다.

renaturation 명 원형재현, 재구성

7

Denaturation and **renaturation** of DNA are the basis of nucleic acid hybridization, a powerful technique used to study the relatedness of two DNA samples and to detect and isolate specific DNA molecules in a mixture containing numerous different DNA sequences.

해 DNA의 변성과 **원형재현**반응은 두 시료의 관련성을 연구하거나 많은 다른 DNA 서열을 포함하는 혼합물에서 특이한 DNA를 찾아 분리해 낼 목적으로 사용되는 강력한 기술인 핵산의 혼성체 형성hybridization의 기초가 된다.

renature 타 원형을 재현시키다, 재구성하다

3

The PCR depends on the ability to alternately denature (melt) double-stranded DNA molecules and **renature** (anneal) complementary single strands in a controlled fashion.

관 alternatively 순환하여=in rotation

해 PCR은 이중가닥의 DNA 분자를 변성시키고 (녹이고) 그리고 상보적인 단일가닥들을 **재구성하는** 것을 (다시 짝을 만들고) 순환하여 어떤 조절되는 방식으로 할 수 있는 능력에 달려있다.

renatured 타 be ~ 회복되다, 재구성되다

17

Nonetheless, proteins can be readily purified in their SDS-denatured form, and in some cases the purified protein can be **renatured**, with recovery of functional activity, by removing the detergent.

해 그럼에도 불구하고, 단백질은 SDS에 변성된 형태로 쉽게 정제될 수 있으며, 계면활성제를 제거함에 의해 기능성 활성이 복구된 결과로, 일부의 경우에서 그 정제된 단백질은 **회복될** 수 있다.

render 타 ~ 목적어+보어 ....를 ....하도록 하다

51

The outer membrane, composed of about half lipid and half protein, contains porins that **render** the membrane permeable to molecules having molecular weights as high as 10,000. In this respect, the outer membrane is similar to the outer membrane of gram-negative bacteria.

관 half A and half B=A반 B반, permeable to ....가 투과할 수 있는, be similar to ....와 유사하다, in this respect 이러한 점에서, gram-negative bacteria 그람음성세균

해 지질 반 단백질 반으로 구성되어있는 외막은 porin을 함유하고 있어서 10,000 정도로 큰 분자량을 가진 분자들이 막을 통과**할 수 있도록 한다**. 이러한 점에서, 외막은 그람음성세균의 외막과 유사하다.

rendered 타 be ~ ....가 되다

12

In brief, regions of DNA thought to contain mutations are **rendered** single stranded by heating in a denaturing buffer and amplified using the PCR technique.

해 간단히 설명하면, 돌연변이를 포함하고 있다고 생각된 DNA 영역이 어떤 변성용 완충액에서 가

열하여 단일가닥으로 **된** 다음 PCR기술을 사용하여 증폭된다.

reorganization 명 재조직화, 재편

36

The roles of Ras-related proteins were revealed by simple microinjection experiments. Injection of an inactive form of Ras into a fibroblast inhibited all **reorganization** of the actin cytoskeleton when growth factors were added to the cell.

해 Ras 관련 단백질들의 역할이 간단한 미량주사실험에 의해 밝혀졌다. Ras의 어떤 불활성 형태를 섬유모세포로의 주입은 성장인자들이 그 세포에 첨가되었을 때, actin 세포골격의 모든 **재조직화**를 저해하였다.

참 Rac GTPase : Rho 패밀리의 GTPase를 포함하는 G단백질의 부류로써, 작은 분자량 (20-30 KDa)을 가진 G단백질 부류를 Rac이라고 한다.

reorganize 자 재조직화되다, 재편되다

2

When receptors on the surface of the T cell recognize antigen on the surface of a target cell, the receptors signal to the underlying cortex of the T cell, altering the cytoskeleton in several ways. First, proteins associated with actin filaments in the T cell **reorganize** under the zone of contact between the two cells.

해 T세포 표면의 수용체가 어떤 표적세포 표면의 항원을 인식할 때, 그 수용체는 T세포의 아래에 있는 외피로 신호를 보내며, 그 결과 여러 방법으로 세포골격을 변형시키게 된다. 첫째, T세포에서 액틴 필라멘트와 결합된 단백질들이 두 세포 사이에서 접촉하고 있는 영역 아래에서 **재편된다**.

타 재편하다

Ras regulates cell growth through serine-threonine protein kinases. Rho **reorganizes** cytoskeleton through serine-threonine protein kinases

해 Ras는 세린과 트레오닌 단백질인산화효소를 통하여 세포성장을 조절한다. Rho는 세린과 트레오닌 단백질인산화효소를 통하여 세포골격을 **재편한다**.

reorganized 타 be ~ 재편되다, 재조직화되다

2

As in many others, a cell becomes polarized in the following general way. First, the plasma membrane senses some difference on one side of the cell that generates a transmembrane signal. The actin cortex is then **reorganized** in a local area beneath the affected membrane, which in turn moves the centrosome to that part of the cell, presumably by pulling on its microtubules.

관 polarized 분극화된, in turn 순서적으로, pull(자) on 끌어당기다; 들이마시다=(pull, inhale)

해 많은 다른 세포에서와 마찬가지로, 어떤 세포는 다음의 일반적인 방법으로 분극화된다. 첫째, 세포막이 막관통신호를 생성한 세포의 한쪽 면에서 어떤 차이를 감지한다. 그 다음 actin 껍질이 영향을 받은 막 아래의 국소영역에서 **재조직화되며**, 순서적으로 아마도 미세소관을 끌어당겨서 중심체를 세포의 그 부분으로 이동하도록 만든다.

repeat 명 1 반복, 되풀이함

140

The telomere **repeat** sequence in humans and other vertebrates is TTAGGG. These simple sequences *are repeated* at the very termini of chromosomes for a total of a few hundred base pairs in yeasts and protozoans and a few thousand base pairs in vertebrates.

관 at the very termini 최말단부들에서, for a total of 전부, protozoan 원생동물

해 사람과 다른 척추동물에 있는 텔로머의 **반복**서열은 TTAGGG이다. 이 간단한 서열이 염색체의 최말단부에서, 효모와 원생동물에서는 모두 몇 백개의 염기쌍으로 그리고 척추동물에서는 몇 천개의 염기쌍으로 *반복되어있다*.

참 2009년도 노벨의학상The Nobel Prize in Physiology and Medicine : 세포분열 시에 염색체의 복제가 telomere와 효소 telomerase에 의하여 크기가 줄어들지 않고 완벽하게 일어나는 방법을 규명한 과학자들에 수여되었다. 미국 샌프란시스코의 캘리포니아대학교의 여교수인 Elizabeth Blackburn과 하버드의과대학의 Jack Szostak은 telomere의 특유한 서열을, 그리고 존홉킨스의과

대학 여교수인 Carol Greider와 Elizabeth Blackburn은 이 서열을 복구하는 효소 telomerase를 발견한 공로로 수여되었다.

2 반복서열, 반복되는 것

A double crossover between two sets of *Alu* **repeats** results in an exchange of exons between the two genes.

해 두 세트의 Alu **반복서열** 사이에서 한 번의 이중교차반응crossover은 두 유전자 사이에서 엑손의 한 번의 상호교환을 일으키는 결과가 된다.

타 반복하다

As long as calcium ion and ATP remain available, the myosin heads will **repeat** this cycle of attachment, pivoting, and detachment.

관 as long as ....하는 한

해 칼슘이온과 ATP가 이용가능한 상태로 남아있는 한, 미오신의 머리부위는 부착, 꺾임 및 해리의 주기를 **반복할** 것이다.

repeated

127

타 be ~ 반복되다

Ubiquitination is a three-step process. This process is repeated many times, with each subsequent ubiquitin molecule being added to the preceding one. The resulting polyubiquitin chain is recognized by a proteasome.

관 ubiquitination 유바퀴틴화 반응, with ....하는 과정으로, preceding 앞선, resulting 결과로 생긴

해 유비퀴틴화 반응은 3단계의 과정이다. 이 과정은 이후에 추가될 ubiquitin 분자가 이미 있던 것에 추가되는 과정으로 여러 번 **반복된다**. 그 결과로 생긴 다중 ubiquitin 사슬은 프로테오솜에 의하여 인식된다.

참 프로테오솜proteosome : mark 참조

repeatedly

17

부 되풀이되어, 반복적으로

Most components of the RTK-Ras–MAP kinase signaling pathway are used **repeatedly** in the course of development and are evolutionarily conserved in a broad spectrum of animals.

관 in the course of ....의 과정에서, be conserved in ....에서 보존되다, broad spectrum 광범위

해 RTK-Ras–MAP kinase 신호전달과정에 속하는 대부분의 요소들은 발생과정에서 **반복적으로** 사용되며 그리고 광범위한 동물에서 진화론적으로 보존되어있다.

참 RTK-Ras-Map kinase 신호전달경로 : 수용체형 티로신인산화효소receptor tyrosine kinase와 ras 그리고 Map kinase을 경유하는 신호전달경로이다.

repetition

10

명 반복, 되풀이

If its motion is toward the attractant, the response regulator signals the cell to continue in a straight line; if away from it, the cell tumbles momentarily, acquiring a new direction. **Repetition** of this behavior results in a random path, biased toward movement in the direction of increasing attractant concentration.

관 signal(타) ....의 신호를 보내다, be away from ....로부터 멀어지다, be biased toward ....에 편중되다, acquire a direction 방향으로 전환하다

해 만약 움직임이 유인물질을 향하고 있으면, 그 반응조절자는 세포가 직선으로 계속 가도록 하는 신호를 보낸다; 만약 그것으로부터 멀어지고 있으면, 세포는 순간적으로 휙 방향을 바꾸어, 새로운 방향으로 전환할 수 있다. 이러한 행위의 **반복**은 증가하는 유인물질의 농도 방향으로의 운동에 편중된 어떤 임의의 길을 가는 결과가 된다.

관 be biased toward : University funding *was* tremendously *biased toward* scientists. 대학의 기금은 과학자들에게 편중되어있다

repetitious

2

형 (지루할 정도로) 되풀이 되는

The noncoding DNA in multicellular organisms contains many regions that are similar but not identical. Variations within some stretches of this **repetitious** DNA are so great that each single person can be distinguished by a DNA "fingerprint" based on these sequence variations.

관 repetitious 되풀이 되는=tediously repetitive, be based on ....에 기초를 두다, stretch 단편서열, DNA fingerprint 지문법

해 다세포 생명체에서 코딩에 참여하지 않는 DNA는 유사하지만 동일하지 않은 많은 영역을 함유하고 있다. 이 **되풀이되는** DNA 의 일부 단편서열 내의 변이들이 매우 커서 단 한 사람이라도 이들 서열의 변이에 기초를 둔 DNA "지문"기술에 의하여 구별될 수 있다.

repetitive 형 (행위, 요소가) 반복하는 (그래서 지루하다는 의미를 포함)

10 Synapsin knockout mice, although viable, are prone to seizures; during **repetitive** stimulation of many neurons in such mice, the number of synaptic vesicles that fuse with the plasma membrane is greatly reduced. Thus synapsins are thought to recruit synaptic vesicles to the active zone.

관 be prone to ....하기 쉬운=(be apt to, be likely to), seizure 발작, fuse with ....와 융합하다, recruit(타) .... to ....로 모이게 만들다

해 Synapsin 녹아웃생쥐는 비록 생명을 유지할 수 있지만, 발작을 하는 경향이 있다; 그러한 생쥐에 있는 많은 신경세포들의 **반복하는** 자극기간 동안, 세포막과 융합하는 시냅스 낭포들의 수가 크게 감소된다. 그래서 synapsin은 시냅스의 낭포를 활성화 영역으로 끌어들이도록 한다고 생각된다.

replace 타 교체하다, 제자리에 돌려놓다

61 Is it appropriate to **replace** defective genes in somatic cells to relieve human suffering? Many people may agree with this goal. But there is a related question: is it appropriate to **replace** defective genes in the germ cell line to relieve human suffering? Fewer people may agree with this goal.

관 defective gene 결함유전자, somatic cell 체세포, germ cell 생식세포, relieve(타) human suffering 고통을 덜다, agree with 동의하다

해 사람의 고통을 덜어주기 위하여 체세포에서 결함유전자를 **교체하는** 것이 적절한가? 많은 사람들이 이 목적에 동의할 수 있을 것이다. 그러나 연관되어있는 의문이 있다: 즉 생식 세포주에서 결함유전자를 사람의 고통을 덜어주기 위하여 **교체하는** 것은 적절한가? 더 적은 사람들이 아마도 이 목적에 동의할 것이다.

replaced 타 be ~ 채워지다, 교체되다

164 Under normal circumstances, the body guards its content of iron zealously, so that a healthy adult male loses only about 1 mg/d, which is **replaced** by absorption.

관 guard(타) 보존하다=(preserve, protect), zealously 열심히

해 정상적인 환경에서, 몸은 자신의 철의 용량을 열심히 보존하여, 그 결과 건강한 성인 남성은 하루에 단지 약 1 mg 만을 분실하지만, 이 양은 흡수로 **채워진다**.

참 70Kg의 체중인 성인 남성에서 전체 철의 양은 약 4000 mg 정도가 되며 이 중 1 mg의 아주 작은 양이 매일 소실된다. 1000 mg의 철은 ferritin과 hemosiderin 단백질과 결합한 상태로 저장된다.

replacement 명 교체, 치환

101 **Replacement** of the normal glycine-12 with any other amino acid except proline blocks the functional binding of GAP, and in essence locks *Ras* in the active GTP-bound state.

관 in essence 본질적으로=essentially

해 정상의 glycine-12를 proline을 제외한 다른 어떤 아미노산으로라도 **교체**하는 것은 GAP의 기능성 결합을 차단하여, 본질적으로 *Ras*를 활성형인 GTP와 결합된 상태로 고정시킨다.

참 Ras와 GAP 단백질 : Ras 단백질은 세포의 신호전달과정에서 중요한 역할을 하는 작은 분자량의 GTPase의 부류에 속하며, 세포의 성장, 분화, 생존 등에서 중요한 역할을 한다. GAP (GTPase activating protein)은 Ras와 같은 G단백질의 활성형에 결합하여 GTPase활성을 촉진한다.

replica 명 복사본, 복사체

5 The **replica** plate is exposed to a mixture containing all these probes and autoradiographed to

identify clones with a complementary DNA sequence.

관 replica plate 복사본판, be autoradiographed 방사능 사진이 작성되다

해 상보적인 DNA 서열을 가진 클론을 찾아내기 위하여, **복사본** 판이 모든 이들 탐침자를 함유하고 있는 혼합용액에 노출되고 방사능 사진이 작성된다.

replicate
71

타 복제하다

Cells that fail to **replicate** all their chromosomes do not enter mitosis.

해 모든 자신의 염색체를 **복제하는** 것을 실패한 세포는 유사분열로 들어가지 않는다.

자 복제되다

The plasmids most commonly used in recombinant DNA technology are those that **replicate** in *E. coli*.

해 재조합DNA기술에서 가장 흔히 사용되는 plasmid는 *E. coli*에서 **복제되는** 것들이다.

replicated
19

타 be ~ 복제되다

Once DNA replication is initiated at the ORI, it continues around the circular plasmid regardless of its nucleotide sequence. Thus any DNA sequence inserted into such a plasmid is **replicated** along with the rest of the plasmid DNA.

관 regardless of ....와 상관없이, along with ....와 함께=together with

해 일단 DNA복제가 ORI에서 개시되면, 핵산서열과 상관없이 원형인 플라스미드 주위를 계속하여 따라간다. 그래서 그러한 플라스미드에 삽입된 어떤 DNA 서열이라도 플라스미드 DNA의 나머지와 함께 **복제된다**.

참 ORI (the replication origin) 서열 : 50-100 bp의 길이의 서열로 플라스미드 DNA 복제가 시작되는 부위이다.

replication
231

명 복제(반응)

Thus if DNA is damaged following its **replication**, p53-induced G2 arrest will prevent its transmission to daughter cells.

관 following(전) 후에=later than, transmission to ....로의 전달

해 그래서 만약에 DNA가 **복제** 후에 손상된다면, p53에 의해 유도된 G2기의 억류반응이 딸세포로의 그것의 전달을 방지할 것이다.

replicative
6

형 복제하는, 복제의

Such a state is termed lysogeny. Typically, damage to the host cell activates the **replicative** capacities of the quiescent viral nucleic acid, leading to viral propagation and release.

관 be termed=(be called, be referred to as), damage to ....의 손상, propagation 번식

해 그러한 상태가 lysogeny라는 용어로 불린다. 전형적으로, 숙주세포의 손상은 휴지기 상태에 있던 바이러스의 핵산을 **복제하는** 능력을 활성화시켜서, 바이러스의 번식과 유리가 일어나도록 한다.

report
295

명 보고, 보고서

There are **reports** that high concentrations of lipoprotein(α) correlate with an increased risk of coronary artery disease, even in patients in whom the lipid profile is otherwise normal.

관 correlate with ....와 관련되다=be related with, otherwise 이것이 아닌 다른

해 지단백질(α)의 고농도는 심지어 이것이 아닌 다른 지질의 프로필이 정상인 환자들에서조차도 관상동맥 질환의 증가된 위험성과 상호연관이 있다는 **보고서**들이 있다.

타 보고하다

She **reports** that she has been compliant with her recommended diet and that she faithfully gives herself insulin by subcutaneous injection twice daily.

관 be compliant with ....를 잘 따르다, subcutaneous injection 피하주사

해 그녀는 자신에게 추천된 식이요법을 잘 따라 왔으며 그리고 충실하게 자신에게 하루에 두 번씩

인슐린을 피하주사로 주고 있음을 **보고하였다**.

reported 형 보고된

805

These databases continuously exchange newly **reported** sequences and make them available to scientists throughout the world on the Internet.

관 make *them* available to *scientists* ....를 ....에게 이용 가능하도록 만들다

해 이들 데이터베이스는 계속적으로 새로이 **보고된** 서열들로 상호교환되어 인터넷 상에서 전 세계의 과학자들이 그것들을 이용할 수 있도록 만든다.

참 공익용 유전자 및 유전체서열 데이터베이스 : (미국) The *GenBank* at the National Institutes of Health, Bethesda, Maryland, USA; (유럽) the *EMBL Sequence Data Base* at the European Molecular Biology Laboratory in Heidelberg, Germany.

타 be ~ 보고되다

A biopsy specimen from the patient's liver was sent to the hospital's biochemistry research laboratory for enzyme assays. Cystathionine β-synthase activity was **reported** to be 7% of that found in normal liver.

해 환자의 간 생검용biopsy 시료가 효소검사를 위하여 병원의 생화학 검사실로 보내졌다. Cystathionine β-synthase 활성이 정상 간에서 발견되는 활성의 7%인 것으로 **보고되었다**.

참 Cystathionine β-synthase의 결핍은 homocystinuria의 원인으로 알려져 있다.

reporter 명 보고자, 리포터

257

As shown in Figure 10, HGPRT-negative cells carrying the **reporter** gene responded to interferon treatment by expressing GPRT and thus acquiring the ability to grow in HAT medium.

해 그림 10에서 보이는 것처럼, **리포터** 유전자를 적재하고 있는 HGPRT-결여된 세포들이 GPRT를 발현하여 인터페론의 처리에 반응하였으며 그래서 HAT 배양액에서 자랄 수 있는 능력을 획득하였다.

참 리포터유전자 reporter gene : 리포트유전자는 어떤 유전자의 발현의 양을 쉽게 측정할 수 있는 산물의 유전자를 발현조절서열 다음에 삽입하여, 전사활성을 실시간으로 모니터링을 할 수 있다. reporter enzyme, reporter gene, reporter cell, reporter plasmid 등

represent 타 1 나타내다, 표시하다

764

Data bars **represent** the mean absorbance ±S.D

관 represent 나타내다=(depict, describe)

해 데이터의 막대는 흡광도의 평균값 ± 표준편차를 **나타낸다**.

2 대표하다,

The total time of α-thrombin exposure of cells **representing** lanes 2 and 4 was 40 min; whereas the total time of IL-6 exposure of cells representing lanes 3 and 4 was 15 min.

관 represent 표시하다=(express indirectly by an image, form, or model, be a symbol)

해 2번과 4번 줄들을 **대표하는** 세포들을 α-thrombin에 노출한 전체 시간은 40분이었다; 반면에 3번과 4번 줄들을 **대표하는** 세포들을 IL-6에 노출한 전체 시간은 15분이었다.

3 상징한다, ...의 기호이다

Fuc **represents** the sugar fucose.

관 represent(타) 상징하다=(stand for, symbolize)

해 Fuc는 탄수화물 fucose를 **상징한다**.

참 If a sign or symbol *represents* something, it is accepted as *meaning* that thing.

4 예가 되다, ...이다

N27 cells **represent** a homogeneous population of tyrosine hydroxylase-positive dopaminergic cells.

관 represent(타)....의 예이다=serve as a example, homogeneous 동종형의=uniform

해 N27세포는 tyrosine hydoxylase를 소유하고 있는 도파민 반응성 세포의 동종형 군집체**의 예이다**.

represented	타 ....로 표시되다, ...로 묘사되다

116 This pathway is schematically **represented** in Figure 2 by the dashed line connecting FB and cytochrome b6.

관 schematically 그림으로=through the use of a diagram

해 이 경로는 FB와 cytochrome b6을 연결하는 다시 --- 기호 선에 의해 그림 2에서 도식적으로 **표시되어있다**.

representative	형 대표되는, 대표적인

504 The figure shows **representative** results of 15 independent experiments.

해 이 그림은 15번의 독립적으로 실시한 실험의 **대표되는** 결과를 보여주고 있다.

representation	명 표시, 그림, 회화

74 The scheme is a diagrammatic **representation** of photosynthetic electron flow from H_2O to $NADP^+$.

관 scheme 도해=(schematic representation, graphic representation), diagrammatic representation 순서를 그린 그림

해 이 도해는 H_2O로부터 $NADP^+$까지 광합성 반응에서 전자의 흐름을 순서적으로 그린 **그림**이다

참 You can describe a picture, model, or statue of a person or thing as a *representation* of them.

require	타 필요로 하다, 요구하다

219 Certain cell types **require** specialized protein growth factors not present in serum. For instance, hematopoietic cells **require** erythropoietin, and T lymphocytes **require** interleukin 2.

관 hematopoietic cell 조혈세포, require(타) 필요로 하다=(need, call for, demand), growth factor 성장인자, erythropoietin 적혈구생성촉진인자

해 어떤 세포 유형은 혈청 속에 존재하지 않는 전문화된 단백질인 성장인자를 **필요로 한다**. 예를 들면, 조혈세포는 적혈구 생성촉진인자를 **필요로 하고** 그리고 T 임파구는 interleukin 2을 **필요로 한다**.

required	타 be ~ 필요하다

774 As a result, a much higher extracellular drug concentration is **required** to kill cells that express multidrug-resistance (MDR) transport protein than those that do not.

해 그 결과로 다약제내성 수송단백질 (MDR)을 발현하지 않은 세포들보다 발현한 세포들을 죽이기 위하여, 훨씬 더 높은 세포외부의 약물농도가 **필요하다**.

참 다약제내성 수송단백질multidrug-resistance (MDR) transport protein : 이 단백질은 항암제 투여에 대응하여 암세포에서 발현되는 수송단백질로, ATP 에너지를 이용하여 약물을 능동적으로 퍼내어 제거하는 펌프단백질이다. 주로 세포막을 통과하여 세포 안으로 들어온 작은 크기의 소수성 약물을 세포 밖으로 퍼내어 제거한다.

requirement	명 필요성, 필요, 필요조건

158 The **requirement** for multiple mutations also lowers the frequency of cancer compared with what it would be if tumorigenesis were triggered by a single mutation.

관 lower (타) 낮추다, compared with ....에 비교하여, tumorigenesis 종양발생, be triggered 촉발되다=be initiated

해 다중돌연변이의 **필요성**은 또한 종양발생이 단 한 종류의 돌연변이에 의해 촉발된다는 조건에서의 상태에 비해 암의 발생빈도를 낮추기도 한다.

research	타 연구하다, 조사하다

344

Thus, scientists caution that injection of chemokines could make patients more susceptible to infections, and they continue to **research** other methods of using chemokines to treat AIDS.

구 caution(타) 경고하다=warn, susceptible to 감수성이 있는, continue to ....하는 것을 계속하다

해 그래서 과학자들은 chemokine류의 주사요법이 환자를 감염에 더욱 민감하게 만들 수 있다고 경고하였으며 그래서 AIDS을 치료하기 위하여 chemokine류를 사용하는 다른 방법들을 계속하여 **연구하고** 있다.

명 연구, 조사

The possibility of using stem cells therapeutically to restore or replace damaged tissue is fueling much **research** on how to recognize and culture these remarkable cells from embryos and from various tissues in postnatal (adult) animals.

구 fuel(타) 촉진하다=stimulate, recognize(타) 찾아내다=identify, culture(타) 배양하다

해 손상된 조직의 복구나 혹은 교체를 위하여 줄기세포를 치료목적으로 사용할 수 있을 가능성은 이 놀라운 세포들을 배아나 혹은 성체동물의 여러 조직으로부터 찾아내어 배양하는 방법에 대한 많은 **연구**를 촉진하고 있다.

참 *fuel* the debate (research)=*stimulate* the debate (research)

resemblance

3

명 닮은점, 공통점, 유사점

Noncompetitive inhibitors bind enzymes at sites distinct from the substrate-binding site and generally <u>bear</u> little or no structural **<u>resemblance</u>** <u>to</u> the substrate.

구 distinct 분리된=separate, bear a resemblance to ....와의 유사성을 가지다=have a degree of similarity to

해 비경쟁적 저해제는 기질의 결합자리와는 별개의 자리에서 효소와 결합하며 그리고 일반적으로 기질과의 구조적 **유사성**을 거의 가지고 있지 않거나 전혀 가지고 있지 않다.

참 효소의 저해제 : 효소의 활성을 저해하는 약물은 경쟁적competitive 저해제와 비경쟁적 noncompetitive 저해제가 있다. 전자는 기질과 구조적으로 유사성을 가지고 있어서 반응을 촉매하는 활성자리에 대하여 경쟁적으로 들어갈 수 있기 때문에 효소활성이 저해되는 것이고, noncompetitive inhibitor는 활성화자리 이외의 다른 부위에 결합하여 활성부위의 구조를 변경시켜 효소활성을 저해한다.

resemble

47

타 1 ....와 닮다, ...와 유사하다

Many neurotransmitters **resemble** hormones in their synthesis, transport, and mechanism of action.

구 resemble(타) ....를 닮다=be similar to

해 많은 신경전달물질은 합성, 수송 및 작용기전에 있어서 호르몬**과 유사하다**.

2 닮은

Warfarin is a slow and long-acting blood anticoagulant with a structure **resembling** that of vitamin K.

해 와파린은 비타민 K의 구조를 **닮은** 구조를 가진 천천히 작용하고 (서방형) 그리고 오랜 시간 작용하는 (지효성) 항혈액응고제이다.

reserve

17

명 1 비축(물), 예비, 저장물

Anabolic pathways are those involved in the synthesis of compounds. Protein synthesis is such a pathway, as is the synthesis of fuel **reserves** of triacylglycerol and glycogen. Anabolic pathways are endergonic.

구 endergonic reaction 에너지 흡수반응

해 동화경로는 합성물의 합성에 관여된 경로들이다. 단백질 합성도 중성지방과 글리코겐과 같은 연료 **비축물**의 합성과 마찬가지로 동화경로이다. 동화경로들은 에너지 흡수반응이다.

참 Endergonic (에너지 흡수)과 exergonic (발열) reaction : 전자는 에너지를 사용하여 합성하는 반응이고 후가는 연료물질을 산화분해하여 에너지를 방출하는 반응이다

2 in ~ 대비용으로 준비된

For example, in resting neurons some neurotransmitter-filled synaptic vesicles are "docked" at the plasma membrane; others are in **reserve** in the active zone near the plasma membrane at the synaptic cleft.

관 in reserve 대비용으로 준비된=(in stock, in supply), be docked 함께 연결된=be joined together, synaptic cleft 시냅스틈새, some .... others 일부 .... 나머지

해 예를 들면, 휴식중인 신경세포에서 일부 신경전달물질로 채워진 시냅스 낭포들은 세포막에 "함께 연결"되어있고; 나머지들은 시냅스 틈새에 있는 세포막 가까이의 활성영역에서 **대비용으로 준비되어**있다.

형 비축용의, 준비의

A several-hour **reserve** supply of catecholamines exists in the chromaffin cells.

해 Catecholamine류의 몇 시간 동안에 사용될 수 있는 **비축용** 공급량이 chromaffin세포에 존재하고 있다.

참 Chromaffin cell : 부신수질이나 혹은 교감신경계의 신경절ganglia에서 발견되는 신경분비세포이다. Epinephreine 등의 catecholamine류와 endorphin를 분비하여 위급대처반응fight or flight 에서 기능하고 있다.

타 사용하다, 준비해 두다

Peptides generally contain fewer than 20–30 amino acid residues, whereas polypeptides contain as many as 4000 residues. We generally **reserve** the term protein for a polypeptide (or for a complex of polypeptides) that has a well-defined three-dimensional structure.

관 as many as ....개나 되는=no less than, reserve the term .... for 에 대해 ....라는 용어를 사용하다,

해 펩티드란 일반적으로 20-30개보다 더 적은 아미노산잔기들을 함유하고 있지만, 반면에 폴리펩티드는 4000개나 되는 잔기를 포함하기도 한다. 우리는 일반적으로 잘 규명된 3차원구조를 가지고 있는 폴리펩티드 (혹은 폴리펩티드들의 복합체)에 대해 단백질이라는 용어를 **사용한다**.

reserved

2

타 be ~ 비축되다

The ability to produce transgenic plants has made it possible to modify the lipid, starch, and protein storage **reserved** in seeds, to impart pest and virus resistance to plants, and to create modified plants that tolerate extreme habitats such as salt marshes or waterlogged soil.

관 impart .... to ....의 특성을 부여하다=confer ....on, tolerate(타) 저항성을 가지다=(put up with, bear)

해 유전자변형식물을 생산할 수 있는 능력은 씨앗 속에 **비축된** 지질, 전분, 그리고 단백질 저장물을 변경하고, 해충과 바이러스 저항성을 식물에 부여하고, 그리고 염분이 많은 습지나 물로 차있는 토양과 같은 극한 서식환경을 견디는 변형된 식물을 새로 만드는 것을 가능하게 하였다.

reservoir

10

명 저장소, 저장량

The hormone-binding proteins also provide a circulating **reservoir** of hormone, and because of the relatively large binding capacity they probably buffer against sudden changes in the plasma level.

관 hormone-binding protein 호르몬결합단백질, buffer(자) against ....에 대항하는 완충작용을 하다

해 호르몬결합단백질은 또한 호르몬의 순환하는 **저장소**를 제공하기도 하고, 그리고 비교적 큰 결합용량 때문에, 아마도 혈장의 수준에서 급격한 변화에 대응하는 완충작용을 할 것이다.

참 호르몬결합단백질 : 스테로이드 및 갑상선 호르몬들은 물에 잘 녹지 않는 소수성 단백질이기 때문에 혈액에서 전문화된 수송단백질에 결합되어 존재한다. 수송용 단백질에 결합되지 않은 자유형이 생리적 활성을 나타내며, 이에 반하여 결합형 호르몬들은 불활성일 뿐만 아니라 대사되지도 않으므로 수명 또한 길어진다.

reside

68

자 **1** 자리잡고 있다

Materials to be degraded must be delivered to the lumen of the lysosome where the various degradative enzymes **reside**.

해 분해될 예정인 물질은 여러 분해효소들이 **자리를 잡고 있는** 곳인 라이소솜의 내강으로 전달되어야한다.

2 ~ in/on ....에 자리를 잡다

Phospholipids are the major class of lipid in membranes. The enzymes responsible for the synthesis of phospholipids **reside** in the cytoplasmic surface of the cisternae of the ER.

해 인지질은 생체막에서 주된 부류의 지질이다. 인지질의 합성에 책임이 있는 효소들은 ER의 수조 구조cisternae의 세포질 쪽의 표면에 **자리를 잡고 있다**.

residence
2

명 머무름, 거주

The liver's relatively large size (approximately 3% of total body weight) allows extended **residence** time within the liver for nutrients to be properly metabolized as well as for potentially harmful substances to be detoxified and prepared for excretion into the urine or feces.

관 be prepared for ....를 위해 준비되다, extended residence time 연장된 거주시간

해 간은 상대적으로 큰 사이즈 (대략 전체 몸무게의 3%)이기 때문에, 영양분이 적절하게 대사되고 뿐만 아니라 잠재적으로 해로운 물질들도 제독되어 소변이나 대변으로 배설을 위하여 준비될 수 있도록 간에서 연장된 **거주**를 가능하게 한다.

resident
19

형 머무르는, 거주하는

The vesicular transport of proteins from the ER through the Golgi apparatus to the cell surface, for example, appears not to require any specific sorting signals; specific sorting signals therefore are required to retain in the ER and the Golgi apparatus those specialized proteins that are **resident** there.

관 transport of proteins from .... through .... to ....로부터 ....를 통과하여 ....로의 수송, appear to =(seem to, be likely to), retain(타) ....에 계속 잡아두다=hold in a particular place

해 예를 들면, ER로부터 골기기구를 통과하여 세포표면까지 낭포를 이용한 단백질의 수송은 어떤 특이 분류신호도 요구하지 않는 것처럼 보인다; 따라서 특이 분류신호는 그곳에 **머무르고 있는** 그 전문화된 단백질들을 ER과 골기기구에 계속 잡아두기 위해서라면 필요하다.

residue
1916

명 잔기

An allysine **residue** on one collagen molecule reacts with the amino group of a lysine **residue** on another molecule, forming a covalent Schiff base that is converted to more stable covalent cross-links.

해 한 개의 콜라겐 분자의 allysine **잔기**는 또 다른 분자의 lysine **잔기**의 아미노기와 반응하여, 더 안정한 공유결합성 교차연결로 전환되는 공유결합성 Schiff 염기를 형성한다.

residual
97

형 잔류하고있는, 나머지의, 찌꺼기의

The column is washed with more 0.5 M NaCl to remove **residual** contaminants.

관 with *more* 0.5 M NaCl에서 'more'는 '더 많은, 추가적인'의 의미, contaminant(명) 오염물질

해 칼럼이 **잔류하고 있는** 오염물질을 제거할 목적으로 더 많은 0.5M NaCl로 세척되었다.

resist
4

타 저항하다, 견디다

The ability of archaeal lipids to **resist** hydrolysis and oxidation may help these organisms to withstand the extreme conditions, such as high temperature, low pH, or high salt concentration, under which some of these archaea grow.

관 archaeal 고세균의, withstand(타) 견디다, extreme conditions 극한 환경

해 가수분해와 산화반응에 **견디는** 고세균 지질의 능력은 고세균의 일부가 생육하는 높은 온도, 낮은 pH나 혹은 고염농도와 같은 극한 환경을 이 생명체들이 견디도록 하는데 도움을 줄 수도 있을 것이다.

참 Archaea 고세균 : 이 종은 원래 박테리아로 분류되었으나, 여러 면에서 다른 점이 많아 독립된 종으로 분류되었다. 이 종은 화산의 분화구와 같은 온도가 100°C 이상인 조건에서 처음으로 발

견되었다. 이러한 환경에서 생육하기 위해서는 여러 특별한 생화학적 반응이 일어난다. 특히 생체막의 지질은 glycerol에 에스테르가 아닌 에테르성 결합을 통하여 연결되어있고, 직선형이 아닌 가지형의 지방사슬구조를 가지고 있다.

resistance 명 내성, 저항성

290

The HIV virus mutates very rapidly (mostly because reverse transcriptase lacks 3′ to 5′ exonuclease activity, the proofreading activity) and frequently develops **resistance** to one or more of reverse transcriptase inhibitor drugs.

관 develop resistance to ....에 대한 저항성을 새로 만들다, reverse transcriptase 역전사효소

해 HIV 바이러스는 매우 빠르게 돌연변이되어 (대부분 역전사효소가 3′ 에서 5′로의 exonuclease 활성, 즉 재검증하는 활성이 없기 때문에) 그래서 한 종류 이상의 역전사효소 저해제 약물에 대한 **저항성**을 자주 새로 만들기도 한다.

참 역전사효소reverse transcriptase : produced 참조

resistant 형 1 ~ to ....에 내성이 있는, 저항하는

252

Antibiotic resistance is a significant threat to public health. Some bacterial infections are now essentially untreatable with antibiotics. By the early 1990s, 20% to 40% of *Staphylococcus aureus* was **resistant** to methicillin.

관 significant *threat to* public health 공공보건에 심각한 위협, be resistant to ....에 내성이 있다

해 항생제 내성은 공공의 보건에 어떤 심각한 위협이 된다. 일부의 세균 감염은 이제 본질적으로 항생제로 치료할 수 없게 되었다. 1990년대 초까지, 20%에서 40%의 *Staphylococcus aureus*는 methicillin**에 내성이 있었다**.

2 ~ to ....에 강한, ...에 잘 견디는

There are two general classes of muscle tissue, which differ in physiological role and fuel utilization. Slow-twitch muscle, also called red muscle, provides relatively low tension but is highly **resistant** to fatigue.

관 differ in ....에서 서로 다르다 slow-twitch muscle 지근

해 생리적 역할과 연료의 이용에서 서로 다른 일반적인 두 종류의 근육조직이 있다. 지근은 적색근육이라고도 하며, 비교적 낮은 장력을 제공하지만 피로**에 매우 잘 견딘다**.

참 Slow-twitch muscle (지근)과 fast-twitch muscle (속근) : 지근은 myoglobin을 많이 함유하고 있어서 적색을 띠고 있고, 유산소운동의 기전에 사용되는 전자전달계를 통한 에너지를 생성하므로 에너지 생산속도가 늦지만 젖산의 생산이 거의 없으므로 근육이 잘 피로해 지지 않는다. 속근은 myoglobin의 함량이 낮아서 조직이 흰색으로 보인다. 그래서 무산소 운동의 기전인 해당과정을 통하여 에너지를 공급하기 때문에, 에너지 생산속도가 빠르고 그리고 순간적으로 큰 힘을 낼 수 있다. 하지만 젖산의 발생이 많아 근육이 쉽게 피로해진다.

resolution 명 1 해상도

101

The patient underwent a high-**resolution** ultrasonographic study of her upper abdomen, which showed a 2.6-cm mass in the midportion of her pancreas.

관 undergo ultrasonographic study .... 검사를 하다

해 그 환자가 상복부의 고**해상도** 초음파검사를 했는데, 그녀의 췌장의 중앙부에서 2.6 cm의 덩어리를 보여주었다.

2 분석, 분해, 해결책

In two-dimensional SDS-polyacrylamide gel electrophoresis, proteins are separated sequentially, first by their charges and then by their masses. The sequential **resolution** of proteins by charge and mass can achieve excellent separation of cellular proteins.

관 be separated sequentially 연속적으로 분리되다, achieve(타) 달성하다, resolution 분석

해 2차원 SDS-polyacrylamide겔 전기영동에서, 단백질은 처음엔 전하에 의하여 그리고 그 다음에는 질량에 의해서 연속적으로 분리된다. 전하와 질량에 의한 단백질의 연속된 **분석**은 세포 단백질의 우수한 분리를 달성할 수 있다.

참 2차원 SDS-PAGE 전기영동 : 일차원으로 각 단백질들의 등전점이 다르다는 사실을 이용하여 분리를 하고, 다음에 다시 이 분석된 결과를 SDS-polyacrylamide gel 전기영동을 수행하여 단백질의 분자량에 따라 분리한다.

resolve	타 분석하다, 풀다, 해결하다
20	Because many of the clones were more than 100,000 bp long, and modern sequencing techniques can **resolve** only 600 to 750 bp of sequence at a time, each clone had to be sequenced in pieces.

관 at a time 한 번에, in pieces 조각으로 나누어

해 클론 중의 많은 것이 길이가 100,000 bp 이상이었고, 최신의 서열결정기술은 한 번에 서열 중의 단지 600-750 bp만을 **분석할** 수 있기 때문에, 각 클론은 조각으로 나누어서 서열이 결정되어야만 했다.

resolved	타 be ~ 해결되다, 분석되다
210	Two-dimensional gels have been very useful in comparing the proteomes in undifferentiated and differentiated cells or in normal and cancer cells because as many as 1000 proteins can be **resolved** simultaneously.

관 be useful in ....ing ....하는데 유용하다, as many as ....개나 되는, simultaneously 동시에=at the same time, proteome 단백질체

해 2차원 겔은 미분화된 세포와 분화된 세포에서 그리고 정상세포와 암세포에서 단백질체들을 비교하는데 매우 유용하였다, 왜냐하면 1000개나 되는 단백질들이 동시에 **분석될 수 있기** 때문이다.

참 단백질체proteome : 하나의 유전체, 세포, 조직 그리고 어떤 생명체에 의하여 발현된 한 세트의 모든 단백질들의 집합체를 단백질체 proteome라하고 이들을 분석하여 연구하는 학문을 단백질체학proteomics이라 한다. 좀 더 자세하게 표현하면, 어떤 주어진 시간, 주어진 조건 하에서 한 조의 시료에서 발현된 모든 단백질로 제한된다.

respect	명 1 in this ~ 이러한 점에서
106	The coupling of Cl^- and HCO_3^- movements is obligatory; in the absence of chloride, bicarbonate transport stops. In this **respect**, the anion exchanger is typical of all cotransport systems, that simultaneously carry two solutes across a membrane.

관 in this respect 이러한 점에서, be typical of ....에 전형적이다

해 Cl^-와 HCO_3^-의 짝지은 이동은 염소가 없을 때, 중탄산이온의 수송은 중단되는 것처럼 절대적이다. **이러한 점에서**, 음이온의 상호교환은 한 개의 막을 가로질러 두 용질을 동시에 수송하는 모든 공동수송체 시스템에 전형이 된다.

2 in ~ to ....와 연관되어, ...에 대하여

Membrane lipids help determine membrane fluidity. Attached to the inner aspect of the membrane of the red blood cell are a number of peripheral cytoskeletal proteins that play important roles in **respect** to preserving shape and flexibility.

관 in respect to ....와 연관되어=(in connection with, about, on), aspect 면=side, Attached to .... "부착된 사실"을 강조하기 위해 앞으로 나옴

해 막 지질은 막의 유동성을 결정하는데 도움을 준다. 모양과 유연성을 보존하는 것**과 연관된** 중요한 역할을 하는 많은 말초형의 세포골격단백질들이 적혈구 세포막의 안쪽 면에 부착되어있다.

3 with ~ to ....에 대하여

The locations of some regulatory elements are not fixed with **respect** to the transcription start site. Indeed, some elements responsible for regulated expression can be located either interspersed with the upstream elements, or they can be located downstream from the start site.

관 with respect to ....에 대하여=(concerning, with regards to), be located upstream/downstream ....의 위쪽/아랫방향에 위치되어있다

해 일부 조절용 요소들의 위치가 전사개시자리에 **대하여** 고정되어있지 않다. 실제로, 조절된 발현을

책임지고 있는 일부 요소들이 윗방향 요소들과 흩어져 위치될 수 있고 혹은 개시부위로부터 아랫방향에도 위치될 수 있다.

respective 형 각각의

187 Selectins are expressed on the surfaces of their **respective** cells by exposure to inflammatory signal molecules, such as histamine, hydrogen peroxide, and bacterial endotoxins.

해 Selectin은 히스타민, 과산화수소 및 박테리아 내독소들과 같은 염증신호분자에 노출됨에 의해 **각각의** 세포 표면에서 발현된다.

참 Selectin : 사람의 몸은 끊임없이 병원체와 염증물질의 공격에 노출되어있다. 따라서 우리 몸은 조심스럽게 조절되는 염증 반응계를 활용하여 방어한다. 이 염증반응에 관여하는 백혈구세포들이 혈관의 염증부위를 인식하여 그 조직으로 침투하는데, 이때 selectin 단백질이 중요한 역할을 한다.

respectively 부 1 각각

942 Monoacylglycerols, diacylglycerols, and triacylglycerols contain 1, 2, or 3 fatty acids esterified to glycerol, **respectively**.

관 be esterified to ....와 에스테르 결합을 하다

해 Monoacylglycerol, diacylglycerol, 및 triacylglycerol은 글리세롤에 에스테르화된 1, 2 및 3 개의 지방산을 **각각** 함유하고 있다.

참 Triacylglycerol (중성지방) : 중성지방은 glycerol 분자에 3개의 지방산들 (acyl기라 부름)이 에스테르결합을 통하여 부착되어있다.

2 각각

Purification of the labeled receptors revealed three different polypeptides with apparent molecular weights of 55, 85, and 280 kDa, referred to as types RI, RII, and RIII TGFβ receptors, **respectively**.

해 표지된 수용체의 정제는 겉보기 분자량이 55, 85 및 280 KDa을 가진 3개의 서로 다른 폴리펩티드를 새로 밝혀주었으며, RI형, RII형 및 RIII형 TGFβ 수용체로 **각각** 불린다.

respond 자 1 ~ to 효과를 발휘하다

75 His congestive heart failure was believed to be the result, in part, of the cardiomyopathy (heart muscle dysfunction) of acute thiamine deficiency known as beriberi heart disease. This nutritional cardiac disorder and the peripheral nerve dysfunction usually **respond** to thiamine replacement.

관 congestive heart failure울혈성 심부전, in part 부분적으로, replacement therapy 대체요법, cardiomyopathy 심장근육 기능장해

해 그의 울혈성 심부전은 부분적으로 beriberi형 심장병으로 알려진 급성 thiamine 결핍에 의한 심장근육 기능장해의 결과인 것으로 믿어졌었다. 이 영양학적인 심장질환과 말초신경의 기능장해는 일반적으로 thiamine 대체요법이 **효과를 발휘한다**.

참 If a patient or their injury or illness is *responding to treatment*, the treatment *is working* and they are getting better.

2 ~ to ....에 반응하다

Umami, the taste of glutamate, is detected by a receptor that is a modified form of a brain receptor that **responds** to glutamate as a neurotransmitter rather than as a tastant.

해 감칠맛umami인 글루탐산의 맛은 맛 자극제로보다는 오히려 신경전달물질로써 글루탐산**에 반응하는** 뇌수용체의 변형된 형태인 수용체에 의하여 감지된다.

response 명 1 반응

1377 IRS-1 is involved in many of the physiologic **responses** to insulin through complex mechanisms that are the subject of intensive investigation.

관 be the subject of ....의 주제가 되다, intensive 집중적인

해 IRS-1은 현재 집중적인 연구의 주제가 되고 있는 복잡한 기전을 통하여, 인슐린에 대한 생리적인 **반응** 가운데 많은 것들에 연루되어있다.

참 IRS (insulin receptor substrate) : 인슐린수용체는 tyrosine kinase 효소활성을 가지고 있는데 이 수용체의 기질단백질들을 IRS라고 한다.

2 in ~ to ....에 반응하여

In gated channels, transmembrane proteins form a pore for ions that is either opened or closed in **response** to a stimulus.

관 a pore that is opened or closed 열리거나 닫히는 구멍

해 계폐형 통로에서, 막관통단백질은 어떤 자극에 **반응하여** 열리거나 혹은 닫히는 이온을 위한 구멍을 만든다.

responsible 형 ~에 책임있는, 의 원인이 되는

276

The osmotic effect of the lactose and lactic acid in the bowel lumen is **responsible** for the diarrhea often seen as part of Lactose intolerance.

관 be responsible for ....의 원인이 되다=(be the cause of, be the agent of), Lactose intolerance 젖당불내성

해 내장의 내강에서 젖당과 젖산의 삼투압에 의한 효과는 젖당불내성의 일부 증상으로 자주 보이는 설사**의 원인이다**.

참 젖당불내성lactose intolerance : 젖당분해효소lactase의 결핍으로 젖당을 소화하여 흡수할 수 없어 나타나는 질환이다. 분해되지 못한 젖당에 의해 대장의 삼투압이 높아져 주위 조직들로부터 물이 이동하여 들어가기 때문에 설사가 발생하며, 장내세균에 의해 이 젖당이 이상 분해되어 과도한 가스가 발생하여 아랫배의 불쾌감과 통증을 주게 된다.

responsive 형 신속하게 반응하는

32

Reactions whose rates are **responsive** to all the acids or bases present are said to be subject to general acid or general base catalysis.

관 be subject to ....의 영향을 받다=under the influence of, general acid base catalysis 일반 산염기촉매기전

해 존재하고 있는 모든 산이나 혹은 염에 **신속하게 반응하는** 반응들은 일반 산과 염기에 의한 촉매기전의 영향을 받고 있다고 말하여진다.

rest 명 나머지, 제외한 모든 것

16

In prokaryotes, DNA is not separated from the **rest** of the cellular contents. In eukaryotes, however, DNA is located in the nucleus, where it is separated from the **rest** of the cell by the nuclear envelope.

해 원핵세포에서, DNA는 세포의 내용물을 **제외한 모든 것**으로부터 따로 분리되어있지 않다. 그러나 진핵세포에서 DNA는 핵 속에 위치되어있으며, 그 곳에서 핵막nuclear envelope에 의하여 세포의 **나머지**로부터 분리되어있다.

자 1 쉬다, 휴식을 취하다

If she **rests** for 5 to 10 minutes, her leg strength returns to normal. She also notes that if she talks on the phone, her ability to form words gradually decreases. Her physician suspects that she has myasthenia gravis and orders a test to determine whether she has antibodies in her blood directed against the acetylcholine receptor.

관 return(자) to normal 정상으로 회복되다, gradually 점차적으로myasthenia gravis 중증근무력증

해 만약 그녀는 5-10분 동안 **휴식을 취하면**, 다리 힘이 정상으로 회복된다. 그녀는 또한 전화상으로 대화를 할 때, 단어를 만드는 능력이 점차적으로 감소하고 있다고 간단히 언급하였다. 주치의는 그녀가 중증 근무력증을 앓는 것으로 의심하여, 혈액에 아세틸콜린 수용체에 대한 항체를 가지고 있는지를 결정하기 위한 검사를 주문하였다.

참 중증 근무력증myasthenia : 신경전달물질인acethylcholine의 수용체에 대한 자가항체가 만들어져 발생하는 자가면역질환의 한 종류이다.

2 ....에 자리를 잡다

The apical (upper) surface of these cells is packed with fingerlike microvilli that project into the intestinal lumen, and the basal (bottom) surface **rests** on extracellular matrix.

관 apical≠basal, project(자) 돌출하다, microvilli 미세섬모들, extracellular matrix 세포외기질, rest (자) ....에 자리를 잡다=be in a position of

해 이들 세포의 꼭대기부 (상부)의 표면은 소장의 공간으로 돌출된 손가락 같은 미세섬모들로 꽉 차있으며, 그리고 기저(바탕)부의 표면은 세포외기질 위에 **자리를 잡고 있다**.

참 something *rests* somewhere=something *is in a position of* somewhere.

3 ....에 의존하고 있다, ...에 기반을 두다

The underlying mechanism **rests on** the fact that the ligand-induced conformational change in one subunit can transmit its effects to neighboring subunits by changing the interactions and alignments of amino acid residues at the interface between subunits.

해 바탕이 되는 기전은 한 쪽의 아단위체에서 리간드에 의해 유도된 입체구조의 변화가 아단위체들 사이의 경계면에서 아미노산들의 상호반응과 배열을 변화시킴에 의하여, 이웃하고 있는 아단위체에게 그 효과를 전달할 수 있다는 사실**에 기반을 두고 있다**.

참 If something such as a theory or someone's success *rests on* a particular thing, it *depends on* that thing.

resting 형 휴식중인

171 Ca^{2+}-Na^{+} exchanger is the principal route of exit of Ca^{2+} from myocytes. In **resting** myocytes, it helps to maintain a low level of free intracellular Ca^{2+} by exchanging one Ca^{2+} for three Na^{+}.

관 principal route 주된 경로, exchange A for B=A와 B를 상호교환하다

해 Ca^{2+}-Na^{+} exchanger는 근육세포로부터 Ca^{2+}의 방출을 위한 주된 경로이다. **휴식 중인** 근육세포에서, 이것은 세포 내의 1개의 Ca^{2+}이 3개의 Na^{+}을 상호교환하여 자유형 Ca^{2+}의 낮은 농도를 유지하는데 도움을 준다.

restoration 명 회복, 복구

21 A diet consisting mainly proteins and fat results in very little recovery of muscle glycogens after 5 days (Figure, part c). On the other hand, a high-carbohydrate diet provides faster **restoration** of muscle glycogen. Even in this case, however, complete recovery of glycogen stores takes about 2 days.

해 주로 단백질과 지방으로 구성된 식이요법은 5일 후에도 근육의 글리코겐의 매우 적게 회복되는 결과를 만들었다 (그림, c). 반면에, 고탄수화물 다이어트는 더 빠른 근육 글리코겐의 **회복**을 제공하였다. 그러나 심지어 이런 경우에도, 글리코겐 저장소의 완전한 회복은 약 2일이나 걸린다.

restore 타 복원하다, 회복시키다

62 Implantation of these cells into diabetic mice **restored** their growth, weight, glucose levels, and survival rates **to** normal.

관 implantation 심기, restore .... to 로 회복시키다

해 이들 세포를 당뇨병 생쥐로의 이식은 성장, 체중, 포도당의 농도 및 생존율을 정상으로 **회복시켰다**.

restored 타 be ~ 복원되다, 회복되다

64 If the resulting T-G base pair is not **restored** to the normal C-G base pair by base excision-repair mechanisms, it will lead to a permanent change in sequence following DNA replication.

관 resulting 그 결과로 생긴, lead to=(result in, bring about), following=after than

해 그 결과로 생긴 T-G 염기쌍이 염기제거용 수리기전에 의하여 정상의 C-G염기쌍으로 **복원되지 않으면**, 그것은 DNA 복제 후의 서열에서 영원한 변화를 유발하게 될 것이다.

restrict | 타 1 제한하다

20

Most cancers have inactivating mutations in the genes coding for one or more proteins that normally **restrict** progression through the G1 stage of the cell cycle.

해 대부분의 암세포들은 세포주기 G1 단계를 통과하는 진행을 정상적으로 **제한하는** 한 종류 이상의 단백질들을 코딩하는 유전자들에서 불활성화 시키는 돌연변이들을 가지고 있다.

2 ~ .... to ....에 대하여 ....를 제한하다

The capillaries of the blood-brain barrier exhibit features that **restrict** their permeability to metabolites in the blood. This protects the brain from compounds that might be toxic or otherwise interfere with nerve impulse transmission.

관 exhibit(타) 보이다, feature 흥미로운 특성, protect(타) .... from ....로부터 보호하다, otherwise 그렇지 않으면, interfere with ....를 방해하다

해 혈뇌장벽의 모세혈관은 혈액 속의 대사물질**에** 투과능력을 **제한하는** 흥미로운 특성을 보인다. 이 사실은 독성이 있거나 혹은 그렇지 않으면 신경임펄스의 전달을 방해할 수도 있을 합성물로부터 뇌를 보호하게 된다.

참 혈뇌장벽blood brain barrier : 뇌와 척수에는 신체의 다른 부위의 혈류로부터 온 물질이 유입되는 것을 제한하는 장벽이 있다. 이것은 비교적 투과성이 낮은 특성을 보이는 모세혈관으로 구성되어있으며 또한 지용성이 높은 물질이 잘 통과하는 특성을 가지고 있다.

restricted | 타 be ~ 줄어들다, 제한되다

122

Because glucose is usually needed to replenish intermediates in the TCA cycle, if carbohydrates are **restricted** in the diet, dietary fat should merely be converted to ketone bodies and excreted.

해 일반적으로 포도당은 TCA 회로에서 중간반응물들을 공급하는데 필요하기 때문에, 만약 식이요법에서 탄수화물이 **줄어들면**, 음식물 속의 지방은 단지 케톤체들로 전환되어 분비된다.

참 Atkins 다이어트 : 황제다이어트라 불린 적이 있는 다이어트 방법으로, 저탄수화물 고지방 식이요법을 말한다. 즉 지방을 다향 함유한 고기를 많이 먹고, 탄수화물이 많은 밥을 적게 먹어 살을 뺄 수 있다는 다이어트 방법. 이 예문은 식이요법의 기본원리를 설명한 문장이다. 이 다이어트 방법은 6개월의 단기간에서 실제적으로 살을 뺄 수 있는 가장 좋은 방법으로 인정을 받고 있지만, 그 이상의 기간에서는 어떤 방식들이라도 유사한 효과를 보인다. 이 다이어트를 주창한 Atkins박사는 심혈관계질환으로 사망하였다고 한다.

restriction | 명 제한

174

restriction enzyme, restriction endonuclease, restriction sites

해 제한효소, 제한 효소가 작용하는 부위

result | 명 결과, 결과물

3209

In developed countries, the two leading causes of death, myocardial infarction and stroke are each direct **results** of an arterial system that has been slowly and progressively *compromised* by years of deterioration.

관 leading cause of death 주된 사망원인, myocardial infarction 심근경색, stroke 뇌졸증, compromise(타) 손상의 원인이 되다=cause the impairment of 예) compromised immune system 손상이 유발된 면역계통, deterioration 약화

해 선진국가에서 2가지의 주 사망원인인 심근경색과 뇌졸증 각각은 수년간에 걸친 나빠짐에 의해 천천히 점진적으로 손상되어 온 동맥계통의 직접적인 **결과**이다.

참 result와 consequence의 차이점 : result는 모든 사건들의 종합한 결과를 나타냄. 'Use unsalted butter for better *results*.'로 쓰며 consequences를 쓰지 않는다. 'You misbehaved and now you must suffer the *consequences*.'라 하고, results를 쓰지 않는다.

자 1 결과로 일어나다, 결과로 나타나다

In addition to affecting the efficiency of promoter utilization, eukaryotic cells employ alternative RNA processing to control gene expression. This can **result** when alternative promoters, intron-exon splice sites, or polyadenylation sites are used.

해 프로모터의 이용효율에 영향을 주는 것 이외에도, 진핵세포는 유전자의 발현조절을 위하여 대체 alternative RNA 처리기전을 이용한다. 이 기전은 대체용 프로모터들, 인트론과 액손 부위들 혹은 다중아데닐화반응 부위들이 사용될 때, **그 결과로 일어날** 수 있다.

참 유전자의 발현을 조절하는 기전에서 promoter 이용효율에 영향을 주는 조절 방법은 RNA polymerease가 promoter을 찾아 전사를 개시하거나 전사를 촉진하도록 하는 TATA상자, CAAT 등의 *cis*-acting element, response element, enhancer 등이고, RNA 처리과정에서 유전자의 발현을 조절하는 기전으로는 alternative promoter, RNA editing, RNA 안정성 조절 등이 포함된다.

2 ....결과로 생기다

The cells of mammary glands can easily be induced to grow and multiply by hormones. If this growth runs out of control, cancer **results**. Almost all instances of breast cancer originate in the lobules or ducts of the mammary.

관 run out of control 조절을 벋어나 계속하다, originate(자) ....로부터 유래하다

해 유선세포는 호르몬에 의하여 쉽게 성장하여 증식하도록 유도될 수 있다. 만약 이러한 성장이 조절을 벗어나 계속된다면, **그 결과로** 암이 **발생한다.** 유방암의 거의 모든 사례는 유선엽이나 유관에서 유래한다.

3 ~ from ....결과로부터 형성되다, 만들어지다

Protein tertiary structure **results** from hydrophobic interactions between nonpolar side groups and hydrogen bonds between polar side groups that stabilize folding of the secondary structure into a compact overall arrangement, or conformation.

해 단백질의 3차구조는 비극성 측쇄기들 사이의 혐기성 상호작용과 2차구조를 고밀도의 전반적인 배열이나 입체구조로 접히는 것을 안정화시키는 극성 측쇄기들 사이의 수소결합의 **결과로부터 형성된다.**

4 ~ in ....결과를 ....낳다, ...가 일어나는 결과를 만들다

Hydrolysis of PIP_2 is also involved in the action of many hormones and drugs. Diacylglycerol stimulates protein kinase C, which phosphorylates the protein pleckstrin (47 kDa). This **results** in aggregation and release of ADPs from the storage granules of platelets.

해 PIP_2의 가수분해 역시 많은 호르몬과 약물의 작용에 연루되어있다. Diacylglycerol은 단백질 pleckstrin (47 kDa)을 인산화하는 protein kinase C를 자극한다. 이 사실은 혈소판 응집과 혈소판의 저장용 과립으로부터 ADP의 유리가 **일어나는 결과를 만든다**.

참 PIP_2 (phosphatidylinositol 4,5-bisphosphate)는 세포막 구성성분인 인지질의 분해산물로 신호전달과정에서 유리되어 나온다. 이것의 분해산물인 diacylglycerol은 protein kinase C를, IP_3 (inositol 1,4,5-triphosphate)는 저장 Ca^{2+}을 동원화하여 세포의 신호전달과정을 수행한다.

resulted 자 (과거형) 결과로써 일어났다

472

The lowest concentration of cycloheximide tested **resulted** in only a modest reduction in growth rate, whereas the highest concentrations substantially slowed growth.

관 modest 약간의=(moderate; simple), slow(타) 늦추다

해 검사된 cycloheximide의 가장 낮은 농도는 성장속도에서 단지 약간의 감소의 **결과를 나타내었지만**, 반면에 가장 높은 농도는 실제적으로 성장을 늦추었다.

resulting 형 결과로 일어나는, 생기는

456

This DNA fragment is digested with *Hind*III and *Cla*I, and the **resulting** *Hind*III–*Cla*I fragment is directionally cloned into the *Hind*III–*Cla*I–digested vector.

관 be cloned into ....속으로 클로닝되다, directionally 방향성 있게

해 이 DNA조각이 *Hind*III와 *Cla*I으로 소화되었고, **그 결과로 생기는** *Hind*III–*Cla*I 조각은 *Hind*III 와 *Cla*I 으로 소화된 벡터 속으로 방향성있게 클로닝된다.

resultant 형 (어떤 사건)의 결과로부터 유래된, 초래된

44 Chronic lymphoblastic leukemia (CLL) cells have chromosomal translocations that activate a gene called bcl- 2, which we now know to be a critical blocker of apoptosis. The **resultant** inappropriate overproduction of Bcl-2 protein prevents normal apoptosis and allows survival of these tumor cells.

관 resultant(형) 결과로부터 유래된=resulting form, chronic lymphoblastic leukemia 만성림프모구성 백혈병, chromosomal translocation 염색체의 전위반응, resultant 그 결과로 초래된

해 만성림프모구성 백혈병(CLL)세포는 우리가 지금 압폽토시스의 중요한 저해제라고 알고 있는 bcl-2라 하는 유전자를 활성화시키는 염색체의 전위를 가지고 있다. **그 결과로부터 유래된** bcl-2 단백질의 부적절한 과다생산은 정상적인 압폽토시스를 방해하여 종양세포의 생존을 가능하도록 한다.

retain 타 보유하다

36 Treatment of IgG molecules with proteases such as papain produces three fragments: two Fab fragments that **retain** antigen-binding activity and an Fc fragment that **retains** the ability to activate effector functions such as the initiation of the complement cascade.

관 effector function 효과기 기능, complement cascade 보체의 다단계 증폭반응

해 IgG분자를 papain과 같은 단백질분해효소로의 처리는 3개의 조각을 만든다: 항원과 결합하는 활성을 **보유하고 있는** 2개의 Fab조각과 보체의 다단계 증폭반응의 시작과 같은 효과제 기능을 활성화시키는 능력을 **보유하고 있는** Fc조각이다.

참 항체분자는 2개의 항원결합자리와 1개의 효과제 기능을 나타내는 부위를 가지고 있다. 이 것을 각각 Fab와 Fc라 하며, 전자인 Fab는 antigen-binding Fragment 그리고 후자는crystallizable Fragment의 약자이다.

retained 타 be ~ 남겨져 있다, 머물다

103 Proteins that interact more strongly with the stationary phase are **retained** longer in column chromatography.

해 고정상과 더 강하게 결합하고 있는 단백질은 칼럼 크로마토크라피에 더 오래 **머문다**.

retardation 명 지연, 지체

16 In the clinical disorder known as the mucopolysaccharidoses, deformities of the skeleton may occur. Mental **retardation** often accompanies these skeletal changes.

관 mucopolysaccharidoses 뮤코다당류 축적증, deformity 기형, mental retardation 정신지체장해, accompany(타) 동반하다=go together with

해 뮤코다당류 축적증으로써 알려져 있는 임상질환에서, 골격의 기형이 발생할 수도 있다. 정신**지체** 장해는 골격의 변화와 자주 동반되어 나타난다.

참 뮤코다당류 축적증mucopolysaccharidoses : 라이소솜에서 못쓰게 된 glycosaminoglycan을 분해하는 효소들이 유전적으로 결함이 있어서 발생하는 질환이다. Glycosaminoglycan이란 성분은 항혈액응고제인 heparin, 관절에 윤활작용을 하는 관절활액의 구성성분인 하이아루론산, 결체조직, 연골 및 힘줄에서 발견되는 콘드로이틴의 주성분이기도 하다.

retard 타 지연시키다, 늦어지게 하다

3 The residue present at its amino terminal affects whether a protein is ubiquitinated. Amino terminal Met or Ser **retards** whereas Asp or Arg accelerates ubiquitination.

해 아미노말단에 존재하는 잔기가 단백질이 유비퀴틴화될지의 여부에 영향을 준다. 아미노말단의 Met이나 Ser은 유비퀴틴화를 **지연시키고**, 반면에 Asp나 혹은 Arg는 촉진한다.

참 Ubiquitination 유비퀴틴화반응 : 세포의 단백질들은 잘못 합성되었거나 변성되거나 또한 기능을 조절하기 위하여 분해되어 제거될 수 있다. 특히 세포질에서 ubiquitin이라는 작은 분자량의 단백질이 분해하고자 하는 표적단백질에 부착되어 분해신호로 인식되는데, 이 반응을 유비퀴틴화라 한다.

retarded 타 be ~ 지연되다, 늦어지게 되다

7 Electrophoresis of DNA molecules on agar gels of restricted pore size separates them according to size, the largest being **retarded** in their migration through the gel pores while the smallest move relatively unhindered.

해 제한된 구멍의 크기로 된 agar겔 상에서 DNA분자의 전기영동은 크기에 따라 분리되며, 가장 큰 것은 겔의 구멍을 통과하여 이동하면서 **늦어지며**, 반면에 가장 작은 것은 비교적 방해를 받지 않고 이동한다.

return 명 1 돌아옴, 회수량

15 The resulting decrease in the **return** of bile acids to the liver causes a drop in the hepatic bile acid pool.

해 (재흡수된) 담즙산의 간으로의 **회수량**에서 그 결과 때문에 발생하는 감소는 간의 담즙산 저장소에서 감소를 초래한다.

참 고지혈증hyperlipidemia : 고지혈증 치료제 가운데 cholestyramine은 불용성 수지성분으로 소장으로 분비된 담즙산과 결합되어 배설되므로 장에서의 답즙산의 재흡수될 양을 감소시킨다. 이 결과로 간의 담즙산의 양이 감소하며, 반면에 이 감소는 체내의 콜레스테롤이 담즙산으로 전환되는 것을 촉진하여 궁극적으로 체내의 콜레스테롤의 양을 줄이게 된다.

2 in ~ (for) (....의) 보답으로

This inflammatory response coats antigens on the bacterial surface with antibodies. Then in **return** the antibodies will ingest the antigens with phagocytic cells.

관 coat(타) 덮다, ingest(타) 섭취도록 하다

해 이 염증반응은 박테리아의 표면 위의 항원을 항체로 덮도록 한다. 그러면, **보답으로**, 그 항체는 포식세포로 항원을 섭취하도록 할 것이다.

자 돌아오다, 회귀하다

Lactate produced by anaerobic metabolism in skeletal muscle passes to liver, which uses it to synthesize glucose, which can then **return** to muscle (the Cori cycle).

관 pass(자) to ....로 넘어가다, return to ....로 돌아오다

해 골격근에서 무산소대사에 의해 생산된 젖산은 간으로 넘어가고, 간은 그것을 포도당을 합성하는데 사용하고, 포도당은 그 후 근육으로 **다시 돌아올** 수 있다 (Cori 회로).

타 ....로 다시 돌리다

The RBC can synthesize glutathione (GSH) and requires NADPH to **return** oxidized glutathione (G-S-S-G) to the reduced state.

관 return(타) A to B=A를 B로 다시 돌리다

해 적혈구는 글루타치온 (GSH)을 합성할 수 있으며 그리고 산화된 glutathione (G-S-S-G)을 환원된 상태**로 돌리기** 위하여 NADPH를 필요로 한다.

참 Glutathione글루타치온 : 3개의 아미노산 γ-glutamylcysteinylglycine의 펩티드로 거의 모든 세포에서 생산되고 항산화제로 기능한다. oxidative 참조

returned 타 be ~ 돌려보내지다

27 Receptors in the endocytic vesicles are dephosphorylated, then **returned** to the plasma membrane, completing the circuit and resensitizing the system to epinephrine.

관 be returned to....로 돌려보내지다, complete(타) 완결하다, resensitize(타) 다시 감작하다

해 세포내이입용 소포 속에 있는 수용체들이 탈인산화되어, 곧 세포막으로 **돌려보내져**, 그 순환회로를 완결하고 시스템을 에피네프린에 다시 감작시키도록 만든다.

참 호르몬수용체들의 감작senstization : 일반적으로 호르몬과 수용체 사이의 결합력은 매우 강하기 때문에, 한번 작용한 후 다시 호르몬에 반응하도록 감작하려면, 특별한 과정을 거쳐야 한다. 이 과정에서 일단 호르몬과 수용체의 복합체들이 함께 세포내로 이입되고, 곧 수용체에서 결합되어 있던 호르몬이 제거된 후, 다시 세포막으로 재순환되어 다시 감작될 수 있는 상태로 된다.

reveal 타 폭로하다, 밝혀내다

777 Recent x-ray crystallographic studies **reveal** how the subunits of G_t protein interact with each other and with light-activated rhodopsin and provide clues about how binding of GTP leads to dissociation of G_α from $G_{\beta\gamma}$.

관 x-ray crystallographic x선 결정학의, provide clues about ....에 관한 단서들을 제공하다, lead to=(cause, result in)

해 최근 x-선 결정학의 연구들이 어떻게 G_t 단백질 아단위체들이 서로 그리고 빛에 의해 활성화된 rhodopsin과 상호 반응하는지를 **밝혀주었으며**, 그리고 GTP의 결합이 어떻게 $G_{\beta\gamma}$로부터 G_α의 해리의 결과가 일어나도록 하는지에 대한 단서를 제공하였다.

타 be ~ 밝혀지다

The DNA restriction fragment that is complementary to the radioactive probe hybridizes, and its location on the filter can be **revealed** by autoradiography.

관 complementary to ....에 상보적인, autoradiography 방사능사진 기술

해 방사능으로 표지된 탐침자에 제한효소로 절단된 상보적인 DNA 조각이 혼성체로 형성되고, 그것의 필터 상의 위치가 방사능 사진기술로 **밝혀질** 수 있다.

reverse

명 1 역, 반대 (사실)

401 Liver mitochondria contain a key enzyme for synthesizing ketone bodies, but they lack a key enzyme for their use. The **reverse** is true in muscle mitochondria.

관 lack(타) ....이 없다=(be without, be missing)

해 간의 미토콘드리아는 케톤체를 합성하는 어떤 주요한 효소를 함유하고 있지만, 그들의 사용을 위한 주요한 효소는 가지고 있지 않다. 이 **반대현상**이 근육의 미토콘드리아에서 일어난다.

2 in ~ 역방향으로

The glycolytic pathway from glucose to pyruvate consists of 10 enzymes. Although it may seem efficient for glucose synthesis from pyruvate to proceed by a **reversal** of all 10 steps, gluconeogenesis uses only seven of the glycolytic enzymes in **reverse**, replacing the remaining three with four enzymes specific to glucose biosynthesis.

관 consist of ....로 구성되다, proceed(자) 진행하다=(continue, progress), replace .... with ....로 교체하다

해 Glucose로부터 pyruvate로의 해당경로는 10종의 효소로 구성되어있다. 비록 pyruvate로부터 glucose 합성이 모든 10단계의 역 방향으로 진행되는 것이 효율적인 것 같지만, 당신생성과정은 해당과정의 효소들 가운데 단지 7종만을 **역방향으로** 사용하고 있고, 나머지 3종을 glucose 생합성에 특이적인 4종의 효소들로 교체하였다.

참 해당과정glycolytic pathway과 당신생성과정gluconeogenesis은 역반응이 아니다 : 생명체에서 어떤 화합물을 합성하는 경로는 동일한 화합물을 분해하는 경로와 정확하게는 일치하지 않는다. 두 경로에서 일부 중간산물들이 어떤 단계에서 공유되지만, 그러나 경로가 조절되는 부위나 에너지 측면에서 몇 가지 단계에서 확실히 다르다.

자 역전되다, 거꾸로 되다

Most globular proteins tend to become increasingly soluble as the ionic strength is raised. However, as the salt concentration reaches high levels (greater than 1 M), the effect may **reverse** so that the protein is salted out of solution.

관 reach(타) ....에 도달하다, reverse(자) 역전되다, be salted out of ....로부터 염석되다

해 대부분의 구상단백질은 이온의 세기가 상승되면서 용해되는 것이 증가되는 경향이 있다. 그러나 염의 농도가 높은 수준 (1M 이상)에 도달해 가면서, 그 효과는 아마 **역전되어** 그 단백질이 용액으로부터 염석될 수도 있다.

타 역전시키다, 바꾸어 놓다

One major impediment of human gene therapy proved to be the inefficiency of introducing new genes into cells. Transformation failed in many cells, and the number of transformed cells often proved insufficient to **reverse** the disorder.

관 impediment 장애물=obstacle, prove to be ....로 입증되다, introduce(타) .... into 안으로 도입하다, fail(자) 비효율적으로 수행되다=perform ineffectively

해 사람의 유전자치료의 주된 장애물은 새 유전자를 세포 안으로 도입하는 비효율성인 것으로 입증되었다. 형질변환이 많은 세포에서 비효율적으로 수행되었고, 또한 형질변환된 세포의 수도 자주 그 질병을 **바꾸어 놓기**에 충분하지 못하였던 것으로 입증되었다.

참 1990년대 이후 현재까지 수백 건의 유전자치료가 사람에게 수행되었지만 만족할 만한 효과를 얻지 못하고 있다. 최초의 유전자치료는 1990년 미국보건원 (NIH)에서 4세 흑인 여자 아이의 선천성면역결핍증 (SCIDS) 환자를 치료하여 성공한 적이 있다.

reversed — 타 be ~ 바뀌다, 역전되다

45

> Phosphorylation by cAMP-dependent protein kinases inactivates the reductase. This inactivation can be **reversed** by two specific phosphatases.

해 cAMP의존성 단백질인산화효소에 의한 인산화는 reductase를 불활성화한다. 이 불활성화는 2종의 특이 탈인산화효소에 의하여 **바뀔 수 있다**.

참 protein kinase는 단백질을 인산화하는 효소이고 protein phosphatase는 역으로 인산기를 제거하는 역할을 한다. 이 두 효소들은 세포의 신호전달과정에서 서로 길항적인 기능을 한다. 음전하를 띤 인산 PO_4^{3-}기가 단백질에 부착되면 이 분자의 정전기적 힘에 영향을 받아 해당 단백질에서 구조적인 변화를 유발하여 활성화되거나 또는 불활성화 될 수 있다.

reversible — 형 가역적인

40

> The **reversible** acetylation and deacetylation of lysine residues in the N-termini of histone proteins controls how tightly DNA is bound by the histone octamer and affects the assembly of nucleosomes into the condensed forms of chromatin.

관 affect(타) 영향을 주다=(have an influence on, effect a change in), chromatin 염색질

해 히스톤 단백질의 N-말단에 있는 lysine 잔기의 **가역적인** 아세틸화와 탈아세틸화는 DNA가 히스톤 8량체에 의하여 단단하게 결합되는 방법을 조절하여, 염색질의 응축된 형태로 nucleosome의 조립반응에 영향을 준다.

참 nucleosome은 DNA가닥이 histone 단백질 8개를 둘러싸는 구조로 되어있으며, 다시 이들이 고밀도로 팩킹되어 염색질chromatin을 형성한다.

reversibly — 부 가역적으로

5

> Enzymes are **reversibly** inhibited by structural analogs and products.

해 효소는 구조 유사체들과 산물에 의하여 **가역적으로** 저해된다.

참 구조 유사체는 경쟁적 저해제가 되며, 산물은 되먹이기feedback 저해반응을 통하여 효소의 활성을 저해한다.

rich — 형 1 풍부한, 많은

184

> Metabolic reactions often involve the attack by lone pairs of electrons on electron-**rich** molecules termed nucleophiles on electron-poor atoms called electrophiles.

해 대사반응은 흔히 친핵체nucleophile라고 하는 전자가 **풍부한** 분자의 고립 전자쌍들에 의한 친전자체electrophile라고 하는 전자가 부족한 원자의 공격을 포함한다.

2 be ~in 풍부한 근원이다, ...에 ....가 많다

> As illustrated in Table 4, the internal environment is **rich** in K^+ and Mg^{2+}, and phosphate is its major anion. Extracellular fluid is characterized by high Na^+ and Ca^{2+} content, and Cl^- is the major anion.

관 A is rich in B=A에는 B가 풍부하다=A is a rich source of B

해 표4에 보이는 것처럼, 내부 환경에 K^+와 Mg^{2+}**가 풍부하며**, 그리고 인산기가 주요 음이온이다. 세포외액은 높은 Na^+와 Ca^{2+} 내용물로 특징지어지며, 그리고 Cl^-가 주된 음이온이다.

right — 부 오른쪽으로

240

> If the free energy of the products is lower than that of the substrates, the sign of $\Delta G^{0'}$ will be

negative, indicating that the reaction as written is favored in the direction left to **right**.

해 반응산물의 자유에너지가 기질의 자유에너지보다 더 적으면, $\Delta G^{0'}$의 부호는 음으로 될 것이며, 이 사실은 그 반응이 쓰여 진 것처럼 왼쪽에서 **오른쪽으로** 선호됨을 나타낸다.

형 1 옳은, 바른, 맞는

Almost all of the human genome had been sequenced until now. Gaps still exist, small and large, however, and the quality of some of the sequencing data will be refined since some of the findings are probably not exactly **right**.

해 지금까지 사람유전체의 거의 모든 서열이 결정되었다. 그러나 짧은 빈서열과 큰 빈서열들이 아직 존재하고 있고, 그리고 알려진 것 중 일부분은 정확하게 **맞지**도 않기 때문에, 서열이 결정된 데이터의 일부의 질이 더 정교해질 것이다.

참 인간유전체프로젝트human genome project : 1990년에 미국 국립보건원의 James D. Watson의 주창으로 시작되어, 국제적인 공조체제로의 연구가 수행되었다. 이 프로젝트로 인간유전체의 DNA서열들이 결정되고, 그리고 약 20,000~25,000종류의 유전자들이 확인되어 알려지게 되었으며, 또한 이들의 유전자 지도를 완성하는 것을 목표로 한다. 2000년에 초안본이 발표되었고 2003년에 완결되었음이 선언되었지만, 현재까지도 정확도를 올리기 위한 추가 작업들이 계속되고 있다.

2 ~ handed 오른 손 방향의

Each strand of collagen molecules contributed by one of the α chains is twisted into a left-handed helix, and three such strands from the three α chains wrap around each other to form a **right**-handed triple helix.

관 be contributed by ....에 의해 주어지다, be twisted(타) 꼬이다, wrap(자) around each other 서로의 주위를 둘러싸다

해 α사슬 중 하나에 의해 주어진 콜라겐 분자의 각 가닥들은 왼손방향의 나선구조로 꼬이고, 그리고 3개의 α사슬로부터 만들어진 3개의 그러한 가닥들은 서로의 주위를 감아 **오른손 방향으로 된** 3중의 나선구조를 형성한다.

참 콜라겐 단백질 : 우리 신체에서 가장 많은 양으로 존재한 단백질로 사슬을 구성하는 단위체들에 따라 약 20 여종으로 분류된다. 이 가운데 4형 콜라겐은 결체조직 기저막의 주성분이다.

ring

195

명 환구조

The aromatic **ring** is a six-membered carbon–hydrogen **ring** with three conjugated double bonds.

해 방향성 **환구조**는 3개의 포합된 2중결합으로 구성된 6개의 탄소와 수소로 된 **환구조**이다.

rise

82

자 1 (물가, 수치) 상승하다, 일어서다, 기상하다

An anemia results as the number of circulating red blood cells decreases and bilirubin levels **rise** in the blood as hemoglobin is degraded.

관 result(자) as 결과로써 일어나다=come about as a consequence, be degraded분해되다, rise(자) 상승되다=increase

해 빈혈은 혈액 중에 순환하고 있는 적혈구 세포의 수가 감소하고 헤모글로빈이 분해되면서 혈액에서 bilirubin의 수준이 **상승할** 때 발생한다.

2 ~ to ....까지 상승하다

Electrical stimulation opens Ca^{2+} channels in the sarcolemmal membrane, allowing $[Ca^{2+}]$ to **rise** to about 10 μM.

관 sarcolemmal membrane 근형질막, 무생물 주어 + rise to ....까지 상승하다=사람 + ascend to

해 전기적 자극은 $[Ca^{2+}]$이 약 10 μM**까지 상승**할 수 있도록 근형질막에 있는 Ca^{2+}통로를 연다.

명 1 상승

GH (growth hormone) also has growth-promoting effects. GH receptors are present on a variety of tissues in which GH increases IGF-I gene expression. The subsequent **rise** in IGF-I levels contributes to cell multiplication and differentiation by autocrine or paracrine mechanisms.

관 contribute to 일으키는데 도움을 주다=help to cause, multiplication 증식, differentiation 분화, autocrine 자가분비, paracrine 주변분비

해 GH (성장호르몬)도 역시 성장을 증진하는 효과를 가지고 있다. GH 수용체는 GH가 IGF-I 유전자의 발현을 증가시키는 다양한 조직에 존재하고 있다. 차후의 IGF-I 수준의 **상승**은 자가분비나 혹은 주변분비 기전으로 세포의 증식과 분화를 일으키는데 도움을 준다.

참 자가분비autocrine과 주변분비paracrine : 자가분비는 호르몬을 분비하는 세포와 같은 종류의 세포나 자신에게 영향을 미치는 호르몬이고, 주변분비는 국소적인 영영에서 한 세포에서 분비된 호르몬이 주위의 다른 여러 세포에 영향을 미치는 효과이다.

2 give ~ to 생산하다, 생기게 하다, ...의 근원이 되다

Germ-line cells give **rise** to eggs or sperm. By definition, all other cells are somatic cells.

관 by definition 정의에 의하면, give rise to 생산하다=(be the source of, produce)

해 생식계열의 세포들이 난자나 혹은 정자를 **생산한다**. 정의에 의하여, 모든 나머지 다른 세포는 체세포가 된다.

role

1629

명 1 역할

Humans cannot synthesize retinal from simpler precursors and must obtain it in the diet in the form of vitamin A. Given the **role** of retinal in the process of vision, it is not surprising that dietary deficiency of vitamin A causes night blindness.

관 cause(타) ....의 원인이 되다=be the cause of, in the form of ....의 형태로, night blindness 야맹증

해 사람은 더 간단한 전구체로부터 retinal을 합성할 수 없어서, 비타민 A 형태로 음식물에서 획득하여야 한다. 시력의 과정에서 retinal의 **역할**이 이미 설명되었으므로, 비타민 A 결핍이 야맹증의 원인이 된다는 사실은 놀랍지 않다.

참 Retinal : retinal, retinol 및 retinoic acid 3종의 비타민 중의 알데히드 형으로 눈의 시력에 관여하며, 빛에 의하여 이성질체화되어 11-cis 형에서 11-trans 형으로 되어 활성화된다.

2 play a ~ .... 역할을 하다

The F-type ATPase active transporters play a central **role** in energy-conserving reactions in mitochondria, bacteria, and chloroplasts

해 F형 ATPase 능동수송체는 미토콘드리아, 박테리아와 엽록체의 에너지 보존반응에서 중심적 **역할을 한다**.

참 능동수송active transport : 능동수송은 에너지를 사용하여 농도구배에 역행하여 물질을 수송하는 것

room

376

명 1 공간, 여유

The unsaturated fatty acid tails are kinked and lead to more spacing between the polar head groups, hence to more **room** for movement.

해 불포화지방산의 꼬리는 굽은 상태이어서 극성의 머리작용기 사이에서 더 많은 공간을 만들게 되며, 그러므로 움직임을 위한 더 많은 **여유**를 만드는 결과가 된다.

참 세포막의 유동성 조절 : 불포화지방산 꼬리에서의 이중결합의 cis-형은 그 곳에서 굽은 구조를 만들어 공간을 확보하므로, 포화지방산 꼬리의 직선구조보다 세포막에서 더 높은 유동성을 확보할 수 있다. 불포화지방산은 식물 종자유에 많아서 액체상태로 존재한다.

2 ~ temperature 상온

Vegetable oils such as corn (maize) and olive oil are composed largely of triacylglycerols with unsaturated fatty acids and thus are liquids at **room** temperature.

해 옥수수와 올리브유와 같은 식물성유는 주로 불포화지방산을 가진 중성지방으로 구성되어있으며 그래서 **상온**에서 액체가 된다.

참 트란스지방trans fat : 자연산 지방산의 이중결합은 주로 *cis*형이다. 그러나 액체의 식물유를 고체화하기 위하여 수소화를 하여 포화지방산으로 환원하는 과정에서 부반응으로 *trans*-이중결합을

한 지방산을 만들게 되는데, 이것은 물리적으로 구조가 포화지방산과 같이 직선형이 되어 세포막의 유동성을 감소시킬 뿐만 아니라, 나쁜 LDL콜레스테롤 양을 증가시켜서 관상동맥 심장질환의 위험성을 높이는 것으로 알려져 있어 해롭다. room 참조

rotate 자 회전하다

18

Lipid and protein molecules that are not bound to external or internal structural proteins can **rotate** freely and move laterally in the plane of the leaflet.

관 bind to ....에 결합하다, external 외부의≠internal 내부의, the plane of the leaflet 양면 중 한쪽

해 외부나 혹은 내부의 구조용 단백질에 결합되어있지 않은 지질과 단백질 분자들은 자유롭게 **회전할** 수 있고 또한 막의 한 쪽의 평면에서 좌우로 움직일 수도 있다.

rotated 타 be ~ 회전되다

12

Palindromes are sequences of double-stranded nucleic acids with twofold symmetry. In order to superimpose one repeat on the other, it must be **rotated** 180° about the horizontal axis then 180° about the vertical axis.

관 palindrome 회문서열, symmetry 대칭, superimpose(타) ....on ....를 ....에 겹치도록 하다

해 회문서열이란 2중 대칭성을 가지고 있는 2가닥의 핵산서열이다. 하나의 반복서열을 다른 서열 위에 중복하여 겹치도록 하기 위해서, 그것은 수평축 주위로 180도 그리고 수직축 주위로 180도 **회전되어야** 한다.

참 회문서열palindromic sequence : 회문이란 ROTATOR과 같이 바로 읽어도 거꾸로 읽어도 같은 단어나 구가 되는 말이다. 핵산서열에서 이런 서열이 나타나면 각 가닥에서 서로 짝짓기가 가능하여 hairpin 구조가 만들어질 수 있으며, 또한 제한효소가 인식하는 부위의 서열이 되기도 한다.

rotation 명 회전

36

The flagellar base is located in the inner membrane and functions as a motor to drive **rotation** of the attached flagellum.

관 flagellar base 편모의 기반구조, be located in ....에 위치되어있다, function as(자) ....로 기능하다, drive(타) 추진하다

해 편모의 기반구조는 내부 세포막에 위치되어있으며 부착된 편모의 **회전**을 추진하는 모터로써 기능한다.

round 명 한 번의 순환, 연속, 판

73

By removing this phosphate, SHP1 inactivates the JAK, so that it can no longer phosphorylate the receptor or other substrates (e.g., STATs) unless additional cytokine molecules bind to cell-surface receptors, initiating a new **round** of signaling.

관 additional 추가의, no longer 더 이상 .... 하지 않다

해 SHP1이 이 인산기를 제거함으로써, JAK을 불활성화시키며, 그 결과 만약 추가적인 사이토카인 분자들이 세포의 표면수용체에 결합하여 신호전달반응의 새로운 **순환**을 시작하지 않는다면, 그것은 수용체나 다른 기질 (예, STAT)을 더 이상 인산화할 수 없다.

참 SHP1은 티로신탈인산화효소이고, JAK은 티로신인산화효소로 면역세포의 신호전달에 관여한다.

타 둘러싸다, 둥글게 만들다

Moles are formed by melanocytes that have been transformed from highly dendritic single cells interspersed among other skin cells to **round** oval cells that grow in aggregates or "nests."

관 intersperse(타) 흩어지게 하다=(disperse, scatter), round(타) 둘러싸다=encircle, melanocyte 멜라닌세포

해 갈색점들은 응집체나 혹은 "둥지형으로"로 자라고 있는 난형 세포들을 **둘러싸고 있는** 다른 피부세포 사이에 흩어져 분포하는 고밀도의 가지돌기를 가진 단일세포로부터 형질변환된 메라닌세포에 의하여 형성된다.

참 멜라닌세포melanocyte : 많은 가지돌기dendrite를 가지고 있는 형태를 하고 있으며, 피부 표피의 기저부, 눈, 내이, 뼈 및 심장의 중간층에 존재하고 있는 세포들로 해로운 UV 광선을 차단할 목적으로 갈색의 멜라닌색소를 생산한다.

형 1 둥근

Many, although not all, alternative alleles produce discretely different phenotypes. Mendel's pea plants were tall or dwarf, had purple or white flowers, and produced **round** or wrinkled seeds.

해 비록 모두는 아니지만, 많은 대체 대립유전자들은 서로 다른 표현형을 만든다. 멘델의 콩과식물은 키가 크거나 작고, 보라색이거나 흰색 꽃을 가지고 있으며, 그리고 **둥글거나** 혹은 주름진 씨앗을 생산하였다.

형 2 ~ trip 왕복여행, 한 바퀴를 도는

For instance, the LDL receptor makes one **round** trip into and out of the cell every 10–20 minutes, for a total of several hundred trips in its 20-hour life span.

관 make a round trip 왕복여행을 하다, every 10 minutes 매 10분마다, life span 수명

해 예를 들면, LDL수용체는 자신의 20시간 수명 내에서, 전체 수백 번의 여행을 하는 동안, 매 10-20분마다 세포 안으로 들어갔다 나오는 1회의 **왕복여행**을 한다.

rounded

9

타 be ~ 둥근 모양으로 되다

The progeny of the affected cell are more **rounded** and less adherent to one another and to the dish than are the normal surrounding cells, forming a three-dimensional cluster of cells (a focus) that can be recognized under the microscope.

관 recognize(타) 인식하다=(identify, know), adherent to ....에 접착한

해 영향을 받은 세포의 자손들은 더욱 **둥근 모양으로 되어**, 주위를 둘러싸고 있는 정상세포들이 그런 한 것보다 자기들끼리 그리고 배양접시에 더 약하게 접착하기 때문에, 현미경 하에서 인식될 수 있는 세포들의 3차원 군집 (병소)을 형성할 수 있다.

route

79

명 1 통로, 경로

The remnants of chylomicrons travel in the blood to the liver, where they are taken up by endocytosis. Triacylglycerols that enter the liver by this **route** may be oxidized to provide energy or to provide precursors for the synthesis of ketone bodie.

관 travel .... to ....로 이동하다, endocytosis 세포내이입반응, triacylglycerol 중성지방

해 Chylomicron 잔유물은 혈액 속에서 이동하다가 간에 도달하는데, 그 곳에서 세포내이입반응에 의하여 받아들여진다. 이 **경로**에 의하여 간으로 들어온 중성지방은 에너지를 공급하거나 혹은 케톤체의 합성을 위한 전구물질을 제공하기 위하여 산화될 수도 있다.

참 chylomicron : 소장에서 음식물로부터 흡수된 중성지방들을 림프계를 경유하여 간으로 수송하는 지단백질lipoprotein 알갱이의 일종이다.

2 en ~ (to) ....로 가는 도중에 있는

It was subsequently discovered that the indirect bilirubin is "free" (unconjugated) bilirubin en **route** to the liver from the reticuloendothelial tissues, where the bilirubin was originally produced by the breakdown of heme porphyrins.

관 en route to ....로 가는 도중에 있는=on the way to

해 간접 bilirubin이란 bilirubin이 heme porphyrin의 파괴에 의하여 원초적으로 생산되는 곳인 세망내피조직으로부터 간**으로 가는 중도에 있는** "자유형" (비포합된) bilirubin인 것이 추후에 발견되었다.

routed

4

타 be ~ ....(의 경로로) 전송되다, 방향이 돌려지다

The NADH produced in the foregoing steps can be **routed** through the electron transport pathway to make high-energy phosphates via oxidative phosphorylation.

관 foregoing 이전의=previous, oxidative phosphorylation 산화적 인산화

해 이전 단계에서 생산된 NADH는 산화적 인산화반응을 경유하여 고에너지 인산기를 만들기 위하여 전자전달경로를 통하여 **전송될 수** 있다.

routine	형 상시의, 판에 박힌
13	**Routine** Pap smears can detect cells in the early stages of the transformation process initiated by papillomavirus integration into a host-cell chromosome, permitting effective treatment

관 Pap smear 팝도말검사, early stage 초기단계

해 **상시적인** Pap도말검사는 숙주세포의 염색체로 papillomavirus의 통합에 의해 개시되는 형질변환 과정의 초기단계에 있는 세포들을 감지할 수 있어서, 효과적인 치료를 가능하게 한다.

참 파파니콜로 도말검사Papanicolaou smear test 줄여서 팝도말검사 Pap smear이라고 부른다. 여성의 자궁경부암의 발생을 미리 알아보기 위해 시행하는 검사법이다. 이와 같이 여성의 자궁경부암의 원인이 밝혀진 결과로 최근에는 자궁경부암 백신이 개발되어 12-16 세의 여성에게 시술되어 좋은 효과를 보고 있다. scraping, originally 참조

routinely	부 상시적으로, 특별하지 않게, 통상적으로
33	However, during the 21st century, physicians may be using genetic engineering techniques **routinely** for both the diagnosis and treatment of their patients.

관 may 추측, diagnosis 진단, treatment 치료, genetic engineering 유전공학

해 그러나 21세기 동안 의사들은 유전공학기술을 환자의 진단과 치료 모두를 위하여 **통상적으로** 사용하고 있을 지도 모른다.

row	명 1 줄, 행
18	Because collagen triple helices are 300 nm long, 40-nm gaps occur between adjacent collagen molecules in a **row** along the long axis of the fibrils and the pattern repeats every five **rows**.

해 콜라겐의 3중 나선구조는 300 nm의 길이이고, 원섬유의 긴 축을 따라 **일렬로** 배열된 바로 인접한 콜라겐 분자 사이에서 40 nm 틈새가 생기며 그리고 그 형태가 매 5개의 **열**마다 반복된다.

2 in a ~ 연속적으로

Red dots indicating a correspondence of amino acids appear where two or more amino acids in a **row** match. Lines of dots parallel to the central diagonal suggest an internal repeat.

관 indicate 나타내다=show, correspondence 일치함, parallel to ....에 평행하는, in a row 연속적으로=(successively, sequentially)

해 아미노산의 일치함을 나타내는 적색의 점이 2개 이상의 아미노산이 **연속적으로** 일치되는 곳에서 보인다. 중앙의 대각선에 평행하는 점들로 된 선들은 내부의 반복서열을 암시한다.

참 10% 이상의 단백질은 아미노산서열이 서로 비슷한 도메인을 2개 이상 가지고 있는 경우가 많다. 이들의 내부에서 반복되어 나타나는 서열을 찾아내는 방법은 동일한 아미노산을 점 (dot)으로 표시하는 서열비교용 프로그램을 사용한다. 이 경우 한 단백질을 서로 비교하였으므로, 대각선은 모든 서열이 일치하여 점이 연결된 직선형으로 나타난다.

3 in ~s 줄지어서, 여러 개의 줄로

A single axon terminus of a motor neuron may contain a million or more synaptic vesicles, each containing 1000–10,000 molecules of acetylcholine; these vesicles often accumulate in **rows** in the active zone

해 단 하나의 운동신경의 축삭말단은 백만 개 이상의 시냅스 낭포들을 가지고 있을 수 있으며, 각각은 1000-10,000개의 acetylcholine 분자를 함유하고 있다; 이 낭포들은 자주 활성영역에서 **줄지어서** 쌓여있다.

rule	명 1 원리, 법칙
66	According to the "central dogma" proposed by Francis Crick, information flows from DNA to RNA to proteins. For the most part, this concept holds true. However, retroviruses provide one violation of this **rule**. When retroviruses invade cells, their RNA genome is transcribed to produce a DNA copy.

관 be proposed by ....에 의해 제안되다, flow(자) from .... to, for the most part 대부분=generally

해 Francis Crick에 의하여 제안된 "중심학설"에 의하면, 정보는 DNA로부터 RNA를 거쳐 단백질로 흐른다. 이 개념은 대부분의 경우 사실로 받아들여지고 있다. 그러나 retrovirus는 이 **원리**에 대

S

same 형 1 같은, 동일한

1068

Another simple sugar that enters glycolysis at the **same** point as fructose is mannose, which occurs in many glycoproteins, glycolipids, and polysaccharides.

관 fructose 과당, enter(타), one .... another (둘 중에) 하나 .... 또 다른 하나

해 과당과 **동일한** 위치에서 해당과정으로 들어가는 또 다른 단일 탄수화물이 많은 당단백질, 당지질 및 다당류에서 발견되는 mannose이다.

2 at the ~ time 같은 시간에, 동시에

Platelet-activating factor (PAF) is exposed on the surface of activated endothelial cells at the **same** time that P-selectin is exposed. The binding of PAF or other activators to their receptors on leukocytes leads to activation of the leukocyte integrins to their high-affinity form.

관 endothelial cell 내피세포, integrin 인테그린 단백질

해 혈소판활성화인자 (PAF)가 P-selectin이 노출되는 것과 **동시에** 활성화된 내피세포의 표면 위에 노출된다. PAF나 다른 활성제들이 백혈구 상의 수용체와 결합하여 백혈구의 integrin이 고친화력형으로 활성화되도록 만든다.

참 - 혈관내피세포의 손상 (염증) 반응 : 백혈구가 혈관내피세포와 결합하면 활성화되고 아울러 prostaglandin 등의 eicosanoid류와 같은 염증반응물질을 분비하고, 또한 내피세포와 위 예문에서 설명한 P-selectin을 활용한 기전으로 상호반응하여 단단하게 결합한다.

- PAF : 인지질의 일종으로 혈소판세포의 응집반응에 관여하여 혈전의 형성을 촉진한다.

명 동일한 값

Note that Km is unchanged by noncompetitive inhibitor (I) (the x -intercept remains the **same**, with or without I). Note also that Vmax decreases. A similar pattern is seen if the amount of enzyme in the experiment is decreased. Thus, it is as if inhibitor [I} lowered [E].

관 unchanged=the same, intercept 절편, it is as if .... 마치 ....와 같다

해 Km은 비경쟁적 저해제 (I)에 의해 변화되지 않음 (x축 절편값이 저해제가 있든 없든 **동일한 값으로** 남아있음)을 주목하라. 또한 Vmax 값이 *감소하는* 것에도 주목하라. 효소의 양이 *줄어들* 때도 이와 유사한 형태가 보인다. 그래서 마치 저해제 [I]가 [E]를 낮추는 것과 같다.

참 사람이 아닌 사물 (현상, 값)등이 감소할 경우 자동사 'decrease'를 쓰고 실험에서 농도, 양 등을 실험자의 의도로 감소시킨 후 이들 값이 주어로 나올 경우에는 수동형 'be decreased'를 사용한다.

satisfied 타 be ~ satisfy 과거형 만족하다

9

For an oligonucleotide to be useful as a probe, it must be long enough for its sequence to occur uniquely in the clone of interest and not in any other clones. For most purposes, this condition is **satisfied** by oligonucleotides containing about 20 nucleotides.

해 탐침자로써 효율적일 수 있는 oligonucleotide을 위하여, 그 서열이 원하는 클론에서만 유일하게 존재하고 어떤 다른 클론에서는 나타나지 않을 정도로 충분히 길어야 한다. 대부분의 목적에서, 이 조건은 약 20개의 뉴크레오티드를 함유하는 oligonucleotide에 의하여 **만족된다**.

참 20개의 nucleotide들로 구성된 탐침자probe는 이론적으로 4^{20} (=10^{12})종의 nucleotide마다 1회의 빈도로 존재하는 비율이 된다. 사람의 전체 유전체의 크기는 3 x 10^{9}개의 염기로 구성되어있으므로 이보다 훨씬 더 크기 때문에 특이적인 사용이 가능하다.

saturate 타 포화 상태를 만들다, 포화시키다.

28

The release of Ca^{2+} from the SR, which signals a contraction, raises the cytosolic Ca^{2+} concentration high enough to **saturate** the Ca^{2+} sites on TnC. Ca^{2+} binding induces a conformational change in the amino-terminal domain of TnC, which in turn causes a rearrangement of the troponin complex and tropomyosin with respect to the actin fiber

관 signal(타) 신호를 보내다, raise(타) 상승시키다, in turn 다시, cause(타) ....의 원인이 되다, 일으키

다, with respect to ....에 대하여

해 SR로부터 Ca^{2+}의 유리는 수축의 신호를 보내는 것으로, TnC 상의 Ca^{2+} 부위를 **포화시킬 수** 있을 충분히 높은 세포질 Ca^{2+}의 농도를 상승시킨다. Ca^{2+}의 결합은 TnC의 아미노말단에서 입체구조의 변화를 유도하고, 다시 액틴 섬유에 대한 troponin 복합체와 tropomyosin의 재배열을 일으킨다.

saturated 타 be ~ 포화되다

24

Either of or both the fatty acyl side chains in a phosphoglyceride may be **saturated** or unsaturated. In phosphatidic acid, the simplest phospholipid, the phosphate is not linked to an alcohol.

관 be linked to ....와 연결되어있다

해 Phosphoglyceride에서 지방산 acyl 곁사슬 중 어느 한 개나 혹은 두 개 모두가 **포화되어있거나** 혹은 포화되지 않을 수도 있다. 가장 단순한 인지질인 phosphatidic 산에서, 인산기는 알코올에 연결되어있지 않다.

참 인지질phospholipid : 생체막의 구성성분인 인지질들은 3가 알코올인 glycerol의 2개의 -OH기는 지방산으로 연결되어있고 나머지 한 개는 인산과 결합되어있다. 이것이 가장 간단한 phosphatidic acid의 구조이며, 이 인산기에 여러 화합물들이 결합하여 다양한 인지질을 만든다.

saturable 형 포화될 수 있는, 포화시킬 수 있는

20

The rate of movement in passive diffusion is directly proportionate to solute concentration, whereas the process is **saturable** when carriers are involved.

관 be proportionate to ....에 비례하다=be proportional to

해 수동확산에서 운동속도는 용매의 농도에 직접적으로 비례하지만, 반면에 전달체들이 포함될 때는, 이 과정은 **포화될 수** 있다.

참 촉진확산facilitated diffusion : 농도경사에 따라 물질은 확산이라는 과정을 통하여 이동하지만, 세포에서 이 과정은 주로 단백질 수송체에 의해 매개되기 때문에 수송되는 화합물에 대한 특이성을 가질 수 있으며 또한 포화될 수도 있어 수송속도가 제한된다.

saturation 명 포화

33

The large change in the amount of oxygen bound to hemoglobin over a small range of pO_2 values permits efficient unloading of oxygen in peripheral tissues such as muscle. The sigmoidal shape of a plot of percent **saturation** versus ligand concentration is indicative of cooperative binding.

관 pO_2 산소분압, permit(타)=enable, be indicative of 보여주고 있다=be showing, cooperative binding 협동적인 결합, peripheral tissue 말초조직, sigmoidal shape S자 모양

해 작은 범위의 산소분압 pO_2에서 헤모글로빈에 결합하는 산소량의 큰 변화는 근육과 같은 말초조직에서 산소의 효과적인 유리를 가능하게 한다. % **포화도** 대 리간드 농도로 그린 그래프의 S자 모양은 협동적인 결합임을 보여주고 있다.

참 헤모글로빈은 4량체의 단백질로 최대 4분자의 산소가 결합할 수 있다. 한 개의 산소가 결합하면 이 후의 산소들의 결합이 더 촉진되는데, 이러한 성질은 산소포화곡선에서 S자 형으로 나타난다. 이 이유는 한 분자의 산소의 결합으로 헤모글로빈 아단위체가 다른 단위체에 영향을 미쳐서 다른 분자의 산소의 결합을 촉진시키기 때문이며 이 것을 협동성cooperativity이라 한다.

say 타 1 be ~ (과거형) said 말하여지다

30

Eventually, the rates of the forward and reverse reactions become equal, so that the concentrations of reactants and products stop changing. The system is then **said** to be in chemical equilibrium.

관 stop ....ing 진행 중에 멈추다, be in equilibrium 평형상태에 있다

해 궁극적으로, 정반응과 역반응의 속도는 같아지며, 그래서 반응물과 생산물의 농도가 변화하다가 멈춘다. 그러면 이 시스템은 화학적 평형에 있다고 **말하여진다**.

참 화학적 평형equilibrium : 반응이 멈춘 것과 같이 보이지만 실제적으로 정반응과 역반응이 계속적으로 일어나고 있는 역동적인 상태로, 즉 양방향 반응의 속도가 같아진 상태이다.

2 예를 들면, 말하자면

Certain sequences associated with particular structural motifs may be identified within a protein. The presence of a structural motif may suggest that it, **say**, catalyzes ATP hydrolysis, binds to DNA, or forms a complex with zinc ions, helping to define molecular function.

관 be associated with ....와 연관되다=be connected with, suggest(타) 암시하다, define(타) molecular function 분자의 기능을 규명하다

해 특정 구조모티브와 연관된 어떤 서열이 단백질 안에서 발견될 수도 있다. **예를 들면** 어떤 구조모티브의 존재함은 그것이 ATP의 가수분해를 촉매하거나, DNA에 결합하거나 혹은 아연 이온과 결합체를 형성함을 암시할 수도 있어서, 분자의 기능을 규명하는데 도움을 줄 수 있다.

참 구조모티브 structural motif : 단백질의 어떤 기능은 전체 구조 가운데 일부분만이 관여하고 있다. 이러한 특징적인 2차구조로 구성된 서열을 모티브라 한다. 예를 들면 DNA와 결합할 때 zinc finger, helix loop helix, helix turn helix, leucine zipper등과 같은 모티브들이 사용된다.

3 that is not to ~ that ....라고 말할 수 없다

The job of the stem cell is not to carry out the differentiated function but rather to produce cells that will. Consequently, stem cells often have a non-descript appearance, making them hard to identify. But that is not to **say** that stem cells are all alike.

관 non-descript(형) 묘사하기 어려운=plain, stem cell 줄기세포

해 줄기세포가 하는 일은 분화된 기능을 수행하는 것이 아니고 오히려 그것을 수행할 세포를 생산해 내는 것이다. 결과적으로, 줄기세포는 자주 묘사하기 어려운 모양을 하고 있어서, 그들을 새로 찾아내는 것을 어렵게 한다. 그러나 그렇다고 줄기세포들이 모두 같다고 **말할 수는 없다.**

4 suffice it to ~ that ....이라고만 말해 두자, ...이라 말하면 충분하다

In later chapter we take up the mechanisms of this regulation in detail. For now, suffice it to **say** that the pathways are regulated so that when the flux of glucose through glycolysis goes up, the flux of pyruvate toward glucose goes down, and vice versa.

관 take up 시작하다=start, in detail 자세히, for now 당분간=(for the time being, for the present time, meanwhile)

해 이후의 장에서, 우리는 이 조절의 기전들을 자세하게 다루기 시작한다. 당분간 포도당의 흐름의 속도가 해당작용을 통하여 올라갈 때, 포도당을 향한 pyruvate의 흐름은 내려가며, 그리고 서로가 반대가 되도록 경로가 조절된다고**만 말해두기로 한다**.

5 to ~ that ....즉, 다시 말하면

Note that the pH scale is logarithmic, not arithmetic. To **say** that two solutions differ in pH by 1 pH unit means that one solution has ten times the H^+ concentration of the other, but it does not tell us the absolute magnitude of the difference.

해 pH의 규모는 로그값이지 산술값이 않음에 주목하라. **즉**, 두 용액이 pH에서 1 pH 단위가 서로 다른 것은 한 용액이 다른 용액의 H^+ 농도의 10배를 가지고 있음을 의미하지만, 그러나 그것은 그 차이의 절대 규모를 말해 주지는 않는다.

scaffold

명 뼈대, 기반, 받침대

28 The structural basis of the unique design of each cell type lies in the cytoskeleton. Cytoskeletal proteins are among the most abundant proteins in a cell, and the enormous surface area of the cytoskeleton constitutes a **scaffold** to which particular sets of proteins and membranes are bound.

관 be among .... 중에 속한다, cytoskeleton 세포골격, constitute(타) 구성하다; 차지하다

해 각 세포종의 특유한 디자인의 구조적인 기반은 세포골격에 있다. 골격을 이루는 단백질은 세포에서 가장 풍부한 단백질에 속하며, 그리고 세포골격의 넓은 표면적은 특별한 세트의 단백질과 막이 결합되는 **받침대**를 구성하고 있다.

참 scaffold : recently의 예문 2 참조

scaffolding

명 한시적 (일시적) 골격구조, 받침대

20 Intermediate filaments (IF) are composed of fibrous protein polymers that provide structural support to membranes of the cells and **scaffolding** for attachment of other cellular components.

해 중간크기의 필라멘트 (IF)는 세포의 막에 구조적인 지지와 다른 세포의 구성요소들의 부착을 위한 **일시적 골격구조**를 제공하는 섬유상의 단백질 중합체로 구성되어있다.

참 *Scaffolding* consists of poles and boards made into a *temporary framework* that is used by workers when they are painting, repairing, or building high parts of a building, usually outside.

scale

116

명 1 크기단위

Setting aside oddities like chicken eggs, most cells are 1–100 micrometers (1 μm=10^{-6} m) long and thus clearly visible only when magnified. To see the structures within cells, we must go farther down the size **scale** to 10–100 nanometers (1 nm=10^{-9} m).

관 set aside 제쳐두다, go down the size scale to .... nm .... nm 크기단위로 내려가다

해 계란과 같은 특수한 것은 제처 두고, 대부분의 세포는 1–100 micrometer (1 μm=10^{-6} m)의 길이이며 그래서 확대되어야만 명확하게 보인다. 세포 안의 구조체들을 보기 위해서, 우리는 크기의 **단위**가 10–100 nanometer (1 nm=10^{-9} m) 더 아래로 가야한다.

2 측정단위

On the pH **scale**, 7.0 is considered neutral: pH values below 7.0 indicate acidic solutions (higher [H^+]), and values above 7.0 indicate basic (alkaline) solutions. For instance, gastric juice, which is rich in hydrochloric acid (HCl), has a pH of about 1.

관 be considered .... 로 간주되다, below≠ above, indicate계측기기의 결과를 표시하다=give as a reading

해 pH **단위**에서, 7.0은 중성으로 간주된다: 7.0 이하의 pH 값은 산성용액 (더 높은 [H^+])을 나타내고, 7.0 이상의 값은 염기성용액이라고 한다. 예를 들면, 위액에는 염산 (HCl)이 많아서, 약 1의 pH 값을 가진다.

3 to ~ (크기)의 비율에 맞게

Note that the mRNA-exporter is drawn roughly to **scale**; it is far smaller than the nuclear pore complex.

관 be drawn to scale 비율에 맞게 그려지다, far smaller=much smaller

해 mRNA의 외부수송체는 **크기의 비율에** 대충 **맞게** 그려진 것에 주목하라; 그것은 핵공 복합체보다 훨씬 더 작다.

scan

54

타 훑다, 스캔하다, 따라서 이동하다

The initiation complex then probably slides along, or **scans**, the associated mRNA as the helicase activity of eIF4A uses energy from ATP hydrolysis to unwind the RNA secondary structure.

관 slide along ....를 따라 미끄러져 이동하다, RNA secondary structure RNA 이차구조

해 아마도 개시복합체는 곧 eIF4A의 helicase 활성이 ATP의 가수분해로부터 얻은 에너지를 사용하여 RNA의 2차구조를 풀 때, 결합된 mRNA를 따라 미끄러져 이동하거나 혹은 **스캔한다**.

명 스캔, 훑기

As the differently sized fragments pass down the gel, a laser beam excites the dye in the **scan** area. The emitted energy passes through a rotating color filter and is detected by a fluorometer. The color of the emitted light *identifies* the final base in the fragment.

관 identify(타) 쉽게 ....을 인식하도록 하다 <아래 참조>

해 서로 다른 크기로 된 조각들이 겔의 아래로 내려갈 때, 레이저 광선이 **스캔**영역에 있는 염료를 발광시킨다. 그 방출된 에너지는 회전 중인 칼라필터를 통과하여 지나가서 형광검색기에 의해 감지된다. 그 방출된 광선의 색이 조각의 마지막 염기*를 쉽게 인식하도록 한다*.

참 If a particular thing *identifies* someone or something, it *makes them easy to recognize*, by making them different in some way.

scanning

83

명 스캐닝, 훑기

Because yeast genes contain few if any introns, **scanning** genomic sequences for open reading

frames (ORFs) correctly identifies most gene sequences.

해 효모의 유전자들은 있더라도 거의 없는 인트론을 함유하고 있기 때문에, open reading frame (ORF)를 정확하게 찾기 위한 유전체 서열의 **스캐닝**은 대부분의 유전자서열을 쉽게 찾을 수 있도록 한다.

참 ORF (open reading frame) : 유전체에서 단백질을 코딩할 수 있는 유전자의 프레임. 유전자 부호는 3개의 염기를 한 단위로 인식되어 단백질로 표현되므로 2가닥의 DNA에는 6개의 프레임들이 존재 할 수 있다. 이 가운데에서 단백질로 표현되는 프레임은 단 1개이며 이를 ORF라 한다.

Scanning electron micrograph, confocal **scanning** microscopy

해 주사전자현미경, 공초점 주사현미경

science 명 과학 (복수형 가능)

65

Watson and Crick's one-page paper, published in 1953, contained little more than 900 words. However it triggered a major revolution in the biologic **sciences** and produced the conceptual foundation for the discipline of molecular biology.

관 little more than ....내외 (정도)

해 1953년도에 발간된 Watson과 Crick의 한 쪽짜리 논문은 900개 정도 밖에 되지 않는 적은 단어를 포함하고 있다. 그렇지만 그것은 생물**과학**에 있어서 주요한 혁명을 촉발하였으며, 분자생물학의 원리를 위한 개념상의 기초가 되었다.

score 명 1 점수, 득점, 성적

98

Many computer programs use Blosum62 to assign **scores** to new sequence alignments.

관 assign scores to ....에 점수들을 할당하다, sequence alignment 서열의 비교정렬

해 많은 컴퓨터 프로그램들은 새로운 서열의 비교정렬에 점수를 할당하기 위하여 Blosum62를 사용한다.

참 Blosum62 점수표 : 아미노산잔기 서열의 비교에서, 적어도 62%의 일치도를 보이는 서열의 모음으로부터 계산된 각각의 아미노산잔기들의 치환에 따라 계산된 점수를 모은 테이블. Lys→Glu이면 1, Lys→Asp이면 -1, Lys→Cys이면 -3, Lys→Phe 이면 -3 과 같은 점수가 매겨져 있다. 음의 점수는 잘 일어나지 않음을 의미하고 양의 점수는 그 반대이다.

2 ~s of 매우 많은

By the beginning of the twenty-first century, molecular biologists had completed sequencing the entire genomes of hundreds of viruses, **scores** of bacteria, and the budding yeast *S. cerevisiae*, a unicellular eukaryote.

관 complete(타) 완성하다, scores of 많은=(many, large number of)

해 21세기 초까지, 분자생물학자들은 수백 종의 바이러스, **매우 많은** 종류의 박테리아 및 단일 진핵세포인 발아하는 효모 *S. cerevisiae*의 전체 유전체의 서열결정을 완료하였다.

자 ~ as ....로써 점수가 매겨지다

A simple test developed by Bruce Ames (Ames test) measures the potential of a given chemical compound to promote certain easily detected mutations in a specialized bacterial strain. Few of the chemicals that we encounter in daily life **score** as mutagens in this test.

관 measure(타) 측정하다, encounter(타) 우연히 만나다, score as ....로써 점수가 매겨지다

해 Bruce Ames에 의하여 개발된 간단한 실험 (암스 테스트)은 어떤 전문화된 박테리아 균주에서 주어진 화학 합성물의 쉽게 감지되는 돌연변이를 증진 시킬 수 있는 가능성을 측정하는 것이다. 일상생활에서 우연히 마주치는 화합물의 극소수가 이 실험에서 돌연변이 유발인자로써 **점수가 매겨졌다**.

참 Ames test : screen 참조

scored 타 be ~ 측정되다, 점수가 매겨지다

Following microinjection, cells were incubated with fluorescent B subunit for various periods of time and B subunit distributions **scored**. The results are shown in the figure below.

관 following ....후에, be scored(타) 점수가 매겨지다

해 미량주사 후에, 세포들이 여러 시간 동안, 형광을 단 B 아단위체와 반응되었고 B 아단위체의 분포가 **측정되었다**. 그 결과가 아래 그림에 보인다.

scrape

51

타 be ~d 긁어 모이다

Kidney embryonic cells were washed with DMEM, treated with collagenase for 10 min at room temperature, **scraped** using glass pipette, and collected by centrifugation.

해 신장배아세포가 DMEM으로 세척되었고, collagenase로 상온에서 10분간 처리되었으며, 유리 피펫을 사용하여 **긁어 모아** 그리고 원심분리로 채집되었다.

타 긁어 모으다, 문지르다

Cells were collected by **scraping** the surface of the uterine cervix for the Papanicolaou or "Pap smear" test.

해 세포들이 파파니콜로 혹은 "팝도말"검사를 위하여 자궁경부의 표면을 **긁어서** 모아졌다.

참 Pap smear test (파파니콜로 팝도말검사) : 여성의 자궁경부암cervical cancer의 발생을 검사하기 위해 시행하는 진단법으로 미국에서는 이 방법으로 자궁경부암에 의한 사망률을 현저히 낮추고 있다. 이 검사는 산부인과에서 시행하며, 여성의 자궁경부에서 채집한 세포를 도말하여 현미경으로 검사한다. routine, originally 참조

screen

75

명 1 차폐막, 방어막

Ozone that escapes this antioxidant **screen** may react directly with proteins, lipids, and carbohydrates (CHO) to generate secondary oxidants, such as lipid peroxides, that can initiate chain reactions.

해 이 항산화제 **방어막**을 탈출한 오존은 단백질, 지질 및 탄수화물 (CHO)과 직접 반응하여 연쇄반응을 개시할 수 있는 지질과산화물과 같은 2차 산화물들을 생성할 수도 있다 .

참 오존에 대한 생체방어기작 : 비강으로부터 폐포까지 연장되어있는 폐점막의 내층은 오존으로부터 상피세포로 피복하고 있는 내피를 보호한다. 폐 내피의 분비액은 겔과 졸의 2가지 상태로 구성되어있다. 겔상은 미생물, 큰 알갱이들을 포획하고, 용해성 액체인 졸상은 요산, 비타민 C, 글루타치온 등의 항산화제와 효소들이 참여하는 다양한 ROS에 대한 방어기작에 참여하고 있다.

2 선별검사

Because of this strong correlation between mutagenesis and carcinogenesis, the Ames test for bacterial mutagens is widely used as a rapid and inexpensive **screen** for potential human carcinogens.

관 strong correlation between ....사이의 강한 관련성, potential carcinogen 잠재적 발암물질

해 돌연변이의 생성과 암의 발생 사이의 강한 관련성 때문에, 박테리아의 돌연변이 유발물질을 찾아내기 위한 Ames 검사가 사람의 잠재적 발암물질들을 찾아내기 위한 신속하고 값싼 **선별검사**로 널리 사용된다.

참 Ames test : 특정 박테리아를 이용하여 화합물에 대한 유전자의 돌연변이능력을 검사할 수 있으며, 이 방법은 동물을 이용하는 것 보다 훨씬 쉽고 빠를 뿐만 아니라 비용면에서도 매우 저렴하다.

자 ~ for ....를 확인하기 위한 검사를 하다

The Ames test for bacterial mutagens is used to **screen** for potential human carcinogens.

해 박테리아의 돌연변이 유발물질을 위한 Ames 검사는 잠재적인 사람의 발암물질을 **확인하기 위한 검사를 하는**데 사용된다.

참 To *screen for* a disease means to *examine* people *to make sure* that they do not have it.

타 선별하다, (훑어) 검사하다

It becomes possible to **screen** individual hybridoma clones from the large mixture to select one that produces the desired type of monoclonal antibody.

관 it is possible to...., produce

해 원하는 형의 한무리항체를 생산하는 hybridoma을 선택하기 위하여, 큰 혼합물로부터 개별 hybridoma 클론을 **선별하는** 것이 가능하게 되었다.

참 한무리항체 monoclonal antibody : 크기가 큰 항원분자의 매우 작은 일부를 인식하는 여러 종류의 항체가 생성될 수 있다. 그러므로 한 개체의 동물로부터 생산된 항체도 항원의 여러 항원결정자epitope에 대한 이종 항체의 혼합물이거나 동일한 항원결정자에 대해서도 다양한 클론으로부터 생산된 항체일 수도 있다. 그러므로 한 종류의 항원결정자에 대한 항체를 생산하는 단일클론을 분리하여 세포주로 유지하면 일정한 항체를 영원히 생산해 낼 수 있는데 이것을 '단일클론항체' 혹은 '한무리항체'라한다.

screened
49

타 be ~ (훑으며) 검사되다

When people are **screened** by colonoscopy in their fifties and the polyps are removed, the subsequent incidence of colorectal cancer is very low - according to some studies, less than a quarter of what it would be otherwise.

관 colonoscopy 대장경, subsequent incidence 이후의 발생률, a quarter of what it would be otherwise 그렇게 하지 않은 것의 1/4

해 50대에서 대장경으로 **검사되어** 용종이 제거되면, 그 이후의 직장결장암의 발생률이 매우 낮아지는데 - 일부 연구들에 의하면, 그렇게 하지 않은 것의 1/4 이하로 낮아진다.

참 대장직장암 colorectal cancer : 대장과 직장의 상피세포 층에서 발병하는 암으로 55세 이후까지는 일반적으로 진단이 어렵다. 최근 대장경 검사기술의 발전으로 암으로 발전하기 전 단계인 용종 polyp을 제거할 수 있게 되어 이 암의 발생 위험성을 줄일 수 있게 되었다.

screening
64

명 1 스크리닝, 찾기조사

screening cDNA library=screening of cDNA library=cDNA library screeing, screening strategy, screening for genes, screening test

2 스크리닝, 선별검사법

Her response to therapy was followed with **screening** tests for ketone bodies in her urine that employed a paper strip containing nitroprusside, a compound that reacts with keto groups.

관 be followed with 추적되다, employ(타) 사용하다=put to use

해 치료에 대한 그녀의 반응은 keto기들과 반응하는 화합물인 nitroprusside을 함유하고 있는 막대형 종이를 이용하는 소변에 있는 케톤체들을 위한 **선별검사법**을 사용하여 추적되었다.

search
131

명 1 검색

A **search** for homology between a newly sequenced protein and the thousands of previously sequenced ones takes only a few seconds on a personal computer.

관 search for homology 상동성 검색, take a few seconds 수초가 걸리다

해 새로이 서열이 결정된 단백질과 수천 종류의 이전에 서열이 결정된 것들 사이에서의 상동성 **검색**은 개인용 컴퓨터로도 단지 몇 초밖에 걸리지 않는다.

2 in ~ of ....을 찾아서

This multinucleate plasmodium (slime mold) moves about in **search** of the bacteria and other organic particles that it ingests.

관 multinucleate plasmodium 다핵성 변형균, move about 이리저리 움직이다, ingest(타) 섭취하다

해 이 다핵성 변형균 (slime mold)은 자신이 잡아먹을 박테리아나 다른 유기 알갱이들**을 찾아서** 이리저리 움직인다.

3 ~ out 샅샅이 찾아내다

Hemoglobin transports oxygen, while circulating antibodies **search** out foreign invaders.

해 헤모글로빈은 산소를 수송하고, 반면에 순환 중인 항체는 외부 침입체들을 **샅샅이 찾아낸다**.

4 ~ for 검색하다

The National Library of Medicine maintains a website, PubMed, which catalogues the medical literature, and a search engine that allows you to **search** for reference articles by topic or author (http://www.ncbi.nlm.nih.gov/pubmed).

관 maintain(타) 관리하다=keep in a condition of good efficiency, catalogue(타) 항목의 리스트를 만들다, literature 문헌, reference article 참고논문

해 국립의학도서관은 의학문헌의 목록을 제공하는 PubMed 웹사이트와 여러분이 주제나 혹은 저자로 참고논문들을 **검색할 수** 있도록 해주는 검색엔진을 유지관리하고 있다 (http://www.ncbi.nlm.nih.gov/pubmed).

참 PubMed : 미국의 국립의학도서관National Library of Medicine에서 공익을 위하여 제공하는 의학과 관련된 문헌 데이터베이스로 국립바이오테크놀로지 정보센터 NCBI의 웹페이지를 통하여 접속할 수 있다.

타 (주의를 기우려) 검색하도록 하다, 검색하다

Homologs are identified using increasingly powerful computer programs, that can **search** vast databases to find the evolutionary relatives of one selected protein sequence.

관 increasingly 점점=more and more, be identified using ....를 사용하여 발견되다, relatives 관련서열들

해 하나의 선택된 단백질서열의 진화상의 관련서열들을 찾기 위하여, 거대한 데이터베이스를 **검색할 수 있도록 해주는** 점점 강력해지는 컴퓨터 프로그램을 사용하여, 상동체들이 발견된다.

searched
24

타 be ~ 검색되다

Databases can be **searched** to identify homologous sequences.

해 데이터베이스는 상동성이 있는 서열들을 찾아내기 위하여 **검색될 수 있다**.

second
457

수 (서수) 둘째

First, replication is bidirectional. **Second**, replication proceeds from multiple origins in each chromosome.

관 bidirectional 양 방향성인, proceed(자) 진행되다=go forward

해 *첫째*, 복제는 양 방향성이다. **둘째**, 복제는 각 염색체에서 여러 시작점들 (origin)로부터 진행된다.

형 두 번째의

Tissue plasminogen activator is a serine protease that cleaves plasminogen within the clot to generate plasmin. Prourokinase is the precursor of a **second** activator of plasminogen, urokinase.

해 조직형 플라스미노겐활성제는 혈전 속의 플라스미노겐을 절단하여 플라스민을 생성시키는 세린형 단백질분해효소이다. Prourokinase는 urokinase라는 플라스미노겐의 **두 번째** 활성제의 전구체이다.

서 두 번째

The zinc finger was the **second** DNA binding motif whose atomic structure was elucidated.

해 Zinc finger는 원자수준의 구조가 밝혀져 있는 **두 번째의** DNA 결합모티브였다.

명 초

A eukaryotic ribosome can incorporate as many as six amino acids per **second**; prokaryotic ribosomes incorporate as many as 18 per **second**.

관 incorporate(타) 합체시키다, as many as .... 개나

해 진핵세포의 리보솜은 일 **초**에 아미노산 6개 정도 합체시킬 수 있고; 원핵세포의 리보솜은 일 **초**에 18개나 합체시킨다.

secondary
407

형 1 2차의

Another type of representation uses common shorthand symbols for depicting **secondary** structure-for example, coiled ribbons or solid cylinders for α helices, flat ribbons or arrows for β strands, and flexible thin strands for turns and loops. This type of representation makes the **secondary** structures of a protein easy to see.

관 representation 표시방법, shorthand symbol 약식기호, solid cylinder 입체 원통형, depict(타) 표시

하다, make .... easy to see 쉽게 볼 수 있도록 만들다

해 또 다른 종류의 표시방법은 **2차**구조를 표시하기 위한 공통의 약식기호를 사용한다. 예를 들면, 꼬여진 α 나선구조를 위하여 리본이나 혹은 입체원통, β 가닥을 위하여 평면형 리본이나 혹은 화살표를, 그리고 회전과 루프에는 유연성있는 가는 가닥모양을 사용한다. 이 종류의 표시방법은 단백질의 **2차**구조를 쉽게 볼 수 있도록 만든다.

참 단백질의 구조는 1차 (primary), 2차 (secondary), 3차 (tertiary), 및 4차 (quaternary) 구조로 구별할 수 있다. : primary=(first in order), secondary=(second in order), tertiary=(third in order), quaternary=(fourth in order, composed of four parts; arranged in quarters)

2 ~ to 파생된, 이차적인

Hyperuricemias may be differentiated based on whether patients excrete normal or excessive quantities of total urates. Some hyperuricemias reflect specific enzyme defects. Others are **secondary** to diseases such as cancer or psoriasis that enhance tissue turnover.

관 be differentiated 구별되다, excrete(타) 배출하다, reflect(타) ....의 결과로 일어나다=bring as a consequence, some .... others 여러 개 중의 일부.... 나머지, psoriasis 건선

해 고뇨산혈증은 환자가 정상수준 혹은 과도한 전체 요산의 양을 배출하는 여부에 기반을 두고 구별될 수도 있다. 일부 고뇨산혈증은 특이 효소의 결함의 결과로 일어난다. 나머지는 조직의 교체대사를 증가시키는 암이나 건선과 같은 질병에서 **파생된** 것이다.

secrete

54

타 분비하다

Plasma cells are specialized cells of B cell lineage that synthesize and **secrete** immunoglobulins into the plasma in response to exposure to a variety of antigens.

관 specialized cell 전문화된 세포, lineage 세포계열, in response to ...에 반응하여, a variety of 여러 다양한=various

해 형질세포는 여러 항원에 노출되어 반응하여 면역글로부린을 합성하여 혈장으로 **분비하는** B 세포계열의 전문화된 세포이다.

secreted

183

타 be ~ 분비되다

Epinephrine is **secreted** by the adrenal medulla as a result of stressful stimuli such as fear, excitement, hemorrhage, hypoxia, hypoglycemia, etc and leads to glycogenolysis in liver and muscle.

관 as a result of ....의 결과로써, lead to 결과로 ....을 유발하다=bring about as a result, glycogenolysis 글리코겐의 분해과정

해 Epinephrine은 공포, 격앙, 출혈, 저산소증, 저혈당 등의 스트레스성 자극의 결과로써 부신수질에 의해 **분비되고**, 간과 근육에서 글리코겐의 분해과정을 유발한다.

secretion

305

명 분비

After **secretion**, these lipophilic hormones associate with plasma transport, a process that circumvents the problem of solubility while prolonging the plasma half-life of the hormone.

관 lipophilic 친지질성의, circumvent (타) 우회하다=bypass

해 **분비** 후, 이들 친지질성 호르몬은 호르몬의 혈장에서의 반감기를 연장시키는 동시에 용해도 문제를 해결하려는 과정으로, 혈장수송체와 결합한다.

secretory

224

형 분비의, 분비하는, 분비용의

The concentration of peptide hormones within **secretory** granules is so high that the vesicle contents are virtually crystalline; when the contents are released by exocytosis, a large amount of hormone is released suddenly.

관 secretory granule 분비용 과립, exocytosis 세포외방출≠endocytosis 세포내이입

해 **분비용** 과립 속의 펩티드 호르몬의 농도가 매우 높아서 실제적으로 낭포의 내용물은 결정상태이다; 그래서 그 내용물이 세포외방출과정에 의하여 분비될 때, 갑자기 많은 양의 호르몬이 유리된다.

sedimentation 명 침강(반응), 침전

41

Centrifugation techniques are used for separating and purifying the various organelles, which differ in both size and density and thus undergo **sedimentation** at different rates.

관 centrifugation 원심분리, undergo(타) 수행하다=(go through, suffer), differ(자) in size 크기에서 다르다

해 원심분리기술은 크기와 밀도에서 서로 달라서 서로 다른 속도로 **침강반응**이 진행되는 소기관들을 분리하여 정제하는 목적으로 사용된다.

sediment 명 침전물

3

A urinalysis indicated the presence of a moderate proteinuria and numerous white blood cells in the urinary **sediment**. She was subsequently diagnosed with amyloidosis secondary to a plasma cell dyscrasia.

관 A urinalysis indicated that 소변검사는 .... 임을 보여주었다, be diagnosed with ....로 진단되다, be secondary to....에서 파생된=be derived from, dyscrasia 질환, amyloidosis 아밀로이드증

해 소변분석은 소변의 **침전물**에서 중간정도의 단백뇨와 많은 백혈구세포의 존재를 보여주었다. 그녀는 차후에 형질세포의 질환에서 파생된 아밀로이드증으로 진단되었다.

참 Amyloidosis : amyloid 단백질이 비정상적으로 장기나 조직에서 침전되는 질병상태를 말한다. Amyloid란 말은 원래 녹말이 요오드와 반응하여 나타난 결과로부터 잘못 해석되어 사용된 용어이지만, 지금은 단백질 침전물이 주된 물질이고 추가적으로 지방산과 탄수화물이 침전되기도 한다.

타 침전시키다

The undeposited material is next centrifuged at a higher speed to **sediment** the mitochondria, chloroplasts, lysosomes, and peroxisomes.

관 be next centrifuged at 속도에서 다음에 원심분리되다

해 미토콘드리아, 엽록체, lysosome 및 peroxisome을 **침전시키기** 위하여, 가라앉지 않은 물질은 다음 단계에서 더 높은 속도에서 원심분리된다.

자 침강하다, 침전되다

Elongated particles **sediment** more slowly than do spherical ones of the same mass.

해 긴 모양을 한 알갱이는 같은 질량의 구형인 것이 침강하는 것보다 더 천천히 **침강한다**.

see 타 보다

52

Arginine serves as the precursor of the potent muscle relaxant nitric oxide (NO) in a Ca^{2+}-dependent reaction catalyzed by NO synthase (**see** below and Figure 5).

관 serve as ....로써 기능하다, potent relaxant 강력한 이완제

해 Arginine은 NO synthase에 의하여 촉매되는 Ca^{2+} 의존성 반응에서 강력한 근육 이완제인 산화질소 NO의 전구체로써 기능한다 (아래와 그림 5를 **보시오**).

참 NO (nitric oxide) : 산화질소는 원래 자동차 매연 속에서 발견된 기체상태의 물질로 혈관확장을 유발하므로 근육이완제로 사용된다. local, remarkable 참조

seen 타 1 be ~ 보이다

427

The activation of an enzyme by proteolytic cleavage of one or a few peptide bonds is a recurring control mechanism **seen** in processes as diverse as the activation of digestive enzymes and blood clotting.

해 한 개 혹은 몇 개의 펩티드결합의 단백분해성 절단에 의한 효소의 활성화는 소화효소와 혈액응고의 활성화와 같은 다양한 과정에서 **보이는** 되풀이되는 조절기전이다.

참 혈액응고과정의 활성화 : 혈액응고blood clotting과정은 여러 단계의 반응이 연쇄적으로 그리고 단계적으로 펩티드절단효소반응이 일어나면서 다음 단계의 반응을 활성화하게 된다. 이 과정을 다단계증폭기전cascade이라 하며, 작은 신호의 폭발적인 증폭효과와 조절의 효율성을 높이기 위하여 채택되었다.

2 be ~ 보이다

In this way, particular proteins can be **seen** to increase or decrease in concentration in response to the physiological state.

해 이러한 방법으로, 특정 단백질이 생리적 상태에 반응하여 농도에서 증가하거나 감소하는 것이 **보일 수 있다**.

seek 타 1 ~ to 찾으려고 (시도)하다

85

Human gene therapy **seeks** to repair the damage caused by a genetic deficiency through introduction of a functional version of the defective gene.

관 seek to=try to, be caused by ....에 의한 원인이 되다, introduction 도입, defective 결함이 있는

해 사람의 유전자치료는 결함이 있는 유전자의 기능성 버전의 도입을 통하여, 어떤 유전자의 결함이 원인인 손상을 고치려고 시도하는 것이다.

참 유전자치료 gene therapy : 유전질환을 앓는 환자를 치료하기 위하여 세포나 조직에 정상유전자를 주입하여 결함이 있는 유전자의 기능을 대체하는 것이다. 최초의 공인된 유전자치료는 1990년 미국국립보건원에서 4세의 여아를 대상으로 RNA바이러스 벡터를 이용하여 선천성면역결핍증(SCID) 환자의 adenosine deaminase 유전자를 정상유전자로 치환한 치료였다.

2 ~ out 찾을 때까지 계속하여 찾다

Direct-acting carcinogens are mainly reactive electrophiles that **seek** out and react with negatively charged centers in compounds.

관 electrophile 친전자체≠neutrophile 친핵체

해 직접 작용하는 발암물질들은 주로 합성물에서 음으로 하전된 센터를 **찾아서** 반응하는 반응성이 강한 친전자체들이다.

seem 자 1 ....인 것 같다

226

Amino acids induce both insulin and glucagon secretion. Although this may **seem** paradoxical, it actually makes good sense.

관 paradoxical 모순인, make sense 합리적이다=(rational, logical, understandable, reasonable)

해 아미노산은 인슐린과 글루카곤 모두의 분비를 유발한다. 비록 이것이 모순인 **것 같지**만, 실제로는 합리적이다.

참 인슐린과 글루카곤 : 고단백 음식을 섭취하면, insulin과 glucagon이 함께 증가된다. 그러나 insulin의 증가에 비해 glucagon의 증가가 더욱 크다. insulin은 조직의 아미노산 흡수를 촉진하여 단백질의 합성을 증진하지만, 그러나 당류가 부족한 상태이므로 증가된 glucagon은 insulin에 의해 흡수된 아미노산을 원료로 하여 당신생성과정gluconeogenesis을 증가시키게 된다.

2 ~ to ....인 것처럼 보이다

Ingesting large amounts of glucose before a marathon might **seem** to be a good way of increasing the fuel stores. However, experienced runners do not ingest glucose before a race.

해 마라톤 전에 다량의 포도당의 섭취는 연료의 저장고를 증가시키는 좋은 방법인 **것처럼 보일** 수 있다. 그러나 경험 있는 주자들은 경기 전에 포도당을 먹지 않는다.

참 마라톤 경기에서의 포도당의 섭취의 피해 : 경기 전에 다량의 포도당을 섭취하면 다량의 인슐린이 분비된다. 이 인슐린에 의해 glycogen과 중성지방의 합성이 촉진되므로, 실제적으로 운동에 필요한 에너지가 고갈되는 현상이 초래될 수 있어 오히려 방해가 된다.

seemingly 부 보기엔, 외관상으로

9

In some electron micrographic images, exterior fibronectin fibrils appear to be aligned in a **seemingly** continuous line with bundles of actin fibers within the cell.

관 appear to=seem to, be aligned in a line 하나의 선으로 배열되다, continuous 연결된 =connected

해 일부 전자현미경 영상들에서, 외부의 fibronectin 원섬유는 세포내에 존재하는 액틴섬유의 다발들과 **외관상으로** 연결된 선으로 배열된 것처럼 보인다.

참 세포외기질extracellular matrix단백질 : 세포와 세포, 혹은 세포와 결체조직 사이에는 세포외기질단백질들에 의해 서로 연결되어 단단한 조직을 형성하게 된다. Fibronectin도 세포외기질의 구성원의

하나이며 특히 integrin이라는 단백질을 경유하여 액틴의 세포골격과 연결된다.

segment 명 조각, 부분, 분절

78

The dotted line indicates the hydrogen bond between the first and fourth amino acids of the four-residue **segment** Ala-Gly-Asp-Ser.

관 dotted line 점으로 찍힌 선; 점선, indicate(타) 표시하다=(show, signify)

해 점으로 찍한 선은 4개의 잔기로 된 **부분**인 Ala-Gly-Asp-Ser의 첫 번째와 네 번째의 아미노산 사이에서 수소결합을 표시하고 있다.

segmented 타 be ~ 분할되다, 분절되다

5

The long slabs of mesoderm on either side of the notochord become **segmented** into somites, from which the vertebrae and skeletal muscles will be derived.

해 척삭notochord의 어느 한 쪽에 있는 중배엽의 긴 판은 몸의 분절로 **분할되며**, 이들로부터 척수와 골격근이 유래될 것이다.

segmental 형 분절의, 조각의

1

The Fc and the two Fab units of the intact IgG are joined by flexible polypeptide regions that allow facile variation in the angle between the Fab units through a wide range. This kind of mobility, called **segmental** flexibility, can enhance the formation of an antibody-antigen complex.

관 facile 용이한=easily done, segmental flexibility 분절의 유연성, enhance(타) 증진시키다=(improve, better, augment, boost, raise, elevate), mobility 유동성

해 처음 합성된 상태의 IgG의 Fc 와 2개의 Fab 단위소는 Fab 단위소 사이의 각도에서 넓은 범위로 쉬운 변화를 가능하게 하는 유연성있는 폴리펩티드 영역에 의하여 연결되어있다. **분절의** 유연성이라고 하는 이러한 종류의 유동성은 항체와 항원 복합체의 형성을 증진시킬 수 있다.

참 항체분자의 경첩hinge 영역 : 항체분자는 2개의 항원결합자리와 1개의 효과기를 가지는 부위를 함유하고 있으며 각각 Fab와 Fc라고 하고, 전자인 Fab는 antigen-binding Fragment 그리고 후자는 결정이 잘 만들어지는 조각 (crystallizable Fragment, Fc)의 약식표시이다. 이 두 영역 사이에 잘 움직일 수 있는 경첩이라는 영역이 존재한다.

segregate 타 (물리적으로)격리하다, 분리하다

33

Within cells, membrane-bounded compartments **segregate** certain enzymes and enzyme systems, and the transport of substrate into these compartments may be the limiting factor in enzyme action.

관 compartment 구획, limiting factor 제한하는 요인

해 세포 안에서, 막으로 둘러싸인 구획은 효소와 효소계를 **격리하기 때문에**, 이들 구획 안으로 기질을 수송한다는 것은 효소활동에서 제한하는 요인이 될 수도 있을 것이다.

참 TCA회로에서 일부 반응은 세포질에서 진행되지만 일부 과정은 미토콘드리아 내에서 진행되기도 한다. 따라서 중간 대사물질들은 적절한 수송체를 통하여 교환된다.

segregated 타 be ~ 분리되다, 격리되다

6

Although most glycoproteins are secreted from cells, some are **segregated** in lysosomes. Other glycoproteins are produced as receptors for compounds such as hormones, as transport proteins, and as cell attachment and cell-cell recognition sites.

관 segregate(타) 분리하다=(devide, separate), cell-cell recognition site 세포들 사이의 인식부위

해 비록 대부분의 당단백질은 세포로부터 분비되지만, 일부는 lysosome 속으로 **격리된다**. 다른 당단백질들은 호르몬과 같은 합성물의 수용체로써, 수송단백질로써, 그리고 세포의 접착과 세포 사이의 인식부위로써 생산된다.

segregation 명 분리, 분리유전상속

16

The DNA from each affected and unaffected individual then is analyzed to determine the identity of a large number of known DNA polymorphisms. In practice, **segregation** data for DNA polymorphism are collected from different families exhibiting the same disease and pooled.

해 그 다음에 질병에 걸린 그리고 걸리지 않은 사람으로부터 추출한 DNA가 많은 수의 이미 알려진 DNA의 다형현상의 정체를 결정하기 위하여 분석된다. 실제적으로, DNA 다형현상의 분석을 위한 **유전분리상속** 데이터들이 같은 질병을 보이는 여러 가족으로부터 수집되어 통합된다.

select | 타 선택하다

32 Each enzyme usually catalyzes a specific biochemical reaction. The ability of an enzyme to **select** just one substrate and distinguish this substrate from a group of very similar compounds is referred to as specificity.

관 distinguish(타) A from B A와 B를 구별하다, be referred to as ....라고 하다=(be called, be named), specificity 특이성

해 각 효소는 보통 특이적인 생화학 반응을 촉매한다. 단 하나의 기질을 **선택할 수 있어서** 매우 유사한 화합물의 집단으로부터 이 기질을 구별해 낼 수 있는 효소의 능력이 특이성이라고 언급된다.

참 효소의 특이성specificity : 일반적으로 효소는 생체의 모든 반응을 촉매하는 단백질 (RNA인 경우도 있음)인데 기질에 대한 특이성을 가지고 있다. 특이성이란 특정 화합물만을 활성화 부위를 통하여 결합하여 촉매반응을 진행시킬 수 있는 성질이다.

selected | 타 be ~ 선택되다

284 The cyclin-dependent kinase inhibitor (CKI) p21 is a key protein that responds to specific signals to block cell proliferation. Therefore, if the DNA damage cannot be repaired, an apoptotic pathway is **selected** and activated by CKI, and the cell dies.

관 respond to ....에 반응하다, block(타) 차단하다, apoptotic pathway 계획된 세포사경로

해 Cyclin 의존성 인산화효소의 저해제 (CKI) p21은 세포의 증식을 차단할 수 있는 특이 신호에 반응하는 주요한 단백질이다. 그러므로 만약 DNA 손상이 수리될 수 없으면, CKI에 의하여 어떤 계획된 세포사경로가 **선택되어** 활성화되기 때문에, 그 세포는 죽게 된다.

참 Apoptosis 계획된 세포사 : 손상을 받은 세포에서 죽음의 경로가 활성화되는 경우도 있고, 모든 세포의 수명이 결정되어있어 수명을 다한 후 죽음의 경로가 작동하기도 한다. programmed cell death라고도 부른다.

selectable | 형 선택용의, 선택가능한

12 A commonly used **selectable** marker is the gene for neomycin phosphotransferase (designated *neo^r*), which confers resistance to a toxic compound chemically related to neomycin known as G418.

관 confer .... to ....에 .... (특성)을 부여하다

해 흔히 사용되는 **선택가능한** 표지자는 G418로 알려져 있는 neomycin과 화학적으로 관련된 독성 화합물에 대한 저항성을 부여하는 neomycin phosphotransferase (*neo^r*로 표시됨)의 유전자이다.

참 Neomycin : aminoglycoside류에 속하는 항생제로 박테리아의 리보솜 30S 아단위체에 결합하여 단백질합성을 저해한다. 이에 비해 G418 (geneticin)은 진핵세포에서 유사한 효과를 나타낸다.

selection | 명 선택

174 The **selection** of a suitable and relevant organism is an important part of any biochemical investigation. The studies that revealed the secrets of fatty acid synthesis are a good case in point. The paradigm for fatty acid synthesis in plants has been the avocado.

관 suitable 적절한, relevant 관련된, a case in point 선례가 되는=precedent, paradigm 예=(model, example)

해 적합하고 관련된 생명체의 **선택**은 어떤 생화학 연구에서라도 중요한 부분이다. 지방산 합성의 비밀을 밝혀냈던 연구들이 하나의 좋은 적절한 선례가 된다. 식물에서의 지방산 합성을 위한 모델은 아보카도였었다.

참 아보카도에 포함된 칼로리의 70%는 지방이며, 더욱이 단일 불포화지방산이다. 섬유질이 다른 과일에 비해서 높은 것으로도 알려져 있다.

selective | 형 선택의, 신댁성이 큰

275 The channels are very **selective**, in most cases permitting the passage of only one type of ion (Na^+, Ca^{2+}, etc).

해 통로는 매우 **선택성이 높기** 때문에, 대부분의 경우에 있어서 오직 한 종류의 이온 (Na^+, Ca^{2+} 등)만의 통과를 허용할 수 있다.

selectively	부 선택적으로
131	Different antibiotics target each of the major steps of protein synthesis. Therefore, these compounds can be used **selectively** to prevent bacterial protein synthesis and inhibit bacterial proliferation, while having little or no effect on human eukaryotic cells.

관 target(타) ....를 표적으로하다, have no effect on 효과를 결코 주지 않다

해 여러 항생제들은 단백질합성의 주요한 각 단계를 표적으로 한다. 그러므로 이들 화합물은 박테리아의 단백질 합성을 방해하여 박테리아의 증식을 저해하기 위하여 **선택적으로** 사용될 수 있으며, 반면에 사람의 진핵세포에 대해서는 거의 없거나 전혀 효과를 가지지 않는다.

참 단백질 합성을 저해하는 항생제 streptomycin, tetracycline, chloramphenicol, erythromycin : 박테리아의 리보솜과 진핵세포의 리보솜은 단백질합성 과정에서 유사한 점이 많지만 또한 많은 점에서 정교한 차이가 있으므로 이러한 차이를 이용하여 박테리아의 합성만을 선택적으로 저해 할 수 있다. 그러나 주의할 점은 진핵세포의 미토콘드리아 속의 리보솜은 박테리아의 미토콘드리아와 유사하므로 주의하여야 한다. limited 참조

selectivity	명 선택성
38	In addition to **selectivity**, ion channels display rapid rates of ion transport.

관 in addition to ....이외에, display(타) (특성을) 부여받다=be endowed with

해 **선택성**뿐만 아니라, 이온통로는 이온수송의 빠른 속도를 부여받았다.

sense	명 감각, ...감, 느낌
118	At the organismic level, recognition of the stimulus generally involves the nervous system and the special **senses** (sight, hearing, pain, smell, touch).

해 개체의 수준에서, 자극의 인식은 일반적으로 신경계와 특별한 **감각** (시각, 청각, 통증, 후각 및 촉각)을 포함한다.

타 1 감지하다, 느끼다

Receptors enable cells to **sense** and respond to hormones and other environmental signals.

관 enalbe .... to, respond to

해 수용체는 세포들이 호르몬과 다른 환경의 신호를 **감지하여** 반응하는 것을 가능하게 한다.

참 수용체receptor : 수용체는 세포막 관통단백질로 세포 외부로부터 분비된 호르몬이나, 성장인자 등이 결합하면, 이들의 효과를 내부로 전달하는 작용을 한다. 집으로 찾아온 손님이 누르는 초인종과 같은 역할이라고 비유할 수 있겠다.

2 in the ~ ....의 의미로

These plasmids could serve as cloning vectors to carry genes. The word vector is used here <u>in the **sense** of</u> "a vehicle or carrier."

관 serve as ....로써 기능을 하다, 봉사하다, in the sense ....의 의미로

해 이 plasmid는 유전자를 나르는 클로닝용 벡터로써 기능할 수 있었다. 여기서 벡터라는 단어는 "vehicle 혹은 carrier"**의 의미로** 사용된다.

3 make ~ of ....를 이해하다, 이해할 수 있는 어떤 것이 되다

As researchers have discovered the molecular details of more and more receptors and pathways, some principles and mechanisms are beginning to emerge. These shared features can help us <u>make **sense** of</u> the wealth of new information concerning cell-to-cell signaling.

관 detail(명) 세부사항, emerge(자) 나타나다, make sense of 이해하다=(can understand, be something you can understand or explain), wealth of 풍부한=abundance of

해 연구자들이 점점 더 많은 수용체와 경로의 분자수준의 세부사항들을 발견해오면서, 일부의 원리와 기전들이 나타나기 시작하고 있다. 이러한 공통된 흥미로운 특성은 우리가 세포와 세포의 신호전달에 대한 풍부한 새로운 정보를 **이해하는데** 도움을 줄 수 있다.

4 make ~ 합리적이다, 이해할 만하다, 논리적이다

The production of these proteins suggests that proliferating fibroblasts are stimulated by serum to participate in wound healing, something that had not been known. In retrospect, it makes **sense**, because the time during which fibroblasts are exposed to serum in an intact organism is when there is a wound.

관 make sense 합리적이다=(be rational, logical, understandable or reasonable), be exposed to ....에 노출되다, intact 다치지 않은=undamaged, something 중요한 사실=thing of consequence, in retrospect 되돌아보면

해 이들 단백질이 생산된다는 것은 증식 중인 섬유모세포들이 상처치유에 참여하기 위하여 혈청에 의해 자극된 상태임을 암시하며, 과거엔 알려져 있지 않았던 중요한 사실이다. 되돌아보면, 그것은 **이해할 만 하다**, 왜냐하면 다치지 않은 생명체에서 섬유모세포들이 혈청에 노출되는 기간은 상처가 생겼을 때이기 때문이다.

참 cDNA Microarray를 이용한 유전자 발현의 분석실험 : 세포배양 중인 섬유모세포fibroblast을 혈청으로 자극을 하면 처음에는 세포증식과 관련된 유전자들이 발현되고 나중에는 상처 아물기와 관련된 유전자들이 발현됨을 발견할 수 있었다. 이 결과는 상처를 입은 후 대처하는 본연의 섬유모세포의 기능과 일치한 것으로 생각된다.

sensing

타 감지하다, 느끼다

9

Situated at key junctions of metabolic pathways are specialized regulatory enzymes capable of **sensing** the momentary metabolic needs of the cell and adjusting their catalytic rates accordingly.

관 be situated 위치되다=be localized, momentary 시시각각의, adjust(타) 조정하다, accordingly 이에 따라

해 시시각각으로 세포의 대사요구를 **감지하여** 이에 따라 촉매속도를 조정할 수 있는 전문화된 조절용 효소들이 대사경로의 주요한 연결부에 위치되어있다.

sensitive

형 1 민감하게 반응하는

280

In adipose tissue, the effect of the decrease in insulin and increase in glucagon results in inhibition of lipogenesis, inactivation of lipoprotein lipase, and activation of hormone-**sensitive** lipase.

관 result in ....의 결과를 만들다, lipogenesis 지질생성, gluconeogenesis 당신생성, lipoprotein lipase 지단백질에서의 지질분해효소, hormone-**sensitive** lipase 호르몬 신호에 따르는 지질분해효소

해 지방조직에서, 인슐린의 감소와 글루카곤의 증가효과는 지방생성의 저해, 지단백질 리파제의 불활성화 및 호르몬에 **민감하게 반응하는** 리파제의 활성화라는 결과를 만든다.

참 이 효과로 glycerol과 지방산의 양이 증가된다. Glycerol은 간의 당신생성gluconeogenesis에 이용되고 지방산은 간과 근육에서 에너지로 사용되어, 결과적으로 귀중한 포도당을 아낄 수 있게 된다.

2 ~ to ....에 민감한, ...에 약한

DNA entrapped inside liposomes appears to be less **sensitive** to attack by nucleases; this approach may prove useful in attempts at gene therapy.

관 liposome 리포솜, sensitive to ....에 쉽게 변형되는, gene therapy 유전자치료

해 리포솜 속에 포획된 DNA는 핵산분해효소에 의한 공격에 덜 **민감한** 것처럼 보인다; 이 방법이 아마도 유전자치료에 대한 시도 중에서 유용하다고 입증될 수도 있을 것이다.

참 리포솜liposome : 인공 생체막으로 만들어진 미세 낭포로 내부에 약물, 화장품이나, DNA 등을 채워 원하는 조직으로 수송하도록 하는 전달체로 이용된다.

sensitivity

명 (외부 영향에 대한) 감수성, 민감성

148

The **sensitivity** of the brain to ammonia may reflect a depletion of neurotransmitters as well as changes in cellular osmotic balance.

관 reflect(타) ....의 결과 때문에 일어나다=bring as a consequence, depletion 고갈

해 뇌의 암모니아에 대한 **감수성**은 신경전달물질의 고갈뿐만 아니라 세포의 삼투압 균형에서의 변화

의 결과 때문에 일어날 수도 있다.

참 암모니아의 뇌 독성 : 암모니아는 염기성의 기체이며 독성이 크다. 그래서 이것이 자유형으로 존재하지 못하도록 α-ketoglutarate로 전이되어 glutamate로 전환된 후 제거된다. 양이 많으면 한 단계 더 진행되어 glutamine으로 되기도 한다. Glutamate는 γ-aminobutyrate (GABA) 신경전달물질의 합성원료이기 때문에, glutamine으로 전환되면 GABA를 생산할 glutamate가 고갈된다. 또한 glutamine의 증가는 세포 내의 삼투압을 증가시키기도 한다.

sensitize 타 민감하게 만들다, 감작하게 하다

31 Deregulated levels of *c-myc* alone induce proliferation but also **sensitize** fibroblasts to apoptosis, and overexpression of activated *ras* alone induces senescence. When the two oncogenes are expressed in the same cell, these negative cellular responses are neutralized and the cells undergo transformation.

관 induce(타) 유도하다=(stimulate the occurrence, cause), sensitize(타) 민감하게 하다=cause to become sensitive, apoptosis 계획된 세포의 죽음, senescence 노화, neutralize(타) 작동하지 않게 하다=render ineffective, A undergo 사건B 사건B가 A에서 발생하다

해 *c-myc*만 조절되지 않은 수준은 증식을 유도하기도 하지만 섬유모세포들이 압폽토시스에 **민감하게 만들기**도 하고, 그리고 활성화된 *ras*만의 과발현은 노화를 일으킨다. 이 두 종의 발암유전자들이 동일한 세포에서 발현되면, 이들 저해성 세포반응은 중화되고 세포에서 형질변환이 일어난다.

separate 타 1 분리하다, 떼어놓다

276 Electrophoresis at pH 7.0 will **separate** two molecules with pI values of 6.0 and 8.0 because at pH 7.0 the molecule with a pI of 6.0 will have a net positive charge, and that with pI of 8.0 a net negative charge.

해 pH 7.0에서의 전기영동은 등전점 pI가 6.0과 8.0인 두 분자를 **떼어놓을** 수 있을 것이다. 왜냐하면 pH 7.0에서 pI 6.0인 분자는 순 양전하를 가질 것이고 pI 8.0인 분자는 순 음전하를 가지기 때문이다.

참 전기영동electrophoresis : 전기영동은 단백질, DNA, 펩티드 등의 고분자 생체물질을 정해진 pH조건에서 나타나는 양과 음의 전하량의 차이를 이용해 분리하는 방법이다. 분리용 고정상으로는 종이, 셀룰로오스 아세테이트지, 박층 셀룰로오스, 아가로즈, 폴리아크릴아미드 등이 사용된다.

2 ~ .... into 분리하다, (더 작은 요소로) 나누다

One can **separate** the proteins of the plasma into three major groups-fibrinogen, albumin, and globulins- by the use of varying concentrations of sodium or ammonium sulfate.

관 separate(타) .... into ....로 분리하다=divide.... into, varying 변동하는; 다양한

해 일반적으로 혈장을 구성하는 단백질을 변동하는 sodium sulfate나 ammonium sulfate의 농도의 사용에 의해 fibrinogen, albumin 및 globulin과 같이 3종의 주된 그룹으로 **분리할** 수 있다.

3 ~ .... from 구별하다, 차이를 보여주다

mRNA does not contain punctuation to **separate** one codon from the next and the codons do not overlap.

관 punctuation 구별기호, separate(타) .... from 구별하다=show differences between, overlap(자) 중첩되다

해 mRNA는 어떤 유전부호**와** 다음에 오는 부호**를** **구별하기** 위한 구별기호를 포함하고 있지 않으며 그리고 그 유전부호들도 중복되지 않는다.

참 유전부호 genetic code : mRNA 상의 유전부호는 3개의 핵산염기가 한 조로 인식되고, 아울러 각 유전부호를 구성하는 염기는 서로 중첩되지 않고 오직 한 번만 읽힌다.

형 격리된, 분리된, 따로따로의

Although fatty acids are both oxidized to acetyl-CoA and synthesized from acetyl-CoA, fatty acid oxidation is not the simple reverse of fatty acid biosynthesis but an entirely different process taking place in a **separate** compartment of the cell.

관 not .... but ...이 아니고 ....이다, entirely different 완전히 다른, take place 일어나다

해 비록 지방산이 모두 acetyl-CoA로 산화되고 또한 acetyl CoA로부터 합성되지만, 지방산의 산화는

지방산 생합성의 단순한 역반응이 아니고 세포의 **분리된** 구획에서 일어나고 있는 완전히 다른 과정이다.

참 ATP를 생산하는 지방산의 산화반응은 미토콘드리아 내에서 일어나고, 반면에 지방산합성 반응은 세포질에서 진행된다.

separated 타 be ~ 분리되다, 나누어지다

429

DNA fragments from digestion of genomic DNA by restriction endonucleases are **separated** by size electrophoretically, denatured by soaking the agarose gel in alkali, and then blotted onto a nylon membrane to reproduce the distribution of fragments in the gel.

해 유전체 DNA을 제한효소로 소화하여 얻은 DNA 조각은 크기에 의해 전기영동법으로 **분리되고**, 그 아가로즈 겔을 알칼리에 담가 변성되고, 그리고 난 후 그 겔 속에 조각들의 분포를 재현하기 위하여 나일론막 위로 블롯팅된다.

separation 명 (사물, 장애물, 기간의) 격리, 떨어짐

95

Plants, not surprisingly, exhibit many differences from animals after a billion-year **separation** in their evolution. Yet certain DNA-binding proteins differ between peas and cows at only two amino acids out of 102!

관 exhibit(타) many differences 많은 차이점들을 보여주다, Yet 그러나 아직, differ(자) 다르다=be different, two amino acids *out of* .... 가운데 두 아미노산들, ...! <감탄문>

해 식물은 진화에서 10억년의 **격리** 후, 동물과 많은 차이점을 보인다는 사실은 놀라운 일이 아니다. 그러나 아직 어떤 DNA에 결합하는 단백질이 땅콩과 소 사이에서 102개의 아미노산들 중에 단지 2개만이 다르다는 사실은 놀랍다!

sequence 타 서열을 정하다

2284

One of the important reasons to **sequence** many genomes is to provide a database that can be used to assign gene functions by genome comparisons, an enterprise referred to as comparative genomics.

관 be referred to as=be called as, enterprise 도전적인 계획=challenging project, comparative genomics 비교유전체학

해 많은 유전체의 **서열을 결정하는** 중요한 이유 중의 하나는 유전체의 비교에 의해 유전자 기능을 할당하는데 사용될 수 있는 어떤 데이터베이스를 제공하는 것인데, 비교유전체학이라 언급되는 도전적인 프로젝트이다.

명 1 (DNA, RNA, 아미노산) 서열

In human tissues, at least nine different isoforms of adenylyl cyclase are coded by different genes in different tissues. Although they have an overall **sequence** homology of 50%, the two intracellular regions involved in the synthesis of cAMP are an invariant consensus **sequence** with a 93% identity.

관 at least 적어도, homology 상동성, identity 일치도, invariant 불변의, consensus sequence 공통서열

해 사람의 조직에서, 적어도 9종의 서로 다른 adenylyl cyclase 동종형들이 여러 조직에서 다른 유전자들에 의하여 코딩된다. 비록 그들은 50%의 전반적인 **서열** 상동성을 가지지만, cAMP의 합성에 포함된 2개의 세포내의 영역들은 93% 일치도를 가지는 불변의 공통**서열**로 되어있다.

2 in ~ 차례차례로, 순서에 맞게

Degradation of glycosaminoglycans (GAGs) is carried out by a battery of lysosomal hydrolases. These include certain endoglycosidases, various exoglycosidases, and sulfatases, generally acting in **sequence** to degrade the various GAGs.

관 battery 조합=(series, set, group of related items), in sequence 순서적으로=(in order, in a series, in progression), various 다양한=several

해 Glycosaminoglycan(GAG)의 분해는 lysosome 가수분해효소들의 조합에 의하여 수행된다. 이들은 일반적으로 다양한 GAG를 분해하기 위하여 **순서에 맞게** 작동하는 endoglycosidase류, 여러 exoglycosidase류 및 sulfatase류를 포함하고 있다.

sequenced 타 be ~ 서열이 결정되다

140

Cloned DNAs were **sequenced** by the Sanger method, using fluorescent-tagged dideoxyribonucleoside triphosphates.

관 fluorescent-tagged 형광 표지된

해 클로닝된 DNA는 형광으로 표지된 dideoxyribonucleoside 삼인산을 사용하는 Sanger의 방법에 의하여 **서열이 결정되었다**.

참 DNA 서열결정 방법 : 효소를 이용한 Sanger 방법과 화학적 방법을 이용한 Maxam-Gilbert 방법이 있다. Sanger 방법이 우수하여 널리 이용되고 있다. protocol 예문 참조

sequencing 명 서열결정하기

254

Through the **sequencing** of genes from many people afflicted with the disease, the types of mutations that lead to this disease can be characterized and specific tests developed to look for these specific mutations.

관 be afflicted with 병을 앓다=suffering from, lead to 그 결과로 나타나다=(cause, result in), look for 찾다

해 그 병을 앓는 많은 사람들로부터 유래된 유전자들의 **서열결정**을 통하여, 병의 원인이 되는 돌연변이의 종류가 특성지어질 수 있으며 또한 이들 특이적인 돌연변이를 찾아내기 위하여 특이적인 시험법도 개발될 수 있다.

sequential 형 연속적인, 일련의

85

Phosphoramidite chemistry is currently the accepted method of oligonucleotide synthesis. The general strategy involves the **sequential** addition of nucleotide units as nucleoside phosphoramidite derivatives to a nucleoside covalently attached to the insoluble resin.

해 Phosphoamidite 화학이 요즘 oligonucleotide 합성의 공인된 방법이다. 이 일반적인 방법은 뉴크레오티드 단위를 뉴크레오사이드 phosphoamidite 유도체로써 불용성 수지에 공유결합으로 붙인 뉴크레오사이드에 뉴크레오티드 단위들의 **연속적인** 첨가반응을 포함한다.

참 올리고뉴크레오티드의 화학적 합성은 서열결정용, 위치지정 돌연변이용, PCR용 primer의 합성에 자주 사용되는데, 뉴크레오사이드 phosphoramidite 유도체들을 활용하는 방법을 사용하여 합성한다.

sequentially 부 연속적으로, 연쇄적으로

42

Bilirubin is transported to the liver bound to albumin. In the liver, glucuronate residues are transferred from UDP-glucuronate to two carboxyl groups on bilirubin, **sequentially** forming bilirubin monoglucuronide and bilirubin diglucuronide.

관 bound to albumin 알부민에 결합된 채로

해 빌리루빈은 알부민에 결합된 채로 간으로 수송된다. 간에서 glucuronate기가 UDP-glucuronate로부터 빌리루빈의 2개의 carboxyl기로 전달되어, **연속적으로** 빌리루빈 monoglucuronide와 빌리루빈 diglucuronide를 형성한다.

참 빌리루빈은 헤모글로빈의 heme분자가 분해된 산물로 물에 잘 녹지 않는 특성을 가지고 있으므로 혈장의 알부민에 결합된 채로 간으로 수송된다. 여기에서 음전하를 띈 glucuronate기가 첨가되어 용해도가 증가된 물질로 전환된 후 배설된다.

sequester 타 격리하다

12

However, free iron promotes the formation of highly reactive oxygen species such as hydroxyl radicals that can damage DNA and other macromolecules. Iron used in cells is therefore bound in forms that **sequester** it and/or make it less reactive.

해 그러나 결합되지 않은 상태의 철은 DNA와 다른 거대분자들은 손상시킬 수 있는 hydroxyl 라디칼과 같은 매우 높은 반응성 산소종의 형성을 촉진한다. 그러므로 세포에서 사용되는 철은 자신을 **격리시켜** 약한 반응성을 가지도록 하는 형태로 결합되어있다.

참 철은 전이금속으로 반응성이 강하므로 생체에서는 자유형으로는 존재하지 않고 heme분자를 가진 단백질에 결합되어 존재하여 철 분자의 독성을 낮출 수 있다. 예) 헤모글로빈, 마이오글로빈, neuroglobin, cytoglobin 등이 있다.

sequestered 13

타 be ~ 격리되다, 숨겨지다

In the resting state, the levels of Ca^{2+} near the muscle fibers are very low approximately 0.1 μM, and nearly all of the calcium ion in muscles is **sequestered** inside a complex network of vesicles called the sarcoplasmic reticulum.

해 휴식 상태에서, 근육섬유 근처에 있는 Ca^{2+}의 수준은 대략 0.1 μM로 매우 낮고, 그리고 근육 속의 거의 모든 칼슘이온은 근소포체라는 낭포들로 구성된 복잡한 연결체의 내부에 **격리되어있다**.

sequestration 42

명 1 저해, 방해

Heparin acts as anticoagulants by binding specifically to antithrombin, which accelerates its **sequestration** of thrombin.

관 act as ....로 기능하다=(function as, serve as), anticoagulant 항응고제, accelerate(타) 가속화하다, sequestration 저해=(inhibition, prevention)

해 헤파린은 antithrombin에 특이적으로 결합함에 의해, thrombin의 **저해**를 가속화하여 항혈액응고제로 기능한다.

참 Thrombin : fibrinogen을 fibrin으로 전환시켜 혈전의 형성을 일으킨다. Antithrombin은 thrombin의 저해제이며, 당단백질인 heparin과 결합하여 혈전형성을 억제한다.

2 격리

Precise and differential control of enzyme activity and the **sequestration** of enzymes in specific organelles determine under what physiologic conditions a given biopolymer will be synthesized or degraded.

해 효소활성의 정확하고 차이 나는 조절과 특이 소기관들에 효소들의 **격리**는 무슨 생리적 조건 하에서 주어진 생체중합체가 합성될 것인지 혹은 분해될 것인지를 결정하게 된다.

serial 58

형 연속의, 순차의, 계속되는

The **serial** dilutions are continued in a similar manner until the desired final dilution is achieved.

해 **순차적** 희석은 원하는 최종 희석이 달성될 때까지 비슷한 방식으로 계속된다.

참 순차적 희석 serial dilution : 어떤 용액의 농도를 원하는 농도로 희석하기 위하여 원용액 1 ml에 물 9 ml을 첨가하여 10배 희석하고, 다시 희석한 용액에서 1 ml에 새 물 9 ml을 첨가하여 최종 희석배율인 100배로 희석하게 된다. 이런 순차적인 방식으로 희석하여 원하는 농도에 도달하는 방법이다

serially 18

부 순차적으로, 계속적으로

10^7 cells were centrifuged and **serially** diluted 10-fold per well onto plates containing galactose.

해 10^7개의 세포가 원심분리되고 그리고 순차적으로 galactose를 포함하고 있는 배양판의 각 시료구멍 마다 10배씩 **순차적으로** 희석되었다.

series 144

명 1 일련의 것

As we've seen, genetic studies can identify the single initiating mutation or **series** of mutations that cause transformation of normal cells into tumor cells, as in the case of colon cancer.

관 identify(타) 찾아내다=discover, initiate(자) 개시하다=begin, cause(타) ....의 원인이 되다=be the cause of

해 우리가 보아 왔듯이, 유전자 연구들은 대장암의 경우에서와 같이, 정상세포들이 종양세포로 형질변환의 원인이 되는 단 한 개의 개시하는 돌연변이나 **일련**의 돌연변이들을 찾아 낼 수 있도록 한다.

참 대장암colon cancer : 여러 유전자의 돌연변이에 의해 대장암이 발생한다는 사실이 명확하게 밝혀져 있다. 따라서 다른 암도 이와 유사한 과정으로 진행될 것으로 추정된다. 대장암은 APC→양성 polyp→ras→DCC→p53→악성종양의 발생과 같이 다단계로 진행된다.

2 일련의 연속, 일련의 연속되는 것

Double-reciprocal plots of the rates observed with different fixed concentrations of one substrate

B are graphed versus a **series** of concentrations of substrate A.

관 double-reciprocal plot 이중역수플롯, be graphed 그래프로 작성되다, versus ....에 대하여

해 하나의 기질 B의 여러 고정된 농도에서 관찰된 속도들의 이중 역수의 플롯이 기질 A 농도의 **일련의 연속값**에 대하여 그래프로 작성되었다.

serve

180

자 ~ as ....로써 역할을 역할을하다, 봉사하다

Certain phosphotyrosine residues formed in activated cytokine receptors and receptor tyrosine kinases (RTKs) **serve** as binding, or "docking," sites for SH2 domains or PTB domains, which are present in a large array of intracellular signal-transduction proteins.

해 활성화된 사이토카인 수용체와 수용체형 티로신인산화효소 (RTK)에서 생성된 인산화된 티로신기들은 세포내의 신호전달 단백질들로 이루어진 큰 일련의 배열에서 존재하는 SH2 도메인이나 PTB 도메인을 위한 결합 혹은 "도킹"부위로써 **역할을 한다**.

타 1 ....의 역할을 하다

The blood-brain barrier begins with the endothelial cells that form the inner lining of the vessels supplying blood to the CNS. The endothelial cells actively, as well as passively, **serve** to protect the brain.

관 actively 능동적으로≠passively 수동적으로, endothelial cell 내피세포, be similar to ....와 유사하다

해 혈뇌장벽은 CNS에 혈액을 공급하는 혈관들의 안쪽 피폭을 형성하고 있는 내피세포들로 시작한다. 그 내피세포는 능동적으로 또한 수동적으로 뇌를 보호**하는 역할을 한다**.

참 혈내장벽의 내피세포는 간에서 발견된 약물대사용 효소들과 유사한 다양한 약물대사를 위한 효소계를 가지고 있기 때문에, 신경전달물질과 독성화합물을 대사하여 독성을 줄일 수 있다. 그러므로 잠재적으로 해로운 물질이 뇌 속으로 들어가는 것이 방지된다.

2 ~ function/role ....의 기능/역할을 하다

The astrocytes **serve** several functions, including the ability to phagocytose debris left behind by cells, to provide lactate (from glucose metabolism) as a carbon source for the neurons, and to control the brain extracellular ionic environment.

관 astrocyte 별아교세포, serve(타) function 기능을 하다, phagocytose(타) 포식하다

해 별아교세포는 세포에 의하여 남겨진 찌꺼기들을 포식하고, 신경세포를 위한 탄소원으로써 젖산을 공급하며 (포도당 대사로부터), 그리고 뇌의 세포외부 이온성 환경을 조절할 수 있는 능력을 포함하는 몇 가지 **기능을 한다**.

참 별아교세포astrocyte : 뇌와 척수에 존재하는 아교세포glial cell로 특징적으로 별 모양을 하고 있으며, 혈뇌장벽blood-brain barrier을 형성하는 내피세포를 보조하고, 신경조직에 영양분을 공급하며, 뇌나 척수의 손상을 복구하는 역할을 한다.

served

52

타 1 be ~ 수행되다

Virtually every metabolic reaction is **served** by an enzyme whose sole biological purpose is to catalyze its specific reaction

관 serve(타) 수행하다=(work, perform a task), sole(형) 유일한=unique

해 실제적으로 모든 대사반응은 유일한 생물학적 목적이 특이 반응을 촉매하는 것인 효소에 의하여 **수행된다.**

2 be ~ 제공되다. 수행되다

Each of the 20 amino acids of proteins has at least one unique tRNA species dedicated to chauffeuring its delivery to ribosomes for insertion into growing polypeptide chains, and some amino acids are **served** by several tRNAs.

관 at least 적어도, be dedicated to ....에 전념하도록 되다, chauffeur(타) 수송하다=transport

해 단백질을 구성하는 20종의 아미노산 각각은 합성 중에 있는 폴리펩티드 사슬 속으로 삽입을 위하여 리보솜으로의 수송에 전념하도록 되어있는 적어도 하나의 특유의 tRNA 종을 가지고 있으며, 그리고 일부 아미노산들은 여러 tRNA들에 의하여 **제공된다**.

set
484

명 한 조, 한 세트

Nearly all the cells in our bodies contain the full **set** of human genes, but in each cell type only some of these genes are active, or turned on, and used to make proteins.

해 우리 신체에서 거의 모든 세포들은 사람 유전자의 완전한 **세트**를 함유하고 있지만, 그러나 각 세포 유형에서 이들 유전자의 일부만이 활성상태이거나 발현되어 단백질을 만드는데 사용된다.

타 1 결정하다, 정하다

This reaction is catalyzed by phosphofructokinase (PFK), an allosteric enzyme that **sets** the pace of glycolysis (Section 2.2). As we will see soon, this enzyme plays a central role in the integration of much of metabolism.

관 set the pace 속도를 정하다=decide on a rate of speed

해 이 반응은 해당과정의 속도를 **결정하는** 알로스테릭 효소인 phosphofructokinase (PFK)에 의해 촉매된다. 곧 알게 되다시피, 이 효소는 대사의 많은 것의 통합에서 중추적인 역할을 한다.

2 ~ off 시작하다, 개시하다

The inducer initially activates one set of genes. One of the protein products of this set of genes can then act as a specific transcription factor for another set of genes. If this process is repeated, the net result is that one inducer can **set off** a series of events that result in the activation of many different sets of genes.

관 inducer 유도물질, act as ....로 작용하다=(function as, work as), a series of 일련의, set off 개시하다=(trigger, initiate)

해 그 유도물질은 초기에 한 세트의 유전자를 활성화한다. 이 세트의 유전자들의 단백질산물 가운데 하나가 그 다음에 다른 세트를 구성하는 유전자들을 위한 특이 전사인자로써 작용한다. 만약 이 과정이 반복된다면, 실제적인 결과는 하나의 유도물질이 결과적으로 많은 다른 세트의 유전자들을 활성화하는 일련의 반응을 **개시할** 수 있게 된다.

3 ~ up 세우다, 형성하다

The number of ions that must move across the plasma membrane to **set** up the membrane potential is minute.

관 set up 형성하다, minute(형) 미미한=(exceptionally small, insignificant)

해 막전위를 **형성하기** 위하여 세포막을 관통하여 이동하여야 하는 이온의 수는 정말 많지 않다.

타 1 be ~ aside (과거형) 따로 제쳐놓다

Once the nitrocellulose disc has taken up an impression of the bacterial colonies (or plaques), it is removed and the petri plate is **set** aside and saved.

관 take up 흡수하다=remove by taking in, impression 각인, set aside 제쳐두다

해 일단 nitrocelluose 원판용지가 박테리아 콜로니 (혹은 프라그)의 각인을 흡수하면, 그것은 제거되고 그 페트리 배양판은 **따로 제쳐놓아** 보관된다.

2 be ~ 결정되다, 정해지다

Half-saturation is **set** to be a pO^2 of 26 torr.

해 반포화상태는 pO2가 26 torr인 것으로 **결정되었다**.

setting
28

타 ~ the stage for something ....가 일어나도록 하는 단계를 준비하다

Rab5 GTP on one endocytic vesicle is thought to specifically bind to EEA1 on the membrane of another endocytic vesicle, **setting** the stage for fusion of the two vesicles.

관 set the stage ....일어나도록 하는 단계를 준비하다=prepare the way for something else to happen

해 하나의 세포내이입용 소포 상의 Rab5 GTP는 또 다른 세포내이입용 소포 막 위에 존재하는 EEA1과 특이적으로 결합하여, 두 세포내이입용 소포들의 융합이 **일어나도록 하는 단계를 준비하게** 되는 것으로 생각된다.

several	형 몇몇의, 몇 가지의
681	Regulation of enzymes by allosteric effectors provides **several** advantages over other methods of regulation.

관 provide advantage over .... 보다 더 유리한 조건을 제공하다

해 알로스테릭 효과제에 의한 효소의 조절은 다른 조절방법보다 **몇 가지** 더 유리한 조건을 제공한다.

severe	형 (나쁜 일) 심한, 위중한
77	Pantothenic acid is widely distributed in foods common to the human diet, and deficiencies are only observed in cases of **severe** malnutrition.

관 be distributed in ....에 분포되어있다, common to ....에 흔한

해 판토텐산은 흔히 먹는 음식에 널리 분포되어있어서, 결핍증은 다만 **심한** 영양실조의 증례에만 관찰된다.

severely	부 심하게
25	The distended bellies of famine victims are the result of fluid accumulation in the extravascular tissues because of the **severely** decreased concentration of plasma proteins, particularly albumin.

관 distend(타) 팽만하게 하다=cause to expand, be the result of ....의 결과이다=result from, accumulation 축적, extravacular 혈관외부의

해 여성 환자들의 팽만해진 복부는 혈장단백질, 특히 알부민의 **심하게** 감소된 농도의 때문에 기인된 혈관외부조직에서 용액의 축적의 결과로 발생한 것이다.

참 심한 영양실조의 원인으로 간에서 혈장단백질의 합성이 줄어들면, 특히 알부민이 에너지 연료로 대체 공급되어 줄어들기 때문에, 혈액의 삼투압이 감소한다. 그 결과로 혈액 중의 물 분자들이 주위로 흘러나가 혈관외부조직을 채우면서 부종edema을 일으킨다.

severity	명 심한 상태, 심한 정도
1	These and many other diseases can be considered to be polygenic traits in the sense that alleles of multiple genes, acting together within an individual, contribute to both the occurrence and the **severity** of disease.

관 polygenic 다유전자 관련성의, in the sense that ....라는 의미에서 볼 때, contribute to ....의 원인이 되다=act as a factor of, occurrence 발생, severity 심한 정도

해 이들과 많은 다른 질병들은 한 개인에서 함께 작동하는 여러 유전자들의 대립유전자들이 병의 발생과 **심한 정도** 두 가지 모두의 원인이 된다는 의미에서 볼 때, 다중 유전자들이 관련된 성향으로 생각될 수 있다.

참 일반적으로 유전자의 고장으로 발생하는 유전성 질환은 한 종류의 유전자에서의 돌연변이로 발생하는 경우가 많다. 그러나 당뇨diabetes, 심장질환heart diseases, 비만obesity, 암 그리고 정신질환mental disorder 등은 여러 유전자의 복합적인 원인으로 발병하는 것으로 밝혀져 있다.

sever	타 절단하다
6	Blood normally circulates through endothelium-lined blood vessels. When a blood vessel <u>is **severed**</u>, a blood clot forms as part of hemostasis.

관 blood clot 혈전, hemostasis 지혈과정

해 혈액은 정상적으로 내피세포로 피복된 혈관을 통과하면서 순환한다. 어떤 혈관이 **절단되면**, 지혈과정의 한 부분으로써 혈전이 생성된다.

severed	형 절단된
1	Hemostasis is the cessation of bleeding from a cut or **severed** vessel, whereas thrombosis occurs when the endothelium lining blood vessels is damaged or removed upon rupture of an atherosclerotic plaque.

관 hemostasis 지혈과정, thrombosis 혈전형성, be damaged 손상을 받다, upon rupture 파괴로, atherosclerotic plaque 죽상동맥경화에 의한 플라그

해 지혈과정은 자상을 입었거나 **절단된** 혈관으로부터 출혈을 중단시키는 것이고, 반면에 혈관의 내피세포의 피복이 손상되었거나 혹은 죽상동맥경화에 의한 프라그의 파손으로 내피세포의 피복이 제

거될 때 혈전형성이 일어난다.

sex
4

명 성, 성별

The presence of X and Y chromosomes identifies the **sex** of the individual as male.

관 identify(타) 정체를 판정하다=establish the identity, individual 개체

해 X와 Y 염색체의 존재는 개체의 **성별**을 남성으로써 판정하도록 한다.

형 성의, 섹스의

This active form of testosterone stimulates the production of sperm proteins in Sertoli cells and the development of secondary **sex** characteristics.

해 테스토스테론의 활성형은 Sertoli 세포에서 정자 단백질의 생산과 2차 **성**징의 발현을 촉진한다.

sexual
41

형 성과 관련된, 성적의, 유성의

Animals spend considerable time and energy generating eggs and sperm that are used for **sexual** reproduction.

해 동물은 **유성**생식sexual reproduction을 위하여 사용되는 난자와 정자를 생성하는데 상당한 시간과 에너지를 쓴다.

shade

명 음영

In the space-filled model, the light chains of antibody are light in color and the heavy chains are two different **shades** of gray.

관 space-filling 공간채움, be two shades of gray 회색의 2가지 음영으로 되어있다.

해 공간채움형 모델에서, 항체의 경쇄는 밝은 색상으로 그리고 중쇄는 2개의 서로 다른 회색의 **음영**으로 되어있다.

shaded
23

타 be ~ 음영으로 처리되다

Regions of positive charge are **shaded** blue; regions of negative charge are **shaded** red.

해 양전하 영역은 파란색의 **음영으로 처리되어있고**; 음전하 영역은 적색의 **음영으로 처리되어있다**.

shading
11

명 음영처리하기

Although the synthetic reactions for each polymer involve a different kind of covalent bond and different enzymes and cofactors, there are strong underlying similarities. As indicated by the red **shading**, the addition of subunits in each case occurs by a dehydration reaction.

관 underlying similarities 바탕을 이루는 유사성, as indicated by ....로 표시된 것처럼, dehydration reaction 탈수반응

해 비록 각각의 중합체를 위한 합성반응은 다른 종류의 공유결합과 여러 효소들과 보조인자들을 포함하지만, 기반이 되는 높은 유사성이 존재한다. 적색 **음영처리하기**에 의해 표시된 것처럼, 각 경우에서 아단위체들의 추가반응은 탈수반응에 의하여 일어난다.

shape
37

명 1 모양, 형태

In some cells the cytoskeleton is relatively stable, but in others it changes **shape** continuously.

관 some .... others 여러 개 중에서 일부 .... 나머지, change(타), continuously 끊임없이=without stopping

해 일부 세포에서 골격은 비교적 안정적이지만, 다른 세포들에서는 끊임없이 **형태**를 바꾼다.

2 in ~ 모양에서 보면

Globular proteins are compact and are roughly spherical or ovoid in **shape**.

해 구형단백질은 꽉차있고 **모양에서 보면** 대략 구형이거나 난형이다.

타 1 ....의 형대를 만들다

Cell locomotion is used during embryonic development of multi-cellular animals to **shape** tissues and during adulthood to defend against infection, to transport nutrients, and to heal wounds.

구 locomotion 운동, embryonic development 배아의 발생, adulthood 성인기

해 세포의 운동이란 다세포동물의 배아발생과정 동안에 조직의 **형태만들기** 위하여, 그리고 성인기 동안에 감염에 대항하여 방어하고, 영양물질을 수송하고, 그리고 상처를 치유할 목적으로 사용된다.

참 If you *shape* an object, you *give it a particular shape*, using your hands or a tool.

2 ....에 큰 영향을 미치다

Carbanions, carbocations, and hydride ions generated when C-C and C-H bonds are cleaved are highly unstable; this instability **shapes** the chemistry of these ions.

해 C-C와 C-H 결합이 절단될 때 생성된 탄소 음이온carbanion, 탄소 양이온carbocation과 수소 음이온은 매우 불안정하다; 이 불안정성은 이들 이온의 화학에 **큰 영향을 미친다**.

참 Someone or something that *shapes* a situation or an activity *has* a very great *influence on* the way it develops.

shaped

34

형 ....모양으로 된

The astrocytes are found in the CNS and are star-**shaped** cells that provide physical and nutritional support for neurons.

해 별세포는 중추신경계에서 발견되고 있으며 신경세포를 위한 물리적 영양학적인 지원을 제공하는 **별 모양**으로 된 세포들이다.

타 be ~ 모양이 형성되다

Transcription factors are **shaped** so precisely that they are able to bind preferentially to the regulatory regions of just a few genes out of the thousands present in a cell's DNA.

해 전사인자는 세포의 DNA에 존재하는 수천 종 가운데 단지 소수의 유전자의 조절영역에 선호적으로 결합할 수 있도록 매우 정확하게 **모양이 형성되어있다**.

참 전사인자는 일반적으로 DNA 상의 6~12개 정도의 염기서열을 인식하여 결합한다. 10개의 염기로 만들 수 있는 서로 다른 DNA 서열의 종류를 계산하면 4^{10}으로 약 1,048,576종에 이른다. 이 중에서 몇 가지 서열만을 인식할 수 있는 정도의 정교한 구조를 가지도록 만들어져있다.

share

119

타 1 공유하다, 함께 가지고 있다

Epinephrine further reinforces these effects because it increases the secretion of glucagon, a hormone that **shares** many of the same effects as epinephrine.

해 Epinephrine은 자신과 동일한 효과 가운데 많은 것을 **공유하고 있는** 호르몬인 glucagon의 분비를 증가시키게 때문에, 이들 효과를 한층 더 강화하게 된다.

참 insulin과 반대작용을 하는 호르몬이 glucagon이다. 공복 시에 운동을 하면 glucagon에 의한 포도당의 공급이나 지방의 분해작용이 부족하기 때문에 epinephrine이 추가적으로 분비되어 많은 에너지 요구를 충족시키게 된다.

2 ~ ... with ....와 함께 공유하다

We **share** with other eukaryotes thousands of individual proteins, hundreds of macromolecular machines, and most of our organelles, all as a result of our shared evolutionary history.

구 share(타) .... with ....와 함께 공유하다, as a result of ....의 결과로써, thousands of ....이하는 목적어 share와 with 사이에 와야 하지만 길이가 길어 뒤쪽으로 이동함

해 우리는 공유된 진화역사의 결과로써, 수천 종의 개별 단백질과, 수백 종의 거대분자로 된 기계류와 우리의 소기관들의 대부분인 모두를 다른 진핵세포들과 함께 **공유하고 있다**.

shared

51

타 be ~ 공유되다

Many metabolic intermediates are **shared** between the two processes, and the precursors needed by anabolic pathways are found among the products of catabolism.

구 intermediate(명) 중간체, anabolism 합성대사≠catabolism 분해대사

해 많은 대사중간산물이 두 과정 사이에서 **공유되어있으며**, 그리고 합성과정에 의해 요구되는 전구체들이 분해대사의 산물 중에서 발견된다.

shift

172

명 이전, 이동

Electrophoretic mobility **shift** assay can be used to detect transcription factors during purification.

해 전기영동의 이동성 **이전**분석은 정제과정에서 전사인자를 찾아내는데 사용될 수 있다.

자 이동하다, 자리를 옮기다

In humans, embryonic megaloblasts are first produced in the yolk sac approximately 15 days after fertilization. After 6 weeks, the site of erythropoiesis **shifts** to the liver.

관 megaloblast 거대적혈구모세포, approximately 대략, erythropoiesis 적혈구생성

해 사람에서 태아의 거대적혈구모세포는 수정 후 약 15일쯤에 난환낭에서 처음으로 생산된다. 6주후 적혈구 생성부위가 간으로 **이동한다**.

참 태아의 적혈구는 크기가 크고 핵을 가지고 있기 때문에 거대적혈구모세포megaloblast라 한다.

타 이동시키다

By analyzing the distribution of vesicular stomatitis virus glycoprotein (VSVG)-GFP at different times after **shifting** cells to the permissive temperature, researchers have determined how long VSVG-GFP resides in each organelle of the secretory pathway.

관 permissive temperature 허용온도, vesicular stomatitis virus 수포성 구내염 바이러스, reside in 머물다=exist

해 발현이 허용되는 온도로 세포를 **이동시킨** 후 여러 시간에서 수포성 구내염바이러스의 당단백질 (VSVG)-GFP의 분포를 분석하여, 연구자들은 VSVG-GFP가 분비과정 중 각 소기관에서 얼마나 오래 동안 머무는지를 결정하였다.

shifted

37

타 be ~ 이동되다

E. coli cells <u>are **shifted**</u> from a glucose-containing medium to a lactose-containing medium.

해 *E. coli* 세포가 포도당을 함유한 배지에서 젖당을 함유한 배지로 **이동된다**.

shock

47

명 쇼크, 충격

Patients <u>in **shock**</u> will often suffer from lactic acidosis due to a deficiency of O_2. Why does a lack of O_2 lead to lactic acid accumulation?

관 in shock 쇼크 상태, suffer from ....병을 앓다=be affected by or subject to (an illness), due to ....때문에=because of

해 **쇼크**에 빠진 환자들은 O_2의 부족 때문에 자주 젖산 산증을 앓게 될 것이다. 왜 O_2의 부족이 젖산의 축적을 유발하는 결과를 만드는가?

참 환자가 쇼크로 인한 불충분한 호흡량으로 산소의 공급이 부족하여 무산소 상태에서 포도당을 분해하기 때문에 다량의 젖산이 생성되며, 그 결과 혈액의 pH가 산성으로 떨어져 젖산산증이 발생하게 된다.

shocked

2

타 be ~ 충격이 주어지다

If the cell walls of bacteria such as *Escherichia coli* are partially digested and the cells <u>are</u> then osmotically <u>**shocked**</u> by dilution with water, the contents of the cells are extruded to the exterior.

해 만약 대장균과 같은 세균의 세포벽이 부분적으로 소화된 다음 그들 세포가 물의 희석에 의해 삼투압적으로 **충격이 주어지면**, 세포의 내용물이 외부로 용출된다.

short

195

형 1 짧은, 부족한

This increased acetyl-CoA would normally be directed into the TCA cycle, but, with oxaloacetate <u>in **short** supply</u>, it is used instead for production of unusually large amounts of ketone bodies.

해 이 증가된 acetyl-CoA가 정상적으로 TCA 회로로 들어가게 될 것이지만, 그러나 **부족한** 공급 상태인 oxaloacetate 때문에, 그것은 특별히 다량의 케톤체들의 생산에 대신 사용된다.

2 부족한, 모자라는

When the cell is **short** on energy, glycolysis increases. The adjustment is rapid, inasmuch as it does not require the synthesis of new molecules.

관 inasmuch as ....하는 한, be short on ....가 부족하다, glycolysis 해당과정

해 세포가 에너지의 **부족한** 상태에 있다면, 해당과정이 증가된다. 세포가 새로운 분자들의 합성을 요구하지 않는 한, 그 조정반응은 매우 빠르다.

3 ~ of breath 헐떡이는, 숨이 가쁜

Sickle-cell anemia is a life-threatening and painful disease. People with sickle-cell anemia suffer from repeated crises brought on by physical exertion. They become weak, dizzy, and **short of breath**, and they also experience heart murmurs and an increased pulse rate.

관 sickle-cell 낫형세포, exertion 운동, crises 응급상황=emergency, short of breath 숨이 가쁜 =(wheezing, panting)

해 낫형세포성 빈혈은 생명을 위협하며 또한 통증이 심한 질병이다. 낫형세포성 빈혈을 앓고 있는 사람은 신체운동에 의해 유발된 반복되는 응급상황으로 고생한다. 그들은 힘이 빠지고, 어지럽고, 그리고 **숨이 가쁘고**, 또한 심장의 잡음과 증가된 박동속도를 경험한다.

4 in ~ 요컨대, 간단히 말해서

Changes in membrane structure (e.g. caused by ischemia) can affect water balance and ion flux and therefore every process within the cell. Specific deficiencies or alterations of certain membrane components lead to a variety of diseases. In **short**, normal cellular function depends on normal membranes.

관 in short 간단히 말하면, alteration 변경, water balance 물의 균형, ion flux 이온의 흐름

해 막 구조에서의 변화 (예, 허혈에 의해 초래되는)는 물의 균형과 이온의 흐름에 영향을 줄 수 있으며, 그래서 그 세포 속의 모든 과정에 영향을 줄 수 있다. 막의 구성요소의 특이한 결핍이나 혹은 변경은 결과적으로 다양한 질병을 일으킨다. **간단히 말해서**, 정상적인 세포의 기능이란 정상적인 막에 의존하고 있다.

참 허혈ischemia : 국소적으로 빈혈이 심하여 해당 부위에 육안으로 혈액이 있음을 거의 인정할 수 없는 상태를 말한다. 예를 들어 혈전증, 폐색증, 내막의 비후 등에 의해서 동맥이 막혔을 때에 나타난다.

5 for ~ 줄여서, 약어로

The cell-cycle control system is based on two key families of proteins. The first is the family of cyclin-dependent protein kinases (Cdk for **short**), which induce downstream processes by phosphorylating selected proteins on serines and threonines.

관 for short 줄여서=(so as to make shorter, as an abbreviation)

해 세포주기의 조절계는 2종의 중요한 단백질 패밀리를 기반으로 하고 있다. 첫 번째 것은 선택된 단백질의 세린과 트레오닌을 인산화하여 아랫방향의 과정을 유도하는 cyclin-dependent protein kinase (**줄여서** Cdk라함) 패밀리이다.

shortened

8

타 be ~ 짧아지다

The life span of the red blood cell can be dramatically **shortened** in a variety of hemolytic anemias.

해 적혈구세포의 수명은 다양한 여러 용혈성 빈혈로 극적으로 **짧아질** 수 있다.

shortening

14

명 짧아짐

While telomerase prevents telomere **shortening** in most eukaryotes, some organisms use alternative strategies. Drosophila species maintain telomere lengths by the regulated insertion of non-LTR retrotransposons into telomeres.

관 alternative 또 다른=((an)other, different), strategy 전략=(plan, method)

해 대부분의 진핵세포에서 telomerase가 텔로머의 **짧아짐**을 방지하는 반면에, 일부 생명체들은 또 다른 방법을 사용한다. 초파리는 LRT형이 아닌 레트로트란스포존을 텔로머 안으로의 조절된 삽입에 의해 텔로머의 길이를 유지한다.

shortly | 부 ~ after .... 후 곧, 이내

15

Damage to heart tissue results in the release of heart lactate dehydrogenase (LDH) into the blood. **Shortly** after a heart attack, the blood level of total LDH increases, and there is more LDH2 than LDH1.

관 damage to ....의 손상, heart attack 심장마비=heart failure

해 심장조직의 손상은 심장의 lactate dehydrogenase (LDH)의 혈액으로 유리되는 결과를 만든다. 심장마비 **후 곧**, 전체 LDH의 혈중농도가 증가하고, 또한 LDH1보다 더 많은 LDH2가 존재한다.

show | 타 1 보여주다, 나타내다

3041

The three micrographs **show** the same field of cells stained 16 hours after addition of BrdU to the medium. Cells were stained with different fluorescent agents to visualize DNA (top), BrdU (middle), and anti-cyclin D antibody (bottom).

관 visualize(타) 보이도록 만들다; 시각화하다=make visible

해 3장의 현미경사진은 BrdU를 배양액에 첨가한 후 16시간 동안 염색된 세포의 동일한 영역을 **보여주고 있다**. 세포는 서로 다른 형광물질로 염색되어 DNA (위), BrdU (중간), 및 anti-cyclin D 항체 (아래)를 보이도록 만든다.

참 BrdU (Bromodeoxyuridine) : BrdU는 thymidine과 구조가 유사한 합성된 뉴크레오티드 유도체로 세포의 복제과정의 진행을 모니터링하기 위하여 사용하며, 추후에 이 물질에 대한 항체를 이용하여 쉽게 시각화될 수 있는 이점이 있다.

2 ~ up 나타나다, 노출되다

Evidence of protein damage **shows up** in many diseases, particularly those associated with aging.

관 show up 나타나다=(expose, appear), be associated with ....와 관련되다

해 단백질 손상의 증거는 많은 질병, 특히 노화와 관련된 질병에서 **나타난다**.

shown | 타 be ~ 보이다

2607

The complete structure of a yeast GPI anchor **is shown** in Figure 4.

해 효모의 GPI 고정체의 완전한 구조가 그림 4에서 **보인다**.

shuttle | 명 셔틀, 양복운반체

24

ATP is an intermediate energy-**shuttle** molecule.

해 ATP는 중간 수준의 에너지의 **왕복운반체** 분자이다.

참 ATP는 중간 수준의 에너지 물질 : ATP는 고에너지 인산기를 함유하고 있는 물질 가운데 에너지 준위가 중간위치를 차지하고 있다. 그래서 ATP보다 더 고에너지 물질로부터 에너지를 받아 ATP보다 수준이 낮은 물질로 에너지를 전달 할 수 있는 양쪽 운반체로 작용할 수 있다. ATP보다 더 큰 에너지량을 가진 화합물은 phosphoenolpyruvate, creatine phosphate 등이 있고 더 낮은 수준의 화합물들은 glucose 1-phosphate, glucose 6-phosphate 등이 있다.

자 왕복하다, 양쪽으로 이동하다

A very similar mechanism is used to export proteins, tRNAs, and ribosomal subunits from the nucleus to the cytoplasm. This mechanism initially was elucidated from studies of certain hnRNP proteins that **shuttle** between the nucleus and cytoplasm.

해 매우 유사한 기전이 사용되어 단백질, tRNA 및 리보솜의 아단위체를 핵으로부터 세포질로 방출시킨다. 이 기전은 핵과 세포질 사이를 **왕복하는** hnRNP단백질의 연구로부터 처음 규명되었다.

참 heterogeneous ribonucleoprotein particle (hnRNP) : 핵에서 RNA가 전사된 후 mRNA로 가공되기 위하여 여러 단백질과 결합하여 복합체를 형성하는데 이것을 hnRNP라고 한다. 이 복합체 단백질이 존재한다는 것은 전사된 mRNA 전구체들의 처리가 아직 끝나지 않아 세포질로 수송되지 않아야 한다는 것을 의미한다. 스프라이싱이 종결된 후, 복합체를 형성했던 단백질들은 처리가 끝난 인트론에 결합된 채로 남아있으면서 분해시킨다.

shuttled | 타 be ~ 왕복하게 되다

3

Several metabolites of the pentose phosphate pathway can also **be shuttled** into glycolysis.

해 5탄당인산경로의 여러 대사물들 또한 해당과정으로 **왕복하게 될** 수 있다.

참 Pentose phosphate경로와 glycolysis경로는 모두 glucose를 분해하는 경로이므로 서로 유기적인 관계를 가지고 조절되면서 진행된다.

side
273

명 1 면, 쪽

These membrane transport proteins take up metabolite molecules on one **side** of a membrane, transport them across the membrane, and release them on the other **side**.

관 take up(타) 취하다, one side.... the other side 한 쪽.... 다른 쪽

해 이들 막수송단백질은 막의 어느 한 **쪽**에서 대사분자들을 취하여 막을 가로질러 수송하고 그리고 다른 **쪽**에 그것들을 유리한다.

2 ~ chain 측쇄기

The α-carboxyl and α-amino groups of all amino acids exhibit similar chemical reactivity. The **side** chains, however, exhibit specific chemical reactivities, depending on the nature of the functional groups.

해 모든 아미노산의 α-카르복실과 α-아미노기들은 유사한 화학반응성을 보인다. 그러나 **측쇄기**들은 기능기의 성질에 의존하는 특이한 화학반응성을 보여준다.

3 ~ by ~ 나란히

The complete route of gluconeogenesis is shown in Figure 2, **side** by **side** with the glycolytic pathway.

해 당신생성의 모든 경로가 해당과정과 **나란히** 그림 2에서 보인다.

4 ~ effect 부작용

After clinical trials showing STI-571(Gleevec) is remarkably effective in treating Chronic Myelogenous Leukemia (CML) despite some **side** effects, it was approved by the FDA in 2001, the first cancer drug targeted to a signal-transduction protein unique to tumor cells.

관 clinical trial 임상, effective 효과가 있는, despite of ....임에도 불구하고, be approved by 인증을 받다, be targeted to ....을 표적으로 하다, be unique to ....에 유일하다

해 STI-571 (글리벡)은 약간의 **부작용**이 있음에도 불구하고 만성골수성 백혈병 (CML)을 치료하는데 있어서 놀라울 정도로 효과적임을 보여주는 임상적 시도 후에, 종양세포에 유일한 어떤 신호전달 단백질을 표적으로 하는 최초의 암 치료약물로 2001년에 FDA에 의해 인증되었다.

sided
7

형 .... 옆에 위치한

Deposition of amyloid in the extracellular matrix of her heart muscle resulted in the cardiac arrhythmia seen on an electrocardiogram. In addition to other signs of right-**sided** heart failure, she had peripheral edema.

관 result in ....을 유발하는 결과를 만들다, electrocardiogram 심전도, arrhythmia 부정맥, in addition to ....이외에, heart failure 심부전, edema 부종, side(타) ....옆에 위치되다=be positioned next to

해 그녀의 심장근육의 세포외기질에서 아밀로이드의 침착은 심전도에서도 보일 정도의 심장 부정맥을 유발하는 결과를 만들었다. 오른 **쪽에 위치된** 심부전의 다른 증후 이외에도, 그녀는 말초조직의 부종을 가지고 있었다.

sigmoidal
10

형 S자 모양의

Enzymes that cooperatively bind substrates exhibit **sigmoidal** kinetics similar to the oxygen-binding curve of hemoglobin.

관 exhibit(타) 보이다=(show, demonstrate), be similar to ....와 유사하다

해 기질과 협동적으로 결합하는 효소는 헤모글로빈의 산소의 결합곡선과 유사한 **S자형의** 반응속도론을 보여준다.

signal
1189

명 신호

A uniform property of all receptors is that **signal** transduction begins with conformational changes in the receptor.

관 signal transduction 신호전달과정, begin with ....로 시작하다, conformational change 구조의 변화

해 모든 수용체의 일률적인 행동특성은 **신호**전달과정이 수용체에서 입체구조의 변화로 시작하는 것이다.

참 각 수용체에 해당 리간드가 결합하면 수용체 분자의 입체구조conformation에 변화가 일어나고 그 결과 세포의 신호전달과정이 개시된다.

타 신호를 보내다

Binding of poly(A)-binding protein II (PABPII) to the initial short poly(A) tail accelerates the rate of addition by Poly(A) polymerase (PAP). After 200–250 A residues have been added, PABPII **signals** PAP to stop polymerization.

해 poly(A) 결합단백질 II (PABPII)가 초기의 짧은 poly(A) 꼬리와 결합하는 것은 Poly(A) polymerase (PAP)에 의한 첨가속도를 가속시킨다. 200–250개의 A 잔기들이 추가된 후, PABPII는 PAP이 중합반응을 중지하라는 **신호를 보낸다**.

signaled

2

타 be ~ 신호가 보내어지다

The lack of dietary glucose is **signaled** by a decrease of the insulin/glucagon ratio, activating liver glycogenolysis and inhibits glycogen synthesis.

관 glycogenolysis 글리코겐의 분해, glycogenognesis 글리코겐의 합성

해 음식으로 섭취하는 포도당의 부족은 인슐린/글루카곤의 비의 감소에 의하여 **신호가 보내어져**, 간의 글리코겐의 분해를 촉진하고 글리코겐의 합성을 저해한다.

signaling

1238

형 신호를 전달하는

Because the **signaling** activity of Ras is dependent on prenylation, the prenylation reaction itself, as well as the proteolysis of the -AAX motif and the methylation of the prenylated Cys residue, have been considered targets for development of new chemotherapy strategies

해 Ras의 **신호를 전달하는** 활성이 prenylation에 의존하고 있기 때문에, prenylation 자체뿐만 아니라 -AAX 모티브의 단백분해 및 prenyl화된 Cys 잔기의 메틸화는 새로운 화합요법제 개발전략의 표적으로 간주되어오고 있다.

참 Ras 발암단백질 : $p21^{ras}$로 불리는 이 단백질은 GTP결합단백질 (G단백질)의 일종으로 세포의 성장과 분열을 조절한다. 현재 사람종양의 1/3 정도에서 ras 단백질의 돌연변이가 발견된다. 이 ras단백질은 외부자극신호에 반응하여 생체막으로 이동하여 부착하면서 신호전달을 중계하게 되는데, 이 때 소수성 지방산을 부착하는 prenyation반응이 이용된다.

signature

75

명 인식표, 특징, 인식구조

Particular combinations of secondary structures, called motifs or folds, build up the tertiary structure of a protein. In some cases, motifs are **signatures** for a specific function.

해 모티브motif나 혹은 접힘구조fold라고 하는 2차구조의 특별한 조합은 어떤 단백질의 3차구조를 구축한다. 일부의 경우에서, 모티브는 어떤 특이적인 기능을 위한 **인식구조**signature가 된다.

significance

179

명 1 중요성, 중대성

Alternative splicing of fibronectin allows many different forms of this adhesion protein to be expressed, including a soluble form (versus cell-associated forms), which is found in the plasma. The metabolic **significance** of these products remains to be determined.

관 alternative splicing 대체스프라이싱, allow .... to=enable .... to, adhesion protein 접합단백질, remain to be determined 알려지지 않다=unknown

해 Fibronectin의 대체스프라이싱은 이 접합단백질의 혈장에서 발견되는 용해성인 유형 (세포와 결합되는 유형에 상대적으로)을 포함하는 많은 서로 다른 유형들이 발현되는 것을 가능하게 한다. 이 산물의 대사의 **중요성**은 알려지지 않은 상태이다.

2 통계적 유의도

After we have identified key residues or highly conserved sequences within a family of proteins, we can sometimes identify other family members even when the overall level of sequence similarity is below statistical **significance**.

관 identify(타) 확인하다; 발견하다, conserved sequence 보존된 서열, overall 전반적인

해 우리가 단백질의 한 패밀리 내에서 주요한 잔기나 혹은 높게 보존된 서열을 새로 찾은 후, 심지어 서열상동성의 전반적인 수준이 **통계적 유의도** 이하일 때라도 가끔 다른 패밀리의 구성원들을 발견할 수 있다.

significant 형 중요한, 상당한, 의미있는

982

The blood, together with the bone marrow, makes up the organ system that makes a **significant** contribution to achieving homeostasis.

관 make up 구성하다=constitute, make a contribution to 공헌하다, homeostasis 항상성

해 혈액은 골수와 함께 항상성을 달성하는데 **상당한** 공헌을 하는 장기계통을 구성한다.

참 항상성homeostasis와 지혈hemostasis : 전자는 생체물질의 생산과 배출을 통하여 외적 혹은 내적 환경의 변화를 받으면서도 개체로써의 생리적 안정상태를 유지할 수 있는 능력을 말한다. 후자는 혈액이 유출되는 것을 차단하는 지혈반응이다.

significantly 부 의미있게, 심각하게

871

After four to six generations defects began to appear in the telomerase-null mice as their very long telomeres (40–60 kb) became **significantly** shorter.

해 4에서 6세대 후에, 결함들은 telomerase가 제거된 생쥐에서 매우 길었던 telomere들 (40-60 kb)이 **심각하게** 짧아지게 되었을 때, 나타나기 시작하였다

참 텔로머 telomere : 염색체 말단에서 telomere를 만드는 일종의 역전사효소가 telomerase이다. 세포가 분열되면서 염색체 말단부의 복제반응이 완벽하게 일어나지 않게 되는 현상으로 인해 telomere들이 점차적으로 짧아지면서 노화가 오며, 더욱이 telomere들이 모두 없어지게 되면 염색체가 서로 연결되어 세포는 궁극적으로 죽는다.

signify 타 1 나타내다, 표시하다, 의미하다

7

MF indicates the location of myofilaments. LT-SR **signifies** the longitudinal tubule of the SR.

관 indicate(타) 표시하다=(serve as a sign, signify), signify(타) 나타내다=(make known as with a sign, indicate, represent), myofilament 근육필라멘트, logitudianl tubule 세로소관

해 MF는 근육필라멘트의 위치를 표시한다. LT-SR은 SR의 세로소관을 **나타낸다**.

참 If an event, a sign, or a symbol *signifies* something, it is a sign of that thing or *represents* that thing.

2 표시하다, 나타내다

(+) and (-) **signify** positive or negative regulatory effects.

관 signify(타) 나타내다=(represent, indicate)

해 (+)와 (-)는 활성형이나 혹은 저해형의 조절효과를 **표시한다**.

sign 명 1 징후(의학)

91

The **signs** and symptoms are, in part, caused by a deficiency of essential amino acids.

관 in part 부분적으로=partly, be caused by ....에 의해 초래되다

해 **징후**와 증상은 부분적으로 필수아미노산들의 결핍에 의하여 초래된다.

참 sign과 symptom : 징후sign는 어떤 병의 존재를 표시하는 객관적인 소견이나 증거이며, 증상 symptom은 환자 자신이 직접 느끼는 주관적인 증세이다.

2 부호

In yeast wild-type genes are indicated in italics with a superscript plus **sign** (e.g., *cdc2*$^+$); genes with a recessive mutation, in italics with a superscript minus **sign** (e.g., *cdc2*$^-$).

해 효모에서 야생형 유전자는 위첨자에 + **기호**를 가진 이탤릭체로 표시되며 (예, *cdc2*$^+$) 열성 돌연변이를 가진 유전자는 위첨자 - **기호**를 가진 이탤릭체로 표시된다 (예, *cdc2*$^-$).

similar	형 1 유사한
1386	Plant cell membranes are **similar** in overall structure and organization to animal cell membranes but differ in lipid and protein composition.

관 be similar to ....와 유사하다, differ(자)=be different

해 식물세포의 막은 전반적인 구조와 체계에서 동물세포의 막과 **유사**하지만 지질과 단백질 조성에서 다르다.

2 ~ to ....와 유사한

Similar to chylomicrons, VLDL particles are first synthesized in a nascent form, and on entering the circulation they acquire apoproteins CII and E from HDL particles to become mature VLDL particles.

관 first(부), on ....ing ....하자마자 곧, mature 완성된=full grown

해 Chylomicron**과 유사하게**, VLDL 알갱이는 처음에 태생적인 형태로 합성되고, 혈액순환으로 들어가면 곧 HDL 입자로부터 apoprotein CII와 E를 획득하여 완성된 VLDL알갱이가 된다.

similarity	명 유사성 (복수가능)
201	Despite the structural **similarity** of plant sterols to cholesterol, minor isomeric differences and/or the presence of methyl and ethyl groups in the side chains of these substances result in their poor absorption by intestinal mucosal cells.

해 식물성 스테롤의 콜레스테롤과의 구조적 **유사성**에도 불구하고, 이성질체 구조로써 극미한 차이와/혹은 이들 물질의 측쇄기에서 메틸과 에틸기의 존재가 내장 점막세포에 의한 낮은 흡수의 결과를 만들도록 한다.

참 식물성 스테로이드의 좋은 점 : 식물성 스테로이드로는 sitosterol, stigmasterol, stigmastanol, 및 campesterol 등이 알려져 있는데, 동물성 스테로이드에 비해 체내로의 흡수율이 매우 낮다. 그렇지만 동물성 스테로이의 흡수를 저해하는 효과가 있어서 건강에 매우 도움이 된다.

similarly	부 유사하게
284	**Similarly**, cellular transformation following the expression of activated oncogenes (such as mutated Ras or overexpressed myc) is associated with increased intracellular H_2O_2 and is prevented by treatment with antioxidants.

해 앞의 사실과 **유사하게**, 활성화된 발암유전자 (돌연변이된 Ras나 혹은 과발현된 myc와 같은)의 발현에 뒤이어 일어난 세포의 형질변환은 증가된 세포내의 H_2O_2와 연관되어있어서 그래서 항산화제로의 처리에 의하여 예방된다.

simple	형 1 단순한, 간단한
62	The carbon in fatty acids (mostly $-CH_2-$ groups) is almost completely reduced compared to the carbon in other **simple** biomolecules (sugars, amino acids). Therefore, oxidation of fatty acids will yield more energy (in the form of ATP) than any other form of carbon.

해 지방산에 있는 탄소 (대부분 $-CH_2-$기)는 다른 **단순한** 생명분자 (탄수화물, 아미노산)에 있는 탄소에 비하여, 거의 완전하게 환원되어있다. 그러므로 지방산의 산화는 어떤 다른 형태의 탄소보다 더 많은 에너지 (ATP의 형태로)를 생산할 것이다.

2 가장 간단한

In the **simplest** representation (bottom), only the bases are indicated.

관 representation(명) 표시법, 표시, be indicated 표시되다

해 **가장 간단한** 표시로 (아래), 단지 염기들만 표시된다.

simplicity	명 간단함
8	For **simplicity**, the hydrophobic membrane interior is not indicated in this diagram.

해 **간단히 할 목적으로**, 소수성인 막 내부는 이 도표에서 표시되지 않는다.

simplify	타 단순화하다, 간단하게 하다

7 To **simplify** the diagram, most of the hemicellulose cross-links and other matrix constituents are not shown.

해 그 그림을 **단순화하기** 위하여, 헤미셀루로즈 교차연결 대부분과 다른 매트릭스 구성물은 보이지 않는다.

simply 부 1 간단히 표현해서

27 **Simply** put, like dissolves like. Polar molecules dissolve in polar solvents such as water; nonpolar molecules dissolve in nonpolar solvents such as hexane.

관 simply put 간단히 표현해서=(put it simply, say it briefly), like dissolves(타) like 녹이다, dissolve (자) in solvent 용질에 녹다

해 **간단히** 표현해서, 같은 성질의 물질끼리 잘 녹인다. 극성분자는 물과 같은 극성용매에 용해되고; 비극성 분자는 헥산과 같은 비극성 용매에 녹는다.

2 단순히, 단지

Unlike animals, plants do not replace or repair old or damaged cells or tissues; they **simply** grow new organs

해 동물과 달리 식물은 노화되거나 혹은 손상된 세포나 조직을 교체하거나 수리하지 않고; **단순히** 새로운 기관을 자라나게 만든다.

simultaneous 형 동시에 일어나는, 일제히

51 **Simultaneous** translation of an mRNA by multiple ribosomes is readily observable in electron micrographs and by sedimentation analysis, revealing mRNA attached to multiple ribosomes bearing nascent growing polypeptide chains.

관 observable 관측 가능한, reveal(타) 보여주다=(expose, disclose), nascent 태생의

해 합성 중인 폴리펩티드 사슬을 지니고 있는 상태인 여러 개의 리보솜에 부착되어있는 mRNA을 보여주는 다중 리보솜에 의한 한 개의 mRNA의 **동시적인** 번역과정은 전자현미경과 침강분석으로 쉽게 관측이 가능하다.

참 polysome : 한 개의 mRNA 분자에 여러 개의 리보솜들이 결합된 상태로 동시에 단백질합성을 수행하고 있다. 이러한 형태를 한 리보솜을 polyribosome 혹은 polysome이라고 한다.

simultaneously 부 1 동시에, 일제히

74 New methods using DNA microarrays can **simultaneously** detect all the mRNAs present in a cell, thereby indicating which genes are being transcribed.

관 detect(타) 찾아내다=(discover, ascertain the existence), indicate(타) 보여주다=(show, demonstrate)

해 DNA microarray을 사용하는 새로운 방법은 세포에 존재하는 모든 mRNA를 **동시에** 찾아 낼 수 있어서, 그것으로 어느 유전자들이 전사되고 있는지를 보여줄 수 있다.

since 접 ....때문에

221 The initial sequencing of the human genome, completed by the Human Genome Project and Celera, has resulted in great excitement in the biomedical community, **since** it offers tremendous opportunities for understanding human disease and developing innovative drug therapies

관 be completed 완성되다, result in ....결과를 유발하다, offer(타) 제안하다

해 인간유전체프로젝트와 Celera회사에 의해 완성된 초기의 사람 유전체 서열결정은 생명의학 공동체에 커다란 흥분된 결과를 일으켰다, **왜냐하면** 인간의 질병을 이해하고 혁신적인 약물 치료법을 개발하기 위한 대단한 기회를 제공하기 때문이다.

참 as, because와 since의 차이점 : because는 이유가 새롭거나 듣는 사람이 모르는 사실일 경우에 사용하며, 반면에 as와 since는 이미 알고 있는 오래되었거나 중요하지 않은 사실을 이유로 채택될 경우에 사용하며, 주로 문장의 시작에서 표현된다.
예1) *Since* he had not paid his bill, his electricity was cut off.
그가 영수액을 지불하지 않았기 때문에, 전기가 단전되었다.
예2) Why am I leaving? I'm leaving *because* I'm fed up! (as와 since는 사용불가능)
내가 왜 갈려고 하느냐고? 왜냐하면 배가 불러 더 이상 못 먹게 되었기 때문이다.

전 .... 이래로

The coiled coil motif was first identified in 1953 by Linus Pauling as the main structural element of fibrous proteins such as keratin and myosin. **Since** that time, many proteins have been found to contain one or more coiled coil segments or domains.

해 꼬인 것이 또 꼬인coiled coil모티프는 케라틴과 미오신과 같은 섬유상 단백질의 주된 구조요소로써 1953년 라이너스 폴링에 의하여 최초로 확인되었다. 그때 **이래로**, 많은 단백질이 한 개 이상의 coiled coil부분이나 혹은 도메인을 함유하고 있는 것으로 발견되었다.

single

705

형 하나의, 개별의

Variations within some stretches of this repetitious DNA are so great that each **single** person can be distinguished by a DNA "fingerprint" based on these sequence variations.

관 repetitious 지루하게 되풀이하는=tediously repetitive, stretch 연속서열, be distinguished 구별되다

해 이 지루하게 반복하는 DNA 영역의 일부 연속서열 안에서 일어나는 변이가 매우 크기 때문에 각 **개별의** 사람은 이 서열의 변이를 기반으로 하는 DNA "지문법"에 의해 구별될 수 있다.

참 요즘 사람을 비롯한 여러 생명체의 유전체 서열이 결정되면서 분석된 결과, 인간유전체 가운데 95% 이상이 mRNA나 다른 종류의 RNA로 전사되는 유전자가 아니고 코딩되지 않는 noncoding DNA임이 밝혀졌다. 다세포 생명체에서 이들 DNA는 같은 종의 개체 사이에서 서로 유사하지만 동일하지 않음이 알려져 있어서, 개체를 구별하는 DNA지문법의 표적서열로 이용된다.

singlet

10

명 외톨이, 단일체

The core of the sperm flagellum is composed of an axoneme surrounded by nine dense fibers. The axoneme consists of two **singlet** microtubules surrounded by nine microtubule *doublets*.

관 flagellum 운동기관 편모, singlet 단일체, doublet 이중체, consist of=be composed of, be surrounded 둘러싸이다, axoneme 길이가 긴 미세관

해 정자의 편모의 중심부는 9개의 조밀한 섬유체에 의하여 포위된 axoneme으로 구성되어있다. 그 axoneme은 9개의 미세소관 *이중체*로 둘러싸여진 2개의 **단일체** 미세소관들로 구성되어있다.

참 정자sperm : DNA 유전물질이 차있는 머리와 정자 편모의 움직임에 에너지를 공급하기 위한 미토콘드리아가 집단적으로 모여 있는 목 부위로 구성되어있다. 정자의 미토콘드리아는 난자 안으로 들어갈 수 없으므로 자신의 유전체를 자손에 전달되지 않는다. 난자의 미토콘드리아가 자식들에게 들어가므로 모계유전된다.

singly

16

부 개별적으로, 단독으로, 하나씩

When keratinocyes are taken **singly** and tested for their ability to found new colonies, some appear unable to divide at all, others go through only a few division cycles and then halt, and still others can divide enough times to form large colonies.

해 각질형성세포keratinocyte들이 **하나씩** 채집되어 새로운 콜로니들을 만들 수 있는 능력에 대하여 조사될 때, 일부는 전혀 분열할 수 없는 것 같고, 다른 것은 단지 몇 회의 분열주기만 통과하고 그 후 중단되기도 하고, 그리고 또 다른 세포는 큰 콜로니를 형성할 수 있을 정도로 충분한 횟수로 분열한다.

참 피부의 진피dermis의 95% 정도를 차지하고 있는 각질형성세포keratinocye를 분리하여 배양접시에서 길러보면, 여러 특성을 가진 세포들이 모여 있음을 볼 수 있다. 피부는 표피, 진피 및 피하조직 3부분으로 구성되어있다.

situ

139

in ~ 원래의 장소에

In carcinoma *in **situ***, the cells in all the layers are proliferating and apparently undifferentiated. True malignancy begins when the cells cross the basal lamina and begin to invade the underlying connective tissue.

관 carcinoma *in situ* 발생한 *원래 자리에* 있는 암종, cross(타) 가로질러가다, invade(타) 침범하다, underlying 아래를 받치고 있는

해 발생한 **원래 자리에** 있는 암종에서, 모든 층에 있는 세포는 증식하고 있으며 외관상으로는 미분화되어있다. 그 세포가 기저막 층을 가로질러 아래를 받치고 있는 결체조직을 침범하기 시작할 때

진짜 악성종양이 시작된다.

참 in situ hybridization : DNA 유전체 상의 특이서열의 위치나 혹은 유전자의 mRNA 등이 발현되는 그 위치*in situ*를 생체조직에서 직접 찾아내는 방법이다. 이때 찾으려는 서열에 대한 상보적인 DNA 조각을 탐침자probe로 사용하여 조직에서 직접 혼성체형성hybridization실험이 수행된다.

site | 명 부위, 자리

2425

The tetrameric Hb molecule has but one binding **site** for BPG. This **site** is situated within the central cavity formed by the association of the four subunits.

해 4량체의 Hb분자는 BPG에 대한 단 하나의 결합**자리**를 가지고 있다. 이 **자리**는 4개의 아단위체들의 결합에 의해 형성된 중앙의 공간에 위치되어있다.

참 BPG (2,3-bisphosphoglycerate) : 적혈구가 포도당을 에너지물질로 사용하여 분해하는 과정에서 부산물로 생성된다. 이 물질의 결합은 헤모글로빈과 산소 사이의 친화력을 감소시키는 역할을 하므로 대사가 활발하게 일어나고 있는 곳이 산소를 많이 필요로 하는 곳이라는 것을 표시하는 신호분자이다. 또한 높은 산과 같이 산소가 부족한 장소에 오래 머물면 이 물질의 생성이 증가되어 적응할 수 있게 된다.

situated | 타 be ~ ....에 위치하다

11

The gene encoding dystrophin is the largest gene known (≈ 2300 kb) and is **situated** on the X chromosome, accounting for the maternal inheritance pattern of Duchenne and Becker muscular dystrophies.

관 account for ....에 책임이 있다=be responsible for, muscular dystrophy 근육퇴행위축

해 Dystrophin을 인코딩하는 유전자가 알려진 가장 긴 유전자 (≈ 2300 kb)이며, X염색체 상에 **위치하고 있어**서, 뒤센 베커형 근육퇴행위축증의 모계상속의 형태에 책임이 있다.

situation | 명 상태, 위치

55

In this **situation**, cAMP increases in response to the low glucose concentration.

해 이 **상태**에서, cAMP는 낮은 포도당의 농도에 반응하여 증가한다.

size | 명 크기, 사이즈

446

The technique of pulsed-field agarose gel electrophoresis has been used to separate 16 different yeast chromosomes that range in **size** from 220,000 to 2.5 million nucleotide pairs.

관 Pulse-field gel electrophoresis, separate(타) 분리하다, range(자) in size from .... to 크기에서 ....의 범위이다

해 Pulse-field 아가로스 겔 전기영동법이 220,000에서 2,500,000 핵산 쌍의 크기의 범위인 16개의 서로 다른 효모의 염색체들을 분리해 내는데 사용되어왔다.

참 Pulse-field agarose 전기영동법 : Mega base (10^6) 염기쌍 이상의 **크기**로 된 DNA를 분리하기 위하여 고안된 기기이며, 한쪽 방향으로만 지속적으로 전류를 흐르게 하는 일반적인 전기영동과 달리 주기적으로 3 방향으로 바꾸면서 전기영동을 한다.

sized | 형 (주로 복합어에서) 크기로 된

21

Gap junctions between mammalian cells permit the passage of molecules as large as 1.2 nm in diameter. Generally speaking, molecules smaller than 1200 Da pass freely, and those larger than 2000 Da do not pass; the passage of intermediate-**sized** molecules is variable and limited.

관 gap junction 교통연접, permit(타) 가능하게 하다=enable, 1.2 nm in diameter 직경이 1.2 nm, pass(자) 통과하다, variable 일정치 않은

해 포유동물세포 사이의 교통연접은 직경이 1.2 nm 크기인 분자의 통과를 허용한다. 일반적으로 말하면, 1200 Da보다 작은 분자는 자유롭게 통과하고, 2000 Da보다 더 큰 분자는 통과하지 않으며; 중간 **크기로 된** 분자의 통과는 일정하지 않을 수 있으며 또한 제한되기도 한다.

slide | 명 슬라이드 (얇은 유리판)

225

Optimizing conditions for the microarraying of protein antigens onto glass **slides** were studied.

해 유리 **슬라이드** 위에 구축된 단백질 항원들의 마이크로어레이 분석을 위하여 최적화하는 조건이

연구되었다.

자 미끄러지다

The lengths of both the thick and thin filaments do not change during contraction. Rather, the thick and thin filaments **slide** along one another.

관 change(자) 바뀌다, one another 서로=each other, slide along ....따라 미끄러지다

해 굵고 가는 필라멘트 모두의 길이는 수축기간 동안 바뀌지 않는다. 오히려 굵은 필라멘트와 가는 필라멘트가 서로를 따라 **미끄러진다**.

slight 형 경미한, 근소한

63

Subsequent independent mutations in the duplicated genes could lead to **slight** changes in sequence that might result in *slightly* different functional properties of the encoded proteins.

해 복제된 유전자들에서 발생한 차후의 독립적인 돌연변이들은 결과적으로 서열에서 **경미한** 변화를 일으켜 코딩된 단백질들의 *약간* 다른 기능성 행동특성의 결과를 만들 수도 있다.

slightly 부 약간, 조금

135

The covalent radius indicated here is for the double bond of O=O; the single bond covalent radius of oxygen is **slightly** longer.

해 여기에서 지적된 공유결합의 반경은 O=O의 이중결합에 대한 것이며; 산소의 단일 공유결합의 반경은 **약간** 더 길다.

slow 형 느린, 더딘

116

The decrease in total fluorescence that occurs at later times probably results from **slow** inactivation of GFP fluorescence.

해 이후의 시간에서 일어난 전체 형광의 감소는 아마도 GFP 형광의 **느린 불활성화의** 결과 때문이다.

타 1 더디게 하다, 속력을 늦추다

Patch-clamp measurements of channel activity showed that the shorter the chain, the more rapid the inactivation, as if a ball attached to a shorter chain can move into the open channel more readily. Conversely, addition of random amino acids to lengthen the normal chain **slows** channel inactivation.

해 통로활성을 측정하는 patch-clamp 측정기술은 마치 더 짧은 사슬에 부착된 공이 열려있는 통로 속으로 더 쉽게 이동하여 들어 갈 수 있는 것과 마찬가지로, 사슬이 짧을수록, 더 빠른 불활성화를 보여주었다. 역으로, 임의의 아미노산을 추가하여 정상의 사슬을 더 길게 만드는 것은 통로의 불활성화를 **더디게 하였다**.

참 Patch-clamp 기술 : employed 참조

2 be ~ed 느려지다

Multiple sclerosis (MS) is caused by patchy loss of myelin in areas of the brain and spinal cord. In MS patients, conduction of action potentials by the demyelinated neurons is **slowed**, and the Na^+ channels spread outward from the Ranvier nodes, lowering their nodal concentration.

관 multiple sclerosis 다발성 경화증, patchy loss 조각형태의 소실, lower(타) 낮추다

해 다발성 경화증 (MS)은 뇌와 척수의 여러 영역에서 수초의 조각형 소실에 의해 초래된다. MS 환자에서, 수초가 벗겨진 신경세포에 의한 활동전위의 전도가 **느려지고,** 그리고 Na^+ 통로가 랑비어 마디로부터 바깥 방향으로 퍼져나가기 때문에, 랑비어 마디에서 농도를 낮게 만든다.

참 랑비어마디 Ranvier node : 신경세포는 수초myelin로 둘러싸여 있지만 중간에 존재하는 랑비어마디에서 노출되어있다. 이 마디에 Na^+ 통로단백질들이 존재하여 활동전위의 전도를 점핑하는 방식으로 전달한다. 다발성 경화증은 수초가 자가면역항체autoantibody에 의하여 손상되어, 그 결과 신경세포막, 세포골격, 세포외기질의 구조가 파괴되면서 Na^+ 통로단백질이 지역적으로 모여 있지 못하고 흩어지기 때문에 농도가 감소된다.

slowly 부 천천히, 더디게

49 In this way, mobile elements have multiplied and **slowly** accumulated in eukaryotic genomes over evolutionary time.

해 이러한 방법으로, 이동성 요소들이 증폭되어오면서 진화기간에 걸쳐서 진핵세포의 유전체 속에 **천천히** 축적되어왔다.

so

접 1 (결과, 목적) 그래서, ...하도록

326 After each bud breaks free, a scar is left at the budding site **so** the number of previous buds can be counted.

해 각 발아가 자유롭게 떨어져 나간 후, 하나의 흉터가 돋아난 자리에 남게 되므로, **그래서** 이전 발아의 수가 계산될 수 있다.

2 (이유) 그래서, 그러므로, ...해서

There are 96 tyrosine kinases encoded in the human genome, **so** drugs related to Gleevec may be useful in controlling the activities of all these proteins.

해 사람 유전체에는 인코딩된 96종의 티로신인산화효소들이 있으며, **그러므로** Gleevec과 관련된 약물이 모든 이들 단백질의 활성을 조절하는데 있어서 유용할 수도 있을 것이다.

부 1 (강조) 그렇게

Creatine phosphate is formed from ATP and creatine at times when the muscle is relaxed and demands for ATP are not **so** great.

관 creatine 크레아틴, be relaxed 이완되다, demands 수요 (보통 복수형으로), at times 때때로=not regularly

해 크레아틴 인산은 근육이 쉬고 있어 ATP에 대한 수요가 **그렇게** 크지 않을 때 ATP와 크레아틴으로부터 생성된다.

부 1 (앞에서 언급한 것 대신에) 그렇게

As the reaction products accumulate, the concentration of each reactant decreases and **so** does the reaction rate.

해 반응산물이 쌓여가면서, 각 반응물의 농도는 감소하고 아울러 반응속도 또한 **그렇게** 된다.

2 (앞에서 언급한 것 대신에) 그렇게

Figure 5 summarizes the typical experimental uses of various organisms whose genomes have been sequenced completely or nearly **so**.

관 summarize(타) 요약하다, use(명) 용도 혹은 사용필요성, various 다양한, so(부) completely 대신 사용

해 그림 5는 유전체 서열이 완전하게 혹은 거의 **그렇게** 결정된 여러 생명체들의 전형적인 실험용도를 요약하고 있다.

3 ~ that (목적의 부사절과 함께) ....할 수 있도록

The number of clones in a cDNA or genomic library must be large enough **so** that all or nearly all of the original nucleotide sequences are present in at least one clone.

관 be large enough so that ....할 정도로 충분히 크다, all or nearly all 모두 혹은 거의 모든, at least 적어도

해 cDNA나 혹은 유전체 라이브러리에서 존재하는 클론의 수는 원본의 뉴크레오티드 서열들이 모두 혹은 거의 모두 최소한 한 개의 클론으로 존재**할 수 있도록** 충분히 커야한다.

4 ~ that (결과의 부사절과 함께) 그래서

Modern compound microscopes magnify the view about a thousand-fold, **so** that a bacterium 1 μm long looks like it's a millimeter long.

해 현대의 복합현미경은 보는 것을 약 천배로 확대하기 때문에, **그래서** 1 μm 길이의 박테리아가 1 mm의 길이인 것처럼 보인다.

5 ~ .... that 매우 .... 하여 그래서

This complementary matching of the two strands is **so** strong that if complementary strands are separated, they will spontaneously zip back together in the right salt and temperature conditions.

해 두 가닥의 상보적인 일치함이 **매우** 강해서 **그래서** 상보적인 가닥들이 서로 분리된다면, 정확한 염의 농도와 온도의 조건에서 자발적으로 다시 함께 결합될 것이다.

6 (just) as...., ~ (as와 so 다음 내용이 유사할 때) ....한 만큼, 마찬가지로 ....하다

As glycogen reserves become depleted, **so** amino acids arising from protein turnover and glycerol arising from lipolysis are used for gluconeogenesis.

해 Glycogen 저장소가 고갈되는 **것만큼**, 단백질의 순환대사로부터 유래한 아미노산과 지방분해로부터 발생한 glycerol이 당신생성을 위하여 사용된다.

참 당신생성gluconeogenesis : 젖산, 아미노산 및 지방산으로부터 분해된 glycerol이 원료로 사용되어 포도당을 만드는 반응이다. 포도당은 신체의 모든 세포가 필요로 하지만 특히 뇌세포, 적혈구세포의 주된 에너지원이 되므로 항상 적당한 양 (> 45 mg/dL)이상으로 존재하여야 한다.

7 ~ as to (정도, 양태) ....할 만큼, ...할 정도로

By chemically reacting with nitrogen and oxygen atoms in DNA, these compounds can modify bases in DNA **so** as to distort the normal pattern of base pairing.

관 distort(타) 변형시키다=(twist, deform)

해 이들 합성물은 DNA에 있는 질소와 산소 원자와 화학적으로 반응하여, 염기 짝짓기의 정상적인 형태를 변형시킬 수 있을 **정도로** DNA에 있는 염기를 변경시킬 수 있다.

8 be ~ for ....에 적용되다, ...에 사실이다

Humans generally cannot synthesize niacin in sufficient quantities, and this is especially **so** for those with diets low in tryptophan (maize, for example, has a low tryptophan content).

관 be so for ....에 적용되다=be true of, diets 음식물들

해 사람은 일반적으로 niacin을 충분한 양으로 합성할 수 없고, 이 사실은 특별히 tryptophan이 적은 음식물을 먹는 사람에게 **적용된다** (예를 들면, 옥수수는 낮은 tryptophan 함량을 가지고 있다).

9 ~ far 지금까지, 아직까지

A combination of electron microscopy and electron diffraction analysis is analogous to the study of three-dimensional crystals of soluble proteins by x-ray diffraction analysis, although less structural detail has **so** far been obtained.

관 electron diffraction 전자회절법, be analogous to ....와 유사하다=be similar to,

해 전자현미경과 전자회절분석법의 결합은 x-선회절분석법에 의한 용해성 단백질의 3차원 결정의 연구과 유사하지만, **지금까지**는 덜 상세한 구조가 얻어지고 있는 상태이다.

참 전자현미경과 전자회절분석법을 함께 사용하면 약 0.3 nm 사이를 구별할 수 있는 수준까지 보는 해상도로 분석할 수 있고, 반면에 x-선 회절분석법은 앞의 방법보다 2배 정도 더 자세한 0.15 nm 수준의 해상도로 규명할 수 있다.

10 ~ far as ....범위 내에서

After the cell has passed Start, the G1 cyclins, like the G2 cyclins at mitosis, disappear from the cell, and, **so** far as is known, they then play no further part until the G1 phase of the next cycle.

관 so far as is known 알려진 범위 내에서=within the limit that,

해 세포가 출발점을 지난 후, G1 cyclin은 유사분열에서의 G2 cyclin과 같이 세포로부터 사라지고, 그리고 알려진 **범위 내에서** 다음 주기의 G1기까지 더 이상의 역할을 하지 않는다.

11 ~ forth (on) .... 등등

Because of the evolutionary conservation of genes, proteins, organelles, cell types, and **so** forth, discoveries about biological structures and functions obtained with one experimental organism often apply to others.

해 유전자, 단백질, 소기관, 세포유형 **등**의 진화에서의 보존성 때문에, 한 종류의 실험용 생명체로 얻어진 생물학적 구조체나 기능에 대한 발견된 사실은 자주 다른 것들에도 적용된다.

12 ~ much/many 그 만큼의, ...그 정도로

An *Escherichia coli* cell requires **so** much glutamate that this amino acid is one of the primary solutes in the cytosol.

해 대장균 세포는 이 아미노산이 세포질에서 주된 용질 중의 하나가 되는 **그 양만큼의** glutamate을 필요로 한다.

참 아미노산 glutamate와 glutamine : 이 두 아미노산은 아미노산과 암모니아 대사에서 중요한 역할을 한다. 즉 대장균뿐만 아니라 고등동물의 세포에서도 질소원으로 그리고 세포질과 세포외부 용액 사이의 삼투압과 pH 등의 조절에 사용된다.

13 ... or ~ .... 내외, ... 정도

Another dozen or **so** proto-oncogenes that are normally involved in negatively regulating apoptosis have been mutated to become oncogenes.

관 negatively 억제하는 방식으로, be involved in ....에 포함되다, have been mutated <현재분사 계속>발암유전자가 되기까지 돌연변이들이 축적되어 옴을 의미

해 압폽토시스를 억제하는 방식으로 조절하는데 정상적으로 참여하던 또 다른 수십 여종 **내외**의 원발암유전자들이 돌연변이되어와 발암유전자로 되었다.

sole | 형 단 하나의, 유일한

23

SDS treatment eliminates the effect of differences in shape, and so chain length, which corresponds to mass, is the **sole** determinant of the migration rate of proteins in SDS-polyacrylamide electrophoresis.

관 correspond to ....에 해당하다=be equivalent to, migration rate 이동속도

해 SDS의 처리는 모양에서의 차이에 의한 효과를 제거하여, 그래서 질량에 해당하는 사슬의 길이가 SDS-polyacrylamide 전기영동에서 단백질 이동속도의 **유일한** 결정자가 된다.

참 SDS (sodium dedecylsulfate) : 음전하를 띤 계면활성제로 단백질에 결합하여 전하와 소수성 등에 의한 효과가 전기영동의 이동성에 영향을 주지 않도록 만들어 오직 단백질의 크기 (즉 질량)에 따라 분리되도록 한다. 일상생활에서는 강한 세척력 때문에 치약의 세정제로도 사용된다.

solely | 부 혼자서, 단독으로, ...만

144

Unlike skeletal muscle, which is stimulated to contract **solely** by nerve impulses, smooth muscle cells and nonmuscle cells are regulated by many types of external signals in addition to nervous stimuli.

해 신경임펄스에 의해서**만** 자극되어 수축되는 골격근과 달리, 평활근세포와 근육세포가 아닌 세포는 신경자극 이외에도 많은 종류의 외부신호에 의하여 조절된다.

solubility | 명 용해도

10

Lipids are a class of biological molecules defined by low **solubility** in water and high **solubility** in nonpolar solvents.

관 be defined by ....에 의해 규정되다

해 지질이란 물에 낮은 **용해도**를 그리고 비극성 용매에서는 높은 **용해도**에 의하여 규정되는 한 부류의 생체분자이다.

solubilize | 타 용해하다, 녹이게 만들다

10

In animals, cytochrome P-450 enzymes localized to the endoplasmic reticulum of liver cells normally function to add electrophilic centers to nonpolar foreign chemicals, such as certain insecticides and therapeutic drugs, in order to **solubilize** them so that they can be excreted from the body.

관 be localized to ....에 모이다, function(타), be excreted from ....로부터 배설되다, insecticides 살충제, therapeutic drug 치료용 약물, electrophilic center 친전자성 센터 (CYP450의 산화반응의 결과

로 생성됨)

해 동물에서, 간세포의 소포체에 모여 있는 cytochrome P-450 효소들은 정상적으로 어떤 살충제나 치료용 약물과 같은 비극성인 외부화합물에 그것들이 신체로부터 배출될 수 있도록 **용해시키기** 위하여 친전자성 센터를 추가하는 기능을 한다.

참 간접적으로 작용하는 발암물질은 일반적으로 원래 반응성이 없었으며 또한 물에 불용성인 특성을 가지고 있다. 그런데 이런 물질이 체내에 들어오면 cytochrome P-450 효소에 의하여 산화되어 친전자성 센터가 형성되고 아울러 용해성이 더 커져 수용성 물질로 전환되고, 더욱이, 발암능력도 획득하게 된다.

solubilization 명 용해, 용해하기

22

The first step in Western analysis involves **solubilization** of the protein samples usually using sodium dodecyl sulphate (SDS) and reducing agents such as dithiothreitol (DTT) or 2-mercaptoethanol.

해 웨스턴 분석에서 첫 번째 단계는 보통 sodium dodecylsulphate (SDS)와 dithiothreitol (DTT)이나 혹은 2-mercaptoethanol과 같은 환원성 물질을 사용하여 단백질 시료의 **용해하기**를 포함한다.

solubilized 타 be ~ 용해되다.

89

All the integral proteins of the erythrocyte membrane are **solubilized** by a nonionic detergent

해 적혈구 세포막의 모든 통합단백질들은 비이온성 계면활성제에 의하여 **용해된다**.

soluble 형 용해되는, 용해성의

306

In animals, signaling by **soluble** extracellular molecules can be classified into three types - endocrine, paracrine, or autocrine - based on the distance over which the signal acts.

관 be classified into ....로 분류되다, endocrine 내분비, paracrine 주변분비, autocrine 자가분비

해 동물에서, **용해성** 세포외부분자에 의한 신호전달은 그 신호가 작동하여 미치는 거리에 기초를 두고 내분비, 주변분비 혹은 자가분비와 같은 3가지 유형으로 분류될 수 있다.

solute 명 용질

13

The rate of movement in the passive diffusion is directly proportionate to **solute** concentration, whereas the process is saturable when carriers are involved.

관 passive diffusion 수동확산, be proportionate to ....와 비례하다=be proportional to

해 수동확산반응에서 이동속도는 **용질**의 농도에 직접적으로 비례하지만, 반면에 운반체가 관여될 때 그 과정은 포화될 수 있다.

참 물에 설탕을 녹여 설탕물을 만들면, 물은 용매solvent, 설탕은 용질solute 그리고 설탕물은 용액 solution이 된다.

some 형 상당한, 다소

644

Cows fed dicoumarol synthesize an abnormal prothrombin that does not bind Ca^{2+}, in contrast with normal prothrombin. This difference was puzzling for **some** time because abnormal prothrombin has the same number of amino acid residues and gives the same amino acid analysis after acid hydrolysis as does normal prothrombin.

관 in contrast with ....와 대조적으로=very different from, some(형) 상당한=being an unspecified amount, ...was (과거) puzzling for....의 문장에서 주절은 과거로 because 이하는 현재로 표현된 것은 불변의 진리를 표현

해 Dicoumarol를 먹인 소는 정상의 prothrombin과는 매우 다르게 Ca^{2+}과 결합하지 않는 비정상인 prothrombin을 합성한다. 이 차이는 **상당한** 기간 동안 밝혀지지 않은 상태로 남아 있었다, 왜냐하면 비정상 prothrombin이 정상 prothrombin이 그러하였듯이 동일한 수의 아미노산 잔기들을 가지고 있으며 또한 산에 의한 가수분해 후에 동일한 아미노산의 분석결과를 주었기 때문이었다.

참 Dicoumarol : 비타민 K의 길항제로 와파린과 같이 혈액응고억제재이다. 비타민 K는 프로트롬빈의 N-말단부에 존재하는 글루타민산을 카르복실화하는 효소의 보조인자로 작용하여 감마-카르복시글루타민산으로 변형시켜 응고촉진이온인 Ca^{2+}과의 결합력을 높이는 기능을 한다.

대 일부 (양, 부분)의

Some growth factors are considered hormones, and **some** have been called cytokines.

해 일부의 성장인자는 호르몬으로 간주되고, 그리고 **일부**는 사이토카인으로 불리어왔다.

참 앞의 some은 한정사이고 and 다음의 some은 대명사이다. 한정사는 some, any, the와 같이 명사의 범위와 기능을 지정해 주는 단어이다.

부 1 to ~ extent 어느 정도로

Any dietary fuel that exceeds the body's immediate energy needs is stored, mainly as triacylglycerol (fat) in adipose tissue, as glycogen (a carbohydrate) in muscle, liver, and other cells, and, to **some** extent, as protein in muscle.

관 exceed (타) 초과하다=be greater than, some(부) 어느=somewhat

해 신체에서 당장의 에너지요구량을 초과하는 음식물 속의 어떤 연료물질이라도 지방조직에서는 주로 중성지방 (지방)으로, 근육, 간과 다른 세포에서 글리코겐 (탄수화물)으로 그리고 **어느 정도**는 근육에서 단백질로써 저장된다.

2 대략 (수 앞에서)

One cycle of the Edman degradation is carried out in less than 1 hour. By repeated degradations, the amino acid sequence of **some** 50 residues in a protein can be determined.

해 Edman 분해반응의 한 번의 주기는 1시간 이하의 시간에서 수행된다. 반복되는 분해과정에 의하여, 단백질에서 **대략** 50개의 잔기로 구성된 아미노산서열이 결정될 수 있다.

참 Edman degradation : 스웨덴 태생의 Pehr Edman 박사에 의해 angiotensin의 서열이 결정되는 과정에서 개발되었으며, 펩티드의 아미노산서열을 순차적으로 결정할 수 있기 때문에 자동화 분석기에서 활용된다.

sometimes 부 때때로, 가끔

17

In contrast, the binding specificity of (phosphotyrosine binding) PTB domains is determined by specific residues five to eight residues N-terminal to a phosphotyrosine residue. **Sometimes** a PTB domain binds to a target peptide even if the tyrosine is not phosphorylated.

관 in contrast 대조적으로, 5 to 8 residues N-terminal to phosphotyrosine 잔기의 N-말단 쪽의 5개에서 8개의 잔기들

해 대조적으로, PTB 도메인의 결합특이성은 어떤 phosphotyrosine 잔기의 N-말단 쪽의 5개에서 8개의 잔기로 구성된 특이한 잔기들에 의하여 결정된다. **때때로** PTB 도메인은 비록 티로신이 인산화되지 않더라도 표적펩티드에 결합하기도 한다.

참 Phosphotyrosine기에 결합하는 도메인 : SH2 와 PTB 도메인을 가진 단백질은 인산화된 티로신기와 결합할 수 있다. 이때 SH2 도메인과 PTB 도메인이 phosphotyrosine기를 인식하는 특이성은 서로 다르다. 전자는 인산화된 phosphotyrosine기를 기준으로 C-말단 쪽 잔기들이 특이성을 부여하지만, PTB 도메인은 N-말단 쪽의 아미노산잔기들에 의하여 결정된다.

somewhat 부 어느 정도, 다소

46

The centrally located DNA-binding domain exhibits considerable sequence homology among different receptors and contains two copies of the C_4 zinc-finger motif. The C-terminal hormone-binding domain exhibits **somewhat** less homology.

관 somewhat(부) 다소=(slightly, to a certain extent), exhibit(타) 나타내다=(show, demonstrate; present), considerable 상당한=substantial, homology 상동성

해 중앙에 위치된 DNA 결합도메인은 서로 다른 수용체 사이에서 상당한 서열상동성을 보이며 그리고 두 개의 유사한 C_4 zinc-finger 모티브를 포함하고 있다. C-말단의 호르몬 결합도메인은 **다소** 더 낮은 상동성을 나타낸다.

참 Zinc-finger 도메인 : Zinc-finger 도메인은 금속 Zn이온과 특정서열의 펩티드가 결합되어 DNA에 결합할 수 있는 능력을 부여한다.

somewhere 부 (장소, 양, 정도에서) 어떤 위치에서

3

The amounts and types of proteins in a membrane are highly variable: in the myelin membrane

less than 25% of the membrane mass is protein, whereas in the membranes involved in energy transduction, approximately 75% is protein. The usual plasma membrane is **somewhere** in between, with about 50% of its mass as protein.

해 어떤 생체막에서 단백질의 양과 종류는 매우 변화가 많다: 즉, 수초의 막에는 막 질량의 25% 이하가 단백질이며, 반면에 에너지의 전환에 관여하는 막에서는 대략 75%가 단백질이다. 일반적인 세포막은 질량의 약 50%을 단백질로써 가지는 이들 값 사이의 **어떤 위치**에 있다.

참 생체막의 단백질과 지질의 양 : 수초myelin은 신경세포의 주위를 에워싸고 있는 막으로 신경전달 시에 절연체의 역할을 하므로 지질의 양이 월등하게 많다. 반면에 미토콘드리아나 엽록체와 같이 에너지를 생산하는 소기관의 막은 특별한 기능을 위하여 많은 단백질이 존재하여 일반 세포에 비해 단백질의 함량이 훨씬 더 높다.

sonication 명 고주파분쇄

41

Disruption of cells by vigorous homogenization, **sonication**, or other techniques releases their organelles. Swelling of cells in a hypotonic solution weakens the plasma membrane, making it easier to rupture.

관 homogenization 균질화하기, sonication 고주파파쇄, make it easier to.... 하는 것을 더 쉽게 만들다, hypotonic solution 저장액

해 강력한 균질화하기, **고주파분쇄** 혹은 다른 기술에 의한 세포의 파쇄는 소기관들을 유리시킨다. 저장액에서 세포의 팽창은 세포막을 약화시켜, 그 결과 더 쉽게 그것을 파괴되도록 만든다.

soon 부 1 곧, 즉시

9

Without some means for replenishing depleted stores of intracellular Ca^{2+}, a cell would **soon** be unable to increase the cytosolic Ca^{2+} level in response to hormone-induced IP_3.

관 without .... 없다면, replenish(타) 채우다=reload, in response to ....에 반응하여, would 가정법

해 세포내의 Ca^{2+}이 고갈된 저장소를 다시 채우기 위한 몇 가지 방법이 없다면, 세포는 호르몬에 유도되는 IP3에 반응하여 세포질의 Ca^{2+} 수준을 **즉시** 증가시키지 못 할 것이다.

참 세포내의 Ca^{2+}의 수준은 소포체 ER에 저장된 칼슘을 동원화하여 조절한다. 이 소기관의 칼슘이 고갈되면 세포막의 칼슘통로가 열리어 재충진된다. 세포내의 칼슘의 농도의 증감은 외부의 신호전달에 대한 반응에 순간적으로 반응하여 다양한 반응을 매개하므로 매우 중요하다.

2 as ~ as ....하자마자

In eukaryotic cells, one class of signal sequences is recognized by the signal recognition particle (SRP), which binds the signal sequence as **soon** as it appears on the ribosome and transfers the entire ribosome and incomplete polypeptide to the ER.

관 signal sequence 신호서열, signal recognition particle (SRP) 신호인식 알갱이, transfer(타) A to B=A를 B로 전송하다

해 진핵세포에서, 한 부류의 신호서열은 신호인식 알갱이 (SRP)에 의하여 인식되어, 그래서 신호서열이 리보솜 상에 나타나**자마자**, 그것에 결합하여 전체 리보솜과 미완성의 폴리펩티드를 ER로 전송한다.

sort 명 1 종류. 부류

104

Hybridoma cells can then be screened, by using some **sort** of assay for the antigen–antibody interaction, to determine which ones produce antibody having the desired specificity.

해 Hybridoma 세포는 그 후에 어느 세포가 원하는 특이성을 가진 항체를 생산하는지의 여부를 결정하기 위하여, 항원항체 결합을 측정하는 어떤 **종류**의 분석법을 사용하여 스크리닝 될 수 있다.

참 Hybridoma 세포 : fused 참조

2 all ~s of 많은 종류의

With this simple but powerful technique, the detailed properties of ion channels can be studied in all **sorts** of cell types.

해 이 간단하지만 강력한 기술을 사용하여, 이온통로의 자세한 행동특성이 **많은 종류의** 세포 종에서 연구될 수 있다.

타 1 ~ .... into groups 그룹으로 나누다

It is possible to **sort** this large number of receptors into groups in a variety of ways.

해 다양한 방법으로 이 많은 수의 수용체들을 그룹으로 **분류하는** 것이 가능하다.

2 분류하다

The Golgi complex serves to process the proteins it receives from the rough ER and to **sort** them so that they are delivered to their appropriate destinations.

관 serve to ....하는 역할을 하다, rough ER 조면소포체≠활면소포체 smooth ER, process(타) 처리하다, destination 목적지

해 골기복합체는 조면소포체로부터 받아들인 단백질을 가공하여 적절한 목적지로 배달될 수 있도록 **분류하는** 역할을 한다.

3 ~ out 순서에 맞게 분류하다

A flow cytometer identifies different cells by measuring the light that they scatter and the fluorescence that they emit as they flow through a laser beam; thus it can **sort** out cells of a particular type from a mixture.

관 flow cytometer 유세포측정기, identify(타) 인식하다=recognize, sort out 번호 순서로 배열하다 =arrange in numerical order

해 유세포측정기는 세포들이 레이저 빔을 통과하여 흐르면서 발산하는 빛과 방출하는 형광을 측정하여 서로 다른 세포를 확인한다; 그래서 혼합물로부터 특정한 종류의 세포를 **순서에 맞게 분류할 수** 있다.

형 분류하는

Some proteins, whose **sorting** signals have not yet been determined, enter secretory vesicles and travel to the cell membrane, where they are secreted by the process of exocytosis.

관 enter(타) ....로 들어가다, travel to=go to ....까지 가다

해 **분류**신호가 아직 결정되지 않은 일부 단백질은 분비용 소포 속으로 들어가 세포막까지 이동하고, 그곳에서 세포외방출과정에 의해 분비된다.

sorted

29

타 1 be ~ into 분류되어 들어가다

Here they are **sorted** into vesicles for delivery to their final destination.

해 여기서 그들은 최종 목적지로의 전달을 위하여 소포 속으로 **분류되어 들어간다**.

2 분류되다

Proteins are **sorted** to the endoplasmic reticulum, mitochondria, chloroplasts, peroxisomes, and the nucleus by this general process.

해 단백질은 이 일반적인 과정에 의하여 소포체, 미토콘드리아, 엽록체, 과산화소체와 핵으로 **분류된다**.

source

157

명 근원, 공급원, 원천

To construct YACs, TEL sequences from yeast cells or from the protozoan *Tetrahymena* are combined with yeast CEN and ARS sequences; to these are added DNA with selectable yeast genes and enough DNA from any **source** to make a total of more than 50 kb.

해 YAC를 구축하기 위하여, 효소세포로부터 혹은 원생동물인 *Tetrahymena*로부터 온 TEL 서열이 효모의 CEN과 ARS 서열들과 결합된다; 이것들에 선택가능한 효모의 유전자들을 가진 DNA와 어떤 **근원**으로부터라도 온 충분한 DNA가 전체 50 kb 이상이 되도록 추가된다.

참 yeast artificial chromosome (YAC) : 효모의 인공염색체 (YAC)은 100 kb에서부터 3000 kb까지 크기의 큰 DNA 조각을 클로닝하기 위하여 사용되는 벡터이다. 일반적으로 사용되는 미생물이나 혹은 진핵세포용 벡터는 10 kb 미만의 크기를 담을 수 있지만 이 인공벡터는 훨씬 더 긴 DNA 조각을 클로닝하는데 사용된다.

space | 명 공간

101

Three organelles - the nucleus, mitochondrion, and chloroplast - are surrounded by two membranes; the exoplasmic surface of each membrane faces the **space** between the two membranes.

관 be surrounded by ....로 에워싸이다=be around by, face(타) 마주 대하다

해 3종의 소기관인 핵, 미토콘드리아와 엽록체는 2개의 막으로 에워싸여 있다; 각 막의 원형질 외부의 표면은 두 개의 막 사이의 **공간**을 마주보고 있다.

spaced | 형 일정한 (시간의) 간격으로 된

12

Excess carbohydrate is stored as fat in many animals in anticipation of periods of caloric deficiency such as starvation, hibernation, etc, and to provide energy for use between meals in animals, including humans, that take their food at **spaced** intervals.

관 excess carbohydrate 여분의 탄수화물, in anticipation of ....를 예상하여=in expectation of, deficiency 부족

해 여분의 탄수화물은 많은 동물에서 굶주림, 겨울잠 등과 같이 열량부족의 기간을 예상하여 지방으로써 저장되며, 그리고 사람을 포함하는 **일정한 시간으로 된** 간격으로 음식을 먹는 동물에서 식간에 사용되는 에너지를 공급하기 위하여 저장된다.

타 be ~ 일정한 (거리의) 간격으로 되다, 일정하게 위치되다

Histones form disclike structures around which the eucaryotic DNA is wound, creating a repeating structural unit called a nucleosome. Nucleosomes are **spaced** at intervals of about 200 base pairs along the DNA

관 repeating structural unit 반복하고 있는 구조단위, at intervals of ....의 간격들로

해 히스톤은 진핵세포의 DNA가 주위로 감겨진 디스크와 같은 구조를 형성하여, 하나의 nucleosome 이라 불리는 반복되는 구조단위를 만든다. Nucleosome은 DNA를 따라 약 200개의 염기쌍의 간격으로 **일정하게 위치되어있다**.

spacing | 명 간격, 공간점유

7

Changes in **spacing** between the promoter and promoter-proximal control elements of 20 nucleotides or fewer had little effect. However, insertions of 30 to 50 base pairs between a promoter-proximal element and the TATA box was equivalent to deleting the element.

관 spacing 간격, be equivalent to ....와 동등하다, TATA 상자 전사인자가 결합하는 서열

해 프로모터와 프로모터 근접조절요소 사이에서 20개의 뉴크레오티드 혹은 그 이하의 **간격**의 변화는 거의 영향을 미치지 않았다. 그러나 프로모터의 근접요소와 TATA 상자 사이에 30에서 50개의 염기쌍의 삽입은 그 요소를 삭제하는 것과 동등하였다.

span | 명 1 간격, 범위, 길이, 거리

89

For the most part, changes in the rate of protein synthesis and degradation take place over a **span** of hours.

관 span(명) 범위=(period, distance, duration, length), for the most part 일반적으로=(generally, mostly, in most cases), take place=(happen. occur)

해 일반적으로 단백질 합성과 분해 속도에서의 변화는 수 시간의 **범위**에서 일어난다.

2 life ~ 수명

Glucose 6-phosphate dehydrogenase-deficient red cells have a shorter life **span** and are more likely to lyse under conditions of oxidative stress.

관 be likely to ....하는 것 같다, lyse(자) 용혈되다

해 Glucose 6-phosphate dehydrogenase가 결여된 적혈구세포는 더 짧은 **수명**을 가지며 또한 산화스트레스의 조건 아래에서 더 쉽게 분해되는 것 같다.

타 1 관통하여 지나다

Binding of these growth factors to specific receptor proteins that **span** the plasma membrane eight times initiates a cascade of signal transduction that ultimately influences transcription and cell-cycle control.

해 세포막을 8회 **관통하여 지나가는** 특이 수용체단백질에 이 성장인자의 결합은 최종적으로 전사와 세포주기의 조절에 영향을 미치는 신호전달 다단계증폭과정cascade을 개시하도록 한다.

2 (시간, 영역, 범위)에 걸치다, 퍼지다

How did this particular set of amino acids become the building blocks of proteins? First, as a set, they are diverse; their structural and chemical properties **span** a wide range, endowing proteins with the versatility to assume many functional roles.

관 building block 구축용 단위체, diverse 서로 다른=unlike, endow(타) .... with ....에게 .....를 부여하다, versatility 다양한 자질, assume(타) 취하게 하다

해 어떻게 아미노산의 이 특정 세트가 단백질의 구축용 단위소가 되었을까? 첫째, 그들은 하나의 세트로써 가지 수가 많다; 즉, 많은 기능성 역할을 취할 수 있도록 하는 다양한 자질을 단백질에 부여할 수 있는 구조적 화학적인 행동특성들의 **범위가 넓다**.

spatial 형 공간적인, 장소의

40 In the primed state, hepatocytes can measure their own physiological state, their location within a tissue, their proximity to other cells, the need for healing, and the **spatial** organization of cells within a structure.

관 primed(형) 준비된=prepared for use, proximity 접근성=(nearness, closeness),

해 활성화된 상태에서, 간세포는 자신의 생리적 상태, 조직 내에서의 자신의 위치, 다른 세포에 대한 접근성, 치료의 필요성과, 구조체 안에서 세포의 **공간적인** 조직체계를 측정할 수 있다.

참 간의 재생 : 간은 외부물질 (술, 약물, 독성물질)을 분해하는 기능을 하므로 손상될 위험에 항상 노출되어있어서, 손상에 반응하여 다시 재생되는 능력이 매우 탁월한 조직이다. 따라서 간의 재생은 손상이나 독작용을 받은 후 개체의 생존에 매우 중요하다. 그러나 조절되지 않은 간의 성장은 비정상적으로 간을 비대하게 하거나 혹은 암으로 발전될 가능성이 커질 수 있다. 따라서 간세포는 손상 후에 주위 조직의 생리적 상태에 맞게 순응하려고 한다.

spatially 부 공간적으로

11 The assembly of distinct tissues and their organization into organs are determined by molecular interactions at the cellular level and would not be possible without the temporally and **spatially** regulated expression of a wide array of adhesive molecules.

관 distinct 서로 다른=separate, temporally 시간적으로=relating to time, would 결과

해 서로 다른 조직의 조립과 장기를 형성하기 위한 조직의 체계화는 세포수준에서 분자들의 상호반응에 의하여 결정되기 때문에 광범위한 일련의 접착성 분자의 시간적으로 **공간적으로** 조절되는 발현이 없다면 결과적으로 가능하지 않을 것이다.

special 형 특별한, 전용의

12 With the use of the **special** culture dish for Madin-Darby canine kidney (MDCK) cells, the medium on each side of the filter (apical and basal sides of the monolayer) can be experimentally manipulated and the movement of molecules across the layer monitored.

해 Madin-Darby canine kidney (MDCK) 세포용 **특별** 배양접시의 사용으로, 필터 각 면 (그 단층의 상층과 기저면)에서의 배양액이 실험적으로 조작가능하고 그리고 그 층을 가로지르는 분자들의 이동도 모니터링 될 수 있다.

참 Madin-Darby canine kidney (MDCK) 세포 : 개의 신장상피세포로부터 유래된 세포주로 이 세포 전용 배양접시를 사용하면, 상층부에 미세융모가 위치하고 기저부에 세포외기질이 부착되어 상피세포의 기능을 연구할 수 있다.

specially 부 특별하게, 특이하게

4 The interior of lysosomes has a pH of about 5.0, roughly 100 times more acidic than that of the surrounding cytosol. This aids in the breakdown of materials by lysosomal enzymes, which are **specially** designed to function at such a low pH.

관 about 약=around, aid in 도움이 된다, be designed to 의도되다=be intended to

해 라이소솜의 내부는 약 5.0의 pH를 가지고 있으며, 주위의 세포질보다 대략 100배 더 산성이다. 이것은 그 정도로 낮은 pH에서 기능을 하도록 **특별하게** 의도되어있는 라이소솜의 효소들에 의한 물질의 분해에 도움이 된다.

참 세포 속의 분해효소의 안정장치 : 세포에서 단백질, 지질 등을 분해하는 효소들이 lysosome, peroxisome, 혹은 골기체에서 존재하고 있는데, 자신의 구성물질을 분해하지 못하게 하기 위하여 불활성인 전구체 상태로 있거나 혹은 산성의 환경에서 활성을 가지도록 되어있다. 따라서 이들이 잘못 유출되더라도 주위의 pH가 100여배나 높기 때문에 효소활성이 낮게 유지될 것이다.

specialized
44

타 be ~ 전문화되다

Lysosomes are assisted in the cell's cleanup work by peroxisomes. These small organelles are **specialized** for breaking down the lipid components of membranes and rendering various toxins harmless.

관 assist(타)=help, be specialized for ....용도로 전문화되다, render(타) ....을 ....하게 만들다

해 Lysosome은 세포의 청소작업에서 peroxisome에 의하여 도움을 받는다. 이들 작은 소기관은 막의 지질 구성성분을 분해하고 다양한 독성물질들을 해가 없도록 만드는데 **전문화되어있다**.

species
527

명 1 (생물의) 종

Recent work has revealed that all three **species** have about 1500 genes in common, as expected.

관 reveal(타) 밝혀내다=(show, exhibit, disclose), in common 공통적으로

해 최근의 연구는 예상했었던 것처럼, 세 **종**류의 생명체 모두가 약 1500 종의 유전자들을 공통적으로 가지고 있음을 밝혀내었다.

참 이 문장에서 생물 3종은 초파리, 선충*C. elegance*과 사람을 말한다. 이들은 서로 차이가 극명한 다른 생물 종이지만 공통으로 발현되는 유전자를 상당수 가지고 있음이 확인되었다.

2 (분자들의) 종류

All **species** of RNA molecules are associated with proteins in various types of ribonucleoprotein particles both in the nucleus and after export to the cytoplasm.

관 be associated with ....와 결합되다, export(명) to ....로의 방출, ribonucleoprotein 리보핵산단백질

해 RNA 분자의 모든 **종류**는 핵 속에서도 그리고 세포질로 수송 된 후 모든 상태에서 여러 형태의 리보핵산단백질 알갱이 속의 단백질과 결합되어있다.

참 RNA의 종류는 리보솜의 구성성분인 rRNA, 아미노산의 수송용인 tRNA, 단백질의 유전부호를 담고 있는 번역용 mRNA가 있으며, 뿐만 아니라 완성된 RNA로 되기 전인 스프라이싱 과정 중에 있는 다양한 형태의 RNA 중간체들도 또한 존재한다.

specific
1935

형 1 특이적인 (두 물질 사이에 특별한 관계가 있는)

Specific enzymes recognize a depurinated site and replace the appropriate purine directly, without interruption of the phosphodiester backbone.

해 **특이적인** 효소들이 phosphodiester 골격을 파괴하지 않고, 어떤 퓨린기가 제거된 부위를 인식하여 적당한 퓨린기로 직접 교체한다.

2 ~ for ....에 대하여 특이적인

Most of the monosaccharides occurring in mammals are D sugars, and the enzymes responsible for their metabolism are **specific** for this configuration.

관 be responsible for....를 책임지다, configuration 입체구조

해 포유동물에서 일어나고 있는 단당류의 대부분은 D형 탄수화물이며, 그들의 대사를 책임지고 있는 효소는 이 배열구조**에 대하여 특이적이다**.

참 Configuration배열구조와 conformation입체구조 : configuration은 분자결합으로 구축된 기하학적 공간배열이며 D-체나 혹은 L-체 등의 이성질체를 가질 수 있다. 이들이 서로 상대구조로 전환되려면 구조를 이루고 있는 공유결합이 파괴되어야 가능하다. 이에 반해 구조conformation은 한 분자의 모든 구성원자의 공간적 상호관계를 나타내는 구조로 결합을 파괴하지 않고 분자 사이의 결합각만을 변경하여 서로 동일한 구조로 전환될 수 있다.

3 ~ to ....에 특이적인, 특이한

Similar studies with different organisms and cell types are revealing what is universal about the genes involved in cell division and what is **specific to** particular organisms.

관 be specific to ....에 특이적이다, universal 보편적인, specific to ....에 특이적인

해 여러 생명체와 세포 유형들을 사용한 유사한 연구들은 세포의 분열에 포함된 유전자들에 대하여 보편적인 것과 그리고 특정 생명체**에 특이적인** 것이 무엇인지를 새로 밝혀줄 것이다.

specifically
282

부 특이하게, 엄밀하게, 한정적으로, 구체적으로

Mechanisms which are intended to reduce the likelihood of the fertilization of an ovum by a sperm may more **specifically** be referred to as contraception.

관 be intended to ....로 의도되다, be referred to as ....라고 언급되다=(be called, be named as), contraception 피임

해 정자에 의한 난자의 수정 가능성을 낮추도록 의도된 기전은 더 **구체적으로** 피임이라고 언급될 수도 있을 것이다.

specification
13

명 특이화

The extensive cell **specification** and differentiation that occur during development of animals depend on both quantitative and qualitative differences in gene expression.

관 extensive 광범위한=(broad, widespread), quantitative 성질의, qualitative 양적인

해 동물의 발생과정 동안 일어나는 세포의 광범위한 **특이화**와 분화는 유전자 발현에서 양적인 차이와 성질의 차이 모두에 달려있다.

specificity
487

명 1 특이성, 특이도

The **specificity** of an enzyme is due to the precise interaction of the substrate with the enzyme.

관 be due to ....때문이다=be because of

해 효소의 **특이성**은 기질과 효소의 정확한 상호반응 때문에 나타난다.

2 ~ to/for ....에 대한 특이성

There are neurotoxins such as α-bungarotoxin in the venom of certain snakes that *bind* with high affinity and **specificity** *to* the receptor and therefore can be used to purify it by affinity chromatography.

관 bind to ....와 결합하다, purify(타) 정제하다, with high affinity and specificity 높은 친화력과 특이성으로

해 그 수용체에 높은 친화력과 **특이성**으로 결합하는 어떤 뱀의 독 속에 있는 α-bungarotoxin과 같은 신경독소들이 있어서, 그러므로 친화력 크로마토그라피 방법으로 그것을 정제하기 위하여 사용될 수 있다.

specify
14

타 1 자세히 지정하다.

Classes, subclasses, subsubclasses, and individual entries are each numbered, so that a series of four numbers serves to **specify** a particular enzyme.

관 be each numbered 각각 번호로 표시되다, serve to ....하는 것으로 사용되다

해 클래스, 하부클래스, 하부의 하부클래스와 개체의 이입된 항목들은 각각 번호로 표시되며, 그 결과 4개의 일련의 수가 특정한 효소를 **자세히 지정하는데** 사용된다.

참 효소의 체계적인 명명법 : 소화효소인 trypsin은 EC 3.4.21.4.와 같이 4개의 연속된 수로 지정된다. 이 명명법은 EC (Enzyme Commision)에서 규정한 방법으로, 단계적으로 지정된 숫자가 부여된다.

2 ...의 자세한 정보를 지정하다.

To assess how many genes are needed to **specify** muscle, researchers determined the expression of about 4000 fly genes (about 30 percent of the total) in normal fly embryos and in twist mutants.

해 근육**의 자세한 정보를 지정하기** 위하여 얼마나 많은 유전자들이 필요한가를 분석해 보니, 연구자

들은 정상의 초파리의 배아와 twist 돌연변이체에서 약 4000종의 초파리 유전자들 (전체의 약 30%)의 발현을 결정하였다.

참 microarray에 담긴 4000종의 유전자 가운데 약 130종의 유전자 (3.3%)들이 정상체에 비해 twist형 돌연변이체에서 훨씬 감소되어 전사되는 것을 확인할 수 있었다. Twist 단백질은 초파리에서 근육세포를 탄생시키는데 필요한 유전자의 발현에 작용하는 전사인자이다.

specified | 타 be ~ 상세하게 지정되다

26

A whole vertebrate or plant can be **specified** by the genetic information present in a single somatic cell nucleus.

해 한 마리의 전체 척추동물이나 혹은 식물은 단 하나의 체세포의 핵 속에 존재하는 유전정보에 의하여 **상세하게 지정될** 수 있다.

참 단 하나의 체세포의 핵 속에 들어있는 유전체 DNA는 신체를 구성하고 있는 모든 세포에서 동일하다. 그러므로 단 하나의 체세포 핵치환 기술에 의해 돌리 양이 태어날 수 있었다.

spectrum | 명 연속된 범위, 스펙트럼

263

The toxification/detoxification of xenobiotics is accomplished through the activity of a group of enzymes with a broad **spectrum** of biologic activity.

관 broad spectrum 광범위, xenobiotics 생체이물질

해 생체이물질들의 독반응/제독반응은 **광범위**의 생물학적 활성을 가진 한 그룹의 효소들을 통하여 달성된다.

참 생체이물질xenobiotics : 어떤 생명체에서 정상적으로 생산되지 않고 외부에서 들어온 화합물들을 생체이물질이라 한다. 예를 들면, 항생제 약물들은 미생물들이 합성한 물질로 사람에게 들어오면 xenobiotics가 된다.

spectrum의 복수형 연속된 빛띠

The fluorescence **spectra** of the calcium-binding dye Fura-2 can be used to measure available calcium ion concentrations in solution and in cells.

해 칼슘과 결합하는 염료인 Fura-2 형광의 **연속된 빛띠**는 용액과 세포들에서 이용가능한 칼슘이온의 농도를 측정하는데 사용될 수 있다.

참 Fura-2 : polyamino carboxylic acid유도체로 세포내의 자유형 칼슘과 결합하여 형광을 발하는 염료이다.

spectral | 형 (흡광)영역의, 스펙트럼의

48

When reduced and complexed with carbon monoxide, the cytochrome P450 exhibited a **spectral** absorbance maximum at 450 nm.

해 cytochrome P450는 환원되어 일산화탄소와 복합체가 형성될 때, 450 nm에서 **흡광**영역의 최대치를 나타낸다.

참 Cytochrome P450 : 생체에서 다양한 약물들을 대사하여 제독작용을 하는 간 조직에 존재하는 monooxygenase으로 산화반응을 촉매한다.

spontaneous | 형 자발적인, 자연의, 자동적인

64

Because different individuals synthesize different levels of plasma proteins, the use of heparin as an anticoagulant requires constant monitoring of the patient to ensure that the correct dosage has been given such that **spontaneous** thrombi do not develop.

관 anticoagulant 항혈전제, ensure(타) 보증하다; 안전하게 하다=make secure, correct dosage 정확한 투약량, develop(자) (질병이) 발생하다

해 여러 개인들은 서로 다른 수준의 혈장단백질을 합성하기 때문에, 항응고제로 heparin의 사용은 **자발적인** 혈전이 생기지 않는 그러한 정확한 투약량이 주어졌는지를 보증하기 위하여 환자의 일정한 모니터링을 필요로 한다.

참 Heparin의 항혈액응고작용 : heparin의 항혈전효과는 antithrombin III와 결합하여 이 단백질을 활성화시켜서 나타난다. 그러므로 혈장에 적당량의 antithrombin III가 존재하여야 한다. 그러므로 이 약물의 사용 전에 혈장의 이 단백질의 수준을 미리 모니터링 하여야 한다.

spontaneously 부 자발적으로

15

Although many reduced, denatured proteins can **spontaneously** refold into their native state in vitro, such refolding usually requires hours to reach completion.

관 reach completion 완성되다=be completed, native state 태생적 상태

해 비록 환원되어, 변성된 많은 단백질들은 시험관 속에서 **자발적으로** 태생적 상태로 다시 접혀지지만, 그러한 재접힘은 일반적으로 완성에 이르려면 수 시간을 필요로 한다.

spot 명 장소, 점, 스폿

175

When applied to cultured bronchial epithelial cells, activated benzo(a)pyrene induces inactivating mutations at codons 175, 248, and 273 of the p53 gene. These same positions are major mutational hot **spots** in human lung cancer.

해 배양된 기관지의 상피세포들에 적용될 때, 활성화된 benzo(a)pyrene은 p53 유전자의 175, 248 및 273번의 코돈에서 불활성화하는 돌연변이를 유도한다. 이들 동일한 위치가 사람의 폐암에서의 주된 돌연변이 **핫스폿**들과 일치한다.

참 폐암과 담배 : 화학적 발암물질들이 많은 사람에서 암을 일으키는 위험성 인자로 믿어지고 있지만, 소수의 의학적 증례에서만 직접적인 연관성이 알려져 있다. 역학 연구에서 폐암의 60 %에서 돌연변이되어있는 것으로 발견되는 유전자가 p53 종양억제유전자이며, 이 유전자의 돌연변이 위치는 담배연기의 성분인 benzo(a)pyrene에 의해 유발되는 부위와 일치한다.

자 위치를 지정하다

Genes that encode RNA as their final products are somewhat harder to identify than are protein-encoding genes, and even the latter can be very difficult to **spot** in a vertebrate genome.

관 somewhat 어느 정도=(slightly, to a certain extent), spot(타) 위치를 지정하다=(set in a particular position, locate), vertebrate 척추동물

해 최종산물로써 RNA를 인코딩하는 유전자들이 단백질을 인코딩하는 유전자들보다 찾아내기가 어느 정도 더 어려우며, 심지어 후자일지라도 어떤 척추동물의 유전체에서 **위치를 지정한다는** 것은 매우 어려울 수 있다.

spotted 타 be ~ 점으로 찍히다

25

Samples of the DNA were **spotted** on nitrocellulose paper and treated with the oligonucleotide probes.

해 DNA 시료들이 nitrocellulose 종이 위에 **점으로 찍히고** 그리고 oligonucleotide 탐침자들로 처리되었다.

spread 명 퍼짐, 확장

211

This example illustrates the **spread** of a tumor from an organ such as the lung or bladder to the liver.

관 illustrate(타) 그림으로 그려보여주다=depict with an illustration

해 이 예는 폐나 담낭과 같은 장기로부터 간으로 종양의 **퍼짐**을 그림으로 그려 보여주고 있다.

타 be ~ 퍼져있다, 흩어지다, 흩어져있다

Because eucaryotic gene regulatory proteins can control transcription when bound to DNA far away from the promoter, the DNA sequences that control the expression of a gene can be **spread** over long stretches of DNA.

관 gene regulatory protein 유전자 조절단백질, be far away from ....로부터 멀리 떨어져 있다

해 진핵세포의 유전자 조절단백질이 promoter로부터 멀리 떨어져 있는 DNA에 결합할 때도, 전사반응을 조절할 수 있기 때문에, 유전자의 발현을 조절하는 DNA 서열은 DNA의 긴 연속서열에 걸쳐 **흩어져 있어**도 된다.

자 ~ to ....까지 퍼져나가다, ...까지 미치다

Membrane depolarizations or hyperpolarizations generated in the dendrites or cell body **spread to** the axon hillock.

해 가지돌기나 세포의 몸체에서 생성된 막의 탈분극이나 초분극화반응은 축삭의 둔덕까지 **퍼져나간다**.

square 명 정사각형

52

Circles indicate females; **squares** indicate males. The gel lanes are aligned below the corresponding subjects.

관 indicate(타) 표시하다, be aligned 일렬로 배열되다, corresponding 해당하는, lane 분리된 좁고 긴 띠

해 원호는 여성을 표시하고; **정사각형**은 남성을 나타낸다. 겔의 분리된 좁고 긴 띠는 해당하는 제목 아래에 일렬로 배열되어있다.

형 제곱의

A typical nerve cell has about 10 voltage-gated Na^+ channels per **square** micrometer (μm^2) of plasma membrane.

해 전형적인 신경세포는 세포막의 **제곱** 마이크로미터 (μm^2) 당 약 10개의 전압에 의해 작동되는 Na^+ 통로를 가진다.

squared 타 be ~ 제곱되다

3

Surface area is a function of the radius **squared** and volume is a function of the radius *cubed.*

해 표면적은 **제곱된** 반지름의 함수이며 부피는 *세제곱된* 반지름의 함수이다.

stability 명 안정성, 안정

112

Wnt signaling promotes the **stability** and nuclear localization of β-catenin, which either directly or indirectly promotes activation of the ternary complex factor (TCF) transcription factor.

관 promote(타) 증진시키다; 촉진시키다=advance, localization 편중화=concentration in a certain location

해 Wnt 신호전달은 직접적으로 혹은 간접적으로 3중 복합체인자 (TCF) 전사인자의 활성화를 증진시키는 β-catenin의 **안정성**과 핵의 편중화를 증진시킨다.

참 Wnt 신호전달경로 : transduced 참조

stabilization 명 안정화, 안정시킴

58

Findings from genetic studies have shown that Wnt-induced **stabilization** of β-catenin depends on Dishevelled protein.

관 finding(명) 발견된 사실=(discovery, something found)

해 유전자 연구로부터 발견된 사실은 Wnt에 의해 유도된 β-catenin의 **안정화**는 Dishevelled단백질에 달려있음을 보여주었다.

참 β-catenin : 이 단백질은 armadilo 도메인을 가지고 있으며, 여러 다른 단백질과 복합체를 형성할 수 있다. cadherin이나 알파-catenin 등과 결합하여 세포의 결합연접 adherens junction을 형성하기도 하고, Wnt신호전달과정에서 Wnt가 frizzled수용체에 결합하면 dishevelled 단백질이 세포막으로 끌어들여(recruit) 활성화된다.

stabilize 타 안정화시키다, 견고하게 하다

64

The microtubules in the axon of a nerve cell, which help **stabilize** the long process, are all oriented in the same direction.

관 process 돌출부=projecting part in an organism, be oriented in the same direction 같은 방향으로 위치가 잡혀지다

해 긴 돌출부를 **안정화하는** 것을 도와주는 신경세포의 축삭에 있는 미세소관들은 모두 같은 방향으로 방향이 잡혀있다.

stabilized 타 be ~ 안정되다

47 The inactive conformation of Raf is **stabilized** by a dimer of the 14-3-3 protein, which binds phosphoserine residues in a number of important signaling proteins.

해 많은 중요한 신호전달용 단백질에 있는 phosphoserine 잔기와 결합하는 Raf의 불활성 입체구조는 14-3-3 단백질의 이중체에 의하여 **안정화된다**.

참 Raf kinase의 활성화 : GTP가 결합하면 Ras는 활성형으로 전환되고, 그러면 14-3-3단백질 이중체에 결합된 상태인 불활성형 Raf kinase가 결합된다. 반대로 Ras에서 GTP가 GDP로 분해되면 불활성형 Raf kinase을 안정화하고 있던 14-3-3 단백질 이중체가 해리되면서 Raf kinase가 활성형으로 바뀐다.

stable 형 안정한, 안정화된

216 In **stable** transfection, the vector carries a selectable marker such as neo^r, which confers resistance to G-418.

관 transfection 전달감염, carry(타) 지니다=(bear, hold)

해 **안정된** 전달감염 실험에서, 벡터는 G-418에 대한 내성을 부여하는 neo^r와 같은 선별이 가능한 표식자를 지니고 있다.

참 안정한 전달감염stable transfection : 진핵세포에 리포좀, 전기충격, 칼슘침강법에 의하여 발현벡터를 전달감염transfection 하면 일반적으로 거의 모든 벡터는 일시적으로 발현되고, 그 후 계대배양을 계속하면 이들은 희석되어 곧 사라진다. 이에 반해 안정된 전달감염stable transfection기술로 세포의 염색체 내에 유전자를 도입시켜 영원히 발현을 계속하도록 할 수 있다. stably 예문 참조

stably 부 안정적으로

186 The relatively few transfected animal cells that integrate the exogenous DNA into their genomes are selected on medium containing G-418. These **stably** transfected, or transformed, cells will continue to produce the cDNA-encoded protein as long as the culture is maintained.

관 integrate(타).... into ....속에 통합시키다=(combine, unite), continue to 계속하여 ....하다, as long as ...하는 한

해 외부에서 유래한 DNA를 유전체 속에 통합시킨 비교적 적은 수의 전달감염된 동물세포가 G-418을 함유한 배양액에서 선별된다. 이 **안정적으로** 전달감염되었거나 혹은 형질변환된 세포들은 배양이 유지되는 한 cDNA에 의해 인코딩된 단백질을 계속하여 생산할 것이다.

stage 명 단계

832 Throughout the discussion, it is important to bear in mind that the chromosomes in a cell change their structure and activities according to the **stage** of the cell-division cycle.

관 bear in mind 명심하다=(take into account, remember, be aware of)

해 토의가 계속되는 동안, 세포 속에 있는 염색체들이 세포의 분열주기의 **단계**에 따라 자신의 구조와 활성을 변화시킨다는 사실을 명심하는 것은 중요하다.

참 앞의 예문에서도 언급하였듯이 염색체의 구조는 세포의 분열주기에 따라 변한다. 즉 체세포분열의 유사분열 중기metaphase에서 매우 빽빽하게 응집된 채로 있어서 전사활성이 매우 낮지만, 반면에 중기interphase에서는 덜 빽빽하여 RNA의 전사가 잘 일어난다. 염색체의 구조이상을 검사하는 핵형분석karyotyping도 중기의 염색체 즉 가장 빽빽한 구조를 한 염색체에서 수행된다.

stain 명 염색

75 The major proteins are readily detected by staining the gel with a dye such as Coomassie blue, and even minor proteins are seen in gels treated with a silver **stain**.

관 major≠minor, even 심지어, silver stain 은염색

해 양이 많은 단백질은 Coomassie blue와 같은 염료로 겔을 염색함에 의해 쉽게 감지되고, 그리고 심지어 양이 적은 단백질조차도 은**염색**으로 처리된 겔에서는 보인다.

참 은염색 silver staing : DNA와 단백질 모두를 염색할 수 있는 방법으로 질산은 시약이 시료의 반응물질과 산화환원반응을 하여 특유의 갈색을 나타낸다. 단백질은 10 ng 이하의 양을 검출할 수 있어서 Coomassie blue 염색에 비해 10-100 배 정도 더 민감하다. 그러므로 현재 단백질체학 proteomics 분석용의 염색법으로 사용되고 있다.

자 염색되다

Some of the SH groups of hemoglobin become oxidized, and the protein precipitates inside the red blood cell, forming Heinz bodies, which **stain** purple with cresyl violet.

관 precipitate(자) 침전되다, A stain(자) purple .... A가 보라색으로 염색되다

해 헤모글로빈의 SH기들의 일부가 산화되면, 그 단백질은 적혈구세포의 내부에서 침전되고, cresyl violet로 보라색으로 **염색되는** Heinz체를 형성한다.

타 염색하다

Because of their different binding properties, these dyes **stain** various cell types sufficiently differently that they are distinguishable visually.

해 그들의 서로 다른 결합하는 행동특성 때문에, 이들 염료는 여러 세포 종들이 시각적으로 구별될 수 있도록 충분히 서로 다르게 **염색할** 수 있다.

참 Hematoxylin은 여러 단백질의 염기성 아미노산 (lysine, arginine)을 염색하며, 반면에 eosin은 산성인 분자 (DNA와 단백질의 aspartate, glutamate 등)과 비특이적으로 반응하여 염색한다.

stained
548

타 be ~ 염색되다

In immunofluorescence microscopy, specific proteins and organelles in fixed cells are **stained** with fluorescence-labeled monoclonal antibodies.

해 면역형광 현미경법에서, 특이 단백질과 소기관이 고정된 세포에서 형광으로 표지된 한무리항체로 **염색된다**.

staining
775

타 염색하다

Multiple proteins can be localized in the same sample by **staining** with antibodies labeled with different fluorochromes.

관 localize(타) 위치를 밝히다=determine the specific location of a gene within a DNA strand

해 동일한 시료에서 여러 단백질들이 서로 다른 형광염료로 표지된 항체들로 **염색함으로써** 위치들이 밝혀질 수 있다.

stand
20

자 1 방치하여두다

When blood is collected from patients with certain types of in which chylomicron levels are elevated, and the blood is allowed to **stand** in the refrigerator overnight, the chylomicrons float to the top of the liquid and coalesce, forming a creamy layer.

관 float(자) to ....까지 떠오르다, coalesce 응집되다=(merge, unite)

해 Chylomicron 수준이 상승된 어떤 유형을 가진 환자로부터 혈액이 채집되어, 냉장고 속에서 하루 밤 동안 **방치해 두면**, 그 chylomicron이 액체의 상층부로 떠올라 응집되어 크림 같은 층을 형성한다.

2 ~ out 두드러지다, 눈에 띠다

In micrographs of detergent-extracted animal cells, two types of structures **stand** out - membrane-limited organelles and the filaments of the cytoskeleton, which fill the cytosol.

관 stand out 눈에 띠다=(be conspicuous, be noticeable), fill(타) 채우다, membrane-limited 막으로 경계가 한정된

해 계면활성제로 추출된 동물세포의 현미경사진에서, 세포질을 채우고 있는 막으로 경계가 제한된 소기관들과 세포골격을 구성하는 필라멘트와 같은 두 종류의 구조체들이 **눈에 띤다**.

3 ~ for ....의 약어이다

Dexamethasome and insulin induce the transient expression of two similar transcription factors named C/EPBβ and C/EPBγ. The names **stand** for CCAAT enhancer binding protein, and β and γ are two forms of these factors which recognize CCAAT sequences in DNA.

관 be named ....로 불리다=(be called, be referred to as), transcription factor 전사인자, recognize (타) ....를 인식하다, A stands for B=A는 B의 약어이다

해 Dexamethasome과 인슐린은 C/EPBβ 와C/EPBγ로 불리는 2 종의 유사한 전사인자들의 일시적인 발현을 유도한다. 그 이름은 CCAAT enhancer binding protein**의 약어이며**, 그리고 β와 γ는 DNA에

존재하는 CCAAT서열을 인식하는 이 인자의 두 가지 형이다.

standard

391

명 표준, 기준

The ultimate **standard** of pluripotency for human cells is teratoma formation in immunodeficient murine hosts.

관 pluripotency 전능성, multipotency 다능성, teratoma 기형종, murine host 설치류 숙주

해 사람세포에 대하여 전능성의 최종 **기준**은 면역 결핍성인 설치류 숙주에서 기형종의 형성이다.

형 표준의, 규격에 맞는

Plotted are the average and **standard** error of the mean of three independent cultures for each experiment.

관 average 평균값, standard error 표준오차, culture 배양물

해 그래프로 표시된 것은 각 실험에 대한 3개의 독립된 배양물들의 평균값과 평균의 **표준**오차이다.

standardized

19

타 be ~ 표준화되다

The relative COX mRNA level was **standardized** to β-actin. Results are expressed as fold increases compared with control.

관 be standardized 표준화되다=be normalized 정규화되다

해 상대적인 COX의 mRNA수준이 β-actin을 기준으로 **표준화되었다**. 결과는 대조군과 비교하여 증가배수로써 표현되어있다.

참 β-actin이 mRNA나 단백질의 발현수준을 비교하기 위한 표준물질로 사용되는 이유 : 유전자의 발현수준을 비교하는 실험에서, β-actin과 같이 항상 일정한 수준으로 발현되는 유전자나 유전자의 산물을 housekeeping 산물이라 한다. 그러므로 여러 산물의 수준을 표준화하기 위하여 표준물질로 사용된다.

start

131

명 시작, 개시

Sequences farther upstream from the **start** site determine how frequently the transcription event occurs. Mutations in these regions reduce the frequency of transcriptional **starts** tenfold to twentyfold.

해 **개시**자리로부터 더 위쪽방향에 존재하는 서열이 얼마나 자주 전사반응이 일어날지를 결정한다. 이 영역에서의 돌연변이는 전사반응의 **시작**의 빈도수를 10배에서 20배 감소시킨다.

자 시작하다

In *E. coli*, DNA replication **starts** at a unique site within the entire 4.8 × 10^6 bp genome. This origin of replication, called the *oriC* locus, is a 245-bp region that has several unusual features.

해 *E. coli*에서 DNA복제는 전체 4.8 × 10^6 bp의 유전체 내의 하나의 특별한 자리에서 **시작한다**. 복제근원은 *oriC* 부위로 불리며, 몇 가지의 특별한 특성을 가지고 있는 245-bp의 영역이다.

타 1 ....을 시작하다, 출발시키다,

In this structure of two outer branches of a glycogen molecule, the residues at the nonreducing ends are shown in red and residue that **starts** a branch is shown in green.

해 한 개의 glycogen분자의 2개의 바깥 쪽 가지의 구조에서, 비환원성 말단에 있는 잔기는 적색으로 그리고 가지의 합성을 **시작하는** 잔기는 녹색으로 보인다.

2 ~ with ....로 시작하다

The TCA cycle **starts** with the condensation of oxaloacetate (C4) and acetyl CoA (C2) to give citrate (C6), which is isomerized to isocitrate (C6).

해 TCA회로는 citrate (C6)를 생산하기 위한 oxaloacetate (C4)와 acetyl CoA (C2)의 축합으로 **시작하며**, 그 후 citrate는 isocitrate (C6)로 이성질체화된다.

started

40

타 be ~ 시작되다

A sputum culture confirms that he has pneumonia caused by *Streptococcus pneumoniae*, which is sensitive to penicillin, erythromycin, and other antibiotics. Because of his history of penicillin allergy, he is **started** on oral erythromycin therapy.

관 confirm(타)=(approve, verify), pneumonia 폐렴, be sensitive to ....에 민감한; 효능이 있는

해 타액의 배양은 그가 *Streptococcus pneumoniae*가 원인인 폐렴을 앓고 있으며, 이 균은 페니실린, erythromycin 및 다른 항생제에 민감하다는 것을 확신시켜주었다. 그의 페니실린 알레르기의 전력 때문에, 경구용 erythromycin 치료법으로 **시작되었다**.

starvation 명 기아, 굶주림

61

Autophagy is often a regulated process and is typically induced in cells placed under conditions of **starvation** or other types of stress, allowing the cell to recycle macromolecules for use as nutrients.

관 be placed under ....하에 놓이다, autophagy 자가포식반응, nutrient 영양분

해 자가포식반응은 자주 조절되는 과정으로 **굶주림** 혹은 다른 유형의 스트레스 조건 하에 처해진 세포에서 전형적으로 유도되어, 세포가 거대분자들을 영양분으로 사용할 목적으로 재활용하는 것을 가능하도록 한다.

참 자가포식autophagy : 세포들이 자신의 구성성분을 라이소솜을 통하여 분해하는 정상적인 활동으로 세포 구성성분의 합성, 분해 그리고 재활용의 과정 사이의 균형을 유지하는 것을 목적으로 한다. 즉 기아상태의 세포에서 불필요한 과정으로부터 얻은 영양분을 더 필수적인 과정으로 재배치하기 위해서도 기능한다.

starved 타 be ~ of ....가 부족한 상태로 되다

174

When eucaryotic cells in culture are **starved** of nutrients, there is a marked reduction in the rate of polypeptide chain initiation. This is the result of inactivation of the protein synthesis initiation factor eIF-2.

관 marked 현저한=(remarkable, significant), this is the result of ....의 결과이다, initiation factor (단백질합성) 개시인자

해 배양 중인 진핵세포들이 영양분 **부족상태로 될** 때, 폴리펩티드 사슬의 개시반응의 속도에서 현저한 저하가 일어난다. 이것은 단백질합성용 개시인자 eIF-2의 불활성화의 결과이다.

state 명 1 처해진 상황, 상태

423

An abnormal redox **state** can develop in a variety of deleterious situations, such as hypoxia, shock, and sepsis.

관 develop(자) (병, 상태)가 발생하다, hypoxia 저산소증, shock 쇼크, sepsis 패혈증

해 저산소증, 쇼크 및 패혈증과 같은 다양한 해로운 상황에서, 비정상적인 산화환원 **상태**가 발생할 수 있다.

참 산화환원상태redox state : redox상태란 생체의 세포나 장기 등에서 산화와 환원반응을 매개하는 분자인 NAD^+/NADH와 $NADP^+$/NADPH의 존재 비율을 말한다. 이 분자 사이의 비율은 주로 젖산, pyruvate, 케톤체와 같은 대사산물의 체내 존재량에 의하여 영향을 받는다.

2 상황, 상태

open state, closed state, resting state, inactive state, depolarized state, steady state, excited state, ground state, reduced state, oxidized state, bound state, off/on state

해 열린 상태, 닫힌 상태, 휴식상태, 불활성상태, 탈분극상태, 항정상태, 흥분상태, 기저상태, 환원된 상태, 산화된 상태, 결합된 상태, 끈/켠 상태

3 be not/no in a fit ~ to do ....하기에 적절하지 않은 상태에 있다

Loss of p53 function is thought to allow the cells not only to divide but also to accumulate further mutations at a rapid rate by progressing through the cell cycle when they are in no fit **state** to do so.

해 p53기능의 소실은 세포가 분열하는 것을 가능하도록 할 뿐만 아니라 그렇게 하기**에 적절하지 않은 상태에** 있을 때에도, 세포주기를 끝까지 수행하도록 함으로써 빠른 속도로 추가적인 돌연변이가 축적되는 것을 가능하도록 하는 것으로 생각된다.

3 be in a ~ ....상태에 있는

Microtubules are in a **state** of dynamic instability, constantly assembling and disassembling.

해 미세소관은 끊임없이 조립되고 해체되는 역동적인 불안정한 **상태**에 있다.

타 주장하다, 공식적으로 말하다

The central dogma **states** that for a given gene and gene product there is a linear relationship between the coding sequence in DNA, the mRNA sequence, and the protein sequence.

관 central dogma 중심정설

해 중심 학설은 주어진 유전자와 유전자의 산물에서 DNA에 있는 코딩서열, mRNA 서열과, 단백질서열 사이에 하나의 직선적인 관계가 있다는 것을 **주장하고 있다**.

stated

25

타 1 be ~ 말하여지다

Since hydronium and hydroxide ions continuously recombine to form water molecules, an individual hydrogen or oxygen cannot be **stated** to be present as an ion or as part of a water molecule.

해 H_3O^+와 OH^- 이온은 계속적으로 다시 결합하여 물 분자를 형성하기 때문에, 각각의 수소와 산소는 하나의 이온이나 혹은 한 개의 물 분자의 일부분으로써 존재한다고 **말하여 질 수** 없다.

2 as ~ above 상술된 바와 같이

As **stated** above, extracellular Ca^{2+} plays an important role in contraction of cardiac muscle but not in skeletal muscle.

해 **상술된** 바와 같이, 세포외부의 Ca^{2+}은 심장근육의 수축에서 중요한 역할을 하지만 그러나 골격근에서는 그렇지 않다.

statistical

192

형 통계의

Sequences can be aligned to maximize their similarity, and the significance of these alignments can be judged by **statistical** tests.

해 서열들이 유사성을 최대화할 수 있도록 비교정렬될 수 있으며, 그리고 이들 비교정렬 결과의 유의성은 **통계**검사에 의하여 판정될 수 있다.

statistically

120

부 통계적으로

The detection of a **statistically** significant alignment between two sequences strongly suggests that two sequences are related by divergent evolution from a common ancestor.

해 두 서열 사이에서 **통계적으로** 유의한 비교정렬을 찾았다는 것은 두 서열이 하나의 공통 조상으로부터 분기하는 진화에 의하여 서로 관련되어있다는 것을 강하게 암시한다.

status

124

명 (특정한 시점에서 사건의) 상태

Phosphofructokinase is inhibited by citrate and by ATP and is activated by 5′-AMP. 5′-AMP acts as an indicator of the energy **status** of the cell.

해 Phosphofructokinase는 citrate와 ATP에 의하여 저해되고 5'-AMP에 의하여 활성화된다. 5'-AMP는 세포의 에너지 **상태**의 표시indicator로써 활동한다.

steady

108

형 1 고정된, 변동이 거의 없는, 확고한

Glycolysis is tightly regulated in coordination with other energy-yielding pathways to assure a **steady** supply of ATP.

관 in coordination with ....와 조화되면서, assure(타) 보증하다

해 해당과정은 **변동이 거의 없는** ATP의 공급을 보증하기 위하여 다른 에너지 생산경로와 조화되면서 엄격하게 조절된다.

2 ~ state 항정상태

In a **steady** state, the concentrations of intermediates stay the same even if the concentrations of starting materials and products are changing.

관 stay(자) the same 같은 상태로 머물다, be changing 변하고 있다

해 **항정상태**에서, 비록 시발물질과 산물의 농도가 변하고 있다하더라도 중간산물의 농도는 동일한 상태로 머물고 있다.

참 항정상태steady-state : 생체에서 어떤 물질이 합성되고 분해되는 산물의 양이 상당한 기간 동안 변동이 거의 없는 농도를 유지되고 있는 상태이다.

stem 명 ~ cell 줄기세포

246 Osteoclasts are multinucleated cells derived from pluripotent hematopoietic **stem** cells.

관 osteoclast 파골세포, pluripotent 전능의, hematopoietic stem cell 조혈줄기세포

해 파골세포는 전능의 조혈**줄기세포**로부터 유래된 다중핵으로 된 세포이다.

자 1 ~ from ....때문이다

In type I diabetes, the disease begins early in life and quickly becomes severe. This disease responds to insulin injection, because the metabolic defect **stems** from a paucity of pancreatic β cells and a consequent inability to produce sufficient insulin.

관 질병 respond to 치료법=치료법이 질병에 효과를 발휘하다 (respond 참조), paucity 적은 수 =smallness of number, stem from .... 때문이다

해 제1형 당뇨병에서, 그 병은 일생의 초기에 시작하여 빠르게 심해진다. 이 병은 인슐린 주사가 효과를 발휘한다, 왜냐하면 대사의 결함이 췌장의 β-세포 수의 부족과 그 결과로 나타나는 충분한 인슐린을 생산할 수 있는 능력이 없기 **때문이다**.

참 제1형 및 제2형 당뇨병 : 췌장세포에서 필요한 양의 인슐린을 생산할 수 없어 발생하는 당뇨병을 제 1형이라 하고, 정상적인 양의 인슐린은 생산되지만 비만 등의 요인으로 세포가 인슐린에 대한 저항성을 보여 발생하는 당뇨를 제2형이라 한다.

2 ~ from 유래되다

The vast majority of energy consumed by living organisms **stems** from solar energy captured by the process of photosynthesis.

관 consume(타) 소비하다=(use up, eat and drink), stem from 유래되다=(come from, originate)

해 살아있는 생명체에 의하여 소비되는 에너지의 대부분은 광합성에 의하여 포획된 태양에너지로부터 **유래된다.**

step 명 단계

354 The first and most obvious **step** in exploring a large sequenced genome is to catalog the products of the genes within that genome.

관 explore(타) 연구하다=(investigate, research), obvious 명확한=clear, catalog(타) 목록을 만들다

해 서열이 결정된 큰 유전체를 연구하는데 있어서, 첫 번째이면서 가장 명확한 **단계**는 그 유전체 안에 존재하는 유전자 산물들의 목록을 작성하는 것이다.

stepwise 형 단계적인, 순차적으로 진행하는

11 In many organisms, a central energy-conserving process is the **stepwise** oxidation of glucose to CO_2, in which some of the energy of oxidation is conserved in ATP as electrons are passed to O_2.

관 energy conserving 에너지를 보전하는

해 많은 생명체에서, 중심이 되는 에너지 보전과정은 포도당의 CO_2로의 **단계적인** 산화반응이며, 여기에서 전자들이 O_2까지 전달될 때 산화에너지의 일부가 ATP에 보존된다.

still 부 1 아직도

193 The reason for the cholesterol-lowering effect of polyunsaturated fatty acids is **still** not fully understood.

해 다중불포화된 지방산의 콜레스테롤을 낮추는 효과에 대한 이유가 **아직** 완전히 알려져 있지 않고

있다.

참 그러나 포화지방산과 비교하여 볼 때, 불포화지방산들은 LDL수용체의 농도를 상승시킬 수 있으며, 그 결과 LDL의 분해대사의 속도가 증진된다는 기전은 잘 알려져 있다. 이 LDL의 양은 죽상동맥경화증의 발생과 밀접한 관계가 있는 것으로 알려져 있다.

2 ~ 비교급 (현재보다) 더 ....한

The recovery of ribosomal subunits, small polyribosomes, and particles such as complexes of enzymes requires additional centrifugation at **still** higher speeds.

관 recovery(명) 회수; 분리=The act of obtaining usable substances from unusable sources, polyribosome 다중리보솜, additional 더 오랜 기간의

해 리보솜의 아단위체, 작은 다중리보솜과 효소들의 복합체와 같은 입자들의 분리는 **훨씬** 더 빠른 속도에서 더 오랜 시간의 원심분리를 요구한다.

stimulant

1

명 자극제, 흥분제

Ghrelin is a peptide hormone (28 amino acids) produced in cells lining the stomach. It was originally recognized as the stimulus for the release of growth hormone, then subsequently shown to be a powerful appetite **stimulant** that works on a shorter time scale (between meals) than leptin and insulin.

관 line(타) 피복하다=cover the inside of, subsequently 후에=at a later time

해 Ghrelin은 위를 피복하고 있는 세포에서 생산된 펩티드호르몬 (28개의 아미노산들)이다. 그것은 원래 성장호르몬의 유리를 위한 촉진제로써 인식되었는데, 곧 후에 leptin과 insulin보다 더 짧은 기간 (식간)에서 작동하는 강력한 식욕 **자극제**인 것으로 밝혀졌다.

stimulate

248

타 (일시적으로 활성을) 자극하다, 촉진하다

Recombinant erythropoietin (epoetin alfa; EPO) is sometimes administered to patients with certain types of chronic anemia in order to **stimulate** erythropoiesis.

관 erythropoietin 적혈구성장인자, stimulate(타) 촉진하다, be administered to ....에게 투여되다

해 재조합으로 생산된 적혈구성장인자 (epoetin alfa; EPO)는 때때로 어떤 종류의 만성 빈혈증을 앓는 환자에게 적혈구생성을 **촉진하기** 위하여 투여된다.

stimulated

1008

타 be ~ 자극되다

On the appropriate signal, cells in G_0 are **stimulated** to reenter the cycle and divide.

해 적절한 신호에 반응하여, G_0기에 있던 세포는 그 주기로 다시 들어가 분열하도록 **자극된다**.

stimulation

788

명 (일시적) 자극

The head groups of all phosphorylated forms of phosphatidylinositol face the cytosol. Certain of them are cleaved by phospholipase C located in the cytosol; this enzyme in turn is activated as a result of cell **stimulation** by many hormones.

관 face(타) ....을 향하다=front on, in turn 차례로=(one by one, in line)

해 Phosphatidylinositol의 모든 인산화된 머리부위 작용기는 세포질을 향하고 있다. 그들 중 어느 것은 많은 호르몬들에 의한 세포 **자극**의 결과로 활성화되는 세포질에 위치한 phospholipase C에 의하여 절단된다.

참 Phosphatidylinositol : 세포막의 세포질 쪽에 미량으로 존재하는 인지질의 일종이며, 인산화되어 최대 3개의 인산기가 추가되어 phosphoinositide류인 PIP, PIP2, PIP3로 된다. 이 가운데 PIP3은 PIP2로부터 PI3K인산화효소에 의하여 인산화되어 생성된 후의 세포의 신호전달과정에서 기능하게 된다. 즉 PIP3는 PH도메인을 가지고 있는 단백질 (예, Akt/PKB, PDK1, Btk1)이 세포막으로 끌어들여(recruit) 세포신호전달에 참여하도록 만든다.

stimulatory

41

형 자극하는

Different peptide hormones can either stimulate or inhibit the production of cAMP from adenylate cyclase, which is encoded by at least nine different genes. Two parallel systems, a stimulatory one and an inhibitory one, converge upon a single catalytic molecule in adenylate cyclase.

관 stimulatory 자극의≠inhibitory 저해의, parallel 평행하는=(equal, similar), converge(자) 수렴되다; 만나다; 공동으로 작용하다=(meet, come together)

해 여러 펩티드호르몬은 adenylyl cyclase로부터 cAMP의 생산을 촉진할 수도 혹은 저해할 수도 있는데, 이 adenylyl cyclase는 적어도 9종의 다른 유전자에 의해 인코딩된다. **자극용**과 저해용인 2종의 나란히 양존하는 시스템은 adenylate cyclase에 있는 하나의 촉매분자에 공동으로 작용한다.

stimulus 명 자극, 복수형 stimuli

185

Chemical messengers (also called signaling molecules) transmit messages between cells. They are secreted from one cell in response to a specific **stimulus** and travel to a target cell, where they bind to a specific receptor and elicit a response.

관 travel to ....까지 이동하다, elicit(타) a reaction 반응을 일으키다=provoke a reaction

해 화학적 메신저 (또한 신호전달분자)는 세포들 사이에서 메시지를 전달한다. 그들은 특이한 **자극**에 반응하여 하나의 세포로부터 분비되어 표적세포까지 이동하며, 그곳에서 특이 수용체에 결합하여 반응을 일으킨다.

stoichiometric 형 정량적인, 당량의

14

Immunocytochemistry and live imaging of GFP-tagged arrestin demonstrate rapid reversible translocation to stimulated rhabdomeres in **stoichiometric** proportion to rhodopsin photoisomerization.

관 translocation to ....로의 전위, in proportion to ....에 비례하여, photoisomerization 광이성질체화

해 면역화학과 GFP로 표지된 arrestin의 실시간 영상은 rhodopsin의 광이성질체화에 **정량적으로** 비례하여 자극된 rhabdomere로의 신속하고 가역적으로 전위됨을 보여주었다.

stoichiometry 명 화학양론

41

The transport **stoichiometry** is 3 Na^+ out and 2 K^+ in per ATP hydrolyzed.

해 그 수송의 **화학양론**은 가수분해 되는 ATP당 3개의 Na^+의 방출과 2개의 K^+의 유입이다.

stop 타 1 ....을 중단시키다

79

Gleevec was successful in blocking Bcr-Abl function, thereby **stopping** cell proliferation, and in some cells would induce apoptosis, so the cells would die.

해 Gleevec이 Bcr-Abl의 기능을 차단하는데 성공적이어서, 그로 인해 세포의 증식을 **중단시킬** 수 있었으며, 그리고 일부의 세포에서는 압폽토시스를 유도한 결과로 세포들이 죽기도 하였다.

2 ~ .... ing ....하다가 멈추다

When *E coli* is exposed to both lactose and glucose as sources of carbon, the organisms first metabolize the glucose and then temporarily **stop** growing until the genes of the *lac* operon become induced to provide the ability to metabolize lactose as a usable energy source.

해 대장균이 탄소원으로 젖당과 포도당 모두에 노출될 때, 처음에는 포도당을 대사하고 그리고 나서 *lac* 오페론을 구성하는 유전자들이 유도되어 사용가능한 에너지원으로 젖당을 대사할 수 있는 능력을 제공할 때까지, 일시적으로 성장을 **멈춘다**.

참 오페론operon : 원핵세포의 유전자는 여러 종류의 유전자들이 하나의 전사개시자리를 공유하는 하나의 전사단위로 발현된다. Lactose 오페론에는 lactose의 이용에 필요한 효소인 β-galactosidase, permease 및 thiogalactoside transacetylase 유전자들이 포함되어있다.

stopped 타 be ~ 중단되다

81

The patient will be at risk of bleeding, since the high dose of warfarin will be even more active than before, because the level of CYP2C9 will decline once phenobarbital has been **stopped**.

관 be at risk of ....의 위험에 놓이다, decline(자) 감소되다=(go down, decrease), even 훨씬

해 그 환자는 출혈의 위험에 빠지게 될 것이다, 왜냐하면 일단 phenobarbital이 **중단되면**, CYP2C9의 수준이 감소하게 될 것이므로, 와파린의 그 높은 투여량은 이전보다 훨씬 더 높은 활성을 띠게 될

것이기 때문이다.

참 약물의 동시복용 금지의 기전 : 약물대사는 간에서 cytochrome p450에 의하여 수행된다. 2가지 이상의 약물을 동시에 복용하는 것을 금하는 경우가 있는데 이 이유에 대한 생화학적 기전은 다음과 같다. 한 예로, 항혈전약물인 와파린과 항전간제인 phenobarbital을 시차를 두고 동시에 투여될 경우 와파린의 과량복용으로 인한 출혈이 발생할 수 있다. 이유는 두 약물 모두 CYP2C9라는 cytochrome p450에 의하여 대사되기 때문인데, phenobarbital의 복용 후 약 5일 정도에 CYP2C9가 평소보다 4배 이상으로 유도되어 증가되며, 이미 처방된 와파린 투여량은 적절한 효과를 볼 수 없게 되어 투여량을 증가하여야 한다. 이후 phenobarbital의 복용을 중단하면 CYP2C9은 감소되고 이번에는 와파린이 과복용된 상태로 바뀐다.

storage
37

명 저장

The intracellular Ca^{2+} is also regulated through **storage** and release by the mitochondria and endoplasmic reticulum.

해 세포내의 Ca^{2+}은 미토콘드리아와 소포체에 의한 **저장**과 분비를 통하여도 또한 조절된다.

store
49

타 저장하다

One example of such regulated secretion occurs in pancreatic β cells, which **store** newly made insulin in special secretory vesicles and secrete insulin in response to an elevation in blood glucose.

해 그러한 조절되는 분비의 한 예가 새로 만들어진 인슐린을 특별한 분비용 낭포 속에 **저장하고** 혈당의 상승에 반응하여 인슐린을 분비하는 췌장의 β 세포에서 일어난다.

stored
117

타 be ~ 저장되다

Excess carbohydrate is **stored** as fat in many animals in anticipation of periods of caloric deficiency such as starvation, hibernation, etc.

관 in anticipation of ....을 예상하여, starvation 기아, hibernation 겨울잠

해 초과된 탄수화물은 기아, 겨울잠 등과 같은 열량이 부족한 기간을 예상하여 많은 동물에서 지방으로써 **저장된다**.

storing
5

타 저장하다

Blood glucose levels increase as dietary glucose is digested and absorbed. The values go no higher than approximately 140 mg/dL in a normal, healthy person because tissues take up glucose from the blood, **storing** it for subsequent use and oxidizing it for energy.

해 혈당 수준은 음식물의 포도당이 소화되어 흡수되면서 증가한다. 그 값은 정상인 건강한 사람에서 대략 140 mg/dL보다 결코 더 높아지지 않는다, 왜냐하면 차후의 사용을 위하여 포도당을 **저장하고** 에너지가 필요할 때 산화하는 조직이 혈액으로부터 흡수하기 때문이다.

strain
410

명 1 팽팽함, 당기는 힘

Catalytic mechanisms employed by enzymes include the introduction of **strain**, approximation of reactants, acid-base catalysis, and covalent catalysis.

관 strain 당김=(pull taut, stretch), approximation 접근=approach,

해 효소에 의하여 이용되는 촉매기전은 **당김**의 시작, 반응물의 접근, 산과 염기 촉매반응과 공유결합성 촉매반응을 포함한다.

2 균주, 혈통, 계통

The DNA extracted from the virulent **strain** carried the inheritable genetic message for virulence.

관 virulent 병원성의=infectious, inheritable 상속가능한

해 그 병원성 **균주**로부터 추출된 DNA는 병원성에 대한 유전가능한 유전에 관한 메시지를 담고 있었다.

strained
3

타 be ~ 팽팽해지다, 당겨지다, 뒤틀리다

DNAs derived from a given cellular source have a characteristic degree of supercoiling. DNA structure is therefore **strained** in a manner that is regulated by the cell to induce the supercoiling.

해 주어진 세포 시료로부터 유래된 DNA는 특징적인 정도의 초꼬임현상을 가지고 있다. 그러므로 DNA구조는 세포에 의하여 조절되는 방식으로 **뒤틀려** 초꼬임현상을 유도하게 된다.

참 DNA 초꼬임현상supercoiling : DNA는 2가닥의 나선구조를 이루고 있는데, 더 빽빽한 구조를 취하기 위하여 원래 꼬여진 방향으로 더 꼬이면, 이 꼬임에 가해졌던 힘은 꼬여진 DNA 끼리 한 번 더 꼬이는 초꼬임현상이 일어나 가해진 힘이 상쇄될 수 있어 안정화된다.

stress
525

명 스트레스

Epinephrine is particularly important in mediating the body's response to **stress**, such as fright or heavy exercise, when all tissues have an increased need to catabolize glucose and fatty acids to produce ATP.

관 mediate(타) 매개하다, response to ....에 대한 반응, fright 공포=sudden fear

해 Epinephrine은 모든 조직이 ATP를 생산하기 위하여 포도당과 지방산을 분해할 필요성이 증가될 때인, 갑작스런 공포와 과도한 운동과 같은 **스트레스**에 대한 신체의 반응을 매개하는데 특별히 중요하다.

타 강조하다, 역설하다

It is important to **stress** that whether the ΔG for a reaction is larger, smaller, or the same as $\Delta G^{\circ\prime}$ depends on the concentrations of the reactants and products.

해 반응의 ΔG가 $\Delta G^{\circ\prime}$에 비해 더 큰지, 더 작은지 혹은 같은지의 여부는 반응물과 생산물의 농도에 달려있다는 것을 **강조하는** 것은 중요하다.

stressed
9

타 be ~ 스트레스를 받다

First identified by their rapid appearance after a cell has been **stressed** by heat shock, Hsp70 and its homologs are the major chaperones in all organisms.

해 Hsp70과 상동체들은 세포가 열충격에 의한 **스트레스를 받은** 후 신속한 출현에 의하여 처음으로 발견되었기 때문에, 모든 생명체에서 주된 chaperon이 되었다.

참 chaperon : added, fold 참조

stressful
3

형 스트레스가 많은

Expression of the p53 gene is heightened only in **stressful** situations, such as ultraviolet or γ irradiation, heat, and low oxygen.

관 heighten(타) 증가시키다=(raise, elevate, increase), stressful 스트레스가 높은

해 p53 유전자의 발현은 자외선이나 혹은 감마선, 열과 낮은 산소상태와 같은 **스트레스가 많은** 상황에서만 높아진다.

참 p53 종양억제 단백질tumor suppressor protein : 전사인자의 일종으로 세포주기의 조절에 중요한 역할을 하는 종약억제단백질이다. 앞의 예문에서 언급하였듯이 DNA의 손상을 유발하는 스트레스에 의하여 발현되며, 유전자의 손상이 일어난 세포에서 DNA의 수리반응을 활성화시키고 그리고 DNA 손상이 발견되면 세포주기의 진행을 중단시키는 역할과 압폽토시스를 유발하는 기능을 한다.

stretch
21

명 연속서열

DNA is a double-stranded molecule that forms base pairs (bp) between strands. The bp designation is often used to indicate the size of a DNA molecule. For example, in a **stretch** of DNA 200 bp long, both strands are included with 200 bases in each strand, for a total of 400 bases.

관 designation 표기, indicate(타) 나타내다, for a total of 전체 모두, stretch 연속서열

해 DNA는 가닥 사이에서 염기쌍을 형성하는 두 가닥으로 된 분자이다. bp 표기는 DNA 분자의 크기를 나타내기 위하여 자주 사용된다. 예를 들면, DNA 200 bp 길이의 어떤 **연속서열**에서 양쪽의 가닥은 각 가닥에서 200개의 염기들로, 전체 400개의 염기들로 포함되어있다.

타 잡아 늘이다, 잡아당기다

The original view of the way enzymes form transition state complexes was that they **stretched** the bonds or distorted the bond angles of the reacting substrates.

관 original view 원래모습, transition state 전이상태, bond angle 결합각도, substrate 기질

해 효소들이 전이상태 복합체를 형성하는 방법의 원래의 모습은 그것들이 반응하고 있는 기질의 결합을 **잡아당기**거나 결합 각도를 뒤트는 것이다.

자 늘어나다

The largest of these chromosomes has chains of more than 1 billion nucleotides. If such a DNA molecule could be fully extended, it would **stretch** more than 1 foot in length.

관 be extended 펼쳐지다, stretch(자) 늘어나다

해 이들 염색체 중 가장 큰 것은 10억개 이상의 뉴크레오티드들로 이루어진 사슬을 가지고 있다. 만약 그런 DNA 분자가 완전히 펼쳐질 수 있다면, 길이에서 1 피트 이상으로 늘어날 것이다.

stretched

7

타 be ~ (....에 의해) 늘어나다

The most abundant fibrous protein in connective tissue is collagen. Rubber-like elastin fibers, which can be **stretched** and relaxed, also are present in deformable sites (e.g., skin, tendons, heart).

해 결체조직에서 가장 풍부한 섬유상의 단백질은 콜라겐이다. 고무줄 같은 엘라스틴 섬유는 그러한 이유로 **늘어나** 이완될 수 있어서, 변형될 수 있는 부위 (예, 피부, 힘줄, 심장)에서도 또한 존재하고 있다.

striated

4

형 가로무늬로 된

The cardiac cells are similar to skeletal muscle in that they are **striated**, but like smooth muscle cells they are regulated involuntarily.

관 be similar to ....와 유사하다, involuntarily의지와 상관없이=(unconsciously, unintentionally)

해 심장세포는 **가로무늬로 되어**있다는 점에서는 골격근과 유사하지만, 그러나 평활근세포와 같이 의지와 상관없이 조절된다.

strict

19

형 완벽한, 엄격한, 절대적인

Vitamin B_{12} is found only in foods of animal origin, there being no plant sources of this vitamin. This means that **strict** vegetarians are at risk of developing B_{12} deficiency.

관 be at risk of ....의 위험에 처해있다, vegetarian 채식주의자, develop(타)+병 ....발병하다

해 비타민 B_{12}는 동물 유래의 음식에서만 발견되고, 결코 이 비타민의 식물 공급원은 없다. 이 사실은 **완벽한** 채식주의자들이 B_{12} 결핍증의 발병할 위험에 처해 있음을 의미한다.

strictly

30

부 엄격하게, 정밀하게

Vitamin D is not **strictly** a vitamin since it can be synthesized in the skin, and under most conditions that is its major source. Only when sunlight is inadequate is a dietary source required.

관 inadequate 불충분한=(insufficient; unsatisfactory)

해 비타민 D는 피부에서 합성될 수 있고 그리고 주된 재료가 존재하는 대부분의 환경 하에서 합성될 수 있기 때문에, **엄격하게** 비타민이 아니다. 다만 태양광선이 불충분할 경우만, 음식 공급원이 필요하다.

striking

46

형 관심을 끄는, 놀라운

The **striking** finding is that most effects of cAMP in eukaryotic cells are achieved through the activation by cAMP of a single protein kinase. This key enzyme is called protein kinase A or PKA.

관 striking 놀라운=(noticeable, tending to draw attention), A is called B. A는 B로 불린다

해 **놀라운** 발견은 진핵세포에서 cAMP의 대부분의 효과는 단백질인산화효소의 cAMP에 의한 활성화를 통하여 달성된다. 이 주요한 효소는 protein kinase A나 혹은 PKA라고 불린다.

strikingly 부 놀랍게도, 관심을 끌만큼

38

The ribosomes of mitochondria and chloroplasts are somewhat smaller and simpler than bacterial ribosomes. Nevertheless, ribosomal structure and function are **strikingly** similar in all organisms and organelles.

관 somewhat 조금=(slightly, to a certain extent)

해 미토콘드리아와 엽록체의 리보솜은 박테리아의 리보솜보다 조금 더 작고 단순하다. 그럼에도 불구하고, 리보솜의 구조와 기능은 **놀랍게도** 모든 생명체와 소기관들에서 유사하다.

stringency 명 염기짝짓기 강도

19

Gene families, in which there is some degree of homology, can be detected by varying the **stringency** of the hybridization and washing steps. Hybridization conditions capable of detecting just a single base pair mismatch between probe and target have been devised.

관 detect(타)=(discern, discover the existence or presence of), stringency 염기짝짓기강도

해 어떤 수준의 유사성이 존재하는 유전자 부류는 혼성체형성 실험과 세척 단계의 **염기짝짓기 강도**를 다르게 함으로써 구별될 수 있다. 탐침자와 표적서열 사이에서 단 하나의 염기쌍의 불일치라도 식별할 수 있는 혼성체형성실험의 조건이 고안되어있다.

참 Stringency염기짝짓기의 강도 : 두 핵산 (DNA 끼리, DNA와 RNA 사이) 가닥 사이에서 형성되는 염기짝짓기의 세기 혹은 강도는 온도와 용액 속의 염 농도에 따라 달라진다. 온도가 높을수록 혹은 염 농도가 낮을수록 이중 가닥이 형성되기가 어렵게 되고, 온도가 더 높아질수록 혹은 용액의 염 농도가 낮아질수록 stringency가 높아진다고 말할 수 있다. 이 현상은 온도가 높으면 두 가닥 사이에서 수소결합들이 형성되기 어렵고, 염 농도가 낮아질수록 두 가닥들 사이의 반발력이 커지게 되기 때문이다.

stringent 형 염기짝짓기 강도를 맞춘, 엄격한

11

Specific complexes also form in the presence of low salt concentrations. Less than perfect matches do not tolerate these **stringent** conditions; thus, hybridization either never occurs or is disrupted during the washing step.

관 form(자), in the presence of, stringent 염기짝짓기강도 (stringency)를 맞춘, tolerate(타) 견디다=(endure, permit), perfect match 완전한 일치서열

해 특이성이 높은 복합체는 낮은 염 농도의 존재에서도 역시 형성된다. 완전하지 않은 일치서열은 이 **염기짝짓기 강도를 맞춘** 조건을 견딜 수 없다; 그래서 혼성체형성이 세척단계에서 결코 일어날 수도 혹은 파괴되지도 않는다.

strip 명 1 막대모양의 검사지, 스트립

28

The nitroprusside on the **strips** reacts with acetoacetate and to a lesser degree with acetone (both of which have ketone groups), but does not react with β-hydroxybutyrate (which does not have a ketone group).

해 **막대모양의 검사지**에 도포된 nitroprusside는 acetoacetate와 반응하며 더 낮은 수준으로 acetone (둘 모두 ketone기를 가지는)과도 반응하지만, 그러나 β-hydroxybutyrate (ketone기를 가지지 없음)와는 반응하지 않는다 .

참 Nitroprusside : 당뇨성 케톤산증 환자의 증세를 간접적으로 쉽게 측정할 수 있는 시약으로 스트립 막대형으로나 알약으로 공급된다. 그러나 nitroprusside는 케톤산증의 주된 물질인 β-hydroxybutyrate와의 반응이 미약하지만 나머지 케톤체들을 주로 측정한다.

2 막대형 조각, 스트립

To accomplish this separation, the isolectric focusing (IEF) gel **strip** is placed lengthwise on a polyacrylamide slab gel, this time saturated with SDS.

관 be placed 놓이다, lengthwise(부) 길이로=along the length

해 이 분리를 달성하기 위하여, isoelectric focusing을 한 **막대형** 겔은 이번엔 SDS로 포화되어있는 polyacrylamide 평면형 겔 위에 길이로 놓인다.

타 1 ~ .... of ....로부터 ....를 떼어내다

Treatment of microsomes with EDTA **strips** them of associated ribosomes, allowing isolation of ribosome-free microsomes, which are equivalent to ER membranes.

관 strip(타) A of B=A로부터 B를 떼어내다=(take away from, deprive .... of), be equivalent to ....와 같다=be equal to

해 마이크로솜의 EDTA로의 처리는 결합되어있던 리보솜을 마이크로솜**으로부터 떼어내어**, 리보솜이 없는 마이크로솜의 분리를 가능하게 하는데, 이것이 바로 ER의 막이다.

참 EDTA (*E*thylene*d*iamine*t*etraacetic *a*cid): polyamino-carboxylic acid로써 Mg^{2+}, Ca^{2+} 등의 금속이온과 킬레이트복합체를 형성하여 이온의 작용을 저해하는 역할을 한다. 위의 예문에서 EDTA는 세포 균질액에서 Mg^{2+}와 결합되어 리보솜이 마이크로솜으로부터 떨어져 나오도록 한다.

2 ~ .... from ....로부터 ....를 빼앗다

Water ionizes because the larger, strongly electronegative oxygen atom **strips** the electron from one of its hydrogen atoms, leaving the proton to dissociate.

관 strip(타) .... from ....를 빼앗다=(take away, deprive ....of), electronegative 전기음성도가 큰

해 물은 이온화되는데, 이유는 더 크고 센 전기음성도를 가진 산소원자가 수소원자 중의 하나**로부터** 전자를 **빼앗아** 양성자를 해리되도록 하기 때문이다.

stripped

164

타 1 be ~ from 떨어져 나오다

The major proteins of the hnRNP particles and various processing molecules bound to the RNA are largely confined to the nucleus, although some of them pass into the cytoplasm with the transported mRNA before being rapidly **stripped** from the RNA and returned to the nucleus.

관 be stripped from ....로부터 떨어지다, be confined to ....에 한정되어있다

해 hnRNP입자의 주된 단백질과 RNA에 결합된 여러 가공처리용 분자들은 주로 핵에 한정되어있지만, 그들 중 일부는 RNA**로부터** 신속하게 **떨어져 나와** 핵으로 돌아가기 전에 수송되는 mRNA와 함께 세포질 안으로 들어가기도 한다.

2 be ~ of 벗겨지다, (엔진)이 분해되다, 제거되다

Up to this stage of the TCA cycle, two carbons have been **stripped** of their available electrons and released as CO_2. Two pairs of these electrons have been transferred to 2 NAD^+, and one GTP has been generated.

해 TCA 회로의 이 단계까지, 2개의 탄소는 이용가능한 전자를 **빼앗기고** CO_2로써 유리된다. 이들 전자의 두 쌍이 2개의 NAD^+로 전달되고 1개의 GTP가 생성된다.

3 be ~ away 벗겨져 제거되다

A key observation was that if endothelial cells were **stripped** away from underlying smooth muscle cells, acetylcholine no longer exerted its vasodilator effect.

관 be stripped away 벗겨져 제거되다, underlying ....하부에 깔린=(place underneath, lie under), no longer 더 이상 ....이 아닌=not any more, exert its effect on 효과를 발휘하다

해 중요한 관찰결과는 내피세포들이 하부에 깔린 평활근세포로부터 **벗겨져 제거된다**면, 아세틸콜린이 더 이상 혈관확장제의 효과를 발휘하지 않는다는 것이었다.

참 Acetylcholine은 혈관의 평활근의 이완을 일으키는 혈관확장제vasodilator의 일종이다. 그러나 혈관의 평활근에 직접적으로 작용하지 않고, Ca^{2+} 이온이 관여되어 유리된 산화질소NO를 통하여 이차적으로 혈관확장을 일으킨다.

strongly

236

부 강하게, 강력하게

On activation of the blood coagulation system, a fibrin clot is formed, which not only **strongly** binds tissue plasminogen activator (t-PA) and plasminogen from blood but also accelerates the rate of plasmin activation. The clot-bound plasmin is protected from inhibitors while attached to fibrin.

관 tissue plasminogen activator (t-PA) 조직형 플라스미노겐 활성제, bind(타) 결합하다, not only.... but also

해 혈액응고계가 활성화되면, 조직형 플라스미노겐 활성제 (t-PA)와 혈액으로부터 유래된 플라스미노

겐과 **강하게** 결합할 뿐만 아니라 또한 플라스민의 활성화 속도를 가속화하기도 하는 fibrin 혈전이 형성된다. 이 혈전에 결합된 플라스민은 fibrin에 부착되어있는 동안 저해제로부터 보호되기도 한다.

참 조직형 플라스미노겐 활성제 (t-PA) : upon, dissolved 참조

structure 명 구조물, 구조체, 구조

821 In the remainder of the chapter, we describe common methods for isolating particular types of cells and subcellular **structures** and various microscopic techniques for studying cell **structure** and function.

관 remainder 나머지 부분=a part remaining, subcellular structures 세포내의 구조체 (예, 리보솜, ER 등), microscopic technique 현미경기술

해 이 장의 나머지 부분에서, 우리는 특이한 종류의 세포와 세포내의 **구조체**를 분리하는 공통된 방법과 세포의 **구조**와 기능을 연구하기 위한 여러 현미경기술을 기술한다.

타 구조를 만들다

What does **structure** you? Cells structure you.

관 structure(타) 구조를 만들다; 구조화하다=give structure to

해 무엇이 당신의 구조를 만드는가? 세포들이 당신을 **구조화한다**.

structured 타 be ~ 구조로 되어있다, 구조화되다

8 In animals, epithelia and most organized groups of cells are underlain or surrounded by the basal lamina, a sheetlike meshwork of extracellular matrix (ECM) components usually no more than 60–120 nm thick. The basal lamina is **structured** differently in different tissues.

관 extracellular matrix (ECM) 세포외기질, no more than 넘지 않는=(not over, not greater than), basal lamina 기저판

해 동물에서, 상피와 세포들의 대부분의 체계화된 집단은 60-120 nm를 넘지 않는 두께로 된 세포외기질의 구성원들로 이루어진 시트와 같은 그물구조체인 기저판의 아래에 있거나 둘러싸여있다. 그 기저판은 여러 조직에서 서로 다르게 **구조화되어있다**.

structural 형 구조용의, 구조를 만드는

295 The table lists examples of mutations affecting receptors, a transporter, an ion channel, an enzyme, and a **structural** protein.

관 list(타) ....를 목록으로 나열하다

해 표는 수용체, 수송체, 이온통로, 효소 그리고 **구조용** 단백질에 영향을 주는 돌연변이들의 예를 목록으로 나열하고 있다.

structurally 부 구조적으로

66 Heparan sulfate is **structurally** similar to heparin but has a lower density of sulfate esters.

해 Heparan sulfate는 **구조적으로** heparin과 유사하지만 황산에스테르의 더 낮은 밀도를 가지고 있다.

참 heparin : enhanced 참조

study 명 1 연구

2814 The **study** of cells in culture was a great impetus to the **study** of cancer, because the development of a tumor in animals could take months.

관 impetus(명) 촉진제=(urge, something which stimulates), take months 수개월이 걸리다

해 배양한 세포의 **연구**는 암의 **연구**에 큰 촉진제가 되었다, 왜냐하면 동물에서 종양의 발생은 수개월이 걸릴 수 있기 때문이었다.

참 동물로부터 세포를 채취하여 조직 배양접시에서 지속적으로 계대배양이 가능하며, 아울러 세포수준에서 형질변환의 여부를 판단하는 것은 수일이면 가능하다.

2 자세한 검사

The upper abdominal ultrasound **study** showed a large gallstone lodged in his common duct with dilation of this duct proximal to the stone.

관 study 자세한 검사=thorough investigation, lodge(타) 머물게 하다=reside, dilation 팽창=expansion, proximal to 이웃하는=next to, with 동반하는=accompanying

해 상복부의 초음파 **검사**는 담석에 가까운 이 도관의 팽창을 동반하는 총담관에서 머물고 있는 큰 담석을 보여주었다.

타 연구하다

Functional expression assays permit investigators to **study** the effects of mutating specific amino acids on ligand binding or on "downstream" signal transduction, thereby pinpointing the receptor amino acids responsible for interacting with the ligand or with critical signal-transduction proteins.

관 functional expression assay 기능발현확인 분석, permit .... to=enable .... to, pinpoint(타) 정확하게 지정하다=identify precisely, responsible for ....에 책임이 있는

해 기능발현 확인분석은 연구자가 리간드의 결합이나 혹은 "아랫방향의" 신호전달과정에 대한 특정 아미노산을 돌연변이시킨 효과를 **연구하는** 것을 가능하도록 하며, 그로 인해 리간드 혹은 중요한 신호전달단백질과의 상호반응에 책임이 있는 수용체의 구성 아미노산을 정확하게 지적할 수 있다.

참 기능발현 확인분석functional expression assay : 규명하고자 하는 단백질이 존재하지 않은 세포에서 발현용 벡터로 해당 단백질의 유전자를 도입하여 발현하게 한 후, 그 단백질의 영향을 분석하는 기술이다.

studied

240

타 be ~ 연구되다, 검사되다

These relatively easy and inexpensive tests on blood and urine can be used to determine which tissues need to **be studied** more extensively to diagnose and treat the patient's problem.

관 extensively 광범위하게=(widely, greatly), patient's problem 환자의 질병

해 혈액과 소변을 이용한 이 비교적 쉽고 비싸지 않은 검사법이 환자의 질병을 진단하여 치료하기 위하여 어느 조직이 더 광범위하게 **검사될** 필요가 있는가를 결정하는데 사용될 수 있다.

subcellular

219

형 세포의 수준 이하의, 세포내의, 세포 내용물의

In liver and most other tissues, cytochrome P450s are present mainly in the membranes of the smooth endoplasmic reticulum, which constitute part of the microsomal fraction when tissue is subjected to **subcellular** fractionation.

관 constitute(타) 차지하다=(comprise, make up), A is subjected to 실험B=실험B가 A에서 수행되다, subcellular 세포내의, fractionation 분획나누기

해 간과 대부분의 다른 조직에서, cytochrome P450은 **세포 속 내용물의** 분획나누기가 조직을 재료로 하여 수행될 때 주로 마이크로솜의 분획의 일부를 차지하는 활면소포체의 막에 존재하고 있다.

subclone

39

명 서브클론, 하위클론, 아클론, 다음세대의 클론

Single cells taken from these clones breed true, giving **subclones** of similar pigment epithelial cells. The differentiated state can be maintained in this way through more than 50 cell generations.

관 breed(자) true 정말로 자손을 생산하다, subclone 다음세대의 클론; 서브클론, in this way 이 방식으로

해 이들 클론으로부터 얻어진 개별 세포들은 정말로 자손을 생산하여, 유사한 색소상피세포의 **다음세대의 클론**들을 줄 수 있다. 이 분화된 상태는 이 방식으로 50회의 세포계대 이상 쭉 유지될 수 있다.

서브클로닝, 아클로닝

For instance, an investigator who wants to change the conditions under which a gene is expressed might use **subcloning** to replace the normal promoter associated with a cloned gene with a DNA segment containing a different promoter.

해 예를 들면, 어떤 유전자가 발현되는 바로 그 조건을 바꾸기를 원하는 연구자는 클로닝된 유전자와 연결된 정상 프로모터를 다른 프로모터를 가진 DNA 조각으로 교체할 목적으로 **서브클로닝**을 사

용할 것이다.

subcloned

89

타 1 be ~ 하위클론으로 되다

Cells derived from a single cancer cell line <u>are</u> **<u>subcloned</u>**, and standard aliquots of each subclone are tested by injection into the bloodstream of host mice.

관 be derived from 유래되다=originate from, aliquot (같은 양을 가진) 분량

해 단 하나의 암세포주로부터 유래된 세포들이 **하위클론으로 되고**, 각각의 하위클론의 표준 분량이 숙주인 생쥐의 혈류 속으로 주사되어 검사된다.

참 세포주cell line : 여러 세포의 혼합체인 어떤 조직으로부터 세포를 분리한 후 배양하여 분열시켜 각각의 단일 세포로부터 유래된 "클론"이라 하는 동일한 세포들로 이루어진 세포집단인 콜로니가 형성된다. 그래서 한 개의 세포가 계속적으로 분열하여 동일한 성질을 가진 세포를 생산할 수 있는 능력을 가지게 될 때, 세포주라 한다.

2 be ~ 서브클로닝되다, 아클로닝되다

Long cloned DNA fragments often are cleaved with restriction enzymes, producing smaller fragments that then <u>are</u> separated by gel electrophoresis and **<u>subcloned</u>** in plasmid vectors prior to sequencing or experimental manipulation.

관 restriction enzyme 제한효소, be cleaved with ....로 절단되다, prior to ....에 앞서=before,

해 클론닝된 긴 DNA 조각은 자주 제한효소로 절단되어, 겔 전기영동에 의해 분리되고, 서열결정이나 혹은 실험을 위한 조작에 앞서 플라스미드 벡터에 **서브클로닝되**는 더 작은 조각들을 생산할 수 있다.

subject

67

명 1 (실험)대상

Young healthy medical and graduate students volunteered to serve as **subjects** for these experiments.

관 volunteer(타) 자원하다, serve as ....로 봉사하다

해 젊고 건강한 의과대학 및 대학원 학생들이 이 실험을 위한 **실험대상**으로 봉사하는 것을 자원하였다.

2 주제, 과목

IRS-1 is involved in many of the physiologic responses to insulin through complex mechanisms that are the **subject** of intensive investigation.

해 IRS-1 단백질은 집중적인 연구의 **주제**가 되고 있는 복잡한 기전을 통하여, 인슐린에 대한 생리적 반응들 가운데 많은 것에 포함되어있다.

참 IRS-1 (Insulin receptor substrate-1) : 인슐린 수용체는 티로신인산화효소tyrosine kinase활성을 가지고 있는 일종의 효소형 수용체이다. 인슐린이 세포의 외부에서 수용체에 결합하면 활성화되어 기질인 IRS를 인산화하여 신호전달이 세포내로 중계된다.

형 be ~ to ....영향을 받다

In contrast to the LDL receptors, the scavenger receptors on macrophage membranes <u>are</u> not **<u>subject</u>** <u>to</u> downregulation.

관 be subject to ....의 영향을 받다=(be under the control of, be in the power of), down-regulation 하향조절

해 LDL 수용체와는 달리, 거대식세포 막 위의 scavenger 수용체는 하향조절의 **영향을 받지** 않는다.

be ~ to ....를 받다, 면할 수 없다

As many as nine serine residues on the enzyme appear to <u>be</u> **<u>subject</u>** <u>to</u> phosphorylation, each site's phosphorylation having some effect on enzyme activity.

관 be subject to ....를 받는 것 같다=(likely to get or have, depending on change or happening)

해 그 효소의 9개나 되는 세린잔기들이 인산화를 **면할 수 없는 것** 같아 보이며, 그 결과 각 부위의 인산화는 효소활성에 어떤 효과를 주게 된다.

타 ~ ..... to ....에 노출시키다, ...를 쉽게 받도록 하다

As a consequence, Heinz bodies form on the cell membranes and **subject** the cell to mechanical stress as it tries to go through small capillaries.

관 form(자) 형성하다, subject(타) .... to ....에 쉽게 노출시키다=(expose ..... to something, cause ..... to experience)

해 어떤 결과로, 하인쯔체들이 세포의 막에 형성되어 그 세포가 애를 쓰면서 작은 모세혈관을 쭉 지나갈 때, 세포를 기계적 스트레스**에 노출하도록 한다**.

참 Heinz body : 적혈구의 세포질에서 생성된 반응성 산소종 (ROS)에 의해 헤모글로빈의 -SH기들이 산화되면, 이들이 서로 연결되어 응집체를 형성하여 세포막에 침전되어, 적혈구 세포막이 돌출되도록 만든다. 그 결과로 적혈구세포는 작은 모세혈관을 통과하면서 마찰 스트레스를 받게 되어 쉽게 용해된다.

subjected
613

타 1 A is ~ to 실험B 실험B가 A에서/로 수행되다

A sample was **subjected** to electrophoresis on an SDS-polyacrylamide gel.

해 SDS-polyacrylamide겔 상에서의 전기영동**실험이** 어떤 시료로 **수행되었다**.

참 'be subjected to'는 수동형이기 때문에 영향을 주는 주체가 있다. 'be subject to'는 subject가 형용사이므로 어떤 영향, 조절, 및 변화를 받는 상태를 표현한다.

2 be ~ to ....에 노출되다, ...의 영향을 받다, ...의 작용을 받다

A portion of the primary bile acids in the intestine is **subjected** to further changes by the activity of the intestinal bacteria.

관 be subjected to *change or control* ....에 노출되다=be exposed to

해 소장에 존재하는 일차의 담즙산의 일정 분량은 소장에 존재하는 세균의 활동에 의한 추가적인 변화를 **받는다**.

subsequent
287

형 다음의, 이후의

Glycolysis in erythrocytes, even under aerobic conditions, always terminates in lactate, because the **subsequent** reactions of pyruvate are mitochondrial, and erythrocytes lack mitochondria.

관 glycolysis 해당과정, terminate(자) 종결되다=come to an end, lack(타) .... 없다=be without

해 적혈구에서 해당과정은 심지어 유산소 환경 아래에서도, 항상 젖산에서 종결된다, 왜냐하면 pyruvate **이후의** 반응은 미토콘드리아에서 일어나고, 적혈구에는 미토콘드리아가 없기 때문이다.

subsequently
276

부 이후에

Proteomics involves the global analysis of protein expression. In one approach, all the proteins in control cells and treated cells are extracted and **subsequently** separated using two-dimensional gel electrophoresis.

관 proteomics 단백질체학, involve(타) ....을 포함하다, control cell 대조군 세포, be separated using ....를 사용하여 분리되다

해 단백질체학은 단백질 발현의 전반적인 분석을 포함한다. 한 가지의 방법에서, 대조군 세포와 처리된 세포에서 모든 단백질이 추출되고, **이후에** 2차원 겔전기영동을 사용하여 분리된다.

subset
98

명 부속된 한 조, 한 벌, 한 세트

A **subset** of the hydrophilic amino acids are charged (ionized) at the pH (≈7) typical of physiological conditions. Arginine and lysine are positively charged; aspartic acid and glutamic acid are negatively charged.

해 친수성 아미노산에 **속하는 한 조**는 전형적인 생리학적 조건의 pH (≈7)에서 하전 (이온화)된다. Arginine과 lysine은 양으로 하전되고; aspartic acid와 glutamic acid는 음으로 하전된다.

substance
13

명 물질

Since the discovery of the role of NO as a vasodilator, there has been intense experimental interest in this **substance**.

관 vasodilator 혈관확장제, intense 강렬한, intensive 집중적인, interest in ....에 대한 관심

해 혈관확장제로써 NO의 역할이 발견된 이래 이 **물질**에 대한 높은 실험적 관심이 계속 있어왔다.

substantial 형 1 (양, 정도, 중요성, 값, 수준이) 상당한, 큰, 많은

91 Most tissues have at least some requirement for glucose. In brain, the requirement is **substantial**.

관 at least 적어도, substantial(형) 상당한=(considerable in importance, value, degree, amount, or extent)

해 대부분의 조직은 적어도 포도당에 대한 어느 정도의 필요량을 가지고 있다. 뇌에서 그 필요량은 **상당하다**.

2 (양, 정도) 큰, 많은

The extracellular calcium (Ca^{2+}) concentration is about 5 mmol/L and is very rigidly controlled. Although **substantial** amounts of calcium are associated with intracellular organelles such as mitochondria and the endoplasmic reticulum, the intracellular concentration of free or ionized calcium (Ca^{2+}) is very low: 0.05–10 μmol/L.

관 extracellular≠intracellular, be associated with 연관되어있다; 결합되어있다, free 자유형의, ionized 이온화된

해 세포외부 칼슘 (Ca^{2+})의 농도는 약 5 mmol/L 정도로 매우 엄격하게 조절된다. 비록 칼슘의 **많은** 양이 미토콘드리아나 소포체와 같은 세포내의 소기관과 연관되어있지만, 자유형이나 이온화된 칼슘 (Ca^{2+})의 세포내에서의 농도는 0.05-10 μmol/L로 매우 낮다.

substantially 부 상당히, 실제적으로

64 Microarray analysis of gene expression at different times after treatment of fibroblasts with serum showed that transcription of about 500 of the 8613 genes examined changed **substantially** over time.

관 analysis 분석, at different times 여러 다른 시간에서, change(자) substantially 상당히 변화하다

해 섬유모세포를 혈청으로 처리한 후 여러 시간에서 유전자발현에 대한 microarray 분석은 조사된 8631종의 유전자 가운데 약 500종의 전사반응이 시간에 걸쳐 **상당히** 변화되었음을 보여주었다.

참 microarray분석 : ratio 참조

substantiate 타 1 실증하다, 실체화하다

17 A quick survey of proteins and how they vary in amino acid sequence provides a number of empirical clues that help **substantiate** the important relationship between amino acid sequence and biological function.

관 survey 조사=careful examination, vary(자) 다르다=be different, substantiate(타) 실체화하다 =(embody, make real, verify), empirical 관찰을 통한, clue 실마리; 정보

해 단백질들과 그들이 아미노산서열에서 어떻게 다른지에 대한 빠른 조사는 아미노산 서열과 생물학적 기능 사이의 중요한 관계를 **실체화하는** 것을 촉진하는 관찰을 통한 많은 단서를 제공한다.

2 증거를 대다, 실증하다

To **substantiate** these findings, we took advantage of mouse embryo fibroblasts genetically deficient for p53.

관 substantiate(타) 증거를 대다=(support with evidence or proof, verify), take advantage of 이용하다=use to advantage 유리하게 사용하다

해 이들 발견에 대한 **증거를 대기** 위하여, 우리는 유전적으로 p53이 결여된 생쥐 배아의 섬유모세포를 활용하였다.

substituent 형 치환된, 치환하는

9 Configuration is conferred by the presence of either (1) double bonds, around which there is no freedom of rotation, or (2) chiral centers, around which **substituent** groups are arranged in a specific sequence.

관 be conferred (힘, 영광이) 부여되다, specific(형) 서로 다른=(distinct, unique), chiral center 부재

중심,

해 배열구조는 (1) 주위로 회전의 자유가 없는 이중결합 혹은 (2) 주위로 **치환된 작용기**들이 서로 다른 서열로 정렬되어있는 부재중심의 존재에 의하여 부여된다.

참 Configuration 배열구조: conformation과 configuration의 차이, specific 참조

substitute 명 대체물, 대용물

27 Olestra is an artificial fat **substitute** designed to allow individuals to obtain the taste and food consistency of fat, without the calories from fat.

관 artificial 인공의, be designed to 디자인되다, food consistency음식의 일관성, from(전)=because of

해 Olestra는 지방으로부터 얻는 열량은 없으면서, 지방의 맛과 음식의 일관성을 얻는 수 있도록 고안된 인공의 지방**대체물**이다.

자 A ~ for B A가 B의 기능을 대신하다, 대체하다

Ketone bodies can be used as a fuel, but they cannot totally **substitute** for glucose.

해 케톤체는 연료로써 사용될 수 있지만, 그러나 포도당**의 기능을 대신할** 수 없다.

참 If you *substitute* A *for* B, or if A *substitutes for* B, A takes the place or performs the function of the B

타 주어 ~ A for B 주어가 A를 B로 치환하다

A point mutation that **substitutes** any amino acid for glycine at position 12 in the Ras sequence can convert the normal protein into a constitutively active oncoprotein.

관 substitute(타) .... for ....로 치환하다, constitutive(형) 항상 활성형인; 구성성의=relating to the synthesis of a protein or an enzyme at a constant rate regardless of physiological demand or the concentration of a substrate, inducible 유도되는

해 Ras 서열에서 위치 12에 있는 glycine을 어떤 아미노산으로라도 **치환하는** 점돌연변이는 정상 단백질을 항상 활성형인 발암단백질로 전환시킬 수 있다.

substituted 타 A be ~ for B B가 A로 대체되다, 치환되다

58 The most common α1-antitrypsin deficiency involves the so called Z-variant of the protein, in which lysine is **substituted** for glutamate at position 342 (Glu^{342}→Lys).

관 so called 소위, variant 변이형

해 가장 흔한 α1-antitrypsin 결핍은 소위 이 단백질의 위치 342에 있는 glutamate가 lysine으로 **치환된** (Glu^{342}→Lys) Z-변이형을 포함한다.

substitution 명 치환, 대체

164 He has two identical alleles for the sickle variant of the β-globin gene that results in **substitution** of a valine for a glutamate residue at the sixth position of the β-globin chain.

관 sickle variant 낫형 변이체, result in ....결과로 .....가 생기다, substitution of A for B=B가 A로의 치환

해 그는 β-globin사슬의 6번째 위치에 있는 glutamate 잔기가 valine으로의 **치환** 결과 때문에 발생한 β-globin유전자의 낫형 변이체에 대한 2개의 동일한 대립유전자들을 가지고 있다.

subtract 타 빼다, 공제하다

16 **Subtracting** reaction b from reaction a yields $1/2O_2$ + NADH + H^+ → NAD^+ + H_2O.

해 반응 b로부터 반응 a를 빼면 $1/2O_2$ + NADH + H^+ → NAD^+ + H_2O가 된다.

subtracted 타 be ~ 공제되다, 제외되다

24 In the right image, the AP2 complexes have been **subtracted** to show only the assembled clathrin heavy and light chains.

해 오른 쪽 영상에서, AP2 복합체가 조립된 clathrin 중쇄와 경쇄만을 보여주기 위하여 **제외되었다**.

subtraction 명 공제, 빼내기, 뺄셈

18

Unlike a bacterial flagellum, the filamentous structures like microfilaments and microtubules are highly dynamic: they can rapidly increase or decrease in length through the addition or **subtraction** of component protein molecules.

관 flagellum 편모, filamentous 극세섬유형의, dynamic 역동적인, increase(자) in length 길이에서 증가하다

해 박테리아의 편모와 달리, 미세필라멘트와 미세소관과 같은 극세섬유형의 구조체들은 매우 역동적이다: 즉 그들은 구성요소인 단백질분자들의 첨가나 혹은 **빼내기**를 통하여 길이에서 신속하게 증가하거나 혹은 줄어들 수 있다.

succeed 자 1 성공하다

5

For such an approach to **succeed**, a way must be found to direct a population of embryonic or other stem cells to form the right type of dopamine-producing neurons, and rejection by the immune system must be prevented.

관 approach 방법, direct(타) .... to .... 하도록 하다; 향하게 하다, rejection 거부반응

해 그러한 방법이 **성공하려**면, 배아나 다른 줄기세포의 집단이 도파민을 생산하는 신경세포의 정확한 유형을 형성할 수 있도록 하는 방법이 발견되어야만 하고, 그리고 면역계에 의한 거부반응도 방지되어야만 한다.

2 ~ in ....에 성공하다

If pathogens (invaders) try and **succeed in** penetrating the first line of defense, then the second line of defense is ready to act.

관 pathogen 병원체, succeed in ....에 성공하다, penetrate(타) 침입하다=(pass into, enter), be ready to ....하도록 준비하다

해 병원체(침입체)들이 첫 번째 방어선의 침입하기를 시도하여 **성공하면**, 그러면 두 번째 방어선이 행동할 준비가 되어있다.

참 면역계통immune system : 병원체가 인체를 공격할 경우 3단계에 걸친 방어선이 차례로 작동하도록 준비되어있다. 첫 번째 단계의 방어선은 피부, 위산, 점액, 눈물 등이고, 두 번째 방어선에서는 비특이적 면역반응과 거대식세포, 중성구세포, 인터페론 및 보체단백질 등이 작동하며, 세 번째 방어선은 T 및 B세포에 의한 세포성 면역반응이 관여한다.

succeeded 타 be ~ 따라오다, 연속되다

2

The adhesion of neutrophils to endothelial cells of postcapillary venules can be considered to occur in four stages, as shown in Figure 4. The initial baseline stage is **succeeded** by slowing or rolling of the neutrophils, mediated by selectins.

관 be mediated by ....에 의해 매개되다, postcapillary venule 모세관 이후의 세정맥, A be succeeded by B=A가 일어난 후에 B사건이 이어지다, baseline stage 시작단계

해 중성구들이 모세혈관 다음의 세정맥을 구성하는 내피세포와의 접착과정이 그림 4에서 보이듯이, 4단계로 일어나는 것으로 생각될 수 있다. 초기의 개시단계에 이어, selectin에 의하여 매개되는 중성구의 느려지기나 혹은 굴러가기가 **따라온다**.

참 염증반응inflammation : 백혈구는 염증반응과 면역반응에서 중요한 역할을 한다. 이 반응의 첫 번째 단계가 염증부위에서 selectin 단백질의 매개를 통하여 순환중인 백혈구들이 혈관 내피세포에 결합하는 것이다.

succeeding 형 계속되고 있는, 이어지는

1

The leftmost lane (lane 1) contains the complex mixture of proteins in the starting cell extract, and each **succeeding** lane analyzes the proteins obtained after a chromatographic fractionation of the protein sample analyzed in the previous lane.

해 가장 왼쪽 줄 (줄 1)은 시작할 때의 세포추출물에 들어있는 단백질로 구성된 복합 혼합물을 함유하고 있으며, 그리고 각각의 **이어지는** 줄은 이전 줄에서 분석된 단백질 시료의 크로마토그라피의 분획으로 모은 후에 얻어진 단백질을 분석하고 있다.

success 명 성공

22

Available methods for carrying DNA into an animal cell vary in efficiency and convenience. Some **success** has been achieved with spontaneous uptake of DNA or electroporation.

관 carry(타) .... into ....로 전달하다, vary(자) 다르다=be different, spontaneous 자발적인, electroporation 전기천공법

해 동물세포 속으로 DNA를 전달하기 위한 이용가능한 방법은 효율과 편리성에서 서로 다르다. DNA의 자발적 흡수법이나 전기천공법으로 일부 **성공**이 달성되어왔다.

high success rate, with little success, with only limited success

해 높은 성공률, 거의 없는 성공률로, 단지 제한된 성공으로

successful 형 성공적인

56

A detailed knowledge of the enzyme's kinetics is indispensable to rational drug design and **successful** pharmacological intervention.

관 detailed 자세한, indispensible to ....에 필수적인, intervention 처치

해 효소반응속도론에 대한 자세한 지식은 합리적인 약물 디자인과 **성공적인** 약물처치에 절대적으로 필요하다.

successfully 부 성공적으로

45

Although some cells do not survive thawing, many do survive and resume growth. Research with cell strains is simplified by the ability to freeze and **successfully** thaw them at a later time for experimental analysis.

관 survive(타) thawing 해동에서 살아나다, survive(자) 살아남다=remain alive, simplify(타) 쉽게 만들다=(make easy, make simple), freeze(타) 얼리다≠thaw(타) 녹이다

해 비록 일부의 세포는 냉동 후의 해동에서 살아나지 않지만, 많은 세포는 완전히 살아남아 성장을 되찾는다. 세포계통을 사용하여 수행하는 연구는 실험용 분석을 위하여 세포를 냉동하여 나중에 **성공적으로** 녹일 수 있는 능력에 의하여 쉬워진다.

succession 명 1 연속, 연속성

3

This **succession** of coupled metabolic reactions is accompanied by an overall change in free energy that favors unidirectional metabolite flow.

관 be accompanied by ....와 함께 일어나다, favor(타) ....를 가능하게 하다=(support, help, prefer)

해 짝지은 대사반응의 **연속성**은 한 방향으로의 대사물질의 흐름을 가능하게 하는 자유에너지의 전반적인 변화와 함께 일어난다.

2 in ~ 연속하여, 연속적으로

When sterol levels decline, the complex migrates to the Golgi complex, and SREBP is cleaved by two different proteases <u>in **succession**</u>. The liberated amino-terminal domain of SREBP migrates to the nucleus, where it activates transcription of sterol-regulated genes.

관 decline(자), migrate to ....로 이동하다=move to, in succession 연속적으로

해 스테롤의 수준이 감소할 때, 그 복합체는 골기체로 이동하여, SREBP가 2종의 서로 다른 단백질분해효소들에 의하여 **연속적으로** 절단된다. SREBP의 방출된 아미노말단 도메인은 핵으로 이동하고, 그곳에서 스테롤에 의해 조절되는 유전자의 전사를 활성화한다.

참 SREBP (sterol regulatory element-binding protein) : 생체에서 콜레스테롤의 생합성과 관련된 효소 유전자들의 전사를 조절하는 전사인자이다.

successive 형 잇따른, 계속되는, 연속하는

26

Successive PCR cycles can be automated by cycling the reaction for timed intervals at high temperature for DNA melting and at a defined lower temperature for the annealing and elongation portions of the cycle. A reaction that cycles 20 times will amplify the specific target sequence 1-million-fold.

관 be automated 자동화되다 timed intervals 정해진 시간의 간격들, cycle(자) 순환하다, annealing

재결합반응, elongation 연장반응

해 **계속되는** PCR 순환반응은 DNA의 용해를 위해 고온에서 그리고 annealing과 순환과정의 연장반응 부분을 위해 더 낮은 규정된 온도에서 정해진 시간의 간격으로 반응을 순환함에 의하여 자동화될 수 있다. 20회를 순환하는 한 번의 반응으로 특이 표적서열을 백만 배 증폭하게 될 것이다.

참 Successive와 consecutive : 전자는 연속되는 것의 크기나 간격에 상관없이 계속되는 상태이고 후자인consecutive는 일정한 순서로 끊임없이 계속되는 상태

successively 부 계속적으로

7

The enzyme glycogen phosphorylase starts at the end of a chain and **successively** cleaves glucosyl residues by adding phosphate to the terminal glycosidic bond, thereby releasing glucose 1-phosphate.

해 효소 glycogen phosphorylase는 사슬의 끝에서 시작하여 마지막의 배당결합에 인산기를 추가하여, **연속적으로** 포도당잔기를 절단하여, 그것으로 glucose 1-phosphate를 유리한다.

참 Glycogen phosphorylase는 이름에서 짐작할 수 있듯이 글리코겐을 분해할 때 물 대신에 인산을 사용하여 분해하는 효소이다. 그 결과 인산화된 glucose 1-phosphate를 유리하므로, 추후에 포도당을 분해하여 에너지를 얻을 때 ATP를 아낄 수 있어 에너지 측면에서 유리하다.

such 형 1 그러한

1209

Thus, one could expect Tm changes to correlate with the severity of Osteogenesis Imperfecta, but no **such** correlations were found

관 correlate with ....와 관련되다, Osteogenesis Imperfecta 불완전골생성증

해 그래서 Tm의 변화가 불완전 골생성증의 심한 정도와 관련될 수 있을 것으로 기대할 수 있었지만, 그러나 결코 **그러한** 상호연관성이 발견되지 않았다.

2 ~ that ....할 정도로, ...의 결과로, 그래서

Overexpression of Bcl-2 disrupts the normal regulation of pro and anti-apoptotic factors and tips the balance to an anti-apoptotic stand. This leads to an inability to destroy cells with damaged DNA, **such** that mutations can accumulate within the cell.

관 overexpress 과발현, tip the balance to ....쪽으로 균형을 기울게 만들다, lead to 결과적으로 ....이 되다=(result in, cause, bring about), pro-apoptotic 원아폽토시스의≠anti-apoptotic 항아폽토시스의, accumulate(자) 축적되다

해 Bcl-2의 과발현은 원압폽토시스 인자와 항압폽토시스 인자의 정상적인 조절을 망가뜨려서 그 균형을 항압폽토시스 쪽으로 기울게 만든다. 이 것은 손상된 DNA을 가진 세포를 파괴하지 못하는 결과가 되어 **그래서** 돌연변이들이 세포 안에 축척될 수 있게 된다.

참 such that, such .... that : 어떤 일의 결과나 효과를 언급할 때 그 정도를 강조하기 위하여 사용함

3 ~ that ....하기 위하여, ...하도록

The pH then remains relatively constant. The components of a buffer system are chosen **such** that the pKa of the weak acid is close to the pH of interest. It is at the pKa that the buffer system shows its greatest buffering capacity.

관 buffering capacity 완충능력

해 그러면 pH가 비교적 일정하게 남아있게 된다. 완충계의 구성요소는 약산의 pKa가 원하는 pH에 가까워지**도록** 선택된다. 완충계가 가장 큰 완충능력을 나타내는 곳이 이 pKa이다.

4 ~ .... that ....할 정도로 그러한

The translocators exchange compounds in **such** a way that the shuttle is completely balanced.

관 translocator 전달체, exchange(타) 상호교환하다, be balanced 균형이 이루어지다

해 전달체는 셔틀기능이 완전하게 균형이 이루어진 **그러한** 방식으로 화합물을 상호교환한다.

5 ~ as 예를 들면, ...와 같은

To maintain the pH of body fluids in a range compatible with life, the body has buffers **such** as bicarbonate, phosphate, and hemoglobin. Ultimately, respiratory mechanisms remove carbonic acid through the expiration of CO_2, and the kidneys excrete acid as ammonium ion (NH^{4+}) and other ions.

관 such as 예를 들면, be compatible with ....에 적합한, excrete(타) 배설하다, ammonium ion 암모니아 양이온

해 생명의 유지에 적합한 범위 내에서 체액의 pH를 유지하기 위하여, 신체는 중탄산, 인산 및 헤모글로빈**과 같은 그러한** 완충제들을 가지고 있다. 궁극적으로 호흡기전은 CO_2를 밖으로 보내어 탄산을 제거하며 신장은 암모니아 양이온 (NH^{4+})과 다른 이온으로써 산을 배설한다.

대 1 as ~ 그 자체로, 그것만으로

Cholesterol is an amphipathic lipid and as **such** is an essential structural component of membranes and of the outer layer of plasma lipoproteins.

관 amphipathic 양쪽 성질의, as such 그 자체로=(as it is, of itself), outer layer 외층

해 콜레스테롤은 양쪽 성질의 지질이어서 **그 자체로** 막과 혈장 지단백질의 외층을 구성하는 필수적인 구조용 구성요소이다.

2 as ~ 그것처럼, 이를테면, 그런 사실 때문에

Mammals require polyunsaturated fatty acids, but must acquire them in their diet. As **such**, they are referred to as essential fatty acids.

관 acquire(타) .... in diet 음식에서 ....를 섭취하다, be referred to as ....로 불리다=be called

해 포유동물은 다중 불포화된 지방산을 필요로 하지만, 그러나 음식에서 섭취하여야 한다. **그런 사실 때문에** 필수지방산으로 불린다.

3 그러한 것

A number of genetically transmitted diseases involve the accumulation of specific glycosphingolipids due to an absence of the enzymes needed for their degradation. **Such** is the case for ganglioside GM2 in the brains of Tay-Sachs disease victims.

관 due to=because of, be needed for ....용으로 필요하다, such is the case .... 그 증례가 바로 그러한 것이다

해 유전으로 전달되는 여러 질환은 glycosphingolipid의 분해에 필요한 효소들이 없기 때문에 특이 glycosphingolipid의 축적을 포함하고 있다. Tay-Sachs 환자의 뇌에서 발견되는 ganglioside GM2의 증례가 바로 **그러한 것**이다.

suffice

3

자 ....에 충분하다

Only a small number of protein differences (perhaps several hundred) **suffice** to create very large differences in cell morphology and behavior.

관 suffice(자) 충분하다=(be enough, be sufficient), morphology 형태, behavior 행동, create(타) 새로 만들다

해 (아마도 수백의) 단백질의 차이점들 가운데 단지 작은 수만이라도 세포의 형태와 행동에서 매우 큰 차이를 탄생시키기에 **충분하다**.

참 한 종류의 진핵세포에서 mRNA가 발현되면 일반적으로 10,000-20,000종류의 단백질이 합성될 수 있다고 알려져 있으며, 이들 중에서 서로 차이가 나는 단백질은 단지 100여종에 불과하지만 세포의 형태와 기능을 완전히 바꾸기에 충분하다고 알려져 있다.

sufficient

220

형 충분한

The catalytic activity of enzymes or the assembly of a macromolecular complex is so regulated that the amount of reaction product or the appearance of the complex is just **sufficient** to meet the needs of the cell.

관 so .... that ....할 정도로, macromolecular complex 거대분자 복합체, meet(타) the needs of ....의 요구에 맞추다

해 효소의 촉매활성 혹은 거대분자 복합체의 조립반응은 반응산물의 양이나 혹은 그 복합체의 출현이 세포의 요구를 충족시키기에 단지 **충분할** 정도만으로 그렇게 조절된다.

참 세포에서 일어나는 대부분의 대사나 합성과정 등은 서로 독립적으로 혹은 일정한 속도로 일어나

지 않고 세포의 요구에 맞추어 조절되면서 수행된다.

sufficiently 부 충분히, 충분하게

22

Although She had not yet experienced an allergic response to her beef insulin, the cost of Humulin is now **sufficiently** low that most patients are being changed from beef insulin to the synthetic forms of human insulin.

관 experience(타) 경험하다, allergic response to ....에 대한 알레르기 반응, Humulin 휴물린

해 비록 그녀가 소의 인슐린에 대하여 알레르기 반응을 경험한 적이 아직 없었지만, 휴물린의 가격이 이제 **충분히** 낮아져 대부분의 환자들은 소의 인슐린으로부터 합성된 형태인 사람의 인슐린으로 바뀌고 있는 중이다.

참 Humulin : 유전공학적으로 대장균에 사람의 인슐린 유전자를 발현시킨 후 합성하여 만든 인슐린으로 원래 Genetech에서 1978년에 개발되었으나 판매는 릴리제약에서 담당하고 있다. 이 사람 인슐린인 휴물린이 나오기 전에는 돼지나 소의 인슐린이 주로 당뇨치료에 사용되어왔으며, 휴물린과 아미노산서열이 거의 같지만 약간 달라 알레르기반응이 유발될 가능성을 가지고 있다.

suggest 타 암시하다, 제안하다, 제시하다

1165

All of these factors **suggest** that individuals who become obese, particularly those who do so early in life, will have difficulty losing weight and maintaining a lower body adipose mass.

관 obese 비만의, have difficulty ....ing ....하는데 어려움이 있다, lose weight 체중을 줄이다≠gain weight, adipose mass 지방조직의 양

해 이들 요인의 모든 것은 비만이 된 사람, 특히 일생의 이른 초기에 그렇게 된 사람은 체중을 줄여 하체 지방조직의 양을 유지하는데 어려움이 있을 것임을 **암시하고 있다**.

참 지방세포는 임신기간 중 세 번째의 3분기에서 시작하여 생명발생 초기를 지나 사춘기 이전까지 증식할 수 있어서, 지방세포의 수가 늘어날 수 있다. 그러므로 이 시기에서에 비만전력이 있는 사람은 추후에 체중을 줄이거나 하체비만 등을 방지하는데 어려움이 많다.

suggested 타 be ~ 제시되다, 제안되다

395

It has been **suggested** that such diets are effective in preventing heart disease, in part because they lead to formation of more TXA_3 relative to TXA_2. TXA_3 is less effective in stimulating platelet aggregation than its counterpart in the 2-series, TXA_2.

관 be effective 효율적이다, prevent(타) 방지하다, in part 부분적으로, lead to 결과적으로 ....가 되다, aggregation 응집반응

해 그런 음식은 심장질환을 예방하는데 효과적인 것으로 **제시되어**왔다, 왜냐하면 부분적으로 TXA_2에 비하여 더 많은 TXA_3을 형성하는 결과를 만들기 때문이다. TXA_3는 TXA_2 같은 2 시리즈 유도체보다 혈소판응집 반응을 촉진하는데 덜 효율적이다.

참 연어, 고등어, 송어, 청어 등의 한류어는 고용량의 다중불포화 지방산인 eicosapentaenoic acid (EPA)와 docosapentaenoic acid (DHA)를 가지고 있어서 심혈관계 질환의 예방효과가 있다고 알려져 있다. 그 이유는 이들 불포화지방산으로부터 생성되는 혈소판응고촉진인자인 트롬복산 (TXA)의 효력이 감소하고 반면에 혈관확장제인 프로스타사이클린 (PGI)의 효과가 높아져 오메가6류의 지방산인 아라키돈산에 비해 혈관확장효과가 더 커지는 방향으로 전환되기 때문이다.

suggesting 타 암시하다, 제시하다

571

A stain of sputum shows the presence of acid-fast bacilli, **suggesting** a diagnosis of pulmonary tuberculosis caused by *Mycobacterium tuberculosis*.

관 pulmonary tuberculosis 폐결핵, acid-fast bacilli 항산간균들

해 가래침의 염색은 *Mycobacterium tuberculosis*에 의해 초래된 폐결핵의 진단을 **제시하는** 항산성 간균의 존재를 보여주고 있다.

suggestion 명 1 암시, 제안, 제시

25

Analysis of these mutant mice offered the first **suggestion** that SHP1, a phosphotyrosine phosphatase, negatively regulates signaling from several types of cytokine receptors in several types of progenitor cells.

관 offer(타) the suggestion 제시하다, negatively regulate(타) 억제하는 방식으로 조절하다

해 이들 돌연변이된 생쥐의 분석은 티로신탈인산화효소인 SHP1이 몇 종류의 전구세포에서 몇 종류의 cytokine 수용체로부터 시작하는 신호전달을 억제하는 방식으로 조절한다는 것을 최초로 **제시**하였다.

2 make ~ 제안하다

Although the molecular nature of enzymes was not yet fully appreciated, Haldane made the remarkable **suggestion** that weak bonding interactions between an enzyme and its substrate might be used to catalyze a reaction.

관 was not yet fully appreciated ....아직 완전히 인정받지 않았다, remarkable 주목할 만한 =surprising

해 비록 효소의 분자수준의 성질이 아직도 완전히 인정받지 않았던 때이었지만, Haldane은 효소와 기질 사이의 약한 결합의 상호반응이 반응을 촉매하기 위하여 아마 사용될 것이라는 주목할 만한 **제안을 하였다**.

suggestive
18

형 ~ of 연상시키는, 생각나게 하는

A closer prokaryotic homolog of actin, called MreB, plays an important role in determining cell shape in rod-shaped, filamentous, and helical bacteria. The internal structures formed by MreB are **suggestive** of the actin cytoskeleton of eukaryotic cells, although they are far less extensive.

관 homolog 상동체, be suggestive of ....을 연상시키는, extensive 넓은

해 액틴과 더 가까운 원핵세포의 상동체는 MreB라 하며, 막대 모양을 한 긴 필라멘트형이고 나선형 세균에서 세포의 모양을 결정하는데 중요한 역할을 한다. MreB에 의해 형성된 내부구조체는 비록 훨씬 덜 넓지만 진핵세포의 액틴 세포골격을 **연상시킨다**.

suit
2

타 적합하도록 하다

Natural acylglycerols contain a mixture of fatty acids tailored to **suit** their functional roles.

관 be tailored to ....에 맞춤화되다

해 자연산 acylglycerol은 기능성 역할에 **적합하도록** 맞춤화된 지방산의 혼합물을 함유하고 있다.

참 짝수 개로 구성된 지방산의 길이가 길어질수록 녹는점이 증가되지만 반대로 불포화된 수가 많아지면 낮아진다. 예를 들면 탄소의 수가 12개인 지방산 (식물유)을 가진 지질은 정상 체온에서 고체로 존재한다. 추운지방에서 서식하는 어류나 동물의 지방에는 불포화도가 더 높은 지방산이 더 많이 존재하기 때문에, 낮은 온도에서도 지방은 고체화되지 않는다.

suited
11

타 be ~ for 적합하다, 적합해지다

The imidazole pKa in peptides is near physiological pH, and some histidine peptides are well **suited** for buffering at physiological pH.

관 be suited for ....에 적합하다=be right or appropriate for, be near ....의 근처에 있다

해 펩티드 속에 있는 imidazole의 pKa값이 생리적 pH 근처에 있어서, 그래서 일부 histidine 펩티드들이 생리적 pH에서 완충작용을 하기에 매우 **적합하다**.

suitable
46

형 적합한, 적당한

Expression cloning has proven useful in identifying new families of ion channels. Unfortunately, the Xenopus oocyte is not **suitable** as an expression system for Calcium-activated chloride channels (CaCC) expression cloning, owing to its robust CaCC expression.

관 expression cloning 발현 클로닝방법, prove 형용사 ....인 것으로 입증되다, identify(타) 밝혀내다 =discover, owing to ....때문에=(because of, due to), robust(형)=vigorous

해 발현용 클로닝은 이온통로의 새로운 부류를 밝혀내는데 유용한 것으로 입증되어왔다. 불행하게도 Xenopus 난자는 칼슘에 의해 활성화되는 염소통로 (Calcium-activated chloride channel, CaCC)의 높은 발현 때문에, CaCC의 발현을 위한 발현시스템으로써는 **적합하지** 않다.

suitably
2

부 적절하게

Suitably modified proteins can now be moved to a variety of intracellular destinations. Proteins travel from the ER to the Golgi complex in transport vesicles.

해 **적절하게** 변형된 단백질들이 이제 다양한 세포내의 목적지로 이동될 수 있다. 단백질들은 수송용 낭포들 속에 든 채로 ER로부터 골기체로 여행한다.

참 단백질의 표적화targeting : 혹은 trafficking이라고도 하는데, ER속의 공간에서 새로 합성된 분비용 단백질은 여러 방식으로 변형된다. 주로 정상 단백질구조로 접혀진 후 많은 당 분자들이 첨가되면서 단백질을 적절하게 변형시켜 낭포에 채워져 최종목적지로 표적화된다.

suitability 명 적합성

5 The **suitability** of sugar nucleotides for biosynthetic reactions stems from several properties.

관 stem from 유래하다=(is caused originally by, have origin)

해 생합성 반응을 위한 당뉴크레이티드의 **적합성**은 원초적으로 여러 행동특성으로부터 유래된다.

참 당뉴크레오티드 sugar nucleotide : 2당류, 글리코겐, 녹말, 셀루로즈 등의 다당류와 더 복잡한 세포외부의 다당류의 합성은 UDP-glucose와 같은 당뉴크로오티드로부터 공급되는 단당류의 연속적인 첨가반응을 통하여 진행된다.

summarize 타 요약하다

11 The purpose of this chapter is to **summarize** and integrate the major pathways for the utilization of carbohydrates and fats as fuels.

해 이 장의 목적은 탄수화물과 지방을 연료물질로 이용하는 주된 경로를 **요약하고** 통합하는 것이다.

참 탄수화물과 지방을 연료로 이용하는 대사경로는 서로 통합되어 조절되므로 두 경로를 함께 이해하는 것이 중요하다.

summarized 타 be ~ 요약되다

41 A comparison of the structural properties of A-, B-, and Z-DNA is **summarized** in Table 2.

해 A-, B- 및 Z-DNA의 구조와 관련된 행동특성들의 비교가 표 2에 **요약되어있다**.

summary 명 요약

311 Table 4 gives a **summary** of the main proto-oncogenes and tumor suppressor genes that have been implicated in colorectal cancer.

관 be implicated in ....와 연관되다=be involved in, give a summary 요약하다

해 표 4는 결장직장암과 연관되어온 주된 원발암유전자와 종양억제유전자들을 **요약**하고 있다.

sum 명 합(계), 총계

25 The anion gap is calculated by subtracting the **sum** of the value for serum chloride and for the serum HCO_3^- content from the serum sodium concentration. If the gap is greater than normal, it suggests that acids such as the ketone bodies acetoacetate and β-hydroxybutyrate are present in the blood in increased amounts.

해 음이온간격anion gap은 혈청의 염소와 중탄산염HCO_3^- 함량치의 **총합**에서 혈청의 Na^+ 농도를 공제하여 계산된다. 이 간격이 정상치보다 크면, acetoacetate와 β-hydroxybutyrate 케톤체들과 같은 산이 증가된 양으로 혈액 속에 존재함을 의미한다.

summed 타 be ~ 합하여지다, 합산이 되다

11 The various small depolarizations and hyperpolarizations generated at synapses move along the plasma membrane from the dendrites to the cell body and then to the axon hillock, where they are **summed** together.

관 depolarization 탈분극, hyperpolarization 과분극, move along ....을 따라 이동하다, dendrite 가지돌기, cell body 세포몸체 axon hillock 축삭둔덕

해 시냅스에서 생성된 여러 작은 탈분극과 과분극이 세포막을 따라 수상돌기에서부터 세포의 몸체까지 그리고 그 후에 축삭둔덕까지 이동하여, 이곳에서 함께 **합해진다**.

supernatant 명 상증액, 상층액

272 **Supernatant** and pellet fractions were then separated by SDS-PAGE, and the gel was stained to reveal the position of tubulin, as shown in Fig 5 (b).

관 be separated by ....방법으로 분리되다, be stained 염색되다, reveal(타) 밝혀내다=(show, disclose)

해 이 후에, **상층액**과 침전물 분획이 SDS-PAGE에 의하여 분리되었으며, 그리고 tubulin의 위치를 밝혀내기 위하여, 그림 5 (b)에 보이는 것처럼 겔이 염색되었다.

supplement 타 보충하다, 보족하다

7

In skeletal muscle cells, the calcium pump in the SR membrane can **supplement** the activity of a similar Ca^{2+} pump located in the plasma membrane to assure that the cytosolic concentration of free Ca^{2+} in resting muscle remains below 1 μM.

관 supplement(타) (모자라는 것을) 보충하다=(make up for a deficiency, complement)

해 골격근 세포에서 SR막에 있는 칼슘펌프는 휴식중의 근육에서 세포질의 자유형 Ca^{2+}의 농도가 1 μM 이하로 남아있는 것을 보장하기 위하여 세포막에 위치된 유사한 Ca^{2+}펌프의 활성을 **보족할** 수 있다.

참 Ca^{2+}이온은 근육세포에서 근수축에 필요하다. 근수축이 중단되면 사용되었던 Ca^{2+} 이온이 세포질로부터 제거되어 1 μM 이하로 회복되어야 하는데, 이 작업은 세포막과 SR막의 칼슘펌프의 공동작업으로 수행된다.

supplemented 타 be ~ with ....로 보충되다

294

Mammalian cells were first cultured in blood clots, and for many decades all efforts to define the minimal requirements for cell proliferation failed; even in a medium containing all the obvious chemically defined nutrients, including glucose, amino acids, and vitamins, cells would only grow if the medium was **supplemented** with serum

해 포유동물 세포는 혈액 응고체 내에서 최초로 배양되었고, 그리고 수세기 동안 세포증식을 위한 최소한의 필요 요소들을 규명하려는 모든 노력이 실패로 되었다; 심지어 포도당, 아미노산 및 비타민을 함유하는 모든 명확한 화학적으로 규정된 영양소들을 함유하는 어떤 배지일지라도, 만약 그 배지가 혈청으로 **보충된** 때라만 세포들이 자라게 될 것이다.

참 혈청 속의 성장인자 : 특정한 영양소의 함량이 알려진 배지에 세포를 배양하려면 필수적으로 혈청이 필요하다. 혈청이 존재하지 않으면 세포들은 자랄 수 있는데, 이것은 혈청 속에는 세포의 성장에 필수적인 성장인자들이 존재하기 때문이다.

supply 명 공급, 배급

30

Under optimal conditions bacteria can divide to form two daughter cells once every 30 minutes. At this rate, in an hour one cell becomes four; in a day one cell becomes more than 10^{14}. Under normal circumstances, however, growth cannot continue at this rate because the food **supply** becomes limiting.

관 once every minute 매분마다 한번씩, continue(자) 계속되다, limiting 감소하는=reducing

해 최적조건 하에서 박테리아는 매 30분마다 한 번씩 분열하여 2개의 딸세포를 형성할 수 있다. 이 속도로, 한 시간 이내에 한 개의 세포는 4개가 되며; 하루 이내에 한 개의 세포는 10^{14}개 이상이 된다. 그러나 정상적인 환경 하에서는 음식의 **공급**이 감소되기 때문에, 성장은 이 속도로 계속될 수 없다.

타 공급하다

In addition to powering ATP synthesis, the proton-motive force can **supply** energy for the transport of small molecules across a membrane against a concentration gradient.

관 power(타) 에너지를 주다=(provide power, drive), proton-motive force 양성자구동력

해 ATP 합성에 에너지를 공급하는 것 이외에도, 양성자구동력은 어떤 농도경사에 역행하여 막을 가로질러 작은 분자의 수송을 위한 에너지도 **공급할** 수 있다.

참 proton-motive force (양성자 구동력) : collectively, figure 참조

supplied 타 be ~ 공급되다

26

The essential fatty acids α-linoleic and α-linolenic acid are **supplied** by dietary plant oils, and eicosapentaenoic acid (EPA) and docosahexaenoic acid (DHA) are **supplied** in fish oils.

해 필수지방산 α-리놀산과 α-리놀렌산은 음식용 식물성 기름에 의하여 **공급되며**, eicosapentaenoic acid (EPA)와 docosahexaenoic acid(DHA)는 생선기름으로써 **공급된다**.

참 - linoleic acid와 linolenic acid는 다중 불포화지방산으로 식물성 식용유에 많이 포함되어있다. 사람의 세포막 성분으로 사용되어 막의 유연성을 증가시키며 또한 arachidonic acid의 생합성의 원료로도 사용된다. 아라키돈산은 프로스타그란딘, 트롬복산, 프로스타사이클린 등과 같은 eicosanoid류의 생리활성물질의 원료로 사용된다.
- eicosanoid류 : third, beneficial 참조

support
429

명 1 보조체, 지지물

The gene of interest is linked to an oligonucleotide sequence that encodes a carboxyl or amino terminal extension to the encoded protein. The resulting modified protein, termed a fusion protein, contains a domain tailored to interact with a specific affinity **support**. One popular approach is to attach an oligonucleotide that encodes six consecutive histidine residues.

관 be linked to ....와 연결되다, extension to ....의 연장부, be tailored to ....하도록 맞춤화되다, affinity support 친화력을 이용한 분리용 보조체

해 원하는 유전자가 그 인코딩된 단백질의 카르복실 말단이나 아미노 말단의 연장서열을 인코딩하는 올리고뉴크레오티드 서열에 연결된다. 그 결과로 생성된 변형된 단백질은 융합단백질이라 하고, 특이한 친화력을 이용하여 분리하는 **보조체**와 상호결합하도록 맞춤화된 도메인을 함유하게 된다. 흔히 사용되는 한 가지 방법이 6개의 연속된 히스티딘 잔기를 인코딩하는 올리고뉴크레오티드를 부착하는 것이다.

2 지지대

Although the extracellular matrix generally provides mechanical **support** to tissues, it serves several other functions as well.

해 비록 세포외기질은 일반적으로 조직에 기계적인 **지지대**를 제공하지만, 또한 몇 가지 다른 기능을 하기도 한다.

3 in ~ of ....을 지지하여

Chloroplasts are thought to have originated from a photosynthetic prokaryote that became part of a plant cell by endosymbiosis. In **support** of this concept, research has shown that chloroplast DNA has many prokaryote-like features.

관 originate from ....로부터 유래된다, become part of ....의 일부가 되다, feature 흥미로운 특성

해 엽록체는 내부의 공생관계에 의해 식물세포의 일부분이 된 광합성 원핵세포로부터 유래되었다고 생각된다. 이 개념**을 지지하여,** 연구는 엽록체 DNA가 많은 원핵세포와 유사한 흥미로운 특성들을 가지고 있음을 보여주었다.

타 1 지원하다, 부양하다

Neither humans nor any other higher animals can synthesize 10 of the 20 common L-α-amino acids in amounts adequate to **support** infant growth or to maintain health in adults.

관 neither .... nor <완전부정> 둘 다 어느 것도 ....하지 않다, in amounts

해 사람도 어느 다른 고등동물 어느 것도 유아의 성장을 **지원하거나** 혹은 성인의 건강을 유지하기 위하여 적당한 양으로 20종의 L-α-아미노산 가운데 10종을 합성할 수 없다.

참 필수아미노산 : 앞의 예문에서 언급된 생체에서 합성할 수 없는 아미노산을 필수아미노산이라 한다. 이 아미노산은 음식물을 통하여 섭취되어야 한다.
예) Isoleucine, leucine, lysine, methionine, phenylalanine, threonine, tryptophan, valine, cysteine, tyrosine

2 지탱하다, 유지하다

These numerous connections anchor the rootlets in a meshwork of filaments and thereby **support** the upright orientation of the microvilli.

관 support(타) 지탱하다=(uphold, sustain), rootlet 잔뿌리, upright(형) 똑바로 선, microvilli 미세융모들

해 이 많은 연결이 필라멘트로 구성된 그물망구조에 그 잔뿌리들을 고정시켜 그로인해 미세융모의 똑바로 선 방향잡기를 **지탱하도록 한다**.

supported | 타 be ~ 지지를 받다

195

The importance of histone deacetylation in chromatin mediated gene repression has been further **supported** by studies of eukaryotic repressors that regulate genes at internal chromosomal positions.

해 염색질에 의해 매개되는 유전자 억제반응에서 히스톤의 탈아세틸화의 중요성은 염색체 내부의 위치에서 유전자를 조절하는 진핵세포의 저해제에 대한 연구에 의하여 더욱 **지지를 받아왔다**.

참 히스톤의 아세틸화 : 염색질을 구성하는 DNA의 빽빽한 정도가 전사반응을 조절할 수 있다. 염색질의 구성성분인 히스톤의 아세틸화는 양으로 하전된 히스톤을 중화시켜 DNA와의 결합력을 약화시킬 수 있다. 그 결과 이 반응을 받은 부위의 빽빽한 감김이 풀어져 전사인자의 접근이 쉬워지고 그 결과 유전자 발현이 촉진된다.

suppose | 타 가정하다, 상상하다

13

When scientists begin to study a protein of unknown function, the identification of topogenic sequences within the corresponding gene sequence can provide important clues about the protein's topological class and function. **Suppose**, for example, that the gene for a protein known to be required for a cell-to-cell signaling pathway contains nucleotide sequences that encode an apparent N-terminal signal sequence and an internal hydrophobic sequence.

관 begin to ...하는 것을 시작하다, topogenic sequences 위상을 표시하는 서열들

해 과학자들이 알려져 있지 않은 기능을 가진 단백질의 연구를 시작할 때, 그 단백질의 해당 유전자 서열 안에서 위상을 표시하는 서열을 찾아내는 것은 단백질의 위상학상의 분류와 기능에 대한 중요한 단서를 제공할 수 있다. 예를 들면, 세포와 세포의 신호전달과정에서 필요한 것으로 알려진 단백질의 유전자가 명백한 N-말단 신호서열과 내부의 소수성 서열을 인코딩하는 뉴크레오티드 서열을 함유하고 있음을 **가정해보라**.

참 Topogenic sequence : 위상을 표시하는 서열이라 해석할 수 있겠다. 완성된 단백질이 세포내의 정해진 적절한 위치로 보내어지도록 정보를 가지고 있는 신호서열이다.

supposed | 타 1 be ~ to ....하기로 되어있다

8

It soon became apparent that the proteins knew how they were **supposed** to fold into tertiary shapes, even if the biochemists did not. Vigorous work in many laboratories has slowly brought important principles to light.

관 be supposed to ...하기로 되어있다, even if=even though, bring(타) .... to light 밝혀내다=(reveal, expose)

해 단백질은 자신이 어떻게 3차구조로 접히기**로 되어있는지를** 알고 있었지만, 생화학자들은 몰랐었다는 사실이 곧 명백하게 되었다. 많은 연구실에서의 왕성한 작업이 중요한 원리를 천천히 밝혀내어 왔다.

2 가정되다, 생각되다

How did life arise on the planet Earth? It was once **supposed** that a reducing atmosphere, together with random synthesis of organic compounds, gave rise to a prebiotic "soup," in which the first living things appeared.

관 give rise to 형성하다=(cause, lead to, result in, bring about), soup 죽 형태의 혼합물

해 생명이 지구상에 어떻게 출현하게 되었을까? 환원상태의 환경이 유기화합물의 임의적인 합성과 함께 생명태동 이전의 "죽 형태의 혼합물"을 형성하게 되었으며, 이것에서 최초의 생명물질이 나타났었다고 한때 **가정되었다**.

suppress | 타 억제하다

77

DNA methylation **suppresses** the migration of segments of DNA called transposons, described in the following discussion. The presence of 5-methylcytosine in an alternating CpG sequence markedly increases the tendency for that segment of DNA to assume the Z form.

관 alternating 교호하는=(rotating, one after the other), markedly 눈에 띄게=noticeably

해 DNA의 메틸화는 다음의 토의에서 설명되는 트란스포존이라는 DNA 일부서열의 이동을 **억제한다**. 교호하는 CpG서열에서 5'-methylcytosine의 존재는 DNA 일부분이 Z형의 구조를 취하는 경향을 눈에 띄게 증가시키게 된다.

참 진핵세포의 DNA 메틸화 : 진핵세포의 DNA에서 교호하는 CpG서열 중의 cytidine 염기가 메틸화 되어있으며, 전체의 약 5% 정도를 차지한다. 이 메틸화는 유전체의 각인화, X 염색체의 불활성화, 반복요소의 생성억제 및 암의 발생과 관련이 있음이 알려져 있다.

suppression 명 억제

103

Despite the unquestionable value of glucocorticoid therapy in a variety of diseases associated with acute inflammation of tissues, the **suppression** of the inflammatory response with pharmacologic doses of corticosteroids is potentially hazardous.

관 unquestionable 확실한=(undeniable, certain), acute inflammation 급성염증, hazardous 위험한 =(dangerous, risky)

해 조직의 급성염증과 관련된 다양한 질병에 glucocorticoid 치료의 확실한 장점에도 불구하고, corticosteroid의 약물학적 복용량으로 염증반응의 **억제**는 잠재적으로 위험하다.

suppressor 명 억제제, 억제

80

Synthetic purine and pyrimidine analogs that contain halogens, thiols, or additional nitrogen are employed for chemotherapy of cancer and AIDS and as **suppressors** of the immune response during organ transplantation.

관 are employed 사용되다=put to use, chemotherapy 화학요법

해 할로겐, 티올 혹은 추가된 질소를 함유하고 있는 합성된 퓨린과 피리미딘 유사물들은 암과 AIDS의 화학요법을 위하여 그리고 장기이식을 하는 동안에 발생하는 면역반응의 **억제제**로써 사용된다.

surprise 명 놀라운 일

8

In light of their complexity, it comes as no **surprise** that signal-transduction pathways occasionally fail, leading to pathological or disease states.

관 in light of ....에 비추어 ...을 생각하면, come as no surprise=will not be surprising

해 그들의 복잡성을 생각하면, 신호전달경로가 가끔씩 잘못되어, 병을 만드는 원인이 되거나 혹은 질병상태가 된다는 것은 **놀라운 일**이 아니다.

surprised 타 be ~ 놀라다

1

In the late 1970s, scientists were **surprised** to find that normal cells from chickens and other species contain a gene that is closely related to the Raus sarcoma virus v-src gene.

관 be surprised to ....하는 것이 놀랍다, be related to ....와 유사한

해 1970년대 후반에, 과학자들은 닭과 다른 종으로부터 추출한 정상세포가 라우스 육종바이러스의 v-src 유전자와 매우 유사한 유전자를 함유하고 있다는 것을 발견하고 **놀랐다**.

참 발암유전자 src : 닭의 육종sarcoma의 원인물질인 Rous육종바이러스가 내포하고 있는 유전자로 암을 유발하는데 중요한 역할을 하는 것으로 알려진 발암유전자이다. 이 src는 원래 숙주세포로부터 유래된 유전자였음이 1970년대 후반에 밝혀졌다.

surprising 형 놀라운

32

In view of the fact that membranes are located in so many organelles and are involved in so many processes, it is not **surprising** that mutations affecting their protein constituents should result in many diseases or disorders.

관 In view of ....의 관점에서 보면=(in the light of, considering ....을 생각하면), involve(타) 참여시키다=engage as a participant

해 막이 그렇게 많은 소기관들에서 존재하고 있으면서 그렇게 많은 과정에 참여하고 있다는 사실을 생각하면, 그들의 단백질 구성요소에 영향을 주는 돌연변이가 많은 질병이나 장해의 결과를 만드는 것은 **놀랍지** 않다.

surround 타 둘러싸다

8

Definitive evidence for the role of NO in inducing relaxation of smooth muscle came from a set of experiments in which acetylcholine was added to experimental preparations of the smooth muscle cells that **surround** blood vessels.

관 definitive(형) 결정적인=decisive, come from ....으로부터 오다, relaxation 이완

해 평활근의 이완을 유도하는데 있어서 NO의 역할에 대한 명확한 증거는 아세틸콜린이 혈관을 **둘러싸고** 있는 평활근세포의 실험용 시료에 첨가된 한 조의 실험으로부터 나왔다.

참 아세틸콜린은 평활근에 직접 작용하여 수축을 유발하지만 혈관내에서 아세틸콜린을 적용하면 혈관의 평활근은 이완되어 혈관이 확장된다. 전자의 경우 아세틸콜린이 평활근 세포의 muscarine형 수용체에 작용하여 수축반응을 유발한 것이고 후자는 혈관내피세포의 acerylcholine 수용체에 작용하여 NO (nitric oxide)의 발생을 촉진하여 이 물질이 이차적으로 평활근의 이완을 일으킨 것이다.

surrounded 타 be ~ 둘러싸이다

15 Each mitochondrion is **surrounded** by two membranes, an outer membrane and an inner membrane, separating the mitochondrial matrix from the cytosol.

해 각 미토콘드리아는 미토콘드리아의 기질matrix을 세포질로부터 분리할 수 있는 외막과 내막이라는 2개의 막에 의하여 **둘러싸여**있다.

surrounding 명 (복수) 주위환경

154 Cells also can internalize materials from their **surroundings** and sort these to particular destinations.

관 internalize(타) 내부로 들여오다, sort(타) .... to 분류하여 ....로 보내다=put in a certain place according to kind or nature

해 세포는 또한 **주위 환경**으로부터 물질을 내부로 들여와 특별한 목적지로 분류하여 보낼 수 있다.

참 세포는 phagocytosis, endocytosis, pinocytosis 등의 방법으로 외부의 물질을 내부로 혹은 내부물질을 외부로 보낼 수 있다. 특히 수용체가 매개된 세포내이입receptor-mediated endocytosis은 수용체의 재활용과 하향조절 및 상향조절에 중요한 역할을 한다.

형 주위의

Skeletal muscle cells are long, cylindrical fibers that run the length of the muscle. The fibers are multinucleated because of cell fusion during embryogenesis. The cell membrane **surrounding** the fibers is called the sarcolemma.

관 run(타) ....까지 다다르게 하다=cause to move into a specified position, multinulceate(타) 다중핵으로 만들다, sarcolemma 횡문근 형질막

해 골격근세포는 근육의 길이까지 다다르게 하는 긴 원통형의 섬유를 구성하고 있다. 이들 섬유는 배아형성기에 세포의 융합 때문에 다중핵으로 되었다. 그 섬유를 **둘러싸고 있는** 세포막은 횡문근 형질막이라고 불린다.

survey 명 자세한 조사 (표본)

19 **Surveys** of the frequency with which various amino acid residues appear in helices and sheets show that some residues, such as alanine, glutamate, and methionine, occur much more frequently in α-helices than do others.

관 with frequency ....의 빈도수로, appear 나타나다=(occur, exist), show 보여주다=(reveal, exhibit)

해 여러 아미노산잔기들이 나선구조와 시트구조에서 나타나는 빈도수의 **조사**는 alanine, glutamate 및 methionine과 같은 일부 잔기들이 다른 것이 그러한 것보다 훨씬 더 자주 α-나선구조에서 존재하고 있음을 보여주었다.

survival 명 생존, 살아남음

676 Integrin-mediated signaling pathways influence processes as diverse as cell **survival**, cell proliferation, and programmed cell death.

관 influence(타) 영향을 미치다, as .... as 동등비교

해 인테그린에 의해 매개되는 신호전달경로는 세포의 **생존**, 세포증식 및 계획된 세포의 죽음과 같은 다양한 경로에 영향을 미친다.

survive 자 살아남다, 생존하다

52 The length of time we can **survive** without food depends mainly on the size of our bodies' fat stores.

해 음식을 먹지 않고 우리가 **생존**할 수 있는 시간의 길이는 주로 우리 신체의 지방 저장량의 크기에 달려있다.

타 ....후까지 살다, ...보다 오래 살다, ...로부터 살아남다

Unfortunately, mismatching of bases and DNA damage produce thousands of potentially mutagenic lesions in each cell every day. Without repair mechanisms, we could not **survive** these assaults on our genes.

관 potentially 잠재적으로, lesion 손상, repair mechanism 수리기전, assault 빠른 공격=attack, without ....이 없다면 <가정법 과거> 현재의 불확실한 상황을 표현

해 불행히도 염기의 불일치와 DNA 손상은 매일 각 세포에서 수천 개의 잠재적인 돌연변이들에 의한 손상을 만든다. 만약 수리기전이 없다면, 우리는 유전자에 대한 공격으로부터 **살아남을** 수 없을 것이다

susceptibility 명 감수성, 민감도

79 Serum levels of low density lipoproteins (LDLs) are often used as a clinical index of **susceptibility** to vascular disease.

관 be used as ....로 사용되다, vascular disease 혈관질환

해 저밀도지단백질 (LDL)의 혈청에서의 수준은 혈관질환에 대한 **감수성**과 같은 임상지표로써 자주 사용된다.

susceptible 형 ~ to ....에 민감한, ... (병)에 걸리기 쉬운

73 In proteins, the amino acids proline, histidine, arginine, cysteine, and methionine are particularly **susceptible** to hydroxyl radical attack and oxidative damage.

관 susceptible to ....에 민감한

해 단백질에서, 프로린, 히스티딘, 알르기닌, 시스테인 및 메티오닌과 같은 아미노산들은 하이드옥시 라디칼의 공격과 산화적 손상에 특별히 **민감하다**.

suspended 타 be ~ 부유되다, 현탁액으로 만들어지다

187 The initial step in purifying subcellular structures is to rupture the plasma membrane and the cell wall, if present. First, the cells are **suspended** in a solution of appropriate pH and salt content, usually isotonic sucrose (0.25 M) or a combination of salts similar in composition to those in the cell's interior.

관 initial step 최초의 단계, rupture(타) 파쇄하다=break, similar to ....와 유사한, sucrose 설탕

해 세포 속의 구조체를 정제하는데 있어서 최초의 단계는 세포막과 세포벽이 있으면, 이들을 파쇄하는 것이다. 첫째, 세포들은 적당한 pH와 일반적으로 등장성 설탕 (0.25 M)이나 혹은 세포내부와 조성에서 비슷한 염의 조합인 염 내용물로 구성된 용액 속에 **부유된다**.

형 일시적으로 중단된, 지연된

Cell strains can be frozen in a state of **suspended** animation and stored for extended periods at liquid nitrogen temperature, provided that a preservative that prevents the formation of damaging ice crystals is used.

관 suspended animation 생명이 일시적으로 중단된=temporary suspension of the vital functions, provided(접) ....라는 조건에서=on the condition that

해 세포주들은 손상을 주는 얼음결정의 형성을 방지하는 보존제가 사용되는 조건에서, 생명이 **일시적으로 중단된** 상태로 냉동되어 액체질소의 온도에서 상당한 기간 동안 저장될 수 있다.

suspension 명 현탁액, 부유용액, 부유상태

198 Unlike bacterial and yeast cells, which can be grown in **suspension**, most animal cells will grow only on a solid surface. However, some specialized blood cells and tumor cells can be maintained or grown in **suspension** as single cells.

해 **부유상태**로 배양될 수 있는 박테리아와 효모세포와는 달리, 대부분의 동물세포는 고체형의 표면 위에서만 성장한다. 그러나 일부 전문화된 혈액세포와 종양세포들은 단일 세포 상태로써 **부유용액**에서 유지되거나 배양될 수 있다.

참 세포배양 : 대부분의 진핵세포는 배양할 때 음전하 (-SO_3^{2-})를 띠는 고체의 코팅된 플라스틱 접시나 유리판 위에서 성장이 가능하다. 그 이유는 이들 세포가 분비한 세포외기질 (ECM)이 부착할 고체의 표면이 필요하기 때문이다.

sustain 타 유지하다, 계속하다, 지속하다

23

The importance of the gut in whole body nitrogen metabolism arises from the high rate of division and death of intestinal mucosal cells and the need to continuously provide these cells with amino acids to **sustain** the high rates of protein synthesis required for cellular division.

관 arise from ....로부터 발생하다=come into being, provide .... with ....에게 ....를 공급하다, intestinal mucosal cell 소장의 점액세포

해 전체 몸의 질소대사에서 내장의 중요성은 소장의 점액세포의 분열과 죽음의 높은 속도와 세포의 분열에 필요한 단백질합성의 높은 속도를 **유지하기** 위하여, 이들 세포에게 아미노산을 계속하여 공급해야 할 필요성으로부터 발생한다.

sustained 형 지속된

112

The purpose of the fluctuations of Ca^{2+}, rather than a **sustained** rise in cytosolic Ca^{2+}, is not understood. One possibility is that a **sustained** rise in Ca^{2+} may be toxic to cells.

fluctuation 파동형의 변화, be toxic to ....에 독작용을 하다

해 세포질 Ca^{2+}에서 **지속된** 상승 상태라기보다는 오히려 Ca^{2+}의 파동형 변화의 목적은 아직 알려지지 않았다. 한 가지 가능성은 Ca^{2+}에서의 어떤 **지속된** 상승은 세포에게 독이 될 수도 있다는 것이다.

타 be ~ 지속되다, 유지되다, 계속되다

An electrical stimulus that exceeds a certain threshold strength triggers an explosion of electrical activity that is propagated rapidly along the neuron's plasma membrane and is **sustained** by automatic amplification all along the way.

관 all along the way 그 길을 따라 끝까지, threshold 문턱값, trigger(타) 개시하다

해 문턱값의 강도를 초과한 전기적 자극은 전기적 활성의 폭발을 촉발하여 신경원의 세포막을 따라 신속하게 전파되며 또한 그 경로를 따라 끝까지 자동 증폭에 의하여 **지속된다**.

symbol 명 부호, 상징, 기호

31

In genetics, wild-type genes are indicated in italics with a superscript plus sign (e.g., *cdc2*$^+$); genes with a recessive mutation, in italics with a superscript minus sign (e.g., cdc2$^-$). The protein encoded by a particular gene is designated by the gene **symbol** in Roman type with an initial capital letter (e.g., Cdc2).

해 유전학에서, 야생형 유전자는 + 기호의 위첨자로된 이탤릭체로 (예*cdc2*$^+$); 열성의 돌연변이 유전자들은 - 부호의 위첨자로 된 이탤릭체로 (예 *cdc2*$^-$)로 표시된다. 특정 유전자에 의해 인코딩되는 단백질은 첫 글자가 대문자로 된 로마자 **기호**에 의하여 표시된다 (예 Cdc2).

symbolize 타 상징하다, ...를 의미하다, ...로 나타내다

8

Typical reactions in which a protein binds to a specific DNA sequence have a K_d of 10^{-10}M, where M **symbolizes** molarity, or moles per liter (mol/L).

관 symbolize(타) 상징하다=(represent, signify, stand for, mean)

해 단백질이 특이 DNA의 서열에 결합하는 전형적인 반응은 10^{-10}M인 K_d를 가지며, 여기서 M은 몰농도나 혹은 리터당 몰수 (mol/L)을 **상징한다**.

symbolized 타 be ~ 표기되다, 표현되다

7

Unsaturated fatty acids are **symbolized** by indicating the number of carbons and the number and position of the double bonds, as in Table 2.

해 불포화된 지방산은 표 2에서처럼, 탄소의 수와 이중결합의 수와 위치를 나타내어 **표기된다**.

참 지방산의 표기법 : 아라키돈산은 20:4($\Delta^{5,8,11,14}$)로 표시할 수 있는데, 이 표기법은 이 지방산은 20개의 탄소로 구성되어있고, 4개의 이중결합을 가지고 있으며, 카르복시 말단으로부터 셈하여 5, 8, 11, 14번째 탄소에 존재하고 있음을 나타낸다.

synthesis 명 합성

450

Fatty acids hydrogenation makes monounsaturated and polyunsaturated fatty acids go from a state of their original form that is *cis* to a *trans* form. Addition of hydrogen ions will cause vegetable oil to harden. Additionally, they may stimulate cholesterol **synthesis**, and are potentially carcinogenic.

관 make(사역) .... go 가게 만들다, cause .... to=....의 원인이 되다, stimulate(타) 촉진하다=increase temporarily the activity

해 지방산의 수소화반응은 단일불포화된 지방산과 다중불포화된 지방산이 *cis*형인 원래의 상태로부터 *trans* 형으로 가게 만든다. 수소이온의 첨가는 식물성 기름을 경화시키는 원인이 될 것이다. 추가적으로, 그들은 콜레스테롤의 **합성**을 촉진하고 잠재적으로 발암성이기도 하다.

참 트란스지방 : account 참조

synthesize 타 합성하다

76

Better in this regard are several more-differentiated cell lines that exhibit many properties of normal nontransformed cells. These lines include hepatoma HepG2 cell line, which **synthesizes** most of the serum proteins made by normal hepatocytes.

관 better가 문장 앞에 나온 것은 강조의 의미, in this regard 이 점에서, include

해 더 좋은 것은 이러한 관점에서 정상형질이 변형되지 않은 세포의 많은 행동특성들을 보여주는 몇 종의 더 분화된 세포주들이다. 이들 세포주는 정상 간세포에 의하여 만들어지는 대부분의 혈청단백질을 **합성하는** 간암의 HepG2 세포주를 포함한다.

참 세포주cell line : 한 종류의 세포가 영원히 살아 갈 수 있는 능력을 획득한 세포를 세포주라 한다. 최초의 세포주는 HeLa이며, 1952년에 자궁경부uterine cervix의 악성암으로부터 분리되었다. 일반적으로 조직의 일차배양으로부터 직접 세포주를 얻게 되는데, 사람의 정상 조직으로부터 세포주를 얻는 것은 거의 불가능하지만 CHO (chinese hamster ovary) 세포주와 같이 설치류로부터는 가능하다.

synthesized 타 be ~ 합성되다

203

In all cases, the building blocks used in the synthesis of DNA are **synthesized** from the corresponding building blocks of RNA by the action of enzymes termed ribonucleotide reductases.

관 corresponding 상응하는, building block 구축단위소

해 모든 경우에 있어서, DNA 합성에 사용되는 구축단위소들은 ribonucleotide reductase라는 용어로 불리는 효소의 작용에 의하여 이에 상응하는 RNA을 구성하는 구축단위소들로부터 **합성된다**.

synthetic 형 합성한

170

Somatostatin and its **synthetic** analogs are used clinically to treat a variety of secretory neoplasms such as growth hormone-secreting tumors of the pituitary.

관 analog(명) 유사물=something having the property of being analogous to something else, neoplasm 종양; 신생물

해 Somatostatin과 **합성**유사물들은 뇌하수체의 성장호르몬을 분비하는 종양과 같은 그러한 다양한 분비성 종양을 임상적으로 치료하는데 사용된다.

참 Somatostatin : 14 개의 아미노산으로 구성된 환형의 펩티드 호르몬이며, 시상하부로부터 분비되는 전구단백질의 분해산물로 뇌하수체 전엽에서 성장호르몬의 분비를 저해한다.

systematic 형 체계적인, 분류상의

19

A **systematic** diagnostic process finally led her physician to conclude that her myopathy was caused by a disorder of oxidative phosphorylation induced by her treatment with zidovudine (AZT).

관 lead (타).... to ....하는 결과로 만들다, myopathy 근육질환, conclude(타) 결론을 맺다

해 **체계적인** 진단과정은 최종적으로 주치의가 그녀의 근육질환은 지도부딘 (AZT)을 사용한 치료에 의하여 유도된 산화적 인산화반응의 장해에 의하여 초래되었다는 결론을 내리게 하였다.

참 zidovudine (AZT) : 지도부딘은 nucleoside 유도체로 AIDS 바이러스의 역전사효소를 저해하여 증식을 억제하는 항바이러스제이다. 주된 부작용은 미토콘드리아 속의 감마형 DNA polymerase를 저해하는 것이어서, 미토콘드리아의 생성에 영향을 주어 에너지 사용과 연관된 근육질환을 유발할 수 있다.

systemic	형 전신적인, 전신에 영향을 주는
114	Some signaling molecules can act both short range and long range. Epinephrine, for example, functions as a neurotransmitter (paracrine signaling) and as a **systemic** hormone (endocrine signaling).

관 act(자)=(작용하다, 활동하다), function as ....로써 기능하다, paracrine 근접분비, endocrine 내분비, autocrine 자가분비

해 일부의 신호전달분자들은 짧은 영역과 긴 영역 모두에서 활동할 수 있다. 예를 들면, 에피네프린은 어떤 신경전달물질 (근접분비 신호전달)로써도 그리고 **전신적인** 호르몬 (내분비 신호전달)으로써도 기능한다.

T

tail | 명 꼬리

270

The trailing edge of the cell remains attached to the substratum until the **tail** eventually detaches and retracts into the cell body

관 remain(자) attached to .... 에 붙은 채로 남아있다, attach≠detach(타)

해 세포가 끌고 가는 가장자리는 그 **꼬리**가 최종적으로 떨어져 세포의 몸체로 오므라들 때까지 기질에 붙은 채로 남아있다.

tailed | 타 be ~ 꼬리가 달리다

26

Experiments in which short-**tailed** mRNAs are injected into oocytes have shown that two sequences in their 3′ UTR are required for their polyadenylation in the cytoplasm.

관 tail(타) 꼬리를 달다=provide with a tail, be required for ....에 필요하다=be necessary for

해 짧은 **꼬리가 달린** mRNA들이 난자세포에 주입된 실험은 3′ UTR에 존재하는 두 서열이 세포질에서의 다중아데닐화반응에 필요하다는 것을 보여주었다.

tailing | 타 꼬리로 기능하다, 꼬리부위에 위치하는

The mature RNA thus contains a leader sequence (that includes the cap), a coding region comprising exons, and a **tailing** sequence that includes the poly(A) tail.

관 tail(타) ....의 꼬리부위에 있게 하다=serve as the tail of

해 그래서 완성된 RNA는 리더서열 (모자구조를 포함하는), 엑손으로 구성된 코딩영역과 poly(A)꼬리를 포함하는 **꼬리부위에 위치하는** 서열을 함유한다.

tailor | 타 맞춤형으로 만들다, ...에 맞도록 만들다

5

Different combinations of extracellular matrix components **tailor** the extracellular matrix for specific purposes: strength in a tendon, tooth, or bone; cushioning in cartilage; and adhesion in most tissues.

관 tailor(타) ....맞춤형으로 만들다=(make, alter, or adapt for a particular purpose)

해 세포외기질의 구성성분의 서로 다른 조합은 인대, 치아 혹은 뼈의 강도; 관절의 충격완화장치; 그리고 대부분의 조직에서 접착과 같은 특이한 목적에 세포외기질을 **맞춤형으로 만든다**.

타 be ~ed to ....에 맞추어지다, ...에 맞춤형으로 되다

Another use for a DNA chip is to determine which genes are being expressed. In the case of a cancer patient, this technique could be used to determine the classification of the cancer much more rapidly and more accurately than the methods traditionally used by pathologists. The treatment then could be more specifically **tailored** to the individual patient.

해 DNA칩의 또 다른 용도는 어느 유전자들이 발현되어있는가를 결정하는 것이다. 암 환자의 증례에서라면, 이 기술은 병리학자들에 의해 전통적으로 사용되던 방법보다 훨씬 더 신속하고 더 정확하게 암의 분류를 결정하는데 사용될 수 있을 것이다. 그러면 치료방법이 개별 환자에게 더 특이하게 **맞춤형으로 될 수도** 있을 것이다.

take | 타 1 취하다, 적용하다

491

We **take** the logarithm of both sides of Equation (B15.12).

해 우리는 식 (B15.12)의 양 쪽에 로그값을 **취한다**.

2 (약물을)복용하다

Her physician then recommended that she **take** Humalog, an insulin preparation containing lispro, an ultra-fast-acting bioengineered insulin analog in which lysine at position B29 has been moved to B28 and proline at B28 has been moved to B29.

관 preparation 제조품, move(타) 이동시키다, ultra-fast-acting 초속효성으로 작용하는

해 그녀의 주치의는 그녀가 B29 위치의 lysine이 B28로 이동되었고 B28의 proline이 B29로 이동된 초속효성으로 작용하는 생명공학적으로 조작된 인슐린 유사체인 lispro를 함유하는 인슐린 제조품인 Humalog를 **복용하는** 것을 추천하였다.

3 ~ advantage of 이용하다, 유리한 점을 이용하다

A more direct approach is to employ affinity purification strategies that **take** advantage of the biological function or similar specific recognition properties of a protein

관 affinity purification 친화력 정제법, recognition properties 인식용 행동특성, employ(타) 사용하다=put to use

해 더 직접적인 방법은 어떤 단백질의 생물학적인 기능이나 혹은 유사한 특이적인 인식용 행동특성과 같은 **유리한 점을 이용하는** 친화력 정제전략을 쓰는 것이다.

4 ~ a time 시간이 걸리다

Cancer **takes** a long time to develop in humans because multiple genetic alterations are required to transform normal cells into malignant cells.

관 develop(자) (병이) 발생하다, genetic alteration 유전적 변형, malignant 악성의

해 암이 사람에서 발생하려면 **긴 시간이 걸린다**, 왜냐하면 정상세포를 악성세포로 형질변환시키기 위하여 여러 유전적 변형들이 필요하기 때문이다.

5 ~ ..... from 따오다, 취하다

The flavins have a characteristic bright yellow color and **take** their name from the Latin flavus for "yellow."

해 Flavin은 특징적인 밝은 노란색을 가지고 있어서, 라틴어의 "노란"의 의미인 flavus로부터 이름을 **따왔다**.

6 ~ over 조정하다, 양도받다

Once the nucleic acid of a virus gains access to its specific host, it typically **takes** over the metabolic machinery of the host cell, diverting it to the production of virus particles.

관 gain access to ....에 접속을 획득하다, take over ....을 양도받다=take control of 조정하다

해 한 개의 바이러스의 핵산이 일단 특이 숙주에 들어가게 되면, 전형적으로 숙주세포의 대사기구류를 **양도받아**, 바이러스 알갱이의 생산으로 돌리게 된다.

7 ~ place 발생하다, 일어나다

Nearly all of the reactions of glycolysis and gluconeogenesis **take** place in the cytosol.

관 nearly all 거의 모든, take place 발생하다

해 해당과정과 당신생성과정의 거의 모든 반응은 세포질에서 **일어난다**.

8 ~ root 뿌리를 내리다, 정착하다

This, in turn, increases the potential for the tumor cells to leave their original location and **take** root at another location within the body (metastasis).

관 in turn 그 다음에, leave(타) ....를 떠나다, take root 뿌리를 내리다=become rooted, metastasis 전이

해 이것은 그 다음에, 종양세포가 원래의 위치를 떠나 체내의 다른 위치에 **뿌리를 내릴** 수 있을 가능성을 증가시킨다 (암의 전이).

9 ~ up 흡수하다

She suffers from hyperglycemia because her insulin levels tend to be low and her glucagon levels tend to be high. Her muscle and adipose cells do not **take** glucose up at a normal rate, and she produces glucose by glycogenolysis and gluconeogenesis.

관 suffer from ....로 고생하다, hyperglycemia 고혈당증, tend to ....하는 경향이다

해 그녀는 고혈당증으로 고생하고 있다, 왜냐하면 인슐린 수준이 낮은 경향이고 글루카곤 수준은 높은 경향이기 때문이다. 즉, 그녀의 근육과 지방세포들은 정상속도로 포도당을 **흡수하지** 않고,

글리코겐의 분해와 당신생성 반응으로 포도당을 생산하고 있다.

taken

타 1 be ~ 측정되다, 시도되다, 수행되다

The skinfold thickness reading is **taken** at a precise time, 2 to 3 seconds after applying the caliper, because the caliper compresses the skin.

해 피부접힘 두께의 읽기는 캘리퍼를 적용하고 난 후 2에서 3초의 정확한 시점에 **측정된다**, 왜냐하면 캘리퍼가 피부를 누르기 때문이다.

참 - I need to have my blood pressure *taken*. 나는 나의 혈압을 측정할 필요가 있다.
- *take* somebody's temperature 어떤 이의 체온을 재다

2 be ~ 시도되다

A culture of her sputum was **taken** to confirm the diagnosis for tuberculosis.

해 결핵의 진단을 확인하기 위하여 그녀의 타액 배양이 **시도되었다**.

3 be ~ 보내지다

He had been drinking heavily when he drove his car off the road and was **taken** to the hospital emergency room.

관 drive .... off the road 도로를 벗어나게 몰다, emergency room 응급실, had been drinking 과거완료진행으로 '사고내기 이전에 벌써 취해진 상태를 표현'

해 그가 도로를 벗어나게 차를 몰았을 때, 이미 많은 술을 마신 상태로 있었으며 그래서 병원 응급실로 **보내졌었다**.

tandem

91

명 in ~ 차례로 나란히

Tandem Mass Spectrometry allows sequencing of proteins by hooking two mass spectrometers in **tandem**.

관 in tandem 차례로 나란히=one behind another

해 직렬형 질량분석기는 두 대의 질량분석기를 **차례로 나란히** 연결하여 단백질의 서열결정을 가능하도록 한다.

참 직렬형 질량분석기tandom mass spectrometry : versatility 참조

형 1 앞뒤의 순서적인, 직렬의

Multiple copies of tRNA and histone genes also occur, often in clusters, but generally not in **tandem** arrays.

관 in clusters 군집형태를 이루어, in tandem arrays 앞뒤 순서적인 배열들로

해 tRNA와 히스톤유전자들로 구성된 다중 복사물들은 자주 군집형태로 존재하지만, 그러나 일반적으로 **앞뒤 순서로 된** 배열상태로는 아니다.

2 앞뒤로 나란히 배열된, 직렬형으로 연결된

Most satellite DNA is composed of repeats of 14–500 base pairs in **tandem** repeats of 20–100 kb.

해 대부분의 위성 DNA는 20-100 Kb의 **직렬형으로 연결된** 반복서열 속에 14-500개의 염기쌍들로 이루어진 반복서열들로 구성되어있다.

tandemly

3

부 앞뒤로 나란히

The telomeres of virtually all eukaryotic chromosomes consist of short, **tandemly** repeated nucleotide sequences at the ends of the chromosomal DNA.

해 실제적으로 모든 진핵세포 염색체의 텔로머들은 염색체 DNA의 말단에서 짧고, **앞뒤로 나란히** 반복된 뉴크레오티드 서열로 구성되어있다.

참 텔로머telomere : 각 염색체의 말단에서 6개의 TTAGGG핵산염기서열이 tandem repeat (앞뒤로 나란히 반복되는 서열)로 1000-1700회 정도로 반복되어 존재하고 있다. 즉 ----TTAGGG-TTAGGG-TTAGGG-TTAGGG---- 방식으로 배열되어있다. formal, significantly 참조

target
788

명 표적

These oligonucleotides are designed to hybridize either with the **target** gene to prevent transcription or with mRNA to prevent translation.

관 be designed to ....하기로 고안되다, hybridize with ....와 혼성체를 형성하다

해 이 올리고뉴크레오티드는 전사를 방해하기 위하여 **표적** 유전자나 혹은 번역반응을 억제할 목적으로 mRNA와 혼성체를 형성할 수 있도록 고안되었다.

타 1 (공격의) 표적으로 하다

Scientists are currently attempting to **target** the RNase H activity of reverse transcriptase with inhibitors as a means of controlling spread of the virus.

관 target(타)=select as an object of attack 공격의 목표로 선택하다, currently 현재, attempt to .... 하려는 시도를 하다, means 수단

해 과학자들은 현재 바이러스의 유포과정을 조절하려는 방법으로써 저해제로 역전사효소 RNase H 활성을 **표적으로 하려는** 시도를 하고 있다.

2 ~ ..... for ....을 목표로 하다

Chemical modifications often occur in the liver, kidney, or other tissues that inactivate or detoxify the chemicals, make them more water-soluble, or otherwise **target** such molecules for excretion.

관 target(타) .... for .....를 .....할 목표로 하다=set as a goal, detoxify(타) 제독작용을 하다,

해 화학적 변형반응은 화합물을 불활성화시키거나 제독작용을 하고, 물에 더 잘 녹게 만들거나, 혹은 그렇지 않으면 그러한 분자를 배출하는 것**을 목표로 하는** 간, 신장, 혹은 다른 조직에서 자주 일어난다.

4 ~ ..... to ....를 (목적지)로 보내다

All type I transmembrane proteins possess an N-terminal signal sequence that **targets** them to the ER and an internal hydrophobic sequence that becomes the membrane-spanning α-helix.

관 target(타) .... to ....를 .....로 보내다

해 모든 제1형 막관통단백질들은 그들을 ER**로 보내도록 하는** N-말단의 신호서열과 막을 관통하는 α-나선구조가 되는 내부의 소수성 서열을 소유하고 있다.

참 제1형 막단백질 : 이 유형의 단백질은 리보솜에서 합성된 신호서열 펩티드들이 ER막을 통과하여 나오면 신호서열 펩티드분해효소signal peptidase가 이 서열을 절단한다. 이렇게 되면 막에 고정될 수 있는 서열이 사라지게 되므로 계속적으로 펩티드사슬이 합성되면서 translocon을 빠져나오게 된다. 그 후 합성되는 막통과부위 (α-나선구조로 된)를 만나면 막에 고정된 채로 합성이 지속된 후 종결된다.

targeted
175

타 1 be ~ for 목표로 삼게 되다, 표적으로 되다

Cells with damaged DNA are **targeted** for apoptosis so that they will not proliferate.

해 손상된 DNA를 가지고 있는 세포들은 압폽토시스를 **목표로 삼게 되어**, 그 결과 증식하지 않을 것이다.

형 표적이 된, 표식이 붙은

A protease complex, known as the proteasome, degrades the **targeted** protein, releasing intact ubiquitin that can again mark other proteins for degradation

관 mark(타) .... for ....용이라는 표식을 달다

해 단백질분해효소 복합체는 프로테오좀으로 알려져 있는데, **표적화된** 단백질을 분해하여, 다른 단백질에 분해용이라는 표식을 다시 달 수 있는 손상되지 않은 ubiquitin을 유리시킬 수 있다.

targeting
344

타 표적으로 삼다, 목표로 하다

Some hormones change the concentration of cAMP by **targeting** the phosphodiesterase enzyme rather than adenylyl cyclase. For example, insulin lowers cAMP levels by causing phosphodiesterase activation.

관 target(타) 표적으로 삼다=select .... as an object of control, lower(타) 낮추다, cause(타) 일으키다=bring about

해 일부 호르몬은 adenylyl cyclase보다 오히려 phosphodiesterase 효소를 조절용 **표적으로 삼으므로써** cAMP의 농도를 변하게 한다. 예를 들면, 인슐린은 phosphodiesterase의 활성화를 일으켜서 cAMP 수준을 낮춘다.

tend 자 ~ to/toward .... 하는 경향이 있다

29

Modifications such as glycosylation, hydroxylation, and fatty acid acylation introduce new structural features into newly synthesized proteins that **tend to** persist for the lifetime of the protein. Among the covalent modifications, the most common by far is phosphorylation-dephosphorylation.

관 tend to ....하는 경향이다, introduce(타) .... into ....를 .... 속으로 도입시키다, persist(자) 지속되다=continue, by far비교급 혹은 최상급과 함께 very much의 의미

해 당화, 수산화, 그리고 지방산 아실화와 같은 변형반응은 새로이 합성된 단백질 속으로 단백질의 일생동안 지속될 **경향이 있는** 새로운 구조적 일부 특성을 도입하도록 한다. 그 공유결합성 변형반응 가운데 단연 가장 흔한 것이 인산화와 탈인산화반응이다.

tendency 명 경향, 성향, 추세

17

The K_d of antibodies for their specific antigens is extremely small and varies from approximately 10^{-7} to 10^{-11} M. The antigen thus binds very tightly with almost no **tendency to** dissociate and can be removed from circulation as the antigen–antibody complex is ingested by macrophages.

관 vary(자) 변하다, with tendency to ....하는 경향을 가진

해 특이 항원에 대한 항체의 K_d는 극도로 작아서 대략 10^{-7}에서 10^{-11} M까지 변한다. 그래서 항원은 거의 해리될 **성향**이 없을 정도로 매우 단단하게 결합하여 그래서 항원항체 복합체가 거대식세포에 의해 섭취될 때 혈액순환으로부터 제거될 수 있다.

term 명 1 용어

139

In practice, the **term** phenotype often is used to denote the physical consequences that result from just the alleles that are under experimental study.

관 in practice 실제적으로=in actuality, phenotype 표현형, denote(타) ....를 표현하다=be the sign or indication of, be under .... 하는 중이다

해 실제적으로, 표현형이란 **용어**는 지금 실험 중에 있는 바로 그 대립유전자 때문에 생긴 육체적으로 나타난 일련의 결과를 표현하기 위하여 자주 사용된다.

2 기간

Intracellular signal-transduction pathways can have short-**term** and long-**term** effects on the cell.

관 have effects on ....에 효과를 주다, term 기간

해 세포내의 신호전달과정은 세포에 짧은 **기간**의 효과와 긴 **기간**의 효과를 줄 수 있다.

3 (식의) 항

Inversion of the last **term** removes the minus sign and gives the Henderson-Hasselbalch equation.

해 마지막 **항**의 역수 만들기로 음의 부호가 제거되고 그 결과 Henderson-Hasselbalch식으로 된다.

4 in ~s ....의 수준에서 (복수)

It seems likely that bacterial chemotaxis will be the first cell-signaling system to be understood completely in molecular **terms**.

관 it seems likely that ....일 것 같다, in molecular terms 분자수준에서, chemotaxis 화학쏠림성

해 세균의 화학쏠림성은 분자**수준**에서 완벽하게 이해될 첫 번째의 세포신호전달계가 될 것 같다.

5 in ~s of ....의 말로, ...의 측면에서 (복수)

The specificity of an antibody is conferred by chemical complementarity between the antigen and its specific binding site, in **terms** of shape and the location of charged, nonpolar, and hydrogen-bonding groups.

관 confer(타) (성질을) 부여하다=give, complementarity 상보성, location 위치, in terms of ....와 연관되어=in connection with

해 항체의 특이성은 전하를 가지고 있고, 비극성이며, 또한 수소결합을 하는 작용기들의 모양과 위치**의 측면에서 주어지는** 항원과 특이 결합부위 사이의 화학적 상보성에 의하여 부여된다.

타 ~ A B A를 B라는 용어로 부르다

We **term** the protonated species (eg, HA or $R\text{-}NH_3^+$) the acid and the unprotonated species (eg, A^- or $R\text{-}NH_2$) its conjugate base.

해 우리는 양성자화된 종 (예, HA 혹은 $R\text{-}NH_3^+$)을 산으로 그리고 양성자화 되지 않은 종 (예, A^- 혹은 $R\text{-}NH_2$)을 짝염기라는 **용어로 부른다**.

termed
52

타 be ~ ....라는 용어로 불리다

Initial adhesion to the sites of blood vessel injury sets off a series of reactions **termed** platelet activation, which leads to platelet aggregation and secretion of platelet granule contents.

관 set off 개시하다=start, a series of 일련의, is termed ....라는 용어로 불리다, lead to 결과....을 일으키다, granule contents 과립의 내용물들

해 혈관의 손상부위에 대한 초기의 흡착반응은 혈소판의 응집과 혈소판 과립 속의 내용물의 분비를 유발하도록 하는 혈소판의 활성화라는 **용어로 불리는** 일련의 반응을 개시하도록 한다.

terminal
1165

명 (신경)종말, 말단부

Glycine is the major inhibitory neurotransmitter in the spinal cord. Most of the glycine in neurons is synthesized de novo within the nerve **terminal** from serine by the enzyme which requires folic acid.

해 Glycine은 척수에 존재하는 주된 저해성 신경전달물질이다. 신경세포에서 대부분의 glycine은 신경 **말단부** 내에서 엽산을 필요로 하는 효소에 의하여 serine으로부터 새로이*de novo* 합성된다.

형 1 말단의, 끝의, 최종단계의

Cytochrome oxidase is the **terminal** component of the chain of respiratory carriers found in mitochondria and transfers electrons resulting from the oxidation of substrate molecules by dehydrogenases to their final acceptor, oxygen.

해 Cytochrome oxidase는 미토콘드리아에서 발견되는 호흡전달체로 구성된 사슬의 **최종단계의** 구성요소이며 그리고 dehydrogenase에 의한 기질분자의 산화의 결과로 생긴 전자를 최종 수용체인 산소까지 전달한다.

2 (의학) 말기의, 가망이 없는, 치료가 불가능한

Terminal illness is more commonly used for progressive diseases such as cancer or advanced heart disease than for trauma. In popular use, it indicates a disease which will end the life of the sufferer. A patient who has such an illness may be referred to as a **terminal** patient.

관 terminal illness 말기병, terminal patient 말기환자, terminal=(final, mortal, incurable), progressive disease 진행성 질환, trauma 외상, end(타) 끝내게 하다

해 말기병이란 외상보다는 암이나 상당히 진행된 심장병과 같은 진행성 질환에 대하여 더 일반적으로 사용된다. 흔한 사용으로, 환자의 생명을 끝내게 하는 질병을 의미한다. 그러한 병을 앓고 있는 환자는 **말기**환자라고도 말한다.

terminus
394

명 말단(부), 종말(부)

The mutations responsible for this altered cellular localization all occur within a specific seven-residue sequence rich in basic amino acids near the C-**terminus** of the protein: Pro-Lys-Lys-Lys-Arg-Lys-Val.

관 be responsible for ....의 원인이 되다=be the cause of, cellular localization 세포의 편중화, terminus=(last station, terminal; end, term)

해 이 변형된 세포의 편중화의 원인이 되는 돌연변이는 모두 단백질의 C-**말단** 근처에 있는 염기성인 아미노산이 풍부한 특이한 7개의 잔기서열인 Pro-Lys-Lys-Lys-Arg-Lys-Val내에서 일어난다.

참 Terminal과 terminus가 명사형으로 함께 사용될 수 있다. 이 단어의 사용빈도수를 보면 terminal은 형용사로 terminus는 명사로 흔히 사용된다. 예를 들면 신경축삭종말은 axon terminal 혹은 axon terminus 모두 사용 가능하지만 후자가 더 많이 사용된다.

terminate 자 종결되다, 끝나다

17

Hormones initiate their biologic effects by binding to specific receptors, and since any effective control system also must provide a means of stopping a response, hormone-induced actions generally **terminate** when the effector dissociates from the receptor.

해 호르몬들이 특이 수용체들에 결합함으로써 생물학적 효과를 개시하며, 그리고 어떤 효과적인 조절계가 또한 반응을 중단하는 수단을 틀림없이 제공하기 때문에, 호르몬에 의해 유도된 작용들이 효과제가 수용체로부터 해리될 때 일반적으로 **종결된다**.

타 종결시키다, 끝나게 하다

A phosphodiesterase can also **terminate** the response by converting cAMP to 5′-AMP.

관 terminate(타) 종결시키다=(stop, end, come to an end, finish)

해 Phosphodiesterase는 cAMP를 5′-AMP로 전환함에 의하여 반응을 **종결시킬** 수 있다..

terminated 타 be ~ 종결되다, 끝나다

64

Moreover, signaling processes that fail to be **terminated** properly may lead to uncontrolled cell growth and the possibility of cancer.

관 fail(타) 실패하다=(be unsuccessful; make unsuccessful), lead to 결과 ....의 원인이 되다=(result in, be the cause of)

해 더욱이, 적절하게 **종결되는** 것을 실패한 신호전달과정은 무절제한 세포성장을 일으켜 암이 될 수도 있다.

termination 명 종결, 마침

21

The process of **termination** is not yet well understood in eukaryotes, so our focus is again on bacteria.

해 **종결**과정이 진핵세포에서 아직 잘 밝혀지지 않아서, 그래서 우리의 초점은 다시 한 번 더 박테리아에 둔다.

tertiary 형 3차의

18

Many proteins from higher eukaryotes have a multidomain **tertiary** structure. Individual repeated protein domains often are encoded by one exon or a small number of exons that code for identical or nearly identical amino acid sequences.

해 고등진핵세포로부터 유래한 많은 단백질들은 어떤 다중도메인의 **3차**구조를 가지고 있다. 각각의 반복되는 단백질 도메인은 동일하거나 혹은 거의 동일한 아미노산서열을 부호화하고 있는 하나의 액손이나 혹은 소수의 액손들에 의하여 자주 인코딩된다.

참 primary=(first in order), secondary=(second in order), tertiary=(third in order), quaternary=(fourth in order, composed of four parts; arranged in quarters)

test 명 시험, 검사, 테스트

497

As a final **test** that an isolated protein is in fact a transcription factor, its ability to modulate transcription of a template containing the corresponding protein-binding sites is assayed in an *in vitro* transcription reaction.

관 modulate(타) 조정하다=(adjust, regulate), assay(타) 분석하다=(test, examine)

해 분리된 단백질이 실제로 전사인자라는 최종 **검사**로써, 그 해당 단백질의 결합자리를 함유하고 있는 주형서열의 전사를 조정할 수 있는 능력이 시험관 전사반응으로 분석된다.

자 ~ for ....의 시험하다, 검사하다

Figure 9 illustrates how RFLP analysis of a family can detect the segregation of an RFLP that can be used to **test** for statistically significant linkage to the allele for an inherited disease or some other human trait of interest.

관 segregation 유전상의 분리=state of being separated, statistically significant 통계적으로 유의한

해 그림 9는 한 가족의 RFLP분석이 유전상속된 질병이나 사람의 흥미로운 어떤 다른 특질에 책임이 있는 대립유전자와 통계적으로 유의한 연관성을 **검사하기** 위하여 사용될 수 있는 RFLP의 유전상의 분리를 어떻게 검출할 수 있는가를 보여주고 있다.

참 RFLP (Restriction Fragment Length Polymorphism) : 각 개인으로부터 채취한 DNA를 적당한 제한효소로 자르고 전기영동으로 분리한 후, 방사능으로 표지된 특정의 탐침자probe를 사용하여 Southern 블롯팅하여 조사하는 방법이다. DNA서열에 돌연변이가 일어나면 새로운 제한효소에 의해 인식될 수 있는 서열이 새로 생길 수도 있고, 반대로 기존의 서열이 없어질 수도 있을 것이다. 이와 같이 돌연변이에 의해 제한효소의 절단 결과가 달라져 유전자의 돌연변이를 예측할 수 있는 이 간단한 방법을 RFLP라 한다. 이 방법은 DNA지문법에 의한 친자확인, 성범죄자 확인, 유전병의 진단 등에 사용된다.

tested 타 be ~ 시험되다

428 The somatic cell gene replacement would obviously not be passed on to offspring. Other strategies to alter germ cell lines have been devised but have been **tested** only in experimental animals.

관 gene replacement 유전자 교환, would 고집, pass on 계속되다=(continue to, proceed), devise (타) 계획하다=(plan, invent)

해 체세포 유전자의 교체는 확실히 결코 자손에게로 계속 전해지지 않는다. 생식 세포주를 변경시키는 다른 전략이 계획되어왔지만 실험용 동물에서만 **시험되고** 있다.

themselves 대 1 그들 자신, 그것들 자신

35 Cells protect **themselves** against damage by ROS and other radicals through repair processes, compartmentalization of free radical production, defense enzymes, and endogenous and exogenous antioxidants (free radical scavengers).

해 세포들은 수리과정과, 자유라디칼 생산의 구획화, 방어용 효소들과, 내인성 및 외인성의 항산화제 (자유라디칼 제거제)을 통하여 ROS와 다른 라디칼에 의한 손상에 대항하여 **자신들을** 방어한다.

2 재귀적 강조

Some rRNA precursors contain introns within the regions that become the mature rRNAs. These introns are removed by the rRNA precursors **themselves**, which undergo self-splicing reactions. The rRNA precursors that catalyze their own splicing are known as ribozymes

관 A undergo the reaction 그 반응이 A에서 수행되다, be known as ....로 알려져 있다

해 일부 rRNA 전구체들은 완성된 rRNA가 되는 영역 안에 인트론을 함유하고 있다. 이들 인트론은 자가 스프라이싱 반응을 수행하는 rRNA 전구체 **자신들에** 의하여 제거된다. 자기 자신의 스프라이싱을 촉매하는 rRNA 전구체는 ribozyme으로써 알려져 있다.

3 by ~ 혼자의 힘으로

Molecules that cannot pass freely through the lipid bilayer membrane by **themselves** do so in association with carrier proteins.

관 do so=pass freely ....membrane, in association with ....와 결합하여, by themselves 혼자서; 혼자 힘으로

해 지질 이중층막을 **혼자 힘으로** 관통하여 자유롭게 지나 갈 수 없는 분자들은 전달체 단백질들과 결합하여 관통할 수 있다.

then 부 1 그렇다면

1722 How, **then**, can this bicarbonate system function effectively? The bicarbonate buffer system works well because the critical concentration of H_2CO_3 is maintained relatively constant through equilibrium with dissolved CO_2 produced in the tissues and available as a gaseous CO_2 reservoir in the lungs.

해 **그렇다면**, 중탄산염계가 어떻게 효과적으로 기능을 할 수 있는가? H_2CO_3의 임계농도가 조직에서 생산되는 용해된 CO_2와 폐 속에서 기체상태의 CO_2 저장체로써 이용가능한 CO_2와의 평형을 통하여 비교적 일정하게 유지되기 때문에, 중탄산염 완충계는 잘 작동한다.

참 중탄산염 완충계 bicarbonate buffering system : 몸속에서 대사의 결과로 발생하는 산과 염기의 균형은 중탄산염bicarbonate과 혈액 속의 단백질, 신장을 통한 배출기능 등을 통하여 유지된다. 특히 중탄산염 완충계는 폐를 통하여 CO_2를 배출하여 농도를 조절할 수 있기 때문에 산염기의 조절에 공헌하는 바가 매우 크다.

2 그 후에, 그 다음에, 그래서

The enzyme is bound by this immunoaffinity matrix while other proteins pass freely out. The enzyme is **then** recovered by passing a strong salt solution through the column, which dissociates the enzyme-antibody complex.

관 pass(자) out 통과하여 빠져나가다, be recovered 회수되다=be obtained again, dissociate(타) 해리시키다

해 다른 단백질들이 자유롭게 통과해 완전히 빠져나가는 동안 그 효소는 면역친화성 기질에 의하여 결합된다. **그 후에**, 효소는 효소-항체 복합체를 해리시키는 강한 염 용액을 칼럼을 통과하여 흘러 보내어 회수된다.

3 그리고 나서, 그 후

During meiosis, a diploid cell replicates its chromosomes as usual for mitosis but **then** divides twice without copying the chromosomes in-between.

관 as usual=as always, divide(자) 분열하다, in-between 중간에=in the middle

해 감수분열 동안, 이배체 세포는 유사분열에서처럼 일반적으로 염색체를 복제한다, 그러나 **그 후** 분열 중간에 염색체를 복제하지 않고 2회 분열한다.

4 and ~ (연속되는 일) 그리고 난 다음에

In Western blot, proteins are electrophoresed and transferred to nitrocellulose and **then** probed with a specific antibody or other probe molecule.

관 be electrophoresed 전기영동되다, be transferred to ....로 이동되다, be probed with ....로 검출되다=(be detected, be identified)

해 웨스턴블롯에서, 단백질은 전기영동되고 nitrocellulose로 옮겨지고 **그리고 난 다음에** 어떤 특이 항체나 다른 탐침자분자로 검출된다.

5 every now and ~ 거의 반복적으로, 거의 규칙적인 간격으로

Every now and **then** we all feel a little blue, these feelings can be caused by losing a loved one. Clinical depression goes much further than just feeling down. Depression has many symptoms, including lack of energy, abnormal eating habits and sleeping problems. Often a person can feel worthless and have thoughts of committing suicide.

관 Every now and then 거의 반복적으로=(at fairly regular intervals, repeatedly), feel blue 우울함을 느끼다=feel depressed and sad, depression 우울증, commit suicide 자살하다

해 **거의 반복적으로** 우리 모두는 약간의 우울함을 느끼기도 하며, 이런 감정은 사랑하던 사람을 잃게 됨으로써 발생될 수 있다. 임상적인 우울증이란 단지 기분이 가라앉는 것보다 훨씬 심하다. 우울증은 힘이 없어지거나, 비정상적인 식습관과 수면장해를 포함하는 많은 증상들을 가지고 있다. 가끔 사람은 가치가 없음을 느낄 수 있으며 그래서 자살을 할 생각을 품기도 한다.

6 since ~ 그때 이래로

Many different myoglobin structures have been elucidated, allowing investigators to see how the structure changes when oxygen or other molecules bind to it. Hundreds of proteins have been subjected to similar analysis since **then**.

관 be subjected to 주제가 되다=be on the subject of concerning, since then 그때 이래로

해 많은 서로 다른 myoglobin의 구조들이 규명되어왔으며, 그 결과 연구자들이 산소나 혹은 다른

분자들이 결합할 때 그 구조가 어떻게 변하는지를 이해하는 것을 가능하도록 하였다. **그때** 이래로 수백 종의 단백질들이 유사한 분석의 주제가 되었다.

there 부 1 그곳에서

715

Bone marrow precursor cells are being investigated for this purpose because they presumably will resettle in the marrow and replicate **there**. The introduced gene would begin to direct the expression of its protein product, and this would correct the deficiency in the host cell.

관 be investigate for this purpose ....이 목적으로 연구되다, presumably 아마도=(probably, in all likelihood), direct(타) 조절하다

해 골수전구세포는 이 목적으로 연구되고 있다, 왜냐하면 그들이 아마도 골수에 재정착하여 **그곳에서** 복제될 것이기 때문이다. 도입된 유전자가 단백질산물의 발현을 조절하기 시작한다면, 숙주세포에서 결핍증을 치료하게 될 것이다.

3 ~ is/are 있다, 존재하다

Consequently, the number of mature platelets (thrombocytes) in the circulation falls, and a thrombocytopenia develops. Because **there** are fewer platelets to contribute to clot formation, bleeding problems are common.

관 fall(자) 감소하다=drop suddenly, develop(자) 발병하다, contribute to ....을 야기하다=(help to cause), thrombocytopenia 저혈소판증, thrombocyte 혈소판세포

해 결과적으로, 혈액에 순환 중인 완성된 혈소판세포의 수가 갑자기 떨어져, 저혈소판증이 발생한다. 혈전형성의 원인을 야기하는 혈소판이 더 적게 **존재하기** 때문에, 출혈성 문제가 흔히 나타난다.

4 ~ is no way to ....할 가능성이 없다, ...할 가능한 방법이 없다

In transgenic animals, one is adding one or more copies of a gene to the genome, and **there** is no way to control where that gene eventually resides.

관 there is no way to=there is no possibility of

해 누군가가 형질변환 동물에, 한 종류 이상의 어떤 유전자의 복제물들을 유전체에 추가하려고 한다면, 그 유전자가 최종적으로 자리를 잡을 장소를 조절**할 가능한 방법은 없다**.

5 ~ appear to ....하는 것처럼 보인다, 것 같다

In contrast to collagen, **there** appears to be only one genetic type of elastin, although variants arise by alternative splicing of the hnRNA for elastin.

관 in contrast to ....와는 반대로, arise(자) 생기다=come into being

해 콜라겐과 달리, 비록 엘라스틴 hnRNA의 대체 스프라이싱에 의하여 변이체들이 생기긴 하지만, 단지 한 종류의 유전자형인 엘라스틴만이 **존재하는 것 같다**.

thereby 부 그것에 의해서

152

This reactive group then forms a covalent bond with a nearby functional group within the active site of the enzyme, **thereby** causing irreversible inhibition.

관 nearby 근처의=located a short distance away, cause(타) 그 결과 ....를 일으키다=(lead to, bring about), irreversible 비가역적인

해 이 반응성이 강한 작용기는 곧 그 효소의 활성화자리 내에 존재하는 근처의 기능기와 하나의 공유결합을 형성하여, **그것에 의하여** 비가역적인 저해를 일으킨다.

therefore 접 그러므로

844

Heterozygous individuals (Hb^s/Hb^a) do not have the disease. **Therefore**, Hb^s is recessive for the trait of sickle-cell disease.

관 recessive 열성의≠dominant 우성의, trait 유전적 기질=genetically determined characteristic

해 이종 접합형인 사람 (Hb^s/Hb^a)은 이 질병에 걸리지 않는다. **그러므로** Hb^s는 낫형세포성 질환의 유전적으로 결정되는 성질에 대하여 열성이 된다.

부 (문장 중간에) 그런 까닭에, 그러므로

The resultant inappropriate overproduction of Bcl-2 protein prevents normal apoptosis and allows survival of these tumor cells. Chronic lymphoblastic leukemia (CLL) tumors are **therefore** attributable to a failure of cell death.

관 prevent(타) 억제하다, be attributable to ....에 원인이 있다, chronic lymphoblastic leukemia (CLL) 만성림프모구성 백혈병

해 결과적으로 발생한 Bcl-2 단백질의 부적절한 과생산은 정상적인 압폽토시스를 억제하여 이 종양 세포의 생존을 가능하게 한다. 만성 림프모구성 백혈병 (CLL) 종양은 **그런 까닭에** 세포죽음의 실패에 그 원인이 있다.

third

140 형 세 번째의

The leukotrienes and lipoxins are a **third** group of eicosanoid derivatives formed via the lipoxygenase pathway.

해 Leukotriene류와 lipoxin류는 lipoxygenase 경로를 경유하여 형성된 eicosanoid 유도체의 **세 번째의** 그룹이다.

참 Eicosanoid류 : 20개 (eicosa-)의 탄소로 구성된 다중불포화지방산인 아라키돈산이 원료로 하여 만들어지는 유도화합물을 말하며 prostaglandin, thromboxane과 leukotriene류가 포함된다.

부 셋째

Several features of this remarkable PCR method for amplifying DNA are noteworthy. First, ... sequences. Second, ... by PCR. **Third**, primers do not have to be perfectly matched to flanking sequences to amplify targets.

관 서수의 예를 보여주는 예문, feature 여러 특성 중 관심거리인 어떤 특성, remarkable 놀라운, noteworthy 주목할 만 한, be matched to ....와 일치하다

해 DNA를 증폭시키기 위한 놀라운 PCR 방법의 몇 가지 흥미로운 특징은 주목할 만하다. 첫째, ... 서열들. 둘째, ... PCR에 의하여. **셋째**, 프라이머가 표적서열을 증폭시키기 위하여 양쪽의 서열에 완벽하게 일치될 필요는 없다.

참 PCR (polymerase chain reaction) : 중합효소연쇄반응 amplify 참조

명 1 3분의 2 (복수가능)

Approximately one **third** of plasma cholesterol exists in the unesterified form. The remaining **two thirds** exists as cholesterol esters in which a long-chain fatty acid is attached by ester linkage to the hydroxyl group at C-3 of the A ring.

관 one third 3분의 1, two thirds 3분의 2

해 대략 혈청 콜레스테롤의 3분의 1은 에스테르화되지 않은 형으로 존재한다. 나머지 **3분의 2**는 긴 사슬형 지방산이 A고리의 C-3에 있는 hydroxyl기에서 에스테르 연결에 의해 부착되어있는 콜레스테롤 에스테르로써 존재한다.

참 Cholesterol ester : 친수성인 C-3의 OH기와 긴 사슬형의 지방산의 카르복실기 사이에서 형성된 에스테르 유도체들이므로 자유형 콜레스테롤에 비해 용해도가 더 낮아, 죽상동맥경화증 artherosclerosis을 발병시킬 위험성이 더 높다. 콜레스테롤의 에스테르화는 이 분자의 용해도를 감소시킴으로써 세포막의 구성성분으로써 사용하지 못하도록 하고, 또한 세포질에서 지질과립 속으로 쉽게 축적될 수 있도록 할 수 있는 하나의 방법이다. 이를 통하여 과도한 양의 해로운 콜레스테롤이 세포막에 축적되는 것을 예방할 수 있다. 콜레스테롤이 소장에서 흡수될 때도 이 형태로 전환되어 지질단백질 속으로 들어가 수송된다.

서 세 번째

In general, the **third** nucleotide in a codon is less important than the first two in determining the specific amino acid to be incorporated, and this accounts for most of the degeneracy of the code.

관 순서를 표현할 때 쓰는 서수, in general 일반적으로 account for ....을 설명하다, degeneracy of the code 그 부호의 퇴화현상

해 일반적으로, 유전부호에서 **세 번째의** 뉴크레오티드가 삽입될 예정인 특이 아미노산을 결정하는 데 있어서 최초의 2개보다 덜 중요하다, 이것은 유전부호의 퇴화현상의 대부분을 설명하고 있다.

참 유전자부호genetic code : 아미노산을 지정하는 유전자부호는 3개의 뉴크레오티드로 구성되며 최초의 2개가 세 번째 뉴크레오티드보다 아미노산의 지정에 미치는 영향이 더 크다. 예를 들면 Leucine의 유전부호들은 CUU, CUC, CUA, CUG인데, 앞의 2개의 염기들은 CU로 모두 같지만, 세 번째 것은 어느 뉴크레오티드가 오더라도 상관없다. 이 현상을 유전부호의 퇴화현상degeneracy 이라하며, 이에 반대되는 tRNA 상의 anticodone에 대하여 wobble효과라 한다.

thorough 형 충분한, 완벽한

11

After **thorough** washing, the nitrocellulose filter is exposed to x-ray film, which is developed to reveal several specific bands corresponding to the DNA fragment that recognized the sequences in the cDNA probe.

관 reveal(타) 보여주다=(disclose, show, exhibit), correspond to ....에 해당하다; ....와 일치하다 =(match, fit to)

해 **충분한** 세척 후에, 그 nitrocellulose 여과지가 x-선 필름에 노출되고, 그 후에 cDNA 탐침자에 있는 서열을 인식한 DNA 조각과 해당하는 몇 개의 특이적인 띠를 보여주기 위하여 현상된다.

thoroughly 부 충분하게, 철저하게

24

For example, *in vitro* studies of pure enzymes are commonly done at very low enzyme concentrations in **thoroughly** stirred aqueous solutions. In the cell, an enzyme is dissolved or suspended in a gel-like cytosol with thousands of other proteins, some of which bind to that enzyme and influence its activity.

관 *in vitro* study (생체가 아닌) 시험관 연구, bind to ....와 결합하다, thousands of 수천의, suspended (녹지 않고) 부유된, dissolved 녹은

해 예를 들면, 순수한 효소의 시험관에서의 연구는 일반적으로 **충분하게** 혼합된 수용액에서 매우 낮은 효소 농도로 수행된다. 세포에서는, 효소는 용해되어있기도 하고 혹은 겔과 같은 세포질에서 수천의 다른 단백질과 함께 부유되어있으며, 또한 그들 중 일부는 이 효소와 결합하여 활성에 영향을 주기도 한다.

those 대 1 (무생물 복수명사 대신) 것들

622

Deoxy sugars are **those** in which a hydroxyl group has been replaced by hydrogen. An example is deoxyribose in DNA.

해 Dexoy탄수화물들은 hydroxyl기가 수소로 교체된 **것들**이다. 한 예가 DNA의 deoxyribose이다.

2 ~ who ....하는 사람들

Lung cancer currently accounts for one fifth of all cancers in men and one tenth in women. The overall 5-year survival rate is still less than 15%. For **those** who smoke two or more packs of cigarettes daily, the death rate is 265 per 100,000 population.

관 account for ....를 차지하다=(make up, comprise, constitute), survival rate 생존율, death rate 사망률

해 폐암은 현재 남성에서 모든 암의 1/5과 여성에서 1/10를 차지하고 있다. 전반적인 5년 생존율이 아직 15% 이하인 상태이다. 매일 2갑 이상의 담배를 피우는 **사람들**에 대하여, 사망률은 인구 100,000명당 265명이다.

3 그것들, 그들, 사람들

Without the catalytic power of enzymes, reactions such as **those** involved in nerve conduction, heart contraction, and digestion of food would occur too slowly for life to exist.

관 without ...., ... wodld ....이 없다면 <가정법과거>, too .... to 너무 ....하여 ....할 수 없는=so ....that ....can not, heart contraction 심장의 수축

해 효소의 촉매력이 없다면, 신경전달, 심장의 수축과 음식물의 소화에 포함된 그러한 **것들**과 같은 반응은 너무 천천히 일어나서 생명이 존재할 수 없을 것이다.

참 Reactions would occur *too* slowly for life *to* exist=Reactions would occur *so* slowly *that* life *can't* exist.

though 접 1 비록 .... 이긴하나

63 Fast Ca^{2+} channels are also present in the plasmalemma, **though** in much lower numbers compared to slow Ca^{2+} channels; they probably contribute to the early phase of increase of myoplasmic Ca^{2+}.

해 빠른 형 Ca^{2+}통로 역시 늦은 형 Ca^{2+}통로에 비해 **비록** 훨씬 더 적은 수**이지만** 세포막 plasmalemma에 존재하고 있다; 그들은 아마도 근육세포의 세포질 Ca^{2+}의 초기 증가에 이바지 할 것이다.

2 그럼에도 불구하고, 그렇지만

Ascorbic acid has specific roles in the copper-containing hydroxylases and the α-ketoglutarate-linked iron-containing hydroxylases. It also increases the activity of a number of other enzymes *in vitro*, **though** this is a nonspecific reducing action.

관 specific≠nonspecific, in vitro (생체가 아닌) 실험관 실험

해 아스코르빈산은 구리를 함유하는 hydroxylase와 α-ketoglutarate와 결합된 철을 함유하는 hydroxylase에서 특이적인 역할을 한다. 그것은 시험관 실험에서 다수의 다른 효소들의 활성을 또한 증진시킨다, **그렇지만** 이것은 비특이적인 환원활동이다.

참 Ascorbic acid 아스코르빈산 : 비타민 C라고도 하며, 수용성 환원제로써 생체용액에 녹아 예문에서 언급된 것처럼 몇 종의 특이 효소들의 촉매작용에 관여하는 철과 구리와 같은 금속이온을 환원상태로 유지시켜 활성을 가지도록 한다. 특히 콜라겐 합성의 결손이 원인인 괴혈병scurvy이 좋은 예로 알려져 있다.

through

전 1 (관통, 통과) 통하여, 꿰뚫어

946 As a consequence, Heinz bodies, aggregates of cross-linked hemoglobin, form on the cell membranes and subject the cell to mechanical stress as it tries to go **through** small capillaries.

관 as a consequence 일련의 결과로=as a result, form(자) 형성되다, subject(타) .... to ....에 노출되도록 만들다, try to ....억지로 ...하다, as well as =in addition to, through 뚫고=from end to end

해 일련의 결과로, Heinz소체라는 것은 교차연결된 헤모글로빈의 응집체이며 세포막에 형성되고 그 세포가 작은 모세혈관을 **뚫고** 억지로 지나가려고 할 때 세포를 기계적인 스트레스에 노출되도록 만든다.

참 (*move, go, flow, cycle, pass, progress, read*) through 완전히, 끝까지

2 (시작부터 끝까지) 지나면서

In most people, lactase is gradually lost **through** adolescence, leading to lactose intolerance. Lactose remains in the intestinal lumen, where it is a substrate for bacterial fermentation to lactate, resulting in discomfort and diarrhea.

관 adolescence 청소년기, lactose 유당, discomfort 불쾌감, diarrhea 설사

해 대부분의 사람에서, lactase는 청소년기를 **지나면서** 점진적으로 소실되며, 그 결과 유당불내증을 일으킨다. 유당은 소장의 내강에 남아있으면서, 그곳에서 불쾌감과 설사를 일으키는 박테리아의 젖산으로의 발효를 위한 기질이 된다.

참 유당불내증lactose intolerance : formed, package 참조

3 (이유) .... 때문에, 통하여

Within a bacterial cell, different sets of genes are often coordinately regulated. One important way that this is accomplished is **through** the fact that these co-regulated genes share unique −35 and −10 promoter sequences. These unique promoters are recognized by different σ factors bound to core RNA polymerase.

관 coordinately 같은 수준으로=equally, through 때문에=(because of, on account of, owing to), accomplish(타) 달성하다=(perform, achieve)

해 박테리아 세포 안에서, 여러 유전자들의 세트들이 같은 수준으로 자주 조절된다. 이것이 달성되는 한 가지 중요한 방법은 공통으로 조절되는 유전자들이 특유의 -35와 -10에 위치하고 있는 프로모터서열을 공유하고 있다는 사실을 **통해서**이다. 이 특유의 프로모터는 RNA polymerease의 중심에 결합되는 여러 σ 인자에 의하여 조절된다.

4 (수단, 매체)....에 의하여, 통하여

The antilipolytic effects of insulin, nicotinic acid, and prostaglandin E1 are accounted for by inhibition of the synthesis of cAMP at the adenylyl cyclase site, acting **through** a Gi protein.

관 antilipolytic effect 지질분해억제효과, be accounted for by ....에 의하여 설명되다, through ....에 의하여=(by means of, by way of)

해 인슐린, 니코틴산과 prostaglandin E1의 지질분해 억제효과는 Gi 단백질**에 의하여** 작동하는 adenylyl cyclase 부위에서 cAMP합성의 저해에 의한 것으로 설명된다.

5 all the way ~ 완전히 관통하는

A disc with a central depression in each erythrocyte resembles a doughnut with a hole that does not go all the way **through**.

관 resemble(타) ....와 유사하다; ....를 닮다=(be similar, look like), all the way through 끝까지 지나 관통하는

해 각 적혈구에 있는 중앙이 함몰된 접시모양은 **완전히 관통하지** 않은 하나의 구멍을 가진 도넛츠를 닮았다.

6 halfway (midway) ~ 반쯤만 관통하여

About halfway **through** mitosis, the replicated chromosomes begin to move apart. Microtubules participate in this movement of chromosomes during mitosis.

관 halfway through 반쯤 관통한, apart 떨어져=separately, participate in 참여하다=take part in

해 대략 유사분열이 반쯤 **지나갈 때**, 복제된 염색체들이 서로 떨어져 이동하기 시작한다. 미세소관이 유사분열 동안 염색체의 이 운동에 참여하고 있다.

throughout

149

전 1 (장소) 전체에 걸쳐서, ...에 널리

The human genome contains at least 48 genes that encode ABC transporters, many of which are involved in maintaining the lipid bilayer and in transporting sterols, sterol derivatives, and fatty acids **throughout** the body.

해 사람유전체는 ABC형 수송체를 인코딩하는 적어도 48 종류의 유전자를 함유하고 있으며, 이들 중 많은 것이 지질 이중층을 유지하고 그리고 sterol류, sterol 유도체 및 지방산들을 **전체** 우리 몸**에 널리** 수송하는데 참여하고 있다.

참 ABC transporter : ABC형 수송체는 ATP-binding cassette(ABC)를 함유하고 있는 수송체의 부류로, ATP에너지를 사용하여 아미노산, 펩티드, 금속이온, 지질, 담즙산과 약물을 세포 밖으로 퍼내는 능동수송체이다.

2 (시간) ....통하여 쭉

Typical values of the mean arterial pressure for a resting, healthy adult are approximately 120 mmHg systolic and 80 mmHg diastolic, with large individual variations. These measures are not static, but undergo natural variations from one heartbeat to another or **throughout** the day (in a circadian rhythm); they also change in response to stress, nutritional factors, drugs, or disease.

관 systolic 수축기의≠diastolic 확장기의, static 고정된=fixed, circadian 일주기성=occurring in 24-hour periods or cycles, change(자) in response to ....에 반응하여 변하다

해 휴식중인 건강한 성인에 대한 평균 동맥혈압의 전형적인 값은 큰 개인적인 차이를 보이면서 대략 수축기 120 mmHg 그리고 확장기 80 mmHg이다. 이들 측정치는 고정되어있지 않고 심장박동 때마다 혹은 그날을 **통하여 쭉** (일주기성 리듬으로) 자연적인 변동이 일어난다; 또한 스트레스, 영양요인, 약물이나 혹은 질병에 반응하여 변하기도 한다.

부 전체적으로, 도처에, 철저히

Because each base pair contains a purine bonded to a pyrimidine, two DNA strands are equidistant from each other **throughout**.

관 be equidistant from each other 서로로부터 같은 거리가 된다

해 각 염기쌍은 하나의 pyrimidine에 결합된 하나의 purine을 함유하고 있기 때문에, 2개의 DNA 가닥은 **전체적으로** 서로로부터 같은 거리가 된다.

참 DNA의 염기짝짓기 : DNA의 염기쌍은 A=T, G≡C 염기가 서로 짝짓기를 하여 2중 나선구조를 형성한다. Purine염기가 pyrimidine보다 크기가 크지만, purine염기인 A와 G 그리고 pyrimidine인 T와 C에서 purine과 pyrimidine염기가 항상 한 조로 짝을 이루고 있기 때문에, 각 쌍의 전체 길이는 모두 같아진다.

thus 부 1 따라서, 그래서

1009

Mobile elements account for an astounding 45 percent of the human genome. Some of our own mobile DNA elements are copies - often highly mutated and damaged - of genomes from viruses that spend part of their life cycle as DNA segments inserted into host-cell DNA. **Thus** we carry in our chromosomes the genetic residues of infections acquired by our ancestors.

관 mobile element 이동성 요소, account for ....를 차지하다=(make up, comprise, constitute)

해 이동성 요소들이 놀랍게도 사람 유전체의 45퍼센트를 차지하고 있다. 우리 자신의 이동성 DNA 요소의 일부는 숙주세포 DNA 속에 삽입된 DNA 조각으로 생명주기의 일부분을 보냈던 바이러스로부터 유래된 유전체의 복사물이며, 자주 매우 높게 돌연변이되고 또한 손상되어있기도 하다. **따라서** 우리는 조상들에 의해 획득된 감염체들의 유전자의 잔기들을 염색체 속에 지니고 있다.

참 인간과 병원체 사이의 유전적 관계 : 인간이 살아가면서 주위의 바이러스나 세균 등의 생명체와 함께 살아가게 되는데, 이들과의 모든 접촉한 사실이 자신의 유전체 속에 남아있게 된다. 이것은 이동성 요소에 의해 사람유전체 속에 들어온 외부유전자들이 전체 유전체의 45%나 차지하고 있는 결과로부터 추론될 수 있다. 이러한 유전적 사실은 위생적인 환경에서 병 없이 살아야 나 자신뿐만 아니라 후손에게도 좋은 유전자를 넘겨줄 수 있음을 암시한다.

2 그래서

The half-life of EPO in plasma is influenced by the nature of its glycosylation pattern, with certain patterns being associated with a short half-life, appreciably limiting its period of therapeutic effectiveness. It is **thus** important to harvest EPO from host cells that confer a pattern of glycosylation consistent with a normal half-life in plasma.

관 appreciably 상당히=(markedly, considerably), limit(타)=(restrict, reduce), consistent with ....와 일치하는

해 혈장에서 EPO의 반감기는 짧은 반감기와 관련되어있는 어떤 형태들이 치료하는 효능기간을 상당하게 줄이는 결과와 같이 당화형태와 같은 성질에 의하여 영향을 받는다. **그래서** 혈장에서 정상의 반감기와 일치하는 당화형태를 부여하는 숙주세포로부터 EPO를 수확하는 것이 중요하다

참 EPO (Erythropoietin) : 적혈구조혈인자는 악성빈혈, 수술 후의 빈혈 환자에게 적혈구세포의 생성 촉진을 위하여 사용되는 유전공학적으로 생산된 바이오의약품 biodrug으로 전세계적인 베스트셀러 의약품이다. EPO는 당단백질의 일종으로 주사 후 혈액에서의 반감기는 당의 구조에 달려있음이 알려져 있다. 제2세대 EPO는 이러한 조건이 적용되어 더 긴 반감기를 가지고 있다.

tight 형 빽빽한, 빈틈없는, 단단한

42

The high cholesterol content of the myelin membrane also contributes to the **tight** packing, although the myelin proteins are also required to complete the tightness of the packing process.

관 contribute to 이바지하다=share in bringing about, complete(타) 완성하다

해 수초 막의 높은 콜레스테롤 함량 역시 **빽빽한** 채움과정에 이바지하고 있지만, 그렇다고 하더라도 수초의 단백질 또한 채움과정의 빽빽함을 완성하는데 필요하다.

tightly 부 단단하게, 빽빽하게

51

One cause of hereditary spherocytosis is a deficiency in the amount of spectrin or abnormalities of its structure, so that it no longer **tightly** binds the other proteins with which it normally interacts. This weakens the membrane and leads to the spherocytic shape.

관 spherocytosis 구형적혈구증, cause(명) 이유=(factor, reason), no longer 이제 결코 .....가 아닌

해 유전성 구형적혈구증의 하나의 원인은 spectrin 양의 부족이거나 구조의 이상이며, 그 결과 자신이 정상적으로 상호결합하는 다른 단백질과 더 이상 **단단하게** 결합하지 않는다. 이것이 그 막을 약하게 하여 구형세포의 형태가 되도록 하는 결과를 만든다.

참 Reason과 cause의 차이점 : reason은 어떤 사건이 왜 일어났는지 혹은 무엇이 일어나게 만들었

는지를 설명하는 사실이나 상황을 의미하고, cause는 사건을 일어나게 하는 일을 지적한다.

time

2201

명 1 시간

Basically, chaperone proteins stabilize unfolded or partially folded intermediates, allowing them **time** to fold properly, and prevent inappropriate interactions, thus combating the formation of nonfunctional structures.

관 stabilize(타) 안정화하다, combat(타) 되지 않도록 하다=opoose

해 기본적으로, chaperone 단백질은 접히지 않은 혹은 부분적으로 접힌 중간체들을 안정화하며, 그들에게 **시간**을 주어 적절하게 접혀 부적절한 상호결합을 방지하는 것을 가능하게 하여, 그래서 기능을 못하는 구조체들의 형성이 되지 않도록 한다.

2 ~ zero 영점시간

Extrapolation of the data back to **time** zero allows an accurate estimation of the amount of these amino acids originally present in the protein sample.

관 Extrapolation(명)=외삽

해 데이터를 역으로 영점 **시간**에 대한 외삽은 단백질 시료에서 원래 존재하던 아미노산의 양을 정확하게 추정하는 것을 가능하도록 한다.

참 외삽법extrapolation : 어떤 구간의 실험 데이터로부터 변화되는 유형을 분석하여 유추한 수학식에 따라 측정되지 않은 영역에 속하는 데이터를 추정해 내는 방법이다.

3 횟수

This process is repeated many **times**, with each subsequent ubiquitin molecule being added to the preceding one.

관 subsequent 차후의=(following, succeeding), preceding 이전의=(previous, prior)

해 이 과정은 이후의 ubiqutin 분자 각각이 이전의 것에 추가되는 방식으로 많은 **횟수로** 반복된다.

4 ....배, 배수

The proportion of sphingomyelin as a percentage of total membrane lipid phosphorus is about six **times** as high in Golgi membranes as it is in ER membranes.

해 Sphingomyelin의 분량은 전체 막지질 인산의 백분율로써 계산할 때 ER의 막에 있는 것에 비해 골기의 막에서 약 6**배** 더 높다.

5 at a .... 한 번에

Exopeptidases catalyze the hydrolysis of peptide bonds, one at a **time**, from the ends of polypeptides.

관 exopeptidase 외부펩티드분해효소, one at a time 한 번에 하나씩, two carbons at a time 한 번에 2개의 탄소들

해 외부펩티드분해효소는 폴리펩티드의 말단으로부터 **한 번에** 하나씩, 펩티드결합의 가수분해를 촉매한다.

6 at all ~s 항상, 언제든지

All metabolic pathways are closely controlled at all **times**. Synthetic reactions take place when the products of these reactions are needed; degradative reactions take place when molecules must be broken down.

관 closely엄격하게=strictly, at all times 항상=always, take place=occur

해 모든 대사경로는 **항상** 엄격하게 조절된다. 합성반응은 반응의 산물이 필요할 때 일어나며, 분해반응은 분자들이 분해되어야만 할 때 일어난다.

7 at any ~ 언제 어느 때든지, 언제든지

Cells possess numerous receptor proteins for detecting signals and elaborate pathways for transmitting them within the cell to evoke a response. At any **time**, a cell may be able to sense only some of the signals around it, and how a cell responds to a signal may change with time.

관 elaborate 세심하게 계획된=carefully planned, evoke(타) 일으키다=bring about, at any time 언제든지=whenever

해 세포는 신호를 감지하기 위한 여러 수용체 단백질과 어떤 반응을 일으키기 위하여 세포 안에서 신호를 전달하기 위한 세심하게 계획된 경로를 소유하고 있다. **언제든지**, 세포는 주위의 신호 가운데 단지 일부만을 감지할 수 있으며 그리고 세포가 어떤 신호에 반응하는 방법도 시간에 따라 달라질 수 있다.

8 at any one ~ 어떤 특정한 시점에서

At any one **time** several hundred different kinds of chemical reactions are occurring simultaneously in every cell, and many chemicals can, in principle, undergo multiple chemical reactions. Both the extent to which reactions can proceed and the rate at which they take place determine the chemical composition of cells.

관 ant any one time어떤 특정한 시점에서=(at any given moment, at any particular time), in principle 원칙적으로, proceed(자) 진행되다

해 **어떤 특정한 시점에서**, 수백 종류의 다른 화학반응들이 모든 세포에서 동시에 일어나고 있어서, 그래서 원칙적으로 많은 화합물들이 여러 번의 화학반응을 겪을 수 있다. 반응들이 진행될 수 있는 정도와 일어나는 속도 모두가 세포의 화학적 조성을 결정한다.

9 at any one ~ 어느 한 시점에서라도

The combination of these effects should permit either phosphofructokinase or fructose-1,6-bisphosphatase (but not both) to operate at any one **time** and should thus prevent futile cycling.

관 permit(타) 허용하다=enable, operate(자) 작동하다, futile cycling 무익순환과정

해 이들 효과의 통합 결과가 **어느 한 시점에서라도** phosphofructokinase나 혹은 fructose-1,6-bisphosphatase 중 (둘 다는 아니고) 어느 하나만 작동하는 것을 틀림없이 허용하여 그래서 무익순환과정을 방지하여야 한다.

참 Futile cycle 무익순환과정 : 2종의 대사경로가 동시에 서로 반대 방향으로 진행될 때 에너지가 생산되더라도 순 효과는 열로 발생되는 경로를 무익순환과정futile cycle이라 한다. 예를 들면 해당과정glycolysis과 당신생성과정gluconeogenesis과 같은 두 대사 경로에서, fructose-6-phosphate와 fructose-1,6-bisphosphate로 전환되는 과정이 동시에 서로 반대 방향으로 진행되어 ATP를 분해하지만 궁극적으로 열을 발생할 목적으로 작동되기도 한다. 이 경로는 곤충의 비행에 사용되는 근육에서나 겨울잠을 자는 동물이 수면 상태에서 깬 상태로의 순환을 주기적으로 할 때, 신체의 열 항상성homeostasis를 유지할 목적으로 사용된다.

10 at one ~ (과거형과) 한 때

Mitochondrial oxidation of fatty acids is the major source of ATP in mammalian liver cells, and biochemists at one **time** believed this was true in all cell types.

해 지방산의 미토콘드리아에서의 산화가 포유동물의 간세포에서 일어나는 주된 ATP의 근원이며, 생화학자들은 **한 때** 이것이 모든 세포 유형에서도 사실인 것으로 믿었다.

참 지방산의 산화 : 지방산의 산화는 미토콘드리아에서 주로 일어나지만, peroxisome에서도 일어난다. 그러나 이곳에서 일어나는 반응은 ATP를 생성하지 않고 열로 방출된다. 왜냐하면 TCA회로와 전자전달계가 없기 때문이다.

11 at one ~ 한번에, 한꺼번에

An average rate of metabolic activity produces roughly 22,000 mEq acid per day. If all of this acid were dissolved at one **time** in unbuffered body fluids, their pH would be less than 1.

해 대사활성의 평균속도는 하루에 대략 22,000 mEq 양의 산을 생산한다. 이 산 모두가 완충되지 않은 체액 속에서 **한꺼번에** 용해된다면, pH는 1 이하로 될 것이다.

12 at some ~ 언젠가

Somatic cell mutations are not passed on to the next generation. In contrast, certain inherited mutations, which are carried in the germ line, increase the probability that cancer will occur at some **time**.

관 be passed on to 계속 ....로 전달되다, in contrast 반면에

해 체세포의 돌연변이는 다음 세대로 계속 전달되지 않는다. 반면에, 생식 세포주에 담겨있는 유전된 돌연변이는 **언젠가** 암이 발생할 확률을 높인다.

13 at that ~ 그때, 그 시점에서

A pregnant uterus is transformed from a quiescent protector of the fetus to a forceful ejector at the onset of labor; the formation of functional gap junctions at **that** time creates a syncytium of muscle cells that contract in synchrony.

관 quiescent=motionless 정지된, forceful 강한=(strong, powerful), labor 분만, gap junction 교통연접, syncytium 융합체, in synchrony 동시다발적으로

해 임신한 자궁은 출산이 일어날 때, 태아의 정지된 보호체로부터 강한 방출기로 전환된다; **그 때에** 기능성 교통연접의 형성은 동시다발적으로 수축하는 근육세포의 융합체를 새롭게 만들게 된다.

14 at this ~ 이때, 이번에

The micelles interact with the enterocyte membrane and allow diffusion of the lipid soluble components across the enterocyte membrane into the cell. The bile acids, however, do not enter the enterocyte at **this** time.

해 마이셀들은 장세포의 막과 결합하여 지용성 구성성분이 장세포 막을 가로질러 세포 안으로 확산이 가능하도록 한다. 그러나 **이때** 담즙산은 장세포로 들어가지 않는다.

참 마이셀micelle : 물에 불용성이고 꼬리가 하나인 지방산들이 물과 혼합되어 존재하면, 지방산 구조 중 물과 친화력이 있는 -COOH의 극성부위는 물과 상호반응하고, 소수성인 탄소사슬은 물로부터 멀어져 안쪽으로 들어가서 자기들끼리 뭉쳐 아주 작은 알갱이의 micelle을 형성한다.

15 at the same ~ 동시에

Not only is glycogen phosphorylase activated by a rise in concentration of cAMP, but glycogen synthase is at the same **time** converted to the inactive form; both effects are mediated via cAMP-dependent protein kinase.

해 cAMP의 농도의 증가에서 glycogen phosphorylase가 활성화될 뿐만 아니라 glycogen synthase는 **동시에** 불활성형으로 전환된다; 두 효과 모두 cAMP-dependent protein kinase를 경유하여 매개된다.

참 글리코겐의 분해 : 탄수화물의 저장형인 glycogen의 분해는 2차전령 cAMP를 통하여 일어난다. 이 분해반응은 phosphorylase의 활성이 증가되어도 촉진될 것이지만 또한 glycogen 합성효소가 저해된다면 효율성이 훨씬 더 높아지게 된다.

16 at the ~ of ....의 시간(때)에

Integral proteins are also asymmetrically distributed across the membrane bilayer. This asymmetric orientation is conferred at the **time** of their insertion in the lipid bilayer.

해 통합 단백질 또한 막 이중층을 가로질러 비대칭적으로 분포되어있다. 이 비대칭으로 방향잡기는 지질이중층에 그들이 삽입될 **때에** 주어진다.

17 at ~ intervals 일정한 시간의 간격에서

In this experiment, the expression of 8600 mammalian genes was detected by microarray analysis at **time** intervals over a 24-hour period after starved fibroblasts were provided with serum.

관 at time intervals 일정한 시간의 간격에서, over ....시간에 걸쳐, be provided with ....를 공급하다

해 이 실험에서, 굶긴 섬유모세포에 혈청을 공급한 후 24시간에 걸친 일정한 **시간의 간격에서** 포유동물의 8600개의 유전자의 발현이 microarray 분석에 의하여 감지되었다.

18 for the first ~ 처음으로, 비로소

Photosynthetic reaction center was the first transmembrane protein to be crystallized and analyzed by x-ray diffraction. The results of this analysis were of general importance to membrane biology because they showed for the first **time** how multiple polypeptides can associate in a membrane to form a complex protein machine.

관 photosynthetic reaction center 광합성 반응센터, of importance 중요한=important, x-ray diffraction. x-선 회절분석,

해 광합성 반응센터가 결정화되어 x-선 회절분석에 의하여 분석된 첫 번째 막통과단백질이었다. 이 분석의 결과는 막생물학에 전반적으로 중요하였다, 왜냐하면 그 결과가 **처음으로** 어떻게 여러 개의 폴리펩티드들이 막에서 결합하여 복잡한 단백질기계를 형성하도록 하는 가를 보여주었기 때문이다.

19 in ~ 앞으로, 미래에

However, during cell division such plasmids are not faithfully segregated into both daughter cells and in **time** a substantial fraction of the cells in a culture will not contain a plasmid, hence called the name transient transfection.

관 in time 미래에=(at the needed time, within the required time, in the future), substantial 상당한=(considerable, sizable), transient transfection 일시적 전달감염

해 그러나 세포분열 동안 그러한 플라스미드는 두 딸세포 모두의 속으로 충실하게 분리되지 않아 그래서 **미래에** 배양중인 세포 중 상당한 부분이 한 개의 플라스미드조차도 함유하지 않을 것이기 때문에, 일시적 전달감염이라는 이름으로 불린다.

20 in ~ 시간에 맞게, 필요한 때에

Interestingly, proper development requires not only cell division but also the death of specific cells at particular points in **time** through a process called programmed cell death or apoptosis.

해 흥미롭게도, 적절한 발생과정은 세포의 분열뿐만 아니라 프로그램화된 세포의 죽음이나 혹은 압폽토시스라고 하는 과정을 통하여 **필요한 때에** 특정한 위치에서 존재하던 특이 세포의 죽음을 또한 필요로 한다.

21 with ~ 시간과 함께, 시간에 따라

The potential across the surface membrane of most animal cells generally does not vary with **time**. In contrast, neurons and muscle cells undergo controlled changes in their membrane potential.

관 vary(자) 달라지다=be different, in contrast 이와는 달리, A undergo(타) B=B가 A에서 일어나다

해 대부분의 동물세포 표면의 막을 가로질러 형성된 전위는 일반적으로 **시간에 따라** 달라지지 않는다. 이와 달리, 신경세포와 근육세포는 막전위에서 조절된 변화를 수행한다.

22 over ~ 계속하여, 쭉, 시간이 지나면서

In most tissues, the rate of ATP utilization is nearly constant over **time**. However, in skeletal muscles, the rates of ATP hydrolysis change dramatically as the muscle goes from rest to rapid contraction.

관 over time 끝날 때까지=until or beyond the end of, nearly 거의=(almost, closely, all but), change(자) 변하다

해 대부분의 조직에서, ATP의 이용 속도는 **계속하여 쭉** 거의 일정하다. 그러나 골격근에서, 근육이 휴식 상태에서 빠른 수축으로 갈 때 ATP의 가수분해 속도는 심하게 바뀐다.

타 1 시간을 지키다

With lispro, she will be able to **time** her injections minutes before her consumption of carbohydrate-containing meals, rather than having to remember to give herself an insulin injection 1 hour before a meal.

관 time(타) ....와 시간을 지키도록 하다=cause to keep time with

해 Lispro를 사용하면, 그녀가 식사 1시간 전에 인슐린주사를 직접 투여한다는 것을 꼭 기억해야하기보다 오히려 탄수화물을 함유하는 식사의 섭취 수분 전에 주사**시간을 지키도록** 할 수 있을 것이다.

참 Lispro : 속효성 인슐린의 상품명으로 유전공학적인 방법으로 원래 인슐린 분자B-사슬의 C-말단 마지막 잔기 다음의 lysine과 proline의 위치를 서로 바꾸어 2중체나 6량체가 형성되는 것을 방

지하였다. 그 결과 다량의 활성형인 단량체monomer로 존재할 수 있어 속효성을 보인다.

2 시간을 정하다

The results support the view that the melatonin signal that encodes photoperiod acts within the mediobasal hypothalamus to **time** the gonadotrophin/gonadal cycle.

관 view 견해=(opinion, the way you understand), time(타) 시간을 정하다=(set the time of, schedule, cause to keep time with) encode 암호화하다, mediobasal hypothalamus 중간 기저부의 시상하부

해 그 결과는 광노출 기간을 암호화하는 멜라토닌 신호가 중간 기저부의 시상하부 안에서 생식샘자극호르몬/생식선 주기의 **시간을 정하기** 위하여 작동한다는 견해를 지지하고 있다.

참 멜라토닌melatonin : 빛에 의해 분비가 억제되고 어둠에 의해 분비가 촉진되는 호르몬으로, 생명체의 일주기성 활동을 조절할 뿐만 아니라 생식주기, 털갈이 등의 연주기성 활동과 같은 생체리듬을 조절하는 역할도 한다.

timed

타 be ~ 시간이 맞추어지다, 조정되다

Many animals exhibit behaviors that vary at regular intervals of time. Geese migrate south in the fall, birds sing in the early morning, bats fly at night rather than during the day, and most humans sleep at night and are active in the daytime. Some behaviors are **timed** to occur in concert with lunar or tidal cycles

관 vary(자) 달라지다=become different, be changed), in concert with ....와 조화되어

해 많은 동물들은 규칙적인 시간의 간격으로 달라지는 행동을 보인다. 거위는 가을에 남쪽으로 이동하고, 새들은 이른 아침에 노래하며, 박쥐는 낮보다 밤에 비행을 하며, 그리고 대부분의 사람은 밤에 잠을 자고 낮 시간에 활동을 한다. 일부 행동들은 음력이나 혹은 조류의 주기와 조화되어 일어나도록 **시간이 맞추어져 있다**.

titer

92

명 적정량

This multidrug therapy lowers the viral **titer** (the number of viral particles found in a given volume of blood), sometimes to undetectable levels.

해 이 다중약물치료법은 바이러스의 (어떤 정해진 부피의 혈액에서 발견되는 바이러스 알갱이의 수인) **역가**를 때때로 검출이 불가능한 수준까지도 낮춘다.

titrate

4

타 적정하다

The affinity of Ag^+ for sulfhydryl groups is so great that Ag^+ can be used to **titrate** -SH groups quantitatively.

해 황화수소기에 대한 Ag^+의 친화력은 매우 크기 때문에 Ag^+은 -SH 기능기을 정량적으로 **적정하는데** 사용될 수 있다.

titration

39

명 적정, 적정의 결과

The pH range over which an enzyme undergoes changes in activity can provide a clue to the type of amino acid residue involved. A change in activity near pH 7.0, for example, often reflects **titration** of a His residue.

관 A undergo(타) B=B가 A에서 일어나다, reflect(타) ....의 결과로 일어나다=bring as a consequence, titration 적정

해 효소에서 활성의 변화가 일어나는 pH 범위는 포함된 아미노산 잔기의 종류에 대한 실마리를 제공할 수 있다. 예를 들면, pH 7.0 근처에서의 활성의 변화는 자주 His 잔기의 **적정**의 결과로 일어난다.

titratable

1

형 적정가능한

Phosphoric acid (H_3PO_4) has three **titratable** hydrogens and therefore three midpoints are seen: at pH 2.15 (pK1), pH 7.20 (pK2), and pH 12.4 (pK3).

해 인산 (H_3PO_4)은 3개의 **적정가능한** 수소를 가지고 있으므로, 3개의 (적정) 중간점이 pH 2.15 (pK1), pH 7.20 (pK2), 및 pH 12.4 (pK3)에서 보인다.

together
452

부 1 ~ with ....와 함께

The phospholipid cardiolipin is concentrated in the inner membrane of mitochondria **together** with the enzymes of the respiratory chain.

관 be concentrated in ....에 집중적으로 모여 있다=be focused in

해 인지질 cardiolipin은 호흡연쇄반응에 참여하는 효소들**과 함께** 미토콘드리아 내막에 집중적으로 모여 있다.

참 인지질 cardiolipin : 인지질항체증후군phospholipid antibody syndrome의 진단에 사용되는 항체에 의해 인식되는 인지질이며 미토콘드리아 내막이나 원핵세포막에 다량으로 존재하나 진핵세포막에는 거의 없다.

2 all ~ 모두 다함께, 모두 합하면

All **together**, there are approximately 16 different interactions between myoglobin amino acids and different groups in the porphyrin ring.

해 **모두 합해서**, 미오글로빈의 아미노산과 porphyrin 환의 여러 작용기들 사이에서 대략 16개의 서로 다른 상호결합이 존재한다.

3 bring ~ 서로 만나도록 하다

By utilizing the full repertoire of intermolecular forces, enzymes bring substrates **together** in an optimal orientation, the prelude to making and breaking chemical bonds.

관 bring(타) .... together 서로 만나도록 하다, optimal orientation 최적의 방향잡기, prelude to ....에 대한 전주곡

해 분자 사이의 힘의 모든 종류를 활용하여, 효소는 화학적 결합을 만들고 분해하기에 대한 전주곡인 최적의 방향잡기로 기질을 **서로 만나도록 한다**.

4 (동사의 뒤에서) 함께, 같이

3′-5′ phosphodiester bridges link nucleotides **together** to form polynucleotide chains.

해 3′-5′ phosphodiester 결합들은 뉴크레오티드 다중체사슬을 형성하기 위하여 뉴크레오티드를 **함께** 연결한다.

too
30

부 1 너무

Red blood cells lack mitochondria, which contain the enzymes of fatty acid and ketone body oxidation, and can use only glucose as a fuel. Therefore, it is imperative that blood glucose not decrease **too** rapidly nor fall **too** low.

관 imperative 필요한=(necessary, obligatory), decrease(자) 감소하다, fall(자) 떨어지다

해 적혈구세포는 지방산과 케톤체의 산화효소를 함유하고 있는 미토콘드리아를 가지고 있지 않아서, 연료물질로 포도당만을 사용할 수 있다. 그러므로 혈당이 **너무** 급하게 감소하지 않아야 하고 또한 **너무** 낮게 급히 떨어지지 않는 것도 필요하다.

2 ~ .... to 너무 ....하여 ....할 수 없다

Because mitochondria are much **too** small to be impaled with electrodes, the electric potential and pH gradient across the inner mitochondrial membrane cannot be determined by direct measurement.

관 impale(타) 꽂다=(stab, pierce)

해 미토콘드리아는 **너무** 작아서 전극을 꽂을 수 **없기** 때문에, 미토콘드리아 내막을 가로질러 형성된 전위나 pH 경사를 직접 측정법으로 결정될 수 없다.

3 all ~ (더 높은 정도로 일어나는 것을 강조) 너무나

Virus-caused diseases are numerous and all too familiar: chicken pox, influenza, some types of pneumonia, polio, measles, rabies, hepatitis, the common cold, and many others.

관 and (many) others ....등=and so on

해 바이러스에 의해 초래되는 질병은 수두, 인플루엔자, 어떤 종류의 폐렴, 소아마비, 홍역, 광견병,

간염, 감기 등과 같이 수가 많고 또한 **너무나** 잘 알려져 있다.

top 명 윗면, 위, 상단부

119

A small volume of a solution containing the mixture of proteins to *be separated* is placed on **top** of the density gradient. When the rotor is spun, proteins move through the gradient and *separate* according to their sedimentation coefficients.

관 be placed on ....위에 놓이다, move(자) through ....을 쭉 지나 이동하다, proteins to *be separated*(타) 분리될 예정인 단백질들, *separate*(자) according to ....에 따라 분리되다

해 분리될 예정인 단백질의 혼합물을 함유하는 작은 부피의 용액이 밀도구배의 **윗면**에 놓인다. 그 rotor가 돌면, 단백질이 구배를 통과하여 움직이고 자신의 침강계수에 따라 분리된다.

topological 형 위치가 다른, 위상의, 공간상의 위치관계를 다루는

7

In every case of receptor-facilitated delivery, cholesteryl esters and triglycerides in the lipoprotein core must cross two **topological** barriers to enter the cytoplasmic space: the phospholipid monolayer shell of the lipoprotein particle and the cell's bilayer plasma membrane.

관 cross(타) 가로질러가다=(traverse, pass over)

해 수용체에 의한 촉진전달의 모든 경우에서, 지단백질의 중심에 있는 콜레스테롤 에스테르와 중성지방은 세포질의 공간으로 들어가기 위하여 지단백질 알갱이의 인지질로 된 단일 층의 껍질과 세포의 2중층인 원형질막과 같은 2개의 **위치가 다른** 장벽을 가로질러가야 한다.

topologically 부 위상학적으로, 위치적으로

7

Ligand-binding sites on proteins and the corresponding ligands are chemically and **topologically** complementary.

관 complementary 상보적인=(completing, perfecting)

해 단백질 상의 리간드 결합부위와 해당 리간드는 화학적으로도 **위상학적으로**도 상보적이다.

참 상보적 complementary혹은 complement의 의미 : 두 개의 물체가 서로 합쳐져 완벽한 하나가 되는 관계. 열쇠와 자물쇠와 같은 관계

topology 명 위상학

10

Membrane protein **topology** (localization relative to the lipid bilayer) can be determined with reagents that react with protein side chains but cannot cross membranes.

관 topology 위상; 위치됨, localization 편중화, relative to ....에 상대적인, cross(타) 건너가다

해 (지질 이중층에 상대적으로 편중화된) 막단백질의 **위상**은 단백질 측쇄기와 반응하지만 막을 관통할 수 없는 시약을 사용하여 결정될 수 있다.

total 형 1 전체의

1133

The level of **total** ketone bodies in his blood greatly exceeds normal fasting levels and the mild ketosis produced during exercise. In a person on a normal mealtime schedule, **total** blood ketone bodies rarely exceed 0.2 mM.

해 그의 혈액에서 **전체** 케톤체의 수준은 정상의 공복상태의 수준과 운동 중에 생산된 심하지 않은 케톤증을 심하게 초과하고 있다. 정상적인 식사를 한 사람에서는, 전체 혈중 케톤체가 0.2 mM을 거의 초과하지 않는다.

2 완전한, 완벽한

Fatty acids mobilized from adipose tissue are the major source of energy for most tissues. Because he is eating, and not in **total** starvation, his ketone bodies were only moderately elevated in the blood and did not appear in the urine

관 mobilize(타) 동원하다, be in total starvation 완전한 기아상태에 있다

해 지방조직으로부터 동원된 지방산은 대부분의 조직을 위한 주된 에너지원이다. 그는 음식을 먹고 있으며, 또한 **완전한** 기아상태가 아니기 때문에, 그의 케톤체는 혈액에서 단지 중정도의 수준으로 상승되었고 소변에서는 나타나지 않았다.

명 1 for a ~ of 전체 ....로, 모두 ....로

The telomere repeat sequence in humans and other vertebrates is TTAGGG. These simple sequences are repeated at the very termini of chromosomes for a **total** of a few hundred base pairs in yeasts and protozoans and a few thousand base pairs in vertebrates.

관 at the very termini 최말단들에서, for a total .... of 전체 .... 로

해 사람과 다른 척추동물에서 텔로머의 반복서열은 TTAGGG이다. 염색체의 최고 말단에 존재하는 이 단순한 서열은 효모와 원생동물에서는 **전체** 수백의 염기쌍으**로** 그리고 척추동물에서는 수천의 염기쌍으로 반복되어있다.

2 총합, 전체, 합계

The typical 70-kg body contains only about 50 grams of ATP/ADP **total**.

해 전형적인 70-kg의 신체는 ATP/ADP**합계** 단지 약 50그람만을 함유하고 있다.

타 전체의 ....에 달하다, 총합하여 .....와 같다

Four amino acids - leucine, serine, lysine, and glutamic acid - are the most abundant amino acids, **totaling** 32 percent of all the amino acid residues in a typical protein.

관 total(타) 전체 ....의 양에 이르다=(amount to, equal to a total of)

해 루신, 세린, 라이신과 그루탐산 4종의 아미노산이 전형적인 단백질에 존재하는 모든 아미노산 잔기 **전체의** 32퍼센트**에 달하는** 가장 풍부한 아미노산이다.

totally
16

부 완전하게

Gene knockout animals (usually mice) are made by creating a mutation that **totally** disrupts the function of a gene.

관 totally 완전하게=(completely, entirely), disrupt(타) 파괴하다=(interrupt, break off)

해 유전자 녹아웃동물 (주로 생쥐)은 어떤 유전자의 기능을 **완전하게** 파괴하는 돌연변이를 새로 생성하여 만들어진다.

toward
226

전 1 (방향)쪽으로, 방향으로, 향하여

The iron moves **toward** the plane of the heme when oxygen is bound.

해 산소가 결합될 때, 철은 heme 평면을 **향하여** 이동한다.

2 (경향) ....이 되려는, ...을 향하는

Because Uncoupler proteins(UCPs) affect metabolic efficiency, differences in the level of UCPs (particularly skeletal muscle UCP3) may contribute to the tendency **toward** obesity in some individuals or populations.

관 uncoupler protein 분리용 단백질, affect(타) 영향을 미치다=influence, contribute to ....의 원인이 되다=cause to, obesity 비만

해 분리용 단백질 (UCP)은 대사의 효율에 영향을 미치기 때문에, UCP수준의 차이 (특히 골격근의 UCP3)는 일부의 개인이나 집단에서 비만**이 되려는** 성향의 원인이 될 수도 있다.

3 (목적) 하도록, 목적으로

In multicellular organisms, control of gene expression is largely directed **toward** assuring that the right gene is expressed in the right cell at the right time during embryological development and tissue differentiation.

관 assure(타) 보증하다=(secure, confirm), be directed toward (to) ....하는 것이 목적이다

해 다세포성 생명체에 있어서, 유전자 발현의 조절이란 배아의 발생과 조직의 분화기간 동안 정확한 유전자가 올바른 세포에서 정확한 시간에 발현되는 것을 보장하는 것이 **목적**이다.

toxic
67

형 해로운, 독이 되는 (~ to)

The purpose of the fluctuations of Ca^{2+}, rather than a sustained rise in cytosolic Ca^{2+}, is not understood. One possibility is that a sustained rise in Ca^{2+} may be **toxic** to cells.

관 fluctuation(명)=파동형 변화, be toxic to ....에 독이 되다

해 세포질의 Ca^{2+}에서 지속되는 상승보다는 오히려, Ca^{2+}의 파동형 변화의 목적이 현재 알려져 있지 않다. 한 가지의 가능성은 아마도 Ca^{2+}의 지속되는 상승이 세포**에게 독이 될** 것이라는 사실이다.

참 파동형의 Ca^{2+}이온의 변동 : 세포질 내의 칼슘이온의 농도는 자극에 의하여 일시적으로 증가하였다가, 효과가 종결되면 즉시 사라진다. 따라서 지속적으로 세포질의 칼슘이온의 농도가 높은 상태로 지속되면, 추가적인 자극에 반응하기 어렵게 되어 세포 자신에게 해가 되는 것으로 알려져 있다.

toxicity

146

명 독성

Heavy metal **toxicity** is caused by tight binding of a metal such as mercury (Hg), lead (Pb), aluminum (Al), or iron (Fe), to a functional group in an enzyme.

해 중금속의 **독성**은 수은(Hg), 납(Pb), 알루미늄(Al) 혹은 철(Fe)과 같은 금속이 효소에서 기능을 담당하는 어떤 작용기와 강한 결합을 함에 의하여 초래된다.

참 인체에서 중금속 독성에 대응하여, 간에서 합성되는 metallothionein이라는 단백질은 많은 -SH기를 가지고 있다. 이 단백질은 -SH기를 통하여 중금속과 강한 결합이 가능하여 체외로 배출할 수 있어 독성을 제거할 수 있다.

toxin

57

명 독소

Botulinum B **toxin** is one of the most lethal toxins known and the most serious cause of food poisoning.

관 lethal 치명적인=(fatal, causing death), food poisoning 식중독

해 보툴리늄B **독소**는 알려진 가장 치명적인 독소 중의 하나이며 또한 식중독의 가장 심각한 원인 체이기도 하다.

참 보툴리늄B 독소 : 보툴리늄 독소를 구성하는 한 아단위체는 단백질분해효소로 synaptobrevin 단백질을 절단하는 활성을 가지고 있어서, 근신경접합부에서 아세틸콜린의 분비를 저해하여 신경전달을 방해한다. Synaptobrevin은 아세틸콜린으로 꽉 찬 소포들이 시냅스후막postsynatic membrane에 융합되는 과정에 참여하고 있다.

trace

63

명 1 흔적

Because apoptosis occurs quickly and leaves no **trace**, the deaths easily go unnoticed.

관 leave no trace 흔적을 결코 남기지 않다, go unnoticed 모르는 상태로 지나다

해 압폽토시스은 신속하게 일어나 **흔적**을 남기지 않기 때문에, 그 죽음은 알아차리지 못한 채로 쉽게 지나간다.

2 미량

Although in most cells 2,3-BPG is present in only **trace** amounts, it is a major component (~5 mM) of erythrocytes, where it regulates the affinity of hemoglobin for oxygen.

관 in trace amounts 미량으로=in minute amounts

해 비록 대부분의 세포에서 2,3-BPG는 단지 **미량**으로 존재하지만, 적혈구의 주된 구성요소 (~5 mM)이며, 그곳에서 헤모글로빈의 산소에 대한 친화력을 조절한다.

참 2,3-BPG : 2,3-bisphosphoglycerate는 적혈구가 포도당을 분해하여 에너지를 만드는 과정에서 생리적 요구에 따라 생성된다. 이 물질은 헤모글로빈의 산소에 대한 친화력을 약화시키는 활성이 있어서 산소가 필요한 조직에 쉽게 주도록 조절하는 물질이다. 높은 산을 등산할 때 이 물질이 분비되어 체내에 필요한 산소를 쉽게 공급해 주도록 한다.

타 1 윤곽을 그리다

Ribbon diagrams **trace** the conformation of the polypeptide backbone, with cylinders and arrows indicating regions of α helix and β sheet, respectively.

관 trace(타) 그리다=(draw, sketch, delineate), indicate(타) 표시하다, respectively 각각

해 리본 그림은 α나선과 β시트영역을 각각 표시하는 원통형과 화살모양으로 그 폴리펩티드 골격의 입체구조의 **윤곽을 그린다.**

2 추적하다

We can therefore describe homologous proteins as belonging to a "family" and can **trace** their lineage from comparisons of their sequences.

해 그러므로 우리는 상동성을 보이는 단백질을 어떤 "부류"에 소속된다는 것으로 표현할 수 있으며, 그래서 그들 서열의 비교로부터 계통을 **추적할** 수 있다.

참 20세기 후반 10여 년 동안 생물학에 있어서의 혁명과 같은 사건은 바로 단백질의 아미노산 서열의 유사성과 차이점을 이용하여 분자수준에서 동물의 종을 분류하는 새로운 방법이 출현한 것이다. 이 방법으로 서로 다른 종이나 혹은 같은 종에서라도 단백질의 서열을 비교하여 상호간의 상동성을 조사할 수 있으며 또한 그 결과를 이용하여 서로 간의 진화상의 관련성을 규명할 수 있게 되었다.

traced
4

타 be ~ to 까지 추적되다

Olfactory neurons that express the odorant receptor-marker protein combination were **traced** to their destination in the brain, a structure called the olfactory bulb.

관 olfactory neuron 후각신경, odorant receptor향기수용체, marker protein 마커단백질, be traced to ....까지 추적되다, olfactory bulb 후각망울

해 향기수용체와 마커단백질 모두를 발현하는 후각신경이 뇌에서 후각망울이라 하는 구조체인 후각신경의 최종 목적지까지 **추적되었다**.

참 향기를 맡는데 작용하는 향기수용체odorant receptor는 한 가지 향기에 대해 몇 종의 수용체가 함께 협동적으로 작용하고 있다.

tracer
54

명 추적제

If a low-molecular-weight **tracer** is added to one side of an epithelial cell sheet, it will usually not pass beyond the tight junction.

관 tight junction 치밀연접, will <의지미래> 주어의 의지를 표현

해 저분자형 **추적제**가 상피세포로 된 시트의 한쪽 면에 첨가되면, 그것은 보통 치밀연접을 지나 넘어가지 않는다.

track
41

타 1 추적하다

By **tracking** protein location, fluorescent markers also provide clues to protein function.

관 by ....하는 동안에=(during, in the period of), clue to ....에 대한 단서

해 단백질의 위치를 **추적하는** 동안 형광표식자 또한 단백질기능에 대한 단서를 제공한다.

2 keep ~ of 흐름을 기억하다

Almost all fruit fly pupae hatch in the early morning, for example, even if they are kept in total darkness throughout their week-long development. They keep **track** of time with an internal clock whose pattern is determined by a single gene, called the *per* (for period) gene.

관 total darkness 완벽한 어둠, keep track of 기억하다=keep a record

해 예를 들면, 비록 초파리 번데기가 1주일 길이의 발생기간 동안 쭉 완벽한 어둠 속에서 방치되더라도, 거의 모든 초파리 번데기들은 이른 아침에 알에서 깨어난다. 그것들은 자신의 형태가 *per* (period의 준말) 유전자라 불리는 하나의 유전자에 의하여 결정되는 어떤 내부시계로 시간의 **흐름을 기억하고 있다**.

참 사람의 생체주기 : 사람을 포함하는 포유동물에서 24시간 주기의 리듬을 조절하는 생체시계는 시상하부의 시신경 교차상핵 suprachiasmatic nucleus (SCN) 영역에 위치하고 있다. SCN은 스스로 유지되는 진동자라고 할 수 있으며, 속도조절자pacemaker의 역할을 하고 그리고 송과선 pineal gland으로부터 멜라토닌 호르몬의 분비를 조절하여 일주기성 리듬circadian rhythm을 조절한다.

tracked
5

타 be ~ 추적되다

Denaturation of ribonuclease A was **tracked** by monitoring changes in the intrinsic fluorescence of the protein, which is affected by changes in the environment of Trp residues.

관 denaturation 변성, be affected by ....의해 영향을 받다

해 Ribonuclease A의 변성은 Trp 잔기 주위환경에서의 변화에 의하여 영향을 받는 단백질의 내재성 형광에서의 변화를 모니터링하여 **추적되었다.**

tract 명 관, 도관

47

After zymogens are secreted into the digestive **tract,** they are cleaved to produce the active proteases.

해 Zymogen들이 소화**관** 안으로 분비된 후, 절단되어 활성형인 단백질분해효소가 된다.

tractable 형 순종하는, 다루기 쉬운

4

In yeast, Drosophila, and other genetically **tractable** eukaryotes, numerous genes encoding transcriptional activators and repressors have been identified by classical genetic analyses.

관 tractable 다루기 쉬운=(easily managed, manipulable), numerous 많은=very many

해 효모, 초파리 및 다른 유전적으로 **다루기 쉬운** 진핵세포에서, 고전적 유전자 분석법에 의하여 전사 활성제와 저해제를 인코딩하는 많은 유전자들의 정체가 새로 확인되어왔다.

trafficking 명 표적수송

142

Figure 17 outlines the major routes for protein **trafficking** in the secretory pathway.

관 outline(타) 개략적인 모습을 보여주다=summarize

해 그림 17은 그 분비경로에서 단백질의 **표적수송**을 위한 주된 통로의 개략적인 모습을 보여주고 있다.

참 단백질 표적수송trafficking의 의미 : 분비단백질은 주로 조면소포체에 부착된 리보솜에 의하여 합성되어 골기체를 경유하여 목적지까지 수송되는데 이 과정을 표적화targeting라 한다. Protein transport, protein sorting, protein targeting 및 protein trafficking으로도 불린다.

transcribe 타 전사하다

5

New methods using DNA microarrays can simultaneously detect all the mRNAs present in a cell, thereby indicating which genes are *being transcribed.* Such global patterns of gene expression clearly show that liver cells **transcribe** a quite different set of genes than do white blood cells or skin cells.

관 thereby 그것을 이용하면=by means of that, indicate(타) 보여주다=(show, exhibit)

해 DNA microarray을 사용하는 새로운 방법은 세포에 존재하는 모든 mRNA을 동시에 검출할 수 있도록 하여, 그것을 이용하면 어느 유전자들이 전사되어있는가를 보여줄 수 있다. 그러한 유전자 발현의 전반적인 형태는 간세포가 백혈구세포 혹은 피부세포가 전사하는 것보다 유전자들의 아주 다른 세트를 **전사한다는** 것을 명확하게 보여준다.

참 전사transcription : DNA를 주형으로 하여 mRNA, tRNA, rRNA과 같은 RNA들이 중합되는 반응을 전사반응이라 한다. 그러나 여기서 microarray분석에 사용되는 것은 주로 발현된 mRNA이다.

transcribed 타 be ~ 전사되다

81

In DNA microarray analysis, green spots indicate genes that are **transcribed** in nondividing (serum-deprived) cells; red spots indicate genes that are **transcribed** in dividing cells, and yellow spots indicate genes that are **transcribed** equally in dividing and nondividing cells.

해 DNA microarray 분석에서, 녹색의 스폿은 (혈청이 제거되어) 분열하지 않는 세포에서 **전사되는** 유전자들을 보여주며; 적색의 스폿은 분열 중인 세포에서 **전사된** 유전자들을 나타내며 그리고 노란색 스폿은 분열 중인 세포와 분열하고 있지 않은 세포에서 같은 양으로 **전사되는** 유전자들을 나타낸다.

참 DNA microarray기법은 두 가지 서로 다른 조건에서 배양한 세포에서 발현되는 mRNA의 상대적인 양을 비교하여 정량적으로 표시할 수 있다. 예를 들면, 각각의 세포로부터 분리한 mRNA 해당하는 탐침자에 녹색과 적색의 형광표식자를 각각 표지한 다음, 이들을 동량으로 혼합하여 DNA칩에서 혼성체 형성실험hybridization을 수행한 후 발현을 조사하면 동일한 양으로 전사된 스폿은 두 형광색이 혼합되어 노란색으로 나타난다. 한쪽이 더 많은 경우는 비례적으로 더 높은 해당하는 형광색이 더욱 강하게 나타나게 된다.

transcript	명 전사물
289	

The nucleotide sequence of an RNA **transcript** will be the same (except for U replacing T) as that of the coding strand. The information in the template strand is read out in the 3′ to 5′ direction.

관 be the same as that 그것과 같다, be read out in the direction .... 방향으로 읽히다

해 RNA **전사물**의 뉴크레오티드서열은 (U가 T를 교체한 것을 제외하고) 코딩가닥의 뉴크레오티드 서열과 같을 것이다. 주형가닥에서 수록된 정보는 3′에서 5′ 방향으로 완전히 읽힌다.

transcription	명 전사(반응)
449	

The nucleus contains the genetic material and carries out gene replication and **transcription** of DNA, the first step of protein synthesis.

해 핵은 유전물질을 함유하고 있어서 유전자의 복제와 단백질합성의 첫 번째 단계인 DNA의 **전사반응**을 수행한다.

transcriptional	형 전사의, 전사반응의
169	

Sequences farther upstream from the start site determine how frequently the transcription event occurs. Mutations in these regions reduce the frequency of **transcriptional** starts tenfold to twentyfold.

해 시작부위로부터 한참 위쪽방향에 있는 서열은 전사반응이 얼마나 자주 일어나는지 여부를 결정한다. 이들 영역에서의 돌연변이는 **전사** 시작의 빈도를 10배에서 20배까지 감소시키기도 한다.

transduce	타 1 (신호를) 전달하다
20	

Four major pathways can **transduce** a activated signal from the phosphorylated erythropoietin receptor (EpoR)-JAK complex.

해 4종의 주된 경로들이 인산화된 적혈구형성촉진인자 수용체 (EpoR)와 JAK의 복합체로부터 오는 활성화된 신호를 **전달할** 수 있다.

참 적혈구형성촉진인자erythropoietin : delivery 참조

2 (에너지를 다른 형태로) 변환하다

In the contractile system of skeletal muscle cells, myosin and actin are specialized to **transduce** the chemical energy of ATP into motion.

관 be specialized to ....하는데 전문화되다, transduce(타) .... into ....를 ....로 변환하다

해 골격근 세포의 수축계에서, myosin과 actin은 ATP의 화학적 에너지를 운동으로 **변환하는데** 전문화되어있다.

transduced	타 1 be ~ 전달되다
126	

Early in muscle development, the Drosophila Wnt signal Wingless (Wg) and the TGFβ signal Decapentaplegic (Dpp) prime a cell to make it competent to receive a subsequent signal that <u>is **transduced**</u> through the MAP kinase pathway downstream of Ras.

관 prime(타) 준비하도록 하다=(make ready, prepare)

해 근육의 발생초기에, 초파리의 Wnt 신호의 Wingless (Wg)와 TGFβ 신호의 Decapentaplegic (Dpp)은 세포가 Ras의 아랫방향에 있는 MAP kinase 경로를 통하여 **전달된** 이후의 신호를 받아들이는 것이 가능하도록 세포를 준비시킨다.

참 Wnt 신호전달경로 : 원래 초파리 날개의 발생과 연관되어 발견된 wingless 유전자가 관여하는 신호전달 경로인데, 태생기와 암 발생에서 중요한 역할을 한다.

2 be ~ 형질이 도입되다

Such viruses are called transducing retroviruses because their genomes contain an oncogene derived from a **transduced** cellular protooncogene.

관 transducing retrovirus 형질변형레트로바이러스, be derived form....로부터 유래되다=(come from, originate), protooncogene 원발암유전자, oncogene 발암유전자

해 그러한 바이러스는 자신의 유전체가 어떤 **형질이 도입된** 세포의 원발암유전자로부터 유래된 발

암유전자를 함유하기 때문에 형질변형레트로바이러스라 불린다.

참 oncogene과 protooncogene : moved 참조

transduction 명 신호전달

197

Many of these signal-**transduction** pathways make use of substances such as cyclic adenosine monophosphate (cAMP) and calcium ion as second messengers that can diffuse throughout the cell, spreading the word of environmental change.

관 make use of 이용하다, diffuse(자), spread(타)

해 이들 신호**전달**과정 가운데 많은 것이 고리형 아데노신일인산 (cAMP)과 칼슘이온과 같은 물질을 세포 전체로 확산시킬 수 있는 2차전령으로 이용하고 있어서, 환경변화의 메시지를 퍼트릴 수 있다.

참 Transduction의 두 가지 의미 : 바이러스를 매개로 하여 유전물질을 세포 안으로 도입하는 것인 형질도입과 세포의 신호전달과정 두 가지의 의미로 사용된다.

transfer 명 이동, 이전, 운반

244

Similar START domains are found in several proteins implicated in intracellular cholesterol transport, and these domains have been shown to promote cholesterol **transfer** in cultured cells.

해 유사한 START 도메인들이 세포내의 콜레스테롤의 수송과 관련된 몇 종류의 단백질에서 발견되며, 그리고 이 도메인이 배양세포에서 콜레스테롤의 **운반**을 증진시키는 것으로 알려져 왔다.

타 옮기다, 이동하다, 전달하다

Protein tyrosine kinases **transfer** the phosphate group from ATP to the hydroxyl group of a specific tyrosine residue.

관 transfer(타) .... to ....를 ....에 전달하다

해 단백질티로신인산화효소들은 ATP로부터 특이 티로신잔기의 hydroxy기에 인산기를 **전달한다**.

transferred 타 be ~ to ....로 이동되다, 전달되다

368

Carboxylation of pyruvate proceeds in two steps: first, a carboxyl group derived from HCO_3^+ is attached to biotin, then the carboxyl group is **transferred** to pyruvate to form oxaloacetate.

관 proceed in two steps 두 단계로 진행되다

해 Pyruvate의 카르복실화는 두 단계로 진행된다: 먼저, HCO_3^+로부터 유래된 카르복실기가 biotin에 부착되고, 그 다음에 그 카르복실기가 pyruvate로 **이동되어** oxaloacetate를 형성한다.

transform 타 1 형질을 변환시키다

69

Cancer takes a long time to develop in humans because multiple genetic alterations are required to **transform** normal cells into malignant cells.

관 take a long time 오랜 시간이 걸리다

해 암이 사람에서 발병하는데 긴 시간이 걸린다, 왜냐하면 많은 유전적 변이들이 정상세포를 악성인 종양세포로 **형질을 변형시키기** 위하여 필요하기 때문이다.

2 변환시키다

Those reactions that **transform** fuels into cellular energy are called catabolic reactions or, more generally, catabolism.

해 연료물질을 세포의 에너지로 **변환하는** 그런 반응들은 분해반응catabolic reaction이나 혹은 더 일반적으로 분해대사catabolism라 한다.

transformation 명 1 형질변환

115

Transformation of animal cells by any of the above techniques has its problems. Introduced DNA is generally integrated into chromosomes at random locations.

관 be integrated 통합되다=(joined, united), at random locations 원하지 않는 위치에

해 위의 기술 중 어떤 것에 의한 동물세포의 **형질변환**이라도 자체의 문제점을 가지고 있다. 도입된 DNA가 일반적으로 원하지 않은 위치에서 염색체에 통합된다.

참 Transformation, transfection, transduction의 비교 : transformation과 transfection은 바이러스를 이용하지 않고 세포 안으로 DNA를 주입하는 조작을 말한다. 특히 transfection은 세포막에 구멍을 만들어서 DNA나 단백질을 주입하는 것이다. 그리고 transformation은 주입한 DNA에 의하여 형질이 변환되는 현상을 말하기도 한다. Transduction은 바이러스를 매개로하여 유전물질을 세포 내로 주입하는 방법이다.

2 변환

By international agreement, 1.0 unit of enzyme activity is defined as the amount of enzyme causing **transformation** of 1.0 μmol of substrate per minute at 25°C under optimal conditions of measurement.

관 be defined as ....로 규정되다, cause(타) ....을 일으키다=(give rise to, bring about)

해 국제협정에 따라, 효소활성 1.0 단위란 측정에 최적인 조건 하에서 1.0 μmol의 기질을 25°C에서 1분 동안의 **변환**을 유발하는 효소의 양으로 규정된다.

transformed
165

타 1 be ~ 변환되다

When ATP energy is **transformed** into cellular responses, such as muscle contraction, ATP is cleaved to ADP and Pi (inorganic phosphate).

해 ATP 에너지가 근육수축과 같은 세포의 반응으로 **전환될** 때, ATP는 ADP와 Pi (무기인산)로 절단된다.

2 be ~ (유전물질이) 주입되다

These plasmids were **transformed** into yeast cells, which were grown in a galactose-containing and a nongalactose medium.

해 이들 플라스미드가 효모세포 속으로 **주입되었고**, 그 후 갈락토오즈를 함유한 배지와 없는 배지에서 배양되었다.

3 be ~ 형질변환되다

These immortal 3T3 cells are **transformed** into full-blown tumor cells only when they produce a constitutively active Ras protein.

관 full-blown 완전한 변형된, constitutive 구성성인≠inducible유도형인

해 이 죽지 않는 3T3세포들이 구성성으로 (항상 발현되는) 활성형인 Ras 단백질을 생산할 때만, 완전히 변형된 종양세포로 **형질변환된다**.

transient
172

형 일시적인, 순간적인, 일과성의

Cofactors serve functions similar to those of prosthetic groups but bind in a **transient**, dissociable manner either to the enzyme or to a substrate such as ATP.

해 보조인자는 보결기능기의 기능과 유사한 기능을 한다, 그러나 효소나 ATP와 같은 기질에 **일시적이며** 해리될 수 있는 방식으로 결합한다.

참 보결prosthetic 기능기 : 단백질에 공유결합이나 혹은 다른 힘으로 매우 단단하고 안정하게 붙어 있으면서 효소반응이나 단백질의 기능을 보조하는 비단백성 화합물이다. 예를 들면 pyridoxal phosphate, biotin, 및 금속이온이 있다. 이에 반해 cofactor는 효소의 활성을 보조하는 물질이지만 결합력이 약하다.

transiently
199

부 일시적으로

The electroporation approach **transiently** renders the bacterial membrane permeable to large molecules.

관 electroporation 전기천공법, render+O+OC ....를 ....하도록 만들다, permeable to ....를 투과할 수 있는

해 전기천공법은 **일시적으로** 박테리아의 세포막을 큰 분자들이 투과할 수 있도록 만든다.

참 electroporation 전기천공법 : 박테리아의 세포막의 단위 면적당 수천 볼트에 달하는 고압의 전기를 순간적으로 가하여 일시적으로 막을 통하여 물질의 유입과 유출이 일어나도록 하는 방법이다.

transit 명 1 통과 (행위), 수송

1

Endothelial cells line the entire vascular system, from the heart to the smallest capillary, and control the passage of materials and the **transit** of white blood cells into and out of the bloodstream.

관 endothelial cell 내피세포, line(타) 안쪽에서 피복하다=cover the inside of

해 내피세포는 심장으로부터 가장 작은 모세혈관까지 전체의 혈관계를 안쪽에서 피복하고 있어서, 혈류 속으로 그리고 밖으로 물질의 통행과 백혈구세포의 **통과**를 조절한다.

2 be in ~ 통과하여 지나다

Many of the proteins in the lumen of the ER are in **transit**, en route to other destinations; others, however, are normally resident there and are present at high concentrations.

관 be in transit 통과하여 지다가다=passing through, en route to ....로 가는 도중에=on/along the way to, be resident 기거하다=be resting

해 소포체의 내강 속에 있는 많은 단백질들은 다른 목적지로 가는 도중에 **통과하여 지나가지**만; 그러나 다른 것들은 그곳에서 정상적으로 기거하고 더욱이 고농도로 존재하기도 한다.

transition 명 1 ~ from .... to (다른 상태로의) 전이과정

43

It appears that all eukaryotic cells have gene products that govern the **transition** from one phase of the cell cycle to another.

해 모든 진핵세포는 세포주기 중의 한 단계에서 다른 단계로의 **전이**를 관장하는 유전자 산물을 가지고 있는 것처럼 보인다.

참 세포의 분열주기에 따라 농도가 증가와 감소를 순환적으로 반복하는 단백질군이 cyclin류이다. 이 것의 이름도 이러한 현상으로부터 채택되었다.

2 ~ state 전이상태

For enzyme-catalyzed reactions, the electronic configuration of the substrate becomes very strained and unstable as it enters the **transition** state.

해 효소에 의한 촉매반응에서, 기질의 전자배열구조는 **전이상태**로 들어갈 때, 매우 뒤틀리어 불안정하게 된다.

참 배열구조configuration : specific 참조

translate 타 번역하다

10

Many ribosomes can simultaneously **translate** a single mRNA, forming a complex known as a polysome.

관 simultaneously 동시에=at the same time, polysome 다중리보솜

해 많은 리보솜은 다중리보솜이라고 알려져 있는 복합체를 형성하여 하나의 mRNA를 동시에 **번역**할 수 있다.

translated 타 be ~ 번역되다

100

All nuclear-encoded mRNAs are **translated** on cytosolic ribosomes.

해 모든 핵에서 인코딩된 mRNA는 세포질에 있는 리보솜 위에서 **번역된다**.

translation 명 번역과정, 번역

98

This mRNA then must be exported to the cytoplasm before it can be translated into protein. Thus transcription and **translation** cannot occur concurrently in eukaryotic cells.

관 be exported to ....로 내보내지다, concurrently 동시에=simultaneously

해 이 mRNA는 단백질로 번역될 수 있기 전에 세포질로 내보내져야한다. 그래서 전사와 **번역과정**은 진핵세포에서 동시에 일어날 수 없다.

translational 형 1 번역의, 번역과정의

83 In addition to repression of translation by micro RNAs, protein-mediated **translational** control helps regulate expression of some genes.

관 in addition to ....이외에도=besides

해 micro RNA에 의한 번역과정의 저해작용 이외에도, 단백질에 의해 매개되는 **번역반응의** 조절이 일부 유전자들의 발현을 조절하는데 도움이 된다.

2 직선방향의

A state of fluidity and thus of **translational** mobility in a membrane may be confined to certain regions of membranes under certain conditions.

관 .... and thus of .... 앞 현상의 결과로 발생하는, confined 제한되다=(constricted, restrained; limited)

해 막에서의 유동성과 그 결과로 나타나는 **직선방향의** 이동성은 어떤 조건 하에서는 막의 어떤 영역에서 제한될 수도 있다.

참 세포막은 지질이중층으로 되어있어 평면 방향으로 유동성이 크다. 그러나 일부 영역에서는 단백질, 콜레스테롤 등의 특별한 요소들이 참여하여 유동성을 제한하는 경우가 있는데, 세포 사이의 접합부junction가 좋은 예이다.

translocate 자 자리를 옮기다. 이동하다

55 Alternatively, receptor stimulation may lead to activation of cytosolic protein kinases that then **translocate** into the nucleus and regulate the activity of nuclear transcription factors.

관 alternatively 또 다른 방향으로, lead to 그 결과 ....하다=(cause, result in)

해 또 다른 방향으로, 수용체의 자극은 곧 핵 속으로 **자리를 옮겨** 핵의 전사인자의 활성을 조절하는 세포질의 단백질인산화효소의 활성을 유발하는 결과를 만들기도 한다.

타 전위시키다, 자리를 이동하다

Quite different mechanisms from the one shown in Figure 6 are used to **translocate** bacterial proteins from the cytosol across both the inner and outer bacterial membranes to the extracellular space.

해 그림 6에서 보이는 것과는 아주 다른 기전이 박테리아의 단백질을 세포질로부터 내막과 외막 모두를 가로질러 세포외공간으로 **이동시키는데** 사용된다.

translocated 타 be ~ 전위되다, 자리가 이동되다

34 After binding, LDL is taken up intact by endocytosis. The apoprotein and cholesteryl ester are then hydrolyzed in the lysosomes, and cholesterol **is translocated** into the cell. The receptors are recycled to the cell surface.

관 intact 있는 그대로, be recycled to ....로 재활용되다

해 결합 후, LDL은 세포내이입반응에 의해 있는 그대로 흡수된다. 그리고 나서 apoprotein과 cholesteryl ester는 lysosome에서 가수분해되고, 콜레스테롤은 세포 안으로 **전위된다**. 그 수용체들은 세포의 표면으로 재활용된다.

translocation 명 전좌, 전위(현상)

263 The chromosomal **translocation** that forms *bcr-abl* generates the diagnostic Philadelphia chromosome, discovered in 1960.

해 *bcr-abl* 를 형성하는 염색체의 **전위**현상은 진단에 사용되는 필라델피아 염색체를 형성하는데, 1960년에 발견되었다.

참 Philadelphia 염색체 : approved 참조

transmembrane 형 막을 관통하는, 막을 사이에 두고 형성된

183 How are the **transmembrane** concentration gradients for non-lipid-soluble molecules maintained?

해 비지용성 분자를 위한 **막을 사이에 두고 형성된** 농도경사가 어떻게 유지되는가?

transmission 명 전송

126 Impulse **transmission** through gap junctions, called electrical synapses, is almost a thousand fold as rapid as at chemical synapses

해 전기적 시냅스라고 불리는 교통연접들을 통한 임펄스의 **전송**은 화학적 시냅스들에 비해 거의 천배 정도로 더 빠르다.

transmit 타 ~ .... to 전달하다, 전송하다

9 Signaling proteins including cell surface receptors and other proteins **transmit** external signals to the cell interior.

해 세포 표면수용체와 다른 단백질들을 포함하는 신호전달단백질들은 외부의 신호를 세포 내부**로 전송한다**.

transmitted 타 be ~ 전송되다, 전달되다

23 Action potentials originate at the axon hillock and move down the axon toward the axon terminals, where the electric impulse is **transmitted** to other cells via a synapse

관 originate(자) 유래되다=be derived from

해 활동전위는 축삭둔덕에서 유래되어 축삭을 따라 내려가 축삭종말을 향하여 이동하며, 여기서 전기적 임펄스는 시냅스를 경유하여 다른 세포로 **전송된다**.

transport 명 수송

524 In adipose tissue, the stimulation of glucose **transport** across the plasma membrane by insulin increases its availability for the synthesis of fatty acids and glycerol from the glycolytic pathway.

해 지방조직에서, 인슐린에 의한 세포막을 가로지르는 포도당 **수송**의 자극은 해당과정으로부터 지방산과 glycerol의 합성을 위한 포도당의 이용도를 증가시킨다.

타 수송하다

The electrochemical potential of a Na^+ gradient can be tapped to pump Ca^{2+} out of cells or to **transport** nutrients such as sugars and amino acids into cells.

관 pump(타) 퍼내다, tap(타) 흘러가게 하다=cause to flow

해 Na^+ 농도경사가 만드는 전기화학적 전위는 Ca^{2+}를 세포 밖으로 퍼내도록 하거나 혹은 탄수화물과 아미노산과 같은 영양소를 세포 안으로 **수송하기** 위해서도 사용될 수 있다.

transported 타 be ~ 수송되다

60 Only properly folded proteins and assembled subunits are **transported** from the rough ER to the Golgi complex in vesicles.

관 folded 접혀진, assembled 조립된

해 적절하게 접힌 단백질과 조립된 단위체들만이 낭포 속에서 조면 ER로부터 골기복합체까지 **수송된다**.

참 세포 밖으로 분비되는 단백질과 세포막단백질은 ER에서 chaperone 등이 관여하는 여러 단백질의 도움으로 정확한 구조로 접히며, 또한 여러 아단위체들이 완전한 4차구조의 단백질로 조립되기도 한다.

transverse 형 1 ~ tubule 가로세관

13 The action potential sweeps across the surface of the muscle fiber and down the **transverse** tubules (T-tubules) to the sarcoplasmic reticulum, where it initiates the release of calcium from its lumen, via the ryanodine receptor.

관 sweep 순간적으로 흘러가다=move swiftly, T-tubule 가로세관, sarcoplasmic reticulum 근소포체

해 활동전위가 근섬유의 표면을 가로질러 순간적으로 흘러들어 **가로세관**으로 내려와 근소포체까지 오며, 그 곳에서 raynodine 수용체를 경유하여 근소포체의 내강으로부터 칼슘의 분비를 개시하도록 한다.

2 횡단하는, 가로지르는

Micrograph of a **transverse** section through an isolated demembranated cilium.

관 a transverse section 가로단면, demembranated 막이 제거된

해 분리되어 막이 제거된 섬모의 **가로**단면의 현미경 사진

trap

101

명 올가미, 덫, 트랩

If folate is given without cobalamin to a B_{12}-deficient patient, the drug only partially corrects the megaloblastic anemia because it will "bypass" the methyl-folate **trap** and provide adequate FH_4 coenzyme for the conversion of dUMP to dTMP and for a resurgence of purine synthesis.

관 folate 엽산, megaloblastic anemia 거대적모구성 빈혈, resurgence 부활

해 B_{12} 결핍 환자에게 코발라민이 없이 엽산만 투여되면, 그 약물은 거대적모구성 빈혈을 단지 부분적으로만 바로 잡게 된다, 왜냐하면 엽산이 메틸-엽산 **트랩**을 "우회하여" 그리고 dUMP의 dTMP로의 전환과 퓨린 합성의 부활에 필요한 적당한 FH_4 보조인자를 공급하게 될 것이기 때문이다.

참 Methyl-folate trap : 빈혈의 원인인 엽산의 결핍은 비타민 B_{12}의 결핍에 의하여 초래되는 경우가 있다. 왜냐하면 비타민 B_{12} (cobalamin)는 methione synthase의 보조인자로 기능하여 N^5-methyl FH_4로부터 mehyl기를 제거하여 FH_4를 생성한다. 그러므로 B_{12}의 부족으로 이 과정이 원활하게 수행되지 않으면 methy-엽산이 축적되어 궁극적으로 기능성 엽산의 부족현상이 일어난다. 이 연관된 반응회로를 methyl-엽산트랩이라 한다.

타 1 가두다, 수용하다, 넣다

50-nm-Diameter liposome formed in a 0.1 M glycine solution will **trap** about 2000 molecules of glycine in each inner aqueous compartment.

관 trap(타)=(contain, hold)

해 0,1 M glycine 용액 속에서 형성된 50 nm 직경의 리포솜들은 각각의 내부의 수용성 분획 속에 약 2000개의 glycine 분자를 **가두게** 될 것이다.

2 포획하다, 중단시키다

In vivo, the principal chain-breaking antioxidants are superoxide dismutase, which acts in the aqueous phase to **trap** superoxide free radicals ($O_2^{-\bullet}$); perhaps urate; and vitamin E, which acts in the lipid phase to **trap** ROO• radicals.

관 chain-breaking antioxidant 연쇄반응을 끊는 항산화제, trap(타) 중단시키다=(stop, hold), free radical 자유라디칼,

해 생체에서, 주된 연쇄반응을 파괴하는 항산화물들은 액체상에서 superoxide 자유기 ($O_2^{-\bullet}$)들을 **중단시키기** 위해 작동하는 superoxide dismutase ; 아마도 요산; 지질 상에서 ROO• 자유기를 **포획하는** 활동을 하는 비타민 E이다.

참 생체에서 자유기의 유리반응은 개시, 전파, 및 종결의 3단계의 연쇄반응chain reaction으로 일어나면서 다양한 자유기를 방출한다.

trapped

17

타 be ~ (....한 상태로) 멈추어지다

Acetylcholine receptors in isolated postsynaptic membranes can be **trapped** in the open or closed state by rapid freezing in liquid nitrogen. Images of such preparations suggest that the five M2 helices rotate relative to the vertical axis of the channel during opening and closing.

관 be trapped in the open state 열린 상태로 멈추어지다, preparation 시료, rotate(자) 회전하다

해 분리된 시냅스후막에 존재하는 아세틸콜린 수용체들은 액체질소에서 신속하게 냉각함으로써, 열린 상태나 혹은 닫힌 **상태로 멈추어질 수 있다**. 그러한 시료들의 영상은 열려있고 닫혀있는 동안 그 통로의 수직축에 대해 상대적으로 5개의 M2나선구조들이 회전함을 제안하고 있다.

travel

11

자 가다, 이동하다, 움직이다

Because adipose tissue lacks glycerol kinase and cannot use the glycerol produced by lipoprotein lipase, the glycerol **travels** through the blood to the liver, which uses it for the synthesis of triacylglycerol.

관 lack(타) 가지고 있지 않다=(do not have, be without), triacylglycerol 중성지방

해 지방조직은 glycerol kinase를 가지고 있지 않아서 lipoprotein lipase에 의해 생산된 glycerol을

사용할 수 없기 때문에, glycerol은 혈액을 통하여 간으로 **이동하며**, 간은 그것을 사용하여 중성 지방을 합성한다.

타 이동하다

The presence of a myelin sheath around an axon increases the velocity of impulse conduction to 10–100 meters per second. As a result, in a typical human motor neuron, an action potential can **travel** the length of a 1-meter-long axon and stimulate a muscle to contract within 0.01 seconds.

관 myelin sheath 수초, increase(타) 증가시키다, as a result 그 결과로=(due to, accordingly, therefore)

해 축삭 주위에서 수초의 존재는 임펄스의 전도속도를 초속 10-100 m까지 증가시킨다. 그 결과로 전형적인 사람의 운동신경에서, 활동전위는 1 m의 축삭의 길이를 **이동하여**, 0.01초 이내에 근육이 수축하도록 자극할 수 있다.

traverse
15

타 가로지르다, 횡단하다

Furthermore, in passing through the kidney, red blood cells **traverse** hypertonic areas that are up to six times the normal isotonicity, and back again, causing the red cell to shrink and expand during its travels

관 hypertonic 고장성의, be up to ....까지이다, cause .... to ....의 원인이 되다, shrink≠expand, isotonicity 등장도

해 더욱이, 신장을 통과하는 동안 적혈구세포는 여행하는 동안 찌그러지기도 하고 팽창하도록 만드는 정상 등장도의 6배까지나 되는 고장성의 지역을 **횡단하여** 다시 돌아온다.

treat
54

타 치료하다

Monoclonal antibodies that bind to and inactivate toxic proteins (toxins) secreted by bacterial pathogens are used to **treat** diseases caused by these pathogens.

해 박테리아 병원체에 의하여 분비되는 독성단백질 (독소)에 결합하여 불활성화시키는 단일클론항체는 이들 병원체에 의해 초래되는 질병을 **치료하는데** 사용된다.

treated
1634

타 be ~ 처리되다

The preparation was **treated** with gold-tagged anti-dynamin antibody and viewed in the electron microscope.

관 view(타) 자세히 보다=(see, observe)

해 그 시료는 금으로 표지된 항dynamin 항체로 **처리된** 다음 전자현미경에서 관찰되었다.

treatment
1671

명 처리, 치료

Administration of insulin as in the **treatment** of diabetes mellitus type 1 lowers the blood glucose and increases its utilization and storage in the liver and muscle as glycogen.

관 administration 투여=act of applying drug, treatment 치료=medical care, lower(타) 낮추다

해 제1형 당뇨병의 **치료**에서와 같이 인슐린의 투여는 혈액의 포도당을 낮추고 그래서 그것의 활용을 증가하여 간과 근육에서 글리코겐으로써의 저장을 증가시킨다.

trigger
119

명 촉발제, 개시제

The signal acts as a **trigger** in this pattern C response. Once expression of the gene is initiated in the cell, it cannot be terminated even in the daughter cells.

해 그 신호는 이 C 유형의 반응에서 **개시제**로써 작용한다. 일단 세포에서 그 유전자의 발현이 개시되면, 그것은 심지어 딸세포들에서도 종료될 수 없다.

타 시작하도록 하다, 개시하다, 촉발하다

Stimuli such as glucose, which provokes insulin secretion, therefore **trigger** the processing of proinsulin to insulin as an essential part of the secretory response.

관 provoke(타) 자극하다=(stimulate, cause), trigger(타) 촉발하다=(set in motion, start)

해 그러므로 인슐린의 분비가 일어나도록 하는 포도당과 같은 자극제는 분비반응의 필수적인 역할로써 proinsulin의 insulin으로의 처리를 **시작하도록 한다**.

triggered 타 be ~ 촉발되다, 개시되다

60

The switching on of enzymatic activity in a protein can be accomplished by discrete, highly localized conformational changes that are **triggered** by the hydrolysis of a single peptide bond.

관 discrete 분리된=(distinct, separate), highly localized change 매우 국소적인 변화

해 단백질에서 촉매활성형인 효소로의 전환은 단 하나의 펩티드결합의 가수분해에 의하여 **촉발되는** 분리된 즉 매우 지역화된 입체구조의 변화에 의하여 달성될 수 있다.

참 단백질소화효소 : trypsin, chymotrypsin, pepsin 등의 소화효소는 각각 불활성 전구체인 trypsinogen, chymotrypsinogen, pepsinogen으로 소화관에서 분비된다. 이 불활성 상태인 효소들은 오직 하나의 펩티드결합의 절단을 통하여 활성형의 구조로 전환된다.

trivial 형 미미한, 하찮은, 매우 적은

7

The energy invested in DNA synthesis is **trivial** compared with the metabolic energy required for the movement of muscles; thus there was little selective pressure to eliminate nonfunctional DNA in vertebrates.

관 invest(타) 투자하다, compared with 비교하여, selective pressure 도태압력, eliminate(타) 제거하다

해 DNA의 합성에 투자된 에너지는 근육운동에 필요한 대사에너지와 비교하면 **매우 적다**; 그래서 척추동물에서 기능이 없는 DNA를 제거하도록 하는 도태압력이 거의 없었다.

참 세포에 존재하는 전체 염색체 DNA의 양을 서로 다른 종에서 비교해보면 고등동물의 염색체 DNA일수록 부호화되지 않는 DNA를 더 많이 가지고 있다. 예를 들면 사람의 경우 유전체 DNA 가운데 약 1.5%만이 단백질을 부호화하고 있는 영역인 것으로 알려져 있다. thus 참조

tubular 형 소관의, 작은 관의

1

The capacity of the **tubular** system of kidney to reabsorb glucose is limited to a rate of about 350 mg/min.

관 capacity .... to ....할 수 있는 능력, be limited to ....로 제한되다

해 신장 **세뇨관**계통의 포도당을 재흡수하는 능력은 350 mg/min의 속도로 제한된다.

turn 명 1 회전 (과정), 횟수, 주기

98

The two-carbon acetyl group is the ultimate source of the electrons that are transferred to NAD^+ and FAD and also the carbon in the two CO_2 molecules that are produced. Oxaloacetate is used and regenerated in each **turn** of the TCA cycle.

해 2개의 탄소로 된 acetyl기는 NAD^+와 FAD로 전달되는 전자와 생산된 2개의 CO_2 분자에 있는 탄소의 최종 근원이기도 하다. Oxaloacetate는 TCA 회로의 각 **주기**의 과정에서 사용된 후 다시 생성된다.

2 in ~ 다음에는, 번갈아, 다시, 곧

The unsaturated fatty acid tails are kinked and lead to more spacing between the polar head groups, hence to more room for movement. This in **turn** results in increased membrane fluidity.

관 kink(타) 꺾다=twist, lead to 결과로 .....이 되다=(result in, arrive to, cause), more spacing 더 많은 공간=more room, membrane fluidity 막유동성

해 불포화된 지방산 꼬리는 굽게 되며, 그 결과 극성인 머리의 작용기 사이에서 더 많은 공간이 만들어져, 그래서 움직이기에 더 많은 여유가 생긴다. 이것은 **다시** 증가된 막의 유동성의 결과로 나타난다.

자 1 ~ on (off) 작동시키다, 켜다 (끄다)

The neutrophils must be activated in advance to **turn** on many of the metabolic processes involved in phagocytosis and killing of bacteria.

관 in advance 미리, turn on 작동시키다=operate, phagocytosis 포식작용

해 중성구세포는 박테리아의 포식작용과 죽이는데 관련된 대사과정 중 많은 것들의 **작동을 개시하기** 위하여 미리 활성화되어야만 한다.

2 ~ over 대사회전이 되다

The membrane itself can **turn** over even more rapidly than any of its constituents. This is discussed in more detail in the section on endocytosis.

관 in more detail 더 자세하게=with all the specifics (of)

해 막 자체는 자신의 구성성분 중 어느 것보다도 훨씬 더 신속하게 **대사회전될** 수 있다. 이것은 세포내이입에 관한 섹션에서 더 자세하게 토의된다.

3 ~ to ....으로 방향을 바꾸다, 시작하다

We will now **turn** to a closer look at some of the mechanisms of DNA repair, ranging from repair of single base mutations to repair of DNA broken across both strands.

관 turn to ....를 시작하다; ....로 방향을 바꾸다=(begin working, apply), a closer look at 더 자세한 보기, range(자) from .... to ....의 범위에 걸쳐있다

해 우리는 이제 단일염기 돌연변이들의 수리로부터 양쪽 가닥 모두에서 교차되어 부서진 DNA 수리의 범위에 걸쳐있는 DNA 수리기전들의 일부를 좀 더 자세하게 보는 것을 **시작할** 것이다.

turned

11

타 be ~ off 꺼지다, 불활성화되다

The human genes expressing the telomerase protein and the telomerase-associated RNA are active in germ cells but are **turned** off in most adult tissues, in which cells replicate only rarely.

해 Telomerase 단백질과 telomerase에 결합된 RNA를 발현하는 사람의 유전자들은 생식세포에서는 활성을 띠고 있지만 세포가 거의 복제되지 않는 대부분의 성체조직에서는 **불활성화되어**있다.

turnover

115

명 대사회전

The kidney, the gut, and cells with rapid **turnover** rates such as those of the immune system are the major sites of glutamine uptake. Glutamine serves as a fuel for these tissues, as a nitrogen donor for purine synthesis, and as a substrate for ammoniagenesis in the kidney.

관 serve as ....로써 기능하다=(be used as, have the function of)

해 신장, 내장과 면역계 세포들과 같은 그러한 빠른 **대사회전**의 속도를 가진 세포들은 glutamine 섭취의 주요 부위이다. Glutamine은 이들 조직을 위한 하나의 연료물질로써, 퓨린 합성을 위한 질소 공여체로써, 그리고 신장에서 암모니아 생성을 위한 기질로써 기능한다.

참 아미노산 glutamine의 기능 : 단백질의 합성의 재료로써, 신장에서 암모니아를 생산하여 산염기의 균형을 조절하고, 포도당 다음으로 흔히 사용되는 에너지원으로, 핵산염기의 합성에서 질소의 공여체로, 그리고 TCA회로를 재충진하는 탄소공여체 등과 같이 다양하게 기능하고 있다.

type

2395

명 종류, 형태, 유형

The human body is composed of a number of different cell **types** that perform specific functions unique to that cell **type** and synthesize only the proteins consistent with their functions.

관 type 종류=(species, sort, kind, form, model), consistent(형) 일치하는=(compatible, in harmony)

해 사람의 몸은 그 세포 **유형**에 특유한 특이적인 기능을 수행하고 세포의 기능과 일치하는 단백질들만을 합성하는 많은 수의 서로 다른 세포**유형**들로 구성되어있다.

typed

명 be ~ 종류가 결정되다

The *Leptospirae* are **typed** serologically in a lysis-agglutination reaction with specific test sera.

관 lysis-agglutination 용균응집반응, type(타) ....의 종류를 결정하다=determine the type of

해 *Leptospirae*는 특이 시험용 혈청들을 사용한 용균응집반응에서 혈청학적으로 **종류가 결정된다**.

참 렙토스피라는 가장 작은 나선형 미생물로 동물 사이에서 전염성이 높지만, 동물의 사체 밖에서는 오래 살지 못한다.

typical

형 ~ of 전형적인, 상징적인

117 This acetylcholine receptor channel is **typical of** many other ion channels that produce or respond to electrical signals: it has a "gate" that opens in response to stimulation by a signal molecule and an intrinsic timing mechanism that closes the gate after a split second.

관 open(자) 열리다, close(타) 닫다, in response to ....에 반응하여, split second 짧은 시간에=very short period of time, timing mechanism 순간포착기전, gate 문

해 이 아세틸콜린 수용체통로는 전기적 신호를 생산하거나 이에 반응하는 많은 다른 이온통로의 **전형**이 된다; 그것은 신호분자에 의한 자극과 내재성의 시간에 맞추는 기전에 반응하여 열려 아주 짧은 시간 후에 그 문을 닫는 "문"을 가지고 있다.

typically 부 전형적으로

60 In addition to forming the nuclear lamina, intermediate filaments are **typically** organized in the cytosol as an extended system that stretches from the nuclear envelope to the plasma membrane

관 lamina 얇은 층, be organized as ....로 조직화되다, extended 펼쳐진=(enlarged, expanded), stretch(자) 뻗어있다

해 핵의 얇은 층을 형성하는 것 이외에도, 중간 필라멘트는 **전형적으로** 세포질에서 핵막으로부터 세포막까지 뻗어있는 펼쳐진 시스템으로써 체계화되어있다.

참 핵막nuclear envelope : 핵막은 외막과 내막으로 구성되어있으며 두 개의 막 사이를 관통하는 핵공들이 세포질과 핵을 연결하고 있다. 핵 내막 아래에는 laminin 단백질의 그물망구조로 이루어진 얇은 층lamina이 위치하고 있다.

ultimate 형 최후의, 마지막의

14

Corticotropin-releasing hormone from the hypothalamus stimulates the anterior pituitary to release ACTH, which triggers the release of cortisol from the adrenal cortex. Cortisol, the **ultimate** hormone in this cascade, acts through its receptor in many types of target cells to alter their metabolism.

관 corticotropin 부신피질자극호르몬, trigger 촉발하다=(start, initiate), ultimate 최종의=(final, last), alter(타) 변화시키다=(modify, change, adjust)

해 시상하부로부터의 부신피질자극호르몬 방출호르몬은 ACTH을 분비시키기 위하여 뇌하수체 전엽을 자극하고, ACTH는 부신피질로부터 cortisol의 유리를 촉발한다. 이 다단계 반응에서 **최종** 호르몬인 cortisol은 많은 종류의 표적세포에 있는 수용체를 통하여 표적세포의 대사를 변화시키도록 작용한다.

ultimately 부 궁극적으로, 최종적으로

41

In unimmunized individuals, however, symptoms are caused by a bacterial exotoxin encoded by a phage that infects the bacterial cells. The diphtheria toxin enters human cells, inhibiting protein synthesis and, **ultimately**, causing cell death.

해 그러나 면역되지 않은 사람에서, 증상은 박테리아 세포를 침입한 파아지에 의하여 인코딩된 박테리아의 외독소에 의하여 초래된다. 디프테리아 독소는 사람의 세포로 들어가서, 단백질합성을 저해하여, **궁극적으로** 세포의 죽음을 유발한다.

unclear 형 명확하지 않은

117

It remains **unclear** how this ion influx triggers the release of cytochrome c. Once cytochrome c is released into the cytosol, it binds to the adapter protein Apaf-1 and promotes activation of a caspase cascade leading to cell death.

해 이 이온의 유입이 어떻게 cytochrome c의 유리를 촉발하는가는 아직 **불명확한** 상태로 남아있다. 일단 cytochrome c가 세포질로 유리되면, 어댑터단백질 Apaf-1에 결합하여 세포의 죽음에 이르는 caspase 다단계 반응의 활성화를 촉진한다.

under 전 1 .... 아래, 이하, (스승의) 사사로

1300

Individual mitochondria are large enough to be seen **under** the light microscope, and even the mitochondrial DNA (mtDNA) can be detected by fluorescence microscopy.

관 be 형용사 enough to ....할 정도로 충분히 ....하다

해 개별 미토콘드리아는 광학현미경 **아래에서** 보여 질 정도로 충분히 크고, 심지어 미토콘드리아 DNA (mtDNA)조차도 형광현미경에 의하여 감지될 수 있다.

2 ~ the condition .... 조건 하에서

Cluster analysis of the data from multiple microarray expression experiments can identify genes that are similarly regulated **under** various conditions. Such co-regulated genes commonly encode proteins that have biologically related functions.

관 custer analysis 군집분석, identify(타) 찾아내다=discover, related function 연관된 기능

해 여러 microarray 발현실험으로부터 얻은 데이터의 군집분석을 통하면 여러 조건 **하에서** 유사하게 조절되는 유전자들을 찾아 낼 수 있다. 함께 조절되는 그러한 유전자들은 일반적으로 생물학적으로 연관된 기능을 가진 단백질을 인코딩한다.

3 ~ way .... 진행 중

Biochemical and genetic studies currently are **under** way to identify additional signals that help direct membrane cargo proteins into COPII vesicles.

관 identify(타) 찾아내다=discover, additional 추가적인, help(사역) + direct(타), be under way ....중에 있다=be on the way

해 최근에 생화학 및 유전학 연구를 통하여, 막의 수송단백질이 COPII 낭포 안으로 들어가도록 안내하는 것을 돕는 추가적인 신호를 찾아내는 일이 **진행 중**에 있다.

4 ~ study 연구 중

One strategy for further localizing a disease gene within the genome is to identify mRNA encoded by DNA in the region of the gene **under** study.

관 further 더욱=(to a greater extent, more), localize(타) 위치를 규명하다=identify the location of

해 유전체 내에서 질병유전자의 위치를 더 확실하게 규명하기 위한 하나의 방법은 **연구 중**인 유전자의 영역에 있는 DNA에 의하여 인코딩되는 mRNA를 찾는 것이다.

참 ....하는 중 : *under* development, *under* study, *under* examination

5 ....하는 중에

Our genomes are **under** constant assault. Recent estimates indicate that sporadically arising polyps have about 11,000 genetic alterations in each cell, though very likely only a few of these are relevant to oncogenesis.

해 우리의 유전체는 일상적인 공격을 받고 **있는 중이다**. 최근의 추정에 의하면, 산발적으로 나타나는 용종들은 각 세포에서 약 11,000종의 유전적 변이를 가지고 있음을 보여주지만, 이들 가운데 단지 몇 가지만이 암 발생과 깊은 관계있는 것 같다.

6 ~ 약물 .... 약물의 영향 하에

These fruit flies carrying the shaker mutation shake vigorously **under** ether anesthesia, reflecting a loss of motor control and a defect in certain motor neurons that have an abnormally prolonged action potential.

관 reflect(타) ....의 일련의 결과로써 발생하다=bring as a consequence

해 Shaker 돌연변이를 가지고 있는 초파리는 운동신경의 조절의 소실과 비정상적으로 더 길어진 활동전위를 가지게 된 어떤 운동신경에서의 결함의 결과로써 발생하기 때문에, 에테르 마취제**의 영향 하에서** 심하게 몸을 떤다.

7 ~ the control of ....의 조절을 받는

Dephosphorylation of glycogen synthase b is carried out by protein phosphatase-1, which is **under the control of** cAMP-dependent protein kinase.

관 be under the control of ....의 영향을 받다

해 Glycogen synthase b의 탈인산화는 cAMP-의존성 단백질인산화효소의 **조절을 받는** 단백질탈인산화효소-1에 의하여 수행된다.

참 under the influence of ...., under the control of ....

undergo
218

타 1 (영향, 변화, 검사를) 받다, 경험하다, 수행하다

Many proteins **undergo** posttranslational modifications during maturation into functionally competent forms or as a means of regulating their properties.

관 post-translational modification 번역후변형반응, means(명) 수단

해 많은 단백질은 기능적으로 능력을 갖춘 형태로 완성되어가는 동안이나 자신의 행동특성을 조절하는 수단으로써 번역후변형반응**을 받는다**.

참 If you *undergo* something necessary or unpleasant, it *happens to* you.

2 ....에 .....(반응)이 일어나다, 진행되다

In the human, as the child progresses through adolescence and then into adulthood, physical and physiologic changes result from variations in gene expression and, therefore, of protein synthesis. Even after an organism has reached the adult stage, regulation of gene expression enables certain cells to **undergo** differentiation to assume new functions.

관 progress(자) 진행하다, adolescence 청년기, adulthood 성인기, variation 변동, enable(타) .... to .... 하는 것을 가능하게 하다, differentiation 분화, assume=take over without justification 아무 변명도 없이 취득하다, A undergo(타) B=B가 A에서 일어나다,

해 사람에게서, 아이들이 청년기를 거쳐 성인기로 들어가면서, 물리적 생리적 변화가 유전자 발현에서의 변화와 그것으로 인한 단백질합성의 변동의 결과로부터 발생한다. 심지어 어떤 생명체는 성체기에 이미 도달한 후에라도, 유전자발현의 조절이 새로운 기능을 취득하기 위하여 어떤 세포**에서** 분화**가 일어나도록** 하는 것이 가능하다.

3 A undergo 실험B 실험B가 A에서/로 수행되다

This single-lane gel is then placed horizontally on top of an SDS–.polyacrylamide slab. The proteins are thus spread across the top of the polyacrylamide gel according to how far they migrated during isoelectric focusing. They then **undergo** electrophoresis again in a perpendicular direction (vertically) to yield a two dimensional pattern of spots.

관 horizontally≠vertically, isoelectric focusing 등전점 전기영동, according to ....에 따라, migrate(자) 이동하다, in a perpendicular direction 직각방향으로, A undergo 실험B=실험B가 A로 수행되다

해 그 다음에 이 한 줄의 겔이 SDS-polyacrylamide 평판의 상단에 수평으로 놓인다. 그 단백질은 등전점 전기영동 동안에 이동한 거리에 따라 polyacrylamide 겔의 상단을 가로질러 펼쳐진다. 그 단잭질들로 곧 스폿들의 2차원 형태를 만들기 위하여 직각방향 (수직)으로 전기영동실험이 다시 **수행된다**.

undergoing 형 일어나고 있는, 진행되고 있는

49

Cells **undergoing** programmed cell death (apoptosis) form numerous surface blebs that eventually are released.

해 프로그램화된 세포의 죽음 (압퓹토시스)이 **일어나고 있는** 세포는 궁극적으로 분비되는 표면에 생긴 다수의 물집 같은 주머니들bleb을 형성한다.

underlie 타 ....의 기반이 되다, ...의 원인이 되다

20

The genetic changes that **underlie** oncogenesis alter several fundamental properties of cells, allowing cells to evade normal growth controls and ultimately conferring the full cancer phenotype.

관 underlie(타) ....의 원인이 되다=(be the basis of, account for), evade(타) 교묘하게 피하다=avoid by deceit, cancer phenotype 암의 표현형

해 암유전자 생성의 **원인이 되는** 유전적 변화는 세포의 몇 가지 근본적인 행동특성을 변하도록 하여, 세포가 정상적인 성장조절을 교묘하게 피하는 것을 가능하도록 하여 그래서 궁극적으로 완전한 암의 표현형을 부여하게 된다.

참 If something *underlies* a feeling or situation, it is *the cause or basis* of it.

underlying 형 1 ....의 아래에 있는

71

The transmembrane collagens form anchoring fibrils that link components of the extracellular matrix to **underlying** connective tissue. The network-forming collagens (type IV) form a flexible collagen that is part of the basement membrane and basal lamina that surround many cells.

관 link(타) .... to ....에 연결하다, be part of ....일부분을 구성하다, extracellular matrix 세포외기질, basement membrane 기저막, basal lamina 바닥판

해 막관통형 콜라겐은 세포외기질의 구성요소들 바로 **아래에 있는** 결체조직에 연결되는 고정용 원섬유를 형성한다. 이 그물구조를 형성하는 콜라겐 (제4형)은 많은 세포를 둘러싸고 있는 기저막과 바닥판의 일부가 되는 유연성있는 콜라겐을 만든다.

2 ....의 기초가 되는, 기반이 되는

Many other inherited diseases show more complicated patterns of inheritance, making the identification of the **underlying** genetic cause much more difficult.

관 make(타) .... more difficult 더욱 어렵게 만들다

해 많은 다른 유전성 질환은 그 **기반이 되는** 유전적인 원인을 새로 찾아내는 것을 더욱 어렵게 만드는 더 복잡한 유전상속 형태를 보여준다.

underlined 타 be ~ 밑줄로 표시되다, 밑줄이 그어지다

59

The PDZ domain <u>is</u> **<u>underlined</u>**. The LIM domain is italicized and **<u>underlined</u>**.

해 PDZ 도메인이 **밑줄로 그어져있다**. LIM 도메인은 이텔릭체로 쓰여 있고 **밑줄로도 표시되어**있다.

unfavorable 형 비우호적인, 불리한, 거슬리는

15 A similar pattern prevails in a phospholipid bilayer, where the charged head groups of phosphatidyl serine or phosphatidyl ethanolamine contact water while their hydrophobic fatty acyl side chains cluster together, excluding water. This pattern thus minimizes energetically **unfavorable** contact between water and hydrophobic groups.

관 minimize(타) 최소화하다≠maximize, unfavorable 불리한≠favorable, hydrophobic 소수성의

해 유사한 형태가 인지질 이중층에서 흔히 나타나고 있는데, 그곳에서 phosphatidyl serine이나 혹은 phosphatidyl ethanolmaine의 하전된 머리 작용기들은 물과 접촉하고 있고, 반면에 물을 제외시키는 소수성 지방산 아실측쇄기들은 함께 군집을 이루게 된다. 그래서 이 형태가 물과 소수성 작용기 사이에서 에너지 측면에서 **불리한** 접촉을 최소화하도록 한다.

참 양성분자amphipathic molecule : 하나의 분자 내에 물과 친화성이 있는 친수성hydrophilic과 물을 싫어하는 소수성hydrophobic 작용기를 모두 가지고 있는 분자이다.

unfold 자 펴지다, 펼쳐지다, 풀어지다

10 Nucleosomes **unfold** completely at a transcriptionally active promoter.

해 뉴크레오솜은 전사가 활발하게 일어나는 프로모터에서 완전히 **풀어진다.**

참 뉴크레오솜nucleosome : 세포 속에서 DNA를 보관하기 위하여 패킹되는 DNA의 기본단위이며, 히스톤단백질 8량체 주위를 약 200 bp길이의 DNA사슬이 감고 있는 규칙적인 구조이다. 전사반응이 일어날 때, 이렇게 빽빽하게 감겨진 상태이던 DNA 사슬이 전사인자를 포함하는 다양한 단백질들이 해당 유전자에 쉽게 접근 할 수 있도록 펼쳐진다.

타 1 펼치다, 펴다, 풀다

The RNA-Induced Silencing Complex (RISC) is a ribonucleoprotein particle that has no activity to **unfold** RNA secondary structures.

해 RNA에 의해 유도된 스프라이싱 복합체 (RISC)는 RNA의 2차구조를 **펼칠 수** 있는 활성을 가지고 있지 않은 리보핵산단백질 알갱이이다.

2 듣다, 설명되다, 말하여지다

As the story of cells **unfolds** throughout this book, we will focus on the molecular basis of both the differences and similarities in the structure and function of various cells.

관 unfold(타) 설명되다=be told to, focus on ....에 초점을 맞추다, will 의지미래

해 세포의 이야기가 이 책 전박에 걸쳐 **설명될** 때, 우리는 여러 세포들의 구조와 기능에서의 차이점과 유사점 모두에 대한 분자수준에서의 기초에 초점을 맞추려고 한다.

참 If a story *unfolds* or if someone *unfolds* it, it *is told to* someone else.

unfolded 타 be ~ 사슬이 풀리다, 변성되다

6 Many proteins that <u>are</u> completely <u>**unfolded**</u> in 8 M urea and β-mercaptoethanol spontaneously renature into their native states when the denaturing reagents are removed by dialysis.

관 renature(자) 다시 돌아가다=refold, denaturing reagent 변성용 시약, dialysis 투석

해 많은 단백질은 8 M urea 와 β-mercaptoethanol에서 완전히 **사슬이 풀리며**, 이 변성용 시약들이 투석에 의하여 제거되면, 자발적으로 태생적 상태로 다시 돌아간다.

uniform 형 균일한, 일률적인

12 A **uniform** property of all receptors is that signal transduction begins with conformational changes in the receptor.

관 property 행동특성, signal transduction신호전달과정, begin with ....로 시작하다

해 모든 수용체의 **일률적인** 행동특성은 신호전달과정이 수용체에서 일어나는 입체구조의 변화로부터 시작하는 것이다.

uniformly 부 균일하게, 골고루

17 Although the epinephrine receptors expressed by adipose (fat-storage) cells appear to be **uniformly**

distributed on the surface of these spherical cells, such a *uniform* distribution probably is rare.

해 비록 지방세포에 의하여 발현된 에피네프린 수용체가 이 구형 세포의 표면에 **골고루** 분포되어있는 것처럼 보이지만, 그러한 *균일한* 분포는 아마도 거의 없을 것이다.

unique 형 유일한, 독특한

234

Collagen has an amino acid composition that is **unique** and is crucial to its three-dimensional structure and its characteristic physical properties. Nearly one residue out of three is a glycine, and the proline content is also unusually high.

관 crucial to....에 결정적인, one out of three 3개 중의 하나

해 콜라겐은 3차원구조나 특징적인 물리적 행동특성에 **독특하고** 주요한 아미노산 구성을 가지고 있다. 거의 3개 중 1개의 잔기는 glycine이며, 또한 proline 함량 또한 비정상적으로 높다.

unit 명 단위

514

Even simple unicellular organisms exhibit all the hallmark properties of life, indicating that the cell is the fundamental **unit** of life.

관 hallmark(명) 보증마크, exhibit(타) 증거를 보여주다=(show the evidence, demonstrate), indicate(타) 나타내다=(show the way, serve as a sign), fundamental(형) 기본적인

해 심지어 단순한 단세포 생명체일지라도 세포가 생명현상의 근본적인 **단위**라는 것을 나타내는 생명현상의 모든 인증된 행동특성들을 보여준다.

universal 형 범용의, 만인 공통의, 보편적인

13

Because of the **universal** nature of the genetic code, bacterial "factories" can be designed to manufacture growth factors, insulin, clotting factors, and other human proteins with therapeutic uses.

해 유전자 암호의 **보편적인** 성질 때문에, 박테리아를 활용하는 "공장"이 성장인자, 인슐린, 응고인자와 치료용도를 가진 또 다른 사람 단백질들을 제조하기 위하여 의도될 수 있다.

universally 부 보편적으로

3

Darwin's theory of evolution by natural selection has become nearly **universally** accepted by biologists, but has proven controversial among the general public.

관 natural selection 자연도태설, controversial 논쟁적인, the general public 일반대중, prove(자) 인정되다=to be shown to be such

해 다이윈의 자연도태에 의한 진화이론은 생물학자들에 의하여 거의 **보편적으로** 받아들여져 왔지만, 그러나 일반 대중 사이에서는 논쟁의 여지가 있는 것이 인정된다.

unknown 형 알려지지 않은, 모르는

174

In most instances, the cause of chronic myelogenous leukemia (CML) is **unknown**, but the disease occurs with an incidence of around 1.5 per 100,000 population in Western societies.

관 occur(자) 발생하다, with the incidence of ....의 발병률로

해 대부분의 경우에 있어서, 만성 골수성백혈병 (CML)의 원인은 **알려져 있지 않**지만, 그러나 그 병은 서구사회에서 10만 명의 인구당 약 1.5명의 발병률로 일어난다.

unlabeled 형 표지되지 않은

76

Binding of **unlabeled** competitor blocks binding of the radioactive ligand to the receptor; the concentration of competitor required to inhibit binding of half the radioactive ligand approximates the dissociation constant Kd value for binding of the competitor to the receptor.

관 half ....의 반, approximate(타) ....와 대략 같다=be nearly the same to

해 **표지되지 않은** 경쟁제의 결합이 수용체와 방사성 리간드의 결합을 억제한다; 방사성 리간드가 결합하는 양의 반을 저해할 수 있는데 필요한 경쟁제의 농도는 대략 경쟁제가 수용체와의 결합을 위한 해리상수 Kd와 같다.

unless 접 1 만약에 ....하지 않으면

63

By removing this phosphate, SHP1 tyrosine phosphatase inactivates the JAK tyrosine kinase, so that it can no longer phosphorylate the receptor or other substrates (e.g., STATs) **unless** additional cytokine molecules bind to cell-surface receptors, initiating a new round of signaling.

관 no longer 더 이상 ....하지 않는, additional 추가적인

해 이 인산기를 제거함에 의해 SHP1 티로신탈인산화효소는 JAK 티로신인산화효소를 불활성화시켜서, **만약** 추가적인 cytokine 분자들이 세포표면의 수용체에 결합하여 새로운 주기의 신호전달과정을 개시하도록 **하지 않는다면**, 더 이상 수용체나 다른 기질 (예, STAT)을 인산화할 수 없다.

2 만약에 ....하지 않으면

*__Unless__ indicated otherwise, receptors are located in the plasma membrane.

해 *별도로 지적되지 **않으면**, 수용체들은 세포막에 위치되어있다.

참 * 표 : 그림과 표의 설명에서 특정한 내용을 * 기호로 표시한 후, 그 항목에 대하여 자세한 설명을 붙일 때 사용한다.

unlike 전 ....와 달리

102

Unlike these other antimitotic drugs, however, taxol stimulates microtubule polymerization and stabilizes microtubules. The remarkable success of taxol in treatment of breast and ovarian cancers stimulated research efforts to identify new antimitotic agents that, like taxol, stimulate microtubule polymerization.

관 antimitotic drug 항세포분열용 약물, identify 분석하여 골라내다=(recognize, select by analysis of)

해 그러나 이와 같은 다른 항세포분열용 약물**과 달리**, taxol은 미소세관의 중합반응을 촉진하여 미세소관을 안정화시킨다. 유방과 난소암의 치료에서 taxol의 괄목할 만한 성공은 taxol과 같이 미세소관의 중합반응을 촉진하는 새로운 항세포분열제를 골라내려는 연구노력을 촉진하였다.

참 콜히친과 같이 미세소관의 구성성분인 tubulin을 표적으로 하는 약물은 미세소관의 조립반응을 저해하지만, taxol은 tubulin단백질에 결합하여 미세소관의 중합반응을 자극하여 그 구조를 안정화함으로써 항암작용을 한다. 즉 세포분열이 일어날 때 미세소관의 구조는 불안정하게 되어 쉽게 해체되지만 이와 반대의 역할을 하여, 세포의 분열을 저해시킨다는 것이다. 현재 개발 중인 항암약물에는 미소세관의 중합반응을 저해하여 아예 생성되지 못하도록 하는 것도 포함되어있다.

unlikely 형 ....같지 않은

95

Sphingolipids serve in intercellular communication and as the antigenic determinants of the ABO blood group. Some are used as receptors by viruses and bacterial toxins, although it is **unlikely** that this was the purpose for which they originally evolved.

관 intercellular 세포 사이의, serve(자) 작용하다=function, antigenic determinant 항원결정기, be the purpose for ....의 목적이다, evolve(자) 진화되다

해 Sphinogolipid류는 세포 사이의 통신에서 그리고 ABO 혈액형의 항원결정기로써 작용한다. 일부가 바이러스나 박테리아 독소에 의한 수용체로써 사용되고 있지만, 이 사실은 그것들이 원래 진화된 목적이었던 것은 **아닌 것 같다**.

until 접 1 ....할 때까지

137

Although lactose is present from the beginning of the bacterial growth phase, the cell does not induce those enzymes necessary for catabolism of lactose **until** the glucose has been exhausted.

해 비록 젖당이 박테리아의 성장기 초기부터 존재하고 있더라도, 그 세포는 포도당이 완전히 고갈될 **때까지**는 젖당의 분해대사에 필요한 효소들을 유도하지 않는다.

2 ....곳까지

Applied proteins migrate **until** they reach the region of the matrix where the pH matches their isoelectric point (pI).

관 reach(타) ....에 도달하다, match(타) ....와 일치하다, isoelectric point 등전점

해 적용된 단백질은 pH가 등전점 (pI)과 일치하는 기질의 영역에 도달할 **때까지** 이동한다.

참 등전점isolectric point : 단백질들은 녹아있는 용액의 pH의 영향을 받아 서로 다른 전하를 띠게 된다. 어떤 단백질의 순 전하값이 0이 되는 때의 pH를 그 단백질의 등전점이라 하고 pI로 표시한다.

또한 등전점에서 해당 단백질은 전하를 띠지 않으므로 전기장의 힘을 받지 않게 되며, 그 결과 isoelectrif focusing 전기영동에서 이동을 멈추게 된다.

untreated 형 1 미처리된, 처리되지 않은

343

Cells were treated with a drug ("+ Drug") or left **untreated** ("Control") and then proteins were extracted and separated by two-dimensional gel electrophoresis.

관 be left untreated 미처리 상태로 두다, extract(타) 추출하다, separate(타) 분리하다

해 세포들이 어떤 약물로 처리되었거나 ("+약물") 혹은 **미처리된** ("대조군")채로 둔 후, 곧 단백질이 추출되어 2차원 겔전기영동에 의해 분리되었다.

2 치료되지 않은, 처치되지 않은

A number of drugs have been developed that inhibit the blood coagulation cascade. Such drugs are useful in cases in which patients develop spontaneous thrombi, which, if left **untreated**, would result in a fatal pulmonary embolism.

관 a number of 많은 종류의, cascade 다단계 증폭과정, develop + 질병=발병하다, result in ....의 결과를 만들다, embolism 색전증

해 혈액응고 다단계 증폭과정을 저해하는 많은 종류의 약물들이 개발되어 왔다. 그러한 약물은 만약 **치료하지 않은** 채로 방치된다면 치명적인 폐색전의 결과를 만들 수도 있는 자발적 혈전증에 걸린 환자의 증례에 유용하다.

unusual 형 보통과 다른, 일반이 아닌

61

Vitamin K is the cofactor for the carboxylation of glutamate residues in the post-synthetic modification of proteins to form the **unusual** amino acid γ-carboxyglutamate (Gla), which chelates the calcium ion.

관 chelate(타) ....와 착화합물을 형성하다, post-synthetic modification 합성후변형반응 =post-translational modification 번역후변형반응

해 비타민 K는 **일반** 아미노산**이 아닌** γ-carboxyglutamate (Gla)를 생성하는 단백질의 합성후변형반응에서 칼슘이온과 착화합물을 형성할 수 있는 glutamate잔기의 카르복실화를 위한 보조인자이다.

참 γ-carboxyglutamate : 혈전형성 단백질에 존재하는 아미노산의 변형체이다. found 참조

unusually 부 보통과 달리

10

Many transcription factors contain activation domains marked by an **unusually** high percentage of particular amino acids.

관 be marked by ....에 의해 구별되다=be distinguished by

해 많은 전사인자들은 **보통과 달리** 높은 백분율의 특정 아미노산에 의해 구별되는 활성화 도메인을 함유하고 있다.

참 전사인자의 활성화 도메인 : 효모의 전사인자인 GAL4와 GCN4 등의 활성화 도메인에는 주로 산성 아미노산인 glutamic acid들이 다수 존재한다.

up 부 1 위쪽으로

536

The incidence of cancer goes **up** steeply as a function of age - roughly as the fifth power (that is, the slope of the log-log plot in (B) is about 5).

관 incidence 발병률, as a function of ....의 함수로써, the fifth power 5승배, slope 기울기

해 암의 발생률은 나이의 함수로써 대략적으로 5승배씩 (즉, (B)의 log-log 그래프에서 기울기가 약 5이다) 가파르게 **위쪽으로** 간다.

2 (종결, 완성, 채움) 완전히, 모두

In the TCA cycle, the 2-carbon acetyl group of acetyl CoA is oxidized to 2 CO_2 molecules. The eight electrons donated by the acetyl group eventually end **up** in three molecules of NADH and one of FAD(2H).

관 be oxidized to ....로 산화되다, donate(타) 공여하다, eventually 궁극적으로, end(자) up 끝나다

해 TCA회로에서, 2개의 탄소로 된 acetyl기는 2개의 CO_2분자로 산화된다. 그 acetyl기에 의해 주어진 8

개의 전자는 궁극적으로 3분자의 NADH와 1분자의 FAD(2H)에서 **완전히** 끝난다.

3 ~ to (시점, 수량, 지위, 정도) ....까지

Whereas the inner mitochondrial membrane is highly impermeable, the outer mitochondrial membrane is permeable to compounds with a molecular weight **up** to approximately 6,000 daltons because it contains large nonspecific pores called voltage-dependent anion channels (VDAC) that are formed by mitochondrial porins.

해 미토콘드리아 내막은 매우 투과성이 낮은 반면에, 외막은 분자량이 대략 6,000 달톤**까지의** 합성물이 통과할 수 있다, 왜냐하면 그것은 미토콘드리아의 porin에 의하여 형성된 전압의존성 음전하 통로 (VDAC)라고 하는 비특이적인 구멍을 소유하고 있기 때문이다.

4 ~ and down 반복하여 위로 아래로

Tube is moved slowly **up** and down as pestle rotates.

해 튜브는 막자가 회전할 때 천천히 **위로 아래로 반복하여** 움직인다.

5 up과 함께 사용되는 동사

break up, build up, close up, end up, fold up, give up, go up, light up, line up, look up, make up, pick up, set up, soak up, speed up, take up, wrap up

전 올라가, 높은 쪽으로

Protein transporters embedded in the membrane are capable of using an energy source to move the molecule **up** a concentration gradient. Because an input of energy from another source is required, this means of crossing the membrane is called active transport.

관 be move (타).... up ....의 높은 쪽으로 이동시키다, active transport 능동수송≠passive transport, cross(타) 통과하다

해 막 속에 삽입되어있는 단백질수송체는 농도경사**의 높은 쪽으로** 분자를 이동시키기 위하여 어떤 에너지원을 사용할 수 있다. 다른 근원으로부터 에너지의 유입이 필요하기 때문에, 막을 통과하는 이 수단은 능동수송이라 불린다.

형 위로 향하는

Anterior head is **up** and ventral is to the left.

해 앞쪽의 머리는 **위로 향하고** 있고 그리고 복부의 것은 왼쪽으로 향하고 있다.

upon

667

1 ~ ....ing .... 하자마자

Upon binding to fibrin, t-PA cleaves plasminogen within the clot to generate plasmin, which in turn digests the fibrin to form soluble degradation products and thus dissolves the clot.

해 Fibrin에 결합**하자마자**, t-PA는 혈전 속에 존재하는 plasminogen을 절단하여 plasmin을 생성하며, 다음 단계에서 fibrin을 분해하여 용해성의 분해산물을 형성하여 혈전을 녹인다.

참 조직형 플라스미노겐 활성제t-PA (tissue plasminogen activator) :혈관의 상피세포에서 분비되는 serine protease의 일종으로 plasminogen을 소화하여 plasmin으로 활성화할 수 있어서 혈전의 용해를 촉진한다. 이 단백질은 유전공학적으로 생산된 바이오의약품이 개발되었으며, 현재 뇌졸증 등의 치료에 혈전용해제로 사용되고 있다.

2 하자마자

When fibroblast cells are incubated in the presence of 5-azacytidine, they differentiate into myotubes. **Upon** entry into cells, 5-azacytidine is converted to 5-azadeoxycytidine triphosphate and then is incorporated into DNA in place of deoxycytidine.

관 in the presence of ....존재상태에서, differentiate(자) into ....로 분화하다, in place of ....대신에

해 섬유모세포가 5-azacytidine의 존재상태에서 배양될 때, 근육대롱으로 분화한다. 세포 안으로 **들어가자마자 곧**, 5-azacytidine은 5-azadeoxycytidine 삼인산으로 전환되고, 곧 deoxycytidine 대신에 DNA 안으로 통합된다.

참 5-azacytidine이 세포로 들어가 5-azadeoxycytidine으로 DNA에 삽입되면, DNA의 메틸화가 일어나

지 않는다. 즉 섬유모세포에서 메틸화되어 발현이 되지 않고 있던 유전자들이 발현되면서, 새로운 세포로 분화가 가능해지는 것이다.

3 upon과 함께 사용되는 동사

act upon, be based upon, be dependent upon, depend upon, draw upon, effect upon, rely on

4 명사 ~ 명사 많은 수의 ....

The photoreceptors synapse on layer **upon** layer of interneurons that are innervated by different combinations of photoreceptor cells.

관 *layer* upon *layer* 여러 층, synapse(자) 시냅스를 형성하다=form a synapse, be innervated(타) 신경의 지배를 받다, combination 조합

해 광수용체는 여러 광수용체 세포의 서로 다른 조합에 의한 신경의 지배를 받고 있는 사이신경세포들의 **많은** 층 위에서 시냅스를 형성하고 있다.

upper

106

형 상부의, 위쪽의

A small percentage of ingested ethanol (0-5%) enters the gastric mucosal cells of the **upper** GI tract, where it is metabolized. The remainder enters the blood.

해 섭취된 에탄올 중의 작은 퍼센트 (0-5%)는 **상부**위장관의 위점막세포로 들어가서, 그곳에서 대사된다. 나머지는 혈액으로 들어간다.

참 에탄올의 흡수 : 에탄올(술)은 지용성인 동시에 수용성인 작은 분자화합물이므로, 수동확산에 의하여 소장에서 쉽게 흡수된다. 상부위장관에서 약 5% 이하로 흡수되어 대사되며, 혈액으로 흡수된 것 중 85% 이상은 간에서 대사되고 그리고 폐와 신장에서는 10% 이하로 배출된다.

upstream

152

부 윗방향으로

This region has the sequence of TATAAAAG and bears remarkable similarity to the functionally related TATA box that is located about 10 bp **upstream** from the prokaryotic mRNA start site.

관 bear similarity to ....와 유사성을 지니다, be located ....에 위치하다

해 이 영역은 TATAAAG로된 서열을 가지고 있으며, 그리고 원핵세포 mRNA 개시자리로부터 약 10 bp **윗방향에** 위치하고 있는 기능적으로 관련된 TATA 상자와 상당한 유사성을 지니고 있다.

참 TATA box : 유전자의 전사를 촉매하는 RNA polymerase가 프로모터에 정확하게 자리하도록 보조하는 TBP라는 일반전사인자general transcription factor가 결합하는 DNA서열로, 전사개시 자리에서 5'쪽 (upstream) -10 bp 근처에 존재한다.

명 윗방향

Most genes of this type contain a CG-rich stretch of 20–50 nucleotides within about 100 base pairs **upstream** of the start-site region.

해 이 종류에 속하는 대부분의 유전자들은 개시자리 영역의 **윗방향** 약 100개의 염기쌍 내에 20-50개의 뉴크레오티드로된 CG가 풍부한 일련의 서열을 포함하고 있다.

uptake

588

명 흡수

In addition to the direct effects of hyperglycemia in enhancing the **uptake** of glucose into the liver, the hormone insulin plays a central role in regulating blood glucose.

해 간으로 포도당의 **흡수**를 증진시키는데 있어서 고혈당 상태의 직접적인 효과 이외에도, 호르몬 인슐린은 혈당을 조절하는데 중추적인 역할을 한다.

use

419

명 1 사용

In the liver, insulin promotes the uptake of glucose by increasing its **use** as a fuel and its storage as glycogen and triacylglycerols.

해 간에서, 인슐린은 연료로써 포도당의 **사용**과 그리고 글리코겐과 중성지방으로 포도당의 저장량을 증가시킴으로써 포도당의 흡수를 촉진한다.

2 for the ~ of ....의 사용 목적으로

Acidic proteoglycans such as heparin bind to a specific cationic site of antithrombin III, inducing a conformational change and promoting its binding to thrombin as well as to its other substrates. This is the basis for the **use** of heparin in clinical medicine to inhibit coagulation.

관 bind to ....와 결합하다, promote(타) 증진시키다, as well as 뿐만 아니라, coagulation 응고

해 헤파린과 같은 산성 프로테오글리칸은 antithrombin III의 특이적인 양전하의 자리에 결합하고, 입체 구조의 변화를 유발하여 thrombin뿐만 아니라 다른 기질과의 결합을 증진시킨다. 이것이 혈액응고를 저해하기 위한 임상의학에서 헤파린 **사용**목적의 기초가 된다.

3 in ~ 사용 중인

Already in **use** is such a decoy receptor for TNF-α, which binds excess TNF-α associated with rheumatoid arthritis and other inflammatory diseases.

관 in use 사용 중인≠out of use, bind(타) ....와 결합하다, decoy receptor 유인용 수용체, arthritis 관절염, inflammatory disease 염증성 질병

해 류마티스성 관절염과 다른 염증성 질환과 관련되어있는 과도한 TNF-α와 결합하는 TNF-α의 그러한 유인성 수용체가 이미 **사용 중**에 있다.

참 유인성 수용체decoy receptor : 일반적으로 호르몬은 세포표면의 수용체에 결합하여 세포에 효과를 나타낸다. 유전공학적으로 조작하여 해당 호르몬과 결합하는 수용체의 부위만을 용해되도록 생산하여 리간드의 활성을 저해할 수 있는 것을 유인성 수용체decoy receptor라 한다. 리간드가 이와 같은 유인성 수용체에 결합한다면 세포에서 신호전달반응을 유발할 수 없게 된다.

4 make ~ of 사용하다

Both alkali and heat cause the two strands of the DNA helix to separate. Many techniques employed to study DNA or to produce recombinant DNA molecules make **use** of this property.

관 cause(타) ....되도록 만들다, separate(자) 분리되다 employ(타) 이용하다=put to use, property 행동특성

해 알칼리성과 열 모두는 DNA 나선의 두 가닥을 서로 분리되도록 만든다. DNA를 연구하거나 혹은 재조합 DNA분자를 생산하는데 이용되는 많은 기술들이 이 행동특성을 **이용하고 있다**.

5 of ~ 유용한

These antibodies to specific intermediate filaments can be of **use** to pathologists in helping to decide the origin of certain dedifferentiated malignant tumors.

관 be of use to ....에 유용하다, pathologist 병리학자, dedifferentiated 탈분화된

해 특이한 중간 크기의 필라멘트에 대한 이들 항체는 어떤 탈분화된 악성종양의 원천을 결정하는 것을 도와주는데 있어서 병리학자들에게 **유용할** 수 있다.

6 of no ~ 쓸모없는

One of the major functions of the Urinary system is the process of excretion. Excretion is the process of eliminating, from an organism, waste products of metabolism and other materials that are of no **use**.

해 비뇨기계통의 주된 기능 가운데 하나가 배뇨과정이다. 배뇨는 생명체로부터 대사의 쓰레기 산물과 **쓸모없는** 다른 물질을 제거하는 과정이다.

7 for ~ .... 용도로, 사용되기 위하여

The pyruvate formed is used for gluconeogenesis and the glucose exported to the muscle for **use** as energy.

관 gluconeogenesis 당신생성

해 형성된 pyruvate는 당신생성을 위한 용도로 사용되고 그리고 그 포도당은 에너지로 **사용되기 위하여** 근육으로 수송된다.

8 put to ~ 사용하다

For a biochemical pathway to operate efficiently, its activity must be coordinated and regulated by the cell. Not only is it unnecessary to synthesize a compound when plenty is already present, doing so would waste energy and raw materials that could be put to **use** elsewhere.

관 coordinated 조직화된=(organized, arranged), waste 쓰레기물질, put to use 사용하다=use, would 결과

해 생화학적 경로가 효율적으로 작동하기 위하여, 그 활성이 세포에 의하여 체계화되고 그리고 조절되어야 한다. 이미 어떤 합성물의 많은 양이 존재하고 있을 때, 그것을 합성하는 것은 불필요할 뿐만 아니고, 그렇게 하는 것은 다른 곳에 **사용될 수도** 있는 에너지와 원료물질을 낭비하는 결과가 된다.

타 사용하다

Red blood cells lack mitochondria and can **use** only glucose as a fuel. Therefore, it is imperative that blood glucose not decrease too rapidly nor fall too low.

관 lack(타) ...를 가지지 않다, imperative 절대적으로 필요한=(necessary, obligatory)

해 적혈구세포는 미토콘드리아를 가지고 있지 않아서 연료로 포도당만을 **사용**할 수 있다. 그러므로 혈당이 너무 빠르게 감소하지도 또한 너무 낮게 떨어지지도 않는 것이 절대적으로 필요하다.

used

2780

타 1 be ~ 사용되다

Within the buffering ranges of glycine, the Henderson-Hasselbalch equation can be **used** to calculate the proportions of proton-donor and proton-acceptor species of glycine required to make a buffer at a given pH.

관 calculate(타) 계산하다, proportion 비율, make a buffer 완충액을 만들다

해 Glycine의 완충작용 영역 안에서, Henderson-Hasselbalch식은 주어진 pH에서 어떤 완충액을 만들기 위하여 필요한 glycine의 양성자 공여체와 양성자 수용체 종들의 비율을 계산하는데 **사용될** 수 있다.

참 Henderson-Hasselbalch 식 : pH=pKa + log [양성자 수용체]/[양성자 공여체]로 표시되는 식이다. 이 식에서 표시되어있는 것처럼 완충용액의 pH와 성분인 산과 염기 사이의 농도 비와의 관계를 규정하고 있다. 이 식은 정해진 pH와 농도로 된 완충용액을 조제할 때 약산과 약염기 시약의 농도비를 통하여 절대량을 계산하는데 사용된다.

2 ~ to ....하는 것이 보통이다, ...에 익숙해지다

Many people **used** to believe that alcohol has no caloric content. In fact, ethanol (CH_3CH_2OH) is oxidized to CO_2 and H_2O in the body and yields approximately 7 kcal/g - that is, more than carbohydrate but less than fat.

관 used to ....하는 것이 보통이다=in the habit of or familiar with, that is (to say) 다시 말하면=in other word

해 많은 사람은 알코올이 열량을 결코 가지고 있지 않다고 믿는 **것이 보통이었다**. 사실, 에탄올(CH_3CH_2OH)은 몸에서 CO_2와 H_2O로 산화되어, 탄수화물보다 더 많지만 지방보다 적은 대략 7 kcal/g을 생산한다.

참 탄수화물과 단백질의 열량은 4 kcal/g이고 지방은 9 kcal/g이다.

using

4580

타 1 사용하다

Using PCR, a large number of family members can be rapidly screened for a certain microsatellite polymorphism.

관 be screened ....검사되다

해 PCR를 **사용하여**, 많은 수의 가족 구성원이 어떤 microsatellite의 다형현상을 가졌는가를 알아보기 위하여 신속하게 검사될 수 있다.

참 Microsatellite polymorphism 다형현상 : microsatellite DNA의 다형현상은 특징적으로 1-6개의 염기들이 반복되어 나타나는 서열에서 보이는 서열의 변이로 주로 혈족이나 민족을 분류하는 유전표식자로 이용된다.

2 사용하다

RNA polymerase moves along the DNA linking nucleotides into a single-stranded pre-mRNA transcript **using** one of the DNA strands as a template.

해 RNA polymerase는 DNA를 따라 움직이며 DNA 가닥 중 하나를 주형으로 **사용하여**, nucleotide들을

한 가닥의 pre-mRNA 전사물로 연결한다.

useful 형 유용한

84 Classifying proteins into fold families may be **useful** for drug design.

관 classify(타) .... into ....로 분류하다

해 단백질을 폴드의 부류로 분류하는 것은 약물 디자인에 **유용할** 수도 있을 것이다.

참 단백질 fold family : fold란 여러 계통의 동식물이나 혹은 미생물의 많은 단백질에서 공통적으로 발견되는 3차원구조 가운데 비교적 큰 형태를 차지하는 영역이다. 각 fold들은 해당 단백질의 특징적인 활성이나 혹은 기능과 연관되어있다. 예를 들면 ATP와 결합하여 가수분해할 수 있는 능력을 가진 actin fold, 그리고 nucleotide 결합 fold 등이 여기에 속한다. 이 구조에 대한 정보는 약물을 디자인하는데 이용될 수 있다. 박테리아의 특정단백질을 표적으로 하는 약물을 디자인 할 때, 같은 fold family에 속하는 사람의 단백질의 fold 구조를 서로 비교할 수 있다면 박테리아 단백질에 더 특이성이 높은 약물을 고안할 수 있게 될 것이다.

usefulness 명 유용성, 쓸모있음

9 The isoform of cGMP phosphodiesterase in the blood vessels of the penis is inhibited by the drug sildenafil (Viagra), which therefore causes cGMP levels to remain elevated once raised by an appropriate stimulus, accounting for the **usefulness** of this drug in the treatment of erectile dysfunction.

관 cause(타) .... to ....결과적으로 ....이 되다, elevated 상승된=raised, account for ....의 이유가 되다 =(explain, cause), erectile dysfunction 발기부전

해 남성성기의 혈관에 있는 cGMP phosphodiesterase의 동종형은 sidenafil (비아그라)에 의하여 저해되어, 그로인해 cGMP 수준이 어떤 적절한 자극에 의하여 일단 상승되면 올라간 채로 남아있도록 만든다, 이 사실은 발기부전의 치료에서 이 약물의 **유용성**을 설명한다.

참 If something *accounts for* a particular fact or situation, it *causes* or *explains* it.

utilization 명 이용

17 NF-kB nicely exemplifies the **utilization** of one signal-transduction pathway to accomplish multiple tasks, such as patterning in development plus the immune response to infection or injury.

관 exemplify(타) 예를 잘 보여주다=use examples in order to clarify, accomplish(타) 달성하다, response to ....에 대한 반응, plus(전)=and more

해 NF-kB는 발생과정에서 형태 만들기뿐만 아니라 감염이나 혹은 손상에 대응하는 면역반응과 같은 다중의 과업을 달성하기 위하여 단 하나의 신호전달경로가 **이용**되고 있는 예를 잘 보여주고 있다.

참 NF-kB : 이 단백질은 전사인자로써 거의 모든 세포에서 발견되며, 스트레스, 면역 cytokine류와, 자유라디칼, UV, 세균이나 바이러스 감염체 등의 항원에 의해 자극되는 생체의 세포반응에서 기능하고 있다.

utilize 타 이용하다, 사용하다

56 Skeletal muscle **utilizes** glucose as a fuel, forming both lactate and CO_2.

해 골격근은 연료물질로 포도당을 **사용하여**, 젖산과 CO_2 모두를 형성할 수 있다.

utilized 타 be ~ 사용되다, 활용되다

48 Furthermore, as a result of protein catabolism, an increasing number of amino acids <u>are</u> released and **<u>utilized</u>** in the liver and kidneys for gluconeogenesis.

관 furthermore 더욱이, as a result of ....의 결과로써

해 더욱이 단백질 분해대사의 결과로서, 증가되는 수의 아미노산이 유리되어 간과 신장에서 당신생성용으로 **활용된다**.

참 악액질cachexia : 오랫동안 기아상태가 지속되면 지방조직에 보관된 지방도 고갈된다. 그 결과 최후의 에너지 연료인 단백질의 분해가 증가되며, 유리되는 아미노산들은 당신생성과 조직의 주된 에너지원으로써 사용된다. 암 환자의 경우에 미각이상이 동반된 식욕부진이나 특정한 음식을 싫어하는 특성을 보이는데, 이러한 경우 필요한 에너지의 부족현상이 나타나고, 신체는 필요한 에너지를 보상

하기 위하여 생명의 유지에 중요한 단백질까지도 분해하도록 만든다. 환자들은 더욱 영양분 섭취량 감소이상으로 현저하게 여위고 수척해지게 되는데, 이 현상을 악액질이라 한다.

valuable 형 1 유용한, 도움이 되는

20

Analyses of certain enzyme activities in blood serum give **valuable** diagnostic information for a number of disease conditions.

관 analysis (단수), analyses (복수), a number of 많은

해 혈청 속에 있는 효소활성의 분석은 많은 질병상태에 대한 진단을 위한 **유용한** 정보를 준다.

2 중요한 가치가 있는

New NSAIDs with the beneficial effects of aspirin but without its side effects would be medically **valuable**.

관 beneficial effect≠side effect 부작용, NSAID 비스테로이드성 항염증약물

해 아스피린과 같은 좋은 약효를 가지지만 부작용이 없는 새로운 NSAID는 의학적으로 **가치가 있을** 것이다.

참 NSAID (nonsteroidal antiinflammatroy drug) : 비스테로이드성 항염증약물로는 aspirin, ibuprofen, naproxen 등이 알려져 있다. 이들은 cyclooxygenase효소를 저해함으로써 prostaglandin의 합성저해를 통한 유용한 항염증작용을 하지만 또한 반대로 prostaglandin의 부족에 의한 위의 상피세포의 성장억제와 같은 부작용으로 위출혈을 유발하기도 한다.

value 명 1 값

1107

Because the pH scale is a logarithmic scale, two solutions whose pH **values** differ by one pH unit have a 10-fold difference in $[H^+]$.

관 differ(자) by ....의 차이가 있다

해 pH의 척도는 지수의 척도이기 때문에, pH **값**이 1 pH 단위가 다른 두 용액은 수소이온의 농도 $[H^+]$에서 10배의 차이를 가진다.

2 값

Typical housekeeping enzymes have $t_{1/2}$ **values** of over 100 hours.

관 over ....을 초과하는, housekeeping enzyme 살림살이용 효소

해 전형적인 살림살이용 효소들은 100시간이 넘는 반감기 ($t_{1/2}$) **값**을 가지고 있다.

참 살림살이용 단백질housekeeping protein : 거의 모든 세포에서 일정한 수준으로 발현되어있으면서 세포의 생존을 유지하는 역할을 하는 단백질이다. 이러한 단백질의 한 종류인 actin, aldolase 등은 일반적으로 발현 실험에서 실험조건에 영향을 받지 않기 때문에 표준비교물질로 활용된다.

타 (....값으로) 평가되다

Worldwide, the market for citric acid is **valued** at hundreds of millions of dollars per year.

관 be valued at ....로 평가되다

해 전 세계적으로 구연산의 시장규모는 매년 수억 달러로 **평가된다**.

참 구연산citric acid : 구연산은 청량음료, 과일쥬스 등 많은 종류의 음식물의 착향제flavoring agent로 사용되고 있다. 상업용으로는 설탕을 원료로 곰팡이 균을 이용한 발효로 생산된다.

variable 형 변화하기 쉬운, 일정하지 않은

95

Under nonreducing conditions, the monoclonal Ab detected an 78-kDa band as well as other species and an upward smearing, which might represent proteins with **variable** degrees of glycosylation or cross-linking.

관 variable 일정하지 않는=(likely to change or vary), represent(타) 제안하다=(describe, put forward to)

해 비환원 조건 하에서, 단일클론항체는 78-kDa의 띠뿐만 아니라 다른 종과 위쪽 방향으로 문질러진 것 같은 띠를 감지하였는데, 아마도 **일정하지 않은** 정도의 당화반응이나 교차연결을 한 단백질들일 것이다.

명 1 변수

A **variable** common to all cell metabolism, transport, or cell epitope imaging studies is cell density within the field of view. Glioblastomas can have substantial differences in regional morphology.

관 common to ....에 공통적인, glioblastoma 아교모세포종, substantial(형) 상당한=(considerable in degree or amount, ample)

해 모든 세포의 대사, 수송 혹은 세포의 항원결정기를 활용한 영상연구에 대한 공통적인 **변수**는 시야 범위 내에서의 세포의 밀도이다. 아교모세포종은 지역적인 형태에서 많은 차이를 가질 수 있다.

2 변수들 (복수)

K_d values for a protein-ligand interaction can be altered, sometimes by several orders of magnitude, by changes in the solution's salt concentration, pH, or other **variables**.

관 orders of magnitude 10의 배수의 크기로

해 단백질과 리간드의 상호반응에 대한 K_d 값은 용액의 염 농도, pH 혹은 다른 **변수들**에서의 변화에 의하여 때때로 10의 배수의 크기로 변할 수 있다.

variant
394

형 변이된, 변종의

Each type of histone has **variant** forms, because certain amino acid side chains are enzymatically modified by methylation, ADP-ribosylation, phosphorylation, glycosylation, or acetylation.

해 각 종류의 histone은 **변형된** 형들을 가지고 있다, 왜냐하면 어떤 아미노산 측쇄기들이 효소에 의해 메틸화, ADP-ribosyl화, 인산화, 당화 혹은 아세틸화로 변형되기 때문이다.

참 Histone 단백질 : 핵 속에서 염색체 DNA와 결합하는 양전하를 띠는 단백질로 염색질chromatin을 형성할 때 DNA의 채움에 중요한 역할을 한다. 이 단백질은 여러 효소에 의하여 다양하게 변형될 수 있으며, 그 결과 염색질의 구조가 바뀔 수 있어서 유전자들의 전사과정에 영향을 미치게 된다.

명 변이체, 변종

The different forms, or **variants**, of a gene are referred to as alleles. Geneticists commonly refer to the numerous naturally occurring genetic **variants** that exist in populations, particularly human populations, as alleles.

관 are referred to as ....라고 하다=(be called, be termed, be mentioned as), alleles 대립유전자, refer to .... as=mention .... as, numerous 다수의

해 한 유전자의 여러 형이나 **변이체**들은 대립유전자라고 불린다. 유전학자들은 공통적으로 개체군, 특히 사람의 집단에서 존재하고 있으면서 자연상태에서 일어나고 있는 다수의 유전자 **변이체**들을 대립유전자라고 말한다.

variation
104

명 1 차이

Genes vary in size from about 1500 bp to over 2 × 10^6 bp. There is also great **variation** in the number of introns and exons.

관 vary(자) 다르다=be different, over ....을 초과하는, variation 차이

해 유전자는 크기에 있어서 약 1500 bp에서부터 2 x 10^6 bp 넘는 것까지 다양하다. 또한 인트론과 엑손의 수에서도 많은 **차이**가 있다.

참 인트론과 엑손 : 진핵세포의 유전자는 모자익 유전자로, 유전자로 발현되는 exon과 발현되지 않는 intron 서열이 서로 혼합되어있다. 이들 각 부분의 수는 유전자의 종류에 따라 다르며, 예를 들면 α-아드레날린 수용체 유전자는 intron을 가지고 있지 않고 반면에 thyroglobulin 유전자는 36개나 되는 많은 intron을 가지고 있기도 한다.

2 변이

PCR is also having an effect in forensics and legal medicine. An individual DNA profile is highly distinctive because many genetic loci are highly variable within a population. For example, **variations** at a specific one of these locations determines a person's HLA type (human leukocyte antigen type).

관 forensics and legal medicine 법의학, distinctive 구별이 가능하고=different, variable 변하기 쉬운

해 PCR 또한 법의학에 영향을 미치고 있다. 개인의 DNA 프로필은 어떤 집단 내에서 유전자 중의 많은 위치들이 변하기 매우 쉽기 때문에 구별이 가능하다. 예를 들면, 이들 위치 가운데 하나의 특이적인 위치에서의 **변이**들이 사람의 HLA형 (인체의 백혈구항원형)을 결정한다.

3 변화

The insect blood sugar is not glucose but rather trehalose, an unusual, nonreducing disaccharide (see Figure 2). Trehalose is found typically in organisms that are naturally subject to temperature **variations** and other environmental stresses—bacterial spores, fungi, yeast, and many insects.

관 rather 좀더 정확하게=more exactly, nonreducing disaccharide 비환원성 이당류, be subject to 노출되어있다

해 곤충 혈액의 당은 포도당이 아니고 좀 더 정확하게 특이하고 비환원성의 이당류인 trehalose이다(그림 2를 보라). Trehalose는 전형적으로 자연에서 온도의 **변화**와 다른 환경적 스트레스에 노출되어있는 생명체인 예를 들면 박테리아의 포자, 진균류, 효모 및 많은 곤충들에서 발견된다.

참 Variation과 change : variation은 변화의 정도, 양, 속도, 범위나 변화된 후 다시 복귀가 가능한 변화를 의미한다. 예) variation of temperature. 반면에 change는 변화되고 있는 사실이나 alteration, modification을 의미

vary
62

자 1 변하다

The concentrations of the various small molecules in a cell **vary** widely, as do the K_m values for the different enzymes that act on them.

관 various 다양한; 각양각색의, vary(자) 변하다=undergo change, as do=vary widely

해 세포에 존재하는 다양한 작은 분자의 농도는 넓은 범위로 **변하며**, 이들에 작용하는 서로 다른 효소들에 대한 K_m 값도 마찬가지이다.

참 K_m 값과 기질의 농도와의 관계 : 일반적으로 세포내에서 어떤 효소의 기질농도는 대략 그 효소의 K_m 값과 같거나 약간 높은 수준으로 존재한다. K_m 은 해리상수와 같은 의미이므로 이 값이 작은 효소일수록 친화력이 커서 희석된 용액에서 더 효율적으로 촉매할 수 있다.

2 다양하다, 서로 다르다

The number of oligosaccharide chains attached to one protein can **vary** from one to 30 or more, with the sugar chains ranging from one or two residues in length to much larger structures.

관 vary(자) 서로 다르다=(differ, diversify), range(자) from .... to ....의 범위에 이르다

해 하나의 단백질에 부착되어있는 올리고당 사슬의 수가 한 개에서 30개 이상까지로 **다양한데**, 길이로 한 개 혹은 두 개의 잔기로부터 훨씬 더 큰 구조체들까지의 범위에 이르는 당의 사슬들을 가진다.

타 달라지도록 하다, 변하게 하다

This organizational flexibility of the actin cytoskeleton permits a cell to assume many shapes and to **vary** them easily. In moving cells, the cytoskeleton must assemble rapidly and does not always have a chance to form well-organized, highly ordered structures.

관 flexibility 유동성, permit(타) .... to=enable .... to, assume shapes 모양들을 취하다, assemble(자) 조립되다, not always 부분부정

해 Actin 세포골격의 구조화 유연성은 세포가 많은 모양을 취하기도 하고 또한 쉽게 **변하도록 하는** 것도 가능하게 한다. 이동 중인 세포에서, 그 골격은 빠르게 조립되어야하기 때문에 잘 구조화된, 고도로 정렬된 구조체들을 형성할 기회를 항상 가지지 않는다.

varied
58

타 be ~ 변화되다, 일정하게 유지되지 않다

In these double-reciprocal plots, the concentration of substrate 1 is **varied** while the concentration of substrate 2 is held constant.

관 be varied 변하다≠be held constant 일정하게 고정되다, while 반면에

해 이 2중역수 그래프에서, 기질 1의 농도는 **변화되고,** 반면에 기질 2의 농도는 일정하게 고정되어있다.

형 다양한

For proteins that are not enzymes, other quantification methods are required. The approaches are as **varied** as the proteins themselves.

관 approach(명) 방법=the method used in accomplishing, varied(형) 다양한=(diverse, diversified)

해 효소가 아닌 단백질을 위한 다른 정량방법이 필요하다. 그 방법은 단백질 자신만큼이나 **다양하다**.

varying 형 연속적으로 변화하는

91

COS-1 cells expressing anti-β were incubated in the absence or presence of increasing concentrations (0.1–0.5 mM) of H_2O_2 for **varying** time periods (2–20 min).

관 varying(형) 연속적으로 변화하는=undergoing successive changes

해 Anti-β를 발현하는 COS-1세포가 H_2O_2의 증가하는 농도 0.1–0.5mM가 없는 상태에서 혹은 있는 상태에서 **변화하는** 시간 2-20분 동안 배양되었다.

variety 명 1 (단수) 다양함

207

Metabolism is regulated in a **variety** of ways.

관 in a variety of ways 다양한 방법으로

해 대사는 **다양**한 방법으로 조절된다.

2 (복수) 다양한 것들

These tyrosine phosphatases are found in both soluble and membrane-bound forms and come in many more **varieties** than do serine/threonine phosphatases.

관 come in many varieties 다양하게 존재하다=be presented in many, phosphatase 탈인산화효소

해 이들 티로신탈인산화효소는 용해형과 막결합형 모두로 발견되며 또한 serine/threonine 탈인산화효소들이 그러한 것보다 훨씬 많은 **다양한 것들**로 존재한다.

참 단백질탈인산화효소protein phosphatase : 단백질의 구성아미노산인 serine, threonine 및 tyrosine의 -OH기에 부착된 인산기를 제거하는 효소로, 세포의 신호전달과정의 조절에 중요한 역할을 한다. 이 부류의 효소는 serine/threonine phosphatase, tyrosine phosphatase 그리고 dual type phosphatase로 분류된다.

various 형 1 여러, 여러 가지의

645

^{125}I-FGF-2 was then added (50,000 cpm/ml/well) with **various** concentrations of unlabeled ligand (0–300 ng) in a final volume of 0.5 ml.

관 various 여러=(more than one, several), be added ....첨가되다, in a final volume of ....의 최종부피로

해 그 후에 ^{125}I-FGF-2 (한 개의 구멍 당 50,000 cpm/ml)가 표지되지 않은 리간드 (0-300 ng)의 **여러** 농도로 0.5 ml의 최종부피에서 첨가되었다.

2 다양한, 여러

The mechanism of LDL metabolism and the **various** defects that can occur therein have been studied extensively by Michael Brown and Joseph Goldstein, who received the Nobel Prize in medicine or physiology in 1985

관 various 다양한=(diverse, different), extensively 광범위하게=(widely, greatly), Novel Prize in medicine or physiology 노벨의학상

해 LDL 대사기전과 그 속에서 일어날 수 있는 **다양한** 결함이 Michael Brown과 Joseph Goldstein에 의해 훌륭하게 연구되어왔으며, 그 결과 1985년에 노벨의학상을 받았다.

variously 부 다양하게, 여러 방법으로

5

Cells require a constant supply of NADPH for reductive reactions vital to biosynthetic purposes. Much of this requirement is met by a glucose-based metabolic sequence **variously** called the pentose phosphate pathway, the hexose monophosphate shunt, or the phosphogluconate pathway.

관 constant supply 일정한 공급, be vital to ....에 중요하다, be met by ....에 의해 충족되다

해 세포들은 생합성의 목적에 중요한 환원반응을 위하여 NADPH의 일정한 공급을 필요로 한다. 이 필요량 중 많은 것이 5탄당인산경로, 6탄당일인산경로 혹은 phosphogluconate경로로 **다양하게** 불리

는 포도당을 기반으로 하는 일련의 대사에 의해 충족된다.

verify 타 (증거로 진실 혹은 정확성)을 검증하다

77

What test could be done to **verify** that this factor is in fact a transcription factor?

관 in fact 사실, verify(타) 검증하다=(determine the truth or accuracy of, as of comparison or investigation), transcription factor 전사인자

해 이 인자가 실제적으로 전사인자임을 **검증하기** 위하여 무슨 검사가 수행될 수 있었는가?

verified 타 be ~ 검증되다

164

Suspected disturbances of acid-base balance are **verified** by measuring the pH of arterial blood and the CO_2 content of venous blood.

관 disturbance 장해, arterial blood 동맥혈, venous 정맥의

해 의심되는 산염기 균형의 장해는 동맥혈의 pH와 정맥혈의 CO_2 함량을 측정하여 **검증된다**.

versatile 형 다재다능한, 다방면으로 사용되는

5

Perhaps the most **versatile** and powerful technique for localizing proteins within a cell by light microscopy is fluorescent staining of cells and observation by fluorescence microscopy.

관 localize(타) 위치를 알아내다

해 아마도 광학현미경으로 한 세포 내의 단백질의 위치를 알아내기 위한 가장 **다방면으로 사용되는** 강력한 기술은 세포를 형광염색한 후 형광현미경으로 관찰하는 것이다.

versatility 명 다재다능, 다양한 용도

5

As the sensitivity and **versatility** of mass spectrometry continue to increase, it is displacing Edman sequencers for the direct analysis of protein primary structure.

관 sensitivity 감도, continue to 계속하여 ....하다, displace(타) 교체하다=take the place of

해 질량분석기의 감도와 **다양한 용도**가 계속하여 증가되면서, 단백질의 일차구조의 직접적인 분석을 목적으로 사용하던 Edman 서열결정기를 대체하고 있는 중이다.

참 직렬형 질량분석기Tandem mass spectrometry : 2대의 질량분석기가 차례로 연결한 기기로, 첫 번째 기기에서는 질량에 따라 펩티드(단백질)을 분리하고, 그리고 두 번째 기기는 단일 종류의 펩티드가 들어오도록 조정한 후 분해하여 펩티드의 아미노산 서열을 결정한다. tandem 참조

version 명 변형종, 변형버전, 버전

105

Plasmid expression vectors were constructed to contain the epitope-tagged AP1 cDNA. After cells were transfected and allowed to express the epitope-tagged **version** of the AP1 protein, they were fixed and labeled with monoclonal antibody to the epitope and with antibody to furin.

관 be constructed to ....하도록 구축되다, antibody to/against ....에 대한 항체, monoclonal antibody 한무리항체; 단일클론항체, epitope 항원결정기

해 플라스미드형 발현벡터가 부착된 AP1 cDNA를 포함하도록 구축되었다. 세포들이 형질감염되어 항원결정기가 부착된 AP1 단백질의 **변형종**이 발현되는 것을 가능하게 된 후, 고정되고 그리고 항원결정기에 대한 한무리항체와 furin에 대한 항체로 표지되었다.

참 Epitope tagging : 진핵세포의 발현벡터는 세포 내에서 발현시킨 단백질의 기능을 규명하기 위하여 유용하게 사용된다. 이 벡터로부터 발현된 단백질을 확인할 수 있는 특이 항체가 없을 경우 이미 마련되어있는 항체에 대한 항원결정기epitope 서열을 벡터에 추가하여 융합단백질로 발현시켜 사용할 수 있다. 이와 같이 어떤 알려진 단백질의 항체에 의해 인식될 수 있는 항원결정기서열을 포함하여 발현벡터를 구축하는 것을 epitope tagging이라 한다.

versus 전 1 .... 대 ....

315

The binding affinity of a given hormone to its transporter determines the bound **versus** free ratio of the hormone.

관 affinity 친화력, the bound *versus* free *ratio of* ....의 결합된 형 대 자유형의 비

해 어떤 주어진 호르몬 수송체와 결합하는 친화력은 호르몬의 결합된 형 **대** 자유형의 비를 결정하도록 한다.

참 갑상선호르몬과 스테로이드호르몬은 물에 대한 용해도가 낮기 때문에, 혈액에서 전문화된 수송단백질과 결합된 상태로 존재한다. 이렇게 하면 혈액을 통한 수송이 용이해질 뿐만 아니고 분해되는 속도가 지연되어 반감기가 증가된다.

2 .... 대 ....

Double reciprocal or Lineweaver-Burk plot of $1/v_i$ **versus** 1/[S] can be used to evaluate K_m and V_{max}.

관 evaluate(타) 값을 계산하다

해 1/vi **대** 1/[S]의 이중역수나 혹은 Lineweaver-Burk 그래프는 K_m과 V_{max}값을 계산하는데 사용될 수 있다.

very

374

부 1 not ~ (부분부정) 그렇게 잘

Carbon dioxide is not **very** soluble in aqueous solution, and bubbles of CO_2 would form in the tissues and blood if it were not converted to bicarbonate.

관 not very 부분부정, be converted to ....로 전환되다, would <가정법 과거> 현재사실의 반대를 표현

해 이산화탄소가 수용액에 **그렇게 잘** 용해되지는 않아서, 만약 그것이 중탄산으로 전환되지 않는다면 조직과 혈액에서 CO_2 기포들이 형성될 것이다.

참 Carbonic anhydrase : $CO_2 + H_2O \rightarrow HCO_3^- + H^+$ 반응을 촉매하는 효소로 물에 잘 녹지 않는 기체 이산화탄소를 물에 잘 녹는 중탄산염으로 변환시킨다.

2 매우

Yeasts are **very** well suited for identifying, cloning, and characterizing the genes involved in controlling the cell cycle.

관 be suited for ....에 적합하다, characterize(타) 특성을 결정하다

해 효모는 세포주기를 조절하는데 포함되어있는 유전자를 찾아, 클로닝하고, 그리고 특성을 결정하는데 **매우** 적합하다.

형 1 ~ 명사 (강조) 바로 그

The discovery of catalytic RNAs, or ribozymes, has changed the **very** definition of an enzyme, extending it beyond the domain of proteins.

관 change(타) 바꾸다, definition 정의, extend(타) 확장하다

해 촉매반응을 하는 RNA나 혹은 ribozyme의 발견은 효소라는 **바로 그** 정의를 바꾸게 하였으며, 그 결과 단백질의 영역을 넘어 그 정의를 확장시켰다.

참 History is taking place before your *very* eyes. 역사란 여러분의 *바로* 눈앞에서 일어나고 있다.

3 ~ 명사 (강조) 가장, 최종의

Either primase cannot lay down a primer at the **very** end of the chromosome, or, after DNA replication is complete, the RNA at the end of the chromosome is degraded. Consequently, the newly synthesized strand is shorter at the 5′ end.

관 the very end 가장 말단, lay down=set 내려놓다, be complete 완료되다

해 Primase가 염색체의 **가장** 말단에서 프라이머를 내려놓을 수 없으며 혹은 DNA 복제가 완료된 후 염색체 말단에 있는 RNA가 분해된다. 그러한 결과로, 새로 합성된 가닥은 5′-말단에서 더 짧아진다.

참 Telomere텔로머 : 진핵세포의 염색체는 직선형이기 때문에, 염색체 양쪽에 말단이 존재하게 되는데, 이들을 텔로머라고 한다. 그래서 세포분열 시DNA 복제의 반복 순환이 계속되면서 Ogazaki조각방식으로 복제되는 지연lagging 가닥의 끝이 위 문장의 설명처럼 점점 짧아지게 되는 문제가 발생하며, 이 현상이 노화와 직접적인 관계있는 것으로 알려져 있다. 이러한 예는 체세포분열을 이용하여 탄생시킨 돌리 양이 유전적 나이는 실제적으로 세포를 제공한 동물과 같다는 사실에서 찾을 수 있겠다.

vesicle

350

명 소포, 낭포

Glycoproteins or glycolipids once anchored in the membrane of the **vesicle** remain in the plasma membrane when the *vesicular* and plasma membranes fuse.

관 anchor(타) 고정시키다, remain(자) 남아있다, fuse(자) 융합하다

해 낭포와 세포막이 융합할 때, **낭포의** 막에 한때 고정되었던 당단백질이나 혹은 당지질은 세포막에 남게 된다.

참 분비성 단백질은 ER에 붙어있는 리보솜에서 합성되어 그 막에 고정된 상태로 골기체 안에 위치한다. 골기체로부터 떨어져 나온 분비성 낭포들은 최종적으로 세포막과 융합되어 내용물을 밖으로 방출한다.

vesicular 형 낭포의, 낭포를 이용한

83

Microtubules are necessary for **vesicular** movement of urate crystals during phagocytosis and release of mediators that activate the inflammatory response.

관 be necessary 필요하다=be required, inflammatory response 염증반응, release(명) 유리

해 포식과정과 염증반응을 활성화하는 매개체들이 유리되는 동안 미세소관은 요산 결정들의 **낭포를 이용한** 이동에 필요하다.

참 미세소관microtubule : 실린더 모양을 한 미세한 튜브형의 구조로 tubulin 단백질이 구성 단위체이다. 이것은 세포질 내의 소기관들의 위치를 고정시키거나, 포식낭포, 분비낭포, 수송낭포들의 이동과정에 필요하다.

via 전 1 (장소를) 경유하여

592

Because glucose leaves the intestine **via** the hepatic portal vein, the liver is the first tissue it passes through. The liver extracts a portion of this glucose from the blood.

관 via 경유하여=(by way of, on the way to), extract (타).... from ....로부터 추출해 내다

해 포도당은 간문맥정맥을 **경유하여** 소장을 떠나기 때문에, 간이 포도당이 통과하는 첫 번째 조직이 된다. 간은 혈액으로부터 이 포도당의 일부를 추출해 낸다.

2 (방법을) 이용하여

Catalysis by enzymes that proceeds **via** a unique reaction mechanism typically occurs when the transition state intermediate forms a covalent bond with the enzyme.

관 via 이용하여=by means of, proceed(자) 진행하다=move on in an orderly manner, transition state 전이상태, intermediate(명) 반응중간체

해 특유의 반응기전을 **경유하여** 진행되는 효소에 의한 촉매작용은 전이상태의 중간체가 효소와 공유결합을 형성할 때 전형적으로 일어난다.

참 전이상태 transition state : 어떤 화합물이 효소의 작용을 받아 산물로 전환되기 바로 전단계의 구조이며, 반응과정에서 자유에너지가 가장 높으며, 불안정하여 반응성이 가장 높은 상태이다.

vicinal 형 부근의

4

The ribose 2′-OH group of RNA is absent in DNA. Consequently, the ubiquitous 3′-O of polynucleotide backbones lacks a **vicinal** hydroxyl neighbor in DNA.

해 RNA의 ribose 2'-OH기는 DNA에 없다. 결과적으로 DNA에서 뉴크레오티드 중합체의 골격에 항상 존재하는ubiquitous 3'-O는 DNA에서 **부근의** hydroxyl기의 이웃한 작용기가 없다.

참 DNA의 구조는 RNA와 달리 알칼리 용액에 의한 가수분해가 일어나지 않는다. 그 이유는 RNA와 달리 DNA에는 오탄당 ribose의 3′-OH 옆의 2′-OH기가 없기 때문이다.

vicinity 명 부근, 가까운 곳

39

After the protein is bound to its receptor, specialized proteins act to cause the membrane in the **vicinity** of the bound protein to invaginate. The invaginated membrane eventually breaks off and fuses to form a vesicle.

관 act to ....하도록 활동하다, cause(타) ....하도록 만들다=(force, bring about), invaginate(자) 함몰하다=become turned inward, break off 떨어져 나오다, fuse(자) 융합하다, in the vicinity of ....의 근처에서

해 단백질이 수용체에 결합된 후, 전문화된 단백질이 작용하여 결합된 단백질의 **근처**에 위치하고 있는 막이 함몰되도록 만든다. 그 함몰된 막은 최종적으로 떨어져 나와 융합하여 소포를 형성한다.

참 수용체가 매개된 세포내이입receptor-mediated endocytosis : 세포막에서 리간드 (호르몬 등)가 수

용체에 결합하면 생화학적 기능이 개시된다. 그런데 이 반응은 일정한 시간이 경과되면 중단되고, 새로운 자극에 반응할 수 있도록 수용체가 다시 준비되어야 한다. 그런데 리간드와 수용체 사이의 결합력이 너무 강하기 때문에 리간드가 해리되어 다음 회전을 준비하기란 불가능하다. 따라서 세포내이입반응이 일어나 세포 안으로 리간드와 수용체 복합체들이 수송되어 분해한 후 제거되면 생리적 효과도 중단될 것이다. 이와 같이 사용된 수용체들이 세포 안으로 들어와 제거되어 수가 줄어드는 현상을 수용체의 하향조절down regulation이라 한다.

view 명 1 보기, 개념

112

This **view** displays the cross-linking of the spectrin dimers to actin and band 3 anchor sites in the erythrocyte cytoskeleton.

해 이 **보기**는 적혈구의 세포골격에 있는 actin과 band 3의 고정자리와 spectrin이중체의 교차연결을 보여준다.

참 If you *view* something, you *look at* it for a particular purpose.

2 in ~ of the fact that ....이라는 사실을 생각하면

In **view** of the fact that membranes are located in so many organelles and are involved in so many processes, it is not surprising that mutations affecting their protein constituents should result in many diseases or disorders.

관 be located in ....에 위치되다, be involved in ....에 참여하다, organelle 소기관, constituent 구성원

해 생체막은 매우 많은 소기관들에 위치되어있고 또한 매우 많은 과정들에 참여하고 있다**는 사실을 생각하면**, 그들의 단백질 구성원에 영향을 주는 돌연변이가 결과적으로 많은 질병이나 장해를 만들 것이라는 사실은 놀라운 것이 아니다.

3 in ~ of ....를 고려하면, ...을 생각해보면

In **view** of the structural findings, it is not surprising that A substance can be synthesized *in vitro* from substance in a reaction catalyzed by a GalNAc transferase.

관 it is not surprising that .... 는 놀라운 것이 아니다, *in vitro* 실험관에서

해 구조에 대해 알게 된 사실을 **고려해 보면**, A 물질이 GalNAc transferase에 의하여 촉매된 어떤 반응에서 존재하는 물질로부터 시험관에서도 합성될 수 있다는 사실은 놀라운 것이 아니다.

참 혈액형 O, A 및 B 형의 항원분자의 구조가 알려진 다음, O형의 당기를 기반으로 하여 필요한 당기를 추가하여 A형과 B형의 항원이 합성될 수 있음이 알려졌다.

타 (목적을 가지고) 자세히 보다, 관찰하다

Phase-contrast and differential interference contrast (DIC) microscopy are used to **view** the details of live, unstained cells and to monitor cell movement.

관 the details of 상세한 모습들

해 위상차와 미분간섭 대조현미경법 (DIC)은 살아있으면서, 염색되지 않아도 되는 세포의 상세한 모습을 **관찰하고** 그리고 세포의 운동을 모니터링하기 위하여 사용된다.

참 - view : 어떤 목적을 가지고 보는 것 (예, view microscopy).
- watch : 일정한 기간 동안 무엇이 일어나는지를 집중하여 보는 것 (예, watch TV).
- see : '눈을 사용하여 어떤 것을 알아차리다'는 의미로 사용 (예, can I see it?).

viewed 타 be ~ 관찰되다, 보게 되다

46

When the sample is **viewed** in the microscope, the bound fluorescent antibodies identify the location of the target protein.

해 그 시료가 현미경으로 **관찰될** 때, 결합된 형광을 발하는 항체분자들은 표적단백질의 위치를 쉽게 찾도록 한다.

참 If a particular thing *identifies* someone or something, it makes them *easy to recognize*, by making them different in some way.

vigorous 형 강력한, 격렬한

6

Disruption of cells by **vigorous** homogenization, sonication, or other techniques releases their organelles. Swelling of cells in a hypotonic solution weakens the plasma membrane, making it easier to rupture.

관 homogenization 균질화, sonication 초음파처리, hypotonic solution 저장액

해 **강력한** 균질화, 초음파처리나 혹은 다른 기술에 의한 세포의 파쇄는 소기관들을 유리시킨다. 저장액 속에서의 세포를 부풀게 하는 것은 원형질막을 약하게 하여, 그것을 파괴하는 것을 더 쉽게 하도록 한다.

vigorously 부 격렬하게, 강력하게

6 The NF-kB pathway enables cells to respond immediately and **vigorously** to a number of stress-inducing conditions.

해 NF-kB 경로는 세포들이 많은 종류의 스트레스가 유도하는 환경에 즉각적으로 또한 **격렬하게** 반응하는 것을 가능하게 한다.

virtually 부 거의, 실제적으로

54 Ribosomes bound to the rough ER synthesize certain membrane and organelle proteins and **virtually** all proteins to be secreted from the cell.

관 virtually 거의=(almost, in essence)

해 조면 소포체에 결합되어있는 리보솜은 막과 소기관의 단백질과 세포로부터 분비되는 **거의** 모든 단백질들을 합성한다.

virtue 명 by ~ of ....(의 효력)에 의해, ...의 덕분에

14 The proteoglycan–hyaluronate aggregates are highly hydrated by **virtue** of strong interactions between water molecules and the polyanionic complex.

관 aggregate 응집체, be hydrated 수화되다

해 Proteoglycan과 hyalunonate 응집체들은 물 분자들과 다중 음전하 복합체 사이의 강력한 결합의 **덕분으로** 고도로 수화된다.

viscosity 명 점성

4 Movement of an ameba is accompanied by changes in the **viscosity** of its cytosol, which cycles between sol and gel states.

관 be accompanied by ....의 결과로 일어나다, cycle(타) 순환하다

해 아메바의 이동성은 졸과 겔 상태를 순환하는 세포질 **점성**에서의 변화의 결과로 일어난다.

참 If one thing *accompanies* another, it *happens* or exists at the same time, or *as a result of it*.

viscous 형 점성이 높은

11 The most serious and life-threatening complication is recurrent pulmonary infections due to overgrowth of various pathogens in the **viscous** secretions of the respiratory tract.

관 complication 합병증, recurrent 재발성의, due to .... 때문에=because of, respiratory tract 기도

해 가장 심각하고 생명을 위협하는 합병증은 기도의 **점성이 높은** 분비물 속에서 여러 병원체들의 과도한 성장 때문에 되풀이되는 폐의 감염증이다.

참 Cystic fibrosis 낭포성섬유증 : 낭포성섬유증 막관통전도조절자 Cystic fibrosis transmembrane conductance regulator (CFTR)이라 불리는 염소이온의 수송체의 돌연변이 때문에 유발되는 유전성 질환이다. 따라서 염소이온의 수송이 정상적으로 일어나지 않아서 삼투압에 의한 물의 유입이 불가능하게 되고, 그 결과로 기도, 폐, 췌장, 정관 등의 도관의 내피상포세포의 점액층의 점성이 높아지면서 비후해 지고, 여기에 다량의 미생물이 자라 감염증을 일으킨다.

visible 형 (눈에) 보이는, 보일 수 있는

82 When the gel is stained, separated proteins are **visible** as distinct bands whose intensities are roughly proportional to the protein concentration.

관 distinct(형) 다른=separate, be proportional to ....에 비례하다, visible 보일 수 있는=capable of being seen

해 젤이 염색될 때, 분리된 단백질들은 짙음의 강도가 대략 단백질 농도와 비례하는 분리되는 띠로써

보일 수 있다.

vision	명 시력, 시각, 아름다운 모습
5	Cones are involved in color **vision**, while rods are stimulated by weak light like moonlight over a range of wavelengths.

해 원추세포는 색을 구별하는 **시력**과 관련되어있고, 반면에 간상세포는 어떤 파장의 범위를 벗어나는 달빛과 같이 약한 빛에 의하여 자극된다.

visual	형 시각의
22	One process contributing to **visual** adaptation involves phosphorylation of activated opsin (O*) by rhodopsin kinase.

해 **시각의** 적응에 도움이 되는 하나의 과정은 로돕신 인산화효소에 의해 활성화된 옵신 (O*)의 인산화 반응을 포함한다.

visualize	타 보이게 하다
60	A naturally fluorescent protein found in the jellyfish *Aequorea victoria* can be exploited to **visualize** live cells and specific proteins within them.

관 exploit(타) 이용하다=use to the greatest possible advantage

해 해파리 *Aequorea victoria* 에서 발견된 자연적으로 형광을 발하는 단백질은 살아있는 세포와 세포 속에 존재하는 특이 단백질들을 **보이게 하는데** 이용될 수 있다.

visualized	타 be ~ 보여지다, 나타나다, 시각화되다
281	DNA bands were **visualized** under UV light and photographed.

해 DNA 띠들이 UV광선 하에서 **나타나서** 사진으로 찍혔다.

visualization	명 시각화, 보이게 함
63	The technique of positron emission tomography (PET) scanning shows metabolic activity in specific regions of the brain. PET scans allow **visualization** of isotopically labeled glucose in precisely localized regions of the brain of a living person, in real time.

관 positron emission tomography (PET) 양자방출 단층촬영, in real time 실시간으로

해 양자방출 단층촬영 (PET) 스캐닝기술은 뇌의 특정 영역에서 대사의 활동상태를 보여준다. PET 스캔을 이용하면, 살아있는 사람 뇌의 정확하게 편중화된 영역에서 방사성원소로 표지된 포도당을 실시간으로 **시각화**하는 것이 가능하다.

참 PET 스캔 : 매우 짧은 반감기를 가진 방사성 동위원소를 병소를 탐색하기 위한 추적용 매체로 사용하여 살아있는 검체에서 실시간으로 질병의 진단이 가능한 기술이다. 종양의 크기와 전이상태, 종양 수술 후의 치료상태, 여러 종류의 정신질환dementia의 원인이 되는 미만성뇌 diffuse brain 질병뿐만 아니라 정상 뇌와 심장의 지도를 작성하는데 이용될 수 있다.

visually	부 시각적으로, 눈에 보이도록
7	The pattern of gap-junction connections in a tissue can be revealed **visually** after the microinjection of water-soluble dyes.

관 reveal(타) 밝히다=(uncover, unveil), gap-junction 교통연접

해 어떤 조직에서 교통연접의 연결형태는 수용성 염료의 미세주입 후 **시각적으로** 밝혀질 수 있다.

vital	형 중요한, (생명을 유지)하는데 필요한
27	Maintenance of pH is **vital** to all cells.

관 be vital to ....에 중요하다

해 pH을 유지하는 것은 모든 세포의 생명을 유지하는데 **중요하다**.

in vitro	부 실험관 실험, 생체가 아닌 실험에서
1187	The landmark experiments by Christian Anfinsen on the refolding of ribonuclease clearly show that

the refolding of a denatured protein ***in vitro*** can be a spontaneous process.

관 spontaneous process 자발적 과정, refolding 재접힘

해 Ribonuclease의 재접힘에 대한 Christian Anfinsen에 의해 수행된 이정표가 된 실험은 **시험관 실험에서** 변성된 단백질의 재접힘반응이 자발적 과정일 수 있음을 명확하게 보여주고 있다.

in vivo 부 생체 (실험)에서

874 To elucidate the signaling pathway transduced by MEKK2 ***in vivo***, the following studies were performed in human embryonic kidney (HEK293) cells in culture.

관 elucidate(타) 명료하게 하다=clarify, be performed 수행되다, human embryonic kidney (HEK293) cell 사람배아신장 (HEK293) 세포

해 **생체에서** MEKK2에 의해 전달되는 신호전달과정을 규명하기 위해, 후속 연구들이 배양한 사람배아신장세포 (HEK293)에서 수행되었다.

참 HEK293세포 : 사람의 배아신장에서 유래된 세포로 HEK (human embryonic kidney) 세포라고 부르기도 한다. 이 세포주는 배양하기 쉽고 감염도입transfection도 잘 되므로 세포의 기능연구나 치료용 단백질을 생산할 목적으로 많이 이용되고 있다.

wash 타 세척하다, 씻어 제거하다

275

Incubate with probe, **wash** the excess probe away and perform autoradiography to observe labeled DNA bands.

해 탐침자와 함께 반응시키고, 과량의 탐침자를 **씻어 제거하고** 표지된 DNA 띠를 관찰하기 위하여 방사능사진법 autoradiography를 수행하시오.

명 세척

After the permeabilized specimen has been incubated with the probe under conditions that promote hybridization, the excess probe is removed with a series of **washes**. The specimen is then incubated in a solution containing an antibody that binds to the probe.

관 be incubated with ....와 반응되다, under conditions 조건들 하에서, probe 탐침자

해 투과가 용이하도록 처리된 시료가 혼성체형성 실험을 촉진하는 조건 하에서, 탐침자와 함께 반응시킨 후, 과량의 탐침자는 반복된 **세척**으로 제거된다. 이 시료는 곧 그 탐침자와 결합하는 항체를 함유한 용액 속에서 반응된다.

참 탐침자 probe : 여러 단백질이나 DNA 및 RNA의 혼합물 중에서 원하는 분자를 찾아내어 보이도록 하는 목적으로 사용되는 항체나 단백질, DNA 조각 등 말한다. 항원과 항체의 결합, 리간드와 수용체, 특정 도메인, 효소와 기질, DNA 및 RNA 사이의 짝짓기 특성과 같이 서로 특이적인 친화력을 가지고 있는 물질은 서로를 찾기 위한 탐침자 probe로 사용될 수 있다.

washed 타 1 be ~ off 세척되어 제거되다

921

The yeast proteome chips were incubated with the biotinylated probe, and then excess probe was **washed** off. Calmodulin or IP_3 bound to proteins in the microarray was detected with fluorescence labeled streptavidin, a bacterial protein that strongly and specifically binds biotin.

관 proteome chip 단백질체용 칩, wash off 씻어 제거하다=wash away

해 효모의 단백질체용 칩이 biotinyl화된 탐침자와 함께 반응시키고 그 후 과량의 탐침자는 **세척되어 제거되었다**. Microarray 속의 단백질에 결합된 calmodulin이나 혹은 IP_3는 biotin과 강하고 특이적으로 결합하는 형광으로 표지된 박테리아의 단백질인 streptavidin으로 감지되었다.

2 ~ away 세척되어 제거되다

After unhybridized cDNA is **washed** away, the intensity of green and red fluorescence at each DNA spot is measured using a fluorescence microscope and stored in computer files under the name of each gene according to its known position on the slide.

관 be measured using ....를 사용하여 측정되다, be stored in 저장되다, according to ....에 따라

해 혼성체가 형성되지 않은 cDNA가 **세척되어 제거된** 후, 각 DNA 스폿에서 초록과 적색형광의 강도가 형광현미경을 사용하여 측정되어 슬라이드 상의 알려진 위치에 따라 각 유전자의 이름으로 컴퓨터 파일에 저장된다.

way 명 1 방법

112

An alternative **way** to clone animals is to replace the nuclei of multiple single-celled embryos with donor nuclei from cells of an adult animal.

관 alternative 두 방법 중의 다른 하나; 대체의, replace(타) .... with ...로 ....를 교체하다

해 동물을 클론닝하기 위한 하나의 대체**방법**은 하나의 세포로 된 여러 개의 배아들의 핵을 성체동물의 세포로부터 얻은 공여체의 핵으로 교체하는 것이다.

2 ....쪽, ...방향

Myogenic gene expression often follows elaborate events that tell certain somite cells to delaminate from the somite epithelium and which **way** to move.

관 follow(타) ....후에 일어나다, tell(타) .... to ....하도록 지시하다, somite cell 분절세포

해 근육생성용 유전자의 발현은 어떤 분절세포들이 분절의 상피조직으로부터 한 겹씩 떨어져 나가서

어느 **방향**으로 움직이도록 지시하는 정교한 사건이 있은 후에 자주 일어난다.

참 An event that *follows* a particular thing *happens or comes after* that thing, at a later time.

3 in ..... ~ ....의 방법으로

In principle, any two sugar molecules can be linked in a variety of **ways** because each monosaccharide has multiple hydroxyl groups that can participate in the formation of glycosidic bonds.

관 in principle 기본적으로, be linked (to) 연결되다, participate in ....에 참가하다, glycosidic bond 배당결합

해 기본적으로 어느 2개의 당 분자라도 **여러 다양한 방법으로** 연결될 수 있다, 왜냐하면 각 단당류는 배당결합을 형성하는데 참여할 수 있는 여러 개의 OH기를 가지고 있기 때문이다.

4 in ~ that ....의 방법으로

Amphipathic lipids spontaneously form a variety of structures when added to aqueous solution. All these structures form in **ways** that minimize contact between the hydrophobic lipid chains and the aqueous milieu.

관 form (타) 형성하다; (자) 형성되다, minimize contact between 사이에서 접촉을 최소화하다, in ways that .... 라는 방법으로

해 양쪽성인 지질이 수용액에 첨가되면 자발적으로 다양한 구조체를 형성한다. 모든 이들 구조체들은 소수성인 지질사슬과 수용액의 미세환경 사이에서 접촉을 최소화하는 **방법으로** 형성된다.

5 in this ~ 이와 같은 방법으로

The lactate produced from vigorous exercise can be transported from muscle to the liver, where it is reoxidized by liver lactate dehydrogenase to yield pyruvate, which is converted eventually to glucose. In this **way**, the liver shares in the metabolic stress created by vigorous exercise.

관 yield(타)=produce, be converted to, share in 관여하다; 나눠가지다=have a share or part <예> shared in the profits, lactate dehydrogenase 젖산탈수소효소

해 격렬한 운동의 결과로 생산된 젖산은 근육으로부터 간으로 수송되고, 그곳에서 간의 젖산탈수소효소에 의하여 재산화되어 pyruvate를 생산하고, 궁극적으로 포도당으로 전환된다. **이러한 방식으로**, 간은 격렬한 운동에 의해 새로 만들어진 대사성 스트레스에 관여한다.

참 젖산은 무산소운동 (100m 달리기 등)에서 단시간에 많은 에너지를 만들고 난 후 생산되는 부산물이다. 이 물질은 간으로 수송되어 다시 포도당으로 전환되는데, 이 과정을 Cori 회로라 한다.

6 by ~ of ....을 경유하여

Triacylglycerols are the major lipids in the diet. They are digested to fatty acids and 2-monoacylglycerols, which are resynthesized into triacylglycerols in intestinal epithelial cells, packaged in chylomicrons, and secreted by **way** of the lymph into the blood.

관 triacylglycerol 중성지방, be packaged in ....에 담겨지고, be secreted into ....속으로 분비되다, diet 음식물. by way of ....를 경유하여

해 중성지방은 음식물 중에 포함된 주된 지질이다. 그것은 지방산과 2-monoacylglycerol로 소화되며, 소장의 상피세포에서 다시 중성지방으로 합성되어 chylomicron 안에 담겨지고, 림프를 **경유하여** 혈액으로 분비된다.

참 Chylomicron : 소화 후 소장에서 흡수된 지질을 체내의 다른 곳으로 수송하는 역할을 한다. 이 지질단백질 복합체는 소수성인 지질을 혈액 속에서 잘 용해된 상태로 수송하는 것을 목적으로 한다. 이외에 VLDL, IDL, LDL, 그리고 HDL 등의 지질단백질들이 있다.

7 give ~ to 교체되다

In liquid water, the rigidity of ice is replaced by fluidity, and the crystalline periodicity of ice gives **way** to spatial homogeneity. The H_2O molecules in liquid water form a random, H-bonded network with each molecule.

관 give way to ....로 교체되다=(be replaced by, lose control of), crystalline periodicity 결정의 주기성, homogeneity 균질성,

해 액체인 물에서, 얼음의 딱딱함이 유동성으로 바뀌고, 얼음 결정의 주기성은 공간의 균질함으로 **교체된다**. 액체인 물속에 있는 H_2O분자들은 각각의 분자와 제멋대로 형성된 수소결합으로 이루어진 그물망구조를 형성한다.

참 If one thing *gives way to* another, the first thing is *replaced by* the second.

8 give ~ to ....로 발전하다, ...악화되다

Early clinical signs in hypoglycemia reflect the appearance of physiologic protective mechanisms initiated by hypothalamic sensory nuclei such as sweating, palpitations, anxiety, and hunger. If unheeded, these symptoms give **way** to a more serious CNS disorder progressing through confusion and lethargy to seizures and eventually coma.

관 reflect(타) 반영하다, be unheeded(형) 무시되다=(ignored, disregarded), give way to ....로 악화되다 =allow to go or pass, confusion 정신착란, lethargy 졸음, seizures 발작, coma 혼수상태

해 저혈당의 초기 임상증세는 땀흘림, 두근거림, 불안 및 배고픔과 같은 시상하부의 감각핵에 의해 개시되는 생리적인 보호기전의 나타남을 반영한 것이다. 만약 이러한 증세들이 무시된다면, 착란과 졸음을 거쳐 발작과 궁극적으로 혼수상태로 진행하는 더 심각한 중추신경계 장해로 **악화된다**.

9 under ~ to 금방 시작되는, 진행되고 있는 중인

Certain integral ER membrane proteins are specifically recruited into COPII vesicles for transport to the Golgi. The cytosolic segments of many of these proteins contain a Asp-X-Glu sorting signal which is essential for the selective export. Biochemical and genetic studies currently are under **way** to identify additional signals that help direct membrane cargo proteins into COPII vesicles.

관 be under way 시작되다=(have begun, is now taking place), be recruited ....로 끌어드려지다, sorting signal 분류신호; selective export. 선택적인 외부로의 수송, cargo protein 화물수송단백질, direct(타) .....로 가도록 하다, additional 관련된 또 다른

해 어떤 통합 ER막단백질이 골기체로의 수송을 위하여 COPII 소포로 특이적으로 끌어들여진다. 이들 가운데 많은 단백질들의 세포질 쪽의 일부서열은 선택적인 외부로의 수송에 필수적인 Asp-X-Glu 분류신호를 가지고 있다. 생화학 및 유전학적 연구들이 최근에 막의 화물수송단백질들이 COPII 소포로 가도록 도와주는 이와 관련된 또 다른 신호를 새로 발견하기 위하여 **진행되고 있는 중이다**.

weigh 타 ....의 무게가 된다

1 Under optimal conditions bacteria can divide to form two daughter cells once every 30 minutes. At this rate, in an hour one cell becomes four; in a day one cell becomes more than 10^{14}, which if dried would **weigh** about 25 grams.

관 once every 30 minutes 매 30분마다 한번, at this rate 이 속도로, would 결과

해 최상의 조건에서 박테리아는 매 30분마다 분열하여 2개의 딸세포를 만들 수 있다. 이러한 속도로, 한 시간 내에 1개의 세포는 4개가 된다. 하루에 한 개의 세포는 10^{14}개 이상으로 되며, 만약 건조된다면 25 그람의 **무게가 된다**.

weight 명 1 molecular ~ 분자량

250 The known and predicted proteins encoded by the yeast genome have an average molecular **weight** of 52,728 and contain, on average, 466 amino acid residues.

관 molecular weight of 52,728 ....의 분자량, on average 평균적으로

해 효모의 유전체에 의해 인코딩되는 알려져 있거나 예상되는 단백질은 52,728의 평균 **분자량**을 가지고 있으며 그리고 평균적으로 466개의 아미노산 잔기를 포함하고 있다.

body weight, molecular weight, dry weight

해 몸무게, 분자량, 건조중량

2 by ~ of 중량으로 계산하면

As much as 10 percent by **weight** of the liver can be glycogen.

관 as much as ....의 양 만큼, by weight 무게로 계산하여

해 **무게로 계산하여** 간의 10%의 양 만큼이나 글리코겐이 될 수 있다.

well

1412 부 1 잘, 만족하게, 효과적으로

Tetracycline is not absorbed **well** from the intestine, and its concentration can become elevated in the contents of the gut, leading to changes in the intestinal flora.

해 테트라사이클린은 소장으로부터 **잘** 흡수되지 않아서, 그래서 그 농도가 위장의 내용물에서 상승될 수 있으며, 그 결과 장내의 정상균무리intestinal flora의 변화를 초래할 수 있다.

2 잘

A decrease in glucose levels increases levels of the intracellular second messenger cAMP by a mechanism that is not **well** understood.

해 포도당 수준에서의 감소는 현재 **잘** 알려져 있지 않은 기전에 의해 세포내의 2차전령인 cAMP의 수준을 증가시킨다.

3 as ~ as 뿐만 아니라, 동시에

Protein misfolding is suppressed by two distinct mechanisms. First, cells have systems that reduce the chances for misfolded proteins to form. Second, any misfolded proteins that do form, as **well** as cytosolic proteins no longer needed by a cell, are degraded by a specialized cellular garbage-disposal system.

관 distinct 서로 다른, no longer 더 이상 ....이 아닌, be degraded by 분해되다, as well as=not only .... but also, ... any misfolded proteins that do form ....에서 do는 form을 강조

해 단백질의 잘못된 접힘반응은 2종의 서로 다른 기전에 의해 억제된다. 첫째, 세포는 잘못 접힌 단백질이 형성될 수 있는 기회를 줄이는 시스템을 가지고 있다. 둘째, 그러하더라도 정말로 형성된 어떤 잘못 접힌 단백질**뿐만 아니라** 세포에 의해 더 이상 필요하지 않은 세포질 단백질은 전문화된 세포의 쓰레기 처리계에 의하여 분해된다.

3 as ~ 또한, 더욱이, 게다가

NF-kB is a critical regulator of genes required for immune responses in mammals and insects and appears to function in mammalian development as **well**.

관 critical 중요한=importantl, appear to ....한 것처럼 보이다=be likely to, function(자) 기능하다

해 NF-kB는 포유동물과 곤충의 면역반응에 필요한 유전자의 중요한 조절인자이며 그리고 **또한** 포유동물의 발생과정에서도 기능을 하는 것처럼 보인다.

were

19657 자 1 ~ to <동사원형>.... would .... 이다면 <가정법> 미래에 이루어지질 않을 일을 가정

If partial pressor pO_2 **were to** fall to 10 torr within the capillaries of an exercising muscle, Y would drop to 0.06.

관 partial pressor 분압, fall to 떨어지다=drop to 문장에서 동일한 의미를 같은 단어를 반복하여 사용하지 않는 것이 좋다, Y 산소의 포함도를 상징

해 분압 pO_2가 운동 중인 근육의 모세혈관 속에서 10 torr로 떨어진**다면**, Y는 0.06으로 떨어질 것이다.

참 'were to 동사원형'는 조건절에서 혹은 동사 wish 다음에서 가정법으로 사용되어, 전혀 불가능한 일 또는 미래의 의혹 등을 나타내며 주절에는 should나 would가 와야 한다.

2 be 동사의 과거형

The Human Genome Project (HGP), which started in 1990, is an international effort whose principal goals **were** to sequence the entire human genome and the genomes of several other model organisms that have been basic to the study of genetics.

관 Human Genome Project 인간유전체프로젝트, sequence(타) 서열을 결정하다, be basic to ....의 기초가 되다

해 인간유전체프로젝트 (HGP)는 1990년에 시작되었는데, 주된 목적이 인간의 유전체 전부와 유전학 연구에 기초가 되어 왔던 몇 가지의 다른 모델생명체들의 유전체의 서열을 결정하는 것**이었던** 국제적인 협동사업이다.

참 인간유전체프로젝트의 모델생명체model organisms들이란 유전학연구에 기초가 되어온 생쥐, 쥐, 양, 닭, 세균, 바이러스, 식물, 선충 등이 포함된다.

when 부 ....한 때에

1311

Two properties of carbon covalent bonds merit particular attention. One is the ability of carbon to form covalent bonds with itself. The other is the tetrahedral nature of the four covalent bonds **when** carbon atoms form only single bonds.

관 merit(타) ....할 가치가 있다=(be worthy of, deserve), tetrahedral 사면체의, one .... the other 하나 .... 나머지

해 탄소 공유결합의 2가지 행동특성은 특별한 주의를 끌 가치가 있다. 하나는 탄소가 자신과 공유결합을 형성할 수 있는 능력이다. 나머지는 탄소원자들이 오직 단일 결합만을 형성**할 때** 4개의 공유결합으로 구성되는 사면체의 성질이다.

접 1 ....때에, ...하면

When a thermodynamic system undergoes an increase in entropy, it becomes more disordered. On the other hand, a decrease in entropy reflects an increase in order.

관 undergo(타) 겪다, become disordered 무질서해 지다, on the other hand 반면에, reflect(타) 반영되다=bring as a consequence 결과로 일어나다

해 열역학계가 엔트로피에서 증가가 일어나**면**, 그것은 더욱 무질서해진다. 반면에, 엔트로피에서의 감소는 질서에서 증가의 결과로 일어난다.

2 ....한 때에

We will describe how basic patterns of fuel metabolism change **when** we eat, **when** we fast for a short time, and **when** we starve for prolonged periods.

관 fast(자) 단식하다, starve(자) 굶다

해 우리는 음식을 먹을 **때**, 짧은 기간 동안 단식을 할 **때** 그리고 오랫동안 기아상태가 되었을 **때**의 연료대사의 기본적인 형태가 어떻게 변하는지를 설명하려고 한다.

where 부 1 (관계부사 계속적 용법) .... 그래서 그 곳에서

536

In the fed state, amino acids released by digestion of dietary proteins travel through the hepatic portal vein to the liver, **where** they are used for the synthesis of proteins, particularly the blood proteins, such as serum albumin.

관 fed state 섭취된 상태, travel through .... to 쭉 통과하여 ....까지 이동하다, be used for ....용으로 사용되다, hepatic portal vein 간문맥정맥

해 음식을 섭취한 상태에서, 음식물 속의 단백질 소화에 의해 유리된 아미노산들은 간문맥정맥을 통과하여 간까지 이동하며, 그 후 **그곳에서** 특히 혈청 알부민과 같은 혈액단백질의 합성용으로 사용된다.

2 (관계부사 제한적 용법) 그 곳의

The isoelectric point, p*I*, the pH **where** the molecule has a net charge of 0, is defined as $(pK_1 + pK_2)/2$.

관 isoelectric point 등전점, net charge 순전하량, be defined as ....로 규정되다

해 등전점 p*I*는 분자가 순전하량이 0을 가지는 **곳의** pH인데 $(pK_1 + pK_2)/2$로 규정된다.

접 여기서

The relevant free energy relationship is $\Delta E_o = -\Delta G°/nF$ **where** n is the number of equivalents of electrons transferred, and F is Faraday's constant.

관 equivalent(명) 당량, Faraday's constant. 패러데이 상수

해 상대적인 자유에너지의 관계식은 $\Delta E_o = -\Delta G°/nF$이다, **여기서** n은 전달된 전자의 당량수이며 F는 패러데이 상수이다.

whereas 접 반면에, ...임에 반하여

1201

Some carbohydrate sources lead to a near-immediate rise in blood glucose levels after ingestion, **whereas** others slowly raise blood glucose levels over an extended period after ingestion. The glycemic index of a food is an indication of how rapidly blood glucose levels rise after consumption.

관 some .... others 일부.... 나머지, lead to 결과적으로 ....이 되다=result in, near-immediate rise 거의 순간적인 상승, raise(타) 상승시키다, glycermic index 당지수, indication 표시자

해 일부의 탄수화물 원료는 섭취 후 곧 순간적으로 혈당수준을 증가시키게 되지만, **반면에** 나머지는 섭취 후 상당한 기간 동안 천천히 혈당수준을 올린다. 음식의 당지수란 음식을 먹은 후 혈당수준이 얼마나 빠르게 증가하는가를 나타내는 표시자이다.

whether

접 1 ....인지 어떤지의 여부 (명사절)

1174 To determine **whether** BNP1 mediates the transport of glutamate into synaptic vesicles, we transfect BNP1 cDNA into PC12 cells, which lack detectable endogenous BNP1 protein.

관 mediate(타) 매개하다, lack (타) ....를 가지고 있지 않다=(be without, be missing)

해 BNP1이 glutamate를 신경접합부의 소포 안으로 수송을 매개하는**지의 여부를** 결정하기 위하여, 우리는 BNP1 cDNA를 감지될 수 있을 정도의 내재성 BNP1 단백질을 가지고 있지 않는 PC12세포 속으로 형질감염하였다.

2 ~ .... or ....이든 아니든 상관없이 (부사절)

Protein-mediated transport systems, **whether** facilitative or active, are classified as antiports if they specifically exchange compounds of similar charge across a membrane.

관 be classified as ....로 분류되다, exchange(타) 상호교환하다, whether ..... or ....이든 아니든 상관없이, antiport 역방향수송체

해 단백질이 매개된 수송시스템은 촉진형이든 능동형**이든 상관없이** 유사한 전하를 띤 화합물을 막을 가로질러 특이적으로 상호교환한다면, 역방향수송체로 분류된다.

while

접 1 비록

194 Reduced FAK phosphorylation as a result of overexpression of FRNK, impairs the ability of cells to spread on fibronectin **while** fibroblasts derived from FAK -/- mice retain the ability to spread on fibronectin, but are relatively non-motile as a result of impaired focal adhesions turnover.

관 overexpression 과발현, impair(타) 손상시키다, spread(자) 퍼져나가다, retain(타) 보유하다=(keep, continue to use), turnover 대사순환

해 FRNK 과발현의 결과 때문에 감소된 FAK의 인산화는 fibronectin 위로 세포가 퍼져나가는 능력을 손상시키게 되며, **비록** FAK -/- 생쥐로부터 유래된 섬유모세포는 fibronectin 위를 퍼져 나가는 능력을 계속 가지고 있지만, 그러나 손상된 초점연접의 대사순환의 결과 때문에 비교적 운동성이 없어진다.

참 - FRNK (Fak related non-kinase)는 초점연접의 결합부위focal adhesion binding site에 대해 FAK (focal adhesion kinase)의 결합을 경쟁적으로 저해하는 내재성 저해제이다. FAK은 세포의 초점연접에 집중적으로 존재하는 티로신인산화효소로 세포의 운동과정에서 어떤 역할을 한다.

- Fibronectin (FN)은 세포외기질에 존재하는 고분자량의 단백질로 인테그린, 콜라겐, 피브린, 프로테오글리칸 등의 단백질과 결합할 수 있는 능력을 가지고 있어서, 세포의 접합, 성장, 이동 및 분화 작용에서 중요한 역할을 한다.

2 비록 .... 반면에

The result in Fig. 1B shows that **while** EGF receptor gets ubiquitinated in the presence of c-Cbl upon EGF stimulation, this is reduced by coexpression of Spry2.

관 get ubiquitinated 유비퀴틴화되다, upon .... stimulation .... 자극이 있을 때, EGF epidermal growth factor 표피세포성장인자, EGFR 표피세포성장인자 수용체,

해 그림 1B에서의 결과는 비록 EGF의 자극이 있을 때 c-Cbl이 존재하면 EGFR이 유비퀴틴화되지만, **반면에** 이 현상은 Spry2의 공동발현에 의해 감소된다.

참 - Ubiquitin화는 특정 단백질을 표적화하여 분해시킬 때 일어나는 반응이다. Spry2는 초파리의 Sprouty homolog 2로 알려져 있으며, EGF 수용체를 포함하는 수용체형 티로신인산화효소의 활성을 저해하고, C-말단에 이 저해활성에 필요한 cysteine 풍부한 도메인을 함유하고 있다.

- Cbl (*C*asitas *B*-lineage *L*ymphoma) 유전자는 세포신호전달과 단백질 유비퀴틴화에 관여하는 단백질을 인코딩한다.

3 ....하는 동안, ...하면서

Cells are systems that take in food, release waste, and carry out complex degradative and biosynthetic reactions essential to their survival **while** operating under conditions of essentially constant temperature and pressure and maintaining a constant internal environment (homeostasis) with no outwardly apparent changes.

관 take in 섭취하다, release(타) 배출하다, carry out 수행하다, homeostasis 항상성

해 세포란 필수적으로 일정한 온도와 압력 하에서 작동하여, 외관상으로 뚜렷한 변화가 없는 일정한 내부의 환경 (항상성)을 유지**하면서**, 먹이를 섭취하고 쓰레기 물질을 배출하고 자신의 생존에 필수적인 복잡한 분해 및 합성반응을 수행하는 시스템이다.

참 항상성homeostasis : carry, maintenance 참조

who

123

대 1 (관계대명사 제한적 용법) 사람 주격

Individuals **who** develop scurvy suffer from sore and bleeding gums and loss of teeth.

관 develop 발병하다, suffer from (질병)으로 고생하다=be affected by or subject to (an illness or ailment)

해 괴혈병이 발병된 **사람은** 시리고 피가 나는 잇몸과 치아의 소실로 고생하게 된다.

참 괴혈병scurvy : 비타민 C의 결핍으로 손상된 콜라겐 단백질이 합성되어 견고한 결체조직을 만들지 못하여 쉽게 혈관, 뼈 등의 조직이 손상된다. 비타민 C를 ascorbic acid 라는 이름으로 부르는 것도 scurvy를 치료하는 "산"이라는 의미, a (no의 의미)+scorbic (scurvy)으로부터 작명된 것이다.

2 (관계대명사 계속적 용법) 사람 주격

Men are not as likely to suffer from iron deficiencies as premenopausal adult women, **who** also lose iron during menstruation and **who** must supply iron to meet the needs of the growing fetus during a pregnancy.

해 남성은 월경기간 동안 철을 잃기도 하고 그리고 임신기간 동안에는 자라나는 태아의 필요량을 맞추기 위하여 철을 공급하여야 **하는** 폐경전의 성인 여성만큼 철 결핍으로 고통을 받는 것 같지는 않다.

whole

255

명 as a ~ 일반적으로, 전반적으로, 하나의 단위로

Hepatocytes are responsible for the synthesis, degradation, and storage of a vast number of substances; they play a central part in the carbohydrate and lipid metabolism of the body <u>as a **whole**</u>; and they secrete most of the protein found in blood plasma.

관 be responsible for ....에 책임이 있다, most of *the protein* found in에서 the protein은 대표단수

해 간세포들은 많은 종류의 물질의 합성, 분해, 그리고 저장에 책임을 지고 있다; 즉 그들은 신체의 탄수화물과 지질의 대사에서 **전반적으로** 중심적인 역할을 하며; 또한 혈장에서 발견되는 대부분의 단백질을 분비하기도 한다.

참 If you refer to something *as a whole*, you are referring to it *generally* and *as a single unit*.

형 전부의, 전체의

This enzyme, called Taq polymerase, can remain active even after being heated to 95 °C and can extend the primers at temperatures up to 72 °C. When synthesis is complete, the **whole** mixture is then heated to 95 °C to melt the newly formed DNA duplexes.

관 be heated to ...까지 가열되다, temperature up to ....에 이르는 온도

해 이 효소는 Taq polymerase라 불리며, 심지어 95 °C까지 가열된 후에라도 활성상태로 남아있을 수 있으며, 72 °C에 이르는 온도에서도 프라이머를 연장할 수 있다. 합성이 종결되면, 새로 형성된 DNA 이중나선체를 녹이기 위하여 **전체** 혼합물은 곧 95 °C로 가열된다.

참 Taq polymerase : 이 효소는 열에 강한 DNA 중합효소로 호열성 세균인 *Thermus acuaticus*부터 분리되었으며, PCR (polymerase chain reaction)반응에서 고온에 견디는 DNA중합효소로 사용된다.

whose

85

대 1 (관계대명사 제한적 용법) 사물 소유격

One way to insert DNA so that it will be properly oriented with respect to the promoter is to create DNA molecules **whose** ends have different overhangs.

관 insert(타) 삽입하다, so that .... 하도록 <목적>, be properly oriented 적절하게 방향을 잡다, with respect to ....에 대하여, overhang 돌출서열

해 Promoter에 대하여 DNA가 적절하게 방향을 잡을 수 있도록 DNA를 삽입하는 한 가지 방법은 **그들의** 말단이 서로 다른 돌출서열을 가지는 DNA분자를 만드는 것이다.

참 방향성을 가진 클로닝directional cloning : 두 조각의 DNA를 서로 연결시킬 때 서열에 대해 정해진 방향으로 연결하려면 접착형cohesive 말단서열을 생산하는 서로 다른 2종류의 제한효소로 절단하여 연결하면 된다. 접착형 말단서열이란 한 가닥의 돌출서열overhang이 생기도록 절단된 형태를 말한다.

2 (관계대명사 제한적 용법) 사람 소유격

Women who deposit their excess fat in a more android (apple-shaped) manner have a greater risk than women **whose** fat distribution is more gynecoid (pear-shaped).

관 in .... manner 방식으로, deposit(타) 저장하다, android 복부비만형, gynecoid 하체비만형

해 과도한 지방을 (사과 모양을 한) 더 큰 복부비만형 방식으로 저장한 여성은 **그녀들의** 지방의 분포가 (서양배 모양을 한) 더 큰 하체비만형인 여성보다 더 높은 위험성을 가진다.

3 (관계대명사 계속적 용법) 사물 소유격

Fatty acids are not used by adipocytes, **whose** function is to store triacylglycerols to provide a fuel for other tissues.

관 provide(타) .... for ....에게 ....를 공급하다, triacylglycerol 중성지방

해 지방산은 지방세포에 의해서 사용되지 않는다, 왜냐하면 **그것들의** 기능은 다른 조직에게 연료를 공급하기 위하여 중성지방을 저장하는 것이기 때문이다.

참 Provide : "....에게 ....를 공급하다"라는 수여동사로 혼동할 수 있는 타동사이다. "provide DO for IO"로 쓴다. 다른 예) admit .... to, demonstrate .... to, introduce .... to, prove .... to, deprive .... of, convince .... of, endow .... with, confer .... on, provide .... for, present .... to

why

49

부 1 왜

Why and how these differences in mitochondria genetic codes from different species arose during evolution is mysterious.

관 arise(자) 발생하다, mysterious 설명하기 어려운=(enigmatic, unexplainable)

해 여러 종으로부터 유래된 미토콘드리아의 유전자 부호에서의 다른 점들이 **왜** 그리고 어떻게 진화과정 동안에 발생하였는지는 설명하기 어렵다.

2 (관계부사) 이유

This is a second reason **why** cell necrosis is associated with inflammation, whereas apoptosis is not.

해 이것이 세포의 괴사가 염증반응과 관련이 있지만, 반면에 압폽토시스가 염증반응과는 관계가 없다는 두 번째 **이유**다.

wide

92

부 너비로

Many cells also extend thin, stiff protrusions called microspikes, which are about 0.1 μ **wide** and 5 to 10 μ long.

관 extend(타) 앞으로 뻗다=stretch out, protrusion 돌출체, stiff 직립형의=(rigid, difficult to bend), be .... wide .... 너비가 되다

해 많은 세포 또한 미세 스파이크라고 하는 약 0.1 μ의 **너비**와 5에서 10 μ의 길이가 되는 가늘고 직립형인 돌출체들을 앞으로 뻗고 있다.

형 1 넓은, 광범위한

Transporters (also called carriers) move a **wide** variety of ions and molecules across cell membranes. Three types of transporters have been identified.

관 a wide variety of 매우 다양한, have been identified 현재완료의 계속

해 수송체들 (또한 전달체라고도 불림)은 **매우 다양한** 이온과 분자를 세포막을 관통하여 이동시킨다. 3종의 수송체들이 현재 확인되어있다.

2 광범위한, 넓은, 다양한

Chaperones are located in every cellular compartment, bind <u>a **wide** range of</u> proteins, and function in the general protein-folding mechanism of cells.

관 be located in, function (자)

해 Chaperone 단백질은 모든 세포의 구획 속에 위치하고 있으며, <u>**다양한** 영역</u>의 단백질과 결합하여, 세포의 전반적인 단백질의 접힘기전에서 기능을 한다.

참 all과 every : 같은 의미로 사용되며 all은 복수와 every는 단수명사와 사용된다.

예) <단수> *Every* child in the room received a present. <복수> *All* children need to be in bed early.

wide use, wide occurrence of, wide array of, Genome-wide analysis

해 광범위한 사용, 넓은 발생, 넓은 배열의, 유전체의 전체분석

widely | 부 널리, 광범위하게

55

The most **widely** used biochemical marker for estimating body muscle mass is the 24-hour urinary creatinine excretion. Creatinine is a degradation product formed in active muscle at a constant rate, in proportion to the amount of muscle tissue present in a patient.

관 in proportion to ....에 비례하여, body muscle mass 신체근육량

해 신체근육량을 측정하기 위하여 가장 **널리** 사용되는 생화학 표지물은 24시간 동안의 소변 creatinine 배출량이다. Creatinine은 어떤 환자에서 존재하는 근육조직의 양에 비례하여 일정한 속도로 활동 중인 근육에서 형성되는 분해산물이다.

width | 명 넓이

15

Near neutral pH, DNA molecules carry a large negative charge and therefore move toward the positive electrode during gel electrophoresis. Because the gel matrix restricts random diffusion of the molecules, molecules of the same length migrate together as a band whose **width** equals that of the well into which the original DNA mixture was placed at the start of the electrophoretic run.

관 carry negative charge 음전하를 지니다, restrict(타) 제한하다, random diffusion 임의적인 확산, equal(타) ....와 같다=(be equal to, be identical to), be placed ....에 놓이다

해 중성 pH 근처에서, DNA 분자는 많은 음전하를 가지게 되므로 겔전기영동이 진행되는 동안 양극을 향하여 이동한다. 겔기질이 DNA 분자의 임의적 확산을 제한하기 때문에, 동일한 길이의 분자들은 전기영동을 시작할 때 원래의 DNA 혼합물 시료를 주입했던 홈의 **넓이**와 동일한 크기로 된 한 개의 띠로 함께 이동한다.

wild | 형 야생의, 돌연변이가 발생하지 않은

1426

Northern blots permit comparison of both the level of expression and the size of mRNAs in <u>mutant</u> and **wild**-type tissues.

관 mutant 돌연변이형, wild 야생형

해 노던블롯은 돌연변이와 **야생**형의 조직에서 mRNA의 발현수준과 크기 모두의 비교를 가능하게 한다.

with | 전 be ~ 에 관한 것이다

Although biochemistry provides important insights and practical applications in medicine, agriculture, nutrition, and industry, its ultimate concern <u>is **with**</u> the wonder of life itself.

관 concern is with 관심은 ....에 관한 것이다, nutrition, 영양학

해 비록 생화학이 의학, 농업, 영양학 및 산업에서 중요한 통찰력과 실제적인 응용을 제공하지만, 그것의 궁극적인 관심은 생명자체의 경이로움**에 관한** 것이다.

withdraw | 자 ~ from 참여하다가 그만 두다, 물러나다

2 Most differentiated cells **withdraw** from the cell cycle during G1, entering the G0 state. Some differentiated cells (e.g., fibroblasts and lymphocytes) can be stimulated to reenter the cycle and replicate.

관 withdraw from참여하는 것을 중단하다; 물러나다, be stimulated to ....되도록 자극되다, fibroblast 섬유모세포

해 대부분의 분화된 세포들은 G1기 동안에 세포주기로부터 **물러나고**, 그 후 곧 G0 상태에 들어간다. 일부의 분화된 세포 (예, 섬유모세포와 임파구세포)는 그 주기에 재진입하여 복제하도록 자극될 수 있다.

참 - If you *withdraw from* an activity or organization, you *stop taking part in* it.
- 일반적으로 세포는 최종 상태로 분화되면 휴지기 G0로 진입하고, 더 이상 복제되지 않는다.

타 ~ .... from 끌어내다

The electronegative carbonyl oxygen atoms **withdraw** electrons from the C=O bonds, producing partial negative charges on the oxygens and partial positive charges on the carbonyl carbons.

관 electronegative 전기음성도가 큰, partial positive charge 부분적인 양전하

해 전기음성도가 높은 카르보닐기의 산소원자는 C=O 결합으로부터 전자를 **끌어내어**서, 산소에 부분적인 음전하를 그리고 카르보닐기의 탄소에 부분적인 양전하를 생기도록 한다.

참 전기음성도와 극성분자 : 산소원자는 전자를 당기는 힘 (전기음성도)이 커서 전자를 모으기 때문에 부분적으로 음전하를 띠고, 반면에 전자를 잃은 분자들은 부분적인 양전하를 가지게 된다. 이와 같은 이유로 하나의 분자에서 전자의 분포가 양쪽으로 편중되어 존재하면 극성분자가 된다.

withdrawn 타 be ~ 빠져나가다

11 TCA cycle intermediates are continuously **withdrawn** into the pathways of fatty acid synthesis, amino acid synthesis, gluconeogenesis, and heme synthesis.

관 continuously 계속적으로, be withdrawn into ....로 빠져나가다

해 TCA 회로의 중간대사물들은 계속적으로 지방산합성, 아미노산합성, 당신생성 그리고 heme 합성경로로 **빠져나간다**.

참 TCA회로의 역할 : 생체에서 에너지 연료들이 분해되는 과정에서 생성된 중간대사물들은 TCA 회로로 집중된다. 그들은 이 회로로 경유하여 CO_2와 물로 분해되지만 또한 이 과정의 중간물질은 지방산, 아미노산, 포도당 등의 생체물질의 합성을 위한 재료로 사용되기 위해 이 회로를 떠나기도 한다.

withdrawal 명 제거, 거둬들임, 취소

26 Mitogen **withdrawal** prior to passage through the restriction point leads to accumulation of p16, p16 binds specifically to CDK4 and CDK6, thereby inhibiting their kinase activity and causing G1 arrest.

관 mitogen 분열촉진인자, prior to .... 전에=before, lead to=(cause(타), bring about), restriction point 제한점=check point 점검점, G1 arrest G1정지

해 제한점을 통과하여 지나가기 전에 분열촉진인자의 **제거**는 p16의 축적의 결과를 만들며, p16은 CDK4와 CDK6에 특이적으로 결합한다, 그로인해 kinase 활성을 저해하고 G1정지를 일으킨다.

참 - 세포분열주기에서 세포가 제한점이라는 점을 통과하게 되면 성장인자의 작용과 상관없이 S기로 진입하여 DNA 복제과정을 수행하고 계속하여 G2기로 들어가 분열을 완성하게 된다.
- p16은 Rb (Retinoblastoma) 단백질로, 세포주기조절에 참여하고 있고 또한 종양억제단백질로 알려져 있으며, 그래서 이 단백질의 기능이 손상되면 망막세포종양이 생긴다.

within 전 1 (시간) ....이내에

1305 If we eat another meal **within** a few hours, we return to the fed state. However, if we continue to fast for a 12-hour period, we enter the basal state. By this time, the serum insulin level is low and glucagon is rising.

관 return to ....로 회귀하다, by 그 순간=(not later than, as soon as), fed state 영양상태≠fasting state 공복상태

해 만약 우리가 또 다른 식사를 몇 시간 **이내에** 한다면, 영양상태로 돌아간다. 그러나 우리가 12 시간의 기간 동안 계속하여 단식을 하면, 기저상태로 들어가게 된다. 이 시간이 되면 곧, 혈청 인슐린의

수준은 낮아지고 그리고 글루카곤이 상승할 것이다.

참 공복상태 fasting state : 병원에서 혈액검사를 하기 위해 검사 전날의 저녁을 먹지 않도록 하는데 그 이유는 위의 문장에서 서술된 것처럼 12시간의 공복상태이면 인슐린의 농도가 최저 수준으로 되어, 이 때의 혈당량으로 당뇨병을 정확하게 판정할 수 있기 때문이다.

2 (거리) ....이내에

We use the term promoter-proximal elements for control regions lying **within** 100–200 base pairs upstream of the start site.

관 upstream(명) 윗방향≠downstream, lie(자) 자리를 잡다=be in a horizontal position

해 우리는 시작부위의 윗방향 100-200개의 염기쌍 **이내에** 자리를 잡고 있는 조절영역에 대하여 프로모터 근접요소promoter-proximal element라는 용어를 사용한다.

3 (영역, 범위) ....안에서

The chromatin in transcriptionally active regions of DNA **within** cells is thought to exist in an open, extended form.

관 extended 펴진=(stretched, pulled out), *in* open *form* 풀어진 *형태로*

해 세포 **안에서** DNA의 전사반응이 활발한 영역에 있는 염색질은 풀어져 펴진 형태로 존재할 것으로 생각된다.

without 전 1 .... 없는

749

Fugure 8. The effects of a positive modulator (+) and a negative modulator (-) on an allosteric enzyme in which $K_{0.5}$ is altered **without** a change in V_{max}.

해 그림 8. V_{max}에서의 변화가 **없는** 상태에서 $K_{0.5}$가 변경되는 어떤 알로스테릭 효소에 대한 활성변형제 (+)와 저해변형제 (-)의 효과.

2 <가정법> ....이 없다면

Without glucose, red blood cells could not survive.

관 without ....이 없다면=(but for, if it were not for), survive(자) 생존하다

해 포도당**이 없으면**, 적혈구세포는 생존할 수 없을 것이다.

3 ~ doubt 확실하게

Variations of DNA sequence, polymorphisms, occur approximately once in every 500 nucleotides, or about 10^7 times per genome. There are **without** doubt deletions and insertions of DNA as well as single-base substitutions.

관 variation 변이, polymorphism 다형형상, approximately 대략=nearly, as well as ....이외에=in addition to, deletion 삭제, insertion 삽입, substitution 치환.

해 다형현상이라는 DNA 서열의 변이는 대략 매 500개의 뉴크레오티드마다 한 번 일어나고 혹은 매 유전체마다 약 10^7회 정도 일어난다. 단일염기의 치환뿐만 아니라 DNA의 삭제와 삽입도 **확실하게** 일어난다.

4 ~ difficulty 어려움 없이, 쉽게

On the average, capillaries are about 1 mm long and 8 μm in diameter, only slightly larger than a red blood cell (5 to 7 μm in diameter). Despite the close fit, red blood cells can squeeze through capillaries **without** difficulty.

관 despite ....에도 불구하고=in spite of, squeeze(자) 헤집고 나가다, close fit 거의 맞음

해 평균적으로, 모세혈관은 약 1 mm 길이에 직경 8 μm으로 단지 적혈구세포 (5에서 7 μm 직경)보다 약간 더 크다. 거의 꽉 맞음에도 불구하고, 적혈구세포는 모세혈관을 **어려움 없이** 헤집고 나갈 수 있다.

참 squeeze(자) 헤집고 나가다=force one's way 예) *squeeze* through a crowd, *squeeze* into a tight space

work 명 일, 작업, 수행

230 Energy available from cleavage of the high-energy phosphate bonds of ATP can be used directly for mechanical **work** (e.g., muscle contraction) or for transport **work** (e.g., a Na^+ gradient generated by Na^+, K^+- ATPase).

해 ATP 고에너지 인산결합의 절단으로부터 이용가능한 에너지는 기계적인 **일** (예, 근육수축) 혹은 수송**작업** (예, Na^+,K^+-ATPase 의해 생성된 Na^+의 농도경사)을 위해 직접적으로 사용될 수 있다.

참 음식물로 섭취된 탄수화물, 지질, 단백질 등의 연료물질은 체내에서 ATP라는 고에너지 화합물로 전환된다. 이 ATP의 분해에 의해 유리되는 에너지는 체내의 여러 운동, 신경전달, 체온의 유지, 열의 발생 등의 기능을 추진하는 동력으로 전환되어 사용된다.

자 1 도우다, ...와 함께 작용하다

Other oxidation-reduction coenzymes **work** with metals to transfer single electrons to oxygen. Vitamin E and vitamin C (ascorbic acid) are oxidation-reduction coenzymes that can act as antioxidants and protect against oxygen free radical injury.

관 transfer(타) .... to 를 ....로 전달하다, act as ....로 활동하다, protect against ....을 억제하여 보호작용을 하다

해 다른 산화환원 보조효소들은 금속과 **함께 작용하여** 단 하나의 전자를 산소에 전달한다. 비타민 E와 비타민 C (아스코르빈산)는 항산화제로써 활동하여 산소 자유라디칼에 의한 손상을 억제하여 보호작용을 하는 산화환원 보조효소이다.

2 작용하다, 작동하다, 기능하다

The β–adrenergic receptors **work** through the adenylate cyclase–cAMP system, activating a Gs protein, which activates adenylate cyclase, and eventually protein kinase A.

해 β-아드레날린 수용체들은 adenylate cyclase를 활성화하고 궁극적으로 protein kinase A를 활성화하는 Gs 단백질을 활성화하는 adenylate cyclase-cAMP 시스템을 통하여 **기능한다**.

참 스트레스 호르몬 epinephrine과 norepinephreine : 이 호르몬들은 부신피질에서 분비되는 아드레날린류로, α와 β형의 아드레날린 수용체를 경유하여 기능을 하며 스트레스 상태에서 glucose의 이용률을 증가시킨다. 특히 급한 에너지의 제공이 있어야 할 경우에는 glucagon과 함께 작용하여 상승효과를 낸다.

3 효과를 나타내다

Buffers **work** best at the pH at which they are 50% dissociated.

관 be 50% dissociated

해 완충제들은 50% 해리되었을 때의 pH에서 가장 좋은 **효과를 나타낸다**.

참 - If a drug or medicine *works*, it *produces* a particular physical *effect*.
- 약산과 약염기로 구성된 완충제들은 50% 해리되는 상태에서 pH=pKa가 되며 이 지점 근처에서 완충능력이 가장 크다. 이 관계는 Handerson-Hasselbalch식에서 나타난다.

4 일하다, 작동하다, 작용하다

In the glycerophosphate shuttle, two different glycerophosphate dehydrogenases, one in the cytoplasm and one on the outer face of the mitochondrial inner membrane, **work** together to carry electrons into the mitochondrial matrix.

관 carry(타) .... into ....안으로 전달하다, transfer(타) .... to ....로 수송하다

해 Glycerolphosphate 왕복경로에서, 하나는 세포질에 있고 또 하나는 미토콘드리아 내막의 바깥 면에 있는 두 종의 서로 다른 glycerophosphate dehydrogenase가 함께 **작용하여** 미토콘드리아의 매트릭스 속으로 전자를 나른다.

참 Glycerophosphate shuttle : 이 왕복반응경로를 통하여 세포질에서 생산된 전자 환원체인 NADH가 미토콘드리아 속의 매트릭스에 존재하는 전자전달계로 들어갈 수 있게 되어 에너지생산에 사용된다.

worth 형 1 be ~ 명사 ....의 가치가 있는, 중요한

13 Determine the number of ATP equivalents needed to form palmitic acid from acetyl-CoA. (Assume for this calculation that each NADPH is **worth** 3.5 ATP.)

해 아세틸-CoA으로부터 팔미틴산을 형성하는데 요구되는 ATP 당량의 수를 결정하시오 (이 계산을 위해 각 NADPH는 3.5개의 ATP의 **가치가 있는** 것으로 가정하시오).

참 If something is *worth* a particular action, or if an action is *worth doing*, it is considered to be *important enough* for that action.

2 be ~ ....ing ....할 가치가 있는

Whether or not eucaryotes turn out to have proteins that are specifically designed to decondense domains of chromatin, it is **worth** speculating on how proteins might accomplish this task. At present we can only guess at the mechanism.

관 whether or (not) .... 이든 아니든 상관없이, turn out 밝혀지다=(be shown, be found to be), be worth ....ing ....할 가치가 있다, speculate(타) 깊이 생각하다=consider, guess at 짐작하다=make an estimate

해 진핵세포들이 염색질의 도메인을 풀어헤치도록 특이적으로 의도된 단백질들을 가지고 있다는 것이 밝혀졌든 아니든 상관없이, 어떻게 단백질들이 이 과업을 달성할 것인가에 대하여 깊이 생각해볼 **가치는 있는** 것이다. 현재 우리는 단지 그 기전을 추측할 수 있을 뿐이다.

명 가치

Honey bees produce more than $100 million **worth** of honey each year, and, more importantly, the pollination of numerous plants by honey bees is responsible for the production of $20 billion **worth** of crops in the United States alone.

관 pollination 수분작용, is responsible for ....을 책임지고 있다

해 꿀벌은 매년 1억 달러 **가치** 이상의 꿀을 생산하며, 그리고 더 중요한 것으로 꿀벌에 의한 많은 식물의 화분작용은 미국에서만 200억 달러의 **가치**의 농작물 생산에 책임지고 있다.

would

576

조 1 (추측) ....한다면 ....할 텐데, 될 것이다

Oxidative metabolism produces CO_2, which if not buffered **would** produce severe acidosis. Maintenance of a constant pH involves buffering by phosphate, bicarbonate, and proteins, which accept or release protons to resist a change in pH.

관 oxidative metabolism 산화대사, acidosis 산증, resist (타) 저지하다, if not .... would <가정법>

해 산화대사는 CO_2를 생산하기 때문에, 완충화되지 않는다면 심각한 산증을 일으키게 **될 것이다**. 일정한 pH의 유지는 pH의 변화를 저지하기 위하여 양성자를 받아들이거나 유리하는 인산, 중탄산 및 단백질에 의한 완충작용을 포함한다.

2 (실험결과) ....의 결과로 .... 되다

A hepatocyte, roughly a cube 15 μm (0.0015 cm) on a side, has a volume of 3.4 x 10^{-9} cm^3 (or milliliters). Assuming a cell density of 1.03 g/ml, the cell **would** weigh 3.5 x 10^{-9} g.

해 하나의 간세포는 대략 한 면이 15 μm (0.0015 cm)인 6면체로 3.4 x 10^{-9} cm^3 (혹은 밀리미터)의 부피를 가진다. 세포의 밀도를 1.03 g/ml로 가정할 때, 그 세포는 무게가 **결과적으로** 3.5 x 10^{-9} g이 **될** 것이다.

3 ~ not (고집) ....결코 ....하지 않는

Lack of ethanolamine kinase eliminates one pathway for phosphatidylethanolamine synthesis, thereby reducing the amount of this lipid in cellular membranes. Flies with this mutation exhibit transient paralysis following electrical stimulation or mechanical shock that **would** not affect wild-type flies.

관 eliminate(타) 중단시키다=(put an end to, stop), thereby 그것으로 인해=as a result of that, exhibit 보여주다=(show, demonstrate), following ....후에

해 Ethanolamine kinase의 결여는 phosphatidylethanolamine 합성을 위한 하나의 경로를 중단시키고, 그것으로 인해 세포막에서 이 지질의 양을 감소시키게 된다. 이 돌연변이를 가진 파리는 야생형 파리에게는 영향을 **결코 주지 않는** 전기자극이나 혹은 기계적 충격 후 일시적 마비증상을 보인다.

4 (의도) ....하고자 하는

If the levels of glutathione (GSH) in a tissue such as liver are lowered, then that tissue can be shown to be more susceptible to injury by various chemicals that **would** normally be conjugated to GSH.

관 be susceptible to 민감해지다=(be sensitive to, be affected by)

해 간과 같은 조직에서 glutathione (GSH)의 수준이 낮아지면, 그 조직은 정상적으로 GSH와 포합**되려는** 여러 화합물들에 의한 손상에 더욱 감수성이 커지는 것으로 보일 수 있다.

참 Glutathione (GSH) : oxidative 참조

5 (불규칙적인 습관) ....하곤 했다

The virus for gene therapy **would** be introduced into the respiratory tract (eg, by an aerosol). The hope is that pulmonary epithelial cells *would* express the gene and secrete α1-antitrypsin locally.

관 gene therapy 유전자치료, would 불규칙적인 습관, be introduced into ....안으로 도입되다, respiratory tract 기도, locally 국소적으로=in a particular place, hope .... *would* 기대

해 유전자 치료용 바이러스가 (예, 분무입자 상태로) 기도 안으로 도입되**곤 하였다**. 희망사항은 폐의 상피세포들이 그 유전자를 발현시켜 국소적으로 α1-antitrypsin을 분비하기를 바라는 것이다.

6 (불확실성) ....인 듯하다

When one considers that a typical polypeptide can adopt ≥ 10^{50} distinct conformations, folding into the conformation appropriate to their biologic function **would** appear to be even more difficult.

관 distinct 서로 다른=(different, separate), appropriate to ....에 적합한=suitable for

해 어떤 전형적인 폴리펩티드가 10^{50} 종류 이상의 서로 다른 입체구조를 채택할 수 있다고 생각할 때, 생물학적 기능에 적합한 구조로 된다는 것은 훨씬 더 어려운 **듯하다**.

wrap 타 싸다, 감싸다

8 Each Schwann cell **wraps** its plasma membrane concentrically around the axon to form a segment of myelin sheath about 1 mm long.

관 Schwann cell 신경집세포, concentrically 동심원 형태로, myelin sheath 수초; 말이집

해 각 신경집세포는 세포막을 축삭의 주위로 동심원 형태로 **둘러싸서** 1 mm 길이의 말이집의 한 세그먼트를 형성한다.

wrapped 타 be ~ 둘러싸이다

3 The building block of chromatin is the nucleosome, consisting of a histone octamer around which is **wrapped** 147 bp of DNA.

해 염색질의 구축단위는 147 bp의 DNA에 의하여 **둘러싸인** 히스톤 8량체로 구성되어있는 뉴크레오솜이다.

yet

159

부 1 (부정어와 함께) 아직

The protein inhibitors of activated STAT family of proteins bind to phosphorylated STATs and prevent their dimerization. STATs also may be inactivated by dephosphorylation, although the specific phosphatases have not **yet** been identified.

관 have not yet been identified 아직 발견되지 않고 있는 상태이다, be identified 발견되다=be discovered

해 활성화된 STAT 단백질 부류의 저해제는 인산화된 STAT에 결합하여 이중체 형성을 방해한다. STAT는 또한 탈인산화에 의해서도 불활성화될 수 있지만, 특이 탈인산화효소가 **아직도** 발견되지 않고 있다.

참 yet는 <부정문>에서 현재까지 아직 일어나지 않은 어떤 것을 지적할 때나 혹은 현재까지 어떤 일이 일어난 적이 있는가를 묻는 <의문문>에서 사용한다.

2 추가적으로

Thus, a fragment of DNA 27–29 nucleotides long is excised. After the strand is removed it is replaced, again by exact base pairing, through the action of **yet** another polymerase (δ/ε in humans), and the ends are joined to the existing strands by DNA ligase.

관 existing 존재하고 있던, yet(부) 추가적으로=(in addition, besides)

해 그래서 27-29개의 뉴크레오티드 길이의 DNA조각이 잘려진다. 그 가닥이 제거된 후, 그것은 다시 **추가적으로** 다른 polymerase (사람에서는 δ/ε형)의 작용을 통한 정확한 염기짝짓기에 의해서 교체되고, 그리고 그 말단부는 DNA ligase에 의하여 이미 존재하고 있던 가닥과 연결된다.

3 언젠가 (일어날 가능성이 있는)

The nuclear receptor family includes the nuclear hormone receptors, a number of other receptors whose ligands were discovered after the receptors were identified, and many putative or orphan receptors for which a ligand has **yet** to be discovered.

관 putative 가상의, have to=(must, be required), yet 언젠가 <일어날 가능성을 표현>

해 핵수용체 패밀리는 핵의 호르몬수용체와 수용체가 확인된 후 리간드가 발견된 많은 또 다른 수용체, 그리고 리간드가 **언젠가** 발견되어야 할 많은 가상 수용체 혹은 고아수용체를 포함한다.

참 고아핵수용체orphan nuclear receptor : 아직 리간드가 밝혀지지 않은 핵수용체를 말한다. relative 참조

4 as ~ 부정어 아직 여전히

Its primary action in lowering serum cholesterol levels is to block cholesterol absorption through a specific but as **yet** poorly characterized cholesterol absorption mechanism in the brush border of enterocytes.

관 brush border 솔가장자리, lower(타) 낮추다, block(타) 차단하다, enterocyte 장세포, *as yet* poorly 어떻게 될지 모르지만의 의미 <부정어와 함께>

해 혈청 콜레스테롤의 수준을 낮추는 일차적인 작용은 장세포의 솔가장자리에서 특이적이지만 **아직은** 특성이 잘 알려져 있지 않은 콜레스테롤의 흡수기전을 통한 콜레스테롤의 흡수를 차단하는 것이다.

접 1 (앞의 사실에 대한 놀라움) 그런데 놀랍게도

Antimicrobial peptides often display a broad spectrum of activity affecting Gram-negative and Gram-positive bacteria, yeast and filamentous fungi, some enveloped viruses, and many types of cancer cells. **Yet** many are relatively inactive on normal eukaryotic cells.

관 a broad spectrum 광범위, affect(타) 영향을 미치다=influence

해 항세균성 펩티드는 자주 그람음성 및 그람양성균, 효모 그리고 섬유상의 진균류, 일부의 외피로 덮힌 바이러스, 그리고 많은 종류의 암세포에 대해 광범위한 활성을 나타낸다. **그런데 놀랍게도** 많은 것이 정상인 진핵세포들에게는 비교적 활성이 없다.

참 앞에서 언급한 사실에 대한 놀라움을 표현 예) I don't eat much, *yet* I am a size 16. 나는 많이

먹지도 않았*는데도*, 16 사이즈*라니*.

2 그럼에도 불구하고 아직

With regard to triacylglycerol levels in patients with severe parenchymal liver disease, the hepatic production of the triacylglycerol-rich, very-low-density lipoprotein (VLDL) particle is impaired. **Yet** the total level of plasma triacylglycerols remains relatively normal because the LDL particle in such patients is triacylglycerol-rich.

관 with regard to .... 관해서 언급하면=(in connection with, concerning, regarding), remain(자) ....로 남아있다

해 심한 실질조직의 간질환을 앓는 환자에서 중성지방의 수준에 관해서 언급하면, 중성지방이 풍부한 초저밀도지단백질 (VLDL) 알갱이의 간에서의 생산이 손상되어있다. **그럼에도 불구하고 아직** 혈장의 중성지방의 전체 수준은 비교적 정상으로 남게 되는데, 그 이유는 그러한 환자에 있는 LDL 알갱이가 중성지방으로 풍부해지기 때문이다

참 간을 구성하는 조직은 2가지로 구분될 수 있다, 하나는 실제 그 기관의 작용에 중추적인 역할을 하는 실질조직parenchyma이며, 또 다른 하나는 기능은 하지 않으나 조직을 보호하고 기관의 뼈대를 형성하는 버팀질 혹은 간질stroma이다.

yield

281

타 1 산출하다.

To purify a particular protein of interest, a purification scheme is designed so that each step **yields** a preparation with fewer and fewer contaminating proteins, until finally only the protein of interest remains

관 scheme=plan 계획, be designed so that .... 하도록 디자인되다

해 관심있는 특정한 단백질을 정제하기 위하여, 최종적으로 관심있는 단백질만이 남을 때까지, 각 단계가 점점 더 적은 오염된 단백질들을 가지는 정제물이 **산출하도록** 정제계획이 디자인된다.

2 생산하다

The hydrolysis of 1 mole of ATP **yields** approximately 50 kJ of free energy under cellular conditions.

관 approximately 대략, yield(타)=produce

해 ATP 1몰의 가수분해는 세포의 환경 하에서 대략 50 KJ의 자유에너지를 **생산한다**.

명 생산량, 산출량

However, the net **yield** of ATP per molecule of glucose degraded is only two, because two ATP were invested in the preparatory phase of glycolysis to phosphorylate the two ends of the hexose molecule.

관 invest(타) 투자하다=spend, preparatory phase 준비기

해 그러나 분해된 포도당 1분자 당 ATP의 순**생산량**은 단지 2분자이다, 왜냐하면 2개의 ATP들이 육탄당분자의 2개의 말단부를 인산화하기 위하여 해당과정의 준비기에서 투자되었기 때문이다.

가

나

다

라

마

바

사

아

자

차

카

타

파

하